U0283166

建筑设计资料集

（第三版）

第 8 分册　建筑专题

中国建筑工业出版社

图书在版编目（CIP）数据

建筑设计资料集 第8分册 建筑专题 / 中国建筑工业出版
社,中国建筑学会总主编 . -3版 . -北京:中国建筑工业出版社,
2017.8

ISBN 978-7-112-20946-0

Ⅰ.①建… Ⅱ.①中… ②中… Ⅲ.①建筑设计-资料
Ⅳ.①TU206

中国版本图书馆CIP数据核字（2017）第140492号

审图号：GS（2017）2137号

责任编辑：陆新之　徐　冉　刘　静　刘　丹
封面设计：康　羽
版面制作：陈志波　周文辉　刘　岩　王智慧　张　雪
责任校对：姜小莲　关　健

建筑设计资料集（第三版）

第8分册　建筑专题

*

中国建筑工业出版社出版、发行（北京海淀三里河路9号）

各地新华书店、建筑书店经销

北京顺诚彩色印刷有限公司印刷

*

开本：880×1230 毫米　1/16　印张：34　字数：1355 千字
2017 年 8 月第三版　2017 年 8 月第一次印刷
定价：**226.00**元
ISBN 978-7-112-20946-0
　　　（25971）

《建筑设计资料集》（第三版）
总编写分工

总 主 编 单 位：中国建筑工业出版社　中国建筑学会

第1分册　建筑总论
分 册 主 编 单 位：清华大学建筑学院　同济大学建筑与城市规划学院
　　　　　　　　　　重庆大学建筑城规学院　西安建筑科技大学建筑学院

第2分册　居住
分 册 主 编 单 位：清华大学建筑设计研究院有限公司
分册联合主编单位：重庆大学建筑城规学院

第3分册　办公·金融·司法·广电·邮政
分 册 主 编 单 位：华东建筑集团股份有限公司
分册联合主编单位：同济大学建筑与城市规划学院

第4分册　教科·文化·宗教·博览·观演
分 册 主 编 单 位：中国建筑设计院有限公司
分册联合主编单位：华南理工大学建筑学院

第5分册　休闲娱乐·餐饮·旅馆·商业
分 册 主 编 单 位：中国中建设计集团有限公司
分册联合主编单位：天津大学建筑学院

第6分册　体育·医疗·福利
分 册 主 编 单 位：中国中元国际工程有限公司
分册联合主编单位：哈尔滨工业大学建筑学院

第7分册　交通·物流·工业·市政
分 册 主 编 单 位：北京市建筑设计研究院有限公司
分册联合主编单位：西安建筑科技大学建筑学院

第8分册　建筑专题
分 册 主 编 单 位：东南大学建筑学院　天津大学建筑学院
　　　　　　　　　　哈尔滨工业大学建筑学院　华南理工大学建筑学院

《建筑设计资料集》（第三版）总编委会

顾问委员会（以姓氏笔画为序）

马国馨　王小东　王伯扬　王建国　刘加平　齐　康　关肇邺
李根华　李道增　吴良镛　吴硕贤　何镜堂　张钦楠　张锦秋
尚春明　郑时龄　孟建民　钟训正　常　青　崔　愷　彭一刚
程泰宁　傅熹年　戴复东　魏敦山

总编委会

主　任

宋春华

副主任（以姓氏笔画为序）

王珮云　沈元勤　周　畅

大纲编制委员会委员（以姓氏笔画为序）

丁　建　王建国　朱小地　朱文一　庄惟敏　刘克成　孙一民
吴长福　宋春华　沈元勤　张　桦　张　颀　周　畅　官　庆
赵万民　修　龙　梅洪元

总编委会委员（以姓氏笔画为序）

丁　建　王　澍　王珮云　牛盾生　卢　峰　朱小地　朱文一
庄惟敏　刘克成　孙一民　李岳岩　吴长福　邱文航　冷嘉伟
汪　恒　汪孝安　沈　迪　沈元勤　宋　昆　宋春华　张　颀
张洛先　陆新之　邵韦平　金　虹　周　畅　周文连　周燕珉
单　军　官　庆　赵万民　顾　均　倪　阳　梅洪元　章　明
韩冬青

总编委会办公室

主任：陆新之

成员：刘　静　徐　冉　刘　丹　曹　扬

第8分册编委会

分册主编单位

 东南大学建筑学院

 天津大学建筑学院

 哈尔滨工业大学建筑学院

 华南理工大学建筑学院

分册参编单位（以首字笔画为序）

 广州市设计院

 广州奥特信息科技股份有限公司

 天津城建大学建筑学院

 太原万科房地产有限公司

 中国建筑西南设计研究院有限公司

 中国建筑设计院有限公司

 中国建筑科学研究院

 中国城市规划设计研究院

 内蒙古工业大学建筑学院

 东南大学建筑设计研究院有限公司

 北京交通大学建筑与艺术学院

 北京清华同衡规划设计研究院有限公司

 北京墨臣建筑设计事务所

 西安建筑科技大学建筑学院

 同济大学地下空间研究中心

 同济大学建筑与城市规划学院

 同济大学建筑设计研究院（集团）有限公司

 同济联合地下空间规划设计研究院

 华中科技大学建筑与城市规划学院

 华东建筑集团股份有限公司上海
   建筑科创中心

 华侨大学建筑学院

 华南理工大学建筑设计研究院

 河北工业大学建筑与艺术设计学院

 哈尔滨工业大学土木学院

 哈尔滨工业大学建筑设计研究院

 哈尔滨工业大学深圳研究生院

 重庆大学建筑设计研究院有限公司

 重庆大学建筑城规学院

 浙江大学建筑工程学院

 清华大学土木水利学院

 清华大学建筑学院

 深圳大学建筑与城市规划学院

 深圳市建筑设计研究总院有限公司

 湖南大学建筑学院

 解放军理工大学

前　言

　　一代人有一代人的责任和使命。编好第三版《建筑设计资料集》，传承前两版的优良传统，记录改革开放以来建筑行业的设计成果和技术进步，为时代为后人留下一部经典的工具书，是这一代人面对历史、面向未来的责任和使命。

　　《建筑设计资料集》是一部由中国人创造的行业工具书，其编写方式和体例由中国建筑师独创，并倾注了两代参与者的心血和智慧。《建筑设计资料集》（第一版）于1960年开始编写，1964年出版第1册，1966年出版第2册，1978年出版第3册。第二版于1987年启动编写，1998年10册全部出齐。前两版资料集为指导当时的建筑设计实践发挥了重要作用，因其高水准高质量被业界誉为"天书"。

　　随着我国城镇化的快速发展和建筑行业市场化变革的推进，建筑设计的技术水平有了长足的进步，工作领域和工作内容也大大拓展和延伸。建筑科技的迅速发展，建筑类型的不断增加，建筑材料的日益丰富，规范标准的制订修订，都使得老版资料集内容无法适应行业发展需要，亟需重新组织编写第三版。

　　《建筑设计资料集》是一项巨大的系统工程，也是国家层面的经典品牌。如何传承前两版的优良传统，并在前两版成功的基础上有更大的发展和创新，无疑是一项巨大的挑战。总主编单位中国建筑工业出版社和中国建筑学会联合国内建筑行业的两百余家单位，三千余名专家，自2010年开始编写，前后历时近8年，经过无数次的审核和修改，最终完成了这部备受瞩目的大型工具书的编写工作。

　　《建筑设计资料集》（第三版）具有以下三方面特点：

　　一、内容更广，规模更大，信息更全，是一部当代中国建筑设计领域的"百科全书"

　　新版资料集更加系统全面，从最初策划到最终成书，都是为了既做成建筑行业大型工具书，又做成一部我国当代建筑设计领域的"百科全书"。

　　新版资料集共分8册，分别是：《第1分册　建筑总论》；《第2分册　居住》；《第3分册　办公·金融·司法·广电·邮政》；《第4分册　教科·文化·宗教·博览·观演》；《第5分册　休闲娱乐·餐饮·旅馆·商业》；《第6分册　体育·医疗·福利》；《第7分册　交通·物流·工业·市政》；《第8分册　建筑专题》。全书共66个专题，内容涵盖各个建筑领域和建筑类型。全书正文3500多页，比第一版1613页、第二版2289页，篇幅上有着大幅度的提升。

　　新版资料集一半以上的章节是新增章节，包括：场地设计；建筑材料；老年人住宅；超高层城市办公综合体；特殊教育学校；宗教建筑；杂技、马戏剧场；休闲娱乐建筑；商业综合体；老年医院；福利建筑；殡葬建筑；综合客运交通枢纽；物流建筑；市政建筑；历史建筑保护设计；地域性建筑；绿色建筑；建筑改造设计；地下建筑；建筑智能化设计；城市设计；等等。

　　非新增章节也都重拟大纲和重新编写，内容更系统全面，更契合时代需求。

　　绝大多数章节由来自不同单位的多位专家共同研究编写，并邀请多名业界知名专家审稿，以此确保编写内容的深度和广度。

二、编写阵容权威，技术先进科学，实例典型新颖，以增值服务方式实现内容扩充和动态更新

总编委会和各主编单位为编好这部备受瞩目的大型工具书，进行了充分的行业组织及发动工作，调动了几乎一切可以调动的资源，组织了多家知名单位和多位知名专家进行编写和审稿，从组织上保障了内容的权威性和先进性。

新版资料集从大纲设定到内容编写，都力求反映新时代的新技术、新成果、新实例、新理念、新趋势。通过记录总结新时代建筑设计的技术进步和设计成果，更好地指引建筑设计实践，提升行业的设计水平。

新版资料集收集了一两千个优秀实例，无法在纸书上充分呈现，为使读者更好地了解相关实例信息，适应数字化阅读需求，新版资料集专门开发了增值服务功能。增值服务内容以实例和相关规范标准为主，可采用一书一码方式在电脑上查阅。读者如购买一册图书，可获得这一册图书相关增值服务内容的授权码，如整套购买，则可获得所有增值服务内容的授权。增值服务内容将进行动态扩充和更新，以弥补纸质出版物组织修订和制版印刷周期较长的缺陷。

三、文字精练，制图精美，检索方便，达到了大型工具书"资料全、方便查、查得到"的要求

第三版的编写和绘图工作告别了前两版用鸭嘴笔、尺规作图和铅字印刷的时代，进入到计算机绘图排版和数字印刷时代。为保证几千名编写专家的编写、绘图和版面质量，总编委会制定了统一的编写和绘图标准，由多名审稿专家和编辑多次审核稿件，再组织参编专家进行多次反复修改，确保了全套图书编写体例的统一和编写内容的水准。

新版资料集沿用前两版定版设计形式，以图表为主，辅以少量文字。全书所有图片都按照绘图标准进行了重新绘制，所有的文字内容和版面设计都经过反复修改和完善。文字表述多用短句，以条目化和要点式为主，版面设计和标题设置都要求检索方便，使读者翻开就能找到所需答案。

一代人书写一代人的资料集。《建筑设计资料集》（第三版）是我们这一代人交出的答卷，同时承载着我们这一代人多年来孜孜以求的探索和希望。希望我们这一代人创造的资料集，能够成为建筑行业的又一部经典著作，为我国城乡建设事业和建筑设计行业的发展，作出新的历史性贡献。

《建筑设计资料集》（第三版）总编委会

2017年5月23日

目　　录

历史建筑概念

本专题所指的历史建筑，采用的是国际通用的学术概念，即 Historic Architecture，指具有历史、科学、艺术价值的历史上存留下来的建筑。在本专题中，涵盖国家文物局公布的全国重点文物保护单位、住房和城乡建设部公布的历史文化名城名镇名村和国家级风景名胜区内的建筑、世界遗产中的建筑、各地方省市公布的保护单位以及经过鉴定确定为值得保护的历史建筑。

历史建筑保护与设计对象   表1

主管部门	保护对象	重要法律法规与公约	方针与原则
国家文物局系统	文物保护单位（全国重点、省级、市县级）	《中华人民共和国文物保护法》	保护为主、抢救第一、合理利用、加强管理；遵守不改变文物原状的原则；遵守"最小干预"原则
	世界文化遗产	《保护世界自然与文化遗产公约》	遵守真实性、完整性、延续性原则和不断完善的国际法则
住房和城乡建设部系统	历史文化名城、名镇、名村（国家级、省级）	《中华人民共和国城乡规划法》《历史文化名城名镇名村保护条例》	遵循科学规划、严格保护的原则，保持和延续其传统格局和历史风貌，维护历史文化遗产的真实性和完整性，继承和弘扬中华民族优秀传统文化，正确处理经济社会发展和历史文化遗产保护的关系
	历史文化街区		
	风景名胜区（国家级、省级）	《中华人民共和国城乡规划法》《风景名胜区条例》	科学规划、统一管理、严格保护、永续利用原则

保护与设计特点

1. 强制性

即设计必须严格执行各级别的保护刚性要求，或者遵守经过鉴定后确立的价值通过保护与设计得以体现的原则。文物保护单位的勘察设计只能由具有相应级别的文物保护工程勘察设计资质的设计单位承担，设计单位根据自身资质和业务范围承担相应级别的勘察设计项目。

2. 跨学科

一般在设计之前，历史建筑已完成保护规划，因此设计前提是要遵守保护规划的定性要求；设计过程中，要进行和完成相关评估鉴定尤其是结构鉴定；需要重视历史环境和历史建筑的关系，有环境设计相关的内容；涉及保护工程，需要按照国家文物局的相关规定操作执行。保护与设计关系规划、结构、景观、技术和建筑设计的整体协调。

3. 复杂性

由于历史建筑保护的特殊要求，必须综合考虑各学科和各工种的平衡及节奏，对于施工和基础设施，要有预案，是保护与设计必须思考的内容。

4. 先进性

由于保护观念和技术是不断发展的，因此要与时俱进学习新知识、新观念、新手法和新技术，并保持在真实和完整保护本体的基础上创新设计思维和技术手段的态度。

资料选择原则

首先，对历史建筑进行分类，本专题类型既满足历史建筑涵盖的各个方面，同时突出建筑在不同场景和环境下的设计需求，并考虑将来设计遭遇的重点，如"近现代重要史迹及代表性建筑"一类，在国家文物局第四批公布保护单位时出现单列（1996年11月30日），到第七批公布时仍延续这个大项（2013年3月5日），而各地方近年公布的优秀历史建筑中近代建筑也是重点，

故本专题中此类便单独列项。

其次，分类型实例选择均等，每一种类型平均6~7个实例，有一定代表性，也有一定的丰富度。

再次，中外实例在大多数类型中均有表达，但是由于历史建筑具有突出的文化、环境、场所、技艺传承的特点，主要实例是中国目前已经设计修建完成的。

阅读本专题方法

历史建筑十分丰富，而经过时间磨砺及各种原因的损坏，其保护与设计往往没有定则，遭遇问题十分复杂，应对保护与设计手段也可多选，技术要求差异较大。本专题主要以方便查找、引导思路、掌握方法、了解过程为编制原则，以解决历史建筑保护与设计呈网状思考和运作模式而难以把握的问题。具体阅读步骤为：

1. 根据历史建筑类型在本专题相应章节找到首页。

2. 通过每章节首页（或2页）学习某类型保护与设计的基本方法：①定义——明确工作对象和范畴；②技术路线——剥离、衔接诸学科的工作关系，尤其对工作重点子项以灰度标示；③策略要点——具体对相关重点子项阐述；④设计要点关键词——对某类型历史建筑保护与设计的切入点进行概括；⑤调研建议表——提供工作规范。

3. 通过实例的专业介绍，进一步深入了解设计成果和工作重点，学习借鉴。

4. 在本页的法律法规中根据提供的纲要自行学习，同时注重查找不断更新的最新条文条款，作为保护与设计的基本依据。

法律法规推荐

1. 中华人民共和国法律法规

《中华人民共和国文物保护法》（2015）

《历史文化名城名镇名村保护条例》（2008）

《中华人民共和国城乡规划法》（2007）

《风景名胜区条例》（2006）

2. 部门法规与行业规范

《文物保护工程设计文件编制深度要求（试行）》（2013）

《历史文化名城保护规划规范》GB 50357-2005（2005）

《全国重点文物保护单位保护规划编制要求》（2004）

《城市紫线管理办法》（2004）

《文物保护工程管理办法》（2003）

《风景名胜区规划规范》GB 50298-1999（1999）

《古建筑修建工程质量检验评定标准（南方地区）》CJJ 70-96（1996）

《古建筑木结构维护与加固技术规范》GB 50165-92（1992）

《古建筑修建工程质量检验评定标准（北方地区）》CJJ 39-91（1991）

3. 重要指导性文件

《中国文物古迹保护准则》（2015）

《实施〈保护世界文化与自然遗产公约〉的操作指南》（2008）

《奈良真实性文件》（1994）

《国际古迹保护与修复宪章》（又称《威尼斯宪章》）（1964）

定义

概念：具有文物价值的、经过考古的文化遗址、遗迹，也包括尚未完全探明的地下历史遗存，能够代表一个时期或一种类型的特殊历史印迹的文明特点。

对象：古遗址、古墓葬、石窟寺、石碑石刻等。主要是保护单位，也涉及地下埋藏区②。

技术路线

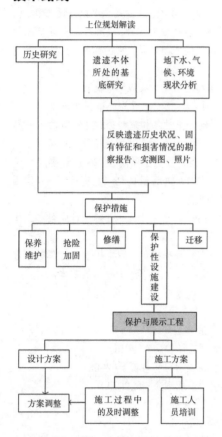

① 技术路线图

策略要点

1. 保养维护

针对遗迹的轻微损害所作的日常性、季节性的养护③。

2. 抢险加固

遗迹突发严重危险时，由于时间、技术、经费等条件的限制，不能进行彻底修缮而采取具有可逆性的临时抢险加固工程④。

3. 修缮

为保护遗迹本体所必需的结构加固处理和维修，包括结合结构加固而进行的局部复原工程⑤。

4. 保护性设施建设

为保护遗迹而附加安全防护设施的工程⑥。

5. 迁移

因特别需要而并无其他更为有效的手段时所采取的将遗迹整体或局部搬迁、异地保护的工程⑦。

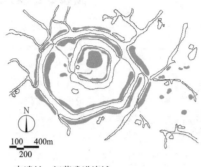

a 古遗址：江苏武进淹城

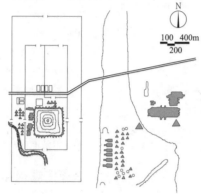

b 古墓葬：陕西西安秦始皇陵

c 石窟寺：山西大同云冈石窟

d 石碑石刻：江苏南京南朝石刻

② 遗迹保护与展示设计对象

③ 保养维护类：江苏南京明城墙遗址（琵琶湖段）

④ 抢险加固类：河北邯郸北响堂石窟危岩加固（左：加固前；右：加固后）

⑤ 修缮类：意大利罗马奥勒良城墙修复（运用"底框"法，新修复的城墙略微后退做底，原有城墙为框）

⑥ 保护性设施建设类：四川成都金沙遗址博物馆

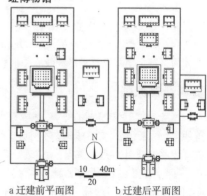

a 迁建前平面图   b 迁建后平面图

⑦ 迁移类：辽宁北票惠宁寺迁建保护工程

保护与展示原则

1. 可逆性

任何保护与展示项目不得对原有遗迹造成损害, 一旦需要, 人工设施拆除后, 还保有原遗迹的真实状态。

2. 特殊技术

针对遗迹保护工程的需求采用有针对性的特殊技术, 以最大可能保护遗迹的完整性、原状和历史信息, 并阻止病害对本体进一步破坏, 以及考虑施工的可能性, 免除对遗址的扰动以保障本体安全。

3. 场景性

遗迹一般均为不可移动文物, 其建造与特殊地点及场所密切相关, 无论是地面遗存还是地下埋藏, 都表现出了场景性的特征, 是在设计保护性设施和建筑时, 特别需要关注和进行表达的。

4. 水土、气候、环境

遗迹如在地上, 直接和大气环境相关, 如在地下, 则和水土联系甚多, 同时周边环境的改变也直接影响到遗迹的保护, 展示环境也是需要考虑的要素。

保护与展示方式

1. 户外型

将遗迹在加固和维护处理后进行露天保存, 并加以标示说明。

2. 户内型

在原址 (或其中一部分) 加固维护后, 并设计保护建筑, 有些需要控制温湿度加以保存。也可以依照实际情形, 将一个范围大的遗迹大部分户外保存, 选择其中精要部分户内保存。户内保存方式主要有以下几种:

(1) 展示罩

对于较小型并相对独立的遗址或遗构, 较脆弱且不宜露天展示的, 通常采取展示罩的形式进行保护与展示, 这样可以有效避免人群或恶劣自然环境对于遗址的破坏。

包括地面和半地下的展示罩, 通常采用玻璃和钢骨架建造①。

(2) 保护棚

对于已经过考古发掘或处于考古发掘过程之中但适宜展示的遗址, 为防日晒雨淋等自然破坏, 通常考虑采用保护棚的形式进行保护与展示。

保护棚并没有将遗址与外部环境完全隔离②。对于某些遗址可以棚、罩形式结合使用③。

(3) 博物馆与展示厅

对于遗址价值较高且必须围护保护的, 通常考虑采用较综合性的、建立在遗址上的博物馆或封闭性保护展示厅的形式。遗址博物馆与遗址的位置关系有多种, 这里包含的只是建设在遗址之上的博物馆与展示厅。建筑不仅给遗址本体提供了一个基本稳定的保存与参观环境, 还能提供一些辅助性展示与研究的空间。

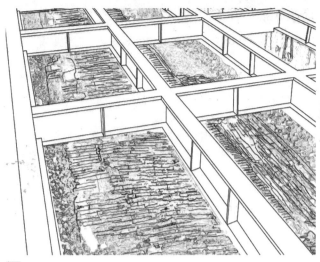

① 广东广州北京路古道遗址展示罩

② 浙江杭州良渚古城遗址保护棚

③ 浙江杭州南宋御街陈列馆

基础资料调研表   表1

自然条件	地形、地质、水系、气象、植物等
社会条件	区位、土地利用、相关法规、人口、产业、交通等
历史条件	发掘报告、文献、历史图片等
遗址保护状况	保存现状、分布、损坏状况等
遗址损坏因素	构造、生物、化学、水系、气象等
上位规划	遗址保护范围、建设控制地带、用地性质等

设计要点

遗址博物馆或展示厅建造的首要目的是保护遗址，所以应该以考古发掘成果为依据，在全面了解遗址的情况下科学选址。

建筑设计以遗址为中心，形式受到遗址的制约，并应该与当地的自然环境与人文特征相结合。

建筑应尽可能不干预保护对象。基础宜用人工开挖独立基础，以减少基础开挖的土方量和机械施工带来的振动。基础的埋置深度除了考虑上部荷载、地质构造、地下水位与冰冻线的影响，基础宜浅埋，可以减少土方开挖量和对遗址基坑的破坏。在考虑埋置深度的同时，还应考虑基础距基坑边沿的距离不能过小。

结构选型

通常情况下，遗址保护与展示建筑的结构选型，必须从遗址保护的角度出发，要求在遗址中不出现柱子与建筑基础等支撑结构，所以一般选择较大跨度并且无视线遮挡的结构体系来对遗址进行覆盖，常用的有以下几种结构类型：

1. 钢筋混凝土结构

此类结构的造价和维护费用较低，但可实现的跨度范围比较有限，适用于面积较小的遗址。

北京大葆台西汉墓遗址博物馆所用的钢筋混凝土密肋结构，梁直接暴露于展厅中，表现结构的粗犷[1]。

2. 钢桁架结构

桁架是由线性构件组成的结构体系，此类结构通过杆件的轴向受力来承受整个结构的荷载。对于遗址的保护与展示来说，钢结构是最为常用的一种结构形式。

上海元代水闸遗址博物馆仅在坑内设置两根框架柱，结合地下连续墙，利用两中柱和连续墙上柱和曲面钢管桁架形成大跨屋盖[2]。

3. 网架结构

网架又叫空间桁架，就是在空间中展开的桁架。

法国卢浮宫玻璃金字塔入口采用了网架结构[3]。

4. 薄壳结构

此类结构采用很薄的壳体覆盖建筑功能空间，薄壳本身既是承重结构，又是覆盖结构。

5. 折板结构

此类结构是由若干块薄板，将各自的长边以互成角度的刚性方式连接在一起形成的。

6. 悬索结构

此类结构是利用索在重力作用下自然悬垂产生的结构形式。

成都金沙遗址博物馆中庭的斜面玻璃屋顶采用轮辐式双层索网结构[4]。

7. 膜结构和索膜结构

此类结构通过加强构件使高强膜材料内部产生预张应力以形成某种空间形状，作为覆盖结构，并能承受一定的外部荷载。

西安半坡遗址博物馆新遗址保护大厅选用索膜结构，东、西两厅上空各抬起一个膜结构屋顶，呈三角状向内聚合[5]。

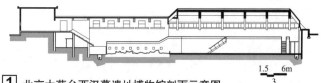

1 北京大葆台西汉墓遗址博物馆剖面示意图

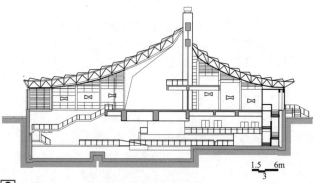

2 上海元代水闸遗址博物馆剖面示意图

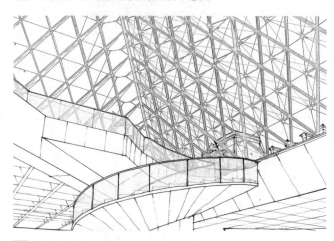

3 法国巴黎卢浮宫玻璃金字塔入口

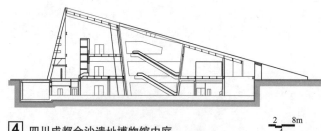

4 四川成都金沙遗址博物馆中庭

5 陕西西安半坡遗址博物馆遗址保护大厅

江苏扬州南门遗址保护工程

建设规模: 建筑面积2660m²
设计时间: 2008年
设计单位: 东南大学

扬州城遗址(隋—宋)1996年被公布为第四批全国重点文物保护单位,南门遗址自唐、五代、宋,至明清一直沿用发展,呈现历史信息丰富、层叠关系清晰的特点,是扬州城址的重要组成部分和代表。

1. 整体性

现南门遗址尚保留有明清传统建筑风貌;西有洒金桥跨河而立,传达南门遗址旧有水门傍立的信息;东南有古运河蜿蜒而行,强化扬州作为运河城市的特征。为强调场景性,周围环境也成为与遗址保护建设工程密切相关的设计依据。

2. 特殊技术

考古遗址发掘后,对遗址本身的最大侵袭来自外部环境,专家论证以覆顶围合保护方式为宜。根据遗址特点,场地内不便使用大型施工设施,且要求上部结构自重轻,跨度大,四边落地的基础应尽可能分散。建筑设计造型据此选用了菱形交叉编织的大跨钢结构形式。采光方式同时也显示了南门瓮城的空间特征及进出城门的道路走向。

3. 水土、气候、环境

根据对南门遗址研究分析,积水、植物根系是对遗址主要破坏因素。保护展示工程主要做到以下几点:隔绝雨水直接冲刷和侵蚀;清理遗址上的植物;加固遗址本体;避免对遗址的直接踩踏。同时,保护性建筑采用自然通风、接近地面窗户可开启的方式,以保证本体去湿防雾。

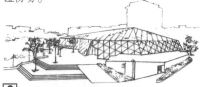

6 南门遗址保护工程透视图

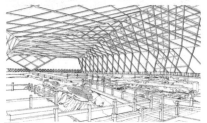

7 南门遗址保护工程室内透视图

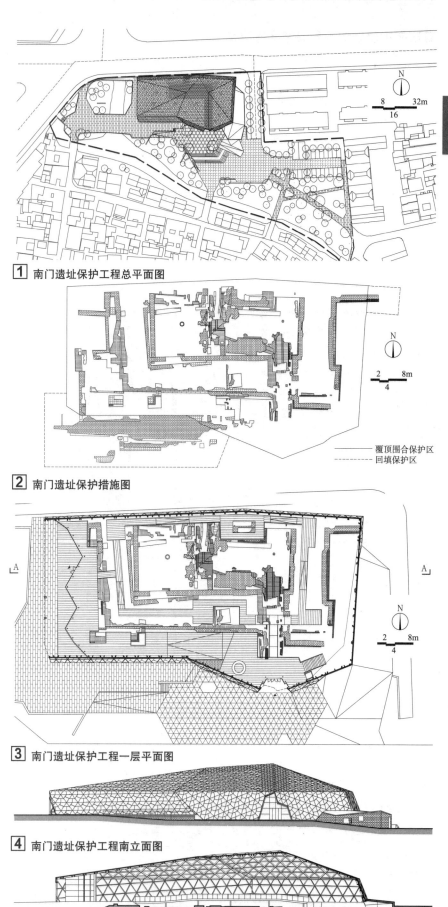

1 南门遗址保护工程总平面图

2 南门遗址保护措施图

覆顶围合保护区
回填保护区

3 南门遗址保护工程一层平面图

4 南门遗址保护工程南立面图

5 南门遗址保护工程A-A剖面图

西班牙梅里达国家罗马艺术博物馆

建设规模：建筑面积11520m²
设计时间：1980~1985年
设计师：拉斐尔·莫尼欧（Rafael Moneo）

梅里达创建于公元前1世纪末，是当时罗马人所建，旧城遗址保存较好。博物馆建造在遗址上，地下层保留了遗址，其上用连续的拱券片墙支撑上层的展览空间。

1. 整体性

博物馆与老的竞技场及剧场相邻，三者通过地下通道相互连接。博物馆的设计考虑了时间和空间上的延续性，新建筑采用与罗马建筑相似的建筑材料和处理手法，形成一个有机的整体，从而把历史融入博物馆中。

2. 场景性

罗马艺术博物馆的设计者对历史的重构并没有停留在对历史要素简单的平铺直叙上，而是通过提炼、抽象、类型化、场地因素叠加和形塑建构等几个步骤完成建筑设计的。

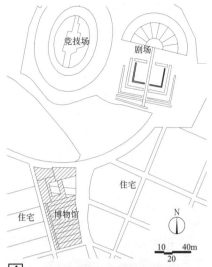

1 国家罗马艺术博物馆总平面图

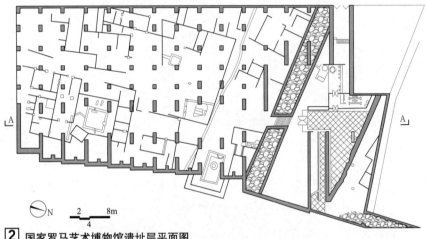

2 国家罗马艺术博物馆遗址层平面图

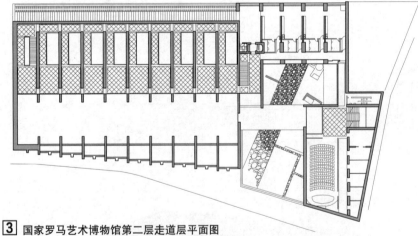

3 国家罗马艺术博物馆第二层走道层平面图

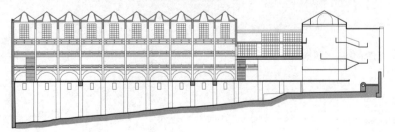

4 国家罗马艺术博物馆A-A剖面图

5 国家罗马艺术博物馆室内

广东广州西汉南越王墓博物馆

建设规模：建筑面积17400m²
设计时间：1986~1989年
设计单位：华南理工大学

象岗山上南越王墓遗址，是建于公元前120年左右的第二代南越王赵眛之墓，1996年被公布为第四批全国重点文物保护单位。

1. 整体性

墓址坐落在山冈上，东临主干道的一段有36m宽，且与主干道有约15m的高差，相邻均有高层建筑。博物馆尊重环境，结合陡坡和山岗地形，上下沟通，将展馆与墓室空间有机地连成一个整体。

2. 特殊技术

墓室展馆作为保护墓室的设施，用钢架结构，玻璃罩盖，作覆斗形，暗示汉墓陵体方上形制，并用作遗址空间采光。

3. 场景性

博物馆巧用地形形成布局、流线和展陈空间，建筑融汇古今设计手法，材料和色彩与原墓室相似，将历史环境和遗址信息得到充分表达。

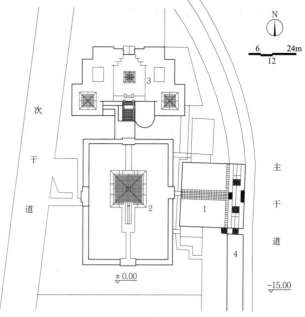

1 展馆 2 墓室 3 珍品馆 4 原有高层建筑
1 西汉南越王墓博物馆总平面图

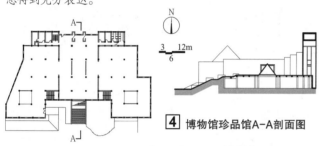

4 博物馆珍品馆A-A剖面图

2 博物馆珍品馆一层平面图

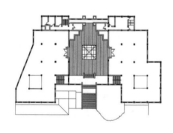

3 博物馆珍品馆二层平面图　　**5** 西汉南越王墓博物馆鸟瞰图

6 西汉南越王墓博物馆主入口

7 西汉南越王墓博物馆墓室展馆入口

8 西汉南越王墓博物馆墓室展馆细部

9 西汉南越王墓博物馆墓室展馆室内

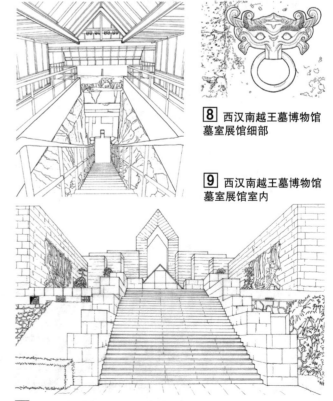

10 西汉南越王墓博物馆珍品馆入口

1
历史建筑
保护设计

陕西西安汉阳陵帝陵外藏坑保护展示厅

建设规模：建筑面积7850m²
设计时间：1999~2006年
设计单位：西安建筑科技大学、李祖原建筑师事务所

汉阳陵是汉景帝刘启之墓，始建于公元前153年，修建时间长达28年。汉阳陵2001年被公布为第五批全国重点文物保护单位。

1. 整体性

汉阳陵帝陵平面方形，边长418m，四边有夯土围墙，中部封土为陵体方上。经钻探，围墙内封土外共发现外藏坑86方，保护工程针对已被发掘的12~21号外藏坑。设计采用全地下建设，上部覆土植草，主入口避开司马道正面，尽量淡化建筑与环境的冲突。

2. 特殊技术

设计采用大跨度预应力钢筋混凝土梁门式结构，最大跨度为31m，跨内吊装。施工采用小机具与手工配合作业方式，尽量减少对遗址本体的干扰。

为使遗址免受剧烈变化的温湿度及游客体温的影响，设计采用复合中空电加热玻璃，以隔离遗址环境和观览环境。

3. 场景性

设计以流线为导引，根据文物分布状况及类型，通过引、停、绕、跨、靠、观、品的行为设定，配合灯光照明，使游客在长达500m的展线中，从不同层次、方位和视角认读文物。

4. 水土、气候、环境

遗址环境通过应用斯洛文尼亚自适应特种技术，用少量能耗控制遗址区内温湿度，为文物保护创造良好的环境。

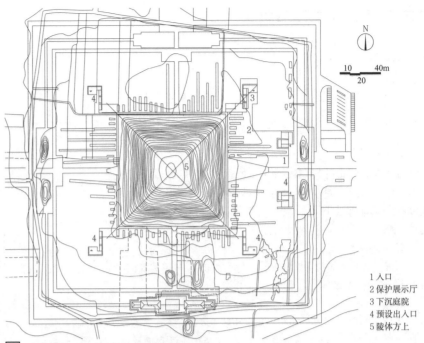

1 入口
2 保护展示厅
3 下沉庭院
4 预设出入口
5 陵体方上

[1] 汉阳陵帝陵外藏坑保护展示厅总平面图

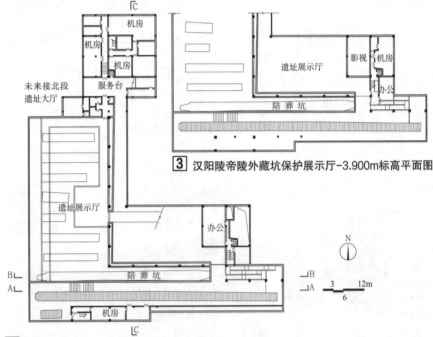

[3] 汉阳陵帝陵外藏坑保护展示厅-3.900m标高平面图

[2] 汉阳陵帝陵外藏坑保护展示厅±0.000标高平面图

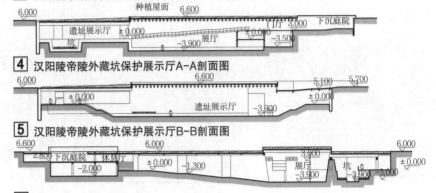

[4] 汉阳陵帝陵外藏坑保护展示厅A-A剖面图

[5] 汉阳陵帝陵外藏坑保护展示厅B-B剖面图

[6] 汉阳陵帝陵外藏坑保护展示厅C-C剖面图

[7] 汉阳陵帝陵外藏坑保护展示厅门厅引道

定义

概念:具有历史、科学、艺术价值的中国古代建筑和建筑群。

对象:中国古代留存下来的有保护和展示价值的木构建筑、砖石建筑、生土建筑[2]。

技术路线

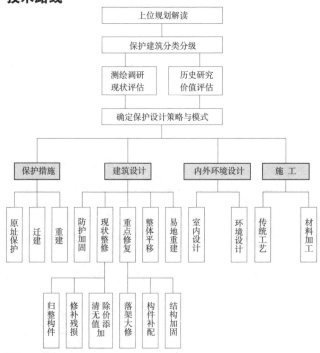

1 技术路线图

策略要点

1. 保护措施

古代建筑的保护措施主要有原址保护[3]、迁建和重建。

古代建筑原则上必须原址保护,只有在发生不可抗拒的自然灾害或因国家重大建设工程的需要,使迁移保护成为必需手段时,才可原状迁移,易地保护。对于已不存在的少量古代建筑,经特殊批准可以在原址重建的,应具备确实依据,经过充分论证,依法按程序报批,批准后方可实施,重建后应有醒目标识说明。

2. 建筑设计

是对发生病害的古建筑进行维修和保护的设计。

(1)防护加固是为防止古建筑损伤而采取的加固措施,是在古代建筑本体上附加现代材料和工程构筑物。

(2)现状整修是在不扰动现有结构、不增添新构件、基本保持现状的前提下,所采取的一般性工程措施。

(3)重点修复是保护工程中对本体干预最多的重大工程措施,采用的措施包括落架大修、构件补配、结构加固等。

(4)整体平移是古建筑很难在原址保护,且本身的结构体系与构造可以整体平移的前提下,所采取的工程措施。

(5)异地重建是古建筑很难在原址保护时,拆除后在异地重新组装建造的工程措施。

3. 内外环境设计

内外环境设计包括室内和室外环境设计[4]。

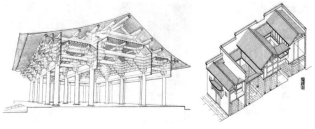

a 木构建筑(左:山西五台山佛光寺东大殿;右:安徽歙县瞻淇宁远堂)

b 砖石建筑(河北定县料敌塔) c 生土建筑(河南巩义市巴沟窑洞式住宅)

2 古代建筑保护与展示设计对象

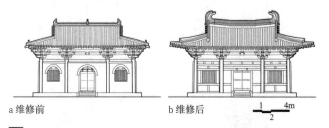

a 维修前　　　　　　　b 维修后

3 古代建筑保护措施之原址保护:山西五台山南禅寺大殿

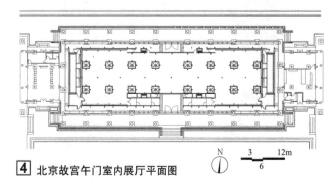

4 北京故宫午门室内展厅平面图

室内设计指结合古建筑的使用功能和展示要求对其室内装饰、家具布置等进行的设计。

室外环境设计指对古代建筑周边的历史环境进行的整治,包括对影响建筑安全或有损建筑观览的杂物堆积的清除,防灾计划的制定,对污染、交通等方面的治理,以及对现有绿化景观进行必要的更新改造设计。

4. 施工

古建筑保护与设计的施工过程非常重要,需有专门资质的施工单位承担,设计人员需参与到施工过程中,根据施工现场发现的情况调整设计方案。施工中要注重传统工艺的保护和应用,在材料选择和加工中要注重原材料的特性,并做好施工记录。

设计要点

1. 病害分析

在价值评估与现状评估的基础上，具体分析造成建筑损坏的病害，寻找病因，从而有针对性地提出保护措施。

2. 适宜性技术

采用适宜本体延续的、适合地域环境的、传承地方传统工艺的技术[1]。

建筑现状的调研评估也应采用适合的技术手段，适宜的新技术手段能够更准确高效地获取信息[2]。

3. 原真性与可逆性

为保持古代建筑本体的原真性，在必须采用新技术与新方法时，要考虑可逆性。

4. 材料与构造

反映本体特色的材料与构造，如古代木构建筑的榫卯、砖石建筑的粘结材料、夯土建筑构造工艺及材料成分配比等。

5. 施工与工艺

古代建筑保护工程实施时所采用的施工与工艺方法，应符合上述要求，以保证本体的价值。

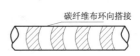
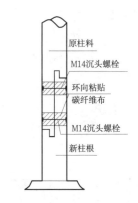

上图为檩条以碳纤维布包裹，提高强度。
右图为柱墩接做法示意。下部以新料替换糟朽的柱根，上部仍使用旧料，之间用刻半墩接的做法，以榫卯拼合，并在周围以螺栓和碳纤维布加固。

a 构件补配

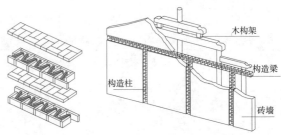

对砖砌空斗墙体的结构加固，可以通过埋设钢筋混凝土构造柱及构造梁来完成。

b 结构加固

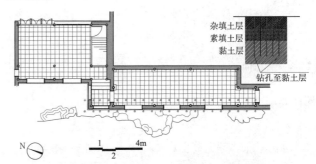

江苏苏州留园曲溪楼临水一侧基础加固，注浆孔间距0.80m，钻孔直径0.07m，深度5m，主要加固杂填土层、素填土层和黏土层。

c 基础加固

[1] 适宜性技术示例

基础资料调研表　　　　　　　　　　　　　　　　　　表1

建筑基本情况		建筑年代，所处地点
		建筑性质，原有功能，现有功能，建筑层数，结构类型等
		保护级别，保护区划，保护要求，档案资料等
建筑历史文化价值		历史文献，图像等
		建筑格局，艺术形式，与周边环境关系，色彩，装饰等
		建筑材料，结构构造等特色
		重要事件、人物、资源等
建筑现状	相关检测报告	结构检测报告，地基检测报告，病害检测报告
	病害分析	物理因素包括湿度、侵蚀、生物、污垢等
		机械因素包括变形、裂缝与裂纹、脱落、机械磨损、重力与外力等
		化学因素包括风化、氧化与腐蚀、化学磨损、生化等
		自然因素包括暴雨、洪水、水涝、水融、冻融、泥石流、地震、动物、植物等
		人为因素包括房屋建设、大型设施、搬石取土、特殊事件、不当修缮、不当展示、过度开放、缺乏管理等
建筑周围环境现状分析		人为因素包括建筑风貌不协调、过境交通穿越、城市建筑侵胁、管理权属混乱等
		自然因素包括水土流失、土壤沙化等

注：具体构件的残损结合测绘图纸标注。

a 正投形拼合照片　　　　　b 立面现状图

通过150张左右的正投形照片拼合出西立面的正投形，再在绘图软件中参照照片，绘出修缮的现状图纸，并对广胜寺塔该立面的现状进行评估。

[2] 辽宁义县广胜寺塔

甘肃青海塔尔寺阿嘉活佛南院一进倒座房维修工程

建设规模：建筑面积约150m²
设计时间：2011~2012年
设计单位：中国文化遗产研究院

青海塔尔寺阿嘉活佛院是第二世活佛任第十六任法台期间（1633~1707年）始建的，以后经历代阿嘉活佛的扩建维修达到今日之规模。南院一进倒座房进深用三柱，为后出廊二层单坡顶木构架承重建筑，明间是院大门。

鉴于该建筑多处残损，存在严重安全隐患，对其修缮原址保护。

1. 病害分析

主要残损问题是：大木构架整体向西（即后墙方向）倾斜，檐柱向北侧倾斜最大幅度0.3m，致使倒座房后檐墙即院墙向西拱出，造成大门西侧的马头墙等多处开裂。此与墙内柱腐朽、基础沉降不均以及墙基为素夯土、埋深浅有关。其次倒座房屋面渗漏，木基层糟朽严重。

2. 维修措施

（1）基础加固

重砌倒座房后墙做毛石混凝土基础，埋深大于冰冻层1.3m。重砌槛墙做三合土基础，埋深0.4m。其他需要调整标高的柱基，均将柱子原位举起，取出柱顶石，挖掉一部分松动的基础土，用三合土夯填至要求标高，再将柱础石放回原位，柱子落下。

（2）大木构架拨正与加固

拨正前需进行相关拆解，包括倒座一层全部槛墙，二层每隔一间拆除装修框架，即将设门的装修拆除。还要拆除屋面苦背和楼板。同时对与其大木构造相连的南、北厢房的屋面、楼面以及槛墙拆除，以备拨正。

针对倒座房大木构架与南、北厢房大木构架相连的构造，对倒座房大木构架的拨正需结合南、北厢房大木构架的拨正进行。拨正顺序由倒座房南或北端开始，每拨正调整一缝木架，随即对该缝木构架进行支顶并用木条对节点钉固，直至全部拨正后，对大木节点统一用铁拉条固定。

（3）木构件修配与更换

重点更换墙内柱、枋、楼板及屋面木基层的腐朽构件，墩接柱子等。以解决由于材料朽坏而造成的安全问题。

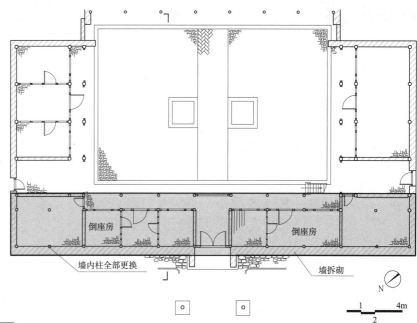

墙内柱全部更换　　墙拆砌

N

1　4m
2

1 塔尔寺阿嘉活佛南院一进倒座房平面图

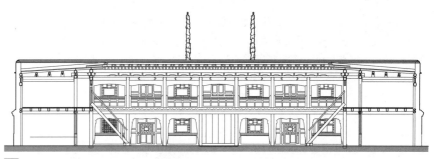

2 塔尔寺阿嘉活佛南院一进倒座房内立面图

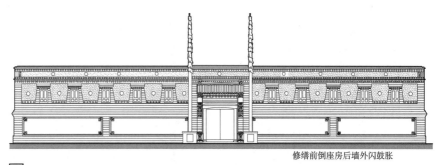

修缮前倒座房后墙外闪鼓胀

3 塔尔寺阿嘉活佛南院一进倒座房外立面图

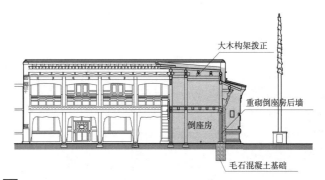

大木构架拨正

重砌倒座房后墙

倒座房

毛石混凝土基础

4 塔尔寺阿嘉活佛南院一进倒座房修缮方案剖面图

1
历史建筑
保护设计

江苏南京甘熙故居维修工程

建设规模:占地面积约1.2hm²

设计时间:2002~2004年(一期);2007年(二期)

设计单位:东南大学

　　甘熙故居始建于清中期,住宅由南捕厅15、17、19号和大板巷42、46号组成,主要建筑为穿斗木构建筑。1982年公布为南京市文物保护单位,1995年公布为江苏省文物保护单位。一期维修工程完成后,2006年公布为全国重点文物保护单位。甘熙故居是南京现存为数不多的、具代表性的清代大型住宅建筑群,体现了南京清代住宅建筑的技术和艺术成就。

　　维修工程分为两期。一期:南捕厅15、17、19号建筑及院落修缮;二期:大板巷42、46号建筑及院落的修缮,以及对后花园的整治。

　　1. 病害分析

　　由于历史的原因,一院多户、倚墙搭屋现象严重,造成原建筑呈现偏闪歪斜、不均匀沉降、木朽墙裂的状况。应对不同状况的维修对象,采取不同措施。

　　2. 维修措施

　　(1)现状整修:首先清除后代使用者添加的无价值的构件和附属建筑。其次在不改变原有构架的基础上,对其构件进行必要的更换和加固措施。再根据小木残存信息进行复原设计。对原有油漆先清除,后清洗,再施清桐油保护。

　　(2)屋架整体提升:由于城市道路标高变高,部分建筑现有室内地坪均为后代加铺的混凝土,原有柱础已被埋在地下,因此采用整体提升方法,梁架不落架。其中大板巷42号院落的第五进建筑需要抬升的距离最大,达0.5m。

　　3. 环境整治

　　根据文献考证和现状存留,对后花园范围进行整治,保留仅余土堆和现有大树。修缮甘家花园,复建书楼津逮楼和部分水池、假山,栽植树木,完善铺地。

　　4. 功能提升

　　维修前甘熙故居作为居住使用,拥挤杂乱,设施落后。维修后功能进行了调整,设立南京民俗博物馆,展示江南厅堂特色、民居与民俗、戏曲活动、甘氏家族历史等。

1 甘熙故居维修后平面及功能布局

a 屋架和楼板是一个整体,提升后柱子脱离地面

b 提升设备安装,使用HS型手动葫芦

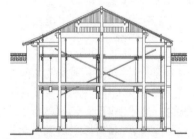

c 平面上看10个手动葫芦所在位置

4 甘熙故居大板巷42号第五进屋架整体提升

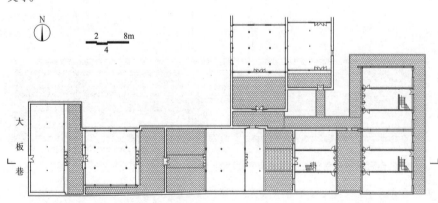

2 甘熙故居大板巷42号维修平面图

地面向下挖出柱础,并使得维修后建筑整体抬高约560mm。　地面向下挖出柱础,并使得维修后建筑整体抬高约840mm。　地面向下挖出柱础,并使得维修后建筑整体抬高约870mm。　地面向下挖出柱础,使得维修后建筑整体抬高约1070mm。　地面向下挖出柱础,使得维修后建筑整体抬高约950mm。

3 甘熙故居大板巷42号维修剖面图

天津蓟县独乐寺观音阁维修工程

建设规模：建筑面积约570m²
设计时间：1994~1998年
设计单位：中国文化遗产研究院

天津蓟县独乐寺是1961年国务院公布的第一批全国重点文物保护单位。其中的观音阁建于辽统和二年（984年），历史上曾多次修缮，最后一次大修是1901年，距本次维修已90余年。

1. 病害分析

据现场查勘，观音阁木结构整体向东南倾斜，并有逆时针扭转。部分木构件变位，部分节点松动、劈裂。对观音阁的现状进行充分观测、测绘、鉴定分析后，针对存在问题，进行修缮设计。

2. 维修措施

（1）大木构架局部落架及拨正：观音阁落架范围是为拨正下层后檐明间向南歪闪的四根柱子而设计的，局部落架尽量减少不必要的扰动。具体工作时，绘制构件编号图，并采用合适的方法对构件编号。在人工拆卸过程中避免损伤构件，设计人员跟随测量和勘察。拨正前对拨正时处于半松解状的构件和框架进行临时性的固定加固。拨正同时，对各变形点进行观测，一边拨正一边通报各观测点的变化数据，以便综合考虑和控制拨正幅度和进度。拨正后对局部进行加固，以防止回弹。保留了四角清代

增加的擎檐柱，并设计了柱上部的弹性连接，既保留了历史信息，又保持了擎檐柱的功能。

（2）整体加固：为提高整体构架的抗变形能力，拨正归安的同时，分层对整个框架进行加固。针对局部构造上的不完善部分采用局部支顶的方式。整体加固主要包括屋面加固、草架加固以及暗层柱框加固。在加固方法的设计和选择上，部分取自原结构方式，以达到浑然一体的加固效果。

（3）构件修配：大修前需要提前备料，进行干燥，所选木材应尽量与建筑原有材料相一致，或性能相似。并且对木构件进行防腐处理，可采用涂刷、喷淋和滴注的方式。本次修缮所有修配构件均有详细的记录档案并注有不同方式的年代标识，如木构件钉有铅牌，局部修补的彩画用墨书标记等。

3. 施工工艺

在局部落架前，需要搭设施工保护棚架。综合考虑：安全稳固性和保质期限；提供两个与施工保护棚连接的存放和修配木构件的工作平台，一般木构件可以不落地；避开游客可以上架参观的通道。维修前将高16m、原本靠两道拉杆与观音阁暗层连接的观音像与建筑脱离，且为了保护塑像并避免施工架位移对塑像的扰动，在观音像的外部设计了与阁的施工架不发生联系的独立保护架，该保护架是由杉篙搭成的双重井字架，并加有斜撑，外围用木板封实。

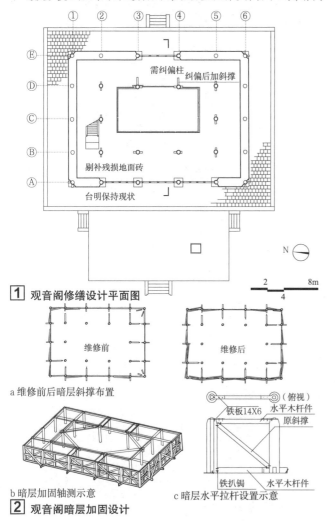

1 观音阁修缮设计平面图

a 维修前后暗层斜撑布置

b 暗层加固轴测示意

c 暗层水平拉杆设置示意

2 观音阁暗层加固设计

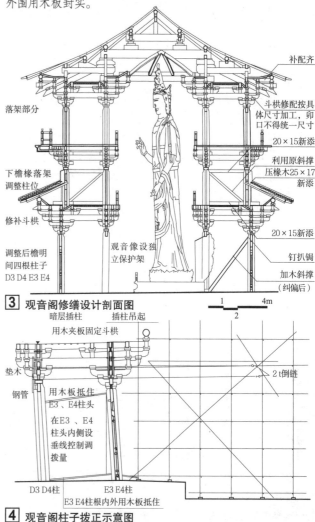

3 观音阁修缮设计剖面图

4 观音阁柱子拨正示意图

江苏苏州瑞光塔修缮设计

建设规模: 建筑面积约400m²
设计时间: 1979~1991年
设计单位: 东南大学

　　苏州瑞光塔建于宋景德元年(1004年), 1961年公布为省级文物保护单位, 1988年公布为第三批全国重点文物保护单位, 其形制及建筑结构颇具特点, 是我国北宋南方砖木混合结构楼阁式塔中比较成熟的代表作。瑞光塔在历史上遭受多次火灾和其他灾害, 年久失修, 但塔主要部分尚保留许多宋代原物。策略是对该塔进行修缮和部分复原, 恢复宋代原貌。

　　1. 病害分析

　　塔刹、平坐、腰檐等构件都已经不同程度地损坏、脱落, 塔身部分砖砌体也有松动破损。塔身向东偏南倾斜1.2m。

　　2. 维修措施

　　瑞光塔在修复前对其建筑形制及建造工艺进行了深入研究, 并对其残损破坏状况进行了测绘统计。根据瑞光塔修复前状况, 修缮工程分4个层级:

　　(1) 加固

　　加固是依据地基承载力及瑞光塔倾斜状况进行的, 以达到加强塔体整体性及稳固性的目的。包括对地基基础、砌体、楼板、塔心柱等的加固。

　　(2) 恢复原状

　　根据维修前残状进行修补和设计, 以表达原状, 包括对内部粉饰、二层铺地、天宫、彩画与彩塑以及塔顶的恢复。

　　(3) 重点修复

　　针对一些损坏严重的部位进行重点修复, 包括塔刹、栏杆、平坐、腰檐和须弥座。

　　(4) 局部复原

　　对一些已经损毁的部分经过反复论证, 进行局部复原, 主要包括楼梯与副阶, 设计依据主要是对塔现有结构的考证和分析, 同时还参照了宋代的相关文献资料。

　　3. 施工工艺

　　先内后外, 由下而上加固, 再从上而下全面修复, 大体分四段进行: ①塔内, 先加固修复塔内各层楼面、内塔壁、塔心墩及塔内的大部分木构件; ②塔底层的加固和重开塔门, 以及对塔基的加固; ③塔顶, 大修塔顶内外和重装塔刹和刹杆; ④从上而下重修各层平坐和腰檐, 以及重建副阶部分, 粉刷、油漆等穿插进行。

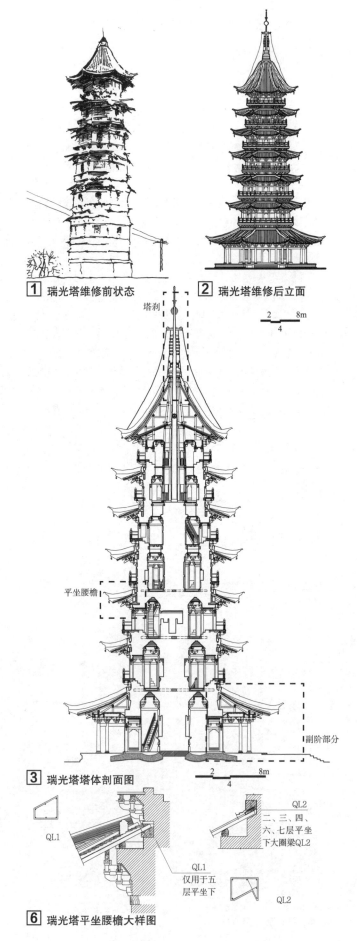

1 瑞光塔维修前状态　　**2** 瑞光塔维修后立面

塔刹

平坐腰檐

副阶部分

3 瑞光塔塔体剖面图

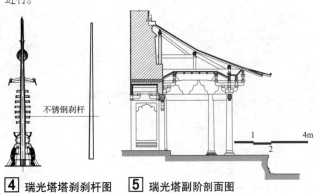

不锈钢刹杆

4 瑞光塔塔刹刹杆图　　**5** 瑞光塔副阶剖面图

QL1

QL2

QL1
仅用于五
层平坐下

二、三、四、
六、七层平坐
下大圈梁QL2

QL2

6 瑞光塔平坐腰檐大样图

意大利罗马城墙维修

建设规模: 周长约19km
设计时间: 20世纪以来
设计单位: 意大利相关文物维修部门

意大利罗马保留有较完整的城墙, 其历史信息包含自始建的奥勒良皇帝时期(271年)到后代不断改建增建的内容。

罗马城墙不同区段的建造年代、维修经历都不相同, 并且城墙上所用的材料、砌筑方式以及采取的结构构造等也不尽相同。因此, 在维修工程前首先要对本体进行价值评估和年代分析、现状评估与病害因素分析, 然后针对不同对象、具体问题进行多方案比较, 进而选择适宜性技术进行保护。维修不能抹掉城墙体现的丰富历史信息。

1. 病害分析

罗马城墙的损坏主要表现在表层砖的脱落、石材的侵蚀、灰浆的老化粉, 化以及城墙内侧土丘对城墙墙体土压力的变化引起墙体倾斜、裂缝甚至坍塌。

2. 维修措施

（1）表层砖砌体的修缮

对于表层砖块的脱落, 目前修缮方法是更换和填补损坏与脱落的砖砌体。为使修缮具可识别性, 常用标识标记。在修缮中也通过底框法（sottosquadro）——使修缮部分的表面略低于原始部分, 或使用区分法——颜色区别于原始砖等方法对修缮部分进行标识。

（2）石材的修缮

石材修缮工作主要有表面清洁、加固。清洁时要注意不要抹去石材表面人为或时间留下的痕迹, 比如, 在砌筑时加工工具在石材表面留下的痕迹。

（3）灰浆的修缮

对灰浆修缮当慎重, 因为容易消除隐存于不同时期灰浆中的信息。在具体工作中, 尽可能加固现存的原有灰浆, 修缮用的灰浆的颗粒物含量和化学成分要与原灰浆可区别, 但不能改变城墙的外观, 并且新灰浆的强度要低于原始灰浆, 以避免新、老灰浆的收缩不一。

（4）植物清除

城墙上植物清除工作要基于对植物种类的深入认识, 对于那些有害于城墙保护的植物要坚决清除, 并严格控制其再生。而与城墙保护不矛盾的植物可以保留下来, 增加城墙及历史环境的沧桑美和历史感。

（5）应对土压力的修缮

由于城墙内侧土丘产生侧推力会造成对城墙破坏, 主要可采取以下措施: ①加固城墙墙体, 如采用拉杆拉结, 增加墙体的整体性; ②修建挡土墙, 在城墙内侧距城墙几步距离处修建一道挡土墙, 使城墙承受的土压力保持原来的状况; ③建立有效的排水系统, 使雨水能迅速排走, 从而控制土壤和城墙墙体过分吸水。

2 锚杆拉结

3 修建挡土墙

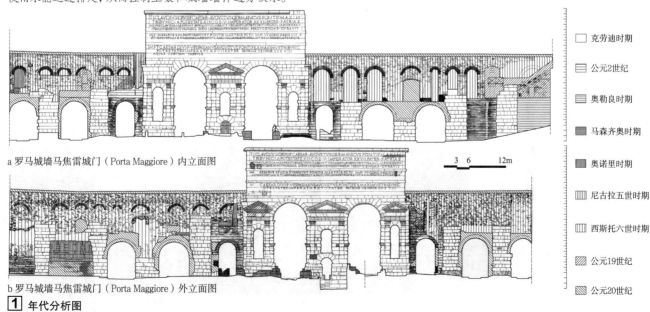

a 罗马城墙马焦雷城门（Porta Maggiore）内立面图

b 罗马城墙马焦雷城门（Porta Maggiore）外立面图

1 年代分析图

克劳迪时期
公元2世纪
奥勒良时期
马森齐奥时期
奥诺里时期
尼古拉五世时期
西斯托六世时期
公元19世纪
公元20世纪

3 6   12m

新疆交河故城东北佛寺保护加固工程

建设规模：占地面积约1250m²
设计时间：1996年
设计单位：敦煌研究院，兰州大学，西北大学

交河故城是丝绸之路上具有两千多年悠久历史的名城，1961年被国务院公布为第一批全国重点文物保护单位。今保存地面建筑遗迹多为公元3~6世纪所建，是罕见的生土建筑标本。东北佛寺是交河故城保存较好、现存较大的寺院之一。外墙体高大宏伟，中心殿堂塔座基本保存较好。而墙体经历多年风雨、人为等外在条件影响，在最薄弱的层面掏蚀凹进，使整个墙体面临倒塌危险。

1. 病害分析

现存墙体的主要病害为风蚀、雨蚀、裂隙发育、坍塌以及基础掏蚀凹进。

2. 维修措施

针对东北佛寺损坏病因，主要采取的工程措施为：3%~5%的PS溶液（特定模数硅酸钾溶液）喷洒渗透。即用当地粉土和3%的PS溶液（水灰比为0.2~0.3）进行裂隙砌补，再采用5~8mm的塑胶管根据裂隙深度布设注浆管，用5%的PS溶液和当地粉土按照水灰比为0.6拌制并灌浆。如此有效防治了东北佛寺遗址本体裂隙的发育，提高了本体抗风化强度。

3. 施工工艺

根据东北佛寺的实际地形及东北佛寺S5墙和W6墙裂隙发育而随时有坍塌危险的实际情况，自寺西侧S5墙和W6墙顺时针旋转组织施工，并按照不同的遗址本体情况进行加固。施工工艺的组织形式基本按照先结构后细部的加固组织方法，以东北佛寺S5墙为例，施工工艺流程如③所示。

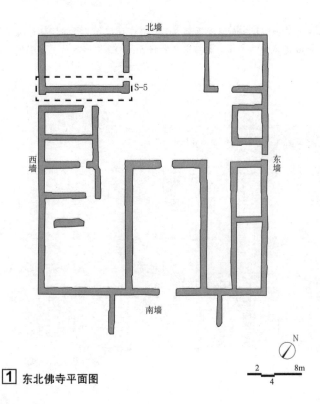

①东北佛寺平面图

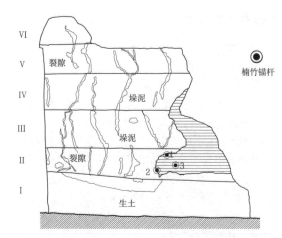

楠竹锚杆：1 长度0.35m，2 长度0.6m，3 长度0.34m；长度共计1.29m

a 西立面

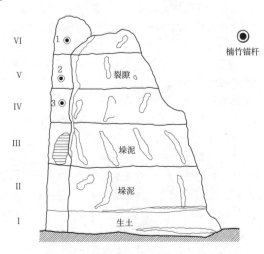

楠竹锚杆：1 长度0.65m，2 长度0.66m，3 长度0.7m；长度共计2.01m

b 北立面

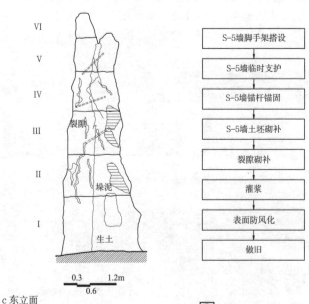

c 东立面

②东北佛寺S-5墙加固图

S-5墙脚手架搭设

S-5墙临时支护

S-5墙锚杆锚固

S-5墙土坯砌补

裂隙砌补

灌浆

表面防风化

做旧

③东北佛寺S-5墙施工工艺流程图

浙江泰顺县文兴桥修缮工程

建设规模：桥身长42m
设计时间：2008~2009年
设计单位：东南大学

文兴桥建于清咸丰七年（1857年），2006年公布为全国重点文物保护单位。该桥呈西南—东北走向，属于编梁式木拱廊桥，跨度约30m。建成后虽经过多次重建和维修，结构做法仍保存许多地域和历史特征，左右不对称的结构使得该桥在泰顺众多廊桥中颇具特色。

1. 病害分析

桥拱已发生局部塌陷，桥体严重变形，桥身倾斜及扭转，构架多处发生倾斜、歪闪、拉脱现象，存在严重结构安全隐患。除了自然力作用，台风、山洪、暴风雨和白蚁对廊桥侵害严重。

2. 维修措施

使用全站仪和三维扫描仪对文兴桥现状进行精细测绘，建立包括测绘图、三维模型、记录表格、照片等内容在内的现状数据库。在测绘基础上进行残损分析以及结构模型分析，制定出多套修缮方案，最后采用解体修缮与体系外加固并用的办法。

（1）解体修缮：根据传统修缮方式对桥屋及下部节苗（斜梁）系统进行落架解体，更换完全破坏的节苗和牛头（横梁）。

（2）体系外加固：对经评估整体保存尚好仅榫卯节点部分损坏的节苗及牛头，采取以碳纤维布裹贴补强、以钢构件加强联系等体系外方式加固。

（3）防虫防腐处理：桥梁临水，木结构易受潮腐朽，请当地的白蚁防治所对木结构做防虫处理，用于替换的木构件事先浸注防虫防腐剂。

3. 施工工艺

（1）修缮施工中需请编木廊桥的传承人作为项目参与者，并负责现场施工指导，以保证传统工艺的延续。对于如永庆桥部分节点已存有不同做法的桥体，在施工中所有节点及隐蔽做法应参照现状恢复，不得擅自篡改。

（2）将廊屋和桥拱木构架编号后落架，对构件的破损情况和承载力情况进行全面检查和记录。尽量在原有位置保留原有构件，对需要更换的构件，首先考虑采用原桥体替换下来的木料。无法从原桥体中取材的新换构件，需采用与原构件同质木料。

（3）施工过程中需有完整的施工记录，对维修变更之处进行档案记录。

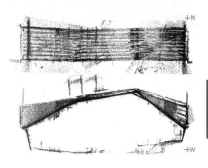

1 文兴桥三维扫描点云

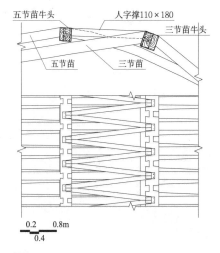

五节苗牛头　　人字撑110×180　　三节苗牛头
五节苗　　　三节苗

0.2　0.8m
0.4

2 文兴桥人字撑加固大样图

1　　　4m
2　　　N

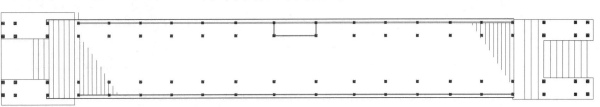

3 文兴桥维修平面图

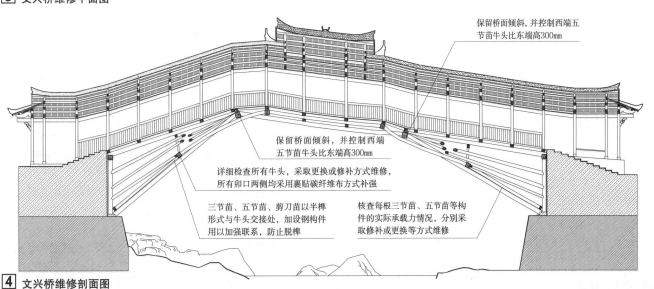

保留桥面倾斜，并控制西端五节苗牛头比东端高300mm

保留桥面倾斜，并控制西端五节苗牛头比东端高300mm

详细检查所有牛头，采取更换或修补方式维修，所有卯口两侧均采用裹贴碳纤维布方式补强

三节苗、五节苗、剪刀苗以半榫形式与牛头交接处，加设钢构件用以加强联系，防止脱榫

核查每根三节苗、五节苗等构件的实际承载力情况，分别采取修补或更换等方式维修

4 文兴桥维修剖面图

定义

概念：18世纪中叶至1949年期间，采取新的设计思路、施工技术和管理方法，运用新结构和新材料，进行建造的单体和群体建筑。

对象：具有科学、艺术、文化价值，需要保护与可以进行适宜性利用的近代建筑。

技术路线

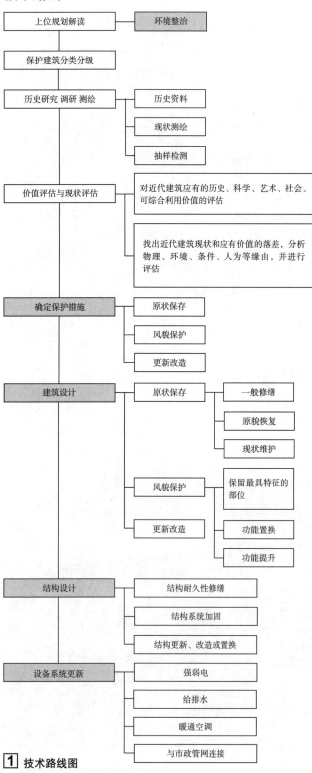

1 技术路线图

设计要点

1. 保护级别

根据近代建筑的历史、科学、艺术价值以及存续年份、完好程度等，将其分为不同级别。

近代历史建筑保护级别 表1

		全国重点文物保护单位
近代历史建筑	近代保护建筑	省级文物保护单位
		市级文物保护单位
		保护名单登录建筑
	一般近代历史建筑	

各个级别的近代历史建筑都有相应的保护要求，对其的设计需要以此确定具有针对性的保护设计措施。一般而言，级别越高的近代历史建筑，所采取的保护设计方案越谨慎。

2. 风格

中国近代建筑既混合了新旧建筑体系，也有的传承了民族的传统特色或吸收了外来的影响。多重的演变途径构成中国近代建筑风格的复杂面貌，大致可以分为以下四种，见表2。

近代建筑主要风格类型 表2

西方古典与折中主义	直接输入当时盛行于西方资本主义国家的建筑风格
西方现代派	现代主义运动传入中国之后产生的摆脱传统形式束缚、装饰简化、手法新颖的建筑风格
近代宫殿式	应用新技术建造的传统大屋顶、内部用砖墙与钢筋混凝土结构、平面按功能需要布置，又保持了中国古典建筑比例和特色的建筑风格
新民族形式	采用现代建筑的平面与形体，但在檐口、墙面、入口及室内等处施以中国传统特征的构造与装饰

近代建筑的不同风格，关系功能布局、结构形式、装饰手法、建筑材料等要素，是体现价值、特色的重要方面。

3. 改造与更新

在近代建筑保护设计中，功能置换以及性能提升是常见的设计内容，应遵循历史建筑保护的相关原则，比如：原有部分和新建部分的"可识别性"；新建部分不会对历史建筑的轮廓、形体、风格等固有风貌产生大的改变；避免改造与更新对原有建筑可能造成的不利影响，等等。

4. 结构体系

近代建筑中主要采取砖混结构、砖木混合结构、钢筋凝土结构、钢结构等建造体系。除传统的砖、石、木材以外，钢铁、玻璃，混凝土等现代材料被广泛使用。

不同的结构体系与材料类型产生的建筑特征与耐久程度的差异，是近代建筑保护与设计过程中需要着重考虑的内容。

5. 近代建筑的再利用

根据近代建筑的保护级别、历史价值和现状评估的结果、保护措施的建立，以及对使用功能的需求，通过设计使保护和利用双重实现，延长近代建筑的使用周期。

策略要点

1. 环境整治

在衔接上位规划与还原历史信息的基础上，对近代建筑和建筑群的周边环境进行修复与整理，比如：修补并还原地面、景观、植被场地要素，移除后期加建、改建的构筑物，清洗或修缮外墙，等等，注重改善近代建筑所处环境的空间品质，反映其产生、发展的城市环境及其相关的历史环境。

2. 保护措施

在研究、调研、评估的基础上，参照近代建筑的保护级别，确定对其采取的保护与设计措施，主要方式见表1。

近代建筑保护措施 　　　　　　　　　　　　　　　　　表1

原状保存	如实地反映历史遗存，在修缮、保养、迁移时，必须遵守"不改变文物原状"的原则，即"修旧如旧"
风貌保护	通常要求保持外立面的原有特征和基本材料，根据原状进行修复，对于建筑的内部设施和空间布局，可以根据实际需要加以必要的变动
更新改造	在结构安全的基础上，对近代建筑进行更新和改造，以满足实际的使用需求和规划要求

3. 建筑设计

对应保护措施，进行建筑设计，一般可采取下列方法：

建筑设计策略 　　　　　　　　　　　　　　　　　　　表2

原状保存	一般修缮	对保存情况较好的建筑进行维护，按需求作局部性修补
	原貌恢复	对破损处采用历史材料或者近似材料，按原型进行修复
	现状维护	对破损处不进行修复，保留历史材料并采取措施提高历史材料的耐久性。此外，还应包括门窗系统及油漆与粉刷等饰面的修复，以及对构件的清洗、修补与出新，等等
风貌保护		保留最具特征的内容，包括特别的样式风格、材料和工艺等，及当时的先进技术与新的空间形式
更新改造		根据实际需求进行功能置换和功能提升

通常情况下，通过对正立面的修缮，恢复其历史风貌，是近代建筑保护设计的重点。

4. 结构设计

（1）结构耐久性修缮，是指原有建筑结构尚能满足使用与安全需求的情况下，改善提高其耐久性能，进行一定的防劣化措施，延长使用寿命。

（2）结构加固，是指通过有效的措施，使受损结构恢复原有的结构功能，或者在已有结构的基础上，增加一定数量的结构部件，提高原有结构的承重能力，使其满足新的使用条件下的功能要求。

（3）结构更新、改造或置换，是指在原有结构体系失去强度或者损毁严重的情况下，以不破坏建筑风貌为前提，根据实际需要，选择适宜的结构类型，部分或整体地替换或者重新布置承重构件，承担对围护构件与建筑荷载的支撑作用。

5. 设备系统更新

对于将持续使用或功能置换的近代建筑，对于不满足现代生活需要的各类设备进行替换，例如，功率不足的电气设备、老化严重的上下水管道、性能落后的采暖通风系统，等等，以保证历史建筑在重新投入使用后能够安全高效地运作。

1
历史建筑
保护设计

1 上海外滩18号对正立面进行原貌恢复

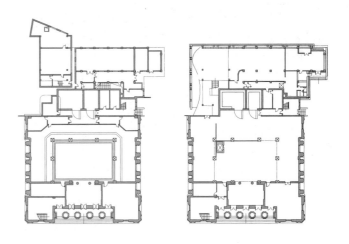

2 南京中山东路1号对北侧新建建筑进行更新改造

基础资料调研表 　　　　　　　　　　　　　　　　　表3

调研对象概况	建筑现用名称、曾用名称、地址、保护级别、建造时间、建设单位、建筑师、产权归属、功能类型、原先用途、现状用途
调研内容	建筑风格、建筑基地面积、建筑面积、建筑高度、建筑层数、结构类型、周边环境状况
现状描述	主要部位现状描述、典型细部、家具和陈设、特色材料工艺、设备老化状况
结构检测报告	检测部门、检测时间、检测人员、检测结论、结构修缮方案建议
测绘文件	测绘时间、测绘人员、总平面图、各层平面图、立面图、主要剖面图、典型细部、门窗表、三维模型、现场照片、残损情况标注
相关资料	相关历史信息、原始设计文件、改造记录、产权更迭情况
设计条件	上位规划解读、保护级别的限制、改造后的功能要求、相关建筑规范
调研结论	现状综述、价值评估、拟采取的保护措施

江苏南京北京西路60号修缮改造

建设规模: 283m²
设计时间: 2005年
设计单位: 东南大学

北京西路60号位于南京市颐和路风貌区, 曾是近代时期的高级独栋住宅, 呈现出现代建筑特征。

改造以前, 北京西路60号院落内的绿地被临时搭建所侵占, 环境脏乱。

主体结构年久失修, 白蚁侵蚀、木屋架腐朽、外墙风化等现象严重。

修缮改造后的北京西路60号作为小型接待场所继续使用。

1. 原貌恢复

拆除1960年代的加建, 恢复建筑初建时的原貌, 在一层的前廊位置增加一部分会客空间, 采用钢结构和落地玻璃的形式, 使扩建部分与原有部分在外观有所区分。

2. 结构置换

为保证建筑继续使用的结构安全并满足功能调整的需要, 在维持外观基本不变的前提下, 对内部结构进行更新与改造:

保留并加固外墙, 拆除建筑原先的砖混结构, 置换为钢筋混凝土框架;

保留原有的木构屋架, 更换腐朽的部分, 局部采用钢结构进行加固, 做防腐防蚁处理。

3. 设备更新

利用现代的信息智能控制、空调和水电系统替换有设备。

淡黄色外墙涂料（参照原墙面）
无色透明夹丝玻璃
热轧变截面工字钢
铸铁栏杆
热轧工字钢
修整原有瓦屋面
仿原有清水砖墙
清洗原有清水砖墙
清洗原有砂浆抹面

1 北京西路60号改造立面图

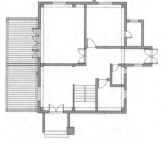

a 一层平面图（改造前）　　b 一层平面图（改造后）

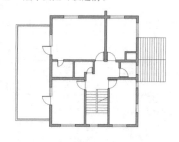

c 二层平面图（改造前）　　d 二层平面图（改造后）

2 北京西路60号改造平面图

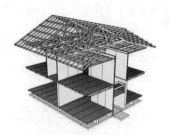

3 北京西路60号改造前结构体系

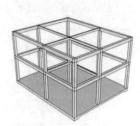

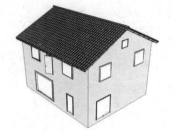

4 北京西路60号改造后结构体系

江苏南京金陵机器制造局木厂大楼修缮改造

建设规模：846m²
设计时间：2010年
设计单位：东南大学

　　木厂大楼位于金陵机器制造局遗址的中心位置，建于清光绪十二年（1886年），是中国近代工业发展的重要历史见证。

　　建筑采用长方形平面，砖木混合结构，外部为清水砖墙，屋顶由东侧攒尖顶和西侧四坡顶两部分组成。

　　改造前建筑形体保存完好，但立面变动较大，又以东立面遭破坏最为严重。门窗大部分被拆毁改造，仅保留西北角一处。主体结构出现安全隐患，有植物攀附现象，对墙体耐久性造成一定影响。

　　1. 原貌恢复

　　翻新屋面瓦，替换损坏的屋面板、木屋架、木椽子等构件，更换防水层，加做保温层，依照整体风貌修复金属檐沟的落水系统。

　　清除外墙面附着的植物、青苔、污损等异物，视破损情况修补或更换外墙砖块，恢复其清水表面后，再使用灌浆、注射的方法对墙体进行加固。

　　按原有性质恢复门窗，对缺损的五金件尽量按原先式样定制。

　　2. 功能置换

　　根据室内高度不同重新布置功能，西侧较矮，分隔后保持一层空间，东侧较高，设置夹层。暴露原状中富有特色的屋架体系，木楼梯、楼板亦保持原有风貌。增加部分使用钢结构，与其工业风格匹配，并与原有承重体系分离。

　　3. 结构设计

　　墙体以钢筋网水泥浆面层加固，墙体相交处增设构造柱。屋架下部墙体设置混凝土圈梁，提升抗震性能，用槽钢加固木屋架下弦的横向刚度。

恢复原有拱门　　恢复原窗　　恢复原有拱门

1 木厂大楼修缮与更新立面图

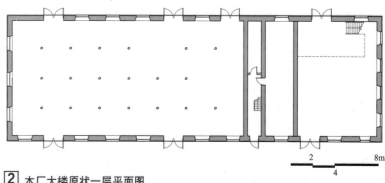

2 木厂大楼原状一层平面图

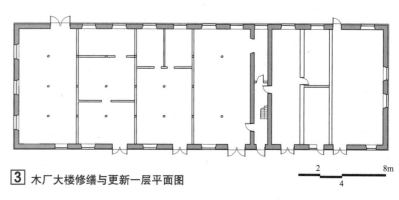

3 木厂大楼修缮与更新一层平面图

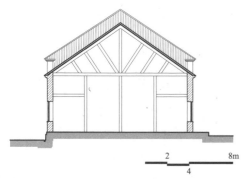

4 木厂大楼修缮与更新横剖面图

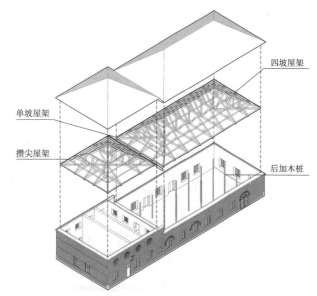

四坡屋架
单坡屋架
攒尖屋架
后加木桩

5 木厂大楼结构改造图

"1933老场坊" 原上海工部局宰牲场改造

建设规模: 32000m²
设计时间: 2006~2007年
设计单位: 中国中元国际工程有限公司

原上海工部局宰牲场建于1933年, 其中1号楼为当时远东规模最大、设备最先进的屠宰场。

建筑主体为钢筋混凝土结构, 建造时采用了当时先进的"伞形无梁楼盖"技术。平面布局由东、南、西、北四部分围合成方楼, 环抱正中24边形的圆楼, 两部分通过26座廊桥连接, 建筑空间错综复杂, 神秘而奇幻。

原上海工部局宰牲场曾被许多单位用作仓库及辅助用房, 墙体的混凝土表层被涂料、面砖、马赛克等材料覆盖, 原先的室内空间被重新分割, 许多廊桥遭到了破坏。

2007年改造完成后作为创意产业园重新投入使用。

1. 原貌恢复

修复西立面, 清理被封堵的花格, 将表面管线移位, 修复门窗, 损毁严重者依原样复制。修复损坏的内外廊桥与伞形柱帽, 按原工艺材料重做水泥抹面。公共空间采用统一的混凝土饰面, 去除后来叠加的马赛克、面砖、涂料、木材等, 恢复建筑的原貌。

2. 功能置换

宰牲场功能被废弃之后, 这里被注入创意产业的新功能, 改造成具有地标性的顶级消费品交易中心, 即"1933老场坊"。

灰色的混凝土空间局部加上金属与玻璃构件, 在历史空间中营造出时代特色。

3. 功能提升

拆除大部分后期增建的内隔墙, 根据新的功能定位以轻质隔断划分空间。增设楼梯、电梯, 公共卫生间, 重布满足现代需要的设备竖井与管线。

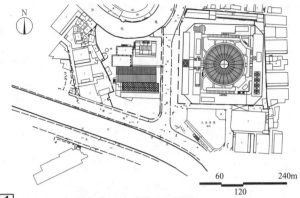

1 原上海工部局宰牲场改造前总平面图

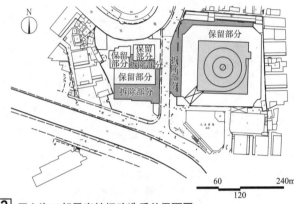

2 原上海工部局宰牲场改造后总平面图

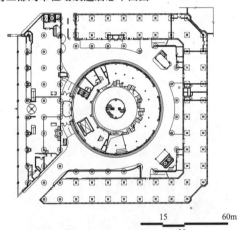

3 原上海工部局宰牲场改造后一层平面图

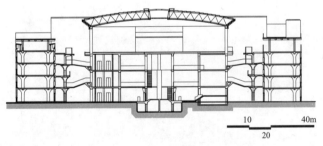

5 原上海工部局宰牲场改造后剖面图

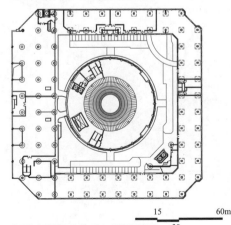

4 原上海工部局宰牲场改造后五层平面图

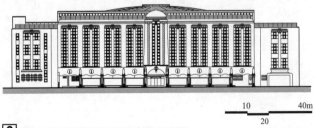

6 原上海工部局宰牲场改造后立面图

上海和平饭店修缮改造

建设规模: 43080m²
设计时间: 2007~2010年
设计单位: 华东建筑集团股份有限公司上海建筑设计研究院有限公司

和平饭店原名华懋饭店,于1929年由英籍犹太商人埃利斯·维克多·沙逊投资,公和洋行设计,新仁营造厂承建,亦称"沙逊大厦"。1956年更名为和平饭店,用作外宾接待场所。

和平饭店地上13层,地下1层,高77m,反映了兴建时期西方建筑的流行风格,受"芝加哥学派"影响,体形简洁,以竖向线条连贯整体,局部的石雕与铁艺装饰呈现出"装饰艺术风格",精致典雅,内部装饰华贵,设施先进,曾有"远东第一楼"的美誉。

修缮前的和平饭店基本保持了原先的总体形象以及各部分的特色装修,等等。主要存在产权分置、流线不合理的问题,内廊被分割使用,局部有后来搭建的夹层与楼梯。客房内部陈旧,设备落后,影响日常使用。

1. 原貌恢复

完整保护原沙逊大厦以"A"字形平面东临外滩、南沿南京东路、北接滇池路街道的总体形象。检测并加固结构部件。

迁出八角中庭位置的外贸商场,拆除后来搭建的楼板与楼梯,恢复原有的极富特色的"丰"字形内廊。重点保护建筑的特色部位,在历史研究的基础上,保护并恢复空间界面及其装饰特点。

2. 功能提升

在西侧扩建新楼,置换中国电信的办公用房,并与旧楼之间形成过街楼,用作贵宾下客室。对客房进行改造,扩大卫生间,补充完善顶级酒店所需的配套用房,包括泳池、机房、厨房等。重做屋面保温层、空调与给排水、电气、无障碍与消防、疏散系统设计。

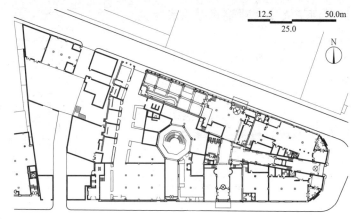

2 和平饭店改造前一层平面图

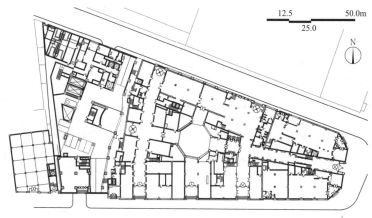

3 和平饭店改造后一层平面图

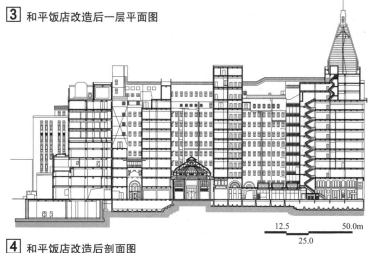

4 和平饭店改造后剖面图

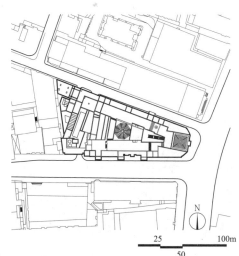

1 和平饭店改造后总平面图

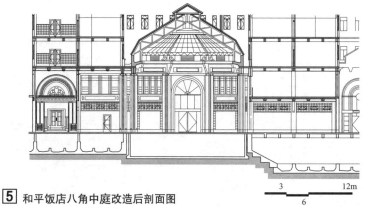

5 和平饭店八角中庭改造后剖面图

江苏南京大华大戏院修缮改造

建设规模: 7453m²
设计时间: 2006~2012年
设计单位: 东南大学

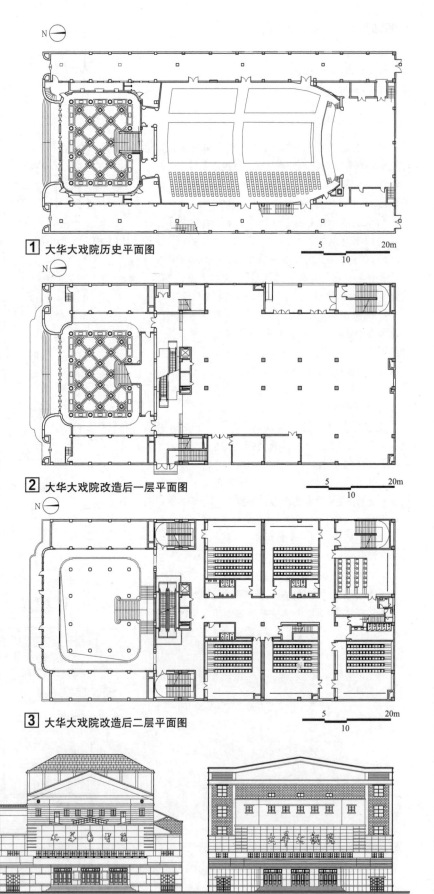

1 大华大戏院历史平面图

2 大华大戏院改造后一层平面图

3 大华大戏院改造后二层平面图

大华大戏院1934年始建, 1935年完成, 由杨廷宝先生主持设计, 是近代建筑"中西合璧"样式的典范, 设计采用中国传统装饰构件和图案, 并加以简化, 同时使用现代的技术和材料, 造型简洁, 空间实用, 兼有民族性和现代感。

维修前的大华大戏院结构老化, 墙体开裂, 屋面损坏, 存在严重的安全隐患, 且不能满足现代电影院的经营需求。建筑室内曾经历多次改造, 空间、功能、结构、装饰等方面都有较大调整: 门厅部分有两处仿古式样的木构加建; 观众厅部分采用钢筋混凝土结构对原有屋架进行替换, 这种不可逆的改动严重破坏了该部分的历史信息。

1. 原貌恢复

根据历史文献、影像资料、原始设计图、历次测绘资料, 对大华大戏院保存相对完好、艺术价值较高的前厅部分进行修缮, 恢复其历史风貌。

对前厅中的结构构件及其内外装饰, 依原貌进行维护、修补与出新; 拆除门厅中的木构加建, 恢复其原先的空间格局; 对天花、柱子、楼梯、墙壁、门窗等部位不同材质的装饰根据具体情况进行清洗、修补或者替换; 拆除前厅顶部的原有搭建, 加盖玻璃天窗, 改善了室内采光条件。

2. 改造更新

对原貌遭到破坏的观众厅部分进行改造, 在维持原有建筑体量基本不变的前提下, 将其设计成现代化多厅电影院。建筑立面沿用清水砖墙的原有风格, 与前厅部分相统一。在保证结构安全的前提下, 在观众厅部分增加一层地下室, 用于停车场、设备间和附属用房。改造方案保持了原先的对称布局, 实现新旧两部分轴线关系上的延续。

4 大华大戏院历史立面图

5 大华大戏院1997年测绘立面图

6 大华大戏院改造后立面图

上海音乐厅修缮改造工程

建设规模：12816m²
设计时间：2002~2003年
设计单位：上海章明建筑师事务所

上海音乐厅原名"南京大戏院"，建于1930年，1959年更名为"上海音乐厅"，沿用至今。由近代建筑师范文照、赵琛设计，属于西式古典风格。入口大厅处16根罗马式立柱气度非凡；观众厅平面简洁规范，空间富有层次变化，色彩素雅庄重。

修缮前的音乐厅旧址贴邻高架，喧闹的交通对演出效果造成不利影响；原有面积和设施也不再适应现代音乐演出的需要；外墙面多处破损，加建了不合理的构筑物；混凝土碳化现象严重，强度不足。

2003年，配合延安路高架的拓宽，上海音乐厅向东南平移并抬高，经过修缮和扩建，重新成为上海市的高雅艺术观演场所。

1. 整体迁移

2003年上海音乐厅平移工程开始，平移中采用混凝土底盘固定原有结构，保证平移过程中建筑上部的相对稳定。同年6月，平移工程完成，音乐厅向东南方向移动66.46m，抬高3.38m。到位后进行二次顶升，达到设计标高。原有结构柱与新的柱子接驳，"嵌固"在增加的地下室上。

2. 原貌恢复

对音乐厅进行修缮与扩建。恢复原音乐厅室内外建筑风貌，在拆除、修补、清洗等步骤中，根据历史资料选用材料，无稽可考的则采取与整体风格相协调的纹饰和颜色予以补齐。

3. 功能提升

增设南侧门厅和西侧观众休息厅，与原有东厅、北厅贯通；增加化妆间等功能房间和设备用房；增设客梯和货梯，针对不同流线各设专门出入口，互不干扰。新建部分通过贴面、线脚等造型手段与原有部分相协调，保证西式古典风格的整体统一。

2 上海音乐厅修缮效果

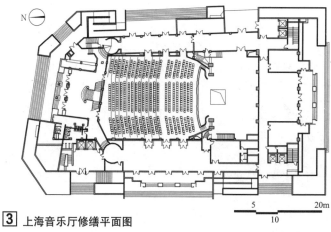

3 上海音乐厅修缮平面图

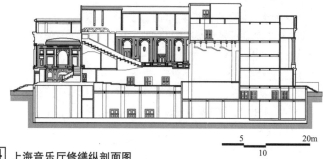

4 上海音乐厅修缮纵剖面图

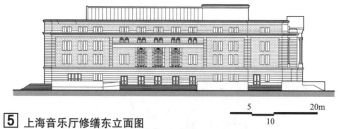

5 上海音乐厅修缮东立面图

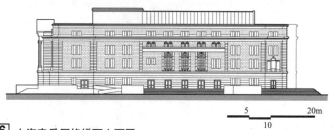

6 上海音乐厅修缮西立面图

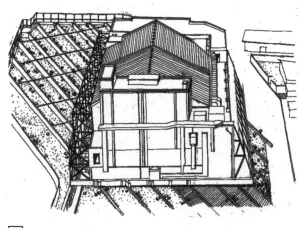

1 上海音乐厅迁移

北京清华大学大礼堂修缮改造

建设规模：2094m²
设计时间：2006～2011年
设计单位：清华大学

　　清华大学大礼堂始建于1917年，建成于1921年，由美国建筑师墨菲(H. K. Murphy)设计，是清华大学校园早年的标志性建筑。

　　礼堂位于清华大学中部大草坪正北端，平面呈正十字形，南端为门厅，北端为舞台。

　　礼堂的铜面穹顶属罗马式拜占庭风格，穹顶四周各有一块三角形顶楣，十字形坡顶与穹顶构成了屋顶的主要构图要素。礼堂三个圆拱形铜门上刻有浮雕，嵌在汉白玉门套中，与红色砖墙形成对比，门前四根汉白玉柱，属希腊式爱奥尼风格。礼堂朴素端庄，比例优美，细部精致，达到了很高的艺术成就。

　　改造前的大礼堂主要存在结构损坏、空间狭小、配套设施不足等问题，观众厅在照明、空调和声学方面也不能满足实际使用的需求。

　　2006年，清华大学对其进行改造，并于2011年完工重新投入使用。

　　1. 原貌恢复

　　对艺术价值较高的立面、穹顶，特别是门厅等部位进行复原；对损坏严重的门窗等部件，参照原先的材料和工艺重制并替换；对后来添加的设备进行隐藏。

　　2. 功能提升

　　将大礼堂的旧舞台向前伸出3m，添置一块LED屏幕；凿开地板，在座位下布置送风设备；利用地板下的空间，加建卫生间；结合地下室布置改造楼梯间，联系上下层。

　　3. 功能置换

　　施工过程中，在现场发现了清康熙年间陈梦雷故居遗址，出于保护和展示的考虑，变更改造方案，以玻璃橱窗对300年前的文物进行展示。

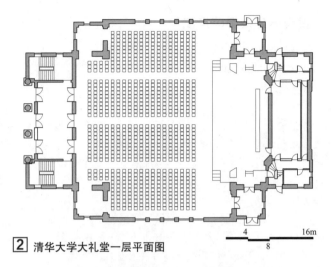

2 清华大学大礼堂一层平面图

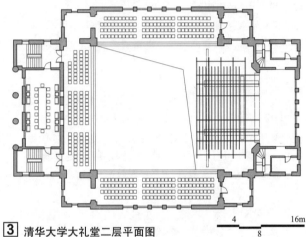

3 清华大学大礼堂二层平面图

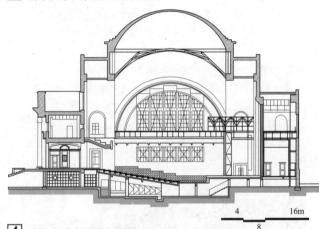

4 清华大学大礼堂剖面图

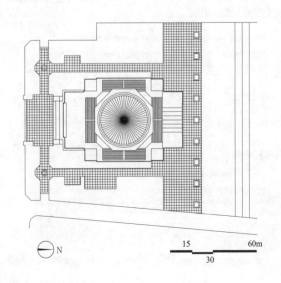

1 清华大学大礼堂总平面图

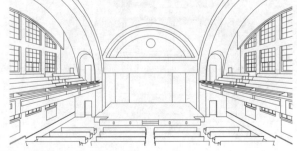

5 清华大学大礼堂修缮效果

1
历史建筑
保护设计

德国柏林新博物馆（Neues Museum）修复

建设规模：10731m²

设计时间：1997年

设计单位：大卫·希波菲尔德建筑师事务所
（David Chipperfield Architects）

　　柏林新博物馆建于1841~1859年间，位于柏林"博物馆之岛"，因为当时岛上已经有一座1830年开馆的柏林老博物馆，故取名新博物馆。建筑正立面采用古典"三段式"构图，风格典雅。

　　新博物馆是柏林最重要的公共建筑之一，二战时毁于战火。西北角的翼楼以及东南角的塔楼几乎完全破坏，由于长期废置，其余部分也有不同程度损毁。1997年，希波菲尔德事务所赢得重建项目的设计竞赛。2009年，博物馆修缮改造工程完成，重新开放。

　　1. 原貌恢复

　　为重现昔日建筑体量，围绕博物馆废墟进行维修和复原。新建部分通过对历史建筑中房屋、柱廊等部分格局的恢复，建立了和现存建筑结构与空间上的连续性。

　　2. 保留最具特征的部位

　　新建部分采用"三段式"构图和历史立面进行呼应，但并未作单纯的模仿，而是使用较抽象的风格，在立面上呈现出新旧两部分的差异。

　　3. 功能提升

　　对现存的建筑空间进行修补，恢复历史建筑的空间格局，新建部分室内以白水泥混合大理石芯片的预制混凝土构件和回收的手工砖建造，但省略了传统装饰的部分细节。

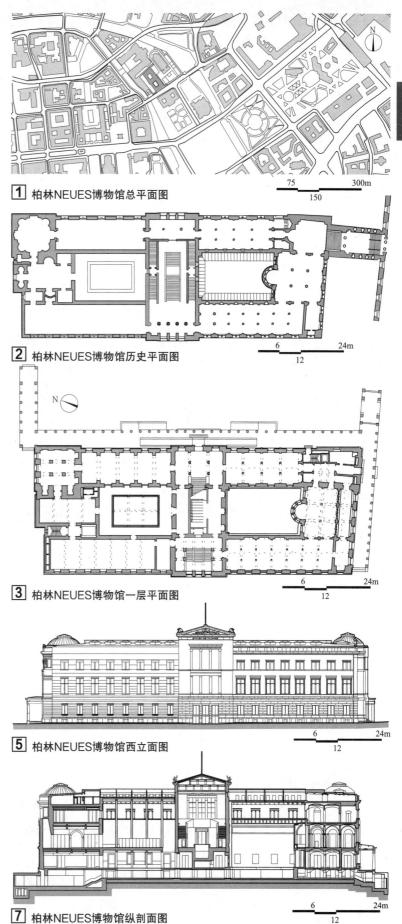

1 柏林NEUES博物馆总平面图

2 柏林NEUES博物馆历史平面图

3 柏林NEUES博物馆一层平面图

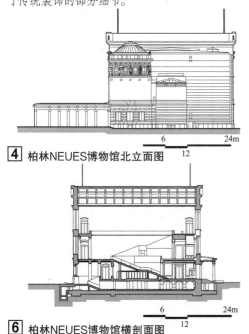

4 柏林NEUES博物馆北立面图

5 柏林NEUES博物馆西立面图

6 柏林NEUES博物馆横剖面图

7 柏林NEUES博物馆纵剖面图

美国纽约宾夕法尼亚车站修复

建设规模: 36220m²
设计时间: 1998~2001年
设计单位: SOM事务所

原宾夕法尼亚车站建成于1910年,为罗马复兴风格,由金属和玻璃构成,构造复杂、线条优美的天窗覆盖着高达40m多的中央大厅,是19世纪中叶以来美国独立发展出来的"铸铁式"风格的典范。

1964年,在城市发展中,车站被拆除,堪称20世纪最重大的建筑遗产破坏事件之一,促成了美国历史建筑保护体系的建立。

法利大厦1914年作为车站的配套项目而建,曾是世界上最大的邮件处理中心。

"宾夕法尼亚车站重建项目"又称"法利·宾州车站工程"(the Farley / Penn Station Project),是通过对原纽约邮政总局即法利大厦(James A. Farley Building)的改建和利用所做的全新的宾夕法尼亚车站设计,从而将已被拆除的原火车站旧址恢复为纽约市的铁路入口。

1. 功能置换

法利大厦东边部分的内院被改建为新宾夕法尼亚车站的候车大厅,周围改建为各种商业、办公与娱乐设施。东西两部分被钢材和玻璃组成的巨大的曲面壳体所覆盖,新旧对比强烈,具有鲜明的"可识别性"。

2. 功能提升

对纽约市地铁出入口做重新规划,满足日均50万人次的客流量;为与第31、33大街的入口相适应,拓宽部分街道修建地面人行道,机动车道通过坡道转入地下系统,改善该地区的交通状况。

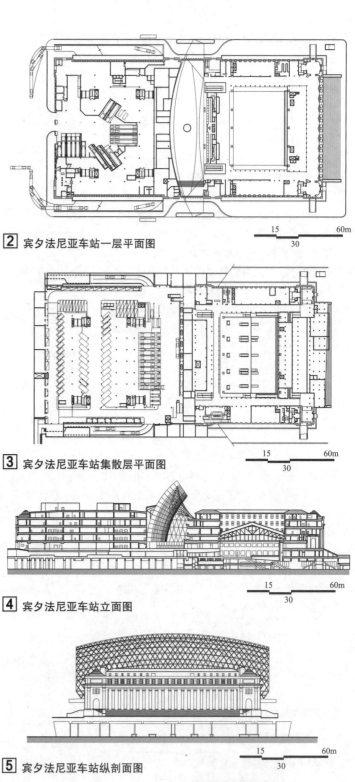

15
30
60m

2 宾夕法尼亚车站一层平面图

15
30
60m

3 宾夕法尼亚车站集散层平面图

15
30
60m

4 宾夕法尼亚车站立面图

15
30
60m

5 宾夕法尼亚车站纵剖面图

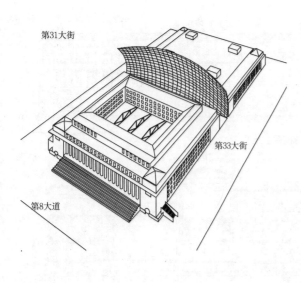

第31大街
第33大街
第8大道

1 宾夕法尼亚车站候车大厅透视

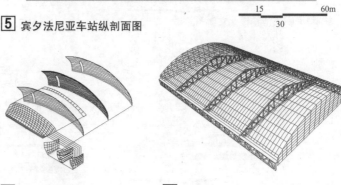

6 玻璃壳体生成示意

7 天窗覆盖下的桁架

定义

概念:保存建筑遗产比较集中,能够较完整、真实地体现传统格局、历史风貌和生活方式,且具有一定规模的历史文化街区（村镇）内的地块、建筑（群）和空间环境的保存、改建和新建建筑设计。

对象:历史文化街区（村镇）内的设计对象分为:以整修、完善现状建筑和场地为主的保护型设计,如北京南锣鼓巷①a;对现状建筑和场地进行改造、再利用的改造型设计,如成都宽窄巷子①b;以及完全重新建造的新建型设计,如北京菊儿胡同①c。所有设计对象均受到《历史文化名城名镇名村保护条例》和相关保护规划的制约。

技术路线

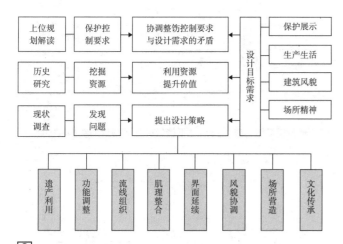

② 技术路线图

设计要点

1. 保护利用

历史文化街区（村镇）的建筑设计应以不损害基地内部及毗邻历史建筑、考古遗址和历史景观的价值为前提,明确保护或保留的对象并探索其利用方式,通过审慎的建筑设计处理保留部分与新建和改扩建部分的空间、景观和功能流线关系。

2. 生产生活

建筑功能的设置应满足历史文化街区（村镇）保护规划对用地性质的限制要求,并符合街区未来的发展目标,努力提升现有的生产、生活环境与品质,提高居民收入,增强社区活力,为未来经济、社会、人口的可持续发展提供机会和可能。

3. 建筑风貌

建筑设计在空间体量、平面布局、立面造型、材料色彩、装饰风格等方面,需满足已批准的保护规划对街巷肌理、建筑高度、风格、色彩等方面的控制性要求,并呼应周边自然环境、街巷格局、建筑风格和场所意境。

4. 场所精神

在满足功能使用需求的同时,应充分调查研究项目场地及其所在街区和城市的历史文化信息,挖掘提炼其精神内涵,通过建筑、场地和环境景观的精心设计,反映和彰显场所精神。

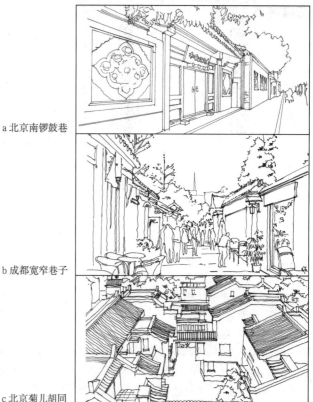

a 北京南锣鼓巷

b 成都宽窄巷子

c 北京菊儿胡同

① 历史文化街区设计对象

基础资料调研表 表1

上位规划对本地块的保护控制要求	所处历史文化街区（村镇）的核心保护范围或建设控制地带内的用地性质、红线退让、高度体量、风格色彩、街巷立面的控制要求
	文物保护单位的级别、保护范围、建设控制地带和环境协调区范围及其保护、控制、展示利用要求
	历史建筑及历史环境要素的保护范围和展示、利用方式
	所涉及的用地内各现状建筑的整饬方式,如保护、修缮、改善、保留、维修、改造、拆除、重建等
文脉与历史文化价值	项目在城市和历史文化街区中的区位
	与周边自然、文化资源及展示线路的关系
	街区的历史文化价值特色及其与项目地块和建筑的关系
	街区肌理、建筑格局、高度体量、造型风格、材料构造、色彩、装饰等特色
建筑与环境现状	用地内保留建筑的建造时代、使用功能、结构质量、层数面积、造型风格、材料构造、设施、业主权等
	建筑之间的空间关系,及其与周边道路、场所和建筑群的视线和交通联系
	地形地貌、水系、古井、绿化、铺装等
现状交通及基础设施条件	用地与周边城市道路及公交停车设施的关系,主要人流、车流来向及交通量
	主要出入口设置、控制性详细规划中的交通要求
	道路、给水排水、电力电信、燃气采暖、环境卫生、消防防灾等管线设施条件
	周边市政管网设施条件和规划容量
设计功能、体量、风格和市政设备需求	设计需求的各项功能对街区保护的适宜性
	设计需求的建筑体量（包括面积和高度）对街区控制要求的适宜性
	机动交通、停车、人流集散需求的合理容量
	各项基础设施管线设备需求的合理容量
	设计风格需求与街区风貌特色和保护要求的适宜性

策略要点（一）

1. 遗产利用

历史文化街区（村镇）的历史建筑保护与设计需要采取审慎、灵活的技术手段，首先保证有保留价值的历史建筑、地下遗址和历史景观得到充分的保护，其次要考虑对场地内外历史遗产进行充分的功能利用、文化展示和景观欣赏①。

2. 功能配置

建筑设计可能保持和提升现有使用功能，也可能置换或者增加符合保护要求的各种新功能。功能布局应满足未来生产生活需要，同时反映街区功能特色和传统，与周边历史环境相协调②。

3. 流线组织

对外交通应充分考虑街区内既有道路系统与区外的城市道路的接驳，大量机动车和货物、污物出入口应避开历史街巷和主要景观面。街区交通组织应尽量保持原有空间形态，避免单一导向的人流组织。建筑内部应避免人车混行和主要功能与后勤服务流线的交叉③。

4. 肌理整合

遵守街巷空间保护和建筑体量控制要求，充分研究街区空间肌理，避免因大面积改、拆建导致原肌理的丧失，或者因连续的新建建筑而改变原有肌理、尺度和风貌。注意特定不同地域、时代街区肌理的个性，重视建筑和肌理一体两面的特殊属性，兼顾平面和立面设计对肌理的整合作用④。

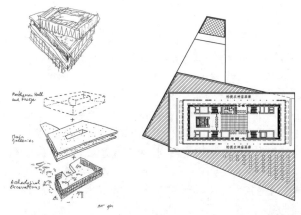

a 设计概念图　　　　b 三层与帕提农神庙平面同构的画廊

c 剖面图

① 雅典新卫城博物馆展示地下遗址并呼应附近的帕提农神庙

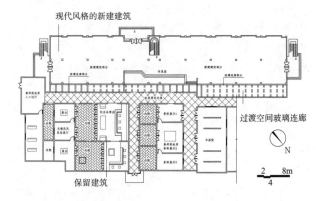

② 江苏无锡文渊坊古建筑承担展陈、休闲功能

a 恢复依据—1959年城市平面图

b 历史建筑和恢复合院规划

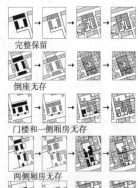

c 院落格局演变类型分析图

④ 辽宁兴城古城修建性详细规划对历史肌理的研究与延续

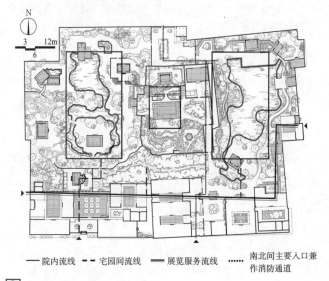

—— 院内流线　--- 宅园间流线　—— 展览服务流线　▶ 南北间主要入口兼作消防通道

③ 江苏泰州乔园规划流线组织

策略要点（二）

1. 界面延续

遵守街区保护对建筑高度、体量和界面的控制要求，对各主要景观视角中拟建建筑高度与体量进行视线分析，必要时采用现状建筑立面整饬、整体或局部降层改造，新建筑体量分散、退台、高度错落等方式弱化建筑体量感，权衡相邻建筑的开间、层高尺度及墙体、洞口虚实关系，以保持与街区原有风貌的和谐1。

2. 风格协调

充分理解街区在整体上因时代、地域、职能而产生的建筑风格基调，研究历史建筑的立面造型、建筑用材和装饰特色，保护、修缮和修复建筑需与历史风格相关联，改建、扩建和新建建筑应与环境风格相协调。当设计范围较大时，还应注意在整体协调下的丰富性和多样性2。

3. 场所营造

结合文献研究和保护规划定位，充分保护、展示并利用街区内广场、路口、桥头、井边等历史场所或重要古代建筑、遗址所在地、事件发生地，通过建筑和环境设计，展示历史信息，延续或恢复传统活动，并激发新的符合保护发展需求的公共活动，体现原有历史空间形态的价值，延续场所精神3。

4. 文化传承

结合街区历史场所精神和非物质文化遗产，为非遗的展示、解说、体验、制作、销售、传承和再利用活动提供必要的空间、场所和设施，在建筑造型、立面装饰、环境小品等设计中吸收融入地方文化特有的主题、造型、图案和色彩等元素，在满足建筑使用功能的前提下，既展示时代特色和创新意图，又传承所在地域的历史文化底蕴4。

a 场坝设计总图

保留建筑
整治建筑
新建建筑

b 场坝剖面分析

3 贵州青岩古镇保护与发展设计：传统场院空间的恢复

1 大槐树
2 劳作场景雕塑
3 茶室
4 室外茶室
5 山下小径
6 龙窑遗址模型

4 江苏宜兴古南街历史文化街区紫砂文化展示空间设计

二层檐口高度5.7~6.3m，屋脊不高于8.4m；
开间3~4.2m；
一层立面以门窗满铺为主，二层不限；
墙体浅色粉刷或清水砖墙

相邻同层房屋屋脊与檐口高度避免一样，高差控制在0.3~0.9m

二层檐口高度6.3~6.6m，屋脊不高于9.6m；
开间3~4.2m；立面以门窗满铺为主；
墙体浅色粉刷或清水砖墙

1 安徽芜湖古城保护与复兴对历史界面控制的导则（上）和示范设计（下）

原有建筑　　　　　　新建建筑

2 常州青果巷历史文化街区的新建建筑与原有建筑相协调

1
历史建筑
保护设计

江苏苏州董氏义庄茶室

建设规模: 占地0.24hm², 建筑面积1800m²
设计时间: 2003年
设计单位: 同济大学

　　董氏义庄位于苏州市平江历史街区, 原为董氏宗族共置的公产房屋。新中国成立后, 北部房屋改建为3层混凝土厂房, 其他房屋仍保持原貌, 但用作普通民居, 破损严重。此项目作为政府样板工程, 将其功能转换为餐厅和酒吧, 为游客提供休憩和观景场所。

　　1. 规划衔接

　　根据街区保护规划, 保留并原样修缮义庄大厅和其他历史建筑, 拆除北部与街区风貌严重不符的厂房, 并按照传统肌理新建现代风格的茶室。

　　2. 空间处理

　　保留建筑维持原有室内外空间。新建茶室采用传统四合院式的长方形平面, 沿西侧平江河展开并退让桥头巷口的开放空间, 南侧设二层走廊与义庄大厅相连。建筑以间为单位, 环绕庭院旋转上升的楼板逐间抬高0.4m, 一直通达屋顶平台, 形成了室内至室外、地面至屋面的连续性观景平台, 充分利用历史街区和沿河景观, 在规整的院落内营造类似园林爬山廊的丰富空间体验。

　　3. 适宜技术

　　保留建筑采用传统手法修缮, 并局部采用新型钢材替换糟朽梁柱。新建茶室为钢筋混凝土结构, 外表面用一层镂空青砖墙进行包裹, 既在室内获得了通透的视野, 又以现代手法取得了与传统民居协调的体量、色彩、材料和质感。

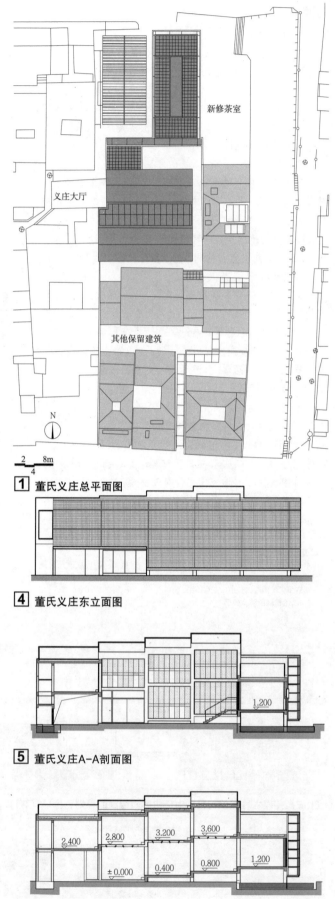

新修茶室

义庄大厅

其他保留建筑

N

2　8m
4

1 董氏义庄总平面图

4 董氏义庄东立面图

1.200

5 董氏义庄A-A剖面图

2.400　2.800　3.200　3.600

±0.000　0.400　0.800　1.200

6 董氏义庄B-B剖面图

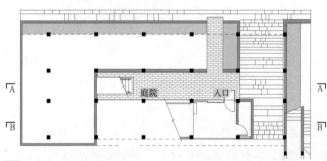

庭院　入口

2 董氏义庄一层平面图

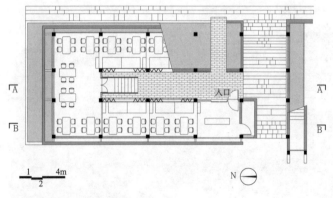

入口

1　4m
2

N

3 董氏义庄二层平面图

云南沙溪古镇四方街复兴工程

建设规模：占地3.1hm²
设计时间：2001~2005年
设计：瑞士联邦工学院，黄印武等

　　沙溪古镇位于偏僻的滇西北山区，一度是茶马古道上的重要驿站，但目前发展严重滞后。作为古镇的核心地段，四方街于2001年被世界纪念物基金会命名为100个世界濒危建筑遗产之一。此工程通过国际合作，保护文化遗产，改善基础设施，恢复并适当转换历史功能，以实现这一历史场所的复兴。

　　1. 规划衔接

　　根据沙溪古镇整体复兴规划，四方街复兴工程尽可能保持并修复现存历史建成环境，并确定了环绕四方街的15个具体修缮和再利用项目，以满足传统集市、居民集会、文化展示和旅游服务功能。

　　2. 空间处理

　　项目在保持历史空间的前提下，谨慎地对四方街周边界面进行修缮，恢复历史铺装，将被改为住宅的部分立面恢复为传统铺面，同时拆除院落内现代加建和改动的房间，以恢复传统庭院格局。

　　3. 功能置换

　　恢复老马店客栈功能和东寨门城门功能；恢复古戏台及其两翼建筑底层商铺的历史功能，并将古戏台后面魁星阁的二层和两翼建筑的二层打通，改造成地方历史文化陈列室；置换兴教寺东侧民居为茶室、宾馆并增设院内小戏台；利用兴教寺东侧空地增建白族文化和茶马古道博物馆。保持并改善兴教寺宗教功能和传统民居的居住功能。

　　4. 适宜技术

　　采用沙溪白族地方传统建筑施工工艺修缮建筑结构、立面、地面铺装和排水系统，仅在东寨门墙体基础加宽等局部隐蔽工程审慎地使用了混凝土、钢等现代材料和技术。所有修缮均严格按照历史原状和现存历史建筑的样式、尺寸和细部做法，并尽量保留原构件，其中四方街广场地面为结合考古方法揭除现代地面层后直接露出的原有传统石板铺装。

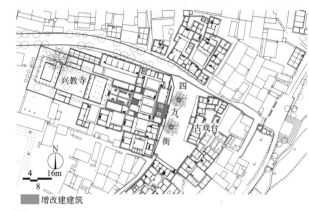

增改建建筑

1 四方街规划总平面图

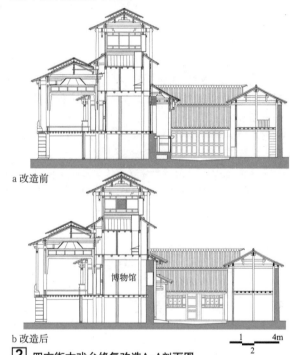

a 改造前

b 改造后

2 四方街古戏台修复改造A-A剖面图

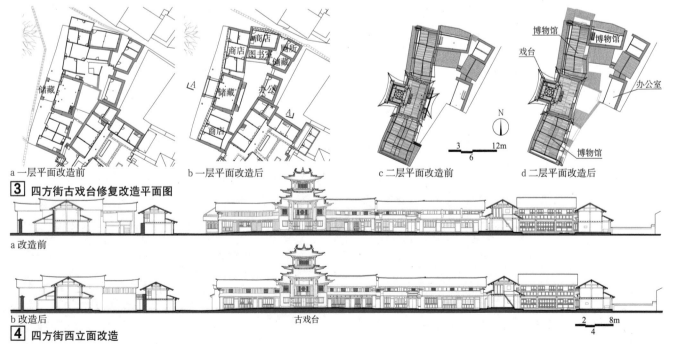

a 一层平面改造前　　　b 一层平面改造后　　　c 二层平面改造前　　　d 二层平面改造后

3 四方街古戏台修复改造平面图

a 改造前

b 改造后　　古戏台

4 四方街西立面改造

江苏扬州东关历史文化街区保护规划

建设规模：占地76hm²
设计时间：2005~2007年
设计单位：东南大学

东关街位于扬州老城东北，是自唐代延续至今，联系古运河、盐运衙门、东西城门的商业、手工业及交通轴线，文物古迹丰富。

1. 规划衔接

根据规划，在保护范围外价值低、环境差的区域增辟机动车环路和尽端路以改善交通；搬迁厂房并改造为文化展示、餐饮住宿等功能，沿街民居可转为传统特色商业、手工业等适宜功能。

2. 空间处理

保护狭窄多变的历史街巷空间，新改建部分延续传统肌理，通过东门广场恢复现被阻断的运河和东关街之间的原有空间联系。

3. 功能转换

利用单位迁出后用地，结合场所文脉置换功能，设置7处引领性项目，包括长乐客栈、街南书屋（文化休闲）、四美酱园和馥春花苑（工艺展示+商业休闲）、江上青故居（红色旅游）等。

4. 适宜技术

东门广场结合考古和景观小品展示城墙、城门、护城河的遗迹和历史格局，通过广场铺装和遗址上架空步道恢复与运河码头的步行联系，保留周边清代台地民居和宋城遗址的叠压关系，周边设置游客中心和停车换乘空间，作为街区的入口广场。

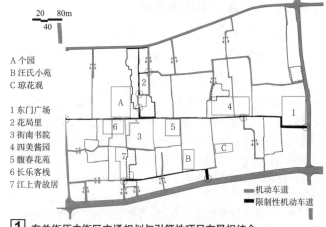

20 80m
40

A 个园
B 汪氏小苑
C 琼花观

1 东门广场
2 花局里
3 街南书院
4 四美酱园
5 馥春花苑
6 长乐客栈
7 江上青故居

━━ 机动车道
━━ 限制性机动车道

1 东关街历史街区交通规划与引领性项目布局相结合

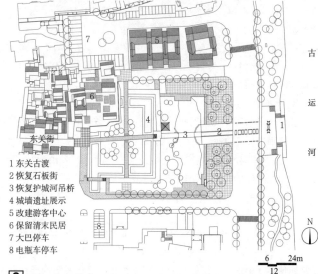

古运河

1 东关古渡
2 恢复石板街
3 恢复护城河吊桥
4 城墙遗址展示
5 改建游客中心
6 保留清末民居
7 大巴停车
8 电瓶车停车

6 24m
12

2 东门广场节点设计

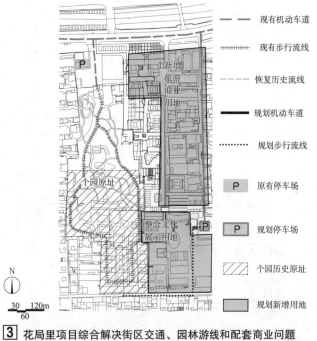

现有机动车道
现有步行流线
恢复历史流线
规划机动车道
规划步行流线
P 原有停车场
P 规划停车场
个园历史原址
规划新增用地

新增旅游商业用地

个园原址

整合文化展示用地

N
30 120m
60

3 花局里项目综合解决街区交通、园林游线和配套商业问题

沿街商业区
电瓶车换乘区
SPA及美容会馆区
健身会馆区
谢馥春女子会所区
谢馥春粉饼传统生产工艺展示区

4 谢馥春厂房功能更新

5 新建长乐客栈延续传统肌理

6 东门城楼遗址上的展示栈道

■拆后重建 ■新建 ■保留

5 20m
10

2 8m
4

7 东关街西段街巷肌理织补平面示意及沿街北立面设计（局部）

浙江宁波慈溪镇古县城衙署建筑群重建

建设规模: 占地2.2hm², 建筑面积6800m²
设计时间: 2002~2003年
设计单位: 南京大学

慈城古衙署位于古城中心, 1949年后全部改建为军队营房和民居。重建工程是慈溪古城整体保护性开发的重点项目, 现已成为宁波重要的旅游景点之一。

1. 规划衔接

根据宁波市对古县城的开发计划, 衙署重建是首期开发的古城东北区五个景点中的第一个重建项目, 对后期保护性开发具有示范意义, 定位为传递古代建筑文化的仿古工程。

2. 空间处理

重建工程以清代县志衙署图为基础, 先行开展考古发掘和国内衙署实例调研, 再结合地形分析确定空间格局, 并根据对本地民居步架尺寸的研究确定各建筑具体尺寸关系。中路为大门、仪门、大堂、二堂、清清堂层层抬高的礼仪轴线及两侧吏户礼兵刑工六房, 通过横廊与东西两路布局相对灵活的辅助用房相联系, 形成合理的交通和功能流线。

3. 功能设置

兼顾古代衙署建筑规制和现代博物馆功能, 中路严格按旧制重建并展示古代衙署格局, 局部结合遗址展示功能, 如二堂内的唐代甬道遗址展示廊。东路和西路保留了若干传统民居建筑, 并转换为古代衙署辅助用房展示、管理办公等功能。

4. 适宜技术

建筑造型结合山墙、巷道等街区元素, 延续当地民居石构墙基、清水砖墙、竹木龙骨空心砖等传统材料和工艺做法以及砖雕木雕等细部样式, 并根据现代博物馆功能需要, 局部采用玻璃幕墙代替木门窗、钢梁柱代替木梁柱等现代技术。

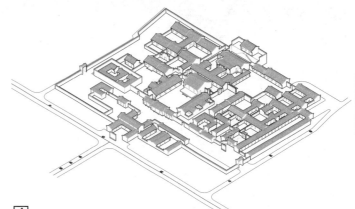

1 慈城衙署建筑群整体复原轴测示意图

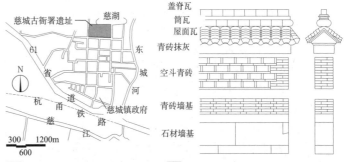

2 慈城古衙署遗址地理位置

3 墙体典型做法

4 衙署重建后实景

5 衙署中路总平面图

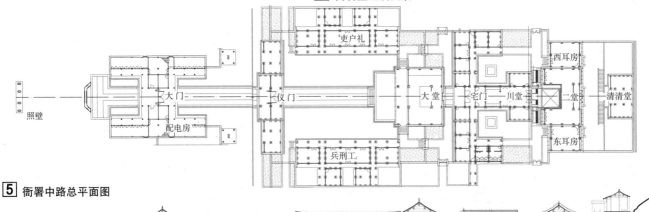

6 衙署中路总剖面图

上海"新天地"广场

建设规模: 56000m²

设计时间: 1998~2002年

设计单位: 伍德佳帕塔(Wood and Zapata)事务所、日建(新加坡)设计公司、同济大学

"新天地"位于上海太平桥,原为建于20世纪初的法租界旧式"石库门"里弄住区,并是全国重点文物保护单位中共"一大"会址所在地。1998年因建筑质量和居住环境较差而进行整体改造,现已成为著名的文化休闲街区。

1. 规划衔接

根据历史风貌保护区要求,保留建筑占44%,重点保护"一大"会址周边的历史风貌,新建筑高度和风格应与之协调。

2. 空间处理

兴业路以北的北里以保持传统里弄肌理为主,部分拓宽主弄形成文化广场和景观林荫道,并将远离"一大"会址的马当路沿街改造为现代建筑。南里除兴业路沿街保持里弄面貌外,其他改造为现代商业广场。

3. 功能置换

采取保留建筑外皮、改造内部结构和功能的"旧瓶装新酒"模式,将非文物建筑置换为商店、餐饮等现代生活功能。

4. 适宜技术

查找历史图纸并按图修复历史建筑,立面处理尽量保留并清洗加固原清水墙、石库门和旧砖瓦构件,对抽换的新砖石进行做旧处理,并部分采用尺度、色彩与原建筑协调的现代风格和玻璃幕墙。通过谨慎设计施工,增设地下室和基础设施。

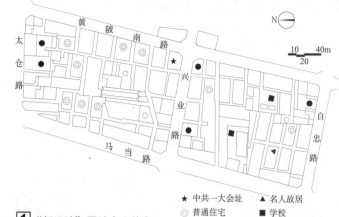

1 "新天地"原址人文信息

★ 中共一大会址　　▲ 名人故居
◎ 普通住宅　　■ 学校
○ 里弄工厂　　● 里弄商住

2 "新天地"总体布局与新旧建筑关系

保留建筑
重建建筑
新建建筑

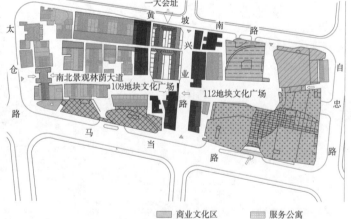

4 "新天地"历史里弄建筑立面装饰测绘图

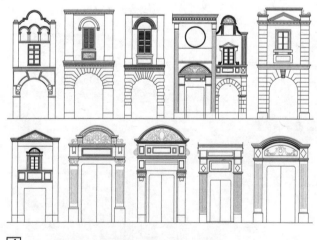

3 "新天地"广场功能分区图

商业文化区　　服务公寓
休闲文化区　　商店、电影院
展示、办公　　综合商业、娱乐区
文化艺术保护区

保留建筑　　　　　　　　　新建建筑

5 "新天地"中心广场纵向剖立面图: 新旧建筑关系

意大利圣托斯特凡诺的塞萨尼奥项目重建计划

建设规模: 45000m²
设计时间: 1989~1992年
设计单位: 德-菲拉里建筑设计工作室

圣托斯特凡诺的塞萨尼奥(Santo Stefano di Sessanio)是靠近意大利著名滑雪胜地帝王台(Campo Imperatore)的古镇。至1980年代，其古镇中心仍存有丰富而细腻的中世纪风貌，但因经济衰退而较为荒凉。

1. 规划衔接

作为欧洲经济共同体(EEC)开展的重建计划的一部分，项目将古镇中心建筑群修复和改建为一座旅馆设施，保护和完善其独特环境和建筑景观，吸引游客以促进经济发展。

2. 空间处理

为了唤起往日的气息和跟随新旅游潮流，修复了具有特色的环状步行拱廊，并精心增设了山脚的停车场、一个穿过岩石直通镇中心的观光电梯和一个鸟瞰整个镇的小广场，充分利用山地地形，形成引导来访者游览古镇的公共空间系统。

3. 功能置换

修复卡普塔诺宅邸(Casa del Capitano)古建筑群，并巧妙地利用历史空间设置大堂、餐厅、厨房、客房等新功能用房，将居住建筑转换为旅馆建筑。

4. 适宜技术

在建筑立面和公共空间修复过程中，以"填补过去所留下的空白"为主，以延续历史文脉。细化城市设计内容，通过地面铺装、招牌、座椅等细节设计营造富有历史韵味的活动和展示空间。

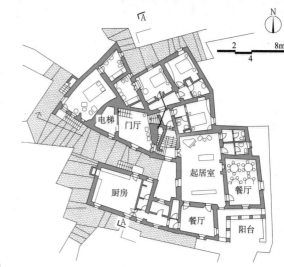

2 卡普塔诺宅邸古建筑群底层功能置换平面图

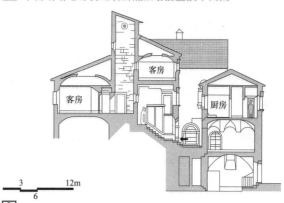

3 卡普塔诺宅邸古建筑群A-A剖面图

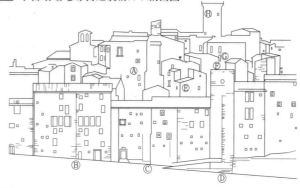

4 填补空隙式的立面修复

Ⓐ Casa del Capitano 建筑群
Ⓑ 修复及利用的其他历史建筑
Ⓗ 重建塔楼
▬▬ 环状步行廊道
------ 车行道
⊙→■ 停车场/酒店电梯

总体不同功能分布情况	A	B	C	D	E	F	G	H
餐馆			●					
咖啡吧		●		●	●			
起居大厅		●	●	●	●	●		
招待所	●							
小卖部							●	
银行				●				
办公室	●	●	●	●	●	●	●	●

1 古建筑群总体规划示意图

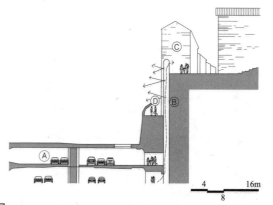

5 停车场通往酒店电梯通道剖面示意图

1
历史建筑
保护设计

定义

概念: 以自然景观为依托的, 深刻反映人与自然和谐关系的历史建筑遗存及其环境。

本专题特指历史建筑保护范畴内的相关文化景观, 包括古典园林、传统聚落景观、工程遗迹景观和历史名胜等 ①。

类型

1. 人工设计和建造的景观

包括出于文化和美学等原因设计建造的园林及历史名胜等, 这些景观中的自然有时被重新组织而呈现出"第二自然"的形态。如北京颐和园、承德避暑山庄、苏州拙政园、法国凡尔赛宫等。

2. 有机演化的景观

这类文化景观产生于最初始的生活、生产、社会及经济需要, 并在不断适应、调整和回应周边自然环境的过程中逐渐发展形成的景观, 展示了人类对于自然资源的传统利用方式及相应的演化, 体现了传统文化以及生产作业的智慧和技术。如葡萄牙皮克岛的酒庄区、楠溪江民居聚落、云南红河哈尼梯田等。

3. 关联性景观

这类景观呈现自然要素与宗教、艺术或历史文化的关联性特征。独具中国文化传统审美意识的风景名胜就是这一关联性的体现。如中国的泰山、五台山等风景名胜区, 澳大利亚的乌卢鲁—卡塔曲塔(Uluru-Kata Tjuta)国家公园等。

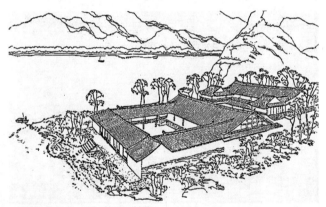

a 传统聚落景观: 浙江楠溪江村落

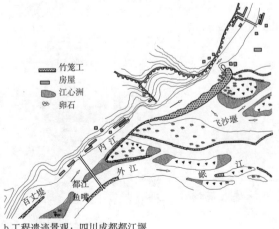

竹笼工
房屋
江心洲
卵石

b 工程遗迹景观: 四川成都都江堰

① 文化景观设计对象

技术路线

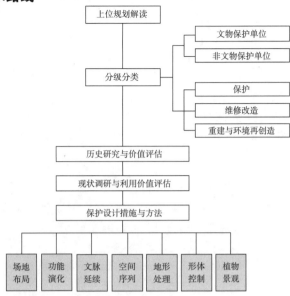

② 技术路线图

设计要点

1. 自然基底

与园林、名胜或者历史建筑相关联的自然要素及其构成的整体环境, 包括气候、地形、植被、土壤、水体和场地等。它们作为一个整体, 在一个或者几个方面制约或培育了文化景观的产生与发展, 成为文化景观演化的重要背景和基质。

2. 历史脉络

在社会、经济和文化的影响下, 景观会呈现出不同历史阶段和形态, 而且这一演化还会随着时间继续, 使得文化景观体现出动态的特质, 形成独特的发展脉络。

3. 文化意义

将人工与自然要素作为一个整体而创造出来的景观具有文化意义, 这种属于主观范畴的"意"与属于客观范畴的"境"结合所呈现的艺术感染力, 体现了文化景观中的自然与人的和谐统一的特点, 也是文化景观获得审美价值的重要途径, 赋予了文化景观高度的精神意义。

基础资料调研表   表1

调研对象	对象概况	建筑名称、历史年代、地理位置
	文化景观类型	古典园林、传统聚落景观、产业遗迹景观、历史名胜
	分类	文物保护单位、非文物保护单位
	历史地位、作用	
调研内容	规模	占地面积、建筑面积
	自然基底类型	山地、河湖、海洋、林地、平原、沙漠、其他
	现状与历史关系	原环境尚存、原环境改变、原环境湮没
场地现状	自然	地形、地貌、水体、植被
	人工	建筑(包含遗迹)、设施
价值评估	历史价值	年代值、地标性、历史地位、知名度
	文化价值	文化功能、艺术水平
	景观价值	美感度、特殊性、地标值
	景观保护状况	完整性、结构安全性、风貌保留度、环境改变度
	利用条件	可达性、环境容量、文化传承值、环境和谐度
规划分类	保护、维修改造、重建与环境再创造	

技术路线图中的内容:
上位规划解读 — 分级分类 — 文物保护单位 / 非文物保护单位 / 保护 / 维修改造 / 重建与环境再创造 — 历史研究与价值评估 — 现状调研与利用价值评估 — 保护设计措施与方法 — 场地布局 / 功能演化 / 文脉延续 / 空间序列 / 地形处理 / 形体控制 / 植物景观

策略要点

1. 场地布局

依据文化景观的保护要求及规划划定的保护范围，设计应从其所在场地各级保护区域的不同保护措施出发，结合场所景观特征，因地制宜地安排各功能设施、活动场地及景观要素，在满足保护和游览需求的同时，形成空间得当、功能完备、流线清晰、符合整体景观环境特征的场地布局。

2. 功能演化

时代和社会的演变，决定了文化景观今天发挥的作用不同于以往。为满足当代人的生活需要、行为方式和精神追求，设计需要从分析现实条件和时代需求入手，补充完善保护、展示、游览、服务、研究等功能，合理安排文化景观的功能和利用方式的转化，以实现活态保护。

3. 文脉延续

文化景观物质空间本身及其在长期演变中积淀的各种社会、经济、技术和文化因素，构成了特殊的文化意象和识别性特征。保护设计应梳理、判别和突出其中最有历史价值的信息，凝练和延续原有文化意象，促进景观环境中新旧要素统一成为特色鲜明的有机整体①。

4. 空间序列

文化景观的各要素通常分布在一定的场域中，保护设计应从景观视角、视域范围、空间距离与尺度等方面对各景观进行分析，通过各种空间组织方式，形成节奏有序、符合人的心理感受和保护要求的空间观赏过程。突出景观主题，同时满足保护、游览与疏散等流线的需要②。

5. 地形处理

地形地貌是统一文化景观及其环境中各自然要素和空间关系，形成景观特征的主线。保护设计应顺应、利用原有场地的自然地貌所产生的诸如基面高差、空间围合、山水格局、景观形态和小气候等要素，结合现实需要进行适当的调整改造，形成自身独特的景观环境③。

6. 形体控制

保护设计应充分分析景观中人工设施与自然要素的空间组合关系，考虑空间尺度与比例、围合与开敞以及点景与观景等关系，控制人工建、构筑物的体量、朝向、形态，优化群体空间结构。或分散建筑体块融于自然环境，或消解建筑形体以降低与原有自然环境的冲突，或突出其对自然环境的组织作用，形成主从分明、虚实有致、均衡协调的整体④。

7. 植物景观

植物作为文化景观自然基底的重要组成部分，其种类多种多样，其景观特征与生长形态丰富多彩。其有着或疏朗或繁密的空间感受，或脆弱或稳定的群落结构，以及各不相同的季相变化特征。并且，我国历史文化中常赋予某些植物以人格化的象征和隐喻，如莲花、兰花的高洁之意，萱草、杨柳的依恋之情，松柏作为社稷之木等。保护设计应在保护场地原有重要植被、维系生态系统完整性的基础上，突出植物景观特色及其文化含义，带给人们特殊的审美感受⑤。

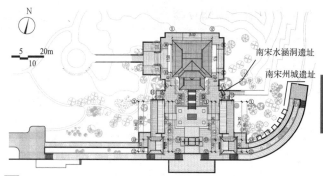

①1 江苏泰州望海楼历史遗存分布

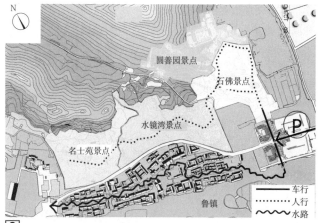

②2 浙江绍兴鉴湖风景区空间序列分析

③3 江苏南京鸡鸣寺因地形而成的建筑布局

④4 江苏南京阅江楼建筑形体与山体关系分析

⑤5 江苏常熟沙家浜红石村平面

江苏南京狮子山阅江楼

建设规模：4250m²
设计时间：1993~1998年
设计单位：东南大学

狮子山似雄狮昂首踞于南京城西北角。主峰在西端，海拔77m，三面被明城墙包围。长江由西南流经山下拐弯东去。明代朱元璋曾下诏在狮子山上建阅江楼，拟壮京师以镇遐迩，后因故未果，留下三篇《阅江楼记》，有记无楼六百余年，是南京重要的历史文化资源，具有潜在开发价值。

1. 场地布局

阅江楼依山就势建在主峰上，平面呈曲尺形，长翼面北，短翼面西，两面皆可观江，创造了最佳的观景条件。

2. 地形处理

地形处理上，设计利用原有山地所产生的高差，将建筑作南北错层处理，形成自身独特的空间感受和形态特征。

3. 体量控制

设计充分考虑建筑尺度与自然山体的比例关系，推敲建筑体量、朝向和形态，使其形成均衡协调的整体景观。

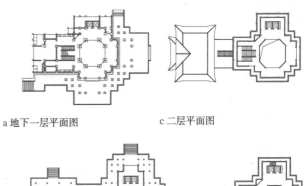

a 地下一层平面图　　　　c 二层平面图

b 一层平面图　　　　d 三层平面图

3 阅江楼平面图
15　30　60m　N

1 阅江楼周边总平面图
20　40　80m　N

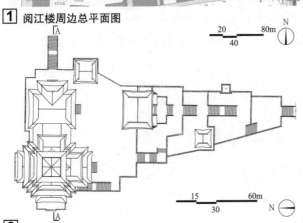

2 阅江楼屋顶平面图
15　30　60m　N

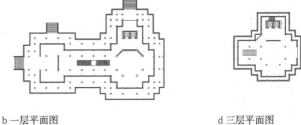

4 阅江楼A-A剖面图
5　10　20m

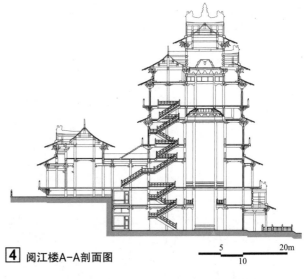

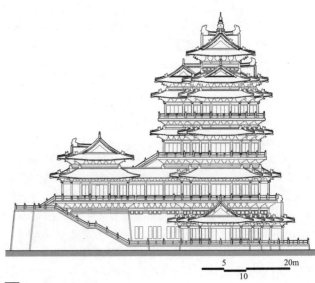

5 阅江楼北立面图
5　10　20m

浙江绍兴沈园三期

建设规模: 2.6hm²
设计时间: 1999~2000年
设计单位: 东南大学

　　沈园位于绍兴市越城区春波弄,至今已有800多年的历史,因诗人陆游所题《钗头凤》而著名。原为南宋时一位沈姓富商的私家花园,故有"沈氏园"之名。初成时规模很大,占地七十余亩。1963年,沈园被确定为浙江省文物保护单位,是绍兴历代众多古典园林中唯一保存至今的宋式园林。

　　1. 场地布局

　　沈园经过三期的修复和建设,形成古迹区、东苑和南苑三大分区,南苑的陆游纪念馆和东苑的情侣园环绕古迹保护区,形成了与古迹园林相协调的外围环境。

　　2. 功能演化

　　三期建设出于对文物与非文物的可识别性的考虑,设计强调新旧既整合又有差异,以新为主,补充安排展览厅、纪念馆等功能建筑,形成一处为社会服务的公共园林。

　　3. 文脉延续

　　设计中以文为魂,以史为纲,从文学出发为设计主题定位,从文学中寻找意境与提炼点睛之笔,在展陈、布局及环境艺术设计方面注重历史依据,并以历史的眼光审视世事沧桑,由文学描述出发增加景点,拓展园林的趣味性与参与性。

1 沈园总平面图

8　32m
16

N

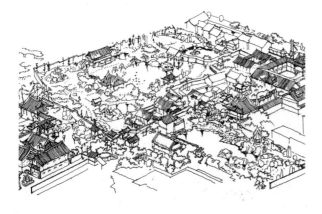

2 沈园北入口

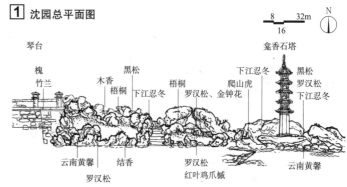

a 琴台—龛香石塔假山立面图

3 沈园全景鸟瞰

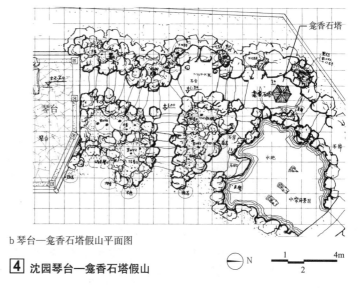

b 琴台—龛香石塔假山平面图

4 沈园琴台—龛香石塔假山

N　　1　　4m
2

江苏镇江北固山维修改造

建设规模：2350m²
设计时间：2010~2012年
设计单位：东南大学

　　北固山是国家三山风景名胜区的重要景区，历史上以拥有北固楼、多景楼与甘露寺等众多古迹而负有盛名，虽然后来北固楼、甘露寺等相继被毁坏，到清末只存多景楼与彭公祠等名胜建筑，依然是镇江体现山水城市风貌的主要景观之一，但是景区现状由于长年失修、形制简陋，与北固山的历史地位不甚相称，故于2012年对北固山文化景观进行维修改造。

　　1. 空间序列

　　设计梳理历史信息。维修原有彭公、杨公诸祠与祭江亭、数帆亭等历史建筑，移建多景楼，重建北固楼，形成了新的空间秩序。

　　2. 文脉延续

　　在改造过程中有意识地保存了一些具有形象特征的空间和景观元素，改善了原有遗存建筑群与自然山体的空间组合关系，将新旧景观整合为有机的整体，延续了文化景观的发展脉络。

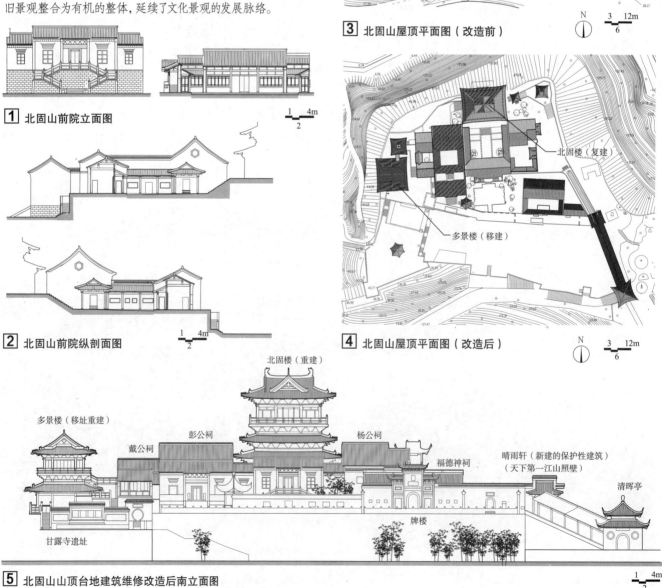

1 北固山前院立面图

2 北固山前院纵剖面图

3 北固山屋顶平面图（改造前）

北固楼（复建）

多景楼（移建）

4 北固山屋顶平面图（改造后）

多景楼（移址重建）

北固楼（重建）

戴公祠

彭公祠

杨公祠

福德神祠

晴雨轩（新建的保护性建筑）
（天下第一江山照壁）

清晖亭

甘露寺遗址

牌楼

5 北固山山顶台地建筑维修改造后南立面图

浙江绍兴柯岩景区

建设规模: 规划600hm², 已建成景区85hm²

设计时间: 1995~2001年

设计单位: 东南大学

柯岩景区是浙江鉴湖省级风景名胜区的主要景区, 为汉唐以来开山采石遗留形成的景观, 曾是绍兴名胜之一, 近代沦为荒丘农田, 仅存云骨和石佛两座石峰, 具有重要的文化价值和观赏价值。

1. 场地布局

设计将原有场地中的农田恢复为宕口, 形成湖面, 场地中遗存景观要素里最具价值的两座石峰分别置于水面和草地之中, 并通过拜佛台、石照壁等遗迹, 突出文化景观意向, 提升景观价值。

2. 空间序列

通过增建石亭、照壁、莲花听音、普照寺等, 营造开朗有序的空间序列, 创造出富有地域特色且符合时代审美要求的景观。

3. 地形处理

圆善园景点设计充分运用地形, 将普照寺移建于石佛主峰之后, 轴线依山势转折, 层叠而上, 使建筑与自然环境有机融合。黄酒文化中心利用湖中大小五个岛屿, 以绍兴古越池酒文化为主题, 诸岛之间架以石桥和栈道, 卧波透迤百余米, 乌篷船穿行于诸岛之间, 尽显绍兴水乡特色。柯亭原是汉代驿亭, 因蔡邕取竹椽作笛又名笛亭, 今复建于码头旁, 重现水乡之驿亭风貌。

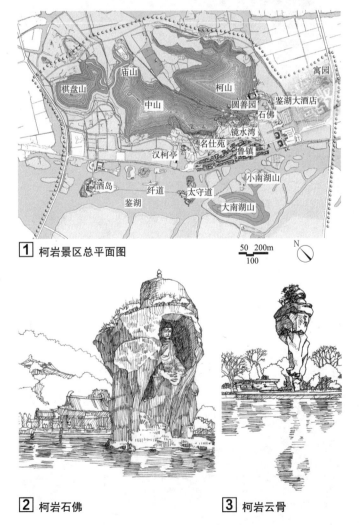

4 柯岩景区石佛景点平面图

5 柯岩酒岛总平面图

6 柯岩酒岛流杯亭

7 柯岩酒岛叠酒坛大样图

8 柯岩酒岛照壁立面图

1 柯岩景区总平面图

2 柯岩石佛

3 柯岩云骨

浙江绍兴兰亭保护规划与环境整治

建设规模：8hm²
设计时间：2011年
设计单位：东南大学

绍兴兰亭背倚兰渚山，因东晋大书法家王羲之在此举行曲水流觞盛会，写下"天下第一行书"《兰亭集序》而著称于世。历史上兰亭历经数次变迁，现兰亭根据明嘉靖时兰亭的旧址重建，20世纪60年代和80年代均进行过维修、环境整治和设施建设。形成了"一序"、"三碑"、"十一景"等景观资源："一序"即《兰亭序》；"三碑"即鹅池碑、兰亭碑、御碑；"十一景"即鹅池、小兰亭、曲水流觞、流觞亭、御碑亭、临池十八缸、王右军祠、书法博物馆、古驿亭、之镇、乐池。

1. 文脉延续

设计坚持保护为主，通过对场地和资源特征的分析，明确兰亭的文物本体包括其与兰亭直接相关的山形水势、地形地貌、历史遗迹、植物绿化和相关文字要素等涉及物质文化遗产、非物质文化遗产各方面，将各因素组织而产生的园林意境作为兰亭保护的核心。

2. 功能演化

规划平衡资源保护和现代社会需求，增建游客信息中心、餐饮、停车等设施，以及永和书院、二王馆等研究展示建筑，以完善功能。

3. 形体控制

在严格控制相关设施的空间分布、完善绿化隔离的基础上，新增配套设施体量和高度由视线通廊控制，地面上不出现与兰亭不协调的建筑和构筑物，并协调统一建筑风格和色彩。

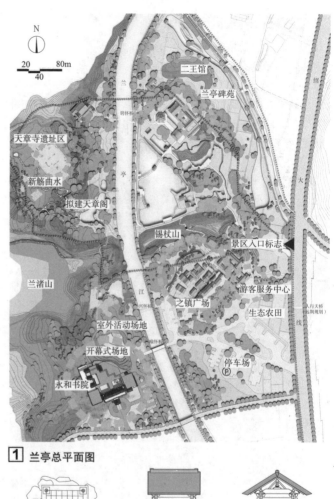

1 兰亭总平面图

a 平面图　　　b 立面图　　　c 剖面图

3 兰亭二王馆草亭

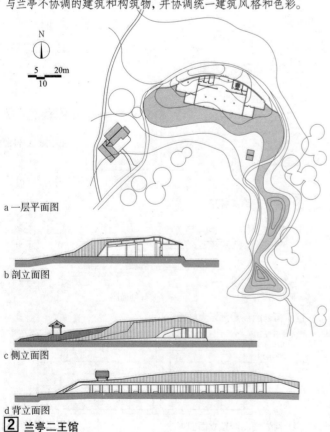

a 一层平面图

b 剖立面图

c 侧立面图

d 背立面图

2 兰亭二王馆

a 东南视角鸟瞰图

b 南立面图

4 兰亭永和书院

江苏泰州望海楼重建

建设规模：2100m²
设计时间：2006~2007年
设计单位：东南大学

望海楼曾是泰州历史上著名的胜地，位于古城的东南隅，该基地东南有环城河环绕，是泰州环城河景观最佳地段。此楼初建于南宋绍定二年（1229年），历经元明清多次重建，后毁于抗战时期，据文献记载，楼为2层楠木结构，清嘉庆重建时，又将楼基增高4m。2006年，泰州启动环城河（今称凤城河）景区建设，重建望海楼是其核心工程。

1. 场地布局

望海楼原址现为菜地，基地东南有凤城河环绕，为泰州古城环河景观的最佳地段，基地东侧临河为宋州城遗址（省级文保单位）。重建的望海楼坐南朝北，采用宋代建筑形制，以与宋州城遗址呼应，高2层，立于高大的台基上，总高32m，较基地西邻7层住宅楼高出约8~9m。楼前设临河广场，两侧建有厢房，形成一组跌宕起伏的建筑群，气势恢宏。

2. 文脉延续

施工中发现宋代水涵洞残迹，保留考古发掘现场，与州城遗址一起作为历史遗迹展示，以延续历史文脉，提升楼的文化价值。

3. 空间序列

望海楼建筑主楼采用现浇钢筋混凝土结构，局部辅以木结构，一层南面加设凸出的门屋，有大台阶直通广场，二层出平坐，主屋顶为歇山出龟头屋形式，造型丰富。屋面铺亚光黑琉璃瓦，柱梁斗栱遍施彩画，色彩朴实大方。规划从沿河景观整体功能需要出发，以望海楼为中心，合理设置分区与游线，形成完整的文化景观空间。

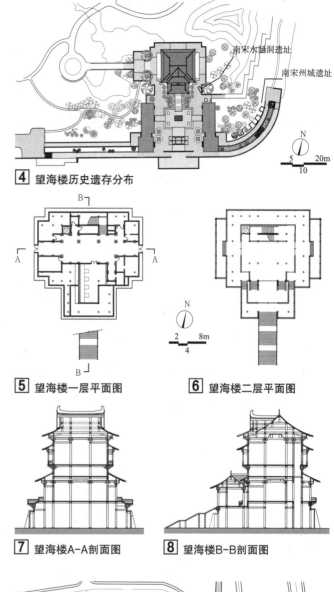

4 望海楼历史遗存分布

5 望海楼一层平面图　　6 望海楼二层平面图

7 望海楼A-A剖面图　　8 望海楼B-B剖面图

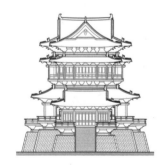

1 望海楼正立面图

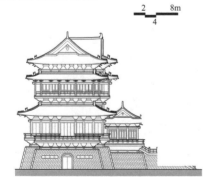

2 望海楼侧立面图

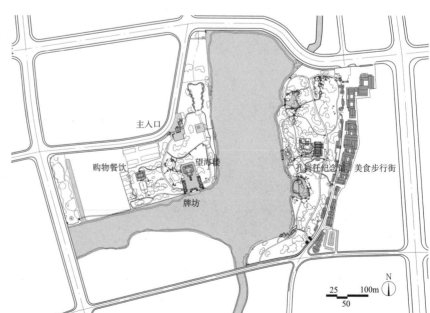

3 望海楼规划总平面图

浙江绍兴新昌废弃采石宕口景观改造设计

建设规模：般若谷3.3hm²，双林石窟2.86hm²

设计时间：2001~2002年

设计单位：东南大学

　　绍兴新昌大佛寺景区的核心是以南朝石刻大佛著称的大佛寺，寺院、摩崖等历史遗存形成了景区深厚的佛教文化内涵。景区内有许多明清时期采石留下来的废弃宕口，其中较大的两处是游览路线边的般若谷、双林石窟的两处原址，如自然景观中的疤痕。

1. 文脉延续

　　两处改造以景区的佛教文化内涵为出发点，通过整理、加工原有宕口的崖壁，组织空间，增加人文要素，变废为宝。其中，般若谷巧妙利用宕口岩壁的高差，营造七级瀑布。并在宕口石壁上雕刻南朝三代僧人开凿大佛的历史典故，呼应景区的文化主题。

2. 空间序列

　　般若谷空间上充分利用采石留下的高低错落的岩体，形成跌落台地、石阶、石桥、洞口等不同的游览要素，并通过隧道将道路两侧的宕口连接成一个完整的空间序列。

　　双林石窟则利用高大崖壁，通过修栈道、凿洞窟、依山造佛等手段，开凿成南北纵向23m、横向长48m的洞窟，窟内利用原有岩体雕刻成一尊卧佛（佛陀的涅槃吉祥卧佛）。卧佛面朝西方长37m，高9m，与自然山体融为一体，形成安详、宁静、神秘的朝圣空间。

3. 功能演化

　　设计通过对两个废弃石宕口群文化的深入挖掘和个性的充分表达，将其改造利用成新的景点，提高了景区的景观丰富度和游赏体验，建成后成为大佛寺景区独具特色的核心景点。

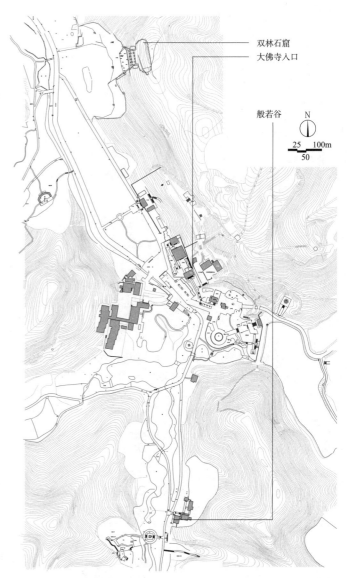

2 采石宕口景观规划总图

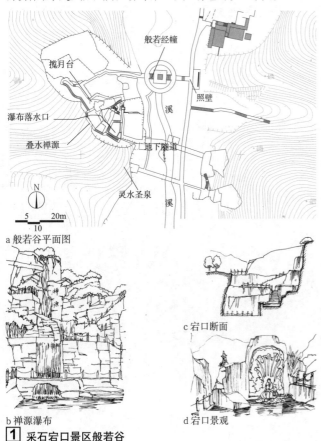

a 般若谷平面图

b 禅源瀑布　　　d 宕口景观　　c 宕口断面

1 采石宕口景区般若谷

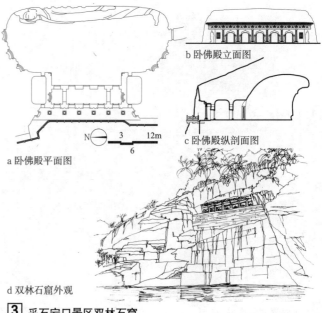

a 卧佛殿平面图

b 卧佛殿立面图

c 卧佛殿纵剖面图

d 双林石窟外观

3 采石宕口景区双林石窟

西安大唐芙蓉园规划设计

建设规模：66.5hm²

设计时间：2002~2004年

设计单位：中国建筑西北有限公司设计研究院

　　大唐芙蓉园是历史上久负盛名的皇家园林。秦朝在此开辟皇家禁苑宜春苑，隋朝时将曲江扩宽挖深，形成现今的曲江池，并易名为芙蓉。历史上的芙蓉园已不复存在。如今的大唐芙蓉园是依据西安城市发展要求，重新设计建设的。

　　1. 场地布局

　　延续了我国传统的规划方法，运用轴线来控制全局。设计以40m见方的坐标网格作为布局的基本网络，轴线的取向、建筑布局选点大都以格网为基准，从而在平面关系上形成了严密的对称、对应、对景、呼应的景观格局。

　　2. 形体控制

　　建筑形象讲究阴阳调和、主从有序，设计从形制、体量、高度、色彩等方面入手，结合地形地貌和建筑功能确定各园林建筑的形制和造型特征，并注重标志性建筑和其他园林建筑组群的呼应，在协调中突出对比，在差异中寻求和谐。

　　3. 地形处理

　　依据原有自然山水格局对现有地形、水面进行整理加工，形成全园呈南高北低的总体态势，南部岗峦起伏、溪河缭绕，北部湖池坦荡、水阔天高。

　　4. 空间序列

　　园路结合景区、景点布置，通过线形的曲直、空间的开合、景色的虚实、树木的疏密，与地形、水体、植物、建筑融为一体，形成完整的风景序列。

1 大唐芙蓉园总平面图

a 历史故访流线　　　b 活动参与流线　　　c 景观观光流线

2 大唐芙蓉园游线安排

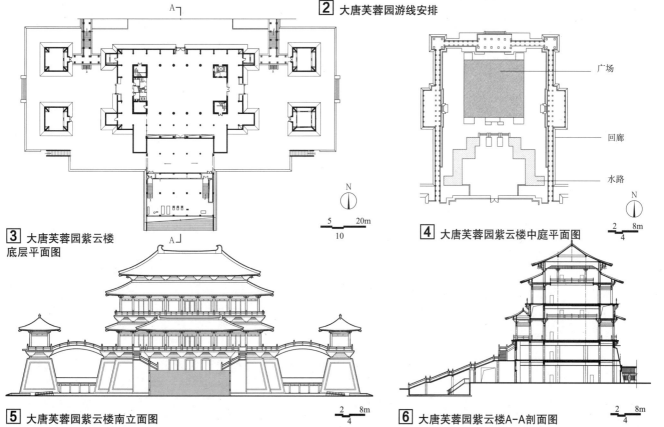

3 大唐芙蓉园紫云楼底层平面图

4 大唐芙蓉园紫云楼中庭平面图

5 大唐芙蓉园紫云楼南立面图

6 大唐芙蓉园紫云楼A-A剖面图

美国加利福尼亚州奥克兰市密尔斯女子大学（Mills College）校园景观

建设规模：54.6hm²

设计时间：2006~2009年

设计师：罗伯特萨蒂尼（Robert Sabbatini）、凯伦菲尼（Karen Fiene）、沃恩玛丽玫（Vonn Marie May）

密尔斯女子大学的校园建设始于1868年，当时所种植的桉树和橡胶树成为校园景观的历史符号。140多年的历史发展，学校的创始者和后继者与全美许多著名的景观和建筑设计师一起留给了校园富有异国情调的植物、美丽的本土植物和许多出众的建筑，校园中由专业的建筑、景观设计师设计的景观随处可见，构成了校园的历史积淀和文化特征。

1. 文脉延续

规划设计首先细致梳理了校园发展的历史阶段及其历史资源，将校园文化景观的发展分为两个阶段，并依据校园现有环境的特征将校园景观划分为7个特色区块。

2. 植物景观

面对21世纪学校教育空间发展的需求，回应教员们利用本土植物取代澳大利亚桉树的主张，设计在充分进行历史研究的基础上促成了学校移植桉树，扩大本土植物的面积，从校园历史建筑的材料纹理上获得灵感，将桉树叶子的形态运用到混凝土人行道的图案和班车站的造型之中。设计从树苗培育开始，在其他区域重建桉树步道。设计在利用历史特色来指导校园未来发展的同时，也为新建筑留出了发展用地，从而平衡了历史资源的保护，满足了现在与未来的发展需求。

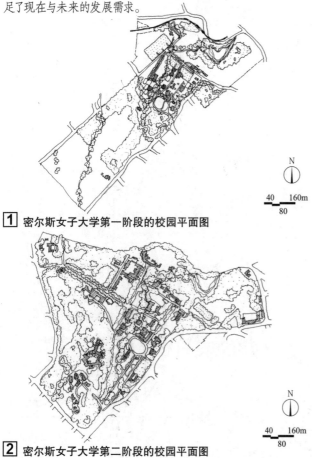

1 密尔斯女子大学第一阶段的校园平面图

40　160m
80

3 密尔斯女子大学校园景观特色分区图

1 主入口、理查兹路和卡皮欧拉尼路
2 校园核心、维特莫尔门
3 艺术中心、果园草甸
4 阿里索湖、莉安娜小溪
5 松高山
6 田园教员村
7 勘测山

30　120m
60

1 两排落叶乔木
2 建筑外立面大退让
3 退让草坪简单处理
4 转角开放草坪
5 池塘
6 两排常青树
7 功能和礼仪节点
8 朝向小溪和更远处
9 自然植物
10 莉安娜（Leona）小溪

a 场地元素研究

10　40m
20

1 基本维持原状
2 为将来建筑保留退让
3 保留和增加转角开放绿地
4 恢复两排常青树
5 完善池塘设计
6 按小溪研究放回小桥
7 恢复礼仪节点
8 评估庭院路径和设计
9 从小溪往卡皮欧拉尼（Kapiolani路）南缘延伸自然植物
10 恢复莉安娜小溪
11 探索新建筑机会
12 探索图书馆扩建机会

b 设计策略

4 密尔斯女子大学理查兹（Richards）路的研究与设计

2 密尔斯女子大学第二阶段的校园平面图

40　160m
80

概念

地域性建筑指回应某一地域的地形、地貌和气候等自然环境以及生活方式、文化习俗、宗教信仰等人文环境，并符合地方技术经济条件的建筑。地域性建筑充分利用地方技术、材料和能源，在外部形式、内部空间格局、构造做法、材料使用以及细部装饰等方面，均体现出地域文化的特异性，并具有建造方面的经济性。

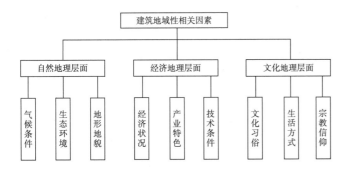

［1］建筑地域性相关因素

创作特征

1. 应对自然环境：对地形地貌的回应，对景观环境的因借，在城市里也表现为对城市肌理的尊重。应对气候的空间形式、构造做法，以及对地方材料和气候要素（阳光、阴影、风）的利用等。

2. 关注人文环境：用当代建筑语言诠释地方传统文化精神，表现为对场所精神的强化，对传统建筑、空间模式和形态意象的现代转译等。

3. 适宜技术策略：借助地方传统建筑的建构方法，结合当代技术，形成适宜性技术策略。也表现为当代生态建筑应对地方气候和地理环境的技术手段创新。

地域性建筑与传统地方建筑和现代主义建筑的比较　　　表1

组织方式	地域性建筑	传统地方建筑	现代主义建筑
环境观念	与自然共生	被动适应自然	征服利用自然
文化观念	广义地域性	传统地方性	全球化
技术观念	当代技术和适宜性技术	低技术	当代工业化技术
功能特性	物质、人文、生态功能	生存与民俗功能	功能效率
空间形态	单体的差异性、地域的丰富多样性	单体的相似性、各地域的丰富多样性	全球的单调与统一性

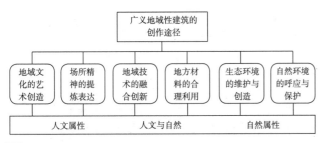

［2］当代地域性建筑的创作途径

区域划分

基于气候的地域性建筑区域划分　　　表2

气候分区	覆盖地域	地域性建筑特征
干热气候区	赤道两边南北纬15°～30°之间，例如非洲的撒哈拉沙漠、中东的科威特、沙特阿拉伯以及我国的新疆沙漠地带	内向庭院、封闭厚重的形体、遮荫敞廊、风塔；生土材料
湿热气候区	大洋洲、南美洲和非洲部分热带雨林区、东南亚部分地区，包括中国南部省份	坡屋顶、敞厅、冷巷、天井；竹材、木材
温和气候区	美国南部、南欧、西亚北部以及我国中原地区、长江流域	兼顾冬季防寒和夏季通风遮阳的可转换空间措施；石材、砖瓦、木材、土坯
寒冷气候区	北美洲中部、欧洲中部、亚洲中北部，其中包括我国华北、西北、青藏高原、新疆大部分地区	以保温为主，兼顾夏季通风隔热，墙体较厚重；石材、砖瓦、木材、土坯

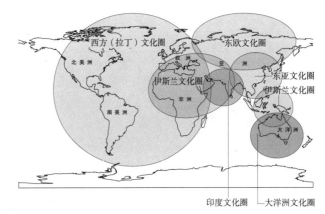

［3］文化圈与地域性建筑区域划分

亚洲地域性建筑的区域划分　　　表3

区域	地理范畴	自然与文化环境	地域性建筑特征
东亚	源于中国的黄河、长江流域，包括中国、日本、韩国、朝鲜等	寒带、亚寒带和亚热带多气候，受儒家和佛教文化影响	木构架和传统砖瓦材料的现代演绎；庭院组织顺应地形；重新诠释传统形式
西亚	源于两河流域的古代文明，包括伊朗、伊拉克、沙特阿拉伯、阿富汗、土耳其等	干热气候；受伊斯兰教、基督教、犹太教影响	宗教文化元素的现代表达；干热气候的应对；生土、砖石等地方材料的运用
南亚	源于印度河、恒河流域的古印度文明，包括印度、巴基斯坦、斯里兰卡和尼泊尔等	气候湿热或干热，印度教、佛教和伊斯兰教	对应湿热气候，防雨遮阳的屋架系统和通透的空间组织；地方石材和木材
东南亚	包括马来西亚、印度尼西亚、越南、老挝、泰国、新加坡等	气候湿热，佛教、伊斯兰教和儒家文化共存	地方生物气候设计方法在当代建筑中的应用

中国地域性建筑的区域划分　　　表4

地域	自然文化环境	地域性建筑特征
东北、华北、中原	严寒与寒冷气候；平原地形；中原文化	合院空间，瓦顶砖墙或土坯墙
西北	干燥、四季分明；黄土高原；汉族与西部少数民族相融合的文化	生土建筑，院落空间
西南	湿热气候；山地地形；丰富的少数民族文化	山地特色，竹材，干阑建筑
江南	温暖湿润、夏热冬冷；江湖交错、水网纵横；士大夫文化	园林意象，江南民居意象
福建	沿海湿热气候；中外文化相融合	半开敞空间，土楼意象
岭南	亚热带气候；传统的岭南文化与开放包容的现代文化	开敞的岭南园林意象
新疆	干热气候；伊斯兰文化	阿以旺，高台民居，生土材料
西藏	高原气候与地形；藏传佛教文化	藏式建筑，地方石材

概述

根据建筑师创作时对地域特性和文化精神理解的不同，建筑上关注从场地、气候、自然条件及传统习俗和都市文脉中思考当代建筑的生成条件和设计原则，可归纳为批判地域主义、生物气候地域主义、当代乡土、广义地域主义四种理论。

批判地域主义

批判地域主义（Critical Regionalism）主张从历史和现实两个层面进行双向批判，即主张消除本土和全球化之间的对立，通过理性的汲取和保持区域文化中的精髓，来对抗全球化的大同主义的侵袭。

批判地域主义创作倾向的识别要素　　　　　表1

1	虽对现代主义持批判态度，但保留其中有关进步的内容
2	强调对建筑的建构（Tectonic）要素的实现和使用
3	强调场所的要素特点，包括地形、地貌、光线、材料、触觉等
4	反对对地方和乡土建筑的煽情模仿，但并不反对偶尔对乡土要素进行符号化解释手法或片断注入建筑整体

整体外观使人联想到日本传统的大屋顶，但赋予了全新的造型。全部由木材建成，并采用典型日本传统斗栱层层出挑的做法。通往入口的阶梯向上微凸呈拱形，又像是日本庭园中常见的小桥。

1 1992西班牙塞维利亚博览会日本馆

生物气候地域主义

生物气候地域主义（Bio-climatic Regionalism）主张人们的实践活动必须遵守生物因素和环境因素相互联系的规律，继承和发展传统地域性建筑中的气候设计方法，以达到节约能源和可持续发展的目的。

生物气候地域主义创作倾向的识别要素　　　表2

1	本土化与现代技术相结合，充分结合各地域气候特性
2	使用当地获得的可再生资源、健康、节能、低维护要求的地方建筑材料
3	维护区域自然环境与社会文化的生态平衡

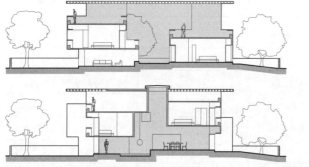

通过设计两个相互背置的剖面一起放置在一个连续的住宅空间内，分别来适应夏季和冬季不同的气候条件。夏季剖面呈金字塔状，形成良好的空气吹拔效果。相反，倒字塔的冬季剖面，使室内向天空开敞。

2 帕雷克"管式"住宅

"当代乡土"

"当代乡土"（Contemporary Vernacular）强调回应地方传统特征，并将其物化为反映当地价值观、文化和生活方式的新形式。

"当代乡土"创作倾向的识别要素　　　　　表3

| 1 | 提炼本地区的传统建筑形式，强调文脉感，并拓展为现代用途 |
| 2 | 重视对乡土技术和材料的审美独特性 |

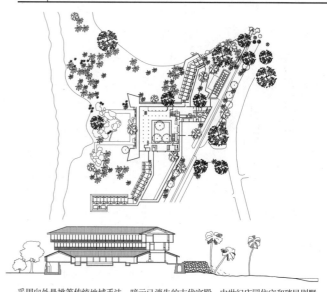

采用向外悬挑等传统地域手法，暗示已消失的古代宫殿、中世纪庄园住宅和殖民别墅。

3 本托塔海滨酒店

广义地域主义

广义地域主义（Generalized Regionalism）创作倾向以新材料、新技术，结合地域特殊的自然、文化因素，在继承和保护地域传统建筑的基础上，采用多样化的形态和技术策略，最终目的是通过现代技术实现人与自然的和谐、技术与文化的共生。

广义地域主义创作倾向的识别要素　　　　　表4

1	强调场所精神的深层提炼、各种材料灵活使用、建造和施工方法的多元性
2	自然、人文和技术特色的多元性；同一地域艺术语言的多样性和不同地域的混同化
3	强调式样的适度继承性、文化观念的适度创新性、生态环境的巧妙利用
4	高、中、低技术的混用灵活性，使用的一贯性

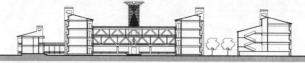

关注低造价建筑，运用当地材料，抽取当地传统符号，使新建筑与保留建筑协调共生。

4 浙江省舟山市沈家门小学

概述

气候环境是影响生产生活方式最直接的因素之一，也是影响聚落与建筑营建的重要因素。人们在解决遮风避雨、隔热保温、采光通风的基础上，不断积累营造技术经验，形成以院落为特色的基本空间形态。气候环境的区域差异、材料资源的不同、民风民俗的影响，形成丰富的地域建筑空间形态与建筑风格。

院落空间组合

院落是传统建筑最有特色的空间构成形式，院落的围合形成微气候空间环境。气候环境与营造理念的差异，使院落空间形态呈现明显的南北方地域特色。生产生活方式与文化习俗的差异，又形成多样化的院落空间组合特色。

院落空间组织形式 表1

	吉林院落民居	北京四合院	四川院落民居
院落图示	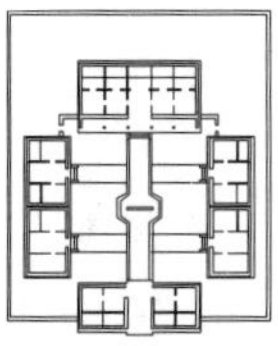	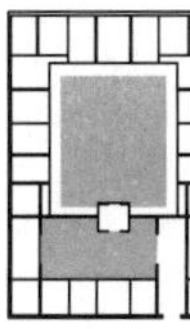	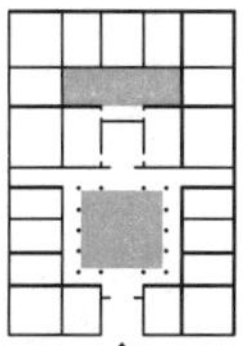
组合特征	冬季严寒，夏季温热。院落宽敞，建筑布局松散，减少相互遮挡，利于寒冬争取更多日照	夏季炎热，冬季寒冷。抬梁构架与围护墙结合，保温隔热，庭院敞亮，日照效果佳	冬冷夏热，湿热多雨。穿斗构架与木装板墙结合，出檐深远或形成适应气候的檐廊空间
	陕北地坑窑	徽州天井院落	云南四合五天井
院落图示	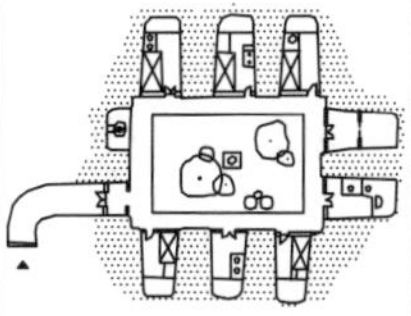	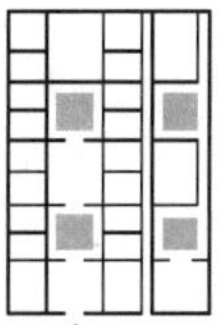	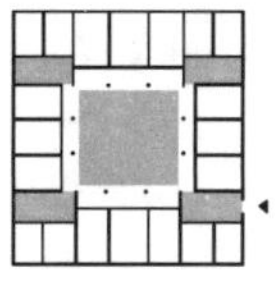
组合特征	气候干燥，夏热冬冷，利用黄土资源营建下沉窑院空间，形成冬暖夏凉的内部环境	气候温和，雨量充沛，以天井与穿堂组织空间，利于内部采光及空气流通	冬暖夏凉，日照充足，院落与天井结合，采光通风良好，利于遮雨避阳

围护结构形式

受气候环境影响，南北方形成不同的建筑围护结构形式，地域环境与营造习俗的差异使地域特色的围护结构又呈现出多样化特征。

a 北方以抬梁构架与围护墙组合为特色

b 南方以穿斗构架与竹编夹壁墙组合为特色

c 砖石土等材料作承重墙与坡屋顶组合

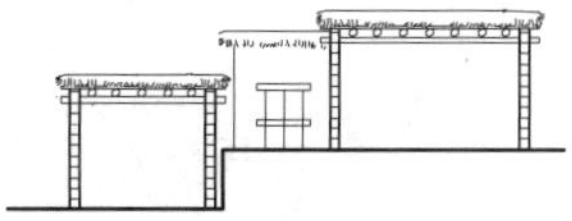

d 砖石土等材料作承重墙与平屋顶组合

1 围护结构形式

建筑空间形态

受气候环境、建筑材料、构筑技术、营造理念与文化习俗的影响，以及建筑的空间组合形式、材料质感等的差异，形成了适应气候的富有地域特色的建筑风貌。

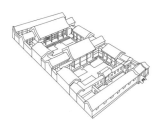

筒瓦屋顶，苫背构造，木构架外以封闭的砖石墙围护，保温隔热。

a 北京四合院

窑洞与院落组合，以生土材料为墙体或屋顶围护，适应干燥气候。

b 西北窑院

屋顶平缓，砖石墙围护，抗风雨性能良好。

c 潮汕民居

砖石围护墙与装板墙结合，屋檐出挑深，通风良好，适应多雨气候。

d 江浙民居

屋面出挑深远，檐廊开敞，形成通透的檐下活动空间，适应湿热多雨气候。

e 黔北三合院

天井上空增加屋顶形成"抱厅"，既增加使用功能，又适应湿热多雨气候。

f 四川天井院落

屋顶坡度陡峭，墙身低矮，隐于椰林之中，有较好的抗风雨作用。

g 三亚黎族民居

建筑屋顶坡度较陡，建筑架空于平地，防潮除湿，通风良好。

h 滇南干阑式竹楼

冬季干燥寒冷，以地方石材为墙体材料，隔热保温性能好。

i 川西羌藏民居

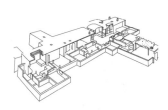

少雨多风沙，冬冷夏热，以平屋顶与土坯墙结合，室内冬暖夏凉。

j 新疆阿以旺民居

2 建筑空间形态

概述

地形地貌是影响传统建筑生成的重要因素。顺应地形地貌的自然规律，与环境有机和谐，是传统建筑天人合一的营造理念。巧妙利用地形营造建筑空间环境，是传统地域建筑营建中的特色与精髓。聚落的选址布局、建筑的空间组合，在适应不同地形地貌的营造实践中，形成了最能体现地域文化特色的风格风貌与空间形态特征，其充分反映了传统地域建筑的创造性。

适应地形地貌的聚落形态

a 水乡城镇的街巷沿河布置，形成四通八达的网状空间格局

b 山地城镇沿江河布局，形成顺应等高线走势的线型空间格局

c 沿江山地城镇垂直等高线延伸形成爬山式格局

d 丘陵坡地村落靠山而建，形成环绕山丘的组团式格局

1 地形地貌与聚落形态

利用地形的建筑形态

 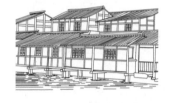

a 山地吊脚楼：适应复杂的地形变化，既争取使用空间，又创造丰富的建筑形态

b 临水吊脚楼：建筑出挑架空于水面，争取上部空间，构成水乡建筑特色风貌

c 退台跌落：建筑垂直等高线层层退台跌落，形成层次丰富的屋顶形态

d 退台梭坡：建筑顺应坡地退台跌落，内部空间分隔灵活，屋顶形态与坡势和谐

 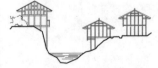

e 跨水与临水：山地临江村寨与城镇以风雨桥廊联系聚落交通，两岸临水吊脚楼高低错落

2 地形地貌与建筑形态

山地建筑接地空间与利用

山地传统建筑适应自然地形地貌，巧妙利用场地地形组织建筑布局，扩大使用空间，与整体环境有机融合。在顺应地形地貌的实践中，积累丰富的山地建筑营造手法，形成地域文化特色浓郁的建筑空间环境。

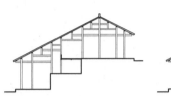 

a 退台梭坡：屋顶顺应台地下梭，呈长短坡

b 退台错檐：屋顶随地形高差形成高低错檐

 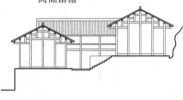

c 临水吊脚：构架外挑，架于水面，争取空间

d 筑台与退台：利用地形筑台，形成高低错落的院落空间

 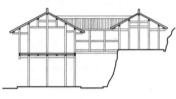

e 山地吊脚：吊脚以适应复杂地形，争取上部空间

f 架空跨越：利用地形高差，架空跨越，形成山地过街楼

g 筑台出挑：层层出挑争取上部空间

h 架空靠崖：依附陡峭崖壁，争取外部空间

3 山地建筑接地形式

a 陕北窑洞

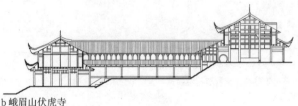

b 峨眉山伏虎寺

4 山地建筑接地实例

概述

　　材料是构成建筑地域特色的物质要素,它与建筑结构形式的选择、空间形态的形成以及装饰风格特点等密切相关。在长期实践中,木材是最为常用的建筑材料。建筑营建中也常综合运用土、草、竹、石等自然材料和土石加工形成的砖石材料。充分发挥地方资源及材料的优势,就地取材,是传统地域建筑重要的营造特色。

材料与建筑形式

木构抬梁构架与围护墙体结合,内部空间分隔灵活,外部建筑形态厚重,是北方具有代表性的构筑形式。

a 北方抬梁式构架

承重立柱与水平穿枋结合,木装板墙或竹编夹壁墙围护,整体建筑形态轻盈,是南方具有代表性的构筑形式。

b 南方穿斗式构架

在林木资源丰富的地区会出现井干式民居,用原木经过粗加工,水平层层相叠,组合成房屋四壁,材料加工迅速。

c 井干式民居

云南地区湿热多雨,盛产竹材,傣族民居以竹为主要材料营建干阑式建筑,通风散热,形成浓郁的地域风格。

d 傣族竹楼民居

碉楼在石材资源丰富的藏羌地区较为常见。内部木构梁柱支撑,土木构筑楼板;外围护结构石材垒筑,与周边环境浑然一体。

e 藏族碉楼民居

福建土楼民居主要以生土作为建筑围护材料,利用细沙、石灰、竹篾等地方材料进行加固,防风抗震,地域特征显著。

f 福建土楼民居

四川地区资源丰富,建造材料多样,土墙民居多以生土夯筑而成,结合木穿斗构架,不同材质形成对比,不拘一格。

g 四川土墙民居

滇中及滇西南地区彝族土掌房以石材筑基,泥土筑墙,利用木梁、木板、竹篾、茅草、红泥等地方材料筑平屋顶,隔热防水、冬暖夏凉。

h 彝族土掌房民居

1 材料与建筑形式

材料与围护形式

　　传统屋面以瓦屋面为主,部分地区采用石、木、草屋面;墙体主要有砖墙、石墙、版筑墙、土坯墙、木装板墙、竹编夹壁墙等。营建中多就地取材,建筑地域特色鲜明。

a 瓦屋顶

b 草屋顶

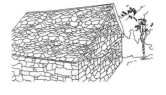

c 木屋顶

d 石屋顶

2 屋顶材料

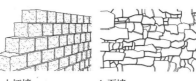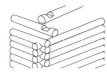

a 土坯墙

b 石墙

c 木墙

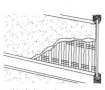

d 版筑土墙

e 空斗砖墙

f 竹编夹壁墙

3 墙体材料

材料与装饰

　　结合地域民风民俗,运用不同材料及构件进行门窗、围墙等处的装饰。利用材料独特的质感、肌理、色彩,在不同建造工艺的处理下,形成风格多样的地域装饰特色。

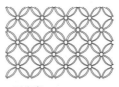

a 瓦砌窗

b 竹编窗

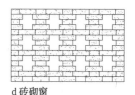

c 木构窗

d 砖砌窗

4 材料与装饰

概述

社会经济因素包括经济形态、经济发展水平等内容。其中，经济形态对传统聚落的选址、布局、建筑的营建方式等都有显著影响，对与生产方式相匹配的空间也有特定需求；而经济发展水平则对建筑的规模、用材的质量、施工工艺等影响显著。

聚落选址与布局

经济形态对聚落选址布局的影响 　　　　　　　表1

经济形态	选址	布局
农业	择土地、水源、林木良好之地	有聚合式，也有分散式；规模大小受限于耕地面积和质量
商业、手工业	多依附于交通要道	沿货物集散广场及街道布置，建筑密度大
牧业	逐水草而居、迁徙不定、流动性大	靠近水源及草地分散布置
渔业	临海近水的避风港湾及滩涂	依山傍海，沿海岸线自然曲折

a 农业村落——靠近水源及农田

b 商业场镇（四川）——多因水运交通兴起

1 经济形态与聚落选址

建筑空间与形态

经济形态对建筑空间的影响 　　　　　　　表2

经济	营建理念	空间形制、规模	典型生产空间
农业	营造慎重，视为"家代昌盛"的载体和标志	类型多样，单栋、院落、单层、多层皆有	仓库、晒坝、晒台
商业、手工业	场镇中尽可能争取沿街商业空间	常见店居坊一体式，下店上宅式、前店后宅式	店铺、作坊
牧业	便于拆装、移动和运输	多单栋式、内不分间，规模小，重量轻	畜圈、畜栏
渔业	利于渔业操作	既有单栋式，也有院落式	滩涂、晒场

a 山西票号大院集商住功能为一体，呈前店后宅式多进院落布局

b 四川场镇店居前店后宅式，店外凉亭子常拓展为商业空间

c 广州竹筒屋为适应高密度商业城镇发展产生的一种小开间、大进深民居

2 经济形态对单体营建的影响

d 四川羌族碉房，底层为牲畜圈，中层居住，屋顶作为开敞晒台

f 广西壮族"麻栏"，底层围以栅栏用作畜圈、杂用，上部住人

h 吉林满族四合院，院落宽敞，院后单独设置粮仓

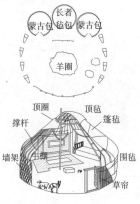

j 蒙古包，空间单一，功能合一，外侧设围栏用于畜棚

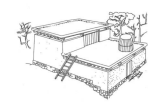

e 云南土掌房，二层平台满足晾晒粮食和劳作需求

g 渝东南土家族民居，吊脚楼下为牧畜圈，上部住人，设室外晒坝

i 新疆伊犁民居，室外设宽大院墙，院内种植果蔬

k 帐房，空间单一，功能合一，外侧设围栏用于畜棚

概述

传统文化信仰主要包括宗法思想、民间信仰、宗教信仰及原始崇拜等，是地域性建筑重要的文化精神内核，体现了我国各地区、各民族人民敬神祈福的传统文化思想。其对聚落布局与空间结构、建筑空间环境与形态等产生重要影响。

聚落布局与空间结构

祠庙会馆及少数民族村寨中的公共建筑为聚落中的核心精神空间，承载多样文化信仰，影响聚落布局形式和空间结构。

a 浙江村落，宗祠与支祠联系各居民点形成血缘聚居的空间结构

b 四川场镇，祠庙会馆为信奉神灵的场所，形成民间信仰的文化空间环境

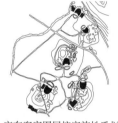

c 广东客家围屋按宗族姓氏划分形成围团式聚落空间布局

d 贵州侗寨围绕鼓楼形成村寨中拜祖祭祀、公共活动的中心空间

① 文化信仰对聚落布局与空间结构的影响

建筑空间环境与形态

1. 宗法思想

传统建筑中的空间秩序、主从关系、营造规格、建筑装饰、室内陈设都折射出宗法思想的文化内涵。

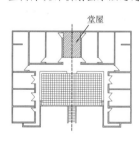

a 四川一堂两厢三合院

b 福建南靖土楼——中心祖堂加环楼

c 四川民居堂屋空间

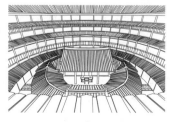

d 福建怀远楼祖堂空间

② 堂屋在建筑中的核心位置

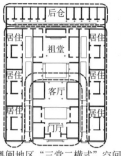

a 粤闽地区"三堂二横式"空间秩序   b 北京四合院空间分区及主从关系

③ 建筑空间秩序及主从关系

2. 宗教及原始信仰

宗教及原始信仰对建筑空间环境与形态有较大影响，具体表现为对神灵、物像（山、石、树、动物）或抽象图腾符号的崇拜。

a 藏族经堂为家庭宗教法事活动的重要空间

b 藏族民居周边树立经幡以寄托对太平幸福的心愿

c 土家族火塘是交往、聚会议事、祭祀神灵的重要场所

d 彝族围绕祭火公共空间进行火把节活动

e 拉祜族以图腾桩为中心进行"祭柱"活动，祈望农业丰收

f 沧源佤族图腾寨桩守护村寨平安

g 布朗族牛角桩象征寨心神，保护寨子边界

h 云南佤族豹形门体现村民对动物的敬畏与崇拜

i 阿昌族以石寨柱表达人们的山石崇拜

j 苗族村口的大树奉为"树神"以求风调雨顺

④ 宗教及原始信仰对建筑空间环境与形态的影响

概述

民俗民风是特定社会文化区域内历代人们共同遵守的行为模式或规范。民俗民风对传统地域建筑的影响，主要体现在聚落的选址布局、建筑的空间环境营造和建筑装饰等内容中。经过长期积累，各地区和民族都有一定的营建习俗，这些习俗体现了人们在营建中趋吉避害的心理及对生活的美好愿景，也凝聚着人们在生产、生活实践中积累的理性、科学的营建智慧和经验。

选址与布局

民俗民风对传统聚落与建筑选址和布局的影响，主要体现在对其周边山形水势、日照及景观朝向等内容的规定上。

部分少数民族建筑选址习俗　　　　　　　　　　表1

壮族	建宅朝向佳山，圆形山如钱袋可招财；笔架山主子孙出文人；三角形山类卖旗帜出武举
湘西土家族	选址"坟对山尖，屋对坳"，屋前开敞广阔，不可封闭；村落须背有靠山，前有子孙山；村前忌荒草山；选址须"秤土"，即选密度大、土质好的地方
四川土家族	忌门前有高山，压制祖宗牌位
布依族	住宅基地要选好向山及靠山，向山要选"双龙戏珠"、"狮子滚绣球"、"万马归槽"等山势，靠背山要选"卧狮拱卫"、"青龙环护"、"贵人坐椅"等山势
四川彝族	忌门对秃山；房前有水为吉，房后有水为忌

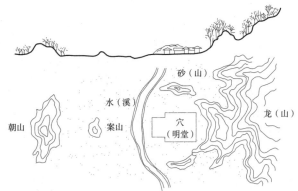

a 居住空间理想模式：枕山、环水、面屏

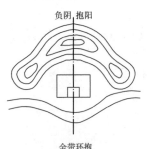

b 最佳住宅选址模式一

c 最佳住宅选址模式二

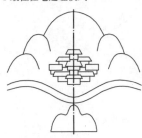

d 最佳村落选址模式

e 最佳城镇选址模式

1 选址布局与民俗民风

建筑空间环境

民俗民风对建筑朝向、房屋方位、空间形态、尺度及装饰图案等内容都有影响，并形成了一定的规则，其中包含了丰富的空间环境营造经验和深厚的文化内涵。

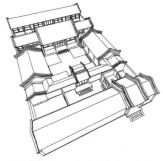

a 北京四合院——入口东南角，吉位

b 云南三坊一照壁——入口不与正厅相对

c 八字朝门——入口形态合"八"，前大后小为吉形，宜藏风纳气，民间广泛流行

d 燕窝——明间前区内凹，可纳凉、遮风避雨，檐下有燕筑巢示为吉祥

2 建筑方位、形态与民俗民风

a 地基宜步步高（福建）——建筑群主次分明，也取步步高升之意

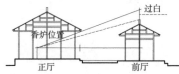

b 过白——结合采光纳阳、景观视线、祭祀需求形成的营造习俗，主要流行于岭南地区

c 丈八八——尾数合吉数"八"的构架营造习俗，流行于广西、贵州、川渝等地

3 建筑尺寸与民俗民风

a 门窗槅心——药王孙思邈，寓意健康长寿

b 门窗槅心——双狮寓意，事事如意

c 悬鱼——防火避灾，象征年年有余

d 门板图案——四季平安

e 鱼龙吻——避邪除祟，防火避灾

4 建筑装饰与民俗民风

典型的地域性村落、民居类型概述 表1

类型		分布特点	特征概述	空间示意
东北地区	东北民居	多分布于我国东北部各民族聚居地区，主要位于辽宁、吉林和黑龙江三省	由于东北地区气候寒冷，因此为满足采光和取暖的需要，最典型的东北民居大多坐北面南，采用井干式，以独立的三间房最为多见	
西北地区	内蒙古民居	内蒙古民居流行于内蒙古自治区等地的牧区，蒙古包为代表，分固定式和游动式两种，固定式分布于半农半牧地区，游动式分布于游牧区	蒙古包方便拆卸、轻便保暖，内部是围绕中心火塘呈发散状布置的单一大空间。"中雷空间"上部套脑的存在，使得蒙古包的光环境较为理想	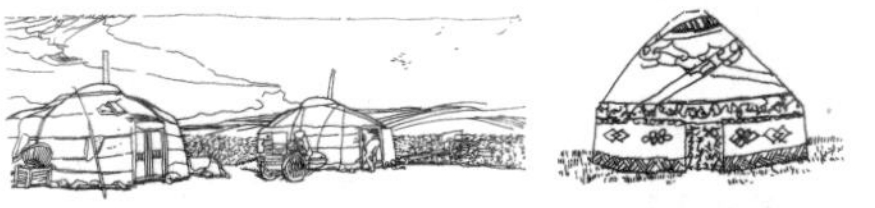
	新疆民居	由于新疆地区雨水少，民居一般分布在有地下水或绿洲的人口聚居地区	新疆民居的结构以土坯墙为主，屋盖多用土坯拱券，以满足夏季隔热、冬季防寒的要求。建筑外部土墙厚重高大而朴素，内部却装修华丽	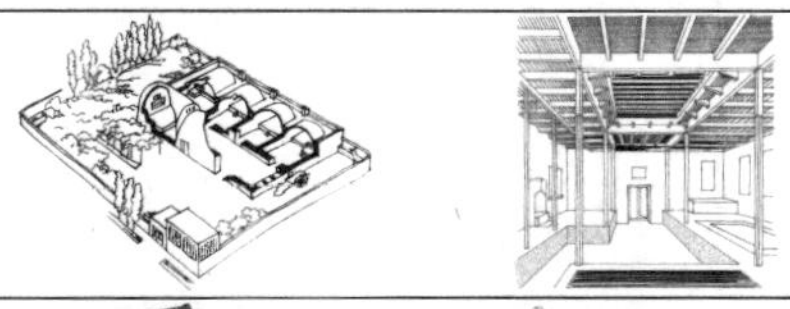
华北地区	北京四合院	四合院住宅在我国分布很广，山西、陕西、河北均有分布，以北京四合院最具代表性	合院以中轴线贯穿，北房为正房，东西两方向的房屋为厢房，南房门向北开，称为倒座。标准的北京四合院南北略长，坐北朝南形成院落，正好排列在东西向的胡同之间	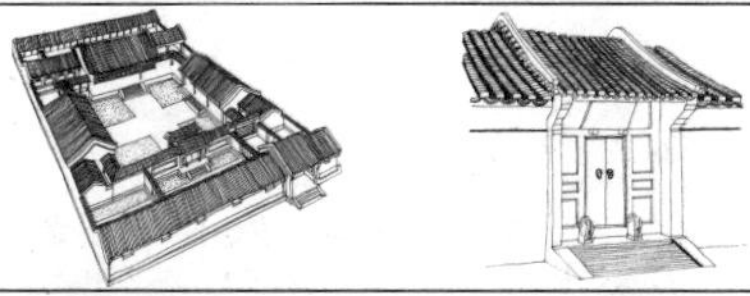
华东地区	江南民居	多分布于长江中下游以南地区，尤其是苏南和浙江一带，如镇江、南京、无锡、上海、苏州、杭州等地	江南民居平面布局布置紧凑，依山傍水，利用山坡河畔建造，院落占地面积较小，村落内河网交织。由于临水而居，故形成以水道为轴线的分布格局，同时因水系复杂，住宅错落有致，灵活多变	
	皖南村落	多分布于安徽省长江以南山区地域范围内，以西递和宏村为代表	皖南民居以朴素淡雅著称，村落大多随地形与道路发展，注重风水。高墙深院、粉墙黛瓦是其突出的特点。民居多为2层以上的楼房，中间围合一个很小的天井	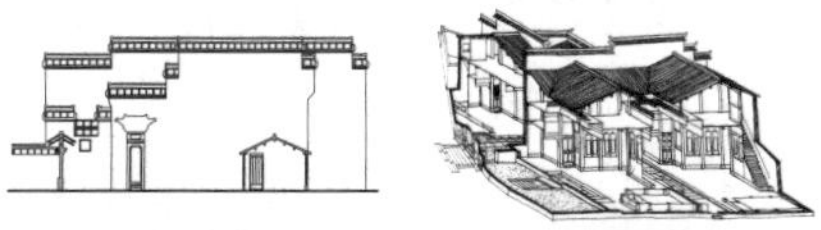
	福建客家土楼	多分布于闽西南和粤东北几个县市，特别是客家话和闽南话交界地区	土楼从安全、防御考虑，以土墙而建造起来的集体建筑，聚族而居，呈圆形、半圆形、方形、四角形、五角形、交椅形、畚箕形等，各具特色，其中以圆形的最引人注目	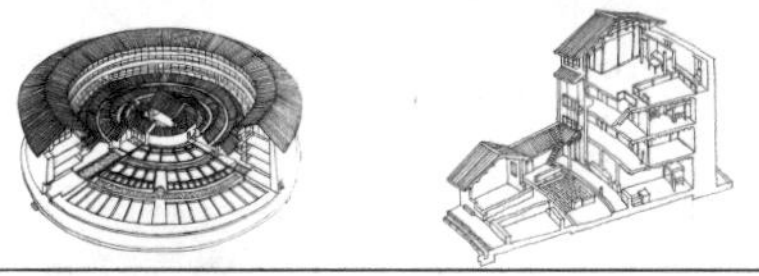
华中地区	湘西、鄂西民居	多分布在鄂、渝、湘、黔等交会的山区，建筑依山而建	吊脚楼多依山就势而建，呈虎坐形，或坐西向东，或坐东向西，为干阑式建筑	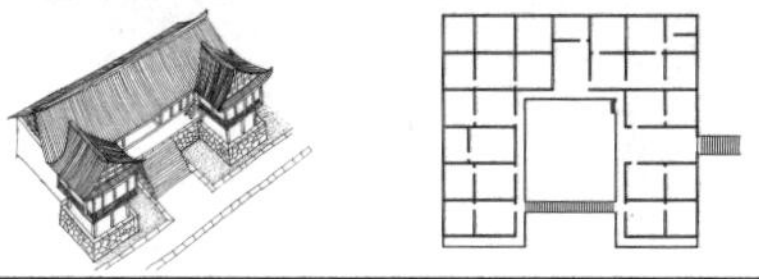
华南地区	干阑式民居	多分布于广西东南部及广西与贵州交界处，地势陡峭，具有降雨丰富、雨热同季的气候特点	干阑式木楼多为2~3层，一般五柱排架，穿斗结构，有前后廊、过廊及大出檐	
西南地区	滇西南民居	多分布于滇南傣、佤、苗、景颇、哈尼、布朗等少数民族的居住地区	干阑式竹楼适应闷热潮湿的气候条件，以散点式的布局形成聚落，利于通风	
	云南一颗印	多分布在昆明附近及滇中、滇南等地区，为汉族、彝族、白族等采用	正房耳房毗连，高2层，且正房较高，用双坡屋顶，耳房与倒座均为内长外短的双坡顶	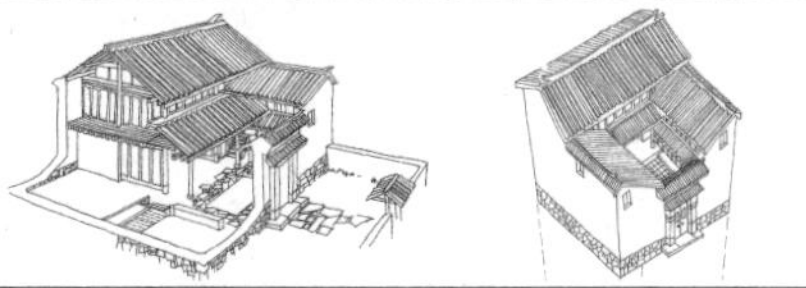
	四川民居	四川民居包含了羌、彝、藏、汉等民族的民居类型，大多分别分布于各民族聚居处	民居多依地形、就势而筑，依山傍水，错落有致，采用石、砖、木、竹等多种材料；多为穿斗式木构架，造型空透轻盈，色彩清明素雅	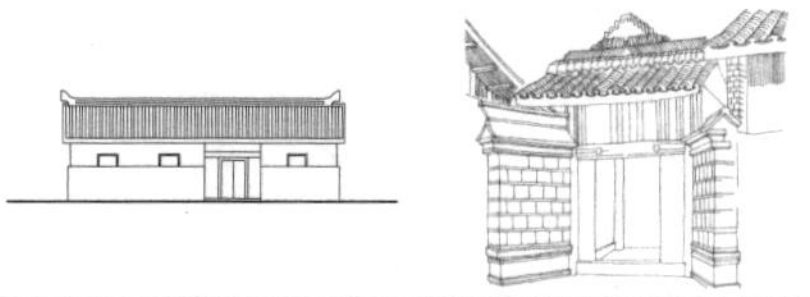

2 地域性建筑

57

典型东北、西北地区民居类型概述 表1

类型		成因及分布	分类及其特点	建筑实例
东北地区	东北民居	1.自然环境的因素：东北地区天气寒冷，各民族的民居住宅尤其注重御寒防冷的问题，因此形成了东北民居特有的居住习俗。 2.社会文化的因素：东北是多民族聚居的地区，中原传统文化的传播以及广泛的民族文化、宗教文化交流对东北民居影响深远	1.建筑样式 最典型的东北民居样式就是坐北面南的土坯房，以独立的三间房最为多见，而两间房或五间房都是三间房的变种。 2.建筑结构 绝大多数的民居都是用土与茅草混合泥水而建的，房顶是用茅草盖的，行话叫苫，或者叫苫房。正因如此，导致了呼兰烟囱的出现。 3.建筑内部 典型三间房的室内格局为三个房间东西排列，东西屋子均为卧室，根据家庭人口多少，卧室或为两铺炕，或为一铺炕，一铺炕都在靠窗户的南侧。窗户通常为扁宽形，窗口较小。窗棂用木条做成井字形，外糊窗户纸。采光效果极差，但保暖性能好	 立面图　　平面图
		多分布于我国东北部各民族聚居地区，主要在辽宁、吉林和黑龙江三省		
	羌、藏族民居	1.自然环境的因素：为解决气候、地理等自然环境不利因素对生产、生活的影响，设置天井、天窗。 2.宗教的影响：农牧区民居聚落的形成多以寺院为中心，自由分布、彼此错落，形成不相联属的格局	1.帐房 平面多为正方形或长方形，用木棍支撑框架，上覆牦牛毡毯，四周用牛毛绳牵引，固定在地上。帐房正脊留有缝隙，供采光和通风。帐房内部周围用草泥块或土坯垒成矮墙，上面堆放青稞。帐房内陈设简单，中间置火灶，灶后供佛，四周地上铺以羊皮，供坐卧休憩之用。这种帐房制作简单，拆装灵活，运输方便，是牧民群众为适应逐水草而居的流动性生活方式所采用的一种特殊的建筑形式。 2.碉楼 大多数为3层或更高的建筑。底层为畜圈及杂用，二层为客室和卧室，三层为佛堂和晒台。四周墙壁用毛石垒砌，开窗甚少，内部有楼梯以通上下，易守难攻，类似城堡。窗口多做成梯形，并抹出黑色的窗套，窗户上沿砌出披檐	 碉楼鸟瞰图 碉楼立面图　　碉楼立面图
		帐房：多分布于那曲、阿里等地区。 碉楼：多分布于青藏高原以及内蒙古部分地区		
西北地区	新疆民居	1.自然气候的因素：气温变化剧烈，昼夜温差很大。 2.自然资源的因素：木材缺乏，但土质好，故以土坯建筑为主。 3.宗教的影响：各族居民大多信奉伊斯兰教，因而重视沐浴，讲求水源的洁净	1.高台民居 独门独户，户户相连，每户几乎都有大小不等、形状各异的内院；院子里种植花草盆栽，室内装饰艳丽华贵。 2.吐鲁番民居 依山而建，空中楼阁、过巷土楼随处可见，屋顶高大。不少的屋顶上有晾房，为挑选和晾晒葡萄干提供了宽阔的空间。 3."阿以旺"民居 以"阿以旺"为中心，围绕其布置，到顶部提高其屋面，侧面加天窗围护而成。 4.毡帐民居 房高一般在3m左右，四周为环形毡墙，既能遮阳隔热，又能避寒挡风，搭建、拆卸十分方便。 5.农区房 民居的结构类型主要有木构架及生土木结构。一般是前庭后院，后院大都栽植葡萄等	 透视图　　鸟瞰图 透视图　　毡帐民居透视图
		由于新疆地区雨水少，民居一般分布在有地下水或绿洲的人口聚居地区		
	窑洞民居	1.自然环境的因素：黄土高原地处北方，冬天寒冷，夏天炎热，而窑洞内冬暖夏凉。 2.经济因素：黄土高原土壤太过松软，故不适宜搭建房屋，而窑洞造价低廉。 3.生态因素：不破坏环境，不占用良田	1.明庄窑洞 一般是在山畔、沟边利用崖势，先将崖面削齐，然后再修庄挖窑洞，多为一庄三窑和五窑，少数五窑以上。 2.下沉式地坑院窑洞 该类窑洞在平原大塬上修建。先将平地挖长方形的大坑，将坑内四面削成崖面，然后在四面崖上挖窑洞，并在一侧修长坡道或斜洞子，直通塬面，作为人行道。这种窑洞实际是地下室，冬暖夏凉的特点更为明显。 3.箍窑 箍窑一般是用土坯和麦草黄泥浆砌成基墙，拱券窑顶而成。窑顶上填土，成双面坡形，远看像平房，近看是窑房。许多人还在箍窑上面铺了瓦，以保护窑顶不被雨淋，使箍窑的寿命更长。近年又出现了砖面箍窑，比泥土箍窑更坚固耐用	 平面图 剖面图　　透视图
		多分布于山西西部及陕西北部，以及豫西、陇东等地区		

典型华北、华东地区民居类型概述 表1

2 地域性建筑

类型		成因及分布	分类及其特点	建筑实例
华北地区	北京四合院	1.北京地区气候相对比较干旱，冬季寒冷漫长，影响民居构筑形态。 2.城市整体规划及等级制度的严格约束。 3.长幼有序、尊卑有别等传统思想影响	1.平面布局：北京四合院都有一条南北向的中轴线，东西南北四个方向的房屋共同面向一个庭院。大门设在基地左前方。大型住宅由多进院落组成，一般不超过五进院。 2.结构形式：北京四合院属砖木结构建筑，房架子檩、柱、梁（柁）、檩、椽以及门窗等均为木制，木制房架子周围则为砖砌墙。梁柱门窗及檐口椽头都要油漆彩画，墙习惯用磨砖、碎砖垒墙，屋瓦大多用青板瓦，正反互扣，檐前装滴水，或者不铺瓦，全用青灰抹顶，称"灰棚"。 3.细部装饰：以朴素淡雅为主，木构部分一般仅施油漆，不施彩画。一些重点部位，如影壁心、墀头、抱鼓石、门簪、垂花门及室内隔扇、花罩等，常以砖石或木制雕刻纹饰装点	 透视图 局部图　　平面图
		山西、陕西、河北均有分布，以北京四合院最具代表性		
华东地区	江南民居	1.由于江南气候的炎热潮湿，底层是砖结构，上层是木结构 2.地形复杂，住宅院落很小，房屋组合比较灵活。 3.高出屋顶的山墙，能起到防火的作用。 4.江南水资源较为丰富，使小河从门前屋后轻轻流过	1.建筑布局：住宅的大门多开在中轴线上，迎面正房为大厅，后面院内常建二层楼房。由四合房围成的小院子通称天井，仅作采光和排水用。因为屋顶内侧坡的雨水从四面流入天井，俗称"四水归堂"。 2.檐廊：临水建筑在底层延伸出一排屋顶，下面设置栏杆，两者共同构成檐廊。不仅可以开设店铺，也是人们聊天的场所。 3.2层楼：江南民居多2层楼，底层是砖结构，上层是木结构，除起防潮作用外，也可在沿河的有限空间扩展居住面积。 4.粉墙黛瓦：美观，防水。 5.公共码头：方便不临河的人家到公共码头洗漱出行，有利于火灾时就近取水。 6.马头墙：能在相邻民居发生火灾时隔断火源，因形似马头而得名。 7.吊脚楼：向河面延伸空间过大时，就在底部设立支柱，形成吊脚楼的形式	 平面图　　立面图 透视图　　鸟瞰图
		分布于镇江、南京、无锡、上海、苏州、杭州等地		
	皖南民居	1.自然气候的因素：安徽当地湿热多雨，建筑因此独具特色。 2.文化因素：徽州民居主要由徽商回乡所建造，徽商多为儒商，尊崇封建礼教并且有文化层次，所以细部刻画非常讲究，有很多浮雕、窗格等精美构件	1.建筑布局：以毗连的、带楼层的正屋与两厢围合成三合天井院的基本单元。以高深的天井为中心形成的内向合院，四周高墙围护，外面几乎看不到瓦，唯以狭长的天井采光、通风与外界沟通。 2.建筑结构：建筑采用穿斗式构架，周边设有高墙围护。 3.建筑立面：外观尺度近人，比例和谐，清新秀丽。粉墙黛瓦是徽派建筑的突出印象。皖南民居的特点之一是高墙深院，一方面是防御盗贼，另一方面是饱受颠沛流离之苦的迁徙家族获得心理安全的需要。 4.文化特色：集中体现了明清时期达到鼎盛的徽州文化现象，如程朱理学的封建伦理文化、聚族而居的宗法文化、村落建设中的风水文化、贾而好儒的徽商文化，因此历史文化内涵深厚。同时村落选址和建筑形态，都以周易风水理论为指导	 首层平面图　　二层平面图 剖面图　　立面图
		分布于安徽省长江以南山区范围内，以西递和宏村为代表		
	福建客家土楼	1.历史因素：客家人原是中原一带汉族，因战乱、饥荒等被迫南迁，他们每到一处，本姓本家人总要聚居在一起。 2.自然环境的因素：不但建筑材料匮乏，豺狼虎豹、盗贼嘈杂，加上惧怕当地人的袭扰，就形成了防御性很强的土楼	土楼是以土作墙而建造起来的集体建筑，呈圆形、半圆形、方形、四角形、五角形、交椅形、畚箕形等，各具特色，其中以圆形的最引人注目，称之为圆楼或圆寨。 1.中轴线鲜明，殿堂式围屋、五凤楼、府第式方楼、方形楼者尤为突出。厅堂、主楼、大门都建在中轴线上，横屋和附属建筑分布在左右两侧，整体两边对称极为严格。圆楼亦相同，大门、中心大厅、后厅都置于中轴线上。 2.以厅堂为核心。楼楼有厅堂，且有主厅。以厅堂为中心组织院落，以院落为中心进行群体组合。即使是圆楼，主厅的位置亦十分突出。 3.廊道贯通全楼，可谓四通八达，小单元式，各户自成一体、互不相通	 平面图　　透视图 立面图　　透视图
		分布于闽西南和粤东北几个县市		

典型华中、华南、西南地区民居类型概述　　　　　　　　　　　　　　　　　　　　　　　　　　　　　表1

2
地域性
建筑

类型		成因及分布	分类及其特点	建筑实例
华中地区	湘西、鄂西民居	1.自然环境的因素：山区地势陡峭和充足的水源，对土家民居建筑有很大影响。 2.社会经济因素：由于经济制约，故为简单的木质建筑。 3.历史文化因素：反映了土家族人民的民族情节以及追求自由、包容大度的特性	建筑多依山就势而建，呈虎坐形，后来讲究朝向，或坐西向东，或坐东向西。吊脚楼属于干阑式建筑。 1.单吊式：这是最普遍的形式，有人称之为"一头吊"或"钥匙头"。它只有正屋一边的厢房伸出悬空，下面用木柱支撑。 2.双吊式：又称为"双头吊"或"撮箕口"，它是单吊式的发展，即在正房的两头皆有吊出的厢房。 3.四合水式：该形式是在双吊式基础上发展起来的，其特点是，将正屋两头厢房吊脚楼部分的上部连成一体，形成一个四合院。两厢房的楼下即为大门，这种四合院进大门后还必须上几步石阶，才能进到正屋	 首层平面图　　二层平面图 鸟瞰图
		湘西、鄂西民居分布在鄂、渝、湘、黔交汇的山区		
华南地区	干阑式民居	1.自然环境的因素：地势陡峭，具有降雨丰富、雨热同季的气候特点，因此民居多为干阑式。 2.文化因素：山寨造型与气势之美，既有丰富多彩的内涵又表现朴素与自然的外貌，充分表现匠人的智慧与木构的技巧	1.建筑布局：干阑式木楼多为2～3层，一般五柱排架，3～5开间，3～5架进深，有前后廊、过廊及大出檐。多悬空出挑，带披厦，于二三楼层之间开楼井，以满足采光及通风要求。底层一般不封闭或半封闭，用以堆放农具及饲养牲畜。二楼常设阁楼，以存放物品。随地势分布，沿等高线分层升高。 2.建筑结构：采用穿斗结构，用榫卯连接木材，转折曲伸，空间处理极为灵活，同时普遍运用出挑，因而立面极富变化，幢幢建筑很少相同。民居所有建筑木料都用本色不加修饰	 平面图　　剖面图 透视图
		多分布于广西东南部及广西与贵州交界处		
西南地区	云南纳西族民居	1.取材方便：因为需要大量的木材，所以干阑式建筑一般存在于林区茂密的地方。 2.历史悠久：大约从汉代开始建设，云南晋宁石寨山出土的井干式房屋可为佐证。 3.有较强的抗震性能，建造简单，适应性强，施工速度快	1.结构特点：用原木为墙体材料，横向水平放置，层层相叠，转角处相扣合，形成稳定和完整的井干式构架，之支撑屋顶。 2.布局特点：有一字形、曲尺形、三合院、四合院等。一般正房是三开间平房，明间是堂屋，作厨房和待客用。右次间为主人卧室；左次间是杂用或畜厩。人口多而劳动力强的人家则组成三合院或四合院。 3.材料特点：就地取材。当地树木漫山遍野，任人锯取，是最易得到的建房材料，而砖、瓦、石等却是山里奇缺之物，因山林交通险阻，难于运进山来，所以使用较少。 4.装饰特点：传统井干式建筑就像一块璞玉，未经雕琢，但却散发着诱人之美。砍倒即用，不雕、不琢、不锯、不钉	 平面图 透视图　　结构透视图
		分布于云南纳西族聚居区，以云南永宁最为精彩		
	云南一颗印民居	1.自然气候的因素：滇中属于高原地区，四季如春，无严寒，但多风，故住房墙厚重。同时外墙一般无窗、高墙，主要是为了挡风沙和安全。 2.文化因素：一颗印民居是由汉、彝先民共同创造，体现了独特的文化	1.正房、耳房毗连，正房多为三开间，两边的耳房，有左右各一间的，称"三间两耳"；有左右各两间的，称"三间四耳"。 2.正房、耳房均高2层，占地很小，很适合当地人口稠密、用地紧张的需要。 3.大门居中，门内设倒座或门廊，倒座深八尺。"三间四耳倒八尺"是"一颗印"的最典型的格局。 4.天井狭小，正房、耳房面向天井均挑出腰檐，正房腰檐称"大厦"，耳房腰檐和门廊腰檐称"小厦"。 5.正房较高，用双坡屋顶，耳房与倒座均为内长外短的双坡顶。 6.为穿斗式构架，外包土墙或土坯墙。 7.整座"一颗印"，独门独户，高墙小窗，空间紧凑，体量小巧，无固定朝向，可随山坡走向形成无规则的散点布置	 透视图 剖面图　　透视图
		多分布在昆明附近及滇中、滇南等地区		
	四川民居	1.气候相对温和，木材丰盛的自然环境为木架建筑的建造提供了物质基础。 2.自秦汉以来，历代不同地区移民的入川，多民族的聚居带来的文化、技术交流使得建筑营建、形式出现多元融合	1.布局较北方民居自由，平原地带多用三、四合院布局手法，有曲尺形、一字形平面；在盆地周围山区或沿江一带，多用分层筑台、放坡、吊脚等方法；在少数民族聚居区，民居多建在高山台地之上，形成山寨。 2.结构以南方穿斗结构为主；在少数民族地区，民居外墙多用乱石或土石结合砌筑，内为小柱网木结构承重。 3.当地木材、土石作为建筑常采用的材料，色彩以材料原色为主，材料色彩结合建筑形态，体现出自然协调、朴素淡雅、轻巧飘逸的风貌。 4.装饰重点多在屋顶和木作部位，主要有砖雕、石雕、木雕、泥塑和民族彩绘等	 剖面图 立面图　　平面图
		四川民居包含了羌、彝、藏、汉等民族的民居类型，大多分别分布于各民族聚居处		

概述

园林建筑是建造在园林和城市绿化地段内，为游览者提供观景的视点、场所，及供人们休憩与活动的建筑物、构筑物、园林小品等。园林建筑包括阁楼、亭廊榭坊、寺塔庙观、轩厅斋坊等。我国园林建筑按照所处地理位置可以分为北方园林、江南园林、岭南园林以及其他地方园林。北方园林一般规模宏大，气势夺人，建筑富丽堂皇。江南园林占地较小，明媚秀丽，朴素淡雅。岭南园林地处热带，更加注重庭院的通风、采光，建筑一般具有较高而宽敞的特点。

传统园林建筑分类　　　　　　　　　　　　　　　　　　　　　　　　　　　　　　　　　　　　　　　表1

分类	类型	分布地区	特点	建筑实例	
传统园林建筑分类	北方私家园林建筑	主要分布在京、津、鲁、晋等地区	1.多为王公贵族建造。建筑风格厚重、粗犷、雄健。 2.建筑多绘彩画，以弥补植物环境缺陷。 3建筑多采用灰瓦、灰墙、红柱、红门窗，色彩艳丽、跳动	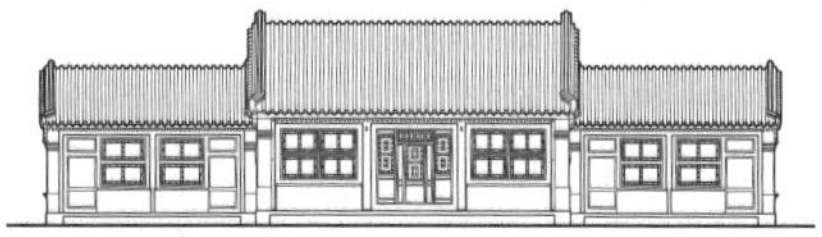 北方私家园林建筑 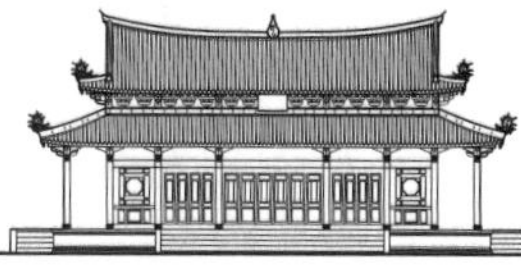	 北方私家园林建筑
	江南私家园林建筑	主要分布在皖、浙、苏等地区	1.多为士大夫和达官贵族所建，规模较小，布局精巧。 2.蕴涵诗情画意的文人气息。 3.布局不拘泥于对称的定式，灵活多样。 4.建筑色彩素雅，以黑白为主色调。 5.景观中多采用亭廊榭坊，与江南景致融为一体	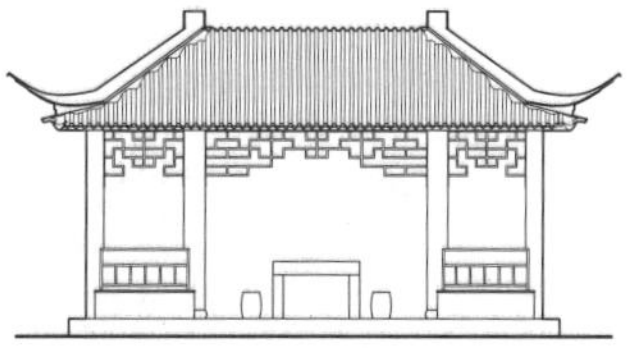 拙政园雪香云蔚亭 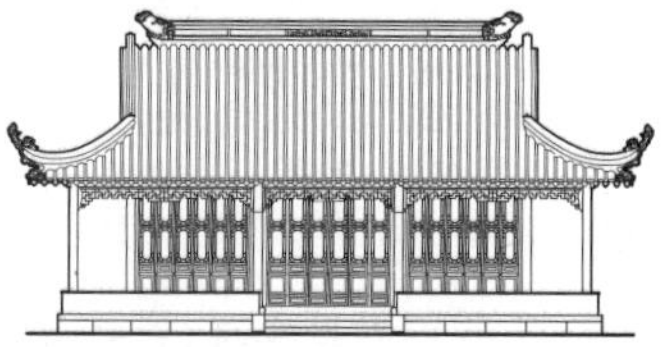	 怡园藕香榭
	岭南私家园林建筑	主要分布在闽、桂、粤等地区	1.多为商贾所建，一般是与住宅结合为一体的宅院形式，规模小。 2.建筑通透开敞，形象轻快灵活，以适应岭南炎热气候。 3.建筑材料以青灰色的砖瓦为主，显得阴凉清淡。 4.建筑有碉楼、船厅、廊桥等地方建筑类型。 5.装修中大量运用木雕砖雕、陶瓷灰塑等民间艺术	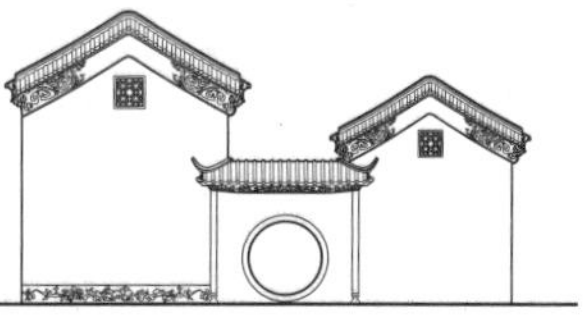 梁园建筑 	 梁园建筑
	皇家园林建筑	主要分布在京、冀等地区	1.多为皇家贵族所建，是皇家生活环境的一部分。 2.规模宏大，格调雍容华贵，气派宏伟。 3.建筑与自然景观相结合。 4.建筑严整隆重，轴线对称，琉璃彩画，高脊重吻	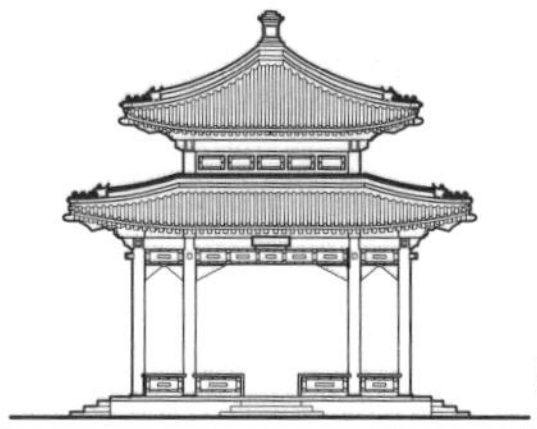 颐和园 知春亭 	 颐和园 鸟瞰图
	少数民族园林建筑	主要分布在新、藏、宁等地区	1.多为少数民族王公贵族建造。 2.民族色彩和宗教氛围浓厚。 3.建筑以木、石为主要材料，高处筑台，规划整齐，殿堂内墙壁均有精美壁画	 罗布林卡建筑 	 罗布林卡建筑
	寺庙园林建筑	主要分布的范围比较广泛，在华北、华南、华东等地区	1.面向广大的香客、游人，传播宗教，具有公共游览性质。 2.具有宗教意味。 3.由供奉佛像、举行宗教仪礼的殿堂、塔、经幢、阁组成，多占据寺庙的显要位置，采用四合院或廊院格局，以对称规整、封闭静态的空间表现宗教的神圣气氛。 4.材料质朴，建筑格调素雅	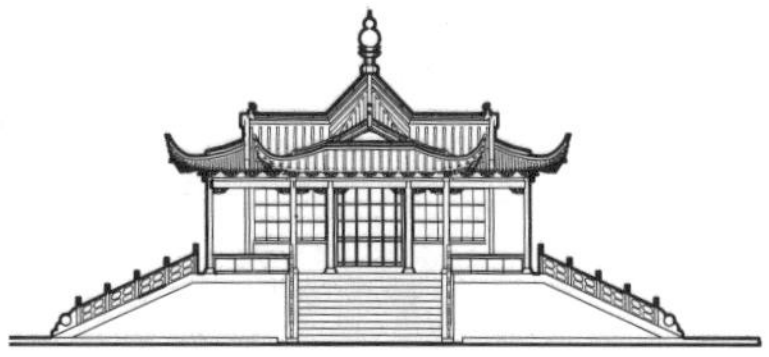 极乐寺舍利殿 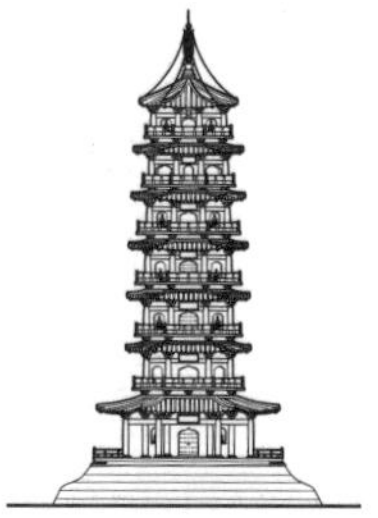	 塔

传统地方性街道分类　　表1

分类	分布	类型	定义及成因	类型及特点	建筑实例
按地域分类	京、津、冀等地区	胡同	定义：源于蒙古语gudum。元人称街巷为胡同，后为北方街巷的通称，也指主要街道之间，比较小的街巷	1.一般以东西走向，南北分列住宅。2.界面形态呈现连续性与曲折性的特点	 胡同街景 　　胡同街景 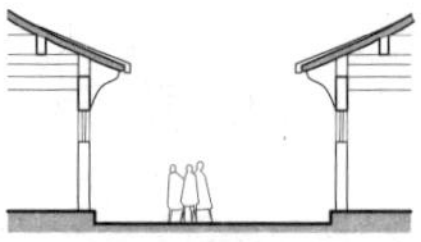　　胡同剖面示意图
	皖、浙、苏等地区	水巷	定义：以水系为脉络，河道与陆道基本平行，以垂直的巷道相接的双棋盘式的街巷。成因：河道、街巷和建筑因不同的布局组成，构成三种基本空间类型，两街一河型、一河一街型、两房一河型	1.两街一河型：中间为河道，两侧为街巷。2.一街一河型：中间为河道，一侧为街巷，另一侧为建筑。3.两房一河型：中间为河道，两侧为建筑	 两房一河型 　　一街一河型 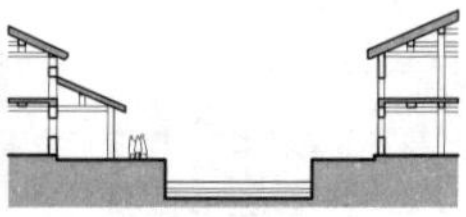　　两街一河型剖面示意图
	沪、鄂、湘等地区	里弄	定义：上海方言以"里"为街坊单位，以"弄"、"巷"为交通组织结构，坊内巷道有主巷、次巷和支巷之别。成因：根据城市道路关系及地块大小、形状等，形成四种不同的空间组织类型	1.主巷型：一条主巷与城市街道相接，即"一巷一口或两口、一巷到底"。2.主次巷型：一条主巷与城市街道相接，内有次巷和支巷与主巷相通。3.网格型：主巷、次巷、支巷均与城市街道相接，规律整齐。4.综合型：多种类型结合，因地制宜	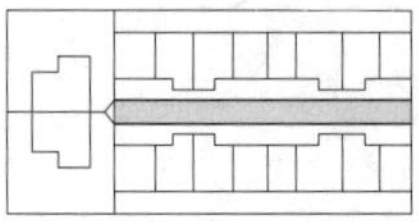 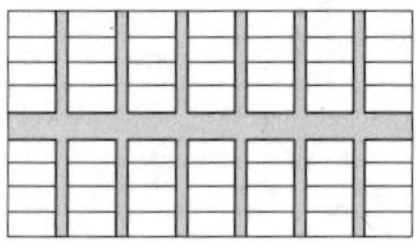 主巷型 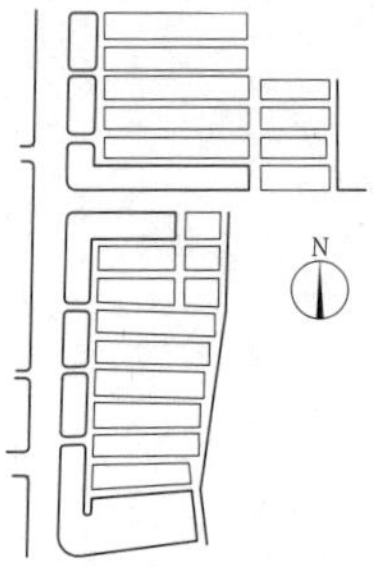 主次街巷型　　综合型 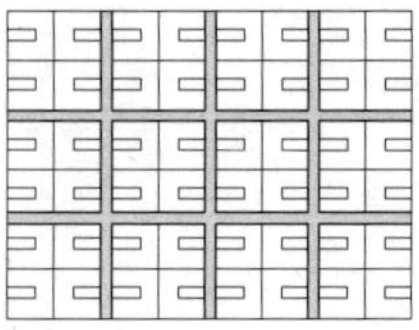 网格型 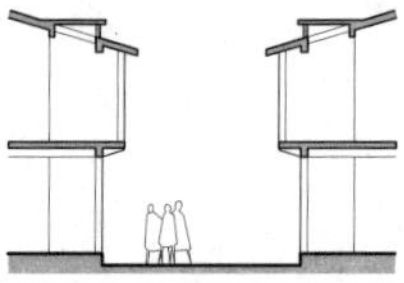　　里弄剖面示意图
	粤、桂等地区	骑楼街	定义：骑楼建筑并肩联立而建，形成连续的骑楼柱廊和沿街建筑立面，形成骑楼街。类型：根据骑楼建筑立面风格可分为西方式、南洋式、中国传统式、现代式	1.西方式：模仿西方建筑风格，主要有罗马券廊式、仿哥特式、仿巴洛克式、仿文艺复兴式和仿法国古典式。2.南洋式：主要特点是在女儿墙上开有一个或多个圆形或其他形状的洞口。3.中国传统式：采用传统建筑的符号、材料和结构等。4.现代式：运用简洁、明快、实用的现代功能主义的处理手法	 西方式 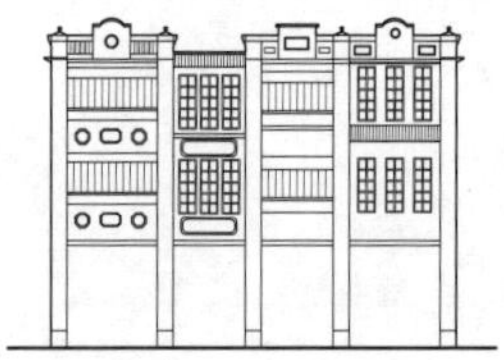　　南洋式 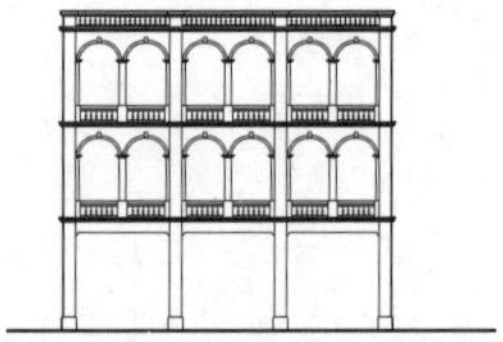 现代式 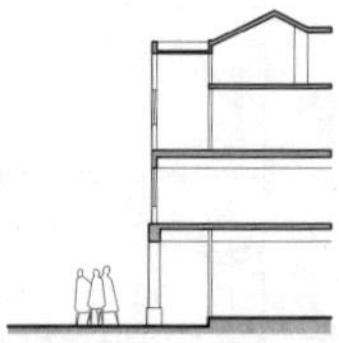　　骑楼街剖面示意图
按平面形态分类		1.直线分布	呈单向或者多向平行的直线排布，一般以街道为中心轴线，两侧建筑对应分布		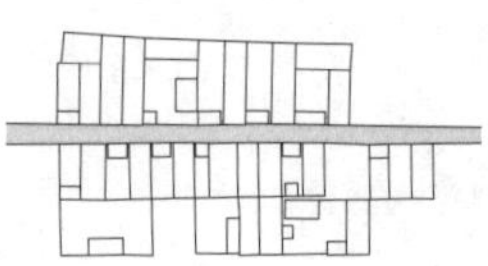 直线分布 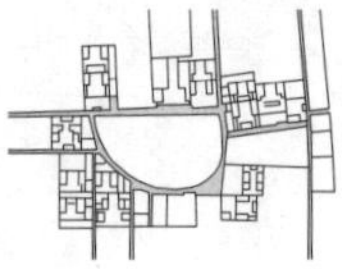　　　　发散分布
		2.围合分布	呈封闭的集合体，建筑围合形成一条主街，内部为多条支街		
		3.发散分布	呈四周放射的形态，有明确的中心空间，向周边发散街巷		
按界面形态分类		1.街巷式	以一条或多条主要街道为脉络，垂直或倾斜布置次巷，两侧或一侧布置建筑		
		2.水巷式	以水系为脉络、河道为骨架，两侧或一侧布置建筑和次巷		

概述

　　乡土景观是指当地人为了生活而采取的对自然过程、土地和土地上的空间及格局的适应方式，包含土地及土地上的城镇、聚落、民居、寺庙等在内的地域综合体。

　　乡土景观标志物是指地方性的、传统的、自发形成的地域综合体中位置显要、形象突出、公共性强的人工建筑物或历史文化景观。它能体现所处场所的特色，对周围一定范围内的环境具有辐射和控制作用，融合相应的人文价值，经时间的沉淀，成为人们辨别方位的参照物和对某一地区记忆的象征。它是复杂的自然过程、人文过程和人类的价值观在大地上的投影，它反映了人与自然、人与人及人与神之间的关系。它包括牌坊、桥、塔、鼓楼、亭、石碑、照壁等。

典型的乡土景观标志物　　　　　　　　　　　　　　　　　　　　　　　　　　　　　　　　　表1

分类	类型	定义及特点	分类	建筑实例
典型的乡土景观标志物分类	牌坊	又名牌楼，是封建社会为表彰功勋、科第、德政以及忠孝节义所立的门洞式纪念性建筑物。此外，一些宫观寺庙以牌坊作为山门，或用来标明地名	1.庙宇坊：位于寺庙前作为山门，用于宗教祭祀的牌坊。 2.功德坊：用来表彰为国家、地方建立功绩的人。 3.节孝坊：用于表彰忠孝节义等伦理道德，如孝义坊、忠义坊、贞节坊等。 4.标志坊：作为地方标志，代表了牌坊最古老的作用，大多竖立在道口或桥梁处	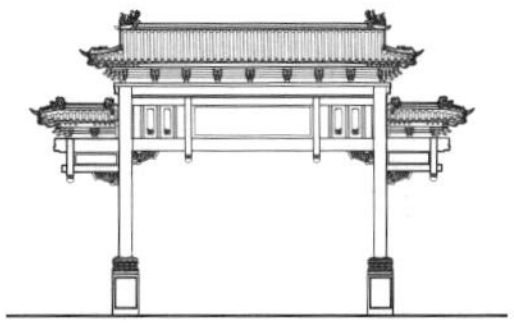 功德坊 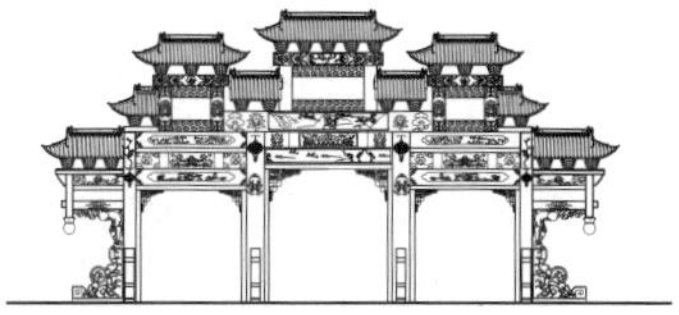　　　标志坊
	桥	横跨在山水之间，便于行人、船只通行的构筑物。建造因地制宜、就地取材，承载力和耐久性强，注重质感、色调、装饰花纹、雕刻	1.廊桥：为有顶的桥，由桥、塔、亭组成，可遮阳避雨，供人休息、交流和聚会，如亭桥、风雨桥。 2.石拱桥：用天然石料作为主要建筑材料的拱桥。跨水而建，雕琢精美，体现民族传统审美观	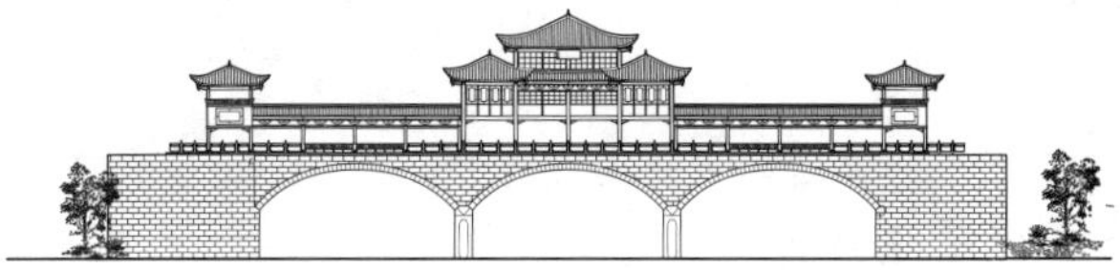 廊桥
	鼓楼	西南少数民族的鼓楼，一般模仿杉树形状建造，楼上置鼓而得名，是当地人民遇到重大事件击鼓聚众、议事的会堂，平时是村民社交娱乐和节日聚会的场所。结构精巧，造型美观，典雅端庄。 北方的鼓楼一般建在城楼之上，台基厚重，建筑体量大，常采用重檐形式，宏伟端庄	1.干阑式鼓楼：干阑民居上加高的房屋。 2.地楼式：省略了架空层的干阑式鼓楼。 3.厅堂式：结构为穿斗式的体形近似于普通厅堂建筑的鼓楼形式。 4.门阙式：用阙作为对鼓楼的衬托，设于寨门处，与寨门合一	 堂安鼓楼 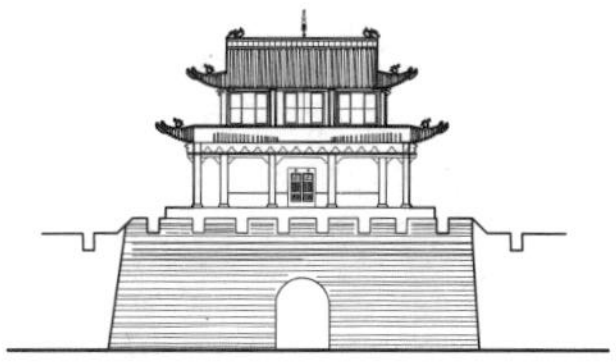　　　方城明楼
	亭	盖在路旁或花园里，供人休息用的建筑物，面积较小，大多只有顶没有墙，也可作为点缀园林景观的一种园林小品	1.纪念亭：用于纪念人或事。 2.碑亭：用于保护碑刻。 3.井亭：古时为保护水井而建造的亭子。 4.凉亭：供人休息饮水，遮风避雨	 六角亭 　　四角亭 　　八角亭
	石碑	设于道路旁边用以标记边界、纪念事业功勋、象征或标志历史发展进程中的大事	1.界碑：一种边界标记物，用于辨别一个地区与另外地区之间的边界位和走向。 2.造像碑：中国古代以雕刻佛像为主的碑刻，多为高浮雕作品，形体较小，雕琢精细。 3.功德碑：用于记载功德或颂扬政绩	 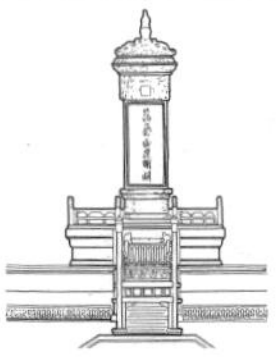  沁阳东魏　　万寿山昆　　北朝造像碑 造像碑　　明湖石碑
	照壁	中国传统建筑特有的部分，是中国受风水意识影响而产生的一种独具特色的墙壁，又称"影壁"或"屏风墙"，具有挡风、遮蔽视线的作用	1.外照壁：常建在胡同或街的对面正对它门处。 2.内照壁：是我国经典建筑形式四合院必有的一种处理手段。由于其建于院落之内，故不属于乡土景观标志物。 3.撇山照壁：位于大门两侧的照壁，为进入大门之前的缓冲之地	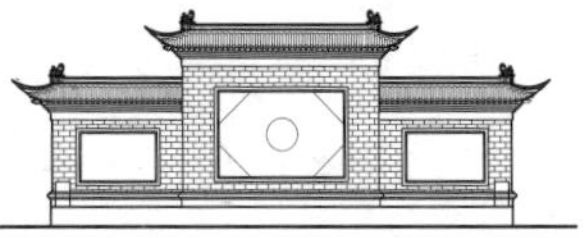 外照壁 　　　内照壁

地域性建筑群体组合方式

中国传统地域性建筑群体较多采用均衡对称的布局方式，沿着纵轴线（前后轴）与横轴线进行布置。多数建筑以纵轴为主，大型建筑采用多轴线布局。园林建筑、传统村落及藏族建筑仅维持局部轴线，大部分为自由式布置。

建筑群体组合类型与特征　　　　　　　　　　　　　　表1

分类	概念	特征
自由式	此类建筑群体由多个单体组合而成，相对于轴线对称式，这种类型并无主要的轴线，组织形态较为自由和分散，大多会形成一条或多条街巷空间	自由式布局方式又分为村落布局式与园林布局式，大多没有明显轴线，而是形成区域内的相对灵活布置
轴线式	此类建筑群体依靠轴线进行组织，在群体之中往往沿一条轴线或多条轴线展开序列，分为中轴对称式和多轴线展开式两种	中轴对称较为常见，通常存在于官式建筑和公共建筑之中，在中心轴线上布置重要门厅及正堂，两侧则为副厅及侧房。此外，多轴线的布局方式，主要是由多条序列展开
院落式	院落式布局方式是指由多个建筑单体有机组合形成一个或者多个院落的群体建筑组织方式	这种方式是以院为核心，建筑围绕院子展开，院子形成建筑组合的空隙和活动场地。除了单体建筑内部的院落，在多个单体建筑组织的过程中也会形成院落

自由式布局方式

自由式布局方式组织形态较为自然，多形成非正交的街巷空间，布置灵活，具有多向展开发展的趋势。例如徽州地区的传统古村落及苏州园林等典型建筑布局形式。

a 传统村落布局方式：安徽歙县渔梁村

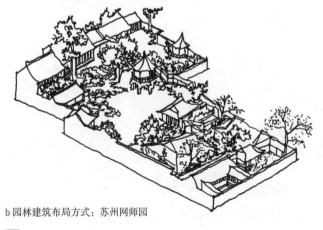

b 园林建筑布局方式：苏州网师园

1 自由式布局方式

轴线式布局方式

轴线式布局方式分为单轴线布局式和多轴线展开式。前者往往在官式建筑群或传统地域性建筑中书院、衙署等中小型公共建筑中较为常见。大户人家住宅亦多为轴线布局方式。

a 中轴对称式布局方式：澳门关部行台

b 多轴线布局方式：江西晓起村日新堂

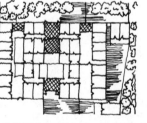 

c 轴线展开式布局方式：福建晋江庄宅

2 轴线式布局方式

群体院落组织方式

群体院落组织方式适应于多个建筑单体围合形成的建筑群落，常在不同建筑单体之间形成大大小小的庭院。庭院组织自由，并彼此相连，内外互含。

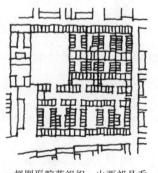 

a 规则形院落组织：山西祁县乔　　b 自由形院落组织：颐和园谐趣园
家大院

3 群体院落组织方式

中国传统地域性建筑单体形体特征

　　中国传统地域性建筑单体形体特征因地理环境、自然条件、气候条件、建造方式、经济状况、历史承袭、社会习俗、人文语境等方面的原因呈现出多样化的差异性。总体来说，由南至北，由西向东，传统地域性建筑受到气候和地理环境的影响较大，依据地域性条件而产生出各具特色的地方形态。

单体形体特征　　　　　　　　　　　　　　　　　表1

地区	特点	代表建筑类型
东北	通常以"一正四厢"为其基本形态，宅院周边围以扩大一圈的院墙，后部多留有空地作为后院	东北大院以吉林一带的大院布局最具代表性
华北	通常以"一正两厢"为其基本原型，通常为砖砌结构	以北京传统四合院为代表
西北	西北地区由于地处高原，生土建筑占据相当一部分，窑洞、阿以旺等利用地域条件形成	晋陕宅院、窑洞、阿以旺等
华东	通常以"四水归堂"的天井院为基本形制，三合院和四合院居多	徽州民居、浙江民居等
江南	江南地区水域众多，粉墙黛瓦的沿水住宅形成灰白色调的水乡	苏州民居、扬州民居等
华南	屋脊多有强烈的起翘，多为砖木混合结构	土楼、骑楼、五凤楼等
西南	由于气候潮湿多雨，多为穿斗式民居，木屋、竹屋等形态形成地域特征	干阑式民居、吊脚楼等

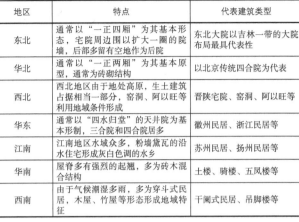

砖木混合结构，大多留存于西南山区。

1 四川 阿坝

抬梁式结构，基本合院形制，马头墙升起。

2 安徽 皖南

砖木混合结构，沿水设置，联排展开。

3 江苏 苏州

砖木混合，基本合院形制，毛石筑隔墙。

4 浙江 东阳

潮汕地区传统天井院。

5 广东 梅县

干阑式住宅，适应潮湿地区。

6 云南 西双版纳

传统徽州地区民居形制，马头墙升起。

7 江西 南昌

传统土楼，外部封闭，内部开敞。

8 福建 永定

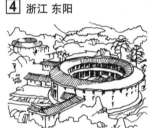

干阑式建筑典型，底层架空，木材围合。

9 贵州 黔东

干阑式建筑，利用木材、竹材建造而成。

10 广西 桂北

穿斗式砖木混合结构。

11 湖南 湘西

屋脊有明显的翘起，潮汕民居的发展。

12 台湾

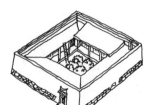

上部为夯土，下部为石材，坚固保温。

13 青海

砖、石、夯土构成，坚固且保温。

14 新疆 维吾尔族

晋陕宅院，抬梁式结构，一正两厢。

15 山西

东北大院典型代表，周围围以一圈扩大的院墙。

16 吉林

中国传统地域性建筑院落空间

　　院落是中国传统地域性建筑单体的核心特征，这一特征留存于我国各地的民居之中。这些院落形态在不同的地域性建筑中具有不同的表达方式，可以分为三合院、四合院两种基本类型，再由此产生院落空间的组织变化。

北方传统四合院

　　北方传统四合院是庭院式住宅的典型布局，是传统民居中最具代表性的正统形制。它由正房、厢房、厅房、耳房、倒座房、后罩房、大门、垂花门、抄手廊、影壁、院墙等要素组成。

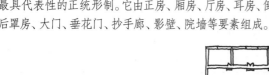

a 一进院落　　　　b 二进院落　　　　c 三进院落

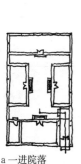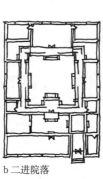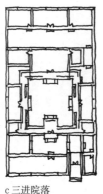

d 鸟瞰图

1 北京四合院：典型三进式、四进式四合院

皖南传统天井院

　　此类形制的单进院、两进院都以天井为中心，内向且封闭，中心序列对称布局，并围绕天井展开空间组织。

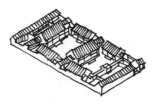

a 平面图

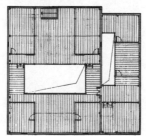

b 剖面图

2 典型徽州天井院：瞻淇方金荣宅

院落类型划分　　　　　　　　　　　　　　　　表1

分类	特点	代表建筑类型
三合院	一面为墙，中间为院，三面环绕建筑的院落形态，周围建筑一般由三开间正房和两厢组成	徽州民居和江浙一带民居多采用此种形制
四合院	四面环绕建筑，中间为院落形态，其组合形式可分为单进院、二进院、三进院和四进院及四进以上的多进院	北京、吉林等北方民居中大量存在此种形制

云南一颗印

　　此形制是云南地区普遍采用的住屋形式，由正房、耳房和入口门墙围合成正方如印的外观，俗称"一颗印"。

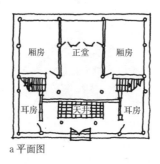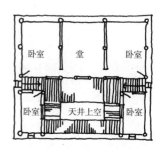

a 平面图

"三间四耳倒八尺"是"一颗印"最典型的格局。正房腰檐称"大厦"，耳房腰檐和门廊挑檐称"小厦"。大小厦连通，便于雨天穿行。

3 云南一颗印

b 鸟瞰图

广东潮汕地区天井院

　　潮汕地区的天井院，在不同地区有不同类别和名称。其有两种基本型：一是"爬狮"，二是"四点金"，并在这两种类型基础上又产生例如"五间过"等变体组合。

潮汕天井院分类　　　　　表2

分类	特点
爬狮	三开间正屋与两厢组成
四点金	由爬狮加上前座，组成四合天井院
五间过	由基本型派生出五开间爬狮和五开间四点金
三座落	由四点金和爬狮串联而成

a 平面图

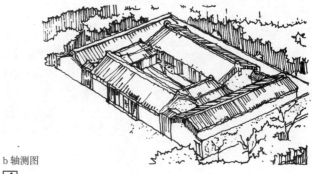

b 轴测图

4 广东潮汕合院：潮州弘农旧家

中国传统地域性建筑单体结构与材料特征

中国传统地域性建筑的结构体系主要分为抬梁式和穿斗式两种基本形式。同时，依据结构和材料的不同，又可以分为木建筑、砖木混合建筑、夯土建筑和生土建筑等。

单体结构与材料特征　　　　　　　　　　　　　　　　表1

分类	特点	分布
抬梁式建筑	抬梁式是梁柱支撑体系，由层层叠起的梁和柱来承重，抬梁式建筑使用最为广泛，官式建筑大都采用抬梁式	主要分布于华中、华北、东北、西北地区的木构建筑
穿斗式建筑	穿斗式又称立帖式，是檩柱支撑体系，有疏檩和密檩两种做法	主要分布于我国南方地区
干阑式建筑	干阑式一般为底层架空，它具有通风、防潮、防兽等优点，对于气候炎热、潮湿多雨的我国西南部亚热带地区非常适用	多用于我国南方多雨地区和云南贵州等少数民族地区
夯土建筑	民间建筑的一种做法，建筑材料以夯土为主要材料，木为辅助材料，结构坚固	主要分布于我国山区
生土建筑	生土建筑主要用未焙烧而仅作简单加工的原状土为材料营造主体外围护结构	多分布于我国西北山地、高原等区域

a 抬梁式　　　　　　　b 穿斗式

1 地域性建筑主要结构类型

干阑式建筑

干阑式民居多分布于云南、贵州、四川、湖南、广西、海南等省和自治区，是傣、壮、侗、苗、布依、景颇、佤等十多个少数民族主要的住屋形式。

a 鸟瞰图 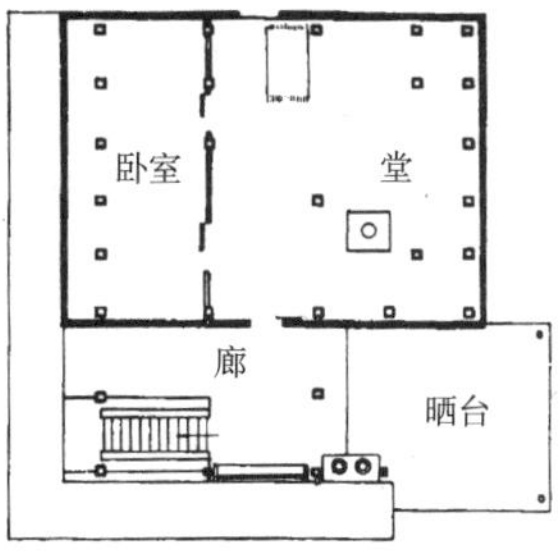　　　　　　　b 平面图

2 云南傣族高楼干阑

干阑的类别，有架空较高的高楼干阑、架空较低的低楼干阑、重楼式的麻栏和半楼半地式的半边楼等。楼面架空是干阑建筑的基本特征，其作用一是避免贴地潮湿；二是有利于楼面通风；三是防避虫兽侵害；四是便于防洪排涝。

3 云南景颇族低楼干阑

夯土建筑

土楼分布在闽西永定一带，是由夯土墙、木构、瓦顶筑造的聚居型民居。其中以多层的圆形、方形土楼为主。

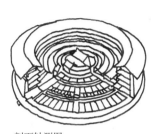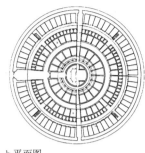

a 剖面轴测图　　　　　　b 平面图

4 福建永定圆形土楼：永定县承启楼

方形土楼四角设高4层带歇山顶的炮楼。院内前区设马驹房、轿车房、游乐房，并有一处花园。

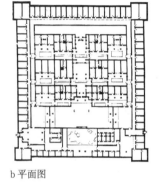

a 鸟瞰图　　　　　　b 平面图

5 江西龙南县方形土楼：龙南新围

吊脚楼

吊脚楼利用吊、挑、跌、爬等手法，有效结合地形，争取空间最大化。竹木穿斗结构，具有强烈的地域特色。

吊脚楼最基本的特点是正屋建在实地上，厢房除一边靠在实地和正房相连，其余三边皆悬空，靠柱子支撑。

a 透视图

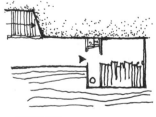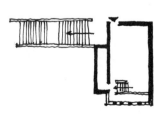

b 底层平面图　　　　　　c 上层平面图

6 重庆沿江吊脚楼民居

生土建筑

窑洞主要存在于我国河南、山西、陕西、宁夏等省和自治区，其已成为黄土高原和黄土农村住宅的主要形式，是我国传统民居中的一支独特的生土建筑体系。

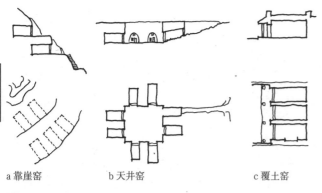

a 靠崖窑　　　　b 天井窑　　　　c 覆土窑

1 传统窑洞的三种类型

土石建筑

藏式碉房以厚石墙、木梁柱、小跨、密肋、低层高、平屋顶、梯形窗套为其特色。

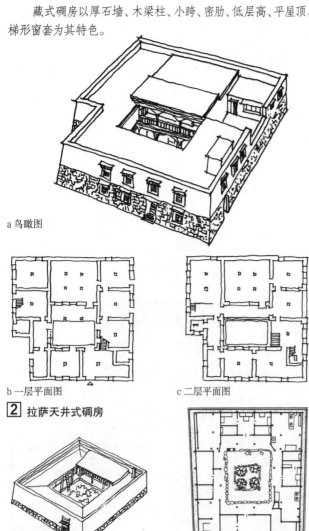

a 鸟瞰图

b 一层平面图　　　　c 二层平面图

2 拉萨天井式碉房

a 轴测图　　　　b 平面图

3 青海"庄窠"民居

a 鸟瞰图

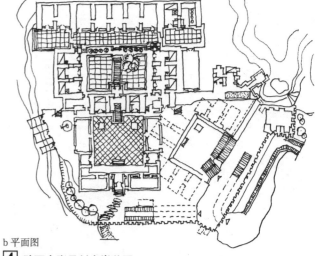

b 平面图

4 陕西米脂县刘家峁姜园

西北阿以旺

由于新疆和田地区，气候干燥，雨量极少，和田维吾尔族民居形成以"阿以旺"为中心的布局特征。

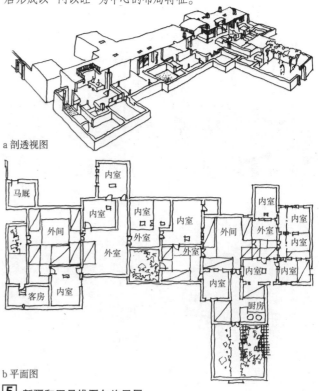

a 剖透视图

b 平面图

5 新疆和田县维吾尔族民居

建筑与水系结合的几种布局方式

江南水乡民居在布局上通常沿河设置，而建筑与河的关系又可细分为前宅后河、前河后宅、桥廊相连等形式。

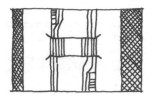

a 由河道上桥相连

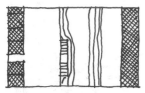

b 步行道与河道相连

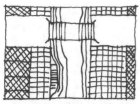

c 建筑外廊与桥相连

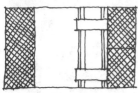

d 单侧步道与河相连

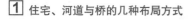

1 住宅、河道与桥的几种布局方式

单体建筑外部空间形态塑造

中国传统地域性建筑空间艺术，往往是由单体之间的组合而构成的。单体之间形成了丰富的外部空间形态。

院落空间、街巷空间、住户入口空间等公共空间在单体互相组织和联系中形成。

江南民居通常联排展开，铺以青石板路，鳞次栉比、户户相接，形成曲折的巷道。

a 扬州民居街道空间

b 上海吉祥里支弄空间

3 民居外部空间的表现形态

建筑与道路结合的几种布局方式

江南民居结合其外侧的道路及河道，联排伸展，轻盈秀美。这形成了多种与道路的空间组织关系。

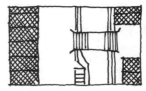

a 河道与道路的关系

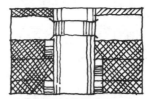

b 水街与两侧建筑的关系

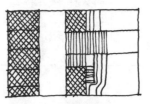

c 前宅后河的传统布局

d 道路、河道分置建筑前后

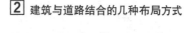
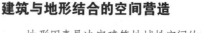

2 建筑与道路结合的几种布局方式

建筑与地形结合的空间营造

地形因素是决定建筑地域性空间的首要自然条件。我国幅员辽阔，地形条件差异很大。各地都具有利用地形塑造地域性建筑的独特手法。

我国西部山地众多，丘陵起伏。地形对于地域性建筑的影响较大，例如川西民居及云南民居，大都巧妙利用地形，建筑组合高低错落，显现出阶梯状的外部空间。

a 川西甘孜地区山地住宅

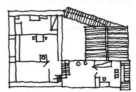

b 滇西丽江纳西族民居

4 地形影响下的山地住宅空间

中国传统地域性建筑细部特征

中国传统地域性建筑分布广,类型多,其细部做法也是多种多样。概括而言,包括大门、屋脊、栏杆、柱础、窗户等。民居不同于官式建筑,其细部和装饰往往不拘一格,因地制宜,极为丰富,题材多样。民居装饰总体色彩虽不华丽,但石雕、木雕、砖雕等极其精美。

传统地域性建筑细部分类　　　　　　　　　　表1

分类	概念	特点
门窗	地域性建筑的门窗不仅是工艺的产物,同时也是中国传统文化的载体	传统地域性建筑的门窗通常富有大量的雕刻及装饰特征,艺术价值很高
屋脊	屋脊通常指屋顶相对的斜坡或相对的两边之间顶端的交会线	地域性建筑的屋脊通常富有雕刻神兽之类的装饰
顶棚	顶棚通常是指室内空间上部的结构层或装饰层	传统地域性建筑的顶棚通常经过雕刻、绘画等使其具有某种意蕴
台基	又称基座。在地域性建筑中,系高出地面用以承托建筑物的底座	根据等级及做法不同分成多种形态及多种装饰特征
栏杆	中国古称阑干,也称勾阑,是桥梁和建筑上的安全设施	传统地域性建筑中通常在栏杆上采用多种装饰手段,使其具有一定的艺术特征
室内隔断	室内隔断是传统地域性建筑内部用来划分功能及空间的隔墙构件	室内隔断包括砖墙、竹木板壁、格扇门、碧纱橱、屏门、博古架、书架、太师壁等

门窗

传统地域性建筑单体中包含大门及内院门,以及多种形态各异的窗。

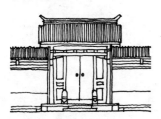

a 合院民居大门形态立面　　　b 合院民居大门形态剖面

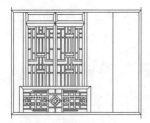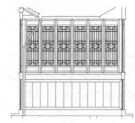

c 民居建筑中的花格窗　　　d 民居建筑中的窗格扇

1 传统民居门窗的几种类型

顶棚

藻井是我国古代殿堂室内顶棚的一种独特做法。其外形像个凹进的井,"井"加上藻文饰样,所以称为"藻井"。藻井起到了烘托空间和强化空间的作用。

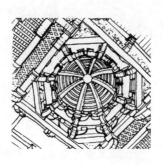

2 传统民居顶棚的做法

屋脊

除雕刻装饰外,传统地域性建筑屋脊亦雕刻有象征意味的神兽。并且,根据房屋等级不同,神兽形象和精细程度亦有不同。

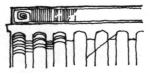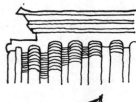

a 普通民居屋脊形态

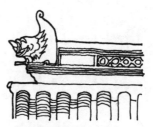

b 具有特殊装饰的民居屋脊

3 传统地域性建筑中屋脊的做法

栏杆

栏杆作为地域性建筑重要的细部构件,在不同地区,由土、砖、石、木等不同材料建造而成。

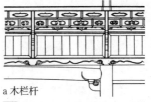

a 木栏杆　　　　　　　　b 石栏杆

4 传统地域性建筑栏杆的做法

室内隔断

室内隔断一方面用以划分不同使用功能的房间,一方面又有界定空间的意义。

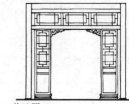

a 太师壁　　　　　　　　b 落地罩

5 室内隔断的几种形式

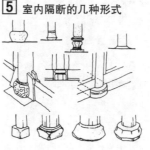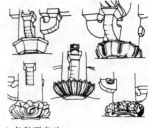

a 各种柱础　　　　　　　b 各种平盘斗

6 地域性建筑中其他装饰做法

中国传统地域性建筑室内空间特征

中国传统地域性建筑的正房空间通常分三间或五间，中间为会客之用的客厅，两侧则为生活起居之用。建筑布局较为规则，但内部装饰及构造细部却各不相同。

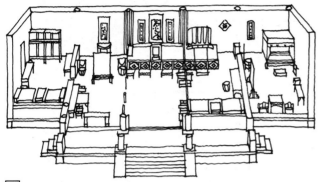

①　普通民居建筑正房的室内划分

 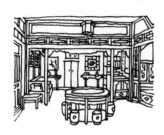

②　正房内部

北方民居的室内空间特点

北方民居正房内通常分三间，大的家族为五间，内部通常为抬梁式结构，屋内装饰较为简易大方。

③　河北民居室内

蒙古包是一种圆形的、便于拆装、迁徙的活动用房，通常由格栅墙架、顶圈和撑杆编织组合而成。

④　内蒙古蒙古包室内

南方民居的室内空间特点

由于气候原因，南方民居中的正房或厢房往往向内院开敞，以便通气通风。而内部通常装饰精致，木雕、砖雕、窗雕等技艺精湛，徽州民居更是精细至极。

⑤　江浙皖民居室内

⑥　四川民居室内

西北民居的室内空间特点

西北地区民居与其他地区不同，自然条件占据了建筑建造的主导因素，室内相对简易，除了适当的建筑装饰外，大都保持着生土建筑的基本材料而不加过多装饰。

窑洞前设置两间居住用房和一间杂物院，连以围墙组成窑院。砖石窑洞可以四面临空，灵活布置，还可以造窑上窑或者窑上房，陕北、晋中南一带通常在窑屋混构的宅院设置独立正房或正、厢两房。

⑦　西北窑洞室内

⑧　新疆维吾尔族建筑室内

滨水建筑概述

　　滨水建筑指位于海、湖、河、江等水域濒临的陆地边缘地带的建筑。水域孕育了建筑和建筑文化，成为城市发展的重要因素。

滨水区特征　　　　　　　　　　　　　　　　　　　　表1

类型	主要特征	图例
河网水系	1.建筑并不是按照坐南朝北的方式布局，而是沿河道延伸开来。 2.建筑与水的关系紧密，水域不仅作为景观而且更是作为重要的交通方式存在，建筑可以由或主要由水域进入	
开阔水域	1.建筑多临大江大河开阔水域，与自然地理的水域空间相比，建筑体量很小，处于配角地位。 2.建筑物为争取好的景观朝向或沿水岸线自由布局。 3.建筑与水的关系较为紧密，水域主要作为景观或休闲空间存在，建筑主要还是由陆路进入，水路可作为辅助出入方式	
山水之间	1.建筑依山就势，结合山中溪流、小河流布置，一般建筑体量较小，与地形有机融合。 2.建筑与水的关系紧密，水域主要作为小环境的景观构成要素，与山地、植被等一道形成幽静、闲适的空间效果	

　　宏村村落中心以半月形水塘"牛心"——月沼为中心，周边围以住宅和祠堂，内聚性很强。映衬着古朴的建筑，在青山环抱中依然保持着勃勃生机，更显宏村独到的人居环境价值和景观价值。

1 安徽黄山宏村

　　湘西凤凰古城吊脚楼是中国西南地区的古老建筑，最原始的雏形是一种干阑式民居。当人类的记忆尚处于模糊不清的原始时代的时候，有巢氏创造的吊脚楼就作为最古老的民居登上了历史舞台。它临水而立、依山而筑，采集青山绿水的灵气，与大自然浑然一体。

2 湖南湘西凤凰古城

滨水建筑设计

　　根据建筑与水体的接触方式，滨水建筑大致可分为三类。

　　1. 非接触式

　　"非接触式"滨水建筑完全与水体不接触，建筑设计方法参照一般陆地建筑设计方法，朝向尽可能多地考虑水域景观。构造做法上需考虑建筑防水、防潮，有的沿海滨水建筑需考虑强风的影响。

　　2. 半接触式

　　"半接触式"滨水建筑部分与水体接触，建筑设计需考虑与水体、陆地之间的关系，根据建筑与水体接触部位的不同可分为建筑构件触水式与建筑主体触水式两种。建筑构件触水式较为常见，水体对建筑主体侵害小；建筑主体触水式较为少见，一般用作特殊用途，水体对建筑主体侵害大。

　　3. 全接触式

　　"全接触式"滨水建筑建设于水体之上，与陆路通过桥梁或游船联系。建筑受水体影响极大，水体对建筑主体侵害大。建筑设计时需考虑使用特殊的建筑材料及构造做法。对于重要的建筑还需校核洪水位对建筑的影响。

3 安居古城北门码头

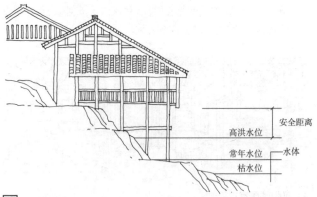

4 半接触式滨水建筑与水位关系图

5 广东省大澳渔村民居

概述

我国地形复杂多样,平原、高原、山地、丘陵、盆地五种类型齐备。其中山地、丘陵所占国土面积甚众,产生了传统地域性建筑、聚落的差异性外部形态和多样化的设计方式方法。

聚落规划布局

山地聚落结构特征 表1

类型	主要特征	图例
垂直于等高线	1.聚落多呈沿南坡跌落的线形格局,其形态一般较为紧凑,空间结构呈纵向展开。 2.聚落主街有较明显的高程变化,地形陡峭的地段常用踏步连通上下,其街巷一般窄小曲折,构成层叠多样的立体街巷空间。	重庆市西沱古镇
平行于等高线	1.聚落顺应自然地形高程水平展开。建筑多沿等高线行列布局。 2.建筑物走向多随地形变化而呈弯曲的形式,并因山势的不同而形成外凸和内凹两种形式。 3.外凸形式聚落多位于山脊,具有离心、发散的感觉;内凹形式聚落多位于山坳,具有向心、内聚的感觉。	云南傣族村落
散点布局	1.群体布局自由,建筑单体分散,用地比较零散,道路随地形起伏,往往呈现树枝状或自由弯曲的线形。 2.布局模式对地形适应能力强,利于创造丰富多样的空间和群体构图,多见于偏僻山区。	广西村落平安寨
集中布局	1.聚落以广场等汇集型空间为主导因素,把各种联系汇集于外部空间场所。 2.建筑单体围合形成空间界面,由广场、绿地或自然水面等形成共同的视觉焦点和活动空间。 3.集中空间的平面形状灵活多变。	福建土楼聚落

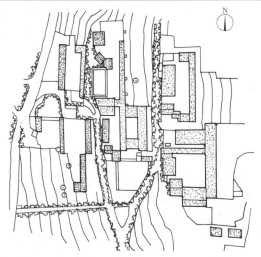

李家山村聚落依据地形层叠而建,院落彼此互连,上下相通,下部建筑的屋顶就是上部建筑的庭院,室内、室外空间融会贯通,院内形成公共活动场所,院顶则作为建筑入口及交往平台,构成相对完备的叠院体系。

1 山西李家山村

山地建筑设计

山地的坡度、山位、山势、自然肌理等构成山体形态的主要因素,决定了山地建筑的形态特征。根据建筑底面与山体地表的接触方式,山地建筑大致可分为两类。

1. 直接式

"直接式"山地建筑的底面大部分或全部与自然地表直接接触,其设计方法有三:其一为倾斜型,通过"加法"提高勒脚,设置建筑坐落其上;其二为阶梯型(台地),通过局部切削,使建筑布局适应山势;其三为内侵型,完全通过"减法"挖掘山体,获得建筑使用空间。

直接式山地建筑类型 表2

类型		主要特征	图例
倾斜型		山体地表基本保持原来倾斜特征不变,建筑坐落于勒脚层之上	全部勒脚 局部勒脚
阶梯型	错层	同一建筑内部做成不同标高的地面,尽量适应地面坡度变化,形成错层	
	掉层	房屋基底随地形成阶梯式,使高差等于一层、一层半或两层。避免了基地大规模动土,同时形成了不同面层的使用空间	
	跌落	以开间或整幢房屋为单位,顺坡势逐段跌落,这种手法创造出屋顶层层下降、山墙节节升高的景象	
	附岩	在断崖或地势高差较大的地段建房,常将房屋附在崖壁上修建,一般也将崖壁组织到建筑中去,省去了一面墙	
内侵型		建筑整个形体位于地表以内,对于山地地表的破坏相对减少,对于建筑节能十分有利,建筑能获得冬暖夏凉的效果	

2. 间接式

"间接式"山地建筑底面与基地表面完全或局部脱开,仅以柱子或建筑局部支撑建筑的荷载。由于建筑与基地表面的接触部分缩小到了点状的柱子或建筑的局部,因此该类型建筑对地形的变化可以有很强的适应能力,对山体地表环境影响较小。架空式山地建筑根据其地面的架空程度,又可分为架空和吊脚两种类型。

间接式山地建筑类型 表3

类型	主要特征	图例
架空式	建筑底面与基地表面完全脱开,用柱子支撑	
靠山式	建筑底面与基地表面接触并用柱子支撑	
吊脚式	建筑底面局部坐落于地表,局部为架空的柱子支撑	

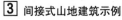

2 直接式山地建筑示例　　　**3** 间接式山地建筑示例

73

典型环境协调方法

利用环境与创造环境的设计手段包括顺应地形、环境景观因借、自然因子的抽象与还原、城市环境表达四种。

顺应地形

顺应地形是地域性建筑创作中利用与创造环境的重要方面。在建筑场地设计中，应充分考虑场地原有地形特征。顺应地形一般包括"下沉"、"楔入"地形、与地表一体化三种处理方式。

顺应地形处理方式   表1

手段	"下沉"	"楔入"地形	与地表一体化
示意			
特征	地形下沉，使建筑体量得到弱化，达到"隐"的效果	这种埋入或半埋入地下的方法对于地形景观的整合和延续非常有效	通过地表一体化或整体性屋顶形态的处理方法来与周围环境相协调

1. "下沉"

建筑相对于地形"下沉"是一种典型的顺应地形的处理策略之一。通过下沉可以使建筑体量得到弱化，达到"隐"的效果。

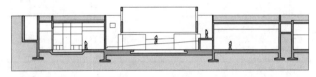

a 剖面图

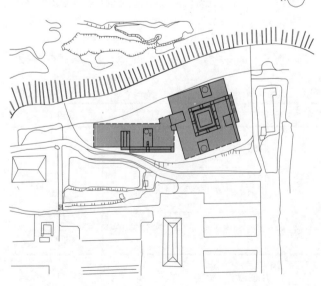

b 总平面图

建筑沉入地下，覆以植被绿化，隐于环境、融于自然。

1 安阳殷墟博物馆

2. "楔入"地形

建筑"楔入"地形是传统掩土建筑的延伸，是地域性建筑利用地形地貌最常见的方式之一。建筑师通过楔入地形将建筑埋入或半埋入场地中，使建筑与环境达到有机结合。

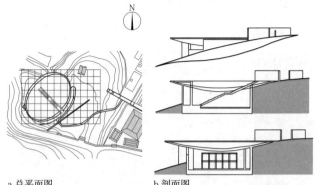

a 总平面图   b 剖面图

建筑楔入地形，似"环境中生"。水御堂大厅位于地下，其上是一个覆满绿莲的椭圆形大水池。天、水、光三个自然元素，在水御堂的设计中被充分利用。

2 日本淡路岛真言宗水御堂

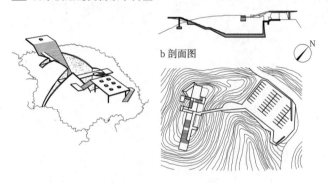

a 鸟瞰图   c 平面图

建筑楔入地形，达到"体量消隐"。龟老山瞭望台看起来像是山谷中的一条狭长的裂缝被埋入地下，游览者从这里开始和结束他们的旅程。

3 日本爱媛县龟老山瞭望台

3. 与地表一体化

当代地域性建筑对于地表的处理方式很复杂，建筑师们常常运用与地表一体化或整体性屋顶形态的处理方法来与周围环境相协调。地表往往呈现一种扭曲、重构的状态。

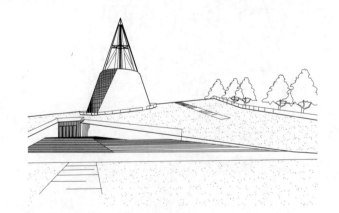

建筑似楔形从地面升起，覆以草坪屋面，"隐"于环境。

4 荷兰代尔夫特科技大学新图书馆

2
地域性
建筑

环境景观因借

借助场地内外的景观因素如水体、植被甚至其他建筑等环境因素与建筑形成关系，既保持了原有场地自然景观特征，又使建筑充分融入自然。

环境景观因借设计策略   表1

		主要内容
环境景观因素	自然因素	水体、植被等
	人文因素	其他建筑等
设计策略	通过视线、声音因借，与场地对话	
典型实例	水之教堂	

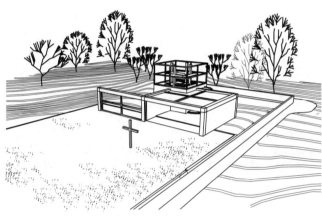

巨大的玻璃完全打开，使教堂与大自然融为一体。

① 北海道水之教堂

自然因子的抽象与还原

通过对光、影、水、山等自然因子的抽象与还原，达到与当地自然环境的融合。

自然因子的抽象与还原设计策略   表2

	主要内容	
自然因子	光、影、水、山等	
设计策略	抽象与还原	
典型实例	加利福尼亚州多米纳斯酒庄	克劳斯兄弟小教堂、巴黎长蒂亚艺术中心	台湾宜兰兰阳博物馆

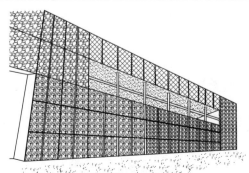

渐变的石块大小呼应不同楼层室内通风采光需要的差异。

② 加利福尼亚州多米纳斯酒庄

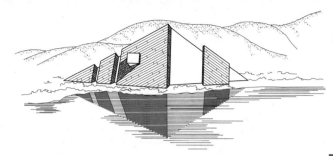

立在水滨，像石头一样长出地面。建筑与环境协调，是当地文化的象征。

③ 台湾宜兰兰阳博物馆

城市环境表达

建筑是一个地区的产物，总是扎根于具体的城市环境之中并受其影响。而地域性建筑的城市环境表达主要指在影响和制约之下，建筑对城市地形地貌、水体绿地、城市空间结构、历史文化景观等环境因素的客观表达。

城市环境表达设计策略   表3

		主要内容	
环境因素	自然因素	城市地形地貌、水体绿地等	
	人文因素	城市空间结构、历史文化景观等	
设计策略	表达城市环境		
典型实例	巴黎德方斯大拱门		成都西村大院

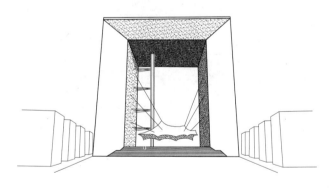

集古典建筑的艺术魅力与现代化办公功能于一体。

④ 巴黎德方斯大拱门

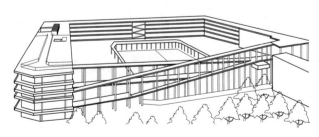

构筑新建筑与传统内城之间的积极关系。

⑤ 成都西村大院

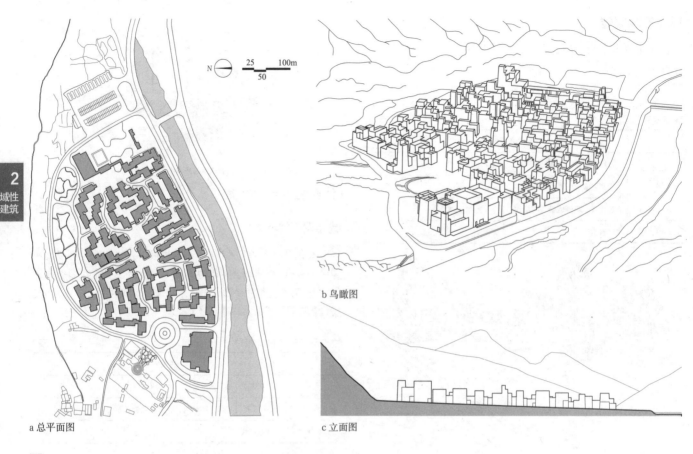

a 总平面图

b 鸟瞰图

c 立面图

1 湖南省对口支援四川理县灾后重建工程——桃坪羌寨新村

名称	地点	主要技术指标	设计单位	该规划延续桃坪羌老寨的建筑风格、群体布局与独特的街巷空间景观，建筑顺应自然地形高程水平展开，在山体与自然水面之间形成聚落群体
湖南省对口支援四川理县灾后重建工程——桃坪羌寨新村	四川理县	建筑面积46300m²	湖南省建筑设计院有限公司	

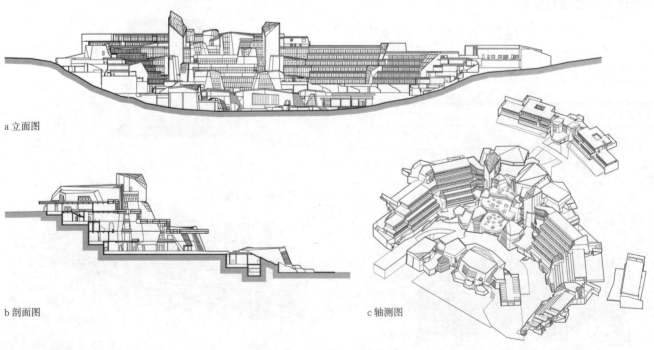

a 立面图

b 剖面图

c 轴测图

2 中信金陵酒店

名称	地点	主要技术指标	设计时间	设计单位	建筑形体从场地出发，依据等高线布置，形成自然布局，与山体融合。结合地形形成等高线状层层跌落的建筑形体，保持了山体的自然轮廓特征
中信金陵酒店	北京	建筑面积44000m²	2010	中国建筑设计院有限公司	

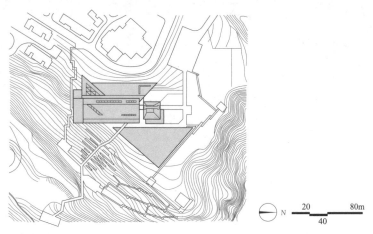

a 总平面图

c 地下一层平面图

b 立面图

d 一层平面图

1 汶川大地震震中纪念馆

名称	地点	主要技术指标	设计时间	设计单位	纪念馆与地形紧密结合，建筑东侧与山体连成一片，西侧朝向河谷的城镇中心，略微抬起，半嵌入山体之中；整个建筑通过地面的切割、抬起、延伸、形成主要的建筑体量，并结合地形关系，在纪念馆西北角形成纪念广场
汶川大地震震中纪念馆	四川汶川	建筑面积5148m²	2009	华南理工大学建筑设计研究院	

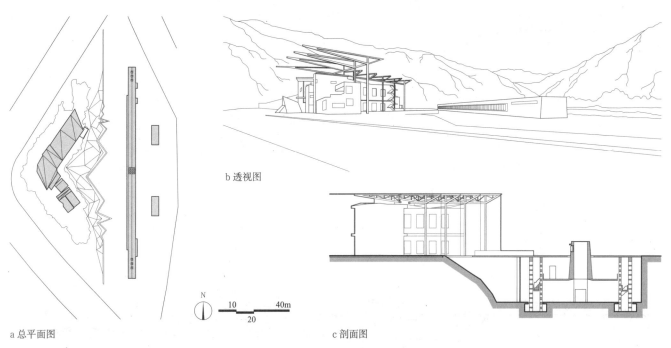

a 总平面图

b 透视图

c 剖面图

2 玉树州地震遗址纪念馆

名称	地点	主要技术指标	设计时间	设计单位	纪念馆主体隐于地下，当人们通过线形空间序列缓缓进入中央的祈福之庭，内聚的圆形空间和环绕的壁龛矩阵试图唤起观者内心的精神共鸣，把沉重的灾难记忆转化为对生命的祈福，传达出人与自然和谐共生的生命理念
玉树州地震遗址纪念馆	青海玉树	建筑面积2951m²	2012	深圳市建筑设计研究总院有限公司	

77

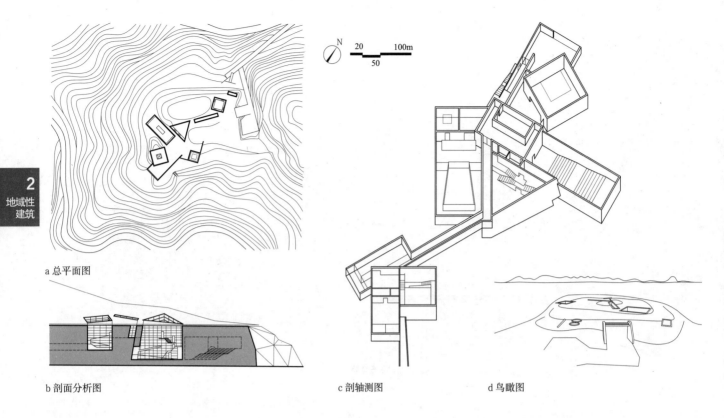

a 总平面图

b 剖面分析图

c 剖轴测图

d 鸟瞰图

1 地中美术馆

名称	地点	主要技术指标	设计时间	设计单位	基地位于直岛原为盐田的小山丘上，为了不破坏盐田的风景，设计者采用了下沉、与地标一体化等顺应地形的手法，与山势融为一体
地中美术馆	日本直岛	建筑面积2573m²	2004	安藤忠雄建筑事务所	

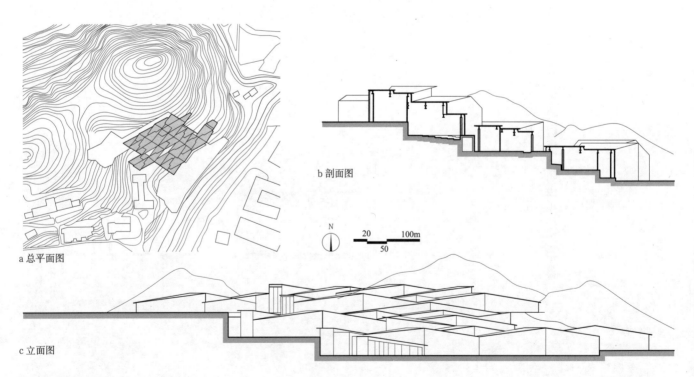

a 总平面图

b 剖面图

c 立面图

2 中国美术学院民俗艺术博物馆

名称	地点	主要技术指标	设计时间	设计单位	博物馆设计的出发点是希望可以在其中感知到建筑下面的土地，因此在建筑的地面上设计了上下连续的坡道；平面布局被几何划分成平行四边形的单元，以适应地形的细微变化
中国美术学院民俗艺术博物馆	浙江杭州	建筑面积4970m²	2015	隈研吾建筑都市设计事务所	

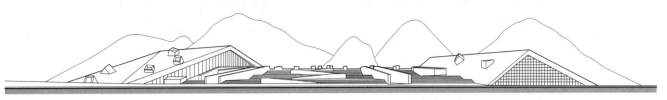

a 透视图

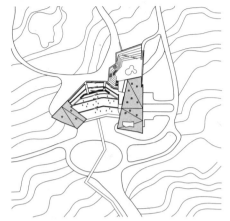

b 总平面图

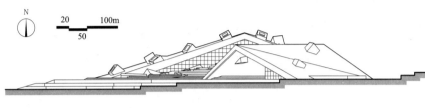

c 立面图

d 剖面图

1 华山游客服务中心

名称	地点	主要技术指标	设计时间	设计单位	建筑形体顺应山势走向,与山峰形成对景,两个单体建筑拉向两侧、中间连接部分采用平台抬级而上的设计手法,既与自然地势相吻合,又将南北两向华山景观与城市景观有效地连接在一起
华山游客服务中心	陕西渭南	建筑面积8667m^2	2008	清华大学建筑设计研究院有限公司	

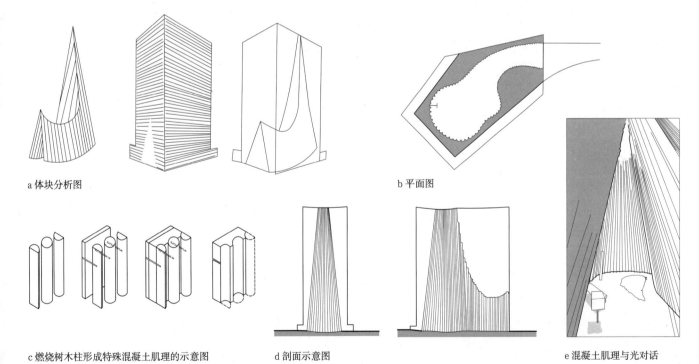

a 体块分析图

b 平面图

c 燃烧树木柱形成特殊混凝土肌理的示意图

d 剖面示意图

e 混凝土肌理与光对话

2 克劳斯兄弟田野教堂

名称	地点	主要技术指标	设计时间	设计单位	建筑在旷野上犹如一块巨石,外表棱角分明,十分醒目,用树木柱烧后形成的混凝土肌理和光对话;建筑内部空间曲折蜿蜒,在狭窄的空间里,每个祈祷者都能穿越时光,在困苦中看到希望的光芒
克劳斯兄弟田野教堂	德国Mechernich	建筑面积45m^2	2007	卒姆托建筑设计事务所	

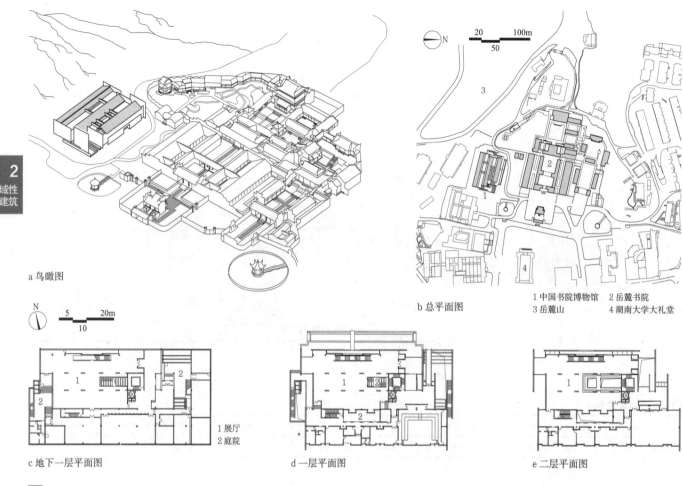

a 鸟瞰图

b 总平面图

1 中国书院博物馆　　2 岳麓书院
3 岳麓山　　　　　　4 湖南大学大礼堂

1 展厅
2 庭院

c 地下一层平面图　　　　　d 一层平面图　　　　　e 二层平面图

1 中国书院博物馆

名称	地点	主要技术指标	设计时间	设计单位	书院博物馆以天井为原型，融合庭院式布局，将各个展厅串接起来，形成有机的空间序列，客观表达了岳麓山、岳麓书院、湖南大学原有校园结构等环境因素，与城市空间结构、历史文化环境呼应
中国书院博物馆	湖南长沙	建筑面积4737m²	2004	湖南大学设计研究院有限公司	

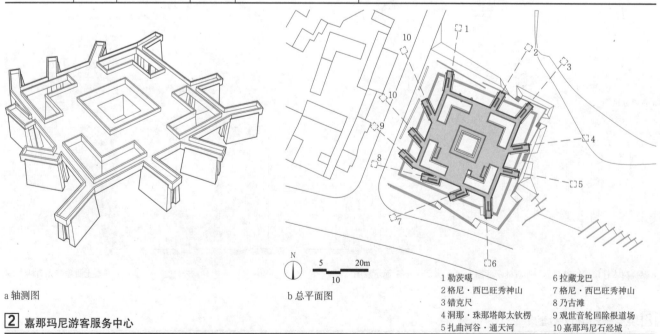

a 轴测图

b 总平面图

1 勒茨噶　　　　　　　　　6 拉藏龙巴
2 格尼·西巴旺秀神山　　　7 格尼·西巴旺秀神山
3 错克尺　　　　　　　　　8 乃古滩
4 洞那·珠那塔郎太钦楼　　9 观世音轮回除根道场
5 扎曲河谷·通天河　　　　10 嘉那玛尼石经城

2 嘉那玛尼游客服务中心

名称	地点	主要技术指标	设计时间	设计单位	游客服务中心设有11个独立的观景楼梯间，以强烈的方向感，象征性地指向当地的多个宗教圣地，整个建筑充分利用当地的石材及灾后建筑废料，使得建筑与场地周边的环境融为一体
嘉那玛尼游客服务中心	青海玉树	建筑面积1100m²	2010	清华大学建筑设计研究院有限公司	

典型气候类型

地球的气候分布具有明显的规律性和地带性。气候作为重要的自然环境因素，深深地影响着地域性建筑的形式、类型和细部构造。建筑通过结合自然气候要素（阳光、温度等）选择合适的建筑布局和细部构造形式，以表达对所处自然环境的低能耗的反应。

典型气候条件下适应与调节气候方法

典型气候类型　　　　　表1

气候类型	干热气候区	湿热气候区	温和气候区	寒冷气候区
典型气候特征	阳光暴晒，眩光；温度高；年较差大；日较差大；降水稀少；空气干燥、湿度低；多风沙	温度高，年均温度在18℃以上；年较差、日较差小；年降雨量大于750mm；潮湿闷热，相对湿度大于80%；暴晒，眩光	有较寒冷的冬季和较热的夏季；月平均温度波动范围大	大部分时间月平均温度低于15℃；风；严寒；暴风雪
基本设计原则	防晒、隔热、通风是建筑处理的重点	遮阳、通风、防潮、避雨	炎热期隔热和通风降温及寒冷期保暖和避寒	保温、防寒、防暴风雪

干热气候条件下建筑设计方法　　　　表2

设计方法	聚合式建筑群落布局	减小建筑物间距	内向下沉开敞庭院布局
特征分析	遮阳隔热，利于通风，减少热辐射对室内热环境的负面影响	相互间的阴影能减弱彼此对环境热能的吸收	白天提供遮阳形成阴影，夜晚接纳凉爽空气，散热降低室温
实例	巴格达地区的传统建筑，采用聚合式布局	利比亚的住宅群，建筑彼此遮挡成荫，利于建筑群的隔热与通风	Hammed Said住宅，建筑围合成庭院，调节微气候

设计方法		特征分析	实例
建筑单体设计	厚实的外墙	新墨西哥住宅，厚重墙体增强建筑体积感，稳定隔热。抵御阳光热辐射的热量传入，增强热稳定性	
	圆顶与圆拱	Hammed Said住宅圆顶与拱顶结合，隔热蓄热效果好。降低屋顶温度，冬季有强蓄热能力	
	小面积门窗	Al-Naseif住宅，小面积窗户利于隔热。百叶窗、格栅窗、外格栅有效降低热辐射	
	地下和半地下	阿拉伯某低层内庭建筑，地下"风道"冷却空气。冬暖夏凉	
	通风设计	捕风塔，"大炮"型通风采光口。沟通室内外，置换新鲜空气，调节小气候	
	室内外过渡空间	新巴里斯城，柱廊可避免建筑直接受热，节能。丰富建筑空间层次，减少建筑外墙受热，舒适节能	
	水体	巴哈伊礼拜堂，9个下沉水池，降温效果好。调节微气候，改善热舒适度	

湿热气候条件下建筑设计方法　　　　表3

设计方法	松散的建筑布局	离散、独立建筑模式	方形平面变异
特征分析	围护界面多处开口，通风效果好	建筑形体巧妙组合，自然通风效果好	风车平面、"翻转的袜子"、离散可生长平面。
实例	圣雄甘地纪念馆，采用6m×6m的空间模数，不对称平面，漫游路径贯穿整个建筑	加尔各答农房，平面4个房间围绕棚架覆盖的庭院布置，为起居空间提供自然凉爽的穿堂风	贝拉布斯移民住宅，低层建筑形式实现高密度要求，各住户都有露天庭院，根据需求进行加建

设计方法		特征分析	实例
建筑单体设计	屋顶陡，深出檐	孟买萨瓦卡教堂，陡屋顶深出檐组成丰富的建筑形体。遮阳防晒，陡坡屋顶利于排水	
	阶梯状剖面设计	印度帕德玛纳巴宫，坡屋顶遮阳避雨，架空结构利于通风。利于群体通风，借用自然景观	
	底层架空	安达曼岛海湾酒店，平台向海面跌落，底层架空利于群体通风。保持建筑透气性，避免暴雨冲刷和昆虫等小动物滋扰	
	花园平台	干城章嘉公寓，花园景观平台形成温度缓冲区，遮阳避雨。减缓热辐射对室内环境的不利影响	
	"管式住宅"	应用烟囱拔风原理进行通风设计。解决室内空气流通问题，建筑形象反映气候特征	
	开敞空间	印度巴哈文艺术中心，自然坡地形成平台花园和下沉庭院的开敞空间。增加通风量，降温效果好	
	遮阳棚架	印度电子有限公司办公楼，东墙面封闭，遮阳棚架给西向墙面投下阴影。遮阳，丰富建筑形象	

2
地域性
建筑

温和气候条件下平面布局设计　　表1

设计方法	特征分析	实例
南北向布置	海蒂韦伯博物馆沿南北向布置，由预制钢构件结合大片玻璃幕墙和彩色搪瓷板装配而成，"自由浮动"的屋顶可减少太阳辐射的影响，平面设计开敞通透	
"分散"与"集中"混合布局	House before House整个房屋由10个金属的棱柱体组成，它们零散的自由布置，形成了一系列内外的灵活空间，柱体之间有梯子相互连接	
"应变核"设计	清华大学设计中心楼，西向大尺度防晒墙与建筑主体之间形成热保护层，夏季遮阳拔风，冬季遮挡西北风并蓄热。利用温室效应、烟囱效应、热缓冲层等被动技术策略，在各季都有舒适的室内环境	

温和气候条件下建筑单体设计　　表2

设计方法	特征分析	实例
开敞空间设计	范斯沃斯住宅，高大乔木，夏日茂密遮阴，冬季树叶尽褪，阳光充足。利用绿化、水系，结合太阳高度角配置遮阳设施	
气候缓冲空间比	德国雷根斯堡住宅，入口处的阳光间，形成冬暖夏凉的气候缓冲空间。附加阳光间，水作为蓄热体与植物结合，冬暖夏凉	
过渡空间——门厅	门厅相当于一个双重门空间，对外部气候进行可选择的调节。调节内部气候，冬季紧凑封闭，夏季舒适开放	
遮阳设计	日本纸艺术博物馆，使用可调节的内、外遮阳设施，入口为可变式遮阳板，放下是门，抬起遮阳，通风且扩大展区面积	
东西立面少开窗	苏州大学文正学院图书馆，南面临水，采用大片玻璃幕墙，主要的开窗面尽量朝向水道，东西向则作垂直遮阳处理。用白色实墙围合或开小窗	
开放式前廊	新雅典卫城博物馆，开放敞廊由细柱、屋顶和墙构成了一个过渡空间，在夏季遮阳防热	
屋顶顶棚设计	柏林新国家美术馆为两层的正方形建筑，地面层的展览大厅四周都是玻璃幕墙，挑檐深远的屋顶夏天可遮阳降温，冬季可减少建筑周围风压以减少散热	

寒冷气候条件下平面布局设计　　表3

设计方法	特征分析	实例
围合的平面	斯瓦尔巴特群岛政府办公厅，L形平面，围合外墙阻挡寒风，背风处形成舒适的室内外活动场所，入口设在拐角处，免受风雪影响	
间距较大的合院	挪威奥斯陆国际学校，建筑形体呈U形，西向开放院子争取更多日照	
建筑物朝向	应设置在避风和向阳的地段，玛雅亚别墅建筑向阳，围合半开敞院落避免寒风	
"风屏障"设计	场地北侧条形建筑形成"风屏障"，提升住区或公共空间抵御寒风的能力。通过住区规划中的"风屏障"、建筑形态组合的"起伏分布"，来改善局部小环境	

寒冷气候条件下建筑单体设计　　表4

设计方法	特征分析	实例
紧凑的形体	传统新英格兰盐盒屋，平面简洁紧凑，建筑在采暖期减少热损失，提高房屋保温性能，减小建筑体形系数，降低建筑热损耗	
窗墙面积比	芬兰驻瑞典大使馆，按日照、室内外温差、季风等设计合适的窗墙面积比。沿街的长墙立面使建筑隐藏于内院，不规则开窗满足窗墙比要求	
温度缓冲区设计	杜伊斯堡微电子中心，玻璃中庭为展览和咖啡厅创造了一个有顶的缓冲地带。一体化设计，保护行人免受风寒，阻挡冷空气侵袭	
较陡的坡屋面	奥克茹斯特中心，挪威传统建筑风情，采用当地坡屋顶形式，外部覆木瓦装饰，避免雪荷载的不利影响	
厚墙、小开窗	斯德哥尔摩公共图书馆，通过小型开窗与色彩的表达，实现与周围环境很好的融合。减少室内外热量传递，降低夜间热能损失和冷风侵袭	
深色外围护墙面	斯德哥尔摩市政厅，红砖墙和金顶塑造出金碧辉煌的气氛。吸收太阳光热辐射量，保温效果好	
小出檐	丹麦兰纳斯艺术博物馆，建筑立面弯曲后变成屋顶，室内地面变成墙面，墙面变成顶棚，得到更多太阳光照，不影响雨水排放	

适应"温湿度"的建筑设计

建筑与温湿度的关系 表1

气候分区	建筑处理方法
严寒地区	1.建筑布局紧凑，体量低矮封闭，房屋朝向以正南正北方位为主。 2.墙体厚重，一般使用热阻大且具有一定蓄热性能的材料。 3.建筑仅南向设窗，其他方向不开窗或开小窗仅作通风之用。 4.屋顶多为重型平屋面构造，室内取暖传统形式多依赖火炕
寒冷地区	1.建筑布局、特征大体同严寒地区。 2.院落多为封闭型，南北方向的平面开口基本处在一条轴线上，以便营造室内夏季穿堂风。 3.建筑外墙厚重，屋顶多覆土，开窗小而少
冬冷夏热地区	1.建筑布局多坐北朝南，院落平面布置普遍采用敞厅、天井、通廊，以及可在换季时灵活拆装的隔断，满足夏、冬两季温湿度需求。 2.建筑屋顶平、坡两种形式俱备，通过坡顶阁楼及平屋顶架空层等手段，达到夏季降温目的。 3.各地墙体多采用石材、生土和空斗砖墙，保证墙体隔热能力。同时视冬季长短，考虑防寒防冻设施设置与否
夏热冬暖地区	1.群落组合多使用高深天井、敞厅、趟栊、推拉天窗、檐廊、冷巷、气窗、风兜、通风屋脊等方式方法，缓解夏、秋季室内闷热。 2.外墙一般采用热惰性较大的材料。 3.建筑无防寒防冻设施。庭院注重绿化
温和地区	1.干热地区以防寒保暖为首要目标。平面布局较紧凑，墙体通常以土和石为主要材料，厚度较大且开窗稀少，可有效减少外墙热量获取。 2.湿热地区以防热通风为首要目标。房屋多为底部架空的干阑式建筑。建筑材料以竹木为主，外墙以及地板均带有缝隙，有利于室内通风。坡屋顶倾斜角度较大且出檐深远，以达到遮阳效果

窑洞建筑主要分布于陕西、山西、河南等黄土高原腹地区域，是天然黄土中的穴居形式。窑洞冬季可以利用厚实土层保温蓄热，适应寒冷干燥漫长的气候特征，夏季则有效隔绝室外高温，改善室内环境。因此，具有冬暖夏凉、生态环保的突出特点。

1 窑洞建筑透视图及剖面图

干阑式建筑采用竹木建造，其底层架空，四周无墙。竹木楼面留缝，有利于空气渗透与循环，适应高温、潮湿的气候环境。

2 云南干阑建筑透视图

适应"降水"的建筑设计

建筑与降水的关系 表2

气候分区	建筑处理方法
严寒地区	1.降水较少的地区多采用草泥材质平屋面。 2.多雪地区采用大坡度屋顶。外檐出挑，避免雪水融化造成墙体腐蚀
寒冷地区	1.屋面形式视降水多寡，平坡兼具。 2.庭院采用排水沟等手段组织排水，部分干旱地区利用窖井、渗井等将雨水存储，供饮用和生活用水。 3.建筑墙体常采用砖石镶面、石砌地基等手段防水
冬冷夏热地区	1.建筑多采用瓦坡屋顶，坡度25°~30°。 2.屋顶出檐较大，庭院雨水收集系统完备。 3.建筑墙（地）采用抬高地坪、墙角位置加强、砖石铺地等手段防潮
夏热冬暖地区	1.屋顶倾斜角度明显，出挑或披檐较大，以利排水、防飘雨。 2.外墙多采用粉刷防水饰面、石造基础和密实墙裙等技术手段
温和地区	1.干热地区由于降水稀少，建筑屋顶坡度较为平缓。 2.湿热地区坡屋顶较为陡峭，屋面设挑檐，避免雨水冲刷外墙

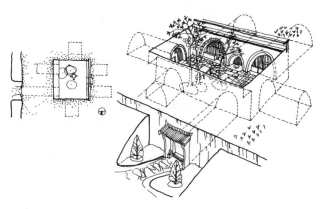

下沉式窑洞院内一般挖地沟或渗井排水，当窑洞临沟时，雨水直接通过地沟排入沟壑，反之，则通过渗井收纳。为了排除多余雨水，则在院内低洼处角落挖一个土坑，俗称"旱井"或"渗井"，使院内雨水流入井中，再慢慢渗入地下。窑院中一般挖有深水窖，窖体用红胶泥镶砸实抹平，用来储存雨水，沉淀后可供人畜饮用。此外，入口门洞下多设有排水道，将水引入窖内，以免暴雨时雨水灌入窑洞。

3 陕西下沉式窑洞排水图

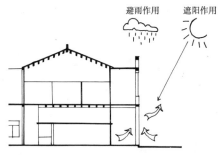

岭南地区属温热地区，其气候热长冷短、风大雨多，因此建筑以防雨、遮阳、通风、防台风设计特点见长。骑楼下为商铺，上为住宅。上部住宅向外突出，形成有顶盖的人行步道。开敞的底层廊道既为顾客遮阳，也有利于建筑通风除湿，极为方便实用。

4 岭南骑楼剖面示意图

建筑屋顶坡度较大，多采用"歇山式"以利屋顶通风排雨，出檐深远，有遮阳、防雨功用。

5 云南干阑建筑剖立面图

适应"风"的建筑设计

气候分区	建筑处理方法	表1
严寒地区	1.建筑布局紧凑，体量低矮封闭。 2.建筑多利用高大厚实院墙、地形地势抵御冬季寒风。 3.窗户多采用双层窗，北侧墙面不开窗或仅开小窗作通风之用。 4.北方地区正厢房之间用拐角墙（风叉）连接，既分隔内院和后院空间，又可以挡住自北侧方向的来风。	
寒冷地区	1.建筑坐北朝南，采用实多虚少的外围护结构。 2.建筑体量较为低矮，用厚而高的墙围合成院落空间，满足抵御风沙的需要。	
冬冷夏热地区	1.通过内庭院或天井等布局手段，形成空气压力差，造成通风效果。 2.建筑厅堂敞开，使室内外空间连通，起到组织穿堂风的作用。	
夏热冬暖地区	1.为使空气流通，常采用前低后高、底层架空等设计方法使风入室。 2.建筑室内隔断不到顶，屋面上设气窗、风兜、通风屋脊等技术有效通风。	
温和地区	1.干热地区建筑多以庭院或天井为中心，通过开敞空间解决室内通风。建筑形体紧凑，以适应风大气候。 2.湿热地区建筑材料用竹木，木或竹的楼板格缝留缝，使凉爽空气自底层透入，同时采用多歇山式屋顶以利于顶部通风。	

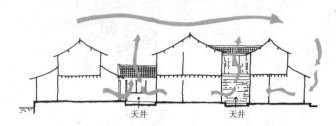

民居通过中间设置天井，在内部形成一个露天空间。房屋面对这个露天空间的墙面采用布满孔洞的木隔扇门窗为主，在内部实现与外部的空气流通。白天，天井部分在太阳直射下温度升高快，空气上升，天井内气压低；室内各房间有屋顶和楼板遮挡，温度增减少，空气压力大，室内空气流向天井。夜间，天井上空散热较快，成为冷源，空气压力大；室内散热较慢，温度较高，空气压力小，由天井流向各室内。

1 浙江民居天井

新疆阿以旺民居利用传统的被动式自然通风技术，来降低室内温度、置换新鲜空气以及释放建筑内部蓄存的热量，用以达到适应夏季炎热的气候、降低能耗、提高室内舒适度的目的。一般阿以旺民居中普遍采用向上凸起的高侧窗、天井庭院、木楞花格落地隔断等设施，使室温得到有效的调节，创造凉爽的微气候。这些设施都是利用风压通风和热压通风两种自然通风形式来加强室内通风作用的。

2 新疆阿以旺民居

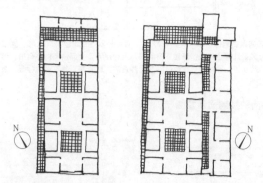

广东地区夏季高温多雨。民居通常巷道狭窄，高墙林立，重檐遮挡。针对部分进深较大院落通风不畅的问题，于院落一侧或两侧增设以通风为专门目的的巷道，借风压作用，有效改善温湿度环境，称之"冷巷"。

3 广东"冷巷"民居

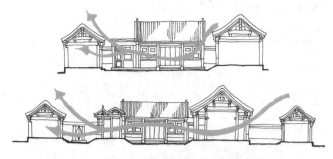

北京冬春寒冷、干燥，风沙较大，夏季偏热。四合院内房屋由垣墙包绕，对外不开敞，主要居室朝南且开大窗，北向开小高窗。冬季糊窗多用高丽纸或者玻璃纸，既防止寒气内侵，又能保持室内光线充足。夏季糊窗用纱或冷布，可透风透气，解除室内暑热。冷布外面加幅纸，白天卷起，夜晚放下，因此又称"卷窗"。有的人家则采用上支下摘的窗户。建筑挑檐长度适宜，冬季可获得较多日照，夏季又可遮阳。庭院面积较大，院内栽植花木，摆设鱼缸鸟笼，便于形成安静闲适的居住环境。

4 北京四合院

适应"光"的建筑设计

气候分区	建筑处理方法	表2
严寒地区	1.建筑间距较大，院落多为东西向横长形式。 2.院落中主要建筑坐北朝南，正房多无耳房、厢房不遮挡正房。 3.建筑北向不开窗，南向开大窗。	
寒冷地区	1.院落布局采用横向宽形或天井式院落，建筑进深较小。 2.建筑北向不开窗或开高侧小窗，南向开大窗。 3.挑檐长度较短，冬季可获得较多日照，夏季又可遮阳。	
冬冷夏热地区	1.通过内庭院或天井等布局手段，形成空气压力差，造成通风效果。 2.建筑厅堂敞开，使室内外空间连通，起到组织穿堂风的作用。	
夏热冬暖地区	1.民居外墙上不直接设窗，厅、房均通过天井直接或间接采光。部分地区采用天门、天眼、天窗等高位采光方式解决室内采光通风问题。 2.为避免夏季过度阳光直射，天井上空亦采取遮阳设施。	
温和地区	1.建筑通常设置各类挑檐、腰檐，避免阳光直晒。 2.外墙较封闭，有效减少建筑外部环境的强烈热辐射。 3.建筑内部设置天井，靠近天井的房间设较大门窗。	

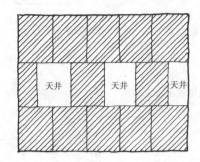

根据气候特点和生产、生活的需要，浙江民居普遍采用合院、敞厅、天井、通廊等形式，使内外空间既有联系又有分隔，构成开敞通透的布局。为避免夏季阳光直晒，建筑外墙窗户高而小，内部门窗尺度较大。建筑注重遮阳及隔热，多采用出挑较深的檐部。此外，民居外墙多采用空斗墙，既减少阳光热辐射，又隔绝空气热量。

5 浙江民居

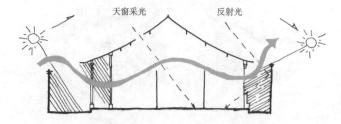

地域性与微气候设计

地域性的微气候设计指采用本土材料,尊重和适应地方文化、地理环境与气候条件的设计,它受环境价值观影响而产生,旨在提高资源和能源利用率,减轻污染负荷,改善环境质量,在传统建筑中往往运用于"被动式"设计。技术发展至今,被动式设计不是独立于传统建筑技术的全新设计技术,而是在传统技术基础上加入了新的微气候设计,是传统建筑技术和新的相关学科的交叉与组合,使建筑达到能效更高的目的。这样的建筑将会减少对环境的影响,与自然和谐共存,并创造出新的美感和健康舒适的生活条件,也呈现出时代性和地域性的整体特征。

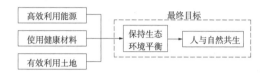

［1］微气候设计的特征及目标

地域性建筑的微气候设计方法

不同气候条件的地区对建筑有不同的诉求,所以在微气候设计方法上,也呈现出地域化区别,可以概括为以下两个方面:

1. 绿色技术与地域性建筑环境布局方法;
2. 生态微气候技术与地域性建筑设计方法。

建筑环境布局中的场地设计

按照日照规律和气候特征,不同地域、时节对建筑室内环境影响很大。因此,在建筑布局上,设计师应该从适应自然地理环境条件出发,在建筑朝向及日照间距方面做相应处理。例如,选择合理的日照间距可以保证建筑得热充分,又减少间距太大而造成的用地浪费,从而使得场地设计呈现出明显的地区差别。

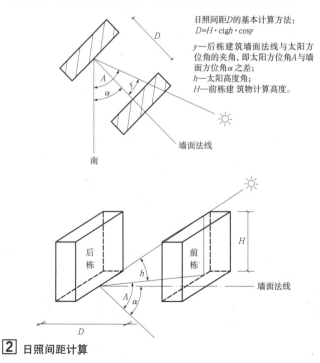

日照间距D的基本计算方法:
$D = H \cdot ctgh \cdot cosy$

y—后栋建筑墙面法线与太阳方位角的夹角,即太阳方位角A与墙面方位角α之差;
h—太阳高度角;
H—前栋建筑物计算高度。

［2］日照间距计算

建筑环境布局中的阳光控制

从时间和地理条件上来看,阳光控制措施主要适用于干热、湿热地区和夏热冬冷地区的夏季。阳光控制的方法主要有建筑自遮阳、植被遮阳和利用场地地形进行遮阳等。

1. 建筑自遮阳

不同建筑形体可形成不同的阴影区,对这些阴影区进行合理布局,可使建筑物之间阴影相互遮挡阳光。

［3］不同建筑形体形成的阴影区

而在我国传统民居中就有"墙高而巷窄"的设计理念。利用建筑群阴影遮挡住狭窄的道路,形成"冷巷"。

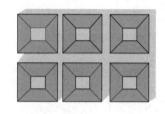

［4］传统聚落"冷巷"示意图

2. 景观遮阳

建筑布局应尽可能保留场地内原有植被,通过植物的组合布置遮蔽阳光。

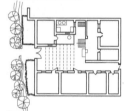

［5］景观遮阳对建筑的影响

3. 地形地貌遮阳

利用场地的凹凸,结合建筑布局进行遮阳处理。有一种被称为"爬山屋"的建筑形式,即利用山体就坡起层、挖洞筑台而获得良好的小气候条件。

吐鲁番鄯善县麻扎村的整体布局就巧妙借助山地地形进行建筑的错落叠加,形成大量的阴影空间。

［6］新疆麻扎村利用地形布局遮阳

建筑环境布局中的气流组织

不同地域环境对建筑与通风的要求有所不同，所以在建筑布局中应以场地主导气候为基础，结合建筑布局组织自然通风。

1. 建筑布局

不同地域在组织通风方面各自不同。

各地区在气流组织中的差异　　　　　　　　　　　表1

地区	设计要点
湿热地区	考虑通风隔热、防潮避雨，满足最佳通风条件
严寒地区	主要致力于防风
夏热冬冷	既要考虑夏季的隔热和降温，又要能适应冬季保温要求，建筑通风需要有很强的可调性
干热地区	应以通风为主

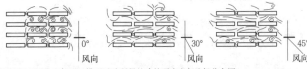

湿热地区5层住宅纯开口模型试验所得的建筑群内空气流场分布图。

1 建筑群内空气流场分布（5层住宅纯开口模型试验）

行列式布局，前后错开，便于气流插入间距内，有利于高而长的建筑群

建筑群内建筑物均朝向夏季主导风向时，将其错开排列，可以减少风的衰减

斜向布局导流好，形成的风的流向进口小出口大，可以加大风的流速

 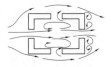

冬季寒冷地区需要综合设计，既要考虑夏季良好通风，又要阻挡冬季寒风入侵建筑群

建筑间距宽窄不同相互错开的模式，可以形成进风口小出风口大的风流向，加大流速

封闭式布局，出风口小，群内形成大涡流，大量建筑处于两面负压状态，通风不良

2 不同建筑排列方式对通风的影响

冬季季风　　　夏季季风　　高楼强风　　通风不利

建筑物高度越高越利于通风，但影响其背后的建筑通风不良。故在高层建筑群平面布局中，建筑物应适当错让。

3 建筑高度对气流的影响

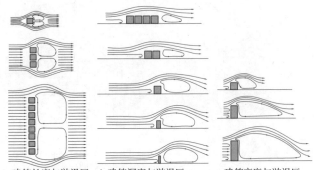

a建筑长度与漩涡区　b建筑深度与漩涡区　c建筑高度与漩涡区

建筑物高度越高，深度越小，长度越大时，背面漩涡区就越大，对通风有利。

4 建筑物长、宽、高与涡流区关系

2. 场地环境

不同的地区，水陆分布、表面覆盖等地表环境都不尽相同，所以对日辐射热的吸收量和反射量也不一样。在辐射热流动的过程中，十分容易产生由地方性风所形成的气流流动现象。那么，不同地区也因此呈现出不同的风向特点。如果在日常建筑物布局中能够充分利用地表环境所形成的地方风，就可以取得天然且良好的通风效果。

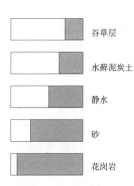

谷草层

水藓泥炭土

静水

砂

花岗岩

白色部分为吸收的热量，又称入射辐射，白色部分愈大微气候愈温和；黑色部分为受太阳照射时反射的热量，黑色部分愈大，在夏季白天愈感到不舒适。

5 各种地面材料吸收和反射热辐量比较

建筑物周围环境对气流的影响　　　　　　　　　　表2

地方风	图示	气流特征	地方风	图示	气候特征
山水风	白天 夜间	有岩石的山地比海面升温快，白天水风，夜间山风	山谷风	白天 夜间	山坡比谷底升降温快，白天谷风，夜间山风
水陆风	白天 夜间	陆地比流动的水面升温快，白天水风，夜间陆风	山顶风	白天 夜间	山的阳坡比阴坡升降温快，山顶白天阴坡风夜间阳坡风
静水风	白天 夜间	陆地稍比静水面升降温快，白天静水风，夜间陆风	后院风	白天 夜间	房屋向阳面比背阴面及后院升温快，白天后门风，夜间前门风

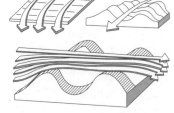 

平原风、山顶风、山谷风是日常最为常见的三种风向类型，巧妙利用就能有效降低太阳辐射带来的辐射热。

6 地形变化与小气候

3. 植被、水体布置

在建筑周围种植合适的树木，除了能够提供树荫遮蔽阳光，也能在一定程度上引导风向，形成良好的环境感受。例如，在建筑进风口附近布置水面，使风经过水面后再进入室内，这样在夏季能起到显著的降温效果。

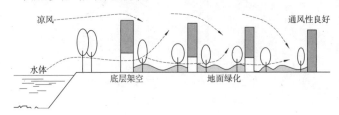

凉风　　　　　　　　　　　　　　　通风性良好

水体　　　　底层架空　　　地面绿化

7 水体植被对建筑通风的影响

生态微气候技术与地域建筑采光设计

在我国传统建筑设计中，向来重视将自然景观引入建筑空间，一方面，通过小环境的营造起到美化居室的作用；另一方面，通过适宜的自然景物引入可以起到改善环境调节微气候的作用。这是一种最简单、最经济有效的微气候设计方法。

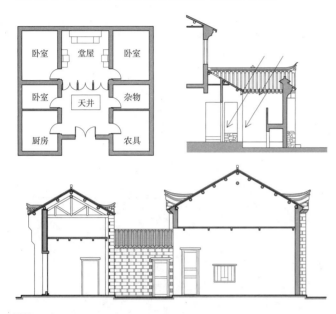

1 中国传统建筑天井

良好的自然采光，既需要解决建筑物室内的光照所求，也应该注意避免因直射而引起人体不舒适的多余的热与亮度。庭院、天井是实现自然采光最简单有效的设计方法，不同地域具体做法也不尽相同，例如南方天井院，院落占地面积较小，在天井下铺设石板并设置蓄水池，既可以增加反光效果，也是适应南方湿热多雨气候的表征。

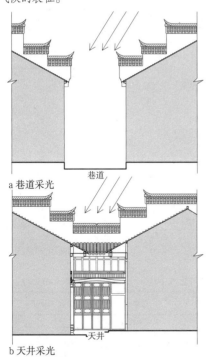

a 巷道采光

b 天井采光

2 巷道采光与天井采光

生态微气候技术与地域建筑遮阳设计

建筑遮阳与气候息息相关，在夏季炎热地区，建筑利用自身构件遮阳来减少太阳辐射，从构造上可分为水平遮阳、垂直遮阳、综合遮阳、挡板遮阳和百叶遮阳等。而太阳辐射强度随时间变化也呈现出水平面最高、东西向次之、南向较低、北向最低的表征，所以建筑遮阳设计应依次考虑屋顶天窗，建筑西向、东向、西南向、东南向。南向、北向宜采用水平式遮阳或综合式遮阳；东西向宜采用垂直式遮阳或挡板式遮阳；东南向、西南向宜采用综合式遮阳。

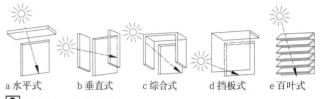

a 水平式　　b 垂直式　　c 综合式　　d 挡板式　　e 百叶式

3 建筑遮阳的基本形式

而不同区域的建筑在遮阳上也表现出明显的地域性特征。

1. 挑檐遮阳。在我国传统木构架建筑中，挑檐是最常见的建筑遮阳形式。湿热地区的一些干阑式住宅，如桂北侗族木楼、湘鄂西土家族吊脚楼等，屋顶硕大而出檐深远，大大减小了阳光对墙板的直接照射，墙面由上而下稍向内收，也减少了照射面积。

2. 屋顶遮阳。在气候炎热的区域，例如海南省、西双版纳等热带、亚热带地区，绝大多数都采用大屋顶、空透的围廊配以竹木苇草进行遮阳通风，构成独具特色的住屋形态，如船形住宅、竹楼等。

由于南北差异，外遮阳在南方有着优异的节能表现，所以表现了南方"丰富阴影"的建筑风格和北方"平整立面"与"明确体量"的建筑表现。

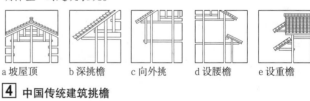

a 坡屋顶　　b 深挑檐　　c 向外挑　　d 设腰檐　　e 设重檐

4 中国传统建筑挑檐

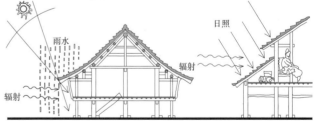

5 干阑式住宅遮阳

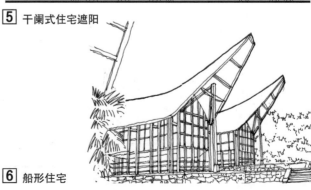

6 船形住宅

生态微气候技术与地域建筑通风设计

建筑自然通风设计主要是利用风压原理,所以在营造建筑生态微气候时应注意门窗的相对位置对风在建筑内部的流动影响。也可利用天井、楼梯间等增加建筑内部开口面积,便于引导自然通风。

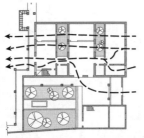

1 天井、楼梯间增加的通风

生态微气候技术与地域建筑保温设计

不同地区的建筑折射出所处地域的自然地理地貌和资源特色、气候的差异性,以及自然资源的差异性。例如,在北极严寒地区的圆形雪屋,就是将雪砖呈螺旋形堆砌起来,使其向里倾斜以保证结构坚固。

海草房是我国胶东半岛上的特色民居,以厚石和土坯砌墙,用特殊海草晒干后作为材料苫盖屋顶。白天阻挡热辐射,夜间,滨海特有的"海陆风"将草顶和石墙内蓄的热带走,保证了居住的舒适。

所以合理选择建筑形式、体量能有效加强保温效果,它是影响建筑绿色技术的重要因素。针对不同地区选取合理的绿色技术方法,有助于使地域性的概念更加突出。

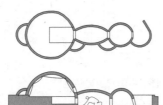

2 北极圆形雪屋

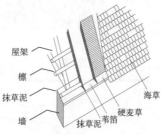

屋架
檩
抹草泥
墙
抹草泥 苇箔
海草
硬麦草

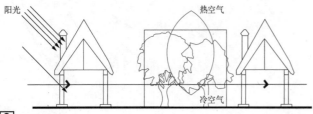

阳光　　　　热空气

冷空气

3 海草房

a 吉巴欧文化艺术中心外观透视

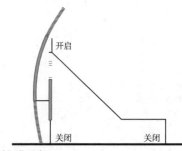

开启

关闭　　　　关闭

b 一般情况下"棚屋"空气流动调节示意

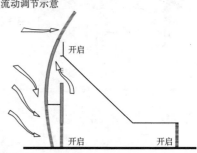

开启

开启　　　　开启

c 微风情况下"棚屋"空气流动调节示意

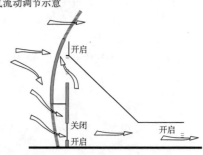

开启

关闭
开启　　　　开启

d 强风情况下"棚屋"空气流动调节示意

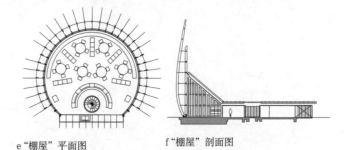

e "棚屋"平面图　　　　f "棚屋"剖面图

4 吉巴欧文化艺术中心 (Tjibaou Cultural Center)

名称	主要技术指标	设计时间	设计师
吉巴欧文化艺术中心	建筑面积300 m²	1998	伦佐·皮阿诺

吉巴欧文化艺术中心位于南太平洋中的岛国新喀里多尼亚的首都努美阿。该地区气候炎热潮湿,在当地传统建筑设计中,棚屋既能有效通风又能抵御岛上炎热的气候。建筑师借鉴了当地传统的村庄布局和建筑形式特点,将文化中心设计成由10个大小不同的"棚屋"组成的一个多功能的群体空间

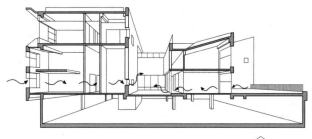

a 东西向通风

空间划分

屋顶起翘——放置太阳能
光伏电池板和太阳能热水器

植入庭院——自然
通风和采光

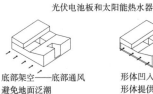

底部架空——底部通风
避免地面泛潮

形体凹入——建筑
形体提供自遮阳

b 适应气候形体演变

c 庭院通风分析

办公室　办公室　厨房　餐厅　办公室　办公室　庭院　庭院　会议室　通风腔　通风腔

① 南京紫东国际招商中心办公楼

名称	地点	主要技术指标	设计单位	建筑借用传统民居中心庭院的做法，平面功能和空间布局围绕中心庭院展开，以它来组织通风和采光，交通空间呈"井"字形布局，并与房间门和立面开口对应，增强了室内外空气的对流，增强了通风效果。并借用当地民居建筑的风墙理念，在庭院侧墙上设置了通风腔体，通风腔体与地下室连通，以适当缓解江南梅雨季节的潮气
南京紫东国际招商中心办公楼	江苏南京	建筑面积2500m²	南京大学建筑与城市规划学院	

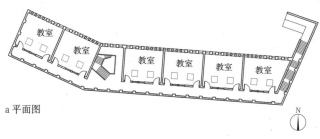

a 平面图

教室　教室　教室　教室　教室　教室

b 立面图

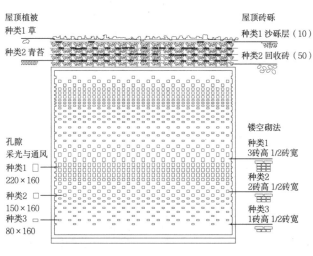

屋顶植被
种类1 草
种类2 青苔

屋顶砖砾
种类1 沙砾层（10）
种类2 回收砖（50）

孔隙
采光与通风
种类1
220×160
种类2
150×160
种类3
80×160

镂空砌法
种类1
3砖高 1/2宽
种类2
2砖高 1/2宽
种类3
1砖高 1/2宽

c 镂空砖墙立面设计图

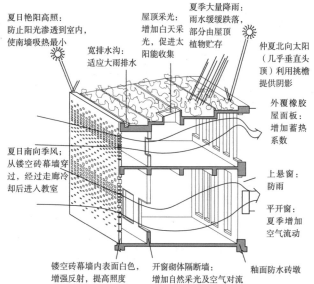

夏日艳阳高照：
防止阳光渗透到室内，
使南墙吸热最小

屋顶采光：
增加白天采光，
促进太阳能收集

夏季大量降雨：
雨水缓缓跌落，
部分由屋顶
植物贮存

仲夏北向太阳
（几乎垂直头顶）利用挑檐
提供阴影

外覆橡胶
屋面板：
增加蓄热
系数

上悬窗：
防雨

平开窗：
夏季增加
空气流动

宽排水沟：
适应大雨排水

夏日南向季风：
从镂空砖幕墙穿
过，经过走廊冷
却后进入教室

镂空砖幕墙内表面白色，
增强反射，提高照度

开窗砌体隔断墙：
增加自然采光及空气对流

釉面防水砖墩

d 砖屋顶蓄热体与教室空气对流的生态环境分析图

② 江西桐江小学

名称	地点	主要技术指标	设计单位	建筑镂空砖墙山墙皮既防止内部教室吸收过多太阳热量，又使整个教学空间形成良好的自然通风。设计中墙体使用混凝土砌块，将砌块空心朝外维持墙体的多孔性，内部庭院一侧采用垂直砖格栅，不同功能区尺寸不一，窄条防太阳眩光，宽条内部形成书架。回收来的碎砖块块覆盖在屋顶上，提供额外的保温隔热层，还作为自然绿植的基层材料
江西桐江小学	江西赣州	建筑面积1096m²	城村架构（RUF）	

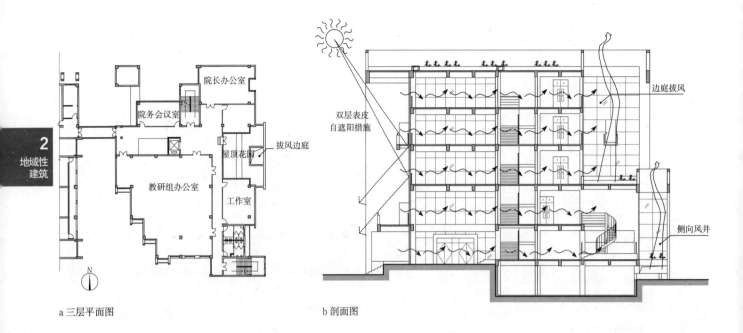

a 三层平面图　　　　　　　　　　　　b 剖面图

1 湖南大学建筑学院院楼

名称	地点	主要技术指标	设计单位	建筑系馆东边运用边庭通风采光。边庭通风技术利用室内的热压，借助边庭内空气在垂直方向上的温度压差引导空气的流动，即形成"烟囱效应"。边庭有大面积玻璃幕墙，极易形成热压通风条件。在太阳辐射下，边庭内空气通常会形成密度分层，温度较低的高密度空气会在底部，形成正压，热空气则在顶部形成负压，压差带动空气由下往上运动，不断将室外新风从底部吸入边庭内。建筑系馆西侧墙体采用转角处理，将窗开在北侧，起到遮阳避免西晒的效果。植物引进室内，成为"绿色过滤器"，还可以保持室内湿度、温度的平衡，同时可以遮阳，避免阳光对人体的直射
湖南大学建筑学院院楼	湖南长沙	建筑面积5000m²	湖南大学设计研究院有限公司	

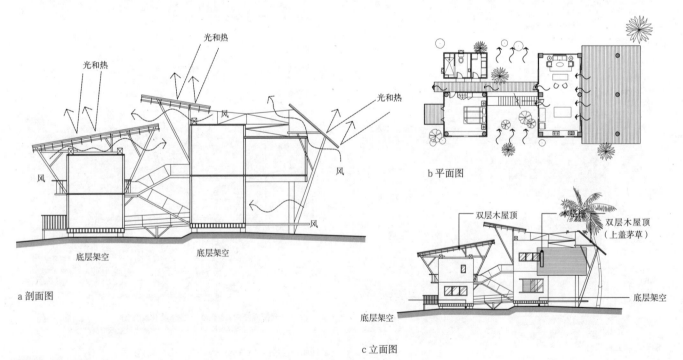

a 剖面图　　　　　　　　　　b 平面图　　　　　　c 立面图

2 危地马拉海滨住宅

名称	地点	主要技术指标	设计师	所有的住宅和社交区域都位于地面上方3~6英尺处，以与滚烫的沙滩隔离开来。住宅由两个部分构成（前排和后排），以利用柔和的侧风，此外还可以将住宅的空隙处打造成绿色空间。建筑屋顶为木屋架组成的双层屋顶，形成通风间层，减少热负荷对环境的影响
危地马拉海滨住宅	危地马拉	建筑面积274m²	Christian Ochaita、Rokerto Gálvez	

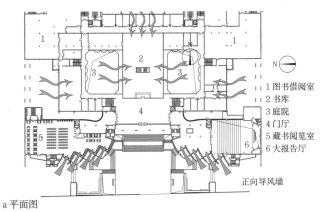

a 平面图

1 图书借阅室
2 书库
3 庭院
4 门厅
5 藏书阅览室
6 大报告厅

正向导风墙

b 西向遮阳示意图

c 剖面图（采光及遮阳示意图）

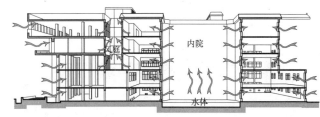

d 剖面图（自然通风示意图）

1 湖南师范大学逸夫图书馆扩建

名称	地点	主要技术指标	设计单位	
湖南师范大学逸夫图书馆扩建	湖南长沙	建筑面积10646m²	湖南大学设计研究院有限公司	新建建筑与既有建筑之间设置狭长"缝隙"空间，形成一个自然的采光通风井，控制风井空间高宽比例，形成"负压"立体吸风，西向外墙采用弧墙，形成导风墙，并形成外窗自遮阳，减少西向强光。建筑做到四面皆有采光，避免了扩建可能产生的采光问题；竖向立面的处理，借鉴了南方地区吊脚楼形式，采取层层进退关系处理，形成有层次的立体遮阳效果，同时采用竖向遮阳板，既满足遮阳，又形成丰富光影效果。在内院设置水体，用于消防，同时改善局部微气候环境，适应夏热冬冷地区气候环境

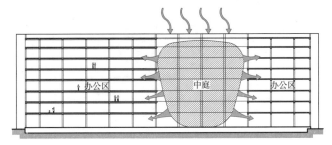

a 剖面（冬季）

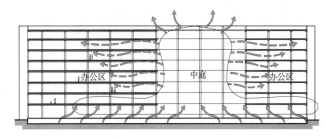

b 剖面（夏季）

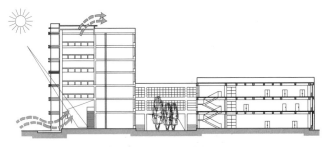

c 办公实验楼剖面

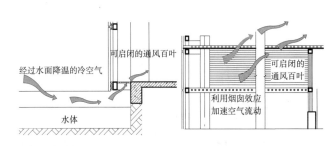

d 剖面通风构造

e 幕墙顶部通风构造

2 云电科技园办公实验楼

名称	地点	主要技术指标	设计单位	
云电科技园	云南昆明	建筑面积64000m²	云南省设计院集团	夏季将幕墙底部水面上方的百叶和中庭顶部的百叶打开，利用室内外的风压和热压，使大量的新鲜空气经过室外的水面滤尘、降温之后从幕墙底部进入室内，新鲜空气通过建筑空间形成的"树状"通道到达各办公室，充分利用自然通风提供人们新鲜空气和降低夏季室内温度；冬季，关闭顶部和底部的百叶，中庭内的空气在温室效应的作用下被加热，通过"树状"通道到达各区域，中庭成为整个办公楼的一个大温室，吸收和储藏太阳的热能，并向内辐射，起到提升建筑室内温度的作用，增加室内环境的舒适性

2
地域性
建筑

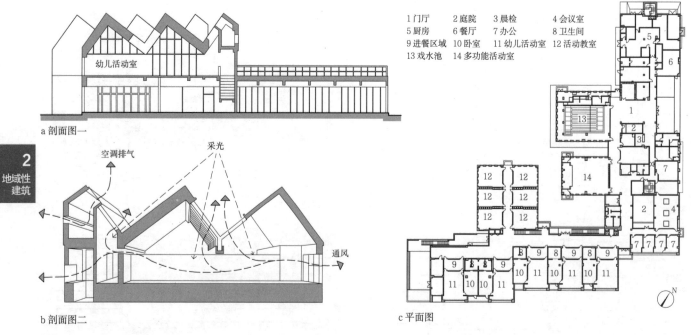

1 门厅　　　2 庭院　　　3 晨检　　　4 会议室
5 厨房　　　6 餐厅　　　7 办公　　　8 卫生间
9 进餐区域　10 卧室　　11 幼儿活动室　12 活动教室
13 戏水池　　14 多功能活动室

a 剖面图一

b 剖面图二

c 平面图

上海东方瑞仕幼儿园

名称	地点	主要技术指标	设计单位	二层每个单元都有居中内凹双侧天窗的连续坡折屋面覆盖，并在北侧的屋面内整合了空调及设备平台，这样的特殊设计使幼儿班及走廊内都高敞明亮。两个连续双坡屋顶的交接处用天窗的光线来做出一种明暗的层次变化，由此形成"暗—明—暗"的关系，同时解决建筑室内的通风采光问题
上海东方瑞仕幼儿园	上海	建筑面积6342m²	致正建筑工作室	

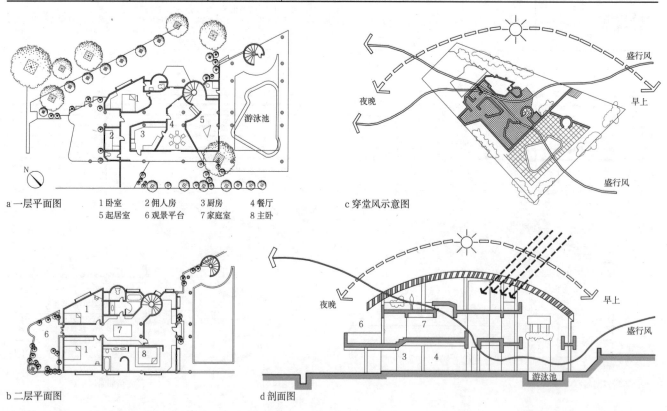

a 一层平面图　　1 卧室　　2 佣人房　　3 厨房　　4 餐厅
5 起居室　6 观景平台　7 家庭室　8 主卧

c 穿堂风示意图

b 二层平面图

d 剖面图

2 杨经文自宅

名称	地点	主要技术指标	设计单位	该建筑采用通风、对流、遮阳、绿化、反射玻璃等方法，创造建筑物内部和外部的双重气候，并采用适应外部环境的被动式的低能耗策略。穿堂风普遍用于此建筑中，它通过特殊的建筑形式得以实现。为了进一步增强风对室内环境的影响，把游泳池放在了该地区主导风向的上风口，作为一个温度调节器来控制室内的温度和湿度。在其自宅的屋顶上设置了固定的遮阳格片，根据太阳从东到西各季节运行的轨迹，将格片做成不同的角度，以控制不同季节和时间阳光进入的多少，从而增强遮阳效果
杨经文自宅	马来西亚吉隆坡	建筑面积821m²	杨经文建筑师事务所	

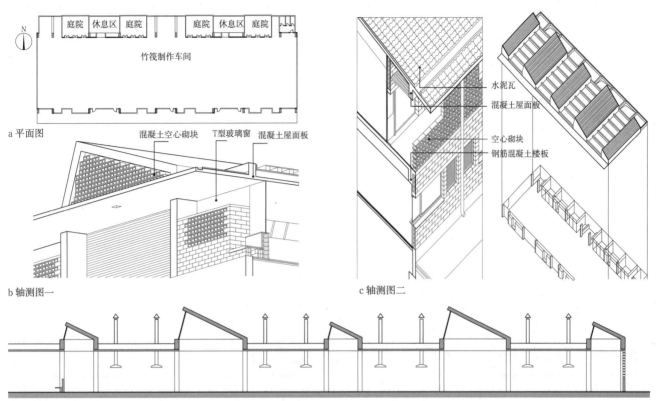

a 平面图

b 轴测图一

c 轴测图二

水泥瓦
混凝土屋面板
空心砌块
钢筋混凝土楼板

混凝土空心砌块　T型玻璃窗　混凝土屋面板

d 剖面图

1 武夷山竹筏预制场

名称	地点	主要技术指标	设计单位	
武夷山竹筏预制场	福建南平	建筑面积16000m²	TAO迹·建筑事务所	建筑布局主要结合场地特征和当地气候来考虑，用地呈不规则的T字形，北部比较狭窄。由于3栋建筑都需要很好的通风，因此窄进深长条状的建筑是自然推导出的选择，建筑呈线性被布置于场地周边，以增大通风的界面，并在中间围合出空地作为毛竹晾晒场和周转区。对应毛竹存放单元序列用立砌的空心混凝土砌块墙形成折线锯齿状的通风外墙，这样保证风进入每个单元沿着竹子缝隙穿过，以实现最好的通风。建筑屋顶的布置考虑到室内工序对采光的需求不同，设计成平屋面与斜屋面、低空间与高空间间隔布置的节奏

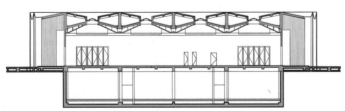

a 平面图

1 多功能厅
2 多功能厅入口
3 门厅
4 外廊
5 残疾人坡道
6 室外

b 剖面图

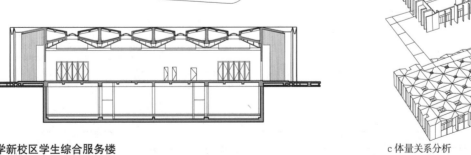

c 体量关系分析

2 北京建筑大学新校区学生综合服务楼

名称	地点	主要技术指标	设计单位	
北京建筑大学新校区学生综合服务楼	北京	建筑面积4443m²	北京市建筑设计研究院有限公司	本设计提出了双层屋面的构想，同时将2m结构梁巧妙地藏在两层屋面之中。建筑采用方正形中心式布局，以减少外界面造成的能耗；在单元模块内设置天窗为室内大空间提供自然天光，并且局部可开启以便有效的通风；建筑采用外廊形式提供有效遮阳；幕墙做可开启窗，采用地板采暖等

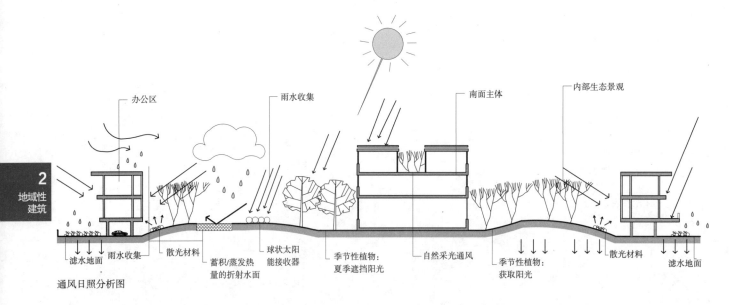

通风日照分析图

1 ESO办公大楼

名称	地点	主要技术指标	设计单位	
ESO 办公大楼	德国慕尼黑	建筑面积18736m²	Auer Weber	欧洲南方天文台总部扩建能耗非常小，得益于保温性能良好的立面和广泛应用了保温措施的墙体和板材。通过可调节遮阳和永久性遮阳两种方式，以及平面的进退关系达到对建筑微气候的调节。办公会议楼同样使用了曲线设计，设有两个内庭院，充分利用了自然光照

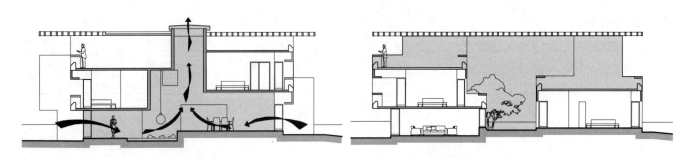

a 夏季剖面气候条件分析　　　　　　　　　b 冬季剖面气候条件分析

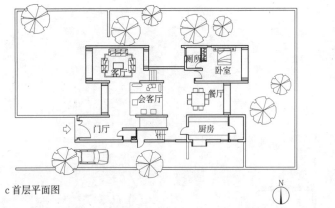

c 首层平面图

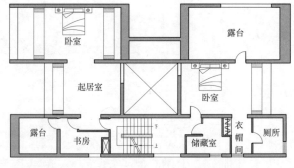

d 二层平面图

2 帕雷克住宅

名称	地点	主要技术指标	设计师	
帕雷克住宅	印度帕雷克	建筑面积480m²	查尔斯·柯里亚	该设计最大的特点是设置了两个不同的相互并置的剖面，分别适应不同的气候条件，放置在连续的住宅空间里。住宅呈东西向布置，南北向较长，所以长轴向的东西立面将吸收大量的热量。为解决这个问题，在平面中设置了3个平行开间，夏季剖面夹在东面的冬季剖面和西面的服务区开间之间。最西为楼梯、厨房和卫生间等组成的服务空间；东面为起居室、卧室组成的"冬季剖面"；"夏季剖面"居中且平面南北向内收，以有效减少日照

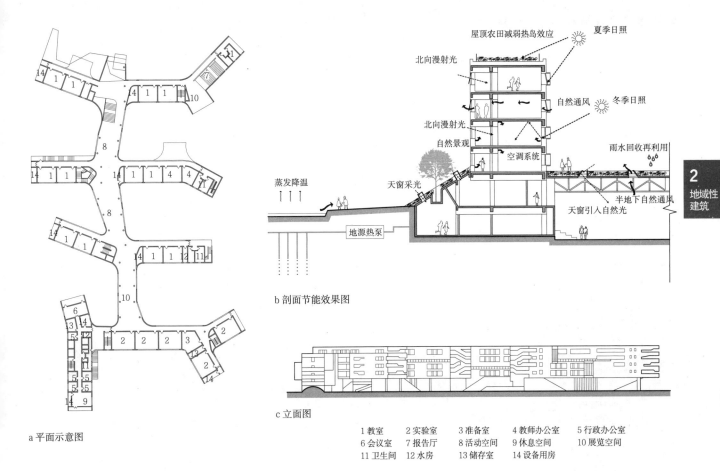

b 剖面节能效果图

c 立面图

a 平面示意图

1 教室	2 实验室	3 准备室	4 教师办公室	5 行政办公室
6 会议室	7 报告厅	8 活动空间	9 休息空间	10 展览空间
11 卫生间	12 水房	13 储存室	14 设备用房	

1 北京四中房山校区

名称	地点	主要技术指标	设计单位	
北京四中房山校区	北京	建筑面积57773m²	OPEN 建筑事务所	为了最大化地利用自然通风和自然光线，并减少冬天及夏天的冷热负荷，从建筑的布局和几何形态上，到窗户的细部设计采用被动式节能设计策略：建筑布局采用开敞的半围合庭院能有效地组织自然通风；地面透水砖的铺装和地上雨水回收再利用系统有助于减少地表径流；屋顶农田减弱热岛效应；半地下空间采用天窗采光，引入了自然光线还可以自然通风；立面窗的形式多样，设计出的三角形的外窗套可以有效地进行西面遮阳；地源热泵技术为大型公共空间提供了可持续能源

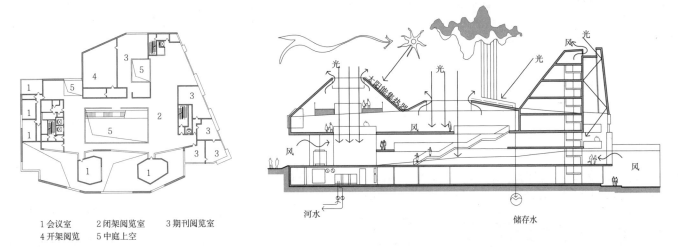

a 平面图

b 剖面示意图

| 1 会议室 | 2 闭架阅览室 | 3 期刊阅览室 |
| 4 开架阅览 | 5 中庭上空 | |

2 伍斯特HIVE图书馆

名称	地点	主要技术指标	设计单位	
伍斯特 HIVE 图书馆	英国伍斯特	建筑面积4000m²	FCB 事务所	标志性的漏斗形屋顶对于建筑内部和建筑外观有着同等重要的意义，能够使自然光与新鲜空气深入至地面层中心，使建筑形态最大程度地利用自然光与自然通风，利用当地的生物质能进行升温，并利用附近赛文河的河水进行降温。图书馆周围的开敞空间设计了高品质的硬质景观与植物

木构建筑设计特点与工艺要求

木材分布广泛、生长周期短、适应性强、易于加工和运输，同时其抗压抗拉强度俱佳，因此在传统建筑中，多作为结构主体材料，形成了独具特色的木构建筑形式。

木构建筑主要方式　　　　　　　　　　　　　　表1

形式	做法及特点
抬梁式建筑	柱头上搁置梁头，梁上搁置檩条，梁上再用矮柱支起较短梁，层级而上，梁的总数可达3～5根
穿斗式建筑	1.用穿枋把柱子串联起来，形成一榀榀房架。 2.檩条直接搁在柱头上。 3.沿檩条方向，用斗枋把柱子串联起来，形成整体框架
井干式建筑	以圆形、矩形或六角形木料平行向上层层叠置，转角处木料端部交叉咬合，形成房屋四壁
干阑式建筑	竖立木桩做底架，上层住人，下层常用以圈养家畜或堆放杂物

木构建筑技术要求　　　　　　　　　　　　　　表2

目的	处理方法
防止干燥变形	控制建造时间，一般选在雨量小的季节，有助于对木材湿度控制
防水防潮	1.屋顶用瓦覆盖。 2.柱子涂抹或灌注桐油或涂刷油漆。 3.彩绘。 4.石质、金属质柱础
防火	1.屋顶用瓦覆盖。 2.稻草切成两寸，用石灰水浸泡，然后调土（可加入石米、蚌壳等骨料），铺5cm厚于楼板上，抹光形成灰层被用于木楼板防火。 3.将山墙砌筑得高出屋面，形成风火山墙防止火势在房屋间蔓延。 4.以金属包裹木材
防腐	1.将生木放入水塘浸泡2～3年，使其干缩能力降到最低，取出浸泡晾干后使用。 2.以药剂浸泡。 3.将黄土、麻刀、红土、石灰等（或桐油、糯米浆）敷在防火所需部位

石制建筑设计特点与工艺要求

石材的抗压强度与耐腐性俱佳，适于砌筑建筑墙体或基础，部分地区尚以天然页岩和板岩敷设屋顶。石制建筑主要集中在四川、贵州、云南、西藏等盛产石材的地区。

石板屋顶通常有两种敷设方式。一种是以经过加工的大小规则的石板有规律地搭接平行铺设；一种是以大小不同的石板自由铺设，相互搭接成鱼鳞状。石板厚度20～40mm，长度30～60cm。屋面坡度都较平缓。

石墙体砌筑方式　　　　　　　　　　　　　　表3

类型	主要特征	适用部位
干砌法	1.石块之间根据其自然形体相互咬合，由下至上逐渐收分，不施泥浆。 2.选用的石块较大，也有采用片石砌筑整体墙壁的做法	墙体勒脚、照壁及正房墙身等主要部位
浆砌法	边砌边用稀释的泥沙填补石缝，泥砂干后能增强石与石之间的粘结。墙体应逐渐收分	墙体次要部位
包心砌	1.墙体外表用较大的石块先行砌好。 2.在墙体中间逐层填充细小的卵石或浇灌泥浆，以加强石粒之间的互相粘结	围墙、隔墙

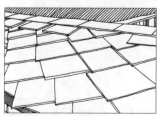

a 加工过的石板平行铺设

b 大小不一的石板鱼鳞状铺设

1 石板屋顶敷设图

砖砌建筑设计特点与工艺要求

砖是我国传统建筑中常见的材料之一，其烧制简单，加工方便，广泛应用于各个地区。除作为建筑结构外，还可利用发券做屋顶和檐口。

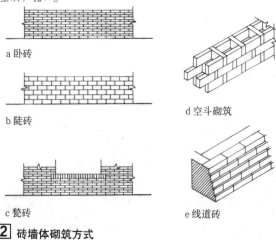

a 卧砖

b 陡砖

c 甃砖

d 空斗砌筑

e 线道砖

2 砖墙体砌筑方式

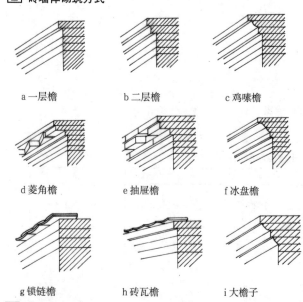

a 一层檐　　b 二层檐　　c 鸡嗦檐

d 菱角檐　　e 抽屉檐　　f 冰盘檐

g 锁链檐　　h 砖瓦檐　　i 大檐子

3 砖檐典型砌筑方式

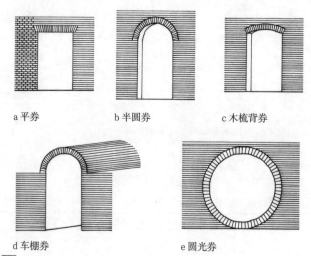

a 平券　　b 半圆券　　c 木梳背券

d 车棚券　　e 圆光券

4 砖券典型砌筑方式

竹制建筑设计特点与工艺要求

竹材产量丰富，生长迅速，取材方便，具有轻质高强的特点，可方便加工成不同形式，如竹片、竹条、竹篾等，应用于柱、楼板、墙壁等各个建筑部位。因此广泛应用于我国南方湿热地区，如四川、云南、海南等地。

竹材建筑工艺特征　　　　　　　　　　　　　　　　表1

部位	主要特征
梁	1.主梁上用不同粗细的竹子纵横叠置，捆绑成网状平面整体。 2.地板处竹梁，应根据荷载确定跨距、间距及用料粗细，双向叠成网状整体梁，一般纵横叠交3~5层不等。
屋顶	1.粗细不同的圆竹纵横交错绑扎成方格网，由里至外，最表层用料最小，网格越小，若上铺草泥，则网格间距可略大。 2.可以竹代瓦，将大圆竹剖成两半，一仰一覆相互扣合做屋顶，但耐久性差。或以竹片编织成整块屋顶，但易漏雨，使用较少。
地板	1.圆竹剖为两半压扁为竹片，顺次铺于地板梁上，以光滑竹青为面层。 2.其上铺一层纯竹青篾片编制的柔韧竹席，方便席地坐卧
墙壁	1.将圆竹压扁成竹片，数竹片并联。 2.两面以细竹或半圆竹夹定形成预定板块安装。 3.取粗细均匀的圆竹，按分间长短高矮需要，固定上下端，高的可在中间适当部位加设2~3道腰箍做成竹笆。 4.1.5~10cm宽竹条依次固定在栅栏上，横向按压二抬二的方法编织，一次用料不够可拼接而不影响整体效果。 5.1.5~10cm宽竹条提前按预制花纹编织好，以竹子压条和竹篾整块顺边捆绑牢固，再固定于分隔好的竖向栅栏

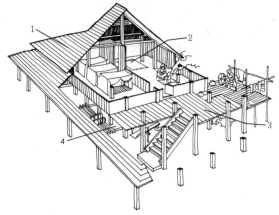

1 草顶　2 竹席　3 竹片地板　4 竹梁

1 云南竹楼示意图

生土建筑设计特点与工艺要求

生土建筑是指主要以未经加工的原状土为材料，营造主体结构（包括屋面、墙体、地面等）的建筑形式，其主要分布于西北及中原地区。此外，四川、闽南局部地区也有分布。

生土建筑设计及施工特点　　　　　　　　　　　　　表2

建筑类型	技术要点
夯土建筑	1.施工中将拌合好的生土填入以木板等固定好的木槽中，用工具夯实，然后拆除下层木头，移至上层固定，如此往复，砌成墙体。 2.夯筑时需要多人连续不断的同时操作，在沿所有墙体整个砌完一圈后方可停顿，否则会因墙体间相互联系不好降低墙体质量。 3.夯土墙体厚度一般400~1200mm左右。
土坯建筑	1.用泥土加水（有时也加草筋）拌合至糊状，浸泡一定时日后，压实，待蒸发至一定程度后，放入模胚中定型、风干。 2.土坯的尺寸不宜过大、过厚。砌筑采用挤浆法、刮浆法、铺浆法等，不能使用灌浆法。一般为顺砖与丁砖交替砌筑，错缝搭接。 3.每天砌筑的高度不宜超过1~2m。
黄土窑洞	1.洞室拱体多采用直墙半圆拱与直墙割圆拱，也有平头拱等。 2.窑洞跨度一般为3~4m，高度一般为跨度的0.71~1.15倍，两孔窑间壁一般等于洞跨，以保持土的承载能力和稳定性。 3.下沉式窑洞需沿边先开挖3m宽的深槽至6m深的预定地面处，修整外侧做窑脸的土壁，待土壁晾干后再挖窑。

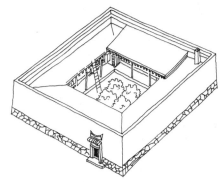

2 青海夯土民居——庄窠

生土建筑建造工艺　　　　　　　　　　　　　　　　表3

工艺名称	主要技术措施
土壤预处理	生土挖出后需敲碎研磨，并放置一段时间使其发酵，提高其和易性
混合辅料	1.建造时一般加入沙、灰土以达到最优含水率。 2.加入芦苇、麻绳等植物纤维。 3.夯筑过程中每隔一定距离放入横木或木杆提高其强度，或在横竹之间以竹篾或竹片加以相连。 4.在墙体顶部以砖或瓦覆盖，以防止雨水冲刷和抗风
密梁夯土平顶	1.结构主梁上排15~20cm直径径檩条。 2.檩上交叉铺设草料或石料垫层，然后铺土顶。 3.土顶夯筑应分多层处理，一般上层土质颗粒较下层细腻。 4.夯筑平实后，在土顶表面做防水处理（个别地区采用细密的土拌合酥油，压实做防水屋面）

不同材料的组合应用

传统地域性建筑在实际建造过程中，往往并不拘泥于某一种材料，更多根据实际情况需要，将数种材料组合使用，扬长避短，以达到结构安全、经济美观上的最佳平衡。

不同材料的组合应用示例　　　　　　　　　　　　　表4

类型	主要特征
"金包玉"墙体	1.烧制的薄砖按丁、顺、平相互组合砌好外墙皮，形成小箱体。 2.将土倒入中空部位填实，再砌第二层，如此反复。 3.每层之间砖缝需错位，保证砖与土、上下层之间的相互咬合
夹心墙	墙体内外均用青砖砌筑，将土坯夹在中间做芯
挂泥墙	1.细木栅或竹条编织成10~20cm大小方格网与立柱牢固联系。 2.拌合好的草泥由下至上敷上，墙内外同时进行，边抹泥边以手掌抹平，待半干后再作局部补充调整，达到平整、厚度均匀。 3.施工需连续进行，保证草泥间及草泥与竹木网格结合密实
夹泥墙	1.将墙壁柱枋分隔成二三尺见方的格框，里面以竹条编织嵌固，然后以泥灰双面粉平套白。 2.轻薄透气美观，且不易开裂
瓦砾土	1.以瓦砾土4份、黏土3份、灰2份之比掺水搅拌，再用夯土墙板分层夯筑瓦砾土而成，墙厚约60cm。 2.瓦砾颗粒大小有要求，可以是碎砖、瓦片、小石子，需坚硬

其他材料在建筑上的应用

蒙古包和藏族毡房：适应游牧民族逐水草而居的习惯。用柳条、皮绳等将木棍绑成框架，上覆动物皮毛或布料，顶部留有用以采光、通风、排烟的空隙，有的还装有木制的门与天窗。

3 蒙古包剖视图

适宜性技术

在当代地域性建筑的创作过程中，应将高新技术与具体国情相结合，因地制宜，充分考虑当地的经济、技术和资源等因素，合理选择适宜性技术应用到建筑创作实践中。一方面应实现传统技术的现代化更新，另一方面要倡导现代高新技术的地域化发展。

适宜性技术的典型特征 表1

1	低的资金投入
2	使用当地易得的材料
3	劳动力密集型
4	小规模，容易被低教育程度的人们所接受
5	使用分散的可重复利用的资源（风能、太阳能等）

强调技术适宜性的基本创作方略 表2

1	充分把握技术发展给建筑的功能、空间、形式带来的新变化和提供的丰富可能性，积极融汇当今世界科技发展的最新成果，并加以创造性的运用
2	重视对传统技术的提升和改进，从地方材料、构筑方式等要素中挖掘传统技术的潜力，延承有代表性的技术传统，并丰富建筑创作的技术内涵
3	注重技术发展与自然生态的协调，维护环境的生态平衡，提高能源、资源的利用效率
4	注重技术发展与文化肌理的融合，避免技术现代化进程中，对于文化结构的冲击与破坏
5	注重技术发展与具体经济条件、物质条件等地域基质的结合，避免脱离实际、盲目追求技术的高新，重视技术应用的"合目的性"

传统技术的现代化更新

由于地区差异和经济社会发展的不平衡，与现代高新技术相比，传统技术的现代化更新更具有经济合理和易于普及的特点。

1. 针对气候条件的传统技术更新

针对气候条件的传统技术更新主要体现在自然通风和被动式太阳能技术上。

（1）自然通风循环系统

利用建筑内部空气温度差所形成的热压和自然风对建筑形成的风压使建筑内部产生空气流动。

自然通风技术分类 表3

	热压作用下的自然通风系统	风压作用下的自然通风系统
原理特征	利用建筑内部空气的热压差来实现建筑的自然通风	利用建筑迎风面和背风面的风压差进行空气流通
影响因素	建筑进出风口高差和室内外温差越大则通风作用越明显	建筑与风向夹角、建筑形式和建筑周围环境
适用环境	常变的或者不良的外部风环境地区	良好外部风环境的地区

（2）被动式太阳能技术

被动式太阳能技术就是通过适当的建筑设计，而不需要机械设施获取太阳能的采暖技术。具有投资低、操作简单、应用范围广的特点，有利于在经济不发达地区推广普及。被动式太阳能技术的形式多样，可按照传热过程和集热形式进行分类。

被动式太阳能技术分类及其优缺点 表4

分类	原理	优点	缺点
直接受益式太阳房	由太阳光直接透过透光材料进入室内进行采暖，是被动式太阳房采暖中和普通房差别最小的一种太阳房	1.景观好、费用低、效率高、形式灵活；2.有利于自然采光；3.适合学校、小型办公等	1.易引起眩光；2.易过热；3.温度波动大
附加阳光间式	在向阳侧设置透光玻璃接受太阳照射，阳光间与室内空间由窗或墙隔开，蓄热物质分散在隔墙内或地板内	1.有很强的舒适性和很好的景观性，适合居住用房、休息室、饭店等；2.可作温室使用	1.维护费用较高；2.对夏季降温要求高；3.效率低
集热蓄热墙式	利用南向垂直集热蓄热墙吸收穿过玻璃采光面的阳光，通过传导、辐射及对流把热量送至室内。与直接受益结合限制照度效果好	1.舒适度高，温度波动小；2.易于旧建筑改造，费用适中；3.适合于学校、住宅、医院等	1.玻璃窗较少，景观不好；2.不便于自然采光
蓄热屋顶池式	兼具冬天采暖和夏季降温功能，适用于冬季不太寒冷、夏季较热地区，将蓄热物质放置在屋顶	1.集热和蓄热量大，且蓄热体位置合理；2.能获得较好的室内温度环境	1.构造复杂；2.造价较高
对流环路式	太阳房南墙下方设置空气集热器，集热器内被加热的空气借助温差产生热压，再通过风道直接送入采暖房间或由蓄热物质储存	1.集热和蓄热量大，且蓄热体位置合理，能获得较好的室内温度环境；2.适用于有一定高差的南向坡地	1.构造复杂；2.造价较高

2. 对传统材料和地方施工技术的现代探索

对传统材料和地方施工技术的现代探索是地域性建筑创作的重要内容，也是对生态和可持续发展的一种回应。传统材料和地方施工技术的现代化更具有经济适用和易于普及的特点，因此在经济、技术水平偏低的地区尤为重要。

选址于海拔4800m的冈仁波齐峰脚下，在这样的海拔高度，仅有一种当地材料——鹅卵石可以大量地使用。建筑师选用鹅卵石做成混凝土砌块来垒砌墙和地面，节省造价、方便施工。

1 西藏阿里苹果小学

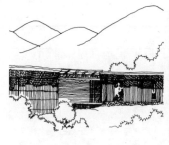
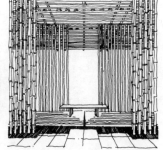

借鉴钢管混凝土技术，将竹子做适当的热处理之后当成模子用混凝土灌入。建筑师通过传统材料与现代技术结合，继承和发展了传统的构造形式，并体现了东方文化的独特内涵。

2 长城脚下的公社——竹屋

现代高新技术的地域化发展

早期的高技术建筑表现出一系列极端性特征，由于其激进的建筑观念与时代发展未能和谐一致，而受到普遍质疑。在当今社会所倡导的可持续发展、文化多元、高技术与高情感相互融合等潮流下，高技术建筑突破自身局限，从地域性——建筑这一基本属性中寻求出路，追求建筑个性与环境意象的统一，并逐步走向成熟。

高技术新旧创作理念比较　　　　　　　　　　表1

	早期高技主义倾向	高技术地域化倾向
时间	1960~1980年	1980年至今
自然观	技术至上，与环境分离	注重与自然、场所的对话
人文观	冰冷刻板、缺乏人情味	注重地方文脉和人的情感需求
发展观	高成本、高能耗	生态可持续发展
美学观	极力表现新材料、新结构、新技术	追求建筑个性与环境意象的统一

1. 结合自然气候环境

特定自然环境是地域性最基本的要素之一，而气候又是重要的自然环境因素，现代技术结合自然气候环境的地域化创作主要表现在自然通风和采光上，以利用或者应对相应的气候影响。

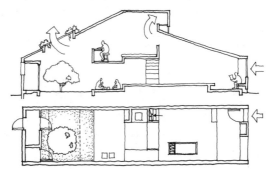

采用狭长平面，利用坡屋顶和正面窗形成的烟囱效应进行热压通风。借鉴印度传统民居的空间形态，很好地解决了干热地区的通风、隔热等问题。

①　"管式住宅"

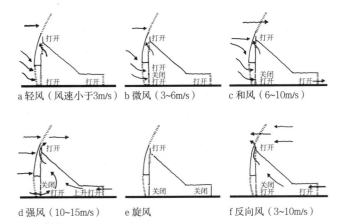

a 轻风（风速小于3m/s）　b 微风（3~6m/s）　c 和风（6~10m/s）

d 强风（10~15m/s）　e 旋风　　f 反向风（3~10m/s）

建筑师结合当地的生态环境和气候特点，提取出"编织"的构筑模式。采用传统的材料、现代的技术，以双层外围护结构和双层屋顶系统，使建筑捕获当地常年稳定的信风。

②　吉巴欧文化艺术中心

2. 融入环境保护思路

随着可持续思想的发展，高技术建筑师转而寻求人工与自然环境的新融合。保护环境，是在建筑过程中不破坏且应改善建筑外部环境。主要技术手段包括减少光、声等污染，以及对有害废弃物的削减排放和妥善处理。

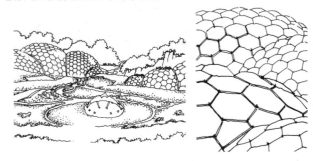

使用废弃的陶土矿坑作为基地，组成拱顶的六边形结构有利于增强地形的适应性。拱顶表面采用高科技的ETFE材料覆盖，白天集聚热能，夜晚释放热能，最大限度降低建筑的能耗。

③　伊甸园工程

3. 引入自然环境素材

利用先进的建筑构造和信息技术，将阳光、空气、植物、水体、声音等自然因子引入建筑内部，以对人工环境进行有益的生物气候调节。

将阳光、空气、声音等无形的自然因子引入建筑之中，并和材料、结构等有形物质有机结合。建筑师创造了和平清净和令人深思的氛围，同时增加了空间的趣味性。

④　曼尼收藏博物馆

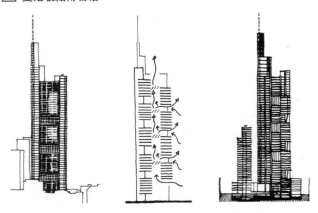

主体建筑分为4个组，每组12层，各有一个4层高的空中花园，沿中央通风大厅盘旋而上。花园内种植各种植物和花草，给每个办公空间带来良好的绿色景观。

⑤　法兰克福商业银行总部大厦

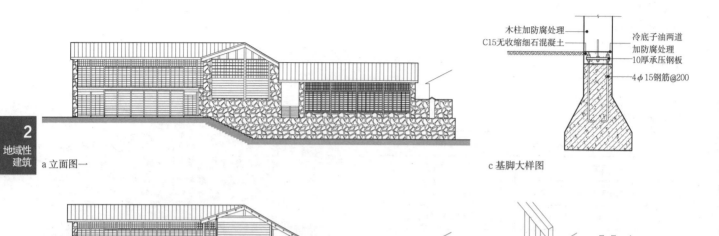

a 立面图一

木柱加防腐处理
C15无收缩细石混凝土

冷底子油两道
加防腐处理
10厚承压钢板
4φ15钢筋@200

c 基脚大样图

b 立面图二

d 卯榫连接图

1 玉湖完小

名称	地点	主要技术指标	设计时间	设计单位	玉湖完小在石墙和铺地上大量采用了当地资源丰富的白色石灰沉积岩和卵石；山墙装饰是简化的木制格栅；保留了坡屋顶的灰色筒瓦
玉湖完小	云南丽江	建筑面积830m²	2002	李晓东工作室	

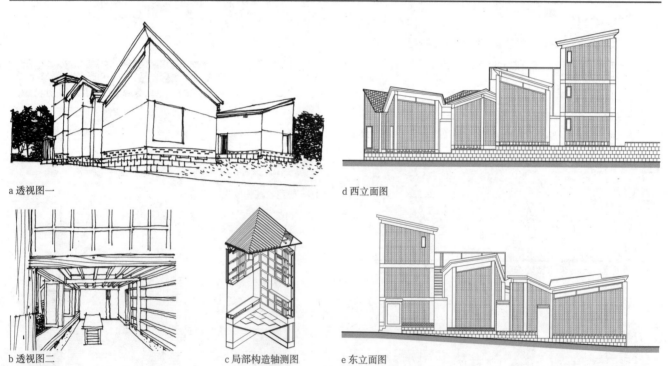

a 透视图一

d 西立面图

b 透视图二

c 局部构造轴测图

e 东立面图

2 高黎贡山手工造纸博物馆

名称	地点	主要技术指标	设计时间	设计单位	高黎贡山手工造纸博物馆设计采用当地的杉木、竹子、手工纸等低能耗、可降解的自然材料来减少对环境的影响。在建构形式上真实反映材料、结构等元素的内在逻辑，以及建造过程的痕迹与特征。建筑结合了传统木结构体系和现代构造做法，全部由当地工匠完成建造，使项目成为地域传统资源保护和发展的一部分
高黎贡山手工造纸博物馆	云南腾冲	建筑面积361m²	2008	TAO迹·建筑事务所	

a 透视图

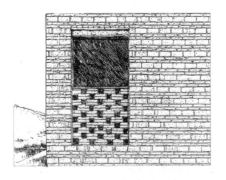

b 材料细部

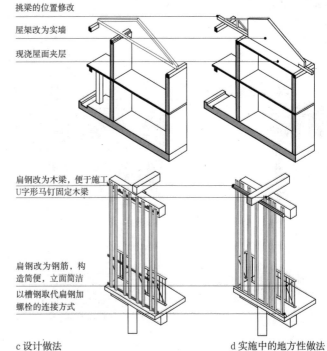

挑梁的位置修改

屋架改为实墙

现浇屋面夹层

扁钢改为木梁，便于施工
U字形马钉固定木梁

扁钢改为钢筋，构
造简便，立面简洁

以槽钢取代扁钢加
螺栓的连接方式

c 设计做法　　　　　　　　　　　d 实施中的地方性做法

1 毛坪浙商希望小学

名称	地点	主要技术指标	设计时间	设计单位	
毛坪浙商希望小学	湖南耒阳	建筑面积1168m²	2006	北京壹方建筑有限责任公司	为呼应周边民居，砖成为毛坪浙商希望小学的主体。新的机制小红砖用来砌筑建筑，老祠堂中留存下来的大青砖用来铺砌道路与广场。砖砌的镂空花格被反复应用，形成砖制的纱帘。用木板排成竖向的格栅作为围护结构，同样借鉴了当地建筑的语言，像展开的简牍，使建筑获得了颇具书卷气的立面

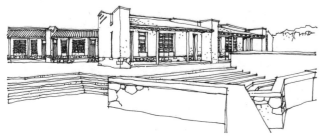

a 透视图

c 立面图

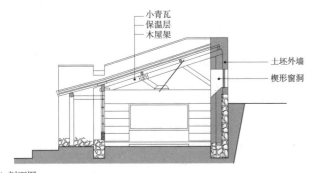

小青瓦
保温层
木屋架

土坯外墙

楔形窗洞

b 剖面图一

小青瓦
保温层
木屋架

土坯外墙

楔形窗洞

d 剖面图二

2 毛寺生态实验小学

名称	地点	主要技术指标	设计时间	设计单位	
毛寺生态实验小学	甘肃庆阳	建筑面积938m²	2003	香港中文大学建筑系	毛寺生态实验小学以黏土和木材作为主体材料，并改进了其抗震性能，且使其更容易建造施工。施工人员全部由村民组成，土坯由黏土、茅草、芦苇等可再生资源制作而成。宽厚的土坯墙、加入绝热层的传统屋面、双层玻璃等处理方法，使室内气温始终保持相对稳定的状态。根据位置的不同，部分窗洞采用切角处理，以最大限度地提升室内的自然采光效果

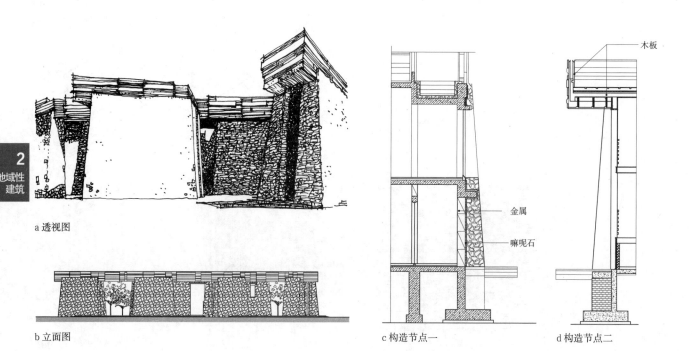

a 透视图

b 立面图

c 构造节点一

d 构造节点二

木板

金属

嘛呢石

1 嘉那嘛呢游客到访中心

名称	地点	主要技术指标	设计时间	设计单位
嘉那嘛呢游客到访中心	青海玉树	建筑面积1146.7m²	2010	清华大学建筑设计研究院有限公司

嘉那嘛呢游客到访中心将现代建造技术和藏族传统建造工艺相结合，回收地震建材，并运用当地的主要采暖方式"牛粪炉"作为冬季采暖措施。外墙全部使用了当地石材和灾后倒塌房屋的废料，除进行必要的现代化防腐处理外，尽量保持其风土原貌；此外，设计团队还特别设计了一个可以"容错"的构造系统，尽量展现材料的表现力和手工痕迹

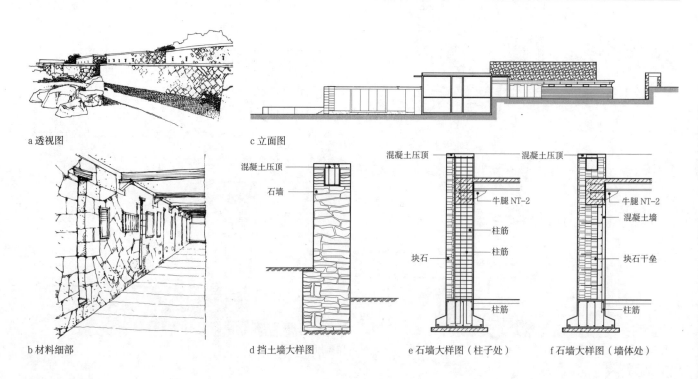

a 透视图

c 立面图

b 材料细部

d 挡土墙大样图

e 石墙大样图（柱子处）

f 石墙大样图（墙体处）

混凝土压顶

石墙

混凝土压顶

牛腿 NT-2

柱筋

柱筋

块石

柱筋

混凝土压顶

牛腿 NT-2

混凝土墙

块石干垒

柱筋

2 天台博物馆

名称	地点	主要技术指标	设计时间	设计单位
天台博物馆	浙江台州	建筑面积5900m²	2004	北京壹方建筑有限责任公司

天台博物馆采用当地的石材和灰砖作为围护结构，石材的砌法借鉴了国清寺及当地的传统做法。不同地方的墙体处理方式不同，普通墙体每隔400mm用钢筋拉结石材；柱子的石材通过墙体钢筋与建筑主体进行拉结。由于石材尺寸较大，采用干垒和混凝土压顶的做法

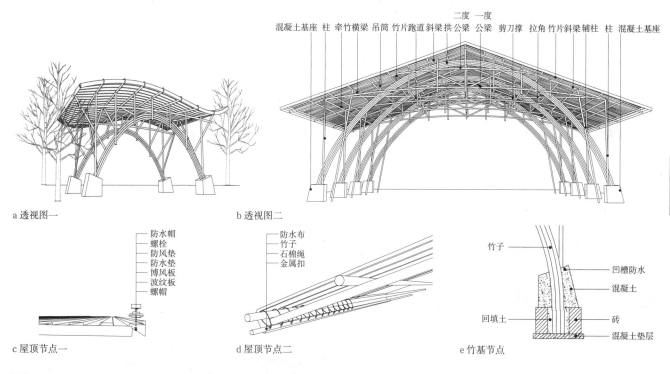

二度 一度
混凝土基座 柱 牵竹横梁 吊筒 竹片跑道 斜梁拱公梁 公梁 剪刀撑 拉角 竹片斜梁辅柱 柱 混凝土基座

a 透视图一　　　　　　　　b 透视图二

防水帽
螺栓
防风垫
防水垫
博风板
波纹板
螺帽

c 屋顶节点一

防水布
竹子
石棉绳
金属扣

d 屋顶节点二

竹子
凹槽防水
混凝土
回填土
砖
混凝土垫层

e 竹基节点

① 长沙铜官镇彩陶源村村委会竹茶亭

名称	地点	主要技术指标	设计时间	设计单位	
长沙铜官镇彩陶源村村委会竹茶亭	湖南长沙	建筑面积50m²	2013	湖南大学建筑学院	长沙铜官镇彩陶源村村委会的竹茶亭，保持了拱形大跨竹建筑的结构体系。竹杆件连接方式部分保持铁钉的定位、铁丝绑扎的方法，但辅以防锈、防腐措施，并以石棉绳绑扎。檐口以两根半竹包裹，再以防水布覆盖，使得檐部圆润饱满。建筑采用当地竹材，借鉴了既有的建造形式，外观亲切朴实

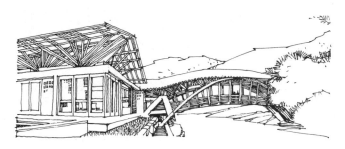

a 透视图一

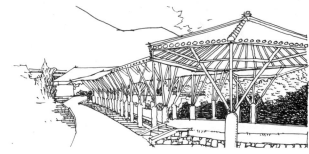

c 中心客房区外立面

b 透视图二

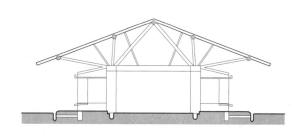

d 入口接待处剖面图

② 南昆山十字水社区

名称	地点	主要技术指标	设计时间	设计单位	
南昆山十字水社区	广东惠州	建筑面积8000m²	2003	EDSA(美国)、Paul Pholeros(澳大利亚)、Simon Velez(哥伦比亚)	南昆山十字水社区度假村内的景观建筑，均为竹结构，局部木柱，覆盖回收瓦。竹桥的桥墩为钢筋混凝土结构，桥体为竹结构，桥板、柱、拱及屋架共同受力。竹子、木头的节点是受力的，而且钢筋也直接作为扶手和栏杆使用

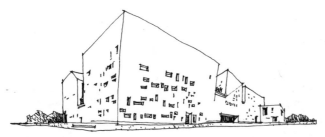

a 透视图

c 立面图

b 材料细节图

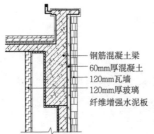

钢筋混凝土梁
60mm厚混凝土
120mm瓦墙
120mm厚玻璃
纤维增强水泥板

d 墙身大样节点一

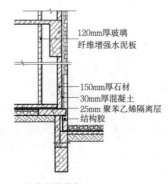

120mm厚玻璃
纤维增强水泥板

150mm厚石材
30mm厚混凝土
25mm 聚苯乙烯隔离层
结构胶

e 墙身大样节点二

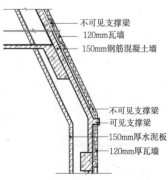

不可见支撑梁
120mm瓦墙
150mm钢筋混凝土墙

不可见支撑梁
可见支撑梁
150mm厚水泥墙
120mm厚瓦墙

f 墙身大样节点三

1 宁波博物馆

名称	地点	主要技术指标	设计时间	设计单位	宁波博物馆的外立面，用周围拆迁工地上搜集来的碎砖瓦建造而成"瓦片墙"。"瓦片墙"材料包括青砖、龙骨砖、瓦片、缸片等，大多是宁波旧城改造时及留下的明清以来的旧物。清水混凝土墙体采用毛竹这种特殊模板制成，利用了毛竹板随意开裂的肌理效果
宁波博物馆	浙江宁波	建筑面积30000m²	2005	业余建筑工作室	

a 透视图

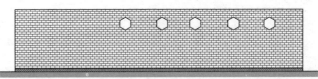

b 西立面图

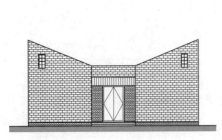

c 南立面图

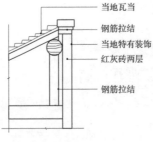

当地瓦当
钢筋拉结
当地特有装饰
红灰砖两层
钢筋拉结

d 梁与墙连接详图

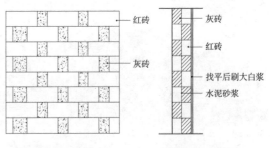

红砖
灰砖

灰砖
红砖
找平后刷大白浆
水泥砂浆

e 外墙砖分割立面图 　　f 外墙砖分割剖面图

2 蓝田井宇

名称	地点	主要技术指标	设计时间	设计单位	"井宇"以关中乡间民居为基本蓝本。墙体采用当地青砖与现代红砖混杂砌筑的方式，展现了一种传统与现代交融的建筑意象
蓝田井宇	陕西西安	建筑面积450.16m²	2004	马达思班建筑设计事务所	

诠释地域文化的类型学方法

地域主义类型学的设计方法是在地方传统中抽取"原型"，通过类比推理、变形组合、简化还原等方法进行建筑创作，在功能和构造上满足现代的标准与需求，对地域建筑赋予新的意义并重新诠释。

诠释地域文化的类型学方法示例　　　　　　　　表1

设计原型		设计手法
"城市—建筑"的类型学方法	城市地景特征	利用或模仿建筑所在滨水、山地等地景特征，将建筑以错落组合等方式融入环境
	城市产业特征	运用建筑所处产业环境特有的形态符号、材质、构造做法等延续原有产业文脉
	城市人文特征	根据城市历史人文特征采用延续城市肌理、建筑形制和色彩等方法
"民居—建筑"的类型学方法	合院原型	将建筑围绕场地布局，形成封闭或半封闭的院落，并结合地方性植物的培育
	天井原型	通常在南方的建筑内开设小型露天空间，满足采光、通风和交往等复合功能
	聚落原型	结合地形布置建筑，通过非规则的街巷空间和统一的建筑面貌营造类似聚落的形态
"园林—建筑"的类型学方法	园林叠石手法	借鉴山石几何形态有机组合建筑体块，增加空间趣味和层次感
	游廊空间手法	廊作为建筑动线穿插曲折布置，形成人与空间的互动交流
	庭园理水手法	建筑中通过设置水池、水道和跌落的瀑布水景等手法，达到优化环境的多重效果

体现城市产业特征

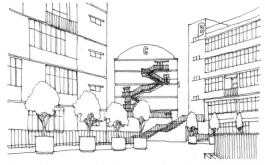

四川美院新校区艺术系馆层叠的建筑空间和工业区特有的建筑材料、质感都与城市产业特征吻合。

１　四川美术学院新校区设计艺术馆

体现城市人文特征

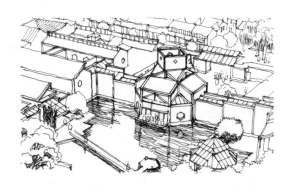

博物馆为了与苏州老城区协调统一，采用轴线、院落布局以及贴合环境的设计手法，使江南水乡传统人文文化得以体现。

２　苏州博物馆

天井原型

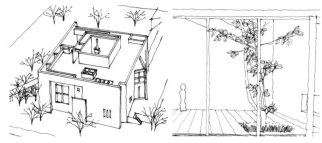

a 工作室模型　　　　　　b 从工作室看天井院

该设计中间为天井，人们通过天井感受四季的变化，意在体现天井的精神作用。

３　成都何多苓工作室

聚落原型

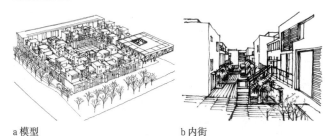

a 模型　　　　　　b 内街

建筑单体通过聚落的方式进行布置，形成街道和大院空间，建成一个艺术聚落，容纳艺术创作和生活。

４　中间建筑·艺术家工坊

园林叠石手法

a 混凝土太湖房立于石砌高台之上　　　b 太湖房立在狭窄的天井之中

源于拙政园一座太湖石小假山的灵感，在象山校园山南二期工程各不相同的环境中建造了十几个太湖房。

５　中国美术学院象山校园山南二期

游廊空间手法

a 游廊外的合院空间　　　　　　b 丰富的游廊空间

武夷山庄呈分散布局，以游廊错落、水面穿插的手法围合内院，促进了建筑与环境的室内外交融互补。

６　福建武夷山庄

强调地域氛围的知觉体验

　　丰富的知觉体验是超越单一的视觉机制，深入挖掘地域场所氛围，捕捉人们在生活中微妙的情绪与感受，唤醒对包括空间尺度、光影气氛以及材料的肌理和质感等感知来取得更全面的知觉体验。

知觉体验的不同设计手法　　　　　　　　　　　　　　表1

知觉的体验	设计手法	典型实例
视觉的体验	运用中国园林中对景、框景、借景等手法塑造移步易景的传统视觉体验	苏州大学文正学院图书馆 北京柿子林会馆
触觉的体验	通过地方材料天然与人工的表面肌理和建筑细部构造引发触觉体验	华盛顿越战纪念碑 蓝田父亲住宅
嗅觉的体验	在设计中加入自然界和生活中熟悉的气味，强化人对建筑环境的感知	杭州中国美院象山校区 沈阳建筑大学
身体的体验	迂回、起伏、收放的叙事空间设计，强化人对方位的感知和空间的记忆	青城山石头院 天津大学冯骥才文学艺术研究院
听觉的体验	巧妙运用声音的叠加、扩散、聚集、衍射等现象或某种特殊音色的声音	玉树州地震遗址纪念馆
光与影的体验	建筑凹凸和洞口开设可以控制室外光影和室内明暗，塑造更丰富的空间	北京清水会馆 北京庐师山庄住宅A+B

视觉的体验

a 图书馆的矩形主体

b 控制视觉尺度的建筑要素

图书馆借鉴苏州传统园林艺圃的设计手法，以视觉上小尺度对景要素来削弱主体建筑的体量感。

① 苏州大学文正学院图书馆

触觉的体验

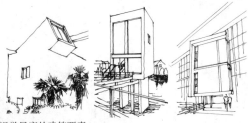

黑色大理石纪念墙上刻着五万多个死去士兵的姓名，悼念者可以面对镜面般的墙壁，近距离触摸上面的名字来传递对逝者的追思。

② 华盛顿越战退伍军人纪念墙

嗅觉的体验

a 油菜花景观一　　　　　　　b 油菜花景观二

初春时校园中油菜花香在空间环境的营造中起到微妙的调和作用。

③ 中国美院象山校区的植物景观

身体的体验

a 总平面图　　　　　　　　b 石头墙夹缝形成的窄巷空间

石头院由多个院落组成，石头墙夹缝形成的窄巷空间各不一样，穿行于整栋建筑仿佛是行走在小村落中，体验不同街院空间的多样组合。

④ 青城山石头院

听觉的体验

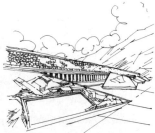

a 转经筒作为外墙立面元素　　　b 建筑与场地的关系

转动外墙的转经筒，悠远的声音唤起人们内心的共鸣。把灾难带来的悲怆转化为对生命的祈福，抚慰灾难带来的伤痛。

⑤ 玉树州地震遗址纪念馆

光与影的体验

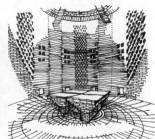

a 建筑中丰富的光影运用　　　b 建筑内部空间丰富的光影体验

清水会馆运用几何形穿插，转角、屋顶和踢脚等部位布置条状或点状采光口，营造出静谧而丰富的光影氛围。

⑥ 北京清水会馆

地域语言释义

地域语言是指在一定的地域环境中，建筑或城市所呈现的典型识别元素。地域语言在于提炼，它们通常隐含在地域的文化符号、建筑性格、生活方式以及人们的自然观中。地域语言有显性语言和隐性语言之分。

建筑创作中提炼地域语言的两个层次　　　　　　　　表1

层次	具体表现	典型实例
显性语言层次	从文化符号中提炼	新疆大巴扎 苏州博物馆
	从建筑性格中提炼	内蒙古盛乐博物馆 侯赛因—多西画廊
隐性语言层次	从生活方式中提炼	成都西村大院 印度斋浦尔文化中心
	从自然观中提炼	印度中央邦新议会大厦 孟加拉国达卡国民议会厅

从文化符号中提炼

传统地域性建筑在文化的作用下常常形成独特的语言符号。将这些形式符号进行提炼，运用到新建筑中，起到形似的视觉效果并达到文化归属的作用。

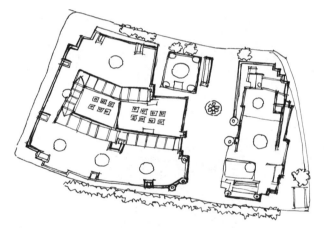

a 总平面图

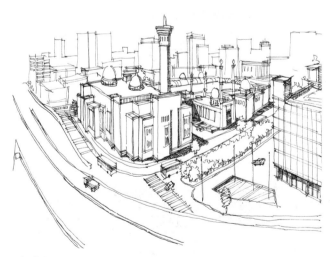

b 鸟瞰图

新疆大巴扎从地域传统的砖砌建筑中提取如拱、花墙、图样等形式语言，传达出识别性很强的地域风格特征。

　1　新疆大巴扎

从建筑性格中提炼

地域性建筑长期受到在地气候、地貌和文化习俗等影响，形成某些共性的形态特征，如轻盈、厚重、开放、封闭等，对这些特征的现代传承也是地域性建筑语言运用的重要方面。

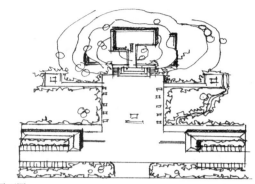

a 总平面图

b 透视图

内蒙古盛乐博物馆表现的厚重特征，源自地域建筑长期受寒冷气候影响的共性形态特征。

　2　内蒙古盛乐博物馆

从生活方式中提炼

人的生活方式会投射到建筑空间中形成某种隐性的组织模式，将这种组织模式进行提炼融入新建筑的创作，达到从原型上传承地域语言的效果。

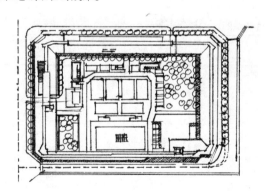

a 总平面图

b 透视图

成都西村大院将城市普通居民日常生活所需的各类设施及场景融入大院的设计中，形成基于生活的丰富空间形态。

　3　成都西村大院

从自然观中提炼

世界上许多民族在认识自然的过程中形成了自己的一套认知框架，由此建立起来的自然观常常表现为一些特定的抽象图式。不同文化圈蕴含的自然观模式在建筑中诠释的也不尽相同。

不同文化的自然观模式原型建筑及其典型实例			表1
	基督教文化	中国文化	佛教文化
主要自然观模式	垂直模式	水平模式	水平垂直多向对称
原型建筑	所罗门圣殿	上古明堂	窣堵坡
衍生建筑 古代举例	欧洲基督教堂	北京明清故宫	藏传佛教都纲法式
衍生建筑 当代举例	美国肯尼迪纪念馆	中国南京中山陵	印度中央邦新议会大厦

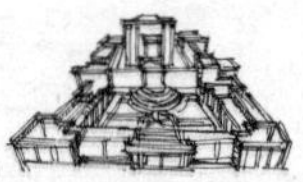

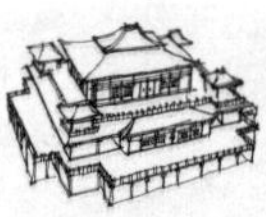

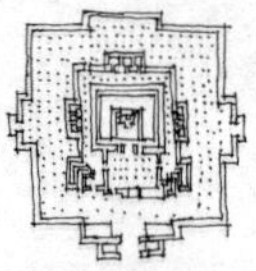

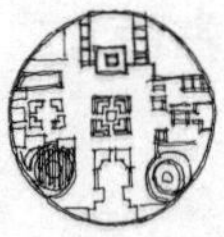

表现自然观的设计技巧主要分类			表2
分类	"原型"建筑所蕴含内容	主要设计手法	典型实例
1	可见之"形"——"原型"建筑固有模式	传统宇宙图式的现代还原	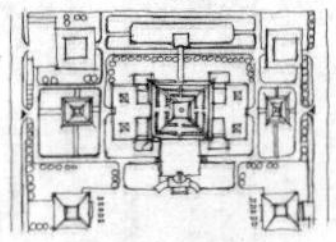  河南博物馆
2	不可见之"意"——崇高感和纪念性	具备内省精神特质的空间	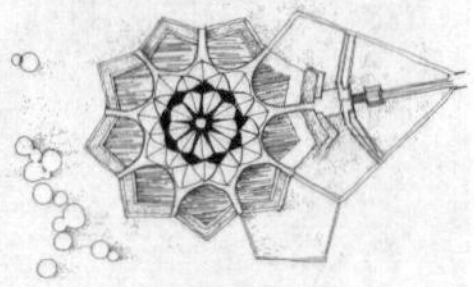  印度莲花寺

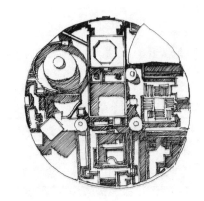

a 总平面图

b 立面图

印度中央邦新议会大厦在平面布局中以"曼荼罗"作为序列空间的组合图式，由内而外，由外而内，在建筑形式与使用者之间建立一种共鸣，隐喻宇宙的组织，代表了古代印度的宇宙观。

1 印度中央邦新议会大厦

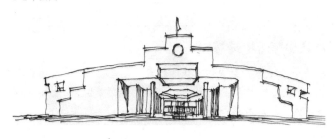

a 总平面图

b 透视图

孟加拉国达卡国民议会厅的建筑构成均为直观的柏拉图图形，基本形单纯，尺度夸张，尤其经过自然光的雕琢之后，具有强烈的纪念性和内省的精神特质。

2 孟加拉国达卡国民议会厅

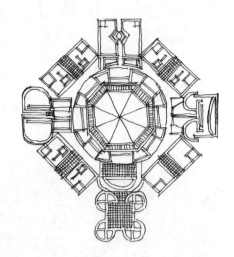

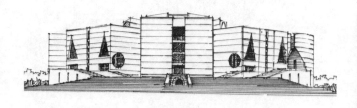

场所精神的定义

"场所"在某种意义上，是一个人记忆的一种物体化和空间化，"场所精神"就是场所的特性和意义。场所不仅仅适合一种特别的用途，其结构也并非固定永恒的，它在一段时期内对特定的群体保持其方向感和认同感。场所精神涉及人的身心两个方面——定向和认同。

建筑创作中演绎场所精神的三个层次　　　　　　　　　　表1

与场所精神的 关联层次	主要设计手法	典型实例
具象演绎	对传统元素进行简化、重组或变形，或运用移植、拼贴等手法	北羌族自治县文化中心 日本京都会堂 陕西历史博物馆
抽象演绎	在建筑形式和空间中寻求场所精神的共鸣	甲午海战纪念馆 雨花台烈士纪念馆 法国巴黎阿拉伯世界文化中心
意象演绎	从哲学意义上探索现象与本质的还原，反映场所中生活的人们的文化认同感	索克生物研究中心 光之教堂 吉巴欧文化艺术中心

与场所精神的具象演绎

具象演绎从现有场所中直接发展建筑语言，以直接的方式传达对地域文化的认同。

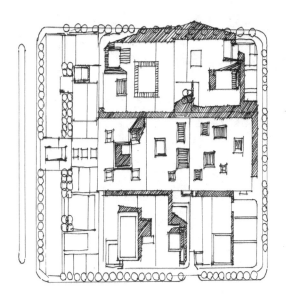

a 总平面图

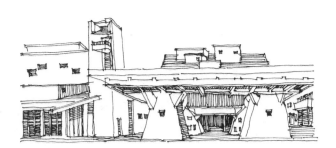

b 透视图

北羌族自治县文化中心通过将地域传统建筑语言适度变形，融进设计中，达到了演绎地域精神的效果。

① 北羌族自治县文化中心

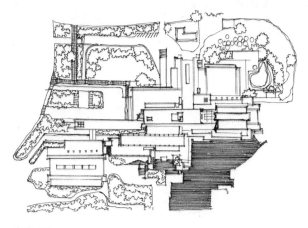

a 总平面图

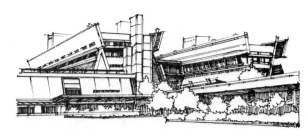

b 透视图

日本京都会堂用现代材料钢筋混凝土简化了传统木结构语言，达到了既有地域精神又有一定时代特征的效果。

② 日本京都会堂

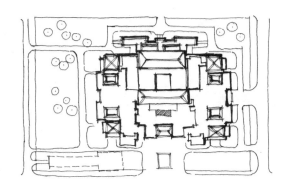

a 总平面图

b 鸟瞰图

陕西历史博物馆直接运用中国传统建筑的基本形制，以及屋顶、柱廊、台基等形式语言来表达特定地域的场所精神。

③ 陕西历史博物馆

2
地域性
建筑

场所精神的抽象演绎

通过分析建筑空间的组织、形式与气候、地形和材料等的内在关系，找出其中包含的形式关系和一般原理应用于设计中。着重从具体的建筑形式和空间中寻求对"风格"的认同。

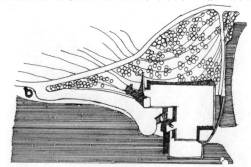

a 总平面图

b 透视图

甲午海战馆挖掘了海战的形式语言，并与基地特征相结合抽象地表现了建筑的场所精神。

1 甲午海战纪念馆

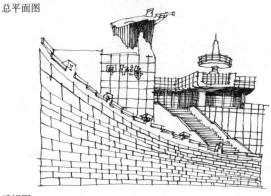

a 总平面图

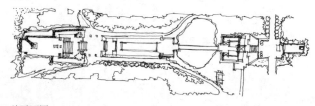

b 鸟瞰图

雨花台烈士纪念馆运用轴线强化主体建筑的中心地位与环境特征有机结合，抽象地表现了群体建筑的场所精神。

2 雨花台烈士纪念馆

场所精神的意象演绎

在具象演绎和抽象演绎之上，探索现象与本质的还原。这种演绎关注"建筑—基地—人"三者之间的内在机制，寻求某种风格所依附的结构框架和意义体系，以及所反映的与生活在这些场所中人们一致的文化认同感，然后借助于建筑空间将这种场所精神形象化。

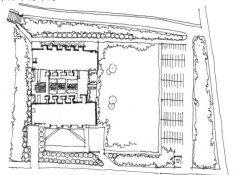

a 总平面图

b 透视图

索克生物研究中心用简明的界面围合，形成具有强烈指向性的精神空间意象。

3 索克生物研究中心

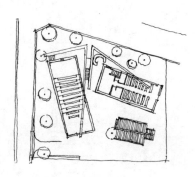

a 平面图

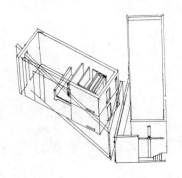

b 轴测图

光之教堂的建筑构成极其简单、朴实，运用光的变化，着力表现和强调抽象的自然、空间的纯粹性和洗练诚实的品质，进而唤起人们一种静谧的"庄严感"，诠释一种场所的精神意象。

4 光之教堂

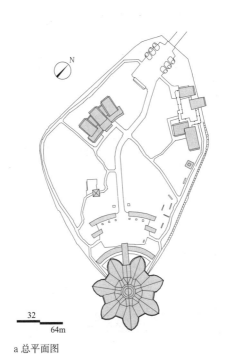

a 总平面图

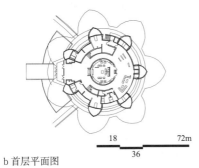

b 首层平面图

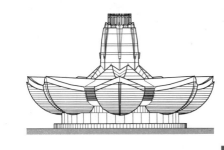

c 立面图

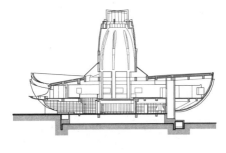

d 剖面图

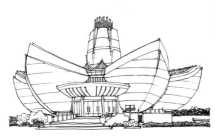

e 透视图

① 李叔同（弘一大师）纪念馆

名称	地点	主要技术指标	设计时间	设计单位	弘一大师纪念馆由3组建筑组成。沿公园入口主通道依次布置了管理用房、叔同书画馆和弘一大师纪念馆。鉴于弘一大师特定的佛教文化背景，建筑采用莲花造型，坐落于水面。"水上清莲"的造型使公园能尽量多地保留树林，并使其与建筑相互映射
李叔同（弘一大师）纪念馆	浙江平湖	建筑面积2800m²	2001	中联筑境建筑设计有限公司	

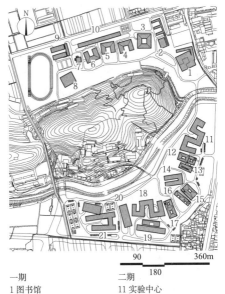

一期
1 图书馆
2 6、9 学院教学楼及工作室
7 管理办公及艺术工作室
8 小体育馆   10 美术馆

二期
11 实验中心
12~19 学院教学楼及工作室
20 小体育馆
21 宿舍

a 总平面图

b 透视图一

c 透视图二

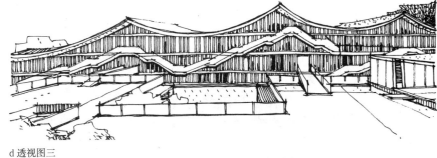

d 透视图三

② 中国美院象山校区

名称	地点	主要技术指标	设计时间	设计单位	中国美院象山校区建筑，将灰瓦白墙的建筑材料与当代教育建筑的内涵结合，用洒脱不羁的空间营造方式，建构了一处饱含当代气息、兼顾传统水墨意蕴的现代园林
中国美院象山校区	浙江杭州	建筑面积143000m²	2006	业余建筑工作室	

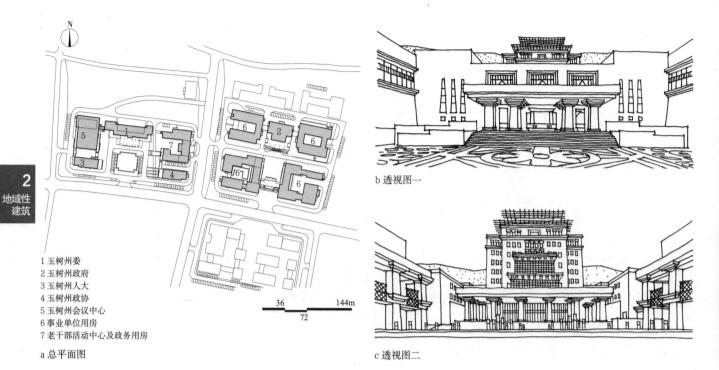

1 玉树州委
2 玉树州政府
3 玉树州人大
4 玉树州政协
5 玉树州会议中心
6 事业单位用房
7 老干部活动中心及政务用房

a 总平面图

b 透视图一

c 透视图二

1 玉树州行政中心

名称	地点	主要技术指标	设计时间	设计单位	玉树州行政中心结合自然环境，通过传统藏式特色的建筑和围廊形成院落空间。建筑主要通过小体量建筑的层叠组合，构筑自然生长的意象，创造出宁静和谐的氛围
玉树州行政中心	青海玉树	建筑面积72638m²	2011	清华大学建筑设计研究院有限公司	

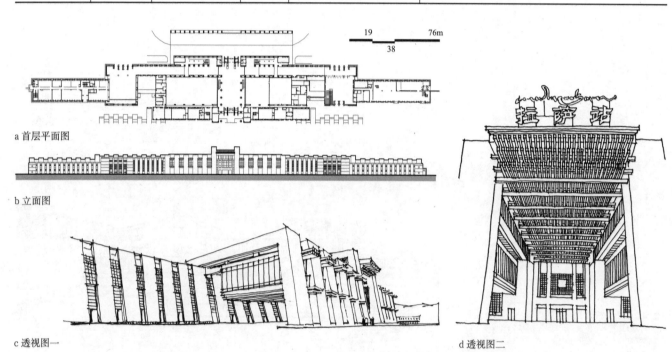

a 首层平面图

b 立面图

c 透视图一

d 透视图二

2 西藏自治区拉萨火车站

名称	地点	主要技术指标	设计时间	设计单位	西藏自治区拉萨火车站从外立面设计到内部装修都采用了白、红、黄三种传统藏式建筑的装饰色彩。车站设计为2层。整个站房的建筑形态既渗透着藏式传统建筑主要元素，又体现着现代化建筑的风格。车站外观和站内的各种设施的颜色、花纹处处洋溢着浓厚的藏民族风情
西藏自治区拉萨火车站	西藏拉萨	建筑面积23697m²	2004	中国建筑设计院有限公司	

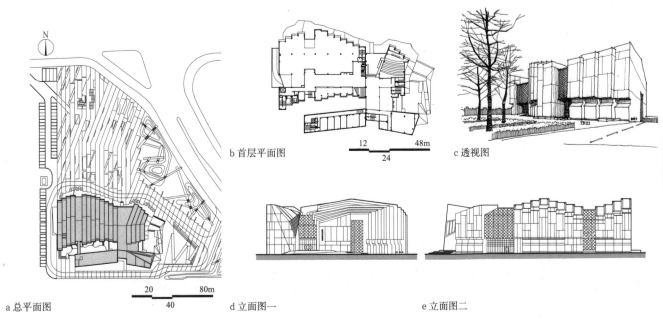

a 总平面图

b 首层平面图

c 透视图

d 立面图一

e 立面图二

［1］ 张家界博物馆

名称	地点	主要技术指标	设计时间	设计单位	张家界博物馆设计源于对张家界鬼斧神工奇异山景的当代"分形"，体现了人居与山形的双重译码。建筑体量的组合关系依循了自然山峦的地景，营造出特定的地域空间气息
张家界博物馆	湖南张家界	建筑面积16442m²	2009	湖南大学建筑学院	

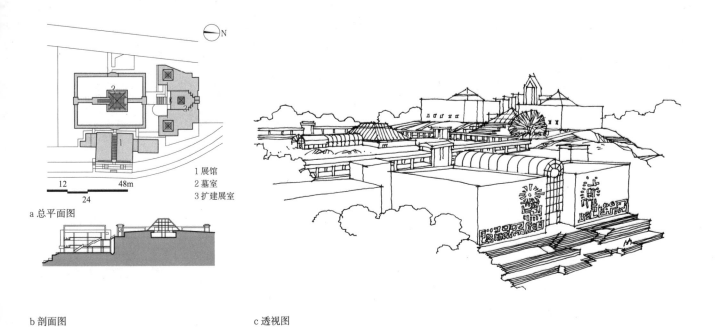

1 展馆
2 墓室
3 扩建展室

a 总平面图

b 剖面图

c 透视图

［2］ 西汉南越王墓博物馆

名称	地点	主要技术指标	设计时间	设计单位	西汉南越王墓博物馆运用现代主义的手法，又结合地方特点，传译了两千多年前的历史文化内涵，寓传统于创新之中
西汉南越王墓博物馆	广东广州	建筑面积9668m²	1990	华南理工大学建筑设计研究院	

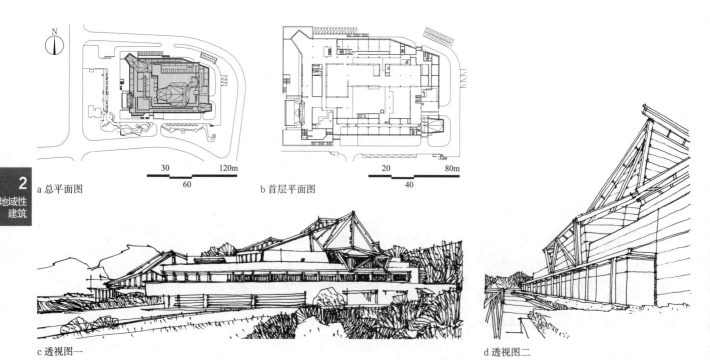

a 总平面图

b 首层平面图

c 透视图一

d 透视图二

1 浙江美术馆

名称	地点	主要技术指标	设计时间	设计单位	浙江美术馆依山形展开,向湖面层层跌落。整个建筑深具水墨画和书法的审美趣味,不乏现代美术的动态和敏感。传统的规范和精神,加上了现代的抽象与变形,实现了古典与现代的细腻对话,人工与天巧的完美结合。屋顶采用深色亚光金属材料,现代而又不失传统韵味。典雅的造型、饱满的轮廓,再勾以精劲的线条,在似与不似之间引喻了传统的建筑形式
浙江美术馆	浙江杭州	建筑面积31550m²	2004	中联筑境建筑设计有限公司	

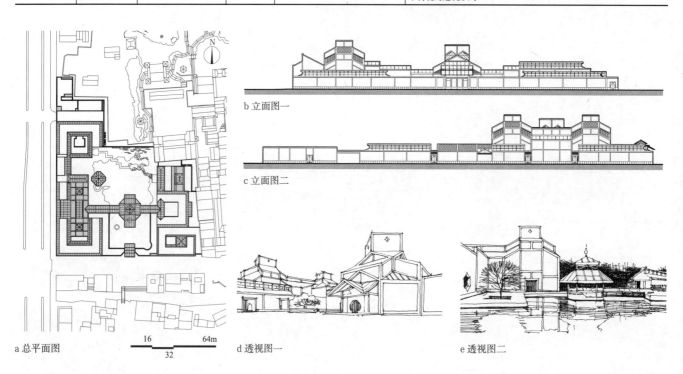

a 总平面图

b 立面图一

c 立面图二

d 透视图一

e 透视图二

2 苏州博物馆

名称	地点	主要技术指标	设计时间	设计单位	苏州博物馆的整体布局,使新馆巧妙地借助水面,与紧邻的拙政园、忠王府融会贯通,成为其建筑风格的延伸。新馆建筑群与原有拙政园的建筑环境既浑然一体,相互借景、相互辉映,符合历史建筑环境要求,又有其本身的独立性,以中轴线及园林、庭园空间将两者结合起来,无论空间布局和城市肌理都恰到好处
苏州博物馆	江苏苏州	建筑面积17000m²	2002	贝氏建筑事务所	

城乡环境无障碍建设的目的是保障全社会所有公民权利，创造更加人性化，更安全、方便、舒适的良好环境。涉及对象包括老年人、残障者，以及婴幼儿、伤病人、孕妇等弱势群体，因而无障碍设计不只局限于长期行动有障碍的这一特定群体。

残障者的类型包括：视力障碍、听力障碍、言语障碍、肢体障碍、智力障碍、精神障碍、多重障碍，共7类。

本专题主要以行动障碍者（下肢障碍）和视力障碍者的无障碍设计作为主要阐述范围，适用于《无障碍设计规范》GB 50763中所涉及的范畴。

中国百年老年人口发展、预测❶   表1

年份	总人口（亿）	60岁以上		80岁以上		平均寿命
		人数（亿）	比例	人数（亿）	比例	
1950	5.52	0.40	7.2%	0.02	0.4%	41.0
1990	11.31	0.97	8.6%	0.08	0.7%	69.2
2010	13.65	1.68	12.3%	0.19	1.4%	73.0
2015	14.10	2.09	14.8%	0.24	1.7%	74.0
2020	14.40	2.40	16.7%	0.31	2.2%	75.0
2025	14.70	2.88	19.6%	0.38	2.6%	76.0
2030	14.85	3.50	23.5%	0.46	3.1%	77.0
2040	15.00	4.05	27.0%	0.74	4.9%	78.0
2050	14.80	4.36	29.5%	1.10	7.4%	80.0

注：本表数据不含中国台湾、香港、澳门和金澎、马祖岛屿地区的人口。

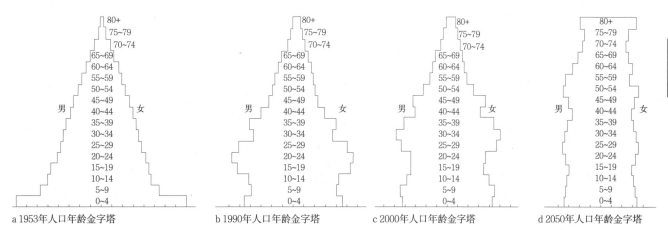

a 1953年人口年龄金字塔 b 1990年人口年龄金字塔 c 2000年人口年龄金字塔 d 2050年人口年龄金字塔

1 中国人口年龄金字塔

2006年第二次全国残疾人抽样调查——各地区分性别、类别的残疾人数量   表2

地区	视力障碍			听力障碍			言语障碍			肢体障碍			智力障碍			精神障碍			多重障碍		
	小计	男	女	小计	男	女	小计	男	女	小计	男	女	小计	男	女	小计	男	女	小计	男	女
北京	325	132	193	1100	617	483	31	20	11	1725	839	886	243	148	95	347	146	201	1081	501	580
天津	451	181	270	832	467	363	58	39	19	1519	866	653	303	180	123	252	107	145	543	290	253
河北	788	300	488	1827	1005	822	112	72	40	2427	1297	1130	586	324	262	513	198	315	1276	614	662
山西	466	168	298	957	534	423	84	55	29	1717	966	751	254	139	115	261	115	146	789	375	414
内蒙古	580	252	328	730	416	314	83	48	35	1613	915	698	323	188	135	372	150	222	471	284	187
辽宁	622	254	368	767	423	344	74	44	30	1656	961	695	293	166	127	411	163	248	630	339	291
吉林	766	319	447	1204	701	503	82	54	28	1823	1035	788	339	187	152	378	147	231	778	420	358
黑龙江	528	242	286	659	386	273	55	38	17	1688	1010	678	294	181	113	252	107	145	552	315	237
上海	655	228	427	1077	549	528	46	31	15	1131	579	552	269	134	135	314	149	165	418	177	241
江苏	1006	365	641	2042	1075	967	67	41	26	1626	867	759	525	280	245	541	232	309	985	430	555
浙江	822	309	513	2026	1108	952	64	40	24	1373	727	646	387	211	176	509	237	272	848	396	452
安徽	1213	469	744	1408	780	628	90	48	42	1616	876	740	470	231	239	498	211	287	862	404	458
福建	718	279	439	1239	626	613	54	31	23	1008	565	443	386	213	173	330	174	156	732	354	378
江西	825	323	552	1197	679	518	90	61	29	1599	903	696	469	249	220	367	164	203	713	375	338
山东	927	347	580	2064	1145	919	91	55	36	2609	1443	1166	420	243	177	501	202	299	1233	617	616
河南	1376	519	857	2131	1174	967	143	86	57	2840	1615	1225	562	305	257	645	247	398	1691	803	888
湖北	1142	496	646	1475	791	684	106	67	39	1881	1094	787	612	348	264	541	248	293	992	503	489
湖南	1076	506	570	1575	880	695	89	57	32	2121	1285	836	469	261	208	447	206	241	967	476	491
广东	1026	358	668	1854	979	875	157	119	38	1656	858	798	371	214	157	715	394	321	1576	786	790
广西	911	352	559	1467	821	646	68	48	20	1425	759	666	324	178	146	304	171	133	1338	563	775
海南	336	118	218	512	297	215	33	20	13	704	345	359	176	90	86	142	83	59	548	228	320
重庆	859	404	455	908	539	369	98	64	34	1696	976	720	401	218	183	482	219	263	546	269	227
四川	1856	781	1075	2256	1252	1004	126	72	54	2352	1308	1044	623	338	285	786	353	433	1517	754	763
贵州	656	289	367	1405	783	622	95	55	40	1350	806	544	271	147	124	311	190	121	752	410	342
云南	1055	467	588	1225	703	522	111	74	37	1400	820	580	213	119	94	410	245	165	1145	574	571
西藏	326	128	198	372	183	189	42	23	19	457	234	223	35	20	15	58	20	38	291	131	160
陕西	580	211	369	1574	861	713	62	40	22	1180	689	491	330	198	132	339	168	171	848	426	422
甘肃	764	323	441	896	519	377	140	85	55	1423	811	612	369	206	163	304	136	168	661	333	328
青海	764	323	441	896	519	377	30	14	16	464	235	229	92	44	48	73	40	33	302	129	173
宁夏	512	230	282	612	386	226	63	39	24	1028	523	505	257	139	118	183	77	106	478	239	239
新疆	347	183	164	499	270	229	66	38	28	936	530	408	178	107	71	204	90	114	517	274	243
合计	23840	9652	14188	38370	21191	17179	2510	1578	932	48045	26737	21308	10844	6006	4838	11790	5389	6401	26080	12789	13291

注：本表数据不含中国台湾、香港、澳门和金澎、马祖岛屿地区的人口数据。

❶ 李宝库主编. 跨世纪的中国民政事业·中国老龄事业卷：1982-2002. 北京：中国社会出版社，2002.

环境障碍与设计对策
表1

人员类别		行动特征	环境障碍	设计对策
视力障碍者	全盲者	1.不能利用视觉信息定向、定位所从事的活动，需借助其他感官了解环境并行动； 2.需借助盲杖行进，行动速度缓慢，在生疏环境中易产生意外损伤	1.复杂地形地貌缺乏向导措施，人行空间内有意外突出物； 2.旋转门、弹簧门； 3.拉出式开关；位置变化的电器插座； 4.只有单侧扶手或扶手不连贯的楼梯、走道； 5.模糊的盲道提示地块；不合理的盲道设置； 6.不完善的其他感官信息系统	1.简化行动线，布局平直； 2.人行空间内无意外变动及突出物； 3.强化听觉、嗅觉和触觉信息环境，以利引导（如扶手设置、盲文标识、音响信号等）； 4.电器开关有安全措施，易辨别，不得采用拉线开关； 5.已习惯的环境不宜变动； 6.应考虑使用导盲犬所占用的空间
	低视力	1.形象大小、色彩反差及光照强弱直接影响视觉辨认； 2.行为动作借助其他感官功能	1.视觉标识尺寸偏小； 2.光照弱，色彩反差小； 3.光滑且反光的地面，不连贯的扶手，透明玻璃门	1.加大标识图形，加强光照，有效利用反差，强化视觉信息； 2.其余可参考全盲者的设计对策
肢体障碍者	上肢残疾	1.手活动范围小于普通人； 2.难于承担各种精巧动作，持续力差； 3.难以完成双手并用的动作	对球形门把手、对号锁、钥匙门锁、门窗插销、拉选式开关以及密排按键等均难以操作	1.设施选择应有利于减缓操作节奏，减少程序，缩小操作半径； 2.采用肘式开关，长柄把手，大号按键，以简化操作
	偏瘫者	半侧身体功能不全，兼有上下肢残疾特点，虽可拄杖独立站立，但动作总有方向性，依靠"优势侧"	1.只设单侧扶手或不易抓握扶手的楼梯； 2.卫生设施的安全抓杆与优势侧不对应； 3.地面滑面不平	1.楼梯安装双侧扶手并连贯始终； 2.抓杆与优势侧相应，或双向设置； 3.采用平整不滑的地面做法
	下肢残疾独立乘坐轮椅者	1.各项设施的高度、宽度均受轮椅尺寸约束； 2.轮椅行动快速灵活，但占用空间较大； 3.无法适应台阶和地面高差，无法使用楼梯； 4.卫生间需设安全抓杆，以利位移和安全、稳定	1.台阶、楼梯、高于15mm的门槛、路缘、路障、过长及坡度较大的坡道，地面突出物； 2.旋转门、强力弹簧门及宽度不够的门洞，深度不够的过厅； 3.非无障碍专用卫生间及其他设施； 4.阻力较大及凹凸不平、断裂的地面	1.门、走道及所行动的空间均以轮椅通行、活动为主； 2.设有适当的升降设备，台阶处设有坡道； 3.按轮椅乘用者的需要设置无障碍专用卫生间设备及有关设施； 4.公共空间预留轮椅席位及轮椅安置空间； 5.地面平整、无高差，不选用阻力大的地面材料
	下肢障碍拄拐杖者	1.攀登动作困难，水平推力差，行动缓慢，不适应常规运动节奏； 2.上下台阶或陡坡困难，易摔跤； 3.拄双拐时，行动难以使用双手； 4.拄双拐者行走时幅宽可达950mm； 5.使用卫生设备常需安全抓杆	1.级差大的台阶；有直角突出的踏步；不设踢脚板的楼梯；较高较陡的台阶及坡道；宽度不足的楼梯及门洞； 2.旋转门、强力弹簧门； 3.光滑、积水的地面；宽度大于15mm的地面缝隙和大于15mm×15mm的孔洞； 4.扶手不完备，卫生间缺乏安全抓杆	1.地面平坦、不滑、不积水、无缝隙及大孔洞； 2.尽量避免使用旋转门及弹簧门； 3.台阶、坡道及楼梯两侧设有适宜扶手； 4.卫生间设备安装安全抓杆； 5.利用电梯解决垂直交通问题； 6.各项设施安装要考虑残障者的行动特点和安全需要； 7.通行空间要满足拄双拐者所需宽度
听力及言语障碍者		1.言语交流有一定困难，但一般无行动困难； 2.在与外界交往中，常借助增音设备； 3.重听及聋者需借助视觉及振动信号	1.只有常规音响系统的环境，如一般影剧院及会堂； 2.安全报警设备、视觉信息不完善	1.改善音响信息系统，如在各类观演厅、会议厅内增设音响天线，使配备助听器者改善收音效果； 2.在安全疏散方面，配合音响信号的同时，完善同步视觉和振动报警
老年人		1.行动迟缓，应变能力差，动作幅度缩小；握力差，易疲劳，上下楼梯困难；易于摔倒； 2.色彩辨识能力衰退，方向感降低； 3.卫生间设施需设安全抓杆，以利稳定	1.级差大的台阶，较高较陡，扶手不连贯的楼梯；凹凸不平或积水的地面； 2.旋转门、强力弹簧门，卫生设施无支撑物； 3.文字小、色彩弱的标识信号	1.地面平坦、坚固、不滑、无积水，台阶、坡道及楼梯两侧设有适宜扶手，选择易操作把手，适当设置休息场所； 2.尽量避免旋转门、弹簧门和玻璃门，卫生间配备安全抓杆； 3.信息环境可参考低视力者的设计对策
伤病人、幼儿、孕妇		1.幼儿注意力分散，紧急状况识别判断迟缓； 2.孕妇行动迟缓，易于疲劳； 3.临时伤病者活动受限，行动易产生疲劳感	1.行动范围内的突起物、高差； 2.扶手不完备，卫生设施缺乏支撑物	1.活动场地不得存在突起物和高差，并设置休息场所； 2.设备设施设置防撞架，完善扶手设置（含卫生间）； 3.对临时受伤、养病者可参照肢体残障相关内容

无障碍设计实施范围与内容
表2

类型	实施范围	设施区域	设施内容	备注
城市道路	城市各级道路；城镇主要道路；步行街；旅游景点、城市景观带的周边道路	人行道	缘石坡道；盲道；轮椅坡道	设施位置不明显时，应设置无障碍标识系统
		人行道服务设施	触摸音响一体化；屏幕手语、字幕；低位服务；轮椅停留空间	
		人行横道	过街音响提示	
		人行天桥及地道	提示盲道；无障碍电梯；扶手；安全阻挡（防护设施）；盲文铭牌	
		公交车站	提示盲道；盲文站牌；语音提示	
城市广场	公共活动广场；交通集散广场	公共停车场	无障碍停车位	设施位置应设无障碍标识
		广场地面	提示盲道；轮椅坡道；无障碍电梯或升降平台	
		服务设施	低位服务；无障碍厕所；无障碍标识	
城市绿地	城市中的各类公园（包括街旁绿地）；附属绿地中开放式绿地；对公众开放的其他绿地	公园绿地，园路	无障碍停车位；低位售票口；提示盲道；无障碍出入口；轮椅坡道；护栏；轮椅席位；无障碍厕所；低位服务设施；无障碍标识信息	主要出入口、主要景区景区、无障碍游憩区的游憩设施、服务设施、公共设施、管理设施应为无障碍设施
		特殊公园绿地（见规范）	盲人植物区语音服务、盲文铭牌；低位观赏窗口	
居住区、居住建筑	道路；居住绿地；配套公共设施；居住性建筑	居住区各级道路人行道	同城市道路规定	居住区公共设施包括居委会、卫生站、健身房、物业管理、会所、社区中心、商业等建筑
		绿地出入口、游步道、休憩设施、儿童游乐场、休闲广场、健身运动场、公共厕所	提示盲道；轮椅坡道；轮椅席位；低位服务台；无障碍标识	
		公共设施、住宅及公寓、宿舍等	无障碍出入口；无障碍电梯；无障碍停车位；无障碍住房（宿舍）；无障碍厕所	
公共建筑	办公、科研、司法建筑；教育建筑；医疗康复建筑；福利及特殊服务建筑；体育建筑；文化建筑；商业服务建筑；汽车客运站；公共停车场（库）；汽车加油加气站、高速公路服务区；城市公共厕所	建筑出入口、集散厅堂（休息厅）、走道、楼梯、公共厕所、会议报告厅、教学用房等公共空间	无障碍出入口；轮椅坡道；轮椅停留空间；无障碍通道；无障碍楼梯；无障碍电梯；无障碍厕所；轮椅席位；轮椅回转空间；扶手；低位服务台（窗口）；无障碍停车位；无障碍标识	符合无障碍设计规范的一般规定
		医院挂号、收费、取药处等	文字显示器；语言广播装置；低位服务台	
		福利、特殊服务厅室等	语音提示装置	
		图书馆、文化馆、展览馆等	低位目录检索台；盲道；语音导览机；助听器；盲人阅览室	
		旅馆、宾馆、饭店等	无障碍客房；导育犬休息空间	
历史文物保护建筑	开放参观的历史名园、古建博物馆、近现代重要史迹、复建古建筑；使用中的庙宇及纪念性建筑	出入口	无障碍出入口；可拆卸坡道	设置无障碍游览路线；主要出入口、通道、停车位、出入口、厕所等设施位置应设无障碍标识
		院落	轮椅坡道；可拆卸坡道及升降平台；轮椅停留空间	
		服务设施	无障碍出入口；无障碍厕所；低位服务设施；低位柜台；轮椅席位；无障碍停车位	

人体尺度比较

行动障碍者主要是肢体伤残及感官残疾，残障者行为特征主要涉及视力障碍、肢体障碍。肢体障碍是指下肢、上肢、躯干因残缺、畸形、麻痹所致的人体运动功能障碍。下肢障碍为步行缺陷，使用拐杖、轮椅者居多，存在动作障碍，移动困难。

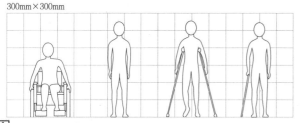

300mm×300mm

1 健全人与残障者人体尺度比较

健全人与残障者的人体尺度比较　　　　表1

类别	健全人	乘轮椅者	拄双杖者	持盲杖者
身高（mm）	1700	1200	1600	
正面宽（mm）	450	650~700	900~1200	600~1000
侧面宽（mm）	300	1100~1200	600~700	700~900
眼高（mm）	1600	1100	1500	—
平移速度（m/s）	1	1.5~2	0.7~1	0.7~1
旋转（mm）	Φ600	Φ1500	Φ1200	Φ1500
竖向高差（mm）	150~200	20以下	100~150	150~200

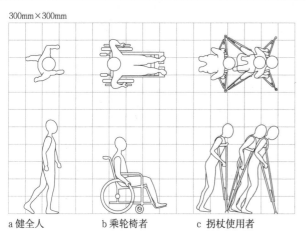

300mm×300mm

a 健全人　　　b 乘轮椅者　　　c 拐杖使用者

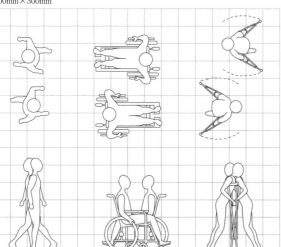

300mm×300mm

d 健全人擦身而过　　e 乘轮椅者擦身而过　　f 拐杖使用者擦身而过

2 健全人、乘轮椅者与拐杖使用者行走空间尺度❶

❶ 日本建筑学会.建筑设计资料集成.天津：天津大学出版社，2007.

手动轮椅及杖类尺寸　　　　　　　　　　　　　　　表2

残障者类型	行动方式	助行器类型	具体尺寸、范围	
肢体残障者	乘轮椅	手动四轮轮椅	空车尺寸	载人后尺寸
			长度应≤1100mm 宽度应≤650mm	长约1200mm 宽约700mm
	拄杖	单手杖 双拐杖	水平宽度	上楼梯时宽度
			约750mm 约950mm	约1200mm
视力残障者	用导盲杖	导盲杖	水平行进时宽度	导盲杖摆动幅度
			约900mm	900~1500mm

轮椅设施移动空间

以健全人尺度为参数进行的设施设计，往往不适合残障者使用，甚至给他们参与社会活动造成了障碍。因此要全方位考虑人体尺度、活动范围及其行为特征。

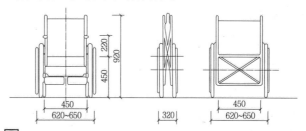

3 轮椅立面、背面及折叠图示

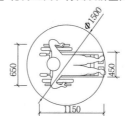

a 轮椅旋转最小直径为1500mm

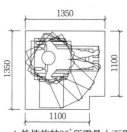

b 轮椅旋转90°所需最小面积为1350mm×1350mm

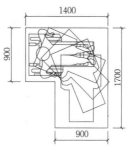

c 以两轮中央为中心直角转弯时所需最小弯道面积为1400mm×1700mm

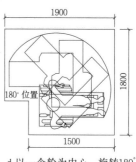

d 以一个轮为中心，旋转180°所需最小面积为1900mm×1800mm

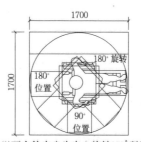

e 以两个轮中央为中心旋转180°所需最小面积为1700mm×1700mm

f 以一个轮为中心旋转360°所需最小面积为2100mm×2100mm

4 轮椅旋转及回转的最小面积

轮椅名称及参考数据

　　轮椅由许多可调节和能拆卸的部件构成。借助于轮椅，残障者、老年人和伤病人等可以在室内外相应范围内活动，也可以用于生活自理、料理家务或进行其他作业。

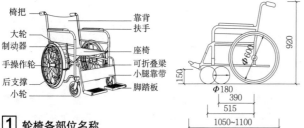

椅把
靠背
扶手
大轮
制动器
座椅
手操作轮
可折叠梁
后支撑
小腿靠带
小轮
脚踏板

1 轮椅各部位名称

乘轮椅者人体尺度

　　人体尺度及其活动范围，是城市环境系统优化与建筑空间设计的主要依据，乘轮椅者即为残障者的主要活动形式之一。

　　乘轮椅者的基本活动空间，系按照国内外通用的四轮双手推动的轮椅及一般人的尺度考虑。

　　轮椅周围的空间，除轮椅外，还应考虑乘坐者的身高、手臂和脚所占的空间。

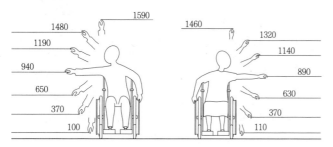

a 手臂摆动的人体尺度（男）　　b 手臂摆动的人体尺度（女）

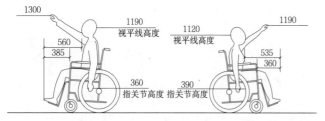

c 手臂自然下垂与抬高的人体尺度（男）　　d 手臂自然下垂与抬高的人体尺度（女）

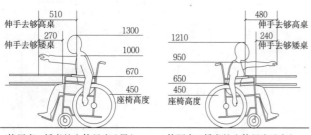

e 使用高、低桌的人体尺度（男）　　f 使用高、低桌的人体尺度（女）

2 轮椅使用者

一些国家通用轮椅参考数据（单位：mm）　　　　　　表1

数据	国别	日本	新加坡	捷克	美国	法国
标准轮椅尺寸	净长度	1040~1050	1100	1100~1200	1065	1220
	含脚长	1250	—	—	1220	1250
	净宽度	610~630	650~700	650~700	660	700
	含手宽	650	—	—	760	750
原地旋转所需空间	90°	1350×1350	1400×1400	1350×1350	—	1400×1400
	180°	1400×1700	—	1400×1700	—	1400×1900
	360°	1700×1700	—	1700×1700	—	1700×1700
移动所需空间	直行	≥800	≥800	—	≥915	—
	90°转弯	1700×1400	—	1700×1400	1525×1220	—

乘轮椅者家具功能尺寸

　　轮椅座面高度是指人坐在轮椅上，座垫压实的时候座位基准点高度（坐骨关节点），个人使用时可定制。便座、浴缸边沿、床等与轮椅转移相关的家具高度，应根据轮椅座面高度决定。

　　桌子、书桌的高度与轮椅座面高应相差27~30cm，桌子下面应不致磕碰膝盖，确保一个人的足够空间。衣柜的进深至少为60cm，高于轮椅座面80cm处可设隔板，以正面靠近为主时，应设交错推拉门。

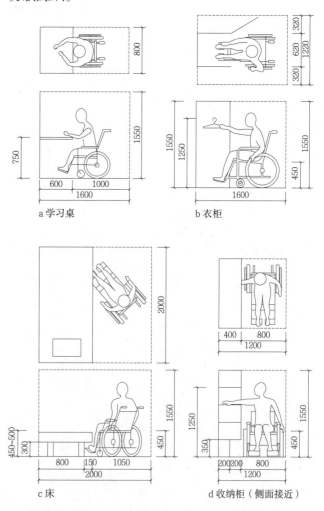

a 学习桌　　　　　　b 衣柜

c 床　　　　　　　　d 收纳柜（侧面接近）

3 乘轮椅者家具功能尺寸❶

❶ 日本建筑学会.新版简明无障碍建筑设计资料集成.北京：中国建筑工业出版社，2006：54.

乘轮椅者活动空间

300mm×300mm

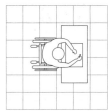

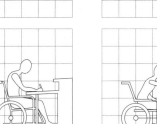
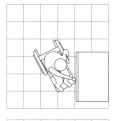

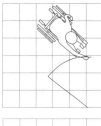

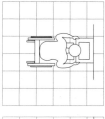

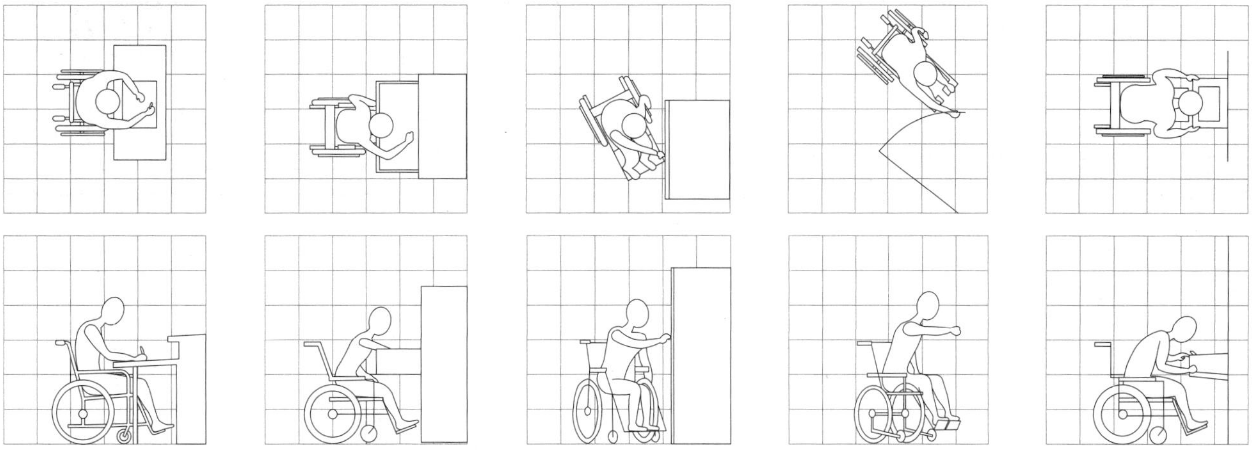

a 办理业务　　b 打开整理箱　　c 开锁　　d 开门　　e 饮水

300mm×300mm

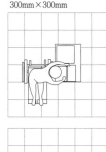
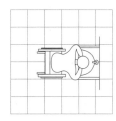
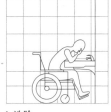
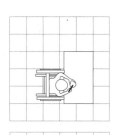

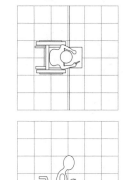

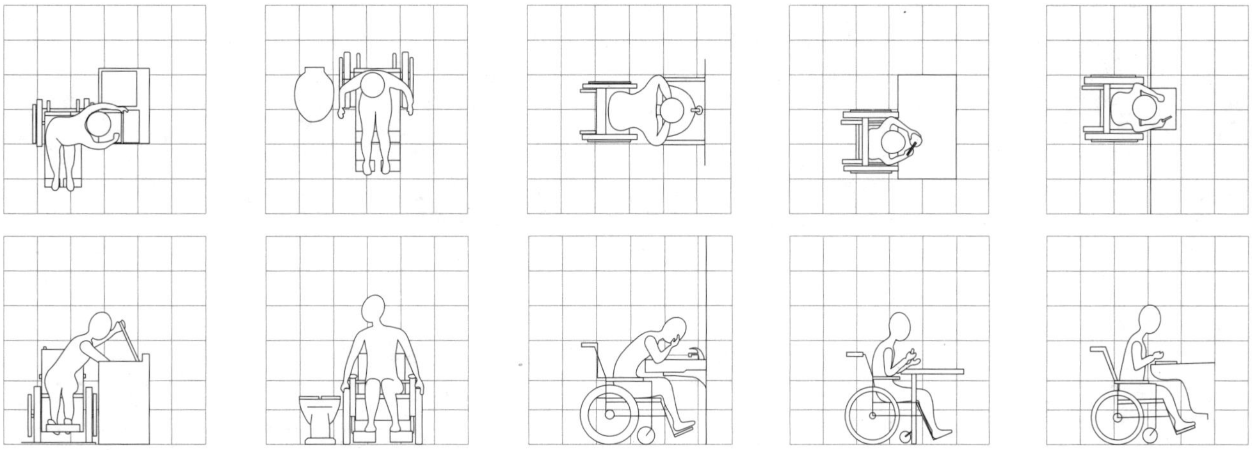

f 洗涤衣物　　g 上厕所　　h 洗脸　　i 用餐　　j 烹饪

☐1 轮椅使用者活动空间❶

拐杖使用者人体尺度

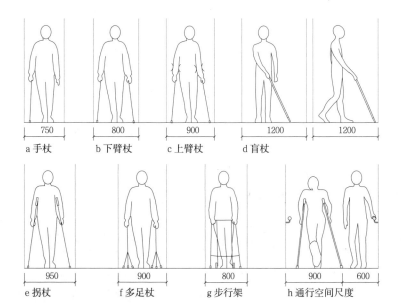

| 750 | 800 | 900 | 1200 | 1200 |

a 手杖　　b 下臂杖　　c 上臂杖　　d 盲杖

| 950 | 900 | 800 | 900 | 600 |

e 拐杖　　f 多足杖　　g 步行架　　h 通行空间尺度

☐2 拐杖使用者人体尺度

导盲犬使用者人体尺度

300mm×300mm

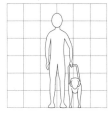
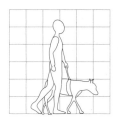
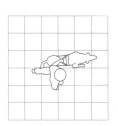

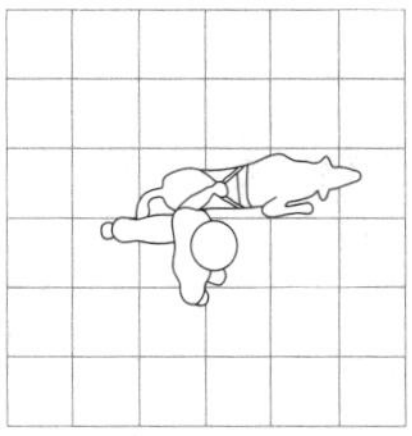

有导盲犬引导的场合，行进步幅会根据导盲犬的大小而有所不同。在此情况下，与盲杖步行一样，最好避免通行路上出现障碍物、突出物及太多拐弯的状况，以免阻碍行走。

☐3 导盲犬使用者人体尺度

❶ 日本建筑学会. 建筑设计资料集成. 天津：天津大学出版社，2007.

轮椅类型及参数

轮椅是目前最为常见的代步工具,是失去行走功能的残障者、老年人和伤病人等重要的助行设施。

手动轮椅类型及参数 表1

	A(普通轮椅)	B(低位轮椅)	C(护理轮椅)	D(简易轮椅)
整体尺寸 (长×宽×高, mm)	1010×650×880	980×650×860	965×650×890	820×500×850
座宽(mm)	440	450	406	380
座高(mm)	500	420	400	440
座深(mm)	430	400	380	330
靠背高(mm)	380	360	450	300
安全载重(kg)	100	100	100	75

a 普通轮椅A

b 低位轮椅B

c 护理轮椅C

d 简易轮椅D

1 手动轮椅类型

爬楼梯用轮椅类型及参数 表2

	A(星轮式)	B(履带式)	C(步进支撑式)
台阶宽高适应范围 (宽×高, mm)	260×160(必须)	100以上×180以下	130以上×220以下
楼道转角空间 (mm)	800×1200	970×970	800×900
楼梯坡度	—	30°~35°	
总重(kg)	47~49	46	34.3
爬梯速度	6~12级/min	0.48m/min	18级/min
安全载重(kg)	100	130	160

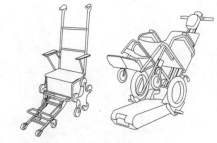
a 星轮式轮椅A   b 履带式轮椅B
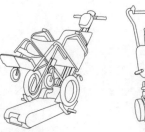
c 步进支撑式轮椅C

2 爬楼梯用轮椅类型

电动轮椅类型及参数 表3

	A	B	C	D	E	F
整体尺寸(长×宽×高, mm)	1200×650×1200	1250×640×1150	1040×610×1200	1110×700×870	1300×680×1200	1100×620×940
座宽(mm)	445	440	440	450	450	455
座高(mm)	495	510	520	510	485	500
座深(mm)	440	450	440	430	460	430
靠背高(mm)	760	680	400	370	780	445
安全载重(kg)	100	100	100	100	100	100

a 电动轮椅A

b 电动轮椅B

c 电动轮椅C

d 电动轮椅D

e 电动轮椅E

f 电动轮椅F

3 电动轮椅类型

多功能轮椅类型及参数 表4

	A(可躺式)	B(可站式)	C(可调节)	D(可拆卸)
整体尺寸 (长×宽×高, mm)	1150×665×1200	1040×640×1120	1300×680×1180	1000×570×890
座宽(mm)	450	440	450	400~460
座高(mm)	485	—	440	460
座深(mm)	460	—	425	400
靠背高(mm)	780	—	480	400
安全载重(kg)	100	100	140	140

a 可躺式轮椅A

b 可站式轮椅B

c 可调节轮椅C

d 可拆卸轮椅D

4 多功能轮椅类型

助行器、电动滑板车类型及参数

　　助行器与拐杖均属于帮助步行的支具范畴，帮助使用者增加站立和步行时的稳定性。除了一般的轮椅、拐杖等助行器外，手推车也成为部分行动困难者外出的助行工具之一。它既有助行器的功能，还可以用来购物、放座椅休息，如小型购物车、婴儿车等。拐杖分为手肘拐杖、腋窝拐杖、前臂拐杖。手肘拐杖适合具有足够上躯能力及平衡能力较佳的人使用；腋窝拐杖适合单脚承受重者；前臂拐杖适合不能以手部、手腕承受体重的人使用。盲杖是视力障碍者出行的专用工具，其长度根据使用者的身高确定。

　　坐厕椅适合残障者生活辅助之用。升降机可以作为在垂直上下的通道上载运残障者的升降平台。

助行器类型及参数　　　　　　　　表1

	步行器A	步行器B	步行器C	购物车A	购物车B
整体尺寸（长×宽×高，mm）	500×600×960	600×440×920	720×550×860	500×420×910	560×570×860
手把间宽（mm）	460~500	460~500	—	—	—
总重量（kg）	7	8	12.3	5.2	3
安全载重（kg）	100	100	100	100	100
折叠后宽度（mm）	—	—	260	—	—
折叠后高度（mm）	—	—	1070	—	—

a 步行器A　　　　　　　b 步行器B

c 步行器C　　　　d 购物车A　　　　f 购物车B

1 助行器类型

坐厕椅类型及参数　　　　　　　　表2

	坐厕椅A	坐厕椅B	坐厕椅C
总宽度（mm）	500	480	480
坐宽（mm）	480	510	430
总高度（mm）	700~800	760~860	770
座位高度（mm）	410~510	440~540	440
总重量（kg）	11	8.5	21
安全载重（kg）	100	100	100

a 坐厕椅A　　　　b 坐厕椅B　　　　c 坐厕椅C

2 坐厕椅类型

电动代步车类型及参数　　　　　　　　表3

	A	B	C	D
整体尺寸（长×宽×高，mm）	1740×690×1280	1067×483×940	1250×640×1170	1050×483×900
最大速度（km/h）	12	7.8	8	6.4
转弯半径（m）	1.48	—	1.35	—
最大爬坡度	15°	12°	15°	12°

a 电动代步车类型A　　　　　b 电动代步车类型B

c 电动代步车类型C　　　　　d 电动代步车类型D

3 电动代步车类型

升降机类型及参数　　　　　　　　表4

	升降机A	升降机B	升降机C
整体尺寸（长×宽×高，mm）	1070×1150×1900	1250×1050×1250	1200×1150×1100
吊架高度（mm）	1000~1900	1930	1000~1400
电动推杆功率（VA）	120	220	160
安全载重（kg）	135	205	150

a 升降机A　　　　b 升降机B　　　　c 升降机C

4 升降机类型

　　国外使用电动滑板车作为移动工具的行动障碍者较多。可以使用电动滑板车上街、购物、访友。

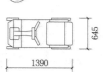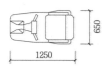

5 电动滑板车尺寸

场地无障碍设计

场地无障碍设计是指在建筑基地道路、广场、园林绿地、居住区等建筑外部环境中的行人通行路径、活动休闲场地范围内，设置相适宜的无障碍设施。场地无障碍设施类型有缘石坡道、盲道、轮椅坡道、无障碍电梯与升降平台、无障碍停车位、无障碍标识与信息系统等。

缘石坡道

缘石坡道布置在人行道口和人行横道两端，以方便行人及乘轮椅者、婴幼儿等通行。缘石坡道设计要求如下：

1. 缘石坡道的坡面应平整、防滑；
2. 缘石坡道的坡口与车行道之间宜没有高差；当有高差时，高出车行道的地面不应大于10mm；
3. 宜优先选用全宽式单面坡缘石坡道。

缘石坡道坡度与宽度设计要求　　　　　　　表1

类型	坡度	宽度
全宽式单面坡	不应大于1:20	与人行道宽度相同
三面坡	不应大于1:12	正面坡道宽度不应小于1.20m
其他形式	不应大于1:12	坡口宽度不应小于1.50m

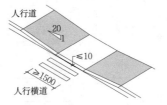

a 全宽式单面坡缘石坡道　　　b 转角全宽式单面坡缘石坡道

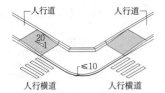

c 三面坡缘石坡道　　　　　d 单面坡缘石坡道

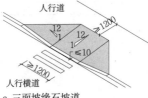

e 平行式缘石坡道　　　　　f 转角处三面坡缘石坡道

1 缘石坡道的一般类型

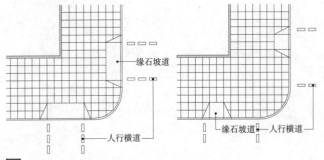

2 缘石坡道与人行横道等宽及在人行横道一侧

盲道

盲道设计要求如下：

1. 盲道按其使用功能可分为行进盲道和提示盲道；
2. 盲道的纹路应凸出路面4mm高；
3. 盲道铺设应进行规划和设计，应避开树木(穴)、电线杆、拉线等障碍物，其他设施不得占用盲道；
4. 盲道的颜色宜与相邻的人行道铺面的颜色形成对比，并与周围景观相协调，宜采用中黄色；
5. 盲道型材表面应防滑。

行进盲道与提示盲道设计要求　　　　　　　表2

类型	设计要求
行进盲道	1.行进盲道应与人行道的走向一致； 2.行进盲道的宽度宜为250~500mm； 3.行进盲道宜在距围墙、花台、绿化带250~500mm处设置； 4.行进盲道宜在距树池边缘250~500mm处设置； 5.行进盲道与路缘石上沿在同一水平面时，距路缘石不应小于500mm； 6.行进盲道比路缘石上沿低时，距路缘石不应小于250mm；盲道应避开非机动车停放的位置
提示盲道	行进盲道在起点、终点、转弯处及其他有需要处应设提示盲道，当盲道的宽度不大于300mm时，提示盲道的宽度应大于行进盲道的宽度

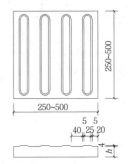　　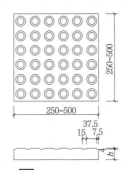

3 行进盲道　　　　　**4** 提示盲道

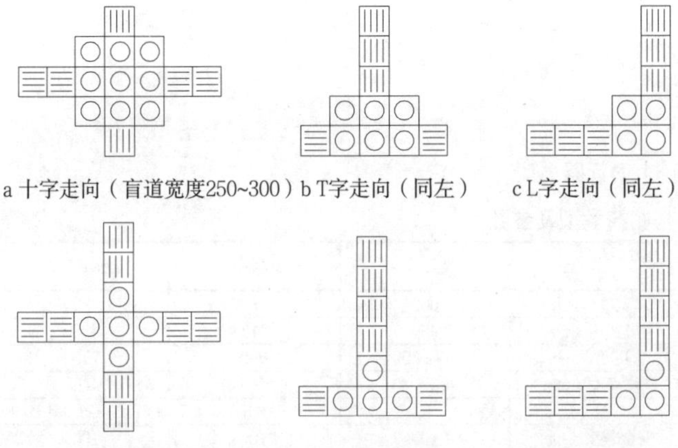

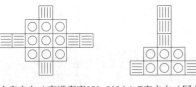

a 十字走向（盲道宽度250~300）b T字走向（同左）c L字走向（同左）

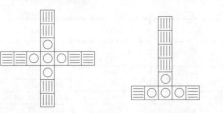

d 十字走向（盲道宽度400~500）e T字走向（同左）　f L字走向（同左）

5 地面行进盲道改变走向时的布置形式和规格

盲道触感条及触感圆点规格　　　　　　　　表3

盲道触感条部位	设计要求（mm）	盲道触感圆点部位	设计要求（mm）
面宽	25	表面直径	25
底宽	35	底面直径	35
高度	4	圆点高度	4
中心距	62~75	圆点中心距	50

人行交通无障碍设计

人行交通无障碍设计范围主要包括人行道、人行横道、人行天桥及地道、公交车站等。

人行道

人行道无障碍设计内容包括缘石坡道、盲道、轮椅坡道、服务设施等。

人行道无障碍设计内容和要求　　　　　　　　　　表1

类型	设计要求
缘石坡道	人行道在各种路口、各种出入口位置必须设置缘石坡道
盲道	1.城市主要商业街、步行街的人行道应设置盲道； 2.视觉障碍者集中区域周边道路应设置盲道； 3.坡道的上下坡边缘处应设置提示盲道； 4.道路周边场所、建筑等出入口设置的盲道应与道路盲道相衔接
轮椅坡道	1.人行道设置台阶处，应同时设置轮椅坡道； 2.轮椅坡道的设置应避免干扰行人通行及其他设施的使用
服务设施	1.宜为视觉障碍者提供触摸及音响一体化信息服务设施； 2.宜为听觉障碍者提供屏幕手语及字幕信息服务； 3.低位服务设施的设置，应方便乘轮椅者使用； 4.设置休息座椅时，应设置轮椅停留空间

人行横道

人行横道范围内的无障碍设计应符合下列规定：

1. 人行横道宽度应满足轮椅通行需求；

2. 人行横道两端必须设置缘石坡道；

3. 人行横道安全岛的形式应方便乘轮椅者使用；

4. 城市中心区及视觉障碍者集中区域的人行横道，应配置过街音响提示装置。

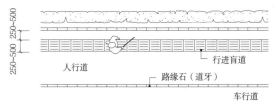

1 人行道沿绿化带与围墙的行进盲道

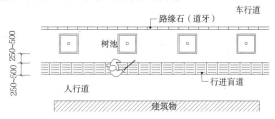

2 人行道沿树池的行进盲道

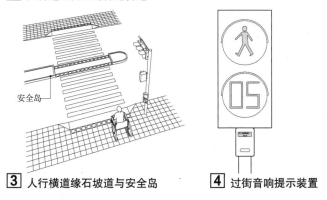

3 人行横道缘石坡道与安全岛　　**4** 过街音响提示装置

人行天桥及地道

要求满足轮椅通行需求的人行天桥及地道处应尽可能设置坡道。当设置坡道有困难时，应依据规范设置无障碍电梯或升降平台。当人行天桥及地道无法满足轮椅通行需求时，宜考虑地面安全通行。

人行天桥桥下的三角区净空高度小于2.00m时，应安装防护设施，并应在防护设施外设置提示盲道。

人行天桥及地道无障碍设计内容和要求　　　　　　表2

类型	设计要求
盲道	1.人行天桥及地道出入口处应设置提示盲道，并应与人行道中的行进盲道相连接； 2.距每段台阶与坡道的起点与终点250～500mm处应设提示盲道，其长度应与坡道、梯道相对应
坡道	1.坡道的净宽度不应小于2.00m，坡度不应大于1：12； 2.坡道的高度每升高1.50m时，应设深度不应小于2.00m的中间平台； 3.弧线形坡道的坡度，应以弧线内缘的坡度进行计算； 4.坡道的坡面应平整、防滑
电梯	当设置坡道有困难时，应设置无障碍电梯或升降平台
服务设施	1.人行天桥及地道在坡道的两侧应设扶手，扶手宜设上、下两层； 2.在栏杆下方宜设置安全阻挡措施

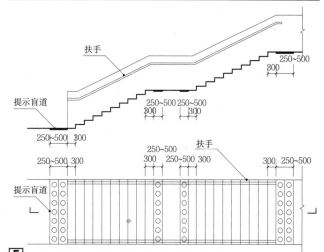

5 人行天桥与人行地道在梯道中的提示盲道

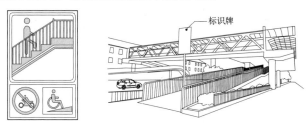

6 人行天桥坡道与无障碍标识

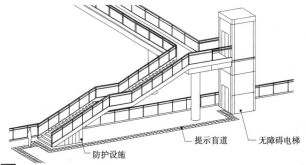

7 人行天桥下三角区的防护设施与提示盲道及无障碍电梯

3
无障碍设计

公交车站无障碍设计

1. 公交车站的站台无障碍设计应符合下列规定:

(1)站台有效通行宽度不应小于1.50m;

(2)在车道之间的分隔带设公交车站时,应方便乘轮椅者到达和使用;

2. 盲道与盲文信息布置应符合下列规定:

(1)站台距路缘石250~500mm处应设置提示盲道,其长度应与公交车站的长度相对应;

(2)当人行道中设有盲道系统时,应与公交车站的盲道相连接;

(3)宜设置盲文站牌或语音提示服务设施,盲文站牌的位置、高度、形式与内容应方便视觉障碍者的使用。

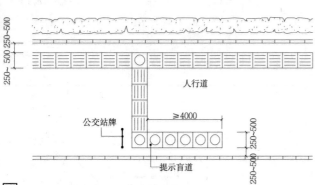

1 人行道盲道与公交站的提示盲道

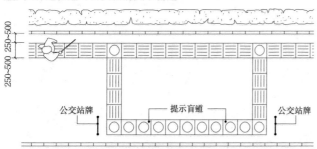

2 公交站设两个公交站牌的提示盲道

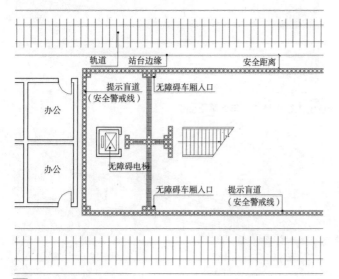

3 轨道交通站台的提示盲道

音响交通信号

与盲道相比,音响导向信息更易于被视觉障碍者接受,而且可靠性更好。在道路交叉路口和人行横道处,需要设置与交通信号灯联动的音响导向装置。

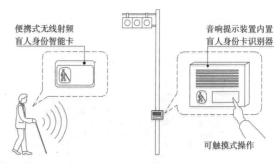

4 具有感应功能的音响导向设置示例

城市广场

城市广场进行无障碍设计的范围应包括公共活动广场与交通集散广场,设计部位有停车场、盲道、坡道、公共厕所、观众席、无障碍标识等,均应满足相关规范规定。

城市广场无障碍设计部位和设计要求　　　　　　　　表1

类型	设计要求
停车位	与公园绿地停车场无障碍停车位要求相同
地面	广场的地面应平整、防滑、不积水
盲道	1.设有台阶或坡道时,距每段台阶与坡道的起点与终点250~500mm处应设提示盲道,其长度应与台阶、坡道相对应。宽度应为250~500mm; 2.人行道中有行进盲道时,应与提示盲道相连接
坡道	1.设置台阶的同时应设置轮椅坡道; 2.当设置轮椅坡道有困难时,可设置无障碍电梯或升降平台

5 城市无障碍广场(局部实例一)

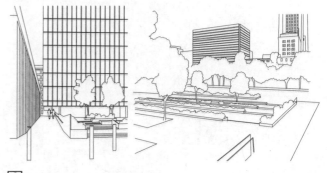

6 城市无障碍广场(局部实例二)

园林无障碍设计的范围

城市园林绿地实施无障碍设计的范围,包括城市中的各类公园,如:综合公园、社区公园、专类公园、带状公园、街旁绿地;附属绿地中的开放式绿地;对公众开放的其他绿地。

无障碍园林的设计原则

无障碍园林的设计原则与要求　　　　　　　　　　　　　表1

设计原则	设计要求
安全性	应消除一切障碍物和危险物;注重肢体障碍者和视觉障碍者的特点及尺度;植物选择要避免种植带刺和有毒的
易识别性	主要指标识和提示信息要综合运用视觉、听觉、触觉、嗅觉的感受方式,给予重复的提示和告知
便捷性和舒适性	环境及设施便捷易用,确保有方便、舒适的无障碍游览通道及必要设施,保障障碍人群能够舒适、悠闲、便捷地游览
可交往性	应重视交往空间的营造及配套设施的设置
生态和健康	坚持植物造景的原则,利用植物净化空气、调节气温、吸尘防噪,有益身心健康

出入口

主要出入口包括设自动检票设备的应为无障碍出入口,设计要求如下:

1. 出入口检票口的无障碍通行宽度在1.20m以上;

2. 出入口有车挡时,车挡间距不应小于900mm;

3. 主要出入口地面纵坡度宜控制在5%以下,两边宜用黄色涂料警示,并采用防滑材料;

4. 出入口周围宜有1.50m×1.50m以上的轮椅活动空间;

5. 检票入口至少有一个通道宽度能够使轮椅使用者方便通过,一个检票入口宜有连续的为视觉障碍者引路的盲道。

售票处

售票处的无障碍设计要求如下:

1. 主要出入口的售票处应设低位窗口,柜台高度宜为700~850mm,宜在窗口下部留出乘轮椅者腿部伸入空间;

2. 低位窗口前地面有高差时,应设轮椅坡道及不小于1.50m×1.50m的平台;

3. 售票窗口前应设提示盲道,距售票处外墙应为250~500mm。

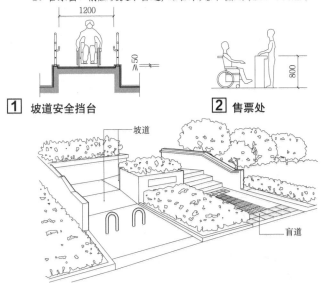

① 坡道安全挡台　　　　② 售票处

③ 园林无障碍入口

园路

无障碍游览主园路应结合公园绿地的主路设置,应能到达主要景区和景点,并宜形成环路。无障碍游览支园路应能连接主要景点,并和无障碍主园路相连,形成环路;小路可到达景点局部,不能形成环路时,应便于折返。各园路的纵坡应方便乘轮椅者通行,宜小于5%,山地宜小于8%。无障碍主园路不宜设置台阶、梯道,必须设置时应同时设置轮椅坡道。园路坡度大于8%时,宜每隔10~20m在路旁设置休息平台。

无障碍园路地面应平整、防滑、不积水,尽可能做到平坦无高差、无凹凸。必须设置少量高差时,应在20mm以下,并以斜面过渡。路宽应在1350mm以上,以保证轮椅使用者与步行者可错身通过。

紧邻湖岸的无障碍园路应设置护栏,高度不低于900mm;在地形险要地段应设置安全防护设施和安全警示线。

公园道路不宜设排水明沟,必须设排水明沟时,必须上覆盖子。明沟盖子上的孔洞宽度不应大于15mm,以免拐杖或轮椅的轮胎被卡住。另外,应重视无障碍设施标识的设置。

无障碍园路的坡度　　　　　　　　　　　　　　　　表2

园路类别	纵坡坡度
无障碍主园路	宜<5%,山地应<8%
无障碍支园路和小路	应<8%

坡道、台阶和轮椅席位

坡道、台阶和轮椅席位的设计要求　　　　　　　　　　表3

设施类别	设计要求
坡道	园林绿地内的人行通道、凉亭茶座、休息座椅等部位的入口和通道地面有高差或有台阶时,应设置方便轮椅通行的坡道与扶手;坡道可以与台阶并设,坡道的宽度应大于1500mm,应防滑且宜缓,纵向断面坡度宜在1/17以下,条件所限时,也不应大于1/12;坡长超过10m时,应每隔10m设置1个轮椅休息平台
台阶	台阶踏面宽应为300~350mm,级高宜为100~150mm,幅宽至少900mm以上,踏面材料应防滑;坡道和台阶的起点、终点和转弯处,都必须设置水平休息平台,并宜设置扶手和照明设施
轮椅席位	茶座、咖啡厅、餐厅、摄影部等设施应提供一定数量的轮椅席位;休息座椅旁应设置轮椅停留空间

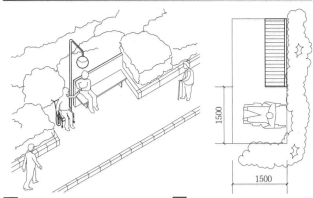

④ 休息座椅与轮椅空间示意图　　⑤ 休息座椅与轮椅空间平面

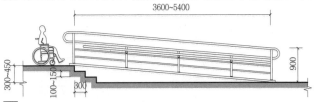

⑥ 园林无障碍坡道(1:12)与台阶纵剖面

停车位

公园绿地有停车场时应设置无障碍停车位。

无障碍停车位的设置数量　　　　　　　　　　表1

停车场总停车位	须设置无障碍停车位
50辆以下	不少于1个
50~100辆	不少于2个
100辆以上	不少于总停车数2%

铺装场地

无障碍铺装场地应方便轮椅通行,有高差时设置坡道。地面应平整、防滑、不松动,不宜有凸起。广场树池宜高出地面,与广场地面相平的树池应加算子。

公共厕所

公共厕所出入口应为无障碍出入口。女厕所应设至少1个无障碍厕位和1个无障碍洗手盆;男厕所应设至少1个无障碍厕位、1个无障碍小便器和1个无障碍洗手盆;宜另设无障碍厕所,大型园林建筑和主要游览区应设置无障碍厕所。

园林小品

单体建筑室内应满足无障碍通行,通道宽度不应小于1.20m。建筑院落的内廊或通道的宽度不应小于1.20m。无障碍游览线路上的桥应为平桥或坡度在8%以下的小拱桥,宽度不应小于1.20m,桥面应防滑,两侧应设栏杆。

低位服务设施包括:小卖店售货窗口、售货柜台、服务台、业务台、咨询台。茶座、咖啡厅、餐厅应提供一定数量的轮椅席位。

公用电话、饮水器、洗手台、垃圾箱、自动售货机等园林小品的设置(如高度)应方便乘轮椅者或儿童使用。休息座椅旁应设置1.50m×1.50m的轮椅停留空间。

园林小品需设置轮椅坡道的部位　　　　　　表2

院落	院落的出入口以及院内广场、通道有高差时
亭、廊、榭、花架	有台明和台阶时
码头	与无障碍园路和广场的衔接处有高差时
桥	桥面与路、广场衔接有高差时
茶座、咖啡厅、餐厅、摄影部	入口有高差时

无障碍园林小品设施的高度　　　　　　　　表3

园林小品设施	高度
无障碍公用电话	900~1200mm
无障碍洗手盆台面	700~850mm,儿童用450~600mm
无障碍导向台	850~1050mm
无障碍饮水机台面	700~900mm,儿童用500~700mm

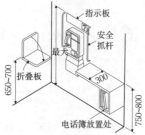

1 无障碍公用电话

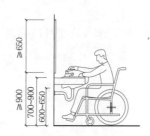

2 无障碍洗手盆

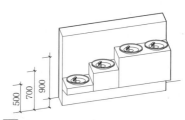

3 多个高度的无障碍饮水机

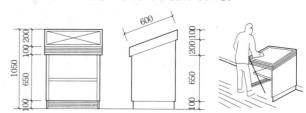

4 触摸式导向板示意图

信息提示设施

园林空间应设置无障碍标识的部位包括:主要出入口、无障碍通道、停车位、建筑出入口、公共厕所等无障碍设施。无障碍标识应形成完整系统,指明设施的走向及位置,如标识的轮椅行进方向应指向该设施。

应设置系统的指路牌、定位导览图、景区景点和园中园说明牌;出入口应设置无障碍设施位置图、无障碍游览图;危险地段应设置必要的警示、提示标识及安全警戒线。

绿地内的展览区、展示区、动物园的动物展示区应设置便于乘轮椅者参观的窗口或位置。动物园观看围栏上半部或局部应使用玻璃材质,方便儿童和乘轮椅者观赏。

大型动植物园宜设置盲人动植物区或动植物角,并提供语音服务、盲文铭牌等供视觉障碍者使用的设施。

5 无障碍导向台

6 天津动物园熊山玻璃无障碍观看围栏

7 上海西郊动物园盲人动物园盲文导向铭牌

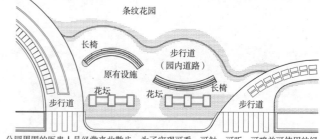

公园周围的医患人员经常来此散步。为了实现可看、可触、可听、可嗅并可使用的绿化,采用一年生草本、低矮树木、高大树木,通过植物来表达四季的变化和生命的成长,从而使人们身心愉悦。

8 日本松见公园实例

社区道路

社区道路无障碍设计与我国道路使用功能分级系统对应，分别是居住区道路、小区路、组团路、宅间小路无障碍设计。

社区道路无障碍设计要求 表1

道路等级	宽度	人行道要求	设计与建设要点
居住区道路	红线宽度一般不小于20m	人行道的宽度为2~4m，人行道口和人行横道两端设缘石坡道，是无障碍设计的重点	居住区道路两侧主要人行步道宜设盲道，盲道的设计宽度一般为250~500mm，距行道树约250~300mm。在人行步道的外侧加装立缘石、花台，或围墙、栏杆，有利于盲人顺利通行。在公交车站处设置盲文站牌和提示盲道
小区路	一般无红线，路面宽度6~8m	人行步道的宽度一般为2m	小区路两侧主要的人行步道宜设盲道，在人行步道的起始点及各路口的高差处必须设缘石坡道
组团路	一般无红线，路面宽多为4~6m	根据需要决定是否设置人行道	在人行道上可不设盲道，但在人行步道的起始点和路口高差处必须设置缘石坡道，以方便轮椅乘坐者的通行
宅间小路	3~4m	不设人行道	宅间小路是进出住宅的最末一级道路，这一级道路平时主要供居民出入，基本上是自行车与人行通道，并要求满足轮椅、救护和搬运家具车辆等通行需要，各种车辆能到达每个单元的门前，重点考虑住宅入口的坡道与宅间小路的衔接

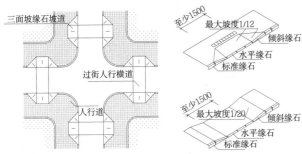

1 设于道路交叉口人行横道的三面坡缘石坡道

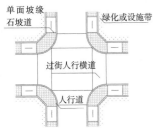

2 设于道路交叉口人行横道的单面坡缘石坡道

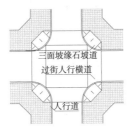

3 设于道路交叉口转角处人行横道的三面坡缘石坡道

社区绿地

无障碍环境建设具有整体性和系统性。社区绿地应全面执行无障碍设计与建设，包括居住区公园(居住区级)、小游园(小区级)和组团绿地(组团级)以及宅间绿地4个等级，此外还应考虑儿童游戏场和其他块状、带状公共绿地等。虽然类型上有差别，但居住区无障碍设计应该是系统的和连贯的，各个级别之间只是规模的不同，无障碍建设程度可因地制宜。

在设计中应按照集中与分散相结合的绿地系统布局，既方便居民日常不同层次的游憩活动需要，又利于创造居住区内大小结合、层次丰富的公共活动空间。各级中心绿地除应有相应的规模和设施外，其位置也要与其级别对应，即与同级的道路相邻。

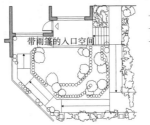

4 入口坡道及环境设计

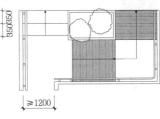

5 入口台阶及坡道无障碍设计

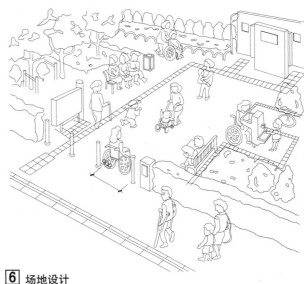

6 场地设计

社区场地设施

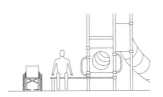

7 公共服务设施

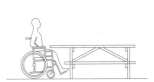

8 花坛、水池

9 健身设施

3
无障碍设计

停车场（库）

应将通行方便、靠近建筑出入口或人行通道的停车车位设为无障碍停车位，具体要求如下：

用标识牌明确标出停车位的位置。应在靠近停车位的墙上或标识牌上标示出无障碍预留停车位标识，使用蓝色背景下的白色大写字体。指示通往无障碍通道的停车场标识，应采用无障碍通道标识，大写与小写字体并用。

1 无障碍停车位的标识

1. 无障碍通用的轮椅使用者通道的标识应使用黄色或白色的标识牌，高度不低于1400mm。

2. 无障碍停车车位的数量可按照停车场规模和地点进行设置，但至少应保证有1个无障碍停车位。

3. 停车位应尽量靠近无障碍通道设置，并应加设顶棚等防护措施，且应保证一定的宽度以供轮椅使用者使用。

4. 停车场地面有坡度时，最大坡度不宜超过1/50。

5. 停车车位一侧的轮椅通道与人行通道地面有高差时，应设宽1000mm的轮椅坡道。

停车车位

1. 停放无障碍机动车的车位应布置在停车场进出方便的地段，并靠近人行通道。室内停车场的无障碍车位应靠近电梯或安全通道。

2. 停车位和乘降区的地面应以黄色清楚地标示。停车位应以无障碍标牌标示，标牌上应说明进行定期检查，以方便行动障碍者使用。

3. 标准停车位的尺寸为2500mm×5000mm。因乘轮椅者上下车需要1200mm宽的距离作为乘降区和通道，轮椅使用者的停车位至少应为（2500+1200）mm×6000mm。有无障碍通道的停车位可与标准尺寸停车位一起排列，共用乘降通道区。

4. 拐杖使用者和视觉障碍者的停车位尺寸应为2900mm×5000mm。

5. 平行式停车的车道应有进入车辆后部的通道。

6. 车库应考虑轮椅使用者的上下车或货物行李的装卸。

7. 停车车位的一侧与相邻车位之间，应有宽1200mm以上的轮椅通道。两个无障碍车位可共用一个轮椅通道，轮椅通道不应与车行道交叉，要通过宽1200mm以上的安全步道直接到达建筑入口，当轮椅通道与安全步道地面有高差时应设坡道。

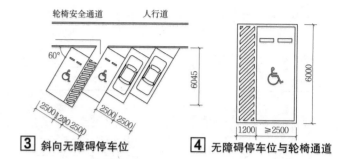

3 斜向无障碍停车位

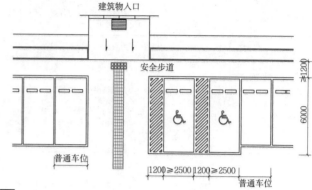

4 无障碍停车位与轮椅通道

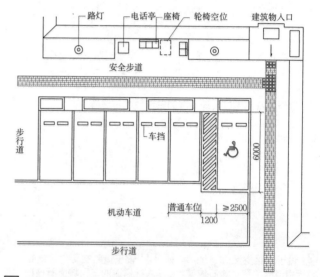

5 无障碍停车位轮椅通道至建筑入口平面

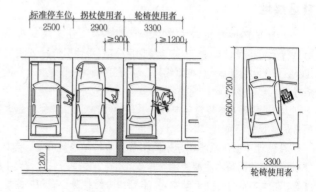

6 无障碍停车位与轮椅通道及服务设施平面

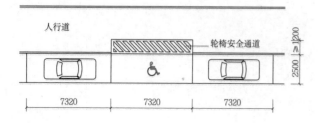

2 平行无障碍停车位

7 无障碍停车位与拄杖者通道

设计内容

建筑无障碍设计是通过对建筑及其构造、构件的设计，使行动障碍者能够安全、方便地到达、通过和使用建筑内部空间。其设计和实施范围应符合国家和地方现行的有关标准和规定。

公共类建筑无障碍设计的内容、范围与要求　　　　　表1

建筑类型		执行范围	基本要求
办公与科研建筑	各级政府机关、司法部门、公用企事业办公楼、科研楼、驻京办事处、写字楼、信息中心等	接待部门及公共活动区（建筑入口到室内的接待区、办公区、法庭区、休息室及为公众设置的服务设施	残障者可使用相应设施；集会场所应设无障碍席位
文化与博览建筑	图书馆、展览馆、博物馆、文化馆（站）、档案馆、科技馆、纪念性场馆、俱乐部	公共活动区（接待区、目录及出纳处、阅览室、声像室、展览厅、报告厅、休息厅及开展各种活动的房间）	残障者可使用相应设施；主要阅览室、报告厅等应设无障碍席位
商业与服务建筑	商业：购物中心、专卖超市、自选超市、菜市场、餐饮食品、粮店副食店、书店、药店、综合商厦；服务：金融、邮电、美容美发、浴室桑拿、娱乐场所、照相、维修店铺、社区服务、旅馆等建筑	营业区（接待区、购物区、自选营业区及等候区）、公共活动区及部分客房层	残障者可使用相应设施；大型商业服务楼应设无障碍电梯；中小型商业服务楼出入口应设有坡道；宿舍及旅馆根据需要设无障碍床位
观演与体育建筑	电影院、剧院、音乐厅、礼堂、体育场、体育馆、游泳场馆	接待区、售票处、观众厅、休息厅、演播厅、后台区、主席台、竞赛场地	残障者可使用相应设施；观众厅等应设无障碍席位，根据需要，为残障者参加演出或比赛设相应的设施
交通建筑	航站楼、火车站、汽车站、地铁站、轮船客运站等	旅客使用的范围（售票处、进出港大厅、候机厅、登机通道、进出站大厅、候车厅、检票通道）	残障者可使用相应设施；提供方便残障者通行的路线
医疗建筑	综合医院、专科医院、门诊所、卫生所、急救中心、保健及康复机构、疗养院、休养所	病患者使用的范围	残障者可使用相应设施
教科建筑	高等院校、专业学校、职业高中、中学、小学、老年大学、特殊教育、托幼园所	建筑入口、公共走廊、卫生间与盥洗室、水平与垂直交通	残障者可使用相应设施
旅馆建筑	公寓旅馆、度假酒店、商务酒店、综合体酒店	公共走道、门厅、入口、残疾人套房与客房层、公共设施	残障者可使用相应设施
园林建筑	城市广场、城市公园、街心公园、植物园、动物园、寺庙建筑、游乐场所、旅游景点	建筑基地（人行通路、停车车位）、建筑入口、水平与垂直交通、观展区、表演区、儿童活动区、公共厕所、售票处、服务台、公用电话、饮水器等	残障者可使用相应设施

注：残障者可使用相应设施指各类建筑为公众设的道路、坡道、入口、楼梯、电梯、座席、电话、饮水、售票所、厕所、浴室等设施。具体内容可根据实际使用需求确定。

居住类建筑无障碍设计的内容　　　　　表2

建筑类型	执行规定范围	部位
高层住宅、中高层住宅、高层公寓、中高层公寓	建筑入口、入口平台、楼梯厅、电梯轿厢、公共走道、无障碍住房	入口坡道、扶手、轮椅回转面积、指示牌及其他无障碍设施
多层住宅、低层住宅、多层公寓、低层公寓	建筑入口、入口平台、公共走道、楼梯、无障碍住房	入口坡道、扶手、轮椅回转面积、指示牌及其他无障碍设施
职工宿舍、学生宿舍	建筑入口、公共走道、公共卫生间、浴室和盥洗室	入口坡道、扶手、轮椅回转面积、指示牌及其他无障碍设施

注：高层、中高层住宅及公寓建筑，每50套住房设2套无障碍住房套型；多层、低层住宅及公寓建筑，每100套住房设2~4套无障碍套型；宿舍建筑应在首层设男女无障碍住房各一间。

设计要点

1. 在文化建筑中，阅览室、报告厅、演播厅等应在出入方便的地段设轮椅席位，其视线不应受到遮挡。在图书馆要备有视觉障碍者使用的盲文图书、录音室。

2. 在旅馆建筑中，应在客房层通行方便的地段设方便残障者使用的套房。套房及卫生间的入口、走道及设施，应符合轮椅使用者的使用要求。在卫生间应设应急呼叫按钮。

3. 在观演与体育建筑中，在观众厅出入方便的地段应设轮椅席位，其视线不应受到遮挡，轮椅席范围应设栏杆或栏板，且地面要平整。观演建筑后台及体育建筑运动员准备区的入口、通道、化妆室、休息室、洗手间、淋浴间、盥洗室等，应符合乘轮椅者的通行和使用要求。

4. 在交通建筑中，设有楼层和对旅客进行分流的天桥及地道的交通建筑，应设无障碍楼梯及轮椅坡道或残障者、老年人使用的电梯。电梯规格及设施应符合乘轮椅者及视觉障碍者的使用要求。火车站的月台、长途汽车站台及地铁站台的四周边缘应设置盲道作为引导。

5. 在医疗建筑中，住院病房和疗养室设附属卫生间时，应方便轮椅进入和使用，并设观察窗口和应急呼叫按钮。门锁应安装门内外均可使用的门插销。在坐便器、浴盆或淋浴两侧应设安全抓杆。理疗部位的通道、等候室、更衣室、浴室及洗手间，应符合乘轮椅者的通行和使用要求，水疗室的大池应设带扶手的方便轮椅上下水池的坡道。

6. 在教育建筑中，各类学校的室外通路、校园及教学用房、生活用房的入口、走道等地面有高差或设有台阶时，应设符合轮椅通行的坡道，在坡道两侧和超过两级台阶的两侧应设扶手。

设计部位

建筑无障碍设计部位　　　　　表3

交通环境	坡道	宽度、长度、坡度、地面、扶手、平台、挡台
	出入口	盲道、台阶、扶手、平台、门厅、音响引导 触摸位置图
	走道	宽度、地面、墙面、扶手、颜色、照度、盲道
	楼梯	防滑、形式、宽度、坡度、扶手、颜色、照度、位置标识
	电梯厅	深度、按钮、照度、音响、显示
	安全出口	路线、位置、形式、颜色、标识
	避难处	路线、位置、面积、标识
	停车位	路线、位置、标识、轮椅通道
卫生设施	卫生间	门宽、面积、抓杆、厕位、地面、水龙头
	浴室	入口、通道、浴间、地面、安全抓杆
生活空间	客房	入口、通道、卫生间、居室
	住房	门宽、面积、通道、朝向
	阳台	出口、门槛、深度、视线
	厨房	门宽、面积、操作台、吊柜、地面、水龙头
服务设施	轮椅席	位置、宽度、深度、视线、地面、扶手、标识
	服务台	位置、宽度、高度、位置标识

建筑构件　　　　　表4

门	形式、宽度、把手、拉手、位置标识
窗	形式、宽度、高度、把手、拉手
地面	平整、防滑、颜色、不积水
电梯	入口、宽度、深度、按钮、照度、扶手、音响、镜子、位置标识
扶手	形式、高度、强度、颜色、盲文说明

相关辅助设施表　　　　　表5

盲道	位置、路线、宽度、色彩
电话	高度、宽度、深度、位置标识
呼叫钮	位置、高度、标识
电开关	位置、高度、形式
电插座	位置、形式、高度
标识	位置、形式、颜色、高度、规格（国际通用无障碍标识）

一般规定

1. 停车场距建筑入口最近的停车车位，应提供给行动残障者使用，或在建筑入口单独设无障碍停车车位。

2. 建筑物入口、大厅及室内走道的地面不应光滑。室外通路、建筑入口及室内走道的地面有高差和台阶时，必须设置符合轮椅通行的坡道，在坡道两侧及超过两级台阶的两侧应设扶手。当没有条件设轮椅坡道时，可选用升降平台。

3. 建筑物内部的垂直交通：设有楼层的公共建筑，可设适合拄拐杖者使用的无障碍楼梯，两侧设扶手。当配有客用电梯时可取代楼梯，电梯的规格及设施应符合乘轮椅者及视觉障碍者的使用要求。楼层的医疗建筑中电梯规格应采用"病床梯"。只设有货用电梯时应提供给行动障碍者及老年人使用。

4. 公共厕所、无障碍厕所：厕所的入口、通道、洗手盆、无障碍厕位及两侧的安全抓杆，应符合乘轮椅者进入、回旋与使用要求。男厕所设无障碍小便器及安全抓杆，当设有无障碍厕所时，可取代公共厕所设置的无障碍厕位。

5. 建筑物内部服务设施：公共建筑设置的接待服务台、公共电话及饮水器等设施，其高度应符合乘轮椅者的使用要求。

6. 提示与引导标识：入口至接待区宜设盲道。在入口及楼梯、电梯、洗手间、公用电话等位置，宜设无障碍设施提示标识。

出入口

1. 平坡出入口的地面坡度不应大于1:20，当场地条件比较好时，不宜大于1:30。

2. 供行动障碍者使用的出入口，应设在通行方便和安全的地段，并应为主要出入口。建筑出入口为无障碍出入口时，出入口室外的地面坡度不宜大于1:50。出入口内外，应保留不小于1500mm×1500mm平坦的轮椅回转面积。

3. 公共建筑与高层、中高层居住建筑入口设台阶时，必须设轮椅坡道和扶手。扶手端部应水平延伸300mm，设置高度为850~900mm，需设两层扶手时低扶手高度为650~700mm。室外盲道宜铺设至门厅入口。寒冷积雪地区地面应设融雪装置。坡道、地面都应使用防滑材料，坡道坡度1/12以下，有效宽度在1200mm以上（与台阶并设时900mm以上），并每升高750mm设置休息平台。

4. 大中型公共建筑和中、高层住宅、公寓的入口轮椅通行平台最小宽度不小于2000mm；小型公共建筑和多、低层无障碍住宅、公寓建筑、宿舍平台最小宽度不小于1500mm。

5. 无障碍出入口和轮椅通行平台应设雨篷。

6. 出入口的宽度应充足，并最好设置自动拉门。为保证开闭稳定，门的前后应保证为平整的水平面。出入口设有两道门时，门扇同时开启宜留有不小于1500mm的轮椅通行净距离，大型公共建筑和高层建筑通行净距离不宜小于2000mm。

7. 出入口地面应选用遇水不易打滑的材料。

8. 供轮椅者使用的出入口，当室内设有电梯时，出入口应靠近候梯厅。公共建筑主要入口及接待区宜设提示盲道，并安装有音响引导装置。

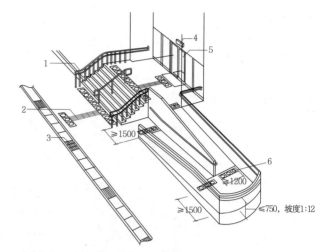

1 盲文指示 2 提示盲道 3 排水沟 4 音响提示铃 5 自动门 6 休息平台

1 台阶与坡道出入口

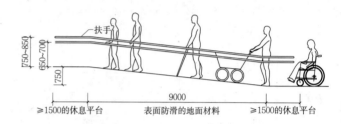

2 1:12坡道

≥1500的休息平台　表面防滑的地面材料　≥1500的休息平台

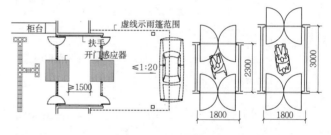

3 大中型公共建筑平坡出入口及雨篷出挑区域

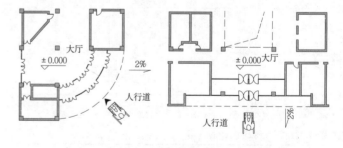

4 两道门同时开启时的轮椅通行距离

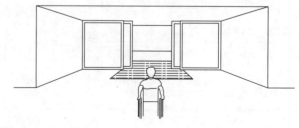

5 平坡入口示例

3 无障碍设计

坡道

轮椅坡道的最大高度和水平长度（单位：m）　表1

坡度	1:20	1:16	1:12	1:10	1:8
最大高度	1.20	0.90	0.75	0.6	0.30
水平长度	24.00	14.40	9.00	6.00	2.40

供轮椅者使用的坡道，可为直线形、直角形或折返形坡道等。不应设计成圆形或者弧形，以防轮椅在坡面上的重心产生倾斜而发生摔倒的危险。

1. 门厅、过厅及走道等地面有高差时，应设坡道，其宽度不应小于1000mm。

2. 每段坡道最大坡度为1/8。

3. 坡度为1/12的每段坡道的水平长度超过9000mm时，应设休息平台，深度不应小于1500mm。

4. 坡道转弯时应设休息平台，平台深度应≥1500mm。

5. 在坡道的起点和终点应有≥1500mm的轮椅缓冲地带。

6. 轮椅坡道的高度超过300mm且坡度大于1:20时，坡道两侧应在900mm高度处设扶手，两段坡道之间的扶手应保持连贯。

7. 坡道起点和终点处的扶手，应水平延伸300mm。

8. 坡道侧面凌空时，在栏杆下端应设高度不小于50mm的安全挡台。

9. 坡道面层应为防滑地面，保证在任何气候条件下不打滑。

10. 坡道宜设置无障碍标识。

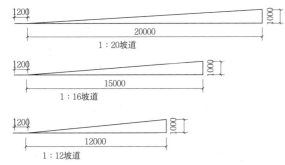

1 轮椅使用者坡道的坡度

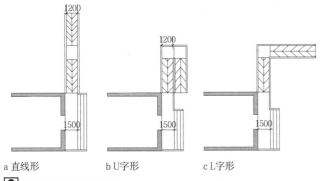

a 直线形　　b U字形　　c L字形

2 建筑入口台阶与坡道

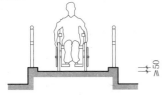

3 坡道安全挡台

楼梯、台阶

楼梯设置应满足挂拐者和视觉障碍者使用的要求。

1. 楼梯的形式不宜采用弧形，梯段宽度应≥1200mm，休息平台深度应≥1500mm。

2. 楼梯两侧900mm处设扶手，保持连贯；起点与终点处水平延伸300mm以上。

3. 踏步不宜采用无踢面或突沿为直角的踏步。踏步面的一侧或两侧凌空为明步时，设安全挡台，防止拐杖滑出。

4. 楼梯细部设计

（1）形状不宜用旋转楼梯，无踢面或踏板挑出的形状。

（2）梯段尺寸净宽不小于1200mm；踏步高度为100~160mm；宽度为300~350mm。公共建筑楼梯踏步宽度不应小于280mm，高度不应大于160mm。

（3）面层处理应采用平整防滑的材料。

（4）扶手形状为圆形或椭圆形，与墙壁距离40mm。

（5）为防止踏空，踏板与边缘防滑部分应采取对比较强的颜色或不同材质加以区分。

（6）照明应能够提示楼梯所在场所，与色彩一起使用，增强楼梯的对比效果。

（7）在起点终点上铺设盲道，改变铺装材料，或做成有踏感区别的地面，最好能够明确台阶数。走廊和楼梯的衔接转角处扶手连续，有盲文阶数指引标识，距起始踏步300mm左右设提示盲道。

5. 台阶

（1）公共建筑的室内外台阶踏步宽度不宜小于300mm，踏步高度不宜大于150mm，并不应小于100mm。

（2）供挂拐者和视觉障碍者使用的台阶在3级以下可不做扶手；3~6级台阶两侧设扶手可不做挡台；6级以上台阶两侧应设扶手和挡台。

（3）台阶上行及下行的第一阶可以考虑在颜色或材质上与相邻地面或台阶有所区分，以便识别。

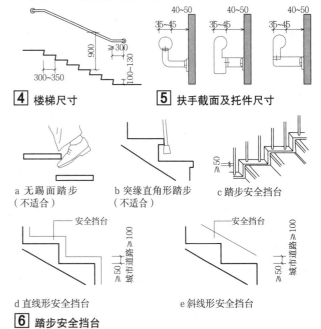

4 楼梯尺寸　　　　**5** 扶手截面及托件尺寸

a 无踢面踏步（不适合）　　b 突缘直角形踏步（不适合）　　c 踏步安全挡台

d 直线形安全挡台　　　　e 斜线形安全挡台

6 踏步安全挡台

走道

走道是轮椅在建筑物内部行动的主要空间，应首先满足轮椅的正常通行和回转功能及两个轮椅交错的宽度。一般情况下，普通人正常行走的通行宽度为600mm。在行动障碍者中，轮椅使用者所需的通行宽度为900mm，单手杖使用者所需的通行宽度为900mm，双手杖使用者所需的通行宽度为1200mm。

1. 基本规定

（1）考虑行动障碍者及老年人要求，走道不宜太长，若过长时，需要设置不影响通行的休息座位，一般将其设在走道的转弯处，走道宽度小于1500mm时，每50m应设一处可供轮椅回转的空间。

（2）走道两侧不得设突出墙面影响通行的障碍物。柱子、灭火器、陈列展窗等都应不影响通行。当墙上放置备用品时，须把墙壁做成凹形后安装。不能避免的障碍物应设安全栏杆围护。

（3）走道空间的高度不应小于2200mm，楼梯下部尽可能不设通道。

（4）在走道的转弯处的阳角宜做成曲面或斜面。若不做成曲面处理，应设置转角防护措施。

2. 有效宽度

室内走道宽度不应小于1200mm，室外通道宽度不应小于1500mm，人流较多或较集中的大型公共建筑的室内走道宽度不宜小于1800mm。如果轮椅要进行180°回转，需要1500mm以上的宽度。

3. 地面材料

使用不易打滑的地面材料。若是地毯，其表面应与其他材料保持同一高度。不宜使用表面绒毛较长的地毯；采用适宜的地面材料可更容易识别方位，有利于视觉障碍者行走；在面积较大的区域内设计走道时，地面、墙壁及屋顶的材料宜有所变化。

4. 高差

走道有高差的地方应采用经过防滑处理的坡道。走道一侧或尽端与地坪有高差时，应采用栏杆、栏板等安全设施；走道尽量不设台阶，若有台阶时应设坡道，如无条件设坡道可设升降平台。

5. 扶手

医院、诊疗所、养老院等走道需在两侧墙面900mm高度处设扶手，且应连续，在扶手的端部应向内拐到墙面或向下延伸不小于100mm。

6. 护板

考虑轮椅使用者的要求，在通道墙壁下部应设高度350mm的护板或缓冲壁条，转弯处应考虑做成圆弧曲面，还可以加高踢脚板。

7. 色彩、照明

在容易发生危险的地方，应巧妙地配置色彩，通过强烈的对比提醒人们注意。例如，将色带贴在与视线高度相近（1400~1600mm）的走廊墙壁上。在门口或门框处加上有对比的色彩，使用连续的照明设施。

8. 标识

标识应考虑便于视觉和行动障碍者阅读。文字、号码采用较大字体，做成凹凸等形式的立体字形。

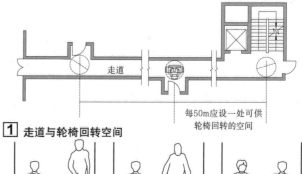

每50m应设一处可供轮椅回转的空间

1 **走道与轮椅回转空间**

900 900
1800

900 1200
2100

900 900
1800

a 大型公建走道最小宽度

900 600
1500

900 300
1200

b 中小型公建及居住建筑等公共走道最小宽度

800 600 600 800 600
1400 2000

1050
1000 600 1050

c 大中型商场、超市等公共走道宽度

2 **公共建筑走道宽度类型**

≥1500
抹角
提示盲道
宫文指示
扶手
呼叫按钮
行进盲道

3 **走道中高差的处理方式**

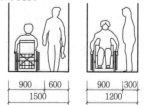

可拆卸扶手
消火栓

4 **双层扶手的设置**

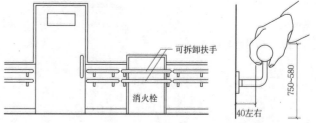

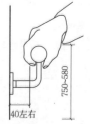

750~580
40左右

5 **扶手的高度和距墙的距离**

公共厕所

公共厕所无障碍设计要求如下：

1. 供公众使用的男、女公共厕所，女厕所至少设置1个无障碍厕位和1个无障碍洗手盆，男厕所至少设置1个无障碍厕位、1个无障碍小便器和1个无障碍洗手盆，或在男、女公共厕所附近设置1个无障碍厕所，且建筑内至少应设置1个无障碍厕所。

2. 医疗康复建筑首层至少设置1处无障碍厕所，各楼层至少有1处公共厕所满足无障碍设施的要求。

3. 教育建筑公共厕所至少有1处满足无障碍设计要求，接受残障生源的教育建筑，主要教学用房每层至少有1处公共厕所满足无障碍设施要求。

4. 福利及特殊服务建筑公共厕所应满足无障碍设施要求。

5. 体育建筑观众看台区、主席台、贵宾区、运动员休息区至少各有1个厕所满足无障碍设施的要求。

6. 文化建筑、商业服务建筑、汽车客运站等，供公共使用的每层公共厕所至少1个厕所满足无障碍设施的要求。

公共厕所无障碍设计内容与要求　　　　　　　　　　表1

设施类别	设计要求
通道	地面应防滑和不积水，方便乘轮椅者进入和进行回转，回转直径不应小于1.5m
无障碍洗手盆	1.距洗手盆两侧应设落地式或悬挑式安全杆，但要方便乘轮椅者靠近洗手盆下部空间，台式洗手盆可不设安全抓杆； 2.水龙头出水口侧距墙应大于550mm； 3.洗手盆底部应留出宽750mm、高650mm、深450mm的空间，供乘轮椅者方便靠近洗手盆； 4.洗手盆上方安装镜子； 5.出水龙头宜采用杠杆式水龙头或感应式水龙头
无障碍小便器	1.小便器两侧距墙250mm处，设高1.20m的垂直安全抓杆，并在离地面500mm处，设高度为900mm、长度600~700mm水平安全抓杆，与垂直安全抓杆连接； 2.小便器下口距地面不应大于0.40m
无障碍厕位	1.男、女公共厕所应各设1个无障碍隔间厕位； 2.无障碍厕位面积不应该小于1.80m×1.00m，宜做到2.00m×1.50m； 3.厕所门扇宜向外开启，如向内开启，需在开启后，厕位内留有直径不小于1.50m的轮椅回转空间，入口净宽不应小于0.80m，门扇外侧应设高900mm横扶把手，门扇内侧应设高900mm关门拉手，并采用门外可紧急开启的插销； 4.坐便器高0.45m，两侧应设高不小于700mm的水平抓杆，在墙面另一侧应设高1.40m的垂直抓杆； 5.无障碍厕位应设置无障碍标识
安全抓杆	1.安全抓杆直径应为30~40mm； 2.安全抓杆内侧应距墙面不小于40mm； 3.抓杆应安装坚固

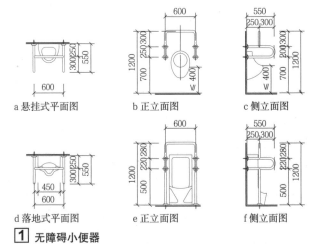

1　无障碍小便器

a 悬挂式平面图　　b 正立面图　　c 侧立面图

d 落地式平面图　　e 正立面图　　f 侧立面图

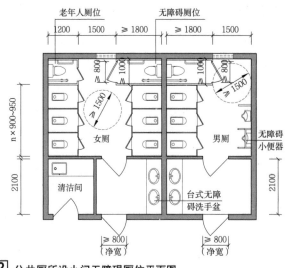

2　公共厕所设小间无障碍厕位平面图

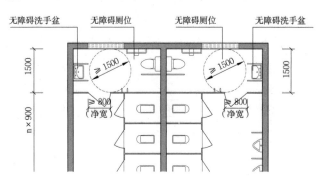

3　公共厕所设标准无障碍厕位平面图

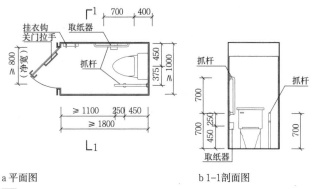

a 平面图　　　　　　　　　　b 1-1剖面图

4　小间无障碍厕位

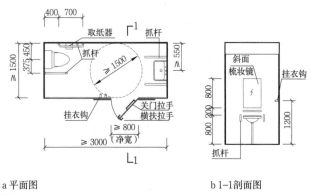

a 平面图　　　　　　　　　　b 1-1剖面图

5　标准无障碍厕位

3
无障碍
设计

无障碍厕所

无障碍厕所设计要求如下:

1. 无障碍厕所位置宜靠近公共厕所,应方便乘轮椅者进入和进行回转,回转直径不小于1.50m。

2. 面积不应小于4.0m²。

3. 内部应设置坐便器、洗手盆、多功能台、挂衣钩和呼叫按钮。

4. 入口应设置无障碍标识。

无障碍厕所设计内容与要求 　　　　　　　　　　表1

设计部位	设计要求
门	宜设外开平开门,如向内开启,需在开启后留有直径不小于1.50m的轮椅回转空间。门的通行净宽不应小于800mm,平开门应设高900mm的横扶把手和关门把手,在门扇里侧应采用门外可紧急开启的门锁
地面	应防滑、不积水
坐便器	坐便器两侧距地面700mm处应设长度不小于700mm的水平安全抓杆,另一侧应设高1.40m的垂直安全抓杆
洗手盆	底部留有宽750mm、高650mm、深450mm的空间供乘轮椅者膝部和足部活动。出水龙头宜采用杠杆式水龙头或感应式自动出水方式。洗手盆上方安装镜子
多功能台	长度不宜小于700mm,宽度不宜小于400mm,高度宜为600mm
挂衣钩	距地面高度不应大于1.20m
呼叫救助按钮	在坐便器旁边的墙面上高400~500mm处
安全抓杆	安装牢固,直径30~40mm,内侧距墙不应小于40mm

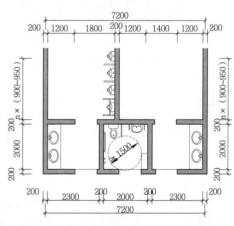

1 公共厕所与无障碍厕所平面

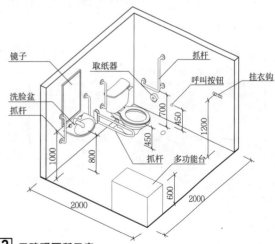

2 无障碍厕所示意

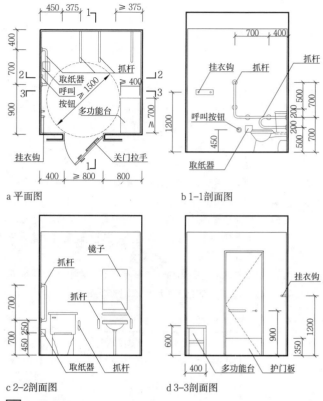

a 平面图　　　　　　　　b 1-1剖面图

c 2-2剖面图　　　　　　　d 3-3剖面图

3 无障碍厕所

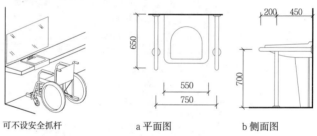

可不设安全抓杆　　　a 平面图　　　　b 侧面图

4 台式洗脸盆　　　　5 立式洗脸盆与安全抓杆

a 平面图　　b 固定式安全抓杆　　c 垂直旋转安全抓杆

6 坐便器安全抓杆

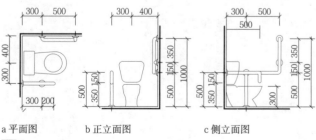

a 平面图　　　　b 正立面图　　　　c 侧立面图

7 儿童坐便器

公共浴室

公共浴室无障碍设计要求如下:

1. 公共浴室的无障碍设施包括:男女浴室各设1个无障碍淋浴间或盆浴间,以及1个无障碍洗手盆。

2. 公共浴室的入口和室内空间应方便乘轮椅者进入和使用,浴室内部应能保证轮椅进行回转,回转直径不小于1.50m。

3. 浴室地面应防滑、不积水。

4. 浴间入口宜采用活动门帘,当采用平开门时,门扇应向外开启,设高900mm的横扶把手,在关闭的门扇里侧设高900mm的关门拉手,并应采用门外可紧急开启的插销。

5. 男女浴室各设置1个无障碍厕位。

6. 沐浴器应设可调节喷头高度的支架。

7. 安全抓杆应直接固定于建筑物的承重件或承重墙上,位置适当,便于抓握。

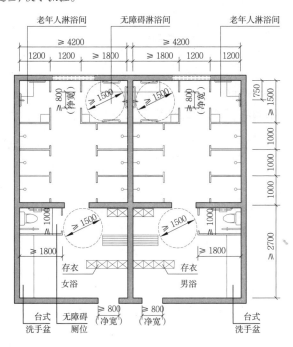

1 公共浴室平面图

淋浴间

1. 淋浴器开关应设在便于操作的位置,位于侧墙时,应靠外侧。喷头不宜位于座位正上方。

2. 喷头出水器温度不得超过49℃,人体高度范围内的热水管道不得露明。

3. 淋浴隔间宜安装遮帘,高度≥1800mm。

淋浴间无障碍设计内容与要求　　　　　　　　　　　表1

设计部位	设计要求
宽度	无障碍淋浴间的短边宽度不应小于1.50m
浴间坐台	浴间坐台高度宜为450mm,深度不应小于450mm
抓杆	淋浴间应设距地面高700mm的水平抓杆和高1.40~1.60m的垂直抓杆
毛巾架	毛巾架的高度不应大于1.20m
淋浴喷头	淋浴间内的淋浴喷头的控制开关的高度距地面不应大于1.20m

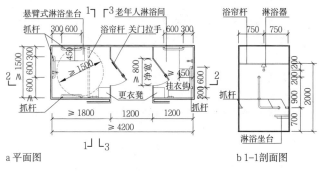

a 平面图

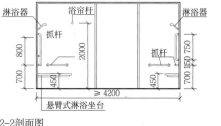

c 2-2剖面图

d 3-3剖面图

2 无障碍淋浴间

盆浴间

盆浴间无障碍设计内容与要求　　　　　　　　　　　表2

设计部位	设计要求
浴间坐台	在浴盆一端设置方便进入和使用的坐台或可移动浴盆座椅,其深度不应小于400mm
抓杆	浴盆内侧应设高600mm和900mm的两层水平抓杆,水平抓杆长度不小于800mm,洗浴坐台一侧的墙上设高900mm、水平长度不小于600mm的安全抓杆
毛巾架	毛巾架的高度不应大于1.20m
淋浴喷头	淋浴间内的淋浴喷头的控制开关的高度距地面不应大于1.20m
洗手盆	宜设高700~800mm台式洗手盆

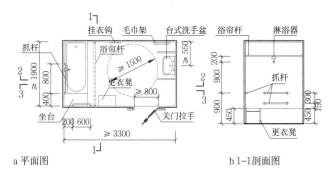

a 平面图

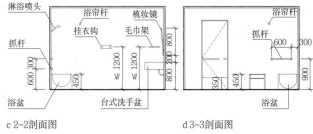

c 2-2剖面图　　　　　　　　d 3-3剖面图

3 无障碍盆浴间

门

1. 不应采用力度大的弹簧门和小型旋转门、玻璃门；当采用玻璃门时，应有醒目的提示标识；宜与周围墙面有一定的色彩反差，方便识别。

2. 在门扇内外应留有直径不小于1.50m的轮椅回转空间，建筑门厅与过厅两道门的门扇开启间距不小于1.50m。

3. 在单扇平开门、推拉门和折叠门的门把手一侧的墙面，应设宽度不小于400mm的空间。

4. 平开门、推拉门、折叠门的门扇应设距地900mm的把手，门扇宜设视线观察玻璃，并宜在距地350mm范围内安装护门板。

5. 门槛高度及门内外地面高差不应大于15mm，并以斜面过渡。

6. 轮椅通行门的净宽应符合表1规定。

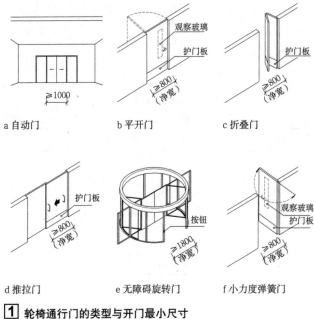

a 自动门　　　　b 平开门　　　　c 折叠门

d 推拉门　　　e 无障碍旋转门　　f 小力度弹簧门

1 轮椅通行门的类型与开门最小尺寸

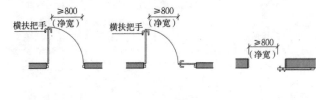

a 单扇平开门平面　　b 双扇平开门平面　　c 单扇推拉门平面

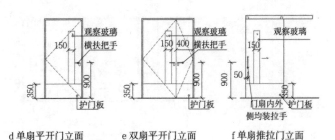

d 单扇平开门立面　　e 双扇平开门立面　　f 单扇推拉门立面

2 轮椅通行门的平面与立面

轮椅通行门的净宽　　　　　　　　　　　　　　　表1

类别	通行净宽（m）	备注
自动门	不应小于1.00	门旁应加设平开门
推拉门、折叠门、平开门	不应小于0.80，有条件时不宜小于0.90	—
弹簧门（小力度）	不应小于0.80	—
无障碍旋转门	不应小于1.80	门旁应加设平开门

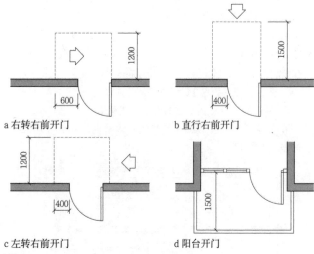

a 右转右前开门　　　　　　b 直行右前开门

c 左转右前开门　　　　　　d 阳台开门

3 轮椅从不同方向进行右前开门最小尺寸

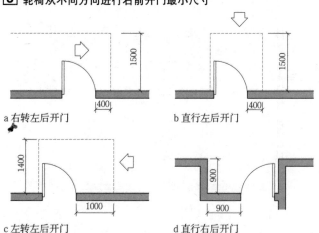

a 右转左后开门　　　　　　b 直行左后开门

c 左转左后开门　　　　　　d 直行右后开门

4 轮椅从不同方向进行左后开门及右后开门的最小尺寸

窗

1. 外窗窗台距地面的净高不应大于0.8m，同时应设防护设施。

2. 窗的形式应易于开闭，窗扇开启把手设置高度不应大于1.20m。

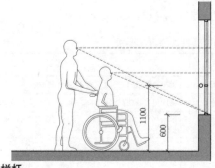

5 窗台及栏杆

电梯

　　设置电梯的居住建筑，每居住单元至少应设置1部能够直达分户门层的无障碍电梯。设置电梯的公共建筑，至少应设置1部无障碍电梯。无障碍候梯厅应方便乘轮椅者到达，并设置低位按钮、报层音响、运行层数、提示盲道及无障碍标识。无障碍电梯轿厢门应方便乘轮椅者进入，轿厢内设置带有盲文的低位选层按钮、报层音响、扶手及镜子等。

候梯厅深（单位：mm）　　　　　　　　　　　　　　表1

电梯类别	布置方式	候梯厅深度
住宅电梯	单台	≥1500且≥B
	多台单侧排列	≥1500且≥$B*$
	多台双侧排列	≥相对电梯$B*$之和＜3500
公共电梯	单台	≥1800且≥1.5B
	多台单侧排列	≥1.5B，4台电梯并列≥2.4B
	多台双侧排列	≥相对电梯$B*$之和＜4500
医疗电梯	单台	≥1800且≥1.5B
	多台单侧排列	≥1.5$B*$
	多台双侧排列	≥相对电梯$B*$之和

注：B为轿厢深度，$B*$为电梯群中最大轿厢深度。

候梯厅无障碍设计内容与要求　　　　　　　　　　表2

设施类别	设计要求
按钮	高度0.90～1.10m
电梯门洞	净宽度不宜小于0.90m
显示与音响	候梯厅应设置电梯运行显示装置及抵达音响
标识	电梯出入口处宜设提示盲道

电梯轿厢无障碍设计内容与要求　　　　　　　　　表3

设施类别	设计要求
轿厢门	开启净宽度不应小于0.80m
选层按钮	轿厢侧面应设高0.90～1.10m带盲文的选层按钮
扶手	轿厢正面和两个侧面应设高0.85～0.90m的扶手
显示与音响	轿厢内应设置电梯运行显示装置和报层音响
镜子	轿厢正面高0.90m处至顶部应安装镜子或采用镜面材料

无障碍电梯类别与规格（单位：mm）　　　　　　　表4

电梯类别	轿厢尺寸		轿厢门		备注
	深	宽	净宽	净高	
小型电梯	≥1400	≥1100	≥800	2100	轮椅正进倒出
中型电梯	≥1600	≥1400	≥800	2100	轮椅正进旋转正出
	≥1500	≥1600	1100	2100	
医疗电梯	≥2300	≥1200	1100	2100	病床与担架
高层住宅	≥2100	≥1300	1100	2100	仅担架

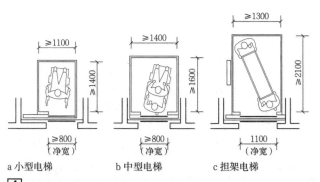

a 小型电梯　　　b 中型电梯　　　c 担架电梯

1 无障碍电梯轿厢类型

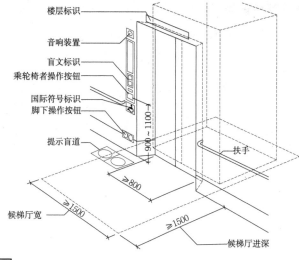

2 候梯厅无障碍设施

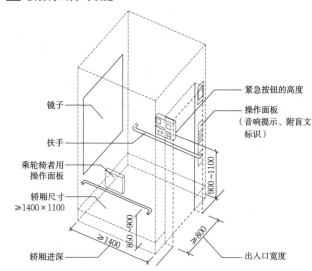

3 电梯轿厢无障碍设施

升降平台

　　升降平台有垂直与斜向两种升降类型，只适用于场地有限的改造工程。

　　垂直升降平台的深度不应小于1.20m，宽度不应小于0.90m，应设扶手、挡板及呼叫控制按钮；垂直升降平台的基坑应采用防止误入的安全防护措施，传送装置应有可靠的安全防护装置。

　　斜向升降平台深度不应小于1.00m，宽度不应小于0.90m，应设扶手和挡板。

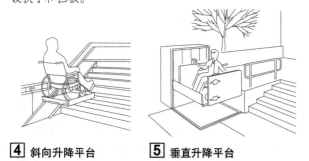

4 斜向升降平台　　　**5** 垂直升降平台

低位服务设施

1. 设置低位服务设施的范围包括自动查询台、服务窗口、电话台、安检验证台、行李托运台、借阅台、各种业务台、饮水机、自动售货柜等。

2. 低位服务设施应方便乘轮椅者到达和轮椅回转空间，回转直径不小于1.50m。

3. 低位服务设施台面距地面高度宜为700~850mm，其下部宜至少留出宽750mm、高650mm、深450mm的空间，可方便乘轮椅者靠近设施使用。

4. 挂式电话离地不应高于900mm。

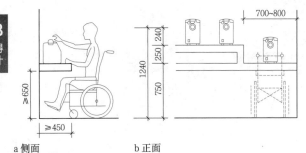

a 侧面　　　　b 正面

1 低位台式公用电话

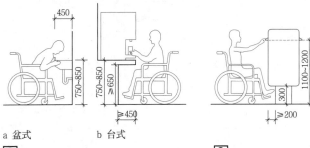

a 盆式　　　　b 台式

2 低位饮水机　　　　**3** 低位邮筒

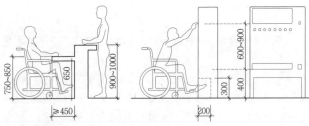

4 低位服务台　　　　**5** 低位自动售货柜

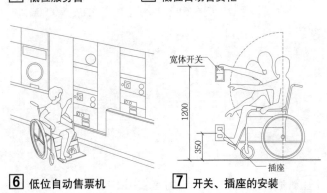

6 低位自动售票机　　　　**7** 开关、插座的安装

轮椅席

1. 轮椅席位应设在便于到达疏散口及通道的附近，不得设在公共通道范围内；轮椅席位处地面上应设置无障碍标识。

2. 观众厅内通往轮椅席位的通道宽度不应小于1.20m；

3. 每个轮椅席位的占地面积不应小于1.10m×0.80m；

4. 轮椅席位的地面应平整、防滑，在边缘处宜安装栏杆或栏板；

5. 在轮椅席位上观看演出和比赛的视线不应受到遮挡，但也不应遮挡他人的视线；

6. 在轮椅席位旁或在邻近的观众席内宜设置1:1的陪护席位。

轮椅席位的规模设置　　　　　　　　　　　表1

建筑类别	观众席座位数量
剧场、音乐厅、电影院、会堂、演艺中心	1.总席位数300座及以下时，应至少设1个轮椅席位；2.300座以上时不应少于0.2%且不少于2个
体育场馆	设轮椅席位数量不应少于各类观众席位总数的0.2%

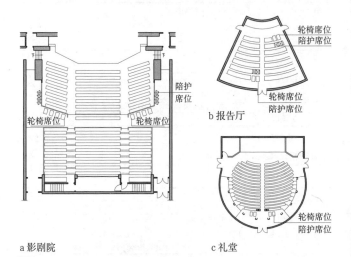

a 影剧院　　　　b 报告厅　　　　c 礼堂

8 影剧院、礼堂及报告厅等轮椅席位平面

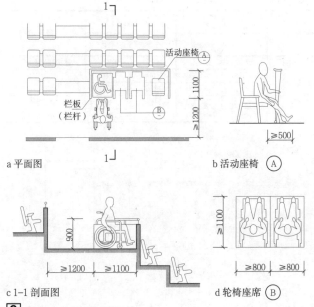

a 平面图　　　　b 活动座椅 Ⓐ

c 1-1 剖面图　　　　d 轮椅座席 Ⓑ

9 轮椅席位的位置及尺寸

居室与客房

1. 面积

行动障碍者需要轮椅等助行器作代步工具,需要比普通人更多些使用方便又安全的空间和面积。

2. 位置

行动障碍者的居住套型应与楼栋内外交通设施临近设置。卧室宜位于套内中央位置,减少套内流线距离。儿童卧室与卫生间应放在父母卧室附近,以便照料和方便使用。

3. 房间布局

房间布局重点考虑床与窗、门之间的位置。轻度残障者的床可以靠墙壁放置,重度残障者以床头端靠墙,周边需留出照看空间。对于不能自行使用轮椅者,可在房屋顶棚安装滑轨下挂式器具或使用辅助的扶手、抓杆等到达卫生间等部位。若是长期卧床不起的病人,还需要特制功能的床等。

4. 照明及电气设备

室内灯光应根据残障者的特征和状态专门设置,进行照明分区,夜间宜用低度照明,便于起夜如厕;电灯开关安装部位要方便夜间使用。在床边及卫生间设置紧急告警器。

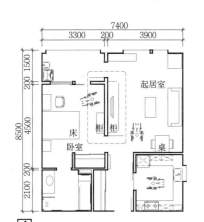

1 无障碍住房平面图

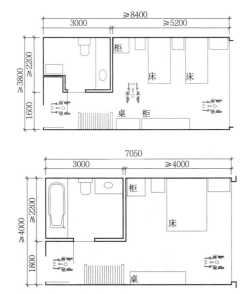

2 无障碍客房平面图

居室尺度关系

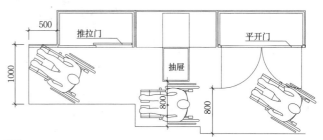

3 壁橱和贮存设施所需水平空间与开启方式

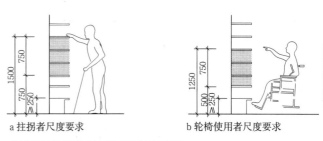

a 拄拐者尺度要求　　　　b 轮椅使用者尺度要求

垂直搁板需考虑轮椅使用者的手臂长度与可及性。

4 收纳空间设计要点

家具及特殊配置

床有不同种类,功能也不尽相同,应根据使用者身体机能和生活适应状况选择合适的床与床垫。对于无法自行下床行走的使用者,应选择辅助用具协助其向轮椅转移或站立和行走。无论能自理还是需要护理的人,如需在室内使用轮椅,则必须考虑在床、家具的布局上,使空间适合轮椅活动。

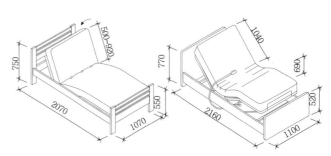

5 起身床　　　　　　　　**6** 电动起身床

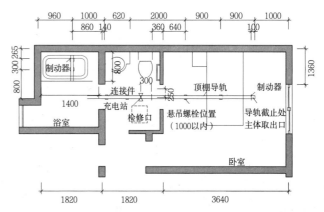

7 房屋顶棚安装下挂式助行器具

3
无障碍设计

厨房

1. 厨房要便于乘轮椅者通行和操作,入口宜设计成无门扇式厨房、开放式厨房或通过式厨房。

2. 在厨房的通道中应有轮椅可旋转地段,通道地面要防滑。

3. 厨房家具最好配备成使用方便的转角式或三面式(L形或U形),并按操作顺序排列减少往返过程。

4. 操作台的高度为750~800mm,深度为500~600mm,在操作台和洗菜池下方,要最大限度地提供轮椅使用者双腿可伸入或靠近的空间。吊柜底板高度为1200mm。

5. 电冰箱、微波炉、抽油烟机等专用电器插座及燃气表和热水器要方便乘轮椅者靠近,阀门及观察孔的高度为1000~1100mm。

1 无障碍厨房示意

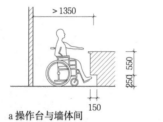

a 操作台与墙体间　　b 两排操作台之间

2 厨房过道尺寸

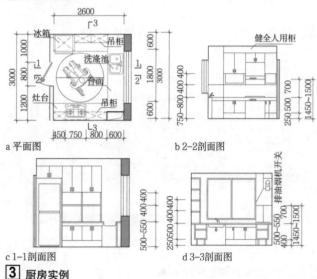

a 平面图　　　b 2-2剖面图

c 1-1剖面图　　d 3-3剖面图

3 厨房实例

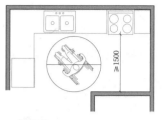

a L形厨房　　　　　　　b U形厨房

4 L形及U形厨房过道尺寸

卫生间与浴室

为行动障碍者设计的卫生间宜将浴盆、坐便器、洗脸盆和梳妆台集中布置在一起,这样不仅使用上紧凑合理,也容易保证轮椅使用者的回旋空间。

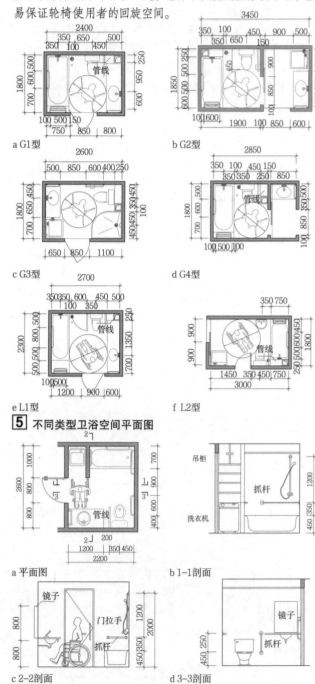

a G1型　　　　　　　b G2型

c G3型　　　　　　　d G4型

e L1型　　　　　　　f L2型

5 不同类型卫浴空间平面图

a 平面图　　　　　　b 1-1剖面

c 2-2剖面　　　　　　d 3-3剖面

6 卫生间实例

门厅

户内门厅是连接家庭和外界的空间。为了保证行动障碍者和老年人能方便进出，应重点考虑在门厅进行各种活动时的安全性。此外，在规划阶段就应该满足以下几种设计原则：

1. 应将门厅与起居室、卧室、卫生间、厨房等设置于同一层内。

2. 在门厅尽可能保证可设置座凳、鞋柜等的空间。

3. 户门外及户内门厅的地面，应无高低差。户门门槛高应≤15mm，并以斜面过渡。

4. 地面应采用被水打湿后也不变滑的材料。

5. 考虑到在门厅换鞋或乘坐轮椅等活动时的安全性，应设置扶手或安全抓杆。

6. 在户门入口内外，应确保步行辅助用具及轮椅通行的有效宽度。

7. 门扇及观察窗口应开闭方便，并考虑安全性。

8. 确保充分的照度，避免脚下昏暗。

9. 轮椅与鞋柜应设置于不必采用费力姿势就能拿取的位置。

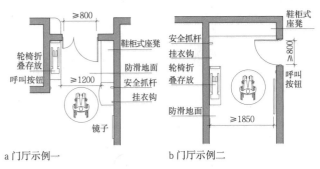

a 门厅示例一　　　　　　　b 门厅示例二

平开门、推拉门、折叠门开启后通行净宽不应小于800mm，室内走道不应小于1.20m。

1 门厅平面图

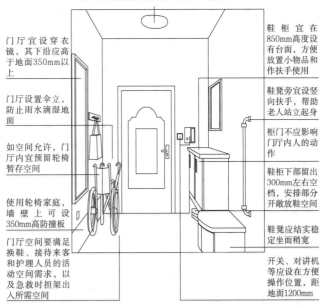

2 门厅示意图

阳台

阳台不仅是晾衣服和晒被子的功能性空间，也是能进行锻炼健身、休闲娱乐、观赏景物及盆栽等户外活动的地方，因此阳台的空间有助于行动障碍者对室外环境的沟通和信息的摄入，对老年人的身心健康十分有益。为确保方便而安全地从室内出入阳台，若门内外地面有高差，应≤15mm，并以斜面过渡。

设计原则：

1. 阳台出入口应尽可能采用无垂直型高低差的结构。

2. 应使用被打湿也不易变滑的地板材料。

3. 在有可能发生跌落风险的位置，应设防跌落扶手。

此外，阳台的地面均应做好排水、防滑处理；阳台的进深不应小于1500mm，阳台栏板高度可适当降低，但要加装保护围栏。晾晒器具的操作面高度，均应控制在650mm左右。

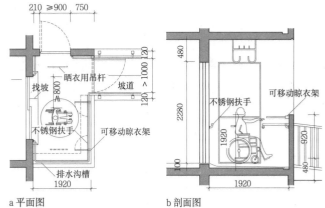

a 平面图　　　　　　　　b 剖面图

3 利用首层阳台作为坡道入口

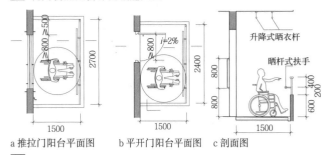

a 推拉门阳台平面图　b 平开门阳台平面图　c 剖面图

4 楼层阳台

电器设施安装高度设计

开关、插座等电气设施安装高度应该根据使用功能不同分别安装。

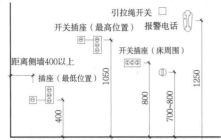

5 电气开关与插座

国际通用无障碍标识

国际通用无障碍标识是由国际康复协会(RI)在1969年制订。这个标识表示"残障者可以通行和使用的设施",规定在特定的场合使用。

这些标识虽然是轮椅的形状,但是,并不是仅以轮椅使用者为对象的标识。虽说也考虑到其他残障者的使用,但实际上仍是以轮椅使用者为主要利用对象。因此,视觉障碍者及听觉障碍者等有关国际团体采用了另外制定的象征性标识。

表示供残疾人、老年人、伤病人及其他有特殊要求的人群使用的设施。

表示供残疾人、老年人、伤病人等行动不便者使用的水平通道。

表示供残疾人、老年人、伤病人等行动不便者使用的坡道。

表示供残疾人、老年人、伤病人等行动不便乘坐的电梯。

a 无障碍标识　　b 无障碍通道　　c 无障碍坡道　　d 无障碍电梯

表示供残疾人使用的客房。

表示供残疾人使用的停车位。

表示供残疾人、老年人、伤病人等行动不便者使用。

表示供轮椅使用者或儿童使用的电话。

e 无障碍客房　　f 无障碍停车位　　g 无障碍卫生间　　h 无障碍电话

1 无障碍标识符号

视觉障碍者使用提示标识

建筑内部宜使用无障碍标识的部位包括:门厅、出入口、坡道、通道、走廊、卫生间、电梯等。这些标识宜清晰易辨,并且不影响通行使用。

视觉障碍者可以利用的标识如下图所示。由于象征性标识是从视觉上向相关人员传达信息的手段,因此向视觉障碍者传达信息是非常困难的。所以通过在视觉障碍者可能利用的设施、物品及场所等位置设置这些标识,是希望向视觉障碍者之外的人传达信息,从而为视觉障碍者提供便利。

  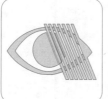

2 世界盲人联合组织规定的象征性标识

3 表示导盲犬同行的标识

4 视觉障碍者标识

听觉障碍者使用提示标识

在发生意外事故的时候,听觉障碍者无法听到警报等信息,带来很大的危险性和不便。在这种情况下,需要有能将自己是听觉障碍者告诉其他人的方式。不但在发生灾害时,即使在日常生活中,也有很多场合需要让别人知道自己是听觉障碍者。于是,作为改善听觉障碍者生活的一种手段,提出如下图所示的象征性标识方案。5、6为听觉残障者标识,7~10表示与听觉障碍者有关的设备及对应服务标识,这些标识主要表示个别内容,如带有关爱设备及对应服务措施等。

5 带有扩音装置的电话

6 有手语翻译

7 听力障碍者文字电话

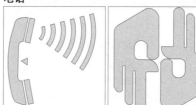 

8 带有扩音装置的电话

9 有手语翻译

10 听力障碍者电话

不是以耳朵的形状,而是以听觉障碍者的交流手段手语的手势为主题(设计:德福标识设计研究会,田中直人、见寺贞子、坂田岳彦)

11 象征性标识

 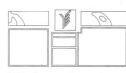

12 带有字幕介绍的公共汽车

13 有手语翻译的标识牌

标识牌安装位置和形式

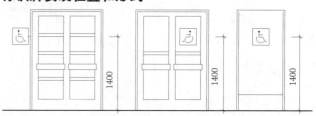

14 建筑入口及其服务设施的标识牌安装部位

15 带有指示无障碍通行方向和停车车位标识牌的一般形式

标识导示设计原则

标识不仅是视觉可见物，也包括声音、气味和触觉记号。视觉、听觉、触觉等标识构成的生活环境称为"标识环境"。

标识的导示设计原则：图示标明位置；文字明显准确；导向连续化、系统化；导向标识节点显著；预先警告危险。

无障碍标识的设计要素

在城市标识环境的设计中，每一个公共标识的设置都需要正确地表明"标识内容"、"设置位置"、"标识形式"（形状、构造、安装、调整），这就是标识设计的三要素。无障碍标识可以根据设计要素相关内容进行分类。

无障碍标识的类型　　　　　　　　　　　　　　表1

分类依据	类型
信息获取方法	基于视觉、听觉、嗅觉、触觉和味觉的标识
传达功能	名称、引导、导游、说明及限制标识
位置与形态类型	常用：贴壁式、横越式、地牌式、悬挂式、地面式、阅读板式、电子信息式； 其他：高耸标识、屋顶标识、屋檐式标识、旗帜标识

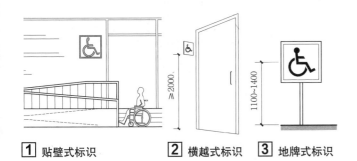

1 贴壁式标识　　2 横越式标识　　3 地牌式标识

听觉障碍标识

4 感应闭合电路　　5 红外系统

轮椅使用者标识

轮椅使用者的视点较低，其使用的贴壁式、地牌式标识中心高度应在1100~1400mm。轮椅不能通行的路段，要在路口设置预告标识。现实中轮椅不能通过的路段很多，因此应将可以通行的道路标记在导向图上告知使用者。轮椅可以使用的卫生间标出其所在位置。

6 无障碍标识高度　　7 无障碍厕所标识

视觉障碍标识

视觉障碍标识的设计原则　　　　　　　　　　表2

设计要素	设计要点
图形	优先使用实心图形，必要时可使用轮廓线； 图形宜闭合完整、简单明了； 线宽不应小于2.0mm，线条之间的距离不应小于1.5mm； 最小符号要素的尺寸不应小于3.5mm×2.5mm； 宜避免使符号带有方向性或隐含方向性
色彩❶	图底对比明显，视距≤2m时亮度比宜≥2.0（即对比度≥50%）； 视距>2m时亮度比宜≥5.0（即对比度≥80%）；深底色、浅色图文更易辨识； 表示否定的直杠或叉形颜色宜为红色，表示危险的图形宜为黄色，其他标识不宜采用红黄色为主色调
标识牌尺寸	标准的图形符号标识边长宜选择100~400mm，并在此范围内使用100mm模数
照明	图文标识的可见度对弱视者的辨认影响很大，应多采用亮图文标识与暗背景的组合方式，亮度比宜在2.5以上。同时利用好色彩对比还可以进一步提高其易识别性
字符	字符大小的设计以字符高度控制，汉字和英文数字参考表3，或者汉字应根据笔画数基于英文字体放大1.5~3倍； 宜采用笔画均匀、规整简洁、容易辨认的字体，不宜采用笔画粗细不一或形式过于复杂的字体，见表4； 英文要避免只用大写字母的标识，同时使用大小写更易理解

无障碍标识的参考最小字体高度❷　　　　　　表3

视距（m）	中文字体高度（mm）	英文数字字体高度（mm）
1~2	9	7
4~5	20	15
10	40	30
20	80	60
30	120	90

注：参考《新版简明无障碍建筑设计资料集成》，中文文字高度是以"木"字作为基准，笔画较多的汉字最小高度还应增加。

无障碍标识的字体选用　　　　　　　　　　　表4

标题或少量文字宜采用的字体	无衬线、笔画等宽字体：黑体、等线体
大段文字宜采用的字体	宋体、细黑、细等线体
不宜采用的字体	仿宋、楷体、草体、篆体等

听觉、触觉、嗅觉标识

除了强化视觉信息，可以考虑通过触觉、听觉、嗅觉及体感等手段来提供各种信息。如在人行横道线的两侧、地铁、车站、广场和建筑物的入口及电梯等处设置这些装置。在这类特定的环境中，可采用发声体来帮助视觉残疾者行进和定位，提高他们对环境的感知能力。触知示意图是利用指尖的感觉和盲文来感知理解，宜与普通文字和声音介绍等感知手段相结合。

8 高亮照明阅读板标识　　9 立体触觉信息　　10 触觉示意图

其他无障碍标识

老年人使用的标识：除具有弱视者标识的特点外，还应同时用大声或醒目的文字告知为宜；老人总想反复确认，宜在每一个路口和空间转折处都设置标识。

幼儿使用的标识：宜用有色彩的或容易辨认的图形。

❶ Jia Weiyang.Research on Color Luminance Ratio Design of Architectural Accessible Signs.The 2017 2nd International Conference on Civil, Transportation and Envirionment(ICCTE 2017)Proceeding.Paris:Atlantis Press，2017.

❷ 日本建筑学会.新版简明无障碍建筑设计资料集成.北京：中国建筑工业出版社，2006.

3 无障碍设计

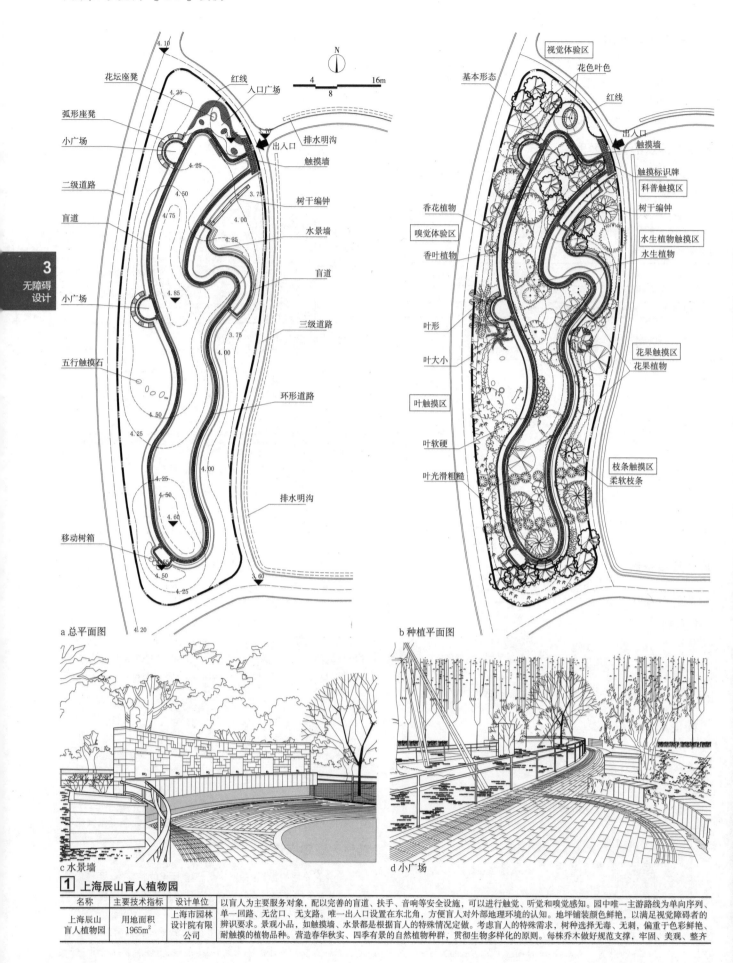

a 总平面图

b 种植平面图

c 水景墙

d 小广场

1 上海辰山盲人植物园

名称	主要技术指标	设计单位	
上海辰山盲人植物园	用地面积1965m²	上海市园林设计院有限公司	以盲人为主要服务对象，配以完善的盲道、扶手、音响等安全设施，可以进行触觉、听觉和嗅觉感知。园中唯一主游路线为单向序列、单一回路、无岔口、无支路。唯一出入口设置在东北角，方便盲人对外部地理环境的认知。地坪铺装颜色鲜艳，以满足视觉障碍者的辨识要求。景观小品，如触摸墙、水景墙是根据盲人的特殊情况定做。考虑盲人的特殊需求，树种选择无毒、无刺，偏重于色彩鲜艳、耐触摸的植物品种。营造春华秋实、四季有景的自然植物种群，贯彻生物多样化的原则。每株乔木做好规范支撑，牢固、美观、整齐

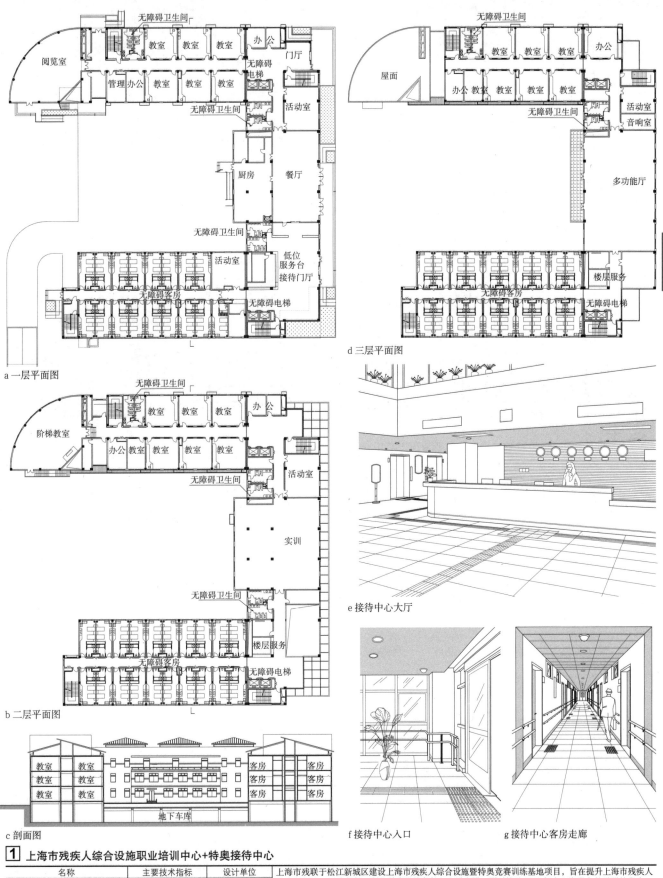

3
无障碍
设计

a 一层平面图

b 二层平面图

c 剖面图

d 三层平面图

e 接待中心大厅

f 接待中心入口

g 接待中心客房走廊

1 上海市残疾人综合设施职业培训中心+特奥接待中心

名称	主要技术指标	设计单位	
上海市残疾人综合设施职业培训中心＋特奥接待中心	建筑面积 13230m²	华东建筑集团股份有限公司	上海市残联于松江新城区建设上海市残疾人综合设施暨特奥竞赛训练基地项目，旨在提升上海市残疾人的康复训练、医疗保健、职业教育设施条件与生活水平，同时协助 2007 年在上海举办的世界特奥会。残疾人职业教育培训包括实训教学楼和学院宿舍楼暨接待中心两部分。南侧学员宿舍高 4 层，自带有独立卫生间的 15 间 4 人房和 45 间 2 人房共 150 个床位。北侧的实训教学楼高 4 层，主要包括文化课教室、各种技能学习教室和实训教室，让残疾人能够学到自力更生的能力。

无障碍设计 ［32］实例

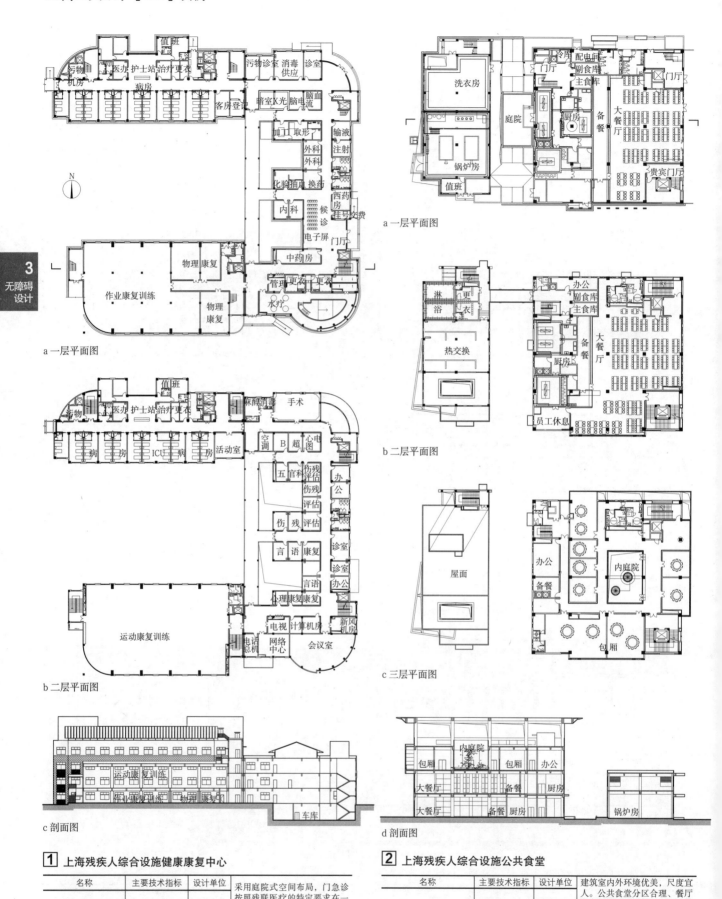

a 一层平面图

b 二层平面图

c 剖面图

a 一层平面图

b 二层平面图

c 三层平面图

d 剖面图

1 上海残疾人综合设施健康康复中心

名称	主要技术指标	设计单位	采用庭院式空间布局，门急诊按照残联医疗的特定要求在一至三层设置了相关各个科室；病房楼每层为1个护理单元，共150个病床位
上海市残疾人综合设施健康康复中心	建筑面积 11585m²	华东建筑集团股份有限公司	

2 上海残疾人综合设施公共食堂

名称	主要技术指标	设计单位	建筑室内外环境优美，尺度宜人。公共食堂分区合理、餐厅宽敞明亮，可满足600人同时进餐。厨房后勤有单独出入口。600座多功能厅可满足全区使用，同时也可灵活分割布置
上海市残疾人综合设施公共食堂	建筑面积 3433m²	华东建筑集团股份有限公司	

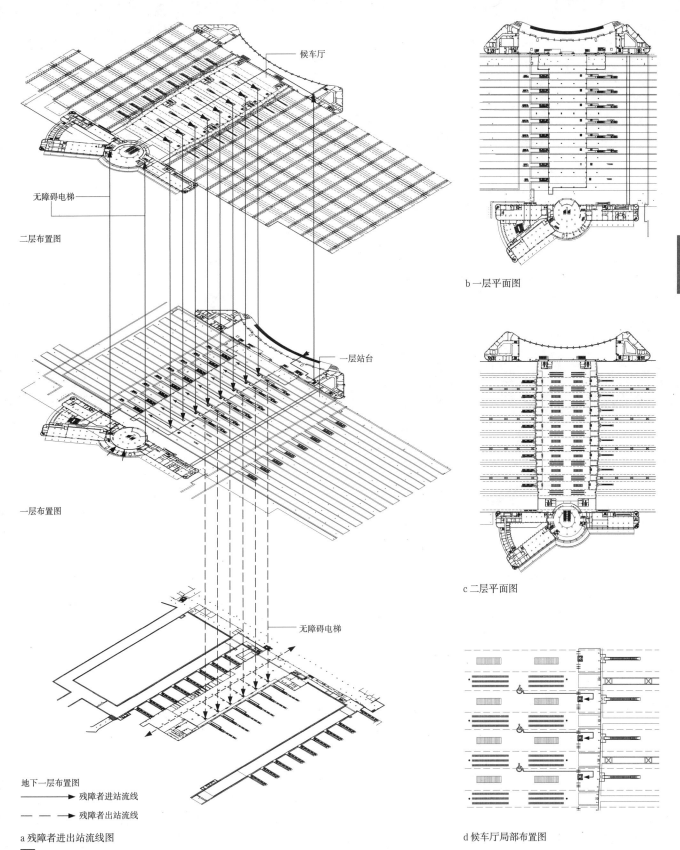

候车厅

无障碍电梯

二层布置图

一层站台

一层布置图

无障碍电梯

地下一层布置图

→ 残障者进出站流线

-- → 残障者出站流线

a 残障者进出站流线图

b 一层平面图

c 二层平面图

d 候车厅局部布置图

3
无障碍
设计

① 天津火车站扩建工程

名称	地点	主要技术指标	车站最高聚集人数	竣工时间	设计单位
天津火车站扩建工程	天津	总建筑面积187213m²	7000人	2008	中国铁路设计集团有限公司

天津火车站扩建工程包括城际北站房、高架候车室、地下进站厅、无站台柱雨篷、东西侧旅客地道和行包地道等，主要人流从南站房和北站房进站大厅入站，进入二层高架候车厅。工程充分考虑了轮椅使用者的进站和出站需求，高架候车室及地下旅客通道均有供轮椅使用的电梯，提供了垂直交通的便捷途径

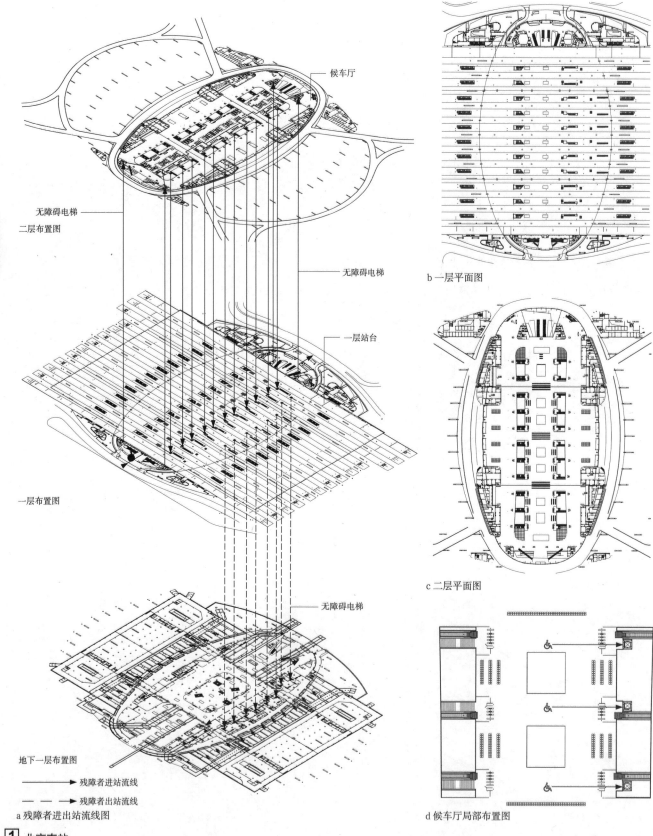

无障碍电梯
二层布置图

候车厅

无障碍电梯

一层站台

一层布置图

无障碍电梯

地下一层布置图

——▶ 残障者进站流线
— — ▶ 残障者出站流线

a 残障者进出站流线图

b 一层平面图

c 二层平面图

d 候车厅局部布置图

3
无障碍
设计

1 北京南站

名称	地点	主要技术指标	车站最高聚集人数	竣工时间	设计单位
北京南站	北京	总建筑面积224925m²	10500人	2008	中国铁路设计集团有限公司、特里·法雷尔建筑事务所

北京南站作为京津城际和京沪客运专线的起点，是集多种交通方式于一体的大型综合枢纽站。站房主体5层，所有出入站的旅客流线，以及与地铁、停车库的连接均有无障碍电梯连通。入站旅客在候车厅检票后，可通过电梯直达站台；出站旅客则由站台经电梯至地下一层后分别从南北两广场出站，亦可下至地铁交通站台

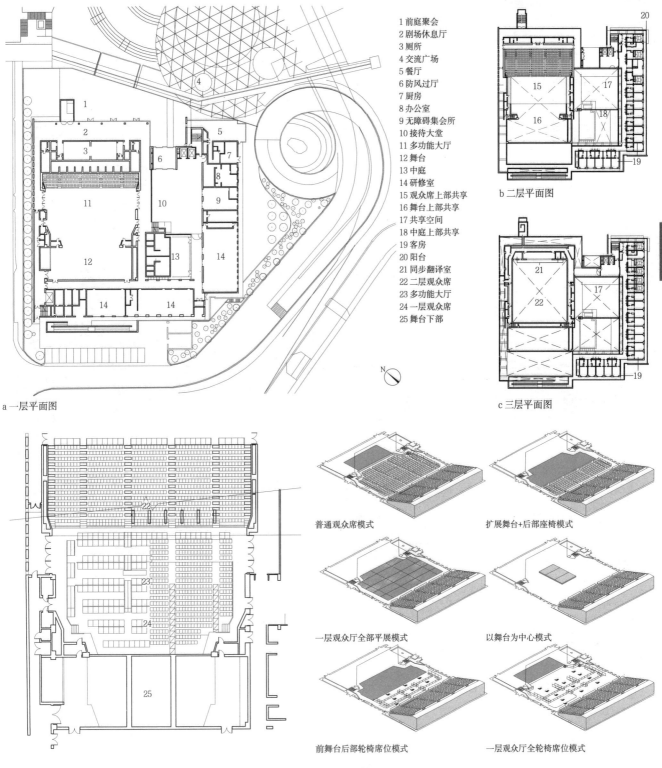

1 前庭聚会
2 剧场休息厅
3 厕所
4 交流广场
5 餐厅
6 防风过厅
7 厨房
8 办公室
9 无障碍集会所
10 接待大堂
11 多功能大厅
12 舞台
13 中庭
14 研修室
15 观众席上部共享
16 舞台上部共享
17 共享空间
18 中庭上部共享
19 客房
20 阳台
21 同步翻译室
22 二层观众席
23 多功能大厅
24 一层观众席
25 舞台下部

a 一层平面图

b 二层平面图

c 三层平面图

d 多功能观众厅

普通观众席模式

扩展舞台+后部座椅模式

一层观众厅全部平展模式

以舞台为中心模式

前舞台后部轮椅席位模式

一层观众厅全轮椅席位模式

e 六种转换模式

1 国际残障者交流中心❶

名称	地点	主要技术指标	竣工时间	设计单位
国际残障者交流中心	大阪府堺市茶山台	占地面积7959m²，建筑面积10970m²	2001	日建设计

国际残障者交流中心为公共募捐型投资建筑，是全部以残障者为使用对象，集研修、文娱、住宿为一体的综合设施。建筑空间设计充分采纳残障者意见，由摄南大学工学部建筑学科田中研究室和日建设计并日建空间设计共同协作完成。普通席位容纳1500人，其中固定席位700座位，800席位可在地板下隐藏，而此空间可容纳300个轮椅席位。并有6种转换模式，其轮椅席位可因演出形式变化随之增减

❶（日）中原大久保编辑室. 時代が走りはじめた——ユニバーサルデザインを問い直して. TOTO通信別冊2001冬. 京都：東陶器株式会社告宣部，2001.

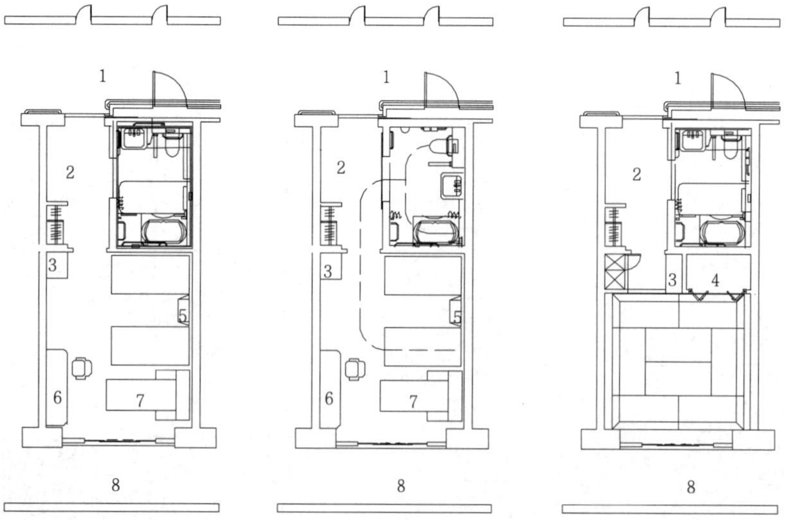

1 走廊
2 有避难标识的前室
3 行李放置台
4 壁柜
5 附操控版的床头柜
6 电视桌（下附水箱）
7 沙发床
8 阳台
9 被服储存室
10 小型吧台
11 电视台及床头柜
12 写字台
13 共享空间
14 客房
15 办公室

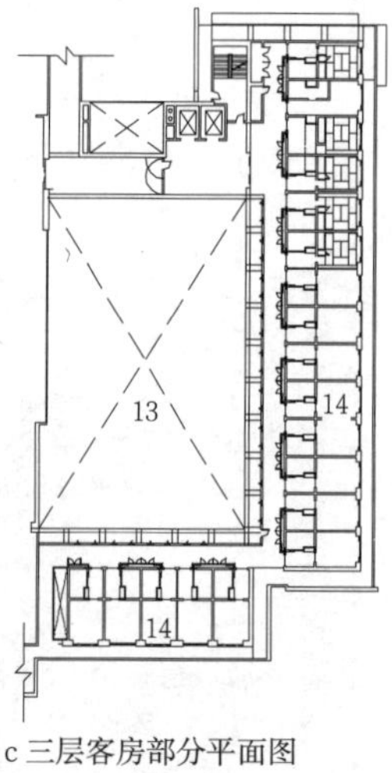

c 三层客房部分平面图

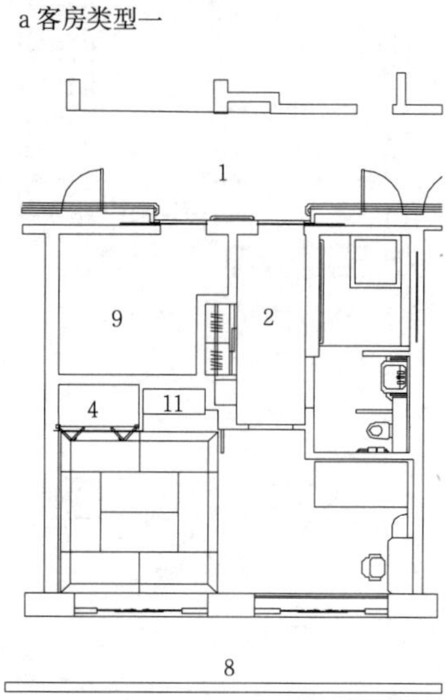

a 客房类型一

b 客房类型二

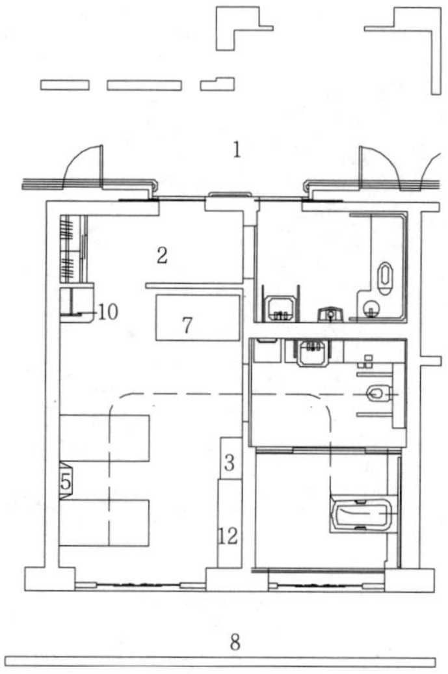

d 二层客房部分平面图

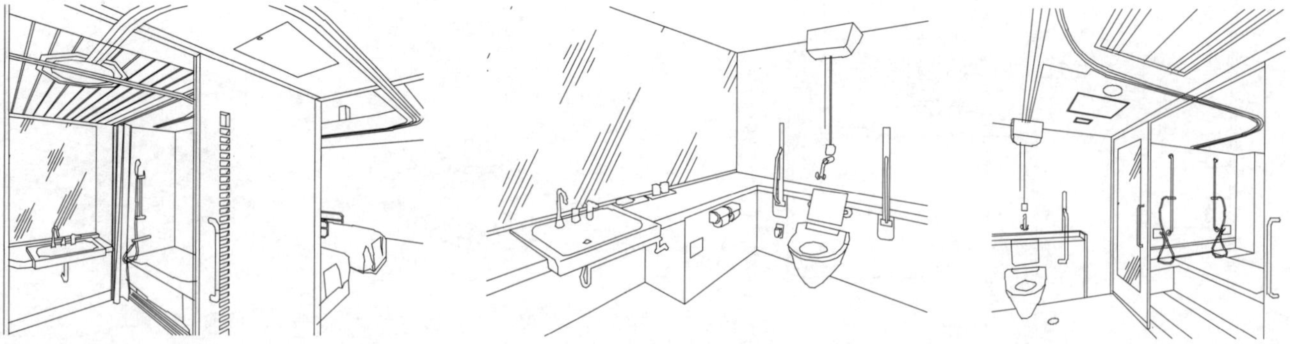

e 客房卫生间无障碍设施

1 国际残障者交流中心客房部分❶

名称	客房类型	双床间（标准间）沙发可转换为沙发床，且分为普通客房与日式装修两种形式，还有日式、西式兼并设置，即日式起居空间兼备西式客房，并配有重度残障者使用客房，附设移动用升降机，以适应不同需求人的使用要求。
国际残障者交流中心客房部分	5种模式以应对残障程度不同的使用者	客房床没有侧板，护理员方便护理；质地较厚床裙方便视觉困难者确认床位；固定振动装置使听觉障碍者在遇特殊情况时可立即起床疏散；电视非常时刻强制启动电源显示催促避难的影像。卫生设施所用面积较大，浴室均可提供轮椅者使用，有为护理方便而特设的较大浴盆，重度残障者在床、厕所、浴室之间设置连续滑动升降机设施，附方便护理的中央设置模式

❶（日）中原大久保编辑室.时代が走りはじめた——ユニバーサルデザインを問い直して.TOTO通信别册2001冬.京都：東陶器株式会社告宣部，2001.

3
无障碍
设计

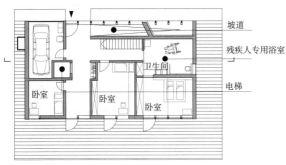

a 一层平面图

b 二层平面图

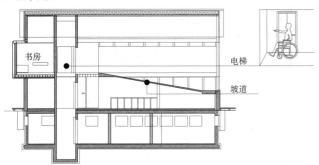

c 剖面图

d 电器控制面板的布置（桌椅下部）

e 室内坡道　　　　　f 从窗外看到室内的残疾人坡道

a 廊式住宅层平面图

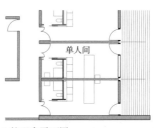

b 护理房平面图

c 套型一平面图

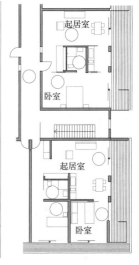

d 套型二和套型三平面图

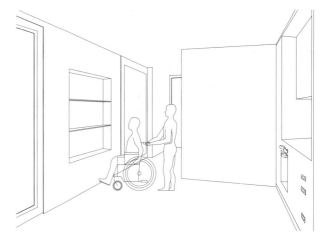

e 宽敞的套内可以充分满足残疾人的活动需求

1 德国格施塔特住宅

位置	木结构无障碍住宅在Gstadt am Chiemsee的一个小街区上
设计师	Florian Hofer
住宅主人的要求	清除不必要的障碍，方便轮椅通行； 确保能自由地出入房间，雨篷的设置为保证雨雪天出门取车不受影响； 此外房间不设门槛，连接室外的活动平台采用短坡道； 洗面盆以及厨房用具设置在适当的高度

2 伯尔尼附近Multengut老年人住宅

概况	由两幢90m长且彼此平行的建筑构成。两幢看似各自独立的Multengut老年人住宅事实上是由一个地下通道连接着。中间的庭院空间兼具接待和室外休闲的功能，同时每幢建筑都有位于其中的竖向通道
位置	位于伯尼尔附近地区
设计师	Burkhalter SumiHofer
面积指标	共包括98套公寓、26套护理房，总占地面积8700m²，总使用面积10851m²
可供选择的公寓	第一种类型是由墙板分割而形成的一系列条状空间；第二种是以盥洗室、浴室和厨房为中心核心区的公寓；位于拐角的第三种公寓则是前两种的组合，因而面积更大。从每套公寓里都可以看到外面的公共走廊，意在鼓励邻里交流。公寓宽大适称的推拉门和大面积花色玻璃朝向阳台。建筑等长的阳台被每套公寓红色的储物室分隔成一个个独立的私人区域，公寓都位于三四层

建筑防火［1］范围·分类

本章根据《建筑设计防火规范》GB 50016-2014、《住宅设计规范》GB 50096-2011、《汽车库、修车库、停车场设计防火规范》GB 50067-2014、《人民防空工程设计防火规范》GB 50098-2009、《建筑内部装修设计防火规范》GB 50222-95（2001年修订版）、《大型商业建筑设计防火规范》DBJ 50-054-2013等规范编写，旨在以民用建筑为纲，以建筑设计为本，从建筑设计角度来诠释建筑防火设计，并按建筑设计程序逐步深入：先从建筑定性、分类出发，再阐述总体布局、防火分区、安全疏散、耐火构造等方面防火设计问题，以及防排烟、性能化防火设计等内容。本章内容仅作为民用建筑防火设计的参考性资料，设计时还应以有关各类现行（防火）规范为依据。

本章适用范围　　　　　　　　　　　　　　　　　　　　　　　　　　　表1

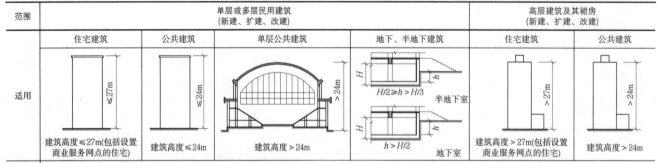

范围	单层或多层民用建筑（新建、扩建、改建）				高层建筑及其裙房（新建、扩建、改建）	
	住宅建筑	公共建筑	单层公共建筑	地下、半地下建筑	住宅建筑	公共建筑
适用	建筑高度≤27m（包括设置商业服务网点的住宅）	建筑高度≤24m	建筑高度>24m	$H/2 \geq h > H/3$ 半地下室 $h > H/2$ 地下室	建筑高度>27m（包括设置商业服务网点的住宅）	建筑高度>24m
不适用	不适用于厂房、仓库、钢结构、木结构建筑的防火设计。人民防空工程、石油和天然气工程、石油化工企业、火力发电厂与变电站等的建筑防火设计，当有专门的国家现行标准时，宜符合其规定。					

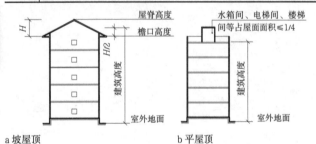

a 坡屋顶　　　　b 平屋顶

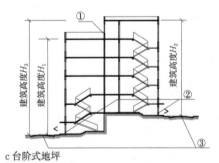

①防火墙
②安全出口
③沿建筑两个长边设置消防车道或尽头式消防车道

注：同时具备①、②、③三个条件时，可按H_1、H_2分别计算建筑高度；否则应按H_3计算建筑高度。

c 台阶式地坪

［1］建筑高度的计算

民用建筑的分类　　　　　　　　　　表2

名称		高层民用建筑		单层或多层民用建筑
		一类	二类	
公共建筑		1. 建筑高度>50m的公共建筑； 2. 建筑高度24m以上部分，任一楼层建筑面积>1000m²的商店、展览、电信、邮政、财贸金融建筑和其他多种功能组合的建筑； 3. 医疗建筑、重要公共建筑； 4. 省级及以上的广播电视和防灾指挥调度建筑、网局级和省级电力调度建筑； 5. 藏书>100万册的图书馆、书库。	除一类高层公共建筑外的其他高层公共建筑	1. 建筑高度>24m的单层公共建筑； 2. 建筑高度≤24m的其他民用建筑。
住宅建筑		建筑高度>54m	27m<建筑高度≤54m	建筑高度≤27m
	备注：包括设置商业服务网点的住宅建筑			

注：1. 表中未列入的建筑，其类别应根据本表类比确定。
　　2. 除另有规定外，宿舍、公寓等非住宅类居住建筑的防火要求，应符合规范有关公共建筑的规定；裙房的防火要求应符合有关高层民用建筑的规定。

［2］建筑层数的计算

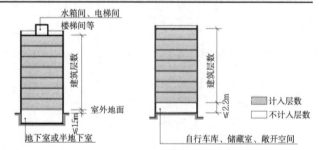

2010年上海世博会展馆区规划合理布置空地、绿化、公园、道路及水面等开阔部分，构成了城市空间的平面防火隔离带，其中基本无可燃物，能比较有效地截断火势，阻止火势蔓延。

［3］平面防火隔离带：2010年上海世博会展馆区

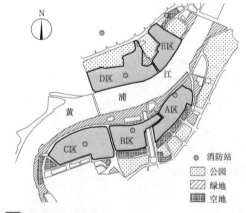

东京都墨田区的白须东小区，多层或高层的成片耐火建筑，可阻挡火灾时来自东侧大片木屋区的辐射热和火流，起到立体"防火墙"的作用，可使街区大火得以有效控制，使疏散到避难广场上的人员的安全得到保障。

［4］立体防火隔离带：东京白须东小区

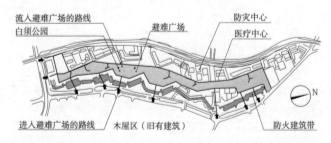

4
建筑防灾设计

民用建筑的防火间距

防火间距应按相邻建筑物外墙的最近水平距离计算，当外墙有凸出的可燃或难燃构件时，应从其凸出部分的外缘算起。

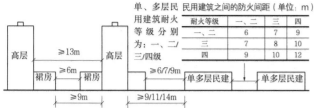

单、多层民用建筑之间的防火间距（单位：m）

单、多层民用建筑耐火等级分别为：一、二/三/四级	一、二	三	四
一、二	6	7	9
三	7	8	10
四	9	10	12

1. 相邻两座建筑物，当相邻外墙为不燃烧体且无外露的可燃性屋檐，每面外墙上未设置防火保护措施的门窗洞口不正对开设，且面积之和≤该外墙面积的5%时，其防火间距可按本图规定减少25%。
2. 相邻建筑通过连廊、天桥或底部的建筑物等连接时，其间距不应小于本图规定。
3. 耐火等级低于四级的既有建筑物，其耐火等级按四级确定。

1 民用建筑之间的防火间距

民用建筑与厂房、仓库之间的防火间距（单位：m）　表1

名称			民用建筑				
			裙房、单、多层建筑			高层建筑	
			一、二级	三级	四级	一类	二类
甲类厂房	单、多层	一、二级	25			50	
乙类厂房、仓库	单、多层	一、二级	25			50	
		三级					
	高层	一、二级					
丙类厂房、仓库	单、多层	一、二级	10	12	14	20	15
		三级	12	14	16	25	20
		四级	14	16	18		
	高层	一、二级	13	15	17	20	15
丁、戊类厂房、仓库	单、多层	一、二级	10	12	14	15	13
		三级	12	14	16	18	13
		四级	14	16	18		
	高层	一、二级	13	15	17	15	13

民用建筑与液体储罐（区）的防火间距（单位：m）　表2

类别	一个罐区或堆场的总容量V(m³)	建筑物			
		一、二级		三级	四级
		高层民用建筑	裙房、其他建筑		
甲、乙类液体储罐（区）	1≤V<50	40	12	15	20
	50≤V<200	50	15	20	25
	200≤V<1000	60	20	25	30
	1000≤V<5000	70	25	30	40
丙类液体储罐（区）	5≤V<250	40	12	15	20
	250≤V<1000	50	15	20	25
	1000≤V<5000	60	20	25	30
	5000≤V<25000	70	25	30	40

民用建筑与湿式可燃气体/氧气储罐的防火间距（单位：m）　表3

类别	一个储罐总容量V(m³)	民用建筑	
		高层民用建筑	单、多层民用建筑
湿式可燃气体储罐	V<1000	25	18
	1000≤V<10000	30	20
	10000≤V<50000	35	25
	50000≤V<100000	40	30
	100000≤V<300000	45	35
湿式氧气储罐	V≤1000	18	
	1000<V≤50000	20	
	V>50000	25	

民用建筑与瓶装液化石油气供应站瓶库的防火间距（单位：m）　表4

分类	Ⅰ级		Ⅱ级	
瓶库的总存瓶容积V(m³)	6<V≤10	10<V≤20	1<V≤3	3<V≤6
重要公共建筑	20	25	12	15
其他民用建筑	10	15	6	8

民用建筑防火间距的放宽条件

1. 两座建筑相邻较高一面外墙为防火墙，或高出相邻较低建筑（一、二级耐火等级）的屋面15m及以下范围内的外墙为防火墙时，其防火间距不限。

2. 两座高度相同的建筑（一、二级耐火等级），相邻任一侧外墙为防火墙，屋顶耐火极限≥1.00h时，其防火间距不限。

3. 相邻两座建筑，较低建筑的耐火等级不低于二级，其相邻面的外墙为防火墙且屋顶无天窗，屋顶的耐火极限≥1.00h时，防火间距单、多层建筑应≥3.5m；高层建筑应≥4m。

4. 相邻两座建筑，较低建筑的耐火等级不低于二级且屋顶无天窗，较高建筑一面外墙高出较低建筑的屋面15m及以下范围内的开口部位设置甲级防火门、窗，或设置防火分隔水幕或防火卷帘时，防火间距单、多层建筑应≥3.5m；高层建筑应≥4m。

5. 除高层民用建筑外，数座一、二级耐火等级的住宅建筑或办公建筑，当占地面积总和≤2500m²时，可成组布置，但组内建筑物之间的间距宜≥4m，组与组或组与相邻建筑物的防火间距，不应小于防火间距的一般规定。

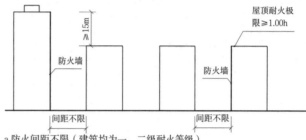

a 防火间距不限（建筑均为一、二级耐火等级）

b 防火间距减至3.5～4m（较低建筑的耐火等级不低于二级）

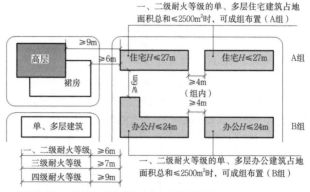

c 小规模成组布置单、多层建筑防火间距放宽情形

2 民用建筑防火间距的放宽条件

消防扑救场地与消防车道

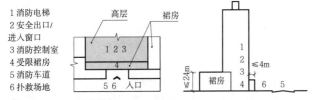

1 消防电梯
2 安全出口/进入窗口
3 消防控制室
4 受限裙房
5 消防车道
6 扑救场地

1 利于消防扑救的六结合原则

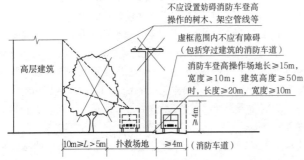

2 消防车道与扑救场地的要求

高层建筑至少沿一个长边或周边长度的1/4且不小于一个长边长度的底边，应连续布置消防车扑救场地。建筑高度≤50m的建筑，连续布置消防车扑救场地确有困难时，可间隔布置，但间距宜≤30m，其总长度应符合规定。消防车扑救场地坡度宜≤3%，消防车道的坡度宜≤8%。

3 消防车道的设置及形式

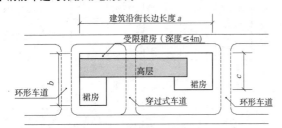

满足下列条件之一时，应设置穿过建筑的消防车道，确有困难应设置环形消防车道：
①建筑物沿街部分长度：a > 150m（矩形建筑）；
②建筑物总长度：a+b > 220m（L形建筑）或a+b+c > 220m（U形建筑）。

注：1. 街区内道路应考虑消防车通行，其道路中心线间距宜≤160m。
2. 高层民用建筑，>3000个座位的体育馆，>2000个座位的会堂，占地面积>3000m²的商店建筑、展览建筑等单、多层公共建筑，应设置环形消防车道，确有困难时可沿建筑的两个长边设置消防车道。
3. 住宅建筑和山坡地或河道边临空建造的高层建筑，可沿建筑的一个长边设置消防车道，该长边所在建筑立面应为消防车登高操作面。

4 封闭式内院或天井建筑的消防车道设置

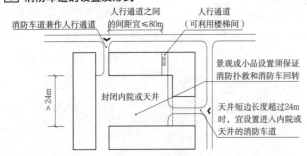

5 消防车尽端式回车场

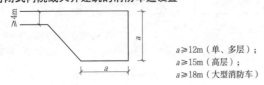

a≥12m（单、多层）；
a≥15m（高层）；
a≥18m（大型消防车）

群体建筑的典型布局方式

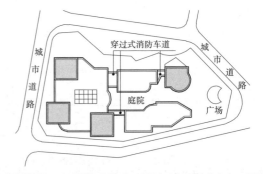

各高层建筑布置于裙房紧靠干道部位，当裙房及内院尺度较大时，可设置多个方向的穿过式车道。

6 周边式布局

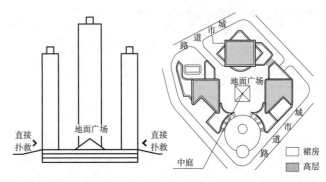

裙房设于地下，形成半地下商业空间，其屋顶形成与道路略有高差的广场，多个高层主体矗立其上。广场上设置利于地下空间采光通风的中庭、通风井等，消防车可直接驶上屋顶广场对各高层主体进行扑救。

7 广场式布局

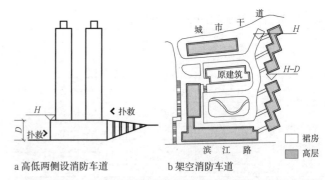

a 高低两侧设消防车道   b 架空消防车道

当地形高差较大时，可在场地两侧设置消防车道进行扑救。当消防车到达建筑周边有困难时，还可在地势较高一侧设置架空消防车道进行扑救。

8 立体式布局

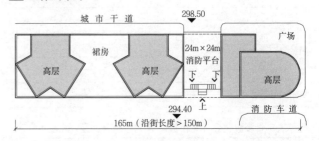

当裙房太长（沿街长度>150m或总长>220m），且两侧道路有高差时，可在其间设置消防平台作为扑救场地，消防车道不需穿越建筑。

9 消防平台代替穿过式消防车道

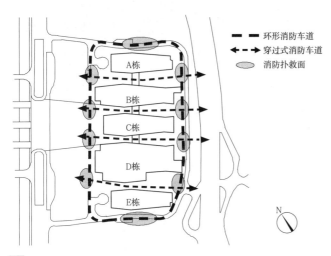

1 广州白云国际会展中心

名称	设计时间	设计单位
广州白云国际会展中心	2005	BURO II建筑事务所、中信华南（集团）建筑设计院

5栋建筑并排而立，建筑周边设置环形消防车道，每栋建筑之间的穿过式消防车道兼作人员安全疏散通道

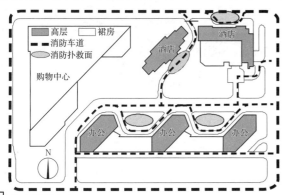

2 北京华贸中心

名称	建筑面积	设计时间	设计单位
北京华贸中心	477300m²	2003	美国KPF建筑所事务所

3栋办公楼沿道路布局，2栋酒店建筑沿长边设置消防车道，购物中心两侧为主要城市道路

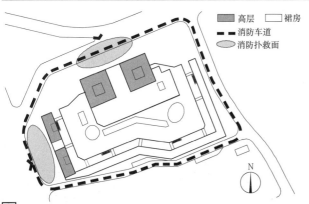

3 上海宝山万达广场

名称	建筑面积	设计时间	设计单位
上海宝山万达广场	294700m²	2010	上海商业建筑设计研究院有限公司、上海霍普建筑设计事务所股份有限公司

周边式布局，消防车道沿建筑周边设置，高层建筑布置在裙房外侧，各自设置安全疏散系统

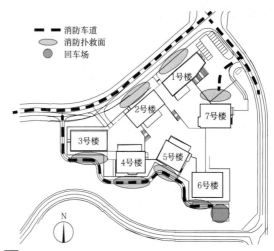

4 四川美术学院虎溪校区设计艺术馆

名称	建筑面积	设计时间	设计单位
四川美术学院虎溪校区设计艺术馆	31433m²	2006	家琨建筑设计事务所

分散式布局，结合山地地形通过平台将7座建筑联系起来，周边设置消防车道，道路尽端设置消防车回车场

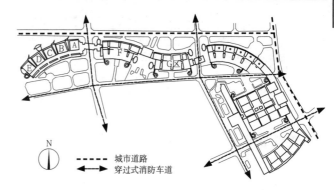

5 义乌国际商贸城一期

名称	建筑面积	设计时间	设计单位
义乌国际商贸城一期	340000m²	2001	东南大学建筑设计研究院有限公司

线状布局，消防车道沿建筑两长边布置，适中部位设置穿过式消防车道，联系城市道路与内部道路

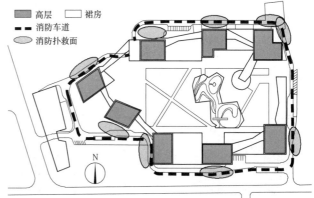

6 当代MOMA城

名称	建筑面积	设计时间	设计单位
当代MOMA城	220000m²	2008	斯蒂文·霍尔建筑事务所、OPEN建筑事务所

各高层建筑沿道路布局，外部保证消防扑救，内部形成广场院落

4
建筑防灾
设计

防火分区的面积规定

在建筑内部采用防火墙、耐火楼板及其他耐火分隔设施分隔而成，能在一定时间内防止火灾向同一建筑的其余部分蔓延的局部空间，称作防火分区。防火分区设计包括水平防火分区设计和垂直防火分区设计。

民用建筑的高度、层数及防火分区的最大允许建筑面积　　　表1

名称	耐火等级	允许建筑高度、位置、层数		防火分区的最大允许建筑面积（m²）	备注
高层民用建筑	一、二级	住宅	>27m	1500	对于体育馆、剧场的观众厅，防火分区的最大允许建筑面积可适当增加
		公建	>24m		
单、多层民用建筑	一、二级	住宅	≤27m	2500	
		公建	≤24m的多层和>24m的单层		
	三级	5层		1200	—
	四级	2层		600	—
（半）地下建筑（室）	一级	—		500	设备用房防火分区最大允许建筑面积应≤1000m²
汽车库	一、二级	单层		3000	—
		多层		2500	
		高层或地下		2000	
商业营业厅、展览厅	一、二级	高层建筑		4000	设置自动灭火系统、火灾自动报警系统，并采用不燃或难燃装修
		单层或多层建筑的首层		10000	
		（半）地下		2000	

注：1. 设置自动灭火系统的防火分区，允许最大建筑面积可按本表增加一倍；当局部设置时，增加面积可按该局部面积的一倍计算。
　2. 裙房与高层建筑主体之间设置防火墙时，裙房的防火分区可按耐火等级为一、二级单/多层建筑的要求确定。
　3. 敞开式、错层式、斜楼板式的汽车库的上下连通层面积应叠加计算，其防火分区最大允许建筑面积可按本表规定值增加一倍；半地下汽车库、设在建筑物首层的汽车库的防火分区，最大允许建筑面积应≤2500m²；室内有车道且有人员停留的机械式汽车库的防火分区，最大允许建筑面积应按本表规定值减少35%。

水平防火分区

采用一定耐火能力的墙体、门、窗和楼板，按规定的建筑面积标准，根据建筑物内部的不同使用功能区域，分隔成若干防火区域或防火单元。除了考虑不同的火灾危险性外，还需按照使用灭火剂的种类加以分隔；对于贵重设备间、贵重物品的房间，也需分隔成防火单元。

高层建筑每个防火分区允许建筑面积应≤1500m²，如全设自动灭火系统可扩大至3000m²。超过3000m²时，标准层可结合体形在平面转折处划分防火分区。

1 水平防火分区结合体形及平面划分

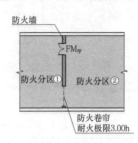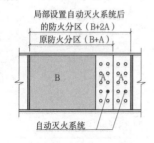

应采用防火墙划分防火分区，确有困难时可结合甲级防火门或防火卷帘、防火分隔水幕等措施进行分隔。

局部设置自动灭火系统的防火分区，其允许最大建筑面积可增加局部面积的一倍。

2 水平防火分区的耐火分隔

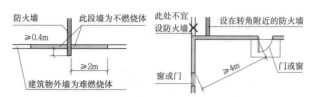

3 防火分区处防火墙设置

标准层结合抗震缝划分为3个防火分区。①、③防火分区内各有2部疏散楼梯（其一为室外疏散梯）；②防火分区内只有1座疏散楼梯。每个分区设有1台带有防烟前室的消防电梯。

4 北京饭店东楼防火分区

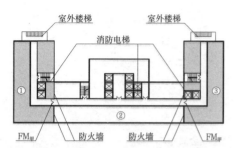

平面呈Y形，三翼划分为3个防火分区，中央核心部分作为1个防火分区，共4个防火分区。每个防火分区各设置1部防烟楼梯间，三翼防火分区均设置1樘甲级防火门开向中央的防火分区。

5 北京长城饭店防火分区

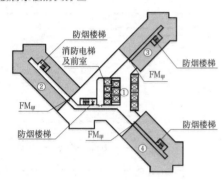

平面呈错开的一字形，体量的交接部位为交通枢纽，结合平面功能在核心筒两侧设置甲级防火门，将每层平面划分为3个防火分区。

6 伦敦泰拉旅馆防火分区

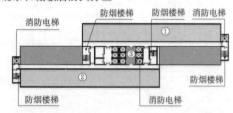

平面被分隔成9个防火分区，每个分区均保障双向疏散。其中，防火分区⑦作为共享空间，按1个防火分区设计。

7 天津仁恒海河广场地下一层防火分区

垂直防火分区

以耐火楼板、窗槛墙、防火挑檐等对建筑空间进行竖向分隔，并在管井、上下连通部位等处设置相应耐火分隔措施，使整个建筑在竖向上形成防火分隔。每一自然层通常作为一个防火分区。当建筑物内设置中庭、自动扶梯、敞开楼梯等上下层相连通的开口时，其防火分区最大允许建筑面积应按上下层相连通的面积叠加计算。

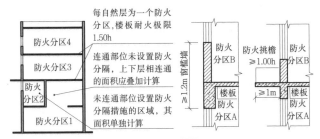

1 连通部位的面积计算   **2** 垂直防火分区耐火分隔

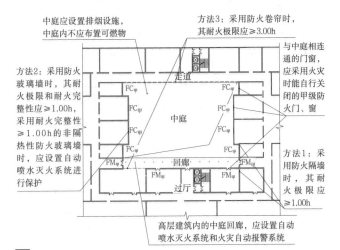

3 中庭的防火分区分隔措施

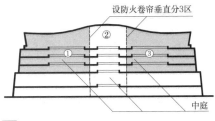

辅楼6层，总建筑面积约2万㎡，共设有3个中庭。①、③号中庭连通4层，②号中庭连通6层。②号中庭两侧层层设置防火卷帘，将辅楼竖直分为3区，①、③号中庭四周均未设防火分隔，其上下连通建筑面积之和满足规范要求。

4 上海金茂大厦辅楼垂直防火分区

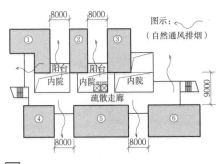

共6层，3个内院竖向空间贯通全楼，上设玻璃顶。内院四周墙面开敞，利于自然排烟散热，每层办公单元构成6个防火分区，与相邻及对面房间保持防火间距，均能直接双向疏散。经论证将竖向空间定性为"室内半开敞空间"而非中庭，内院四周不需设防火卷帘。

5 重庆林同炎办公楼防火分区

大型地下商业建筑防火分区

总建筑面积>20000㎡的地下或半地下商店，应采用无门、窗、洞口的防火墙，耐火极限≥2.00h的楼板，分隔为多个建筑面积≤20000㎡的区域。相邻区域确需局部连通时，应采用下沉式广场等室外开敞空间、防火隔间、避难走道、防烟楼梯间。防烟楼梯间的门应采用甲级防火门等方式进行连通。

实际工程中，"下沉式空间"相当于一个开敞式防火隔离区，"防火隔间"则相当于一个封闭式防火隔离区。

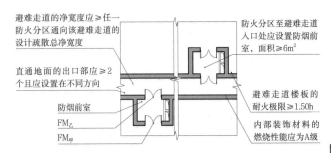

6 避难走道

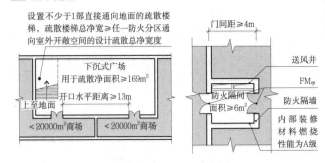

7 下沉式广场等室外开敞空间   **8** 防火隔间

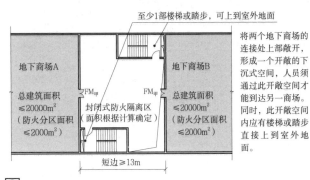

将两个地下商场的连接处上部敞开，形成一个开敞的下沉式空间，人员须通过此开敞空间才能到达另一商场。同时，此开敞空间内应有楼梯或踏步直接上到室外地面。

9 开敞式防火隔离区

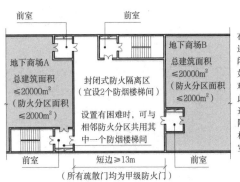

在两个地下商场的连接处设置一个封闭的耐火空间，犹如超高层建筑的避难区，人员须通过此封闭空间才能到达另一商场。防火隔离区面积宜根据相关规范计算，前室应有加压送风。

10 封闭式防火隔离区

4
建筑防灾
设计

功能空间结合防火分区的规定   表1

功能部位	空间设置要求和耐火分隔措施
商店营业厅、展览建筑的展览厅	地上部分采用三级耐火等级建筑时，应≤2层；采用四级耐火等级建筑时，应为单层；不应设置在地下三层及以下。一、二级耐火等级建筑内的营业厅、展览厅，当设置自动灭火系统和火灾自动报警系统且采用不燃或难燃装修材料时，每个防火分区的最大允许建筑面积应符合规定；设置在高层建筑内时，应≤4000m²；设置在单层建筑内或仅设置在多层建筑的首层内时，应≤10000m²；设置在地下或（半）地下时，应≤2000m²
医院和疗养院住院部分	1.不应设置在（半）地下。采用三级耐火等级建筑时，应≤2层；采用四级耐火等级建筑时，应为单层； 2.病房楼内相邻护理单元之间，应采用耐火极限≥2.00h的防火隔墙分隔，隔墙上的门应采用乙级防火门，走道上的防火门应采用常开防火门
老年人活动场所和儿童活动场所	宜设置在独立的建筑内，且不应设置在（半）地下。当采用一、二级耐火等级建筑时应≤3层；采用三级耐火等级建筑时应≤2层；采用四级耐火等级建筑时应为单层。确需设置在其他民用建筑内时，应符合规定：设置在一、二级耐火等级的建筑内时，应布置在首层、二层或三层；设置在高层建筑内时，应设置独立的安全出口和疏散楼梯；设置在单、多层建筑内时，宜设置独立的安全出口和疏散楼梯
教学建筑、食堂、菜市场	采用三级耐火等级建筑时，应≤2层；采用四级耐火等级建筑时，应为单层
剧场、电影院、礼堂	宜设置在独立的建筑内；采用三级耐火等级建筑时，应≤2层；确需设置在其他建筑内时，至少设置1个独立的安全出口或疏散楼梯，并符合下列规定： 1.应采用耐火极限≥2.00h的防火隔墙和甲级防火门与其他区域分隔； 2.设置在高层建筑内时，宜布置在首层、二层或三层。确需布置在其他楼层时，一个厅、室的疏散门应≥2个，且建筑面积宜≤400m²；应设置火灾自动报警系统和自动灭火系统；幕布的燃烧性能不应低于B1级； 3.设置在一、二级耐火等级的多层建筑内时，观众厅宜布置在首层、二层或三层；确需布置在四层及以上楼层时，一个厅、室的疏散门应≥2个，且每个观众厅或多功能厅的建筑面积≤400m²； 4.设置在三级耐火等级的建筑内时，不应设置在三层及以上楼层； 5.设置在（半）地下时，宜设置在地下一层，不应设置在地下三层及以下，防火分区的最大允许建筑面积应≤1000m²（当设置自动灭火系统和自动报警系统时，该面积不得增加）
高层建筑内的观众厅、会议厅、多功能厅	宜布置在首层、二层或三层；设置在三级耐火等级的建筑内时，不应布置在三层及以上；确需布置在一、二级耐火等级建筑的其他楼层时，应符合规定： 1.一个厅、室的疏散门应≥2个，且建筑面积宜≤400m²； 2.设置在地下室或半地下室时，宜设置在地下一层，不应设置在地下三层及以下楼层； 3.设置在高层建筑内时，应设置火灾自动报警系统和自动灭火系统
歌舞娱乐放映游艺场所（不含剧场、电影院）	1.不应布置在地下二层及以下；宜布置在一、二级耐火等级建筑内的首层、二层或三层的靠外墙部位； 2.不宜布置在袋形走道的两侧或尽端； 3.确需布置在地下一层时，地下一层的地面与室外出入口地坪的高差应≤10m； 4.确需布置在地下或四层及以上楼层时，一个厅、室的建筑面积应≤200m²； 5.厅、室之间及与建筑的其他部位之间，应采用耐火极限≥2.00h的防火隔墙和耐火极限≥1.00h的不燃性楼板分隔；设置在厅、室墙上的门，以及该场所与建筑内其他部位相通的门，均应采用乙级防火门
一类高层住宅建筑特殊房间	54m＜建筑高度≤100m的住宅建筑，每户应有一个房间符合下列规定： 1.靠外墙设置，并设置可开启外窗； 2.内、外墙体的耐火极限应≥1.00h，该房间的门宜采用乙级防火门，外窗宜采用耐火完整性≥1.00h的防火窗
住宅建筑与其他功能组合	设置商业服务网点的住宅建筑，居住部分与商业服务网点之间应采用耐火极限≥2.00h，且无门、窗、洞口的防火隔墙和耐火极限≥1.50h的不燃性楼板完全分隔，安全出口和疏散楼梯应分别独立设置。商业服务网点中每个分隔单元之间应采用耐火极限≥2.00h，且无门、窗、洞口的防火隔墙相互分隔。 除商业服务网点外，住宅建筑与其他使用功能的建筑合建时，应符合下列规定： 1.住宅部分与非住宅部分之间，应采用耐火极限≥2.00h，且无门、窗、洞口的防火隔墙和耐火极限≥1.50h的不燃性楼板完全分隔；当为高层建筑时，应采用无门、窗、洞口的防火隔墙和耐火极限≥2.00h的不燃性楼板完全分隔； 2.住宅与非住宅部分的安全出口和疏散楼梯应分别独立设置；为住宅部分服务的地上车库应设置独立的安全出口，地下车库的疏散楼梯应进行分隔； 3.住宅部分和非住宅部分的安全疏散、防火分区和室内消防设施配置，可根据各自的建筑高度分别按照有关住宅建筑和公共建筑的规定执行；该建筑的其他防火设计应根据建筑的总高度和建筑规模按有关公共建筑的规定执行
锅炉房、变压器室	宜设置在专用房间内；确需贴邻民用建筑时，应采用防火墙与贴邻的建筑分隔，耐火等级应≥二级，且不应贴邻人员密集场所；确需布置在民用建筑内时，不应布置在人员密集场所的上一层、下一层或贴邻，并应符合下列规定： 1.应设置在首层或地下一层的靠外墙部位。常（负）压燃油或燃气锅炉可设置在地下二层或屋顶上，设置在屋顶上的常（负）压燃气锅炉，距离通向屋面的安全出口应≥6m。采用相对密度（与空气密度的比值）≥0.75的可燃气体为燃料的锅炉房，不得设置在（半）地下；疏散门应直通室外或安全出口； 2.与其他部位之间应采用耐火极限≥2.00h的防火隔墙和耐火极限≥1.50h的不燃性楼板分隔。在隔墙和楼板上不应开设洞口，确需开设时应采用甲级防火门、窗； 3.锅炉房内设置储油间时，其总储存量应≤1m³，且储油间应采用耐火极限≥3.00h的防火隔墙与锅炉间分隔；确需在防火墙上设置门时，应采用甲级防火门；变压器室之间、变压器室与配电室之间，应设置耐火极限≥2.00h的防火隔墙
柴油发电机房	1.宜布置在首层或地下一、二层；不应布置在人员密集场所的上一层、下一层或贴邻； 2.应采用耐火极限≥2.00h的防火隔墙和耐火极限≥1.50h的不燃性楼板与其他部位分隔，门应采用甲级防火门； 3.机房内设置储油间时，其总储存量应≤1m³，储油间应采用耐火极限≥3.00h的防火隔墙与发电机间分隔；确需在防火墙上开门时，应设置甲级防火门； 4.设置火灾报警装置和灭火设施
消防控制室、灭火设备室、消防水泵房和通风空气调节机房、变配电室等	附设在建筑内的消防控制室、灭火设备室、消防水泵房和通风空气调节机房、变配电室等，应采用耐火极限≥2.00h的防火隔墙和耐火极限≥1.50h的不燃性楼板与其他部位分隔。通风、空气调节机房和变配电室开向建筑内的门，应采用甲级防火门；消防控制室和其他设备房开向建筑内的门，应采用乙级防火门。设置火灾自动报警系统和需要联动控制消防设备的建筑（群）应设置消防控制室。消防控制室的设置应符合规定： 1.单独建造的消防控制室，其耐火等级应≥二级； 2.附设在建筑内的消防控制室，宜设置在建筑内首层或地下一层，且宜布置在靠外墙部位； 3.不应设置在电磁场干扰较强及其他可能影响消防控制设备正常工作的房间附近； 4.疏散门应直通室外或安全出口

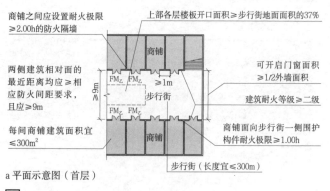

a 平面示意图（首层）

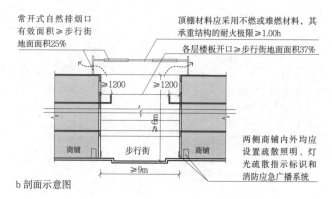

b 剖面示意图

1 有顶棚商业步行街的防火设计要求

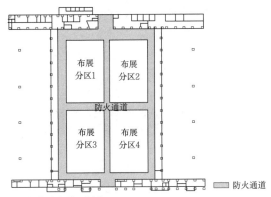

a 单个展厅的性能化防火分区划分

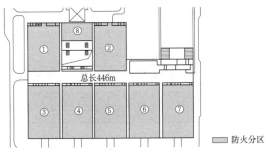

b 首层展厅防火分区及人流疏散平面

首层有8个展厅，每展厅的建筑面积约11000m²，均按一个防火分区设计，内设4个布展分区，布展分区之间由6m防火通道分隔，且采取性能化设计。

1 广州国际会议展览中心一期

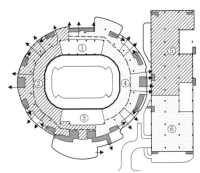

a 首层防火分区及疏散设计

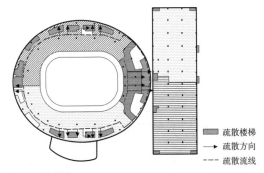

b 二层防火分区及疏散设计

首层分为6个防火分区，每个防火分区都设有足够的安全出口。二层设置14部直达室外地面的疏散楼梯。VIP包厢沿体育馆环形布置，单个包厢建筑面积约为60m²，包厢之间用耐火极限为2.00h的墙体进行分隔，并设甲级防火门与环形走道及观众休息空间分开。

2 广州国际体育中心

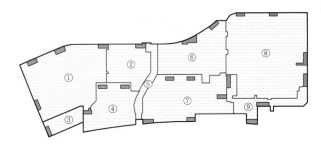

a 首层平面图

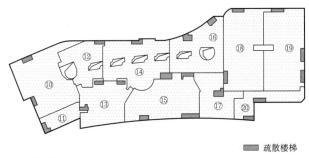

b 二层平面图

首层分为9个防火分区，共设置23部直达室外首层的疏散楼梯。首层防火分区①和防火分区⑧按性能化设计防火，突破了防火分区最大允许建筑面积的限制。

3 天津泰达永旺商业广场

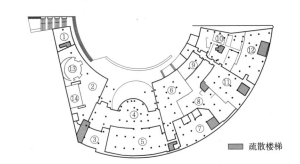

a 地下一层防火分区

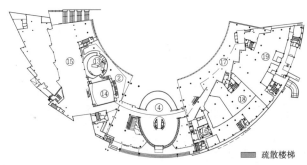

b 一层防火分区

地下一层分为14个防火分区，一层分为9个防火分区。其中，防火分区②、④、⑬、⑭为上下层连通的空间，设置为独立的防火分区。建筑中共设置8部直达室外首层的疏散楼梯。

4 上海科技馆

4
建筑防灾
设计

159

安全疏散原则

安全疏散内容包括交通系统、疏散系统的安排、布置、形式、数量等，应遵循以下原则：

1. 水平方向的疏散原则

（1）靠各端：在建筑端部分散布置楼梯间，形成双向疏散；

（2）靠电梯：将1个楼梯间靠近电梯厅布置，使平时、紧急路线相结合；

（3）靠外墙：将楼梯间靠建筑外墙布置并能开窗，使之能自然排烟、便于救援。

2. 垂直方向的疏散原则

（1）上、下通畅：垂直方向形成双向疏散，"上"能到屋顶避难，或转移至另一座楼梯间，"下"能到达底层，通到室外；

（2）流线清晰：主体、附体（裙房）楼梯间应各自设置，避免二者人流冲突，引起堵塞或意外；

（3）设避难层/间：为超高层建筑长时间疏散提供暂时避难的空间；高层病房楼应在二层及以上的病房楼层和洁净手术部设避难间。

3. 安全出口的设置原则

（1）每个防火分区安全出口数量应≥2个。

（2）疏散门应为向疏散方向开启的平开门，不应采用推拉门、卷帘门、吊门、转门和折叠门。人数≤60人且每樘门的平均疏散人数≤30人的房间，其疏散门的开启方向不限。相邻两个安全出口及房间相邻两个疏散门最近边缘之间的水平距离应≥5m。自动扶梯和电梯不应计作安全疏散设施。

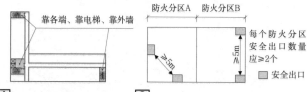

① 楼梯平面布置原则　② 防火分区内安全出口设置

住宅建筑安全出口

住宅建筑安全出口的设置应结合建筑高度、建筑面积等因素确定。住宅建筑高度>54m时，每个单元至少有2个安全出口；住宅建筑高度≤54m时，每个单元可设置1个安全出口，但应符合相关规定。

住宅建筑每个单元安全出口数量　表1

住宅建筑高度H	满足任一条件		每个单元安全出口数量
	每个单元任一层建筑面积	任一户门到安全出口距离	
$H≤27m$	>650m²	>15m	≥2个
$27m<H≤54m$	>650m²	>10m	≥2个
$H>54m$	—	—	≥2个

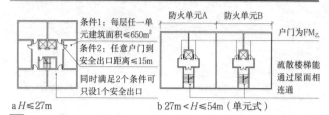

③ 住宅建筑高度H≤54m每个单元可只设1个安全出口的条件

公共建筑安全出口

1. 安全出口数量

公共建筑内每个防火分区、一个防火分区内每个楼层，其安全出口的数量应经计算确定，且应≥2个。

2. 只设置一个安全出口的情形

（1）除托儿所、幼儿园外，建筑面积≤200m²且人数≤50人的单层公共建筑或多层公共建筑的首层，可只设1个安全出口。

（2）除医疗建筑，老年人建筑，托儿所、幼儿园的儿童用房，儿童游乐厅等儿童活动场所，歌舞娱乐放映游艺场所等以外，符合表2规定的公共建筑可设1个安全出口。

（3）设置不少于2部疏散楼梯的一、二级耐火等级多层公共建筑，如顶层局部升高，当高出部分的层数不超过2层，高出部分可只设1部楼梯，但应符合相关规定。

公共建筑只设置1个安全出口的条件　表2

耐火等级	最多层数	每层最大建筑面积(m²)	人数
一、二级	3层	200	第二、第三层的人数之和≤50人
三级	3层	200	第二、第三层的人数之和≤25人
四级	2层	200	第二层人数≤15人

④ 一、二级耐火等级公共建筑借用相邻防火分区作为安全出口

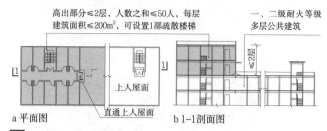

⑤ 多层公共建筑顶层局部升高可设置一部疏散楼梯的情形

3. 房间疏散门

公共建筑内每个房间疏散门数量应≥2个，房间可只设置1个疏散门的情形包括：

（1）两个安全出口之间和袋形走道两侧的房间，托儿所幼儿园、老年建筑房间面积≤50m²；医疗建筑、教学建筑房间面积≤75m²；其他建筑房间面积≤120m²。

（2）走道尽端房间，除托儿所、幼儿园、老年建筑、医疗建筑、教学建筑外满足：门宽≥0.90m，建筑面积<50m²；或满足门宽≥1.40m，建筑面积≤200m²，且房间内任意一点到疏散门直线距离≤15m。

（3）歌舞娱乐放映游艺场所，建筑面积≤50m²，且经常停留人数≤15人的厅室。

剧场、电影院、礼堂和体育馆的观众厅或多功能厅的疏散门数量　表3

类型	座位数A（人）	疏散门数量B（个）
剧场、电影院、礼堂	$A≤2000$	$2≤B=A/250$
	$A>2000$	$2≤B=2000/250+(A-2000)/400$
体育馆	A	$2≤B=A/(400～700)$

（半）地下建筑（室）安全出口

（半）地下建筑（室）每个防火分区安全出口数应经过计算，且应≥2个。

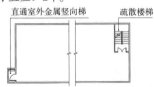

建筑面积≤500m²、使用人数≤30人，且埋深≤10m的（半）地下建筑（室），当需要设置2个安全出口时，其中一个可利用直通室外的金属竖向梯。

1 （半）地下建筑（室）利用金属竖向梯作为第二安全出口

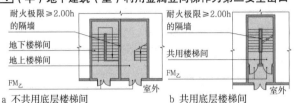

a 不共用底层楼梯间　　　b 共用底层楼梯间

2 （半）地下部分与地上部分之间的首层楼梯间

（半）地下建筑（室）安全出口数量　　表1

空间分类	经常使用人数（人）	防火分区建筑面积（m²）	埋深（m）	安全出口数量（个）
（半）地下建筑（室）、房间	≤30	≤500	≤10	2（其中一个可利用直通室外的金属竖向梯）
	≤15	≤50	—	1
（半）地下建筑设备间	—	≤200		1

注：不包括人员密集场所、歌舞娱乐放映游艺场所及规范中另有规定的建筑类型。

汽车库、修车库、停车场安全出口

人员安全出口和汽车疏散出口应分开设置。设在工业与民用建筑内的汽车库，其车辆疏散出口应与其他部分的人员安全出口分开设置。

除建筑高度>32m的高层汽车库、室内地面与室外出入口地坪的高差>10m的地下汽车库应采用防烟楼梯间以外，均应采用封闭楼梯间。疏散楼梯的宽度应≥1.10m。

1. 人员安全出口

除室内无车道且无人员停留的机械式汽车库以外，汽车库、修车库内每个防火分区的人员安全出口应≥2个，Ⅳ类汽车库和Ⅲ、Ⅳ类的修车库可设1个。

汽车库室内最远工作地点至楼梯间的距离应≤45m，当设有自动灭火系统时距离应≤60m。单层或设在建筑物首层的汽车库，室内任一点至室外出口的距离应≤60m。

2. 汽车疏散出口数量应依据汽车库分类及停车数量确定，相邻两个汽车疏散口之间的水平距离≥10m。汽车疏散坡道净宽应≥3m，双车道应≥5.5m。

汽车库、修车库、停车场的汽车疏散出口数量　　表2

防火分类		汽车库		修车库	停车场
Ⅰ类	停车数量（辆）	>300		>15	>400
	出口数量（个）	宜≥3		≥2	≥2
Ⅱ类	停车数量（辆）	151~300		6~15	251~400
	出口数量（个）	≥2		≥1	≥2
Ⅲ类	停车数量（辆）	101~150（地上）	51~100	3~5	101~250
	出口数量（个）	≥2（或1个双车道）	1个双车道	≥1	≥2
Ⅳ类	停车数量（辆）	≤50		≤2	51~100 ≤50
	出口数量（个）	≥1		≥1	≥2 ≥1

疏散距离

疏散距离包括直通疏散走道的房间疏散门至最近安全出口的距离、空间内任意一点至最近房间疏散门的距离。楼梯间的首层应设置直通室外的安全出口，或在首层采用扩大封闭楼梯间或防烟楼梯间。当层数≤4层且未采用扩大的封闭楼梯间或防烟楼梯间前室时，可将直通室外的门设置在离楼梯间≤15m处。

公共建筑的疏散距离（单位：m）　　表3

			直接通向疏散走道的房间疏散门至最近的安全出口的最大距离						
建筑类型			位于两个安全出口之间的疏散门a			位于袋形走道两侧或尽端的疏散门b			
			耐火等级			耐火等级			
			一、二级	三级	四级	一、二级	三级	四级	
托儿所、幼儿园、老年人建筑			25	20	15	20	15	10	
歌舞娱乐放映游艺场所			25	20	15	9	—	—	
医疗建筑		单、多层	35	30	25	20	15	10	
	高层	病房部分	24	—	—	12	—	—	
		其他部分	30	—	—	15	—	—	
教学建筑		单、多层	35	30	25	22	20	10	
		高层	30	—	—	15	—	—	
高层旅馆、公寓、展览建筑			30	—	—	15	—	—	
其他民用建筑		单、多层	40	35	25	22	20	15	
		高层	40	—	—	20	—	—	

注：1. 敞开式外廊建筑的房间疏散门至最近安全出口的直线距离，可按本表规定增加5m。
2. 直通疏散走道的房间疏散门至最近敞开楼梯间的直线距离，当房间位于两个楼梯间之间时，应按本表减少5m；当房间位于袋形走道两侧或尽端时，应按本表减少2m。
3. 建筑内设自动喷水灭火系统时，其安全疏散距离可按本表规定增加25%。
4. 房间内任一点到该房间直接通向疏散走道的疏散门的距离，不应大于本表规定的袋形走道两侧或尽端的疏散门至安全出口的最大距离。

住宅建筑的疏散距离（单位：m）　　表4

类别	位于两个安全出口之间的房间a			位于袋形走道两侧或尽端的房间b		
	一、二级	三级	四级	一、二级	三级	四级
单多层	40	35	25	22	20	15
高层	40	—	—	20	—	—

注：1. 住宅建筑物内全部设置自动喷水灭火系统时，其安全疏散距离可按本表的规定增加25%。
2. 直通疏散走道的门至最近敞开楼梯间直线距离，当门位于两个楼梯间之间时，应按本表规定减少5m；当门位于袋形走道两侧或尽端时，应按本表规定减少2m。
3. 开向敞开式外廊的户门至最近安全出口最大距离可按本表规定增加5m。
4. 跃廊式住宅的户门至最近安全出口的距离应从户门算起，小楼梯的一段距离可按其水平投影长度的1.50倍计算。
5. 户内任一点至直通疏散走道的户门的直线距离，不应大于本表规定的袋形走道两侧，或者尽端的疏散门至最近安全出口的最大直线距离。

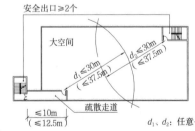

大空间（观众厅，展览厅，多功能厅，餐厅，营业厅等）内全部设置自动喷水灭火系统时，安全疏散距离可在30m和10m的基础上增加25%，增加后分别为37.5m和12.5m。

d_1、d_2：任意一点至最近安全出口距离

3 大空间的疏散距离（一、二级耐火等级建筑内）

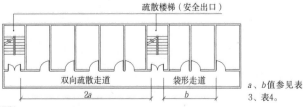

a、b值参见表3、表4。

4 房间门的疏散距离

疏散宽度

1. 疏散宽度：疏散走道和疏散楼梯的净宽应≥1.10m，公共建筑内的疏散门和安全出口净宽、住宅建筑户门和安全出口的净宽均应≥0.90m。

2. 疏散总人数计算：根据建筑面积与相应功能的人员密度系数的乘积，得出疏散总人数。

3. 公共建筑疏散总宽度：根据需要疏散的总人数与每百人疏散需要的最小宽度的乘积，得出疏散总宽度。

楼梯间首层疏散（外）门、走道、疏散楼梯最小净宽（单位：m）表1

建筑类别		楼梯间的首层疏散（外）门	走道		疏散楼梯
			单面布房	双面布房	
公共建筑	高层 医疗建筑	1.30	1.40	1.50	1.30
	高层 其他建筑	1.20	1.30	1.40	1.20
	单、多层	1.20	1.20		1.20
住宅建筑		1.10	1.10		1.10

注：建筑高度≤18m的住宅中，一边设置栏杆的疏散楼梯，其净宽度应≥1.00m。

歌舞娱乐放映场所及展览厅的人员密度（单位：人/m²）表2

空间类型		人员密度
歌舞娱乐放映游艺场所	录像厅、放映厅	1.0
	其他场所	0.5
展览厅		0.75

商店营业厅的人员密度（单位：人/m²）表3

楼层位置	地下二层	地下一层	地上第一、二层	地上第三层	地上第四层及四层以上各层
人员密度	0.56	0.60	0.43~0.60	0.39~0.54	0.30~0.42

注：建材商店、家具和灯饰展示建筑的人员密度，可按本表规定值的30%确定。

公共建筑每层每100人的最小疏散净宽（单位：m/百人）表4

建筑层数及地坪高差		建筑耐火等级		
		一、二级	三级	四级
地上楼层	1~2层	0.65	0.75	1.00
	3层	0.75	1.00	—
	≥4层	1.00	1.25	—
地下楼层	与地面出入口地面的高差 ΔH≤10m	0.75	—	—
	与地面出入口地面的高差 ΔH>10m	1.00	—	—

注：1.首层外门、楼梯的总净宽度应按疏散人数最多一层的人数计算；
2.(半)地下人员密集的厅、室和歌舞娱乐放映游艺场所，其疏散宽度应按≥1.00m/百人计算确定。

剧场、电影院、礼堂、体育馆每100人的最小疏散净宽（单位：m/百人）表5

分类			剧场、电影院、礼堂等		体育馆		
观众厅座位数（座）			≤2500	≤1200	3000~5000	5001~10000	10001~20000
耐火等级			一、二级	三级	一、二级		
疏散部位	门和走道	平坡地面	0.65	0.85	0.43	0.37	0.32
		阶梯地面	0.75	1.00	0.50	0.43	0.37
	楼梯		0.75	1.00	0.50	0.43	0.37

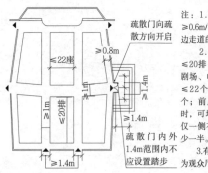

注：1.疏散走道的净宽度应按≥0.6m/百人计算，且应≥1.00m；边走道的净宽度宜≥1.00m；

2.横走道之间座位排数宜≤20排；纵走道之间的座位数：剧场、电影院、礼堂等，每排宜≤22个；体育馆，每排宜≤26个；前后排座椅的排距≥0.90m时，可增加1.0倍，但应≤50个；仅一侧有纵走道时，座位数应减少一半。

3.有候场需要的入场门不应作为观众厅的疏散门。

1 观众厅内走道最小净宽、座位排布及疏散门设置

疏散总宽度计算

示例：某百货商业营业厅疏散总宽度计算

例：某耐火等级为一级的二层建筑，地上第二层防火分区建筑面积为2000m²的百货商业营业厅，计算该防火分区的安全出口疏散宽度。

确定疏散总人数：$N=S×D$

$N=S×D=2000m²×0.6人/m²=1200人$

式中：N—疏散总人数（人）；S—本层商店营业厅建筑面积（m²）；D—商店营业厅人员密度（人/m²，详见表3）。

确定疏散总宽度：$W=N×E$

$W=N×E=1200人×0.65m/100人=7.80m$

式中：W—安全出口总宽度（m）；N—疏散总人数（人）；E—安全出口宽度指标（m/100人，详见表4）。

根据疏散总宽度确定安全出口的数量和宽度。

疏散时间

疏散时间包括人员"可用疏散时间（T_{ASET}：危险到来时间）"和"必需疏散时间（T_{RSET}）"。若$T_{ASET}>T_{RSET}$，则可认为人员能全部撤离到安全区域。人员必需疏散时间（T_{RSET}）由火灾报警时间（T_d）、人员疏散预动时间（T_{pre}）和人员疏散行动时间（T_t）组成，即$T_{RSET}=T_d+T_{pre}+T_t$。

典型时刻：

| 火灾发展 | 初期增长 | 充分发展 | 火势减弱 |

T_d—火灾报警时间
T_{pre}—人员疏散预动时间
T_t—人员疏散行动时间

人员必需疏散时间 T_{RSET}
人员可用疏散时间 T_{ASET}

2 疏散时间与火灾发展之间的关系

人员疏散行动时间（T_t）与建筑内人员数量、疏散总宽度及人员行动速度有着直接的关系。其中，人员数量及疏散宽度根据计算得知，人员行动速度根据国内外大量调查研究观测数据，归纳出人员疏散速度参数选取范围。

人员疏散速度参数 表6

疏散部位	人员疏散速度取值范围（m/s）
平面上人员自由移动	1.0~1.8
平面上人员出口流量	1.3~2.2
走廊内自由移动	1.0~1.8
楼梯间内自由移动	0.5~1.2

示例：某剧场观众疏散观众厅时间计算

剧场耐火等级为二级，无楼座，容纳观众900人，观众厅两侧各有可以通过3股人流的疏散门2个，要求120s内疏散完毕，能否完成？设人员移动速度为0.8m/s。

利用公式：$T_t=N/(A×B)$

$T_t=N/(A×B)=900/(0.8×3×4)$
$=93.75s<120s$

式中：T_t—疏散时间；N—疏散总人数；A—单股人流移动速度；B—疏散口通过人流股数。

结论：可在规定时间内完成疏散。

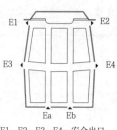

E1、E2、E3、E4—安全出口；
Ea、Eb—入口。

3 某剧场观众厅

疏散楼梯间的设置要求

疏散楼梯间的基本要求 表1

楼梯类别	踏步最小宽度（m）	踏步最大高度（m）	要求
住宅共用楼梯	0.26	0.175	1. 楼梯间应能天然采光和自然通风，并宜靠外墙设置。靠外墙设置时，楼梯间、前室及合用前室外墙上的窗口与两侧门、窗、洞口最近边缘的水平距离应≥1.0m； 2. 楼梯间内不应设置烧水间、可燃材料储藏室、垃圾道； 3. 楼梯间内不应有影响疏散的凸出物或其他障碍物； 4. 封闭楼梯间、防烟楼梯间及其前室，不应设置卷帘； 5. 楼梯间内不应设置甲、乙、丙类液体管道； 6. 封闭楼梯间、防烟楼梯间及其前室内禁止穿过或设置可燃气体管道。敞开楼梯间内不应设置可燃气体管道，当住宅建筑的敞开楼梯间内确需设置可燃气体管道和可燃气体计量表时，应采用金属管和设置切断气源的阀门
幼儿园小学校等楼梯	0.26	0.15	
电影院、剧场、体育馆、商场、医院、旅馆和大中学校楼梯	0.28	0.16	
其他建筑楼梯	0.26	0.17	
专用疏散楼梯*	0.25	0.18	
服务楼梯住宅套内楼梯	0.22	0.20	

注：1. 建筑中的公共疏散楼梯，两梯段及扶手间的水平净距宜≥150mm。
　　2. "楼梯类别"中带*为《建筑设计防火规范》GB 50016-2014强制规定，其余为《民用建筑设计通则》GB 50352-2005中的相关规定。

不同类型疏散楼梯间的适用情形 表2

楼梯类型	敞开楼梯间	封闭楼梯间	防烟楼梯间
图示			前室
住宅建筑	$H \leq 21m$（与电梯井相邻的疏散楼梯应采用封闭楼梯间）	$21m < H \leq 33m$（户门为乙级防火门可采用敞开楼梯间）	$33m < H$（同一楼层或单元内，确有困难时，开向前室的户门应≤3樘，且应采用乙级防火门）
公共建筑	$H \leq 24m$①	$24m < H \leq 32m$和裙房建筑	$32m < H$的二类高层和一类高层建筑、超高层

注：①表3所列多层公共建筑设置封闭楼梯间情形除外。

封闭楼梯间的设置条件及要求 表3

设置封闭楼梯间的建筑及部位		要求
公共建筑	裙房、建筑高度≤32m的二类高层公共建筑	1. 不能自然通风或自然通风不能满足要求时，应设置机械加压送风系统或采用防烟楼梯间； 2. 除楼梯间的出入口和外窗外，楼梯间的墙上不应开设其他门、窗、洞口； 3. 高层建筑、人员密集的公共建筑，其封闭楼梯间的门应采用乙级防火门，并应向疏散方向开启；其他建筑可采用双向弹簧门； 4. 楼梯间的首层可形成扩大的封闭楼梯间，但应采用乙级防火门等与其他走道和房间分隔
	下列多层公共建筑的疏散楼梯，除与敞开式外廊直接相连的楼梯间外，均应采用封闭楼梯间： 1. 医疗建筑、旅馆、老年人建筑及类似使用的建筑； 2.设置歌舞娱乐放映游艺场所的建筑； 3. 商店、图书馆、展览建筑、会议中心及类似使用功能的建筑； 4.≥6层的其他建筑	
住宅建筑	21m＜建筑高度≤33m的住宅建筑	
地下部分	室内地面与室外出入口地坪高差≤10m或≤2层的地下、半地下建筑（室）	
汽车库	建筑高度≤32m	

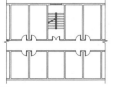

1 封闭楼梯间

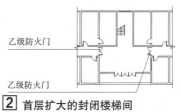

2 首层扩大的封闭楼梯间

防烟楼梯间的设置条件及要求 表4

设置防烟楼梯间的建筑及部位		要求
公共建筑	一类高层和建筑高度＞32m的二类高层	1. 应设置防烟设施； 2. 前室可与消防电梯前室合用； 3. 前室的使用面积：公共建筑≥6.0m²，住宅建筑≥4.5m²；与消防电梯间前室合用时，公共建筑≥10.0m²，住宅建筑≥6.0m²； 4. 前室及楼梯间的门应采用乙级防火门； 5. 除楼梯间和前室的出入口、楼梯间和前室内设置的正压送风口，以及住宅建筑的楼梯间前室外，防烟楼梯间和前室的墙上不应开设其他门、窗、洞口； 6. 楼梯间的首层可形成扩大前室，应采用乙级防火门等与其他走道和房间分隔
住宅建筑	建筑高度＞33m	
地下部分	室内地面与室外出入口地坪高差＞10m或3层及以上的（半）地下建筑（室）	
汽车库	建筑高度＞32m	

a 阳台或凹廊作为前室

b 楼梯间、前室均设可开启外窗

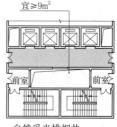

c 自然采光排烟井

3 自然排烟的防烟楼梯间

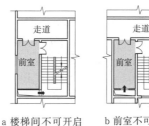

a 楼梯间不可开启外窗　b 前室不可开启外窗　c 合用前室可开启外窗，楼梯间正压送风

4 局部正压送风的防烟楼梯间

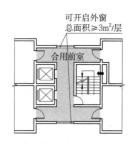

a 楼梯间、前室均不可开启外窗　b 合用前室、楼梯间均正压送风

5 楼梯间及前室正压送风的防烟楼梯间

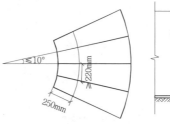

6 符合疏散要求的弧形楼梯

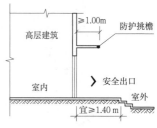

7 安全出口上方的防护挑檐

剪刀楼梯间

剪刀楼梯间的设置条件及要求　　　　　　表1

建筑类型及设置条件		要求
公共建筑	高层公共建筑应分散设置疏散楼梯，确有困难且从任一疏散门至最近疏散楼梯间入口的距离≤10m时，可采用剪刀楼梯间	1.楼梯间应为防烟楼梯间； 2.梯段之间应设置耐火极限≥1.00h的防火隔墙； 3.楼梯间的前室应分别设置； 4.楼梯间内的加压送风系统不应合用
住宅建筑	住宅单元应分散设置疏散楼梯，确有困难且任一户至最近疏散楼梯间入口的距离≤10m时，可采用剪刀楼梯间	1.应采用防烟楼梯间； 2.梯段之间设置耐火极限≥1.00h的防火隔墙； 3.楼梯间的前室不宜共用；共用时（二合一），前室的使用面积≥6.0m²； 4.剪刀楼梯间的前室或共用前室不宜与消防电梯的前室合用；合用时（三合一），合用前室的使用面积≥12.0m²，且短边应≥2.4m； 5.两个梯段间的加压送风系统不宜合用，合用时应符合有关规定

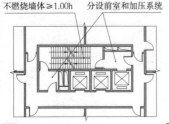

图1 剪刀楼梯间分设前室　　图2 住宅建筑剪刀楼梯间共用前室（二合一）

消防电梯

应分别设在不同的防火分区内，且每个防火分区应≥1台。消防电梯应设前室，前室面积≥6.00m²；当与防烟楼梯间合用前室时，住宅建筑≥6.00m²，公共建筑≥10m²。前室宜靠外墙设置，首层应设≤30m的通道通向室外。除前室的出入口、前室内设置的正压送风口外，前室内不应开设其他门、窗、洞口。前室门应采用乙级防火门，不应设置卷帘；消防电梯井、机房与相邻电梯井、机房之间，应采用耐火极限≥2.00h的防火隔墙隔开，隔墙上的门应为甲级防火门。

下列建筑应设置消防电梯：

1. 建筑高度>33m的住宅建筑；

2. 一类高层公共建筑和建筑高度>32m的二类高层公共建筑；

3. 设置消防电梯的建筑的(半)地下室，埋深>10m且总建筑面积>3000m²的其他(半)地下建筑(室)。

图3 消防电梯布置示意

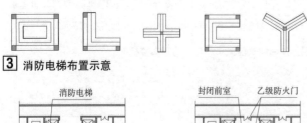

图4 客梯及消防电梯背向布置　　图5 封闭电梯厅

辅助疏散设施

1. 室外疏散楼梯

满足下列条件时可作为辅助的防烟楼梯，其宽度可计入疏散楼梯总宽度内：

栏杆扶手的高度≥1.10m，楼梯的净宽度≥0.90m，倾斜角度≤45°。梯段和平台均应采用不燃材料制作，平台的耐火极限≥1.00h，梯段的耐火极限≥0.25h。室外楼梯的门采用乙级防火门，向外开启。除疏散门外，楼梯周围2m内的墙面上不应设置门、窗、洞口。疏散门不正对梯段。

2. 避难口

在袋形走道尽端地面或与袋形走道相连的阳台、凹廊地面，开设≥700mm×700mm的洞口可作为避难口。上、下层洞口的位置应错开，洞口设栏杆围护。

3. 缓降器

平时安装在阳台、窗旁或女儿墙上，吊带绳按楼层高度配设，绳的两端各有一个绳套可循环使用。火灾时将吊带绳套系在身上，扔下绳盘，跨到室外，人以0.5m/s速度下降，到达地面时绳盘另一端的吊带绳套又上升到原来高度供人循环使用。

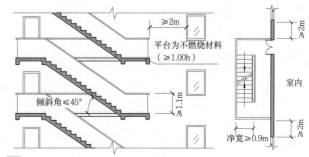

图6 室外疏散楼梯

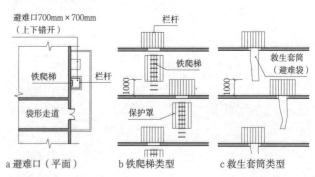

图7 避难口

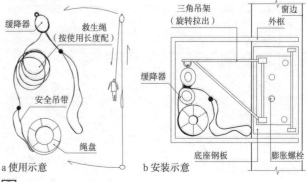

图8 缓降器

超高层建筑疏散及避难

1. 避难层（间）

建筑高度>100m的公共建筑、住宅建筑，应设置避难层（间），并应符合下列规定：

第一个避难层（间）的楼地面至灭火救援场地地面的高度应≤50m，两个避难层（间）之间的高度宜≤50m。通向避难层的防烟楼梯应在避难层分隔、同层错位或上下层断开，楼梯间的入口处和出口处，应设置明显的指示标识。所有避难层能够容纳的总人数应按建筑总人数设计，避难间的净面积应能满足设计避难人数避难的要求，并宜按5.00人/m²计算。避难层应设消防电梯出口。应设置直接对外可开启窗口或独立的机械防烟措施，外窗应采用乙级防火窗。避难层可兼作设备层。设备管道宜集中布置，其中的易燃、可燃液体或气体管道应集中布置，采用≥3.00h防火隔墙与避难区分隔。设备管道区、管道井和设备间应采用≥2.00h防火隔墙与避难区分隔。管道井和设备间的门不应直接开向避难区，确需直接开向避难间时，与避难间出入口距离不应小于5m，且应采用甲级防火门。避难层（间）应设消防专线电话、应急广播和应急照明，并应设有消火栓和消防卷盘。

2. 屋顶避难层

超高层建筑屋顶宜设置避难层，可为开敞式或封闭式，也可结合设备层考虑；裙房屋顶宜作为开敞避难层。

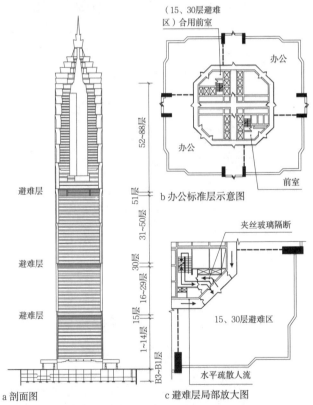

a 剖面图

（15、30层避难区）合用前室

b 办公标准层示意图

夹丝玻璃隔断

15、30层避难区

水平疏散人流

建筑包括办公部分和酒店部分，其中办公部分人员共计7000人，避难间面积按5.00人/m²计算为1400m²，避难间分别设置于第十五层、第三十层，共4个，每个避难间面积为350m²。大厦第五十一层为设备层和楼电梯转换层，可暂时避难，未纳入1400m²之内，相当于增加了避难层的面积。

强制引入避难层措施：必须经由避难间方能继续向下疏散，到达避难层前可透过楼梯间的夹丝防火玻璃隔断，可清楚地看到楼梯间内下行疏散情形。

1 上海金茂大厦的避难层设置

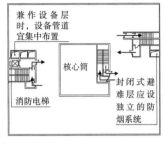
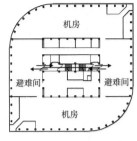

2 避难层（间）平面示意图

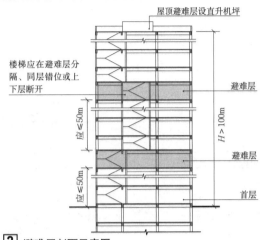

楼梯应在避难层分隔、同层错位或上下层断开

3 避难层剖面示意图

屋顶直升机停机坪

建筑高度>100m且标准层建筑面积>2000m²的公共建筑，宜设置屋顶直升机停机坪或供直升机救助的设施，并应符合下列规定：

1. 距设备机房、电梯机房、水箱间、共用天线等凸出物的距离应≥5.00m；

2. 建筑通向停机坪的出口应≥2个，每个出口宽度宜≥0.90m；

3. 适当位置应设置消火栓；

4. 四周应设航空障碍灯，并设置应急照明。

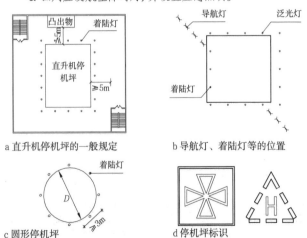

a 直升机停机坪的一般规定

b 导航灯、着陆灯等的位置

c 圆形停机坪

d 停机坪标识

注：长方形停机坪边长=2×1.5倍机长（长×宽）；
　　圆形停机坪直径D=1.5或2倍螺旋桨直径。

4 屋顶直升机停机坪示意图

4
建筑防灾设计

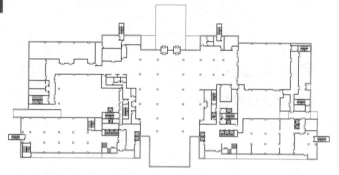

1 南京大学仙林校区外文楼一层平面图

名称	层数	设计单位	设计时间
南京大学仙林校区外文楼	4层	南京大学建筑规划设计研究院有限公司	2012

平面围绕室外活动场地连接为整体，疏散楼梯间分布于建筑端头及转折部位，形成双向疏散，满足疏散距离及宽度要求

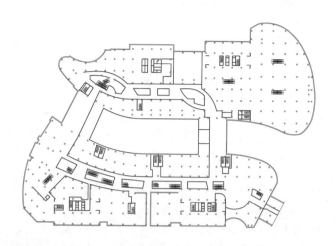

2 重庆龙湖时代天街三层平面图

名称	层数	设计单位	设计时间
重庆龙湖时代天街	地上6层地下3层	上海日清建筑设计有限公司	2012

裙房平面为流畅的曲线布局，塔楼布置于裙房外侧，裙房与高层建筑的疏散楼梯间各自独立设置

3 黄山昱城皇冠假日酒店一层平面图

名称	层数	设计单位	设计时间
黄山昱城皇冠假日酒店	地上12层地下1层	中国建筑设计院有限公司	2012

高层的客房部分围绕中部公共空间呈对称的L形布局，其疏散楼梯间布置于转角处及端部，形成双向疏散

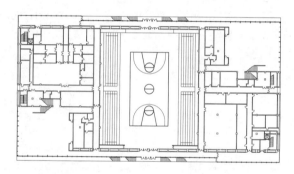

4 天津大学生体育中心一层平面图

名称	层数	设计单位	设计时间
天津大学生体育中心	4层	德国KSP建筑设计事务所、天津大学建筑设计规划研究总院	2010

平面方整，各个功能空间围绕运动场地布置，疏散楼梯间与安全出口按要求分布于建筑周边，保证疏散流线的合理性

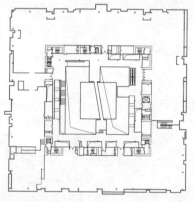

5 苏州工业园区档案管理中心大厦七层平面图

名称	层数	设计单位	设计时间
苏州工业园区档案管理中心大厦	地上18层地下1层	澳大利亚JPW建筑设计事务所、中衡设计集团股份有限公司	2011

疏散楼梯两两一组沿建筑伸展方向均匀布置，保证建筑防火分区均具有合理的双向疏散

6 广东省博物馆四层平面图

名称	层数	设计单位	设计时间
广东省博物馆	地上4层地下2层	广州市许李严建筑设计有限公司	2010

7个竖向的疏散楼梯间围绕方形中庭及内部环形走廊均匀布置，保证建筑内各点的疏散距离，并形成多个方向的疏散

4
建筑防灾设计

高层公共建筑安全疏散类型

表1

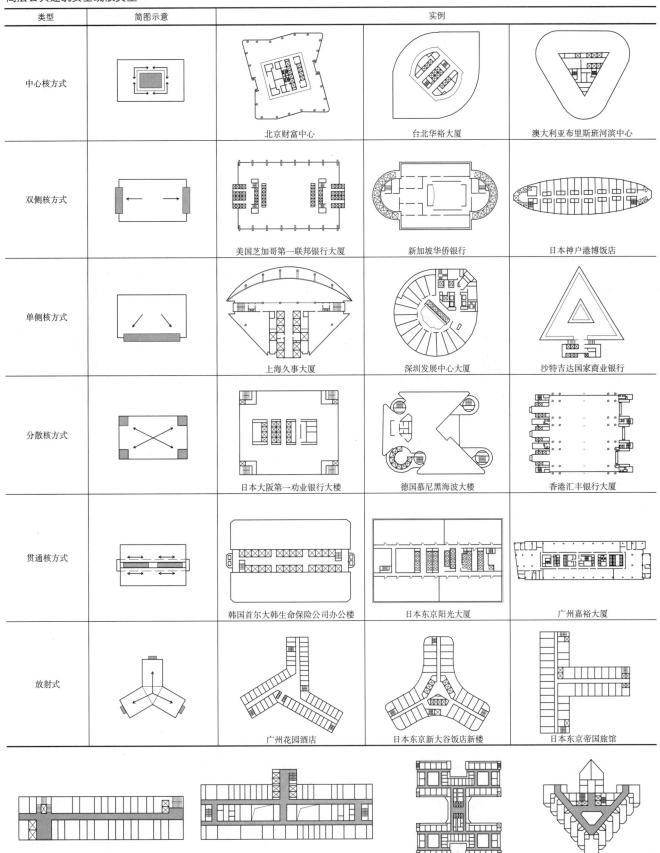

类型	简图示意	实例		
中心核方式		北京财富中心	台北华裕大厦	澳大利亚布里斯班河滨中心
双侧核方式		美国芝加哥第一联邦银行大厦	新加坡华侨银行	日本神户港博饭店
单侧核方式		上海久事大厦	深圳发展中心大厦	沙特吉达国家商业银行
分散核方式		日本大阪第一劝业银行大楼	德国慕尼黑海波大楼	香港汇丰银行大厦
贯通核方式		韩国首尔大韩生命保险公司办公楼	日本东京阳光大厦	广州嘉裕大厦
放射式		广州花园酒店	日本东京新大谷饭店新楼	日本东京帝国旅馆

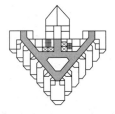

4
建筑防灾
设计

a 单廊式：沈阳辽宁肿瘤医院　　b 复廊式：北京中日友好医院　　c 岛式组合：神户人民医院　　d 半岛式组合：杭州邵逸夫医院

 **高层医院建筑安全疏散实例**

167

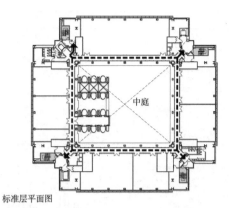

标准层平面图

1 北京电视中心

名称	层数	设计单位	设计时间
北京电视中心	地上41层 地下3层	上海日清建筑设计有限公司	2006

标准层平面中央为通高中庭空间，四周为环形走道，疏散楼梯间位于建筑四角，形成双向疏散

4
建筑防灾
设计

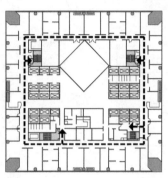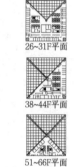

26~31F平面

38~44F平面

51~66F平面

第十六层平面图

2 香港中国银行大厦

名称	层数	设计单位	设计时间
香港中国银行大厦	地上70层 地下3层	贝聿铭建筑师事务所	1989

标准层形成日字形走道，充分满足疏散要求；上部体量缩进楼层部分，同样满足双向疏散要求

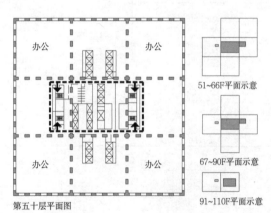

51~66F平面示意

67~90F平面示意

91~110F平面示意

第五十层平面图

3 芝加哥西尔斯大厦

名称	层数	设计单位	设计时间
芝加哥西尔斯大厦	地上110层 地下3层	SOM建筑设计事务所	1974

采用由钢框架构成束筒结构体系，平面逐渐上收，围绕着中心的正方形设置走道与安全出口

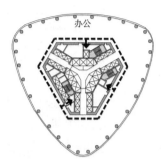

a 60F以下平面示意　　　　b 70F以上平面示意

4 广州国际金融中心

名称	层数	设计单位	设计时间
广州国际金融中心	地上103层 地下4层	威尔金森·艾尔 建筑设计有限公司	2010

核心筒处于平面正中，四周形成的环形走道满足双向疏散；上部的酒店层平面，其核心筒消退变成3个小型筒体，同样满足双向疏散要求

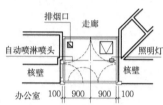

a 平面示意　　　　b "烟气阀" 部位

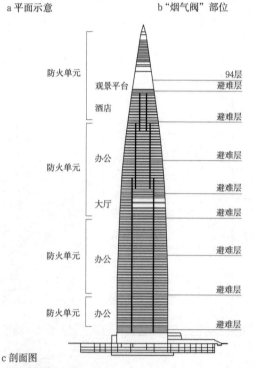

c 剖面图

5 上海环球金融中心

名称	层数	设计单位	设计时间
上海环球金融中心	地上101层 地下3层	美国KPF建筑师事务所、株式会社入江三宅设计事务所、华东建筑集团股份有限公司华东建筑设计研究总院	2008

交通核设置在平面中央，其外围形成方形走道，在进入中央核的4个出入口设置"烟气阀"，将烟排除（我国现行规范规定只能采取正压送风方式），保障疏散安全

耐火构造设计

耐火构造设计应依据相关规范，确定建筑的耐火等级、燃烧性能、耐火极限；结合结构方案选取相应材料和构造做法，确保主体结构的耐火能力，确保隔墙、吊顶、门窗等其他构件以及内外装修的耐火能力，避减火灾发生并阻止火势蔓延，为建筑防火安全提供保障。

民用建筑的耐火等级要求 表1

民用建筑分类		耐火等级
高层民用建筑	一类高层	一级
	二类高层	≥二级
	裙房	≥二级
	地下室、地下汽车库	一级
单、多层民用建筑	重要公共建筑	≥二级
	（半）地下建筑（室）	一级

注：民用建筑耐火等级应根据其建筑高度、使用功能、重要性和火灾扑救难度等确定，可分为一、二、三、四级。

主体结构的耐火性能

1. 钢筋混凝土结构

承重墙、柱：耐火能力大小由断面尺寸决定。

承重梁、板：耐火极限主要取决于保护层的厚度，可用抹灰加厚保护层或以防火涂料涂覆保护。

预应力梁/板：受力好、耐火差、高温变形快；非预应力梁/板受力差、耐火好；整体现浇楼板受力好、耐火好，保护层15~20mm可达一级耐火等级。

2. 钢结构

钢材在火灾高温作用下，其力学性能会随温度升高而降低。钢结构通常在550℃左右时会发生较大的形变而失去承载能力。无保护层的钢结构的耐火极限仅为0.25h。

提高钢结构耐火极限的方法包括：混凝土或砖等包覆，或采用钢挂网抹灰；喷涂石棉、蛭石、膨胀珍珠岩等灰浆；喷涂防火涂料；采用空心柱充液方式，柱内盛满防冻、防腐溶液循环流动，火灾时带走热量以保持耐火稳定性（如堪萨斯银行大厦20F、匹兹堡钢铁公司大厦64F）。

民用建筑相应构件的燃烧性能和耐火极限（单位：h） 表2

构件名称		耐火等级			
		一级	二级	三级	四级
墙	防火墙	3.00	3.00	3.00	3.00
	承重墙	3.00	2.50	2.00	0.50
	非承重外墙	1.00	1.00	0.50	
	楼梯间和前室的墙 电梯井的墙 住宅建筑单元之间的墙 和分户墙	2.00	2.00	1.50	0.50
	疏散走道两侧的隔墙	1.00	1.00	0.50	0.25
	房间隔墙	0.75	0.50	0.50	0.25
柱		3.00	2.50	2.00	0.50
梁		2.00	1.50	1.00	0.50
楼板		1.50	1.00	0.50	
屋顶承重构件		1.50	1.00	0.50	
疏散楼梯		1.50	1.00	0.50	
吊顶（包括吊顶搁栅）		0.25	0.25	0.15	

注：1. □不燃烧体；▨难燃烧体；▨燃烧体。

2. 以木柱承重且墙体采用不燃烧材料的建筑，其耐火等级一般按四级确定。

3. 二级耐火等级建筑内采用不燃材料的吊顶，其耐火极限不限。三级耐火等级的医疗建筑、中小学校的教学建筑、老年人建筑及托儿所、幼儿园的儿童用房和儿童游乐厅等儿童活动场所的吊顶，当采用难燃材料时，其耐火极限不应低于0.25h。二、三级耐火等级建筑的门厅、走道的吊顶应为不燃材料。

4. 建筑高度>100m的民用建筑，其楼板的耐火极限应≥2.00h。一、二级耐火等级建筑的上人平屋顶，其屋面板的耐火极限分别应≥1.50h和1.00h。

a 标准层平面图　　　b 变形缝整改措施

大楼共32层高127m，在L形转折处设有垂直贯通全楼的变形缝。2002年，酒店13层厨房用火时的高温引起烟道中油垢着火，引燃变形缝内可燃物而形成火灾。

火灾原因系使用单位自行将铁皮烟道引入变形缝双墙空间，穿越多层双墙变形缝上到屋面，且未采取耐火构造措施；使用时将双墙空间作为票据室、储存间及弱电布线间等。当铁皮烟道的高温引燃空间中大量可燃物便引发火灾。整改后取消了双墙空间内的功能房间并作耐火封闭，形成两个防火隔间，并将烟囱及弱电布线以井道封闭严实，使安全得到保障。

① 重庆中天大酒店变形缝整改

a 总平面图　　　　　b 标准层平面图

双塔各110层，高411m，钢结构筒中筒。2001年9月11日，两架飞机先后撞上北楼及南楼，爆炸燃烧近一个小时后南楼、北楼相继垮塌。

垮塌原因主要包括：大楼钢结构为喷涂石棉保护，其厚度仅2cm多，难以保障安全。被撞时钢梁柱扭曲变形，石棉剥落，无法抵御爆炸燃烧时一千多度高温的侵袭。当上部体量层层砸下时，钢柱与钢梁之间的连接螺栓被剪断，导致建筑彻底垮塌。

② 纽约世贸中心钢结构耐火构造

a 一层平面图　　　b 通风幕墙耐火构造

大楼地下3层，地上26层，高140m。外墙为双层可呼吸式玻璃幕墙，双层幕墙间距约为1m，为走廊式双层墙结构形式。竖向每3层作为一个循环单元，内层每层设置开启门窗，外层设置可开启窗和进、排风口。

幕墙的防火方案：内幕墙采用中空玻璃，外幕墙采用夹胶玻璃；窗槛墙高800mm，耐火极限应≥0.50h；防火挑檐宽500mm，耐火极限应≥1.00h；内外幕墙上可开启窗均与火灾自动报警系统联动，火灾时自动关闭，使夹层空间每隔3层构成一组封闭单元，将幕墙的消防隐患降到最低。

③ 上海国际港务大楼通风幕墙耐火构造

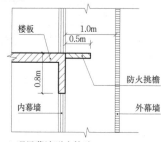

a 隔墙与钢梁连接处耐火构造　　　b 隔墙与楼板连接处耐火构造

地上121层，地下5层，高度632m，核心筒内部的部分楼梯间、电梯井、管道井隔墙、卫生间以及核心筒周边部分功能性房间的隔墙，采用轻钢龙骨耐火水石膏板墙，并用防火涂料涂覆、岩棉及密封膏封堵缝隙

④ 上海中心大厦隔墙耐火构造

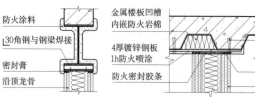

4
建筑防灾
设计

民用建筑耐火构造设计　　　　　　　　　　　　　　　　　　　　　　　　　　　　　　　　　　　表1

部位	耐火构造设置部位及具体要求	
防火墙	1. 防火墙应直接设置在建筑的基础或框架、梁等承重结构上，应从楼地面基层隔断至梁、楼板或屋面板的底面基层。 2. 建筑屋顶承重结构和屋面板的耐火极限<0.50h时，防火墙应高出屋面高度应≥0.5m。 3. 建筑外墙为难燃性或可燃性墙体时，防火墙应凸出墙的外表面0.4m以上，且防火墙两侧的外墙均应为宽度≥2.0m的不燃性墙体，其耐火极限不应低于外墙的耐火极限。 4. 建筑外墙为不燃性墙体时，防火墙可不凸出墙的外表面，紧靠防火墙两侧的门、窗、洞口之间最近边缘的水平距离应≥2.0m。 5. 建筑内的防火墙不宜设置在转角处，确需设置时，内转角两侧墙上的门、窗、洞口之间最近边缘的水平距离应≥4.0m。 6. 防火墙上不应开设门窗、洞口，确需开设时，应设置不可开启或火灾时能自动关闭的甲级防火门、窗。 7. 可燃气体和液体管道严禁穿过防火墙。防火墙内不应设置排气道，其他管道不宜穿过防火墙	 防火墙高出屋面
防火隔墙	1. 建筑内的防火隔墙应从楼地面基层隔断至梁、楼板或屋面板的底面。 2. 建筑内下列部位的防火隔墙与其他部位分隔，其耐火极限不低于2.00h： 　　（1）住宅分户墙和单元之间的墙应采用防火隔墙；民用建筑内的附属库房，剧场后台的辅助用房，除居住建筑中套内厨房外，宿舍、公寓建筑中的公共厨房和其他建筑内的厨房； 　　（2）附设在住宅建筑内的机动车库。 3. 医疗建筑内的手术室或手术部、产房、重症监护室、贵重精密医疗装备用房、储藏间、实验室、胶片室等，附设在建筑内的托儿所、幼儿园的儿童用房和儿童游乐厅等儿童活动场所、老年人活动场所，应采用耐火极限不低于2.00h的防火隔墙与其他部位分隔。 4. 剧场等建筑的舞台与观众厅之间的隔墙应采用耐火极限不低于3.00h的防火隔墙；舞台上部与观众厅闷顶之间的隔墙可采用耐火极限不低于1.50h的防火隔墙，隔墙上的门应采用乙级防火门；舞台下部的灯光操作室和可燃物储藏室应采用耐火极限不低于2.00h的防火隔墙与其他部位分隔；电影放映室、卷片室应采用耐火极限不低于1.50h的防火隔墙与其他部位分隔	 防火隔墙的设置
防火门（窗）	1. 防火门（窗）按其耐火极限可分为甲级、乙级和丙级防火门（窗），耐火极限应分别≥1.50h、1.00h和0.50h。 2. 防火门的设置应符合下列规定： 　　（1）一般应采用常闭防火门，并应在其明显位置设置"保持防火门关闭"等标识； 　　（2）设置在建筑内经常有人通行处的防火门宜采用常开防火门。常开防火门应能在火灾时自行关闭，并应具有信号反馈的功能； 　　（3）设置在变形缝附近时，防火门应设置在楼层较多的一侧，保证防火门开启时门扇不跨越变形缝； 　　（4）双扇防火门应具有按顺序自行关闭的功能，并能在其内外两侧手动开启。 3. 设置在防火墙、防火隔墙上的防火窗，应为不可开启的窗扇或具有火灾时能自行关闭的功能。 4. 甲级、乙级和丙级防火门（窗）的一般适用部位： 　　（1）甲级：防火分区、设备用房、中庭四周； 　　（2）乙级：疏散门、开向前室的户门、划分重要空间的防火隔墙上的门窗； 　　（3）丙级：竖向井道壁及检查门	 变形缝处防火门的设置
防火卷帘	1. 防火分隔部位设置防火卷帘时，应符合下列规定： 　　（1）除中庭外，当防火分隔部位的宽度≤30m时，防火卷帘的宽度应≤10m；当防火分隔部位的宽度>30m时，防火卷帘的宽度应≤该部位宽度的1/3，且应≤20m； 　　（2）耐火极限不应低于对所设置部位墙体的耐火极限要求； 　　（3）应具有防烟性能，与楼板、梁、墙、柱之间的空隙应采用防火材料封堵； 　　（4）需在火灾时能自动降落的防火卷帘，应具有信号反馈的功能。 2. 建筑内的下列部位应采用耐火极限不低于2.00h的防火隔墙与其他部位分隔，墙上的门、窗应采用乙级防火门、窗，确有困难时可采用防火卷帘： 　　（1）民用建筑内的附属库房，剧场后台的辅助用房； 　　（2）除居住建筑内套内的厨房外，宿舍、公寓建筑中的公共厨房和其他建筑内的厨房； 　　（3）附设在住宅建筑内的机动车库	 防火卷帘结合防火墙划分防火分区
电梯井/管道井	1. 电梯井应独立设置，不应敷设与电梯无关的电缆、电线等管道。电梯井的井壁除设置电梯门、安全逃生门和通气孔洞外，不应设置其他开口。电梯层门的耐火极限应≥1.00h。 2. 电缆井、管道井、排烟道、排气道、垃圾道等竖向井道，应分别独立设置。井壁的耐火极限应≥1.00h，井壁上的检查门应采用丙级防火门。 3. 垃圾道宜靠外墙设置，垃圾道的排气口应直接开向室外，垃圾斗应采用不燃材料制作并能自行关闭。 4. 电缆井、管道井应在每层楼板处采用不低于楼板耐火极限的不燃材料或防火封堵材料封堵；电缆井、管道井与房间、走道等相连通的孔隙应采用防火封堵材料封堵	 管道井耐火构造设计
建筑幕墙	1. 建筑外墙上、下层开口之间应设置高度≥1.2m的实体墙或挑出宽度≥1.0m、长度不小于开口宽度的防火挑檐。 2. 当室内设置自动喷水灭火系统时，上、下层开口之间的实体墙高度应≥0.8m。 3. 当上、下层开口之间设置实体墙确有困难时，可设置防火玻璃墙（高层建筑的防火玻璃墙的耐火完整性应≥1.00h，单、多层建筑的防火玻璃墙的耐火完整性应≥0.50h），外窗的耐火完整性不应低于防火玻璃墙的耐火完整性。 4. 住宅建筑外墙上相邻户开口之间的墙体宽度应≥1.0m；当<1.0m时，应在开口之间设置凸出外墙宽度≥0.6m的隔墙。 5. 幕墙与每层楼板、隔墙的缝隙应采用防火材料封堵	 玻璃幕墙耐火构造设计
变形缝/建筑缝隙	1. 变形缝是垂直防火分区的薄弱环节，变形缝内的填充材料和变形缝的构造基层应采用不燃材料。 2. 电线、电缆、可燃气体和甲、乙、丙类液体的管道不宜穿过变形缝，确需穿过时，应在穿过处加设不燃材料制作的套管或采取其他防变形措施，并应采用防火材料封堵。 3. 防烟、排烟、供暖、通风和空气调节系统中的管道及其他管道，在穿越防火隔墙、楼板和防火墙处的孔隙时应采用防火材料封堵	 变形缝防火构造设计

建筑内装修

本页参照《建筑内部装修设计防火规范》GB 50222，适用于民用建筑和工业厂房的内部装修设计，不适用于古建筑和木结构建筑的内部装修设计。装修材料按其使用部位和功能，可划分为顶棚装修材料、墙面装修材料、地面装修材料、隔断装修材料、固定家具、装饰织物、其他装饰材料等七类。

装修材料燃烧性能等级包括：不燃性（A）、难燃性（B$_1$）、可燃性（B$_2$）、易燃性（B$_3$）。

地下民用建筑内部各部位装修材料的燃烧性能等级 表1

建筑物及场所	装修材料燃烧性能等级						
	顶棚	墙面	地面	隔断	固定家具	装饰织物	其他材料
休息室和办公室等、旅馆的客房及公共活动用房等	A	B$_1$	B$_1$	B$_1$	B$_1$	B$_1$	B$_2$
娱乐场所、旱冰场等，舞厅、展览室等，医院的病房、医疗用房等	A	A	B$_1$	B$_1$	B$_1$	B$_1$	B$_2$
电影院的观众厅、商场的营业厅	A	A	A	B$_1$	B$_1$	B$_1$	B$_2$
停车库、人行通道、图书资料库、档案库	A	A	A	A	A	—	—

常用建筑内部装修材料燃烧性能等级 表2

材料类别	级别	材料举例
各部位材料	A	花岗石、大理石、水磨石、水泥制品、混凝土制品、石膏板、石灰制品、黏土制品、玻璃、瓷砖、马赛克、金属等
顶棚材料	B$_1$	纸面石膏板、纤维石膏板、水泥刨花板、矿棉装饰吸声板、玻璃棉装饰吸声板、珠岩装饰吸声板、难燃胶合板、难燃中密度纤维板、岩棉装饰板、难燃木材、铝箔复合材料、难燃酚醛胶合板、铝箔玻璃钢复合材料等
墙面材料	B$_1$	纸面石膏板、纤维石膏板、水泥刨花板、矿棉板、玻璃棉板、珍珠岩板、难燃中密度纤维板、防火塑料装饰板、难燃双面刨花板、多彩涂料、难燃墙纸、难燃墙布、难燃仿花岗岩装饰板、氯氧镁水泥装配式墙板、难燃玻璃钢平板、PVC塑料护墙板、轻质高强复合墙板、阻燃模压木质复合板材、彩色阻燃人造板、难燃玻璃钢等
	B$_2$	各类天然木材、木制人造板、竹材、纸制装饰板、装饰薄木贴面板、印刷木纹人造板、塑料贴面装饰板、聚酯装饰板、复塑装饰板、塑纤板、胶合板、塑料壁纸、无纺贴墙布、墙布、复合壁纸、天然材料壁纸、人造革等
地面材料	B$_1$	硬PVC塑料地板、水泥刨花板／木丝板、氯丁橡胶地板等
	B$_2$	半硬质PVC塑料地板、PVC卷材地板、木地板氯纶地毯等
装饰织物	B$_1$	经阻燃处理的各类难燃织物等
	B$_2$	纯毛装饰布、纯麻装饰布、经阻燃处理的其他织物等
其他装饰材料	B$_1$	聚氯乙烯塑料、酚醛塑料、聚碳酸酯塑料、聚四氟乙烯塑料、三聚氰胺、脲醛塑料、硅树脂塑料装饰型材、经阻燃处理的各类织物等
	B$_2$	经阻燃处理的聚乙烯、聚丙烯、聚氨酯、聚苯乙烯、玻璃钢、化纤织物、木制品等

高层民用建筑内部装修材料的燃烧性能等级 表3

建筑物	建筑规模、性质	装修材料燃烧性能等级									
		顶棚	墙面	地面	隔断	固定家具	窗帘	帷幕	床罩	家具包布	其他材料
高级旅馆	>800座位的观众厅、会议厅、顶层餐厅	A	B$_1$	B$_1$	B$_1$	B$_1$	B$_1$	B$_1$	—	B$_1$	B$_1$
	≤800座位的观众厅、会议厅	A	B$_1$	B$_1$	B$_1$	B$_2$	B$_1$	B$_1$	—	B$_2$	B$_1$
	其他部位	A	B$_1$	B$_1$	B$_2$	B$_2$	B$_2$	B$_2$	B$_1$	B$_2$	B$_2$
商业楼、展览楼、综合楼、商住楼、医院病房楼	一类建筑	A	B$_1$	B$_1$	B$_1$	B$_2$	B$_1$	B$_1$	—	B$_2$	B$_2$
	二类建筑	B$_1$	B$_1$	B$_2$	B$_2$	B$_2$	B$_2$	B$_2$	—	B$_2$	B$_2$
电信楼、财贸金融楼、邮政楼、广播电视楼、电力调度楼、防灾指挥调度楼	一类建筑	A	A	B$_1$	B$_1$	B$_1$	B$_1$	B$_1$	—	B$_2$	B$_2$
	二类建筑	B$_1$	B$_1$	B$_2$	B$_2$	B$_2$	B$_2$	B$_2$	—	B$_2$	B$_2$
教学楼、办公楼、科研楼、档案楼、图书馆	一类建筑	A	B$_1$	B$_1$	B$_1$	B$_2$	B$_1$	B$_1$	—	B$_2$	B$_2$
	二类建筑	B$_1$	B$_1$	B$_2$	B$_2$	B$_2$	B$_2$	B$_2$	—	B$_2$	B$_2$
住宅、普通旅馆	一类普通旅馆、高级住宅	A	B$_1$	B$_1$	B$_1$	B$_2$	B$_2$	—	B$_1$	B$_2$	B$_2$
	二类普通旅馆、普通住宅	B$_1$	B$_1$	B$_2$	B$_2$	B$_2$	B$_2$	—	B$_2$	B$_2$	B$_2$

单层、多层民用建筑内部装修材料的燃烧性能等级 表4

建筑物及场所	建筑规模、性质	装修材料燃烧性能等级							
		顶棚	墙面	地面	隔断	固定家具	窗帘	帷幕	其他材料
候机楼的候机大厅、商店、餐厅、贵宾候机室、售票厅等	建筑面积>10000m²的候机楼	A	A	B$_1$	B$_1$	B$_1$	B$_1$	—	B$_1$
	建筑面积≤10000m²的候机楼	A	B$_1$	B$_1$	B$_1$	B$_2$	B$_1$	—	B$_1$
汽车站、火车站、轮船客运站的候车（船）室、餐厅、商场等	建筑面积>10000m²的车站、码头	A	A	B$_1$	B$_1$	B$_2$	B$_1$	—	B$_2$
	建筑面积≤10000m²的车站、码头	B$_1$	B$_1$	B$_1$	B$_2$	B$_2$	B$_2$	—	B$_2$
影院、会堂、礼堂、剧院、音乐室	>800座位	A	A	B$_1$	B$_1$	B$_1$	B$_1$	B$_1$	B$_1$
	≤800座位	B$_1$	B$_1$	B$_1$	B$_2$	B$_2$	B$_1$	B$_1$	B$_2$
体育馆	>3000座位	A	A	B$_1$	B$_1$	B$_1$	B$_2$	B$_2$	—
	≤3000座位	B$_1$	B$_1$	B$_1$	B$_2$	B$_2$	B$_2$	B$_2$	—
商场营业厅	每层建筑面积>3000m²或总建筑面积>9000m²的营业厅	A	B$_1$	A	A	B$_1$	B$_1$	—	B$_2$
	每层建筑面积1000～3000m²或总建筑面积为3000～9000m²的营业厅	B$_1$	B$_1$	B$_1$	B$_2$	B$_2$	B$_2$	—	B$_2$
	每层建筑面积<1000m²或总建筑面积<3000m²营业厅	B$_1$	B$_2$	B$_2$	B$_2$	B$_2$	B$_2$	—	B$_2$
饭店、旅馆的客房及公共活动用房等	设有中央空调系统的饭店、旅馆	A	B$_1$	B$_1$	B$_1$	B$_2$	B$_2$	—	B$_2$
	其他饭店、旅馆	B$_1$	B$_1$	B$_2$	B$_2$	B$_2$	B$_2$	—	B$_2$
歌舞厅、餐馆等娱乐、餐饮建筑	营业面积>100m²	A	B$_1$	B$_1$	B$_1$	B$_2$	B$_1$	—	B$_2$
	营业面积≤100m²	B$_1$	B$_1$	B$_2$	B$_2$	B$_2$	B$_2$	—	B$_2$
幼儿园、托儿所、中小学、医院病房楼、疗养院、养老院	—	A	B$_1$	B$_2$	B$_2$	B$_2$	B$_2$	—	B$_2$
纪念馆、展览馆、博物馆、图书馆、档案馆、资料馆等	国家级、省级	A	B$_1$	B$_1$	B$_2$	B$_2$	B$_1$	—	B$_2$
	省级以下	B$_1$	B$_1$	B$_2$	B$_2$	B$_2$	B$_2$	—	B$_2$
办公楼、综合楼	设有中央空调系统的办公楼、综合楼	A	B$_1$	B$_1$	B$_1$	B$_2$	B$_2$	—	B$_2$
	其他办公楼、综合楼	B$_1$	B$_1$	B$_2$	B$_2$	B$_2$	—	—	B$_2$
住宅	高级住宅	B$_1$	B$_1$	B$_1$	B$_1$	B$_2$	B$_2$	—	B$_2$
	普通住宅	B$_1$	B$_2$	B$_2$	B$_2$	B$_2$	—	—	B$_2$

保温系统的防火要求

《建筑设计防火规范》GB 50016-2014对保温系统有如下防火要求：

1. 建筑的内、外保温系统，宜采用燃烧性能为A级的保温材料，不宜采用B₂级保温材料，严禁采用B₃级保温材料。保温系统的基层墙体或屋面板的耐火极限应符合规范规定。

2. 建筑外墙采用保温材料与两侧墙体构成无空腔复合保温结构体时，其结构体的耐火极限应符合规范的规定。当保温材料的燃烧性能为B₁、B₂级时，保温材料两侧的墙体应采用不燃材料且厚度均≥50mm。

3. 保温系统应采用不燃材料做防护层。

4. 当建筑的外墙外保温系统采用燃烧性能为B₁、B₂级的保温材料时，除采用B₁级保温材料的单、多层民用建筑外，建筑外墙上门、窗的耐火完整性应≥0.50h。

5. 保温系统每层应设置水平防火隔离带。防火隔离带应采用燃烧性能为A级的材料，高度≥300mm。当建筑的屋面和外墙外保温系统均采用B₁、B₂级保温材料时，屋面与外墙之间应采用宽度≥500mm的不燃材料的防火隔离带进行分隔。

6. 建筑外墙外保温系统与基层墙体、装饰层之间的空腔，应在每层楼板处采用防火封堵材料封堵。

内保温系统保温材料的燃烧性能 表1

场所或部位	燃烧性能
对于人员密集场所，用火、燃油、燃气等具有火灾危险性的场所，以及各类建筑内的疏散楼梯间、避难走道、避难间、避难层等所或部位	A
其他场所	≥B1

外墙外保温系统保温材料的燃烧性能 表2

场所		建筑高度(m)	燃烧性能
与基层墙体、装饰层之间无空腔的建筑外墙外保温系统	住宅建筑	H>100	A
		100>H≥27	≥B₁
		H≤27	≥B₂
	除住宅和人员密集场所外的其他建筑	H>50	A
		24<H≤50	≥B₁
		H≤24	≥B₂
与基层墙体、装饰层之间有空腔的建筑外墙外保温系统		H>24	A
		H≤24	≥B₁

屋面外保温系统保温材料的燃烧性能 表3

屋面板耐火极限	保温材料燃烧性能
≥1.00h	≥B₂
<1.00h	≥B₁

保温系统防护层厚度 表4

保温类型和部位			保温材料燃烧性能	防护层厚度(mm)
内保温			B₁	≥10
外保温	外墙	首层防护层	B₁、B₂	≥15
		其他层防护层	B₁、B₂	≥5
	屋面		B₁、B₂	≥10

外墙装饰材料的燃烧性能 表5

建筑高度(m)	燃烧性能
>50	A
≤50	≥B₁

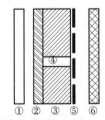

| ① 钛锌板 |
| ② 防水层 |
| ③ 保温层 |
| ④ 固定件 |
| ⑤ 加强层 |
| ⑥ 钢结构 |

a 钛锌板幕墙的构造层次

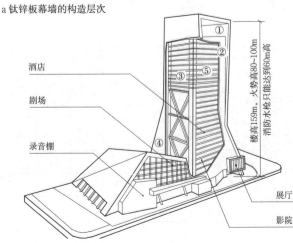

b TVCC的失火时序

失火时序：①烟花点燃建筑屋顶防水卷材和保温材料；②防水卷材和保温材料闷烧，导致熔化的高温金属液态锌液往下流淌，导致火势迅速向下蔓延；③内部装修材料二次燃烧；④中庭提供持续燃烧的空间；⑤外墙玻璃破裂。

共30层，高159m，建筑面积103648m²，主体结构为钢筋混凝土结构。南北侧外立面为玻璃幕墙，东西侧为钛锌板幕墙（熔点418℃左右）。幕墙外层表皮保温材料为挤塑板，防水材料为三元乙丙防水膜，内层表皮保温材料为防火棉。

2009年2月9日因违规燃放烟花爆竹引燃保温材料导致重大火灾，大火持续燃烧6个小时。燃烧主要集中在钛合金下面的柔性防水层和保温层，火势沿保温材料朝向多个方向迅速蔓延，瞬间从大楼顶部蔓延到整个大楼，过火面积达到10万m²。

1 北京中央电视台电视文化中心（TVCC）

防烟排烟设施

火灾烟气中含有多种对人体有害的成分。在疏散通道和非着火部位，防烟设施可阻止烟气侵入；在建筑的着火部位，排烟设施可排除火灾产生的烟气和热量。设置防排烟设施对保证人员安全疏散、控制火灾蔓延和辅助灭火救援具有重要作用。

防烟、排烟设施的设置场所或部位 表6

应设置防烟设施的场所或部位	防烟楼梯间及其前室
	消防电梯前室或合用前室
	避难走道的前室、避难层（间）
应设置排烟设施的场所或部位	设置在一、二、三层且房间建筑面积>100m²的歌舞娱乐放映游艺场所
	设置在四层及以上楼层、地下或半地下的歌舞娱乐放映游艺场所
	中庭
	公共建筑内建筑面积>100m²且经常有人停留的地上房间
	公共建筑内建筑面积>300m²且可燃物较多的地上房间
	建筑内长度>20m的疏散走道
可不设置防烟系统的楼梯间	地下或半地下建筑（室）、地上建筑内的无窗房间，当总建筑面积>200m²或一个房间建筑面积>50m²，且经常有人停留或可燃物较多时
	建筑高度≤50m的公共建筑和建筑高度≤100m的住宅建筑的楼梯间，其前室或合用前室应满足下列条件之一： 1.采用敞开的阳台、凹廊； 2.有不同朝向的可开启外窗，且满足自然排烟口面积要求

4
建筑防灾设计

坡地高层民用建筑高度及其类别的认定

对坡地民用建筑的高度及类别认定，基本思路是通过划分垂直防火分区、各自设置安全疏散及扑救场地等方式，将坡地建筑划分为上层和吊层部分，可细分成3大情形6类情况。坡地建筑在满足四个方面的条件时，建筑高度可上、下分别计算并由此定性，其防火设计则相应进行。

坡地高层民用建筑的分类及其定性　　表1

分类		具体情况
情形一	第1类	坡地建筑为居住建筑或为不含住宅的公共建筑，其吊层公共建筑高度≤24m或住宅建筑高度≤27m
	第2类	坡地建筑为居住建筑或为不含住宅的公共建筑，其吊层公共建筑高度>24m或住宅建筑高度>27m
情形二	第3类	坡地建筑吊层、平顶层及其上一层为公共建筑，以上各层为住宅，当公共建筑部分高度≤24m
	第4类	坡地建筑吊层、平顶层及其上一层为公共建筑，以上各层为住宅，当公共建筑高度>24m
情形三	第5类	坡地建筑吊层、平顶层及其上数层为公共建筑，以上各层为住宅，当吊层高度≤24m
	第6类	坡地建筑吊层、平顶层及其上数层为公共建筑，以上各层为住宅，其吊层高度>24m

坡地建筑划分为上层及吊层需满足的条件　　表2

1. 外部扑救	平顶层应能通过消防车进行扑救，吊层≤24m时，底层应有人行通道；若吊层>24m，应能通消防车。6类情况均同
2. 楼梯转移	第1、2类时楼梯可上、下共用，但应在平顶层的两跑楼梯之间设耐火隔墙，使上、下断开和人流在此层转移，且能直通室外。3、4、5类时公共建筑与上部住宅楼梯应各自独立设置并能直通室外，且在平顶层亦应设墙隔开。第6类时上、下公共建筑及住宅三者的楼梯均应各自独立设置
3. 电梯保护	第1、2类的客梯可上、下共用，但如无前室保护时吊层中应设前室防止烟气蔓延。其他类（第6类除外）公共建筑和住宅的客梯应分设，消防电梯可上、下共用；第6类时，上层与吊层应分别设置消防电梯
4. 耐火分隔	在"分界"处楼板上不能开设中庭、自动扶梯等贯通上下部分的洞口，楼板需耐火2h时以上。在"分界"上、下窗间实体裙墙的高度应≥1.2m、耐火极限≥2.00h，或于"分界"下面一层窗上口，设置宽度≥1.0m、耐火极限≥1.50h的防火挑檐。本耐火构造要求6类情况均同

坡地建筑歌舞娱乐放映游艺场所的设置楼层　　表3

设置楼层	需满足条件
设置在底层及其上二层	1. 该场所以底层（平顶层）为起算首层时，首层室外地面应满足消防车通行和扑救要求。 2. 该场所疏散出口应能直通或通过安全通道到达底层或平顶层的室外地面。 3. 该场所宜布置在疏散和扑救最为边界的底层或平顶层室外地面一侧
设置在其他楼层（且满足上述条件），可考虑同层有多个场所	1. 不应设置在地下二层及二层以下。当平顶层视为首层时，也不应设置在平顶层以下二层及二层以下。设置在地下一层或平顶层以下一层时，地下一层或平顶层以下一层与该层室外出入口地面高差应≤10m。 2. 每个厅、室的建筑面积应≤200m²。 3. 每个厅、室的出口不应少于两个。当一个厅、室的建筑面积<50m²时，可设置一个出入口。 4. 所有厅、室的每个疏散出口均应直通公共疏散走道。 5. 每个疏散出口的门均应设置乙级防火门。 6. 每个场所均应采用耐火极限≥2.0h的隔墙与其他场所隔开。 7. 应设置火灾自动报警系统和自动喷水灭火系统。 8. 应设置防烟、排烟设施。 9. 疏散走道和其他主要疏散路线的地面或靠近地面的墙面上应设置发光疏散指示标识。 10. 设置在一、二级耐火等级建筑内的歌舞娱乐放映游艺场所，其室内装修的顶棚材料应采用A级装修材料，其他部位应采用不低于B1级的装饰材料

注：内部功能为歌舞娱乐放映游艺场所，含歌舞厅、卡拉OK厅（包括具有卡拉OK功能的餐厅）、夜总会、录像厅、放映厅、桑拿浴室（洗浴部分除外）、游艺厅（含电子游艺厅）、网吧等

坡地建筑消防扑救场地的设置要求　　表4

设置部位	需满足条件
扑救面	建筑面临消防扑救场地方向至少有一个长边或周边长度的1/4且不小于一个长边的长度，不应布置进深大于4.00m的裙房，且在此范围内必须设有直通室外的楼梯或直通楼梯间的出口；并不应有任何影响消防车通行及扑救的障碍物
场地尺寸	1. 消防扑救场地或作为消防扑救场地的平台应满足消防车通行和回车的要求，并能承受消防车的荷载。 2. 消防扑救场地的进深要求：（从建筑外墙面起算）一类高层建筑宜≥18m；二类高层建筑宜≥15m
场地坡度	消防扑救场地的坡度应≤5%。当邻近建筑扑救面的道路、场地坡度较大确有困难时，应设置作为消防扑救场地的平台
消防设施	消防扑救场地及作为消防扑救场地的平台，应设室外消火栓、消防水泵结合器及消防水池取水设施

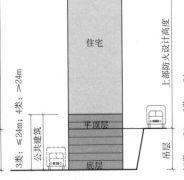

a 情形一
（全为公共建筑或住宅）

b 情形二
（平顶层以下及以上二层为公共建筑，其上为住宅）

c 情形三
（平顶层以下及以上若干层为公共建筑，其上为住宅）

① 坡地高层民用建筑的分类及其定性

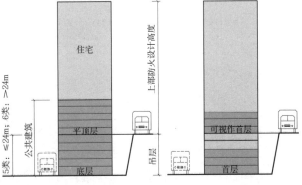

可设置楼层

② 坡地建筑中歌舞娱乐放映游艺场所的设置楼层

4
建筑防灾设计

性能化防火设计适用范围、内容及策略

1. 性能化防火适用范围及内容

适用于超出现行规范或用常规方案不能解决的防火设计问题：防火分区面积过大、人员安全疏散距离过长、安全出口不足、无法细分防烟分区等情形。在人员全部疏散到各安全出口的时间内，烟气浓度和火灾温度没达到致人伤害的临界数值时，其防火设计便是可行的，反之则需修改防火设计。

适用对象：高层建筑、古建筑、体育场馆、大型商业建筑、会展建筑、交通枢纽等场所。其建筑结构及空间特征：高顶棚、大跨度、大通透。典型共性问题包括：防火分区扩大、防烟分区划分、人员疏散设计、防火分隔形式、排烟系统设置、结构耐火设计及灭火系统设置。

2. 性能化防火设计策略

性能化防火设计是运用消防安全工程学原理和计算机手段，针对火灾特征，确立总体消防安全目标，建立可能发生的典型火灾场景，运用定量计算分析火灾危险性并进行个性化的建筑防火设计、评估，寻求防火安全目标、火灾损失目标和工程设计目标之间的高度协调，从而实现火灾防治的科学性、有效性和经济性的统一。

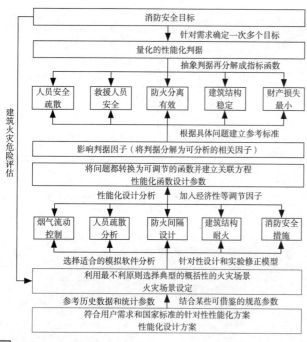

1 性能化防火设计策略分析

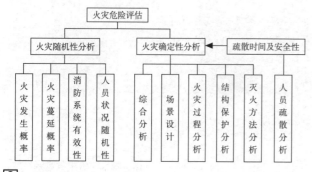

2 建筑火灾危险评估示意图

性能化防火设计的各类目标及判定依据　　表1

防火安全目标	损失目标	工程设计目标	性能判定依据
与生命安全直接相关的目标（主要目标）	火灾中各类人员的安全（包括建筑物的使用者、消防队员等）	保证疏散通道处于人员可承受的状况，使得起火房间外的人员逃离至安全区域	疏散通道状况：上部空气层温度<80℃；地面处接收的辐射热通量<10kW/m²；能见度>4m；起火后30分钟的CO浓度<0.14%
与其他安全相关的目标	保证财产和遗产安全	火灾不会在起火房间外的空间内蔓延	限制火焰向起火房间之外的空间蔓延	起火房间状况
	保证重要系统运行的连续性	不发生不必要的停工	限制空气中HCl浓度，使其小于能对目标设备产生不可接受的损坏的水平	目标设备状况：最大的PVC使用量<Xkg；已燃烧的面积<Ym²
	减少火灾及消防措施对环境的影响	火灾和灭火过程中产生的有毒物质不会污染地下水	提供一个合适的废水收集方式	排水管的截面积为Xm²；总的废水收集池容积为<Ym³

大空间的性能化防火设计策略

1. "舱体"设计

"舱体"作为"防火单元"，常用于无法设置物理防火分隔的大空间公共建筑，如交通枢纽、会展中心、大型商场等，用于对火灾荷载集中场所进行保护，可将火灾限制在起火区域，避免对大空间造成影响。

2. "燃料岛"设计

主要应用于交通枢纽等大空间建筑的性能化设计，要求可燃物之间或可燃物与高火灾载荷区域之间保持足够的安全距离。"岛"之间以及"岛"和其他可燃物之间的距离应≥6m。电话亭、流动摊点等"岛"的面积宜≤20m²，直接暴露在大空间中的茶座、软席候车等"岛"的面积宜≤100m²。

3. 防火隔离带

在可燃物之间保持足够的宽度，控制热辐射不致引燃另一侧，其间不应布置可燃物。

4. 冷烟清除

利用空调系统结合大空间的自然通风口，可将冷烟清除。排烟口通常为空调系统的回风口，设置在距地2~3m的高度。

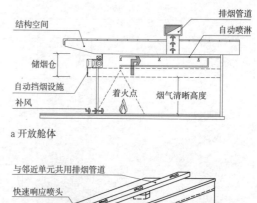

"舱体"防火要求：顶棚耐火极限≥1.00h，设置自动喷淋系统、火灾自动报警系统。面积较大或内部可燃物较多时，还应设置机械排烟设施和防火卷帘（或挡烟垂壁）以形成储烟舱。

3 "舱体"示意图

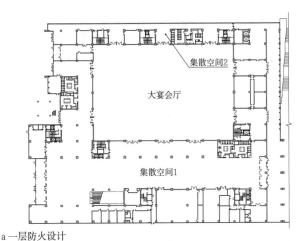

a 一层防火设计

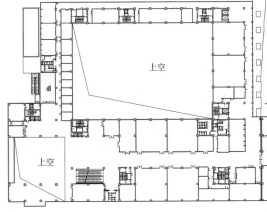

b 二层防火设计

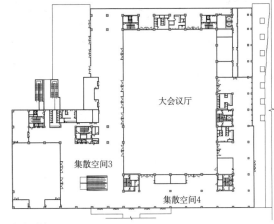

c 三层防火设计

会议中心一、三层的大宴会厅和大会议厅，因使用功能的要求，无法在厅内再划分防火分区，也不能再布置疏散楼梯。

根据建筑布局以及对一、三层的火灾荷载分布研究，大宴会厅和大会议厅四周主要为前厅、公共走道和后勤走道等集散空间，火灾危险非常低。因此，可将该集散空间作为次安全区。大厅内人员首先疏散到集散空间，再由集散空间疏散至室外。

集散空间采取的消防措施包括：

1. 不设置可燃物，保证疏散通道畅通；
2. 会议厅/室、其他会议服务房间采用防火墙及甲级防火门与集散空间分隔；
3. 每层平面共设置两个相互独立的集散空间，若其中一个发生火灾，人员仍可通过另一个空间进行疏散；
4. 提供疏散指示、消防电话、消防广播、应急照明等装置，并按规范进行室内装修和设置自动喷水灭火系统、室内消火栓系统和防排烟系统。

1 贵阳国际会议中心

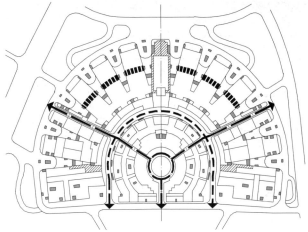

a 一层防火设计

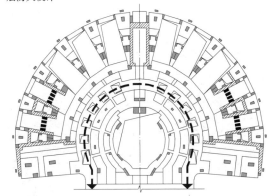

b 二层防火设计

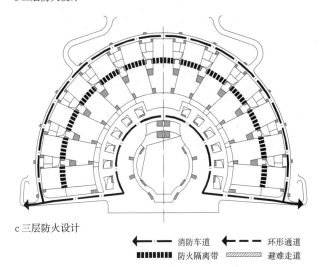

c 三层防火设计

| ← - - 消防车道 | ←---- 环形通道 |
| ▓▓▓▓ 防火隔离带 | ▨ 避难走道 |

建筑功能复杂、空间关系多样，依照现行规范关于防火分区、安全疏散的规定，难以实现特定的使用功能、建筑效果及构造需求。

展厅空间高大，单个展厅面积达上万平方米，防火分区划分是突出的难题。针对空间进深大、疏散距离长的问题，将避难走道纳入安全疏散系统，并将一条环形通道设置为不完全封闭的空间，作为次安全区。火灾时建筑内部分人员需先疏散至环形通道，再疏散至室外。

展厅采取的防火措施：1. 展厅之间用防火墙进行分隔，局部开口处设置甲级防火门或特级防火卷帘；2. 展厅内采用防火隔离带划分防火区域：在展厅内设置一定宽度的隔离空间，防止火灾相互蔓延；3. 展厅内设置光截面图像感烟探测器、自动跟踪定位射流灭火系统和机械排烟系统。

环形通道和避难走道的防火措施：1. 仅作为交通空间，不具其他功能；2. 通道内任一点至最近安全出口的步行距离≤60m；3. 通道每隔50m设置消火栓，并设置消防应急照明、疏散指示标识和应急广播系统；4. 设置两条避难走道直通室外。

2 昆明滇池国际会展中心

常见的灾害性风

常见灾害性风的分类和数据 表1

名称	瞬时风速（m/s）	风力等级	竖直厚度（m）	生命周期（h）	常发区域
静风	＜0.3	1~2	10~100，个别600	＜14	不定
陆风	1~2	1~2	200~800	8~12	侵入海上距离：5~30km
海风	5~6	3~4	300~2000	8~12	侵入大陆距离：温带15~50km，热带不超过100km
山风	2~10	2~5	谷底以上300	8~12	山谷
谷风	2~10	2~5	谷底以上500~1000	8~12	山谷
城市风	不定	不定	市区上空1000m内	＜12	市区及周边区域
街道风	平地风速的1.3~3倍	取决于平地风速	低于建筑物高度	不定	高楼附近，高楼底层的风道
寒潮	15~40	5~8	2000~3000	数天	我国西部、华中地区及长江以北地区
飑	27~40	10~12	3000	4~10	不定
龙卷风	50~300，甚至达340	＞12	一般为5000	≤5	雷雨云两端，两飑线交点处
气旋	见表2及下文"温带气旋"与"热带气旋"				

风的原理

风是空气流动的现象。因太阳辐射对赤道与两极的强弱差别而形成大气环流，在不同季节和地形地貌等因素的影响下，局部风速和风向出现显著变化而造成灾害，成为灾害性风。

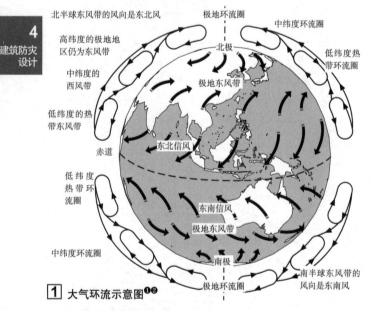

1 大气环流示意图❶❷

不同灾害性风的危害

1. 静风：空气流动缓慢，可使大城市和工业区的空气质量下降甚至出现严重的空气污染，夏季还会使城市和建筑物中的热量不能及时排出，气温居高不下。

2. 海陆风和山谷风：海陆风是海洋和陆地之间风向昼夜周期性变化的风，白天从海上吹向陆地，夜间从陆地吹向海上。山谷风是在盆地、山谷或高原与平原的交界处，出现白天风从谷地吹向山坡，夜间风由山坡吹向谷地的现象。这四种风可能控制空气污染物的积聚区域、流向和速度，影响城镇规划和建筑设计。

3. 城市风：当大范围风速很低时，因城市气温明显高于郊区，市区空气上升，郊区近地面空气流入而形成低速循环。可导致城市及郊区的污染物在城市上空积聚，造成空气污染。

4. 街道风：当风吹过城市时，气流会顺着街道流动，流速加快。当风吹过建筑群时，气流的分布、流速和流向都会发生显著变化，特别是在高层建筑群之间和周围相当大的范围内，会出现局部风向变化不定的灾害性强风，危及建筑物、行人和车辆。

5. 寒潮：我国中高纬度地区冬半年常出现的强冷气流，导致急速降温和大风等灾害性天气，可在大范围内造成建筑物和构筑物的破坏或不能正常使用。

6. 飑：积雨云中局部突发的强风。由于风速极高又事发突然，往往对建筑物和构筑物造成难以预料的破坏。

7. 温带气旋：大气环流受地形地貌影响而在温带地区出现的涡旋。可造成我国东北地区的春季大风和沙尘天气，在长江下游和东海、黄海沿海地区形成大风天气。

8. 热带气旋：形成于热带海洋上的大气涡旋，伴随着大范围的狂风暴雨和惊涛骇浪。我国东南沿海地区是世界上受热带气旋影响最频繁、最严重的地区之一，热带气旋（尤其是台风）可造成大范围的强风灾害和洪涝等次生灾害。

热带气旋的分类 表2

热带气旋的名称	近中心最大平均风速（m/s）	风力等级
台风	≥32.7	≥12
强热带风暴	24.5~32.6	10~11
热带风暴	17.2~24.4	8~9
热带低压	≤17.1	≤7

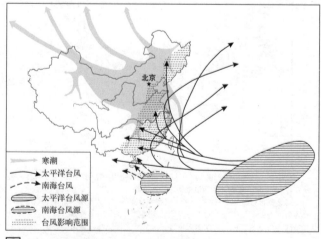

2 入侵我国的热带气旋和寒潮路径❷❸

9. 龙卷风：积雨云中高速旋转的气体涡旋，是世界上最强的旋风且难以预测。当龙卷风经过时，强风和瞬间产生的低气压可造成建筑物和构筑物毁灭性的破坏。龙卷风在我国主要发生在华南、华东地区以及西沙群岛。

❶ 高绍风等编著. 应用气候学. 北京：气象出版社，2001:136.
❷ 底图来源：中国地图出版社编制.
❸ 西北师范学院，地图出版社主编. 中国自然地理图集. 北京：地图出版社，1984:46.

选址避风和改善风环境

城镇和重要建设项目的选址应具有良好的蔽风性,避开可能加剧风灾影响的"风口"地带。对基址风环境的缺陷也应尽可能加以改善。

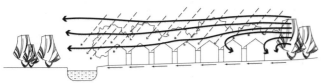

1 沿海村落建筑布局❶

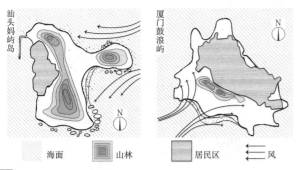

汕头妈屿岛　　厦门鼓浪屿

海面　　山林　　居民区　　风

2 沿海岛屿居民区选址❷

防风林带的作用十分显著,在林带迎风的一侧,风速在距林高5倍处开始减弱,背风一侧在林高20倍范围内的风速可降低25%。墙体等密实性风障在背风一侧距离约15倍墙高的范围内,风速可减少50%~60%。在迎风面一侧,风速从离开墙体5~10倍高度处开始下降。

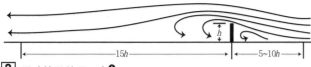

3 风障挡风效果示意❶

密集布局和低层高密度

大范围密集的建筑群可以显著降低风速、减少强风造成的危害。低层和高密度建筑群的迎风面积小,建筑物相互遮挡,可在很大程度上减少风荷载。毗邻相连的建筑物使单体体量加大,从而增加建筑物在强风中的稳定性。

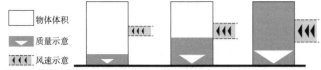

物体体积

质量示意

风速示意

为保持物体在风中的稳定性,当风速增大,物体的质量增幅须更大。

4 风速与质量的关系❶

道路走向和建筑朝向

灾害性大风及冬季大风方向比较稳定的地区,道路的走向应避开当地灾害性大风以及冬季大风的方向。建筑物的长边一般是建筑的主要方向,也是受风面积最大的方向,建筑物的主要朝向应尽可能避开当地灾害性强风和冬季大风的方向。

有污染建设项目的选址

按照我国各地风向频率的特点采取相应的规划布局方式。

1. 双主导风向型地区,冬夏盛行风向基本相反,应以最小风频方向为选址依据,工业区等有污染的建设项目应布置在最小风频的上风向,居住区布置在下风向。

2. 主导风向型地区,一年内盛行风方向的变化<90°,应将有污染的建设项目安排在主导风向的下风方向。

3. 无主导风向型地区,应将污染源布置在当地最大风速方向的下风位置上。

4. 准静止风型地区,不宜建设有严重污染的项目,污染源和生活居住区之间须有足够的防护距离。

地形对空气污染的影响

1. 在坡地或山丘上的气流会沿山坡抬升,而在背风面会出现强烈的湍流,烟囱等污染物排放点设在低处时,可能出现烟气下沉触地,发生地面严重污染的现象。

2. 山谷地带往往出现与主导风向不一致的局地气流,产生昼夜方向相反的山风和谷风。在风向变换期间,污染物会聚积在山谷,夜间谷风将污染物带回谷底且难以扩散,都可能造成严重的空气污染。有污染的建设项目必须考虑山谷风的特点、山谷的走向和污染物排放的时间。

3. 海陆风造成的局地高空与地面风向相反的闭合环流,可使污染物随环流而累积。当风从海上吹向陆地时,因气温较低而向地面下降沉积,阻止空气中的污染物向上扩散。当风从陆地吹向海面时对净化空气十分有利。在城市规划中应该将污染源与生活居住区,分别布置在两条与岸线垂直的平行线上,使生活居住区的污染机会最小。

龙卷风的防御

建筑设计中防御龙卷风的重点是保障人员、重要物资和设施的安全。在龙卷风多发区域常见的方法是设置地下避难室,将重要物资和设施安置在地下。

4
建筑防灾
设计

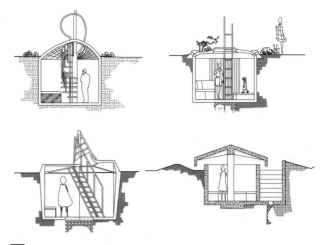

5 美国中西部的几种防风避难室❸

❶ 郑力鹏. 中国古代建筑防风灾的历史经验与措施. 古建园林技术, 1991, (3)、(4), 1992, (1).
❷ 郑力鹏. 沿海城镇防潮灾的历史经验与对策. 城市规划,1990, (3): 39.
❸ Michele Melaragno, Wind in Architectural And Environmental Design. New York : Van Nostrand Reinhold Co., 1982.

建筑防风设计除了加强建筑结构和构造的防风性能外，重点在于尽可能减少风荷载。风荷载是作用于建筑物上的风压，防风设计中采用风荷载标准值 w_k，由基本风压 w_0、风振系数 β_z、风载体型系数 μ_s 和风压高度变化系数 μ_z 的乘积构成。

建筑防风设计的主要对象是大量性的低标准房屋和多高层建筑。低标准房屋应充分利用建筑形式和群体组合的优势，合理利用防风建筑材料和各种适宜的防风技术措施。多高层建筑应特别注意形体及其组合设计，并处理好风环境问题。

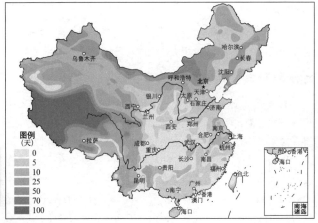

图例 (天)
0 / 5 / 10 / 25 / 50 / 70 / 100

1 我国年平均大风日数分布图[1][2]

建筑形式

建筑形式和建筑群的组合方式对提高建筑的防风性能、减少风灾的影响十分重要。在我国风灾影响较大的地区，历史上产生了许多因地制宜适应风灾环境的建筑形式和群体组合方式，可资借鉴。

蒙古包 · 吉林碱土房 · 新疆蒙族民居 · 西北地坑式窑 · 延边四坡顶民居 · 北京 · 华北囤顶住宅 · 新疆"阿以旺"住宅 · 西藏碉房 · 南海诸岛 · 浙江两夹坡顶民居 · 云南大理民居 · 海南船形屋 · 客家围楼 · 闽南砖结构民居

2 我国风灾严重地区的民居建筑[2][3]

风荷载与屋面形式和坡度有关，其中负压的危害最大。在各种形式的坡屋顶中，四坡顶屋面的风荷载较小。在屋檐下设封檐板或挑檐板，特别是加建混凝土平顶外廊，或在屋檐上加设檐墙，都可以取得很好的防风效果。降低房屋高度也是减少风灾危害的有效途径。

---

❶ 高绍凤等编著. 应用气候学. 北京: 气象出版社, 2001: 136.
❷ 底图来源: 中国地图出版社编制.
❸ 郑力鹏. 中国古代建筑防风灾的历史经验与措施. 古建园林技术, 1991, (3)、(4), 1992, (1).

178

各种屋面坡度的风荷载体型系数 μ_s 表1

高跨比	倾斜角度	迎风面风压系数	背风面风压系数	说明
≤1:7.5	≤15.0°	−0.6		坡度很小，迎风面负压达最大值，对瓦屋面威胁很大
1:6.3	17.5°	−0.5		迎风面与背风面负压值相同，屋顶所受水平推力为0
1:5.5	20.0°	−0.4		坡度屋顶背风面所受负压，均为−0.5
1:5.0	21.8°	−0.3		即福建沿海民居屋顶平均坡度
1:4.0	26.6°	−0.1	−0.5	即"瓦屋四分"，迎风面负压很小
1:3.5	30.0°	0.0		浙江沿海民居的屋顶坡度，迎风面无风荷载
1:3.0	33.7°	+0.1		即"茸屋三分"，迎风面风压很小且为正压
1:1.0	45.0°	+0.4		迎风面正压随坡度增加而加大
≥1:1.2	≥60°	+0.8		度坡≥60°，迎风面正压相当于垂直墙体迎风面正压

注: 体形系数>0为压力，<0为吸力，=0为无风荷载影响。

a 檐口压条　　b 作瓦垅　　c 屋面压砖或石

3 几种屋面防风构造[3]

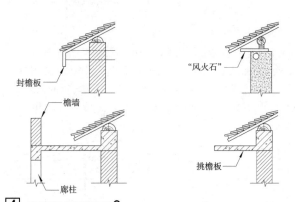

封檐板 · "风火石" · 檐墙 · 廊柱 · 挑檐板

4 几种檐口防风构造[3]

平面形状

风载体型系数是衡量各种建筑平面形状防风性能优劣的指标，应尽量选择体系数较小的平面形状。圆形是最理想的平面形状，适当加以变形和调整也能做出许多防风性能较好的平面设计方案。将方形平面的四角截去一小部分，可明显减少风压和改善风压分布。

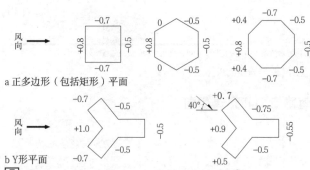

a 正多边形（包括矩形）平面

b Y形平面

5 封闭式房屋和构筑物平面形状风载体型系数[3]

不同体形高层建筑模型的风洞对比实验

2011年，由日本竹中工务店研究及发展科研所带领发起的新异体形高层建筑风环境研究项目，在限定模型高度、体积，限制风洞风速及风向的实验条件下，将角修正体形、倾斜体形、锥状体形、螺旋体形、开洞体形、混合体形和传统的高层平面形式（如正四边形、矩形、圆形及椭圆形）进行了统一的风洞测试，获得了以下结论。

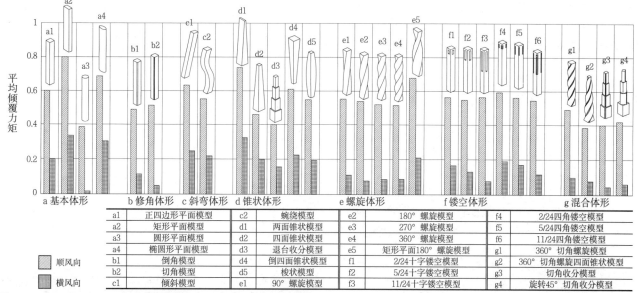

a1	正四边形平面模型	c2	蜿绕模型	e2	180° 螺旋模型	f4	2/24四角镂空模型
a2	矩形平面模型	d1	两面锥状模型	e3	270° 螺旋模型	f5	5/24四角镂空模型
a3	圆形平面模型	d2	四面锥状模型	e4	360° 螺旋模型	f6	11/24四角镂空模型
a4	椭圆形平面模型	d3	退台收分模型	e5	矩形平面180° 螺旋模型	g1	360° 切角螺旋模型
b1	倒角模型	d4	倒四面锥状模型	f1	2/24十字镂空模型	g2	360° 切角螺旋四面锥状模型
b2	切角模型	d5	梭状模型	f2	5/24十字镂空模型	g3	切角收分模型
c1	倾斜模型	e1	90° 螺旋模型	f3	11/24十字镂空模型	g4	旋转45° 切角收分模型

图例：顺风向、横风向

1 不同形状高层模型的顺风向和横风向平均倾覆力矩对比图[1]

4
建筑防灾
设计

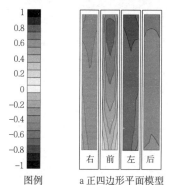
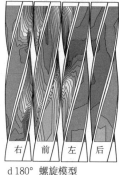

图例：a 正四边形平面模型 b 切角模型 c 退台收分模型 d 180° 螺旋模型

右 前 左 后

2 平均风压系数在不同建筑模型立面上的分布对比图[1]

各高层模型共性

多数模型的迎风面，在总高度的7/8高处出现最大风压。横风向和顺风向的最大平均倾覆力矩系数、最大波动倾覆力矩系数有同步变化的现象，显示横风向和顺风向的抗风能力有紧密联系。

各高层模型特点

1. 圆形平面体形拥有最为优异的抗风能力。
2. 矩形平面体形抗风能力差，在相同的建筑体积和风环境条件下，矩形平面高层建筑振动更明显，建筑基础承受更大的扭矩和倾覆力矩。
3. 角修正体形的顺风向抗风性能较矩形平面体形好，横风向抗风性能优异，风压作用下振动亦小。
4. 锥状体形，如西面锥状模型和退台收分模型，迎风面受压区面积最小，顺风向的倾覆力矩小，抗风能力最佳。横风向倾覆力矩亦较小，抗风能力亦很好。

在较大风速条件下，锥状体形表现优异。然而，在较小风速条件下，锥状体形的振动较大，使用舒适性受到一定影响。

5. 11/24十字镂空模型顺风向抗风能力比方形平面高层好，横风向抗风能力优秀。但在应对本地波动风力时，镂空处将产生新的作用力作用方向与建筑物受力方向相反。
6. 螺旋体形，以180° 螺旋模型为例，建筑表面的风压分布状态复杂，但顺风向抗风能力较好，横风向抗风能力优秀，背风面的平均风压绝对值很小。

名词释义

平均风压和脉动风压：风对建筑的实际作用随风速、风向的紊乱变化而不停改变，由此产生的风压作用称为脉动风压。脉动风压计算不便，因此引入平均风压，即一段时间内脉动风压对建筑物作用的平均值。平均风压可使用静力学方法进行理论计算。

风振和风振系数：在脉动风压作用下，随着风压瞬时变化建筑物出现距离不等的侧移，成为风振。风振系数即反映平均风压和脉动风压作用下，各自侧移差异的比值。

平均倾覆力矩：为平均风载荷作用点到倾覆点间的距离和平均风荷载的乘积。

❶ Hideyuki Tanaka, Yukio Tamura, Kazuo Ohtake, Masayoshi Nakai, Yong Chul Kim. Experimental investigation of aerodynamic forces and wind pressures acting on tall buildings with various unconventional configurations. Journal of Wind Engineering and Industrial Aerodynamics, 2012, 107-108:179-191.

改善建筑风环境的措施

风环境是建筑物及其周边一定范围内风的方向和速率在空间上的分布情况。改善风环境的措施如下：

1. 合理布置新建项目。根据当地风环境的特点和周边既有建筑物的分布情况，合理布置新建项目，避开最不利风环境的地点，同时避免造成周边风环境的恶化，避免在建筑物都比较低矮的旧城建设体量高大的建筑物。

2. 采用防风性能好的建筑体形。圆形平面建筑物的抗风性能最理想，矩形平面切掉四角后防风性能可有所改善。竖向上的收分和开洞都可显著改善建筑物的防风性能。防风性能好的建筑体形也有利于减少对风环境的不利影响。

3. 注意建筑外墙面的细部设计。按照空气动力学原理选择建筑物表面材料和构造做法、对凹凸和转角部位进行设计，可有效地改善风压分布、减少风荷载和对风环境的不利影响。

4. 在近地面设置蔽风设施。高层建筑的底部及附近行人和车辆较多的地方，设置裙房、门廊、雨篷、廊道、围墙或隔断等，或利用树木等形成风障，可有效防御不利风环境造成的危害。

5. 依据试验数据完善防风设计。可采用风洞模型试验的方法验证防风设计的效果，并根据试验取得的风压数据和风压分布情况，对设计进行修改完善。

6. 借鉴国外的经验和做法。国外所做的研究比较多，一些城市还根据研究成果制定了法规，如美国波士顿规定新建建筑不能引起超过14m/s的风速；当建设用地已经有14m/s的风速，则禁止新建建筑加剧这种状况。旧金山市规定新建建筑不允许在步行者腰部以下引起超过5m/s的风速，不允许任何新建建筑引起12m/s的风速达1小时以上。❶

实例

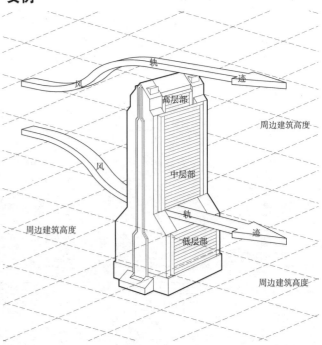

日本电气总社大厦（NEC Super Tower, 1990），采用双侧外核心筒巨型框架结构体系，总高180m，分作3个层部。低层部总高度50m，稍高于周边建筑物屋顶高度；中层部竖直高度约占建筑总高2/3，与低层部间开15m高通风孔洞；建筑物从低层部向高层部逐级退缩。

大厦外形设置巧妙，通风洞既能疏导强风，也为低层部的中庭引入大量自然光。通风洞距地面高度稍高于周边建筑物，保证了大厦建成后，不会对周边近地环境产生灾害性风；3个退缩层部起到了分流和引导风的作用，有效减低中层部和高层部的风压，保证大厦四个方向都有良好的抗风性能；大厦顶部使用45°双坡屋面，抗风压能力比相同体积的平屋面优秀。

1 日本电气总社大厦❷

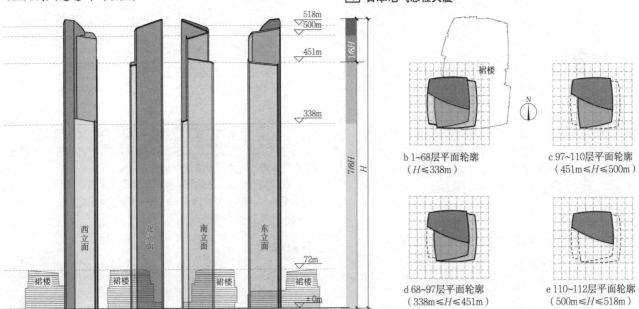

西立面　北立面　南立面　东立面

518m
500m
451m
338m
72m
±0m

1/8H
7/8H
H

裙楼　裙楼　裙楼　裙楼

a 四方向立面及高度分析

裙楼

N

b 1~68层平面轮廓
（H≤338m）

c 97~110层平面轮廓
（451m≤H≤500m）

d 68~97层平面轮廓
（338m≤H≤451m）

e 110~112层平面轮廓
（500m≤H≤518m）

周大福金融中心（CTF Finance Centre）采用巨型框架和核心筒结构体系，总高度530m，共116层，地上建筑面积超过40万m²，集商业、办公、酒店、餐饮等多种功能。周大福金融中心建筑形体类似P179"建筑防风［4］国外防风研究成果"中"1不同形状高层模型的顺风向和横风向平均倾覆力矩对比图"中的混合体形。建筑外表面做了弧形处理，边角做了较大幅度的切角，从342m标高至顶层之间，有4个连续退台层，顶部以东南向单坡屋面结束。建筑利用弧形立面疏导正面来风，利用边缘切角减低侧风面和背风面的负压，利用合理的退台收分减轻倾覆力矩，顶部面对主导风向做单坡导风处理。这些措施都有效地增强了建筑物的整体抗风能力。

2 周大福金融中心

❶ 关滨蓉著．马剑馨．建筑设计和风环境建筑学报．1995(11)：48．
❷（日）三栖邦博著．超高层办公楼．刘树信译．北京：中国建筑工业出版社，2003：108－109．

说明

本章内容是根据《建筑物防雷设计规范》GB 50057和《建筑物电子信息系统防雷技术规范》GB 50343有关内容编撰,供设计师参考,设计时还应遵守现行的相关规范。

建筑物的防雷分类

建筑物根据使用性质、重要性、发生雷电事故的可能性和后果,按防雷要求分为三类:

1. 凡制造、使用或贮存火炸药及其制品的危险建筑物,因电火花而引起爆炸、爆轰,会造成巨大破坏和人身伤亡者,应划为第一类防雷建筑物。

2. 预计雷击次数大于0.05次/年的重要或人员密集的公共建筑物以及火灾危险场所或预计雷击次数大于0.25次/年的住宅、办公楼等一般性民用建筑物或一般性工业建筑物,应划为第二类防雷建筑物。

3. 预计雷击次数大于或等于0.01次/年,且小于或等于0.05次/年的重要或人员密集的公共建筑物;预计雷击次数大于或等于0.05次/年,且小于或等于0.25次/年的住宅、办公楼等一般性民用建筑物或一般性工业建筑物,应划为第三类防雷建筑物。

雷电形式

根据雷电产生和危害特点的不同,雷电可分为以下五种:

1. 直击雷;
2. 感应雷;
3. 闪电电涌侵入;
4. 雷击电磁脉冲;
5. 雷电反击。

雷电形式 表1

类别	雷电形式
直击雷	闪电直接击于建筑物、其他物体、大地或外部防雷装置上,产生电效应、热效应和机械力
感应雷	闪电放电时,在附近导体上产生的雷电静电感应和雷电电磁感应,它可能使金属部件之间产生火花放电
闪电电涌侵入	由于雷电对架空线路、电缆线路或金属管道的作用,雷电波(即闪电电涌)可能沿着这些管线侵入屋内,危及人身安全或损坏设备
雷击电磁脉冲	雷电流经电阻、电感、电容耦合产生的电磁效应,包含闪电电涌和辐射电磁场
雷电反击	雷电流经接闪器沿引下线流入接地装置的过程中,由于各部分阻抗的作用,接闪器、引下线、接地装置上将产生不同的较高对地电位,若被保护物与其间距不够时,会发生直击雷防护装置对被保护物的放电现象

防雷措施 表2

类别	防雷措施
直击雷	采用由接闪器、引下线、接地装置构成的防雷装置把雷电流导入大地
感应雷	物体的感应电荷通过引下线、接地装置泄入大地
闪电电涌侵入	在线路进入建筑物处安装避雷器或电涌保护器
雷击电磁脉冲	采取屏蔽、接地和等电位联结、设置电涌保护器等措施
雷电反击	使被保护物与防雷装置保持一定的安全距离;将被保护物与防雷装置做等电位联结,使其之间不存在电位差

防雷装置

防雷装置由外部防雷装置和内部防雷装置组成,用于减少雷击造成的物质性损害和人身伤亡。

1. 外部防雷装置由接闪器、引下线和接地装置组成,用于直击雷的防护。

2. 内部防雷装置由等电位联结、共用接地装置、屏蔽、合理布线、电涌保护器等组成,用于减小和防止雷电流在需防护空间内产生的电磁效应。

3. 在建筑物的地下室或地面层处,以下物体应与防雷装置做防雷等电位联结:

(1)建筑物金属体;

(2)金属装置;

(3)建筑物内系统;

(4)进出建筑物的金属管线。

1 建筑物防雷系统方框图

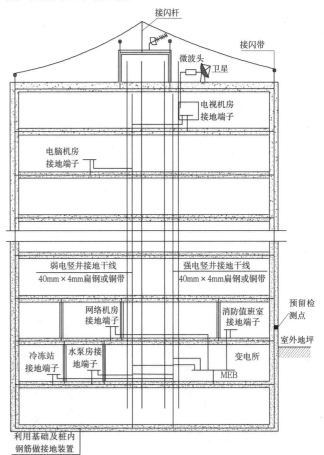

2 建筑物防雷工程示意图

接闪器

接闪器的作用是防止直接雷击或是将其上空电场局部加强,将附近的雷云放电诱导过来,雷电流通过引下线注入大地,从而使距接闪器一定距离内一定高度的建筑物免遭直接雷击,以保证人身及建(构)筑物的安全。

接闪器由下列各形式之一或任意组合而成:独立接闪杆;直接装设在建筑物上的接闪杆、接闪带或接闪网;屋顶上的永久性金属物及金属屋面;混凝土构件内钢筋。

除第一类防雷建筑物外,建筑物宜首先利用其金属屋面或屋顶上永久性金属物作为接闪器。

屋面风机、旗杆、水箱等凸出屋面的金属构件或设备外壳,应就近与防雷装置连接。

专门敷设的接闪网,其布置应符合表1的规定。布置接闪器时,可单独或任意组合采用接闪杆、接闪带、接闪网。

接闪网布置   表1

建筑物防雷类别	接闪网网格尺寸
一类防雷建筑	≤5m×5m或≤6m×4m
二类防雷建筑	≤10m×10m或≤12m×8m
三类防雷建筑	≤20m×20m或≤24m×16m

注:本表摘自《建筑物防雷设计规范》GB 50057-2010。

金属屋面作接闪器

建筑物金属屋面或屋顶永久性金属物宜作为接闪器,并应符合下列要求:

1. 板间的连接应是持久的电气贯通,例如,采用铜锌合金焊、熔焊、卷边压接、缝接、螺钉或螺栓连接。

2. 金属板下面无易燃物品时,其厚度要求:铅板不应小于2mm,不锈钢、热镀锌钢、钛和铜板不应小于0.5mm,铝板不应小于0.65mm,锌不应小于0.7mm。

3. 金属板下面有易燃物品时,其厚度要求:不锈钢、热镀锌钢和钛板不应小于4mm,铜板不应小于5mm,铝板不应小于7mm。

4. 金属板无绝缘被覆层。

5. 输送和储存物体的钢管和钢罐的壁厚不应小于2.5mm;当钢管、钢罐一旦被雷击穿,其内的介质对周围环境造成危险时,其壁厚不应小于4mm。

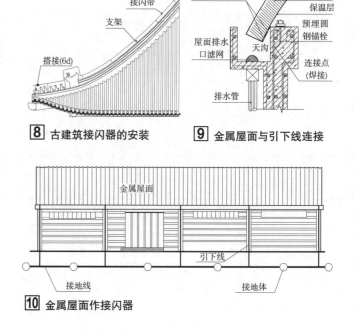

③ 接闪带在天沟明装

④ 接闪带在屋脊安装

⑤ 接闪带在女儿墙明装

⑥ 接闪带在女儿墙贴装

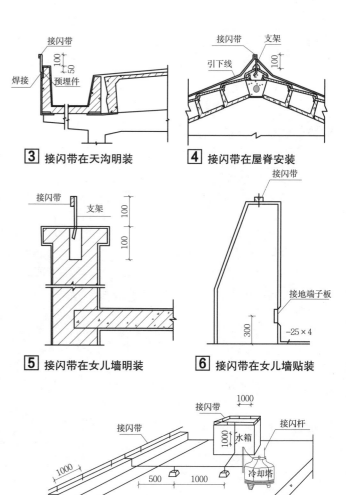

⑦ 屋顶水箱及冷却塔的防雷

⑧ 古建筑接闪器的安装

⑨ 金属屋面与引下线连接

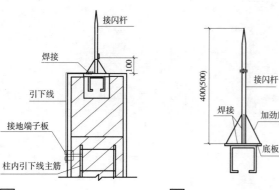

① 接闪杆在墙上安装

② 接闪杆在构架上安装

⑩ 金属屋面作接闪器

引下线

引下线是用于将雷电流从接闪器传导至接地装置的导体。各类建筑物引下线设置要求见表1。

引下线要求 表1

建筑物防雷类别	引下线根数要求	引下线间距要求
一类防雷建筑	≥2根	≤12m
二类防雷建筑	≥2根	≤18m
三类防雷建筑	≥2根	≤25m

注：本表摘自《建筑物防雷设计规范》GB 50057-2010。

引下线和接闪带、接闪杆的材料、结构及最小截面 表2

材料	结构	最小截面（mm²）	备注
铜、镀锡铜	单根扁铜	50	厚度2mm
	单根圆铜	50	直径8mm
	铜绞线	50	每股直径1.7mm
	单根圆铜	176	直径15mm
铝	单根扁铝	70	厚度3mm
	单根圆铝	50	直径8mm
	铝绞线	50	每股线直径1.7mm
铝合金	单根扁形导体	50	厚度2.5mm
	单根圆形导体	50	直径8mm
	绞线	50	每股直径1.7mm
	单根圆形导体	176	直径15mm
	外表面镀铜的单根圆形导体	50	直径8mm,径向镀铜厚度≥70μm,纯度99.9%
热浸镀锌钢	单根扁钢	50	厚度2.5mm
	单根圆钢	50	直径8mm
	钢绞线	50	每股直径1.7mm
	单根圆钢	176	直径15mm
不锈钢	单根扁钢	50	厚度2mm
	单根圆钢	50	直径8mm
	钢绞线	70	每股直径1.7mm
	单根圆钢	176	直径15mm
外表面镀铜的钢	单根扁钢	50	镀铜厚度至少70μm,铜纯度99.9%

注：本表摘自《建筑物防雷设计规范》GB 50057-2010。

建筑物宜利用钢筋混凝土屋顶、梁、柱、基础内的钢筋作为引下线。当建筑物内钢筋无法满足要求时，需设置专设引下线。专设引下线应沿建筑物外墙外表面明敷，并经最短路径接地；当建筑外观要求较高时可暗敷。

建筑物的钢梁、钢柱、消防梯等金属构件以及幕墙的金属立柱宜作为引下线，但其各部件之间均应连成电气贯通，可采用铜锌合金焊、熔焊、卷边压接、缝接、螺钉或螺栓连接；其截面应按表2的规定取值；各金属构件可覆有绝缘材料。

当采用多根专设引下线时，应在各引下线上距地面0.3~1.8m之间装设断接卡。当利用混凝土内钢筋、钢柱作为自然引下线并同时采用基础接地体时，可不设断接卡，但利用钢筋作引下线时应在室内外的适当地点设若干连接板。当仅利用钢筋作引下线并采用埋于土壤中的人工接地体时，应在每根引下线距地面不低于0.3m处设接地体连接板。采用埋于土壤中的人工接地体时应设断接卡，其上端应与连接板或钢柱焊接。连接板处宜有明显标识。

在易受机械损伤之处，地面上1.7m至地面下0.3m的一段接地线应采用暗敷或采用镀锌角钢、塑料管或橡胶管等加以保护。

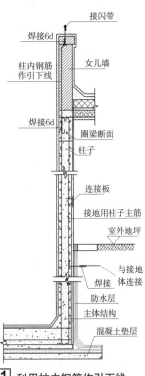

1 利用柱内钢筋作引下线

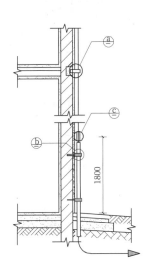

3 明敷引下线做法

a 引下线支架做法

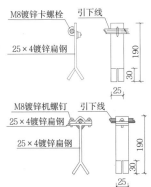

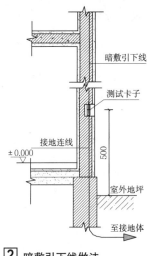

2 暗敷引下线做法

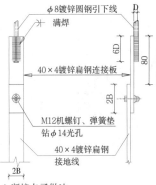

b 断接卡子做法

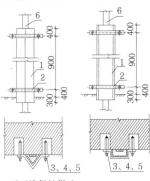

c 引下线保护做法

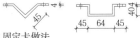

d 固定卡做法

引下线保护材料表 表3

序号	名称	规格及型号
1	保护槽板	60×40 L=2000
	保护角钢	∠40×40 L=2000
2	固定卡	∠25×4制作
3	膨胀螺栓	M8 L=80
4	螺母	M8
5	垫圈	弹簧垫及垫圈
6	引下线	-25×4, -12×4 或φ8

接地装置

接地装置是接地体和接地线的总和。接地体是埋入土壤中或混凝土基础中作散流用的导体；接地线是从引下线断接卡或换线处至接地体的连接导体，或从接地端子、等电位联结带至接地体的连接导体。

接地装置上端与引下线相连，通过引下线与屋顶接闪器相连，将雷电流导入大地。

民用建筑宜优先利用钢筋混凝土中的钢筋作为防雷接地装置。如果实地测的自然接地体电阻已满足接地电阻值的要求而且又满足热稳定条件时，可以应装设人工接地装置作为补充。不必再装设人工接地装置；如不满足接地电阻值的要求和热稳定条件，则当不具备条件时，宜采用镀锌圆钢、钢管、角钢或扁钢等金属体作人工接地装置，并应在焊接处做防腐处理。

接地体的材料、结构和最小截面应符合表1的规定。

接地体的材料、结构和最小尺寸　　　　　　　　　表1

材料	结构	最小尺寸			备注
		垂直接地体直径	水平接地体（mm²）	接地板	
铜、镀锡铜	铜绞线	—	50	—	每股直径1.7mm
	单根圆铜	15	50	—	
	单根扁铜	—	50	—	厚度2mm
	铜管	20	—	—	厚度2mm
	整块铜板	—	—	500×500	厚度2mm
	网格铜板	—	—	600×600	各网格边截面25mm×2mm，网格网边总长度不少于4.8m
热镀锌钢	圆钢	14	78	—	
	钢管	20	—	—	厚度2mm
	扁钢	—	90	—	厚度3mm
	钢板	—	—	500×500	厚度3mm
	网格钢板	—	—	600×600	各网格边截面30mm×3mm，网格网边总长度不少于4.8m
	型钢	见注4	—	—	
裸钢	钢绞线	—	70	—	每股直径1.7mm
	圆钢	—	78	—	
	扁钢	—	75	—	厚度3mm
外表面镀铜的钢	圆钢	14	50	—	镀铜厚度至少250μm，铜纯度99.9%
	扁钢	—	90（厚3mm）	—	
不锈钢	圆形导体	15	78	—	
	扁形导体	—	100	—	厚2mm

注：1. 本表摘自《建筑物防雷设计规范》GB 50057-2010。
　　2. 镀锌层应光滑连贯、无焊剂斑点，镀锌层圆钢至少22.7g/m²、扁钢至少32.4g/m²。
　　3. 热镀锌之前螺纹应先加工好。
　　4. 不同截面的型钢，其截面不小于290mm²，最小厚度3mm。例如，可采用50mm×50mm×3mm角钢。
　　5. 当完全埋在混凝土中时才可采用裸钢。
　　6. 外表面镀铜的钢，铜应与钢结合良好。
　　7. 不锈钢中，铬含量≥16%，镍含量≥5%，钼含量≥2%，碳含量≤0.08%。
　　8. 截面积允许误差为-3%。

建筑物的冲击接地电阻值应满足《建筑物防雷设计规范》GB 50057的要求。施工完后应实测接地电阻，当不能满足要求时，应利用外甩钢筋增设人工接地体。在高土壤电阻率的场地，降低防直击雷冲击接地电阻宜采用下列方法：

1. 采用多支线外引接地装置。
2. 接地体埋于较深的低电阻率土壤中。
3. 换土。
4. 采用降阻剂。

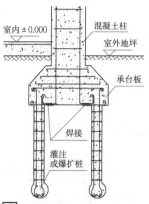

1 柱下桩基内钢筋接地连接做法

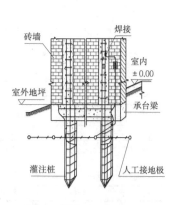

2 墙下桩基内钢筋接地连接做法

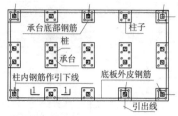

a 平面图示意图

3 桩基础自然接地做法

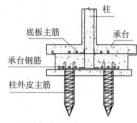

b 1-1剖面图

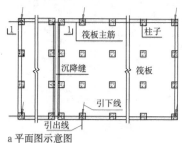

a 平面图示意图

4 板式基础自然接地做法

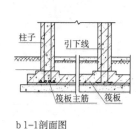

b 1-1剖面图

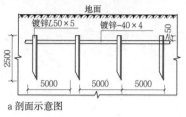

a 平面图示意图

5 闭合环形人工接地装置做法

a 剖面示意图

6 人工接地体的安装

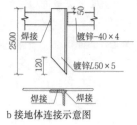

b 接地体连接示意图

4 建筑防灾设计

电涌保护器的设置原则

电涌保护器(SPD)是一种用于带电系统中限制瞬态过电压和导引泄放电涌电流的非线性防护器件，用以保护电气或电子系统免遭雷电或操作过电压及涌流的损害。电气设备可根据需要设置一级或多级电涌保护器。

1. 第一级保护： 在电气接地装置与防雷接地装置共用或相连的情况下，应在低压电源线路引入的总配电箱、配电柜处，装设I类试验的电涌保护器。电压保护水平$U_p \leq 2.5kV$，冲击电流值$I_{imp} \geq 12.5kA$；配电变压器设在本建筑物内或附设于外墙处时，在低压侧的配电屏上装设电涌保护器。

2. 后级保护： 在配电线路分配电箱、电子设备机房的配电箱，设置II类或III类试验的电涌保护器。

3. 精细保护： 特殊重要的电子信息设备的电源端口，安装II类或III类试验的电涌保护器。

电涌保护器的选择

电涌保护器电压保护水平U_p，决定于被保护设备的耐冲击电压额定值U_w及保护器距被保护设备间的线路长度。

电涌保护器的有效电压保护水平应满足下式：

$L \leq 5m$时，应$U_{p/f} \leq U_w$；

$L \geq 10m$时，应$U_{p/f} \leq (U_w - U_i)/2$；

式中：L—电涌保护器距被保护设备间的线路长度；
$U_{p/f}$—电涌保护器的有效电压保护水平。
$U_{p/f} = U_p + \Delta U$
U_p—电涌保护器的电压保护水平（kV）。
ΔU—电涌保护器两端引线的感应电压降，户外线路进入建筑物处可按1kV/m计算，其后可按$0.2U_p$计算。
U_i—雷击建筑附近时，电涌保护器与保护设备之间电路环路的感应过电压（kV）。

电涌保护器的最大持续运行电压最小值U_c的确定见表1。

电涌保护器的最大持续运行电压最小值U_c　　表1

电涌保护器安装位置	配电网络的系统特征				
	TT系统	TN-C系统	TN-S系统	引出中性线的IT系统	无中性线引出的IT系统
每一相与中性线间	$1.15U_0$	不适用	$1.15U_0$	$1.15U_0$	不适用
每一相与PE线间	$1.15U_0$	不适用	$1.15U_0$	U_0^*	线电压*
中性线与PE线间	U_0^*	不适用	U_0^*	U_0^*	不适用
每一相与PEN线间	不适用	$1.15U_0$	不适用	不适用	不适用

注：1. 本表摘自《建筑物电子信息系统防雷技术规范》GB 50343-2012。
　　2. U_0是低压系统相线对中性线的标称电压，即220V。
　　3. 标有*的值是故障下最坏的情况，所以不需计及15%的允许误差。

进入建筑物的交流供电线路，在线路的$LPZ0_A$或$LPZ0_B$与LPZ1区交界处，应设置I类试验的电涌保护器或II类试验的电涌保护器作第一级保护；在配电线路分配电箱、电子设备机房配电箱等后续保护区交界处，可设置II类试验或III类试验的电涌保护器作后级保护；特殊重要的电子信息设备电源端口，可安装II类或III类试验的电涌保护器作精细保护。使用直流电源的信息设备，视其工作电压要求，宜安装适配的直流电源线路电涌保护器。

电涌保护器设置级数应综合考虑保护距离、电涌保护器连接导线长度、被保护设备U_w等因素。电涌保护器应能承受预计的放电电流，其$U_{p/f}$应小于相应类别设备的U_w。

电涌保护器的冲击电流I_{imp}和标称放电电流I_n推荐值见表2。

电涌保护器冲击电流I_{imp}和标称放电电流I_n推荐值　　表2

雷电防护等级	总配电箱	分配电箱		设备机房配电箱和需要特殊保护的电子设备端口处	
	LPZ0与LPZ1边界	LPZ1与LPZ2边界		后续防护区的边界	
	10/350us I类试验	8/20us II类试验	8/20us II类试验	8/20us II类试验	1.2/50us和8/20us复合波 III类试验
	I_{imp}(kA)	I_n(kA)	I_n(kA)	I_n(kA)	U_{oc}(kV)/I_{sc}(kA)
A	≥20	≥80	≥40	≥5	≥10/≥5
B	≥15	≥60	≥30	≥5	≥10/≥5
C	≥12.5	≥50	≥20	≥5	≥6/≥3
D	≥12.5	≥50	≥10	≥5	≥6/≥3

注：本表摘自《建筑物电子信息系统防雷技术规范》GB 50343-2012。

电涌保护器过电流保护装置的选择

电涌保护器的保护可选用熔断器或专用断路器，并应满足以下要求：

1. 额定电流值不宜大于前级保护的1/1.6，并应能承受雷电流不脱扣；

2. 应满足安装处系统短路电流的分断能力。

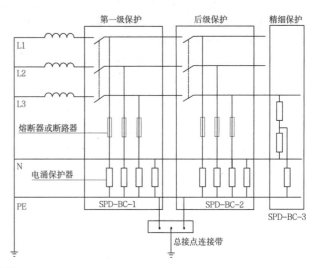

1 TN-S系统SPD的安装

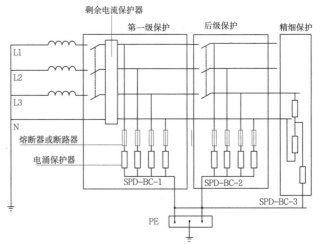

2 TT系统SPD的安装

建筑防雷［6］等电位联结

等电位联结

等电位联结是将建筑物中各电气装置与水管、燃气管等其他外露的金属装置及可导电部分联结起来以减小电位差。等电位联结有总等电位联结(MEB)、局部等电位联结(LEB)和辅助等电位联结(SEB)。

等电位联结的种类　　　　　　　　　　　　　　　　表1

等电位联结类型	概述	联结部位
总等电位联结（MEB）	总等电位联结作用于全建筑物，它在一定程度上可降低建筑物内间接接触电击的接触电压和不同金属部件间的电位差，并消除自建筑物外经电气线路和各种金属管道引入的危险故障电压的危害	通过进线配电箱近旁的接地母排（MEB端子板）将下列可导电部分互相连通：进线配电箱的接地线（PE母排或PEN母排）；公用设施的金属管道，如上、下水、热力、燃气等管道；建筑物金属结构；如果设置有人工接地，也包括其接地极引线
局部等电位联结（LEB）	在一局部场所范围内将各可导电部分连通，称作局部等电位联结	通过局部等电位联结端子板将下列部分互相连通：PE母线或PE干线；公用设施的金属管道；建筑物金属结构
辅助等电位联结（SEB）	辅助等电位联结：在导电部分间，用导线直接连通，使其电位相等或相近，称作辅助等电位联结	—

联结线和等电位联结端子板宜采用铜质材料。等电位联结端子板的截面应满足机械强度要求，并不得小于所接联结线截面。不允许使用下列材料作联结线：金属水管；输送爆炸气体或液体的金属管道；正常情况下承受结构压力的结构部分；易弯曲的金属部分；钢索配线的钢索。

各类等电位联结导体最小截面面积　　　　　　　　表2

名称	材料	最小截面面积（mm²）
垂直接地干线	多股铜芯导线或铜带	50
楼层端子板与机房局部端子板之间的联结导体	多股铜芯导线或铜带	25
机房局部端子板之间的联结导体	多股铜芯导线	16
设备与机房局部联结网络之间的联结导体	多股铜芯导线	6
机房网络	铜箔多股铜芯导线	25

各类等电位联结端子板最小截面面积　　　　　　　表3

名称	材料	最小截面面积（mm²）
总等电位接地端子板	铜带	150
楼层等电位接地端子板	铜带	100
局部等电位接地端子板(排)	铜带	50

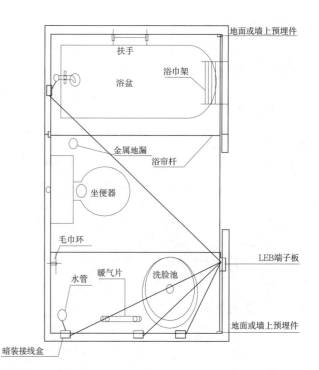

2 浴室局部等电位连接示意图

等电位联结宜和屏蔽、接地联合采取下列措施：

1. 所有与建筑物组合在一起的大尺寸金属件都应等电位联结在一起，并应与防雷装置相连。但第一类防雷建筑物的独立接闪器及其接地装置除外。

2. 在需要保护的空间内，采用屏蔽电缆时其屏蔽层应至少在两端，并宜在防雷区交界处做等电位联结，系统要求只在一端做等电位联结时，应采用两层屏蔽或穿钢管敷设，外层屏蔽或钢管应至少在两端，并宜在防雷区交界处做等电位联结。

3. 分开的建筑物之间的联结线路，若无屏蔽层，线路应敷设在金属管、金属格栅或钢筋呈格栅形的混凝土管道内。金属管、金属格栅或钢筋格栅从一端到另一端应是导电贯通，并应在两端分别连到建筑物的等电位联结带上；若有屏蔽层，屏蔽层的两端应连到建筑物的等电位联结带上。

4. 对由金属物、金属框架或钢筋混凝土钢筋等自然构件构成建筑物或房间的格栅形大空间屏蔽，应将穿入大空间屏蔽的导电金属物就近与其做等电位联结。

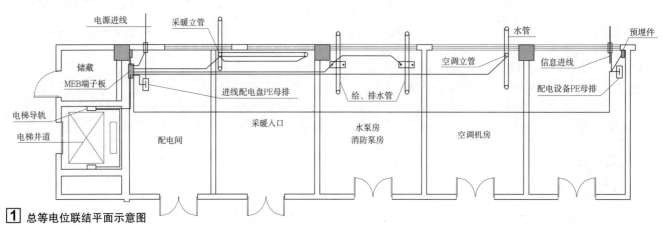

1 总等电位联结平面示意图

城市灾害

城市灾害是发生在城市区域、承灾体为城市的灾害，是指由于自然原因、人为原因或二者兼有的原因造成的一切对城市生态环境、物质、人文建设和发展，尤其是给生命财产等带来危害性后果的事件。

城市灾害分类

根据发生原因，灾害可分为自然灾害和人为灾害两大类。

自然灾害和人为灾害   表1

灾害类别	灾害种类
自然灾害	城市气象灾害（雨涝、干旱、热带气旋、寒潮、雷暴等）、城市海洋灾害（风暴潮、海啸等）、城市洪水灾害、城市地质与地震灾害（滑坡、泥石流、地陷、地面沉降、地裂缝、地震等）、城市蚁害和蟑害
人为灾害	战争、火灾、化学灾害、交通事故、传染病流行、职业病、药害、物理灾害、生产事故、环境公害、城市生物灾害

根据灾害发生的时序和因果关系，可分为原生灾害和次生灾害。

原生灾害及其次生灾害   表2

原生灾害	次生灾害
地震	工程结构、设施火灾、爆炸、有毒有害物质污染等，自然环境破坏引发的海啸、滑坡、泥石流、堰塞湖及后续引发的洪水等，由人员伤亡和医疗设施破坏引发的疫病蔓延等
洪水	山体滑坡、泥石流，以及堰塞湖等地震、地质灾害
雪灾	融雪型洪水
风灾	房屋、桥梁坍塌或者发生山体滑坡、泥石流
战争	饥荒、暴乱等

《城市建筑综合防灾技术政策纲要（1996-2010）》将地震、火灾、风灾、洪水、地质破坏列为主要城市灾种。

城市防灾

城市防灾是指城市应对广域性的重大灾害，在灾前预防、灾害抢救、灾后重建等各阶段中，应该进行的各项城市防灾规划、城市防灾设施建设及城市防灾救灾管理工作。

城市规划是最有效的防灾手段。城市的建设用地选择、布局形态、交通系统、绿地生态、市政设施的规划都与城市的综合防灾密切相关。

城市综合防灾规划

城市综合防灾规划，是指城市在面临越发多样化、复杂化的灾害类型时，通过风险评估明确城市的主要灾种和高风险地区，针对灾害发生的前期预防、中期应急、后期重建等不同阶段，制定包括政策法规型、管理型、经济金融保险型、教育型、空间型、工程技术型等全方位对策类型，对城市灾害管理体制进行整合，全社会共同参与规划的编制与实施过程，并对单项城市防灾规划提出规划的基本目标和原则的纲领性计划。

城市防灾减灾规划基本围绕对灾害的"防、抗、避、救"四个方面展开。

城市防灾减灾规划的方针和对策   表3

规划方针	规划对策
"防"、"抗" 强调对灾害的防范和避让，在灾害发生之前预先加强防灾设施的能力和建设用地调整，实现对灾害的防御或躲避的意图	调整城市重大危险源布局
	实施建筑抗震加固，采取防洪排涝、消防等防灾建设措施
	保持防灾设施的状态，提高防灾设施的运行管理水平
"避"、"救" 强调对灾害的避难和救援，当灾害发生时，组织实施避难和救援，减轻灾害的危害	建立灾害监测和预警系统，预先发现灾情和信息传递
	完善应急管理机构和运行机制，有效组织并发挥应急资源的效能
	落实应急保障基础设施建设，建立避灾救灾体系
	培养公共防灾安全与避灾的意识和技能，提高公众防灾避灾的能力

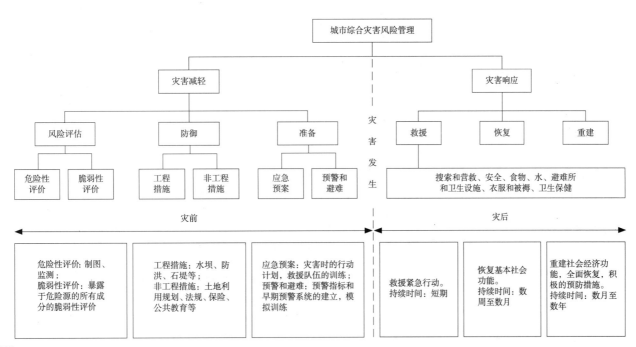

1 城市综合灾害风险管理

城市防洪与城市防洪规划

我国城市大多滨水而建，不同程度遭受江河洪水、台风暴潮、山洪泥石流以及暴雨内涝积水的威胁。城市防洪既是流域和区域防洪的一个重要组成部分，又是城市建设的一个重要方面。

城市防洪规划是统筹安排各种预防和减轻洪水对城市造成灾害的工程或非工程措施的专项规划。城市防洪规划应贯彻"全面规划、综合治理、防治结合、以防为主"的减灾方针。

城市防洪规划的主要内容：

1. 确定城市防洪、排涝标准。

2. 确定城市用地防洪安全布局原则。

3. 确定城市防洪体系，制定城市防洪、排涝工程方案与城市防洪非工程措施。

防洪标准

城市防护区的防护等级和防洪标准   表1

防护等级	重要性	常住人口（万人）	当量经济规模（万人）	防洪标准[重现期（年）]
I	特别重要	≥150	≥300	≥200
II	重要	<150, ≥50	<300, ≥100	200~100
III	比较重要	<50, ≥20	<100, ≥40	100~50
IV	一般	<20	<40	50~20

注：1. 本表摘自《防洪标准》GB 50201-2014。
2. 当量经济规模为城市防护区人均GDP指数与人口的乘积，人均GDP指数为城市防护区人均GDP与同期全国人均GDP的比值。

乡村防护区的防护等级和防洪标准   表2

防护等级	人口（万人）	耕地面积（万亩）	防洪标准[重现期（年）]
I	≥150	≥300	100~50
II	<150, ≥50	<300, ≥100	50~30
III	<50, ≥20	<100, ≥30	30~20
IV	<20	<30	20~10

注：本表摘自《防洪标准》GB 50201-2014。

工矿企业的防护等级和防洪标准   表3

防护等级	工矿企业规模	防洪标准[重现期（年）]
I	特大型	200~100
II	大型	100~50
III	中型	50~20
IV	小型	20~10

注：本表摘自《防洪标准》GB 50201-2014。

文物古迹的防护等级和防洪标准   表4

防护等级	文物保护的级别	防洪标准[重现期（年）]
I	世界级、国家级	≥100
II	省（自治区、直辖市）级	100~50
III	市、县级	50~20

注：1. 本表摘自《防洪标准》GB 50201-2014。
2. 世界级文物指列入《世界遗产名录》的世界文化遗产以及世界文化和自然双遗产中的文化遗产部分。

中国古代城市防洪的历史经验

中国古代城市防洪方略有"防、导、蓄、高、坚、护、管、迁"八条：

1. 防，即障，即用筑城、筑堤、筑海塘等办法障水，使外部洪水不致侵入城区，以保护城市的安全。

2. 导，即疏导江河沟渠，降低洪水的水位，使"水由地中行"，不致泛滥成灾。

3. 蓄，就是使水归于壑，不致漫溢泛滥。

4. 高，建城选址时注意城址比周围地势高些，可避免或减少洪水之患。

5. 坚，即建筑物坚实，不怕洪水冲击浸泡。

6. 护，即维修、维护，城市防洪的基础设施如堤防、城墙、门闸及壕池、河道、沟渠等不及时维修维护，都可能酿成大祸。

7. 管，就是管理好城市防洪体系及各子系统，使之在防洪御灾中发挥作用。

8. 迁，包括三个方面的内容：一是让江河改道，远离城市，使城市免除江河洪水之患；二是迁城以避水患；三是在洪灾发生之前，暂时把百姓和财物迁出城外，以免洪水灌城时受损。

城市适宜水域面积率

城市适宜水域面积率（参考值）   表5

城市区位	具体范围	水域面积率
一区城市	湖北、湖南、江西、浙江、福建、广东、广西、海南、上海、江苏、安徽、重庆	8%~12%
二区城市	贵州、四川、云南、黑龙江、吉林、辽宁、北京、天津、河北、山西、河南、山东、宁夏、陕西、内蒙古河套以东和甘肃黄河以东的地区	3%~8%
三区城市	新疆、青海、西藏、内蒙古河套以西和甘肃黄河以西的地区	2%~5%

注：1. 本表摘自《城市水系规划规范》GB 50513-2009。
2. 山地城市宜适当降低水域面积率指标。

城市规划建设中的防涝措施

1. 避免填湖造地。

2. 对市区排水系统统一规划，对各小区规定其雨水排放量。

3. 兴建城市蓄水设施，减轻排涝河道的负担。

4. 修建雨水渗透设施，向地下补充地下水。

5. 对城市河湖实行统一调度管理。

城市洪涝灾害风险管理

1. 告知风险。政府有责任将发生降雨时可能产生的风险及早告知市民。这需要编制城市洪涝灾害风险图，并向社会公布。

2. 回避风险。调整城市规划，回避在高风险区内建设和开发项目。金融机构不支持高风险区内的开发项目。

3. 转移风险。指定适宜区域作为城市蓄滞洪区，平时可作为大型文化体育活动场所，出现暴雨时分蓄城市雨洪。

4. 减轻风险。对重要公共设施采取可靠的雨洪防护措施。各单位和居民也应有与所在地雨洪风险相应的自保措施。

5. 分散风险。尽快将城市雨洪灾害纳入城市生命财产的保险，分散个人在遭受雨洪灾害时的负担。

6. 应对风险。制订城市暴雨应急预案，积极利用社会资源，有序应对暴雨灾害，最大限度减少生命财产损失。

概述

地质灾害是指由于自然变异或人为作用导致地质环境或地质体发生变化，对社会和环境造成危害的地质现象，包括地震、泥石流、火山爆发、崩塌、滑坡、地面沉降、地面塌陷、地裂缝等。

泥石流

泥石流（包括泥流、泥石流、水石流）是指流动体重度大于 $14kN/m^3$ 的山洪。

典型的泥石流，从上游到下游一般可分为3个区：

1. 形成区：大多为高山环抱的扇状山间凹地，植被不良，岩土体疏松，滑坡、崩塌等比较发育。

2. 流通区：位于沟谷中游地段，往往呈峡谷地形，纵坡大，长度一般较形成区短。

3. 堆积区：位于沟谷出口处，地形开阔，纵坡平缓，流速骤减，形成大小扇形、锥形及高低不平的垄岗地形。

泥石流作用强度分级　　　　表1

级别	规模	形成区特征	泥石流性质	可能出现最大流量（m^3/s）	年平均单位面积物质冲出量（万m^3/km^2）	破坏作用
I	大型（严重）	大型滑坡、坍塌堵塞沟道，陡坡、沟道上升降大	黏性，重度 $\gamma_c>18$ kN/m^3	>200	>5	以冲击和淤埋为主，危害严重，破坏强烈，可淤埋整个村镇或部分区域，治理困难
II	中型（中等）	沟坡上中小型滑坡坍塌较多，局部淤塞沟底堆积物厚	稀性或黏性，重度 $\gamma_c=16\sim18$ kN/m^3	200~50	5~1	有冲有淤，以淤为主，破坏作用大，可冲毁淤埋部分平房及桥涵，治理比较容易
III	小型（轻微）	沟岸有零星滑坍，有部分沟床质	稀性或黏性，重度 $\gamma_c=14\sim16$ kN/m^3	<50	<1	以冲刷和淹埋为主，破坏作用较小，治理容易

泥石流的防治

防治原则：以防为主，防治结合，避强治弱，重点治理；沟谷上、中、下游全面规划；山、水、林、田综合治理；工程方案应中小结合，以小为主，因地制宜，就地取材。

泥石流的主要工程防治措施　　　　表2

位置	主要措施	工程方案	措施作用
形成区	水土保持措施（治水、治土）	沟坡兼治：平整山坡、整治不良地质现象；加固沟岸修建谷坊（谷坊群）；改善坡面排水、修建坡面排水系统，使水土分家，如修排水沟、引水渠、导流堤、鱼鳞坑及拦洪水库等，植树造林、种植草皮	稳定山坡、固定沟岸，防止岩石冲刷；减少物质来源：调整控制洪雨地表径流、削弱水动力、减少水的供给
流通区	拦挡措施	修筑各种拦截（坝）：如拦截坝、溢流土坝、混凝土坝、石笼坝、编篱坝、格栅坝等，坝的材料要尽量就地取材	拦渣滞流：拦蓄固体物质，减弱泥石流规模和流量；固定沟床纵坡比降，减小流速，防止沟岸冲刷，减少固体供给量
堆积区	导排停淤措施	修筑导流堤、排导沟、渡槽、急流槽、束流堤、停淤场、拦淤库等	固定沟床，约束水流，改善泥石流流向，调整流路，限制漫流、改善流势，引导泥石流安全排泄或沉积于固定位置
已建工程区	支挡措施	护坡、挡墙、顺坝、丁坝等	抵御消除泥石流对已建工程的冲击、侧蚀、淤埋等危害

地面沉降

地面沉降，又称地面下沉或地陷，是指在自然条件和人为作用下所形成的地表高程不断降低的环境现象。

地面沉降的危害：

1. 对市政管线、建筑物造成破坏和影响。
2. 形成地裂缝。
3. 对地下水井设施带来不良影响。
4. 造成地面水准点、地面标高失准。
5. 影响建筑物抗震能力。
6. 加剧洪涝灾害。
7. 造成海潮泛滥及海水入侵地下水。
8. 影响交通运输业发展及运营安全。

地面塌陷

地面塌陷是指在一定条件下，因自然动力或人为动力造成地表浅层岩土体向下降落，从而在地面形成陷坑的动力地质现象。地面塌陷可分为自然塌陷和人为塌陷。自然塌陷受地下水动态演变的控制，多发生在旱涝交替强烈的时节。人为塌陷又包括抽排水塌陷和采空区塌陷。

地裂缝

地裂缝是指地表岩土体在自然或人为因素作用下，产生开裂，并在地面形成一定长度和宽度的裂缝的地质现象。

地裂缝对城市的危害：建筑物开裂、地下管线错位、道路路面破裂和局部塌陷、地下工程破裂和地裂缝沿线土地使用价值降低，进而对人类产生危害。

滑坡

滑坡是指那些构成斜坡体的岩土在重力作用下失稳，沿着坡体内部的一个（或几个）软弱结构面（带）做整体下滑的地质现象。

滑坡形成条件　　　　表3

滑坡形成条件			
	内部条件		地形条件（有效临空面）
			地层岩性（易滑地层）
			坡体结构（优势面）
	自然条件	外部条件	降水
			地下水（静动水压力、软化、溶滤作用）
			地震
			流水冲刷、淘蚀
			坡面堆积作用
			融冻作用
	人为作用		爆破作用
			机械振动
			开挖坡脚
			坡面上堆填加载
			生产、生活用水下渗

4 建筑防灾设计

城市抗震防灾规划

城市抗震防灾规划属于城市总体规划的专项规划，要贯彻"预防为主，防、抗、避、救相结合"方针，达到以下目标：

1. 当遭受多遇地震影响时，城市功能正常，建设工程一般不发生破坏；

2. 当遭遇相当于本地区地震基本烈度的地震影响时，城市生命线系统和重要设施基本正常，一般建设工程可能发生破坏但基本不影响城市整体功能，重要工矿企业能很快恢复生产或运营；

3. 当遭遇罕遇地震影响时，城市功能基本不瘫痪，要害系统、生命线系统和重要工程设施不遭受严重破坏，无重大人员伤亡，不发生严重的次生灾害。

城市用地抗震性能评价

城市用地抗震性能评价包括城市用地抗震防灾类型分区、地震破坏及不利地形影响估计、抗震适宜性评价。

1. 城市用地抗震防灾类型分区应结合工作区地质地貌成因环境和典型勘察钻孔资料，根据地质和岩土特征进行。

2. 城市用地地震破坏及不利地形影响应包括对场地液化、地表断错、地质滑坡、震陷及不利地形等影响的估计，划定潜在危险地段。

3. 城市用地抗震适宜性评价应按表1进行分区，综合考虑城市用地布局、社会经济等因素，提出城市规划建设用地选择与相应城市建设抗震防灾要求和对策。

城市用地抗震适宜性评价要求　　　　　　　　　　表1

类别	适宜性地质、地形、地貌描述	城市用地选择抗震防灾要求
适宜	不存在或存在轻微影响的场地地震破坏因素，一般无需采取整治措施： 1.场地稳定； 2.无或轻微地震破坏效应； 3.用地抗震防灾类型Ⅰ类或Ⅱ类； 4.无或轻微不利地形影响	应符合国家相关标准要求
较适宜	存在一定程度的场地地震破坏性因素，可采取一般整治措施满足城市建设要求： 1.场地存在不稳定因素； 2.用地抗震防灾类型Ⅲ类或Ⅳ类； 3.软弱土或液化土发育，可能发生中等及以上液化或震陷，可采取抗震措施消除； 4.条状突出的山嘴，高耸孤立的山丘，非岩质的陡坡，河岸和边坡的边缘，平面分布上成因、岩性、状态明显不均匀的土层（如故河道、疏松的断层破碎带、暗埋的塘滨沟谷和半填半挖地基）等地质环境条件复杂，存在一定程度的地质灾害危险性	工程建设应考虑不利因素影响，应按照国家相关标准采取必要的工程治理措施，对于重要建筑尚应采取适当的加强措施
有条件适宜	存在难以整治场地地震破坏性因素的潜在危险性区域或其他限制使用条件的用地，由于经济条件等各种因素现未查明或不查明： 1.存在尚未明确的潜在地震破坏性威胁的危险地段； 2.地震次生灾害源可能有严重威胁； 3.存在其他方面对城市用地的限制使用条件	作为工程建设用地时，应查明用地危险程度，属于危险地段时，应按照不适宜用地相应规定执行，危险性较低时，可按照较适宜用地规定执行
不适宜	存在场地地震破坏因素，但通常难以整治： 1.可能发生滑坡、崩塌、地陷、地裂、泥石流等的用地； 2.发震断裂上可能发生地表位错的部位； 3.其他难以整治和防御的灾害高危害影响区	不应作为工程建设用地。基础设施管线工程无法避开时，应采取有效措施减轻地震破坏作用，满足工程设防要求

注：1.本表摘自《城市抗震防灾规划标准》GB 50413-2007。
　2.根据该表划分每一类场地震适宜性类别，从适宜性最差开始向适宜性好依次推定，其中一项属于该类则划为该类场地。
　3.表中未列条件，可按其对工程建设的影响程度比照推定。

用地抗震防灾类型评估地质方法　　　　　　　　　　表2

用地抗震防灾类型	主要地质和岩土特性
Ⅰ类	松散地层厚度不大于5m的基岩分布区
Ⅱ类	二级及其以上阶地分布区；风化的丘陵区；河流冲积相地层厚度不大于50m的分布区；软弱海相、湖相地层厚度大于5m且不大于15m的分布区
Ⅲ类	一级及其以下阶地地区，河流冲积相地层厚度大于50m的分布区；软弱海相、湖相地层厚度大于15m且不大于80m的分布区
Ⅳ类	软弱海相、湖相地层厚度大于80m的分布区

注：本表摘自《城市抗震防灾规划标准》GB 50413-2007。

避震疏散场所

避震疏散场所不应规划建设在不适宜用地的范围内。

避震疏散场所距次生灾害危险源的距离应满足国家现行重大危险源和防火的有关标准规范要求；四周有次生火灾或爆炸危险源时，应设防火隔离带或防火树林带。避震疏散场所与周围易燃建筑等一般地震次生火灾源之间应设置不小于30m的防火安全带；距易燃易爆工厂仓库、供气站、储气站等重大次生火灾或爆炸危险源距离应不小于1000m。避震疏散场所内应划分避难区块，区块之间应设防火安全带。避震疏散场所应设防火设施、防火器材、消防通道、安全通道。

避震疏散场地人员进出口与车辆进出口宜分开设置，并应有多个不同方向的进出口。

避震疏散场所分类　　　　　　　　　　表3

分类	功能说明	适宜场地	覆盖半径（m）	人均面积（m²）
紧急避震疏散场所	供避震疏散人员临时或就近避震疏散的场所，也是避震疏散人员集合并转移到固定避震疏散场所的过渡性场所	小公园、小花园、小广场、专业绿地、高层建筑中的避难层（间）等	500	1
固定避震疏散场所	供避震疏散人员较长时间避难和进行集中性救援的场所	面积较大、人员容置较多的公园、广场、体育场地/馆、大型人防工程、停车场、空地、绿化隔离带以及抗震能力强的公共设施、防灾据点等	<2000	2
中心避震疏散场所	规模较大、功能较全、起避难中心作用的固定避震疏散场所。场所内一般设抢险救灾部队营地、医疗抢救中心和重伤员转运中心等	具备相应功能的大型城市公园、广场等	2000～3000	2

注：超高层建筑避难层（间）的人均有效避难面积不小于0.2m²。

避震疏散通道

紧急避震疏散场所内外的避震疏散通道有效宽度不宜低于4m，固定避震疏散场所内外的避震疏散主通道有效宽度不宜低于7m。与城市出入口、中心避震疏散场所、市政府抗震救灾指挥中心相连的救灾主干道有效宽度不宜低于15m。

简化计算时，对于救灾主干道两侧建筑倒塌后的废墟宽度可按建筑高度的2/3计算，其他情况可按1/2~2/3计算。

城市的出入口数量：中小城市不少于4个，大城市和特大城市不少于8个。与城市出入口相连接的城市主干道两侧应保障建筑一旦倒塌后不阻塞交通。

防灾公园

防灾公园，是指平时作为一般公园使用，但同时具有明确的防灾功能，灾时能开展医疗急救活动、复原与重建活动，发挥避难场所、避难道路、火势蔓延的延迟与阻断等多种防灾功能的公园。

防灾公园的空间与设施配置

防灾公园中的空间设施包括入口、广场、园路、直升机升降坪、防火林带、耐震性储水槽、紧急用水井、水设施、紧急用扩音设备、紧急用通信设备、指示标识牌、信息提供设备、紧急发电设备、应急灯、储备仓库、管理办公室等。

日本防灾公园使用分区和空间内容　　　　　　　表1

使用分区	空间内容
防火植物区	主要防范公园外具有高火灾危险性的密集木构造住宅
避难广场区	设于公园中央，周围为防火树林带
防灾相关设施区	平时可利用的机会较少，设置于公园外围
救援活动对应区	最好邻近于避难广场
紧急生活对应区	公园特殊区域，平时很少利用的区域

日本防灾公园的种类与功能　　　　　　　　　　表2

防灾公园种类	公园类别	规模	主要功能	主要应对期间
具有广域防灾功能的城市公园	广域公园等	约50hm²以上	消防、救援、复旧等活动的广域的支援据点，以及根据需要，可以作为广域避难场所和临时避难生活的场所	从灾害发生起到应急以及复旧、重建阶段
具有广域避难场所功能的城市公园	城市基干公园、广域公园等	10hm²以上	市区蔓延火灾时的广域避难场所和临时避难生活的场所，以及消防、救援据点、复旧等活动的支援据点，此外，延缓与防止市区火灾的蔓延	主要是从灾害发生后的紧急阶段，根据状况包括应急阶段的一定时期
具有临时避难场所功能的城市公园	街区公园、地区公园等	1hm²以上	临时性避难和作为往广域避难地转移的中转地，以及初期的救援活动支援	主要是从灾害发生到到紧急阶段
具有避难道路功能的道路绿地	绿道	宽度10m以上	主要作为通往广域避难场所、避难设施地的避难通道。根据情况，可以延缓和防止火灾的蔓延	主要是从灾害发生到紧急阶段
阻断加油站、石油精炼厂等与其旁边一般市区的缓冲绿地	缓冲绿地	—	防止火灾和其他灾害，或者减轻受害程度	主要是从预防阶段到灾害发生后，再到紧急阶段
具有住宅附近防灾活动据点功能的公园	街头绿地等	500m²以上	临时性的避难及初期的救援活动支援	主要是从灾害发生后到紧急阶段

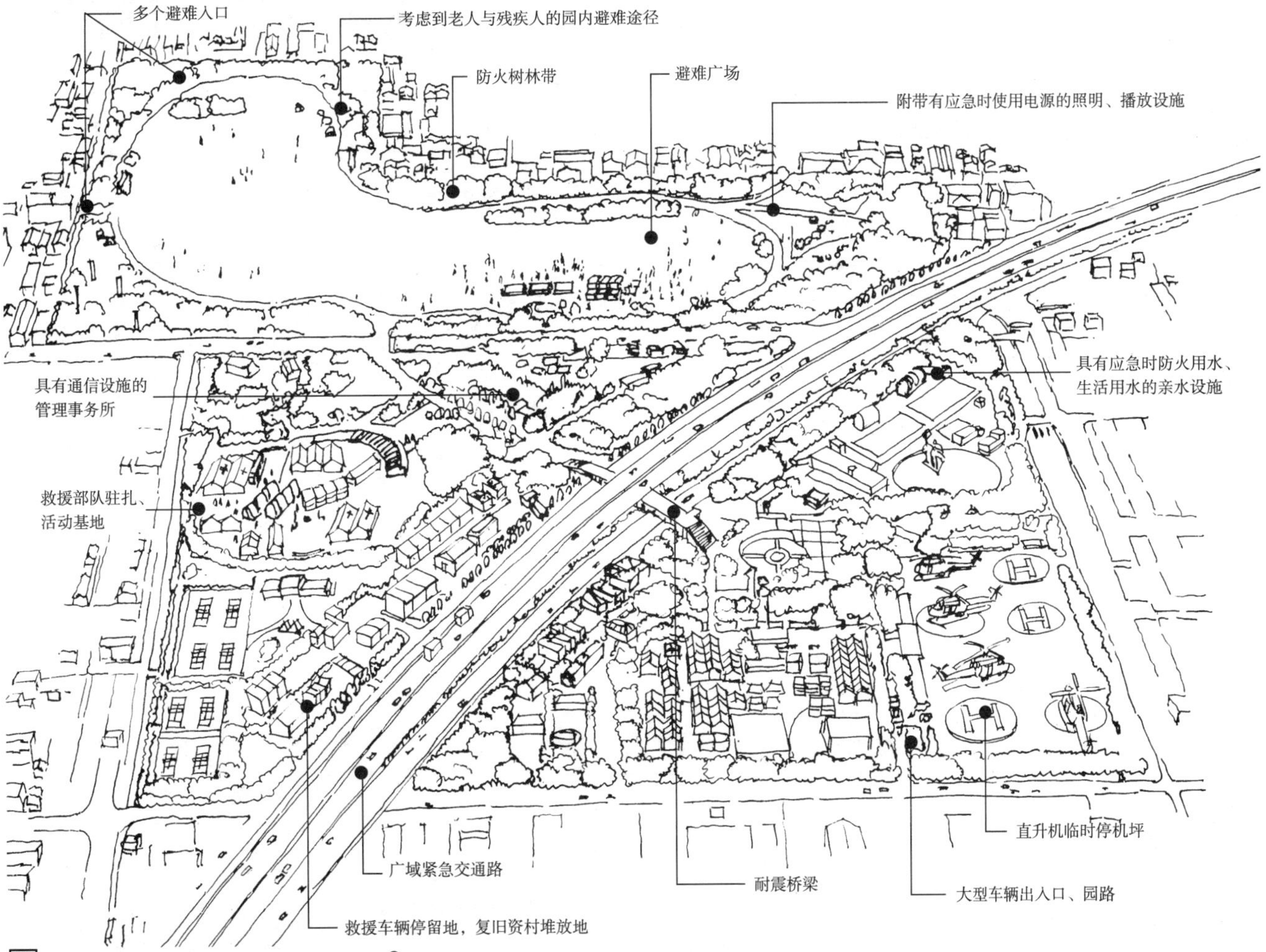

4
建筑防灾
设计

1 日本大阪府久宝寺绿地中的防灾公园❶

图中标注：
多个避难入口
考虑到老人与残疾人的园内避难途径
防火树林带
避难广场
附带有应急时使用电源的照明、播放设施
具有通信设施的管理事务所
具有应急时防火用水、生活用水的亲水设施
救援部队驻扎、活动基地
广域紧急交通路
耐震桥梁
直升机临时停机坪
大型车辆出入口、园路
救援车辆停留地，复旧资材堆放地

❶ 改绘自李树华. 防灾避险型城市绿地规划设计. 北京：中国建筑工业出版社，2010.

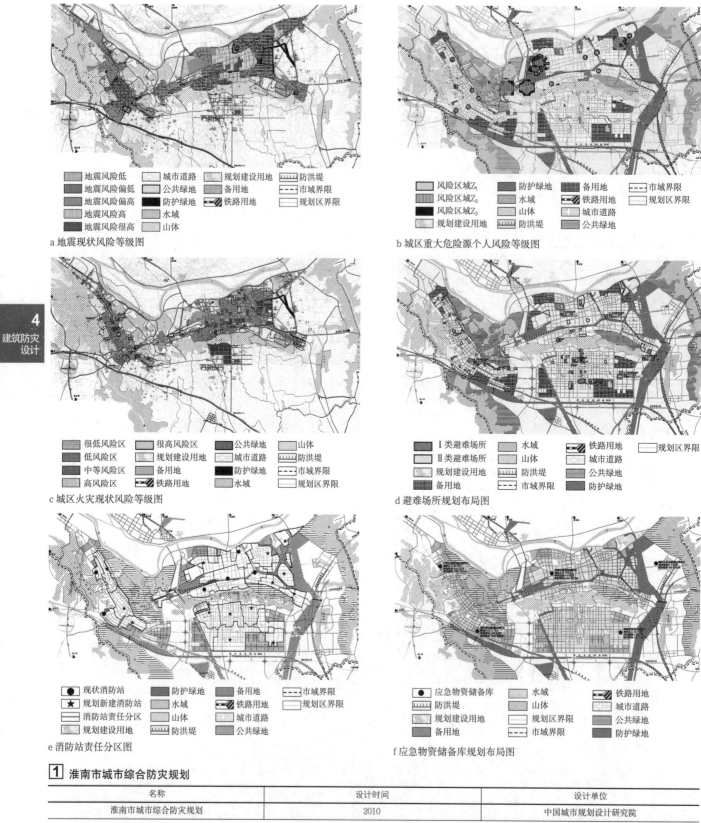

a 地震现状风险等级图

b 城区重大危险源个人风险等级图

c 城区火灾现状风险等级图

d 避难场所规划布局图

e 消防站责任分区图

f 应急物资储备库规划布局图

1 淮南市城市综合防灾规划

名称	设计时间	设计单位
淮南市城市综合防灾规划	2010	中国城市规划设计研究院

规划主要内容包括灾害风险评估、应急设施规划布局、专项防灾规划指引、防灾对策与减灾措施等。该规划分析了淮南市近20年来的历史灾害统计数据，选取了重大危险源、城市火灾、地震灾害、洪水、突发环境事故等5个方面进行风险评价。在城市灾害风险评价中采用了多种评价模型和方法；所确定的城市应急防灾基础设施标准参考了国际先进国家和地区的经验，也考虑到淮南的城市实际；完善了城市消防专项规划、城市人防专项规划、城市防灾避险绿地规划，并指导了后续的城市抗震防灾专项规划的编制；对淮南市城市防灾减灾基础设施的建设和城市防灾应急体系的完善起到良好的指导作用。

结合淮南市的城市发展水平、避难场所建设基础、可利用的用地资源等因素，按照城市避难人口和避难场所人均用地指标，估算各类避难场所面积。综合考虑规划用地布局、人口分布、服务范围、重点配置区域、可供选择用地、河流铁路的分割等因素，进行各类避难场所的布局。结合城市公园、大型体育场馆建设7处Ⅰ类避难场所，总面积约228.3hm²，有效面积182.6hm²。选择公园、体育场馆、中小学等公共设施建设Ⅱ类避难场所24处，总面积约191hm²，有效面积约138hm²。利用小公园、小广场、停车场等小面积的开敞空间建设Ⅲ类避难场所，用于临时就近避难

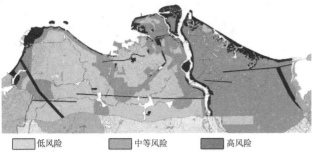

图例：低风险 中等风险 高风险

a 综合灾害风险空间分布图

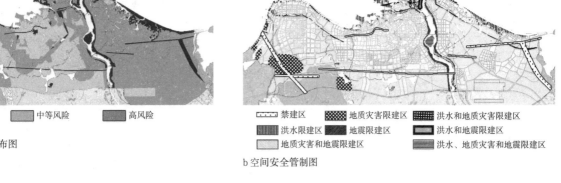

图例：禁建区 地质灾害限建区 洪水和地质灾害限建区 洪水限建区 地震限建区 洪水和地震限建区 地质灾害和地震限建区 洪水、地质灾害和地震限建区

b 空间安全管制图

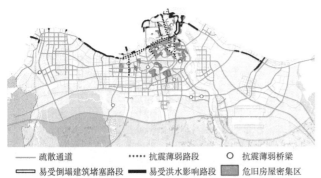

图例：疏散通道 抗震薄弱路段 抗震薄弱桥梁 易受倒塌建筑堵塞路段 易受洪水影响路段 危旧房屋密集区

c 抗灾薄弱路段及桥梁分布图

图例：金沙湾片区 海口港秀英片区 旧城片区 大英山片区 粤海通道片区 金贸片区 大同片区 新埠岛片区 本区应急避难所 接受转移避难片区 二级避难分区

d 避难场所责任区划分图

4
建筑防灾设计

图例：中心避难场所 特殊避难场所 应急物资库 预留避难场所 固定避难场所 救援队驻地 临时医院

e 应急避难场所布局图

1 海口市城市综合防灾规划

名称	设计时间	设计单位
海口市城市综合防灾规划	2013	中国城市规划设计研究院

海口市城市综合防灾规划的主要内容包括防灾现状分析、灾害风险评估、城市空间安全布局、避难疏散规划、主要灾害防治指引、城市生命线系统综合防灾、综合防灾体系建设、近期建设和规划实施保障等。该规划加强了城市空间安全布局的内容，突出了城市综合防灾在空间上的落实。该规划创新性地引入地理信息系统（GIS）、灾害模拟、情景分析等多种先进技术与方法，系统识别灾害风险源，定量分析灾害风险的空间分布，模拟不同灾害情景下灾害影响的空间特征，并将结果落实到城市用地安全空间管制中，以优化城市用地和防灾设施的空间布局，建设科学的城市综合防灾体系。

海口市中心城区共划分25个应急避难场所服务区，对避难困难的片区安排了转移避难。共规划避难面积1093hm²，满足8度地震烈度灾害情况城区居民避难和救援队驻扎营地需求，也能满足遭遇9度地震烈度或其他多灾种情况下居民和救援队驻扎营地需求。规划所采用的技术方法为城市用地布局和项目选址中避让高风险地区、从源头降低城市灾害风险提供了有力的技术支持

概念

绿色建筑是指在建筑的全寿命周期内，最大限度地节约资源（节地、节能、节水、节材）、保护环境、减少污染，为人们提供健康、适用和高效的使用空间以及与自然和谐共生的建筑。

从使用者角度看，绿色建筑是适用、高效、健康、舒适的建筑。

从环境角度看，绿色建筑是低耗、少废、少污、资源节约、对环境影响小的建筑。

设计原则

绿色建筑设计应统筹考虑建筑的建设、使用及废弃的全寿命周期过程，结合建筑所在地域的气候、资源、自然环境、经济、文化等特征，在满足建筑功能的基础上，实现节地、节能、节水、节材和环境保护。

具体原则包括：尊重自然，保护环境；以人为本，健康舒适；节约高效，减污减废；因地制宜，被动优先；动态适应，持续发展。

技术分类及特征

绿色建筑技术分类及其特征　　　　　　　　　　　　　　表1

类型	定义	技术特征	常用技术
被动式技术	根据建筑所处的地域特征、气候特点、资源条件、功能要求等，通过非设备手段，在满足建筑综合功能需求的前提下，提升建筑室内环境质量，节约建筑能源，并最大限度降低建筑对环境的影响	通过对建筑体形、空间形式与布局、围护结构构造以及建筑构配件等的合理设计来达到改善建筑环境、节省建筑能耗的目的。常表现为因地制宜、低技术、低成本、性价比高等特征	围护结构节能构造、太阳能集热蓄热墙、附加阳光间、天然采光、自然通风、遮阳等技术
主动式技术	通过附加的建筑部品及设备，改善建筑室内环境质量，提高可再生能源利用率，达到绿色建筑节能低碳的综合效果	依靠设备设施等附加系统，主动有效地控制室内环境质量。相对于被动式技术常表现为高技术、高成本、调节能力强等特征	机械通风、太阳能光伏、太阳能热水、地源热泵、风力发电等技术

设计内容

绿色建筑设计应满足节地、节能、节水、节材以及环境质量等综合要求，其所涉及的设计内容及设计要求见表2。

绿色建筑设计内容及其设计要求　　　　　　　　　　　表2

设计内容	设计要求	节地与土地资源利用	节能与能源利用	节水与水资源利用	节材与材料资源利用	环境质量提升
场地及其环境设计	建筑选址与场地设计	▲	▲	▲	▲	▲
	资源利用与能源规划	▲	▲	▲	▲	▲
	风环境设计	▲				▲
	热湿环境设计		▲			▲
	光环境设计	▲	▲			▲
	声环境设计					▲
	雨水利用			▲		
	绿化景观设计					▲
建筑设计	体形设计与空间布局	▲	▲			▲
	围护结构构造设计	▲	▲			▲
	自然通风设计		▲			▲
	天然采光设计		▲			▲
	绿色照明设计		▲			▲
	遮阳设计		▲			▲
	室内声环境设计					▲
	立体绿化设计		▲			▲
	绿色建筑材料选用				▲	▲
	可再生能源技术的应用		▲			▲
	供热与空调系统节能设计		▲			▲
	智能化和电气设计		▲	▲		▲
	结构设计		▲		▲	

注：1. 装修工程与土建施工工程应协同处理，避免重复装修与材料浪费。
　　2. 太阳能利用技术见本分册"太阳能建筑"专题。

设计程序

绿色建筑设计程序主要涉及建筑的前期绿色分析、方案设计、初步设计、施工图设计等环节。绿色建筑设计除要遵循建筑设计的基本程序外，更注重建筑与环境的关系以及相关专业的协作，具体设计程序见 [1]。

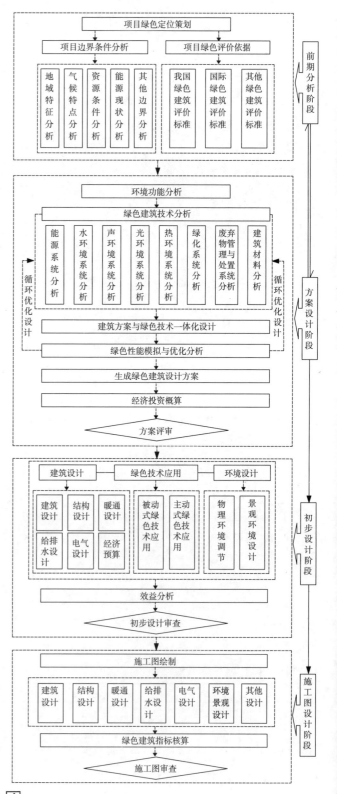

[1] 绿色建筑设计程序

5　绿色建筑

绿色建筑分析技术

在绿色建筑设计的各个阶段，应对其所应用的绿色技术进行先期的定量预判和论证分析，以保证绿色建筑技术在建筑设计全过程中合理、科学应用。绿色建筑设计中所涉及的主要建筑专项分析技术内容见表1。

绿色建筑设计主要分析技术及内容　　　　表1

序号	名称	分析内容
1	围护结构节能分析技术	根据建筑围护结构节能分析报告中的围护结构传热系数、窗墙面积比、遮阳系数等分析结论，论证与优化建筑门窗、屋面、外墙等围护结构构造，并进行设计建筑与参照建筑的全年负荷比较，判断其是否满足国家及地方相应的建筑节能设计标准要求
2	建筑声环境分析技术	建筑室外声环境分析：根据建筑室外声环境分析报告中的场地噪声源种类、环境噪声等效声级、噪声影响范围等分析结论，论证与优化建筑场地的减噪、降噪等设计
		建筑室内声环境分析：根据建筑室内声环境分析报告中的噪声源、噪声级、混响时间等分析结论，论证与优化建筑室内空间布局、主要功能空间形态、围护结构构造等设计，改善室内声环境
3	建筑光环境分析技术	建筑室内自然采光分析：根据建筑室内自然采光分析报告中的采光系数、照度、采光均匀度等分析结论，论证与优化建筑室内空间形态、采光洞口大小、形式与位置等设计
		建筑室内人工照明分析：根据建筑室内人工照明分析报告中的照度、照度均匀度、照明功率密度等分析结论，论证与优化建筑室内人工照明设施的布置方式、数量等设计
		建筑室外光污染分析：根据建筑室外光污染分析报告中的眩光、混光、光入侵等分析结论，论证与优化建筑室外景观照明方式、灯具布置等设计
4	建筑风环境分析技术	建筑室外风环境分析：根据建筑室外风环境分析报告中的风速、风压等分析结论，论证与优化建筑场地功能布局、景观环境设计等内容，改善建筑室外场地风环境质量，尤其是人行活动区的风环境质量
		建筑室内自然通风分析：根据建筑室内自然通风分析报告中的风速、通风换气次数、风压等分析结论，论证与优化建筑室内空间布局、门窗洞口开启面积与位置、室内通风路线等，改善建筑室内自然通风环境
5	建筑综合遮阳分析	根据建筑综合遮阳分析报告中的建筑综合遮阳系数、太阳辐射、立面阴影变化关系以及视野等分析结论，论证与优化建筑不同朝向的遮阳构件形态、尺寸等设计

注：绿色建筑技术分析应采用国家认可的分析软件或工具。

我国绿色建筑评价标准体系

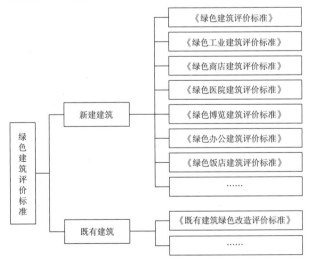

1 我国绿色建筑评价标准体系

世界绿色建筑评价体系

目前全球绿色建筑评价体系主要包括美国绿色建筑评估体系（LEED）、英国绿色建筑评估体系（BREEAM）、日本建筑物综合环境性能评价体系（CASBEE）、德国可持续建筑DGNB认证体系等。此外，还有多国绿色建筑工具（GBTools）评估体系、荷兰绿色建筑评估体系（GreenCalc）、挪威的生态概况（EcoProfile）、法国优良环境质量认证体系（HQE）、澳大利亚的建筑环境评价体系（NABERS）、奥地利全质量建筑（TQB）、瑞典生态影响（EcoEffect）、南非可持续建筑评估工具（SBAT）、韩国绿色建筑认证系统（GBCC）、中国香港环保建筑评估法（HK-BEAM）、中国台湾绿建筑标章（EEWH）、新加坡"绿色建筑标志"（GREEN-MARK）等。

世界主要绿色建筑评价体系综合信息对比　　表2

	LEED	BREEAM	CASBEE	DGNB
时间	1995年	1990年	2001年	2008年
国家	美国	英国	日本	德国
颁发机构	美国绿色建筑协会（USGBC）	英国建筑研究所（BRE）	日本建筑学会	德国交通、建设与城市规划部和德国绿色建筑协会
英文全称	Leadership in Energy & Environmental Design Building Rating System	Building Research Establishment Environmental Assessment Method	Comprehensive Assessment System for Built Environment Efficiency	Deutsche Guetesiegel Nachhalteges Bauen
标准级别	机构非强制	机构非强制	国家标准	国家标准
评价系统类型	生命周期评价法	条款式评价系统	条款式评价系统与Q/L打分体系	条款式评价系统
针对对象	新建和重大改建工程；既有建筑；商业建筑室内装修项目；建筑核心和建筑外观；住宅；社区开发；学校；医疗	新建和重大改建工程；既有建筑的使用与运营；法院建筑；教育建筑；轻工业建筑；医疗保健建筑；监狱建筑；办公建筑；零售建筑	独立住宅；新建建筑；既有建筑改造；资产评估；热岛效应；学校；城市发展；城市与街区；临时建筑	公共建筑和居住建筑；新建和改扩建工程；建筑群和资产认证
评估内容	1.可持续场地；2.水资源利用；3.能源与大气环境；4.材料与资源；5.室内环境质量；6.选址与周边联系；7.意识与教育；8.设计创新；9.地域优先	1.管理；2.健康和舒适；3.能源；4.交通；5.水；6.材料；7.废弃物；8.场地利用与生态；9.污染；10.创新	Q：建筑品质 Q1：室内环境；Q2：服务品质；Q3：场地环境；L：环境负荷 L1：Energy能源消耗；L2：材料和资源消耗；L3：大气环境影响	1.经济质量；2.环境质量；3.功能及社会；4.过程质量；5.技术质量；6.基地质量
评价方法	打分制：总分为110分，其中100分为基础分，得分以加权方式计算，10分为奖励分，其中6分为设计创新得分，4分为地域优先得分	加权求和：体系的打分方式通过每个部分的单项得分乘以该部分基于环境相对重要性的加权因子得出。各个分项得分的总和产生一个整体的得分	百分制：在Q和L两个大类之下，各自展开四个层级。各评价项目的分值乘以权重系数后，进而计算出Q和L的得分S_Q和S_L	加权求和：每条标准的最高得分为10分，根据其所包含内容的权重系数定为0~3。最终评估结果生成在罗盘状图形上
权重体系	一级线性权重	二级	三级	三级
评价等级	铂金认证 金质认证 银质认证 认证级	五星★★★★★ 四星★★★★ 三星★★★ 二星★★ 一星★	S卓越 A优秀 B+良好 B-较差 C劣	金 银 铜

5
绿色建筑

我国绿色建筑评价标准

我国《绿色建筑评价标准》GB/T 50378-2014以"四节一环保"为核心，分为设计评价和运行评价。评价指标体系包括节地与室外环境、节能与能源利用、节水与水资源利用、节材与材料资源利用、室内环境质量、施工管理和运营管理7个方面。每类指标均包括控制项和评分项。为鼓励绿色建筑技术、管理的提升和创新，评价指标体系统一设置加分项。

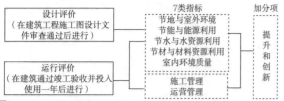

1 我国绿色建筑评价标准评价方法

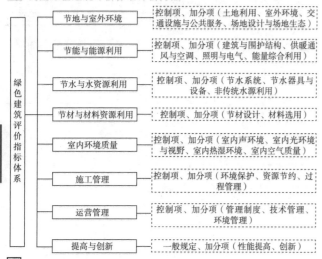

2 我国绿色建筑评价标准内容框架

绿色建筑的评价指标体系前7类的指标评分项总分均为100分。施工管理和运营管理两类指标不参与设计评价。

控制项的评定结果为满足或不满足；评分项和加分项的评定结果为某得分值或不得分；绿色建筑评价按总得分确定等级。总得分为相应类别指标的评分项得分经加权计算后与加分项的附加得分之和，综合加权得分应按下列公式计算。7类指标各自的评分项得分$Q_1 \sim Q_7$按参评建筑该类指标的评分项实际得分值乘以100分再除以适用于该建筑的评分项总分值计算，$Q_1 \sim Q_7$为评价指标体系7类指标评分项，其中权重$w_1 \sim w_7$按表1取值，Q_8为加分项的附加得分。

$$\sum Q = w_1 Q_1 + w_2 Q_2 + w_3 Q_3 + w_4 Q_4 + w_5 Q_5 + w_6 Q_6 + w_7 Q_7 + Q_8$$

绿色建筑分项指标权重　　　　　　　　　　　　　　　表1

		节地与室外环境 w_1	节能与能源利用 w_2	节水与水资源利用 w_3	节材与材料资源利用 w_4	室内环境质量 w_5	施工管理 w_6	运行管理 w_7
设计评价	居住建筑	0.21	0.24	0.20	0.17	0.18	—	—
	公共建筑	0.16	0.28	0.18	0.19	0.19	—	—
运行评价	居住建筑	0.17	0.19	0.16	0.14	0.14	0.10	0.10
	公共建筑	0.13	0.23	0.14	0.15	0.15	0.10	0.10

注：1. 表中"一"表示施工管理和运营管理两类指标不参与设计评价。
　　2. 对于同时具有居住和公共功能的单体建筑，各类评价指标权重取为居住建筑和公共建筑所对应权重的平均值。

绿色建筑分为一星级、二星级、三星级3个等级。3个等级的绿色建筑均应满足本标准所有控制项的要求，且每类指标的评分项得分不应小于40分。当绿色建筑总得分分别达到50分、60分、80分时，绿色建筑等级分别为一星级、二星级、三星级。

绿色建筑评价标准等级划分　　　　　　　　　　　　　　表2

等级	控制项	总得分	单项得分
★		≥50	
★★	均需满足控制项条款	≥60	≥40
★★★		≥80	

绿色建筑评价标准内容　　　　　　　　　　　　　　　表3

		评价内容
	控制项	1.项目选址符合所在地城乡规划，且符合各类保护区、文物古迹保护的控制要求； 2.场地应无洪涝、滑坡、泥石流等自然灾害的威胁，无危险化学品、易燃易爆危险源的威胁，无电磁辐射、含氡土壤等危害； 3.场地内应无排放超标的污染源； 4.建筑规划布局应满足日照标准，且不得降低周边建筑的日照标准
节地与室外环境	土地利用（总分值34分）	1.节约集约利用土地，评价总分值为19分； 2.场地内合理设置绿化用地，评价总分值为9分； 3.合理开发利用地下空间，评价总分值为6分；
	室外环境（总分值18分）	1.建筑及照明设计避免产生光污染，评价总分值为4分； 2.场地内环境噪声符合现行国家标准《声环境质量标准》GB 3096的有关规定，评价分值为4分； 3.场地内风环境有利于室外行走、活动舒适和建筑的自然通风，评价总分值为6分； 4.采取措施降低热岛强度，评价总分值为4分
评分项	交通设施与公共服务（总分值24分）	1.场地与公共交通设施具有便捷的联系，评价总分值为9分； 2.场地内人行通道采用无障碍设计，评价分值为3分； 3.合理设置停车场所，评价总分值为6分； 4.提供便利的公共服务，评价总分值为6分
	场地设计与场地生态（总分值24分）	1.结合现状地形地貌进行场地设计与建筑布局，保护场地内原有的自然水域、湿地和植被，采取表层土利用等生态补偿措施，评价分值为3分； 2.充分利用场地空间合理设置绿色雨水基础设施，对大于10hm²的场地进行雨水专项规划设计，评价总分值为9分； 3.合理规划地表与屋面雨水径流，对场地雨水实施外排总量控制，评价总分值为6分； 4.合理选择绿化方式，科学配置绿化植物，评价总分值为6分
节能与能源利用	控制项	1.建筑设计应符合国家现行有关建筑节能设计标准中强制性条文的规定； 2.不应采用电直接加热设备作为供暖空调系统的供暖热源和空气加湿热源； 3.冷热源、输配系统和照明等各部分能耗应进行独立分项计量； 4.各房间或场所的照明功率密度值不得高于现行国家标准《建筑照明设计标准》GB 50034规定的现行值
	建筑与围护结构（总分值22分）	1.结合场地自然条件，对建筑的体形、朝向、楼距、窗墙比等进行优化设计，评价分值为6分； 2.外窗、玻璃幕墙的可开启部分能使建筑获得良好的通风，评价总分值为6分； 3.围护结构热工性能指标优于现行有关建筑节能设计标准的规定，评分总分值为10分
评分项	供暖、通风与空调（总分值37分）	1.供暖空调系统的冷、热源机组能效均优于现行国家标准《公共建筑节能设计标准》GB 50189的规定以及现行有关国家标准能效限定值的要求，评价分值为6分； 2.集中供暖系统热水循环泵的耗电输热比和通风空调系统风机的单位风量耗功率，符合现行国家标准《公共建筑节能设计标准》GB 50189等的有关规定，且空调冷热水系统循环水泵的耗电输冷（热）比比现行国家标准《民用建筑供暖通风与空气调节设计规范》GB 50736规定低20%，评价总分值为6分； 3.合理选择和优化供暖、通风与空调系统，评价分值为10分； 4.采取措施降低过渡季节供暖、通风与空调系统能耗，评价分值为6分； 5.采取措施降低部分负荷、部分空间使用下的供暖、通风与空调系统能耗，评价总分值为9分
	照明与电气（总分值21分）	1.走廊、楼梯间、门厅、大堂、大空间、地下停车场等场所的照明系统采用分区、定时、感应等节能控制措施，评价分值为5分； 2.照明功率密度值达到现行国家标准《建筑照明设计标准》GB 50034中的目标值规定，评价总分值为8分； 3.合理选用电梯和自动扶梯，并采取电梯群控、扶梯自动启停等节能控制措施，评价分值为3分； 4.合理选用节能型电气设备，评价总分值为5分
	能量综合利用（总分值20分）	1.排风能量回收系统设计合理并运行可靠，评价分值为3分； 2.合理采用蓄冷蓄热系统，评价分值为3分； 3.合理利用余热废热解决建筑的蒸汽、供暖或生活热水需求，评价分值为4分； 4.根据当地气候和自然资源条件，合理利用可再生能源，评价总分值为10分

绿色建筑评价标准内容　　　　　　　　　　　　　　　　　　　　　　　　　　　　　　　　　　续表

		评价内容
节水与水资源利用	控制项	1.应制定水资源利用方案，统筹利用各种水资源； 2.给排水系统设置合理、完善、安全； 3.应采用节水器具
	评分项 · 节水系统（总分值35分）	1.建筑平均日用水量满足现行国家标准《民用建筑节水设计标准》GB 50555中的节水用水定额的要求，评价总分值为10分； 2.采取有效措施避免管网漏损，评价总分值为7分； 3.给水系统无超压出流现象，评价总分值为8分； 4.设置用水计量装置，评价总分值为6分； 5.公用浴室采取节水措施，评价总分值为4分
	评分项 · 节水器具与设备（总分值35分）	1.使用较高用水效率等级的卫生器具，评价总分值为10分； 2.绿化灌溉采用节水灌溉方式，评价总分值为10分； 3.空调设备或系统采用节水冷却技术，评价总分值为10分； 4.除卫生器具、绿化灌溉和冷却塔外的其他用水采用了节水技术或措施，评价总分值为5分
	评分项 · 非传统水源利用（总分值30分）	1.合理使用非传统水源，评价总分值为15分； 2.冷却水补水使用非传统水源，评价总分值为8分； 3.结合雨水利用设施进行景观水体设计，景观水体利用雨水的补水量大于其水体蒸发量的60%，且采用生态水处理技术保障水体水质，评价总分值为7分
节材与材料资源利用	控制项	1.不得采用国家和地方禁止和限制使用的建筑材料及制品； 2.混凝土结构中梁、柱纵向受力普通钢筋应采用不低于400MPa级的热轧带肋钢筋； 3.建筑造型要素应简约，且无大量装饰性构件
	评分项 · 节材设计（总分值40分）	1.择优选用建筑形体，评价总分值为9分； 2.对地基基础、结构体系、结构构件进行优化设计，达到节材效果，评价分值为5分； 3.土建工程与装修工程一体化设计，评价总分值为10分； 4.公共建筑中可变换功能的室内空间采用可重复使用的隔断（墙），评价总分值为5分； 5.采用工业化生产的预制构件，评价总分值为5分； 6.采用整体化定型设计的厨房、卫浴间，评价总分值为6分
	评分项 · 材料选用（总分值60分）	1.选用本地生产的建筑材料，评价总分值为10分； 2.现浇混凝土采用预拌混凝土，评价总分值为10分； 3.建筑砂浆采用预拌砂浆，评价总分值为5分； 4.合理采用高强建筑结构材料，评价总分值为10分； 5.合理采用高耐久性建筑结构材料，评价总分值为5分； 6.采用可再利用材料和可再循环材料，评价总分值为10分； 7.使用以废弃物为原料生产的建筑材料，评价总分值为5分； 8.合理采用耐久性好、易维护的装饰装修建筑材料，评价总分值为5分
室内环境质量	控制项	1.主要功能房间的室内噪声级应满足现行国家标准《民用建筑隔声设计规范》GB 50118中的低限要求； 2.主要功能房间的外墙、隔墙、楼板和门窗的隔声性能应满足现行国家标准《民用建筑隔声设计规范》GB 50118中的低限要求； 3.建筑照明数量和质量应符合现行国家标准《建筑照明设计标准》GB 50034的规定； 4.采用集中供暖空调系统的建筑，房间内的温度、湿度、新风量等设计参数应符合现行国家标准《民用建筑供暖通风与空气调节设计规范》GB 50736的规定； 5.在室内设计温、湿度条件下，建筑围护结构内表面不得结露； 6.屋顶和东、西外墙隔热性能应满足现行国家标准《民用建筑热工设计规范》GB 50176的要求； 7.室内空气中的氨、甲醛、苯、总挥发性有机物、氡等污染物浓度应符合现行国家标准《室内空气质量标准》的有关规定
	评分项 · 室内声环境（总分值22分）	1.主要功能房间室内噪声级满足规范要求，评价总分值为6分； 2.主要功能房间的隔声性能良好，评价总分值为9分； 3.采取减少噪声干扰的措施，评价总分值为4分； 4.公共建筑中的多功能厅、接待大厅、大型会议室和其他有声学要求的重要房间进行专项声学设计，满足相应功能要求，评价分值为3分
	评分项 · 室内光环境与视野（总分值25分）	1.建筑主要功能房间具有良好的户外视野，评价分值为3分； 2.主要功能房间的采光系数满足现行国家标准《建筑采光设计标准》GB 50033的要求，评价总分值为8分； 3.改善建筑室内天然采光效果，评价分值为14分
	评分项 · 室内热湿环境（总分值20分）	1.采取可调节遮阳措施，降低夏季太阳辐射得热，评价总分值为12分； 2.供暖空调系统末端现场可独立调节，评价总分值为8分
	评分项 · 室内空气质量（总分值33分）	1.优化建筑空间、平面布局和构造设计，改善自然通风效果，评价总分值为13分； 2.气流组织合理，评价总分值为7分； 3.主要功能房间中人员密度较高且随时间变化大的区域，设置室内空气质量监控系统，评价总分值为8分； 4.地下车库设置与排风设备联动的一氧化碳浓度监测装置，评价分值为5分
施工管理	控制项	1.应建立绿色建筑项目施工管理体系和组织机构，并落实各级责任人； 2.施工项目部应制定施工全过程的环境保护计划，并组织实施； 3.施工项目部应制定施工人员职业健康安全管理计划，并组织实施； 4.施工前应进行设计文件中绿色建筑重点内容的专项会审

		评价内容
施工管理	评分项 · 环境保护（总分值22分）	1.采取洒水、覆盖、遮挡等降尘措施，评价分值为6分； 2.采取有效的降噪措施，评价分值为6分； 3.制定并实施施工废弃物减量化、资源化计划，评价总分值为10分
	评分项 · 资源节约（总分值40分）	1.制定并实施施工节能和用能方案，监测并记录施工能耗，评价总分值为8分； 2.制定并实施施工节水和用水方案，监测并记录施工水耗，评价总分值为8分； 3.减少预拌混凝土的损耗，评价总分值为6分； 4.采取措施降低钢筋损耗，评价总分值为8分； 5.使用工具式定型模板，增加模板周转次数，评价总分值为10分
	评分项 · 过程管理（总分值38分）	1.实施设计文件中绿色建筑重点内容，评价总分值为4分； 2.严格控制设计文件变更，避免出现降低建筑绿色性能的重大变更，评价分值为4分； 3.施工过程中采取相关措施保证建筑的耐久性，评价总分值为8分； 4.实现土建装修一体化施工，评价总分值为14分； 5.工程竣工验收前，由建设单位组织有关责任单位，进行机电系统的综合调试和联合试运转，结果符合设计要求，评价分值为8分
运营管理	控制项	1.应制定并实施节能、节水、节材、绿化管理制度； 2.应制定垃圾管理制度，合理规划垃圾物流，对生活废弃物进行分类收集，垃圾容器设置规范； 3.运行过程中产生的废气、污水等污染物应达标排放； 4.节能、节水设施应工作正常，且符合设计要求； 5.供暖、通风、空调、照明等设备的自动监控系统应工作正常，且运行记录完整
	评分项 · 管理制度（总分值30分）	1.物业管理部门获得有关管理体系认证，评价总分值为10分； 2.节能、节水、节材、绿化的操作规程、应急预案等完善，且有效实施，评价总分值为8分； 3.实施能源资源管理激励机制，管理业绩与节约能源资源、提高经济效益挂钩，评价总分值为6分； 4.建立绿色教育宣传机制，编制绿色设施使用手册，形成良好的绿色氛围，评价总分值为6分
	评分项 · 技术管理（总分值42分）	1.定期检查、调试公共设施设备，并根据运行检测数据进行设备系统的运行优化，评价总分值为10分； 2.对空调通风系统进行定期检查和清洗，评价总分值为6分； 3.非传统水源的水质和用水量记录完整、准确，评价总分值为4分； 4.智能化系统的运行效果满足建筑运行与管理的需要，评价总分值为12分； 5.应用信息化手段进行物业管理，建筑工程、设施、设备、部品、能耗等档案及记录齐全，评价总分值为10分
	评分项 · 环境管理（总分值28分）	1.采用无公害病虫害防治技术，规范杀虫剂、除草剂、化肥、农药等化学药品的使用，有效降低对土壤和地下水环境的损害，评价分值为6分； 2.栽种和移植的树木一次成活率大于90%，植物生长状态良好，评价分值为6分； 3.垃圾收集站（点）及垃圾间不污染环境，不散发臭味，评价总分值为6分； 4.实行垃圾分类收集和处理，评价总分值为10分
加分项	一般规定	1.绿色建筑评价时，应按本章规定对加分项进行评价。加分项包括性能提高和创新两部分； 2.加分项的附加得分为各加分项得分之和。当附加得分大于10分时，应取为10分
	性能提升	1.围护结构热工性能比国家现行有关建筑节能设计标准的规定高20%，或者供暖空调全年计算负荷降低幅度达到15%，评价分值为2分； 2.供暖空调系统的冷、热源机组能效优于现行国家标准《公共建筑节能设计标准》GB 50189的规定以及现行有关国家标准能效节能评价值的要求，评价分值为1分； 3.采用分布式热电冷联供技术，系统全年能源综合利用率不低于70%，评价分值为1分； 4.卫生器具的用水效率均为国家现行有关卫生器具用水等级标准规定的1级，评价分值为1分； 5.采用资源消耗少和环境影响小的建筑结构体系，评价分值为1分； 6.对主要功能房间采取有效的空气处理措施，评价分值为1分； 7.室内空气中的氨、甲醛、苯、总挥发性有机物、氡、可吸入颗粒物等污染物浓度不高于现行国家标准《室内空气质量标准》GB/T 18883规定限值的70%，评价分值为1分
	创新	1.建筑方案充分考虑建筑所在地域的气候、环境、资源，结合场地特征和建筑功能，进行技术经济分析，显著提高能源资源利用效率和建筑性能，评价分值为2分； 2.合理选用废弃场地进行建设，或充分利用尚可使用的旧建筑，评价分值为1分； 3.应用建筑信息模型（BIM）技术，评价总分值为2分； 4.进行建筑碳排放计算分析，采取措施降低单位建筑面积碳排放强度，评价分值为1分； 5.采取节约能源资源、保护生态环境、保障安全健康的其他创新，并有明显效益，评价总分值为2分

5
绿色建筑

概述

绿色建筑选址:对建筑目标区域的自然环境特点进行分析与判断,在选址时全面考虑生态性与适宜性。

绿色场地设计:通过设计使建筑与场地中的各种要素形成有机的整体,达到生态友好的状态,充分发挥可持续效益。

设计原则

1. 遵循可持续发展原则,确定建设选址计划。综合考虑土地资源、防灾减灾、环境污染、文物保护、现有设施利用等多方面因素,达到规划、建筑与环境的有机结合。

2. 综合分析影响选址的地质与水文设计条件。地质资料包括:场地所处区域的地质构造、地震基本烈度资料以及土岩类别、性质与承载力等。水文资料包括:河流与湖泊等的水位、百年及常年洪水淹没范围、水位变化与地下水影响等。

3. 节约资源,注重资源循环利用,减少资源的浪费。

4. 合理选择建设用地,避免周边环境对建设项目产生不良影响,避免建设项目对周边环境造成负面影响。

5. 建筑建设不破坏当地文物、自然水系、湿地、基本农田、森林和其他保护区。

6. 保护场地生态环境,通过场地规划,合理地改善并提升场地环境品质。

7. 发挥用地综合效益,充分利用场地原有基础设施和当地资源进行开发。

8. 充分利用场地的地形地貌条件,基于经济合理性和生态、环境景观的保护,适应和利用自然场地,做到建筑布局顺应地形、道路顺畅、场地排水良好。

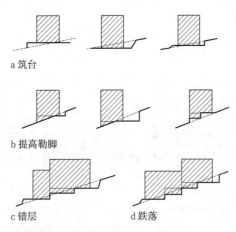

a 筑台

b 提高勒脚

c 错层　　　　d 跌落

1 结合地形地貌的场地建筑设计

降低负面环境影响

应减少场地及周边公共区域噪声、废气、污水等对建筑造成的不利影响,为使用者提供舒适的建筑外部环境。

减少场地交通负荷,充分利用公共交通,限制汽车停车场容量,设自行车停车场。

合理的雨水规划,宜采用透水地面以减少硬化地面不利影响,设置雨水收集系统,再利用有限的水资源。

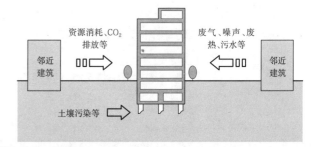

资源消耗、CO_2 排放等　　废气、噪声、废热、污水等

邻近建筑　　邻近建筑

土壤污染等

2 影响绿色建筑选址与场地的设计因素

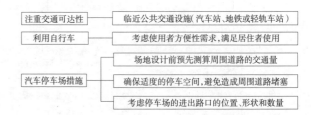

| 注重交通可达性 —— 临近公共交通设施(汽车站、地铁或轻轨车站) |
| 利用自行车 —— 考虑使用者方便性需求,满足居住者使用 |
| 汽车停车场措施 —— 场地设计前预先测算周围道路的交通量 |
| —— 确保适度的停车空间,避免造成周围道路堵塞 |
| —— 考虑停车场的进出路口的位置、形状和数量 |

3 绿色建筑选址与场地的交通设计

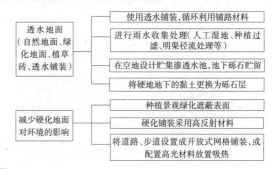

透水地面(自然地面、绿化地面、植草砖、透水铺装) —— 使用透水铺装,循环利用铺路材料
—— 进行雨水收集处理(人工湿地、种植过滤、明渠径流处理等)
—— 在空地设计贮集渗透水池,池下砾石贮留
—— 将硬化地下的黏土更换为砾石层

减少硬化地面对环境的影响 —— 种植景观绿化遮蔽表面
—— 硬化铺装采用高反射材料
—— 将道路、步道设置成开放式网格铺装,或配置高光材料放置吸热

4 透水地面设计措施

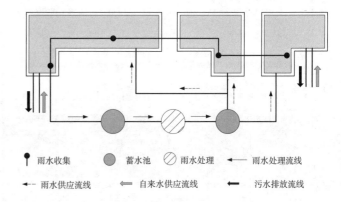

雨水收集　　蓄水池　　雨水处理　　雨水处理流线

雨水供应流线　　自来水供应流线　　污水排放流线

5 建筑场地雨水规划平面示意图

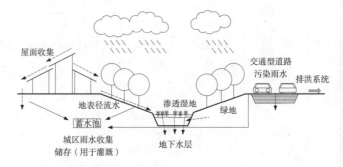

屋面收集　　交通型道路污染雨水　　排洪系统

地表径流水　　渗透湿地　　绿地

蓄水池　　地下水层

城区雨水收集储存(用于灌溉)

6 建筑场地雨水规划剖面示意图

保护原有特征

1. 场地设计应反映当地的文化生活、文化资源与历史传统，在形态、材料、色彩、生活方式等方面，将传统和创新有机结合以充分反映当地人文与地理风采。

2. 充分发挥当地产业、人才与技能的优势，使用当地工业材料，并运用当地传统技能。

3. 保护场地已有的生态环境，全面分析既有生态系统。在此基础上，削减建设对自然生态造成的负面影响，同时将积极影响作为后续设计的线索。

4. 合理利用废弃土地，随着建设规模的不断扩大，一些已遭到一定损坏的废弃土地，如沙化地、盐碱地，通过运用合理的改良手段，可以被纳入用地范畴，从而保证土地得到更加有效的利用。

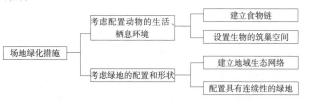

[1] 绿色建筑场地设计措施

绿色建筑场地改良措施　　　　　　　　　　表1

改良措施类型	说明
水利	灌溉、排水、放淤、种稻、防渗等
农业	平整土地、改良耕作、换客土、施肥、播种、间种套种等
生物	种植耐盐植物和牧草、绿化、植树造林等
化学	施用改良物质，如石膏、磷石膏、亚硫酸钙等

利用可再生能源

在合理利用场地资源的时候，可以考虑有效利用太阳能、地热能、风能、生物能与海洋能等非化石能源。

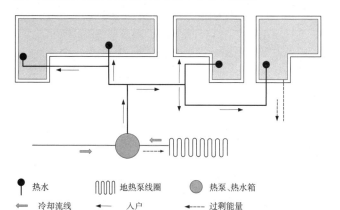

- ● 热水
- 〰〰 地热泵线圈
- ● 热泵、热水箱
- ← 冷却流线
- ← 入户
- ←-- 过剩能量

[2] 建筑地热能源系统示意图

可再生能源利用方式　　　　　　　　　　表2

能源	能源利用方式
太阳光	场地考虑设置太阳能发电设施
太阳能热	场地考虑利用太阳能以降低冷热源设备能耗，提供生活热水
未利用能源	场地考虑采用未利用能源以提高冷热源设备效率（地源热泵等）

优化场地的物理环境

参考 G·Z·布朗等人的观点，在不同气候下，建筑组团的间距与朝向都应结合具体的夏季风、冬季风以及太阳朝向来确定。应合理利用场地自然条件（气候、风向、日照等）进行建筑布局、朝向与间距设计，使建筑获得良好的通风和采光条件。

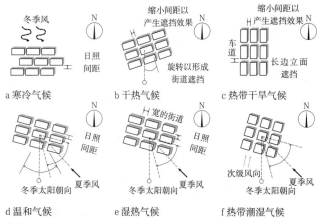

a 寒冷气候　　b 干热气候　　c 热带干旱气候

d 温和气候　　e 湿热气候　　f 热带潮湿气候

[3] 不同气候下的建筑组团场地设计

1. 避免周边噪声环境

建筑选址应尽可能结合建设实际需求，对噪声源进行测试分析，采取科学的规划和开发措施。

进行场地设计时，结合现状合理考虑建筑的布局和间距，群体组合宜采用混合式布置，连墙成片，形成声屏障。平面布置应动静分区，合理组织房屋朝向，利用构筑物、微地形、绿化配置、住宅与道路之间的夹角等元素减噪降噪。

2. 优化场地光环境设计

东西走向的建筑组团，其南北向的间距确保太阳光进入每栋建筑并使太阳辐射得热最大化。对于一个给定的街道朝向，可以通过建筑与开敞空间的适宜形状来保证日照。

3. 优化场地中风场分布

在炎热气候中采用分散布局使场地中的风最大化，而紧密布局模式则在采暖季节中使场地中的风最小化，且满足人的舒适性要求。

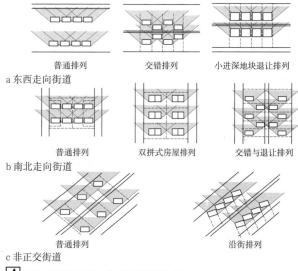

a 东西走向街道
- 普通排列
- 交错排列
- 小进深地块退让排列

b 南北走向街道
- 普通排列
- 双拼式房屋排列
- 交错与退让排列

c 非正交街道
- 普通排列
- 沿街排列

[4] 光环境场地设计（不同街道组成）

概念

资源利用是指建筑全寿命周期内从自然界中获取物质资源的过程。绿色建筑强调集约利用土地、利用再生水与非传统水源、应用可再利用或可再循环材料。

能源规划是指根据绿色建筑全寿命周期各个阶段能源消耗的特点，利用可再生能源，制定节能措施，获得全寿命周期内的优化解决方案。

原则

全寿命周期原则：全寿命周期包括原材料的获取、建筑材料与构配件的加工制造、现场施工与安装、建筑的运行和维护，以及建筑最终的拆除与处置。从资源与能源的输入、利用和排放的全过程进行通盘考虑，作相应的定性分析和定量计算。

系统集成原则："被动式"设计优先，集成"主动式"技术，因地制宜，选择适宜技术，重视系统设计。

专业协作原则：在设计过程中，规划、建筑、结构、给水排水、暖通空调、燃气、电气与智能化、室内设计、景观、经济等各专业应紧密配合，重视前期策划、设计协同、施工配合。

目标

绿色建筑应遵循因地制宜的原则，结合建筑所在地域的气候、环境、资源、经济及文化等特点，在建筑全寿命周期内达到节能、节地、节水、节材、保护环境的目标，体现出经济效益、社会效益和环境效益的统一。绿色建筑最终目标是实现与自然的和谐共生，最大限度地减少对自然环境的扰动和对资源的耗费，遵循健康、简约、高效的设计理念。

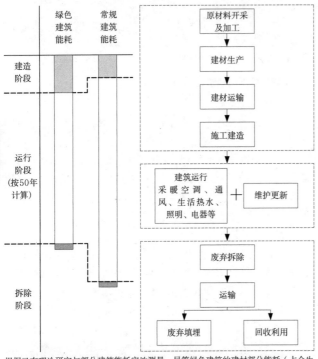

根据已有理论研究与部分建筑能耗实地测量，尽管绿色建筑的建材部分能耗（占全生命周期约20%）高于普通同类建筑（不足全生命周期10%），但是由于在50年内运行阶段的节能效果，从全生命周期角度看，绿色建筑相对普通同类建筑更加节能。

1 建筑全寿命周期各阶段能源消耗示意图

资源利用分项与建筑设计策略关联 表1

	室外场地	建筑单体
节地	用地规划与场地布局，特定体形、朝向、布局、技术的选择，应对场地优劣势，进行有效场地补偿，废弃物处理，土壤改良与种植设计	空间使用效率提升，功能相近的空间类型整合，高大空间灵活利用
节水	竖向设计与雨水组织，雨水入渗措施，雨水收集利用措施，废水回收，水体净化，中水利用，绿化节水灌溉，非传统水源利用	供水系统水压控制，避免管网漏损，节水器具，计量水表，节水冷却塔，空调水系统节水技术
节材	平衡消解土方，既有建筑资源整合利用，保留原生植被，选择适生树种	合理选用绿色建材，结构体系优化，绿色施工

建筑能耗分项与设计优化策略关联 表2

	建筑专业	其他专业
空调	遮阳，自然通风（非湿热地区），围护结构隔热性能，绿化水体景观，减少内区*，高大空间减少非人员活动区域空调	高效空调、分散式或半集中空调系统、可再生冷热源、环保制冷剂、温湿度独立控制、冷却水利用再生水源
采暖	体形系数小，窗墙比低，围护结构保温性能（集中供暖），阳光温室（间歇采暖），辅助功能缓冲区，避免高大空间集中供暖	高效供暖末端、供暖输送管道保温、可再生冷热源
照明	天然采光，减少内区*	节能光源、节能灯具与附件、照明智能控制
生活热水	集中供生活热水要控制建筑高度	太阳能光热转换、输送管道保温
新风	自然通风，减少内区*，合理层高，洁污分区	节能技术，风管设计与负压控制，自控与能耗计量
电器		供配电节能、电能自动监测与计量、自控系统优化

注：*"内区"的定义来自于空调设计，指的是室内冷负荷主要来源于人员和设备产热的建筑空间。相对于建筑外区，内区因缺乏天然采光、自然通风的条件，将增加大量的照明能耗和空调能耗。

可再生能源类型及其"被动式"、"主动式"应用措施、应用条件 表3

可再生能源类型	可再生能源自然条件转化（被动式）			可再生能源人工技术转化（主动式）		
	应用形式	具体应用措施举例	推荐应用条件	应用形式	具体应用措施举例	推荐应用条件
水利能	蒸发	蒸发冷却散热，水幕墙，水景观	干热且具备稳定水源的地区，湿热地区需结合自然通风使用	水利发电	水电厂	水力资源丰富地区，大型集中发电，避免生态环境破坏
	降水	透水地面，雨水收集，中水利用，节水灌溉	稳定降水地区		潮汐发电厂	
风能	大气运动	自然通风（降温、除湿、换气）	严寒、寒冷地区夏季，其他地区夏季与过渡季	风力发电	风力发电，风光电一体化	风速常年较高，较高海拔地区
	洋流运动	—	—	洋流发电	海洋流机组发电	沿海地区，特定发电系统
生物能	生物能制品	绿化固碳	选择地区性植被种类	生物质能发电	沼气	具备集中供应生物质能原材料的村镇地区
		秸秆还田	较湿润的农村地区	生物质能燃烧	生物质煤炭、乙醇等	特定生物能源产业
太阳辐射能	地表与大气加热	地热，新风预热，蓄热墙，相变材料	严寒、寒冷、夏热冬冷地区冬季应注重得热、蓄热	热泵	地源热泵，水源热泵	冬夏两季地表、水表温度较为均衡地区
	光与温室效应	阳光暖房		太阳能集热	太阳能热水器	广泛使用
		直接、间接采光		太阳能发电	光伏发电	需日照充足地区，集中供应并与市政并网供电

基本概念

建筑风环境是指室外自然风在建筑群、建筑单体、建筑周边绿化等影响下形成的风场。

建筑环境风的两种基本模式：

1. 层流：空气各质点很有规律地等速平行移动，风速和风的流动路径可预知；

2. 紊流（湍流）：空气各质点不规则运动，测定紊流的速度和压力必须取各时间间隔的数值进行平均，但对紊流各质点的瞬间速度则很难准确测定。

室外风环境除了受到大气气流构成、地形和地貌影响外，还与建筑群体关系、建筑间距及建筑形态相关。室外风环境一般分为：群体关系与室外风、建筑形体与室外风、植物与风等。

风影区　　　　　　　　　　　　　　　　　表1

说明	图示
如图示，建筑高度为H，面宽为L，进深为D，风影区深度为E	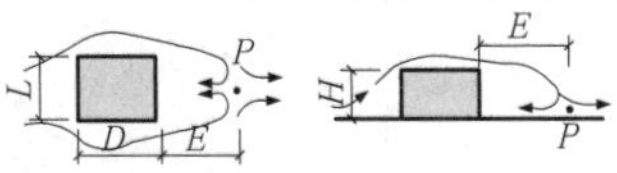 （图示）
当建筑物的高度H等于建筑物的进深D时，建筑物的面宽L越宽，其反应点的距离E就越长，直到L/H=15时，E才趋于常值	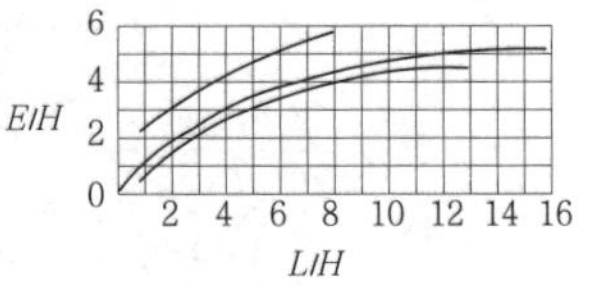 （图：纵轴 E/H 0～6，横轴 L/H 0～16）
当建筑物的面宽L等于建筑物的进深D，H/L>3时，E/L=1.4～1.6，说明高层建筑虽然其建筑高度很高，但是气流可以通过建筑物的两侧便捷地到达建筑物的背后，不受建筑高度的影响。竖高形态的高层建筑对风的阻碍性较小	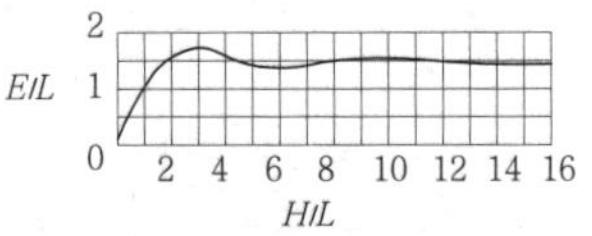 （图：纵轴 E/L 0～2，横轴 H/L 0～16）
当建筑物高度H等于建筑面宽L时，有两种现象：一是当D/H非常小时，即建筑物很薄，E=2.5H。另一种情况为D/H>1，E/H则在1.0～1.5之间，且D/H>10时，E=1.4H。这一类型的建筑对其内部的自然通风极其不利，但是对于相邻建筑物的自然通风影响不大	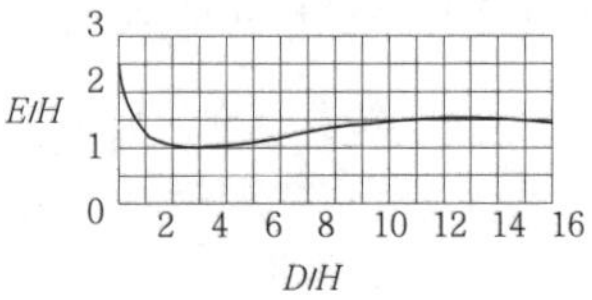 （图：纵轴 E/H 0～3，横轴 D/H 0～16）

地形风　　　　　　　　　　　　　　　　　表2

十字口、丁字口比街内升降温快，白天出口风，夜间入口风 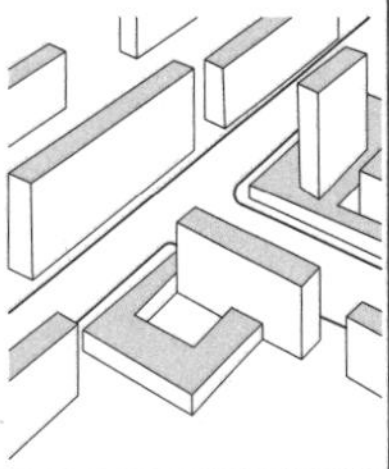 	山坡比山谷升降温快，白天吹山谷风，夜间吹山坡风 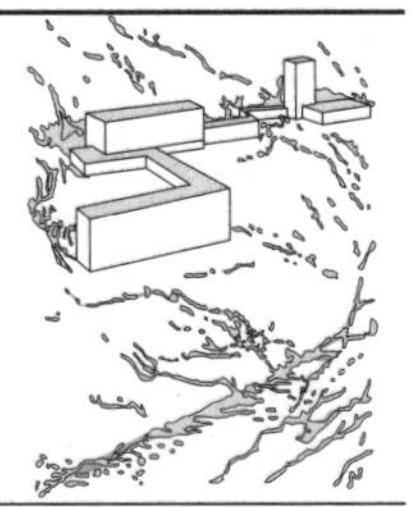 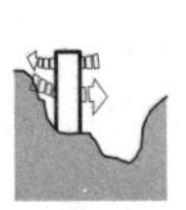
陆地比流动的水面升降温快，白天水风，夜间陆风 	房屋向阳面比背阴面或后院升降温快，白天后门风，夜间前门风 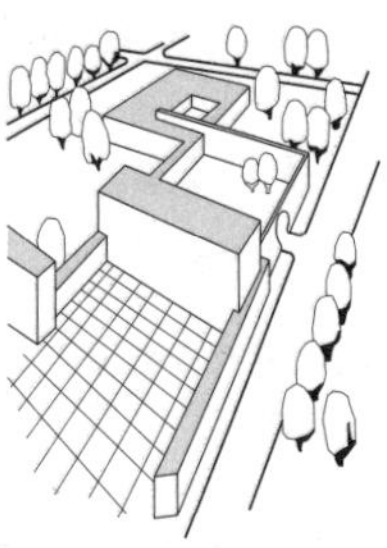 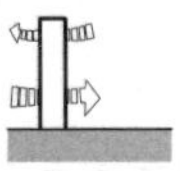

建筑群体布局

建筑群的布局和自然通风的关系，可以从平面和空间两个方面来考虑。一般建筑群的布局有行列式、错列式、斜列式和周边式等。从通风的角度出发，错列式和斜列式比行列式与周边式的通风效果要好。当采用行列式布局时，建筑群内部的流场会因为风向投射角度的不同而有很大的变化。错列式和斜列式可以使风斜向导入建筑群的内部，有时候也可以结合地形采用自由式的排列方式。

风沿着街道很畅通。
a 通道效果

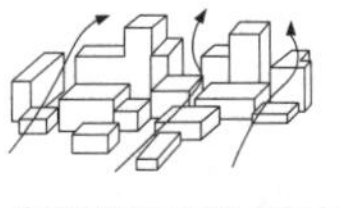

建筑相隔近且排列复杂，建筑墙对风的遮蔽作用使风力减弱。
b 遮蔽效果

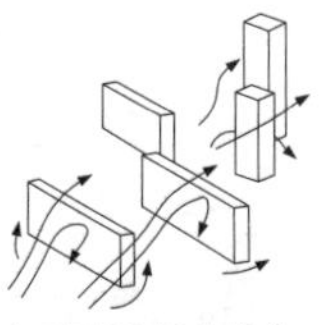

由于正负压力的作用，形成逆流等复杂气流。
c 风压平方效果

前端较细的街道形成缩流效果，风力增强。
d 缩流效果

1 建筑群体形体布局与风

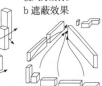

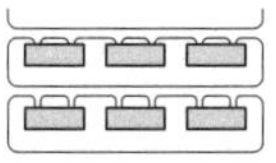

a 平行排列 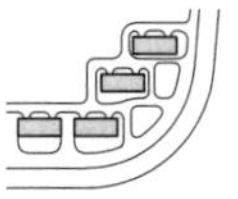　　b 斜向排列

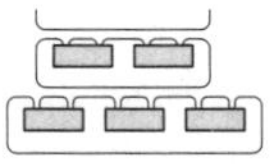

c 错位排列 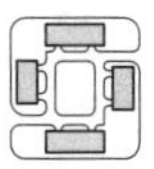　　d 周边式排列

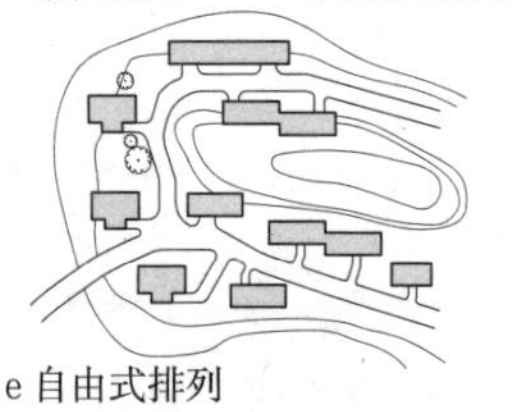

e 自由式排列

2 建筑平面布局与风

建筑间距

1. 当建筑物的建筑形态采用H=2D时，若E=H/2，第三排建筑物以后的风压系数差几乎为零，自然通风效果很差。

2. 当E=H时，第三排建筑物的风压系数差为0.3左右，比第一种通风状况稍微缓解。一般风压系数差要达到0.5左右，才能获得较好的通风效果。

3. 当E=2H时，第二排建筑的风压系数差可达0.6，第三排建筑以后的风压系数差也可达0.5以上，可达到较满意的自然通风效果。

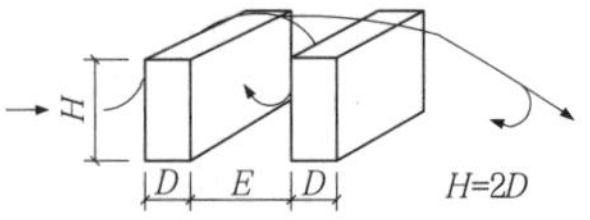

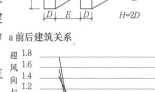

a 前后建筑关系

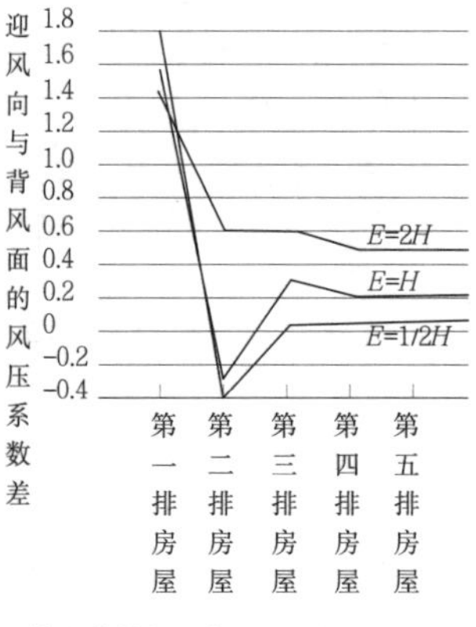

b 前后建筑间距与风压图

3 建筑间距与风的关系图

建筑间距与风况示意　　　　　　　　　　表3

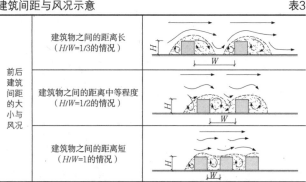

前后建筑间距的大小与风况	建筑物之间的距离长（H/W=1/3的情况）
	建筑物之间的距离中等程度（H/W=1/2的情况）
	建筑物之间的距离短（H/W=1的情况）

建筑形体和风

室外风环境与建筑形体、布局方式紧密相关，评价室外风环境的主要途径是通过室外风环境的漩涡区进行判断，即通过漩涡区特征评估室外风环境对建筑的影响程度。

建筑周围的气流变化，可以分为以下几种基本模式：

1. 在室外的层流遇到建筑物的阻碍时，大约在墙面高度的1/2处，层流分成向上气流和向下气流，左右方向则分为左右两支气流。

2. 当层流流经建筑物的隅角部，会产生气流的剥离现象，气流与建筑物剥离，形成建筑物周围的强风区。

3. 沿着建筑物迎风面的气流到屋顶后，气流发生剥离，然后其受层流上层的压力，逐渐下降，漩涡区长度约为建筑高度的3~6倍，然后到达地面，恢复原有的层流现象。

4. 在建筑的背后会产生回流紊流，沿墙面上升也会产生紊流气流。层流风吹过建筑物后，会在建筑物的背后形成涡流区域。

5. 建筑物横向的风，在剥离之后，有下降的趋势。下降气流与下部的风合流，会形成强力风带，轻则影响行人的步行，重则可以破坏建筑物，即常说的高楼风。

6. 建筑物在迎风侧承受正压，在背风侧承受负压，这两者之间存在的压力差往往决定着紊流的流向。

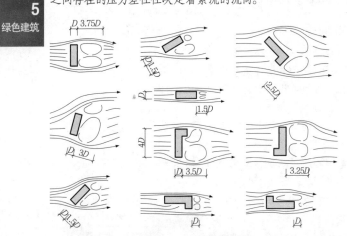

a 一字形建筑和L形建筑平面背风面的漩涡区

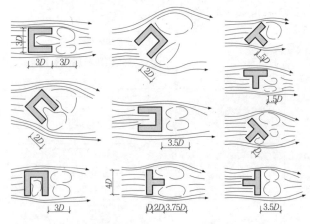

b U形平面和T形平面建筑背风面的漩涡区

1 不同几何形体的建筑物在不同风向下背风面的漩涡区

建筑长、宽、高与风的关系　　　　　　　　　　　表1

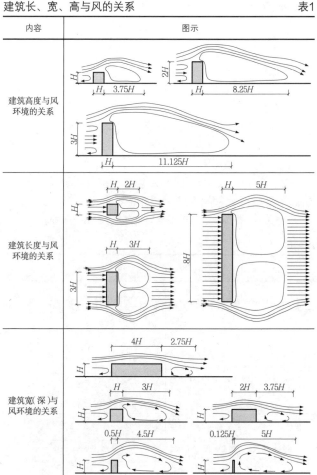

内容	图示
建筑高度与风环境的关系	
建筑长度与风环境的关系	
建筑宽（深）与风环境的关系	

高层建筑风环境特点与设计

在高层建筑林立的城市中心区，建筑风环境的情况非常复杂。由于建筑物对风速和涡流的增强作用，在建筑物的底层往往会形成危险的风环境，甚至会对人的安全构成潜在威胁。如在一幢超高层建筑的底层附近，风速有可能增强4倍，风力的增加是风速的平方，则此处行人所受到的风力是原来风速的16倍。处理好高层建筑的底层人行区域的风环境，是高层建筑外环境控制的重要部分。

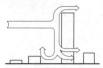

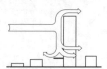

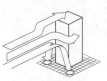

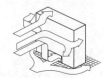

a 高于周边环境的建筑易在地面行人区域形成疾风区

b 设置雨篷可以使被剥离的向下气流转向，形成宜人的入口区域

c 向下气流形成的疾风区位于裙房屋顶，缓解人行区的不利风况

d 高层建筑被剥离的向下气流在转角部位形成疾风区

e 缺角的转角部位会加剧气流经过，不宜设置建筑入口

f 底层贯通开口由于建筑前后压差会形成高风速的不利风况

2 高层建筑风况及缓解措施

5
绿色建筑

基本概念

建筑热环境受到太阳辐射、空气温度与湿度、气流速度和降水等多种气候要素的综合作用。既对室内空间产生影响，也会反作用于周边环境。因此，需要对用地及周边热环境现状进行调查测试，掌握气象参数、热岛分布、热冷源、绿化水体分布等基本环境要素。

建筑热环境设计需通过合理选择场地，控制方位朝向、平面布置、体形系数、围护结构性能指标，运用日照、遮阳、通风、绿化、水体、降温、避风、防寒等技术措施，调控气象参数，降低环境对建筑的不利影响，提高室内热环境舒适性，同时减小采暖与空调负荷。

当现状环境条件有利于热环境设计时，应在总平面布置、体形控制、平面设计、立面布置、剖面设计、构造设计等方面积极争取和利用；当环境条件不利于热环境设计时，应首先考虑降低不利环境影响、缓解热岛效应，再运用规划和建筑设计措施减小设备负荷、缩短设备运行时间，采用高效设备系统提高热环境舒适性。

设计原则

1. 积极应用被动式绿色规划设计与建筑技术；
2. 满足相应类型建筑在热环境方面的技术要求；
3. 营造高品质的室内热环境和舒适度；
4. 符合国家在不同阶段的节能目标要求；
5. 有效缓解热岛效应、减小环境负影响；
6. 合理设计，做到冬季围护结构内表面温度不低于室内露点温度、夏季内表面最高温度不超过夏季室外计算温度最高值；室内温湿度及气流速度满足表4~表6规定。

建筑热工设计分区及设计要求 表1

分区名称	分区指标		
	主要指标	辅助指标	设计要求
严寒地区	最冷月平均温度≤-10℃	日平均温度≤5℃的天数≥145d	必须充分满足冬季保温要求，一般可不考虑夏季防热
寒冷地区	最冷月平均温度0~-10℃	日平均温度≤5℃的天数90~145d	必须充分满足冬季保温要求，部分地区兼顾夏季防热
夏热冬冷地区	最冷月平均温度0~10℃最热月平均温度25~30℃	日平均温度≤5℃的天数0~90d，日平均温度≥25℃的天数49~110d	必须充分满足夏季防热要求，适当兼顾冬季保温
夏热冬暖地区	最冷月平均温度>10℃最热月平均温度25~29℃	日平均温度≥25℃的天数100~200d	必须充分满足夏季防热要求，适当兼顾冬季保温
温和地区	最冷月平均温度0~13℃，最热月平均温度18~25℃	日平均温度≤5℃的天数0~90d	部分地区应考虑冬季保温，一般可不考虑夏季防热

注：依据采暖度日数HDD18与空调度日数CDD26，并参照最冷月和最热月平均温度，划分为严寒、寒冷、夏热冬冷、夏热冬暖和温和等5个建筑热工分区。

评价标准

《民用建筑热工设计规范》GB 50176、《绿色建筑评价标准》GB/T 50378、《民用建筑绿色设计规范》JGJ/T 229、《公共建筑节能设计标准》GB 50189、《节能建筑评价标准》GB/T 50668、《严寒和寒冷地区居住建筑节能设计标准》JGJ 26、《夏热冬冷地区居住建筑节能设计标准》JGJ 134、《夏热冬暖地区居住建筑节能设计标准》JGJ 75、《居住建筑节能检测标准》JGJ/T 132、《公共建筑节能检测标准》JGJ/T 177、《民用建筑室内热湿环境评价标准》GB/T 50785等文件。

依据建筑围护结构热惰性指标D的四类取值，冬季室外计算温度应按表2取值。

冬季热环境设计室外计算温度 表2

类型	热惰性指标	冬季室外计算温度t_e的取值	典型城市t_e的取值
I	>6.0	$t_e=t_w$	北京-9℃
II	4.1~6.0	$t_e=0.6t_w+0.4t_{e\cdot min}$	北京-12℃
III	1.6~4.0	$t_e=0.3t_w+0.7t_{e\cdot min}$	北京-14℃
IV	≤1.5	$t_e=t_{e\cdot min}$	北京-16℃

夏季热环境设计室外计算温度

夏季室外温度计算值t_e应按历年最热一天的日平均温度的平均值计算；夏季室外计算温度最高值$t_{e\cdot max}$应按历年最热一天的最高温度的平均值确定；夏季室外温度波幅值应按照$t_{e\cdot max}$与t_e的差值确定。

夏季热环境设计室外计算温度 表3

城市名称	夏季室外计算温度（℃）		
	平均值t_e	最高值$t_{e\cdot max}$	波幅值A_{ae}
西安	32.3	38.4	6.1
北京	30.2	36.3	6.1
徐州	31.5	36.7	5.2
南京	32.0	37.1	5.1
上海	31.2	36.1	4.9
武汉	32.4	36.9	4.5
长沙	32.7	37.9	5.2
南昌	32.9	37.8	4.9
成都	29.2	34.4	5.2
重庆	33.2	38.9	5.7
福州	30.9	37.2	6.3
广州	31.1	35.6	4.5
海口	30.7	36.3	5.6
南宁	31.0	36.7	5.7
昆明	23.3	29.3	6.0

建筑室内空气温度舒适范围 表4

季节	舒适的室内空气温度（℃）	
	一般规定	高级建筑或停留时间较长时
夏季	26~28	取低值
冬季	18~22	取高值

建筑室内相对湿度舒适范围 表5

季节	室内相对湿度	
	一般规定	高级建筑或停留时间较长时
夏季	40%~60%	取低值
冬季	不作规定	大于35%

建筑室内空气平均流速舒适范围 表6

季节	空气平均流速（m/s）	
	一般规定	高级建筑或停留时间较长时
夏季	0.2~0.5	取低值
冬季	0.15~0.3	取低值

环境太阳辐射与建筑材料类型的关系

室外地面、建筑墙面材料种类与颜色的差异，对太阳光的吸收和反射程度均不同。

不同材料的太阳辐射参数 表7

部位	材料	反射率	吸收率
地面	沥青混凝土	0.05~0.20	0.95
墙面	混凝土	0.01~0.35	0.71~0.90
	砖	0.20~0.40	0.90~0.92
	石材	0.20~0.35	0.85~0.95
涂料	红色、棕色、绿色	0.20~0.35	0.85~0.95
	白色	0.50~0.90	0.85~0.95
	黑色	0.02~0.15	0.90~0.95
屋面	白油和砾石	0.08~0.18	0.92
	瓦	0.10~0.35	0.90
地面	土壤（湿）	0.05~0.20	0.90~0.98
	草地	—	0.90~0.95
	树林	0.20	0.98
	水面	0.10~0	0.92~0.97

5
绿色建筑

设计流程

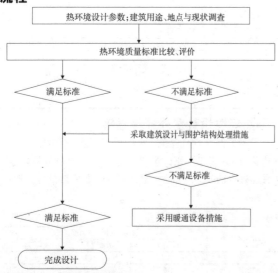

1 建筑室外热环境设计流程图

（流程图文字）
热环境设计参数；建筑用途、地点与现状调查
热环境质量标准比较、评价
满足标准
不满足标准
采取建筑设计与围护结构处理措施
不满足标准
满足标准
采用暖通设备措施
完成设计

1 太阳辐射
2 气温
3 湿度
4 降雨
5 风

2 建筑热环境的决定因素构成

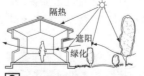

3 侧重夏季防热降温的热环境设计总体措施
（隔热、遮阳、绿化）

4 利用坡地和控制建筑高度，争取日照和自然通风的剖面设计

侧重冬季防寒的热环境设计要点　　　　　　　　　　表1

工作阶段	目的	设计要点
场地选址	冬季争取日照	向阳平地或向阳坡地
		南向力求无遮挡或少遮挡
		避开冬季寒风侵袭
		建筑满足最佳朝向范围
		群体布局考虑日照间距和经济性
	减小建筑热损失	不宜放置在凹形基地内，避"霜洞"
		避免产生"局地疾风"、"漏斗风"
		避免"雨雪堆积"
规划布局	建立气候防护单元	紧凑群体布局，发挥风影效应，避免后排建筑受寒风侵袭
		建筑群体高度宜一致，避免下冲气流
	合理日照间距	日照时间满足相关要求
	群体组合	建筑物长边与冬季主导风平行
		加大相邻建筑距离，避免产生局部峡谷风。
	环境防冬季寒风	植物防护林
		防风构筑物
单体设计	立面	高度变化宜平缓，避免"涡流风"
		迎风面开口或架空层，让冷风穿透而过，降低风速
		与相邻高度相差巨大时，宜在顶部设顶盖或防风屏蔽
		控制窗墙比，降低围护结构传热系数，提高建筑气密性
	平面	方位宜朝向南北或接近南北
		平面凸凹不宜多，减少外表面积
		减少开敞性的楼梯间、平台、外廊等空间设置
		出入口设置避风门斗、门厅等缓冲空间
		主被动太阳能资源利用，改善热环境

（剖面图文字）
夏季太阳高度角
太阳围护界线
冬季太阳高度角
太阳围护界线

5 从争取日照出发，形成建筑形态的设计过程

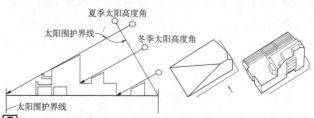

（图文字）
防风绿地（常青树）
阴影区
遮荫树（落叶乔灌木）
遮荫树 落叶乔灌木
阳光区
行道树
2H~4H

6 热环境设计需考虑争取冬季日照、抵御寒风，兼顾夏季遮阳与环境绿化降温，形成"气候防护单元"的平面与竖向布局

侧重夏季防热的热环境设计要点　　　　　　　　　　表2

工作阶段	目的	设计要点
场地选址	减弱太阳和环境热辐射	合理选择用地，避免西晒
		避开玻璃幕墙反射和建构筑物蓄热体的"辐射范围"
		积极选择绿化环境条件好、环境热辐射低的场地
	争取自然通风	环境条件有利于建筑利用夏季主导风
		利用地形地貌、植被、建构筑物等引导夏季主导风
	避免热源	避免靠近空调散热器、锅炉房等热源
规划布局	通风降温	群体布局考虑夏季主导风到达每栋建筑长边
		避免新老建筑热源对彼此的不利影响
	改造地表防热	地表乔灌木绿化手段遮荫与水体蒸发降温
		绿化建筑遮阳，减小太阳辐射得热及地表辐射作用
		场地宜采用透水铺装；材料反射率0.3~0.6
单体设计	平面	宜采用南北向或接近南北向的平面布置
		平面设计有利于组织自然通风
		避免主要房间受到东西日晒
	立面	向阳面外窗采取有效遮阳措施
		外表面宜采用浅色饰面材料
	顶面	屋顶采用绿化、水体蒸发、隔热材料、遮阳等措施
		屋顶材料反射率0.3~0.6
		顶部开口，促进热压通风降温

7 群体组合应考虑引入夏季主导风

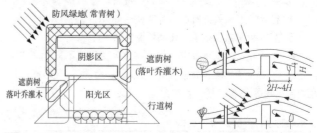

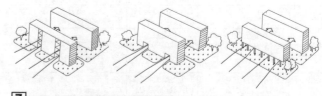

（图文字）
建筑构件自遮阳
蒸发降温调节湿度
水体
建筑阴影区
热环境适宜

上海世博会中国馆，综合运用了建筑构件自遮阳、环境水体蒸发降温调节湿度、热压通风降温、屋顶绿化隔热降温等多种绿色建筑热环境设计手段，降低了环境热负荷，让人们在建筑构件形成的阴影区内活动。

8 上海世博会中国馆剖面图

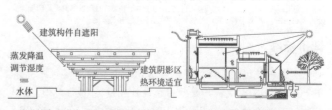

延安枣园绿色建筑示范项目，综合运用了包括选址、地形利用、朝向、建筑布局、冬季防风、夏季热压通风、屋顶种植保温、主被动太阳能利用、绿化降温、热量存储等多种绿色建筑设计手段。

9 延安枣园示范绿色剖面图

设计要求

1. 考虑我国气候分区对光环境的影响。

根据室外天然光年平均总照度值的大小将全国区域划分为Ⅰ~Ⅴ类光气候区。再根据光气候特点，按年平均总照度值确定分区系数。

光气候系数 表1

光气候区	Ⅰ	Ⅱ	Ⅲ	Ⅳ	Ⅴ
K值	0.85	0.90	1.00	1.10	1.20
室外天然光临界照度值$E1$（lx）	6000	5500	5000	4500	4000

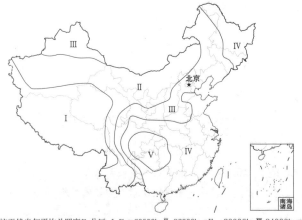

按天然光年平均总照度Eq分区：Ⅰ.$Eq{\geqslant}28000\mathrm{lx}$；Ⅱ.$26000\mathrm{lx}{\leqslant}Eq<28000\mathrm{lx}$；Ⅲ.$24000\mathrm{lx}{\leqslant}Eq<26000\mathrm{lx}$；Ⅳ.$22000\mathrm{lx}{\leqslant}Eq<24000\mathrm{lx}$；Ⅴ.$Eq<22000\mathrm{lx}$。

1 光气候分区图❶

2. 确定不同功能类型建筑物的采光标准值。参见《建筑采光设计标准》GB 50033-2013。

3. 根据建筑物对日照的要求及相邻建筑的遮挡情况，合理选择和确定建筑物的朝向和间距。

4. 根据阳光通过采光口的时间、面积和太阳辐射照度等的变化情况，确定采光口及建筑构件的位置、形状及大小。

5. 考虑室内工作光环境要求。

各采光等级参考平面上的采光标准值应符合《建筑采光设计标准》GB 50033-2013的规定，详见表2。

视觉作业场所工作面上的采光系数标准值 表2

	侧面采光		顶部采光	
	采光系数标准值	室内天然光照度标准值(lx)	采光系数标准值	室内天然光照度标准值(lx)
Ⅰ	5%	750	5%	750
Ⅱ	4%	600	3%	450
Ⅲ	3%	450	2%	300
Ⅳ	2%	300	1%	150
Ⅴ	1%	150	0.5%	75

注：1. 工业建筑参考平面取距地面1m，民用建筑取距地面0.75m，公用场所取地面。
2. 表中所列采光系数标准值适用于我国Ⅲ类光气候区，采光系数标准值是按室外设计照度值15000lx制定的。
3. 采光标准的上限值不宜高于上一采光等级的级差，采光系数值不宜高于7%。

6. 合理选择透光材料。

在采光设计中应选择采光性能好的窗作为建筑采光外窗，其透光折减系数T_r应大于0.45（透光折减系数T_r：透射漫射光照度Ew与漫射光照度$E0$之比）。建筑外窗采光性能的检测可按现行国家标准《建筑外窗采光性能分级及其检测方法》GB/T 11976-2015执行。

❶ 底图来源：中国地图出版社编制。

设计依据及评判标准

1. 依据《绿色建筑评价标准》GB/T 50378-2014，建筑规划布局满足日照标准，且不降低周边建筑的日照标准。居住建筑以及幼儿园、医院、疗养院等公共建筑的光环境设计应满足相关标准。《城市居住区规划设计规范》GB 50180-93（2016年版）中规定住宅的日照标准和老年人居住建筑日照标准；《托儿所、幼儿园建筑设计规范》JGJ 39-2016中规定托儿所、幼儿园的日照标准；《中小学校设计规范》GB 50099-2011规定普通教室的日照要求。

2. 建筑布局不仅要求本项目内的所有建筑都满足有关日照标准，还应兼顾周边，减少对相邻的住宅、幼儿园生活用房等有日照标准要求的建筑产生不利的日照遮挡。同时，不应降低周边建筑的日照标准，即：①对于新建项目，应满足周边建筑有关日照标准的要求。②对于改造项目：周边建筑改造前满足日照标准的，应保证其改造后仍符合相关日照标准的要求；改造前未满足日照标准的，改造后不可再降低其原有的日照水平。

3. 规划设计中，对于多层板式建筑遮挡的住宅的日照间距可采用日照间距系数法计算；对于高层建筑遮挡的住宅，除了太阳高度角外，太阳方位角也可弥补日照时数，一般按照被遮挡建筑获得的有效日照时数确定日照间距。

日照间距系数

日照间距系数是用于确定城市住宅间距的参数[2]，为根据日照标准确定的日照间距D与遮挡计算高度H的比值（式1）。

$$L=D/H \qquad 式1$$

式中：L—日照间距系数；
D—日照间距；
H—遮挡计算高度。

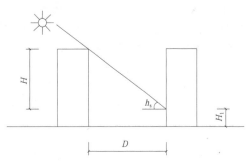

2 日照间距系数示意图（H_1为窗台高度）

日照间距系数在不同方向有所折减，折减系数见表3。

不同方位间距折减系数 表3

方位	0°~15°	15°~30°	30°~45°	45°~60°	>60°
折减系数	1.0L	0.9L	0.8L	0.9L	0.95L

注：1. 表中方位为正南向（0°）偏东、偏西的方位角。
2. L为当地正南向住宅的标准日照间距。
3. 本表仅适用于无其他日照遮挡的平行布置条式住宅之间。

实际项目中，设计阶段应进行日照模拟分析；运行阶段在设计阶段评价方法之外应核实竣工图及其日照模拟分析报告，或现场核实。

设计要点

1. 居住建筑

（1）居住建筑日照标准应符合《住宅建筑规范》GB 50368-2005的规定，见表1，对于特定情况还应符合下列规定：

①老年人居住建筑不应低于冬至日日照2小时的标准；

②在原建筑外增加任何设施不应使原有日照标准降低；

③旧区改建的项目内新建住宅日照标准可酌情降低，但不应低于大寒日日照1小时的标准。

（2）住宅正面间距，可按日照标准确定的不同方位的日照间距系数控制，也可采用不同方位间距折减系数换算。

（3）宿舍半数以上的居室应获得同住宅相等的日照标准。

住宅建筑日照标准 表1

建筑气候区划	Ⅰ、Ⅱ、Ⅲ、Ⅶ气候区		Ⅳ气候区		Ⅴ、Ⅵ气候区
	大城市	中小城市	大城市	中小城市	
日照标准日	大寒日				冬至日
日照时数(h)	≥2		≥3		≥1
有效日照时间带	8：00~16：00				9：00~15：00
日照时间计算起点	底层窗台面				

注：底层窗台面是指距室内地坪0.9m高的外墙位置。

2. 托儿所、幼儿园的生活用房应布置在当地最好日照方位，并满足冬至日底层满窗日照不少于3小时的要求。建筑侧窗采光的窗地面积之比，不应小于《托儿所、幼儿园建筑设计规范》JGJ 39-2016中的规定，详见表2。

托儿所、幼儿园窗地面积比 表2

房间名称	窗地面积比
音体活动室、活动室、乳儿室	1/5
寝室、喂奶室、医务保健室、隔离室	1/6
其他房间	1/8

注：单侧采光时，房间进深与窗上口距地面高度的比例不宜大于2.5。

3. 中小学南向普通教室冬至日底层满窗日照不应小于2小时。

（1）教学用房工作面或地面上的采光系数不得低于《中小学校设计规范》GB 50099-2011中的规定，详见表3。

（2）普通教室、科学教室、实验室、史地、计算机、语言、美术、书法等专用教室及合班教室、图书室，均应以自学生座位左侧射入的光为主。教室为南向外廊式布局时，应以北向窗为主要采光面。

（3）其他教学用房、会议室等室内各表面的反射比值应符合《中小学校设计规范》GB 50099-2011中的规定，详见表4。

教学用房工作面或地面上的采光系数标准和窗地面积比 表3

房间名称	规定采光系数的平面	采光系数最低值	窗地面积比
普通教室、史地教室、美术教室、书法教室、语言教室、音乐教室、合班教室、阅览室	课桌面	2.0%	1：5.0
科学教室、实验室	实验桌面	2.0%	1：5.0
计算机教室	机台面	2.0%	1：5.0
舞蹈教室、风雨操场	地面	2.0%	1：5.0
办公室、保健室	地面	2.0%	1：5.0
饮水处、厕所、淋浴	地面	0.5%	1：10.0
走道、楼梯间	地面	1.0%	—

注：表中所列采光系数值适用于我国Ⅲ类气候区，其他光气候区应将表中的采光系数乘以相应的光气候系数。光气候系数应符合现行国家标准《建筑采光设计标准》GB 50033的有关规定。

教学用房室内各表面的反射比值 表4

表面部位	反射比	表面部位	反射比
顶棚	0.70~0.80	侧墙、后墙	0.70~0.80
前墙	0.50~0.60	课桌面	0.25~0.45
地面	0.20~0.40	黑板	0.10~0.20

室外光污染控制

1. 室外光污染的概念

（1）室外光污染主要是指白光污染、人工白昼和彩光污染。

（2）白光污染：当太阳光照射强烈时，建筑物的玻璃幕墙、釉面砖墙、磨光大理石和各种涂料等反射光线，眩晕夺目。

（3）人工白昼：夜幕降临后，商场、酒店上的广告灯闪烁夺目，有些强光束直冲云霄，使夜晚如白天，即人工白昼。

（4）彩光污染：商业建筑等安装的灯箱广告、荧光灯以及闪烁的彩色光源构成了彩光污染。

2. 防治光污染措施

（1）消除和减弱玻璃幕墙的光污染。

①合理规划，避免特定时间段内或角度下影响居民区。

②对建筑立面进行划分处理。采用玻璃、石材、金属的组合幕墙，以减小玻璃的连续总面积；采用外遮阳将大块面的玻璃幕墙划分。

③选用技术先进的玻璃材料。玻璃幕墙的可见光反射比不得大于0.3，在市区、交通要道、立交桥等区域可见光反射比不得大于0.16。建议选用低辐射镀膜玻璃。

④优化幕墙构造。如采用红外吸热构造①，该构造在避免室内过热的基础上，通过采用低反射率的玻璃材料，降低光污染。

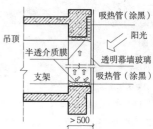

①红外吸热构造

（2）采用低反射的外墙材料及外墙涂料。

（3）加强城市规划和管理，注意控制光污染的源头，对新、改、扩建的建筑，在光的使用方面注意合理设计，不可滥用光源；在城市、公路旁不可乱用灯光。

夜景照明设计应满足《城市夜景照明设计规范》JGJ/T 163-2008第7章关于光污染限制的相关要求：

①在编制城市夜景照明规划时，应对限制光污染提出相应的要求和措施；

②在设计城市夜景照明工程时，应按城市夜景照明的规划进行设计；

③应将照明的光线严格控制在被照区域内，限制灯具产生干扰光，超出被照区域内的溢散光不应超过总光通量的15%。

夜景照明设计应同时避免夜间室内照明溢光，或者所有室内非应急照明在非运营时间能够自动控制关闭，包括在工作时间外可手动关闭。

（4）评估与检测。

设计阶段审核光污染分析专项报告；运行阶段的评估除在设计阶段评价方法之外，还应现场核查玻璃幕墙的可见光反射比是否符合标准要求，以及室内照明溢光情况。

设计原则

1. 绿色建筑声环境设计一方面要求防止周围环境噪声对建设项目的影响，另一方面要求建设项目在施工及使用过程中噪声排放不能超过环境噪声限值。

2. 项目设计前应对建设用地及周边环境噪声现状进行调查，掌握主要噪声源及其噪声大小、频率特性等。

3. 当建设用地靠近交通干线、工厂、机场等强噪声源时，建筑场地总平面设计应采取有利于降低噪声影响的平面布局，并采取相应噪声控制措施。

4. 建设项目锅炉房、冷却塔、热泵等噪声较大设施的设置应考虑噪声控制要求，使噪声排放达到标准。

5. 当建设用地靠近铁路等强振动源时，需要对振动现状进行调查，并采取相应振动控制措施。

6. 可考虑各种声音特性，主动营造声环境。

设计依据与评判标准

1. 环境噪声限值

绿色建筑室外声环境质量符合现行国家标准《声环境质量标准》GB 3096-2008。各类声环境功能区环境噪声等效声级限值见下表：

环境噪声限值 表1

类别	适用区域	昼间[dB(A)]	夜间[dB(A)]
0	康复疗养区等特别需要安静的区域	50	40
1	居住、医疗卫生、文教、科研、行政办公为主，要求安静的区域	55	45
2	商业金融、集市贸易为主，或者居住、商业、工业混杂，需要维护住宅安静的区域	60	50
3	工业生产、仓储物流为主，需要防止工业噪声对周围环境产生严重影响的区域	65	55
4	4a	交通干线两侧一定距离之内，需要防止交通噪声对周围环境产生严重影响的区域，包括高速公路、一级公路、二级公路、城市快速路、城市主干路、城市次干路、城市轨道交通、内河航道两侧区域	70	55
	4b	铁路干线两侧区域	70	60

注："昼间"指6:00~22:00时段，"夜间"指22:00~次日6:00时段。

当住宅、宾馆、医院等要求安静的建筑处在交通干线两侧等噪声较大区域，即使环境噪声符合标准，建筑室内也很有可能达不到允许噪声标准。此时，建筑设计需要采取噪声控制措施。

2. 建筑施工场界环境噪声排放限值

城市建筑施工噪声排放应符合《建筑施工场界环境噪声排放标准》GB 12523-2011，具体建筑施工过程中环境噪声等效声级不得超过下表值：

建筑施工场界环境噪声排放限值 [单位: dB(A)] 表2

昼间	夜间
70	55

3. 工业企业厂界环境噪声排放限值

工业企业在运营过程中噪声排放应符合《工业企业厂界环境噪声排放标准》GB 12348-2008，各类建筑运营排放的噪声等效声级不得超过下表值：

工业企业厂界环境噪声排放限值 [单位: dB(A)] 表3

时段 厂界外声 环境功能类别	昼间	夜间
0	50	40
1	55	45
2	60	50
3	65	55
4	70	55

4. 结构传播固定设备室内噪声排放限值

当固定设备噪声通过建筑物结构传播至噪声敏感建筑物室内时，噪声敏感建筑物室内等效声级以A计权声级评价时不得超过下表值：

结构传播固定设备室内噪声排放限值 [单位: dB(A)] 表4

房间类型 时段 建筑物所处声环境功能区类型	A类房间		B类房间	
	昼间	夜间	昼间	夜间
0	40	30	40	30
1	40	30	45	35
2、3、4	45	35	50	40

当以倍频带声压级评价时不得超过下表值：

结构传播固定设备室内噪声排放限值（倍频带声压级）[单位: dB] 表5

噪声敏感建筑所处声环境功能区类别	时段	倍频程中心频率（Hz） 房间类型	室内噪声倍频带声压级限值				
			31.5	63	125	250	500
0	昼间	A、B类房间	76	59	48	39	34
	夜间	A、B类房间	69	51	39	30	24
1	昼间	A类房间	76	59	48	39	34
		B类房间	79	63	52	44	38
	夜间	A类房间	69	51	39	30	24
		B类房间	72	55	43	35	29
2、3、4	昼间	A类房间	79	63	52	44	38
		B类房间	82	67	56	49	43
	夜间	A类房间	72	55	43	35	29
		B类房间	76	59	48	39	34

注：1. 表4、表5摘自《工业企业厂界环境噪声排放标准》GB 12348-2008。
2. 表4、表5中A类房间是指以睡眠为目的，需要保证夜间安静的房间，包括住宅卧室、医院病房、宾馆客房等。B类房间是指主要在昼间使用，需要保证思考与精神集中、正常讲话不被干扰的房间。

设计流程

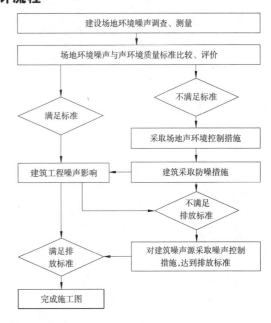

建设场地环境噪声调查、测量

场地环境噪声与声环境质量标准比较、评价

满足标准

不满足标准

采取场地声环境控制措施

建筑工程噪声影响

建筑采取防噪措施

不满足排放标准

满足排放标准

对建筑噪声源采取噪声控制措施，达到排放标准

完成施工图

①建筑室外声环境设计流程图

设计要点

　　1. 当建设用地位于道路两侧等噪声较高区域，场地内环境噪声超标时，可以采取声屏障、绿化等环境噪声控制措施，使敏感建筑室外环境噪声满足声环境质量标准。

　　2. 采取环境噪声控制措施后，场地噪声仍超标时，可在建筑设计中采用防噪措施，使室内声环境满足室内允许噪声标准。

　　3. 采用隔声屏障、消声设备等措施，防止锅炉房、冷却塔、热泵、排风机等噪声影响环境。

　　4. 采用相关结构传声控制措施，防止建筑设备噪声（振动）、娱乐低频噪声通过结构传递。

常用环境噪声控制措施及效果　　　　　　　表1

环境噪声控制措施	降噪效果
远离噪声源	对于点声源，距离增大1倍，降低6dB；对于线声源，距离增大1倍，降低3dB
设置隔声屏障	降低5~25dB
在场地与噪声源之间设绿化	降低1~6dB
利用不怕吵的建筑物作声屏障	降低10~30dB
吸声（透气）路面	降低1~6dB

建筑防噪措施及效果　　　　　　　　　　表2

建筑防噪措施	降噪效果
采用隔声性能良好的外窗	降低25~35dB
外窗外加封闭阳台	附加降低10~15dB
控制开窗面积	面积减少一半，噪声约降低3dB
卧室等敏感房间背向声源一侧	室内外声级降低20~30dB
退台建筑形式，利用女儿墙作声屏障	降低5~10dB
实心栏板，栏板上沿出挑	与透空栏杆比，降低1~3dB
低层建筑实心围墙	降低5~15dB

防止噪声源对周围环境影响的措施及效果　　表3

噪声控制措施	降噪效果
噪声源远离或背向环境中敏感点设置	降低5~30dB
设置隔声屏障	降低5~25dB
采用低噪声设备	根据设备情况
设备机房室内吸声降噪	降低3~9dB
通风设备加消声器	降低10~40dB

结构传声控制措施及效果　　　　　　　　表4

噪声控制措施	降噪效果
振动设备远离敏感点设置	降低5~20dB
振动设备隔振	降低5~20dB
设备机房、娱乐房间与主体结构分离	彻底解决结构传声
娱乐设施做房中房隔振隔声结构	降低5~20dB
设备房做浮筑楼面	降低5~20dB

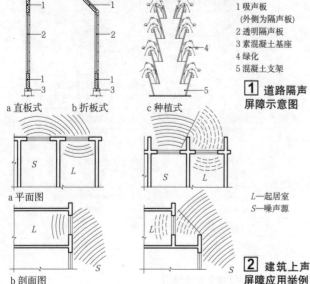

1 吸声板（外侧为隔声板）
2 透明隔声板
3 素混凝土基座
4 绿化
5 混凝土支架

a 直板式　　b 折板式　　c 种植式

1 道路隔声屏障示意图

L—起居室
S—噪声源

a 平面图

b 剖面图

2 建筑上声屏障应用举例

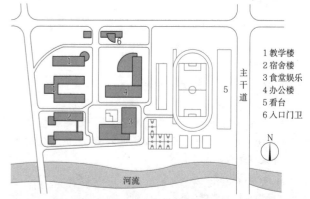

1 教学楼
2 宿舍楼
3 食堂娱乐
4 办公楼
5 看台
6 入口门卫

河流

学校东侧为城市交通干道，噪声较大。总平面设计时，靠主干道依次布置看台、操场、食堂、办公楼、教学楼。一方面由于距离增加，噪声得到衰减，同时看台对其他建筑起噪声屏障作用，食堂、办公楼对教学楼起到声屏障作用。

3 某中学有利防噪的总平面布置图

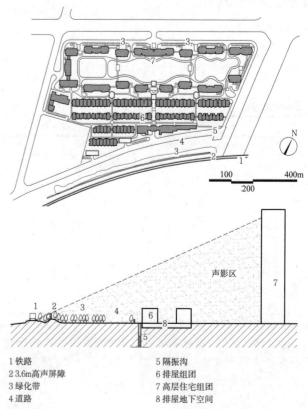

声影区

1 铁路
2 3.6m高声屏障
3 绿化带
4 道路
5 隔振沟
6 排屋组团
7 高层住宅组团
8 排屋地下空间

某住宅小区南侧为铁路，噪声和振动较大。总平面设计时，在铁路与住宅小区之间堆土坡，并植常绿树，在土坡最高处设置混凝土隔声屏障，进一步隔离噪声。住宅小区边设置隔振排桩及空沟。高层住宅采用隔声外窗。

4 靠近铁路某住宅小区防噪及振动的平面和剖面示意图

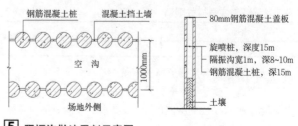

钢筋混凝土桩　　混凝土挡土墙

空沟

1000mm

场地外侧

80mm钢筋混凝土盖板
旋喷桩，深度15m
隔振沟宽1m，深8~10m
钢筋混凝土桩，深15m
土壤

5 隔振沟做法平剖示意图

5
绿色建筑

设计原则

1. 综合考虑雨水资源化、节约用水、修复水环境与生态环境等内容，做到技术先进、经济合理、使用方便。

2. 根据雨水资源时空分布、土壤入渗能力、水质要求、季节变化和经济水平等因素，合理确定技术方案。

3. 充分利用场地设计，减少地表径流。

4. 遇特殊污染源时，应专项论证研究。

5. 在规划设计阶段，应提前介入雨水利用要求与内容，统筹考虑与相关专业配合；雨水利用系统应与主体工程同步设计、同步施工、同步验收、同步使用。

6. 雨水利用严禁接入生活饮用水给水系统。

7. 因地制宜，合理确定技术方案。地面雨水利用宜采用雨水入渗或就地储存技术方式；屋面雨水根据情况可采用雨水收集回用、雨水入渗或二者结合的方式。

设计依据

根据《建筑给水排水设计规范》GB 50015、《建筑与小区雨水利用技术规范》GB 50400，进行雨水利用计算：

1. 雨水设计径流总量：$W=10\Psi_c h_y F$

式中：W—雨水设计径流总量（m^3）；
Ψ_c—雨量径流系数；
h_y—设计降雨厚度（mm）；
F—汇水面积（m^2）。

2. 雨水设计流量：$Q=\Psi_m qF$

式中：Q—雨水设计流量（L/s）；
Ψ_m—流量径流系数；
q—设计暴雨强度 [L/（$s m^2$）]。

3. 设计暴雨强度：$q=167A(1+c\lg P)/(t+b)^n$

式中：P—设计重现期（a）；
t—降雨历时（min）；
A、b、c、n—当地降雨参数。

立管最大排水流量   表1

立管直径（mm）	75	100	150	200	250	300
排水流量（L/s）	10~12	19~25	42~55	75~90	135~155	220~240

雨水收集系统设计重现期取值表   表2

	类型	设计重现期（a）
建筑	采用外檐沟排水的建筑	1~2
	一般性建筑物	2~5
	重要公共建筑	10
区域	车站、码头、机场等	2~5
	民用公共建筑、居住区和工业区	1~3

注：表中设计重现期，半有压系统可取低限值，虹吸式系统宜取高限值。

建筑与区域径流系数表   表3

	下垫面种类	雨量径流系数 Ψ_c	流量径流系数 Ψ_m
建筑	硬屋顶、混凝土平屋面、沥青屋面	0.8~0.9	1.0
	铺石子的平屋面	0.6~0.7	0.8
	绿化屋面	0.3~0.4	0.4
区域	混凝土和沥青路面	0.8~0.9	0.9
	块石等铺砌路面	0.5~0.6	0.7
	干砌砖、石及碎石路面	0.4	0.5
	非铺砌的土路面	0.3	0.4
	绿地	0.15	0.25
	水面	1.0	1.0
	地下建筑覆土绿地（覆土厚度≥0.5m）	0.15	0.25
	地下建筑覆土绿地（覆土厚度＜0.5m）	0.3~0.4	0.4

系统构成要求

1. 雨水系统一般由收集、入渗、储存与回用、水质处理与调蓄排放设施等一部分或几部分组成。

2. 雨水入渗场地应有包括滞水层分布、土壤种类和相应的渗透系数、地下水动态等在内的详细地质勘探资料；不得将雨水渗入系统布置在可能产生不利地质灾害的区域。

3. 雨水利用系统的规模应满足建设场地外排雨水设计流量不大于建设前的水平或规定值这一基本要求；设计重现期宜为2年。

4. 建设有雨水利用系统的场地，还应设置雨水外排措施。

5. 根据收集量、回用量、变化规律及卫生要求等因素确定雨水利用用途，一般可用于景观、绿化、冷却、冲洗等。

6. 降雨量随季节分布较均匀的地区，或用水量和降雨量的季节变化较一致时，宜优先采用屋面雨水收集利用系统。

土壤渗透系数表   表4

底层类型	地层粒径		渗透系数K(m/s)
	粒径（mm）	所占重量（%）	
黏土	—	—	$<5.7\times10^{-8}$
粉质黏土	—	—	$<5.7\times10^{-8}~1.16\times10^{-6}$
粉土	—	—	$1.16\times10^{-6}~5.79\times10^{-6}$
粉砂	>0.075	>50	$5.79\times10^{-6}~1.16\times10^{-5}$
细砂	>0.075	>85	$1.16\times10^{-5}~5.79\times10^{-5}$
中砂	>0.25	>50	$5.79\times10^{-5}~2.31\times10^{-4}$
均质中砂	—	—	$4.05\times10^{-4}~5.79\times10^{-4}$
粗砂	>0.50	>50	$2.31\times10^{-4}~5.79\times10^{-4}$
圆砾	>2.0	>50	$5.79\times10^{-4}~1.16\times10^{-3}$
卵石	>20.0	>50	$1.16\times10^{-3}~5.79\times10^{-3}$
稍有裂隙的岩石	—	—	$2.31\times10^{-4}~6.94\times10^{-4}$

设计流程

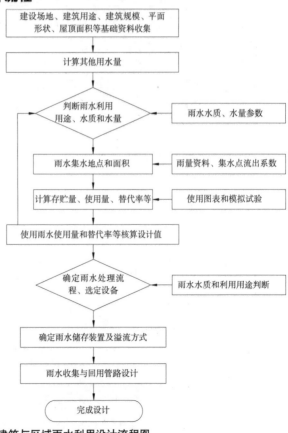

建筑场地、建筑用途、建筑规模、平面形状、屋顶面积等基础资料收集

计算其他用水量

判断雨水利用用途、水质和水量 ← 雨水水质、水量参数

雨水集水地点和面积 ← 雨量资料、集水点出流系数

计算存贮量、使用量、替代率等 ← 使用图表和模拟试验

使用雨水使用量和替代率等核算设计值

确定雨水处理流程、选定设备 ← 雨水水质和利用用途判断

确定雨水储存装置及溢流方式

雨水收集与回用管路设计

完成设计

[1] 建筑与区域雨水利用设计流程图

5
绿色建筑

设计要点

建筑与区域雨水利用主要和场地选择与规划、建筑设计、景观园林设计、给排水等专业在内的方案、施工图设计阶段相关，需要多工种协调配合，共同完成。

应该根据工程项目的具体情况，妥善处理雨水收集、入渗、储存与回用、水质处理、调蓄排放等部分的技术措施选择和组合关系，并经经济技术比较后综合确定。

雨水收集、入渗及储存与回用设计要点　　　　　　表1

系统组成	设计类型		设计要点
雨水收集部分	一般规定		地面或屋面应采用无污染或污染较小的材料
			屋面雨水收集宜采用半有压系统；大型屋面宜采用虹吸式系统，并设溢流措施；采用重力流系统时，需符合相关要求
			应设置排除初期污浊雨水，具有截污功能的成品雨水口
			应设置雨水排除或溢流措施，排除多余雨量
			按存储设施的降雨重现期计算连接雨水收集部分的管道，或设溢流措施；埋地管道检查井间距25~40m，不置于室内
			屋面雨水收集系统应独立设置，严禁与其他系统管道连接
			阳台雨水不应接入系统
	建筑屋面	屋面集水沟	集水沟深度应包括设计水深和保护高度
			集水沟断面和过水能力应经水力计算确定
			集水沟应设溢流口
		半有压	应采用半有压式雨水斗，且口部有格栅挡除垃圾
			变形缝处雨水斗布置及与立管连接需妥善处理
			寒冷地区，雨水斗和立管应考虑防冻或设置快速融化措施
			屋面无溢流措施时，立管不少于2根
			雨水立管底部应设检查口
		虹吸式	屋面溢流设施的溢流量应妥善设计
			不同高度、结构形式的屋面宜设置独立的收集系统
			系统水头损失、水压、流速等需计算校核
		弃流设施	初期弃流量采用2~3mm径流厚度
			雨水收集系统的弃流装置宜设置在室外，在室内时须密闭
			弃流池宜靠近雨水蓄水池
			虹吸式的弃流装置宜自动控制，其他宜采用渗透弃流方式
	区域硬化场地	雨水收集	平面与竖向应考虑雨水收集方便，应有组织排向收集口
			在汇水场的低洼处设置雨水收集口
			雨水口担负的汇水面积不超过集水能力，最大间距40m
			宜采用有截污功能的成品雨水口
		弃流设施	初期弃流量采用3~5mm径流厚度
			弃流设施可集中，也可分散设置
			宜设置初期径流截流装置
雨水入渗部分	一般规定		入渗系统应有适当的储存容积，调蓄产流历时内的蓄积水量
	绿地		位置有利于就近纳雨水径流
			绿地低于周边地面50~100mm，保证雨水顺利进入地面
			植物应为耐淹品种
	透水铺装		面层材料渗透系数应>1×10⁻⁴m/s、孔隙率应>20%，且按照从面层到透水垫层的方向依次变大
	浅沟与洼地		积水深度不宜超过0.3m
			积水区进水口多点分布，明지布水
			浅沟宜为坪沟
	浅沟与渗渠组合设施		沟底表面土壤层厚≥0.1m，渗透系数≥1×10⁻⁵m/s
			渗渠的中砂层厚度≥0.1m，渗透系数≥1×10⁻⁴m/s
			渗渠底部砾石层厚度≥0.1m
	渗透管沟		穿孔塑料管（开孔率≥15%）、无砂混凝土管（孔隙率≥20%）或排疏管等透水材料，D≥150mm，纵坡1%~2%
			渗透层宜采用砾石，外包土工布
			渗透检查井间距不大于150倍管径，井底设0.3m沉砂池
			渗透管不宜设在车行路下方，或覆土厚度须>0.7m
			两端宜设检查井
	入渗池（塘）		边坡不宜大于1:3，宽与深的比例>6:1
			池（塘）内所种植物须能抗旱、抗涝
	入渗井		底部及周边土壤渗透系数>5×10⁻⁶m/s
			井底渗透面应过滤层，滤层表面高于地下水位1.5m以上
雨水储存与回用部分	一般规定		雨水收集回用系统应优先收集屋面雨水，不宜收集路面雨水
			可用雨水回量按雨水设计径流总量的90%计算
	储存设施		宜设置在室外地下，也可布置在屋顶、地面、室内地下等处
			位于室内且溢流口低于室外地面时，应防止雨水进入室内
			池（灌）应设溢流排水措施
	供水回用		净化雨水供水管道应独立设置，严禁进入生活饮用水系统
			雨水供水系统应设自动补水，在净化雨水供应不足时运行

水质处理及雨水调续排放设计要点　　　　　　表2

系统构成	设计类型	设计要点
水质处理部分	一般规定	应根据所收集雨水的水质、水量，以及雨水回用的水质要求等，经技术经济比较，确定处理工艺流程
		雨水处理设施产生的污泥宜妥善处理
		若设置雨水处理站，需妥善处理总体关系、配套基础设施
	屋面雨水水质处理流程	屋面雨水→就地入渗
		屋面雨水→初期径流弃流→景观水体用水
		屋面雨水→初期径流弃流→雨水蓄水沉淀→消毒→雨水清水池
		屋面雨水→初期径流弃流→雨水蓄水沉淀→过滤消毒→雨水净化池
	硬化场地雨水处理流程	硬化场地（铺地/道路）雨水→就地入渗
		硬化场地（铺地/道路）雨水→初期径流弃流→景观水体用水
		硬化场地（铺地/道路）雨水→初期径流弃流→区域雨水处理站
雨水调蓄排放部分	一般规定	积极利用雨水管渠附近天然洼地、池塘、景观水体作为雨水径流高峰流量调蓄设施，无条件时建造室外调蓄池
		调蓄设施宜布置在汇水面下游
		降水设计重现期宜取2年

透水地面做法　　　　　　表3

编号	垫层构造	找平层	面层
1	100~300mm透水混凝土	1.细石透水混凝土	透水性水泥混凝土
2	100~300mm砂砾料	2.干硬性砂浆	透水性沥青混凝土
		3.粗砂、细石	透水性混凝土路面砖
3	100~200mm透水混凝土 50~100mm透水混凝土	（厚度20~50mm）	透水性陶瓷路面砖

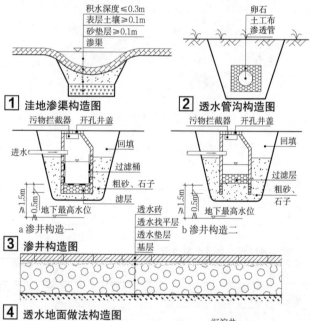

1 洼地渗渠构造图　　**2** 透水管沟构造图

3 渗井构造图

4 透水地面做法构造图

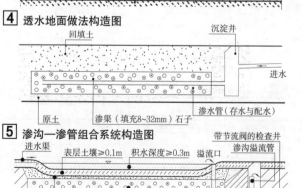

5 渗沟—渗管组合系统构造图

6 洼地—渗沟—雨水排水系统构造图

基本概念

建筑区域绿化景观设计是通过绿化设计改善、调节微气候，营造生态、环保、适于休憩及交往的人居环境的有效措施。绿化景观设计要考虑地域气候特点、与建筑环境有机结合、造价合理、小品构筑物富有人性化特色等问题。

建筑区域绿化和绿地具有调节环境空气的碳氧平衡、滞尘、吸收有毒气体、减菌等作用，环境受益十分显著。其中，突出的作用是降温、增湿。

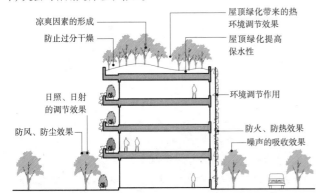

1 建筑区域绿化示意及作用

区域绿化的功能

在用地周围植树，能够缓和从外界入侵的有害环境因素的影响。

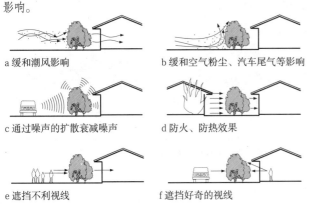

a 缓和潮风影响　　　b 缓和空气粉尘、汽车尾气等影响

c 通过噪声的扩散衰减噪声　　d 防火、防热效果

e 遮挡不利视线　　　f 遮挡好奇的视线

2 通过建筑区域绿化调节微环境

渗透地面

建筑周边地面应尽量有雨水渗透与蒸发能力，这是密实性地面被动降温的有效措施之一。非渗透性地面可导致上部局部空间的热岛强度达到3～5℃，地面逆向热辐射强烈，渗透地面可有效缓解或避免以上情况。

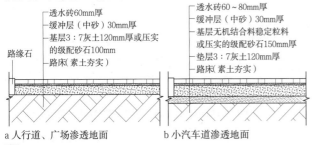

a 人行道、广场渗透地面　　b 小汽车道渗透地面

3 渗透地面构造做法

绿荫的位置和形态

利用树木阴影调节进入建筑内部的日照和辐射，需要研究有效的绿荫位置和形态，包括植物种植的位置和建筑物与植物位置的关系。根据环境特点和植物生长特性，选择常绿树木或落叶树木。

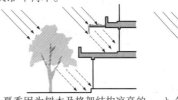

a 夏季因为树木及格架结构凉亭的藤蔓植物，太阳被遮蔽形成绿荫，调整建筑物内部的日照

b 冬季因落叶树及藤蔓植物落叶，太阳光线透过，确保建筑内部的日照

4 落叶树在不同季节对绿色建筑的调节功能

绿化对风向的调节

a 绿化位置对风向的调节

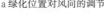

b 绿化与建筑的间距对风向的影响

5 合理的绿化可以调节风向

植栽控制与防风

枝叶较疏的树可让凉风吹过，浓密的大树及林下灌木则可阻挡强风的侵袭。
a 枝叶浓疏对风的作用

防风林应与季节风盛行的方向垂直，而且在树高5～10倍距离范围内具有最佳的防风效果。
b 设置防风林

建筑物的通风口最恰当的位置应是风面的低矮处，因此在夏季季风的主导风向上如需植栽，应选择下层宽敞的落叶乔木，应避免种植灌木阻挡季风的通风路径。
c 夏季通风口

庭院应有计划地植栽，以有效移栽或导引气流，使气流更适于建筑物的通风。
d 庭院植栽

若利用蔓藤架作为开口部的遮阳，必须在窗口爬藤间留设适当空间，以免阻挡原有的气流。
e 藤架通风

建筑物或活动频繁的场所应布置在有荫蔽树或大片草坪等有冷却空气效果区域的下风处。
f 下风处设置活动场所

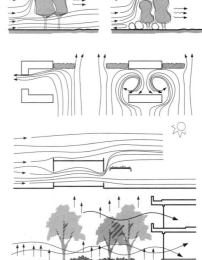

6 植栽控制与防风图示

5
绿色建筑

基本概念

体形系数是建筑物与室外大气接触的外表面积与其所包围的体积的比值，其中外表面积不包括地面和非采暖楼梯间内墙和户门的面积。建筑体形设计是指通过调节建的平面形状（面宽与进深之比等）、建筑层高及层数等参数来对体形系数进行控制，同时结合各个朝向的太阳辐射，确定具有节能优势的建筑体形。体形系数反映建筑外形的复杂程度以及围护结构的面积大小。在其他条件相同情况下，减小体形系数可减少建筑围护结构与空气的接触面积，降低建筑的传热耗热量，对建筑节能有利。具体来说，绿色建筑的体形设计应把握：

1. 优化建筑外表面积与建筑面积，确定建筑体形特征；

2. 结合不同气候区、不同建筑类型量化建筑体形系数；

3. 建筑体形系数的节能效果结合建筑造型、朝向布置、太阳辐射、通风采光等多种因素进行综合判断。

相同体积条件下，不同建筑平面形状与建筑体形系数的关系　表1

建筑平面形状	正方形	长方形	细长方形	L形	回字形	U字形
建筑外表面积(m²)	4480	5200	7700	4300	7360	5560
体形系数 ΣF/V	0.156	0.18	0.268	0.174	0.256	0.193

注：1. 表1所示各种平面形状的建筑高度统一为18m，建筑占地面积和体积相同；
2. 当建筑物高度一定时，宽度越大，体形系数越小，而且减小的幅度比较大；
3. 当建筑物周长减小（减少建筑立面凹凸变化），体形系数减小；
4. 建筑面积相同，总高度相同时，建筑长宽比越小则体形系数越小，建筑长宽比越大，朝向对最大冷负荷影响就越明显；
5. 体形系数不能满足规范要求时，改变底面长度和底面宽度的比例，增大建筑物进深（宽度），可控制体形系数。

设计要点

1. 建筑单体的体形设计应适应不同地区的气候条件。严寒、寒冷气候区的建筑宜采用紧凑的体形，缩小体形系数，从而减少热损失。干热地区建筑的体形宜采用紧凑或有院落、天井的平面，易于封闭、减少通风，减少极端温度时热空气进入。湿热地区建筑的体形宜主面长，进深小，以利于通风与自然采光。

2. 严寒、寒冷地区公共建筑的体形系数应小于或等于0.40。当不能满足规定时，必须按相应的标准进行围护结构热工性能的权衡判断。

3. 不同建筑热工设计分区应参照各自区域内居住建筑节能设计标准，根据不同居住建筑层数选取最佳建筑体形系数。

4. 居住建筑的体形系数不满足要求时，则应进行围护结构的权衡判断。严寒、寒冷地区应调整外墙、屋顶等围护结构的传热系数，使建筑物的耗热量指标达到规定的要求；夏热冬冷地区，建筑的采暖年耗电量和空调年耗电量之和不应超过标准规定的限值；夏热冬暖地区，建筑的空调采暖年耗电指数（或耗电量）不应超过参照建筑的空调采暖年耗电指数（或耗电量）。

5. 建筑外表面积与建筑面积之比应直接反映建筑体形特征和单位建筑面积能耗指标的关系。

6. 在建筑物总体积一定的情况下，建筑体形设计必须综合考虑建筑物的长宽比、朝向和日辐射得热量。

7. 在建筑物体形系数的设计中还必须综合考虑到建筑造型、平面布局和采光通风的要求。

设计依据与评判标准

绿色建筑体形设计须符合现行国家标准《严寒和寒冷地区居住建筑节能设计标准》、《夏热冬冷地区居住建筑节能设计标准》、《夏热冬暖地区居住建筑节能设计标准》和《公共建筑节能设计标准》中节能设计标准以及《绿色建筑评价标准》中评价标准对建筑体形系数限值的规定。各类气候地区的居住建筑及公共建筑的建筑体形系数限值见表2。

节能设计标准对建筑体形系数限值的规定　表2

节能设计标准		建筑物体形系数				公共建筑
		居住建筑				
		≤3层	4~8层	9~13层	≥14层	
《严寒和寒冷地区居住建筑节能设计标准》 JGJ 26-2010	严寒地区	0.50	0.30	0.28	0.25	无控制性要求
	寒冷地区	0.52	0.33	0.30	0.26	
《夏热冬冷地区居住建筑节能设计标准》 JGJ 134-2010		≤3层	4~11层		≥12层	无控制性要求
		0.55	0.40		0.35	
《夏热冬暖地区居住建筑节能设计标准》 JGJ 75-2003	北区	单元式和通廊式住宅不宜超过0.35，塔式住宅不宜超过0.40				无控制性要求
	南区	建筑体形系数不做具体要求				
《公共建筑节能设计标准》GB 50189-2014						严寒、寒冷地区甲类建筑应小于或等于0.40
《绿色建筑评价标准》GB/T 50378-2006		不做强制性规定，参照《公共建筑节能设计标准》GB 50189中的围护结构热工性能权衡判断法进行整体热工性能评判				

注：1. 《公共建筑节能设计标准》GB 50189-2014中，建筑体形系数在夏热冬冷地区和夏热冬暖地区未作具体的控制性要求，但对于夏热冬冷地区北区来说，其气候特征更接近于寒冷地区，从降低建筑能耗的角度出发，应尽可能降低体形系数；
2. 无论是公共建筑还是居住建筑，其体形系数未满足规范限值要求时，必须按照相应的标准进行围护结构热工性能的权衡判断，即允许建筑在体形系数、窗墙面积比、围护结构热工性能三者之间进行节能设计调整和弥补，以达到建筑总体节能目标；
3. 因为温和地区自身气候特点，其建筑不强制执行节能设计标准；
4. 不同气候地区，还应满足本地区颁布的对节能设计标准的补充实施细则的规定。

5
绿色建筑

基本概念

建筑空间的大小、形态和组合方式以及隔断和开口形式、位置形成建筑空间布局。具有节能和健康意义的建筑空间及其布局需要考虑建筑热利用、自然采光、自然通风和隔声降噪等与气候、环境相关的要素。

绿色建筑空间布局的设计原则　　　表1

保温隔热	1.利用建筑空间的组合效应和暖区位置，实现冬季太阳辐射得热； 2.控制进入室内的太阳辐射，减少夏季热负荷
自然采光	1.保证充足的光线； 2.营造适宜的照度； 3.日光的利用与控制
自然通风	1.通过自然通风实现人体降温或建筑降温； 2.有效组织风压通风和热压通风
隔声降噪	1.通过建筑空间的组合和分区，减少环境噪声； 2.采取消声、隔声和减振等措施控制噪声源

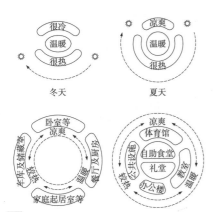

[1] 不同季节的热特性地带图及其应用

设计依据与评判标准

不同种类建筑对采光通风的要求　　　表2

应直接自然采光通风	居住建筑	1.起居室，每套至少1个居室，4个及4个以上居住空间至少2个居住空间； 2.老年人、残疾人住宅的卧室、起居室； 3.宿舍的居室、公共厨房、公共盥洗室、公共厕所、公共浴室和公共活动室
	公共建筑	1.医院、疗养院病房、疗养室、走廊、楼梯间； 2.托儿所、幼儿园的主要生活用房、卫生间、走廊； 3.中小学教室
宜自然采光与通风	居住建筑	1.宿舍走廊； 2.住宅厨房、盥洗室、浴室、大于10m²的餐厅、过厅
	公共建筑	1.办公室用房、带有独立卫生间的单元式办公室、公寓式办公的卫生间； 2.公共厕所、开水间； 3.旅馆客房

设计要点

建筑空间布局包括建筑平面布局和建筑剖面布局以及建筑开口的布置，其布局设计宜促进建筑室内自然采光和日照、有效组织风压热压通风，并使得建筑的功能分区与自然形成的热特性温度分区及室内允许噪声分级相适应。

a 东西向延长　b 平面错排　c 南北房间相连　d 东西房间相邻　e 深房间在中间　f 大房间在南面

g 山坡退台布置　h 屋顶高出障碍物　i 中间层在坡顶下　j 高房间在后　k 房间退台布置

l 南侧高房间　m 中间高房间　n 北侧高房间　o 斜坡下退层　p 大房间包围

1.利用短进深房间保证侧面采光（b）；
2.延伸东西向平面或利用错层争取日照（a、b、d、g、h）；
3.利用中庭、天井或反光檐为大进深房间和相邻房间提供采光（e、f、i、l、m、o）；
4.小房间可以向相邻大房间或高房间借光（k、l、m、p）；
5.采光要求高的活动区靠近采光口（i、l、o）。

[2] 促进建筑采光与日照的建筑空间布局

a 单层房间　b 深房间在中间　c 利用翼墙　d 文丘里效应　e 前后空间连接贯通

1.单廊式、小进深的建筑空间可获得理想的穿堂风（a）；
2.大进深的内廊式建筑通过组织有效进、出风口或导风墙获得穿堂风（b、c、d、e）；
3.容易产生异味的建筑空间尽量布置在下风向或有单独的通风通道。

[3] 有效组织风压通风的建筑平面空间布局（详见本专题"建筑自然通风设计"章节）

a 通风烟囱　b 高大空间在中间　c 两侧高空间　d 单侧高房间　e 利用楼梯间

1.利用现有竖向空间如楼梯间和风塔进行热压通风（a、e）；
2.通过提高室内竖向通高空间产生热压拔风效应（b）；
3.通过室内通风横截面积渐缩获得文丘里效应，加大热压拔风效果（c、d）。

[4] 有效组织热压通风的建筑剖面空间布局（详见本专题"建筑自然通风设计"章节）

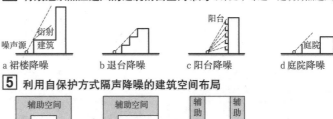

a 裙楼降噪　b 退台降噪　c 阳台降噪　d 庭院降噪

[5] 利用自保护方式隔声降噪的建筑空间布局

a 围合式　b 半开敞式　c 两侧式

1.对热舒适性有较高要求的主要用房，如起居室、卧室等，布置在太阳辐射得热的南向或偏南向；
2.对热舒适性要求不高或无要求的辅助用房则布置在西北侧；
3.在能经受温度波动区域如楼梯间、储藏空间设置热缓冲区；
4.在有采暖需求的建筑空间，应合理利用产热区如厨房、设备房间产生的热能。

[6] 建筑的功能分区与建筑空间的热特性及其温度分区相适宜

不同气候条件下的体形设计和建筑空间布局 表1

	代表城市	地理范围	气候特征	气候设计特点	建筑单体设计原则	建筑体形设计要点	建筑空间布局要点
严寒地区和寒冷地区	北京、哈尔滨、拉萨	主要包括东北、华北、西南地区和海拔3000m以上的青藏高原地区	冬季寒冷，平均温度一般≤0℃，严寒地区最冷月平均温度甚至≤-10℃，降水经常以雪的形式出现，白昼及日照时间短，上述特征持续时间长，季节变换明显	围合、封闭、向阳	1.建筑防寒、保温最重要，保持室内热量并减少冷风渗透；2.考虑冬季防风设计；3.充分利用太阳能设计；4.部分寒冷地区夏季兼顾防热设计或适当考虑被动式降温设计	1.增加建筑向阳面，利于日照纳阳和太阳辐射得热；2.降低体形系数，减少体形不必要和小尺度的凹凸变化；3.限制开窗面积	1.室内空间整体布局紧凑；2.建筑开口朝向尽量设置在能够充分得到太阳辐射的方位；3.建筑迎风侧利用能经受温度波动的房间或者区域设计适宜的缓冲区，并减少迎风侧开窗面积；4.建筑出入口处做门斗，防止冷风侵入；5.建筑向阳侧设计被动式太阳房，以创造比较舒适的室内热环境
	乌鲁木齐（寒冷干热地区）	主要分布在我国新疆中部吐鲁番盆地，相当于建筑气候区划的Ⅶ区	最冷月平均气温≤0℃，最热月平均气温为25~30℃，最热月平均相对湿度≥50%。此地区干旱，太阳辐射强，夏季炎热，年温差和日温差大，空气湿度低，降水稀少且不平均，并时常有风沙天气出现	紧密、围合	1.优先考虑保温隔热性能；2.利用干热气候条件下的空气蒸发冷却原理，进行室外空气的降温加湿处理	1.减少建筑外表面受热面积，有效控制夏季热辐射；2.建筑外墙厚实且有可开启开口，利于白天隔热、夜间通风散热；3.宜有小而深透的内庭院	1.建筑室内空间宜采用紧凑型布局；2.封闭庭院围合布局，利用遮阳和蒸发冷却的组合，使得庭院地面处温度低于室外气温；3.可变式门廊空间设计，调节建筑外皮表面积，应对昼夜热量差渗透
温和地区	昆明、贵阳	主要包括云南大部分地区和贵州、四川西南部以及西藏南部	冬温夏凉，最冷月平均气温为0~13℃，最热月平均气温为18~25℃。气温年较差偏小，日照较少，太阳辐射强烈，部分地区冬季气温偏低。该区冬季温和、夏季凉爽的气候条件对建筑热工性能要求相应简单，在城市设计中对于气候调节、控制的"迫切性"不如其他4种气候类型的城市	应变性、被动式太阳能设计	1.被动式太阳能利用；2.夏季防止太阳辐射	1.建筑体形简洁，较少凹凸变化，减少夏季建筑热吸收和冬季建筑热损失；2.开放式内庭院；3.适中的开窗面积	1.室内空间布局较为自由；2.建筑平面宜长而避免引入太多热流；3.建筑平面以长条形、浅进深平面为主，且留有中庭、回廊以供双面通风之用
夏热冬冷地区	上海、重庆、武汉、南京、南昌	该区包括我国的中东部地区，具体为陕西南部、湖北、湖南、江苏、安徽大部和上海、四川东南部、浙江、江西全省	该区气候冬季寒冷，夏季闷热，最冷月平均气温为-5~-10℃，最热月平均气温在25~30℃。气温年较差较大，相对湿度高，年平均相对湿度80%左右	开敞、分散、通风	1.注重建筑保温综合设计；2.夏季充分利用自然通风；3.冬季争取更多的太阳辐射；4.夏季控制太阳辐射；5.夏季隔热设计	1.适中或可变的建筑表面受热面和体形系数，利于夏季建筑表面散热、通风除湿和减少冬季建筑热损失；2.采用小天井降低热辐射产生的余热；3.宜采用可开启式开口	1.通过建筑相互遮蔽或建筑自遮阳方式减少从建筑开口进入的太阳辐射；2.采用狭长形平面的空间布局，并辅以开敞廊道，利于建筑内部每个房间获得独立的自然通风条件；3.通透的建筑空间，结合不同开敞的平面和剖面产生风压通风、热压通风或两者兼有的混合通风；4.建筑迎风面开口较大，并尽量和夏季来风风向之间的夹角在30°~120°，保证冬季室内空间太阳能采暖采光
夏热冬暖地区	广州、南宁、海口、香港	海南全省，福建南部，广东、广西大部及云南南部，台湾	该区长夏无冬，温高湿重，气温年较差和日较差均很小。雨量充沛，多热带风暴和台风。太阳高度角大，太阳辐射强烈。最冷月平均气温高于10℃，最热月平均气温25~29℃，年平均日较差5~12℃，年平均相对湿度80%左右，年降水量大多在1500~2000mm，是我国降雨最多的地方。年辐射量为130~170W/m²。夏季多东南风和西南风，冬季多东北风	开敞、分散、遮蔽、被动蒸发	1.充分利用自然通风；2.夏季防止太阳辐射；3.建筑隔热设计；4.避免一切增加湿度的做法	1.在控制体形系数的前提下，适宜将建筑底层架空或设计成骑楼，增加建筑表面散热面积，利于通风除湿；2.宜采用大进深，避免直接太阳辐射；3.宜采用高深窄小的天井	1.通过建筑相互遮蔽或建筑自遮阳方式减少从建筑开口进入的太阳辐射；2.以形成通风口；3.组织贯通室内水平向穿堂风的建筑开口，有利于形成建筑前后压差；4.利用竖向倒斗空间形成室内外热压通风

注：对于建筑体形设计和建筑空间布局而言，严寒地区和寒冷地区气候特征接近，其气候适应性设计原则基本一致，部分寒冷地区需兼顾夏季防热设计；而以乌鲁木齐为代表的寒冷干热地区的干旱气候有别于以北京为代表的一般寒冷地区的半湿润气候，因而单独列出其建筑体形设计要点和建筑空间布局要点。

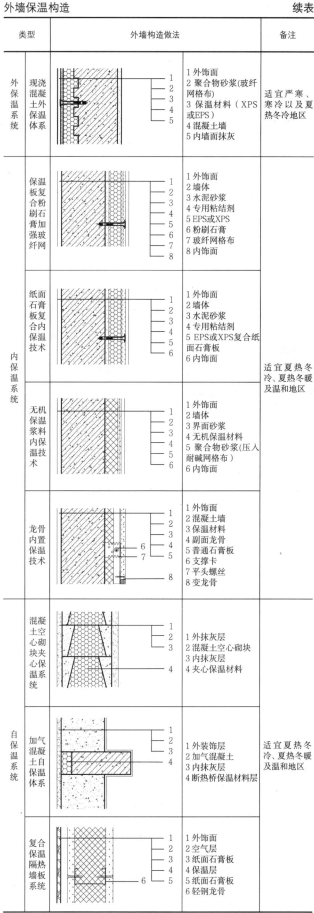

基本概念

　　围护结构指建筑物及房间各面的围挡物，分为透明围护结构和非透明围护结构。

设计原则

各气候区设计原则　　　　　　　　　　　　　　　表1

气候分区	设计原则
严寒、寒冷地区	1.必须满足冬季保温的要求； 2.避免出现热桥，防止围护结构内表面结露； 3.优先采用外保温技术； 4.宜避免凸窗和屋顶天窗，外窗或幕墙面积不应过大； 5.部分寒冷地区适当兼顾夏季防热
夏热冬冷地区	1.应满足夏季防热，兼顾冬季保温； 2.设置遮阳措施，优先采用活动外遮阳
夏热冬暖地区	1.应满足夏季防热要求； 2.宜优先采用活动或固定外遮阳设施； 3.围护结构的外表面宜采用浅色饰面材料
温和地区	1.应注意冬季保温； 2.设置遮阳措施

设计要点

　　围护结构设计包括透明围护结构（外窗、玻璃幕墙）及非透明围护结构（外墙、屋面、楼地面、地下室外墙等）的热工性能，应满足国家或地方相关节能设计要求。

典型玻璃配合不同窗框的整窗传热系数及遮阳系数　　表2

玻璃品种及规格（mm）	遮阳系数SC	玻璃中部传热系数W/(m²·K)	传热系数 [W/(m²·K)]		
			非隔热金属型材K_f=10.8 W/(m²·K)框面积15%	隔热金属型材K_f=5.8W/(m²·K)框面积20%	塑料型材K_f=2.7 W/(m²·K)框面积25%
6mm透明玻璃	0.93	5.7	6.5	5.7	4.9
12mm透明玻璃	0.84	5.5	6.3	5.6	4.8
6透明+12A+6透明	0.86	2.8	4.0	3.4	2.8
6高透光LOW-E+12A+6透明	0.62	1.9	3.2	2.7	2.1
6中透光LOW-E+12A+6透明	0.50	1.8	3.2	2.6	2.0
6较低透光LOW-E+12A+6透明	0.38	1.8	3.2	2.6	2.0
6低透光LOW-E+12A+6透明	0.30	1.8	3.2	2.6	2.0

外墙保温构造　　　　　　　　　　　　　　　　表3

类型	外墙构造做法	备注
夹心保温	1外饰面 2墙体 3保温板 4空气层 5墙体 6混合砂浆	适宜严寒、寒冷地区
外保温系统 外粘锚保温隔热板体系	1聚合物砂浆 2网格布 3保温材料 4混凝土墙 5内墙面抹灰	适宜严寒、寒冷以及夏热冬冷地区
外保温系统 墙体外抹保温隔热浆料体系	1外装饰层 2聚合物砂浆（压入耐碱网格布） 3保温材料 4混凝土墙 5内墙面抹灰	

外墙保温构造　　　　　　　　　　　　　　　　续表

类型	外墙构造做法	备注
外保温系统 现浇混凝土外保温体系	1外饰面 2聚合物砂浆(玻纤网格布) 3保温材料（XPS或EPS） 4混凝土墙 5内墙面抹灰	适宜严寒、寒冷以及夏热冬冷地区
内保温系统 保温板复合粉刷石膏加强玻纤网	1外饰面 2墙体 3水泥砂浆 4专用粘结剂 5EPS或XPS 6粉刷石膏 7玻纤网格布 8内饰面	适宜夏热冬冷、夏热冬暖及温和地区
内保温系统 纸面石膏板复合内保温技术	1外饰面 2墙体 3水泥砂浆 4专用粘结剂 5EPS或XPS复合纸面石膏板 6内饰面	
内保温系统 无机保温浆料内保温技术	1外饰面 2墙体 3界面砂浆 4无机保温材料 5聚合物砂浆(压入耐碱网格布) 6内饰面	
内保温系统 龙骨内置保温技术	1外饰面 2混凝土墙 3保温材料 4副面龙骨 5普通石膏板 6支撑卡 7平头螺丝 8变龙骨	
自保温系统 混凝土空心砌块夹心保温系统	1外抹灰层 2混凝土空心砌块 3内抹灰层 4夹心保温材料	适宜夏热冬冷、夏热冬暖及温和地区
自保温系统 加气混凝土自保温体系	1外装饰层 2加气混凝土 3内抹灰层 4断热桥保温材料层	
自保温系统 复合保温隔热墙板系统	1外饰面 2空气层 3纸面石膏板 4保温层 5纸面石膏板 6轻钢龙骨	

屋面保温构造　　　　　　　　　　　　　　　表1

类型	屋面构造做法	备注
木屋架坡屋面	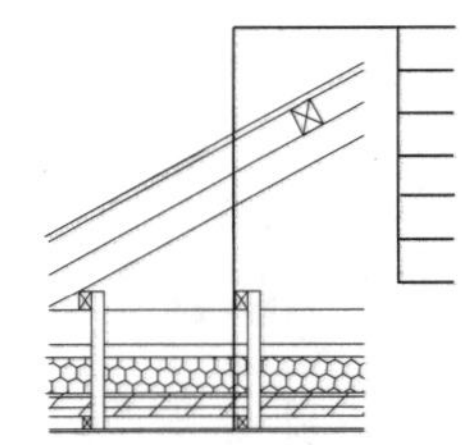 1 屋面饰面层 2 防水层 3 木结构面层 4 木屋架结构 5 保温层 6 棚板 7 吊顶层	适宜严寒和寒冷地区
钢筋混凝土坡屋面	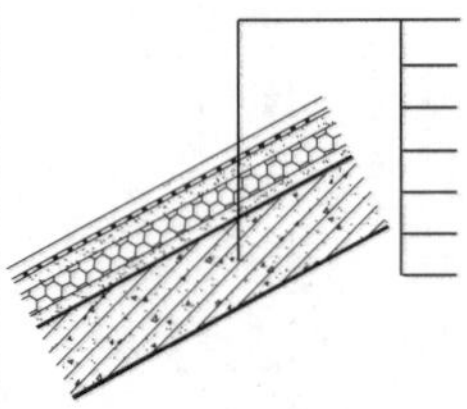 1 面层 2 防水层 3 水泥砂浆 4 保温层 5 隔汽层 6 水泥砂浆 7 屋面板	适宜各气候区
正铺法钢筋混凝土平屋面	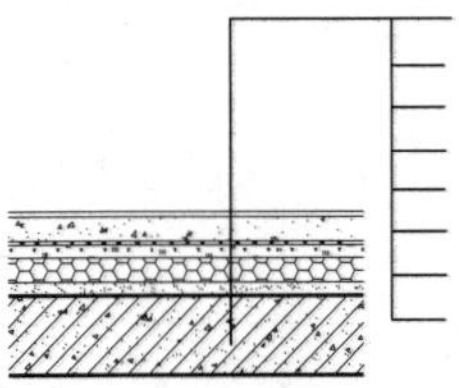 1 面层 2 细石混凝土 3 防水层 4 找坡层 5 保温层 6 隔汽层 7 水泥砂浆 8 屋面板	适宜各气候区
倒铺法钢筋混凝土平屋面	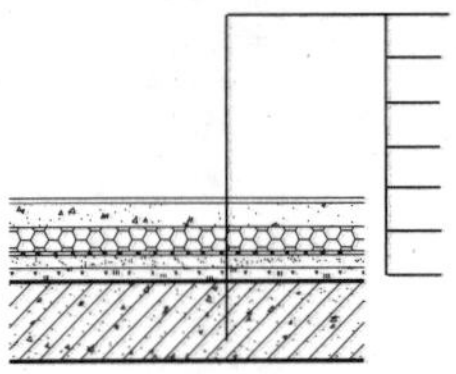 1 面层 2 细石混凝土 3 保温层 4 防水层 5 水泥砂浆 6 找坡层 7 屋面板	保温层为憎水性材料（可采用XPS或泡沫玻璃）
通风隔热屋面	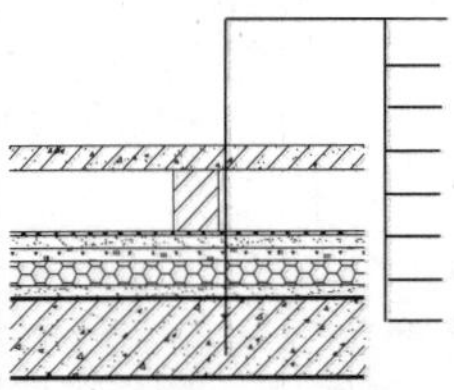 1 细石混凝土 2 架空层 3 防水层 4 水泥砂浆 5 找坡层 6 保温层 7 水泥砂浆 8 屋面板	适宜夏热冬冷和夏热冬暖地区
蓄水屋面	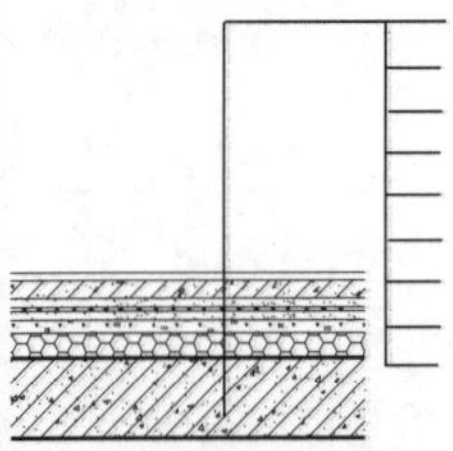 1 蓄水 2 防水砂浆 3 钢筋混凝土水池 4 水泥砂浆 5 防水层 6 水泥砂浆 7 找坡层 8 保温层 9 屋面板	适宜夏热冬冷和夏热冬暖地区
种植屋面	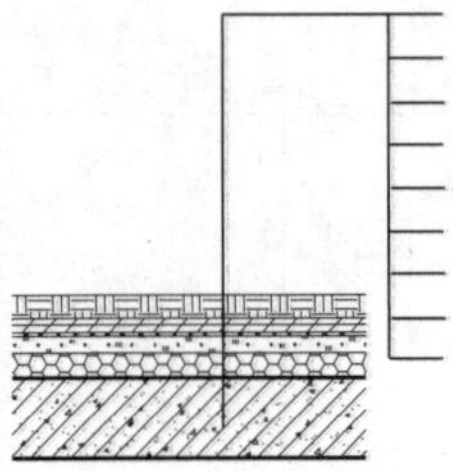 1 种植土 2 土工布过滤层 3 凹凸型排（蓄）水板 4 防水保护层 5 耐根穿刺防水层 6 普通防水层 7 找平兼找坡层 8 保温层 9 屋面板	适宜各气候区

楼地面保温构造　　　　　　　　　　　　　　表2

类型	楼地面构造做法	备注
层间楼板1	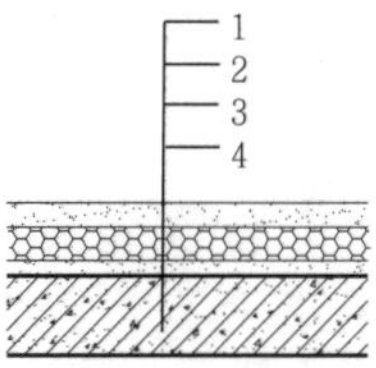 1 水泥砂浆 2 保温层 3 水泥砂浆 4 钢筋混凝土板	保温层为XPS、复合硅酸盐板、高强度珍珠岩板等
层间楼板2	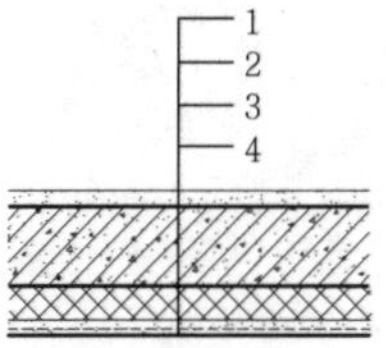 1 水泥砂浆 2 钢筋混凝土楼板 3 保温层 45mm厚抗裂石膏（压入网格布）	保温层为保温砂浆或聚苯颗粒等
架空楼板1	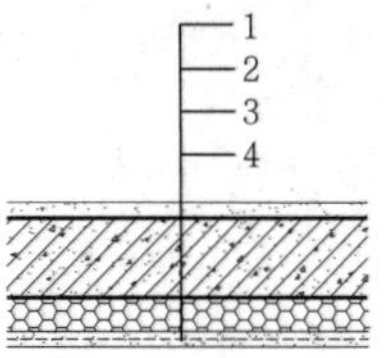 1 水泥砂浆 2 钢筋混凝土板 3 保温板（胶粘剂粘贴） 4 3mm聚合物砂浆（压入网格布）	保温板为EPS或XPS等
架空楼板2	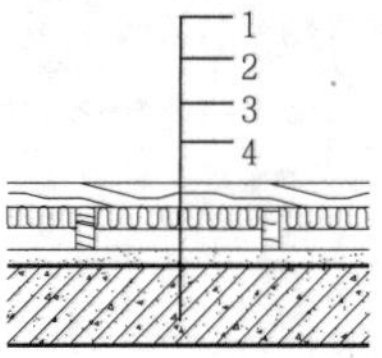 1 实木地板 2 木龙骨（岩棉或玻璃棉板） 3 水泥砂浆 4 钢筋混凝土板	
架空楼板3	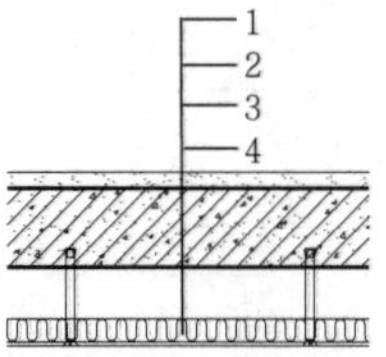 1 水泥砂浆 2 钢筋混凝土板 3 空气层 4 轻钢龙骨岩棉或玻璃棉板吊顶	
辐射采暖地板	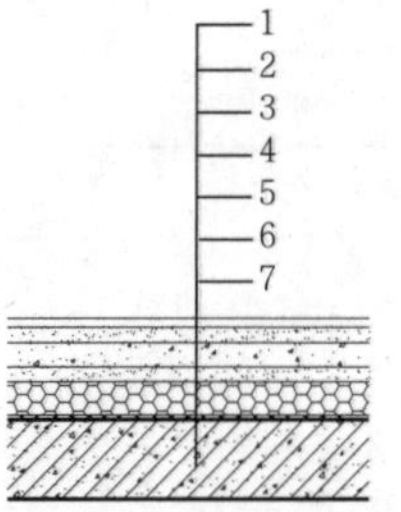 1 楼地板饰面 2 水泥砂浆找平层 3 埋于细石混凝土层中的循环加热管 4 水泥砂浆保护层 5 聚苯板XPS 6 防水层 7 钢筋混凝土	用于底层地面时，钢筋混凝土楼板应改为底层地面垫层（一般为细石混凝土）

地下室外墙保温构造　　　　　　　　　　　　表3

类型	地下室外墙构造做法	备注
地下室外墙	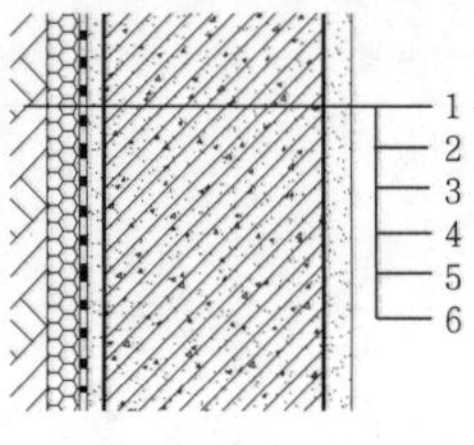 1 回填土 2 保温层（聚苯板XPS、硬质聚氨酯泡沫塑料） 3 防水层 4 水泥砂浆抹灰 5 钢筋混凝土墙体 6 水泥砂浆抹灰	在保温层与回填土之间，可增加120mm厚实心砖作为保护层

基本概念

通风换气方法有自然通风和机械通风(或空气调节)两种。自然通风是借助于热压或风压使空气流动，使室内外空气进行交换，达到调热调湿的目的。建筑中应尽可能采用自然通风，以减少能耗，节约投资。只有当自然通风不能保证卫生健康或热舒适标准时，才辅助或主要采用机械通风(或空气调节)解决。在建筑体形、开口、构件、空间布局等方面进行合理设计，能尽量争取自然通风。设计中利用大地、绿化、水、太阳辐射等环境要素，还能对新风进行预冷和预热。

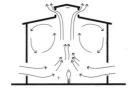

a 风压通风(当风吹向建筑时，迎风面形成正压，背风面形成负压，带动室内气流)

b 热压通风(由于空气温度不同，密度亦不同，因此产生压力差，使温度低的空气流向温度高处。高度差和温度差是形成热压差的主要因素)

1 自然通风原理

正压区 负压区 稳定区 正压区 负压区 稳定区 负压区

2 建筑物周围的风压分布情况

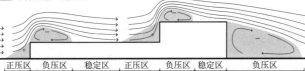

1. 采暖与空调制冷期(1、5、9)，控制自然通风，室内需保持健康通风率水平；
2. 温和季节(3、7)，开窗通风，室内保持降温通风率水平；
3. 采暖过渡与空调制冷过渡期(2、4、6、8)，控制自然通风，关窗利用围护结构缓冲维持热舒适，室内需保持健康通风率水平；
4. 空调制冷期(4、5、6)，可利用夜间通风，白天关窗夜间开窗，通风率在健康通风率与降温通风率之间切换(虚线所示)；
5. 各地气候条件不一，通风方式转化时间也不同，图中所示时间仅为示意。

3 建筑全年通风变化示意

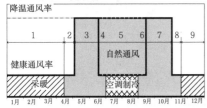

1. CFD模拟：CFD(计算流体力学)软件可以模拟计算室内每一点的气流数据。模拟计算的一般步骤为：①确定初始条件和边界条件，建立模型；②生成计算网格；③自动计算；④生成所需数据报告。可以根据需要获得某个点、面或空间区域内的可视化数据图和数据分析报告，数据涵盖风速、压力值、温湿度、空气龄、PMV值等。
2. 建筑风洞实验：建筑风洞实验可以模拟风洞中的气体流动及其和建筑模型的相互作用。风洞实验的一般步骤为：①自然风场的模拟；②模型的固定；③数据的采集，可采集压力值、风速等数据并了解建筑模型的空气动力学特性。

4 建筑自然通风设计流程图

布局和形体

在布局和形体上，建筑的长边宜面向夏季主导风向，建筑朝向和高度配置应利于夏季"兜风"，减少前面体量对后部体量的影响。天井或庭院不仅利于风压通风，还可以通过营造温差而引导热压通风。

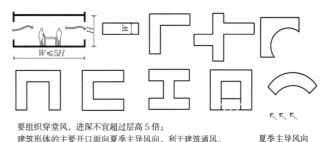

要组织穿堂风，进深不宜超过层高5倍；
建筑形体的主要开口面向夏季主导风向，利于建筑通风。 夏季主导风向

5 布局、形体与通风

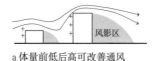

a 体量前低后高可改善通风　　b 前排体量开洞或架空可改善后部体量通风

6 建筑体量关系与通风

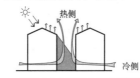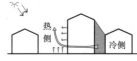

a 遮阳天井上下温差导致热压通风　b 天井尺度差异和遮阳效果差异导致热压通风

7 天井热压通风

大体量建筑的单元通风模式　　　　　　　　　　　　　表1

布局模式	实例示意
串联单元	单元空间串联，单元屋顶进行特殊设计，获得自然通风 a 汉诺威世博会26号馆
单元竖井	在大尺度体量中均匀布置竖井，分区域实现自然通风 b 考文垂大学图书馆
并联单元	单元相互之间较为独立，单元自身尺度适中，可独立解决自然通风 c 法国波尔多法院
垂直单元 中心中庭 边缘中庭	高层建筑可竖向单元组合，用单元内腔体解决自然通风 d 法兰克福银行 e 瑞士再保险总部

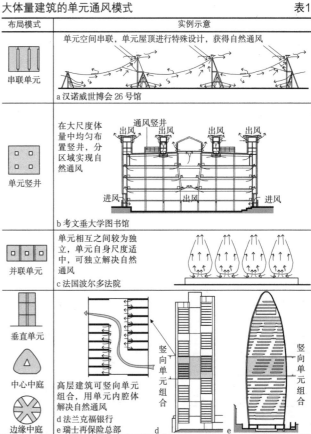

5
绿色建筑

建筑开口

开口与内部布局的设计宜利于组织穿堂风,避免气流短路,尽量使气流通过使用区。单侧通风时,可利用不同高度和位置的开口以捕捉风压差。

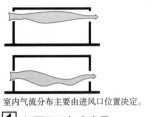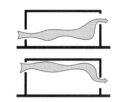

室内气流分布主要由进风口位置决定。

1 剖面开口与穿堂风

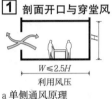

a 单侧通风原理

窗下作通气孔　　窗上下开启扇　　窗结合百叶　　利用高窗

b 单侧通风剖面开口策略

2 单侧通风剖面

a 进风口居中时气流分布主要由入射角决定,斜向进风时气流较均匀

b 进风口位置偏一侧时,侧面较近的墙对气流有吸引作用

c 进、出风口距离太近或都偏在一侧时,易造成气流短路,宜避免

3 平面开口与穿堂风

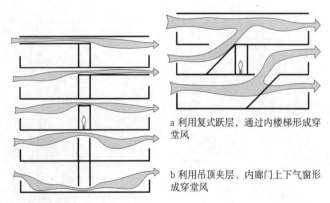

a 利用复式跃层,通过内楼梯形成穿堂风

b 利用吊顶夹层、内廊门上下气窗形成穿堂风

4 内廊式建筑穿堂风设计方法

导风措施

可利用建筑形体、导风构件、绿化等方式诱导风压通风;利用高耸空间、风塔、太阳能腔体等方式诱导热压通风。

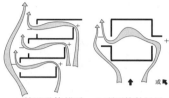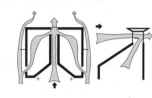

a 利用形体错动来导风　　b 利用构件导风　　c 八字形引风墙或坡顶风塔可产生文丘里效应(气流通道变窄时,流速明显增加,压力减小,形成负压,有抽风作用,带动室内气流排出)

5 建筑形体导风措施

a 高房间　　　　　　　　　b 高大空间在侧面

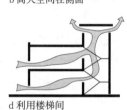

c 中庭　　　　　　　　　　d 利用楼梯间

高耸空间中易产生烟囱效应,热空气向上逸出带动室内通风,进出风口应尽量争取高差。

6 高耸空间利用

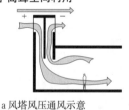

a 风塔风压通风示意　　　　b 风塔热压通风示意

传统通风塔不仅可捕捉室外风,静风条件下还可借助烟囱效应产生热压通风。

7 通风塔

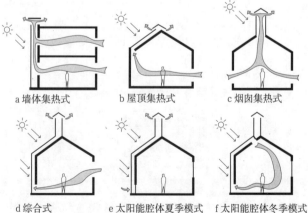

a 墙体集热式　　b 屋顶集热式　　c 烟囱集热式

d 综合式　　e 太阳能腔体夏季模式　　f 太阳能腔体冬季模式

太阳能腔体布置在南向或屋顶,在建筑外围护结构上用透明材料覆盖,形成20~60cm厚空腔,内壁可刷黑以吸收太阳辐射。腔体内空气被加热后,向上自然逸出,形成负压,带动室内通风。

8 太阳能强化自然通风

5
绿色建筑

被动预冷和预热

利用建筑布局方法和清洁能源，可以实现对进入空气的预冷或预热处理。利用遮阳缓冲、冷巷、夜间通风、蒸发冷却、地下腔体等方式可以实现自然通风的预冷；利用地下腔体、太阳能腔体等方式可以实现自然通风的预热。

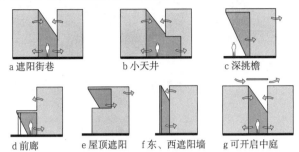

a 遮阳街巷　　　　b 小天井　　　　c 深挑檐

d 前廊　　e 屋顶遮阳　　f 东、西遮阳墙　　g 可开启中庭

热压通风中，进出风口的位置一般遵循低进高出的原则，可利用建筑的自遮阳空间作为进入气流的预冷场所。

① 遮阳缓冲通风

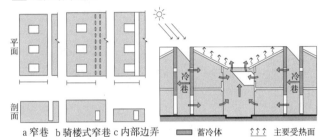

平面

剖面

a 窄巷　　b 骑楼式窄巷　　c 内部边弄　　　■ 蓄冷体　　↑↑↑ 主要受热面

传统建筑中的窄巷多起到"冷巷"的作用。大地和重质墙体作为蓄冷体有降温效果。屋顶受太阳辐射易加热，空气从冷侧流向热侧，冷巷起到预冷作用。冷巷发挥降温作用的关键是遮阳、蓄冷体、夜间通风。

② 冷巷

内廊建筑夜间通风　　　　　　　　　　　　　　　　表1

夏季风	夜间工作模式	白天工作模式
夏季风方向	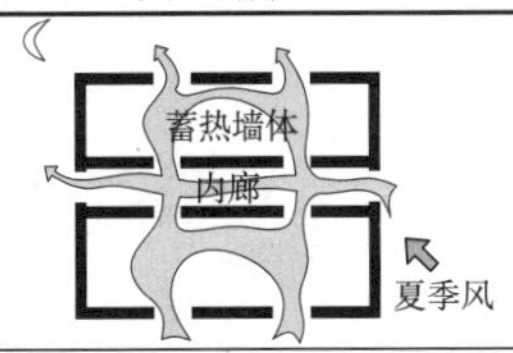 蓄热墙体 内廊　夏季风	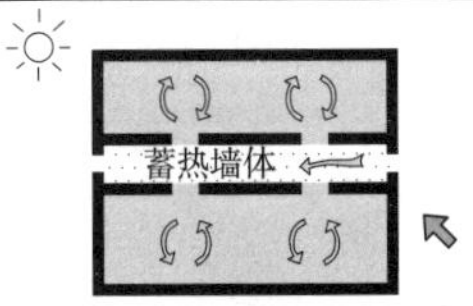 蓄热墙体
夏季风方向	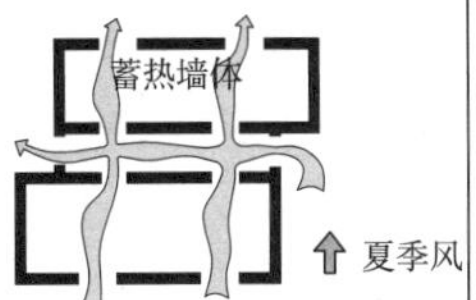 蓄热墙体　夏季风	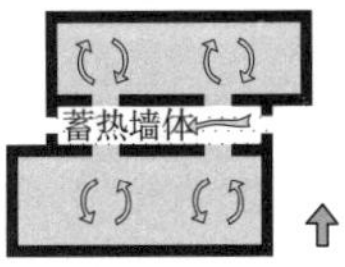 蓄热墙体
说明	夜间打开窗户进行自然通风，室外温度低于蓄热墙体，墙体开始蓄冷	白天关闭窗户，借墙体夜间蓄积冷量降温，墙体开始蓄热。只开启缓冲腔体对外通风口，保证健康通风率，利用缓冲腔体预冷新风

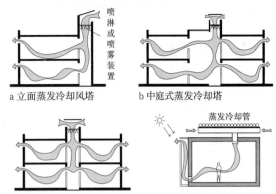

a 立面蒸发冷却风塔　　　　b 中庭式蒸发冷却塔

c 嵌入式蒸发冷却风塔　　　　d 屋顶蒸发冷却系统

利用喷淋或喷雾的蒸发过程冷却并加湿空气，冷空气自然下沉进入室内，不适用于高湿地区。

③ 蒸发冷却通风

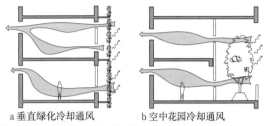

a 垂直绿化冷却通风　　　　b 空中花园冷却通风

利用植物的蒸腾作用冷却进入气流，植物同时起到遮阳作用。

④ 绿化冷却通风

地下腔体通风　　　　　　　　　　　　　　　　　表2

类型	图示
地下室冷却通风	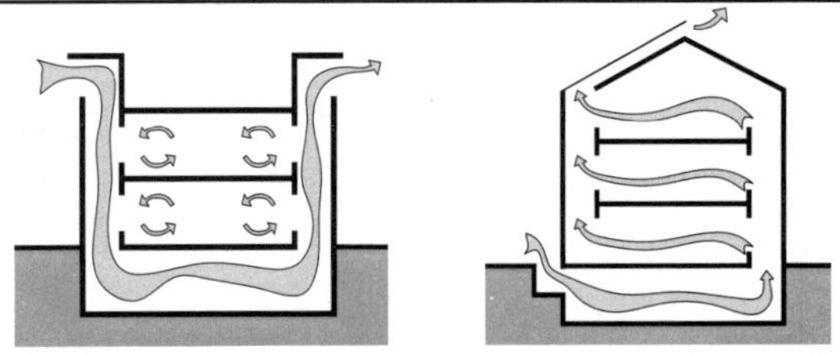
半地下空间冷却通风	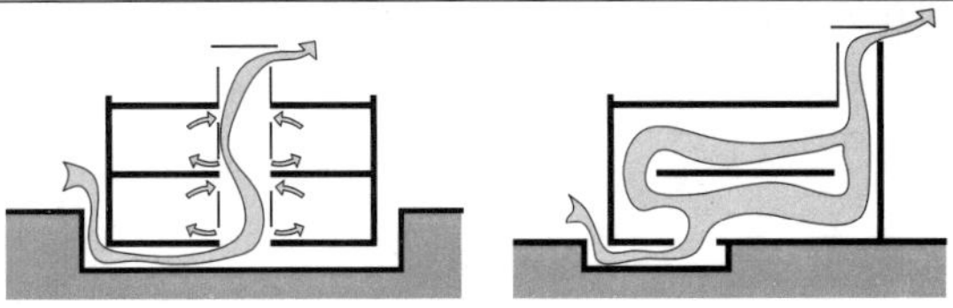
地道风	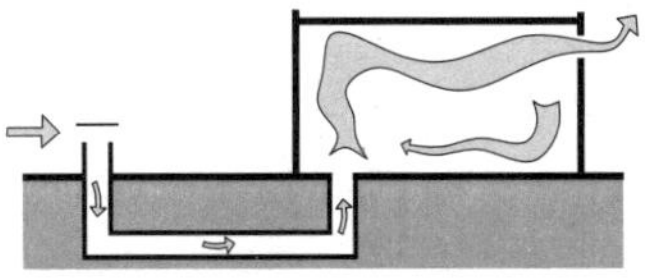

注：大地是巨大蓄热体，地下冬暖夏凉，地下和半地下空间参与到通风环节，夏季起冷却作用，冬季起预热作用，可有效改善室内热环境。

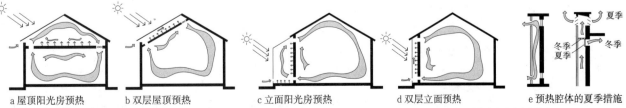

a 屋顶阳光房预热　　b 双层屋顶预热　　c 立面阳光房预热　　d 双层立面预热　　e 预热腔体的夏季措施

在建筑南立面或屋顶上用透明材料形成"温室"腔体，腔体设通风孔满足健康通风需要，进入气流被腔体预热后再进入室内，腔体应有夏季防热措施。

⑤ 太阳能预热通风

5
绿色建筑

5
绿色建筑

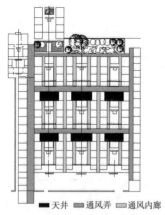

天井、通风弄、通风内廊组成立体网络式通风腔体，提供有利的通风环境，通风弄和内廊具有冷巷效果。

1 福建泉州桂坛巷吴宅

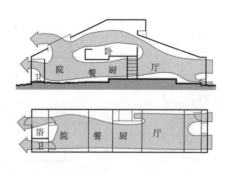

前后贯通的管式空间如风管一样，最有利于气流通过。

2 印度古吉拉特邦管式住宅

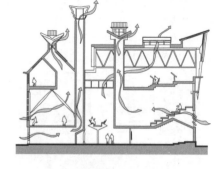

高耸风道利用烟囱效应拔风。通风塔利用文丘里现象，在风口部位产生负压，将风从通风塔中吸出。

3 英国芒福德大学皇后楼

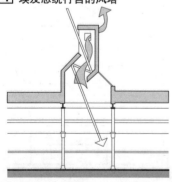

风塔内设有喷淋蒸发系统，冷却加湿进入空气。

4 埃及总统行宫的风塔

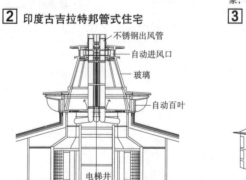

金字塔形灯笼风塔有自动进出风口，中间有不锈钢管以排出废气，屋顶通过玻璃腔体集热，加热出风口处的温度，同时在冬季可以预热进风。

5 英国剑桥大学数学科学中心的风塔

屋顶风塔整合了自然通风与自然采光的功能，风塔的集热效果强化了热压通风。

6 美国One University Plaza办公楼的风塔

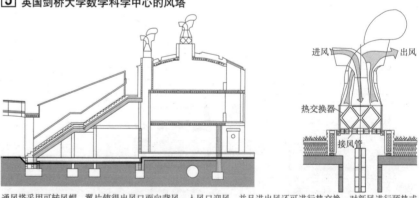

通风塔采用可转风帽，翼片使得出风口面向背风，入风口迎风。并且进出风还可进行热交换，对新风进行预热或预冷。

7 英国BEDZED项目的风塔

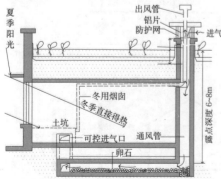

烟囱中排出热废气，室内形成负压，新风从风塔处补充进入，被烟囱预热。

8 陕西新式窑洞

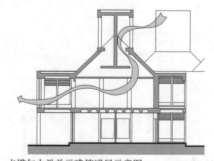

a 卡塔尔大学单元建筑通风示意图　　　　　　　b 当地传统捕风塔

借鉴了当地传统多向风塔设计，在建筑顶部向内收缩形成风塔，为风塔群留出空隙，风塔的高耸空间兼具风压和热压通风作用。

9 卡塔尔大学的风塔

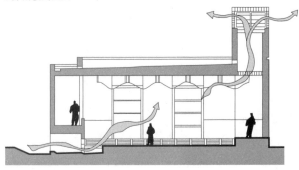

a 办公楼剖面图

b 报告厅剖面图

c 室内楼板通风空腔图

办公楼利用南面的集热烟囱强化热压通风，顶层利用高耸空间的高低开窗形成热压通风，一、二层通过在楼板下设置贯通的通风空腔夹层，使得建筑室内不受隔墙的限制而获得穿堂风。

报告厅利用遮阳的半地下空间作为进风口，将冷空气送入室内，利用热压作用将新风从风塔排出。该方式将新风尽可能和土壤或建筑底部接触，进行换热，有一定冷却效果。

d 办公楼太阳能烟囱

1 英国BRE办公楼和报告厅

名称	地点	设计单位	气候特点	自然通风策略
英国BRE办公楼和报告厅	沃特福德	英国建筑研究所	温和湿润	烟囱导风、内部通风夹层

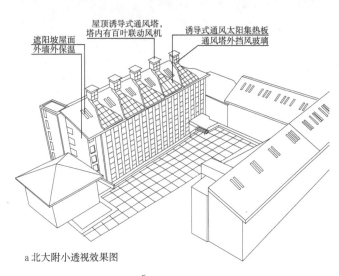

屋顶诱导式通风塔，塔内有百叶联动风机
遮阳坡屋面外墙外保温
诱导式通风太阳集热板
通风塔外挡风玻璃

a 北大附小透视效果图

b 教学楼风塔和太阳能集热器

c 教学楼教室通风示意
热压和排风机机械排风共同作用，将室内空气排出到室外。

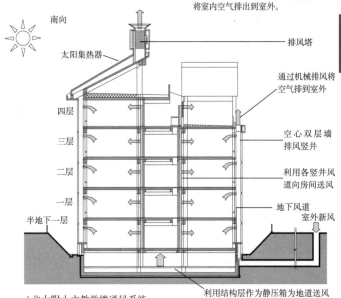

南向
太阳集热器
排风塔
四层　通过机械排风将空气排到室外
三层　空心双层墙排风竖井
二层　利用各竖井风道向房间送风
一层　地下风道
半地下一层　室外新风
利用结构层作为静压箱为地道送风

d 北大附小主教学楼通风系统

e 北大附小地道风埋管
4000　1200　2400　2400

45人普通教室
进风风道
百叶门
排风风道

f 北京大学附属小学主教学楼教室平面图
采用自然通风结合机械辅助通风的策略。地下风机将地道内空气抽送至地下层内的静压箱，它与教室内墙的送风竖井相连。教室内出风口靠外靠上，进风口靠内靠下，低进高出。出风竖井与屋顶风塔相连，利用烟囱效应形成热压通风。屋顶南坡结合风塔设太阳能集热器，加强热压通风。

2 北京大学附属小学教学楼

名称	地点	设计单位	气候特点	自然通风策略
北京大学附属小学教学楼	北京	北京清华同衡规划设计研究院有限公司	寒冷	热压导风、地下预冷

5
绿色建筑

设计原则

　　1. 应根据视觉工作特点的要求，并综合建筑周围环境，正确选择窗洞口形式，确定窗洞口面积和位置，使室内获得良好的光环境，保证视觉工作顺利进行。

　　2. 窗洞口还需注意泄爆、通风等功能，在设计中应综合考虑，妥善解决采光与泄爆、通风等功能的矛盾。

　　3. 应综合考虑包括建筑朝向、平面形式、内部空间布局、遮阳装置、玻璃性能、室内表面反射率等因素。

　　4. 若条件允许，宜设置采光自动控制装置。

采光系数表　　　　　　　　　　　　　　　　　　　表1

视觉工作分级	视觉工作特征		侧面采光		顶部采光	
	工作精确度	识别物件细节尺寸 d（mm）	采光系数标准值	室内天然光照度标准值（lx）	采光系数标准值	室内天然光照度标准值（lx）
I	特别精细工作	$d \leqslant 0.15$	5%	750	5%	750
II	很精细工作	$0.15 < d \leqslant 0.3$	4%	600	3%	450
III	精细工作	$0.3 < d \leqslant 1.0$	3%	450	2%	300
IV	一般工作	$1.0 < d \leqslant 5.0$	2%	300	1%	150
V	粗糙仓库工作	$d > 5.0$	1%	150	0.5%	75

注：1. 工业建筑参考平面取距地面1m，民用建筑取距地面0.75m，公用场所取地面。
　　2. 表中所列采光系数标准值适用于我国III类光气候区，采光系数标准值是按室外设计照度值15000lx制定的。
　　3. 采光标准的上限值不宜高于上一采光等级的级差，采光系数值不宜高于7%。
　　4. 本表数据摘自《建筑采光设计标准》GB 50033-2013。

设计要点

　　采用侧面采光或和顶部采光相结合的方式，为建筑使用者提供室内采光和室内外联系。

　　1. 侧面采光

　　(1)确定采光区域的可见光透过率和窗地面积比。

　　(2)顶棚不得妨碍从窗户顶部射到地平面的光线。

　　(3)增设遮阳板或眩光控制装置，确保采光效果。

　　2. 顶部采光

　　(1)根据实际使用需求，灵活选择矩形天窗、锯齿形天窗和平天窗形式。

　　(2)保证天窗的可见光透过率。

　　(3)天窗间距离不得大于顶棚高度的1.4倍。

　　(4)采用散光挡板等技术改善天窗采光效果。

窗地面积比　　　　　　　　　　　　　　　　　　　表2

采光等级	侧面采光		顶部采光
	窗地面积比（A_c/A_d）	采光有效进深（b/h_s）	窗地面积比（A_c/A_d）
I	1/3	1.8	1/6
II	1/4	2.0	1/8
III	1/5	2.5	1/10
IV	1/6	3.0	1/13
V	1/10	4.0	1/23

注：1. 窗地面积比计算条件：窗的总透射比τ取0.6；室内各表面材料反射比的加权平均值 I~III级取$\rho_j=0.5$，IV级取$\rho_j=0.4$，V级取$\rho_j=0.3$。
　　2. 顶部采光指平天窗采光，锯齿形天窗和矩形天窗可分别按平天窗的1.5倍和2倍窗地面积进行估算。
　　3. 本表数据摘自《建筑采光设计标准》GB 50033-2013。

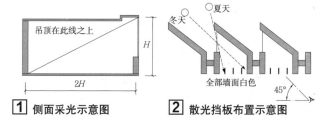

①　侧面采光示意图　　　　②　散光挡板布置示意图

改善天然采光环境的构造措施

　　1. 百叶窗系统

　　百叶窗系统用于控制得热、防止眩光和改变光线方向，根据室外条件使调节范围达到最优化。

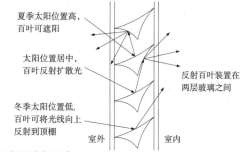

③　固定百叶窗系统

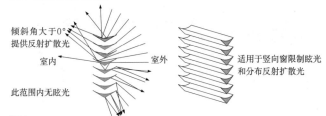

④　"鱼尾板"百叶窗系统

　　2. 棱镜玻璃系统

　　棱镜玻璃用于改变光的投射方向或折射天然光。一般装置在双层玻璃中间，分固定和可调节两种。

　　3. 阳光导向玻璃系统

　　将凹面聚丙烯板装在双层玻璃窗之间，使所有入射角的太阳光反射到空间的顶棚上。靠外侧玻璃的全息光学薄膜可以聚焦来自窄水平角范围里的光。系统一般设于可视窗以上位置，高度大致是房间高度的1/10。

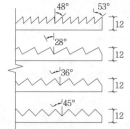

⑤　棱镜玻璃剖面

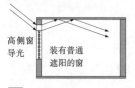

⑥　阳光导向系统安装位置

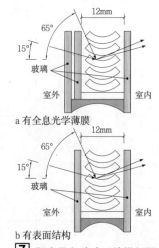

⑦　阳光导向玻璃系统纵剖面

5 绿色建筑

基本概念

建筑遮阳：采用建筑构件或安置设施遮挡进入室内的太阳辐射的措施。

设计原则

1. 建筑遮阳设计，应根据当地的地理位置、气候特征、建筑类型、建筑功能、建筑造型、透明围护结构朝向等因素，选择适宜的遮阳形式，并宜选择外遮阳。

2. 遮阳设计应兼顾采光、视野、通风、隔热和散热功能，严寒、寒冷地区不影响建筑冬季的阳光入射。

3. 宜利用建筑形体关系形成形体遮阳，进而达到减少屋顶和墙面受热的目的（表1、①）。

4. 建筑不同部位、不同朝向遮阳设计的优先次序可根据其所受太阳辐射照度，依次选择屋顶水平天窗（采光顶），西向、东向、南向窗；北回归线以南的地区必要时还宜对北向窗进行遮阳。

5. 遮阳设计应进行夏季和冬季的阳光阴影分析，以确定遮阳装置的类型。

6. 采用内遮阳和中间遮阳时，遮阳装置面向室外侧宜采用能反射太阳辐射的材料，并可根据太阳辐射情况调节其角度和位置。

7. 外遮阳设计应与建筑立面设计相结合，进行一体化设计。遮阳装置构造简洁、经济适用、耐久美观，便于维修和清洁，并应与建筑物整体及周边环境相协调。

8. 遮阳设计宜与太阳能热水系统或太阳能光伏系统结合，进行太阳能利用与建筑一体化设计。

9. 建筑遮阳构件宜呈百叶或网格状。实体遮阳构件宜与建筑窗口、墙面和屋面之间留有间隙。

设计依据

1. 对于夏热冬暖地区、夏热冬冷地区和寒冷地区的居住建筑，外窗综合遮阳系数应分别符合现行行业标准《夏热冬暖地区居住建筑节能设计标准》JGJ 75、《夏热冬冷地区居住建筑节能设计标准》JGJ 134和《严寒和寒冷地区居住建筑节能设计标准》JGJ 26的相关规定。

2. 对于公共建筑，外窗综合遮阳系数应符合现行国家标准《公共建筑节能设计标准》GB 50189的相关要求。

不同形体遮阳方式的图例及说明　　　　　　　　　　　表1

类型	说明
倒置	建筑整体造型像倒置的四面锥体，平面由底层至顶层面积逐渐增大，有利于减少建筑立面所受太阳辐射量。
凹凸	通过改变建筑局部造型，获得开敞空间，有利于自然通风，同时结合绿化进行通风降温。
错位	在平面或竖向上使建筑形体交错连接，彼此之间形成相互遮阳，同时不影响自然通风。

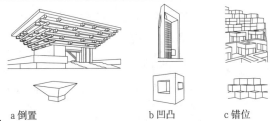

a 倒置　　　　　　　b 凹凸　　　　　c 错位

① 形体遮阳实例与图例

遮阳构件的构造设计

1. 遮阳板面组合

应结合通风、采光、立面造型与视野等因素进行遮阳板面设计，从而得到最佳的遮阳形式。板面可以采用单层、双层与多层的组合形式。设计组合形式时，应注意留出窗扇的开启空间。

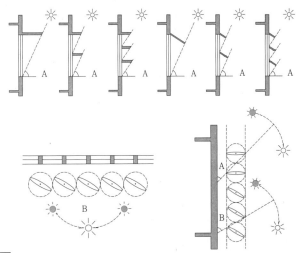

② 遮阳板面的组合形式

2. 遮阳板面分类与安装

遮阳板面的安装位置会影响整体的通风与采光效果。能够导风的安装方式对热空气逸散有利。通常，遮阳板面可以采用百叶、开孔等形式。

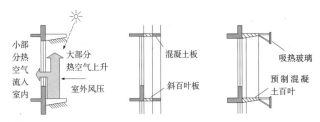

③ 遮阳板面的构造形式分类

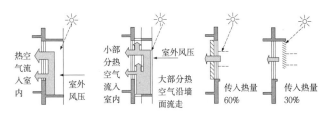

④ 遮阳板面的安装位置

遮阳构件的材料选择

遮阳构件安装通常选择于窗户附近的墙面上，宜采用轻质材料以减轻荷载。暴露在室外的遮阳构件，应采用耐久坚固的材料，保护其不受损坏。

采用浅色且蓄热系数小的遮阳材料，遮阳系数小，透过外围护结构的太阳辐射热量少，防热效果好；采用吸热玻璃、磨砂玻璃、有色玻璃、贴遮阳膜等，亦可减少太阳辐射量。

5
绿色建筑

遮阳类型

遮阳分类方式多样：按遮阳系统功能性质，分为专用的遮阳构件（百叶窗、遮阳板等）和兼顾遮阳的功能性构件（外廊、挑檐、凹廊、阳台等）；按遮阳设置位置分，分为建筑外部绿化遮阳、外遮阳、内遮阳与形体遮阳。其中，外遮阳根据遮阳形式的不同，一般分为：水平式、垂直式、综合式、挡板式四种。

同时，所有遮阳形式都有固定式及活动式两种。活动式遮阳轻便灵活，便于调节和拆除，但构造复杂、造价较高。因此，构造较简单、造价较低的固定式遮阳常常被选择使用。

水平式遮阳

此类遮阳有利于遮挡高度角较大的阳光，适用于南向及北向窗口。有固定式和活动式两种，常用固定式。固定式水平遮阳板的种类有：实心板、栅形板与百叶板等。

水平式遮阳图例及说明 　　　　　　　　　　　　表1

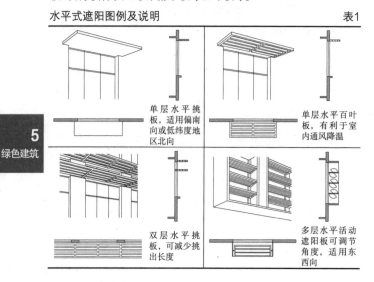

单层水平挑板，适用偏南向或低纬度地区北向	单层水平百叶板，有利于室内通风降温
双层水平挑板，可减少挑出长度	多层水平活动遮阳板可调节角度，适用东西向

垂直式遮阳

此类遮阳有利于遮挡从两侧斜射而高度角较小的阳光，适用于北向或东西向窗口。通常根据遮阳和立面处理的需要，将遮阳板做成倾斜式，或垂直于窗口。

垂直式遮阳图例及说明 　　　　　　　　　　　　表2

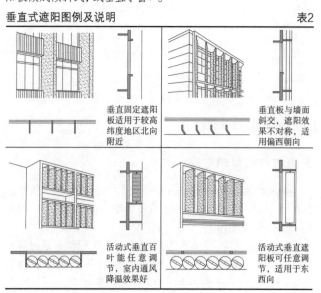

垂直固定遮阳板适用于较高纬度地区北向附近	垂直遮阳板与墙面斜交，遮阳效果不对称，适用偏西朝向
活动式垂直百叶能任意调节，室内通风降温效果好	活动式垂直遮阳板可任意调节，适用于东西向

综合式遮阳

此类遮阳有利于遮挡高度角较小、从窗侧面斜射来的阳光，适用于南向、南偏东向和南偏西向窗口。常用的形式有：格式综合遮阳、板式综合遮阳与百叶综合遮阳等。

综合式遮阳图例及说明 　　　　　　　　　　　　表3

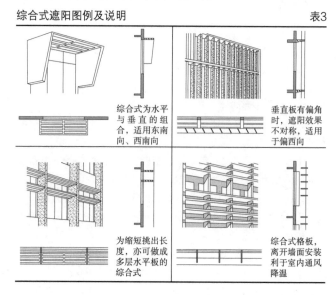

综合式为水平与垂直的组合，适用东南向、西南向	垂直板有偏角时，遮阳效果不对称，适用于偏西向
为缩短挑出长度，亦可做成多层水平板的综合式	综合式格板，离开墙面安装利于室内通风降温

挡板式遮阳

此类遮阳有利于遮挡太阳高度角较小、正射窗口的阳光，适用于接近东向、西向窗口。常用格式挡板、板式挡板与百叶挡板等。

挡板式遮阳图例及说明 　　　　　　　　　　　　表4

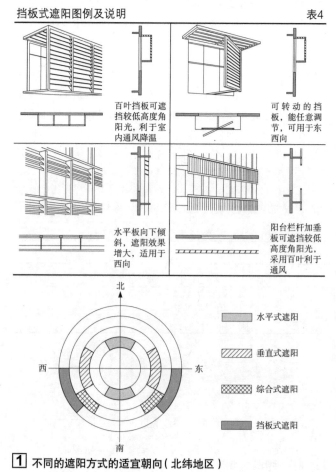

百叶挡板可遮挡较低高度角阳光，利于室内通风降温	可转动的挡板，能任意调节，可用于东西向
水平板向下倾斜，遮阳效果增大，适用于西向	阳台栏杆加垂板可遮挡较低高度角阳光，采用百叶利于通风

北 / 西 / 东 / 南	水平式遮阳 / 垂直式遮阳 / 综合式遮阳 / 挡板式遮阳

1 不同的遮阳方式的适宜朝向（北纬地区）

5
绿色建筑

设计原则

1. 根据视觉工作需要, 决定照度水平;
2. 制定满足照度要求的节能照明设计;
3. 在考虑显色性的基础上采用高光效光源;
4. 采用不产生眩光的高效率灯具;
5. 室内表面采用高反射比的材料;
6. 设置能够根据照明需求进行自动调节的可变控制装置;
7. 将不产生眩光和差异的人工照明同天然采光综合利用;
8. 根据灯具使用环境, 定期对灯具进行清洁, 并建立灯具更换和维修制度。

设计要点

1. 照明节能

（1）应在满足规定的照度和照明质量要求的前提下, 进行照明节能评价。

（2）应采用一般照明的照明功率密度限值（简称LPD）作为评价指标。

（3）所选用照明光源和镇流器的能效, 应符合相关能效标准的节能评价值。

（4）一般场所不应选用白炽灯和卤钨灯, 对商场、博物馆等显色要求高的重点照明可采用卤钨灯。

（5）一般照明不应采用荧光高压汞灯。

（6）一般照明在满足照度均匀度条件下, 宜选择单灯功率较大、光效较高的光源; 当采用直管荧光灯时, 其功率不宜小于28W。

（7）工业场所、公共场所应按作业面、作业面邻近区域、非作业面和过道的不同要求确定照度。

（8）当公共建筑或工业建筑选用单灯功率不大于25W的气体放电灯时, 除自镇流荧光灯外, 其镇流器宜选用谐波含量低的产品。

（9）下列场所宜选用配有感应式自动控制的发光二极管灯: 旅馆、居住建筑及其他公共建筑的走廊、楼梯间、厕所等场所; 地下车库的行车道、停车位; 无人长时间逗留, 只进行检查、巡视和短时操作等工作的场所。

2. 眩光限制

可用下列方法防止或减少光幕反射和反射眩光:

（1）避免将灯具安装在干扰区内。

（2）采用低光泽度的表面装饰材料。

（3）限制灯具亮度。

（4）墙面的平均照度不宜低于50lx, 顶棚的平均照度不宜低于30lx。

（5）直接型灯具的遮光角不应小于表1的规定。

（6）有视觉显示终端的工作场所照明应限制与灯具中垂线的夹角≥65°范围的亮度。灯具在该范围内的平均亮度限值不宜超过表2的规定。

3. 利用天然光促进绿色照明

（1）有天然采光的场所或房间, 宜根据天然光状况手动或自动调节灯具的开关或光通输出。

直接型灯具的遮光角　　　　　　　　　　　　　　　表1

光源平均亮度（kcd/m²）	遮光角
1～20	10°
20～50	15°
50～500	20°
≥500	30°

注: 本表数据摘自《建筑照明设计标准》GB 50034—2013。

灯具平均亮度限值（单位: cd/m²）　　　　　　　　　表2

屏幕分类	灯具平均亮度限值（cd/m²）	
	屏幕亮度>200cd/m²	屏幕亮度≤200cd/m²
亮背景暗字体或图像	3000	1500
暗背景亮字体或图像	1500	1000

注: 本表数据摘自《建筑照明设计标准》GB 50034—2013。

（2）利用不同玻璃改善大进深处的采光效果, 节约照明能耗。

（3）利用采光隔板提高室内大进深处的采光效果, 节约照明能耗。

（4）利用光导照明系统

室外天然光透过采光罩进入系统内部, 经过光导管高效传输到管道底部, 由高透光、高扩散的漫射器将天然光均匀照射到室内。

不同管径传输距离不一样, 但随着光导管长度增加, 光损失增加, 因此应控制光导管长度。

光导管可进行弯曲, 但随着弯头个数增加, 光损失增加, 因此应减少弯头数量。

光导管可在建筑顶部及侧面进行安装。

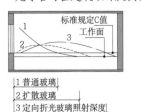

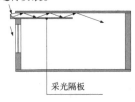

1 利用不同玻璃改善采光效果　　**2** 利用采光隔板改善采光效果

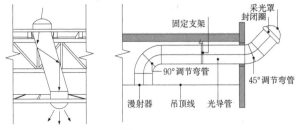

3 光导照明系统示意图　　**4** 光导管构造示意图

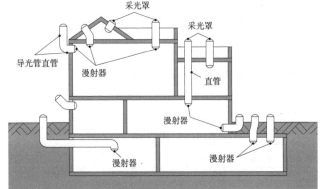

5 光导照明系统安装示意图

5
绿色建筑

设计要点

1. 绿色建筑总平面、平面设计时，宜将卧室、客房、病房、教室、办公室、会议室及其他要求安静的房间，布置在远离噪声源的位置或背向噪声源一侧。

2. 噪声特别大的娱乐设施不得与客房及其他要求安静的房间设置在同一主体结构内，并远离客房等要求安静的房间。

3. 电梯不得紧邻卧室、客房、病房设置。

4. 水泵、风机、风机盘管、冷却塔、热泵、厨房设备、电梯等机电设备应采用低噪声设备，尽可能远离安静房间设置，并采取相应隔振、隔声措施。

5. 空调系统应有良好的消声，并控制风速。

6. 墙体、楼板、外窗空气声隔声量、楼板撞击声隔声量满足标准要求。

7. 水管穿墙及楼板应采用套管，管线穿过楼板及墙体时，孔洞周边应采取密封隔声措施。

设计依据与评判标准

室内声环境设计依据主要为现行国家规范《民用建筑隔声设计规范》GB 50118-2010，其中，主要建筑、房间类型的声环境具体评判标准见以下各表：

室内允许噪声级 表1

建筑类型、房间名称		允许噪声级 [dB（A）]		建筑类型、房间名称		允许噪声级 [dB（A）]	
		高要求标准	低限标准			高要求标准	低限标准
住宅	卧室（昼间）	≤ 40	≤ 45	医院建筑	病房、重症监护室、医护人员信息室（昼间）	≤ 40	≤ 45
	卧室（夜间）	≤ 30	≤ 37		病房、重症监护室、医护人员信息室（夜间）	≤ 35	≤ 40
	起居室（昼间、夜间）	≤ 40	≤ 45		手术室	≤ 40	≤ 45
学校建筑	语言教室、阅览室	≤ 40			化验室、分析实验室	—	≤ 40
	普通教室、实验室、计算机房	≤ 45		商业建筑	门厅、候诊厅	≤ 50	≤ 55
	音乐教室、琴房	≤ 45			商场、会展中心	≤ 50	≤ 55
	教师办公室、会议室	≤ 45			员工休息室	≤ 40	≤ 45
	舞蹈教室、健身房	≤ 50					
	教室走廊	≤ 50		建筑类型、房间名称		允许噪声级[dB(A)]		
办公楼	单人办公室、电视电话会议室	≤ 35	≤ 40			特级	一级	二级
	多人办公室	≤ 40	≤ 45	旅馆建筑	客房（夜间）	≤ 30	≤ 35	≤ 40
	普通会议室	≤ 40	≤ 45		客房（昼间）	≤ 35	≤ 40	≤ 45
					办公室、会议室	≤ 40	≤ 45	≤ 50
					多用途厅	≤ 40	≤ 45	≤ 50
					餐厅、宴会厅	≤ 45	≤ 50	≤ 55

住宅围护结构空气声隔声标准 表2

构件名称	空气声隔声单值评价量＋频谱修正量（dB）	
	高要求标准	低限标准
分户墙、分户楼板	$R_w+C > 50$	$R_w+C > 45$
分隔住宅与非居住用途空间的楼板	$R_w+C_{tr} > 51$	
交通干线两侧卧室、起居室（厅）的窗	$R_w+C_{tr} > 30$	
其他窗	$R_w+C_{tr} \geq 25$	
外墙	$R_w+C_{tr} \geq 45$	
户（套）门	$R_w+C \geq 25$	
户内卧室墙	$R_w+C \geq 35$	
户内其他分室墙	$R_w+C \geq 30$	

住宅分户楼板撞击声隔声标准 表3

构件名称	撞击声隔声单值评价量（dB）	高要求标准	低限标准
卧室、起居室（厅）分户楼板	计权规范化撞击声压级 $L_{n,w}$（实验室测量）	< 65	< 75
	计权标准化撞击声压级 $L'_{nT,w}$（现场测量）	≤ 65	≤ 75

学校围护结构空气声隔声标准 表4

构件名称	空气声隔声单值评价量＋频谱修正量（dB）
语音教室、阅览室的隔墙和楼板	$R_w+C > 50$
普通教室与各种产生噪声的房间之间的隔墙、楼板	$R_w+C > 50$
普通教室之间的隔墙与楼板	$R_w+C > 45$
音乐教室、琴房之间的隔墙与楼板	$R_w+C > 45$
教学用房外墙	$R_w+C_{tr} \geq 45$
临交通干线的外窗	$R_w+C_{tr} \geq 30$
其他外窗	$R_w+C_{tr} \geq 25$
产生噪声房间的门	$R_w+C \geq 25$
其他门	$R_w+C \geq 20$

教学用房楼板的撞击声隔声标准 表5

构件名称	撞击声隔声单值评价量（dB）	
	计权规范化撞击声压级 $L_{n,w}$（实验室测量）	计权标准化撞击声压级 $L'_{nT,w}$（现场测量）
语音教室、阅览室与上层房间之间楼板	< 65	≤ 65
普通教室与各种产生噪声的房间之间的楼板	< 65	≤ 65
普通教室之间的楼板	< 75	≤ 75
音乐教室、琴房之间的楼板	< 65	≤ 65

旅馆建筑围护结构空气声隔声标准 表6

构件名称	空气声隔声单值评价量＋频谱修正量（dB）		
	特级	一级	二级
客房之间的隔墙、楼板	$R_w+C > 50$	$R_w+C > 45$	$R_w+C > 40$
客房与走廊之间的隔墙	$R_w+C > 45$	$R_w+C > 45$	$R_w+C > 40$
客房外墙（含窗）	$R_w+C_{tr} > 40$	$R_w+C_{tr} > 35$	$R_w+C_{tr} > 30$
客房外窗	$R_w+C_{tr} \geq 35$	$R_w+C_{tr} \geq 30$	$R_w+C_{tr} \geq 25$
客房门	$R_w+C \geq 30$	$R_w+C \geq 25$	$R_w+C \geq 20$

旅馆楼板撞击声隔声标准 表7

构件名称	撞击声隔声单值评价量（dB）	特级	一级	二级
客房与上层房间之间的楼板	计权规范化撞击声压级 $L_{n,w}$（实验室测量）	< 55	< 65	< 75
	计权标准化撞击声压级 $L'_{nT,w}$（现场测量）	≤ 55	≤ 65	≤ 75

办公建筑围护结构空气声隔声标准 表8

构件名称	空气声隔声单值评价量＋频谱修正量（dB）	
	高要求标准	低限标准
办公室、会议室与产生噪声的房间之间的隔墙、楼板	$R_w+C_{tr} > 50$	$R_w+C_{tr} > 45$
办公室、会议室与普通房间之间的隔墙、楼板	$R_w+C > 50$	$R_w+C > 45$
办公室、会议室的外墙	$R_w+C_{tr} \geq 45$	
临交通干线的办公室、会议室的外窗	$R_w+C_{tr} \geq 30$	
其他外窗	$R_w+C_{tr} \geq 25$	
门	$R_w+C \geq 20$	

办公建筑楼板撞击声隔声标准 表9

构件名称	撞击声隔声单值评价量（dB）	高要求标准	低限标准
办公室、会议室顶部的楼板	计权规范化撞击声压级 $L_{n,w}$（实验室测量）	< 65	< 75
	计权标准化撞击声压级 $L'_{nT,w}$（现场测量）	≤ 65	≤ 75

医院建筑围护结构空气声隔声标准 表10

构件名称	空气声隔声单值评价量＋频谱修正量（dB）	
	高要求标准	低限标准
病房与产生噪声的房间之间的隔墙、楼板	$R_w+C_{tr} > 55$	$R_w+C_{tr} > 50$
手术室与产生噪声的房间之间的隔墙、楼板	$R_w+C_{tr} > 50$	$R_w+C_{tr} > 45$
病房之间及病房、手术室与普通房间之间的隔墙、楼板	$R_w+C > 50$	$R_w+C > 45$
诊室之间的隔墙、楼板	$R_w+C > 45$	$R_w+C > 40$
听力测听室的隔墙、楼板	—	$R_w+C > 50$
体外震波碎石室、核磁共振室的隔墙、楼板	—	$R_w+C_{tr} > 50$
外墙	$R_w+C_{tr} \geq 45$	
病房外窗	$R_w+C_{tr} \geq 30$（临街一侧病房）	
	$R_w+C_{tr} \geq 25$（其他）	

医院建筑楼板撞击声隔声标准 表11

构件名称	撞击声隔声单值评价量（dB）	高要求标准	低限标准
病房、手术室与上层房间之间的楼板	计权规范化撞击声压级 $L_{n,w}$（实验室测量）	< 65	< 75
	计权标准化撞击声压级 $L'_{nT,w}$（现场测量）	≤ 65	≤ 75
听力测听室与上层房间之间的楼板	计权标准化撞击声压级 $L'_{nT,w}$（现场测量）	—	≤ 60

5
绿色建筑

设计流程

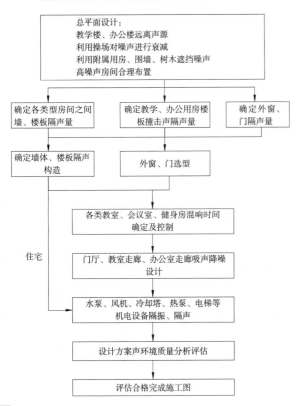

根据各类不同房间使用要求，及不同声音形成的声景观，确定室内各房间噪声允许标准、室内声级

总平面设计：
教学楼、办公楼远离声源
利用操场对噪声进行衰减
利用附属用房、围墙、树木遮挡噪声
高噪声房间合理布置

确定各类型房间之间墙、楼板隔声量 ── 确定教学、办公用房楼板撞击声隔声量 ── 确定外窗、门隔声量

确定墙体、楼板隔声构造 ── 外窗、门选型

住宅

各类教室、会议室、健身房混响时间确定及控制

门厅、教室走廊、办公室走廊吸声降噪设计

水泵、风机、冷却塔、热泵、电梯等机电设备隔振、隔声

设计方案声环境质量分析评估

评估合格完成施工图

1 建筑室内声环境设计流程图

设计方案室内声环境评估方法

根据实测、环境影响评价报告及有关资料获取室外环境噪声及噪声房间声压级。

根据实测或资料确定所用墙体、楼板、门窗隔声量。

受声室倍频带声压级估算：

$$L_{P2}=L_{P1}-R+10\lg\frac{S}{A}$$

式中：L_{P1} — 噪声房间声压级（dB）；
L_{P2} — 受声室声压级（dB）；
R — 组合隔声量（dB）；
S — 墙体（包括门窗）面积（m²）；
A — 受声室吸声量，可参照同类房间确定（m²）。

如果墙体上开有门窗，墙体隔声量应为包含门窗的组合隔声量。

组合隔声量计算：

透声系数：$$\tau_i=10^{-\frac{R_i}{10}}$$

平均透声系数：$$\bar{\tau}=\frac{\Sigma\tau_iS_i}{\Sigma S_i}$$

组合隔声量：$$R_{组合}=10\lg\frac{1}{\bar{\tau}}$$

式中：τ_i、R_i 分别为各墙体、门窗等的透声系数及隔声量

根据计算得到的受声室倍频带声压级，再进行 A 计权，并叠加成 A 声级。

平面布局设计

1. 场地总平面设计中，要求安静的房间远离噪声源，或布置在背向噪声源一侧。住宅设计中，可利用商业建筑作隔声屏障，布置在道路与住宅之间。

2. 住宅建筑平面设计中，卫生间、厨房、楼梯间和电梯间等辅助空间靠噪声源一侧布置，卧室、客厅背向噪声一侧布置。公共建筑平面设计中，产生噪声的机电设备和房间远离噪声敏感房间。电梯井不能与卧室、客厅、客房及病房等要求安静的房间相邻。

3. 旅馆建筑中有高强低频噪声的娱乐用房应设置在裙房内，裙房与客房主楼之间设置结构隔振缝。商住楼不能设餐饮娱乐用房。

墙体、楼板隔声设计

1. 墙体隔声。采用厚重墙体、双层墙或轻质复合墙体，墙体砌筑应密实。避免管线穿墙，必须穿越隔声墙体时，应采取隔声加强措施。隔墙两侧电气盒应错开安装。

2. 楼板空气声隔声。一般钢筋混凝土楼板加面层后，空气声计权隔声量加频谱修正量大于50dB。楼板及梁与玻璃幕墙之间应密封。

3. 楼板撞击声隔声。普通100~120mm厚钢筋混凝土楼板计权撞击声级大于75dB，不能满足绿色建筑标准要求。可增加厚地毯或隔振垫层改善楼板撞击声隔声。

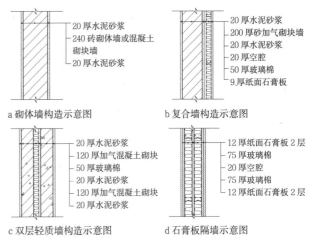

a 砌体墙构造示意图　　　　b 复合墙构造示意图

c 双层轻质墙构造示意图　　d 石膏板隔墙示意图

2 墙体隔声构造示意图（$R_W+C>50$dB）

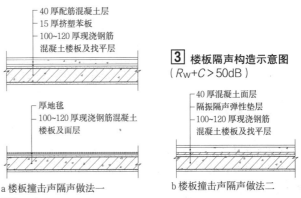

3 楼板隔声构造示意图（$R_W+C>50$dB）

a 楼板撞击声隔声做法一　　b 楼板撞击声隔声做法二

4 楼板隔声构造示意图（$L_{n,w}\leq65$dB）

门窗隔声设计

1. 门扇材料采用面密度较大的多层复合材料。门扇周边可采用橡胶、泡沫塑料条、毛毡以及手动或自动调节的门碰头及垫圈等，保证门扇边缘的密封。

2. 采用较厚玻璃、密闭性良好的外窗。当室外环境噪声很大、外窗隔声要求较高时，可采用双层窗。

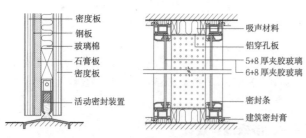

1 隔声门做法示意图　　2 隔声窗做法示意图

室内吸声设计

在室内墙体、吊顶表面适当做吸声结构，控制房间混响时间，可获得良好音质，降低房间噪声。

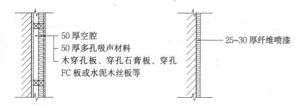

3 穿孔板吸声结构做法　　4 纤维喷漆吸声结构做法

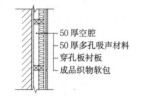

5 成品织物软包吸声结构做法　　6 微穿孔吸声结构做法

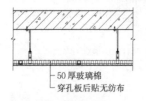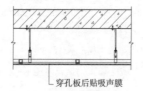

7 穿孔板吸声吊顶做法一　　8 穿孔板吸声吊顶做法二

管线穿墙隔声设计

管线穿越墙体、楼板应采用套管，套管与管线之间填充弹性密封材料，两端用胶泥封堵。

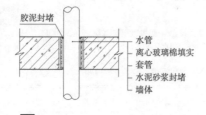

9 管道穿墙密封做法示意图

机电设备隔振、隔声设计

风机、水泵、制冷机等振动设备应安装在钢筋混凝土惯性基础上，基础下设置性能良好的隔振器。设备与管道之间应采用软连接。振动较大的管线应采用弹性吊装或弹性支撑。设备机房顶及墙面应做全频强吸声结构。

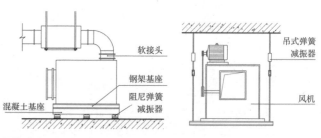

10 设备隔振做法示意图　　11 吊装风机隔振示意图

设计实例

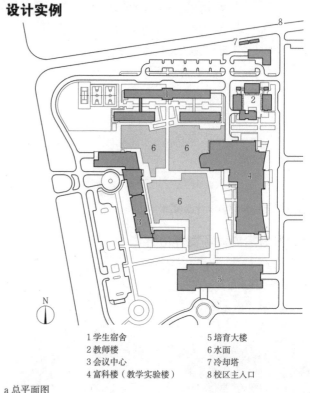

1 学生宿舍　　　　　　　5 培育大楼
2 教师楼　　　　　　　　6 水面
3 会议中心　　　　　　　7 冷却塔
4 富科楼（教学实验楼）　8 校区主入口

a 总平面图

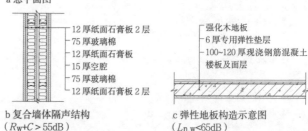

b 复合墙体隔声结构
（$R_w + C > 55dB$）

c 弹性地板构造示意图
（$L_{n,w} < 65dB$）

美国杜克大学昆山校区按绿色建筑设计建造，该工程由教学楼、会议中心、学生宿舍、教师宿舍、客房等组成。校区所处环境安静，室外声环境满足要求。建筑内部水泵、制冷机等机电设备基本上多设置在地下室，空调热泵安装在建筑屋顶，设备噪声没有对环境产生干扰。冷却塔设置在噪声较大的城市道路一侧。室内声环境控制方面，教师宿舍、学生宿舍、客房等隔声要求较高的隔墙均采用复合墙体隔声结构。地面主要采用弹性地板或地毯，有效降低楼板撞击声。空调风机盘管采用低噪声设备。机电设备均有隔振，设备机房均做穿孔硅钙板吸声结构。

12 杜克大学昆山校区声环境设计实例

基本概念

立体绿化是指充分利用城市地面以上的各种不同立地条件，选择各类适宜植物，栽植于人工创造的环境，使绿色植物覆盖在地面以上的各类建筑物、构筑物及其他空间结构表面的绿化方式。

立体绿化是城市和建筑绿化的重要形式之一，可有效改善建筑室内外生态环境。我们通常所说的立体绿化是指除平面绿化以外的所有绿化。

立体绿化主要类型、特点及适用范围　　　　表1

立体绿化类型	特点	适用范围
屋顶绿化	屋面荷载大、覆盖面积广	屋顶
墙面绿化	组装方式选择多样化	垂直墙面
室内绿化	生态效应显著	室内、庭院

屋顶绿化分类

屋顶绿化分类　　　　表2

类型	概念	养护	构造厚度（cm）	构造重量（kg/m²）
基本型	又称开敞型屋顶绿化，是屋顶绿化中最简单的一种形式。以景天类植物为主，利用草坪、地被、攀援植被和小型灌木来进行屋顶绿化	低养护	5~15（20）	60~200
半密集型	介于基本型和密集型屋顶绿化之间的绿化。一般用于可上人屋顶，设有庭院和小路，可让人们短暂行走和停留，无大面积的活动场地	适时养护及时灌溉	15~25	120~250
密集型	利用植物绿化与人工造景、亭台楼阁、溪流水榭等进行组合。一般用于上人屋面，为人们提供了休闲和运动的场所。以植物造景为主，采用乔、灌、草结合的复层植物配置方式，产生较好的生态效应和景观效果	经常养护经常灌溉	15~150	150~1000

屋顶绿化设计要点

1. 荷载处理

在进行植被屋面设计时首先要考虑绿化时所需的构造层厚度和材料的密度，确定屋顶的荷载、承重结构和施工技术。

一般情况下，基本型屋顶绿化要求提供100kg/m²以上的外加荷载，密集型屋顶绿化需提供250kg/m²以上的外加荷载能力；屋顶绿化的设计形式应考虑房屋结构，依据为：屋顶允许承载重量>一定厚度种植层最大湿度重量+一定厚度排水物质重量+植物重量+其他物质重量。

2. 抗渗防漏

要考虑灌溉与排水的设置，保证植被下屋面不渗水、不漏水。屋顶绿化增加的许多景观内容，要求不仅要保证种植屋面上的植物既能培育生长，又要防水和排除积水，做到不渗不漏。因此，应加强保护层、排水层、过滤层的设计。

3. 排（蓄）水设计

按屋顶绿化的规划、建造和管理的准则，对不同坡度的屋顶绿化进行针对性的排（蓄）水设计。当坡度较大时，雨水排走相对较快，屋面为植物生长所存的雨水就较少。

特别是位于坡屋面上部的基质，其水分更容易散失。排水速度的提高也会造成表面冲蚀的加剧，可能会给建筑造成损害。不仅要考虑水的贮存，还要考虑防止冲蚀的相应措施。

4. 植物配置

进行植物配置的设计时，应针对屋面特有的自然环境和气候条件，选择适宜种植的植物。根据植被特点的不同，可设计为禾草类、景天类、宿根花卉类、低矮小灌木类，也可将各种植被类型相结合。

屋顶特殊的自然环境，必须选择具有喜光、耐旱和耐贫瘠、根系浅且水平根发达、生长缓慢、能抗风、耐寒等特性的植物品种；适宜种植低矮、根系较浅的植物，在植物类型上应以草坪、花卉为主，适当点缀花灌木、小乔木，各类草坪、花卉、树木所占比例应在70%以上。

可种植的乔木应避免侵占性强的品种，如竹子、枫木、柳木等，可选择玉兰、柿树、樱花、海棠类等。乔木种植位置距离女儿墙应大于2.5m。

5. 绿化设计

按布置方式不同可分为规则式、自然式、混合式。

规则式屋面植物、步道布置形式较规则严谨，多呈对称形。自然式屋顶绿化可设计微地形，植物的种植应顺应自然地形，有疏有密，空间组合有开有合，道路弯曲自由，不求对称，以增强自然之美。混合式既不完全采用几何对称布局，也不过分强调自然面貌，吸收自然式和规则式的特点，使布置兼具自然和人工之美，以适应不同的审美需求。

屋顶绿化构造层次

屋顶绿化是由不同的构造层组成的，它们从下到上依次是：结构层、防风层、防根系穿损保护层、排（蓄）水层、过滤层、植物生长层。

1. 结构层

一般屋顶花园的结构层多为框架结构的屋顶，能承受较大的荷载。

2. 防风层

对于坡屋顶绿化来说，为了防止风荷载对屋顶绿化造成破坏，因此应增加屋面防风层。当屋面坡度达到15°时，必须设附加的防滑装置。

3. 防根系穿损保护层

包括防水层和防根层，亦可合二为一。主要作用是防止雨水和灌溉水渗入，能长时间抵抗植物根系的穿透。

4. 排（蓄）水层

良好的排（蓄）水可以改善基质的通气状况，迅速排出多余水分，有效缓解瞬时压力，并可蓄存少量水分。

5. 过滤层

阻止植物生长层进入排水层，过滤层要保证有排水的功能，还要防止排水管泥沙淤积。

6. 植物生长层

植物生长层是屋顶绿化中植物赖以生长的基础，主要功能是储存植物正常生长所需的水和肥料。

5
绿色建筑

屋顶绿化各层次构造要点

屋顶绿化各层次构造要点　　　　　　　　　　表1

构造层	构造要点
结构层	在实施屋顶绿化工程时，要对房屋的结构做详细的复核，察看梁、柱和基础结构的情况。在计算重量的时候要考虑植被生长成形后的重量，在计算植被种植层重量的时候要按吸足水的种植层重量来计算
防风层	1.屋顶植被层表面应加一层砾石覆盖，种植稍高或体量较大的灌木在高层时应采用防风固定技术，方法主要包括地上支撑法和地下固定法； 2.防滑挡板应在表面防水层之下、屋面结构之上，也可以用铁丝网固定植物及基质
防根系穿损保护层	排水层与结构层之间需要设置一层抗穿透的阻根层，可采用乙烯薄膜等。亦可在结构层上先做一层20mm厚1：3水泥砂浆，再做一层聚氨酯防水涂料或铺贴一层氯丁橡胶共混卷材，作为防根系穿损保护层
排（蓄）水层	1.水分量要合适，太多会使根系处于过于潮湿的环境，引起根系腐烂，太少则会使根得不到稳定适量的水分，不利于植物生长； 2.砂砾、碎石、珍珠岩、陶粒、破碎的膨胀黏土、膨胀页岩，来自拆除建筑物的混凝土、砖砌体等，都适合做排（蓄）水层。目前市场上常用的是塑料排（蓄）水盘，具有较好的排蓄水能力； 3.一般采用既能透水又能过滤的聚酯纤维无纺布等材料
过滤层	现在广泛采用的是由聚丙烯纤维制成的滤布，它已经成为屋顶花园过滤层的标准材料
植物生长层	1.植物生长层应是具有一定的渗透性能、蓄水能力和空间稳定性的轻质材料层； 2.有一定的保水、保肥能力，透气性好； 3.有一定的化学缓冲能力； 4.保持良好的水、气、养分的比例，重量轻

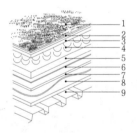

1 植被层　2 营养土　3 过滤层
4 蓄排水层　5 保温层　6 隔根层
7 水活动层　8 防水层　9 原建筑屋顶

1 绿色屋面构造组成

1 室内　　　 2 钢筋混凝土承重结构
3 防潮层　　 4 保温层　　 5 屋面防水层
6 保护层　　 7 排水层　　 8 过滤层
9 种植层　　 10 砾石带　　 11 木压顶
12 金属薄板

2 单层保温绿色屋面构造

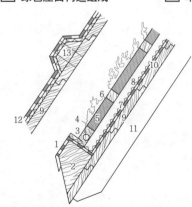

1 防水物件
2 边挡板
3 砾石
4 排水管
5 种植层
6 横档50mm×50mm
7 齿形设备
8 竖挡
9 镶木板
10 屋面防水层
11 梁
12 保护层
13 梯形防滑挡板
60mm×80mm×160mm,
可选择：四棱挡板
60mm×80mm

3 绿色斜屋面防滑装置

墙面绿化类型

墙面绿化按安装方法的不同，可分为装配式绿化、布袋式绿化、垂挂式或攀爬式绿化、板槽式绿化、悬挑式绿化、铺贴式绿化等6个类型。

墙面绿化设计要点

1. 符合绿色建筑功能要求

外墙绿化时，如要降低建筑物墙面及室内温度，应选择生长快的植物类型；如以防尘为目的，应选择叶密的植物。

2. 选择适应当地环境的植物

对不同建筑环境及墙体方向，选择不同类型的适应当地环境的植物。

装配式绿化

装配式植物墙的种植模块可由工厂预制，植物可在苗圃培育。其组件标准化，易安装、易拆卸、易替换更新，维护要求低；施工便捷、现场工期短、绿化成形快；可提高建筑外墙的保温隔热性能，并起吸声、降噪、除尘等作用。

装配式绿化构造要点　　　　　　　　　　表2

序号	构造要点
1	种植模块：点状布局主要指独立或成组设置盆栽植物，设计原则是重点突出。点状布局可分为孤植式、对植式、列植式、攀缘式、下垂式、悬吊式等
2	支撑框架：线性布局是指盆栽连续摆放或观花、观叶植物串联起来，或直或曲
3	微灌溉系统：面状布局是指植物密集或稀疏地聚在一起，形成一定面积的区域的地面或墙面布局装饰

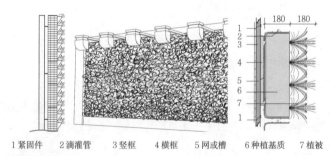

1 紧固件　2 滴灌管　3 竖框　4 横框　5 网或槽　6 种植基质　7 植被

4 装配式绿化

布袋式绿化

在铺贴式墙面绿化系统基础上发展起来的一种更为简易的工艺系统，应用于低矮的墙体。

布袋式绿化构造要点　　　　　　　　　　表3

序号	构造要点
1	在做好防水处理的墙面上直接铺设软性植物生长载体，比如毛毡、椰丝纤维、无纺布等
2	在这些载体上缝制可装填有植物生长及基材的布袋
3	在布袋内装填植物生长基材后种植植物，实现墙面绿化
4	供水采用渗灌的方式，让水分沿载体往下渗流

垂挂式或攀爬式绿化

利用植物自然生长垂挂的枝叶覆盖构件和立面。

攀爬式绿化为半密集型墙面绿化；植被常选用落叶或常绿爬藤植物，落叶绿化在夏季可遮荫降温、吸尘降噪，在冬季透光采暖，形成随季节性变化的生动立面。绿化成形相对较慢。

垂挂式绿化构造要点　　　　　　　　　　　　　　　表1

序号	构造要点
1	垂挂式绿化呈线形或面状，属半密集型墙面绿化，植被可选用小型灌木和藤本植物，绿化成形快、易维护
2	植物借助墙面或支架体系攀缘向上生长，枝叶覆盖支架和立面
3	植物生长辅助支架体系需选用耐腐耐候、轻质高强材料，常用木、金属、特种塑料等
4	支架体系可分为单向支架（独立支杆或单向缆索）、双向支架（或缆索）、网架或框架三类

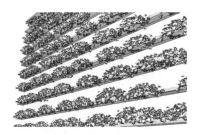

1 垂挂式绿化

板槽式绿化

板槽式绿化工艺广泛应用于采石场等山体缺口生态治理，将它应用于墙面绿化是该工艺应用领域的一个延伸，通过在墙面安装的V形板槽内种植植物实现墙面绿化。

板槽式绿化构造要点　　　　　　　　　　　　　　　表2

序号	构造要点
1	在墙面上按一定的距离安装V形板槽
2	板槽内填装轻质的种植基质，种植各种植物
3	通过滴灌系统供水

悬挑式绿化

在墙面设置种植容器，借助容器和连接件将植物同立面结合在一起。

悬挑式绿化多为点式，绿化成形快、形式自由，属开敞型墙面绿化；植被可选用各种小型盆栽植物，具有易维护、易更换等特点。

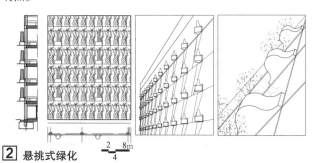

2 悬挑式绿化

铺贴式绿化

铺贴式植物墙体系相对轻薄（＜10cm），为半预制式，墙面绿化整体性好，但不便于局部更换，维护要求高，且现场工期长，绿化成形较慢。

铺贴式绿化构造要点　　　　　　　　　　　　　　　表3

序号	构造要点
1	将平面浇灌系统、墙体种植袋（常用毛毡）复合在高强度防水层上，形成墙面种植平面系统或模块
2	将墙面种植平面系统或模块用特殊的防水紧固件直接铺贴于墙面或固定在墙面连接件（金属网架或框架）上
3	植被在花圃预培或现场栽植

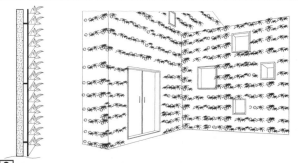

3 铺贴式绿化

墙面绿化类型、构造及做法　　　　　　　　　　　　表4

类型	构造	做法	类型	构造	做法
装配式绿化	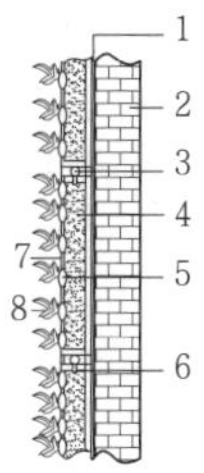	1 防水层 2 墙体 3 滴灌管道 4 生长基质 5 植物种植孔 6 滴头 7 模块 8 植物	板槽式绿化		1 防水层 2 墙体 3 滴灌管道 4 生长基质 5 滴头 6 固定点 7 种植槽 8 植物
布袋式绿化	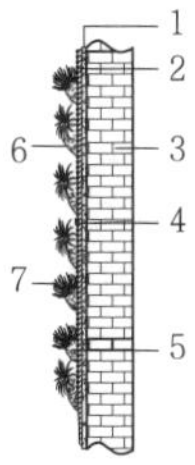	1 防水层 2 背衬 3 墙体 4 固定点 5 生长基质 6 布袋 7 植物	悬挑式绿化	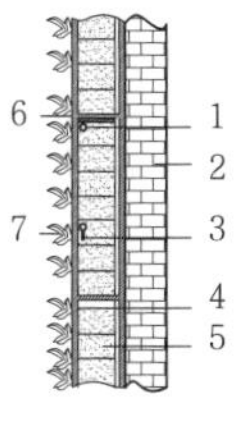	1 滴灌管道 2 墙体 3 滴头 4 种植容器 5 生长基质 6 骨架 7 植物
垂挂式绿化	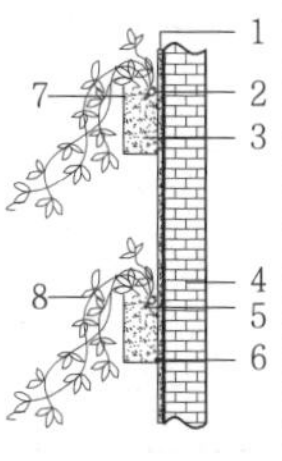	1 防水层 2 滴灌管道 3 生长基质 4 墙体 5 滴头 6 固定点 7 种植槽 8 植物	铺贴式绿化	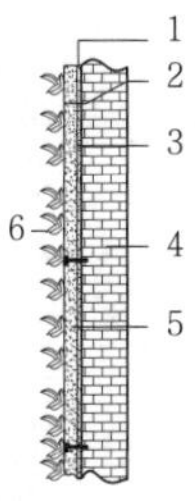	1 防水层 2 固定锚定 3 背衬 4 生长基质 5 植物

5
绿色建筑

室内绿化概念

　　室内植物绿化一般指在室内或中庭长期摆放植物进行观赏，这类植物大都比较耐阴，喜温暖。另一类较特别的室内绿化是利用阳光房布置植物，这类植物大都喜阳。

　　室内绿化除可以单独布置外，还可以和室外绿化相互配合，共同改善室内环境。

植物分类

　　按光线要求可以分为喜阳植物、中性植物、耐阴植物；按形态特征可分为直立、藤蔓类；按观赏类型可分为观花类、观果类、观叶类。

室内绿化类型

室内绿化的类型　　　　　　　　　　　　　　　　　表1

类型	简述
点状布局	点状布局主要指独立或成组设置盆栽植物，设计原则是重点突出。点状布局可分为孤植式、对植式、列植式、攀缘式、下垂式、悬吊式等
线性布局	线性布局是指盆栽连续摆放或观花、观叶植物串联起来，形成直线或曲线形
面状布局	面状布局是指植物密集或稀疏地聚在一起，形成一定面积或区域的地面或墙面布局装饰
填充式布局	在室内的角落如墙角、楼梯间等，可采用相应的填充式布局进行植物设计，以充实空间

室内植物的生态服务功能和工作原理　　　　　　　　表2

生态服务功能	工作原理
改善室内空气质量	植物可减少室内空气污染。如在24h照明的前提下，芦荟可消除$1m^3$空气中所含90%的甲醛，龙舌兰可吞食70%的苯、50%的甲醛和24%的三氯乙烯，将有害气体吸收，并通过新陈代谢，释放出新鲜空气，从而提高空气质量
增加室内空气湿度	没有栽植植物且相对封闭的室内，其相对湿度为18%~34%，而栽培一定数量植物的室内环境，空气相对湿度可达到30%~70%
调节室内温度	绿色植物的叶片吸热和蒸发水分，降低室内温度。实验表明，栽培一定数量植物的室内比无植物的室内温度平均降低了0.3℃
调节人的神经系统	城市中的人们大部分时间都待在办公室，隔离孤立的环境对人产生消极影响，充满生机的植物引入室内，使办公环境耳目一新，有助于放松心情，消除紧张，提高工作效率
组织、柔化空间	通过对室内观赏植物的合理配置，可通过视线的吸引，起到分隔空间的作用
美化室内环境	室内植物可给室内环境平添几分生活情趣，使室内充满动感和生机
创造宜人空间	观赏植物的叶片可以对噪声进行吸收和减弱，来营造所需的私密空间

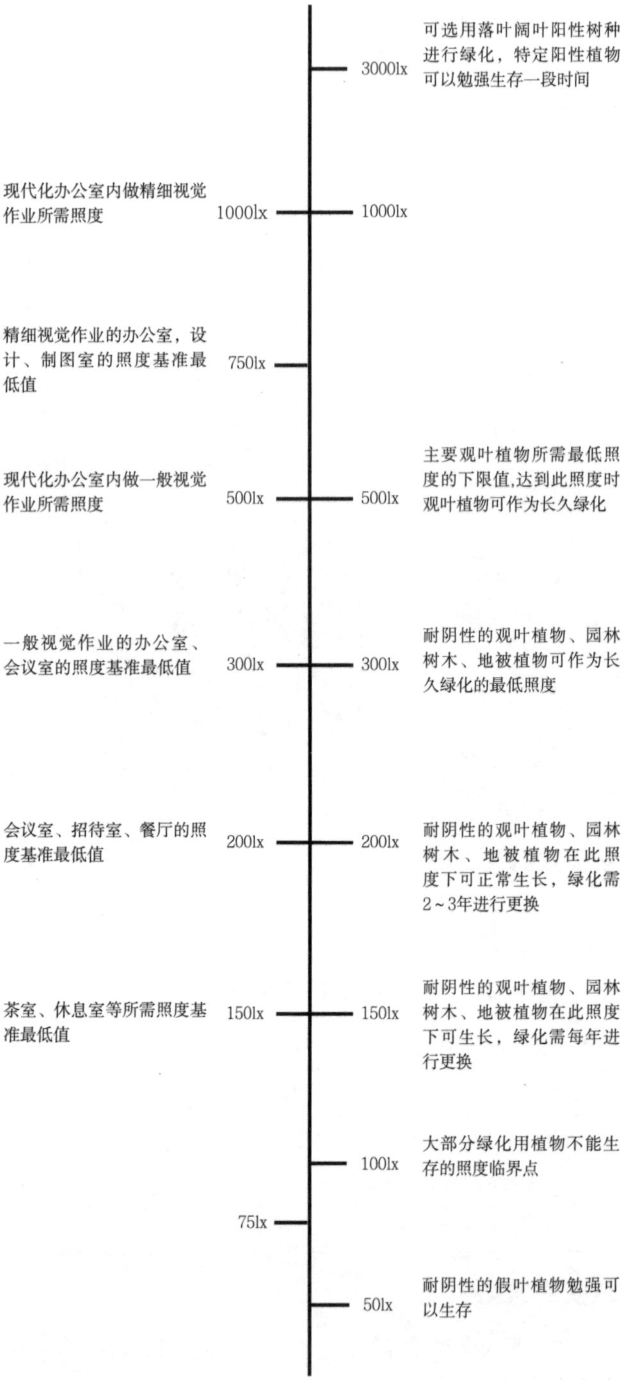

1 部分观叶植物对光照和温度的需求

中庭空间的光照度和植物导入的可能性　　　　　　　　　　　　　　　　　　　　　　　　表3

光照度（lx） 绿化植物类型	100	200	300	500	1000	1500	2000	3000
耐阴性强的观叶植物	×	□	□	○	○	○	○	○
有一定耐阴性的观叶植物	×	△	□	□	○	○	○	○
耐阴性强的地被植物	×	□	□	○	○	○	○	○
有一定耐阴性的地被植物	×	×	×	△	○	○	○	○
耐阴性强的常绿树	×	×	×	×	△	□	□	○
有一定耐阴性的常绿树	×	×	×	×	△	□	□	○
有一定耐阴性的落叶树	×	×	×	×	×	□	□	○
喜好阳光的落叶树、花丛	×	×	×	×	×	×	□	□

注：×为不可引入，△为引入时间限于数月之内（需要更换），□为引入时间限于1~2年内，○为可长期引入。

5
绿色建筑

a 透视图

1 候梯厅、前台　5 财务室
2 开敞办公　　　6 接待室
3 会议室　　　　7 备用间
4 领导办公　　　8 服务间

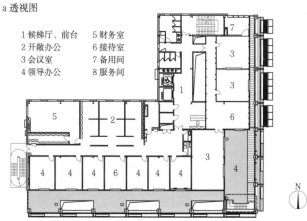

b 五层平面图

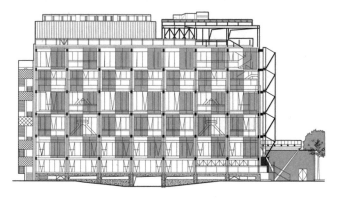

c 南立面图

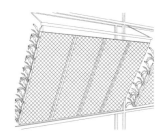

墙面绿化采用铝质拉伸网背衬绿化攀附网片模块，将绿化布置在室内侧，并向室外方向倾斜30°，这样一方面使室内可轻松观赏向阳面绿化的效果，另一方面隔绝居民楼后勤隐私区与办公公共空间的视觉干扰，双面观绿，同时塑造了具有新意的建筑整体形象。

d 东立面墙身

a 透视图

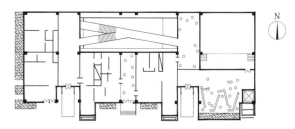

b 一层平面图

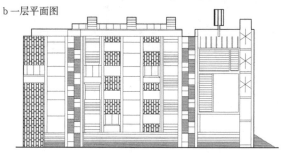

c 立面图

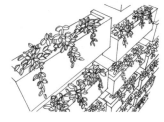

d 室内绿化透视图

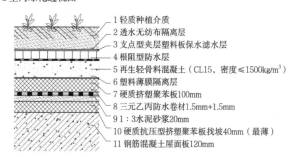

1 轻质种植介质
2 透水无纺布隔离层
3 支点型夹层塑料板保水滤水层
4 根阻型防水层
5 再生轻骨料混凝土（CL15，密度≤1500kg/m³）
6 塑料薄膜隔离层
7 硬质型挤塑聚苯板100mm
8 三元乙丙防水卷材1.5mm+1.5mm
9 1:3水泥砂浆20mm
10 硬质抗压型挤塑聚苯板找坡40mm（最薄）
11 钢筋混凝土屋面板120mm

e 种植屋面构造图

1 上海申都大厦

名称	地点	设计单位	气候特点	绿化类型
上海申都大厦	上海	华东建筑集团股份有限公司 华东建筑设计研究总院	温和湿润	屋顶绿化、墙面绿化

2 EXPO2010上海案例馆

名称	地点	设计单位	气候特点	绿化类型
EXPO2010上海案例馆	上海	华东建筑集团股份有限公司	温和湿润	屋顶绿化、墙面绿化、室内绿化

5
绿色建筑

绿色建筑材料

绿色建筑材料是生态环保材料在建筑材料领域的延伸，不是一种单独的建材产品，而是对建材"健康、环保、安全"等属性的一种要求。绿色建筑的环保意识与环保技术体现在生产、原料加工、施工、使用及废弃物处理等环节。

绿色建筑材料选用原则

绿色建筑材料选用原则   表1

选用原则	具体内容
符合国家的 资源利用政策	1.禁用或限用实心黏土砖、少用其他黏土制品； 2.选用利废型建材产品； 3.选用可循环利用的建筑材料； 4.拆除旧建筑物的废弃物与施工产生的建筑垃圾的再生利用
符合国家的 节能政策	1.选用对降低建筑物运行能耗和改善室内热环境有明显效果的建筑材料； 2.选用生产能耗低的建筑材料
符合节水政策	选用品质好的水系统产品、节水型的用水器具以及渗水路面砖
不损害人的 身体健康	1.严格控制材料的有害物含量，应低于国家标准的限定值； 2.科学控制会释放有害气体的建筑材料在室内的使用量； 3.必要时选用有净化功能的建筑材料
选用高品质的 建筑材料	材料品质必须达到国家或行业产品标准的要求，有条件的应尽量选用高品质的建筑材料
材料的耐久性 能优良	高性能的结构材料可以节约建筑物的材料用量，材料的耐久性优良可以减少房屋在全寿命周期内的维修次数，减少废旧拆除物的数量，减轻对环境的污染
配套技术 齐全	考虑是否有成熟的配套技术。配套技术包括：与主材料配套的各种辅料与配件、施工技术（包括清洁技术）和维护维修技术
材料本地化	优先选用建筑工程所在地的材料，不仅能节省运输费，还可以节省长距离运输材料而消耗的能源

常用绿色建筑材料判断依据

1. 建材所用原料以尾渣、垃圾、废弃物等为主。

2. 建材在生产的过程中采用了低能耗制造工艺和无污染环境的生产技术。

3. 在产品配制或生产过程中，未使用甲醛、卤化物溶剂或芳香族碳氢化合物，未使用汞及其化合物的颜料和添加剂，即产品应有益于人体健康，且具有多功能化，如抗菌、灭菌、防霉、除臭、隔热、阻燃、调温、调湿、消磁、防射线、抗静电等。

4. 建材具有高性能指标，能有效降低建筑能耗。

5. 建材产品可循环或回收利用，无污染环境的废弃物。

绿色建筑材料评价体系

该评价体系是围绕绿色建材的基本目标、环保目标、健康目标和安全目标制定的绿色建材评价指标，包括产品质量指标、环境负荷指标、人体健康指标和安全指标。

通过对建筑材料在生产过程中消耗的资源量、能源量和CO_2排放量（以单位建筑面积消耗数量表示）进行统计、计算和分析，得出评分标准，用以评价不同建筑体系所用建筑材料的资源消耗、能源消耗和CO_2排放的水平，供初步设计阶段选择环境负荷小的建筑体系。现将评价体系介绍如下：

1. 资源消耗

指标与评分：计算单体建筑单位建筑面积所用建筑材料生产过程中消耗的天然及矿产资源量$C(t/m^2)$，以此评分。

$$c = \sum_{i=1}^{n} X_i B_i (1-a)/s$$

式中：X_i—第i种建筑材料生产过程中单位质量消耗资源的指标（t/t）；
B_i—单体建筑用第i种建筑材料的总质量（t）；
S—单体建筑的建筑面积（m^2）；
a—单体建筑所用第i种建筑材料的回收率（%）；
n—单体建筑所用建筑材料的种类数。

评分等级设为5分，C值范围在0.35~0.65之间，C值越大，分值越低。

绿色建筑对材料资源方面的要求可归纳如下：

(1)尽可能少地利用材料；

(2)使用耐久性好的建筑材料；

(3)尽量使用占用较少不可再生资源生产的建筑材料；

(4)使用可再生利用、可降解的建筑材料；

(5)使用利用各种废弃物生产的建筑材料。

2. 能源消耗

指标与评分：计算单体建筑单位建筑面积所用建筑材料生产过程中消耗的能源量E（GJ/m^2），以此评分。

$$E = \sum_{i=1}^{n} B_i [X_i (1-a) + aX_{ri}]/s$$

式中：X_i—第i种建筑材料生产过程中单位质量消耗能源的指标（GJ/t）；
B_i—单体建筑所用第i种建筑材料的总质量（t）；
S—单体建筑的建筑面积（m^2）；
a—单体建筑所用第i种建筑材料的回收系数（%）；
X_{ri}—单体建筑所用第i种建筑材料的回收过程的生产能耗指标（GJ/t）；
n—单体建筑所用建筑材料的种类数。

评分等级设为5分，E值范围在1.50~3.50之间，E值越大，评分越低。

在能源方面，绿色建筑对建筑材料的要求为：

(1)尽可能使用生产能耗低的建筑材料；

(2)尽可能使用可减少建筑能耗的建筑材料；

(3)使用能充分利用绿色能源的建筑材料。

3. 环境影响

指标与评分：计算单体建筑单位建筑面积所用建筑材料生产过程中排放的CO_2量$P(t/m^2)$。

$$P = \sum_{i=1}^{n} B_i [X_i (1-a) + aX_{ri}]/s$$

式中：X_i—第i种建筑材料生产过程中单位质量排放CO_2的指标（t/t）；
B_i—单体建筑所用第i种建筑材料的质量总和（t）；
S—建筑单体建筑面积总和（m^2）；
a—单体建筑所用第i种建筑材料的回收系数；
X_{ri}—单体建筑所用第i种建筑材料的回收过程排放CO_2指标（t/t）；
n—单体建筑所用建筑材料的种类数。

评分等级设为5分，P值范围在0.20~0.40之间，P值越大，评分越低。

4. 本地化

指标与评分：计算距离施工现场500km以内生产的建筑材料用量t_i(t)与建筑材料总用量T_m(t)的比例L_m，以此评分。

$$L_m = \frac{t_i}{T_m} \times 100\%$$

其中，住宅建筑L_m宜大于70%，公共建筑L_m宜大于60%。

5. 旧建筑材料利用率

指标与评分：计算旧建筑材料用量t_r(t)与建筑材料总用量T_m(t)的比例R_u，以此评分。

$$R_u = \frac{t_r}{T_m} \times 100\%$$

旧建筑材料指旧建筑拆除过程中以其原来形式无须再加工就能以同样或类似使用的建筑材料。R_u值宜大于5%。

5
绿色建筑

典型绿色建筑材料及性能

生态型绿色建筑材料（原材料以废弃物为主，建材产品可回收再利用） 表1

材料		性能、特征
生态水泥	以各种固体废弃物为主要原料制成，具有环境的相容性和对环境的低负荷性	用各种金属尾矿（如铅锌尾矿、铜尾矿等）代替部分原料，利用尾矿中的微量元素降低熟料的热耗；采用工业废渣配料（如水淬矿渣、磷矿渣、造气渣等）取代部分石灰石和黏土，降低成本，提高水泥制品的质量；掺加煤矸石代替黏土，既解决了煤矿的污染，又降低了煤耗；利用城市垃圾灰渣、下水道污泥、制铝工业废渣赤泥为原料
	减少了生产过程对自然环境的污染	相比传统水泥可节能25%以上，CO_2总排放量可降低30%～40%
绿色高性能混凝土	更多地掺杂工业废渣为主的细掺料，节约熟料水泥	细磨工业废渣，用大量细掺料代替熟料水泥，成为主要凝胶组分
	更大地发挥混凝土的高性能优势，减少水泥与混凝土的用量	具有高性能、高耐久性和高强度；在正常环境中使用，寿命为200年，在不利环境中使用，其寿命为100年；较好的价比性；维护费也较低
装配式混凝土构件	该构件的应用能有效减少施工现场粉尘，减少污染，且构件在生产过程中，利用钢模代替木模，减少木材消耗。由于现场无需再搭建支撑与脚手架，既保证了现场的整洁卫生，同时还避免脚手架等支撑系统倒塌导致的人身安全事故。由于现场的工作量缩减，同步工程效率更高，并且不受季节限制，有效地缩减了工期	
木塑复合型材（WPC）	是一种可逆性循环利用的基础性材料，主要以精细木粉和医用级树脂混料、造粒通过模具一次挤压成型。产品可回收再利用，替代天然木材。又称环保木、防腐木，是利用高分子界面化学原理和塑料填充改性的特点，配以一定比例的树脂混合物，从生产原料的角度而言，木质塑料制品减缓和免除了塑料废弃物的公害污染，在该材料生产和使用时不会向周围环境散发危害人类健康的挥发物，因此木塑制品是一种全新的绿色环保且生态自洁净的复合材料	

节能型绿色建筑材料（材料能有效降低建筑能耗） 表2

材料		性能、特征
砌块	蒸压加气混凝土砌块	轻质高强，具有良好的保温、隔声性能。其导热系数通常为0.09~0.17W/(m·K)
	泡沫混凝土砌块	具有良好的抗压、抗震、抗水、隔热及隔声性能，使用寿命长。其导热系数0.06~0.16W/(m·K)
	蒸压砂加气混凝土砌块	具有一定的孔洞，强度度高，抗渗性能好，质量优，安装效率高，应用于多种部位。其导热系数0.12～0.16W/(m·K)
保温材料	聚苯乙烯泡沫塑料（EPS、XPS）	以聚苯乙烯树脂为主体，加入发泡剂等添加剂制成，具有密度小、抗水性好、强度高、易于加工的特点。主要用于工业与民用建筑外墙、屋面及地板保温工程
	喷涂聚氨酯硬泡保温材料	以异氰酸酯、多元醇为主要原料加入添加剂组成的双组分，现场喷涂施工的具有绝热和防水功能的硬质泡沫塑料。较好的防火性能，抗湿热性优良，对主体结构变形适应能力好，抗裂性能好，耐撞击性能强
	硬质酚醛泡沫制品（PF）	由苯酚和甲醛的缩聚物与其他添加剂如硬化剂、发泡剂、表面活性剂和填充剂等混合制成的多孔型硬质泡沫塑料。其具有耐腐蚀性好、导热系数低、温度适用范围广、防水抗老化性能的优点
	岩棉	以岩石、矿渣等为主要原料，经过高温熔融，用离心等方法制成的棉及热固型树脂为粘结剂生产的绝热制品。有防水要求时，其质量吸湿率应不大于0.5%，憎水率应不小于98.0%
	矿物棉喷涂绝热层	采用专用机械和专有的胶粘剂，将超细玻璃棉或颗粒状岩棉喷涂在外墙内面，形成一定厚度的保温层。有优良的保温、降噪和耐火性能。开裂、脱落会严重影响性能
	胶粉聚苯颗粒保温浆料	由胶粉料和膨胀聚苯乙烯泡沫塑料组成并且聚苯颗粒体积比不小于80%的保温灰浆。不得单独作为保温材料用于外墙保温和有防火要求的部位
	膨胀玻化微珠保温浆料	以膨胀玻化微珠作为干燥砂浆轻质骨料，预拌在干粉改性剂之中，加水拌合制成砂浆。具有保温、耐候及防火性能，可直接施工于干燥墙体表面
门窗	铝塑复合门窗	又叫断桥铝门窗，采用隔热断桥铝型材和中空玻璃，具有节能、隔声、防噪、防尘、防水功能；比普通门窗热量散失减少一半，传热系数2W/(m²·K)，降低取暖费用30%左右；隔声量达29dB以上，水密性、气密性良好
	玻璃钢门窗	抗老化，高强度，耐腐蚀，寿命长，约为50年，与建筑物基本同寿命，可减少更换门窗的麻烦，节省开支
	木塑复合门窗	将塑料与木材复合作为窗框材料，传热系数可达1.72W/(m²·K)，隔声量达30.5dB
玻璃	中空玻璃	可见光投射率一般在10%～80%，光反射率有25%～80%，总透射率25%～50%，具有良好的保温、隔热、隔声等性能以及防结露、安全、美观等优点
	热反射玻璃	通过化学热分解、真空镀膜等技术，在玻璃表面形成一层热反射镀层，反射热辐射。但会减少透光性，不利于天然采光，且太高的玻璃反射率可能导致光污染
	低辐射镀膜玻璃（Low-E玻璃）	在玻璃表面涂敷低辐射涂层，使表面辐射率低于普通玻璃（通常为0.84），从而减少热量的损失；对波长范围4.5～25μm的远红外有较高反射比

健康型绿色建筑材料（材料对人体无害） 表3

材料		性能、特征
胶粘剂	陶瓷墙地砖用 TAM通用型	以水泥为基材，经硫合物改性而成的无臭、无污染的白色粉末，应用范围广泛
	陶瓷墙地砖用 TAS型高强度耐水型	由双组分胶粘剂组成。特点有强度高、耐水、耐候、耐化学物质，适用于长期浸泡和腐蚀的部位
	陶瓷墙地砖用 马赛克胶粘剂	主要含聚乙烯醇缩甲醛、尿素。为白色水溶性胶，无毒无味
	壁纸用 聚乙烯醇型	无毒、无臭，粘结性能良好，耐水性差
	壁纸用 白乳胶	配制使用方便，粘结层有较好的韧性和耐久性
	聚氯乙烯块状地板用 PAA胶粘剂	粘结力强，干燥快，耐热、耐寒
	聚氯乙烯块状地板用 8123地板胶粘剂	无毒、无臭、不燃、耐水性、粘结性良好
	聚氯乙烯块状地板用 丙丙木地板胶粘剂	白色液体，粘结强度高，耐水性好，同样适用于塑料地板
	聚氯乙烯块状地板用 7990水性高分子胶粘剂	不燃、不霉、无臭，无刺激味，水溶性，能在潮湿基上粘贴，能适应冷热交替及干湿交替的环境
	聚氯乙烯块状地板用 D-1塑料地板胶粘剂	初期粘结力大，使用完全可靠，对水泥、木材等材料有很好的粘结力
接缝材料	弹性密封材料 丙烯类混合物	不包含二硫化邻苯（二硫化双乙基）、氧化钛、乙烯乙二醇。用于比聚氨酯类功能更小的ALC类接缝。在底层涂料中包含甲苯
	弹性密封材料 丙烯尿烷类（单成分）混合物	不包含石油挥发油和氧化钛，用于用途、性能与聚乙烯磺胺相当，使用率比聚乙烯磺胺少的场合。在底层涂料中包含甲苯
	弹性密封材料 硅胶类	在底层涂料中包含甲苯。主要用于铝合金玻璃窗四周缝隙的密封，其耐季节性、耐热及耐寒性，以及不易变形的性能优越
	油性密封材料 混合物	不含石油，在底层涂料中包含甲苯，用于混凝土龟裂缝的填补
涂料	合成树脂乳液内墙涂料	以合成树脂乳液为基料与颜料、体质颜料及各种助剂配制而成，施涂后形成平整薄质表面。适用于高级住宅的内墙装饰
	合成树脂乳液外墙涂料	以合成树脂乳液为基料与颜料、体质颜料及各种助剂配制而成，施涂后形成平整薄质表面。延长建筑寿命。适用于高级建筑的外墙装饰
	合成树脂乳液砂壁建筑涂料	以合成树脂乳液为主要粘结剂，天然彩砂、人造岩片和石粉为骨料和特殊助剂，精细加工而成。特别适用于基面不平或有裂缝的高级建筑的外墙装饰
	建筑外表面用热反射隔热涂料	主要由合成树脂、功能性颜填料和各种助剂配制而成。通过反射太阳热辐射来减少建筑物和构筑物的热负荷。涂覆于建筑外表面
	弹性建筑涂料	以合成树脂乳液为基料，并由各种颜料、填料和助剂等配制而成。施涂后能解决因墙面施工不平整造成的弊端，且抗水透气，遮盖力强，抗污染性好

5
绿色建筑

节能型绿色建筑材料应用实例

清华大学超低能耗示范楼采用保温性能优越的外门窗系统。

1. 高透光性及高保温性的玻璃

为了尽可能减少透光型围护结构的能量损失，同时在寒冷冬季最大限度地利用太阳能，示范楼采用了具有高透光性及高保温性的玻璃。玻璃的结构示意图见①、②。

2. 低导热系数的窗框型材

采用了日本YKKAP公司的PVC塑钢型材，PVC型材导热系数仅0.17W/(m²·k)，远小于金属型材的导热率，即使在中空断面上加上钢衬，其型材的综合传热系数仍可达到2.0W/(m²·K)。

3. 低导热系数的边部密封材料

示范楼中采用低热传导率的Swiggle暖边作为中空玻璃边部的密封材料。Swiggle暖边是连续带状的金属隔离铝合金带的胶条，与传统铝隔条相比，其金属铝隔带的断面宽度仅0.3mm，比传统铝隔条的铝断面宽度(5mm)小了许多，因而可以大大降低玻璃边部的热传导，提高中空玻璃整体传热系数约5%。另一个直接效果就是使得门窗边部的表面温度有所提高，相对较传统铝隔条中空玻璃门窗平均约高5°C，大大降低了门窗结露的可能性。

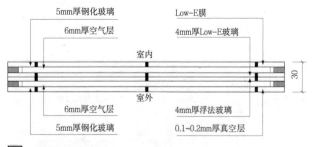

① 双LOW-E膜双中空玻璃

② 高性能真空玻璃

生态型绿色建筑材料应用实例

上海市建筑科学研究院的绿色建筑示范楼的建设过程中共使用各类建筑材料80余种，其中绿色建材(包括装饰装修材料)64种，占72%。

1. 采用无毒无味的装饰装修材料，其中主要有玉米胶、再生木材、纳米墙体涂料、塑胶地板等，使室内空气无毒、无味、无污染。

2. 结构墙体采用了由工业废料、建筑垃圾制成的再生混凝土空心砌块，大大减少了水泥用量。外墙采用新型高性能混凝土——再生骨料混凝土，不仅减少了环境污染，而且在强度不下降的情况下，再生骨料用量只有普通混凝土的1/3。

3. 针对该楼东南西北不同朝向，分别采取了填充泡沫板、注入发泡剂等4种不同的外墙外保温体系。通过建筑外围护结构设计和采用高效保温材料复合墙体和屋面以及密封性良好的多层窗，使围护结构传热系数达到0.3W/(m²·K)，在生态友好的前提之下，同时还显著减少了建筑运行能耗。

4. 上海市建筑科学研究院的绿色建筑示范楼的所有材料都可以经粉碎或回收提炼后再循环利用。大量利用废弃的和旧的材料，如直接利用从旧有建筑物中拆除的砖石、木料、板材等，砌筑、抹灰和地面砂浆采用再生骨料、粉煤灰等，从而大大减少了天然砂和水泥的用量。

绿色建筑材料综合运用

2010年上海世博会是全球绿色建筑科技的汇集地，引领着全球建筑业的绿色节能的发展方向，其场馆建筑大量应用绿色建材，值得借鉴，如下表：

2010上海世博会场馆建筑　　　　　　　　　　　　　表1

馆别	绿色建材使用
德国馆	外墙使用一种网状的、透气性能良好的革新性建筑布料，表层织入了一种金属性银色材料。这种材料对太阳辐射具有极高的反射率，同时网状透气性织布结构又能防止展馆内热气的积聚，由此减轻展馆内空调设备的负担。在世博会结束后，这些布将被再利用，改制成小块遮阳罩，或加工成手提包等
意大利馆	意大利馆的外墙是由外侧透明混凝土与内侧双层 ETFE 膜结构共同构成的复合系统。总重量达189t的3774块预制透明混凝土板，在该建筑中主要以500mm×1000mm×50mm规格的板材覆盖了意大利馆外墙的40%的界面上，其中在横梁和立柱等结构单元处的透明率为零，而其他区域的预制板上通过改变混凝土成分比例和预制板上50个导光小洞的作用，分别可以达到10%、20%、50%的透光率
芬兰馆	大规模采用了由塑料盒废弃纸张合成的新型 UPM ProFi 木塑复合材料，实现了变废为宝，减轻了对环境的污染。 外墙的鳞状装饰材料以芬欧蓝泰不干胶标签材料生产中产生的废弃纸张和塑料为主要原料，具有可重复使用并能轻易降解的特性，使之完全符合各项环保标准。制成的外墙面表面坚固耐磨，摸起来足够硬，水分含量低，且自重轻，减少结构负载，且外观清新雅致不易褪色。 所有建筑材料都具有可以拆卸并重新组装的特点，实现了全部材料的可回收再利用
西班牙馆	采用了藤条手工编制而成的藤板作为馆体外界面的基本单元。材料具有可再生和经济性，藤具有密实坚固又轻巧、柔韧有弹性的特性，经过消毒、高温处理后具有防毒、防蛀和卫生的特点，也更加坚固耐用
万科馆	万科馆由7个相互独立的简状建筑组成，各简之间通过顶部的蓝色透光 ETFE膜连成一体。选用麦秸秆压制而成的秸秆板作为最主要的建筑材料，给农作物秸秆的再利用增加了一条有效的途径。根据《中国建筑环境影响的生命周期评价》，在建材的生产、运输、施工过程中分别占其总能耗的92%、5%、3%，可见材料的选择对于建筑全生命周期CO_2排量放起着至关重要的作用。如果用秸秆板作为建材，1kg 秸秆板可固定0.15kg CO_2，在秸秆板与各种常用建材的 1kg 材料生命周期CO_2排放量的比较中，秸秆板的优势非常明显

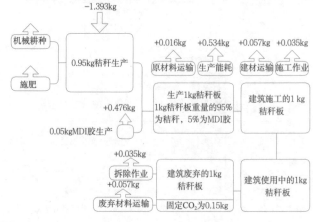

③ 万科馆秸秆板作为建材的生命周期CO₂排放分析

基本原则

1. 严寒地区的公共建筑，冬季不宜利用空调系统进行采暖，宜另设以热水为热媒的集中采暖系统。

2. 寒冷地区的冬季采暖，应根据建筑等级、采暖期天数、能源消耗量和运行费用等因素，经技术经济综合分析比较后确定是否另设热水采暖系统。

3. 有条件的地区应优先采用可再生能源，如太阳能、地热能等。

4. 采暖与空调系统，应进行监测与控制，其内容可包括参数监测、参数与设备状态显示、自动调节与控制、工况自动转换、能量计量以及中央监控与管理等。

冷热源（一）

1. 城市集中供热应优先采用城市热网热源，有条件时应优先利用工业余热、废热或太阳能、地热能等可再生能源。

2. 除符合下列条件之一外，不得采用电直接加热设备作为空调系统的供暖热源和空气加湿热源：

（1）以供冷为主，供暖负荷非常小，且无法利用热泵或其他方式提供供暖热源的建筑，当冬季电力供应充足，夜间可利用低谷电进行蓄热，且电锅炉不在高峰和平段时间启用时；

（2）无城市或区域集中供热，且采用燃气、煤、油等燃料受到环保或消防严格限制的建筑；

（3）利用可再生能源发电，且其发电量能够满足直接电热用量需求的建筑；

（4）冬季无加湿用蒸汽源，且冬季室内相对要求较高的建筑。

3. 除符合下列条件之一外，不得采用电直接加热设备作为空气加湿热源：

（1）电力供应充足，且电力需求侧管理鼓励用电时；

（2）利用可再生能源发电，且发电量能满足自身加湿用电量需求的建筑；

（3）冬季无加湿用蒸汽源，且冬季室内相对湿度控制精度要求高的建筑。

4. 严寒和寒冷地区，当没有热电联产、工业余热和废热可利用时，应建集中锅炉房。集中锅炉房的供热规模采用燃气时，供热规模不宜过大，采用燃煤时供热规模不宜过小；锅炉的最低热效率不应低于表1规定值。

名义工况和规定条件下锅炉的热效率　　　　　　　表1

锅炉类型及燃料种类		锅炉额定蒸发量D(t/h)/额定热功率Q（MW）				
		$D<1/$ $Q<0.7$	$1≤D<2/$ $0.7≤Q<$ 1.4	$1<D<2/$ $1.4<Q$ <4.2	$6≤D≤8/$ $4.2≤Q≤$ 5.6	$8<D≤20$ $/5.6<$ $Q≤14.0$	$D>20/$ $Q>14.0$
燃油燃气锅炉	重油	86%			89%	
	轻油	88%			90%	
	燃气	88%			90%	
层状燃烧锅炉		75%	78%	80%	81%	82%
抛煤机链条炉排锅炉	Ⅲ类烟煤	—	—	82%		83%
流化床燃烧锅炉		—	—	84%		

注：本表摘自《公共建筑节能设计标准》GB 50189-2015。

5. 电动压缩式冷水机组的总装机容量，应根据计算的空调冷负荷值直接选定，不得另作附加。在设计条件下，当机组的规格不符合计算冷负荷的要求时，所选择机组的总装机容量与计算冷负荷的比值不得大于1.1。

6. 采用电机驱动的蒸气压缩循环冷水（热泵）机组时，其在名义制冷工况和规定条件下的性能系数COP应符合下列规定：

（1）水冷定额机组及风冷或蒸发冷却机组的性能系数COP不应低于表2的数值；

（2）水冷变频离心式机组的性能系数COP不应低于表2中数值的0.93倍；

（3）水冷变频螺杆式机组的性能系数COP不应低于表2中数值的0.95倍。

名义制冷工况和规定条件下冷水（热泵）机组的制冷性能系数COP　　　　表2

类型		名义制冷量CC(kW)	性能系数COP（W/W）					
			严寒A、B区	严寒C区	温和地区	寒冷地区	夏热冬冷地区	夏热冬暖地区
水冷	活塞式/涡旋式	$CC≤528$	4.10	4.10	4.10	4.10	4.20	4.40
	螺杆式	$CC≤528$	4.60	4.70	4.70	4.70	4.80	4.90
		$528<CC≤1163$	5.00	5.00	5.00	5.10	5.20	4.90
		$CC>1163$	5.20	5.30	5.40	5.50	5.60	5.60
	离心式	$CC≤1163$	5.00	5.00	5.10	5.20	5.30	5.40
		$1163<CC≤2110$	5.30	5.40	5.40	5.50	5.60	5.70
		$CC>2110$	5.70	5.70	5.70	5.80	5.90	5.90
风冷或蒸发冷却	活塞式/涡旋式	$CC≤50$	2.60	2.60	2.60	2.60	2.70	2.80
		$CC>50$	2.80	2.80	2.80	2.80	2.90	2.90
	螺杆式	$CC≤50$	2.70	2.70	2.70	2.80	2.90	2.90
		$CC>50$	2.90	2.90	2.90	3.00	3.00	3.00

注：本表摘自《公共建筑节能设计标准》GB 50189-2015。

7. 电机驱动的蒸气压缩循环冷水（热泵）机组的综合部分负荷性能系数IPLV应符合下列规定：

（1）水冷定额机组的综合部分负荷性能系数IPLV不应低于表3的数值；

（2）水冷变频离心式冷水机组的综合部分负荷性能系数IPLV不应低于表3中水冷离心式冷水机组限值的1.30倍；

（3）水冷变频螺杆式冷水机组的综合部分负荷性能系数IPLV不应低于表3中水冷螺杆式冷水机组限值的1.15倍。

冷水（热泵）机组综合部分负荷性能系数IPLV　　　　表3

类型		名义制冷量CC(kW)	综合部分负荷性能系数IPLV（W/W）					
			严寒A、B区	严寒C区	温和地区	寒冷地区	夏热冬冷地区	夏热冬暖地区
水冷	活塞式/涡旋式	$CC≤528$	4.90	4.90	4.90	4.90	5.05	5.25
	螺杆式	$CC≤528$	5.35	5.45	5.45	5.45	5.55	5.65
		$528<CC≤1163$	5.75	5.75	5.75	5.85	5.90	6.00
		$CC>1163$	5.85	5.95	6.10	6.20	6.30	6.30
	离心式	$CC≤1163$	5.15	5.15	5.25	5.35	5.45	5.55
		$1163<CC≤2110$	5.40	5.50	5.55	5.60	5.75	5.85
		$CC>2110$	5.95	5.95	5.95	6.10	6.20	6.20
风冷或蒸发冷却	活塞式/涡旋式	$CC≤50$	3.10	3.10	3.10	3.10	3.20	3.20
		$CC>50$	3.35	3.35	3.35	3.35	3.40	3.45
	螺杆式	$CC≤50$	2.90	2.90	2.90	3.00	3.20	3.20
		$CC>50$	3.10	3.10	3.10	3.20	3.20	3.20

注：本表摘自《公共建筑节能设计标准》GB 50189-2015。

冷热源（二）

1. 空调系统的电冷源综合制冷性能系数SCOP不应低于表1中的数值。对于多台冷水机组、冷却水泵和冷却塔组成的冷水系统，应将实际参与运行的所有设备的名义制冷量和耗电功率综合统计计算，当机组类型不同时，其限值应按冷量加权的方式确定。

空调系统的电冷源综合制冷性能系数SCOP 表1

类型		名义制冷量CC(kW)	综合部分负荷性能系数SCOP（W/W）					
			严寒A、B区	严寒C区	温和地区	寒冷地区	夏热冬冷地区	夏热冬暖地区
水冷	活塞式/涡旋式	CC≤528	3.3	3.3	3.3	3.3	3.4	3.6
	螺杆式	CC≤528	3.6	3.6	3.6	3.6	3.6	3.7
		528<CC≤1163	4	4	4	4	4.1	4.1
		CC>1163	4	4.1	4.2	4.4	4.4	4.4
	离心式	CC≤1163	4	4	4	4.1	4.1	4.2
		1163<CC≤2110	4.1	4.2	4.4	4.4	4.4	4.5
		CC>2110	4.5	4.5	4.5	4.6	4.6	4.6

注：本表摘自《公共建筑节能设计标准》GB 50189-2015。

2. 采用多联式空调（热泵）机组时，其在名义制冷工况和规定条件下的制冷综合性能系数IPLV不应低于表2的数值。

名义制冷工况和规定条件下多联式空调（热泵）机组制冷综合性能系数IPLV（C） 表2

名义制冷量CC(kW)	制冷综合性能系数IPLV（C）					
	严寒A、B区	严寒C区	温和地区	寒冷地区	夏热冬冷地区	夏热冬暖地区
CC≤28	3.80	3.85	3.85	3.90	4.00	4.00
28<CC≤84	3.75	3.80	3.80	3.85	3.95	3.95
CC>84	3.65	3.70	3.70	3.75	3.80	3.80

注：本表摘自《公共建筑节能设计标准》GB 50189-2015。

3. 采用名义制冷量大于7.1kW、电机驱动的单元式空气调节机、风管送风式和屋顶式空气调节机组时，其在名义制冷工况和规定条件下的能效比EER不应低于表3的数值。

名义制冷工况和规定条件下单元式空气调节机、风管送风式和屋顶式空气调节机组能效比EER 表3

类型		名义制冷量CC(kW)	名义制冷工况和规定条件下的能效比EER					
			严寒A、B区	严寒C区	温和地区	寒冷地区	夏热冬冷地区	夏热冬暖地区
风冷	不接风管	7.1<CC≤14.0	2.70	2.70	2.70	2.75	2.80	2.85
		CC>14.0	2.65	2.65	2.65	2.70	2.75	2.75
	接风管	7.1<CC≤14.0	2.50	2.50	2.50	2.55	2.60	2.60
		CC>14.0	2.45	2.45	2.45	2.50	2.55	2.55
水冷	不接风管	7.1<CC≤14.0	3.40	3.45	3.45	3.50	3.55	3.55
		CC>14.0	3.25	3.25	3.25	3.30	3.40	3.45
	接风管	7.1<CC≤14.0	3.10	3.10	3.15	3.20	3.25	3.25
		CC>14.0	3.00	3.00	3.05	3.10	3.15	3.20

注：本表摘自《公共建筑节能设计标准》GB 50189-2015。

4. 采用直燃型溴化锂吸收式冷（温）水机组时，其在名义工况和规定条件下的性能参数应符合表4的规定。

名义工况和规定条件下直燃型溴化锂吸收式冷（温）水机组的性能参数 表4

名义工况		性能参数	
冷（温）水进/出口温度（℃）	冷却水进/出口温度（℃）	性能系数（W/W）	
		制冷	制热
12/7（供冷）	30/35	≥1.20	—
—/60（供热）	—	—	≥0.90

注：本表摘自《公共建筑节能设计标准》GB 50189-2015。

❶ 陆耀庆. 实用供热空调设计手册. 第二版. 北京: 中国建筑工业出版社, 2008.

设备（层）用房

1. 空调和制冷机房所需占用的建筑面积，随系统形式、设备类型等的不同有很大差异。全空调建筑的通风、空调和制冷机房所需的建筑面积，一般按建筑总面积A的3%~8%考虑。其中：风管与管道井约占1%~3%；制冷机房约占0.5%~1.2%。建筑总面积大者考虑下限值，建筑总面积小者，考虑上限值。

空调和制冷机房需占用的建筑面积，可按表5中的经验公式确定，也可参考表6空调机房面积估算指标确定。

机房面积经验公式❶ 表5

机房类型	公式
制冷机房	$A_l=0.086A$
锅炉房	$A_g=0.01A$
空调机房	$A_k=0.0098A$

空调机房面积占空调建筑面积比例的估算指标❶ 表6

空调建筑面积（m^2）	分楼层单风管（全空气系统）	风机盘管加新风（分楼层单风管）	双风管（全空气系统）	单元式空调机	平均指标
1000	7.5%	4.5%	7.0%	5.0%	7.0%
3000	6.5%	4.0%	6.7%	4.5%	6.5%
5000	6.0%	4.0%	6.0%	4.2%	5.5%
10000	5.5%	3.7%	5.0%	—	4.5%
15000	5.0%	3.6%	4.0%	—	4.0%
20000	4.8%	3.5%	3.5%	—	3.8%
25000	4.7%	3.4%	3.2%	—	3.7%
30000	4.6%	3.3%	3.0%	—	3.6%

注：制冷机和水泵所需建筑面积，约为表列空调机房面积的1/4~1/3。

2. 制冷机房土建设计原则及要求见表7，制冷机房净高随设备类型的不同有差异，可参考表8进行确定。

机房土建设计原则及要求❶ 表7

序号	要求及原则
1	机房的位置应尽可能靠近冷负荷中心，以缩短输送管道。机房宜设置在建筑物的地下室；对于超高层建筑，可设置在设备层或屋顶
2	机房宜设置观察控制室、维修间及洗手间
3	机房内的地面和设备基座应采用易于清洗的面层
4	机房应考虑预留可用于机房内最大设备运输、安装的孔洞和通道；最好在机房上部预留起吊最大部件的吊钩或设置电动起吊设备

制冷机房净高❶ 表8

设备种类	净高（m）
活塞式冷水机组、小型螺杆式冷水机组	3.0~4.5
离心式冷水机组、大中型螺杆式冷水机组	4.5~5.0
吸收式冷水机组	4.5~5.0
辅助设备	3.0

注：1. 有电动起吊设备时应考虑起吊设备的安装和工作高度；
2. 蓄冰系统机房净高与同类别冷水机组的净高相同，如果制冰滑落式设备的蓄冰槽布置在室内，机房的净高应根据所选用的样本适当加高。

3. 技术设备层层高随建筑面积的不同而不同，可参考表9确定。

设备层高度❶ 表9

建筑面积（m^2）	设备层（含制冷机、锅炉）层高（m）	泵房、水池、变配电、发电机房（m）
1000	4.0	4.0
3000	4.5	4.5
5000	4.5	4.5
10000	5.0	5.0
15000	5.5	6.0
20000	6.0	6.0
25000	6.0	6.0
30000	6.5	6.5

供热系统设计

1. 民用建筑供暖系统的热媒应根据不同的建筑类型参照表1进行选用。

2. 对于仅要求在使用时间保持供暖计算温度的建筑，如办公、教室、商店、展馆、教堂等建筑，供暖系统应按照间歇供暖模式进行设计。

3. 高大空间的车间和公共建筑，如大堂、候车（机）室、展览厅等，宜采用高温红外线辐射供暖；居住建筑有条件时，宜采用低温地面辐射供暖系统，但每户建筑面积小于80m²的住宅，不宜采用低温地面辐射供暖系统。

4. 供暖系统形式应根据使用热媒的不同以及建筑的具体情况根据表2确定。

供暖系统热媒的选择❶ 表1

建筑类型	适用采用	允许采用
住宅、医院、幼儿园、托儿所等	不超过95℃的热水	—
办公楼、学校、展览馆等	不超过95℃的热水	不超过110℃的热水
车站、食堂、商业建筑等	不超过110℃的热水	高压蒸汽
一般俱乐部、影剧院等	不超过95℃的热水低压蒸汽	不超过130℃的热水

不同供暖系统形式适用范围❶ 表2

热媒	循环方式	形式名称	适用范围
热水	重力循环	单管上供下回式	作用半径不超过50m的多层建筑
		双管上供下回式	作用半径不超过50m的3层（≤10m）以下建筑
		单户式	单户单层建筑
	机械循环	双管上供下回式	室温有调节要求的建筑
		双管下供下回式	室温有调节要求且顶层不能敷设干管时的建筑
		双管中供式	顶层供水干管无法敷设或边施工边使用的建筑
		双管下供上回式	热媒为高温水、室温有调节要求的建筑
		垂直单管上供下回式	一般多层建筑
		垂直单管下供上回式	热媒为高温水的多层建筑
		水平单管跨越式	单层建筑中联散热器组数过多时
		分层式	高温水热源
		双水箱分层式	低温水热源
		单双管式	8层以上建筑
		垂直单管上供中回式	不易设置地沟的多层建筑
		混合式	热媒为高温水的多层建筑
		高低层无水箱直连	低温水热源
蒸汽	—	双管上供下回式	室温需要调节的多层建筑
		双管下供下回式	室温需要调节的多层建筑
		双管中供式	当顶层无法敷设供汽干管的多层建筑
		单管下供下回式	3层以下建筑
		单管上供下回式	多层建筑

空调系统设计

1. 空调系统应根据建筑的特征参考表3进行合理选用；

2. 使用时间或温度、湿度等要求条件不同的空调区，不应划分在同一空调系统中；

3. 建筑物空间高度h≥10m、体积V＞10000m³时，宜采用分层空调系统；

4. 对于每层面积较大的建筑，应结合建筑进深、朝向、分隔等因素，因势利导地划分内区（核心区）和外区（周边区），分别设计和配置空调系统；

5. 要注意防止冬季室内冷、热空气的混合损失。

常用空调系统比较❶ 表3

比较项目	集中式空调系统	单元式空调器	风机盘管空调系统
设备布置与机房	1.空调与冷热源可以集中布置在机房，2.机房面积较大，层高较高；3.空调机组有时可以布置在屋顶上或安装在车间柱间平台上	1.设备成套、紧凑，可以放在房间内，也可以安装在空调机房内；2.机房面积较小，机房层高较低；3.机组分散布置，敷设各种管线较麻烦	1.只需要新风空调机房，机房面积小；2.风机盘管可以安设在空调房间内；3.分散布置，敷设各种管线较麻烦
风管系统	1.空调送回风管系统复杂、占用空间多、布置困难；2.支风管和风口比较多时不易调节风量	1.系统小、风管短，各个风口风量的调节比较容易达到均匀；2.直接放室内时，可不连接风管，也没有回风管；3.小型机组余压小，有时难于满足风管布置和必需的新风量	1.放室内时，有时不接送、回风管；2.当和新风系统联合使用时，新风管较小
节能与经济性	1.可以根据室外气象参数的变化和室内负荷变化实现全年多工况节能运行调节，充分利用室外新风，减少或避免冷热抵消，减少冷水机组运行时间；2.对于热湿负荷变化不一致或室内参数不同的多房间，室内温湿度不易控制且不经济；3.部分房间停止工作不需空调时，整个空调系统仍需运行，不经济	1.不能按室外气象参数和室内负荷变化实现全年多工况节能运行调节，过渡季节不能用全新风；大多用电加热，耗能大；2.灵活性大，各空调房间可根据需要停开	1.灵活性大，节能效果好，可根据各室符合情况自行调节；2.盘管冬夏兼用，内壁容易结垢，降低传热效率；3.无法实现全年多工况节能运行调节

监测与控制

1. 采暖与空调系统，应进行监测与控制，其内容可包括参数检测、参数与设备状态显示、自动调节与控制、工况自动转换、能量计量以及中央监控与管理等。

2. 采用散热器采暖时，应采取有效的室温控制措施。在每组散热器的进水支管上，必须安装散热器自动温控阀（恒温控制阀）或手动散热器调节阀。

3. 间歇运行的空调系统，宜设自动启停的控制装置；控制装置应具备按照预定时间进行最优启停的功能。

4. 冷、热源系统的基本控制要求应包括如下方面：

（1）对系统的冷、热量（瞬时值和累计值）进行监测，冷水机组优先采用由冷量优化控制运行台数的方式；

（2）设备（冷水机组或热交换器、水泵、冷却塔等）连锁起停；

（3）供、回水温度及压差的控制或监测；

（4）设备运行状态的监测及故障报警；

（5）技术可靠时，宜考虑冷水机组出水温度优化设定；

（6）设计人员或使用单位认为需要进行监测和控制的其他参数及设备。

5.空调冷却水系统的基本控制要求如下：

（1）冷水机组运行时，冷却水最低回水温度的控制；

（2）冷却塔风机的运行台数控制或风机调速控制；

（3）采用冷却塔供应空调冷水时的供水温度控制；

（4）排污控制。

❶ 陆耀庆. 实用供热空调设计手册. 第二版. 北京：中国建筑工业出版社，2008.

5
绿色建筑

热（冷）回收装置的作用

1. 减小供热(冷)装置的容量，从而减少诸多设备如冷热源设备、空气处理设备、水泵、管路等的投资。

2. 减少全年的能源消耗量及运行费用。

3. 减少对环境的污染，减少温室气体的排放，保护环境、保护地球。

设置热（冷）回收装置的条件和要求

1. 设有集中排风的建筑，新风与排风的温差 $\Delta t \geq 8℃$。

2. 新风量 $L_o \geq 4000 m^3/h$ 的空调系统或送风量 $L_s \geq 3000 m^3/h$ 的直流式空调系统，以及设有独立新风和排风的系统，宜设置排风热回收装置。

3. 排风热回收装置的额定热交换效率应满足表1的要求。

热回收装置的额定热交换效率要求 [1]　　　　表1

类型	热交换效率（%）	
	制冷	制热
焓交换效率	50	55
温度交换效率	60	65

热（冷）回收装置的分类及特点

热（冷）回收装置的主要分类 [1]　　　　表2

依据	分类	特征
风量	小型	名义新风量 $L \leq 250 m^3/h$
	中型	名义新风量 $250 m^3/h < L \leq 5000 m^3/h$
	大型	名义新风量 $L > 5000 m^3/h$
能量回收类型	全热型	通过传热与传质过程，同时回收排风中的显热与潜热
	显热型	通过表面传热，回收排风中的显热量
工作状态	静止式	装置自身没有转动部件
	旋转式	装置自身带有转动部件如转轮，在旋转过程中将排风中的显热与潜热转移给新（进）风
热交换器类型	转轮式	采用经特殊加工的纸、喷涂氯化锂的金属或非金属等加工成蜂窝状转轮，通过传动装置使转轮不停地低速旋转，并让进、排风分别流过转轮的上、下半部，进行全热交换
	液体循环式	利用分别安装在进、排风风道中的盘管换热器，借助水泵与中间热媒，通过不停的循环，将排风中的显热传递给新风
	板式	进、排风之间以隔板分隔为三角形、U形等不同断面形状的空气通道，进、排风通过板面进行显热交换，是一种典型的显热型热回收装置
	板翅式	与板式基本相同，区别仅在于作为进、排风之间分隔与热交换用的材质不同，板式热回收器一般采用仅能进行显热交换的铝箔，而板翅式通常采用经特殊加工的纸和膜
	热管式	利用热管元件，通过其不断的蒸发—冷凝过程，将排风中的能量传递给进风，实现不断的显热交换
	溶液吸收式	以具有吸湿、防冻特性的盐溶液（溴化锂、氯化锂、氯化钙及混合溶液）为循环介质，通过溶液的吸湿和蓄热作用在新风和排风之间传递能量和水蒸气，实现全热交换

热回收装置的综合性能比较 [2]　　　　表3

项目	热回收装置的类型					
	转轮式	液体循环式	板式	板翅式	热管式	溶液吸收式
热交换效率（%）	50～85	55～65	50～80	60～85	50～70	50～85
初投资	中	低	中	较低	高	较高
维护保养	较难	容易	较难	困难	容易	适中
对气体含尘的要求	较高	中	较高	高	中	低
适用对象	风量较大且允许排风与新风间有适量渗漏的系统	新风与排风热回收点较多且比较分散的系统	仅有显热可以回收的一般通风系统	需要回收全热且气体较清洁的系统	含有轻微灰尘或温度较高的通风系统	需回收全热且对有害物有除尘和净化作用的系统

采用不同形式热回收器时的经济分析（单位：万元/年）[2]　　　　表4

类型	初投资	效率（%）	风机电费	年维护费用	年节省费用	回收年限（年）
转轮式	204.00	60	0	0	88.44	2.31
板翅式	331.50	70	12.00	0.8	137.01	2.51
热管式	214.20	65	0	0	95.24	2.25

转轮式热回收装置性能特点 [2]　　　　表5

转轮类型	ET型	RT型	PT型	KT型
吸湿性能	有	无	无	无
回收能量形式	全热	显热（潜热）	显热	显热（潜热）
热回收量	高	低	低	低
耐腐蚀性	差	一般	较好	好
适用温度	≤70℃	≤70℃	≤300℃	≤160℃
适用场合	常规舒适性通风空调系统	人员密集公共场所的舒适性通风空调及普通工业通风系统	高温通风系统，如厨房、印染、干燥等场所	腐蚀通风系统，如游泳馆、电镀车间等

液体循环式热回收优缺点 [2]　　　　表6

优点	缺点
1.新风与排风互不接触，不会产生任何交叉污染；2.供热侧与得热侧之间通过管道连接，对位置无严格要求，且占用空间少；3.供热侧与得热侧可以由数个分散在不同地点的对象组成，布置灵活、方便；4.热交换器和循环水泵，均可采用常规的通用产品；5.寿命长、运行成本低	1.换热器一般采用铜管铝片，设备费较高；2.必须配置循环水泵，需要额外消耗电力；3.只能回收显热，无法回收潜热；4.由于需要通过中间热媒传递，有温差损失；5.热回收效率稍低，一般不高于60%

板式热回收器主要优缺点 [2]　　　　表7

优点	缺点
1.结构简单，初投资少；2.无中间热媒，温差损失小；3.设备不消耗能量；4.运行安全、可靠	1.只能回收显热，效率偏低；2.设备体积偏大；3.接管位置固定，布置时缺乏灵活性

板翅式全热回收器主要优缺点 [2]　　　　表8

优点	缺点
1.可回收显热及潜热，热效率高；2.设备不消耗能量；3.运行安全、可靠	1.维护保养困难；2.适用风量较小；3.对气体含尘要求高

热管换热器特性 [2]　　　　表9

优点	缺点
1.结构紧凑，单位体积的传热面积大；2.没有转动部件，不额外消耗能量；运行安全可靠，使用寿命长；3.每根热管自成独立体系，便于更换；4.传热是可逆的，冷、热流体可以互换；5.冷、热流体间的温差较小时，也能取得一定的回收效率；6.换热效率较高；7.新风、排风间不会产生交叉污染	1.只能回收显热；2.接管位置固定，缺乏配管灵活性；3.全年应用时，需要改变倾斜方向

溶液全热回收装置特性 [2]　　　　表10

优点	缺点
1.全热回收效率高，可达到60%～90%；2.全热回收效果不会随时间的延长而衰减；3.喷淋溶液可去除空气中大部分的微生物、细菌和可吸入颗粒物，有效净化空气；4.内置溶液过滤器，保持溶液清洁；5.新风和排风之间完全独立，无交叉污染；6.构造简单，易于维护，运行稳定可靠；7.无需防冻措施，溶液在-20℃不会冻结	1.设备体积大，占用建筑面积和空间多；2.对于室内产生有毒有害气体的场合，如果有毒有害物质会溶解于溶液中且随溶液喷洒时产生挥发，则不应或不宜采用；3.若回风中含有能与溴化锂溶液发生反应的场合，不应采用

❶ 住房和城乡建设部工程质量安全监管司.全国民用建筑工程设计技术措施——暖通空调·动力.北京：中国计划出版社，2009.
❷ 陆耀庆.实用供热空调设计手册.第二版.北京：中国建筑工业出版社，2008.

基本概念

1. 绿色建筑智能化：建立建筑室内空气质量监控和建筑能效系统运行监控平台，实现建筑室内环境空气质量改善和建筑物能效的综合监控管理，有效地提升建筑设备系统协调运行和优化建筑综合性能。基于建筑物的测控信息网络等基础设施，使建筑物具有获取、处理、再生等运用建筑物的各基础环境信息的综合智能，并具有高效、舒适、便利和安全的功能条件，从而形成良好生态及节能行为的可持续性发展建筑。

2. 绿色建筑电气：完善建筑物功能，减少能源消耗，提高能源利用率，合理配置建筑设备，进行有效、科学的控制与管理。合理进行供配电、电气照明、建筑设备及系统的控制设计，确保安全可靠、经济合理、灵活适用、高效节能。

设计原则

绿色建筑智能化与电气设计原则 表1

类别	设计原则
绿色建筑智能化设计	对室内空气质量、建筑设备系统运行等状态信息进行采集和积累，基于历史数据的规律及趋势进行分析，使设备系统优化管理
	对建筑室内空气质量和室内设备运行的各类参数进行监控，根据具体需求适时地对智能系统进行系统的配置整改及功能提升
	建立科学完善的建筑设备运行模式与优化方案
	对太阳能、地源热能等可再生能源有效利用
绿色建筑电气设计	减少能源消耗，提高能源利用率，合理配置建筑设备，并对其进行有效、科学的控制与管理
	合理进行供配电、电气照明、建筑设备及系统的控制设计，确保安全可靠、经济合理、灵活适用、高效节能
	把握成熟的新技术、新设备信息，逐步加以推广应用

设计要点

1. 绿色建筑智能化系统一般包括基础信息采集装置和综合监控管理系统。

绿色建筑智能化设计要点 表2

设计系统	设计内容
基础信息采集设计	对室内二氧化碳浓度、污染物浓度等状态信息进行采集
	对空调、给排水、变配电、照明、电梯及其他各类耗能设备系统，采集以数据方式输出并真实反映能源使用、转换以及损耗等运行状况的信息
	信息模型包括：冷热源系统；（室内二氧化碳浓度、污染物浓度超标实时报警）通风系统；给水排水系统；电梯系统；太阳能利用（光伏发电、太阳能热水）系统；污水源、江水源、地源热泵系统；变配电系统；照明系统；电梯系统；风能利用（风力发电）系统；门窗启闭监测系统；蓄能系统（冰蓄能）系统；回收利用（雨水收集、污水利用）系统等
综合监控管理系统设计	对室内二氧化碳浓度、污染物浓度超标实时报警及启动排风系统
	对建筑内空调、给排水、变配电、照明、电梯及其他耗能系统各设备实时运行的数据进行分析和处理及综合管理
	对能源信息进行汇集、统计、记录等功能
	对单位建筑面积能耗分析和区域能耗统计等分析功能
	对耗能设备、设施进行优化性能的提示及具有实时反馈运行限额、提示调整负载分配的功能
	对各耗能设备运行的实时基础信息进行分析控制、数据记录和资料存储

2. 绿色建筑电气系统一般包括供配电系统、电气照明系统、节能监控系统、计量与管理系统等。

绿色建筑电气设计要点 表3

设计系统		设计要素
供配电系统设计		核定配电需求量和系统利用效率
		提高整个供配电系统的效率
		系统运行的安全可靠性、系统的合理使用年限
		降低供配电系统电力运行设备的单位运行电能损耗，和系统在运行过程中电能损耗
电气照明系统设计		合理选定各工作和活动场所的照度
		尽可能选择高光效的光源
		选用高效率的节能灯具
		应尽可能降低安装的高度
		合理利用局部照明，应优先采用局部照明来满足要求
		采用光效等级高的产品
		照明配电线路降低线路阻抗
		减少电压损失
		采用合理的照明控制装置
节能控制设计	供配电系统	对变配电设备保护及运行工况、变配电系统的经济化运行的环节进行实时监控
		对变配电系统确保实现可靠供电的各种备用电源自动投入和负荷切换，实现监控
		对变配电系统适合各种运行方式的连锁及实现信息共享的节能控制等状况进行监控
		对建筑设备管理的计划用电和负荷管理提供可操作的实时工况监控
	照明系统	根据建筑室外日照的变化或所设定的参数要求，对照明的启闭时间、数量、照度等进行监控
		对照明回路的电压、电流、功率、功率因数、谐波分量等参数进行计测和记录
		选用包括基于建筑机电设备管理系统的照明控制系统、独立设置的专用智能照明控制系统及由光控、程控、时间控制等组成智能化综合监控系统，构成智能照明节能监控系统
	采暖通风系统	采用包括各类参数检测、运行状态显示、调节与控制、工况转换、用能计量等监控措施
		采用按预定时间自动启停或最优启停的节能监控措施
		根据物业管理的要求对建筑分区域、分用户或分室设置冷、热量计量装置，建筑群中的每栋公共建筑及其冷热源站房应设置冷、热量计量装置，实现对空调用能系统的全面监控和管理
	给排水系统	根据给排水系统的水位、压力等状态，采取对给排水装置的监控
		根据热水系统的供、回水温度、压力、流量等状态，采取对加热设备的台数、循环水泵和补水泵的监控
		根据建筑物的用电负荷状态对给排水系统间歇运行工况，采取按预定时段最优启停的监控措施
	门窗系统	门的节能监控系统宜对建筑中的区域通道门或房间门，实施人员出入管理和门的启闭控制，并对室内冷、热能与照明等设备系统进行智能联动控制，避免室内无人或门启闭状态时能源损失现象，有效达到降低能源消耗的效果
		窗的节能监控系统宜根据日光对建筑的照射强度，控制嵌入式遮阳百叶帘或室外遮阳板与太阳照射的方位角与高度角同步到相应角度，使之能有效地遮挡由于太阳直射对室内产生的大部分辐射热
计量与管理设计	电能	电力用户处电能计量点的计费电度表，应设置专用的互感器
		专用电能计量仪表的设置，应符合供用电管理部门对不同计费方式的规定确定
		满足规定的准确度等级要求
		功能适应管理的要求
	冷热量	中央空调冷热量计量可选用"热量表"模式和"计时计费"模式，以实现中央空调的分户计量、按量收费
	中央空调	应根据建筑的形式结合计量要求确定
		对于要求按建筑层面划分计量、建筑区域划分计量、以户为单元计量，可采用能量型计量系统
		对于计量每个风机盘管的末端能耗，可采用时间型计量系统
	居住区	选择居住区的能耗计量形式，应与当地市政部门协商后确定；主要有数据自动抄收、远程抄表系统、预付费IC卡表

绿色结构设计概念

绿色结构设计主要是指通过合理的设计,达到有效降低建筑结构体系的能源、资源消耗,减少对环境影响的目的,最终实现结构的绿色性能。绿色结构设计主要考虑所用材料的能源与资源消耗、本地化程度、CO₂排放量指标、结构合理性和构件工厂化程度,以及结构设计对建筑施工和建筑后期运营过程中节能的影响。

绿色结构设计要点

1. 绿色建筑应适当提高建筑结构的耐久性、适应性、荷载富裕度,延长建筑结构的生命周期。

2. 绿色建筑结构选型应注重结构体系概念设计,针对当地能源、资源及技术条件,考虑建筑材料、施工方法、使用维护和回收利用等因素,选择资源消耗和环境影响小的结构体系。

3. 对已确定的建筑方案,结构专业应进行结构方案的比较和优化,从而达到最大化节材和提高经济性的目的。

4. 择优选用建筑形体,宜避免因结构不规则导致抗震不利而带来材料用量的增加。

5. 绿色建筑结构应合理采用高性能混凝土、高强度钢材和钢筋等建筑材料,尽可能减少单位建筑面积的材料用量。

6. 绿色结构设计宜尽量采用新技术、新工艺,如现浇空心楼板、桩端后注浆等技术,尽可能减少材料用量。

7. 高烈度地区的抗震设计宜采用隔震、减震措施,降低地震作用,从而减少因"抗"增加的构件截面和材料用量。对既有建筑的加固改造设计,采用消能减震技术效果更加明显。

8. 绿色建筑应提高结构构件和建筑部件的预制化、工厂化程度,减少施工过程中的资源、能源消耗和环境影响。

9. 办公、商场类建筑室内宜采用灵活隔断,减少重新装修时的材料浪费和垃圾产生。

10. 建筑物拆除应符合建筑材料重复利用最大化的原则,采用合理的工艺及措施减少建筑垃圾的产生和对环境的影响。

主要建筑材料的碳排放系数　　表1

建材类型	CO₂排放系数	
钢材	1.722	t/t
钢筋	2.208	t/t
水泥	0.894	t/t
预拌混凝土	0.551	t/m³
加气混凝土砌块	0.291	t/m³
多孔砖	0.418	t/千块
石灰	1.2	t/t
商品砂浆	0.19	t/m³
木材	0.074	t/m³
中空玻璃	0.024	t/m²
聚苯板	0.341	t/m³
涂料	0.89	t/t
建筑陶瓷	0.017	t/m²
沥青	0.028	t/t
碎石	0.0037	t/t

绿色建筑体系的结构选型 [1]　　表2

建筑形式		建议结构形式	适用特点
低层建筑	城镇低层建筑	1. 砌体结构; 2. 混凝土小型空心砌块砌体结构或混凝土抗震墙结构; 3. 轻型钢结构; 4. 新型结构体系	1. 建筑布局简单、规则; 2. 体形复杂、开间较大; 3. 经济技术发达地区; 4. 相关技术成熟地区
	农村低层建筑	砌体结构; 土、木、竹、石结构	针对当地能源、资源条件合理选用
多层建筑	多层住宅建筑	1. 砌体结构或框架结构; 2. 混凝土小型空心砌块砌体结构或框架—抗震墙结构; 3. 轻型钢结构; 4. 新型结构体系	1. 布局简单、规则; 2. 平面布置灵活; 3. 经济技术发达地区; 4. 相关技术成熟地区
	多层公共建筑	1. 框架结构或砌体结构; 2. 钢筋混凝土框架或框架—抗震墙结构; 3. 轻型钢结构; 4. 新型结构体系	1. 开间小,纵横墙较多; 2. 设有大空间,或立面、竖向不规则; 3. 经济技术发达地区; 4. 相关技术成熟地区
高层建筑	高层住宅建筑	1. 钢筋混凝土抗震墙、框架—抗震墙、钢结构、钢—混凝土混合结构; 2. 减震隔震技术和措施	1. 一般情况; 2. 设防烈度大于8度时
	高层公共建筑	1. 钢筋混凝土框架—抗震墙结构、筒体结构、钢结构及钢—混凝土混合结构; 2. 减震隔震技术和措施	1. 一般情况; 2. 设防烈度大于8度,重要公共建筑或室内有贵重仪器设备
大跨空间建筑	大跨工业厂房建筑	钢结构体系	—
	大跨公共建筑	从全局确定结构布置,结构形式与使用空间相适应	交通、文化、博览、体育建筑等

绿色建筑结构体系的技术选型 [1]　　表3

	选材	技术措施	施工	维护	拆除、回收、利用	主要控制指标
砌体结构	就地取材,运输半径不宜大于50km;优先选用节能环保墙材材料;鼓励选用装饰、保温、承重一体化墙材	布置力求规则、简单;墙体符合模数设计;推广使用大开间混凝土小型空心砌块砌体结构;采取有效措施防止和减轻墙体开裂	减少现场施工工序和湿作业工作量,提高施工的工厂化、预制化程度	—	采用适当方式进行拆除,拆除时采取围挡措施减少粉尘扩散;采取措施提高砌体结构的回收利用率	墙材用量
钢筋混凝土结构	优先采用省资源、省能源的水泥;推广应用高性能混凝土、高强钢材;隔墙采用轻质、节能、环保材料,减轻房屋自重。材料运输半径不宜大于100km	采取措施尽量减少混凝土和钢筋用量;设备洞尽量在非结构墙体上留设;采取措施防止和减轻墙体开裂	宜使用商品混凝土,提高构件工厂化、预制化程度;采用可重复使用的模板;混凝土宜采用泵送	使用中不应在混凝土构件上随意开洞;进行改造时应由专业设计、施工人员制定方案,并采取适当加固措施	宜采用机械或爆破方式进行拆除,制定详细方案,拆除时采取围挡措施减少粉尘扩散,采取措施提高钢筋混凝土结构的回收利用率	水泥和钢筋用量
钢结构	钢材牌号和材性选用应适当;优先选用轻质高强钢材;外露环境中钢材宜选用耐候钢;钢材的防腐、防火、隔热应采用环保材料	优先选用具有空间作用的体系,并具有合理的刚度和承载力分布;空间结构宜优先选用拉压杆,减少杆件受弯;高烈度区采用消能减震措施降低地震作用,减少材料用量	合理布置节点位置,提高节点的工厂化程度;就近选择构件加工企业;优化构件堆放顺序;现场连接宜采用高强螺栓,减少焊接	防火、防腐根据相关规定进行	拆除中应做好钢构件与围护结构的保护工作,提高材料的重复利用率;研究开发可回收再利用的膜材	钢材用量
钢—混凝土结构	应优先选用高性能钢材、高强轻质混凝土、高强钢筋	钢管截面宜优先选用圆截面,混凝土强度等级应与钢管号相匹配,控制适当含钢率;设备管线、洞口结合轻质隔墙设置	钢管混凝土施工应优先采用施工速度快、工序简单的施工方法;需要不同专业施工队伍交叉配合,加强现场管理,严格控制施工过程	钢管混凝土应采取防火与防腐措施;型钢混凝土无需特别维护,但严禁私自拆除	高层钢—混凝土结构应采取措施提高钢筋混凝土部分的回收利用率	水泥和钢筋用量
土木石结构	就地取材,避免耕地破坏;选用速生丰产林	土结构应采取措施加强抗震性和减少基础不均匀沉降;木构件尽量受压或受弯,采用模数化设计,工厂加工、机械安装;石结构尽量避免受弯、受剪	采用当地成熟的施工技术	使用中经常对结构进行定期检查,发现问题及时维修	土结构拆除时采取措施减少粉尘扩散;木结构和石结构拆除后,应提高木材和石材的回收利用率	

[1] 表中内容根据娄霓等编著. 绿色建筑结构体系评价与选型技术. 北京:中国建筑工业出版社,2011. 综合整理得到。

5
绿色建筑

上海崇明陈家镇生态办公楼

项目地点：上海市崇明陈家镇

设计时间：2006年

项目类型：办公建筑

主要经济技术指标：总用地面积8503m²，建筑面积5117m²，容积率0.55，建筑密度20%。

绿色综合性能指标：建筑节能率61.10%，非传统水源利用率42.90%，可再循环材料利用率10.92%，采暖地源热泵负责空调采暖17.80%的建筑用电量。

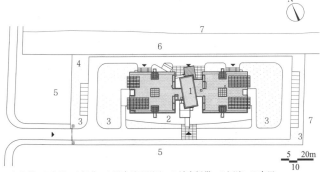

1 办公楼 2 水池 3 绿化 4 污水处理用地 5 城市绿带 6 河流 7 农田

1 总平面图

2 首层平面图

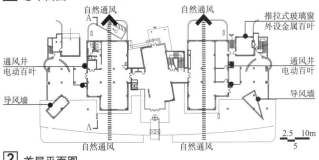

3 标准层平面图

a 外遮阳系统

c 通风塔

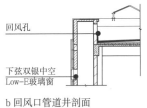

b 回风口管道井剖面

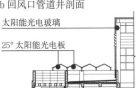

d 建筑光伏一体化

4 细部详图

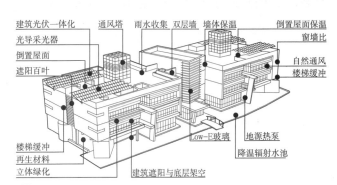

5 三维技术分析图

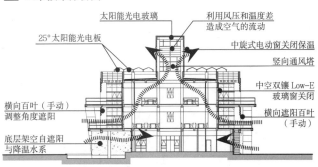

a 夏季白天自然通风技术

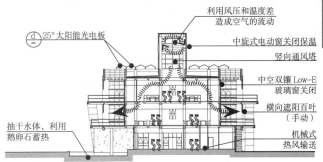

b 冬季白天机械通风技术

6 A-A剖面技术分析图

绿色技术信息列表 　　　　　　　　　　　表1

绿色技术应用清单		绿色技术应用特点
被动式技术	1 自然通风系统	利用导风墙、通风井和通风塔形成的空间通风系统，实现大进深建筑平面的有效可控自然通风
	2 建筑自遮阳	利用建筑形体的合适悬挑，实现建筑立面构建对太阳光的遮蔽
	3 立体外遮阳系统	利用百叶构成建筑外遮阳系统，并调节遮阳角度，实现室内区域光照条件的可控调节
	4 主动式自然采光技术	建筑中庭、办公用房均利用自然采光强化室内照明
	5 立体绿化	建筑立面和屋顶种植绿化，控制树种的选择，以灌木和草坪为主
主动式技术	1 节能照明	根据需要调控室内光照，采用节能灯具，控制上实现人走灯灭
	2 光导照明	利用光导系统实现建筑内部的自然光照明
	3 智能楼宇控制系统	该系统包括室内环境质量控制、空调系统的监测和可再生能源发电监测。室内环境质量控制可对自然通风和活动外遮阳进行控制，以及室内照明和遮阳的联动控制；空调系统的监测可以对地源热泵空调系统的运行状况和耗电量等进行实时监测；可再生能源发电监测对太阳能和风力发电系统的发电量进行监测
	4 光伏发电	利用建筑屋顶设置光伏发电，光电板与建筑屋顶一体化设计
	5 风力发电	在庭院场地设置风力发电机组，控制保护距离
	6 雨污水回收技术	收集雨水作为绿化灌溉和景观补水；采用一体化的膜生物反应器处理建筑中水

5
绿色建筑

中国普天信息产业上海工业园总部科研楼

项目地点：上海市奉贤区

设计时间：2006~2008年

项目类型：科研办公建筑

主要经济技术指标：总用地面积10057m²，建筑面积4369m²，容积率0.43，建筑密度26.5%

绿色综合性能指标：建筑节能率71.80%，非传统水源利用率47.70%，新型热泵空调供冷比例100%，新型热泵空调供热比例100%，可再生能源产生热水比例10%。

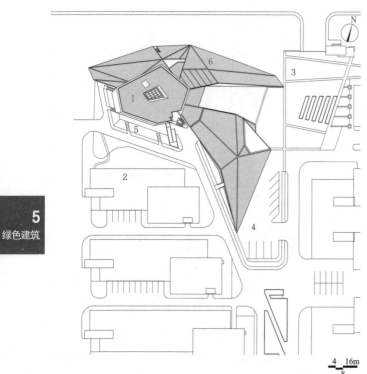

1 科研楼　2 中试厂房　3 广场入口　4 绿化停车场　5 下沉庭园　6 屋顶绿化

1 总平面图

2 首层平面图

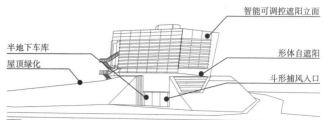

3 三维技术分析图

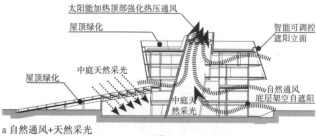

a 自然通风+天然采光

b 全热交换回收通风系统+雨水收集与利用

4 剖面技术分析图

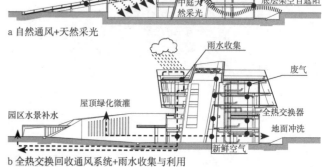

a 科研楼展厅天窗

b 科研楼中庭天窗

5 天窗细部详图

绿色技术信息列表　　　　　　　　　　　　　　表1

绿色技术应用清单		绿色技术应用特点
被动式技术	1 智能化可调控外遮阳系统	建筑上部体量由铝合金百叶构成的遮阳表皮包裹，可根据采光、视线、遮阳、蓄热的不同要求分区域进行控制调节
	2 形体自遮阳	上、下体量错落叠置，相对于下部较开敞的南向和东向立面，上部体量出挑，遮蔽太阳辐射
	3 自然通风	利用有利于通风的空间形态以及中庭和内外墙体的通风构造形成有效的自然通风
	4 天然采光	中庭、底层展厅和全部办公研究用房均可利用天然采光照明，营造空间氛围
	5 立体绿化	建筑下部体量的不规则围护面以及上部体量的屋顶全部采用种植屋面技术
主动式技术	1 节能型空调系统	地源热泵、高效热回收型空调机组，新风机组全部配置全热回收器
	2 再生水利用	收集屋面与场地地面雨水，处理后用于绿化微喷灌、洗车和车库清洗，非传统水源利用率为47.7%
	3 节能照明	根据需求调控室内照度，办公室采用T5型节能荧光灯，公共场所采用发光二极管
	4 智能楼控系统	以组件标准化、系统集成化为特点，该系统涵盖了全楼技术设备的控制以及楼控系统的全方面内容

5
绿色建筑

中国节能杭州绿色建筑科技馆

项目地点：杭州市钱江经济开发区

设计时间：2006年

项目类型：科研办公建筑

主要经济技术指标：总用地面积1348m²，建筑面积4679m²，容积率0.39，建筑密度12.6%，绿地率40%。

绿色综合性能指标：建筑节能率72%，非传统水源利用率40.22%，新型热泵空调供冷比例100%，新型热泵空调供热比例100%，可再生能源利用率占建筑使用能耗的17.38%。

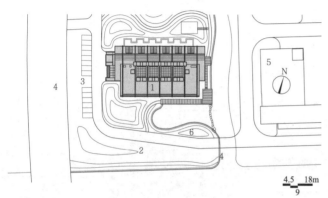

1 科技馆　2 场地绿化　3 停车场　4 市政道路　5 办公楼　6 人工湿地

1 总平面图

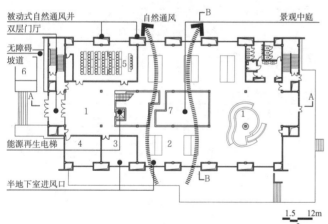

1 大堂　2 展厅　3 接待室　4 机房　5 报告厅　6 水池　7 中庭绿化

2 首层平面图

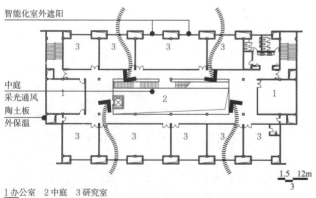

1 办公室　2 中庭　3 研究室

3 标准层平面图

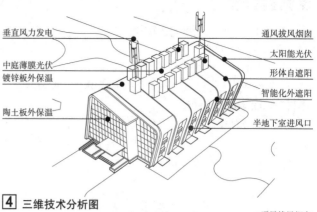

4 三维技术分析图

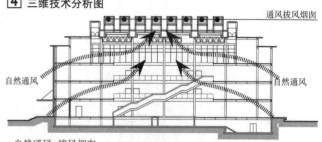

a 自然通风+拔风烟囱

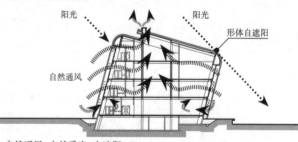

b 自然通风+自然采光+自遮阳

5 剖面技术分析图

绿色技术信息列表　　　　　　　　　　　　　　　　　表1

		绿色技术应用清单	绿色技术应用特点
被动式技术	1	被动式自然通风系统	中庭设置拔风井强化室内自然通风，且室外自然风引入地下室进行降温处理，再经各路风道进入室内活动区域
	2	形体自遮阳	建筑物整体向南倾斜15°，遮蔽一定量的太阳辐射
	3	智能化可调控外遮阳系统	南北立面皆采用智能化机翼型外遮阳百叶，遮阳不遮景
	4	自然采光设计	中庭、底层展厅和全部办公空间均可采用自然光
	5	高性能围护结构	建筑物南北立面及屋顶选用钛锌板，东西立面选用陶土板；门窗选用断桥隔热金属型材多腔密封窗框和高透光双银Low-E中空玻璃
	6	自然光导照明系统	建筑3层选用自然光导照明系统（自然光线反射率99.7%，并可滤去紫外线）
主动式技术	1	中水、雨水回用系统	生活污水经调质调量、水解酸化、生物反应、去除氨氮等环节后，用作建筑的卫生间、洗车、花草浇灌、道路清洗等用水水源
	2	节能高效照明系统	主要功能用房选用T5系列三基色节能型荧光灯，楼梯、走道等公共部位选用内置优质电子镇流器节能灯，并采用节能自熄开关控制
	3	智能楼宇控制系统	针对楼宇系统设备运营建立统一的监控管理系统，进行集中管理和监控
	4	温湿度独立控制系统	系统冷热源为地源热泵系统，湿度独立控制
	5	太阳能光伏建筑一体化	屋顶安装多晶硅光伏板和薄膜光伏发电，装机容量3kW
	6	垂直风力发电	两台风能发电机组装机容量为600W
	7	溶液除湿新风系统	采用热泵式溶液调湿新风机组对空气湿度调节
	8	能源再生电梯系统	电梯将消耗在电阻箱上的电能收集后反馈回电网，供其他用电设备使用

深圳建科大楼

项目地点：深圳市福田区上梅林

设计时间：2006年

项目类型：办公建筑

主要经济技术指标：总用地面积3000m²，建筑面积18000m²，容积率4.00，建筑密度80%。

绿色综合性能指标：

建筑节能率60%~70%，非传统水源利用率41%，可再生能源利用率占建筑使用能耗的5.30%。

1 办公楼
2 人工湿地
3 街角广场
4 消防车道
5 喷雾水池
6 入口广场
7 车库入口
8 市政道路

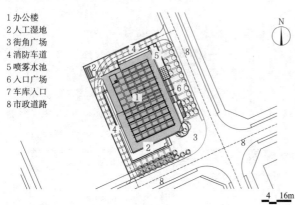

1 总平面图

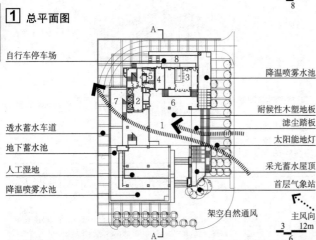

自行车停车场
透水蓄水车道
地下蓄水池
人工湿地
降温喷雾水池

降温喷雾水池
耐候性木塑地板
滤尘踏板
太阳能地灯
采光蓄水屋顶
首层气象站

架空自然通风
主风向

1 大堂门厅 2 电梯厅 3 消防控制室 4 收发室 5 卫生间 6 展厅 7 车库坡道 8 下沉庭院

2 首层平面图

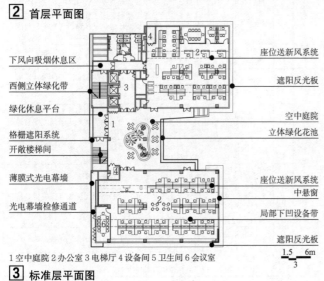

下风向吸烟休息区
西侧立体绿化带
绿化休息平台
格栅遮阳系统
开敞楼梯间
薄膜式光电幕墙
光电幕墙检修通道

座位送新风系统
遮阳反光板
空中庭院
立体绿化花池
座位送新风系统
中悬窗
局部下凹设备带
遮阳反光板

1 空中庭院 2 办公室 3 电梯厅 4 设备间 5 卫生间 6 会议室

3 标准层平面图

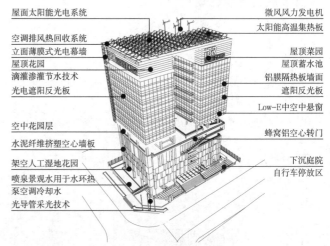

屋面太阳能光电系统
空调排风热回收系统
立面薄膜式光电幕墙
屋顶花园
滴灌渗滤节水技术
光电遮阳反光板

空中花园层
水泥纤维挤塑空心墙板
架空人工湿地花园
喷泉景观水用于水环热
泵空调冷却水
光导管采光技术

微风风力发电机
太阳能高温集热板
屋顶菜园
屋顶蓄水池
铝膜隔热板墙面
遮阳反光板
Low-E中空中悬窗
蜂窝铝空心转门
下沉庭院
自行车停放区

4 三维技术分析图

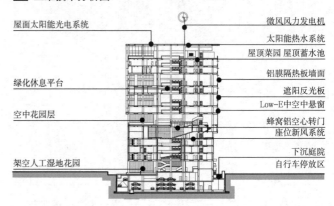

屋面太阳能光电系统
绿化休息平台
空中花园层
架空人工湿地花园

微风风力发电机
太阳能热水系统
屋顶菜园 屋顶蓄水池
铝膜隔热板墙面
遮阳反光板
Low-E中空中悬窗
蜂窝铝空心转门
座位新风系统
下沉庭院
自行车停放区

5 剖面技术分析图

绿色技术信息列表　　　　　　　　　　　　　　表1

	绿色技术应用清单	绿色技术应用特点
被动式技术	1　微物理环境综合优化与开放共享	综合对噪声、空气污染、光污染进行应对设计，提升片区微环境品质；开放场地与城市共享的无围墙开放场地；人工湿地微生态系统；利用架空层采用人工湿地中水处理系统
	2　小区域自然通风优化设计	首层和建筑中部架空优化通风通道
	3　凹字形平面形态设计	优先采用适宜地方气候特色的被动绿色技术。通过建筑凹字形平面形态，创造充分利用通风采光因素的空间条件
	4　应对季节的可变外墙	针对不同季节和气候，采用旋转墙体、上下伸缩墙体等方式，实现室内外空间转换
	5　遮阳隔热技术	综合设计多种遮阳构造，包括水平遮阳、垂直遮阳和绿化遮阳技术；采用铝膜复合保温板和中空成品墙板等围护构造技术
	6　循环再生建材利用	部分采用可再生骨料混凝土、可循环木塑地板、混纺再生毛线地毯等再生建材
	7　一体化装修设计	大面积采用素混凝土和素水泥地面和墙面，办公区不吊顶
	8　立体生态系统	构建超过总用地面积的立体绿化空间，构建综合立体的微型生态系统
	9　无梁楼板技术	地下室采用无梁楼板技术，节约了层高，减少了土方开挖
主动式技术	1　可再生能源建筑一体化应用	将太阳能光电、光热、风力等设施与建筑一体化设计，采用薄膜式、硅晶体式光电技术、平板式集热器及光导管等技术

清控人居科技示范楼

项目地点：贵州省贵安新区生态文明创新园

设计时间：2015年

项目类型：办公+展示建筑

主要经济技术指标：总用地面积1826m²，建筑面积701m²，容积率0.77，建筑密度38%（注：建筑包括地上2层和地下1层）。

绿色综合性能指标：建筑节能率70%~80%，非传统水源利用率62.39%，可再循环材料利用率60%，可再生能源利用率占建筑使用能耗的50%

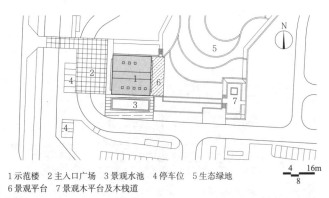

1 示范楼　2 主入口广场　3 景观水池　4 停车位　5 生态绿地
6 景观平台　7 景观木平台及木栈道

1 总平面图

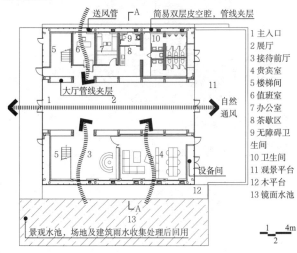

景观水池，场地及建筑雨水收集处理后回用

1 主入口
2 展厅
3 接待前厅
4 贵宾室
5 楼梯间
6 值班室
7 办公室
8 茶歇区
9 无障碍卫生间
10 卫生间
11 观景平台
12 木平台
13 镜面水池

2 首层平面图

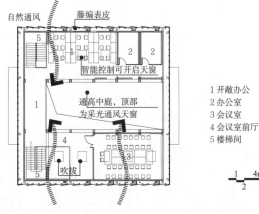

1 开敞办公
2 办公室
3 会议室
4 会议室前厅
5 楼梯间

3 二层平面图

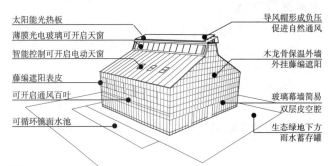

太阳能光热板
薄膜光电玻璃可开启天窗
智能控制可开启电动天窗
藤编遮阳表皮
可开启通风百叶
可循环镜面水池
导风帽形成负压促进自然通风
木龙骨保温外墙外挂藤编遮阳
玻璃幕墙简易双层皮空腔
生态绿地下方雨水蓄存罐

4 三维技术分析图

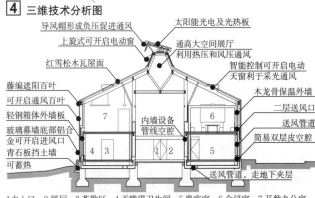

导风帽形成负压促进通风
上旋式可开启电动窗
红雪松木瓦屋面
藤编遮阳百叶
可开启通风百叶
轻钢箱体外墙板
玻璃幕墙底部铝合金可开启进风口
青石板挡土墙
可蓄热
太阳能光电及光热板
通高大空间展厅利用热压和风压通风
智能控制可开启电动天窗利于采光通风
木龙骨保温外墙
二层送风口
送风管道
简易双层皮空腔
内墙设备管线空腔
送风管道，走地下夹层

1 主入口　2 展厅　3 茶歇区　4 无障碍卫生间　5 贵宾室　6 会议室　7 开敞办公室

5 剖面技术分析图

手工藤编板（绕铁管框编织）
镀锌铁管框
连接节点

6 藤编表皮细部详图

绿色技术信息列表　表1

绿色技术应用清单		绿色技术应用特点
被动式技术	1 选址保护自然地形和植被	选址避开树木，避免大土方量施工及对场地生态环境破坏
	2 渗水路面与场地铺装	确保地表水最大限度回渗
	3 双层外墙围护系统	藤编外层表皮实现建筑可持续技术和材料直观表达，同时提升了围护结构的热工性能
	4 自然通风设计	利用建筑中庭空间形态，形成有效的热压及风压自然通风
	5 本土材料、可循环材料利用	以藤本、木材为建筑主材，节材节能，降低碳排放；就地取材，传承本土工艺，减少建造过程中碳足迹
	6 地道风系统	利用土地热惰性带来的地道与地表温差，促使地道空间制冷（夏季）、制热（冬季），形成天然冷热源，降低空调能耗
	7 天然采光与可调节外遮阳	利用侧高窗和天窗设计提供了良好的自然采光，活跃了中庭的气氛，有效减少照明能耗
	8 雨水回用与生态景观结合	利用建筑屋顶和场地竖向设计，将雨水导入生态绿地和人工湿地内存蓄罐，形成自然下渗
主动式技术	1 装配化建造方式	减少现场施工对环境的污染，节材节能
	2 太阳能光热光电与建筑一体化设计	南侧顶部的高侧窗复合了薄膜太阳能光电技术，并采用了多种颜色的彩色薄膜光电玻璃，丰富了展示中庭的室内效果
	3 生态友好型给排水系统	采用污水废水分流系统，使用源分离洁具，将褐水、黄水、灰水三种水质的排水分别排出、处理及回用，实现节约用水和污废资源化利用
	4 生物质锅炉采暖系统	秸秆致密颗粒为燃料
	5 智能管理系统	微型智能电网系统：具有集中、不间断、自我控制的特性，可替代传统的消防应急用电EPS；智能办公照明：按房间内实时状态自动调节照明照度

5 绿色建筑

绿色建筑 [55] 实例

凯晨世贸中心

项目地点: 北京市西城区复兴门内大街28号

设计时间: 2003年

项目类型: 办公建筑

主要经济技术指标: 总用地面积21659.359m², 建筑面积194203m², 容积率6.09, 建筑密度49.9%, 绿地率14.22%。

绿色综合性能指标: 建筑节能率62.30%, 非传统水源利用率16.87%, 可再生能源利用率占建筑使用能耗的12.41%(可再生能源产生热水比例)。

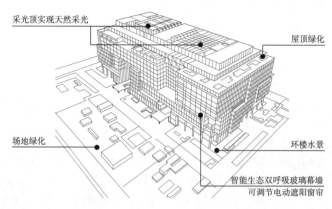

采光顶实现天然采光　　屋顶绿化

场地绿化　　环楼水景

智能生态双呼吸玻璃幕墙

可调节电动遮阳窗帘

4 三维技术分析图

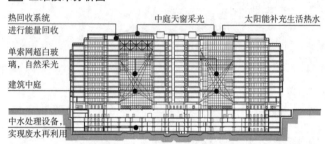

热回收系统进行能量回收　　中庭天窗采光　　太阳能补充生活热水

单索网超白玻璃, 自然采光

建筑中庭

中水处理设备, 实现废水再利用

5 A-A剖面技术分析图

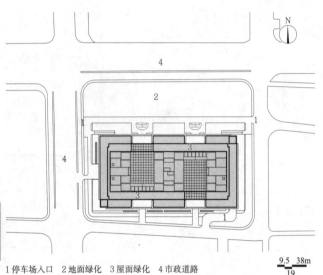

1 停车场入口　2 地面绿化　3 屋面绿化　4 市政道路

9.5　38m
19

1 总平面图

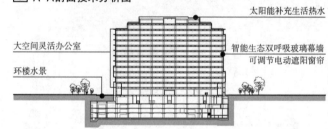

太阳能补充生活热水

大空间灵活办公室

环楼水景

智能生态双呼吸玻璃幕墙

可调节电动遮阳窗帘

6 B-B剖面技术分析图

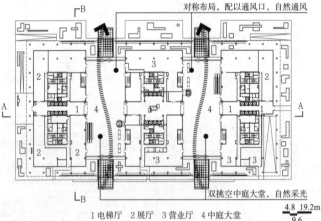

对称布局, 配以通风口, 自然通风

双挑空中庭大堂, 自然采光

1 电梯厅　2 展厅　3 营业厅　4 中庭大堂

4.8　19.2m
9.6

2 首层平面图

中庭自然采光

智能生态双呼吸玻璃幕墙

可调节电动遮阳窗帘

1 电梯厅　2 大空间灵活办公室

4.8　19.2m
9.6

3 标准层平面图

绿色技术信息列表　　　　　　　　　　　　　　　　表1

	绿色技术应用清单		绿色技术应用特点
被动式技术	1	智能生态双呼吸式玻璃幕墙	由外层封闭的夹胶防紫外线玻璃和内层可开启低辐射中空玻璃形成空间缓冲, 并结合进、排风设施, 启闭形式实现夏季防热与冬季保温
	2	可调节遮阳设计	设置自动或手动统一调配的遮阳体系(遮阳面积30000m², 5700片电动百叶)
	3	天然采光设计	两个连通的中庭大堂、屋顶大跨度采光天窗和大堂南北两侧单索网超白玻璃幕墙, 优化了建筑室内自然光照
	4	自然通风设计	立面以对称布局, 并结合通风口设置形成建筑"穿堂风", 通过大堂天窗东西两侧通风器, 促进建筑内部的自然通风
	5	立体绿化设计	建筑将屋顶绿化与场地环境绿化相结合, 以北京乡土植物为主, 乔木与灌木复合
主动式技术	1	能量回收系统	项目新风系统设计全热回收机组, 并增加节能旁通风阀实现过渡季节新风直接供冷
	2	可再生能源利用	太阳能集热器设置于西侧塔楼屋面, 提供占该建筑11.66%生活热水
	3	非传统水源利用	将洗浴排水、公共卫生间的洗手盆排水进行回收处理, 用于冲洗地面、坐便器冲水、室外景观补水及绿化浇洒用水
	4	节能照明设计	公共区域采用LED节能灯具, 适时启闭
	5	楼宇自控系统	机电设备远程遥控, 实时监测, 提供机电设备自动化管理, 提高机电系统运行效率
	6	节能电梯系统	电梯采用交流变频变压控制电梯运行速度, 高效低噪声运营
	7	供暖系统热力补偿技术应用	增设热力气候补偿控制系统, 根据建筑不同时段的用热状态变化来调整建筑供热系统运行

天友绿色设计中心

项目地点：天津市华苑产业园区
设计时间：2012年
项目类型：办公建筑（既有建筑改造）
主要经济技术指标：总用地面积3376m²，建筑面积5756m²，容积率1.60，建筑密度31.97%。
绿色综合性能指标：建筑节能率62.90%，非传统水源利用率64.70%，可循环材料利用率11.70%，可再生能源利用率占建筑使用能耗的41.20%。

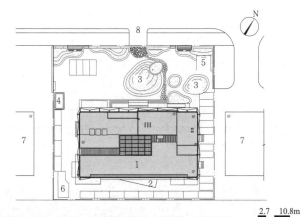

1 办公楼 2 水池 3 绿地 4 现状变电箱 5 水蓄能能罐 6 消防水池
7 周边办公楼 8 城市道路

2.7 10.8m
5.4

1 总平面图

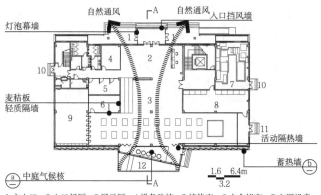

自然通风 ┌A 自然通风 入口挡风墙
灯泡幕墙
麦秸板
轻质隔墙
中庭气候核 ⓐ
活动隔热墙
蓄热墙 ⓑ
1.6 6.4m
3.2

1 主入口 2 入口门厅 3 展示厅 4 设备监控 5 接待室 6 小会议室 7 空调机房
8 图档管理室 9 大会议室 10 次入口 11 后勤入口 12 水面

2 首层平面图

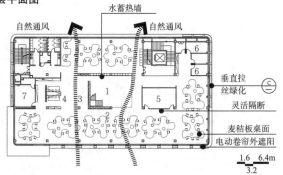

水蓄热墙
自然通风 自然通风
垂直拉丝绿化 ⓒ
灵活隔断
麦秸板桌台
电动卷帘外遮阳
1.6 6.4m
3.2

1 采光中庭 2 开敞办公区 3 讨论区 4 接待 5 会议室 6 办公室 7 模型室

3 标准层平面图

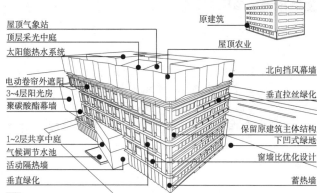

屋顶气象站
顶层采光中庭
太阳能热水系统
电动卷帘外遮阳
3~4层阳光房
聚碳酸酯幕墙
1~2层共享中庭
气候调节水池
活动隔热墙
垂直绿化
原建筑
屋顶农业
北向挡风幕墙
垂直拉丝绿化
保留原建筑主体结构
下凹式绿地
窗墙比优化设计
蓄热墙

4 三维技术分析图

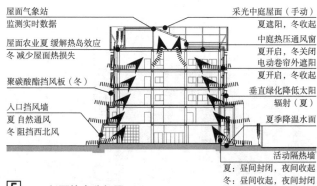

屋面气象站
监测实时数据
屋面农业夏 缓解热岛效应
冬 减少屋面热损失
聚碳酸酯挡风板（冬）
入口挡风墙
夏 自然通风
冬 阻挡西北风
采光中庭屋面（手动）
夏遮阳，冬收起
中庭热压通风窗
夏开启，冬关闭
电动卷帘外遮阳
夏开启，冬收起
垂直绿化降低太阳
辐射（夏）
夏季降温水面
活动隔热墙
夏：昼间封闭，夜间收起
冬：昼间收起，夜间封闭

5 A-A剖面技术分析图

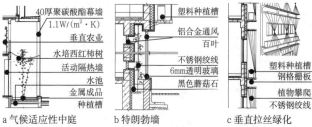

40厚聚碳酸酯幕墙
1.1W/(m²·K)
垂直农业
水培西红柿树
活动隔热墙
水池
金属成品
种植槽
塑料种植槽
铝合金通风
百叶
不锈钢绞线
6mm透明玻璃
黑色蘑菇石
塑料种植槽
钢格栅板
植物攀爬
不锈钢绞线

a 气候适应性中庭   b 特朗勃墙   c 垂直拉丝绿化

6 细部详图

绿色技术信息列表   表1

	绿色技术应用清单	绿色技术应用特点
被动式技术	1 围护结构节能设计	增加南向外窗面积，优化窗墙比，保证冬季外窗得热；在原建筑基础上增设100厚玻璃棉保温板；建筑首层设置蓄热墙，实现墙体蓄热
	2 立体绿化改造增设	增设屋顶种植农业（西红柿、黄瓜等）和垂直农业（生菜、小白菜等），改善办公环境，降低热岛效应；100%采用天津本土耐盐碱植物，保证植物成活率
	3 旧建筑再生利用	充分保留原建筑主体结构及立面，节约建筑材料；合理利用麦秸板、玻璃、木材、钢材等可再循环材料
	4 过渡季夜间通风冷却	通过可调节外遮阳系统、外窗及活动隔热墙进行被动冷却
	5 低冲击式绿地开发模式	采用下凹式绿地增加雨水入渗率，降低市政压力
	6 气候适应性中庭及活动隔热墙	通过制定的节能运行策略，促使建筑夏季隔热、冬季得热，改善室内热环境
	7 室内自然采光优化设计	合理采用反光板、采光中庭等技术，实现90%自然采光率；增设反光板，改善室内自然采光照度均匀度
	8 建筑遮阳优化增设	建筑南立面100%设置可调节外遮阳系统；结合分层拉丝垂直绿化，实现了建筑装饰与建筑遮阳的有机结合
主动式技术	1 可再生能源利用	综合利用地源热泵及太阳能光热系统
	2 非传统水源利用	合理利用中水，非传统水源利用率达到64.70%
	3 能耗监测及运营控制	针对不同季节制订了15种运行策略

上海申都大厦改造工程

项目地点：上海市黄浦区

设计时间：2009~2010年

项目类型：科研办公建筑（既有建筑改造）

主要经济技术指标：总用地面积2038m²，建筑面积6231.22m²，容积率3.06，建筑密度54.27%。

绿色综合性能指标：建筑节能率78.6%，非传统水源利用率22%，可再生能源发电比例2.4%，可再循环材料利用率24.31%。

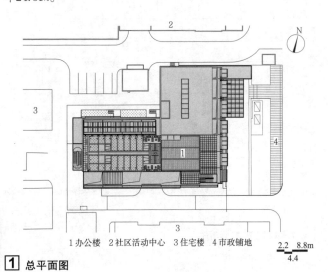

1 总平面图

1 办公楼 2 社区活动中心 3 住宅楼 4 市政铺地

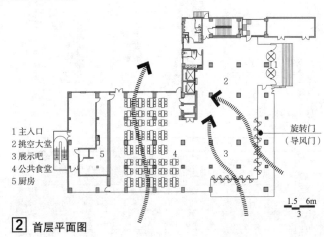

1 主入口
2 挑空大堂
3 展示吧
4 公共食堂
5 厨房

旋转门（导风门）

2 首层平面图

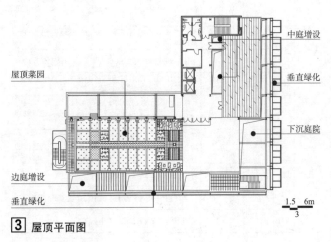

屋顶菜园

垂直绿化

边庭增设

垂直绿化

中庭增设

垂直绿化

下沉庭院

3 屋顶平面图

活动遮阳
太阳能热水
屋顶菜园
遮阳卷帘增设
屋顶下沉庭院
太阳能光伏技术
模块化集成遮阳 绿化、防噪、遮阳
结构阻尼器增设加固
雨水收集箱

4 三维技术分析图

可开启天窗
屋顶下沉庭院
结构阻尼器增设加固
雨水收集箱
太阳能光伏技术

5 立面技术分析图

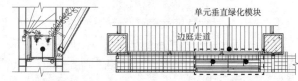

单元垂直绿化模块
边庭走道

a 垂直绿化节点详图一　　b 垂直绿化节点详图二

6 垂直绿化细部详图

绿色技术信息列表　　　　　　　　　　　　　　　　表1

	绿色技术应用清单	绿色技术应用特点
被动式技术	1 垂直绿化	建筑东、南立面设置垂直绿化系统，系统由支撑钢结构、不锈钢网架、花箱、滴灌系统组成
	2 屋顶绿化	屋顶设置了屋顶菜园，主要构造为草坪/蔬菜+种植土+土工布+排水板+50mm混凝土找坡+原始屋面
	3 自然采光	采取南侧退台减少进深，增大东、南侧门窗比例，高透型低辐射中空玻璃，设置中庭、大空间以及玻璃隔断等措施
	4 自然通风	东北侧设置中庭，开启天窗，一层东南侧立转门，形成中庭拔风效果；西南侧减少南北进深促进穿堂风效果
	5 建筑遮阳	中庭天窗设置水平活动卷帘遮阳，六层南侧、东侧采用水平式活动外遮阳，并利用垂直绿化形成夏季遮阳的效果
	6 围护结构节能	所有外墙、屋面、地下室顶板以及门窗进行节能改造
主动式技术	1 太阳能光伏发电系统	采用非逆流并网型单晶硅太阳能光伏发电系统，安装于铝质直立锁边屋面之上，总装机容量为12.87kWp
	2 太阳能热水系统	采用内插式U形真空管太阳能集热系统，集热器安装于屋面，太阳能集热面积约66.9m²
	3 雨水回用系统	按照最大雨水处理量25m³/h设计，设置重力式屋面雨水收集系统，处理后用于室外道路冲洗、绿化系统、楼顶菜园浇灌
	4 新风系统能量回收装置	项目2~6层采用全新风分体式热回收复合空调机组，制冷全热回收效率为65%，制热温度回收效率为70%
	5 节能高效照明	项目一般场所照明光源采用T5系列荧光灯或其他节能型灯，荧光灯均配置电子镇流器，局部区域采用LED灯
	6 智能照明控制	公共区域采用了智能照明控制系统，可实现光感、红外、场景、时间、远程等控制方式
	7 能效监管系统	建筑能效监管系统平台的基础为电表分项计量系统、水表分水质计量系统、太阳能光伏光热等在线监测系统
	8 节水灌溉	种植屋面、挂壁式模块绿化采用程控型绿化微灌、滴灌系统等高效节水灌溉技术

哈尔滨辰能溪树庭院

项目地点: 黑龙江哈尔滨

设计时间: 2006年

项目类型: 住宅建筑

主要经济技术指标: 总用地面积228700㎡, 建筑面积545000㎡, 容积率2.41, 建筑密度26.45%, 绿地率44.19%。

绿色综合性能指标: 建筑节能率72%, 非传统水源利用率15.36%, 采用地源热泵负责空调和部分采暖。

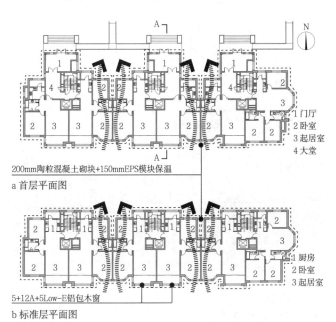

200mm陶粒混凝土砌块+150mmEPS模块保温

1 门厅
2 卧室
3 起居室
4 大堂

a 首层平面图

5+12A+5Low-E铝包木窗

1 厨房
2 卧室
3 起居室

b 标准层平面图

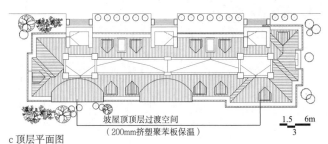

坡屋顶顶层过渡空间
(200mm挤塑聚苯板保温)

c 顶层平面图

1 平面图

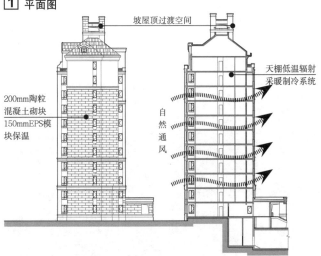

200mm陶粒混凝土砌块150mmEPS模块保温

坡屋顶过渡空间

天棚低温辐射采暖制冷系统

自然通风

2 立面技术分析图　　**3** A-A剖面技术分析图

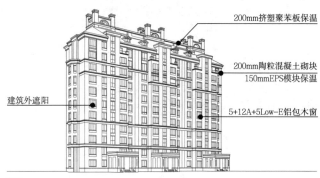

200mm挤塑聚苯板保温

200mm陶粒混凝土砌块150mmEPS模块保温

建筑外遮阳

5+12A+5Low-E铝包木窗

4 三维技术分析图

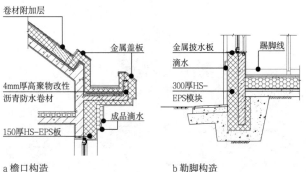

卷材附加层

金属盖板

4mm厚高聚物改性沥青防水卷材

150厚HS-EPS板

成品滴水

a 檐口构造

金属披水板

踢脚线

滴水

300厚HS-EPS模块

b 勒脚构造

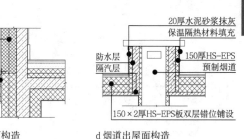

密封胶密封

150×2厚HS-EPS板双层错位铺设, 粘结勾缝

成品钢质滴水板石质板材

鹅卵石

c 外墙与室外地面构造

20厚水泥砂浆抹灰保温隔热材料填充

防水层隔汽层

150厚HS-EPS板预制烟道

150×2厚HS-EPS板双层错位铺设

d 烟道出屋面构造

5 细部详图

绿色技术信息列表　　　　　　　　　　　　表1

	绿色技术应用清单	绿色技术应用特点
被动式技术	1 围护结构节能设计	外墙选用200mm厚陶粒混凝土砌块, 外贴150mmEPS模块保温; 外窗为5+12Ar+5Low-E铝包木窗; 屋顶为200mm挤塑聚苯板保温
	2 建筑外遮阳设计	窗外侧设置金属外遮阳卷帘, 内部填充聚氨酯阻热材料, 有效阻挡太阳直辐射和漫辐射
	3 天棚低温辐射采暖制冷系统	顶棚均匀设置PB管, 以冷热水为介质调节室内温度
	4 同层排水设计	安装隐蔽式水箱、同层排水管道和悬挂式洁具, 解决空间局促、漏水、堵塞、噪声、异味、难清洁等问题
	5 隔声减噪设计	新风系统基础采用架空处理优化楼板隔声性能; 外窗选用隔声量≥30dB的中空充氩气铝包木窗
	6 非传统水源利用	自建中水处理系统用于绿化灌溉、道路浇洒
	7 雨水渗透与节水灌溉设计	采用透水地面、下凹绿地等措施增加雨水渗透; 绿化采用移动式微喷灌的节水灌溉方式
主动式技术	1 室温调节控制	集水器各支路设置电动阀, 并由温控器实现室内温度控制
	2 地源热泵系统	利用地球表面浅层地热能资源进行供热、制冷的高效、节能、环保的系统
	3 智能化系统设计	建筑安全防范、管理与设备监控、信息网络等系统实施智能化控制
	4 全置换新风系统	将室外空气经过滤、除尘、温湿度等多级处理送入室内, 保室内适宜湿度

5
绿色建筑

黑龙江绿色农宅

项目地点：黑龙江大庆市林甸县胜利村

设计时间：2003年

项目类型：居住建筑

主要经济技术指标：用地面积300m²/户，建筑面积124m²/户。

绿色综合性能指标：庭院绿地率48.70%，建筑节能率80.80%，当地可再生材料利用率≥30%。

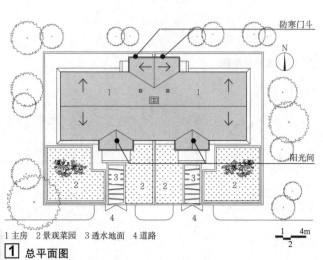

1 主房　2 景观菜园　3 透水地面　4 道路

1 总平面图

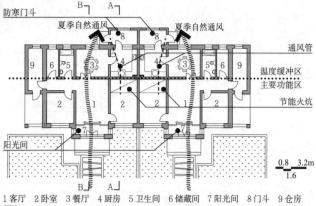

1 客厅　2 卧室　3 餐厅　4 厨房　5 卫生间　6 储藏间　7 阳光间　8 门斗　9 仓房

2 平面图

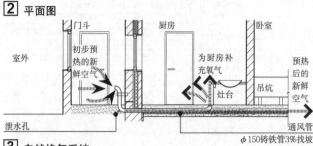

φ150铸铁管3%找坡

3 自然换气系统

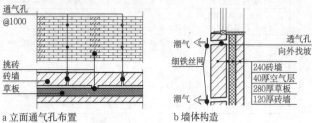

a 立面通气孔布置　　b 墙体构造

4 可呼吸式生态草板墙细部详图

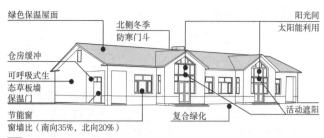

窗墙比（南向35%，北向20%）

5 三维技术分析图

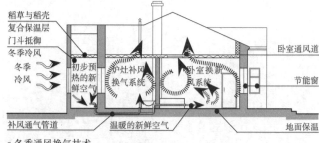

a 冬季通风换气技术

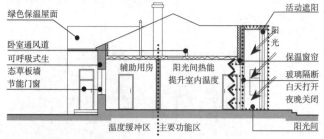

b 热环境改善技术

6 剖面技术分析图

绿色技术信息列表　　　　　　　　　　　　　　　　　表1

	绿色技术应用清单	绿色技术应用特点
1	风环境设计	通过围墙及绿化的优化配置，营造良好的庭院风环境
2	生产与观赏复合型庭院绿化设计	庭院以生产型景观为主，植物选择注重食用性和经济性，结合庭院蔬菜用地的布局，构建独具特色的生产型景观庭院
3	当地可再生材料利用	将当地可再生的稻草和稻壳作为建筑围护结构的保温材料
4	控制对流热损失	在入口处加设门斗，形成了具有良好防风及保温功能的过渡空间
5	热环境合理分区	将厨房、储藏等辅助用房布置在北向，构成防寒空间，卧室、起居等主要用房布置在阳光充足的南向
6	降低体形系数减少建筑散热面	加大住宅进深并采用两户毗连布置方式，有效降低了建筑的体形系数
被动式技术 7	可呼吸式生态草板墙构造技术	墙体利用稻草板为保温材料，并适当设置透气口使墙体具有呼吸功能，以使墙体内部保持干燥
8	绿色保温屋面	屋面为坡屋顶，有利于排水；保温材料采用可再生的稻草板与稻壳，性价比高
9	保温地面	为改善人体舒适度，减少建筑能耗，地面增加苯板保温层
10	节能门窗设计	南向窗采用密封较好的单框三玻塑钢窗，北向为单框双玻塑钢窗，附加夏季可拆卸单框单玻木窗；入口门采用保温门
11	高效舒适的供热系统	采用火炕作为采暖设施，利用做饭的余热加热炕面，向室内散热。"一把火"既解决了做饭热源又解决了取暖热源，热效率高，节省能源
12	改善冬季室内环境质量的自然换气系统	该系统主要为室内冬季补充新鲜空气，其技术特点是：①自然对流；②根据需求调节流量；③冷空气预热后进入室内
13	太阳能利用技术	采用经济有效的被动式太阳能技术，即南向房间开大窗，起居室外附加阳光间

江苏绿色农宅

项目地点：江苏省常熟市姚家桥路吴家农宅

设计时间：2015年

项目类型：居住建筑

主要经济技术指标：总用地面积543m²，建筑面积207m²，容积率0.38，建筑密度20.44%。

绿色综合性能指标：建筑节能率83%，非传统水源利用率21%，可再生能源产生热水比例36.60%。

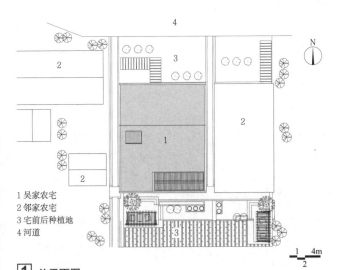

1 吴家农宅
2 邻家农宅
3 宅前后种植地
4 河道

1 总平面图

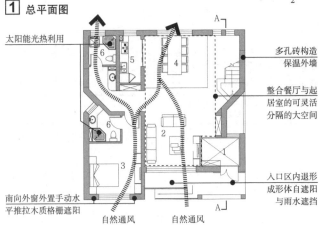

a 首层平面图

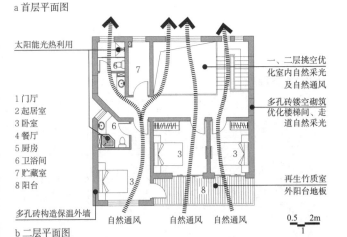

1 门厅
2 起居室
3 卧室
4 餐厅
5 厨房
6 卫浴间
7 贮藏室
8 阳台

b 二层平面图

2 平面图

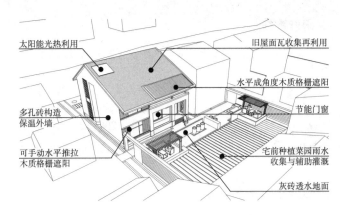

3 三维技术分析图

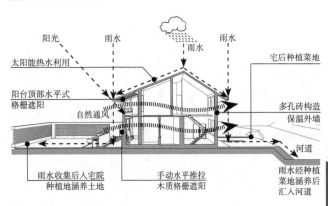

4 A—A剖面技术分析图

5 绿色建筑

绿色技术信息列表 表1

	绿色技术应用清单	绿色技术应用特点
被动式技术	1 多孔砖构造保温外墙	采用本地烧制的多孔砖砌块，并结合围护结构外侧防潮防水处理，形成适宜的外墙自保温体系
	2 系统无障碍设计	建筑场地、主要出入口以及建筑室内功能之间的无障碍联系
	3 综合遮阳设计	二层东南部阳台顶部设置水平木质格栅遮阳、首层入口平台内退自遮挡等措施，形成建筑主体的综合遮阳体系
	4 灵活可变大空间设计	建筑首层起居室、餐厅空间南北贯通设置，形成室内大空间，便于适应不同的家庭空间需求转换
	5 复合绿化设计	建筑宅前枣树、休息区藤架、前庭种植菜地以及宅后灌木篱笆和种植菜地，形成建筑复合环境绿化体系
	6 建筑室内自然通风设计	建筑室内主要功能空间南北纵向设置，南侧主要功能用房结合北部一二层挑高空间及南北开窗洞口设置，形成明确的自然通风风路，强化建筑室内自然通风环境
	7 建筑室内自然采光设计	建筑所有功能性用房均开窗，餐厅区双向自然光线引入，控制建筑主体进深
	8 雨水收集与再利用设计	场地内建筑主体与道路区域降水经地表径流有组织汇入宅前宅后的种植菜地，涵养土地与辅助灌溉菜地，饱和后的雨水经宅前暗沟和宅后地表径流汇入北部河道
	9 可再循环材料利用	原有建筑拆除的灰瓦、石构件、墙砖统一收集用于建筑屋面和景观构筑物、室内装饰构件使用
	10 节能门窗设计	采用双层中空塑钢窗，不仅传热系数小，而且气密性好
	11 材料与施工本地化	建筑围护结构主材采用本地烧制的多孔砖，施工建造方为本地具有20余年施工经验的建设团队
主动式技术	1 太阳能光热利用	建筑南向屋面设置太阳能集热器，利用太阳能光热解决建筑卫浴空间的热水使用需求

253

太阳能建筑 [1] 概述

太阳能建筑

　　太阳能建筑是指通过被动、主动方式充分利用太阳能的房屋。

　　太阳能建筑技术是指将太阳能利用与建筑设计相结合的技术。太阳能建筑技术通过与建筑围护系统、建筑供能系统等有机集成，使建筑能够充分收集、转化、储存和利用太阳能，为建筑提供部分或全部运行能源，实现降低建筑使用能耗、营造健康室内环境的目标。

太阳能建筑技术分类

　　太阳能建筑技术按太阳能的利用方式可分为被动式太阳能建筑技术和主动式太阳能建筑技术。

太阳能建筑技术分类　　　　　　　　　　　　　　　　表1

分类	太阳能利用途径	建筑表现形式	系统运行特点	原理与效果
被动式太阳能建筑技术	通过场地利用、规划设计、形体优化、空间分区、围护结构设计和建筑构造措施等直接利用太阳能	直接受益窗、附加阳光间、蓄热屋顶、集热蓄热墙、天井、中庭、通风烟囱、建筑遮阳、架空地面和屋面、墙体或屋面绿化等	采用直接利用方式运行，系统不易精准控制	通过直接收集或遮挡太阳能、蓄热和蓄冷、自然通风等达到建筑冬暖夏凉的效果
主动式太阳能建筑技术	通过光热构件和光伏构件等收集设备将太阳能转化为热能和电能	太阳能集热器、光伏组件、光热光伏一体化构件等，可应用于屋面、墙面、阳台等部位	采用间接利用方式运行，通过转化装置将太阳能转化为电能、热能等，可灵活、精准控制	通过转换装置及系统生产出热水、热空气和电能等建筑能源，用于建筑供暖、制冷和电能供给

　　被动式太阳能建筑技术现行的主要规范为《被动式太阳能建筑技术规范》JGJ/T 267。

　　主动式太阳能建筑技术现行的主要规范包括《民用建筑太阳能热水系统应用技术规范》GB 50364、《民用建筑太阳能光伏系统应用技术规范》JGJ 203、《太阳能供热供暖工程技术规范》GB 50495、《民用建筑太阳能空调工程技术规范》GB 50787。

设计原则

1. 被动优先、主动优化

　　太阳能建筑技术的显著特征是建筑物本身作为能源系统的关键部件，建筑供能系统将由常规能源系统、被动式太阳能系统和主动式太阳能系统组成。因此，首先需要通过被动式太阳能建筑技术和建筑节能设计大幅降低建筑的用能负荷，显著改善建筑室内环境的热舒适度；然后，在技术经济性能指标约束下，优化主动式太阳能建筑技术，以提高太阳能对于建筑运行能源和CO_2减排的贡献；同时利用常规能源系统保障能源连续供应。

　　设计中应根据不同建筑和空间的功能与使用状况，在保证建筑使用的健康、舒适性能的基础上，评估主、被动式太阳能建筑技术和常规能源系统配置的初始投资、运行成本和运行效果，提高设计方案的经济性与可实施性。

2. 因地制宜、整合设计

　　太阳能建筑技术应用应遵循因地制宜的原则，结合所在地区的气候特征、资源条件、技术水平、经济条件和建筑的使用功能等要素，选择适宜的太阳能建筑技术。通过建筑整合设计将太阳能利用技术纳入建筑设计全过程，以达到经济、适用、绿色、美观的要求。采用模块化太阳能建筑构件，如屋面集热瓦和光伏瓦、遮阳型太阳能集热器或光伏组件等，既能较全面地运用主被动太阳能技术，又让这些部件构成了现代建筑的立面元素。

设计依据

　　太阳能资源根据年太阳辐照量的大小，分为资源丰富区、资源较丰富区、资源一般区和资源贫乏区等4个区，见 [1] 及表2。

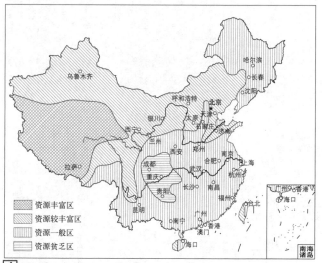

[1] 我国太阳能资源分区图❶

我国的太阳能资源分布及特征　　　　　　　　　　表2

分区	年辐射总量 [MJ/(m²·年)]	全年日照时数 (h)	地区
I丰富区	≥6700	3200~3300	西藏大部分、新疆南部以及青海、甘肃和内蒙古的西部等
II较富区	5400~6700	3000~3200	北京、天津、新疆北部、青海和甘肃东部、宁夏、山西、陕西北部、河北、山东西部、内蒙古大部分、云南北部、四川西部、海南西部等
III一般区	4200~5400	1400~3000	上海、黑龙江、吉林、辽宁、安徽、江西、陕西南部、内蒙古东北部、河南、山东大部分、江苏、浙江、湖北、湖南、福建、广东、广西、云南大部分、贵州南部、西藏东南部、香港、澳门、台湾等
IV贫乏区	≤4200	1000~1400	重庆、四川中部、贵州北部、湖南西北部

技术经济评价

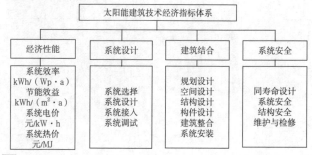

[2] 太阳能建筑技术经济指标体系

系统效率 kWh/(Wp·a) 节能效益 kWh/(m²·a) 系统电价 元/kW·h 系统热价 元/MJ

系统选择 系统设计 系统接入 系统调试

规划设计 空间设计 结构设计 构件设计 建筑整合 系统安装

同寿命设计 系统安全 结构安全 维护与检修

❶ 底图来源：中国地图出版社编制。

被动式太阳能建筑定义与设计原则

被动式太阳能建筑是指通过建筑朝向的合理选择和周围环境的合理布置，内部空间和外部形体的巧妙处理，以及建筑材料和结构、构造的恰当选择，使其在冬季能集取、蓄存并分配太阳能，为室内供暖；同时在夏季通过采取遮阳等措施遮蔽太阳辐射，及时地散逸室内热量，降低室内温湿度。

被动式太阳能建筑设计应遵循因地制宜的原则，结合所在地区的气候特征、资源条件、技术水平、经济条件和建筑的使用功能等要素，选择适宜的被动式太阳能技术，按照建筑太阳能利用规划布局、建筑体形设计、建筑功能空间布局、围护结构选型、被动式太阳能技术集成设计、构造节点设计、建筑设计评估的流程开展设计工作。

太阳能被动供暖降温气候分区

按照利用太阳能被动供暖和降温的适宜程度，划分太阳能供暖以及降温气候分区，如表1和表2所示。

太阳能供暖气候分区　　　　　　　　　　　　　　表1

被动太阳能供暖气候分区		南向辐射温差比[W/(m²·K)]	南向垂直面太阳辐射照度（W/m²）	典型城市
最佳气候区	A区(SHIa)	ITR≥8	I≥160	拉萨、日喀则、稻城、小金、理塘、得荣、昌都、巴塘
	B区(SHIb)	ITR≥8	160>I≥60	昆明、大理、西昌、会理、木里、林芝、马尔康、九龙、道孚、德格
适宜气候区	A区(SH II a)	6≤ITR<8	I≥120	西宁、银川、格尔木、哈密、民勤、敦煌、甘孜、阿坝、若尔盖
	B区(SH II b)	6≤ITR<8	120>I≥60	康定、阳泉、昭觉、昭通
	C区(SH II c)	4≤ITR<6	I≥60	北京、天津、石家庄、太原、呼和浩特、长春、上海、济南、西安、兰州、青岛、郑州、长春、张家口、吐鲁番、安康、伊宁、民和、大同、锦州、保定、承德、大连、唐山、洛阳、日照、徐州、宝鸡、开封、玉树、齐齐哈尔
一般气候区(SH III)		3≤ITR<4	I≥60	乌鲁木齐、沈阳、吉林、武汉、长沙、南京、杭州、合肥、南昌、延安、海拉尔、克拉玛依、鹤岗、天水、安阳、通化
不宜气候区(SH IV)		ITR<3	—	成都、重庆、贵阳、绵阳、遂宁、南充、达县、泸州、南阳、遵义、岳阳、信阳、吉首、常德
			I<60	

太阳能降温气候分区　　　　　　　　　　　　表2

被动降温气候分区		7月份平均气温T（℃）	7月份平均相对湿度(%)	典型城市
最佳气候区	A区(CHIa)	T≥26	φ<50	吐鲁番、若羌、克拉玛依、哈密、库尔勒
	B区(CHIb)	T≥26	φ≥50	天津、石家庄、上海、南京、合肥、南昌、济南、郑州、武汉、长沙、广州、南宁、海口、重庆、西安、福州、杭州、桂林、香港、台北、澳门、珠海、常德、景德镇、宜昌、蚌埠、信阳、商丘、徐州、宜宾
适宜气候区	A区(CH II a)	22<T<26	φ<50	乌鲁木齐、敦煌、民勤、库车、喀什、和田、莎车、酒泉、民丰、阿勒泰
	B区(CH II b)	22<T<26	φ≥50	北京、太原、沈阳、长春、吉林、哈尔滨、成都、贵阳、兰州、齐齐哈尔、汉中、宝鸡、雅安、承德、盛德、通辽、黔西、安达、延安、银川、伊宁、西昌、天水
可利用气候区(CH III)		18<T≤22	—	昆明、呼和浩特、大同、毕节、张掖、玉溪、敦化、昭通、巴塘、腾冲、昭觉
不需降温气候区(CH IV)		T≤18	—	拉萨、西宁、丽江、康定、林芝、日喀则、格尔木、马尔康、甘孜、玉树、阿坝、稻城、红原、若尔盖、色达、石渠

设计步骤

被动式太阳能建筑设计是一个反复的过程，大致可以分为以下几步：

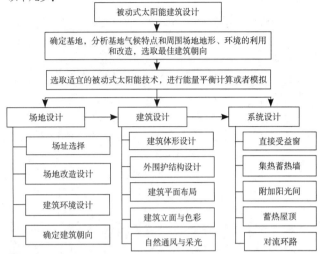

［1］被动式太阳能建筑设计流程图

建筑朝向确定

被动式太阳能建筑总平面的布置和设计，宜利用冬季日照并避开冬季主导风向，利用夏季自然通风降温，应使建筑的方位限制在偏离正南±30°以内。另外，还应考虑气象因素及场地遮挡的影响，对被动式太阳能建筑的朝向作些微小的调整。［2］为一天内不同方向的太阳能辐射量。

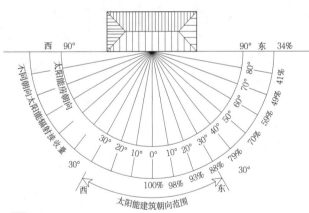

［2］不同方向的太阳能辐射量

被动式太阳能建筑供暖方式的选择建议　　　　表3

被动式太阳能建筑供暖气候分区		推荐选用的单项或组合供暖方式
最佳气候区	最佳气候A区	集热墙式、附加阳光间式、直接受益式、对流环路式、蓄热屋顶式
	最佳气候B区	集热墙式、附加阳光间式、对流环路式、蓄热屋顶式
适宜气候区	适宜气候A区	直接受益式、集热墙式、附加阳光间式、蓄热屋顶式
	适宜气候B区	集热墙式、附加阳光间式、直接受益式、蓄热屋顶式
	适宜气候C区	集热墙式、附加阳光间式、蓄热屋顶式
可利用气候区		集热墙式、附加阳光间式、蓄热屋顶式
一般气候区		直接受益式、附加阳光间式

注：1.5种太阳能系统的集热形式、特点和适用范围见"集热方式的选择"部分；
　　2.被动式太阳能利用方式与系统负荷大小的确定还应根据建筑的供暖、制冷需求，进行详细的能量平衡计算后做出选择。

被动式太阳能供暖集热方式的选择因素包括气象、建筑结构、房间使用性质和经济性。

气象

不同的气象条件对每一种集热方式的工作状态具有直接的影响。充分考虑气象因素能更好地发挥不同集热方式的优点并避免其缺点。

1. 直接受益式易受气象变化的影响而导致室温波动较大，因此较适用于那些供暖期连续阴天较少，且供暖需求持续时间短的地区，尤其适用于在供暖期最冷日室外最低气温相对较高的地区，如能配合使用保温帘与活动遮阳设施则能够更好地满足冬季夜晚与夏季白天的使用要求。

2. 在供暖期中连续阴天出现相对较多的地区，宜选用热稳定性较好的集热蓄热墙方式，因为当连续阴天出现时它能比直接受益式室内热量损失少。

3. 蓄热屋顶兼有冬季供暖和夏季降温两种功能，适用于冬季不甚寒冷，而夏季较热的地区。

4. 在阴天和夜间不能保证室内基本舒适度要求时，应采用其他主动式供暖系统或常规能源系统辅助供暖，保证室内热舒适度要求。

建筑结构

要根据结构要求选择相应的集热方式，保证结构的安全性。如砖混结构的开窗面积不宜过大，以利于抗震；结合墙体则可设置集热蓄热墙。

房间使用性质

如何选择集热方式，并不只是集热越多越好，还要考虑其所集热量向室内提供的时段与多少，是否与房间所需的用热情况相吻合。

主要在白天使用的房间，如起居室、办公室等，应以保证白天的用热为主，直接受益式或是集热墙式能很好地满足使用要求。

以夜间使用为主的房间，选用有较大蓄热能力的集热蓄热墙比较有利。

集热蓄热墙既能蓄存一定的热量供夜间使用，同时也能在白天的部分时段向室内供热，使室内温度达到一定水平。

经济性

选用集热方式时还应考虑经济的可行性，综合权衡初期投资与后期产出的关系，包括相应的环境效益。

基本的集热方式及特征   表1

集热方式		剖面简图	集热及热利用过程	特点及适应范围
直接受益式			1.北半球阳光透过南窗玻璃直接进入供暖房间，使温度上升。 2.射入室内的阳光被室内地板、墙壁、家具等吸收后转变为热能，给房间供暖。 3.夜晚降温时，储存在地板、墙和家具内的热量开始向外释放，使室温维持在一定水平	1.构造简单，施工、管理及维修方便。 2.室内光照好，也便于建筑立面处理。 3.晴天时升温快，白天室温高，晚上降温快，室内温度波动较大。 4.较适用于仅需要白天供热的房间
集热墙式	集热蓄热墙	上风口	1.阳光透过供暖房间集热墙的玻璃外罩照射在墙体吸热体表面，使其温度升高，进而加热墙体与玻璃罩间隙内的空气。 2.供热方式：被加热的空气由于热压作用经上部风口进入室内使室温上升，室内冷空气通过下风口进入集热空腔；夜晚，蓄热墙体以对流和辐射的方式为室内供热	1.构造较直接受益式复杂，清理及维修稍困难。 2.晴天时室内升温较直接受益式慢，但夜间蓄热墙体向室内供热，使室温日夜波动小。 3.适用于全天或主要为夜间使用的房间，如卧室等
	普通集热墙	下风口	1.阳光透过供暖房间集热墙的玻璃外罩照射吸热体表面，使其温度上升，进而加热墙体与玻璃罩间隙内的空气。 2.供热方式：被加热的空气由于热压作用经上部风口进入室内使室温上升，室内冷空气由下部风口补充进入空腔继续被加热。 3.集热墙吸热体后设隔热层，墙体不蓄热	1.晴天时室内升温迅速，但室温日夜波动大。 2.适用于主要为白天使用的房间，如办公室等。 3.可通过设计将部分热量送至专门设计的蓄热体，以平衡昼夜的用热需求
附加阳光间式			1.在带南窗的供暖房间另用玻璃等透明材料围合成一定的空间。 2.阳光透过大面积透光外罩加热阳光间空气，并射到地面、墙面上使其吸收和蓄存一部分热能；一部分阳光可直接射入供暖房间。 3.供热方式：靠热压经上下风口与室内空气循环对流，使室温上升；受热墙体传热至内墙面，夜晚以辐射和对流方式向室内供热	1.材料用量大，造价高，但清理维护比较方便。 2.晴天时室内升温较集热蓄热墙式慢，集热效率较前两种低，昼夜温差大。应组织好气流循环，向室内供热；否则白天易产生过热现象。 3.附加阳光间内可放置盆花，用于观赏、娱乐、休憩等多种功能，也可作为入口兼冬季室内外空间的缓冲空间
对流环路式		空气集热器 蓄热材料	1.利用南向太阳能集热墙和蓄热材料，构成室内空气循环加热系统，弥补室内直接接收太阳能的不足。 2.系统由太阳能集热墙、蓄热物质和通风道组成。 3.阳光照射集热墙、风道与供暖房间的蓄热材料连通，集热器内被加热的空气，借助于温差产生的热压直接送入供暖房间，也可送入蓄热材料储存，在需要时向房间供热。 4.对流环路中的南向集热墙构造与集热墙构造相同	1.构造复杂，造价高，占用空间大。 2.集热蓄热量大，能获得较好的室内热环境。 3.适用于低层建筑。 4.为提高集热供热效率，设辅助小型风机加强循环
蓄热屋顶池式		蓄热材料	1.以导热好的材料做屋顶，承托屋顶吸热蓄热水袋或其他蓄热材料，上设活动保温盖板。 2.在冬季，白天打开盖板使水袋吸收太阳热使储存于水袋的热量向室内辐射，升高室内温度。 3.在夏季，白天关闭盖板，低温的水袋吸收室内热量以降低室温；夜晚打开盖板，吸了热的水袋向凉爽夜空释放热量，使水温下降	1.构造复杂，造价很高。 2.集热和蓄热量大，且蓄热体位置合理，能获得较好的室内热环境。 3.较适用于夏热冬冷地区和夏热冬暖地区

注：1. 在实际设计中，可以选用一种集热方式，也可选择两种或多种集热方式组合应用，使其相互补充，协同工作。
　　2. 在利用太阳能供暖的房间中，为了营造良好的室内热环境，可采用砖、石、密实混凝土、水体或者相变蓄热材料作为蓄热体。蓄热体可按以下原则设置：(1) 设置足够的蓄热体，防止室内温度波动过大；(2) 蓄热体应尽量布置在能受阳光直接照射的地方。

6
太阳能建筑

日照间距确定

常规建筑的日照间距一般按冬至日正午的太阳高度角确定。如天津按此计算，从11月9日至2月1日的84天中得不到6h的满窗日照。通常冬至日9~15点的6h太阳所产生的辐射量约占全天辐射总量的90%左右，如前后各缩短0.5h（9:30~14:30），则降为75%左右。如集热构件安装在建筑物底层窗间墙位置，就会造成冬至日前后集热构件不能获得6h的太阳辐照。因此，在确定集热构件与遮挡物的间距时，应保证9:00~15:00区段内不宜产生较大遮挡。建议集热构件与遮挡物的间距按保证冬至日正午前后不少于5h的日照时数取值。

日照间距简略计算方法

当正南方遮挡建筑东西向形体较长时，保证正午前后总计 t 小时的日照间距可按下式简略计算：

$$L_t = H \cdot \left(\tan\varphi - \frac{\sin\delta}{\sin\varphi \cdot \sin\delta + \cos\varphi \cdot \cos\delta 15t/2} \right)$$

当 t=5h（9:30-14:30）时：

$$L_t = H \cdot \left(\tan\varphi - \frac{\sin\delta}{\sin\varphi \cdot \sin\delta + \cos\varphi \cdot \cos\delta 37.5} \right)$$

式中：L_t—保证t小时日照间距（m）；
H—被动式太阳能建筑南面遮挡建筑的遮挡高度（m）；
φ—太阳能建筑所在地区的地理纬度；
δ—冬至日太阳赤纬角，$\delta = -23°\,27'$。

以供暖为主的地区，当仅采用被动太阳能集热构件供暖时，集热构件应保证冬至日有5h以上太阳辐照。实际设计工作中应利用日照模拟软件进行模拟计算。

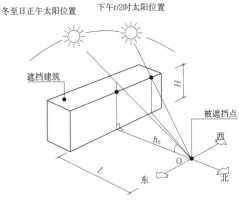

冬至日正午太阳位置　　下午t/2时太阳位置

遮挡建筑　　　　西　北　东　被遮挡点 O　H　h_0　L

［1］ 日照间距计算

建筑集热构件南侧遮挡建筑高度H的确定

H 应自建筑集热构件集热面的底边算起，有三种情况：

1. 集热面底边在首层室内地面标高处（采用竖向集热蓄热墙或附加阳光间时），见［2］a；

2. 集热面底边在首层室内地面以上（采用直接受益窗时，位于窗台标高处），见［2］b；

3. 集热面底边在首层室内地面标高以下（采用采光沟加大集热面时，位于沟底）见［2］c。

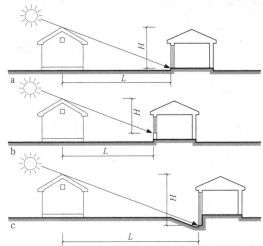

1. 通常认为：如一天的日照时数小于6h，太阳能的利用价值就会大大下降。因此设计太阳能建筑时应尽可能地利用自然条件，避免因遮挡造成有效日照时数的缩减。2. 理想日照间距适用于宅基地较为宽裕的广大农村，而不适用于建筑密度较大的城市。在城市则可计算可利用太阳能供暖的建筑上部层数。3. 当太阳能建筑前方遮挡建筑东西向形体较长，太阳可绕过遮挡物而保证有效日照时数时，可适当缩小日照间距。4. 由于冬季太阳的高度角较低，水平面对阳光的反射作用较强。因此，采用理想的日照间距，除能保证有效日照时数外，还有利于提高地面（反射板）的反射增益。

［2］ 前方遮挡高度H的确定

部分供暖城市理想日照间距计算　　　　　表1

城市名称	冬至日赤纬角	冬至日正午高度角h_0	冬至日9:00（15:00）		冬至日9:30（14:30）		保证冬至日6h日照间距	保证冬至日5h日照间距
			高度角	方位角	高度角	方位角		
拉萨		36.85°	21.48°	44.21°	25.79°	38.33°	1.8H	1.6H
开封		31.72°	17.77°	42.95°	21.72°	36.95°	2.3H	2.0H
石家庄		28.48°	15.38°	42.29°	19.13°	36.24°	2.7H	2.3H
和田	−23°27′	29.43°	16.01°	42.47°	19.89°	36.44°	2.56H	2.2H
青岛		30.48°	16.68°	42.68°	20.73°	36.67°	2.4H	2.1H
天津		27.54°	14.62°	42.12°	18.29°	36.03°	2.8H	2.4H
北京		26.60°	13.99°	41.96°	17.60°	35.87°	3.0H	2.5H

6 太阳能建筑

遮阳

防止夏季过热也是太阳能建筑设计的重要环节，太阳能建筑的窗口和集热构件应做好夏季遮阳设计。

遮阳方式选择　　　　　表2

可选择的遮阳方式			特点/适用范围
内遮阳			安装、使用和维护方便，隔热效果不如外遮阳，浅色比深色效果好；表面覆盖反射涂层的遮阳帘，可以减少通过玻璃透射进来的太阳辐射热量
外遮阳	固定式	水平式	接近南向的窗口或北回归线以南低纬度地区的北向附近窗口，同时应满足室内冬季日照要求
		垂直式	东北、北和西北向附近的窗口
		综合式（格栅式）	东南、西南向附近的窗口
		挡板式	东、西向附近的窗口
	活动式		几乎可以遮挡任何角度的直射阳光；由太阳传感器自动控制节能效果更佳，但初始和维护成本较高
	植物		建筑南墙面和山墙面宜采用

注：遮阳可以结合主动式太阳能技术进行设置，在南向的水平遮阳可以结合太阳能光伏系统进行设置。

建筑外形设计

1. 平面形状选择

（1）被动式太阳能建筑通常主要将南墙面作为得热面来收集热量，将东、西、北墙面作为失热面。

（2）按照尽量加大集热面和减少失热面的原则，应选择东西轴长、南北轴短的平面形状，建筑形体宜规整。从提高太阳能集热的角度，体形系数小的正方形并不是最佳体形。

（3）建议太阳能建筑的平面短边与长边尺寸之比取 $m:n=1:1.5\sim1:4$ 为宜，并根据实际设计需要取值。

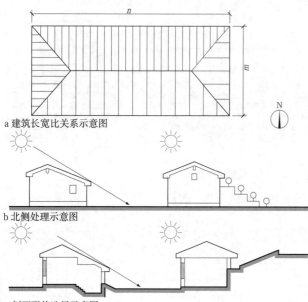

a 建筑长宽比关系示意图

b 北侧处理示意图

c 剖面形状选择示意图

1 建筑外形设计分析示意图

2. 剖面形状选择

（1）应遵守减少失热面和争取朝阳面的基本原则；

（2）对于墙体，可采取降低北向房间层高和在东、西、北墙外侧覆土的办法，以减少失热墙体的面积，见 **1** b、c；

（3）对于屋顶，常配合北侧房间降低的方案采用南坡短北坡长的斜屋顶，应选用大于外墙热阻值的构造，见 **1** c。

3. 体形系数

通过对建筑体积、平面和高度的综合考虑，选择适当的长宽比，实现对体形系数的合理控制，确定建筑各立面尺寸与其有效传热系数相对应的最佳节能体形，确保建筑体形系数符合国家现行建筑节能设计标准。

建筑空间布局

1. 建筑设计应对平面功能进行合理分区。以供暖为主地区的建筑主要房间宜避开冬季主导风向，对热环境要求较高的房间宜布置在南侧。

2. 应根据自然形成的北冷南暖的温度分区来布置各种房间。这种布局有利于缩小供暖温差，节省供暖所需热量。

3. 应把主要使用房间（人们长时间停留，温度要求较高的房间）如起居室、餐室、书房及卧室等布置在利用太阳能较直接的南侧暖区；次要房间（人停留时间短、温度要求较低的房间）如厕所、厨房、储藏间、走道、楼梯间等布置在北侧较冷区域。

出入口及场地的处理

出入口的设计应尽量避开当地冬季主导风向，并采取相应的防风挡风措施：

1. 门斗：太阳能建筑冬季主要出入口应设置防风门斗。

（1）南门斗：可做成凹式、凸式或端角式，见 **2** a~c；

（2）东西门斗：一般在东西山墙处做成凸式，并将外门开口变为南向，见 **2** e、f；

（3）北门斗：可做成凹式、凸式或端角式，并尽可能将外门开口改为东向，见 **2** d。

2. 挡风屏障：在有条件的情况下，可在冬季主导风向一侧，利用地形或者周边建筑、构筑物，或种植常绿树木，避免冷风的直接侵袭，减少建筑冬季的热损。

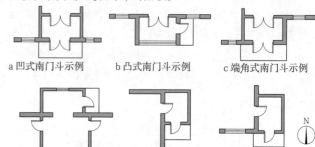

a 凹式南门斗示例　　b 凸式南门斗示例　　c 端角式南门斗示例

d 凸式北门斗示例　　e 东西山墙处门斗示例一　f 东西山墙处门斗示例二

2 出入口门斗处理方法示意图

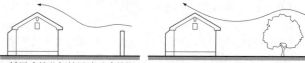

a 低层建筑北侧挡风墙对建筑影响示意图　b 低层建筑北侧树对建筑影响示意图

3 建筑北侧场地处理方法示意图

3. 建筑组团布置：通过规划设计可以取得更好的日照效果，错位布置多排多列多高层建筑，可利用山墙间的空隙争取更多的日照，见 **4** a；点式和板式多高层建筑结合布置，可以改善北侧建筑的日照条件，同时提高容积率，见 **4** b；通过优化成组建筑的垂直高度以及主次功能空间如停车空间、商业空间等对采光需求较低功能的空间，改善日照效果，同时减小冬季寒风对建筑的影响，见 **4** c、d。

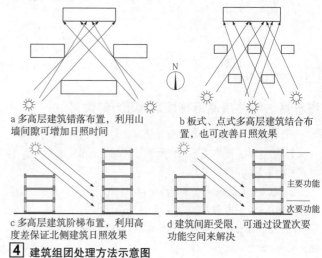

a 多高层建筑错落布置，利用山墙间隙可增加日照时间

b 板式、点式多高层建筑结合布置，也可改善日照效果

c 多高层建筑阶梯布置，利用高度差保证北侧建筑日照效果

d 建筑间距受限，可通过设置次要功能空间来解决

4 建筑组团处理方法示意图

6
太阳能
建筑

设计原理

直接受益式是太阳辐射直接通过玻璃或其他透光材料进入需供暖的房间的供暖方式，是应用最广的一种被动式太阳能技术。其特点是：构造简单易于制作、安装和日常管理与维修；与建筑功能配合紧密，便于建筑立面处理；白天室温上升快，但晚上降温快，室内温度波动较大。

设计时，应根据热工要求确定窗口面积；慎重确定玻璃层数与做法；减少窗洞范围内的遮挡；合理划分窗格和设置窗扇的开关方式与开启方向；构造上既要保证窗的密封性，又要减少窗框、窗扇自身的遮挡；重视解决夜间室内保温问题。

直接受益窗基本形式 　　　　　　　　　　　　　　　　表1

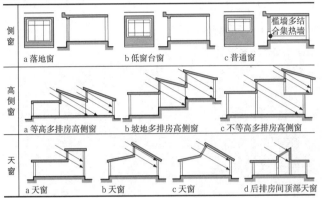

侧窗	a落地窗	b低窗台窗	c普通窗（槛墙多结合集热墙）
高侧窗	a等高多排房高侧窗	b坡地多排房高侧窗	c不等高多排房高侧窗
天窗	a天窗　b天窗　c天窗		d后排房间顶部天窗

设计要求

1. 对建筑的得、失热进行热工计算，确定窗洞口面积。南向集热窗的窗墙面积比应大于50%。

2. 窗户的热工性能应满足所属国家和地方现行建筑节能设计标准的要求。

玻璃和窗框的选择

为了达到良好的保温隔热效果，直接受益窗应具有良好的透射率与较低的传热系数。

优先选用导热系数小的窗框材料，表2为不同窗框材料的导热系数。

不同窗框材料的导热系数 　　　　　　　　　　　　　　表2

不同窗框材料	导热系数 [W/(m·K)]
断桥铝合金	1.8 ~ 3.5
钢材	58.2
铝合金	20.3
PVC	0.16
松木	0.17

窗户面积的确定

为了达到良好的节能效果，窗墙面积比的确定要兼顾保温和太阳得热两方面，在保证室内通风采光标准、空间视觉舒适及室内布局和环境舒适的前提下确定合适的开窗面积。可参照我国相关节能设计规范。

我国建筑规范规定：供暖居住建筑不同朝向的窗墙面积比不应超过规定的数值（表3）。如窗墙面积比超过规定的数值，应做权衡计算并达到规范要求。作为供暖房间供暖方式的直接受益窗面积可不受节能标准南向窗墙比的限制。

处于不同热工分区居住建筑不同朝向的窗墙面积比 　　　表3

气候分区	北向外窗	东、西向外窗	南向外窗
严寒、寒冷地区	0.25	0.30	0.35
夏热冬冷地区	0.45	0.30（无外遮阳措施） 0.50（有外遮阳设施且太阳辐射透过率20%）	0.50
夏热冬暖地区	0.45	0.30（必须遮阳）	0.50

减少窗口遮挡的构造

1. 应减少窗套、线脚等凸出物的遮挡，见 1 。
2. 注意窗框在窗洞口中的位置，见 2 。
3. 采用合理的窗洞口断面形式，见 3 。

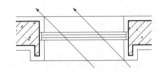
a 凸出窗套造成遮挡

b 窗套外移避免遮挡

1 窗套位置影响示意图

a 窗框内移遮挡多

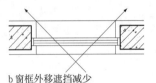
b 窗框外移遮挡减少

2 窗框位置影响示意图

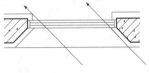
a 水平抹角处理减少遮挡

b 垂直抹角处理减少遮挡

3 抹角处理影响示意图

夜间保温

门窗是建筑热耗较大的部位，一般门窗的热阻值很小，加上门窗缝隙较多，会造成冷风渗透。因此，窗口的夜间活动保温对于提高直接受益窗的性能具有重要作用。

在设计过程当中，首先，应限制非集热朝向（北、东、西）的开窗面积；其次，可以增加门窗的热阻性能；第三，结合相应的门斗形式进行空间布局；第四，通过结合窗口进行多种活动保温装置的设计。

在设置活动保温装置时，应注意活动保温装置与窗周边采取密闭措施，防止空气间层对流散热，造成热损耗。

常用活动保温装置有：

1. 移动硬质保温板；
2. 保温卷帘装置；
3. 有框架的铰接折叠保温板；
4. 活动保温百叶。

活动保温装置的作用

直接受益窗的传热系数很大,当其受到阳光照射时,是得热构件;而无阳光照射(阴天或夜间)时,为散热构件,通过它损失的热量约占整个房屋传导热损失的1/4~1/3。因此,在直接受益窗上加设活动保温装置(用于阴天和夜间)十分必要。其他朝向的房间的采光通风窗在供暖期内同样也是热损失较大的失热构件(热阻值仅相当于保温墙体热阻的1/15~1/10),在这些窗上加设活动保温装置更不可少。

活动保温装置的类型

按活动保温装置的安装位置,可分为装在窗外侧、窗内侧及两层玻璃之间三类;按其材料和构造,可分为保温板(扇)和保温帘两类。保温板(扇)由硬质复合保温窗扇和窗框组成。保温窗扇由面料和心料复合而成。面料起保护心料和装饰作用,有塑料壁纸、胶合板、装饰板、镀锌薄钢板、铝板等。心料有纤维状、粒状、块状三种,常用的有玻璃棉、矿渣棉、岩棉、膨胀珍珠岩、聚苯乙烯泡沫塑料(板或散粒)、聚氨酯泡沫塑料(硬质或软质)。保温帘由软质或硬质复合帘、启闭装置和密封导槽组成。保温装置四周应做密闭处理,防止对流热损失。

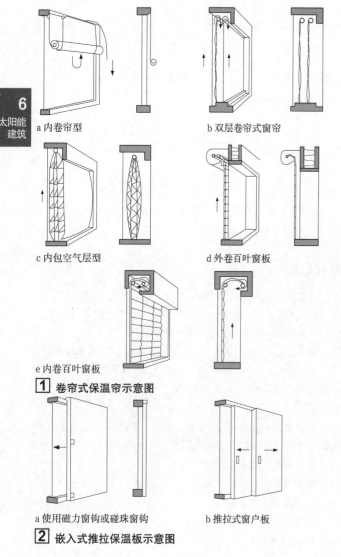

a 内卷帘型　　　　　b 双层卷帘式窗帘

c 内包空气层型　　　d 外卷百叶窗板

e 内卷百叶窗板

1 卷帘式保温帘示意图

a 使用磁力窗钩或碰珠窗钩　　b 推拉式窗户板

2 嵌入式推拉保温板示意图

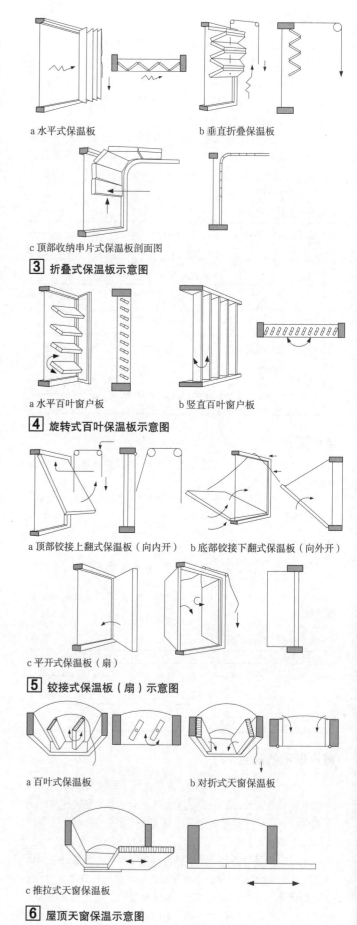

a 水平式保温板　　　　　b 垂直折叠保温板

c 顶部收纳串片式保温板剖面图

3 折叠式保温板示意图

a 水平百叶窗户板　　　　b 竖直百叶窗户板

4 旋转式百叶保温板示意图

a 顶部铰接上翻式保温板(向内开)　b 底部铰接下翻式保温板(向外开)

c 平开式保温板(扇)

5 铰接式保温板(扇)示意图

a 百叶式保温板　　　　　b 对折式天窗保温板

c 推拉式天窗保温板

6 屋顶天窗保温示意图

260

集热墙定义

建筑南向墙面上设置带玻璃外罩的吸热墙体，通过阳光照射吸收热量并加热间层内空气，通过传导、对流、辐射方式将热送入室内。集热墙包括集热蓄热墙和普通蓄热墙。

集热蓄热墙的设计要求

1. 综合建筑性质、结构特点与立面处理的需要，并在保证足够集热面积的前提下，确定其立面组合形式。

2. 集热蓄热墙的组成材料应具有较大的热容量和导热系数，使用寿命长，并确定其合理厚度，选择吸收率高、耐久性强、无毒的吸热涂层。

3. 结合当地气象条件，处理好透光外罩的透光材料、层数与保温装置的组合设计，以及外罩边框的构造做法。边框构造应便于外罩的清洗和维修。

4. 合理确定通风口面积、形状与位置，保证气流通畅。为便于日常使用与管理，宜考虑下风口逆止阀的设置。

5. 选择恰当的空气间层宽度，为加快间层空气升温速度，可设置适当的附加辅助装置，如涂覆吸换热性能好的涂层的波形金属板等。

6. 注意夏季排气口的设置，防止夏季过热。

7. 集热蓄热墙的构造应在保证装置严密、操纵灵活和维护方便的前提下，尽量构造简单，施工方便。

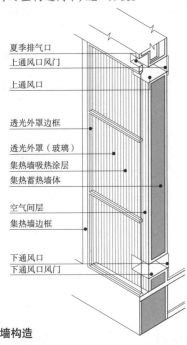

夏季排气口
上通风口风门
上通风口
透光外罩边框
透光外罩（玻璃）
集热墙吸热涂层
集热蓄热墙体
空气间层
集热墙边框
下通风口
下通风口风门

1 集热蓄热墙构造

可用于集热蓄热墙的选择性吸收材料特性 表1

材料	吸收率	发射率	备注
PbS涂层	85%～91%	23%～40%	制备简单，但林蔓状结构易氧化失去转换性，防锈性能差
Fe₂O₃–Cr₂O₃涂层	88%	27%	涂层成本低、耐候性与耐腐蚀性好，实用性强
硅溶胶吸热涂层	94%	41%	涂层成本低、耐候性和防水性好，但含有机物，使用寿命短
聚烯烃–CuO	92%	35%	涂层成本低、容易加工成型，性能稳定、光谱选择性好

集热蓄热墙的优点

1. 在充分利用南墙集热面的情况下，满足私密性与家具方便布置的要求，可适应不同房间的使用要求。

2. 与直接受益窗结合使用，既可充分利用南墙集热，又能与砖混结构的构造要求相适应。

3. 集热蓄热墙的墙体蓄热，可延迟至夜间通过辐射、对流向室内放热，减小室内昼夜温度波动。

4. 在集热蓄热墙顶部向室外开设夏季排风口，可通过集热墙下风口将室内气体抽出，并从北窗引进凉爽空气，形成强化通风，降低室内温度。

集热蓄热墙的效率

集热蓄热墙系统效率取决于集热蓄热墙的蓄热能力、通风口设置以及外表面的玻璃性能。在总辐射强度大于300W/m²时，有通风孔的实体墙式效率最高，其效率较无通风口的实体墙式高出一倍以上。集热效率的大小随通风口面积与空气间层截面积的比值增大略有增加，适宜比值为0.80左右。

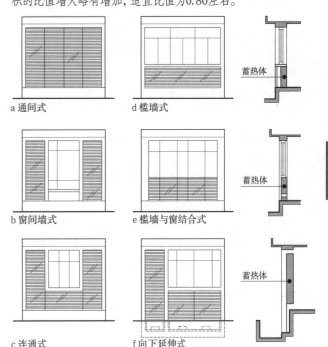

a 通间式 　　 d 槛墙式 　　 蓄热体

b 窗间墙式 　　 e 槛墙与窗结合式 　　 蓄热体

c 连通式 　　 f 向下延伸式 　　 蓄热体

2 立面组成

外表面普通与选择性涂层对阳光吸收率及发射率的比较 表2

集热墙体外表涂层	吸收率	发射率
黑色	95%	20%
深蓝色	85%	33%
墨绿色脂肪漆	93%	42%
选择性吸收涂层	88%～96%	11%～17%

不同材料集热蓄热墙推荐厚度 表3

墙体材料	推荐厚度（mm）
土坯墙	200～300
混凝土墙	300～400
水墙	150以上
专用蓄热或相变材料	根据设计

6
太阳能
建筑

普通集热墙与集热蓄热墙的区别

普通集热墙不同于集热蓄热墙，其吸热体后设隔热层，集热墙本身不具有蓄热能力，所集热量主要通过集热墙间层空气循环送入室内。集热墙原理与南墙面上设置的空气集热器类似，其特点为集热升温快，效率较高，可结合蓄热仓设置。

普通集热墙细部

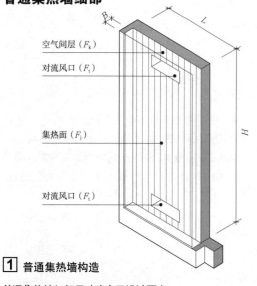

空气间层（F_k）
对流风口（F_t）
集热面（F_j）
对流风口（F_t）

1 普通集热墙构造

普通集热墙细部尺寸确定及设计要点　　　　　　　　表1

组成	设计要求
集热墙	集热墙面积F_j应根据热工计算决定。方案设计时，可按房间地板面积的0.25～0.75（常用0.4～0.5）进行估算
空气间层	空气间层厚度B宜取其垂直高度H的1/20～1/30，集热墙空气间层厚度一般为75～150mm；蓄热墙空气间层厚度宜为80～100mm。为提高间层空气的升温速度，可在间层加设附加装置，常用附加装置见表2
对流风口	对流风口面积F_t一般取集热墙面积F_j的1%～3%，普通集热墙风口可略大些。建议对流风口面积F_t=空气间层截面积F_k。风口形状一般为矩形，宜做成扁平的长方形。对于较宽的集热墙可将风口分成若干个，在宽度方向上均匀布置。风口在高度上的位置，上下风口垂直间距应尽量拉大。上风口应设在顶部，下风口应尽量降低

提高集—换热性能的附加装置　　　　　　　　表2

材料	构造形式
涂黑镀锌钢板	50 50
涂黑钢板网	50 50
涂黑压型钢板或瓦楞板	30 40 50
涂黑镀锌钢板格片	30 30 40 30

普通集热墙的设计要求

1. 按照集热墙体形式的不同，分为一体式和附加式。当建筑外墙本身具有较好隔热性能时，如轻质墙体，可将吸热体（面）直接复合在外墙表面形成集热墙；当外墙为重质墙体时，可在墙体上设置隔热层后，再复合吸热体（面）形成集热墙。

2. 透光和保温装置的外露边框应坚固耐用、密封性好。

3. 为提高集热效率和便于调控，可将集热风口通过管道连接到蓄热仓或空心重质内墙、楼板等，通过重质材料的墙体、楼板蓄存热量，以便室内需要时使用。应设置对流风口，对流风口上应设置可自动或者便于启闭的保温风门，宜设置风门逆止阀，室内风口开启方式见 **2**。

4. 可选用成品空气集热器设备，其带有风机等机械装置，能显著提高热传输效率，最大化发挥集热作用。

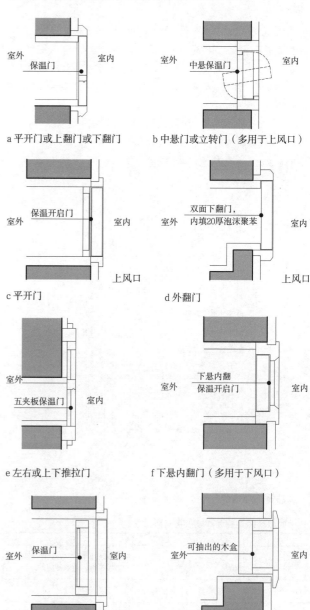

a 平开门或上翻门或下翻门　　b 中悬门或立转门（多用于上风口）

c 平开门　　d 外翻门

e 左右或上下推拉门　　f 下悬内翻门（多用于下风口）

g 活框式逆止风门　　h 抽盒式逆止风门

2 普通集热墙、集热蓄热墙通风口风门示意图

6
太阳能
建筑

设计原理

附加阳光间是直接受益与间接受益系统的结合，在带南窗的供暖房间外用玻璃等透明材料围合成一定的空间，空间内的温度因温室效应升高。阳光间既可以对房间进行供暖，又可以作为一个缓冲区，减少房间的热损失。

附加阳光间的特点是：集热面积大，阳光间内室温上升快；阳光间可结合南廊、门厅、封闭阳台设置，室内阳光充足可做多种活动空间，也可做温室种植花卉，美化室内环境；阳光间与相邻供暖房间之间的关系比较灵活，既可设砖石墙，也可设落地门窗，适应性较强；阳光间内中午易过热，应采取通畅的气流组织，将热空气及时传送到内层房间；因为热损失大，阳光间内室温昼夜波幅大。

设计要求

1. 附加阳光间应设置在南向或南偏东至南偏西夹角不大于30°范围内的外墙外侧。

2. 附加阳光间与供暖房间之间公共墙上的开孔位置应有利于空气热循环，并能方便开启和严密关闭，开孔率宜大于15%；附加阳光间内地面和墙面宜采用深色表面。

3. 采光窗应考虑活动遮阳设施，上部设置通风窗用于夏季散热。

4. 合理确定透光盖板层数，设计有效夜间保温措施。

基本形式

1. 对流式：阳光间与供暖房间之间的公共墙体的作用与集热蓄热墙相同，应开设上下风口，以组织好内外空间的热气流循环。

2. 直射式：阳光间与供暖房间间设落地窗分隔，落地窗作用同直接受益窗，设部分开启扇，以组织内外空间的热气流循环，也可设门联通内外空间。

3. 混合式：公共墙上可开窗和设置槛墙，使室内既可得到阳光直射，又有槛墙蓄热之效益。公共墙上设孔以组织热气流循环。

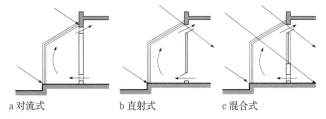

a 对流式　　　b 直射式　　　c 混合式

1 附加阳光间基本形式

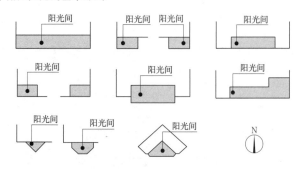

2 附加阳光间平面位置示意图

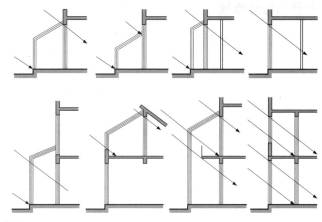

3 附加阳光间剖面位置示意图

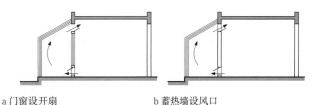

a 门窗设开扇　　　　　b 蓄热墙设风口

4 通风口位置示意图

技术措施

1. 组织好阳光间内热空气与供暖房间的通畅循环，防止在阳光间顶部产生热流动"死角"。

2. 处理好地面与墙体等的蓄热和保温。

3. 确定透光外罩玻璃层数，并采取夜间保温措施。

4. 考虑冬季通风排湿，减少玻璃内表面结霜和结露。

5. 夏季需采取遮阳、通风降温措施。

6. 设置通风口时，上风口应设在顶部，下风口应接近地面。风门或开扇应顺气流方向设置。

7. 为了进一步组织好阳光间内热空气与供暖房间的循环，常常采用辅助动力的手段，加强空气换流，见 **5**。

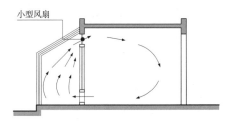

a 顶部设小型风扇

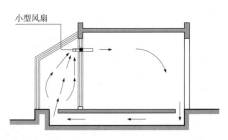

b 顶部设风机、地面设风道

5 辅助动力示意图

蓄热体设计原理

在被动式太阳能建筑中需设置一定数量的蓄热体。它的主要作用是在有日照时吸收并蓄存部分过剩的太阳辐射热；当白天无日照或在夜间时（此时室温呈下降趋势）向室内放出热量，以提高室内温度，减小室温波动。蓄热体的构造和布置将直接影响集热效率和室内温度的稳定性。

蓄热体的要求：单位容积（或重量）蓄热量大；化学性能较稳定，无毒，无操作危险，废弃时不会对环境造成公害；对贮存器无腐蚀或腐蚀作用小；资源丰富，就地取材；容易吸热和放热；耐久性高；蓄热成本低（包括蓄热材料及贮存容器）、使用寿命长。

材料类别及性能   表1

材料类别	具体种类	特性
显热蓄热材料	水、热媒等液体及卵石、砂、土、混凝土、砖等固体	蓄热量取决于材料的容积比热值
潜热蓄热材料	"固体—液体"相变	分无机和有机两种相变材料。蓄热量大，体积小；但无机材料有腐蚀性，对容器要求高，须全封闭，造价高。实际应用中多使用"固体—液体"形式。用有机相变材料还可制成定型相变颗粒，可掺入抹灰、石膏、混凝土中使用
	"液体—气体"相变	

注：1. 墙、地面蓄热体应采用容积比热大的材料，如砖、石、密实混凝土等；也可专设水墙或盒装相变材料蓄热。2. 蓄热体应尽量使其表面直接受日光照射。3. 砖石材料作墙地面蓄热体时应达100mm厚（>200mm时增效不大）。对于水墙则体积越大越好，厚度≥200mm，容器壳应薄，导热好。4. 蓄热地面及水墙容器应采用黑、深灰、深红等深色。5. 蓄热地面上不应铺整面地毯，墙面也不应挂壁毯。对相变材料蓄热体和水墙，应加设夜间保温装置。6. 对于集热蓄热墙，其蓄热体的设计要求见"集热蓄热墙"部分。

蓄热材料选择   表2

材料	传统蓄热材料	相变材料储能模块
特点	1.价格经济； 2.技术成熟，工艺较为简单； 3.蓄热能力较差，体积过大	1.质量轻，体积小，节约室内空间； 2.蓄热能力强，储能量大； 3.造价较高，耐久性一般； 4.易于安装，可标准化生产； 5.适于维持室温的稳定
设置位置	地面、墙面等阳光直接照射处	楼地面、窗下墙或与中央空调结合设置于吊顶内部区域

相变材料储能模块与建筑结合设计

相变材料选择   表3

材料	无机相变材料	有机相变材料	复合相变储能材料
组成	由结晶水和盐组成	主要包含石蜡、脂肪酸类、多元醇等	包含两种相变材料混合以及定型相变材料
优点	1.使用范围广； 2.导热系数大； 3.储热能力强； 4.价格相对便宜； 5.相变时体积变化小	性能稳定，生产工艺成熟	1.两种相变材料混合制造简单，但具有一般相变材料的缺点，需要封装，容易发生泄漏等使用不安全问题。 2.定型相变材料能保持一定的形状，不会有相变材料发生泄漏。与普通相变材料相比，它不需封装器具，减少了封装成本和封装难度，避免了材料泄漏的危险，增加了材料使用的安全性，减少了容器的传热阻力，有利于相变材料与传热流体间的换热
缺点	易出现相分离现象或者过冷现象	导热系数小，密度小，单位体积储能能力差	

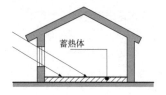

a 地面蓄热

b 墙体蓄热

c 地面、公共墙体蓄热

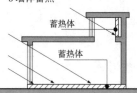

d 相变材料蓄热

e 水墙蓄热

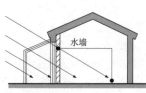

f 地面、公共水墙蓄热

1 蓄热体与建筑位置关系示意图

常用建筑材料热物性参数   表4

材料名称	蓄热系数S [W/(m²·K)]	表观密度 (kg/m³)	导热系数λ [W/(m·K)]	比热容C [kJ/(kg·K)]	材料名称	蓄热系数S [W/(m²·K)]	表观密度 (kg/m³)	导热系数λ [W/(m·K)]	比热容C [kJ/(kg·K)]
灰砂砖	12.72	1900	1.10	1.05	泡沫混凝土	3.59	700	0.22	1.05
炉渣砖	10.43	1700	0.81	1.05	水泥砂浆	0.93	1800	11.31	1.05
煤矸石多孔砖	7.60	1400	0.54	1.05	轻质黏土	6.44	1200	0.47	1.01
粉煤灰蒸养砖	8.71	1600	0.62	1.05	夯实黏土	11.09	1800	0.93	1.01
混凝土单排孔砌块	5.88	1200	1.02	3.88	花岗石	25.57	2800	3.49	0.92
轻砂浆砌筑黏土砖	9.96	1800	0.81	1.05	大理石	23.35	2800	2.91	0.92
硅酸盐砖	11.11	1800	0.87	1.05	胶合板	4.32	600	0.17	2.51
蒸压灰砂空心砖	8.12	1500	0.79	1.07	木屑板	1.41	200	0.065	2.10
重砂浆砌筑26/33及36孔空心砖	7.92	1400	0.58	1.05	石膏板	5.14	1050	0.33	1.05
自然煤矸石、炉渣混凝土	9.54	1500	0.76	1.05	平板玻璃	10.77	2500	0.76	0.84
火山灰渣、砂、水泥混凝土	6.30	1700	0.57	0.57	玻璃钢	9.25	1800	0.52	1.26
加气混凝土	3.59	700	0.22	1.05	碳酸钙玻璃	11.25	2500	1.00	0.81
钢筋混凝土	17.2	2500	1.74	0.92	聚碳酸酯	8.17	1200	0.20	1.13
黏土陶粒混凝土	10.13	1600	0.84	1.05	建筑钢材	126.28	7850	58.2	0.48
粉煤灰陶粒混凝土	11.4	1700	0.95	1.05	铸铁	112.38	7250	49.9	0.48
浮石混凝土	9.09	1500	0.67	1.05	铝	191.5	2700	20.3	0.92

太阳能建筑各部位常用玻璃种类与构造类型　　表1

建筑部位	玻璃种类	构造类型
集热蓄热墙	普通玻璃、超白玻璃	单层玻璃
天窗	Low-E玻璃、夹胶玻璃、钢化玻璃、自洁净玻璃	中空钢化或真空夹膜玻璃
直接受益窗	高透型Low-E玻璃、夹层玻璃	中空或真空玻璃
附加阳光间	高透型Low-E玻璃	中空玻璃

几种常用玻璃的主要光热参数　　表2

玻璃名称	玻璃种类、结构	透光率	遮阳系数S_c	传热系数K [W(m²·K)]
单片透明玻璃	6c	89%	0.99	5.58
单片绿着色玻璃	6F-Green	73%	0.65	5.57
单片灰着色玻璃	6Grey	43%	0.69	5.58
彩釉玻璃 (100%覆盖)	6mm白色	—	0.32	5.76
透明中空玻璃	6c+12A+6c	81%	0.87	2.72
绿着色中空玻璃	6F-Green+12A+6c	66%	0.52	2.71
单片热反射镀膜玻璃	6CTS140	40%	0.55	5.06
热反射镀膜中空玻璃	6CTS140+12A+6c	37%	0.44	2.54
Low-E中空玻璃	6CEF11+12A+6c	35%	0.31	1.4~2.0

注：6c表示6mm透明玻璃，CTS140是热反射镀膜玻璃型号，CEF11是Low-E玻璃型号。K值是按ISO10292标准测得，S_c是按ISO15099标准测得。

吸热玻璃的光学指标参考值　　表3

玻璃品种	玻璃厚度 (mm)	可见光（%）透过率	可见光（%）吸收率	太阳能（%）透过率	太阳能（%）吸收率
茶色	3	82.9	9.8	69.3	24.3
	5	77.5	15.6	58.4	35.8
	8	70.0	23.6	46.3	48.4
	10	65.5	29.3	40.2	54.7
	12	61.2	32.9	35.3	59.8
蓝色	3	73.9	19.4	75.1	18.2
	5	63.9	30.0	65.7	28.2
	8	51.4	43.2	53.9	40.6
	10	44.5	50.4	47.3	47.5
	12	38.6	57.5	41.6	53.3
绿色	3	74.1	19.2	75.5	17.8
	5	64.3	29.6	66.2	27.7
	8	51.9	43.7	54.5	40.0
	10	45.0	49.9	48.0	46.8
	12	39.0	56.1	42.5	52.8

常见夹层玻璃品种及其用途　　表4

玻璃品种	结构特点	应用场合
普通夹层	两片普通玻璃一层胶片	有安全性要求，隔声
防火夹层	使用防火胶片	用作防火玻璃
多层复合	三片以上玻璃	防盗、防弹、防爆
防紫外夹层	使用防紫外胶片	展览馆、博物馆、书房
彩色夹层	使用彩色胶片	装饰场合
高强夹层	钢化玻璃	有强度要求的场合
屏蔽夹层	加入金属丝网或膜	有电磁屏蔽要求的建筑
调光夹层	通过电控等方式进行透明/不透明切换	可替代窗帘的光线调节作用
光导夹层	通过光导膜等实现光在夹层中的折射	室内采光均匀度要求较高房间
节能夹层	使用热反射或吸热玻璃	外窗与幕墙

中空玻璃的配片方式及其功能　　表5

玻璃品种	外层玻璃	内层玻璃	功能
普通平板玻璃	可以	可以	保温、隔声、防结露
钢化玻璃	可以	可以	保温、隔声、防结露、高强、安全
夹层玻璃	可以	可以	保温、高隔声、防结露、安全
吸热玻璃	可以	不可以	保温、隔声、防结露
热反射玻璃	可以	不可以	保温、隔声、防结露
磨砂玻璃	不可以	可以	保温、隔声、防结露、透光不透明
低辐射玻璃	不可以	可以	高保温、隔声、防结露

常用中空玻璃产品的形状和最大尺寸　　表6

玻璃厚度 (mm)	间隔厚度 (mm)	长方形 长边最大尺寸 (mm)	长方形 短边最大尺寸 (mm)	最大面积 (m²)	正方形边长最大尺寸 (mm)	最小安装边缘覆盖量 (mm) 上边	下边	两侧
3	6	2110	1270	2.4	1270	12	12	12
	9~12	2110	1270	2.4	1270			
4	6	2420	1300	3.14	1300	13	13	13
	9~10	2440	1300	3.17	1300			
	12~20	2440	1300	3.17	1300			
5	6	3000	1750	4.00	1750	14	14	14
	9~10	3000	1750	4.80	2100			
	12~20	3000	1815	5.10	2100			
6	6	4550	1980	5.88	2000	15	15	15
	9~10	4550	2280	8.54	2440			
	12~20	4550	2440	9.00	2440			

Low-E膜位于中空玻璃不同面的参数（中空结构6+12A+6）　　表7

Low-E品种	膜面位置	遮阳系数Sc	传热系数K [W/(m²·K)]
透明Low-E	外层玻璃的外表面	0.61	1.79
	内层玻璃的内表面	0.69	1.79
银灰色Low-E	外层玻璃的外表面	0.31	1.66
	内层玻璃的内表面	0.53	1.66

各种不同气体中空玻璃性能参数　　表8

充气类型	可见光透射比	太阳能总透射比	遮阳系数Sc
空气	77.28%	73.73%	0.829
氩气	77.28%	73.83%	0.830
氟化硫(SF₆)	77.28%	73.89%	0.831
氪气	77.28%	73.94%	0.832

玻璃透光率标准　　表9

玻璃厚度(mm)	1.1	1.3	2	3	4	5	6	8	10	12	15	19
透光率	91%	91%	91%	90%	89%	88%	87%	86%	86%	84%	76%	72%

中空玻璃的隔声性能　　表10

中空玻璃的类型	平均隔声能力（dB）
20mm双层中空玻璃(4+12A+4)	28
36mm双层中空玻璃(12+12A+12)	32
16mm双层中空玻璃(5+6A+5)	25

安全玻璃最大容许面积　　表11

玻璃种类	公称厚度（mm）	容许最大面积（m²）
钢化玻璃单片防火玻璃	4	2.0
	5	3.0
	6	4.0
	8	6.0
	10	8.0
	12	9.0
夹层玻璃	6.52	2.0
	6.38　6.76　7.52	3.0
	8.38　8.76　9.52	5.0
	10.38　10.76　11.52	7.0
	12.38　12.76　13.52	8.0

6
太阳能建筑

主动式太阳能建筑技术和系统分类

　　主动式太阳能建筑技术是指采用太阳能收集、转化、储存和控制系统，为建筑提供部分或全部运行能源的技术。

　　主动式太阳能利用系统分为太阳能光热利用系统和太阳能光电利用系统。其中太阳能光热利用系统包括太阳能热水系统、太阳能供暖系统与太阳能制冷系统。为了提高太阳能利用效率，出现了以上几种系统的组合利用形式，例如太阳能热水+供暖系统、太阳能光电+空气供暖系统、太阳能光电+热水系统、太阳能空气供暖+热水系统以及太阳能制冷+生活热水+供暖系统等。设计中应根据不同建筑类型、使用需求和用户可支付能力，合理选择太阳能光热或太阳能光电系统等适宜技术。

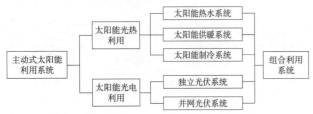

1 主动式太阳能利用系统分类

主动式太阳能利用系统的设计原则

主动式太阳能利用系统设计原则及要求　　　　　　　　　　表1

设计原则	具体要求
综合性	系统类型的选择应根据所在地区气候、太阳能资源条件、建筑物类型、建筑空间使用功能、业主要求、投资规模、安装条件等因素综合确定
便利性	系统设计应充分考虑施工安装、操作使用、运行管理、部件更换和维护等便利性要求，做到安全、可靠、适用、经济、美观
安全性	系统应根据不同地区和使用条件采取防冻、防结露、防过热、防雷、防雹、抗风、抗震和保证电气安全等技术措施
经济性	系统设计完成后，要进行系统节能、环保效益预评估

规划设计

　　1. 采用主动式太阳能利用系统的建筑单体或建筑群体，主要朝向宜为南向，为最大限度地利用太阳能创造条件。

　　2. 建筑体形和空间组合应与主动式太阳能利用系统紧密结合，并为节约能源和接收较多的太阳能创造条件。

　　3. 建筑物上安装的主动式太阳能利用系统不得对相邻建筑的日照产生遮挡。

　　4. 建筑物周围的环境景观与绿化种植，应避免对太阳能收集转化装置造成遮挡，见 **2**。

　　5. 建筑规划布局宜保证太阳能收集转化装置不少于6h/d的日照时数；既有建筑改造中受条件限制时，宜满足不少于5h/d的日照时数。

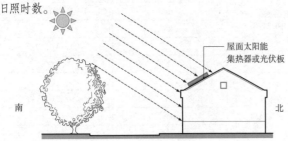

2 绿化不对太阳能收集转化装置产生遮挡

建筑设计

　　1. 太阳能建筑中主动式太阳能利用方式的选择，应根据建筑物的使用功能、能量需求等因素，在被动技术应用优先的条件下经综合技术经济比较确定。

　　2. 安装在建筑屋面、阳台、墙面或建筑其他部位的太阳能收集转化装置应与建筑功能协调一致，并保持建筑外观统一和谐，见 **3**。

　　3. 建筑设计应为主动式太阳能利用系统的安装、使用、维护、保养等提供必要的条件。

　　4. 建筑的体形和空间组合应避免太阳能收集转化装置受建筑自身，周围设施或绿化树木的遮挡。

　　5. 直接以太阳能收集转化装置构成围护结构时，除应与建筑整体有机结合，并与建筑周围环境相协调外，还应满足所在部位的结构安全和保温隔热防水等围护结构防护功能要求。

　　6. 在安装太阳能收集转化装置的建筑部位，为防止太阳能收集转化装置损坏后部件坠落伤人，要设置必要的安全防护设施，见 **4**。

　　7. 太阳能收集转化装置不得跨越建筑变形缝。

　　8. 设计中应与设备及结构专业配合，预留主动式太阳能利用系统设备间、管道井，以及必要的检修空间。

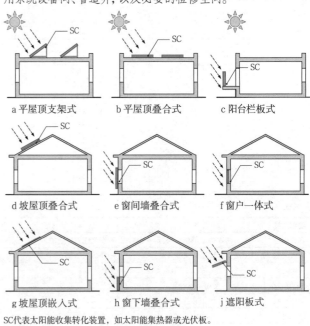

SC代表太阳能收集转化装置，如太阳能集热器或光伏板。

3 太阳能收集转化装置在建筑中的位置

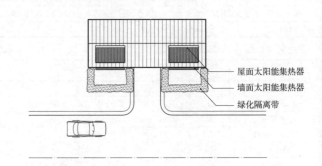

4 利用绿化隔离带的集热器防坠落防护设施

太阳能光热利用系统原理

太阳能热水系统、太阳能供暖系统、太阳能制冷系统的共同特征是可通过集热器收集太阳能，而与建筑设计密切相关的也主要是集热器与建筑的结合设计。

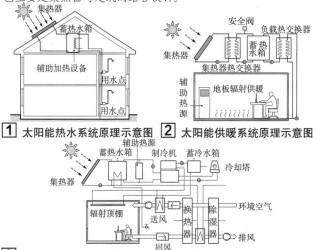

1 太阳能热水系统原理示意图　　**2** 太阳能供暖系统原理示意图

3 太阳能制冷系统原理示意图

集热器选型

太阳能热水系统的集热器主要有平板集热器、全玻璃真空管集热器和金属玻璃真空管集热器（集热器性能见表1）。

常用太阳能集热器选用表　　　　　　　　　　表1

分类	基本结构	技术性能				特点	适用范围
		抗冲击性能	防冻性能	安装角度	建筑结合性能		
平板型集热器	吸热板芯／透明盖板	抗机械冲击和内外热冲击性能较好	差	宜与平面有夹角	易与建筑结合	不易损坏，较耐用。局部损坏时，不漏水，系统可正常工作，易更换	常用于无防冻要求的地区，采用防冻措施后可正常工作，有防冻要求的地区
全玻璃真空管型集热器	联箱横排／全玻真空管	抗机械冲击和内外热冲击性能较差，存在炸管可能	好	宜与平面有夹角	可与建筑结合	易损坏，一支管损坏时，系统漏水，系统不能正常工作	可用于有防冻要求的地区；不可用于闭式系统
	联箱竖排／全玻真空管						
金属＋玻璃真空管型集热器	热管冷凝段联箱／单玻真空管	抗机械冲击性能较差，抗内外热冲击性能较好	好	可水平安装	可与建筑结合	易损坏，炸管时无泄漏，系统能正常工作。维修需泄水	可用于有防冻要求的地区及日照条件不好的地区
	热管冷凝段联箱／双玻真空管					易损坏，炸管时无泄漏，系统能正常工作。维修不需泄水，不必换热管	可用于有防冻要求的地区及日照条件不好的地区
	热管冷凝段联箱／U形真空管					易损坏，炸管时无泄漏，系统能正常工作	可用于有防冻要求的地区

集热面积计算

在方案设计阶段，可以根据建筑所在地区太阳能条件来估算集热器总面积，取值范围可参照表2。

单位采光面积产热水量[单位：L/(m²·d)]　　　　　表2

太阳能资源	等级	直接系统	间接系统
资源丰富区	Ⅰ	70～80	50～55
资源较富区	Ⅱ	60～70	40～50
资源一般区	Ⅲ	50～60	35～40
资源贫乏区	Ⅳ	40～50	30～35

注：1. 太阳能资源分区见"太阳能建筑[1]概述"中的①，热水需求量根据《建筑给水排水设计规范》GB 50015相关规定选取；2. 当室外环境最低温度高于5℃时，可根据实际情况采用产热水量的高限值；3. 本表按照系统全年每天提供1m³温升30℃热水，集热系统年平均效率为35%，系统综合热损失率20%的工况估算集热器面积。

集热器间距

集热器成排安装时，集热器间距应大于日照间距以避免相互遮挡。集热器前后排之间最小距离D计算方法为：

$$D = H \cdot \cot\alpha_s \cdot \cos\gamma_0$$

式中：D—集热器与遮光物或集热器前后排最小距离(m)；

H—遮光物最高点与集热器最低点的垂直距离(m)；

α_s—计算时刻的太阳高度角(°)；

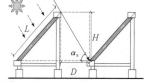

4 集热器前后排最小间距布置示意图

γ_0—计算时刻太阳光线在水平面上的投影线与集热器表面法线在水平面上的投影线之间的夹角(°)。

集热器正南向放置时前后排间距表　　　　　　表3

城市纬度(°)	22	24	26	28	30	32	34	36	38	40	42	44	46
集热器长L(m)	1												
使用情况	偏重春夏秋三季使用												
安装倾角(°)	12	14	16	18	20	22	24	26	28	30	32	34	36
最小安装间距D(m)	0.08	0.11	0.13	0.16	0.20	0.23	0.27	0.32	0.37	0.42	0.48	0.54	0.61
使用情况	偏重冬季使用												
安装倾角(°)	32	34	36	38	40	42	44	46	48	50	52	54	56
最小安装间距D(m)	0.54	0.61	0.69	0.77	0.87	0.97	1.09	1.22	1.37	1.54	1.73	1.95	2.22
使用情况	全年使用												
安装倾角(°)	22	24	26	28	30	32	34	36	38	40	42	44	46
最小安装间距D(m)	0.38	0.44	0.51	0.59	0.68	0.77	0.88	1.00	1.13	1.29	1.47	1.68	1.92

注：本表采用的集热器长L为1m，在设计时可根据实际集热器的长度按比例推算。

集热器安装

太阳能集热器安装设计要求　　　　　　　　　　表4

设计要求	主要内容
朝向	太阳能集热器朝向宜为南偏东、南偏西30°的范围内
倾角	集热器安装倾角宜选择在当地纬度-10°～+10°的范围内；如系统侧重全年使用，集热器安装倾角等于当地纬度；如系统侧重在夏季使用，其安装倾角应等于当地纬度减10°；如系统侧重冬季使用，其安装倾角应等于当地纬度加10°
排列原则	放置在建筑外围护结构上的太阳能集热器排列应整齐有序，前、后排集热器之间应留有安装、维护操作的足够间距
投资预算	在进行系统设计之前要了解业主对太阳能热水系统的投资预算，系统投资要控制在投资预算之内

注：在确定太阳能集热器的朝向、安装倾角时推荐选用相关软件进行模拟计算，选择最合适的朝向与倾角。当太阳能适宜朝向受实际条件限制而不能满足要求时，要进行面积补偿，合理增加集热器面积，并进行经济效益分析（具体补偿办法参见《太阳能供热供暖工程技术规范》GB 50495的规定进行计算）。

6
太阳能建筑

坡屋面结合方式

太阳能集热器与坡屋面结合方式　　　　　　　　　　表1

类型		集热器一体型	集热器叠合型	热水器叠合型
坡屋面	图例			
	关联因素	集热器产品与接口模块化；集热器与屋面倾角一致；特殊部位防水、保温构造；集热器与屋面连接构造；屋面管线敷设构造；水箱空间位置；屋面上人维护构造措施	集热器产品与接口模块化；集热器与屋面倾角一致；集热器与屋面连接构造；屋面管线敷设构造；水箱空间位置；屋面上人维护构造措施	热水器产品与接口模块化；热水器与屋面倾角一致；热水器与屋面连接构造；屋面管线敷设构造；屋面上人维护构造措施
	优点	整体感好、美观，可与斜屋顶结合使用，适用于多层及以下住宅，集中、分散式系统均可	无支架、美观，适用于多层及以下住宅，集中、分散式系统均可采用	无支架、较美观，适用于多层及以下住宅
	缺点	构造难度大，维护不便，热效率受屋面坡度制约	维护不便，热效率受屋面坡度制约	维护不便，热效率受屋面坡度制约

类型		热水器支架型（屋面）	热水器支架型（切入）	热水器支架型（平顶）
坡屋面	图例			
	关联因素	支架与屋面连接构造；热水器风荷载计算；支架形式；外露管线处理；屋面管线敷设构造；屋面上人维护构造措施	支架与屋面连接构造；屋顶结构处理；局部屋面下空间利用方式；集热器与屋面倾角一致；特殊部位防水、保温构造；热水器与屋面连接构造；屋面上人维护构造措施	支架与屋面连接构造；支架形式及北立面处理；外露管线处理；屋面管线敷设构造；屋面上人维护构造措施
	优点	安装维护方便，热效率高，适用于多层及以下住宅，分散式系统	安装维护较方便，整体感好、美观，水管可不穿屋面，适用于多层及以下住宅，分散式系统	安装维护较方便，热效率高，适用于多层及以下住宅，分散式系统
	缺点	增加支架，与建筑整合效果不佳	结构设计和施工难度大，对室内空间有影响，热效率受屋面坡度制约，要增加支架	增加支架，与建筑整合效果不佳，抗风性比较差

坡屋面安装构造设计

1. 坡屋面上的集热器宜采用顺坡镶嵌或顺坡架空设置。

2. 设置在坡屋面的太阳能集热器的支架应与埋设在屋面板上的预埋件牢固连接，并采取防水构造措施。

3. 太阳能集热器与坡屋面结合处雨水的排放应通畅。

4. 顺坡镶嵌在坡屋面上的太阳能集热器与周围屋面材料连接部位，应做好防水构造处理。

5. 太阳能集热器顺坡镶嵌在坡屋面上，不得降低屋面整体的保温、隔热、防水等功能。

6. 顺坡架空在坡屋面上的太阳能集热器与屋面间空隙不宜大于100mm。

7. 太阳能集热器与水箱相连的管线需穿过坡屋面时，应预埋相应的防水套管，并在屋面防水层施工前埋设。

平屋面结合方式

太阳能集热器与平屋面、平台和檐口结合方式　　　　表2

类型		集热器支架型	热水器支架型	集热器叠合型
平屋面	图例			
	关联因素	支架与屋面连接构造；集热器风荷载计算；支座构造对屋面排水的影响；集热器之间日照排距计算；上人屋面管道防护；女儿墙处理；水箱空间位置	支架与屋面连接构造；热水器风荷载计算；支座构造对屋面排水的影响；热水器之间日照排距计算；上人屋面管道防护；女儿墙处理	集热器与天窗倾角；集热器与屋面连接构造；屋面管线敷设构造；顶层空间设计；水箱空间位置
	优点	安装维护方便，配置灵活，热效率高，对建筑造型影响小，适用于多层及以下住宅，集中、分散式系统均可采用	安装维护方便，配置灵活，热效率高，对建筑造型影响比较小，适用于多层及以下住宅，适用于分散式系统	安装维修方便，热效率高，无支架，适用于多层及以下住宅，集中、分散式系统均可采用
	缺点	增加支架	增加支架	增加屋顶构造

类型		集热器支架型	集热器构架型	集热器叠合型
平台和檐口	图例			
	关联因素	集热器与檐口的联系；集热器与屋面连接构造；集热器与支架形式；立面外露管线处理；屋面管线敷设构造；上人平台管线防护措施；水箱空间位置	集热器与构架的连接构造；集热器与构架形式；立面外露管线处理；屋面管线敷设构造；上人平台管道防护；水箱空间位置	集热器与檐口立面联系；集热器与檐口连接构造；屋面管线敷设构造；上人平台管道防护；平台面排水方式；水箱空间位置
	优点	安装维护方便，热效率高，可与平台栏板、檐口、女儿墙功能相结合，适用于多层及以下住宅，集中、分散式系统均可	安装维护方便，热效率比较高，集热器造型在建筑立面突出，适用于多层及以下住宅，集中、分散式系统均可	安装维护比较方便，热效率高，适用于多层及以下住宅，集中、分散式系统均可
	缺点	增加支架，对建筑立面影响较大	增加构架，抗风性较差，对建筑立面影响较大	檐口构造比较复杂

平屋面安装构造设计

1. 集热器阵列应设置方便人工清洗维护的设施与通道。

2. 集热器支架及基座下部应增设附加防水层。

3. 集热器支架与屋面预埋件牢固连接，并应在地脚螺栓周围作密封处理。

4. 在屋面防水层上放置集热器时，屋面防水层应包到基座上部，并在基座下部设附加防水层。

5. 集热器周围屋面、检修通道、屋面出入口和集热器之间的人行通道上应铺设保护层。

6. 集热器与水箱相连的管线需穿过平屋面时，应在屋面预埋相应的防水套管，并在屋面防水层施工前埋设。

墙面、阳台结合方式

太阳能集热器与阳台、外墙结合方式　　　　　　　　表1

类型	集热器一体型	集热器叠合型	集热器叠合型
图例			
阳台和雨篷	集热器产品与接口模块化；阳台的朝向、空间尺度；阳台门位置、开启方式；阳台栏板形式、尺寸；集热器与栏板的连接构造；水箱空间位置；室内管线敷设构造	集热器产品与接口模块化；阳台的朝向、空间尺度；阳台门位置、开启方式；阳台栏板形式、尺寸；支架与栏板的连接构造；支架形式；水箱空间位置；室内管线敷设构造	集热器产品与接口模块化；入口朝向、空间尺度；雨篷形式、尺寸；集热器与雨篷连接构造；水箱空间位置；室外管线防护；室内管线敷设构造
优点	整体感好、美观，配置灵活，安装维修方便，适用于多层及以上住宅，适用于分散式系统	整体感好、美观，配置灵活，安装维修方便，适用于多层及以上住宅，适用于分散式系统	整体感好、形式独特，安装维修方便
缺点	热效率低	热效率较低	仅适用于低层住宅

类型	集热器叠合型	遮阳板型	幕墙型
图例			
外墙	集热器产品与接口模块化；集热器的形式与建筑立面设计的协调；集热器与墙面的纵向和横向连接构造；墙面管线敷设构造；水箱空间位置；集热器安装、维护构造措施	集热器产品与接口模块化；集热器的形式与建筑立面设计的协调；集热器对窗口遮阳计算；支架与墙面的纵向和横向连接构造；支架形式；墙面管线敷设构造；室内管线敷设构造；水箱空间位置；集热器安装、维护构造措施	集热器与幕墙接口模块化；集热器的形式与幕墙框架协调；集热器与幕墙遮阳的协调；室内管线敷设构造；集热器加工工艺；室内视觉效果；水箱空间位置；集热器安装、维护构造措施
优点	整体感好、美观，安装维修较方便，适用于多层及以上住宅，集中、分散式系统均可	整体感较好、美观，配置灵活，安装维修较方便，适用于多层及以上住宅，集中、分散式系统均可	整体感好、美观，对建筑立面影响小，配置灵活，安装维修不方便，适用于集中式热水系统
缺点	热效率低，对建筑立面影响大	对建筑立面影响大，不易调整，影响采光	热效率低，影响采光

墙面、阳台安装构造设计

1. 低纬度地区设置在墙面上的集热器宜有适当倾角，以提高集热量。

2. 设置集热器的外墙除应承受集热器荷载外，还应对安装部位可能造成的墙体变形、裂缝等不利因素采取必要的构造技术措施。

3. 设置在墙面的集热器支架应与墙面上的预埋件牢固连接，必要时在预埋件处增设混凝土构造柱，此外预埋件还应满足防腐要求。

4. 设置在墙面的集热器与水箱相连的管线需穿过墙体时，应在墙体预埋防水套管，穿墙管线不宜设在结构柱处。

5. 集热器镶嵌在墙面时，墙面装饰材料的色彩、风格宜与集热器协调一致。

太阳能热水系统

太阳能热水系统是利用太阳能集热器收集太阳辐射能把水加热的系统，是目前技术最成熟的太阳能系统。

系统分类

太阳能热水系统按供热水方式可分为：集中式供热水系统、集中—分散式供热水系统、分散式供热水系统，见①。按系统运行方式不同可分为：自然循环系统、直流式系统和强制循环系统。按集热器与蓄热水箱的关系分为：闷晒式系统、紧凑式系统与分离式系统。集热器与水箱分离式系统与建筑结合度较高，适用于太阳能与建筑一体化设计。集热器与水箱关系分类见表2。

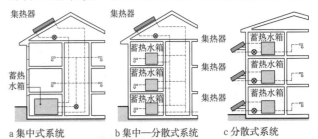

a 集中式系统　　　b 集中—分散式系统　　　c 分散式系统

１ 太阳能热水系统供水方式分类

太阳能集热器与水箱关系分类　　　　　　　　表2

系统名称	闷晒式系统	紧凑式系统	分离式系统
系统组成	蓄热水箱与集热器合为一体	蓄热水箱与集热器相互独立，但蓄热水箱安装在集热器上或相邻位置的系统	蓄热水箱与集热器分开一定距离，对水箱位置无要求的系统
特征	系统简单，造价较低	水箱与集热器结合放置，不占室内空间，需注意防冻	系统承压运行，易与建筑给排水系统结合
与建筑结合程度	低	较低	高
适用范围及举例	投资低，对供水水质要求低的建筑	热水需求量较小，对热水质量和建筑外观要求不太高的建筑	热水需求量较大，对热水质量和建筑外观要求较高的建筑

设计流程

在分析现有设计条件的基础上，结合建筑功能及其对热水供应方式的要求，综合考虑环境、气候、太阳能资源、能耗、施工与运行维护条件等诸多因素，进行系统选型。确定系统类型后要进行集热面积计算，并对太阳能热水系统各部分进行详细设计，见②。

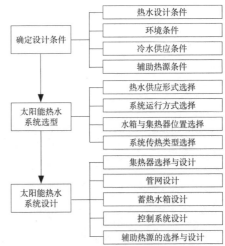

２ 太阳能热水系统设计流程图

太阳能供暖系统

太阳能供暖系统是利用集热器收集太阳辐射能，经蓄热输配后用于建筑供热供暖的系统，原理见 ①。

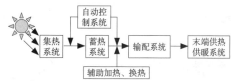

① 太阳能供暖系统原理图

系统类型

太阳能供暖系统类型　　　　　　　　　　表1

分类方式	太阳能供暖系统类型	
传热介质	太阳能热水供暖系统	太阳能空气供暖系统
运行方式	直接式太阳能供暖系统	间接式太阳能供暖系统
供暖末端类型	低温热水地板辐射供暖系统	水—空气供暖系统
蓄热能力	短期蓄热太阳能供暖系统	跨季蓄热太阳能供暖系统

设计流程

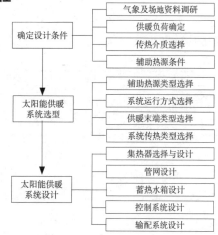

② 太阳能供暖系统设计流程图

设计要点

太阳能供暖系统应依据不同气候分区及建筑类型进行选择，并与相应的末端系统组合。例如，严寒地区低层建筑适合选用耐寒的间接式液体太阳能供暖系统，具体参见表2。

不同类型建筑适宜的太阳能供暖系统方案　　表2

建筑气候分区		严寒地区			寒冷地区		
建筑物类型		低层	多层	高层	低层	多层	高层
运行方式	直接系统	○	○	○	○	●	●
	间接系统	○	○	●	○	●	●
蓄热能力	短期蓄热	●	●	●	●	●	●
	跨季蓄热	●	●	●	●	●	●
末端供暖系统	低温热水地板辐射供暖系统	▲	▲	▲	▲	▲	▲
	水—空气供暖系统	●	●	●	●	●	●
	散热器供暖系统	○	○	●	○	●	●
	热风供暖系统	●	●	●	●	●	●

注：1. ▲为可选用且建议选用，●为可选用项，○为有条件选用或不建议选用。
　2. 空气太阳能供暖系统按照运行方式划分，均属于直接系统。本表为间接式液体太阳能供暖系统的运行方式分类，以及不同气候条件下不同建筑的选用情况。
　3. 选用间接式液体太阳能供暖系统时应采取相应的防冻措施。

太阳能制冷系统

太阳能制冷可以通过太阳能光电转换制冷或太阳能光热转换制冷实现。光热转换制冷是把太阳能转换为热能或机械能用于驱动制冷机制冷。其中常用的吸收式制冷系统原理见 ③。

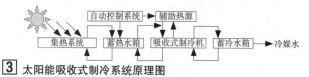

③ 太阳能吸收式制冷系统原理图

系统类型

太阳能制冷系统类型　　　　　　　　　　表3

类型	主要构成
太阳能吸收式制冷系统	分为双效吸收式制冷系统、单效吸收式制冷系统。根据吸收剂不同可分为溴化锂吸收式制冷系统和氨—水吸收式制冷系统
太阳能吸附式制冷系统	主要由太阳能吸附集热器、冷凝器、蒸发储液器、风机盘管、冷媒水泵等部分组成
太阳能除湿式制冷系统	包括转轮除湿空调、溶液除湿空调。前者主要由太阳能集热器、转轮除湿器、转轮换热器、蒸发冷却器、再生器等组成
太阳能蒸汽压缩式制冷系统	主要由太阳能集热器、蒸汽轮机和蒸汽压缩式制冷机等三大部分组成
太阳能蒸汽喷射式制冷系统	主要由太阳能集热器和蒸汽喷射式制冷机两大部分组成

设计流程

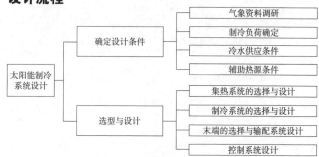

④ 太阳能制冷系统设计流程图

设计要点

1. 考虑到太阳辐射能量密度低的特点，根据太阳能制冷系统保证率和空调建筑面积设置适当的太阳能集热器面积。

2. 制冷机占用空间比较大，应选择离供热系统蓄热水箱比较近的屋顶、设备间、地下室及建筑周边等处设置。

3. 应为制冷系统管线铺设预留出相应的洞口与空间。

4. 供冷末端一般为风机盘管与空调箱，在建筑设计中应考虑其安装位置、所占空间、冷气范围以及管道铺设。

5. 系统设计中宜将太阳能制冷系统、太阳能供暖系统和太阳能生活热水系统相结合，并可进行季节转换控制。

太阳能制冷系统设计条件与内容　　　　　表4

设计条件	主要内容
气象条件	确定基地所处气候分区，收集当地气象参数资料，包括太阳能照量、日照时数、夏季平均干、湿球温度和平均风速等
制冷设计条件	调研房间使用功能，使用者生活模式、活动强度，以及对房间温度的具体要求，比如制冷时间段、对制冷温度的要求等
供冷水及辅助能源条件	供冷水条件与电力、燃气、煤油或煤炭等辅助能源条件，太阳能热水不足时，辅助热源提供热水给吸收式制冷机

太阳能光伏系统

建筑中应用的光伏系统按是否接入公共电网分为独立光伏发电系统与并网光伏发电系统。

独立光伏发电系统一般是由太阳能电池阵列、控制器、逆变器和储能装置等组成，见 [1]。

并网光伏发电系统一般是由太阳能电池阵列、控制器、逆变器、储能装置、并网逆变器和连接装置等部分组成，见 [2]。

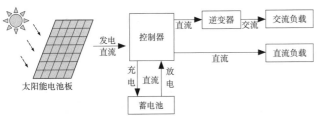

[1] 独立光伏系统原理图

[2] 并网光伏系统原理图

系统类型

光伏系统特征见表1，设计中应根据条件选择合适的系统。并网光伏系统会产生逆流，即光伏系统将剩余电量馈入电网的现象。当电网停电时，光伏系统应与电网自动切断。

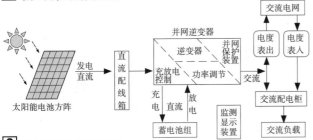

[3] 太阳能光伏系统分类方式图

不同光伏系统特征　　　　　　　　　　　　　　　　表1

系统类型	电流类型	有无储能装置	适用范围
并网光伏系统	交流系统	有	发电量大于用电量，且当地电力供应不可靠
		无	发电量大于用电量，且当地电力供应比较可靠
		有	当地电力供应不可靠
		无	当地电力供应比较可靠
独立光伏系统	直流系统	有	偏远无电网地区，电力负载为直流设备，且供电连续性要求较高
		无	适用于太阳能辐射曲线与负载使用曲线相匹配或供电无连续性要求的直流负载
	交流系统	有	偏远无电网地区，电力负载为交流设备，且供电连续性要求较高
		无	偏远无电网地区，电力负载为交流设备，且供电无连续性要求

设计要点

1. 光伏系统的设计条件与内容如表2所示。

太阳能光伏系统设计条件与内容　　　　　　　　　表2

设计条件	主要内容
气象条件调研	调研基地所属的纬度、太阳能资源分区、日照时间、月均日辐照量、环境温度等
其他可再生能源情况调研	调研基地周围是否有风能，以利于应用风光互补系统；是否有其他可再生能源可与光伏系统进行多能互补设计
用电量需求的分析与计算	对于独立光伏系统，根据投资情况确定是只解决生活用电还是也考虑生产用电；统计用电负载性质以及所需电量；确定负载是否具有冲击性，其中电阻性负载没有冲击性，而电感负载与电力电子负载具有冲击性，其冲击电流往往是额定电流的5~10倍，设计时要留出合理容量；电量统计中还要计入系统的辅助设备如控制器、逆变器等的耗电量
建筑可安装的总面积估算	在建筑方案设计阶段统计可以合理安装光伏组件部分的面积，估算可安装太阳能光伏组件的最大面积，并根据确定的光伏系统容量进行合理的光伏系统与建筑的一体化设计
经济性分析	与业主沟通，了解其对光伏系统的投资预算以及当地对电价和并网的补贴政策

注：由于当地辐射资料是水平面上的辐照量，当光伏组件与水平面成一定倾角时，可通过光伏系统计算机辅助设计软件计算其单位面积的法向辐照量。纬度越高，倾斜面比水平面增加的辐射量越大。

2. 负载平均日耗电量可填写表3进行统计计算。

负载统计表样例　　　　　　　　　　　　　　　　表3

编号	负载名称	负载功率(W)	AC/DC	负载数量(个)	合计功率(W)	每日工作时间(h)	每日耗电(W·h)
1	负载1	40	AC	10	400	6	2400
2	负载2	200	AC	4	800	10	8000
……	……						
n	负载n						
n+1	合计						

3. 在光伏系统设计之初调研场地是否有可以并入的市政电网。如有则采用并网光伏系统，否则应选用独立光伏系统。

4. 与业主沟通，了解其对光伏系统的投资预算，以及当地对电价和并网的补贴政策。

5. 在建筑方案设计阶段统计可以合理安装光伏组件的建筑外围护结构面积，估算可安装光伏组件的最大面积。

6. 根据业主的资金预算和建筑能够合理安装光伏组件的最大面积，确定光伏方阵尺寸大小和系统容量，进行光伏与建筑一体化初步设计。光伏系统可设计为满足系统年输出平均值或峰值。

7. 光伏系统的方阵应以最佳朝向安装，可固定安装或周期性可调。光伏方阵最佳安装倾角选择取决于地理纬度、太阳辐射密度分布、全年负荷曲线、场地特殊条件等因素。

8. 根据光伏发电系统类型确定光伏组件类型，并确定光伏组件的产品技术参数，例如峰值功率（Wp）、工作电压（V）、工作电流（A）以及光伏组件尺寸等参数。

9. 确定光伏组件的串联数和并联数。并网光伏系统中根据所选逆变器的参数确定光伏组件的串联、并联形式与数量。在多组光伏组件并联且安装朝向不同时，不能直接进行并联，否则会影响整个系统的发电效率。

10. 光伏组件与建筑的结合包括光伏组件与屋顶（包括采光顶）的结合、光伏组件与墙面（包括幕墙、外窗）的结合，以及光伏组件与阳台、遮阳板、雨篷等的结合。

11. 主控与监视系统监控光伏系统总体运行和各子系统间相互配合，其部分或全部功能可包含在其他子系统中。

6 太阳能建筑

设计流程

光伏系统设计步骤与其他主动式太阳能利用系统设计步骤类似，确定设计条件后做选型和设计。由于造价较高，设计之初需了解业主投资预算及当地并网和电价补贴政策，见 1 。

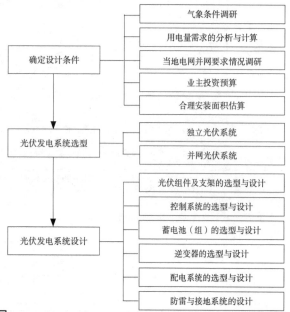

1 太阳能光伏系统设计流程图

光伏方阵优化设计

光伏方阵应经过朝向、倾角、运行方式的优化设计。设计最佳倾角和运行方式时，光伏方阵冬季与夏季接收的太阳辐射差异应尽可能小，同时全年接收的太阳辐射应尽可能大，这样可减少蓄电池容量、节约造价。一般可通过气象资料中水平面逐时太阳辐射数据和光伏方阵设置和运行方式，利用计算机程序模拟得出。也可根据当地地理纬度，利用表1进行估算。

不同纬度光伏方阵倾角估算❶　　　　　　　　表1

纬度	光伏方阵倾角	纬度	光伏方阵倾角
0°～25°	等于纬度	41°～55°	纬度+10°～15°
26°～40°	纬度+5°～10°	>55°	纬度+15°～20°

光伏方阵的总功率（Wp）=（串联光伏组件数+并联光伏组件数）×光伏组件峰值功率（Wp）。

串联光伏组件数=系统直流电压（V）÷光伏组件峰值工作电压（V）。

并联光伏组件数=负载日耗电（W·h）÷系统直流电压（V）÷峰值日照时数（h）÷系统效率系数÷光伏组件工作电流（A）。其中系统效率系数为蓄电池库伦充电效率、逆变器效率、20年内光伏组件衰减，以及方阵组合损失和尘埃遮挡指数等的综合指数。如年辐射量的单位为MJ/m²，则峰值日照小时数（h）为光伏方阵上辐射量÷3.6（换算系数）。

太阳能电池分类与特点

1. 太阳能电池分类

根据材料不同，分为硅基太阳能电池和化合物太阳能电池；根据形态不同，分为晶硅太阳能电池和薄膜太阳能电池，见 2 。

❶ 王长贵，王斯成主编. 太阳能光伏发电实用技术. 北京：化学工业出版社，2009.

2 太阳能电池分类

2. 常用太阳能电池特点

常用太阳能电池特点一　　　　　　　　　　表2

太阳能电池	转换效率	电输出长期稳定性	价格	弱光性能	电输出一致性	机械强度	等容量安装面积比较
单晶硅	17%～22%	好	高	一般	好	具有一定抗冲击能力	小
多晶硅	15%～17%	好	一般	一般	好	具有一定抗冲击能力	较少
非晶硅薄膜	7%～13%	光致衰减现象	较低	好	差	抗震抗冲击能力较低	大

注：表中转换效率是产业化条件下的效率，不是实验室理想条件下的效率。

常用太阳能电池特点二　　　　　　　　　　表3

电池类型	色彩	透光性	气候影响	尺寸	透光形式举例
单晶硅	黑色	利用电池片间距透光	温度升高，功率输出下降	片层状，单体尺寸较小	
多晶硅	湛蓝色为主	利用电池片间距透光	温度升高，功率输出下降	片层状，单体尺寸较小	
薄膜	深棕色、灰色或黑色	≤50%	温度升高，功率输出下降，只有单晶体硅的1/4左右	基片镀膜，单体尺寸较大	
柔性薄膜	蓝绿色、灰色	不透光	温度升高，功率输出下降，只有单晶体硅的1/4左右	多种宽度规格，长度不限	

光伏构件定义与类型

建筑用光伏构件是指具有建筑构件功能的光伏发电产品。按照光伏构件在建筑上的应用部位分类，可分为墙体、阳台、屋面、采光顶、遮阳、雨篷、护栏、幕墙、门窗等用途的光伏构件。不同用途光伏构件可应用于建筑的不同部位，见表4。

不同应用部位可选择的光伏构件类型　　　　表4

用途	常规光伏组件	夹层玻璃光伏组件	中空玻璃光伏组件	瓦式光伏组件	柔性薄膜光伏组件
典型结构	EVA封装	PVB胶片			
墙体	●	●			●
阳台	●	●			●
屋面	●		●	●	
采光顶		●	●		●
遮阳					●
雨篷	●	●			●
护栏	●	●	●		●
幕墙	●	●	●		●
门窗		●	●		

注：EVA：聚醋酸乙烯酯，透明的封装材料；PVB：聚乙烯醇缩丁醛树脂，主要用于安全玻璃夹层封装；背膜：用于光伏组件背面，具有防尘防水、耐高压以及高绝缘性能。

光伏构件安装部位与特点

光伏构件安装在建筑的不同部位时，对发电效率有不同的影响。以最佳安装角度为基准，各部位的效率有不同程度的折减。折减率因纬度不同而有差异。不同安装部位的优缺点见表1。

光伏构件在建筑不同安装部位的优缺点　　　　表1

坡屋面镶嵌安装	坡屋面平行架空安装	采光顶安装
优点：提高太阳能利用率，节省建筑材料，对建筑外观影响较小。 缺点：背面通风较差，导致光伏构件温升较高，影响发电效率。	优点：提高太阳能利用率，通风散热较好。 缺点：对屋面外观有一定影响。	优点：美观性好，透光性好，可利用天然采光。 缺点：光伏构件背面温升，产生热量进入室内，增加冷负荷。
平屋面镶嵌安装	平屋面平行架空安装	平屋面支架安装
优点：保温隔热，节省建筑材料。 缺点：背面通风较差，导致光伏构件温升较高，影响发电效率。	优点：通风散热较好。 缺点：风荷载对支座影响较大。	优点：增大太阳能利用率，提高发电效率，通风散热良好。 缺点：增加屋面承重及风荷载，影响屋面外观。
立面镶嵌安装	立面平行架空安装	遮阳安装
优点：节省建筑材料，可减少室内冬夏季失热。 缺点：背面通风较差，导致光伏构件温升较高，影响发电效率。	优点：通风散热良好，降低构件和墙面温度。 缺点：支撑结构成本较高，线路隐蔽处理较难。	优点：既能发电又能遮阳，通风效果好，安装形式灵活。 缺点：支撑结构增加成本，线路隐蔽处理较难。

控制室

1. 控制室的通风安全

光伏系统控制室，一般会布置较多的配电柜(箱)、逆变器、充放电控制器等设备。上述设备在正常工作中都会产生一定的热量。当系统带有蓄电池等储能装置时，在特定情况下还可能对空气产生一定污染。因为上述原因，控制室应采取通风措施。

2. 控制室的布置要求

（1）宜靠近蓄电池室，并维持合适的温湿度环境。

（2）与蓄电池室相隔，防止蓄电池长期运行期间产生的微量气体腐蚀设备。

（3）保持室内干燥，不能有明水和水汽出现，以防设备漏电、联电，发生安全事故。

（4）液体管道不能穿越控制室，以防液体泄漏或冷凝水影响控制设备运行。

（5）控制室设置防水门槛，防止外面的水流入室内，造成设备漏电、短路甚至发生火灾。

（6）在明显的位置标示"有电危险"的警示图样。

（7）在适当的位置设置接地点，方便设备的保护接地。

蓄电池

1. 蓄电池容量计算

对于独立光伏系统：

蓄电池串联数=系统直流电压/蓄电池标称电压。

蓄电池安时数=负载日耗电×储存天数（一般3~15天）/系统直流电压/逆变器效率/放电深度。

对于有储能装置的并网系统，蓄电池容量根据应急状态时负载用电情况确定。

2. 蓄电池的选型

应根据光伏发电系统设计和装机容量确定蓄电池(组)的电压和容量；根据表2选择合适的蓄电池种类。

3. 蓄电池放置位置应满足所选蓄电池(组)对环境温度、湿度、通风条件与结构荷载的要求。

光伏系统常用蓄电池性能对比表　　　　表2

项目	传统开口铅酸蓄电池	阀控式铅酸蓄电池	碱性镉镍蓄电池
额定电压(V)	2	2	1.2
放电	放电率小于C_{10}，放电深度75%	放电深度75%	高倍率$7C_5$以上，放电深度100%
腐蚀性	产生的酸雾容易腐蚀设备等，需要专用电池室	无腐蚀，可人机共室	碱蚀性小，可在室内任意安装
环境温度(℃)	5~35	-20~45	-40~35
浮充电压	比额定电压高8%~10%	比额定电压高11%~14%	比额定电压高13%~20%
浮充寿命(年)	8~10	10~15	15~20
安装	安装复杂，需加水调酸维护，占地面积大	安装简单，免加水调酸，占地面积小，可水平和垂直安装	安装简单，免维护，占地面积小
价格	低	一般	高

注：1. 本表摘自《太阳能光伏发电实用技术》，并根据工程经验适当补充调整。
　　2. C_{10}表示蓄电池10小时率的放电容量，C_5表示蓄电池5小时率的放电容量，是一定条件下以设定电流放电到规定电压的时间和放电电流的乘积，单位为安培小时。

配电系统

1. 直流接线箱的选型

直流接线箱又叫直流配电箱，是用于小型太阳能光伏发电系统的成型产品，应根据光伏方阵的输出路数、最大工作电流和最大输出功率等参数进行选择。

2. 交流配电柜的选型

交流配电柜主要用于大、中型太阳能光伏发电系统，一般由逆变器或其他电力设备专业生产厂家提供成型产品。设计中应根据光伏方阵的输出路数、最大工作电流、最大输出功率等参数，以及光伏系统的规模、系统设计参数、建筑安装条件等因素进行选择。

3. 防雷与接地系统的选型与设置

（1）安装光伏发电系统的建筑应满足《建筑物防雷设计规范》GB 50057的规定。

（2）光伏发电系统和并网接口设备的防雷和接地应符合《光伏发电系统过电压保护导则》SJ/T 11127的规定。

6
太阳能建筑

被动式太阳能建筑经济评价指标

被动式太阳能建筑经济评价指标包含寿命期内的资金节省 SAV 和回收年限 n_c。SAV 指在保证维持相同的热舒适性和设计基准温度的条件下，被动式太阳能建筑的增投资（指采用太阳能供暖措施比普通建筑增加的投资）在寿命期内比普通建筑的供暖运行费的资金节省量。回收年限 n_c 指被动式太阳能建筑的增投资，以每年节省供暖运行费所产生的经济效益来偿还的年限。

计算方法如下：

1. 资金节省：

$$SAV=PI(LE·CF-A·DJ)-A$$

式中：PI 为折现系数，常用数值为 4%；LE 为被动式太阳能建筑相对普通建筑的年节能量（kJ/y）；CF 为常规燃料价格（元/kJ）；A 为总燃烧费（元）；DJ 为维修费用系数，即每年用于系统维修的费用占中增投资的百分率。

2. 回收年限：

$$n_c=\frac{\ln[1-PI(d-e)]}{\ln(\frac{1+e}{1+d})}$$

式中：PI 为折现系数；d 为年市场折现率，此处为银行贷款利率，常取值为 5%；e 为年燃料价格上涨率，常取值为 0。而回收年限 n_c，即为使资金节省计算公式中 SAV=0 时的 n_c 值，也即当 $PI=A/(CF·LE-A·DJ)$ 时，由折现系数计算公式求出的 n_c 值。

被动式太阳能建筑设计实例——西藏定日县民居

项目位于西藏自治区日喀则地区定日县扎西宗乡拉隆村，海拔超过 4700m，建筑面积为 146.3m²。该项目采用直接受益窗、阳光间、集热蓄热墙、蓄热天窗、卵石蓄热炕等被动太阳能技术，显著提高室内温度和舒适度水平。

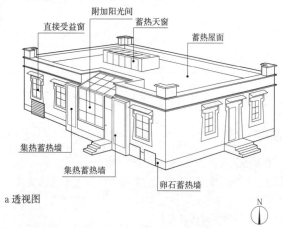

a 透视图

b 平面图

1 西藏定日县民居

被动式太阳能建筑设计实例——青海湟源县甲乙村游牧民定居示范项目

项目位于青海省湟源县甲乙村，建筑面积为 120m²。该项目采用了直接受益窗、阳光间等被动式太阳能技术及光伏发电等主动式太阳能技术，并应用了太阳能空气集热+卵石吸热的太阳能主被动结合技术。

a 透视图

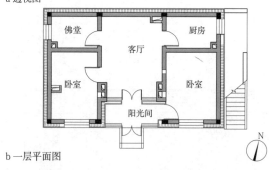

b 一层平面图

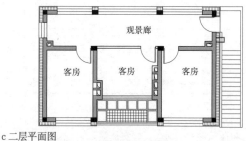

c 二层平面图

2 青海湟源县甲乙村游牧民定居示范项目

被动式太阳能建筑设计实例——榆中基地别墅

项目位于甘肃省榆中县，建筑面积为 481m²。本工程主要采用直接受益窗和附加阳光间两种被动式太阳能技术，并采用了太阳能光伏系统、太阳能供暖系统两种主动式太阳能技术。

3 榆中基地别墅项目透视图

被动式太阳能建筑设计实例——四川芦山县龙门乡台达阳光初级中学教学楼

项目位于四川芦山县龙门乡,其中教学楼建筑面积3405m²,采用了被动式太阳能采光和通风技术。利用采光天窗和遮阳反光板,有效解决夏季遮阳问题并提高室内光照均匀度;采用架空屋面和架空地面有效解决夏季屋面隔热和底层隔潮问题,提高室内舒适度。

a 透视图

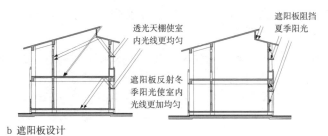

b 遮阳板设计

c 架空地面

1 龙门乡台达阳光初级中学

主动式光热太阳能建筑设计实例——同里湖中达低碳示范住宅

项目位于苏州市吴江区同里湖畔,建筑面积2400m²,采用了太阳能空气集热供暖系统、太阳能光伏系统,以及分户式太阳能热水系统等主动式太阳能技术,并采用了建筑形体遮阳、隔热屋面、隔潮地面等被动式太阳能技术。

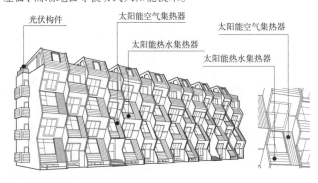

2 同里湖中达低碳示范住宅

主动式光热太阳能建筑设计实例——北京清河清上苑住宅项目

项目位于北京市清河地区,采用分户式太阳能热水系统,将集热器与阳台栏板相结合,实现太阳能与建筑的一体化结合。

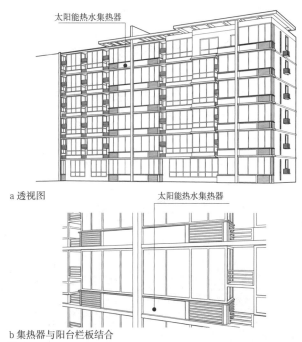

a 透视图

b 集热器与阳台栏板结合

3 北京回龙观清上苑

主动式光热太阳能建筑设计实例——德州蔚来城

项目位于山东省德州市,其中高层住宅采用太阳能集中供热水的方式,集热器集中布置在屋面上,供水分户计量;多层住宅采用分体式太阳能热水系统,集热器布置在每户的阳台栏板及空调室外机格栅处,实现每户单独供水,实现太阳能与建筑不同的结合方式。

6
太阳能
建筑

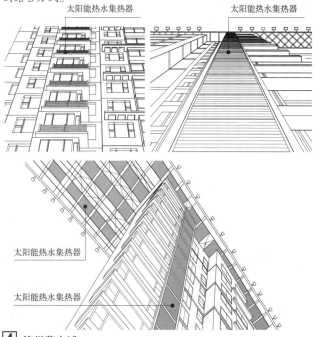

4 德州蔚来城

主动式光伏太阳能建筑设计实例——吐鲁番可再生能源示范区中控楼

项目位于吐鲁番可再生能源示范区内，建筑面积2100m²。立面采用外挂薄膜光伏幕墙，屋面采用双玻夹胶中空多晶硅光伏构件作为采光顶，在采光的同时起到遮阳作用。总装机功率为110kW。

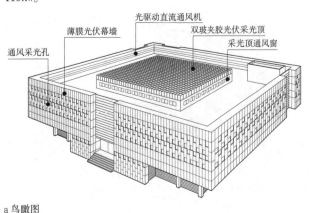

a 鸟瞰图

b 透视图

1 吐鲁番可再生能源示范区中控楼

主动式光伏太阳能建筑设计实例——常州天合光能有限公司研发楼

项目位于常州高新技术开发区常州市光能工程技术中心厂区内，总建筑面积8091.7m²，地上6层。在建筑的南侧、东侧、西侧安装有101kW薄膜光伏幕墙，光伏构件与镀膜玻璃交替布置，不影响采光，并避免阳光过多进入室内；在主入口处上部安装有25kW透光晶硅光伏幕墙。

2 常州天合光能有限公司研发楼

主动式光伏太阳能建筑设计实例——尚德光伏研发中心

尚德光伏研发中心位于无锡市工业园区内，地上7层，幕墙总高度37m，薄膜光伏幕墙面积6900m²。该建筑主立面全部使用薄膜光伏幕墙，总装机功率为1MW，全年发电量近70万kWh，为整体建筑提供80%电能。

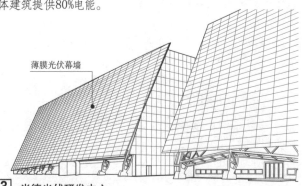

3 尚德光伏研发中心

主动式光伏太阳能建筑设计实例——江苏欧贝黎新能源样板房

江苏欧贝黎新能源样板房位于江苏海安县欧贝黎新能源科技有限公司厂区内。选用多种类型光伏组件包括晶硅组件、双玻夹胶多晶硅组件、中空夹胶薄膜光伏组件，通过遮阳百叶、采光顶、屋顶平铺、屋顶遮阳和墙面安装等方式与建筑结合，在发电的同时起到遮阳、采光等作用。

4 江苏欧贝黎新能源样板

主动式光伏太阳能建筑设计实例——SMA公司总部展示中心

项目位于德国卡塞尔市的SMA公司总部内，采用双玻夹胶晶硅光伏构件组成光伏幕墙，利用晶硅电池片之间的缝隙为室内采光，在发电的同时遮挡过多阳光进入室内，调节室内采光均匀度。

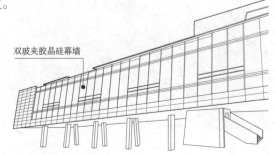

5 德国SMA公司总部展示中心

6
太阳能
建筑

概念与发展

建筑改造设计,指根据城市发展需要和大众生活需求,使不同类型既有建筑物的功能、体量、结构及使用性能等方面发生变更,以合理化建筑物的使用状况、延长建筑生命周期、提高环境质量的再设计活动。

建筑改造设计包括对既有建筑进行改建、扩建(加建)等方面的再设计。

国外建筑改造设计发展概况 表1

发展时期	具体年代	主要特征	实践案例
探索启蒙期	20世纪50~60年代	1964年《威尼斯宪章》颁布,拉开近代历史建筑保护的序幕。1964年劳伦斯·哈普林提出"建筑再循环理论(Architectural Recycle)",现代材料、形式与技术理念对于既有建筑进行改造的探索在这个时期开始	热那亚红宫美术馆、维罗纳城堡博物馆、旧金山旧巧克力厂改造等
思想转型期	20世纪70~80年代	改造设计扩大到历史地段和社区城市的层面,并与城市建设和复兴紧密联系,以利用促进保护是这时期最突出的主题	伦敦女修道院花园市场改建,新肯考迪亚码头、布勒特码头、利物浦阿尔伯特码头改造等
成熟普及期	20世纪90年代至今	建筑改造大规模普及并且在艺术及技术手法上更加成熟;生态化、智能化、高技术应用等理念得到了充分的体现;大规模融合现代主义、后现代主义、解构主义设计手法	德国设计中心、雀巢公司法国总部、意大利林果多会展城、卢浮宫改扩建、英国泰特美术馆改造等

国内建筑改造设计发展概况 表2

发展时期	具体年代	主要特征	实践案例
局部发展期	20世纪80年代以前	旧建筑改造活动不成规模,也没有典型的思潮,只有局部零星的改造实践,整体处于滞后的状态	上海市人委礼堂改造、南通市人民剧场的改造、天安门广场改建等
初步探索期	20世纪80年代~20世纪末	由于经济、技术和价值观念等因素,国内城市更新仍呈现出"大破大立,推倒重来"的状态,国内已出现普遍意义上的探索实践,只是规模往往较小,方法也不够完善	北京手表厂厂房改造、上海杂技场改造、广州华侨大厦改扩建等
全面发展期	21世纪至今	国外盛行的建筑改造性再利用的新思路,和先进的材料、技术、工艺逐渐在既有建筑改造过程中得到推广	同济大学一二九礼堂改造、广东中山岐江公园、北京远洋艺术中心改建、北京外研社印刷厂改扩建等

内容

根据既有建筑的存在状况和变更需求,改造设计的具体内容见表3。

建筑改造的内容 表3

内容	要点
功能转化	经改造设计后,其建筑既可延续原有使用功能,也可转变为新的单一或混合用途
空间重组	依据使用功能的变化需求,对既有建筑的空间秩序和组合方式进行再设计,以求产生更加符合建筑用途和逻辑关系的空间模式
结构变更	调整和改善既有建筑局部结构体系,使之更符合新空间布局的荷载需求;对既有结构进行复核加固,以满足现行技术规范的需求;优化既有建筑表皮结构,达到更加节能和美观的效果
性能改良	运用新技术,对既有建筑的管线、设备等辅助部分和既有建筑局部修复和室内装修等环节再设计,使其符合新的技术规范和使用需求

目标

对于所有类型的改造设计活动,其目标见表4。

建筑改造的目标 表4

内容	要点
"物尽其用"	在保护和优化既有建筑的历史、文化属性的同时,改造既有建筑中功能、结构等不合理之处,使之全面适应新的使用需求
"物超所值"	满足建筑自身新需求之外,提升建筑所处既有场所的整体环境质量,提升建筑在城市中的可认知度,实现一定的社会效益
性能优化	结构选型、构造做法能够适应新功能需求,且更加合理,延长既有建筑的使用寿命
可持续	经过改造后的新建筑符合当下与未来所倡导的绿色、可持续发展之观点,节约用能,高效用能

原则

建筑改造的原则见表5。

建筑改造的原则 表5

内容	要点
可持续发展原则	一是强调建筑物质基础持续地利用。改造的同时应该保持建筑的可持续性,使其在较长的时期内能够被反复利用,尽量避免对建筑进行破坏性改造。二是强调建筑使用中的节约用能和高效用能
技术合理原则	改造必然要对原有的结构和设备进行一定程度的破坏与调整,因此改造本身所需要的施工技术应该更加先进、更加合理
灵活多元原则	在改造过程当中采取灵活有机的策略,以差异求协调,符合不同时期建造技术、建筑材料带来的不同表现力的融合
以人为本原则	创造出各种人性化的内、外部空间,增加空间的活力和情趣,使改造后的建筑形象、空间更加人性化、多样化,也更加符合建筑物新的功能需求
文化认同原则	包括对既有建筑历史和文化的尊重和对地域文化属性的呈现
经济合理原则	经济上的合理性,不会造成重大经济损失的既有建筑改造和再利用才是可行的

7
建筑改造设计

方法

建筑改造的具体设计方法   表1

类别	具体方法	释义	设计要点
既有建筑结构体系改造与设备更新	完全利用既有结构承载	既有结构性能良好，继续利用有利于降低改造成本	1.建筑结构加固包括钢结构加固、混凝土加固、喷射加固、抗震固及化学加固等； 2.新旧结构共同承载体系中连接部分的结构和构造形式是整体性实现的关键； 3.设施和设备更新可以在原有空间内进行，但对于年代较早的既有建筑，往往需要其他功能房间转换成为设备间或将设备集中处理； 4.优化调整后的结构体系及设备系统应当符合现行的法律法规和技术规范的要求
	既有建筑结构加固	对局部受到破坏的既有结构进行加固修缮，使其再次具有一定的建筑承载能力	
	利用新结构和既有结构共同承载	对既有结构体系改造后连同增加的新结构共同满足功能内容需求	
	利用全新结构承载	既有结构完全失去承载能力时采用全新结构体系	
	建筑设施、设备的利用与改造	根据新功能需求，改善或增加建筑设施或设备，如电梯、空调、通信及消防设施等	
功能重组	新旧功能并置	经过改造，在既有功能之外引入新的功能内容	1.主动完善既有功能主导下的各种配套性、服务性附加功能； 2.引入的新内容在建筑形态上应当展现出自身内涵的外在特征
	新旧功能置换	改造之后既有建筑所承载的原有功能被新功能取代，新旧建筑整体进行"功能置换"	1.在既有空间不足、结构复杂或空间较封闭的情况下，应采取措施改变既有部分的结构体系； 2.优化既有空间形态，满足新的功能需求
	新旧功能延续	改造后建筑的新功能对旧功能进行拓展与延伸，继续为既有的服务对象服务	1.常用于具有较强的功能单一性和不可或缺性的建筑改造当中； 2.应当具有清晰的目标指向性，易于实现新旧建筑空间、流线、结构以及建筑形态的协调
空间形态改造	内部空间秩序延续或重组	在既有建筑空间内部进行空间形态变更或秩序重组，也可在内部直接引入新空间体量	1.应当充分利用原废弃的空间； 2.保持和延续既有空间的特色，根据新的使用功能需求调整和改善空间形态，强调空间之间的交流； 3.既有建筑内部进行扩建（加建）时，应充分考虑既有结构的承载力
	外部空间水平附加	在既有建筑的外部空间进行水平方向的扩建（加建），包括独立扩建和直接续建两种方式	应当充分考虑改造之后新旧建筑之间的联系
	外部空间垂直叠合	在既有建筑整体之外进行垂直方向的扩建（加建），包括向上续接和地下扩建两种方式	1.对于重要的历史文化建筑，改造过程中尽可能降低对既有建筑本身的破坏程度； 2.充分考虑既有结构体系的承载力，并尽量采用轻量坚固的结构材料和简洁的构造； 3.采取地下扩建（加建）方式时，应当以增加隐蔽性和整体抗震性为目的
外部形态改造	建筑表皮完全更新	对既有建筑表皮进行整体性更新或替换，使之完全区别于过去形态	1.表皮完全更新适用于完全没有保护价值的民用建筑改造，对于历史文化建筑不宜采用； 2."质"指材质和质感，"构"则包括构成和构造，新旧部分在改造过程中互为参考系
	同质同构	改造部分采用与既有部分相同或相近的材质和构成形式	
	异质同构	改造部分采用新型材料来构成与既有部分相近的构成形式，"异曲同工"	
	同质异构	运用具有相似色彩、质感的材料体现与既有建筑相协调的形式属性，但其形态和构成方式则不拘一格	
	异质异构	改造部分在材料选取、技术应用和形式构成等方面与既有部分截然不同，与之形成鲜明对比	

模式

　　针对建筑改造过程中"新"与"旧"的相对关系，既有建筑改造有以下四种基本模式：

建筑改造的模式   表2

内容	要点
旧并入新	既有建筑的功能布置、空间秩序或是结构体系经过改造后完全或部分地被新建筑涵盖。一般适用于既有建筑存在价值不高或本身已经严重损毁且不具备修复可能的情况
新融于旧	以既有建筑为主导，选择在其内部进行加建或改建，或仅对既有建筑某些损坏部分进行内部修复或更新
新旧并置	一般指改造后新旧部分"均势"联系。新旧两部分之间在空间组织和形式构成等方面保持一定的对比或一致的协调关系
新旧隔离	指改造过程中及改造后保持新旧部分在空间和结构上的独立性和完整性，在新旧部分之间施加连接

流程

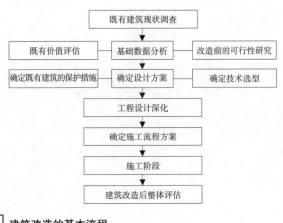

1 建筑改造的基本流程

评估体系

通过建立既有建筑改造综合评估体系, 运用一系列技术手段对既有建筑改造的全过程进行评估, 该综合评估体系包括评估主体系统、评估客体系统、评估中介系统等部分, 见 1。在建筑改造再利用的前期过程可以通过其现状与价值的综合评定, 来决定建筑保护利用的具体策略和方式, 而在改造再利用过程中期和后期也可以通过对改造方案及实施效果的实时评价, 来及时审视与纠错评价, 使建筑改造与再利用工作能够科学、理性、规范、高效地进行。

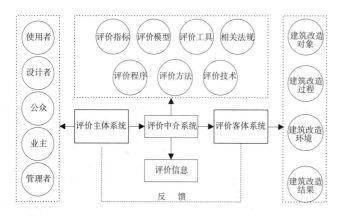

1 建筑改造综合评估系统

评估内容

根据全程评价的观点, 将建筑改造综合评估分为改造前评估(前期性评价)、改造中评估(过程性评价)和改造后评估(结果性评价)三大部分, 见 2。

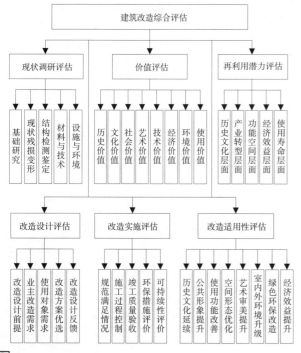

2 建筑改造评估体系的构成

评估程序

建筑改造评估应按照其改造阶段和实施步骤来有序进行, 可从全程评价的角度将建筑改造工作进行流程拆解并主要分为改造前、改造中、改造后三大阶段, 进而具体分解为旧建筑的历史沿革调研、完善图档资料、建筑现状评价、结构检测鉴定、综合价值评价、改造潜力评价、分析综合、改造实施评价、改造适用性评价以及跟踪评价等一系列流程步骤, 见 3。

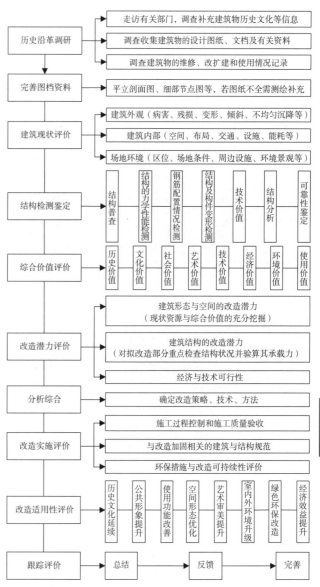

3 建筑改造评估程序

评估技术手段

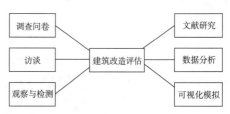

4 建筑改造评估的技术手段

279

评估标准

建筑改造的评估标准旨在衡量建筑物在改造后其物质和精神两方面能否满足使用要求。一般包括：

1. 社会性功能：建筑在改造后的功能不仅要满足建筑本身使用的要求，而且必须满足与外部整个环境协调的需要。如居住建筑要考虑环境条件、交通、水电等基础配套设施以及教育、医疗及文化公共配套设施；商业建筑要考虑商业集聚度、交通便捷度等。

2. 适用性功能：建筑改造是否符合预期目的，首先体现在其适用性方面，例如：居住建筑应满足日照、水电、保温隔热、私密性等要求；公共建筑应满足其使用功能。

3. 安全性功能：指建筑在改造加固后在结构、构件、材料以及建造等方面的安全效果。

4. 艺术性功能：主要指建筑改造后的艺术效果，如建筑的式样、色调、风格和与周围环境的协调性等。

5. 经济消耗：改造费用、维护费用等。

主要的既有建筑评定评估类标准 表1

类型		名称	代码
主要的既有建筑评定评估类标准	建筑测量	《工程测量规范》	GB 50026
		《建筑变形测量规范》	JGJ 8
		《房产测量规范》	GB/T 17986
	建筑结构	《建筑结构检测技术标准》	GB/T 50344
		《工程结构可靠性设计统一标准》	GB 50153
		《建筑结构可靠度设计统一标准》	GB 50068
		《工业建筑可靠性鉴定标准》	GB 50144
		《民用建筑可靠性鉴定标准》	GB 50292
		《建筑抗震加固技术规程》	JGJ 116
		《建筑抗震鉴定标准》	GB 50023
		《建筑结构荷载规范》	GB 50009
		《建筑抗震设计规范》	GB 50011
		《混凝土结构加固技术规范》	CECS 25
		《钢结构加固技术规范》	CECS 77
		《危险房屋鉴定标准》	JGJ 125
		《古建筑木结构维护与加固技术规范》	GB 50165
		《民用建筑修缮工程查勘与设计规程》	JGJ 117
		《建筑物移位纠倾增层改造技术规范》	CECS 225
		《砖混结构房屋加层技术规范》	CECS 78
		《既有建筑地基基础加固技术规范》	JGJ 123
	围护结构与装修	《建筑门窗工程检测技术规程》	JGJ/T 205
		《建筑幕墙》	JGJ/T 3035
	建筑功能与设施	《绿色建筑评价标准》	GB/T 50378
		《住宅性能评定技术标准》	GB/T 50362
		《公共建筑节能设计标准》	GB 50189
		《智能建筑设计标准》	GB/T 50314
		《民用建筑设计通则》	GB 50352
		《建筑设计防火规范》	GBJ 16
		《建筑采光设计标准》	GB/T 50033
		《建筑照明设计标准》	GB/T 50034

注：以上标准适用于建筑改造前、改造中、改造后全过程。

建筑改造评估分级表 表2

分级	很差	次等	中等	优良
类别	严重受损	部分损坏	现状一般	整体完好
描述	断壁残垣，门窗几无	大量的结构构造缺陷	显出老化破坏迹象，出现性能下降	无明显残损，满足功能使用
应对	修复 保存 改造再利用	整修 改造再利用	设施更新 翻新修缮 改造更新	微调 局部更新改造

现状评估

建筑现状检测评估对象包括建筑的主体结构、围护结构、地基基础、设备设施、装饰装修和附加构件等。检测技术可分为直观检查技术、仪器测试技术以及综合检验技术。

建筑现状评估要素表 表3

室外	室内	设施	环境
1. 屋顶覆盖	1. 屋架结构与空间	1. 给水	1. 交通与流线（人行道、车行道、小径、台阶）
2. 护墙	2. 顶棚	2. 排水	2. 水系统
3. 屋顶特征（塔楼、烟囱、老虎窗、栏杆等）	3. 内隔墙	3. 污水	3. 边界（墙、树篱、栅栏、沟渠等）
4. 遮阳板、雨篷	4. 梁柱	4. 公共设施	4. 挡土墙、护坡
5. 设备机房	5. 壁炉、烟囱、烟道	5. 服务设施（卫生等）	5. 铺装
6. 排水沟、雨水管	6. 楼板	6. 供热设施	6. 植栽（乔木灌木爬藤）
7. 基础	7. 地下室	7. 机械设施	7. 外屋（车库仓库等）
8. 主墙	8. 门窗	8. 电信、网络	8. 花园（喷泉假山等）
9. 结构骨架	9. 玻璃	9. 电缆、电视	9. 雕塑与装饰
10. 阳台	10. 楼梯坡道	10. 消防设施	10. 场地安保
11. 室外疏散楼梯	11. 室内木工	11. 安保系统	11. 残障设施
12. 防水构造	12. 保温隔热	12. 避雷针	12. 环境问题（如污染）
13. 通风	13. 陈列装饰	—	—
14. 门窗	14. 家具装置	—	—
15. 玻璃	15. 健康与安全（如有害材料）	—	—
	16. 防火设施	—	—

价值评估

基于改造再利用的建筑综合价值评估主要可以分为三大步骤：一是认定与描述研究对象的所有价值；二是评价与分析该价值；三是对评价结果的反馈。价值评估有助于制定出满足不同价值主体使用需求的改造再利用策略。

建筑综合价值评价指标体系 表4

一级指标	二级指标
历史价值	历史年代（建筑主体的建造年代）
	历史背景信息（建筑的历史地位、特征、文化背景信息等）
	历史人物与事件（相关度、重要度等）
文化价值	文化认同度与代表性（地区文化、地域民俗、风貌特色等）
	文化象征性（精神或信仰、社会文化和建造观念的反映）
	情感与体验（历史记忆与情感共鸣、历史氛围的独特体验等）
社会价值	社会贡献（促进社会发展进步、社会资源合理利用等）
	公众参与（建筑与居民生活相关度、公众保护意识提升等）
	城市发展（对城市公共空间的影响、促进城市更新等）
艺术价值	形式风格（建筑造型、形式、风格、流派等）
	设计水平（布局与空间、工艺与细部等）
	艺术审美（建筑外观、细部节点等）
技术价值	材料（先进性、合理性、地域性）
	结构（先进性、合理性、可塑性）
	工艺（先进性、合理性、独特性、代表性）
经济价值	经济增值（综合开发的经济增值）
	建筑改造经济预期（近期、远期）
	环境与设施改造经济预期（近期、远期）
环境价值	微环境（场地环境景观品质、景观标志性等）
	区域环境（利用周边环境景观资源、对周边环境景观的贡献度等）
	协调性（与城市功能、产业结构、设施配套及交通状况的协调性等）
使用价值	使用现状（建筑功能与使用现状、功能改善需求及其可能性）
	设施服务（设施服务及使用现状、设施改善需求及其可能性）
	适应性（接纳或置换新功能的适应性、空间布局和改造的灵活性等）

7
建筑改造设计

改造潜力评估

建筑改造与再利用潜力可从建筑基地、建筑外形、结构设备、内部空间、经济技术等多个层面进行调研、分析与评价，并据此提出针对性的改造策略建议。

不同类型建筑改造潜力大小比较　　　　　　　　　表1

类型		功能置换潜力	空间重组潜力	结构改造潜力	环境升级潜力
功能类型	办公建筑	○	○	◎	◎
	居住建筑	△	▲	○	○
	商业建筑	●	◎	○	◎
	工业建筑	●	●	◎	◎
	博览建筑	◎	●	○	◎
	文化建筑	◎	●	○	◎
	旅馆建筑	△	△	○	○
	医疗建筑	○	△	○	◎
	教科建筑	○	◎	○	◎
	宗教建筑	▲	△	○	◎
结构类型	砖木结构	△	△	△	◎
	砖混结构	○	△	○	◎
	钢筋混凝土结构	◎	◎	◎	◎
	钢结构	◎	◎	◎	◎
	大跨结构	●	●	△	◎
历史价值	文物建筑	○	▲	○	◎
	历史建筑	○	△	○	◎
	一般旧建筑	◎	◎	◎	◎
	次新建筑	◎	●	◎	●

注：●表示潜力很大，◎表示潜力较大，○表示潜力一般，△表示潜力较小，▲表示潜力很小。

建筑改造潜力评估表　　　　　　　　　　　　　　表2

	调查项	说明	改造建议
建筑基地	周边区域用地类型	商业、居住、工业等	根据城市区位特征和建筑自身情况确定合理的建筑用途
	周边道路交通情况	交通可达性如何，是否能进行人流物流的有效组织	是否需要开通辅路，从城市便捷到达建筑主入口
	停车状况	是否能提供足够的停车位	是否需要增加停车位，是否可能以地下空间等方式增加停车位
	基地的空地面积	是否留给改扩建以足够的空间	满足城市各种控制线的要求，避免改造后场地过于局促
	基地周边环境景观	自然环境与人工环境	充分利用周边景观资源，促进建筑与景观的交融
	基地周边市政设施	水电暖、消防管线等	促进城市资源的有效利用
建筑外形	建筑风格	是否是某一风格的典型代表	根据建筑的历史文化价值等确定顺应抑或变化的外观改造策略
	造型效果	艺术审美价值判断	处理新与旧的关系：新旧和谐还是新旧对比
	围护结构	外墙门窗屋顶等的现状与保温隔热等性能	是否需要更新为新的立面材质与形式，是否能满足节能要求
	细部节点	装饰性或是实用性	与新建部分如何结合
	出入口设置	是否适合新功能	建筑与场地及城市的对接
结构设备	结构分析	结构的安全性、适用性、耐久性	是否需要结构加固，是否有可能上部、下部或局部增建
	病害诊断	损伤、裂纹、腐蚀、冻害、渗漏、老化等	科学合理地处理建筑病害，避免不利后果
	设备设施	服务配套设施等	设备设施再利用的可能性，需要替换增加何种设备
内部空间	规模容量	面积体量是否适合新功能	是否需要进行一定的改扩建
	楼层分析	层数、面积是否适合	是否需要增加电梯等垂直交通
	层高分析	高度、尺度是否适合新功能	是否可增建夹层或局部合并竖向空间等
	功能布局	功能的通用性、相容性与多义性	是否需要增加功能布局的灵活性与适应性以应对新功能使用要求
	内部空间组织	内部功能、布局、交通如何	是否可能增加门厅、中庭、院落、廊道、休息空间等
经济技术	经济分析	经济投入产出比	确定改造投资，优化资源配置
	实施分析	预判改造实施中可能遇到的问题	确定合理的实施策略与时序分期等，选择合理的运营管理方式
	技术分析	原技术的不合理性，新技术的可能性	确定改造技术策略，优先选择适宜性技术

改造适用性评估

建筑改造适用性评估属于改造完成后的"结果性评价"，既包括改造结果所呈现出来的客观属性及指标，也包括使用主体对改造结果的需求满足状况及主观体验感受。因此，对建筑改造再利用的适用性进行综合评价时，也应同时考虑客观与主观两个方面。

1. 客观指标

既有建筑从设计、建造、维护、改造再到最终拆除的每一步骤的实施，均需要遵循相关的法规条例和规范标准，而这些具体要求可以细化到一个个针对性的客观指标之中，如建筑层数、高度、面积、朝向、容积率、绿化率等指标。通过这些客观指标的衡量与评价，可以对建筑改造是否能够实现预设目标作出相对客观准确的判断。

2. 主观指标

建筑作为人们社会实践活动的产物，其本质在于满足人这一主体的种种需求，从早期的遮风避雨到后来的精神追求，而对主体需求满足与否及其程度的具体衡量则应体现在相应的主观指标之中，如环境提升的舒适度、空间尺度的适宜性、审美及情感提升等指标。主观指标的引入体现了人的主观能动性，使评估更为全面准确。

建筑改造适用性评估指标体系　　　　　　　　　　表3

一级指标		二级指标
建筑改造适用性评价指标体系	历史文化延续	历史信息保留（历史建筑印记、原真性）
		历史文脉延续（历史人物、历史事件）
		传统文化传承（文化情感认同、文化多样性维护）
		地域特征表达（地域性材料、技术、工艺、元素等）
	公共形象提升	外部公共空间（建筑形态、公共开放空间）
		内部公共空间（室内形态、公共可达区域）
		建筑的标志性与识别性
		公众参与（直接使用或间接参与）
	使用功能改善	可达性改善（场地交通、内部交通、流线与标识、便捷性等）
		功能效率提升（布局、出入口、面积、尺度、材料等）
		使用灵活性提升（动态性、灵活性、可变性、多样性）
		使用安全性提升（结构安全、构件安全、材料安全）
	空间形态优化	空间的功能置换
		空间形态的水平调整（水平划分、垂直划分）
		空间形态的垂直调整（屋中屋、结构重组、立体更新）
		空间体验与氛围感受
	艺术审美提升	外在美（整体美、环境美、形式美）
		内在美（逻辑善、情感善、意象美）
		审美的艺术转化（美丑转化、时间变化）
		新旧关系的审美评价（新旧和谐、新旧对比、以旧代新）
	室内外环境升级	视觉与声音环境改善（照明、采光、私密性、噪声、视景等）
		温度环境与室内空气改善（保温隔热、通风换气、空气质量）
		景观品质提升（园林绿化、院落庭院、共享空间等）
		服务设施升级（给排水、暖通、电气、消防、安保等）
	绿色环保改造	绿色生态改造（自然环境改善、人文环境改善）
		生态环保建材应用（循环再生材料、建筑垃圾资源化利用等）
		建筑能耗降低（材料节能、技术节能、设计节能、节水等）
		适宜生态技术（布局、空间、材质、构造、细部）
	经济效益提升	降低造价与保值增值（改造投入产出比、经济分析）
		节省运营费用（能耗与运营费用降低）
		增加出售出租收益（改扩建后面积增加获得收益）
		建筑使用寿命延长（结构寿命、使用寿命）

7
建筑改造设计

改造设计策略与模式

1. 改造设计策略：改造策略的依据是对既有建筑的现状与价值的综合评估，具体策略可分为保护性改造、再生性改造、重生性改造（表1）。保护性改造强调对既有建筑综合价值的延续与再利用，再生性改造强调对既有建筑综合价值的拓展与再利用，重生性改造着眼于对既有建筑综合价值的整合与再利用。

2. 改造设计模式：根据改造策略分别采用相应的改造设计模式，可分为分离、相邻、重组三种模式（表2）。

改造设计中的功能改造

1. 性能改造：指对既有建筑的交通设施、建筑设备、围护结构、低能耗措施等系统的完善程度进行的改造。

在既有建筑的功能及容量不发生显著改变的前提下，满足其使用行为的改变和行业标准的提升，需要对上述系统进行改造（表3），保证既有建筑使用的安全性、舒适性与经济性。性能改造成本较低，能有效地改善既有建筑的使用效能，延长其使用寿命，适合大量一般性既有建筑的改造。

2. 功能扩展：指在既有建筑的功能不发生根本变化的前提下，扩展其容量，或增加从属于原使用功能的新功能，造成建筑性能、空间尺度（跨度、进深、高度）和布局要求产生局部性改变。功能扩展能以有限的代价有效地实现既有建筑的功能更新，满足新的使用行为的需求（表4）。

3. 功能置换：指在既有建筑的功能发生改变的前提下，为满足新功能的使用行为和工程规范，对建筑性能、空间尺度及布局要求进行较大程度的改造。按其程度可分为同质、异质功能改造。

同质功能置换：新功能与既有功能相似或差异较小。结构、空间、性能改造范围有限，能以较低的代价使既有建筑适应新的使用行为，延长使用寿命。

异质功能置换：新功能与既有功能差异较大、难以兼容，必须对既有建筑的结构、空间、性能进行较大的改造，使之适应新的使用行为，代价较高。

改造设计策略 表1

策略	适用对象	设计导向
保护性改造	综合价值较高的非文物、历史保护类既有建筑	改造设计应尽量减小其对既有建筑的影响。宜采用分离式的改造设计模式，不宜进行大规模的功能置换与界面改造，表征关系宜采用类比式关系
再生性改造	综合价值较高或一般的既有建筑	宜采用相邻式、重组式的改造设计模式，可以根据评估结论进行一定规模的功能置换与界面改造，表征关系宜采用对比式、抽象类比式关系
重生性改造	综合价值一般或较低的既有建筑	宜采用重组式的改造设计模式，可以根据评估结论进行功能置换与界面改造，表征关系宜采用重构式关系

改造设计模式 表2

设计模式	简述	适用情况	图示	典型实例
分离模式	新建与既有建筑采取间隔一定距离的布局方式，相互独立，新建建筑对既有建筑影响程度较低。可通过地上或地下的辅助空间相连通	改造设计策略：保护性改造策略；价值利用：既有建筑综合价值的延续与再利用	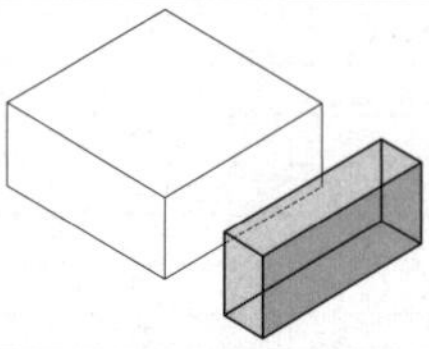	里尔工艺美术馆博物馆（Palace of Fine Arts, Lille） 华盛顿美国国家美术馆（National Gallery of Art, Washington） 柏林德国历史博物馆（Deutsches Historical Museum, Berlin）
相邻模式	新建与既有建筑采取相邻布局方式，对既有建筑影响程度较低。一般采用共面或连接体方式连接	改造设计策略：再生性改造、保护性改造策略；价值利用：既有建筑综合价值的拓展与再利用	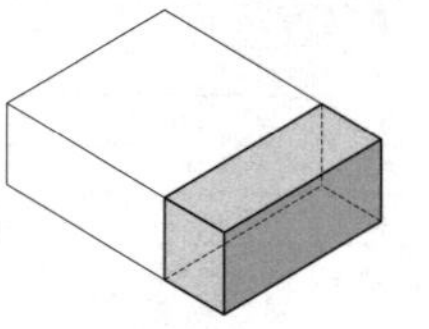	奥马哈乔斯林美术馆（Joslyn Art Museum, Omaha） 巴黎卢浮宫博物馆（Louvre Museum, Paris） 伦敦泰特现代艺术馆（Tate Modern, London）
重组模式	新建与既有建筑采取复合布局方式，对既有建筑影响程度较高	改造设计策略：重生性改造、再生性改造策略；价值利用：既有建筑综合价值的整合与再利用	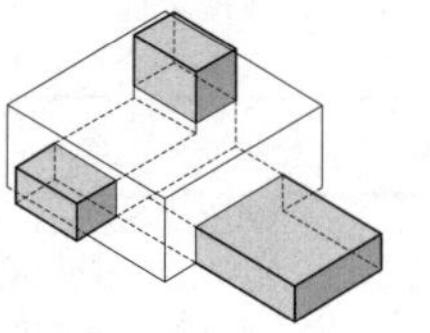	汉堡易北爱乐音乐厅（Elbe Philharmonic Hall, Hamburg） 巴塞罗那圣卡特利娜市场（Santa Caterina Market, Barcelona） 哥本哈根丹麦皇家图书馆（The Royal Library, Copenhagen）

性能改造方式 表3

交通设施改造	建筑设备改造	低能耗建筑改造	
		外围护结构改造	节能产能设备
增加疏散楼梯，增加客运、货运电梯，设置公共楼梯、扶梯	电力、燃气给排水设备影音、电信空气调节供暖制冷消防系统特殊设备	增强门、窗气密性安装外窗遮阳系统围护结构保温、隔热、防水改造	太阳能设备地热能设备风能设备中水系统雨水收集

注：性能改造具体方法及技术详见本专题"建筑改造通用技术"。

功能扩展方式 表4

扩展方式	简述	图示
扩展同质功能容量	建筑改造保持了既有建筑的原有功能，其扩展部分在结构形式、空间尺度、建筑性能上与既有建筑相似。宜与既有建筑连续或附加建造。扩展量较大时也可独立建造	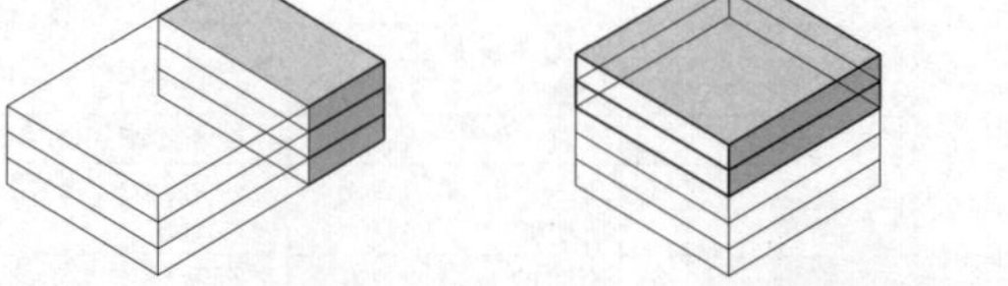
扩展异质功能类型	建筑改造新增了从属于原有使用行为的新功能，使原有功能更为完善，或转变为新的复合性功能。可根据实际情况连续建造或独立建造	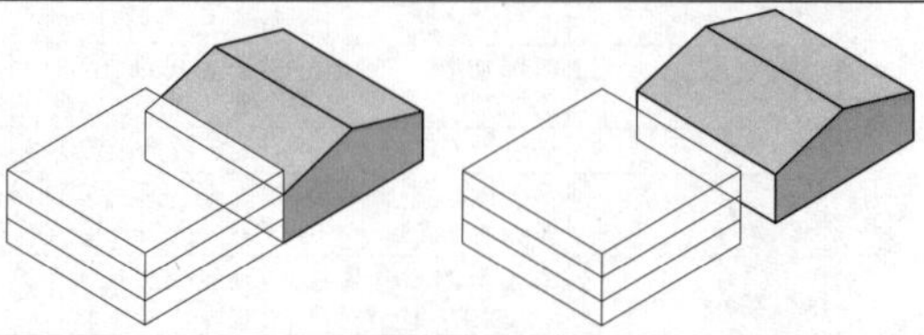

功能置换方式　表1

置换方式	改造方式	子项	描述	技术要点	图示
同质功能置换	有限整合	—	通过有限的围护结构的调整或必要的性能改造，满足新功能的要求，达成功能置换			
异质功能置换	高大空间置换为分层空间，大跨空间置换为小空间	缩小跨度	添加隔墙或增加中间结构支撑，减小结构跨度，将大跨度空间分隔为水平布局的一系列小空间，以满足改造建筑对空间分隔的功能需求	1.若既有建筑的结构条件不符合新的工程规范，置换时应调整其结构形式或进行结构加固；2.应选择与既有结构相协调的分隔形式；3.局部拆除结构构件时应考虑对既有结构整体性的影响；4.分隔空间的新增分隔宜采用轻型结构，可增设支撑构造保证结构的安全性；5.若既有建筑的交通设施、围护结构、建筑设备与新功能的要求差异较大，宜适时进行性能改造	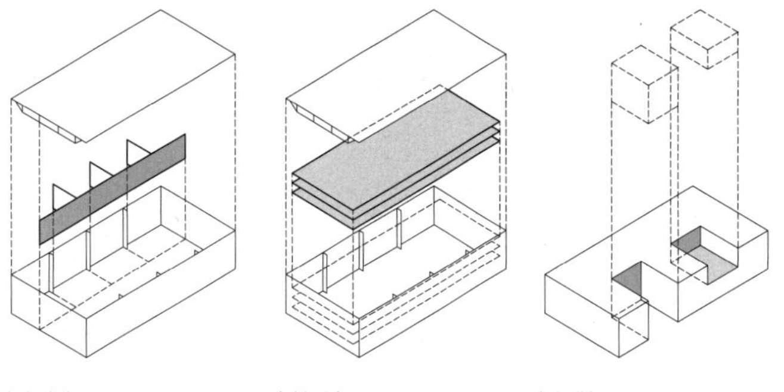 缩小跨度　降低层高　减少进深
		减少进深	拆除局部楼面形成院落或中庭空间，减少建筑进深，以满足改造建筑对采光、通风的功能需求		
		降低层高	在高大空间内部新建夹层，将通高空间转换为分层空间，充分利用既有建筑的空间潜力，满足改造建筑对容量的功能需求		
	小空间置换为高大空间	部分拆除结构构件	仅通过拆除围护、分隔构件难以满足新功能要求时，部分拆除、托换原有结构，将原有小空间转换为高大空间	1.小空间置换为高大空间的难度较大，宜优先考虑采用功能扩展的方式进行改造；2.拆除结构构件对既有结构影响较大。应局限于局部结构，并考虑对既有结构整体性的影响，采取加固措施；3.既有建筑性能与新功能要求差异较大，宜同时进行性能改造	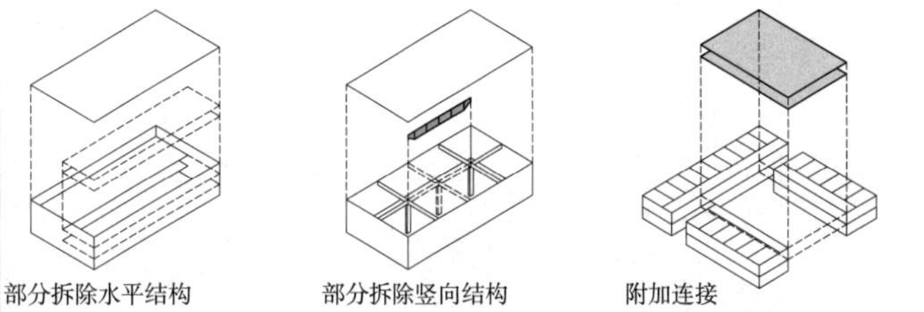 部分拆除水平结构　部分拆除竖向结构　附加连接
		附加连接	新建附加结构，将一系列小空间连接成整体，将之转换为大进深空间		

改造设计中的形态与空间改造

　　形态与空间改造方式可分为分离、相邻、重组等改造设计模式，见表2。分离改造设计模式，采用分离扩建的方式；相邻改造设计模式，采用水平相邻、顶部相邻、地下相邻、包容相邻等方式；重组改造设计模式，采用局部重组、减法重组、填充重组、嵌入重组、突破重组等方式。

形态与空间改造方式　表2

改造模式	改造方式	子项	描述	技术要点	图示	典型实例
分离模式	分离扩建	关联延续	新建建筑与既有建筑分离布置，并与既有建筑保持相互关联的延续关系	1.新建结构与既有结构相对独立，结构形式较为灵活。2.延续形式包括同、异质延续，轴线延续；围合形式包括L形围合、U形围合；必要时，新建建筑与既有建筑可通过地下相邻方式连接	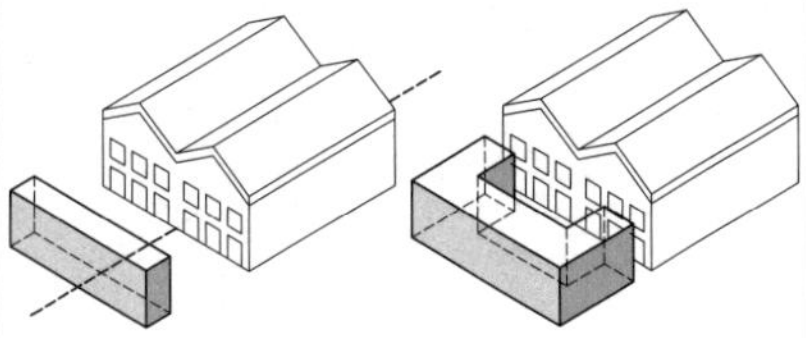 关联延续　呼应围合	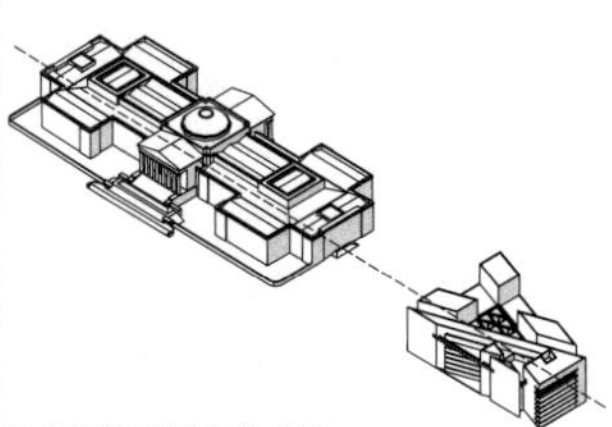 华盛顿美国国家美术馆
		呼应围合	新建建筑与既有建筑分离布置，并与既有建筑保持相互呼应的围合关系			
相邻模式	水平相邻	直接连接	新建建筑与既有建筑紧邻布置，通过共用结构直接连接	1.新建结构宜相对独立，通过悬挑或连接体连接既有建筑；必要且结构条件允许时，可紧邻既有结构直接连接。2.连接体宜采用轻质、通透材料。宜明确区分新建建筑与既有建筑	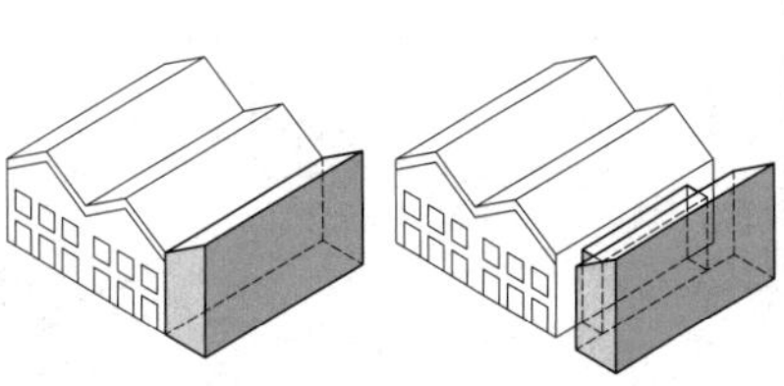 直接连接　过渡连接	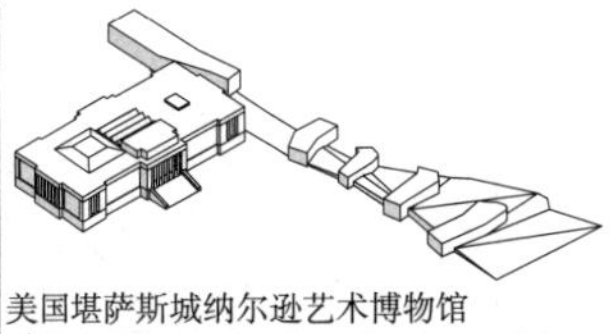 美国堪萨斯城纳尔逊艺术博物馆（The Nelson Atkins Museum of Art, Kansas City）
		过渡连接	新建建筑与既有建筑临近布置，通过连接体过渡连接			
	顶部相邻	分离加顶	在既有建筑顶部间隔一定距离建造新建建筑	1.新建结构宜采用轻型结构，在既有结构顶部建造；应适当加固既有结构，新旧结构有效连接。2.必要时新建结构可独立建造，套嵌于既有结构外部或内部。应针对竖向刚度突变做加固	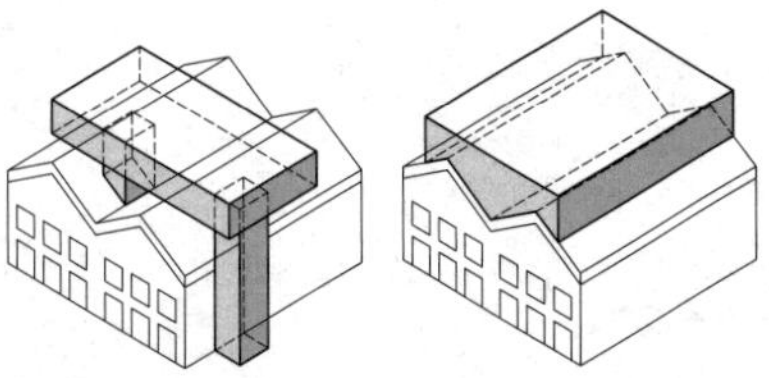 分离加顶　连续加顶	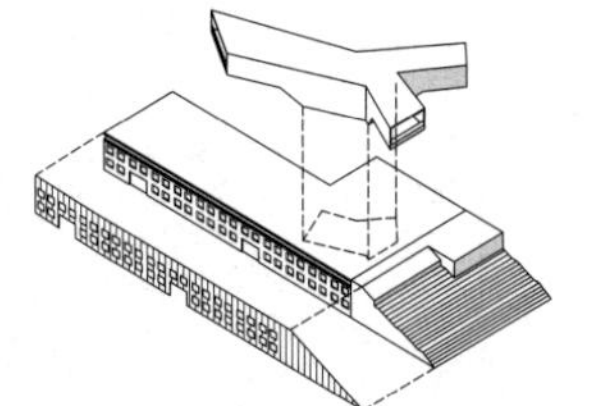 北京延庆旅游接待中心
		连续加顶	在既有建筑顶部直接向上加建或扩建			

7
建筑改造设计

形态与空间改造方式 　　　　　　　　　　　　　　　　　　　　　　　　　　　　　　　　　续表

改造模式	改造方式	子项	描述	技术要点	图示	典型实例
相邻模式	地下相邻	对应扩建	在既有建筑下方地下空间中改建或扩建	1.地下扩建难度很高，必要时宜有限度采用。 2.应适当保护与加固既有建筑基础。对应扩建通过基础托换技术实现；临近扩建宜采用顶管、逆向施工等方法降低对既有结构的影响。 3.新建建筑可通过入口、天窗等部位的重点设计增强其特征性	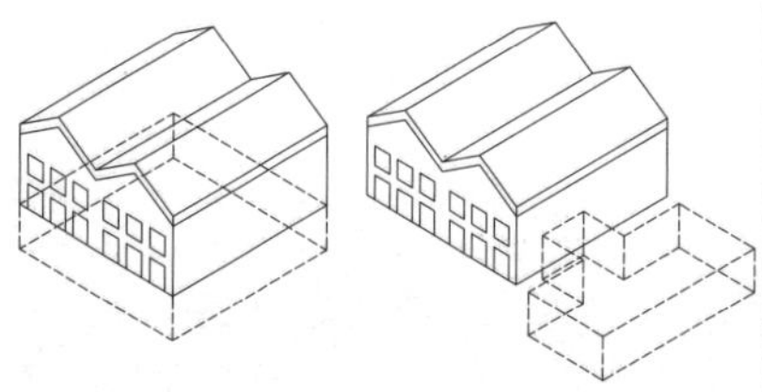 对应扩建　　　临近扩建	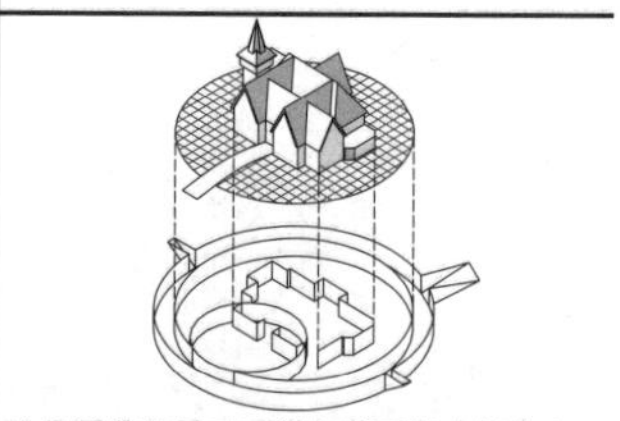 圣日耳曼莱昂于西诺尔萨西勒会议中心 （Conference Center Usinor-Sacilor, Laye）
		临近扩建	在既有建筑周边地下空间中改建或扩建			
	包容相邻	立体覆盖	新建建筑以立体覆盖的形式将既有建筑包容在其内部	1.改造后建筑形态、空间关系有显著变化，但新旧建筑都能保持一定的独立性与特征性。 2.宜采用的结构方案见水平相邻方式。必要时通过大跨、悬挑等结构形式完成立体覆盖。 3.平面围合形式包括L形围合、U形围合、四面围合	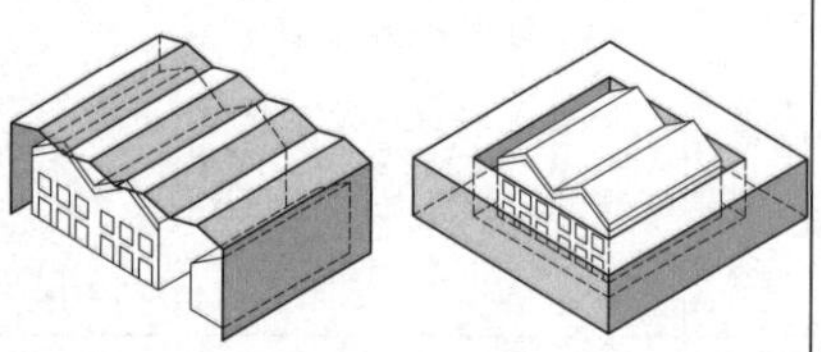 立体覆盖　　　平面围合	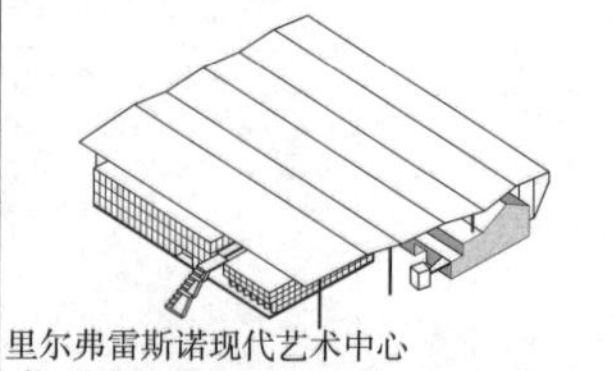 里尔弗雷斯诺现代艺术中心 （Le Fresnoy Contemporary Art Center, Lille）
		平面围合	新建建筑以平面围合的形式将既有建筑包容在其内部			
重组模式	局部重组	局部加减层面	局部拆除楼面或局部增加夹层	1.宜对既有结构适当加固，新增层面及分隔宜采用轻型结构。不宜整层拆除楼面，应适当控制拆除部分面积比例。 2.新增层面及分隔宜与特殊构件保持距离，降低构造难度，维持既有建筑的重要特征	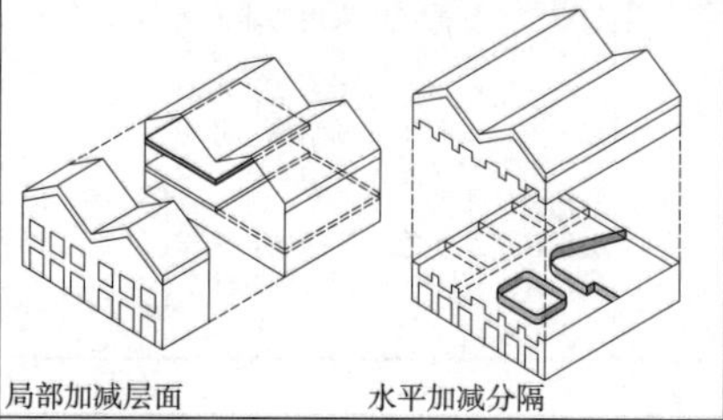 局部加减层面　　水平加减分隔	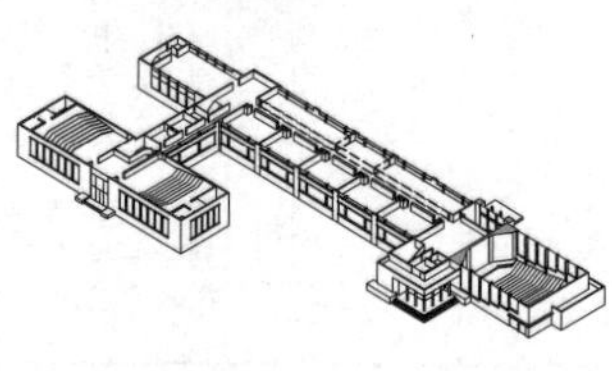 上海同济大学文远楼
		局部加减分隔	拆除既有分隔或新建分隔			
	减法重组	纵向抽离	局部拆除楼面和屋面，形成纵向大空间，如内院或中庭空间	1.拆除楼面和屋面的面积比例不宜过大，平面位置宜对称居中，必要时可局部加固原结构或调整原有结构分区。 2.纵向抽离必要时可与填充重组方式结合应用	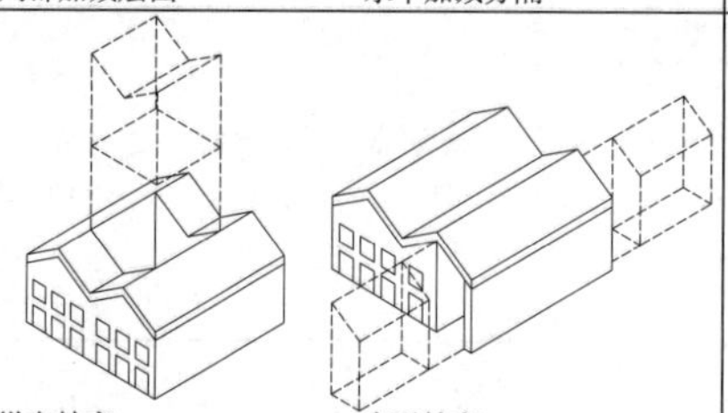 纵向抽离　　　水平抽离	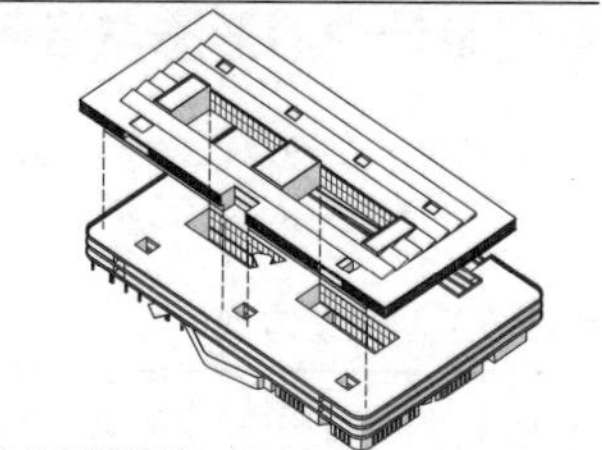 上海国际设计一场
		水平抽离	局部拆除分隔或围护结构，形成水平向大空间或半室外空间			
	填充重组	内院覆盖	新建轻型结构屋面覆盖既有内院空间	1.新建部分只与既有建筑发生有限联系，改造后也较少地呈现在外部形态中，对既有建筑影响较小。 2.新建屋面宜选用无侧向力的结构形式，或对既有建筑进行抗侧向力加固。应注意大型屋面变形与应力集中。内院填充宜采用的结构方案见水平相邻方式	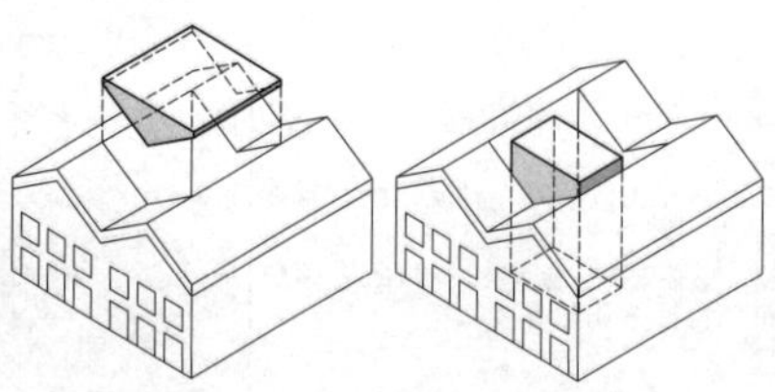 内院覆盖　　　内院填充	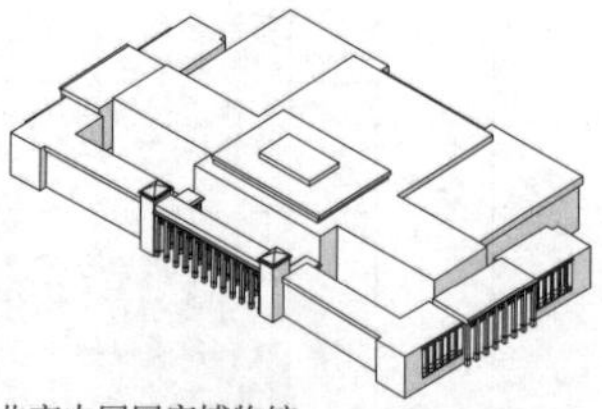 北京中国国家博物馆
		内院填充	利用既有内院空间进行加建			
	嵌入重组	悬置式	新建部分嵌入既有建筑内部空间，并保持一定独立性	1.新建部分在既有建筑内部建造，对其影响较大。 2.新建结构宜与既有结构保持适当距离，独立工作。内胆式嵌入重组规模较大，无法保证上述距离，或需要新建结构对既有结构进行加强时，二者可共同工作。 3.应减少施工对既有建筑的影响	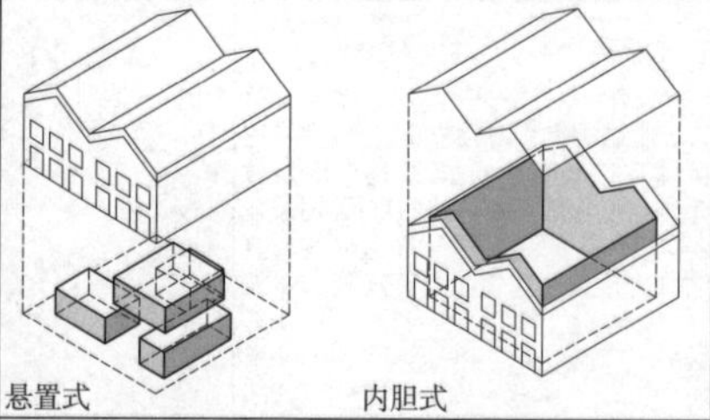 悬置式　　　　内胆式	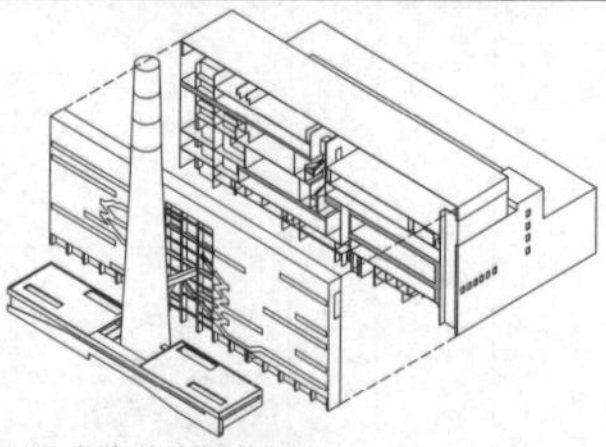 上海当代艺术博物馆
		内胆式	新建部分嵌入既有建筑内部空间，并相互连接			
	突破重组	—	新建部分由内向外或由外向内部分突破既有建筑的界面	1.新建部分破坏了部分既有界面，改造后建筑形态、空间关系有显著变化，对既有建筑的影响较大。宜用于再生性改造和少量有特殊意义的保护性改造。 2.新建结构宜利用既有结构间隙，保持一定距离建造，独立工作	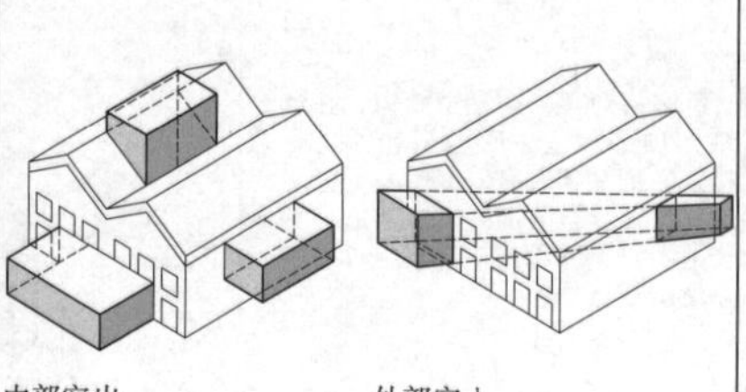 内部突出　　　外部突入	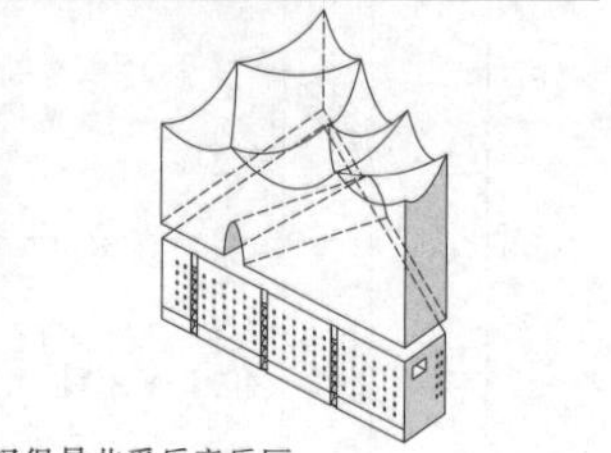 汉堡易北爱乐音乐厅

改造设计中的界面改造

界面改造是指针对既有建筑界面的形态特征与使用性能的完善程度进行的改造，不包括界面修缮的内容。按对既有界面的影响程度分为界面叠加、界面替换和内部重建方式（表1）。

界面叠加、界面替换的代价与难度较低，不影响既有建筑内部功能与空间，能有效地优化界面形态逻辑和使用性能，不适用于保护性改造。

内部重建方式较为特殊，代价与难度较大，仅适用于既有界面价值较高，且既有结构状态不理想，已无法适应新功能要求的界面改造。

改造设计中的表征关系

改造设计中的表征关系指新建建筑与既有建筑的表征因素的相互关系。

表征因素包括"构"，即体量构成，和"质"，即材质、肌理和细部（表2）。

在形态与空间改造、界面改造中，都应根据不同的改造策略采用适合的表征关系。

根据新建建筑与既有建筑的表征差异和影响程度，表征关系可分为类比、对比和重构关系（表3）。

表征因素及其表现　表2

因素	表现	描述	典型案例
异构	抽象体量	极简倾向的基本几何体，如方形、金字塔形	里尔工艺美术博物馆
	雕塑特性	具有明显切削感的体量	马德里凯撒广场文化中心
	高技表现	高技派的体量构成	里尔弗雷斯诺现代艺术中心
	有机形式	仿生、参数化等体量构成	布达佩斯ING&NNH银行
异质	现代材料	使用区别于传统的新型材料	伦敦泰特现代艺术馆（改建）
	地域材料	使用建筑所在地特有的材料	宁波美术馆
	同类材料重构	使用相同或相似的材料，但采用不同的组织方式	伦敦泰特现代艺术馆（扩建）
同构	—	采用相同或相似的体量、尺度、构成形式等	北京中国国家博物馆
同质	—	采用相同或相似的材料及其组织方式	奥马哈乔斯林美术馆

界面改造方式　表1

改造方式	子项	描述	图示	典型实例
界面叠加	紧邻叠加	紧邻既有界面内、外侧建造新建界面	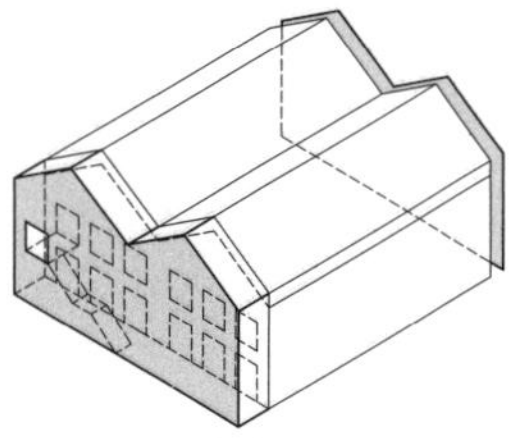	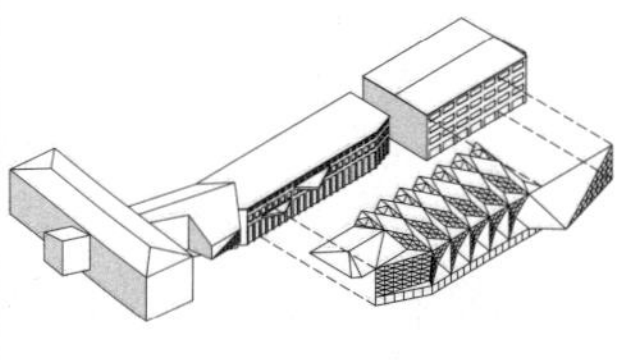
	双重界面	在既有界面外侧一定距离建造新建界面		哥本哈根艾尔西诺文化广场（The Culture Yard, Elsinore, Copenhagen）
界面替换	全面替换	用新建界面覆盖或替换既有界面	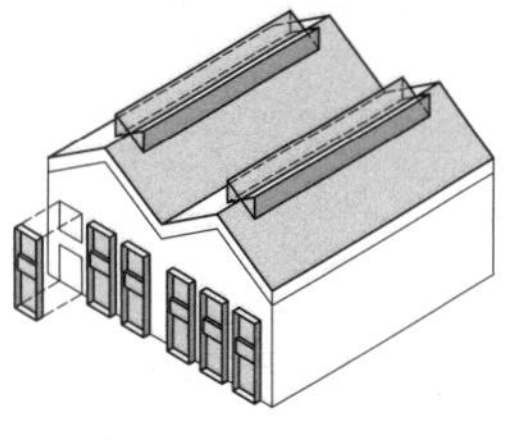	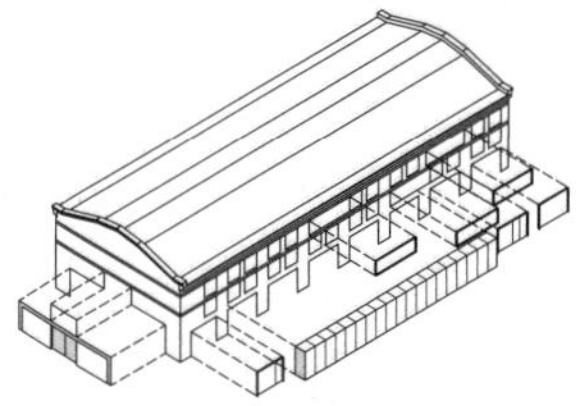
	局部替换	局部用新建界面替换既有界面		北京798悦美术馆
内部重建	—	拆除内部既有结构，重建新建结构。部分或全部保留既有界面，使之依附于新建结构	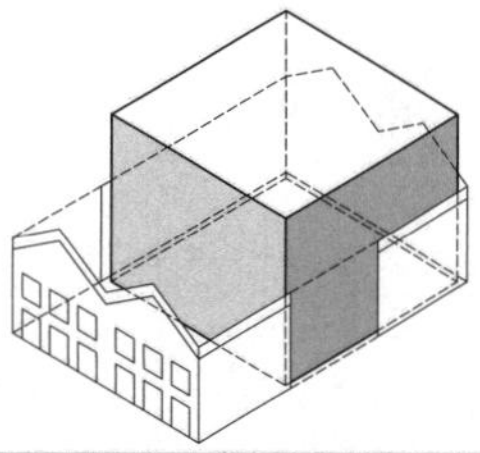	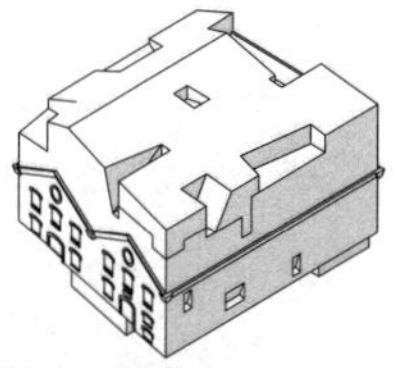 马德里凯撒广场文化中心（Caixa Forum, Madrid）

表征关系　表3

表征关系	子项	简述	适用情况	图示	典型实例
类比关系	衍生类比	同质同构：新建建筑延续既有建筑各方面的特征	保护性改造策略。新建建筑依附于既有建筑的表征关系	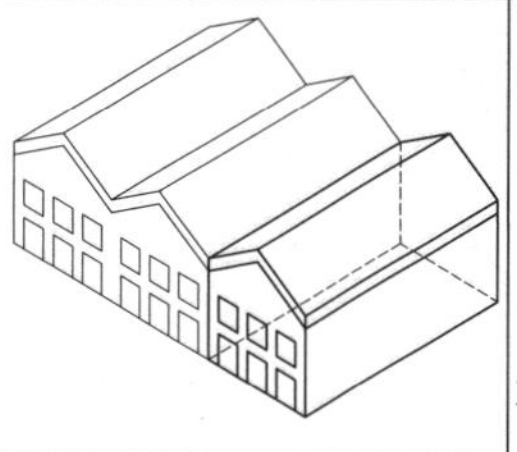	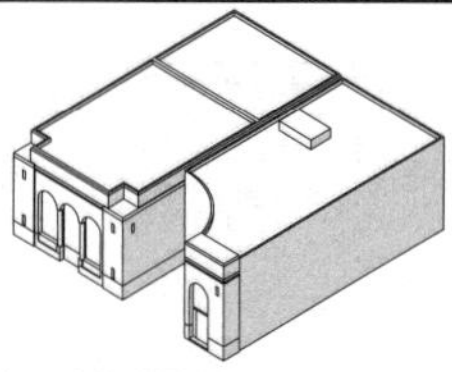 东坎布里奇储蓄银行（East Cambridge Savings Bank, Cambridge）
	抽象类比	异质同构：用新材料、构造演绎既有建筑主要特征	保护性、再生性改造策略。新建建筑既保持一定的独立性，又与既有建筑保持表征关系的一致性	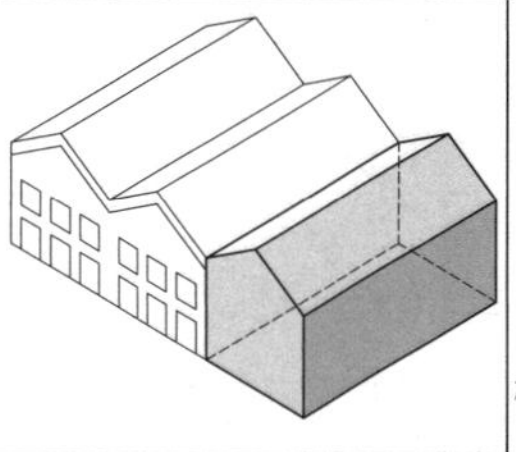	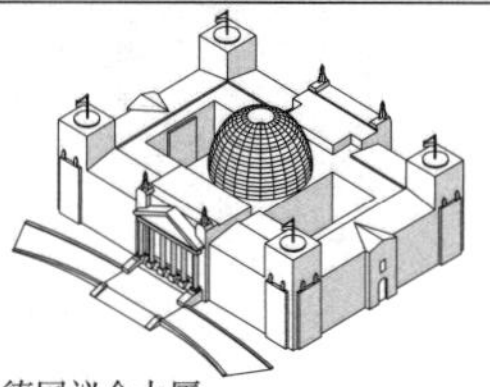 柏林德国议会大厦（Bundestag, Berlin）
对比关系	—	异质异构、同质异构：新建建筑采用与既有建筑异化的特征	保护性、再生性改造策略。强调新建建筑的独立性与差异	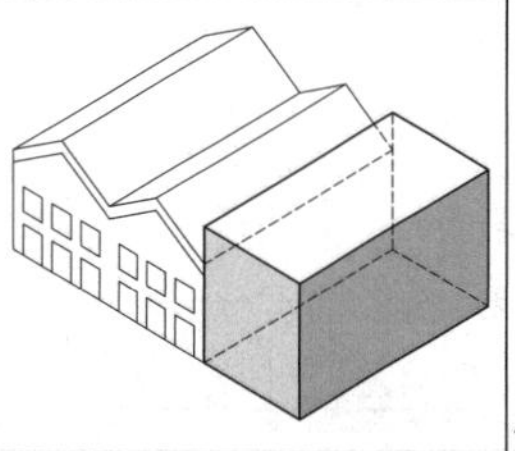	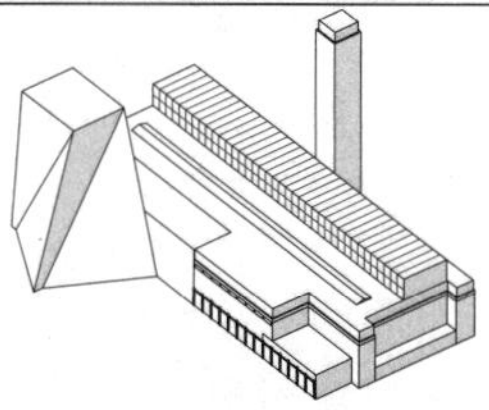 伦敦泰特现代艺术馆
重构关系	—	异质异构：全面改变既有建筑的特征	重生性改造策略，通过改造改善既有建筑在体量构成、材质、肌理、细部等多方面的欠缺	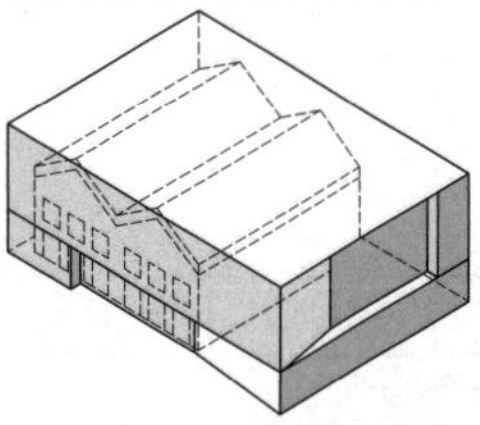	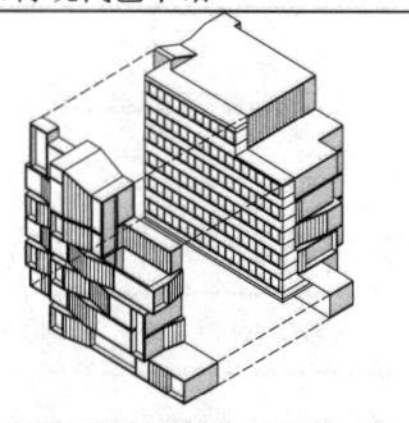 上海北站街道社区文化活动中心

7
建筑改造
设计

1 展廊门厅　　2 咖啡厅　　3 写字楼门厅　　4 服务台　　5 展廊　　6 预留西餐厨房
7 立体停车库　8 管理间　　9 电梯厅　　10 办公室　　11 休息室　12 阳台
13 屋顶平台　14 储藏间　　15 室外凹龛　　16 会议室　　17 西餐厅

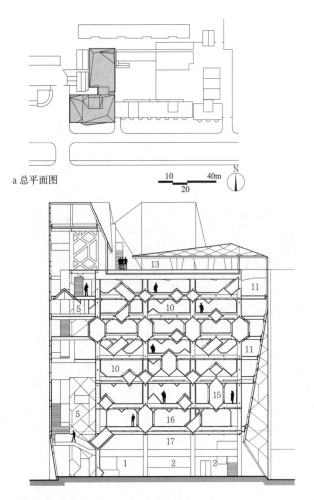

a 总平面图

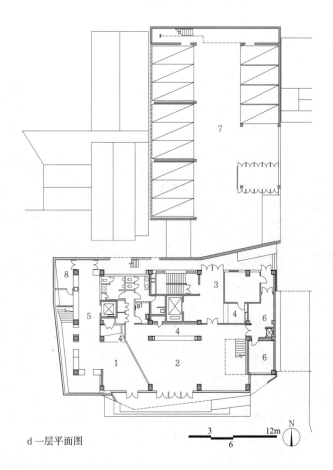

d 一层平面图

b 剖面图一

7
建筑改造
设计

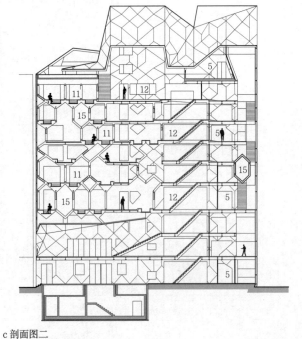

c 剖面图二

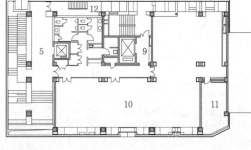

e 标准层平面图

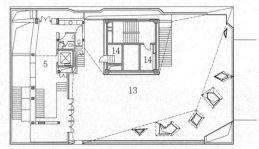

f 顶层平面图

1 复兴路乙59-1号改造

名称	地点	主要技术指标	设计时间	设计单位	
复兴路乙59-1号改造	北京	建筑面积5402m²	2004	中国建筑设计院有限公司	项目位于长安街西延长线复兴路北侧，原建筑于1993年建成，结构形式为9层混凝土框架结构，被改造为集餐饮、办公、展廊为一体的小型综合体建筑

1 餐厅　　　　　　10 茶水间
2 西厢房　　　　　11 包房
3 后勤空间　　　　12 厨房
4 粮仓南栋　　　　13 服务台
5 廊道　　　　　　14 村民活动中心
6 粮仓北栋　　　　15 博物馆
7 接待区　　　　　16 室外活动平台
8 办公室　　　　　17 晒场
9 会议室　　　　　18 水景

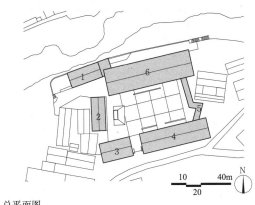

a 总平面图

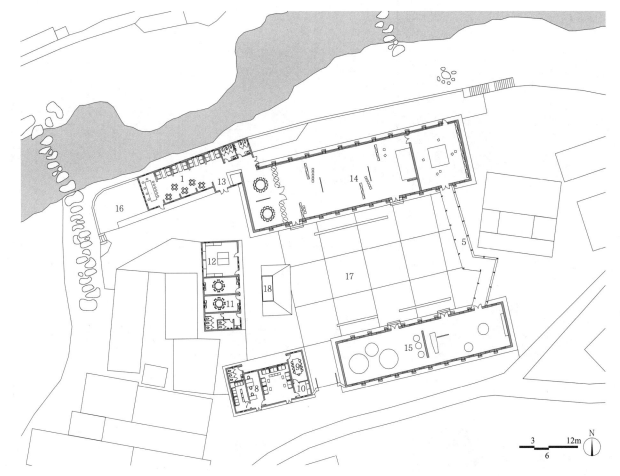

b 一层平面图

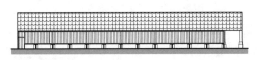

c 立面图一

d 剖面图一

e 立面图二

f 立面图三

g 剖面图二

7
建筑改造
设计

1 西河粮油博物馆及村民活动中心

名称	地点	主要技术指标	设计时间	设计单位	项目占地30余亩,原为1950年代的粮库,设计通过对原有闲置建筑的改造,为村民提供一个公共活动场所,同时植入微型博物馆和餐厅。本项目尽可能使用当地的材料、工艺来建设,探讨了农村低成本建造的可能性
西河粮油博物馆及村民活动中心	河南信阳	建筑面积 1532m²	2014	中央美术学院	

287

1 接待区
2 前台
3 主吧
4 舞台
5 雅间
6 藏酒室
7 办公室
8 厨房
9 员工休息室
10 工作室
11 画廊
12 展厅兼媒体发布
13 后台
14 通道
15 VIP房间
16 宿舍
17 雪茄吧
18 烧烤台

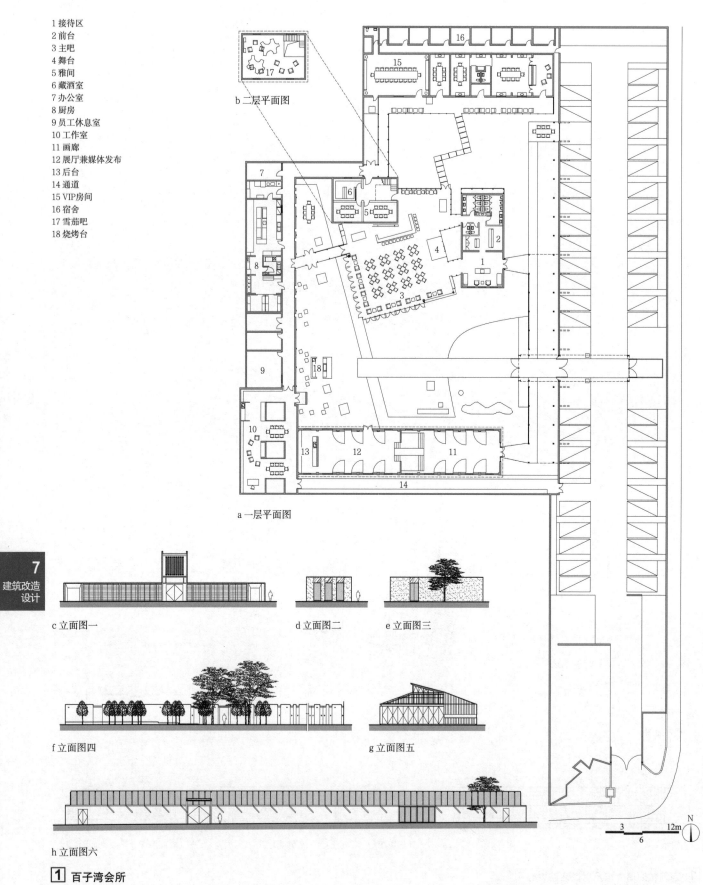

b 二层平面图

a 一层平面图

c 立面图一

d 立面图二

e 立面图三

f 立面图四

g 立面图五

h 立面图六

3   12m
6

N

1 百子湾会所

名称	地点	主要技术指标	设计时间	设计单位	设计根据既有建筑的特点,将南部、北部和西部的建筑分别改造为展览厅、VIP 房间、厨房及辅助房间,拆除中部不适应功能需求的零散建筑,并添加一个统领各功能空间,汇集人群、联络各处的主要空间
百子湾会所	北京	建筑面积 1664m²	2007	北京市建筑设计研究院有限公司	

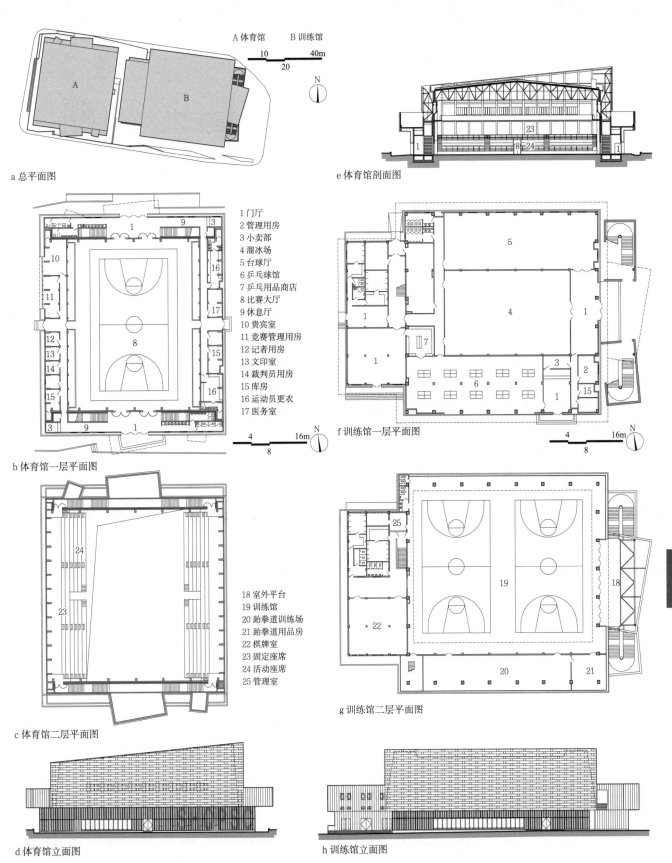

a 总平面图

e 体育馆剖面图

1 门厅
2 管理用房
3 小卖部
4 溜冰场
5 台球厅
6 乒乓球馆
7 乒乓用品商店
8 比赛大厅
9 休息厅
10 贵宾室
11 竞赛管理用房
12 记者用房
13 文印室
14 裁判员用房
15 库房
16 运动员更衣
17 医务室

b 体育馆一层平面图

f 训练馆一层平面图

18 室外平台
19 训练馆
20 跆拳道训练场
21 跆拳道用品房
22 棋牌室
23 固定座席
24 活动座席
25 管理室

c 体育馆二层平面图

g 训练馆二层平面图

7
建筑改造
设计

d 体育馆立面图

h 训练馆立面图

1 上海青浦体育馆、训练馆装修改造工程

名称	地点	主要技术指标	设计时间	设计单位	既有建筑建于1980年代早期。改造设计彻底改变原建筑的形态，同时为市民提供一个运动健身的场所。设计采用聚碳酸酯板编织外墙，保证自然采光的同时创造了独具一格的建筑形象
上海青浦体育馆、训练馆装修改造工程	上海	建筑面积8100m²	2007	北京市建筑设计研究院有限公司	

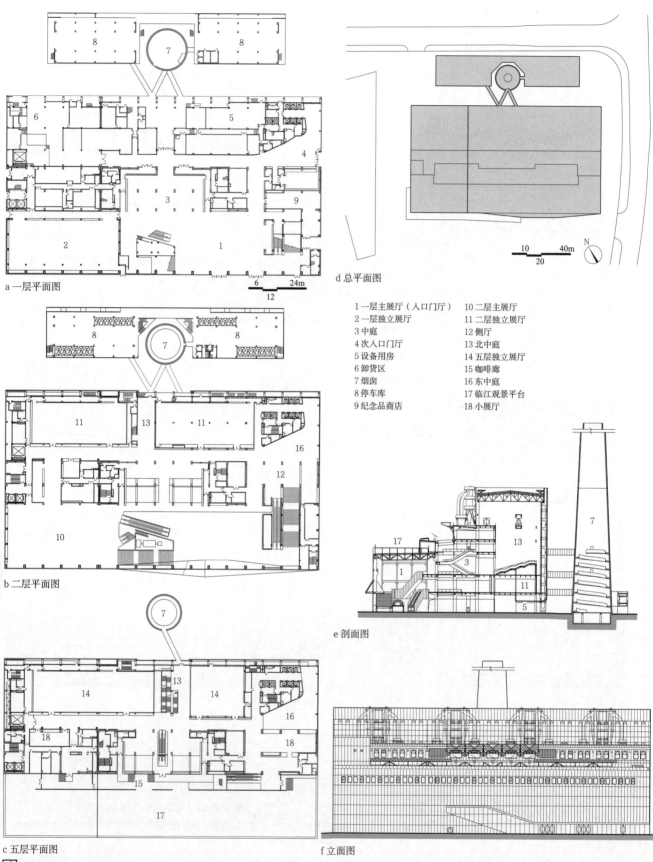

a 一层平面图

b 二层平面图

c 五层平面图

d 总平面图

e 剖面图

f 立面图

1 一层主展厅（入口门厅）	10 二层主展厅
2 一层独立展厅	11 二层独立展厅
3 中庭	12 侧厅
4 次入口门厅	13 北中庭
5 设备用房	14 五层独立展厅
6 卸货区	15 咖啡廊
7 烟囱	16 东中庭
8 停车库	17 临江观景平台
9 纪念品商店	18 小展厅

1 上海当代艺术博物馆

名称	地点	主要技术指标	设计时间	设计单位	
上海当代艺术博物馆	上海	建筑面积 41000m²	2011	同济大学建筑设计研究院（集团）有限公司	设计采用再生性策略，针对展示功能对空间品质、性能的需求进行有限度的改造。采用嵌入式空间重组新增容量，并通过界面替换适应艺术空间的要求

7 建筑改造设计

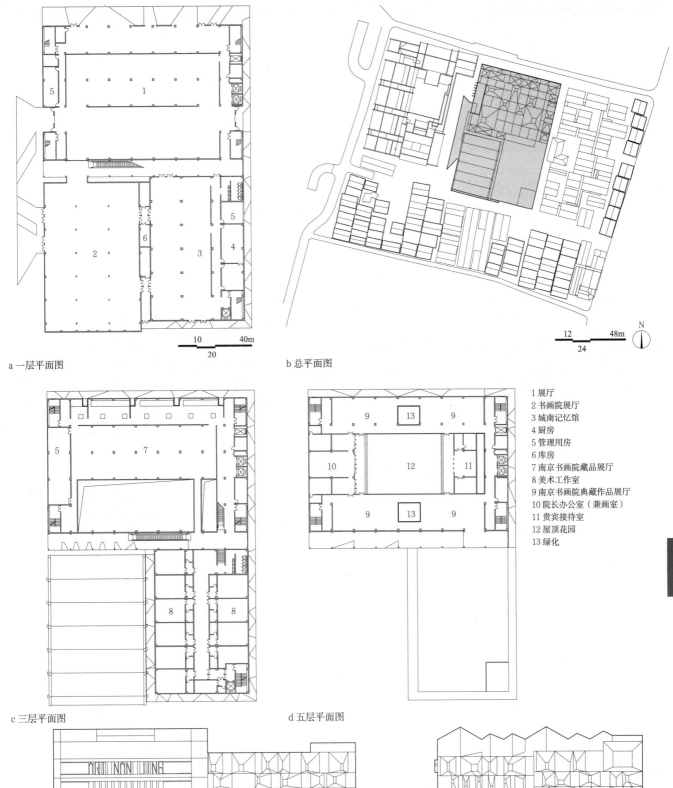

a 一层平面图　　　　　　　　　　　　b 总平面图

1 展厅
2 书画院展厅
3 城南记忆馆
4 厨房
5 管理用房
6 库房
7 南京书画院藏品展厅
8 美术工作室
9 南京书画院典藏作品展厅
10 院长办公室（兼画室）
11 贵宾接待室
12 屋顶花园
13 绿化

7
建筑改造
设计

c 三层平面图　　　　　　　　　　　　d 五层平面图

e 西立面图　　　　　　　　　　　　　f 南立面图

1 金陵美术馆

名称	地点	主要技术指标	设计时间	设计单位	金陵美术馆的前身是建于20世纪60~70年代的工业厂房，设计将其转变为一个富于吸引力的中国艺术博物馆，促使工业遗产与传统文化友好相处，并成为历史街区中最有活力的公共设施
金陵美术馆	江苏南京	建筑面积12974m²	2011	西安建筑科技大学建筑学院	

建筑改造中常见材料的运用

材料的多样化为建筑改造提供了诸多的可能性，建筑改造对材料的性能有一定的要求。因为每种材料所具备的不同工程特性，决定了金属、玻璃、木材成为建筑改造和更新设计中经常被使用的材料，而混凝土和石材等不可逆材料使用概率则较低。同时，由于材料的属性不同，决定其适用于不同的改造项目。

材料选用的性能要求　　　　　　　　　　　　　　　　表1

性能分类	具体要求
力学、物理以及耐久性能	保证材料有足够强度以及韧性，在地震、台风等突发性、冲击性荷载作用下确保安全等
化学、健康以及防火、耐火性能	对侵蚀性介质有一定的抵抗力；并满足健康性要求，材料要不含有毒、有害物质等
外观性能	包括色彩、亮度、质感、花纹、触感、耐污染性、尺寸精度、表面平整性等
生产、施工性能及可循环利用性能	原材料资源是否丰富，生产、运输及施工过程是否消耗过多的资源和能源，是否污染环境，可加工性、施工性及循环再利用性等

建筑改造中常见材料的运用　　　　　　　　　　　　　表2

材料名称	使用频率	原因
混凝土	不宜大量使用	1.不可逆性； 2.强度太大，粘结力太强，与既有建筑材料的性能不匹配； 3.缺乏弹性和可塑性，容易使相邻材料产生过大应力而被破坏； 4.空隙率很低，不可渗透，用于墙面会阻止水分蒸发，而使墙体受潮，如用作砌筑砂浆，会增加内部凝结水，易形成冻害； 5.凝固时收缩，形成裂缝使水分侵入却又不易排出，增加了潮湿造成的破坏； 6.凝固时析出可溶性盐类，会溶解破坏大理石这样的多孔材料； 7.导热性强，如用作注射剂来加固外墙，会形成冷桥； 8.碱性材料，随着时间的推移，在二氧化碳作用下从外向内逐渐中性化，造成钢筋锈蚀
金属	常用	1.多与既有建筑材料不同，易识别，保持了史料的原真性与可读性； 2.一般用螺栓等方式与既有建筑连接，对既有建筑的依赖、破坏程度小；采用铰接的金属加固结构，能有效地改善建筑的抗震性； 3.如有破损，可容易拆卸、加固与修补，便于再次整修； 4.干作业施工、工期短、可拼装的特点使其所需的作业空间小； 5.结构断面小、跨度大、承载力强，可提供更多、更方便的使用空间； 6.易反映当代材料、技术与建筑美学特征，其形式纤细，能与既有建筑形成良好的对比与融合
玻璃	常用	1.透明材料，因其通透性而在视觉上完全是中性的，有效消解新建筑的体量，使之不显得太突出，能清晰地将既有建筑展现出来； 2.因其反射性而映射新旧建筑与周围环境，造成戏剧性的融合效果； 3.在施工上与金属材料有同样的优点； 4.有着完美的现代建筑美学特征，往往成为表述戏剧性新旧对比的重要元素； 5.有色玻璃，可造成一种更为戏剧化的视觉效果
木材	常用	1.色泽优美、纹理丰富、触感亲切，能够与旧建筑很好地融合而不显得突兀，纹理可塑性高； 2.干作业施工，大大减少了对遗产环境的破坏，工期短、可拼装，使其所需的作业空间小； 3.如有破损，可容易拆卸、加固与修补，便于再次整修； 4.若使用当地木材，则容易设计中带有地域特色，富有人情味； 5.以重量衡量，比钢材在内的其他材料更坚固，隔热性能好，对冷热气候的适应性强

材料属性表　　　　　　　　　　　　　　　　　　　表3

属性\材料		混凝土	金属	玻璃	木材	石材	复合材料
材料属性及特征		不可燃，防侵蚀，硬度大，抗压强度高，封闭实体感强	密度大，强度高，熔点高，导电导热性能好，种类多	硬度大，耐磨损，抗压强度高，种类多	质量轻，强重比大，保温隔热性好，导热导电性能低，弹性韧性高	硬度大，强度高，耐水性好，耐久性长，耐磨性强	密度低，导热性低，热膨胀系数高，抗拉强度大，绝缘性好
适用项目	结构加固	√				√	
	水平分层	√	√	√	√		√
	垂直分层	√	√	√	√		√
	围护结构	√	√	√	√	√	√

既有建筑材料在改造中再利用

既有建筑中存在的既有建筑材料，不仅有其功能作用，也有重要的文化精神作用，在建筑改造和更新中应该重视其价值，用适当的方法进行保护甚至创造性地加以利用。

既有材料再利用　　　　　　　　　　　　　　　　　表4

利用方式		描述	典型案例
既有建筑材料原处保留、整饰	非永久材料的整旧如新	一些非永久性建材，从纯粹的美学角度来看，可"整旧如新"。如我国木建筑的彩画，需经常更新，所以这些古建筑就时常"粉刷一新"。非永久性建材的"整旧如新"利于帮助保留既有建筑的功能、历史与美学价值	新加坡克拉码头改造
	永久性材料的整旧如旧	对砖、石这类永久性建材的处理多采用"整旧如旧"的处理方式。因为永久建材的陈旧对于既有建筑来说，是赋予历史文化审美感的重要组成部分	上海和平饭店改造
既有建筑材料挪用别处		将废弃的既有材料用于新建筑其他部位，这种"加法式"的"整旧如旧"更能完整地表达和延续既有建筑的艺术审美感。常用建筑材料有砖与石	德国杜伊斯堡库珀斯穆里博物馆改造
新旧片断并置		将残留下来的既有建筑部分保留与新建筑材料组合成一个新整体，求得戏剧性的审美对比	荷兰乌得勒支市政厅改造

新旧材料连接处的构造处理

　　构造和节点的设计,既有技术工艺上的要求,也能体现设计者设计观念和美学取向。建筑改造中的构造和节点设计,重点在于处理新旧建筑元素之间的交接。

新旧材料连接处的常见构造处理　　　　　　　　　　表1

利用方式	子项	描述	典型实例 （□新, ■旧）
新金属材料与旧石材的交接	间接法	新材料通过新增结构与旧材料连接在一起	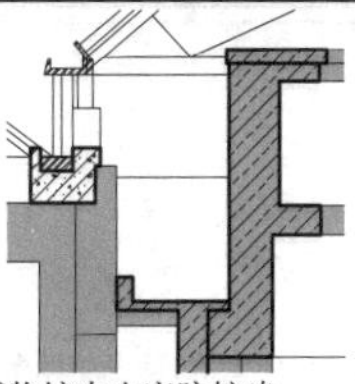 大英博物馆中央庭院扩建
	直接法	新材料直接固定在旧材料上,这种做法节点处理较简洁干净	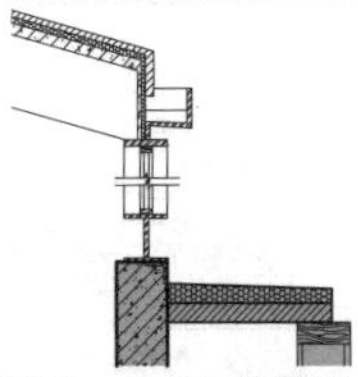 马德里 Colmenar Viejo 葡萄酒厂改建
新石材与旧石材的交接	干挂法	新石材通过钢制构件悬挂或是锚固在旧石材上	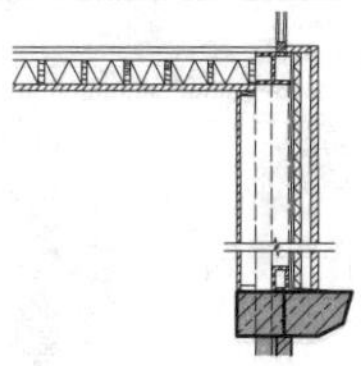 沃特福德郡公共图书馆改建
新玻璃材料与旧石材的交接	直接锚固	为最大化地利用玻璃的透射光学特性,尽可能弱化新建部分的形象,往往减少金属构件的使用,直接将玻璃材料与旧石材连接	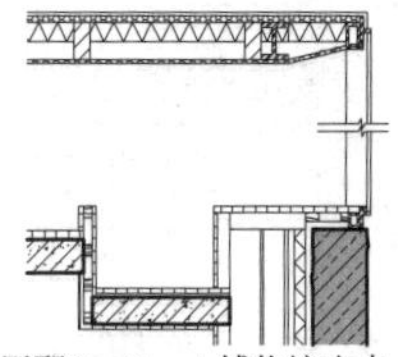 巴塞罗那Can Framis博物馆改建
	通过钢构件连接	将玻璃材料通过金属构件连接在旧石材上,大部分玻璃材料常采用此方法与旧石材连接	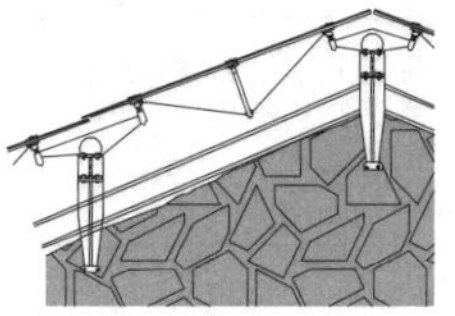 意大利Juval城堡改建
新木材与旧砖墙的交接	插入法	在原有结构墙体上开洞,将木结构主要承重构件直接插入原有墙体中,利用悬挑结构的受力原理使木结构与原有结构连接为一体。这种方法常用于自重不大的小型木构件,且不承受其他荷载。用于挑台或挑廊时,因存在可变荷载,需加设斜撑,增加结构的稳定性	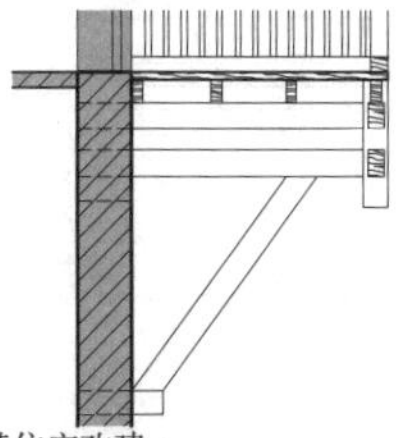 某住宅改建
	附贴法	沿墙面设木枋,通过膨胀螺栓将木枋固定于墙体上,或者利用一定的金属构件将木结构附着于墙体上。这种方法易于操作,且不破坏原有墙体。采用附贴法的木结构往往自身具有完整的受力体系。和插入法相同,当结构荷载过大时,则有必要与斜撑相结合	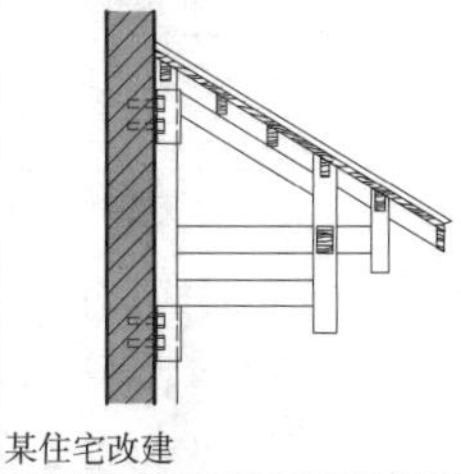 某住宅改建

外围护形式的构造做法

　　在建筑改造项目中,常涉及对围护结构进行保护修缮,常见的有对建筑外立面和屋面进行的改造,对围护结构的改造使既有建筑和新建筑在形式上和谐统一。

外围护形式的常见构造做法　　　　　　　　　　　　表2

改造类型	子项	适用材料	连接部位示例 （□新, ■旧）	典型实例
界面叠加	紧邻叠加	木材 石材 金属 玻璃 复合材料	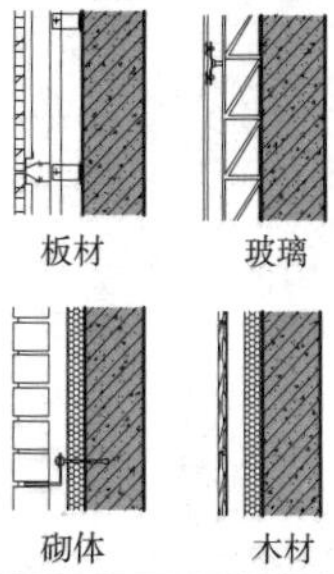 板材　玻璃 砌体　木材	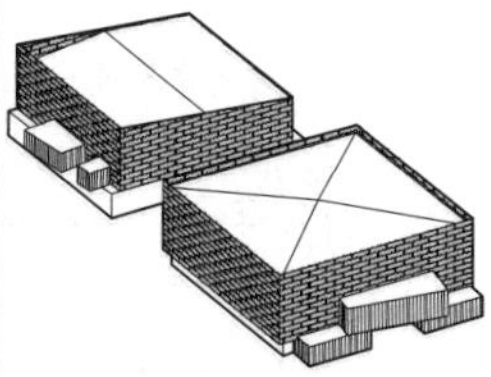 上海青浦区体育馆
	双重界面	木材 石材 金属 玻璃 复合材料	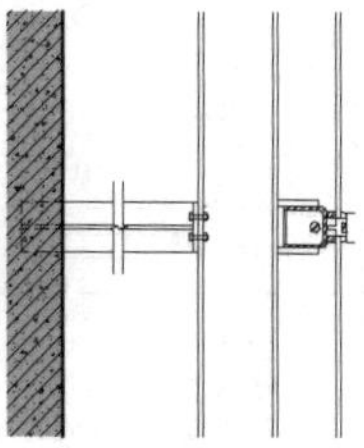	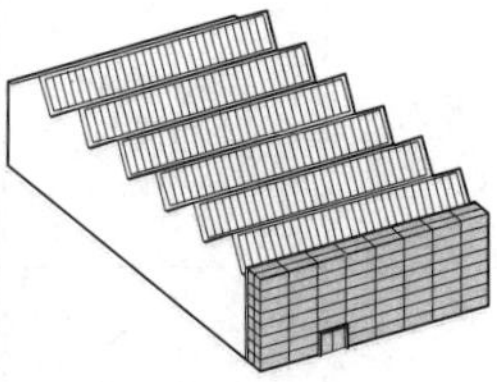 德国阿尔夫·莱希纳博物馆 (Alf Lechner Museum)
界面替换	全面替换	木材 混凝土 金属 玻璃 复合材料	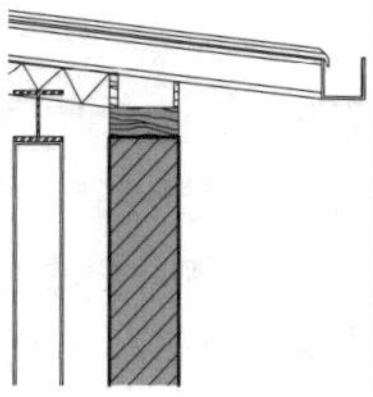	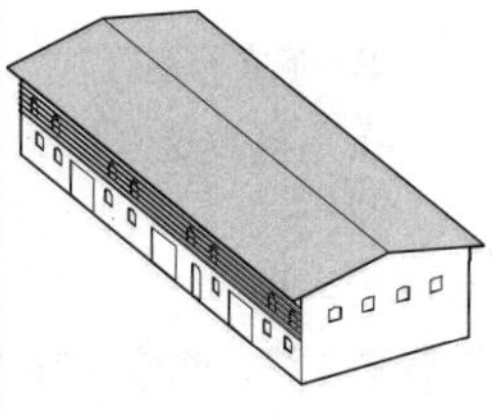 德国Criewen游客中心
	局部替换	木材 混凝土 金属 玻璃 复合材料	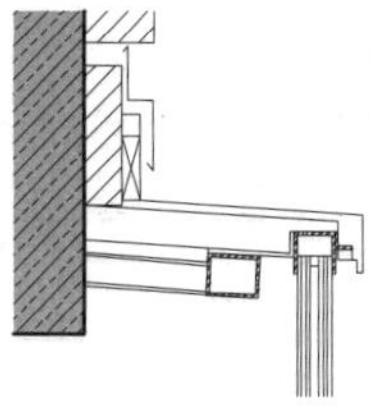	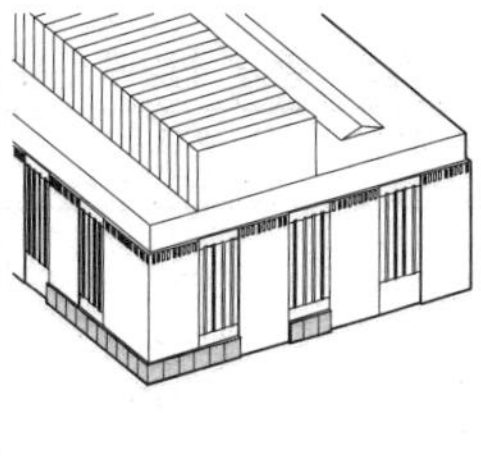 泰特现代艺术馆(Tate Modern)
内部重建	内部重建	木材 混凝土 金属 玻璃 复合材料	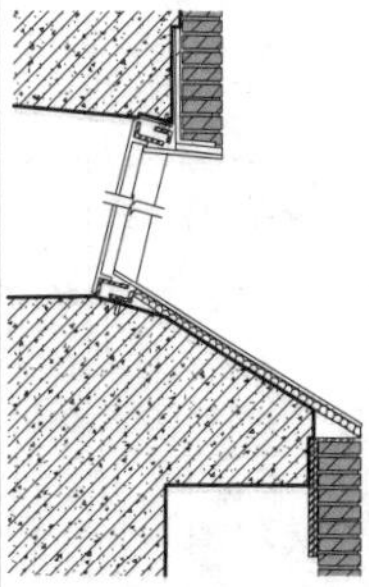	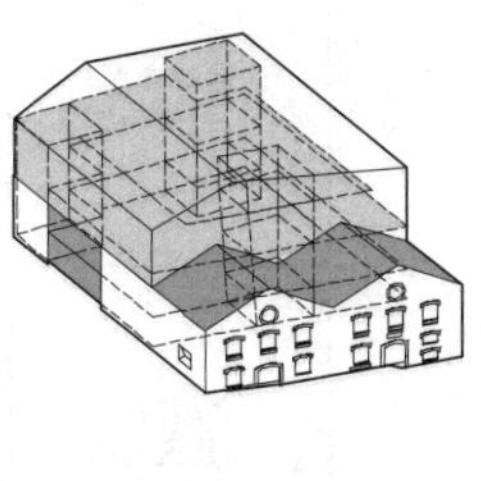 凯撒广场文化中心(Caixa Forum)

7
建筑改造设计

内部空间改造的构造做法

1. 水平分隔

在建筑改造项目中，常遇到建筑内部空间无法满足新的使用要求的情况，需通过增减隔墙重新划分建筑内部空间，满足新的建筑功能。新增隔墙对原有建筑结构产生新的荷载，需合理选择楼板受力、顶棚受力、楼板顶棚同时受力和新增墙体四周受力四种方式，分担新增构件荷载，以保障改造后建筑的稳定性与安全性；根据不同的受力形式，选择适用的建筑材料，如混凝土、木材、石膏板、金属材质、玻璃、复合材料等。

内部空间水平分隔常见构造做法　　表1

改造方式	新增墙体不同受力部位构造	适用材料	图解	连接部位示例（□新，▨旧）	典型实例
水平分隔	楼板受力	木材 混凝土 石膏板 金属 玻璃 复合材料	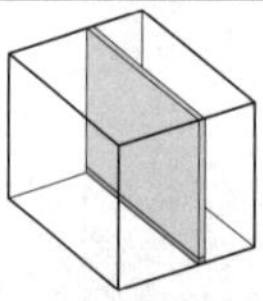	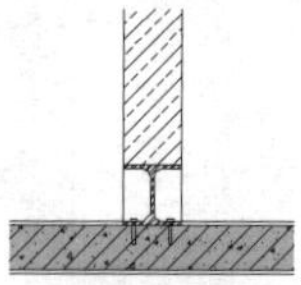	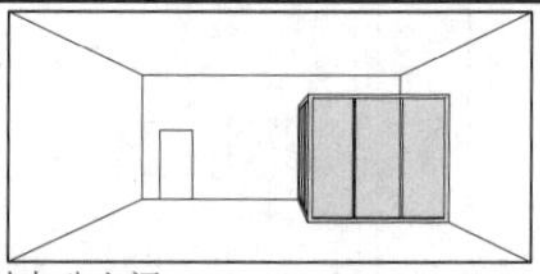 某办公空间
	顶棚受力	木材 石膏板 金属 玻璃 复合材料	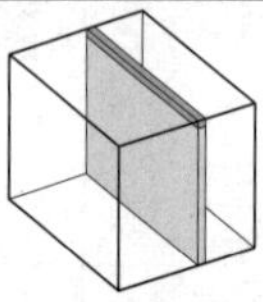	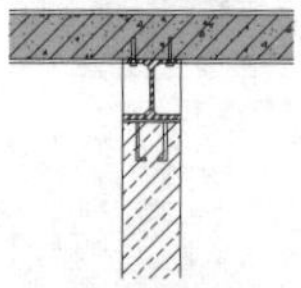	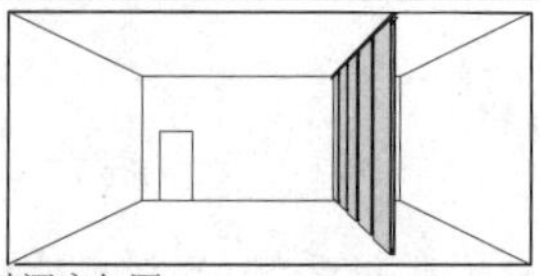 某酒店包厢
	楼板顶棚同时受力	木材 混凝土 石膏板 金属 玻璃 复合材料	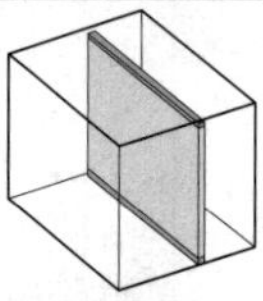	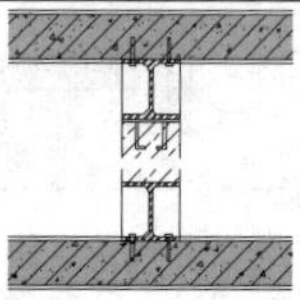	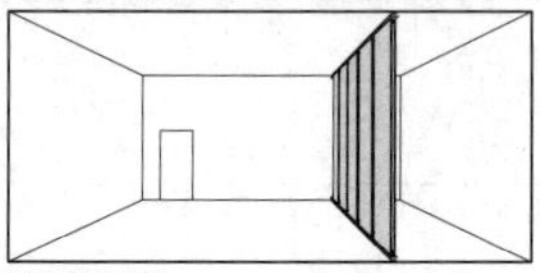 某酒店包厢
	新增墙体四周受力	木材 混凝土 石膏板 金属 玻璃 复合材料	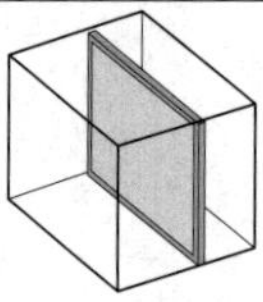	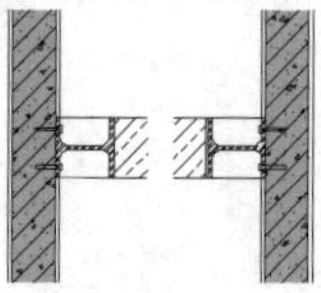	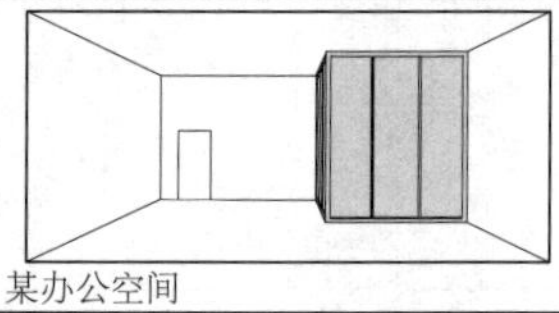 某办公空间

2. 垂直分层

在建筑改造项目中，常根据实际需求，在建筑内部增加隔层。增层不仅可以增加建筑面积，同时还可以充分利用原有建筑结构与空间，避免因拆除重建而带来的资源浪费。这类建筑改造过程中需综合考虑新增建筑荷载、原有结构承载力及建筑空间使用等问题；重点处理新旧建筑结构关系，常见新增结构与旧结构脱开、新增结构位于旧建筑内部、新增结构位于旧建筑外部三种方式。

新增楼板常见受力方式　　表2

受力方式	新结构梁及原结构共同承重	原结构柱外包钢板箍承重	原结构点式承重
图解	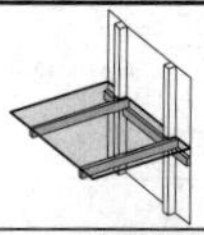	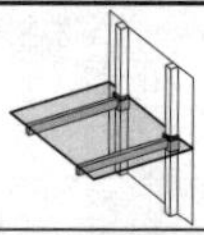	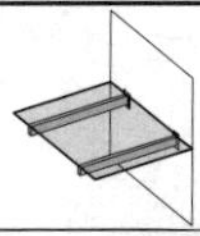
链接部位示例（□新,▨旧）	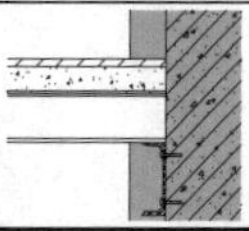	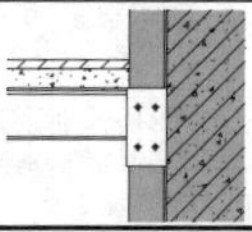	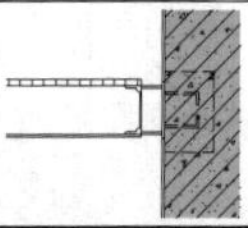

内部空间垂直分层常见构造做法　　表3

改造方式	与既有建筑连接关系	适用材料	图解	连接部位示例（□新,▨旧）	典型实例
垂直分层	新结构与旧结构脱开	木材 混凝土 金属 玻璃 复合材料	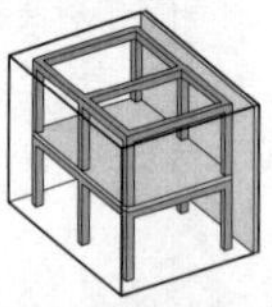	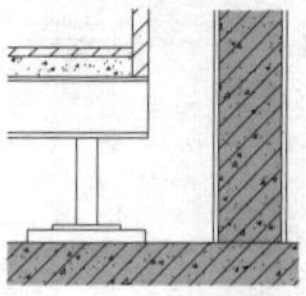	汉堡商会大楼（Hamburg Chamber of Commerce Building） 
	新结构在旧建筑内部	木材 混凝土 金属 玻璃 复合材料	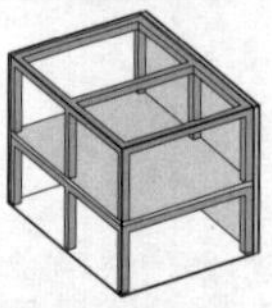	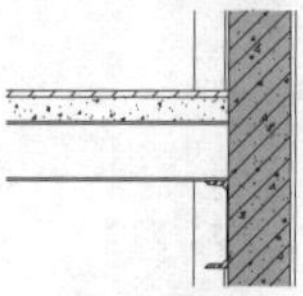	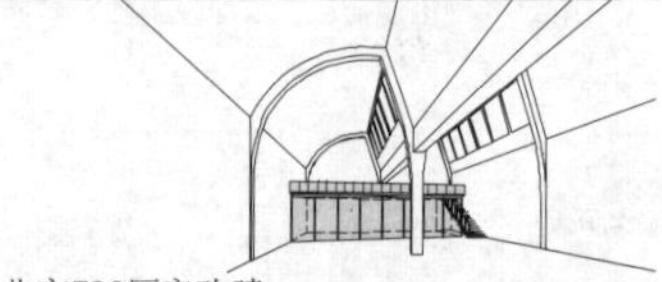 北京798厂房改建
	新结构在旧建筑外部	木材 混凝土 金属 玻璃 复合材料	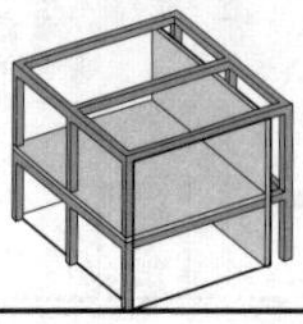	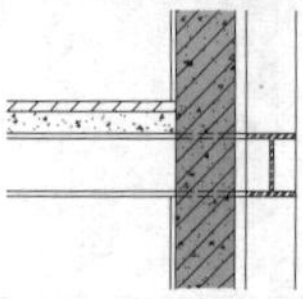	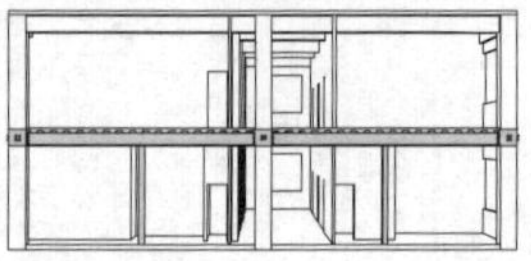 佛山悦来客栈

7 建筑改造设计

概述

既有建筑改造在建筑功能、空间变换的同时, 对光环境的改善是建筑改造中重要的一环。建筑改造光环境改善技术包含对自然采光和人工照明的改善技术。

光环境改造类型 表1

类型	改善措施
功能转换	按新增功能要求增加或减少原有建筑开口面积或开口方式
	按新增功能的照明标准增加、减少、替换不同灯具或光源
老建筑翻新（功能不变）	按最新规范核算采光面积或通过新型采光技术增加采光
	按最新规范要求符合照度和照明方式
	更换符合最新节能标准的灯具

自然采光改造要点

自然采光改造的方法和步骤:

1. 根据新的使用功能确定采光等级和要求。
2. 计算原有建筑采光是否满足新的使用要求。
3. 结合原建筑条件和采光要求确定改造方式。
4. 增加其他辅助方式改善采光条件。
   (1) 室内采用浅色装修, 增加反射;
   (2) 采用日光增强型窗帘, 兼具导光和遮阳作用;
   (3) 采用高投射玻璃, 提高采光强度。

人工光环境改造要点

对于人工光环境的改造, 包含以下方面的改善:

1. 依据新的照度标准改造。
2. 根据功能和气氛要求, 改变灯具布置形式、色温和光色。
3. 根据使用要求, 避免眩光。
4. 建筑照明标准参见《建筑照明设计标准》GB 50034。

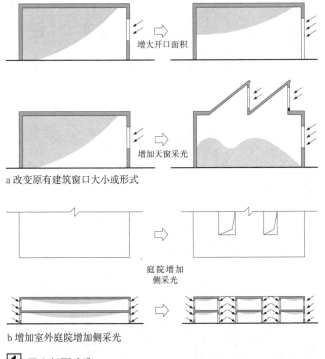

a 改变原有建筑窗口大小或形式

b 增加室外庭院增加侧采光

① 平立剖面改造

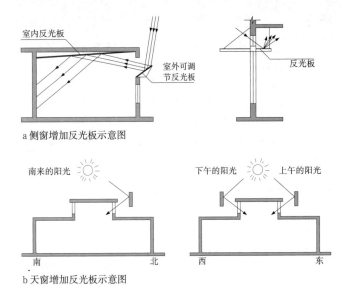

a 侧窗增加反光板示意图

b 天窗增加反光板示意图

② 设置反光板

a 光导设备灯具引入自然光

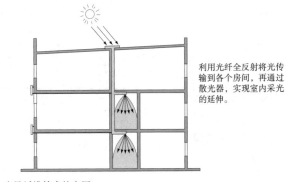

利用光纤全反射将光传输到各个房间, 再通过散光器, 实现室内采光的延伸。

b 光导纤维技术的应用

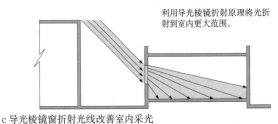

利用导光棱镜折射原理将光折射到室内更大范围。

c 导光棱镜窗折射光线改善室内采光

③ 新型采光技术

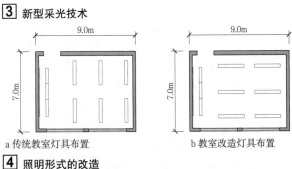

a 传统教室灯具布置

b 教室改造灯具布置

④ 照明形式的改造

7
建筑改造设计

概述

声音是人类行为中重要的组成部分,声环境改造主要目标是伴随新的功能转换,围绕着人的感受,在建筑改造中做到以下两个方面:

1. 吸声改造保证舒适的声音(如音乐、歌唱、生活中的交谈等)听清听好。

2. 隔声改造降低噪声(不舒适的,如噪声、刺耳的啸叫声等)对正常工作生活的干扰。

吸声改造要点

1. 缩短或调整室内混响时间、控制反射、消除回声。

2. 降低室内噪声级。

3. 通过隔声内衬材料,提高构件隔声量。

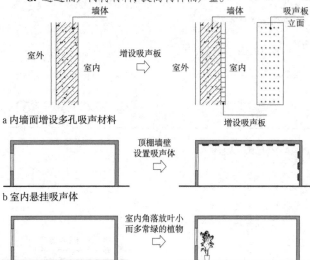

a 内墙面增设多孔吸声材料

b 室内悬挂吸声体

c 室内摆放有利吸声的植物

1 吸声改造常见方法

吸声改造材料选择

吸声材料特性 表1

类型	结构示意	吸声特性
多孔材料		
单个共振器		
穿孔板		
薄板共振吸声结构		
特殊吸声结构		

隔声改造步骤和构造

1. 确定建筑改造后的隔声要求。

2. 分析噪声来源、类型和位置。

3. 计算隔声量。

4. 选择合适的隔声材料和构造。

5. 核算隔声量并采取其他隔声辅助方式。

隔声改造重点部位 表2

重点部位	改造措施
墙体(内外墙)	内外均可增加隔声层,分户墙可增设吸声材料
楼板	楼板顶铺设弹性地面材料,楼板底增加吸声吊顶
门窗	更换隔声效果好的门窗,加强门窗缝隙的密封性
设备井道、电梯	增设隔声墙外包隔声材料,设备设置隔振垫,降低电梯速度等
设备立管	外包隔声材料,更换隔声管材,增加管道隔声构造

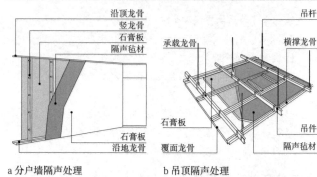

a 分户墙隔声处理   b 吊顶隔声处理

c 楼板隔声处理

2 墙体、楼板隔声改造

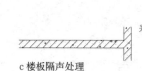

a 门扇与门框橡胶条密封   b 门扇与门框海绵条密封   c 双扇门矩形橡胶条密封   d 双扇门毛毡条密封

e 门扇下部橡胶条密封   f 门扇下部矩形橡胶条密封   g 双扇下部海绵条密封   h 双扇门毛毡条密封

3 门扇隔声改造

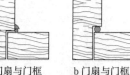

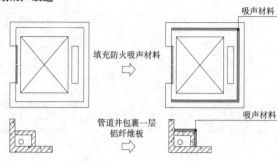

4 电梯井、管道井隔声改造

概述

热环境改善是指对影响人体冷热感觉环境因素的改善；它包括对室内温度、湿度、气流速度（通风）以及辐射换热的改善。

保温改造措施

保温改造重点部位措施　　　　　　　　　　　　　表1

重点部位	改造措施
外墙	根据改造要求增加内、外保温，提高保温性能；如需保留外立面宜采用内保温，反之宜采用外保温
屋顶	宜增加外保温，须计算结构荷载
门窗	更换保温性能好的门窗，加强门窗气密性，或在原有窗内侧或外侧附加保温窗以提高保温性能

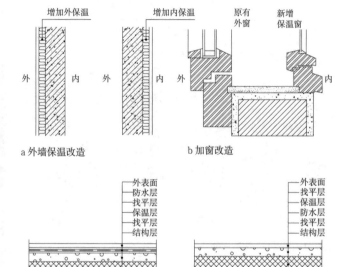

a 外墙保温改造　　　　　b 加窗改造

c 屋面保温改造

1 保温改造重点部位示例

空气湿度改善措施

1. 检查建筑外墙、屋顶、变形缝等易开裂部位是否有裂缝，及时修补，防止雨水渗透。

2. 更换气密性、水密性满足要求的门窗。

3. 建筑底层室内考虑架空地面，设置通风孔，防止潮气。

4. 结合通风设计，带走室内潮气。

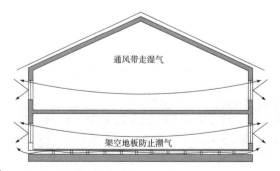

2 空气湿度改善示例

隔热改造措施

1. 外围护结构增设遮阳设施或反射饰面，如遮阳百叶或屋面反射涂层。

2. 在原有外墙外侧或内侧增设空气间层，组织气流排除热量。

3. 在原有屋顶增设架空通风隔热层，阻隔和排除热量。

4. 有条件的情况下采用蓄水或绿化屋面。

5. 结合外立面情况设置墙面垂直绿化。

6. 通过屋面平改坡，形成空气间层，以起到隔热作用。

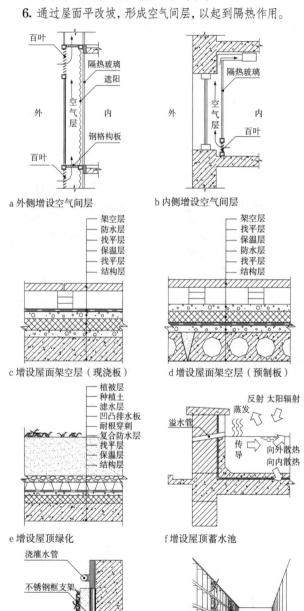

a 外侧增设空气间层　　　　b 内侧增设空气间层

c 增设屋面架空层（现浇板）　　d 增设屋面架空层（预制板）

e 增设屋顶绿化　　　　　f 增设屋顶蓄水池

g 垂直绿化

3 建筑隔热改造示例

概述

建筑改造中自然通风技术主要是指不使用机械设备为前提的被动式通风设计，通过对通风原理的合理利用，可以实现对室内风环境的控制和改善。

自然通风产生原理　　　　　　　　　　　　　　　表1

换气方式	原理
热压换气	由于室内外温度不同，空气密度不同，温度低处的空气密度大于温度高处的空气，产生压力差，使温度低处的空气流向温度高处，形成热压作用的自然通风
风压换气	当风吹向建筑物时，迎风面形成正压，背风面形成负压，气流由正压区开口流入，由负压区排出，形成风压作用的自然通风

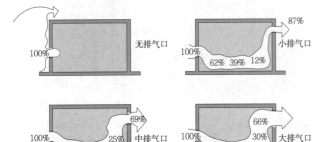

a 增大排气口提高室内气流速度（百分比为气流速度）

b 调整排气位置合理组织气流

1 调整进排气口位置、高低、大小或形式

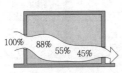

a 大树灌木作通风筒把风引到房屋

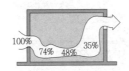

b 大树灌木挡住风的绕行通过

c 伞形大树有助于夏季凉风通过

d 灌木种在离房屋和大树较远地方有助于夏季空气流通

2 通过绿化遮阳改善通风条件

高耸的风塔提供了空气流动的动力

3 利用烟囱效应改善室内通风

自然通风改造方法

1. 调整建筑进排气口大小、位置、高低、形式及障碍物的高矮、距离等改善室内通风环境。

2. 设置挡风板（结合遮阳）和天窗改善通风条件。

3. 设置通风竖井、小天井、中庭、边庭等，利用"烟囱"效应改善室内通风条件。

4. 通过增加管道式通风系统，实现冬季室内换气。

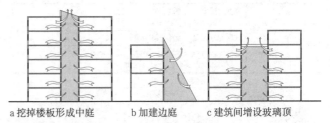

a 挖掉楼板形成中庭　　b 加建边庭　　c 建筑间增设玻璃顶

4 设置中庭或边庭加强热压通风

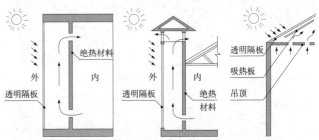

a 墙式结构剖面　　b 竖直集热板屋顶结构　　c 倾斜集热板屋顶结构

5 太阳能通风竖井系统

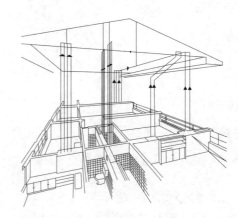

总通风道布置在被连起来的风道组中心，作用半径$R \leqslant 8m$。

垂直通风道应上下直通，弯曲时，与水平倾角$a \geqslant 60°$。

用水平通风道连成一个系统时应注意：
（1）使用要求相同的房间可以连通；
（2）一户内的浴室和厕所可以连通；
（3）厨房和卫生间在任何情况都不连通。

每个房间设单独通风孔和垂直通风道。

6 通风孔、通风道布置示意图

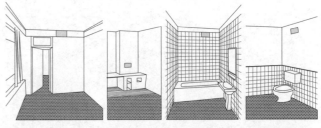

a 室内应尽量安装在有门洞的一面墙上　　b 厨房内安装在灶具上方　　c 浴室安装在浴盆和淋浴器上方　　d 厕所内安装在坐便器上方

7 室内通风孔安装位置

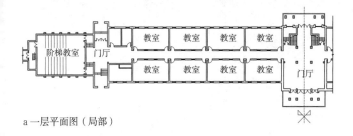

a 一层平面图（局部）

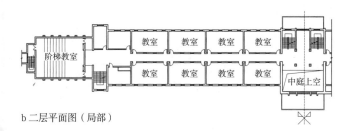

b 二层平面图（局部）

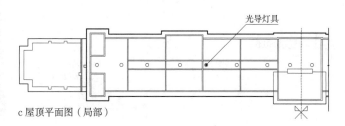

c 屋顶平面图（局部）

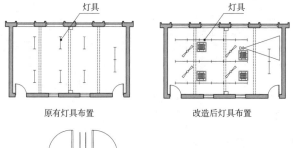

原有灯具布置　　　改造后灯具布置

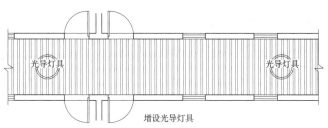

增设光导灯具

d 照明改造

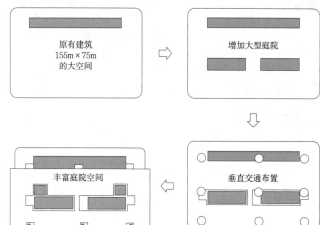

增加大型庭院空间有利于大空间自然通风采光，小型庭院和采光天井的设置在丰富空间的同时，也更加有效地利用了自然通风采光。

a 庭院改造示意

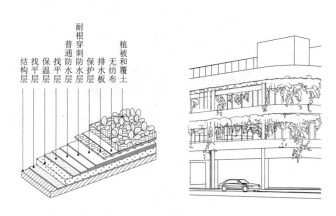

b 屋顶绿化构造　　　　　　c 坡道设置垂直遮阳

新办公楼改造内容和方式

改造内容	具体方式
自然采光通风	办公单元通过设置内院和天井引入自然光，提升空间品质和空间趣味性，更加有效地利用自然通风减少空调设备耗能
屋顶绿化	原3层屋面设置绿化，其覆土和植物可以大大降低建筑物能耗，是节能减排的重要举措，同时可以创造舒适健康的办公环境，最大限度地激发设计师的创作潜能
垂直绿化	为减小北侧坡道上汽车尾气、散热、噪声等对办公空间的影响，利用原汽车坡道两侧1m宽的挑板及护栏设置花池，种植爬藤植物，车道两侧干挂模块式不锈钢网格提供攀爬路径，以形成良好的垂直绿化景观

1 同济大学四平路校区教学南、北楼改造

名称	主要技术指标	设计时间	设计单位
同济大学四平路校区教学南、北楼改造	建筑面积10400m²	2011~2012	同济大学建筑设计研究院（集团）有限公司

教学南、北楼建成于1954年，建筑面积均为10400m²，主体结构为4层，两翼为3层，改造的主要目的是改善教学环境以适应新的教学方式。建筑室内外物理环境改善的措施包括：
1. 顶层增加光导灯具，改善内走廊光线不足；
2. 教室灯具改为垂直黑板布置；
3. 屋面增加保温层和反射保护层，改善室内热环境

2 同济大学建筑设计研究院（集团）有限公司新办公楼

名称	主要技术指标	设计时间	设计单位
同济大学建筑设计研究院（集团）有限公司新办公楼	建筑面积64500m²	2009~2010	同济大学建筑设计研究院（集团）有限公司

设计将原上海巴士一汽停车库改造为同济大学建筑设计研究院（集团）有限公司新办公楼：原有3层，加建4层

概述

建筑改造设计、施工前，需要对既有建筑进行全面调查。有的既有建筑资料不全，有的既有建筑经历过多次改造，有的既有建筑基本没有可以利用的资料，为此需要进行建筑结构测绘和结构性能检测。

建筑结构测绘

建筑结构测绘内容和要求　　　　　　　　　　　　　　表1

主要内容	详细内容和要求
房屋调查	调查房屋建造、使用和修缮的历史沿革、建筑风格、结构体系沿革等图纸、图表和图像等资料
建筑现场测绘	1.查清建筑平面、立面和剖面，以了解建筑布置、主要尺寸、构造和便于计算为主要目标。 2.如有原始设计图纸，应根据建筑物实际情况复核；如无原始设计图纸，应进行现场绘制。 3.绘制房屋建筑平面、立面和主要剖面图，包括建筑物平面的外总尺寸、轴线尺寸和细部尺寸全数测量绘制，建筑物总高度和层高全数测量绘制，并应用总尺寸复核分尺寸，深度相当于建筑施工图绘制深度。 4.建立平面、立面、剖面、建筑现状描述和现有使用情况等图纸、图表和图像资料档案
结构现状测绘	查清房屋结构体系、结构构件位置及几何尺寸，绘制各层结构平面图、主要结构构件截面和节点构造图；必要时还需采用局部开挖方法检测基础形式、埋深，绘制基础平面布置图及主要基础详图

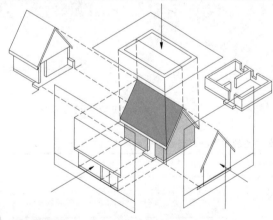

1 各向投影图

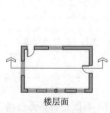

楼层面

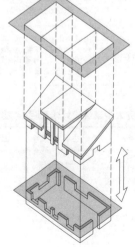

用一个水平剖面剖切实体，并将剖切面上方的建筑移去形成平面图。

水平剖切所有的洞口（如门窗）和重要的垂直构件（如柱子）所得的平面最具表现力。

2 水平剖面图

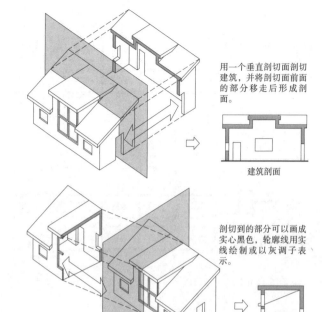

用一个垂直剖切面剖切建筑，并将剖切面前面的部分移走后形成剖面。

建筑剖面

剖切到的部分可以画成实心黑色，轮廓线用实线绘制或以灰调子表示。

建筑剖面

3 垂直剖面图

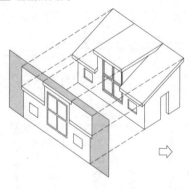

立面主要表示垂直方向的尺寸关系和门窗的尺寸。在立面中，图像投影在垂直的画面上，只有建筑外延伸出的地平面作为被剖切到的实体。建筑立面下面的地平线比与建筑不相接的地平线画得更细、更浅。可以根据平面和剖面绘制立面。

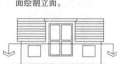

任何与画面不平行的面都会有缩比。所有与画面平行的平面均为实际形状。

4 立面图

建筑结构性能检测

建筑结构性能检测内容和方法　　　　　　　　　　　　表2

检测内容	检测方法
结构损伤调查，包括开裂、腐蚀、渗漏、露筋、锈蚀、老化	实地调查、观察、记录，必要时在非保护性建筑部位采用凿开保护层，除锈，去除腐蚀层、去老化层的方法，对砌体、木构件、钢构件及焊缝、影响结构安全和使用的裂缝、渗漏等进行检查
配筋情况检测	利用金属探测仪（局部配合剔凿）检测结构构件配筋情况
材料强度检测，包括混凝土、钢材、砖石和砂浆强度检测、等级评定	混凝土：回弹法、超声—回弹法、钻芯取样法； 砖石：回弹法； 砂浆：回弹法和贯入法，对砌体构件也可用原位试验方法； 钢材：便携式里氏硬度计测定钢材强度，或现场截取钢材或钢筋试样，实验室试验
房屋倾斜测量	使用电子全站仪或经纬仪对房屋外墙线进行垂直度测量，以此推测房屋的倾斜情况
房屋水平度测量	使用精密电子水准仪测量房屋楼面、屋顶、窗台等的高程来推测房屋水平度
房屋沉降测量	在一定时间间隔内测量沉降观测标识的高程差来推测房屋各测点的沉降
结构计算分析	对结构在不同荷载和地震作用下的受力和变形进行计算分析，对地基基础承载力进行验算
房屋安全性检测结论和建议	分析总结，对安全性进行评定、抗震性能鉴定，提出损伤修复和结构加固方案，提供房屋安全性检测报告

7
建筑改造设计

结构加固和损伤修复

1. 更改结构受力体系

当旧建筑改造力度较大，如整体加层、大面积抽柱、大幅度提高建筑受荷能力（含地震作用）时，不宜固守既有的结构形式，可优先考虑对结构受力体系进行调整的加固方法，结构形式应满足建筑功能的需要。常用方法如：

（1）合理分割或合并原结构，使分割或合并后的结构体系简单、规则；

（2）调整结构类型（框架结构调整为框剪结构或框架—支撑体系等）；

（3）增加支点（增加柱以减小梁跨度、增加梁以减小板跨度）；

（4）增加支撑（含阻尼支撑及防屈曲支撑）提高结构抗侧移能力；

（5）局部调整为转换结构以提供大空间。

对于需要增加抗震能力的，还可考虑采用基础隔震、层间隔震消能减震等技术，改善结构体系的抗震性能。

2. 结构构件加固

对改造后承载力不足的构件进行加固，常用方法如下：

结构构件加固方法　　　　　　　　　　　　　表1

	混凝土结构	砌体结构	钢结构	木结构
基础	增大基础面积或增加桩基			
柱	粘贴纤维材料；外包钢；增大截面积	外包钢；外包混凝土	增大截面积；外包（内灌）混凝土；体外预应力	外包钢（箍）
梁（屋架）	粘贴纤维材料；粘贴钢板；外包钢；体外预应力；增大截面积	外包钢；外包混凝土（针对砌体过梁）	增大截面积；体外预应力	外包钢(木)夹板；体外预应力
板	粘贴纤维材料；粘贴钢板；增大截面积	—	—	—
墙	粘贴钢板；外包钢（暗柱）；增大截面积	外包钢；外包钢筋混凝土（夹板墙）；配筋砂浆粉刷		

注：上述做法中除增大截面积及外包混凝土外，对原有构件尺寸均无明显改变。

3. 损伤修复

建筑建造年代久远时常涉及建筑构件的损伤及材料老化问题。对于不同的结构形式常用的修复方式见表2：

损伤修复方法　　　　　　　　　　　　　　表2

	混凝土结构	砌体结构	钢结构	木结构
开裂修复	环氧树脂灌注	环氧树脂或砂浆灌注	裂缝补焊，外贴加固钢板	设置钢箍，外包纤维箍套
老化修复	混凝土置换，涂刷环氧树脂或钢筋阻锈剂	外包混凝土，配筋粉刷	除锈补刷防腐涂（镀）层	喷涂防腐、防霉、防虫药液，外包纤维箍套

上述防护修复做法大多对旧建筑的外观有较大影响。当涉及历史保护建筑时需进行专项研究确保满足保护要求。

结构老化过于严重时需根据结构检测结果权衡保留修复的可行性，修复后无法满足安全要求时必须采用拆除置换的方法进行处理，保护建筑应按保护建筑处置。

更改结构受力体系　　　　　　　　　　　　表3

改造方式	改造前	改造后	作用与效果
平面分割为较规则部分			提高结构抗震能力，减小震害
增加立柱			减小跨度，提高水平结构承受竖向荷载的能力
增加转换桁架			局部拔柱，提供大空间，同时不影响使用净高
框架结构增加剪力墙			提高结构抗震能力
增加支撑			提高结构抗震能力，减小震害
基础隔震			提高结构抗震能力，减小震害

混凝土结构加固做法一　　　　　　　　　　表4

改造方式	示意图	适用性
基础增大		原有天然基础承载力欠缺较少，或对改造后沉降控制要求不高时
基础补桩	封桩／新增桩	原有天然基础承载力欠缺较多，或对改造后沉降控制要求较高时；原基础为天然基础或桩基础均可采用，如在地下室内采用需注意补桩后的防水处理
混凝土柱纤维加固	纤维材料	原柱抗剪荷载力或抗震延性略有欠缺时采用
混凝土柱包钢加固	钢骨架	原柱配筋欠缺相对较高时可采用湿法外包钢加固；采用重型角钢进行干法（预应力撑杆法）加固时对于提高柱竖向承载力也有一定的帮助
混凝土增大截面加固	钢筋混凝土	原柱配筋欠缺较严重、竖向承载力严重不足或混凝土老化严重时采用本方式；加固对于提高房屋整体抗水平能力也有一定作用

7
建筑改造设计

混凝土加固做法二　　　　　　　　　　　　　表1

改造方式	示意图	适用性
混凝土梁粘贴纤维材料加固	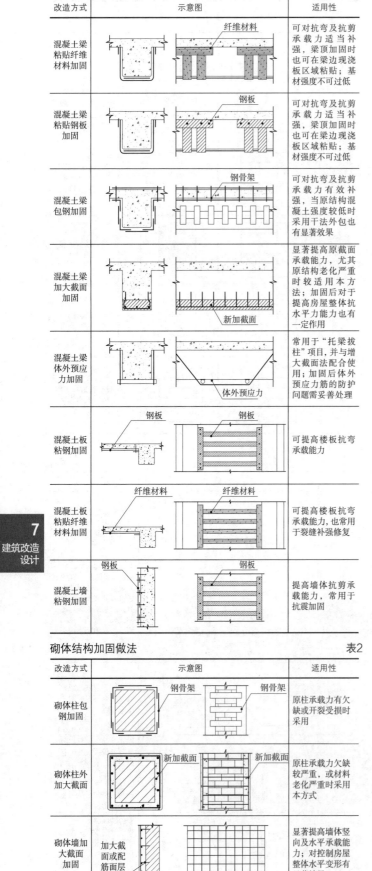	可对抗弯及抗剪承载力适当补强，梁顶加固时也可在梁边现浇板区域粘贴；基材强度不可过低
混凝土梁粘贴钢板加固		可对抗弯及抗剪承载力适当补强，梁顶加固时也可在梁边现浇板区域粘贴；基材强度不可过低
混凝土梁包钢加固		可对抗弯及抗剪承载力有效补强，当原结构混凝土强度较低时采用干法外包也有显著效果
混凝土梁加大截面加固		显著提高原截面承载能力，尤其原结构老化严重时较适用本方法；加固后对于提高房屋整体抗水平力能力也有一定作用
混凝土梁体外预应力加固		常用于"托梁拔柱"项目，并与增大截面法配合使用；加固后体外预应力筋的防护问题需妥善处理
混凝土板粘钢加固		可提高楼板抗弯承载能力
混凝土板粘贴纤维材料加固		可提高楼板抗弯承载能力，也常用于裂缝补强修复
混凝土墙粘钢加固		提高墙体抗剪承载能力，常用于抗震加固

砌体结构加固做法　　　　　　　　　　　　　表2

改造方式	示意图	适用性
砌体柱包钢加固		原柱承载力有欠缺或开裂受损时采用
砌体柱外加大截面		原柱承载力欠缺较严重，或材料老化严重时采用本方式
砌体墙加大截面加固		显著提高墙体竖向及水平承载能力；对控制房屋整体水平变形有显著效果

钢结构加固做法　　　　　　　　　　　　　　表3

改造方式	示意图	适用性
钢柱新增侧向支点加固		通过附加侧向支点及竖向鱼腹式预应力索减小柱的计算长度；适用于承载力需要适当提高的细长柱；施工难度相对较高
钢柱外包或内灌混凝土		加固后形成组合截面，承载能力可有效提高
钢柱贴焊加固		贴焊钢板或型钢提高截面面积或截面模量；做好临时支撑，避免焊接受热时材料强度下降引发事故
钢梁贴焊加固		最常用的加固处理办法。有效提高承载能力，对减小挠度效果；施工中需要对原结构做好临时支撑，避免焊接受热时原结构承载力下降引发事故
钢梁体外预应力加固		对提高承载能力减小挠度有显著效果，也常在桁架加固中使用
钢桁架体外加固		适用于原结构因坚向荷载增加的加固；当下部空间许可时，采用调整为张弦桁架的方案可获得较好的经济性

木结构加固做法　　　　　　　　　　　　　　表4

改造方式	示意图	适用性
木柱纤维缠绕加固		对抑制木柱开裂具有一定作用
木梁附加钢箍加固		对抑制开裂及提供局部抗剪能力具有一定作用
木梁附加预应力钢构件		为附加支点减小跨度的变通方式，可调高承载能力；也常在桁架加固中使用
木梁附加木夹板		加大截面面积提高抗弯能力。需注意螺栓排布及施工方式，避免对原结构产生附加损伤

结构加固方法适用性要求

1. 建筑改造方案确定前应对旧建筑进行全面的结构检测鉴定,确保结构的材料强度能够适应改造要求。

2. 加固前应对结构尽量卸载。

3. 加固时对基材强度有一定要求。如各类粘贴加固用于抗弯及抗剪补强时,混凝土基材强度一般不小于C15。

4. 选用加固材料和加固构造应满足防火要求。如环氧粘结剂对温度较敏感,应避免在连续高温环境使用,加固后需要有专门的防火防护措施,且耐久性尚待研究。

5. 选用加固材料和加固构造应考虑材料的导电性和防护构造。如碳纤维为导电材料,应注意做好绝缘,避免造成电气短路。

结构加固方法适用表

表1

	更改受力系统	结构构件加固	损伤修复
混凝土结构	结合项目情况综合考虑体系调整可能性,整体加固时宜优先考虑体系调整以便减少构件加固量	需结合混凝土残余强度合理选择加固方式,对于仅构造措施不足的构件应结合后续使用年限考虑加固措施	针对已有损伤进行加固,宜综合考虑后续使用过程中的老化预防
砌体结构	除增设抗震构造措施外,整体体系调整一般较难实施,条件许可时可考虑调整为框架结构	增设板墙及配筋粉刷的加固方式具有良好适用性,特殊情况下考虑纤维材料粘贴加固	除涉及特殊因素外,严重损伤墙体建议替换
钢结构	在考虑增加支点或支撑的同时,也可从减小构件计算长度、增加稳定性方面入手,尽量减少构件直接加固	在受荷钢构件上大范围焊接具有一定风险,需做好加固施工阶段受力验算	加固过程中避免焊接方式等工法选择不当造成新的损伤,对直接承受动力构件尤为重要
木结构	体系调整方式和钢结构类似	直接提高构件本身强度较难实现,主要通过损伤修复与预防的方式间接提高构件承载能力	除涉及特殊因素外,严重损伤构件建议替换

主要修复加固材料分类和优缺点

表2

材料		适用性	优点	缺点
纤维材料	碳纤维	结构构件粘贴类、缠绕类加固	极限强度高	导电,有电磁屏蔽性;易脆性破坏
	玻璃纤维	非结构构件修复	造价低	极限强度低
	芳纶纤维	结构构件粘贴类、缠绕类加固	延性相对较好,抗弯折能力较强	不适用于潮湿环境
	玄武岩纤维	较少采用	—	—
钢板及型钢	薄钢板<5mm	粘贴类加固	规格品种繁多,便于设计选用	防腐及防火需妥善处理
	钢板或型钢	外包和加大截面类加固		
硅酸盐材料	普通细石混凝土<C35	较大尺寸增大截面类加固	规格品种繁多,便于设计选用	受加固位置影响,施工中振捣可能较困难
	高流态灌浆料(C30~C50)	较小尺寸增大截面类加固	强度高,硬化快,流动性,浇筑后可自密实	固化过程放热量大,易开裂;震损后受力性能有待研究
	聚合物砂浆(M20)	涂抹性加大截面类加固;表面修复类	强度高,粘力好	较普通砂浆成本提高较多
粘结材料	水泥基材料	植筋类;灌注类加固	耐高温,耐老化性强	施工中流动性不易控制
	环氧类材料	植筋类;灌注类加固;粘贴钢材和碳纤维	对于不同粘结基材及粘贴方式的适用性均较好	不耐高温,工程耐久性尚待研究

注:除加固修复材料外,还应包括钢筋阻锈剂、防腐涂料、防腐、防霉、防虫药液等修复防护材料。

实例

1. 结构改造包括:

(1)原结构修缮,提高耐久性。

(2)结合原结构特点组织新的综合受力体系,确保后续使用的安全性。

(3)原疏松混凝土去除清理,钢筋除锈阻锈,保护层修补。

2. 结构的受力体系包括:

(1)框架柱、梁不再考虑原构件的承载能力,通过外包钢加固形成新的钢格构框架体系。同时,为增加结构抗侧能力,在部分位置增加防屈曲支撑。

(2)对于次梁,根据原构件的损伤情况,采用外包型钢骨架、增加次梁数量以减少次梁负荷面积方式加固补强。

(3)楼板加固采用粘贴纤维材料、增加次梁减少板跨等方式加固补强。

除上述直接或间接补强的处理措施外,对于损伤极其严重的屋面层,采取全部拆除重新制作钢梁及组合楼板屋面的做法。

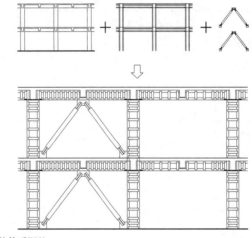

a 结构体系调整

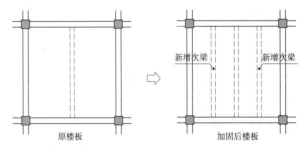

b 增加次梁进行楼板加固

［1］上海烟草公司烟草加工车间修缮改造

名称	主要技术指标	设计时间	设计单位
上海烟草公司烟草加工车间修缮改造	3层混凝土框架结构	2011~2012	同济大学建筑设计研究院(集团)有限公司

建筑原为烟草加工车间及仓库综合用房,3层混凝土框架,建筑已使用近70年,有过多次的局部加固修缮。根据结构检测与现场勘查情况,原施工质量差,结构材料现存强度低,混凝土较多疏松剥落,钢筋锈蚀锈胀较严重。建筑改造后作为办公、展示等功能的综合用房。

7
建筑改造设计

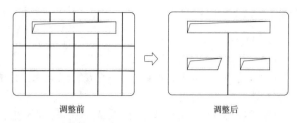

调整前　　　　　　　　调整后

a 平面分块合并调整示意图

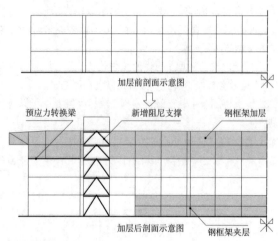

加层前剖面示意图

预应力转换梁　　　新增阻尼支撑　　　钢框架加层

加层后剖面示意图　　　钢框架夹层

b 竖向加层布置示意图

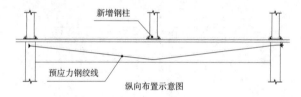

新增钢柱

预应力钢绞线

纵向布置示意图

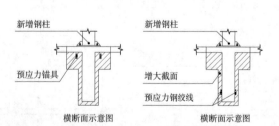

新增钢柱　　　　　　新增钢柱

预应力锚具　　　　增大截面

　　　　　　　　预应力钢绞线

横断面示意图　　　横断面示意图

c 转换加固梁布置示意图

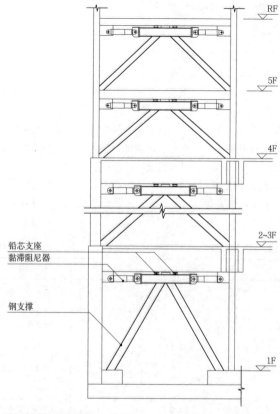

RF

5F

4F

铅芯支座

黏滞阻尼器

2~3F

钢支撑

1F

d 阻尼支撑做法示意图

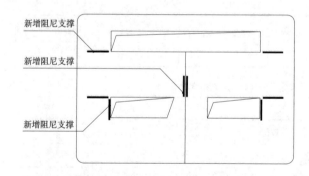

新增阻尼支撑

新增阻尼支撑

新增阻尼支撑

e 阻尼支持位置示意图

建筑改造根据结构检测结果，原结构材料强度、施工质量及构造措施均较好。

1. 结构体系调整

（1）原平面伸缩缝过多，进行适当合并；

（2）为减少改造后的结构自重，上部加层及下部新增夹层均采用钢框架组合楼板体系；

（3）为增加结构抗侧能力，新增阻尼支撑，支撑平面位置结合建筑方案确定；

（4）新增上部钢结构柱网与下部原结构不完全一致，部分混凝土梁调整为预应力转换梁。

2. 结构构件加固

（1）对承载力不足的桩基础采用新增锚杆静压桩加固；

（2）承台采用加厚承台高度及增加柱墩进行加固；

（3）柱加固根据承载力欠缺情况分别采用碳纤维外包、湿法外包钢及增大截面加固；梁加固根据承载力欠缺情况分别采用粘贴碳纤维、粘贴钢板及增大截面加固；

（4）板加固采用粘贴碳纤维；

（5）施工过程中发现部分混凝土板开裂损伤，对裂缝进行注胶封闭，并在裂缝附近区域粘贴碳纤维进行加固。

1 同济大学建筑设计研究院（集团）有限公司新办公楼

名称	主要技术指标	设计时间	设计单位	建筑原为上海巴士一汽公交车立体停车场，1999年建成，3层钢筋混凝土框架结构，平面矩形，平面尺寸155m×75m，北侧外加2条坡道，建筑层高5~6m，柱网7.5m×15m，建筑面积约40000m²，2011年改建为同济大学建筑设计研究院（集团）有限公司新办公楼。采用保留原结构，拆除部分楼板作为内院，上部加建2层，下部局部增设夹层，总建筑面积64500m²。结构改造将平面分块进行合并调整，上部加层和下部夹层部分采用钢框架组合楼板体系，结合建筑布置新增阻尼支撑以增加结构抗侧向能力，上部加层部分柱网与原有柱网不一致部分，调整原有钢筋混凝土梁为钢绞线预应力转换梁
同济大学建筑设计研究院（集团）有限公司新办公楼	建筑面积64500m²	2009~2010	同济大学建筑设计研究院（集团）有限公司	

7
建筑改造设计

移位类型和施工方法

1. 移位类型

建筑物整体移位按平面分为整体平移、整体旋转，按竖向分为整体顶升、整体下降以及纠偏等，建筑物整体移位常为这些移位方式的排列与组合。

2. 施工方法

（1）在地下室顶部或基础部位设置托换层，在托换层与原基础或移位轨道间安装行走装置，以进行水平向移位，或在托换梁或基础间安装顶升装置，以进行竖直向移位。

（2）将托换层以下某一水平面切断，使上部结构与基础分离，通过托换节点体系将上部结构荷载通过托换体系传至基础。

（3）在就位处建造永久基础，在原址和新址间设置临时轨道，施加外推力或拉力进行水平移位，使建筑到达新址，或施加顶升力使建筑整体或局部抬升或降低。

（4）就位后将上部结构与新址基础进行连接，完成建筑物的整体移位。

3. 结构性能目标

建筑物就位后结构目标性能水准　　　　　　　　　　　表1

分类	性能水准	结构体系	结构构件	非结构构件
I	正常使用，状况良好	完好如初	完好，无破坏	轻度破坏，功能无下降
II	加固处理可修复	稍微改变，可修复	有损伤，可修复	部分功能受损，可恢复
III	无修复意义，移位工程失败	结构体系严重改变	部分构件严重破坏	功能严重受损，难以恢复

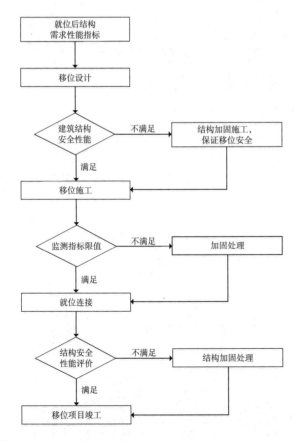

1 建筑物移位全过程流程图

移位施工监测

1. 移位施工各阶段监测

移位施工过程的监测阶段分为移位前、基础切割、房屋整体移位、房屋就位4个阶段。

监测内容分为裂缝监测、沉降监测、关键部位应变监测、房屋整体姿态监测及房屋动力测试等。

监测种类及内容　　　　　　　　　　　　　　　　　表2

监测种类	监测内容
裂缝监测	对房屋重点部位的裂缝进行观测
沉降监测	把握建筑整体变形，了解地基基础、下轨道、托换结构等变形对房屋建筑的综合影响
关键部位应变监测	监测结构内力较大区域，了解基础切割和整体移位阶段的关键测点、关键测区应力变化趋势
房屋整体姿态监测	房屋总体姿态、房屋墙面局部水平变形、墙角部位墙面倾斜变化监测；可利用全站仪测定各监测控制点的三维坐标，计算各测点的相对高程、相对水平位移等。测点主要布置在房屋的墙角和外立面的外凸线条上
房屋动力测试	测试建筑物移位过程中的加速度反应和动力特性，动力特性指标由结构形式、刚度分布、质量分布、材料性质等决定。测试一般采用脉动测试方法或移位振动来获得结构的主要振型及频率

2. 移位过程监测指标限值

移位过程应把握监测指标限值，判断结构总体受力状态及结构安全状态，保证建筑结构安全和移位工程顺利进行。

移位施工过程监测指标限值　　　　　　　　　　　　表3

监测项目指标	预警值
房屋整体姿态监测	局部倾斜值0.002，或沉降差0.002l
关键部位应变监测	300$\mu\varepsilon$为预警值，超过则应密切关注测点周围变化
动力性能测试	加速度值小于0.1g，当刚度下降10%时停工检查

3. 建筑物移位监测系统

移位监测需要用到许多仪器设备，必须针对建筑结构性能特点、移位方式及施工过程等进行专门选择，并组合成为监测系统。常用仪器有裂缝宽度观测仪及高灵敏度压电加速传感器、精密水准仪、全站仪、摄影测量器材等。较先进的移位监测系统为摄影测量技术，基本方法和特点为：

（1）利用摄影测量器材和摄影测量技术搭建移位监测系统进行影像和数字记录、量测和判释。

（2）摄影测量技术受场地和设备影响小，不受测点数量限制，整体记录、动态测量裂缝宽度，测量安装简洁，节省人力物力和时间。

7
建筑改造设计

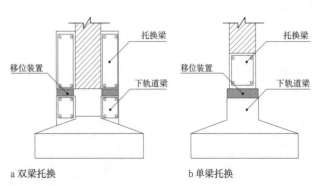

a 双梁托换　　　　　　　　b 单梁托换

2 墙体托换形式示意图

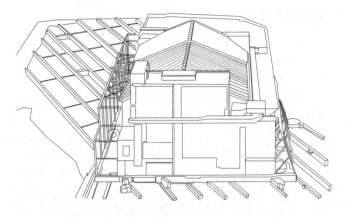

a 建筑移位滑道布置示意图

a 组合隔震就位图

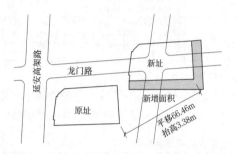

b 建筑新址、原址关系图

上海音乐厅建筑结构存在结构体系复杂、传力途径不明确、结构强度差、主体跨度较大、空间刚度差等问题，移位前对结构采取临时加固措施，主要有：

1. 增加托换系统刚度，减少托换系统变形所产生的结构应力，保证水平作用力可靠传递。

2. 确定结构质量分布，合理设置各滑道水平推力，防止平移时发生转动和偏位。

3. 调整结构加固措施，观众厅等大空间区域采用内外钢结构空间桁架支撑墙体，减少水平力对原结构的影响。

4. 新地下室下滑梁立柱相互拉结、支撑，使之成为整体，确保平移及二次顶升的稳定、安全。

5. 观众厅两侧有4根柱的荷载均超过2000kN，工程中进行卸荷，使传递到托换梁、轨道梁上的荷载趋于均匀。

移位全过程监测：

1. 移位前监测：材料强度和荷载调查；损伤调查和安全验算；地基和托换沉降及倾斜、整体姿态、轨道平整度监测。

2. 移位过程监测：移动速度、移位同步、房屋姿态、应变监测以及关键部位裂缝观测。

3. 就位后监测：沉降和沉降差、整体姿态监测。

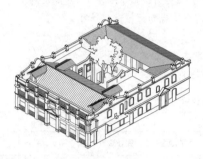

b 历史建筑示意图

大华清水湾历史建筑结构形式为砖木结构，移位前对建筑结构进行全面检测，并根据建筑保护要求采取必要的临时加固和永久加固措施。

移位时将建筑从地基整体托换到滑梁托盘上，用PLC同步控制悬浮千斤顶，对建筑结构进行实时监测。

移位技术采取"阻尼隔震"新技术，就位时在建筑结构底部布置组合隔震支座，将建筑置于"弹塑性隔震层"，具体措施：

1. 布置阻尼铅芯橡胶支座与滑板橡胶支座组合隔震层。

2. 调节隔震层水平刚度，降低整体结构振动频率。

3. 调整组合支座分布，改善结构平动与扭转特征。

4. 增加隔震层阻尼比，降低上部结构地震作用。

隔震建筑结构动力特性对比

就位方式 周期 自振振型	固端连接		隔震连接		
	振型周期(s)	质量参与系数	7度多遇振型周期（s）	7度罕遇振型周期（s）	质量参与系数
一阶振型	0.1786	UY：0.26	1.2136	1.6687	UY：0.86 RZ：0.44
二阶振型	0.1639	UX：0.33	1.1974	1.6461	UX：0.93 RZ：0.41
三阶振型	0.1459	—	1.0406	1.4303	RZ：0.15

① 上海音乐厅文物建筑移位保护

名称	主要技术指标	设计时间	设计单位
上海音乐厅文物建筑移位保护	长48.76m，宽27.56m，高21m，占地约1254m²，建筑面积约3000m²，3层，局部4层，总重约4500t，整体平移66.46m，顶升3.38m	2002	上海联圣建筑工程有限公司、同济大学建筑移物移位技术研究中心

上海音乐厅位于上海市延安东路与龙门路交界处西南面，建于1930年，为中国近代著名建筑师范文照、赵深设计的西方古典建筑形式。结构总体为混凝土框架—排架加砖木混合结构。为上海市优秀历史建筑和市级文物保护单位。

移位新址设有2层地下室，移位采用新原址间直线平移——沿建筑西墙线夹角28°的斜向移位路线。共设置10条滑道，用10组液压千斤顶顶推移位、59个顶升千斤顶。应用了"浮动"移位技术——用可自动调整行程的液压千斤顶作为滑脚，支承在上下滑梁之间

② 上海大华清水湾三期历史建筑移位保护

名称	主要技术指标	设计时间	设计单位
上海大华清水湾三期历史建筑移位保护	长29.04m，宽21.11m，占地面积约635m²，总建筑面积约1200m²，建筑平移约70m，旋转约36°，提升高度约2.2m	2007	同济大学建筑设计研究院（集团）有限公司、同济大学建筑移物移位技术研究中心

大华清水湾三期历史建筑建于1925年，为近代典型的中西合璧建筑，砖木立贴式、木屋架、坡屋顶，西式风格的清水外墙以青砖为主，用红砖装饰。主体共2层、前后两进、有两厢的江南院落式建筑，前部为西式5开间的2层券廊。外围砖墙承重，建筑内部为木构架体系，内部墙体有木立贴、砖砌体承重墙。建筑主体使用功能发生过变化，内部木结构、砖墙经过多次改造。托换层较大的刚度以及就位连接的隔震、减震技术，对结构薄弱、保护要求高的历史建筑可显著提高抗震能力，减少加固措施，减少对历史建筑的破坏，技术、经济和社会价值较好

7
建筑改造设计

基本原则

基本原则及其内容　　　　　　　　　　　　表1

原则	内容
以人为本 环境舒适	提升既有建筑综合环境质量，为使用者创建健康、舒适的空间环境，满足使用者生理及心理的需求
节约资源 持续发展	增设可再生资源的利用设施，减少对能源、材料资源、水资源的浪费，提高自然资源在建筑全生命周期中的利用效率
尊重自然 保护环境	建筑改造应力求减少对周围环境的干扰，协调建筑与自然的关系，尽可能减少使用各种不可再生资源，尊重并保护当地历史文脉，探寻建筑与环境之间的最佳契合点，以追求最佳的环境效益
因地制宜 被动优先	建筑改造方案与技术措施尽可能做到因地制宜，就地取材，采用被动式技术，降低建造费用

设计要点

　　建筑改造的节能与生态技术设计要点主要涉及既有建筑的围护结构节能改造、绿色节能设施增设以及可再生能源利用三个主要方面，具体内容见表2。

建筑改造的节能与生态技术设计要点　　　　表2

内容	设计要点
围护结构节能改造	既有建筑围护结构的节能改造主要涉及墙体、门窗及屋面等部件，改造重点是提升围护结构的热工性能，使改造后的围护结构满足现行国家或地方的节能指标要求
绿色节能设施增设	建筑改造应依据不同地区的气候特点增设相应的技术设施，如：应对严寒与寒冷地区冬季防寒的入户保温门增设，或应对夏热冬冷、夏热冬暖地区夏季防热的建筑遮阳设施增设，以及建筑立体绿化增设等
可再生能源利用	可再生能源利用需结合项目所在地域的可再生资源现状进行科学论证，在可利用的前提下，宜优先采用太阳能光热技术，对太阳能光伏、风能以及地热能技术的增设需进行充分的应用论证

围护结构节能改造

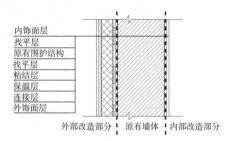

a 墙体改造

b 阳角改造

c 阴角改造

1 外保温增设构造详图

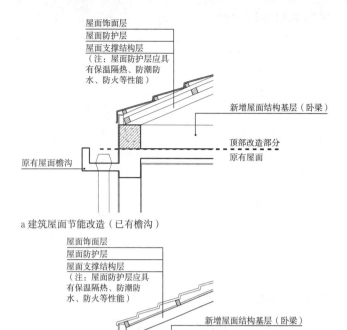

a 建筑屋面节能改造（已有檐沟）

b 建筑屋面节能改造（新增檐沟）

2 屋面平改坡构造详图

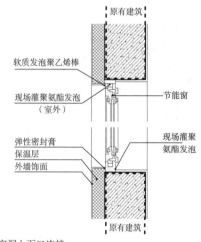

a 节能门窗与窗洞上下口连接

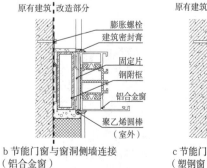

b 节能门窗与窗洞侧墙连接
（铝合金窗）

c 节能门窗与窗洞侧墙连接
（塑钢窗）

3 节能门窗增设构造详图

建筑遮阳设施增设

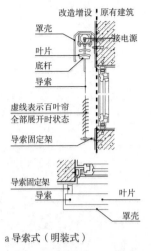

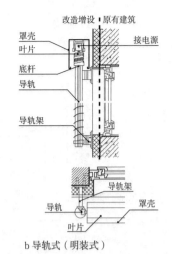

a 导索式（明装式）　　b 导轨式（明装式）

1 增设百叶遮阳窗帘构造详图

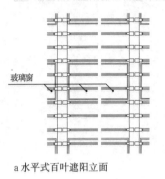

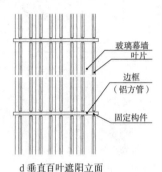

a 水平式百叶遮阳立面　　d 垂直百叶遮阳立面

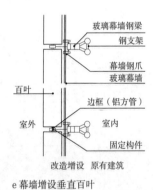

b 增设竖向结构支撑水平百叶　　e 幕墙增设垂直百叶

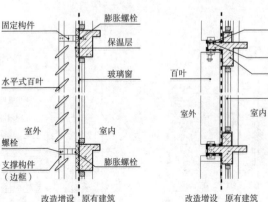

c 增设框架支撑水平百叶　　f 普通墙体增设垂直百叶

2 围护结构外部增设百叶遮阳构件构造详图

建筑立体绿化增设

建筑立体绿化增设要点　　表1

		改造增设要点	差异
建筑立体绿化	改造设计	1.建筑垂直绿化应与建筑外围护结构节能、建筑室内外物理环境以及建筑造型创作协同设计； 2.垂直绿化宜进行单元标准化设计	1.建筑垂直绿化一般以藤本攀爬植物为主，屋顶水平绿化一般以小灌木和地被植物为主； 2.建筑屋顶水平绿化需要协调处理建筑屋面荷载、保温、防水等综合技术问题； 3.建筑垂直绿化需考虑与原有围护结构结合的问题等
	土壤选择	综合土壤荷载、土质等因素，建筑屋顶与垂直绿化宜选择以新型轻质营养土为主的栽种土壤等	
	植物选择	1.宜选择适宜当地气候和土壤条件的物种，如果为引进物种，则至少在本地培育或改良5年以上，且植物成活率95%以上； 2.建筑垂直绿化应种植以藤本植物、花卉为主的复合绿化，并结合四季花卉植物进行综合效果配置； 3.建筑屋面绿化应种植以小灌木、花卉为主的复合绿化，并结合四季花卉植物进行综合效果配置	
	植物灌溉	1.宜采用非传统水源作为灌溉水源； 2.灌溉形式主要采用微灌、滴灌等高效的节水灌溉方式等	

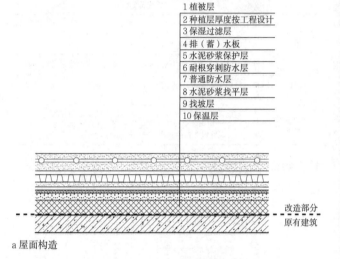

1 植被层
2 种植层厚度按工程设计
3 保湿过滤层
4 排（蓄）水板
5 水泥砂浆保护层
6 耐根穿刺防水层
7 普通防水层
8 水泥砂浆找平层
9 找坡层
10 保温层

a 屋面构造

1 植被层
2 种植层厚度按工程设计
3 保湿过滤层
4 排（蓄）水板
5 水泥砂浆保护层
6 耐根穿刺防水层
7 普通防水层
8 水泥砂浆找平层
9 找坡层
10 保温层

b 屋面与女儿墙交接构造

3 屋顶绿化改造构造详图

太阳能集热设施增设

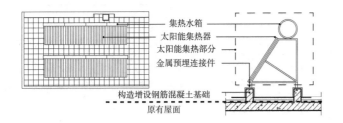

1 屋面太阳能集热器布置方式与单元构造详图

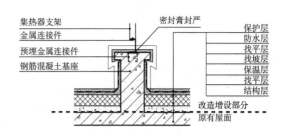

a 上人屋面

b 不上人屋面

3 太阳能集热器与平屋面安装构造详图

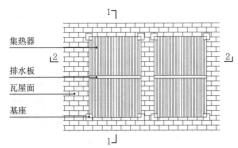

a 瓦屋面集热器布置方式

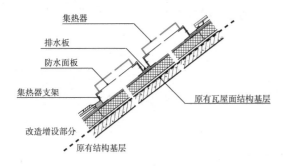

b 1-1剖切图

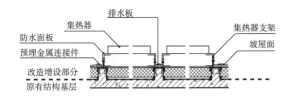

c 2-2剖切图

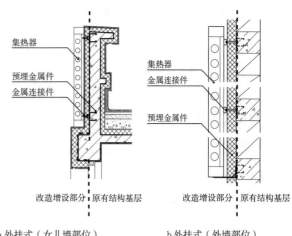

a 外挂式（女儿墙部位）　　b 外挂式（外墙部位）

4 太阳能集热器与外墙安装构造详图

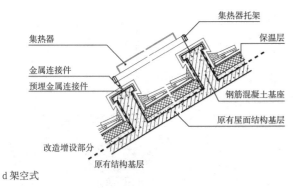

d 架空式

2 太阳能集热器与瓦屋面安装构造详图

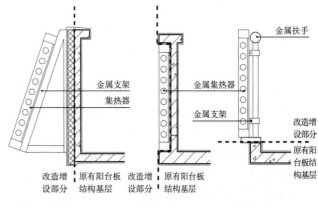

a 倾斜式(有保温)　　b 嵌入式　　c 外挂式

5 太阳能集热器与阳台安装构造详图

概述

1. 地下空间利用伴随着人类历史而发展,是现代社会解决"城市病"的主要措施之一,是城市可持续发展及实现海绵城市的有效途径。

2. 地下工程开发建设影响因素多,其中包括:地面规划与建筑、道路、用地性质、市政与地下设施、室内外设备、环境景观、地形地貌、地质与水文、气候与自然条件等。

3. 地下空间规划在现有城区受城市现状影响较大,通常做法是充分利用城市道路、绿地、广场等地下空间;在新城规划中则统一进行地面及地下空间的规划。

4. 规划选址可考虑多种用地性质,如居住用地、道路用地、商业用地、工业用地等,地下设施功能可以与地面用地功能不同。

5. 地下空间建筑功能涉及工业与民用、人防与军事、贮库与洞库、交通与市政、能源与资源储存、实验与防灾等多种建筑用途,均有防火防烟、防护防爆、防淹防震等要求。

6. 地下工程受岩土介质、地质条件及施工影响较大,受力复杂,如对地下水的抗浮、土体的回弹与压缩、地震作用、温度应力及混凝土的收缩应力等;并考虑空间环境相互作用的影响,如对两侧建筑物、设施及地面上下近接的影响。

7. 我国地下工程根据需要有"平战结合"的要求。人民防空是我国长期坚定不移的战略方针,需考虑防核爆炸、防导弹打击、防核辐射、防生化武器及掩蔽等。

8. 地下综合体应统一规划,并与城市规划、建设、人防、交通、市政、环境及园林等相结合,具有按时间跨度分期建设的特征。

意义、特点、前景

地下建筑的发展意义、特点、前景   表1

分项	内容
意义	1.节约城市用地,扩大城市空间容量,减少土地资源紧缺的矛盾,缓解生存空间危机; 2.能有效节约资源与能源、保护环境、缓解交通及防灾减灾等; 3.促进城市的立体化发展,有利于城市现代化及可持续发展; 4.使用功能用途极其广泛,可容纳城市的众多功能组合,未来可发展形成地下城市
特点	1.立项报批程序复杂,涉及政府建设、规划、人防、市政、交通、园林、卫生等多个管理部门; 2.土地价格低,初期投资造价高,使用寿命长; 3.地下空间可互联相通,分期建设,分期实施可持续几十年或以上; 4.功能类型众多,可以进行综合复杂的功能组合; 5.具有较强的防灾减灾优越性,能较有效抵御多种自然及人为灾害; 6.具有良好的密闭性与热稳定性,适宜掩蔽对内部环境有较高要求的工程,如指挥中心、储库、精密仪器生产用房、科研实验室等; 7.环境复杂及施工难度大,投资高; 8.工程具有不可逆性,一旦建设则不易改变; 9.有较高的防水防潮、防洪排涝、采光与照明、掩蔽与密闭、防火与疏散等要求
发展前景	1.地下空间是城市可持续发展的后备空间资源,趋向网络化、系统化、深层化发展; 2.大型地下综合体是城市密集区发展的趋势,同时也是未来地下城市发展的雏形; 3.发展多功能的城市交通网是地下空间利用的重点,形成地上、地下相互转化的高速交通网络; 4.发展具有综合防灾功能的地下空间,加强对战争、自然、人为等灾害的防御能力; 5.城市市政公用设施的地下空间利用,包括地下生命线系统、各类市政场站设施的地下化建设、地下综合管廊、地下雨水调蓄及推进海绵城市建设等; 6.挖掘或自然形成的洞室利用,如石灰岩室利用的库房、自然洞室的景观开发等; 7.发展建立资源、能源的储存与循环利用系统,如水封石洞油库、蓄热及水源利用系统等; 8.地下空间信息技术的发展与应用,提升地下空间资源建设与管理的智能化水平

概念

地下建筑概念   表2

类型	概念
地下建筑	在地表以下修建的建筑物和构筑物
地下建筑学	主要研究地下空间利用和各类地下建筑的功能、特性、规划原理与方法的建筑学分支学科称为地下建筑学
地下构筑物	一般指人员不直接在内进行生活活动的地下场所,如建在地下的矿井、巷道、输油或输气管道、输水隧道,水、油、气库等
城市地下空间设施	在地表以下规划建设的具有特定功能的设施或系统
地下工程	在土层或岩体中修建的各种类型地下空间设施的总称
防空地下室	结合地面建筑修建的具有预定战时防空功能的地下防护工程,也叫附建式 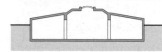
单建式地下建筑	独立建设的地下建筑 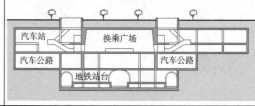
半地下建筑	一部分露出地面、另一部分处于岩石或土壤中的建筑物和构筑物称为半地下建筑 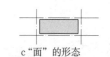
地下综合体	将交通、商业及其他公共服务设施等多种地下空间功能设施有机结合所形成的大型综合功能的地下建筑

基本空间形态

a "点"的形态   b "线"的形态   c "面"的形态

1 基本平面形态示意图

a 辐射状形态   b 脊状形态

c 网络状形态

2 基本空间形态组合示意图

a 单一功能组合形态   b 综合功能组合形态

3 竖向组合形态示意图

分类

地下建筑分类　　表1

总类	分类	建筑类型
按使用功能分类	地下居住建筑	地下生土建筑、掩土建筑及住宅附建式地下室等
	地下交通建筑	地铁、地下道路、地下停车库、地下交通场站、地下综合交通枢纽、地下人行通道等
	地下市政公用建筑	地下市政场站、地下市政管线、地下综合管廊等
	地下公共服务建筑	商业街、商场、餐饮、娱乐、地下综合体； 行政办公、会议中心； 图书馆、展览馆、博物馆、文化中心、影剧院、音乐厅、美术馆； 体育场馆、训练中心； 教室、实验室； 医院、救护站； 教堂、遗址、墓葬等
	地下仓储物流建筑	地下粮库、地下冷库、物资储备库、水库；管道式地下物流系统、隧道式地下物流系统等
	地下防灾减灾建筑	指挥所、医疗救护、防空专业队、人员掩蔽、配套工程； 地下防洪、抗震设施，地下生命线系统等
	地下综合体建筑	广场型地下综合体、街道型地下综合体； 商业型地下综合体、交通型地下综合体； 地下城
	地下军事建筑	军事基地； 武器弹药库、飞机库、船舶库； 战斗工事、导弹发射井等
	地下工业建筑	各种生产厂房、车间、设备、研发中心等
	其他用途地下建筑	文物、古迹、矿藏、墓葬、溶洞、巷道等
按岩土性质分类	岩石中地下建筑	在岩石层中挖掘的洞室，包括利用和改造的天然溶洞或废弃矿坑等，又称硬土建筑；其中又划分为贴壁式和离壁式建筑，包括各类民用及军事工程等
	软土中地下建筑	在土层中挖掘建造的地下建筑，包括各类民用及军事工程等
按埋深分类	埋深层次	浅层　　0~-10m 次浅层　-10~-30m 次深层　-30~-50m 深层　　>-50m　　不同城市埋深层次划分不同（本数据以北京市为例）
	结构浅、深埋理论	结构理论地下结构拱顶覆土以是否形成拱效应厚度作为浅埋和深埋的论据
按结构形状分类	矩形框架结构	适用各种地下建筑的结构类型，该类型量大面广，可采用明挖、逆作等施工，浅埋暗挖造价高
	圆形结构	地铁区间隧道、管线廊道、水管、公路隧道等，适合于江、湖、海底、土层与岩层，多采用暗挖施工法
	拱与直墙拱结构	疏散干道、市政廊道、人防与军事工事车间、各种库房及公共建筑等，适用范围广，可采用暗挖法，在岩石层可形成较大的跨度
	薄壳结构	常用于各种地下建筑的顶盖，可单独和连续布置
	开敞式结构	地下道路、车库等进出口段、地下道路及洞口敞口段，常采用明挖施工
	落地拱与短直墙拱顶结构	飞机库、大型仓库、活动场所、商场，适合于暗挖施工
按施工方法分类	分为明挖法、盖挖法、逆作法、盾构法、暗挖法、地下连续墙法、沉井法、沉箱法、顶管法、围堰法、矿山法、掘进机法、新奥法等	

设计原则

地下建筑设计原则　　表2

分类	原则
基本原则	1.符合地面城市规划、地下空间规划、人防工程规划等要求，遵循国家有关的方针、政策、法规与规范； 2.应以保护城市的历史原貌，以节约土地和美化环境为基准，以保护环境生态为出发点； 3.应根据地区发展水平及经济能力进行，分步实施近、中、远期规划目标，分层实施，立体综合开发； 4.应以保障改善城市地面空间物理环境、降低城市耗能、改善地面生活环境为原则，做到低影响开发，不重新污染及不破坏环境； 5.应将对城市环境影响较大的项目规划在地下，居住建筑规划在地下时，应保证阳光、通风、绿化的实现； 6.应结合城市防灾减灾及防空护要求进行规划设计； 7.应注重地质环境保护、地下水环境保护、大气环境保护、振动影响和植被保护，避免对城市生态环境的破坏
选址原则	1.应按国家和地方有关城建法规及上位规划进行； 2.应避开灾害性地质地区，选择地质较好的地段，当地下建筑位于岩层中，应考虑岩体层厚度、岩性状况、岩层走向、边坡及洪水位等； 3.应考虑保护其范围内的文物与历史遗迹； 4.应考虑场地内及周边地下工程情况； 5.应符合防火要求，工程位置应与周围建筑物和其他易燃、易爆设施保持规定的防火间距和卫生间距； 6.应考虑施工和运输条件的便利状况； 7.应同地面城市功能相协调，对地面城市功能具有支持与补充作用
总图设计原则	1.应与城市地面规划相结合，必须考虑建设时序及同城市道路、人口密度的总体关系； 2.符合城市交通规划，与地段条件相吻合，考虑地面道路布局、建筑环境、广场等的相互关系； 3.应考虑道路走向、行车密度及行车方向、交通流量和交通道路状况； 4.应考虑场地的建筑布局、形式、质量、功能等情况； 5.可与周边地面建筑及地下空间相结合； 6.要考虑到其防灾的效果及在应急状态下的运输、疏散及与其他防灾单元的联系
建筑设计原则	1.平面功能合理并满足功能布局要求，合理布置轴网；地面部分满足车行及人行组织、出入口设置、疏散功能、景观环境等要求； 2.竖向设计要满足使用净空、覆土中的市政管线埋深、植物的覆土需要、主体与出入口的联系、主体与地面建筑及其他地下空间的联系、工程地质状况及础类型影响关系考虑； 3.地下建筑建造规模常按年代分期建设，考虑长远发展，因此要规划扩建的可行性与各期工程之间的接驳； 4.地下建筑设计要考虑施工方法对建筑结构的影响； 5.地下工程造价较高。因此要考虑地下建筑的经济性，做到坚固安全、经济适用、简洁美观； 6.地下建筑构造复杂，施工中常设置变形缝和各种施工缝，极易出现漏水潮湿问题；对于地下下穿、斜穿、上穿及从高层建筑基础穿过的复杂情况应予以高度重视； 7.地下结构材料主要为钢筋混凝土，荷载主要有水土压力、水浮力、自重、地面超载、施工荷载、活载荷、地震荷载、核武器爆炸动荷载及常规武器的作用荷载等，应予全面考虑； 8.地下建筑设备多而复杂，常包括风、水、电、防护、通信等设施，设备布置一般应满足设备的要求，布局合理，且尽量少占用使用面积； 9.地下建筑应遵循各种规范、法规及当地技术管理部门的相关规定，人防工程有防护等级及平战结合的要求，主要的防火、防护、抗震、规划、卫生等须按有关规程执行； 10.地下工程防灾包括自然灾害、人为灾害及次生灾害等，主要有火灾、水灾、地震、战争及公共安全等灾害，应与当地民防、地震及灾害应急中心等部门配合

主要设计内容

主要设计内容　　表3

建筑	结构	设备	防护
1.规划、场地、埋深及与周边环境的协调关系； 2.平面与竖向功能分区组合、空间尺度与设计，防火分区与防火分区； 3.结构选型、建筑构件与材料形式； 4.建造方式； 5.建筑构造、物理及装饰	1.结构材料及安全等级； 2.结构设计与施工设计； 3.荷载分类与组合； 4.结构防护与防灾； 5.计算模型确定、结构力学分析与计算； 6.结构强度与稳定性； 7.结构构造； 8.结构抗震与防护设计	1.自然通风、机械通风、热湿环境等； 2.防火及灭火、给水排水、水泵及消防水池； 3.消防、照明及设备电气、自动控制系统	1.防护分区； 2.防护设计； 3.防核辐射； 4.防核爆冲击波一次性打击； 5.防放射性沾染； 6.防光辐射； 7.防护分区； 8.防火； 9.防水； 10.抗震； 11.防常规武器

8
地下建筑

地下空间规划概念

城市地下空间开发利用与保护规划是城市规划体系中的一项专业规划，是针对城市规划区域地表以下空间资源开发利用与保护编制的专项规划，规划范围、期限与城市总体规划一致。编制城市地下空间开发利用与保护规划应与土地利用、轨道交通及综合交通、市政公用及综合管廊、人防工程及综合防灾、仓储物流、能源环保、科教、商业、文体、历史文化名城保护，以及海绵城市、城市双修、城市更新等专项规划衔接，在统一的电子信息平台上实现地下空间的"多规合一"，重点统筹协调及规划落实涉及公共安全、公共利益等的地下公共空间资源的配置与功能设施建设。

地下空间规划分类

地下空间规划分为总体规划和详细规划两个阶段进行编制。其中，总体规划可依据城市规模与区划特点分成全市域、中心城、新城等层次编制。详细规划又可分为控制性详细规划和修建性详细规划，可与地面详细规划或城市设计同步编制，也可单独组织编制。根据城市规划建设与发展需要，还可编制地下空间开发利用与保护的概念规划、近期建设规划等。

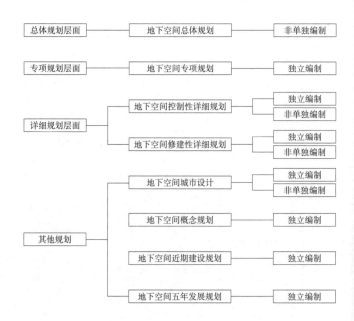

1 地下空间规划编制体系

地下空间规划体系与编制要点 表1

地下空间规划分类		规划任务	编制内容
地下空间规划纲要		在城市总体规划修编及新城新区编制总体规划中，设置地下空间利用专章	1.提出地下空间开发利用的指导方针与基本原则； 2.明确地下空间开发利用的总体目标与发展策略； 3.确定重大市政基础设施和重点区域地下空间开发利用规划要求
地下空间专项规划		地下空间专项规划是全面细化、落实地下空间总体规划目标任务的专业规划	1.地下空间开发利用现状分析与评价； 2.地下空间资源评估与管制区划； 3.地下空间需求预测与发展战略； 4.地下空间规划目标与发展策略； 5.地下空间总体布局与竖向规划； 6.地下空间分项设施系统规划与整合； 7.地下空间重点片区规划指引； 8.地下空间近期建设与远期规划； 9.地下空间规划实施与管理等
地下空间详细规划	控制性详细规划	地下空间详细规划是进一步细化、深化地下空间专项规划的关键环节，是保障规划实施与管控的主要依据	1.针对公共地下空间与非公共性地下空间的开发利用，制定的规定性和引导性管控指标体系与技术要求： （1）规定性管控要求包括：公共地下空间使用性质及开发容量，地下建构筑物退界，地下建构筑物间距，地下空间出入口的方位、间距、数量，地下广场间距，地下空间连接高差，地下空间层高及连通道净宽，地下空间连通与预留等； （2）引导性管控要求包括：非公共性地下空间开发容量及使用性质，非公共性通道及出入口数量、位置，地下空间出入口形式，环境与防灾设计引导等。 2.通常以编制地下空间规划法定图则来细化管控技术要求
	修建性详细规划		1.对规划区地下空间开发利用的平面布局、功能区划、空间整合、公共活动、交通系统与主要出入（连通）口、景观环境、安全防灾等进行深入分析研究； 2.统筹协调公共性地下空间与非公共地下空间，以及地下交通、市政、人防、公共服务等功能设施之间的关系，结合建设分期分区，编制综合开发利用方案； 3.提出工程建设投资估算； 4.制定规划实施管理措施
地下空间城市设计		重点分析研究地下空间开发利用的可能性、可行性，以及与地上空间的整体性、协调性	对规划区域各类转入地下的功能设施、空间形体、开发强度与建设模式、公共与非公共空间、景观环境等物质要素，在实现预定统一目标的前提下进行地下与地上一体化设计，使规划区各种功能设施相互配合，地下与地上空间体系与形式完美统一，地下空间开发利用的综合效益最优化
地下空间近期建设规划		对短期内地下空间的建设目标、发展布局和主要建设项目的实施作出安排	1.确定地下空间近期建设重点和发展规模； 2.确定地下空间近期重点发展区域，对规划年限内地下空间重点开发利用项目的建设总量、空间分布和实施时序等进行具体安排，并制定控制和引导的管理规定； 3.根据地下空间近期建设重点，提出各类地下空间设施的选址、规模和实施保障措施等
地下空间概念规划		对规划区地下空间具有方向性、战略性的重大问题进行集中专门的研究，提出规划方案和战略部署	1.地下空间现状分析与资源评估，地下空间需求预测； 2.确定规划区地下空间开发利用的规划目标与原则，发展方向与战略； 3.确定规划区地下空间开发利用的总体布局结构、竖向分层及专项功能设施系统规划导则； 4.确定近中期地下空间开发利用的建设重点； 5.提出规划实施与管理建议
地下空间五年发展规划		依据城市经济社会发展五年计划，分析预判规划期内城市地下空间开发利用的发展需求，确定地下空间开发利用的指导方针、目标要求、核心任务与保障措施	1.城市地下空间开发利用的现状分析与未来五年需求预判； 2.确定地下空间开发利用的指导方针和基本原则； 3.确定地下空间开发利用的规划目标和发展策略； 4.统筹安排地下空间开发利用的主要任务； 5.制定实现五年规划目标的保障措施

资源评估

对地下空间资源潜力、质量和价值的综合评价，是衡量地下空间资源可合理开发利用的工程条件、有效理论容量、适用功能及开发方式、合理规模和价值等综合质量的基础技术环节。资源评估应分层、分级。

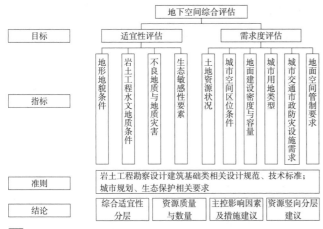

1 基于层次分析法的资源评估

需求预测

科学分析与预测地下空间资源开发利用的功能、规模、形态、时序等，以使地下空间开发利用满足社会经济可持续发展需求。需求预测是制定地下空间开发利用规划的依据与基础技术环节，包含总量、分量、结建、单建及分期规模等预测，预测的重点为公共性地下空间。

空间管制

划定地下空间资源开发利用与保护禁止建设区、限制建设区、适宜建设区和已建设区，并分区制定管制措施。空间管制是制定地下空间开发利用规划及进行规划管理的依据与基础技术环节。

地下空间引导与管控指标　　　　　　　　　　　表1

管控要求		Ⅰ类	Ⅱ类	Ⅲ（Ⅳ）类
轨道交通	选线道路下资源控制	●	○	●
	沿线200m管控带上资源上下统筹开发	●	○	○
	站线500m半径区域土地资源上下统筹开发	●	○	○
动态交通	地下道路设施	○	○	○
	片区地下动态交通系统	○	○	○
	下立交或下穿通道	○	○	○
静态交通	地下配建停车地下化率	●	●	○
	地下公共停车地下化率	●	●	○
公共服务	兼顾交通功能的商业通道	●	●	●
	同步配建地下停车位	●	●	●
	整合建设地下公共停车库	○	○	○
	单纯地下服务设施	○	○	○
市政公用	市政管线地下化	●	○	●
	市政管线共沟化	○	○	○
	市政场站及环卫设施地下化	●	○	●
	地下雨水蓄流处理及供用设施	○	○	○
防空防灾	人防工程结建要求	●	●	●
	地下平战设施兼顾人防要求	●	●	●
公共绿地广场	公共绿地、广场地下空间资源控制	●	○	○
	公共绿地、广场地下空间开发功能控制	●	○	○
控制性详细规划	编制必要性	●	●	●

注：●强制性控制，○引导性控制。

规划布局

对地下空间资源开发利用与保护的空间形态进行统筹安排与综合部署，包括地下空间发展布局结构、总体平面布局、总体竖向分层、专项设施布局、重点地区布局、近期建设布局等技术内容与层次。

竖向规划

对地下空间资源开发利用与保护在竖向上进行合理分层，根据各类地下空间设施适宜建设的深度范围进行设施及功能的分层安排与部署，并统筹不同设施的竖向协调关系。竖向分层应根据各地实际竖向地质分布特点和各类设施适宜建设深度统筹确定，竖向功能布局应依据分层开发、分步实施、注重综合效益的原则，合理安排利用。

地下空间分区竖向规划引导　　　　　　　　表2

空间区位	分层	深度范围（m）（相对标高）	城市功能设施配置
道路下	表层	0～-3.5	道路结构层、市政管线、缆线及支线综合管廊
	浅层	-3.5～-15	地下步行空间（地下街、地下步行通道）、换乘空间、出入口设施、道路隧道、地下停车库、防灾避难空间
	中层	-15～-40	轨道交通、地下物流管道、地下道路、干线综合管廊
	深层	-40以下	特种工程、远期开发
非道路下	浅层	0～-15	轨道交通、地下综合体、地下商业街、民防工程、仓库、车库、雨水调蓄池、变电站等市政设施、各类建筑物基础
	中层	-15～-30	物流管道、危险品仓库、地下道路（原则上建议在-30m以下）、各类建筑物基础
	深层	-30以下	地能利用设施、特种工程、远期开发

各类地下空间设施适宜开发深度　　　　　　表3

类别	设施名称	适宜开发深度（m）	可开发深度（m）
交通设施	地下道路　区域内部环路	0～-15	-15～-30
	过境或到达道路	-15～-30	-30～-50
	地下公共步道	0～-10	—
	轨道交通、地下停车库	-5～-30	-15～-30
	地下物流设施	-30～-50	≥-50
公共服务设施	地下商业设施	0～-10	—
	文化娱乐体育设施	0～-15	-15～-30
市政公用设施	综合管廊、场站、环卫设施	0～-30	-30～-50
	地下变电站、能源中心	0～-30	≥-30
防灾与生产储存设施	地下生产、储存、物流等设施	0～-30	≥-30
	地下科研、防灾等设施	0～-30	≥-30
	地下雨水储留调节设施等	-30～-50	≥-50

竖向协调避让原则　　　　　　　　　　　　表4

序号	竖向协调避让原则
1	总体遵循"新建避让现有的，工程量小的避让工程量大的，点状设施避让重大线状设施"的原则，并在条件可行时优先选择设施整合建设方式协调处理
2	道路下地下空间设施相冲突时，按照"纵坡要求低的避让纵坡要求高的，一般地下设施避让重大交通市政设施，压力管避让自流管，易弯曲的避让不易弯曲的，检修次数少的和方便的避让检修次数多的和不方便的"原则协调处理
3	非道路下地下空间设施相冲突时，按照"公共公用设施优先、海绵设施优先"原则协调处理
4	其他不同方向及形式的地下空间产生冲突时，根据避让的难易程度决定优先权

功能设施规划

对地下空间各专项功能设施进行合理布局与统筹安排，包括地下交通设施、地下公共服务设施、地下市政公用设施、地下防空防灾设施、地下仓储物流设施、地下能源环保设施等。

地下空间功能设施规划　　　　　　　　　　　　　　表1

主要类型		主要形式	规划重点
地下交通设施	动态交通	轨道交通、地下道路及机动车连通道（交通隧道、车行立交、快速路等）、地下人行通道等	1. 轨道交通应根据城市实际情况确定； 2. 地下道路及机动车连通道应以"高效实用"为原则； 3. 地下人行通道应以缓解地面人流交通压力、实现人车分流为原则
	静态交通	地下（机动车/非机动车）停车库等	以解决停车难和弥补地面停车设施不足为目标，鼓励充分合理利用广场、绿地、山体等公共空间建设地下停车库，明确开发深度、建设规模
	连通设施	地下连通道等	明确接口区位、断面尺寸、埋置深度、工程建设技术要求等
地下公共服务设施		地下商业、文化、娱乐、体育、医疗、办公等设施	明确设施的位置、功能、规模、深度，以及与周边地下空间设施的连通、地面出入口等的规划控制和引导要求
地下市政公用设施		地下市政管线、综合管廊、市政场站、地下雨水蓄排处理及供用设施等	研究市政管线及综合管廊的规划布局，引导变电站、垃圾转运站、污水处理场等地下化，提出空间预留控制要求
地下仓储物流设施		工业品仓库、物资库、粮库、油库等地下仓库以及物流输送设施	研究仓储设施适度转入地下，提出空间预留控制要求
地下防空防灾设施		平战结合人防工程、地震应急避难、人防避难、指挥、储备、疏散、掩蔽	研究人防工程体系建设与平战（灾）结合规划，引导城市抗震、防涝、消防、防爆等设施的适度地下化，制定重大地下空间设施兼顾防空防灾功能转换技术措施
地下能源环保设施		地下能源生产供给设施，地下水、土体及生态环境保护设施	研究引导城市能源生产、储存和供给设施，以及有利于城市环境和生态保护等新型设施的适度地下化规划

功能设施系统整合

对各类地下空间设施在三维空间中进行空间优化与系统整合，实现资源的集约与节约配置。主要系统整合形式包括地下交通设施系统与地下公共服务设施系统的整合，地下交通设施系统与地下市政公用设施系统的整合，地下交通、市政公用设施系统与地下防灾设施系统的整合。

同时，地下空间功能设施规划应注重与轨道交通、综合管廊、海绵城市、人防工程等专项规划的衔接。

近期建设规划

对城市近期建设规划的重点地区及设施编制地下空间规划，包括近期建设地下空间功能、规模、建设目标、重点区域与工程项目、时序与分期建设衔接、投资估算等技术内容。

规划实施与管理

对地下空间规划组织实施与管理的体制、机制、法制，以及开发建设的模式、时序、信息平台、投融资等提出管理要求与保障措施，积极引导民间资本参与地下空间开发建设，积极引导绿色低碳、安全防灾、数字智慧等高新技术的集成应用，保障规划的组织实施与管控。

规划引导与控制

地下空间控制性详细规划编制阶段，应对规划分区和编制单元内地下空间开发利用的范围、功能、规模、强度、深度、配套设施，以及地下公共性设施与邻近地块地下空间设施的连接、高差、出入口位置、景观环境等，提出规划引导与控制技术要求。

地下空间规划控制技术要求　　　　　　　　　　　表2

位置	公共地下空间规划管制	开发地块地下空间规划管制
控制性指标	1. 利用功能，商业街、步行连接通道、过街道； 2. 安全保护距离； 3. 相邻结构间距； 4. 出入口间距； 5. 净高； 6. 通道净宽； 7. 连接高差≥1m时须设阶梯； 8. 时序控制	1. 利用功能； 2. 地下建筑退界； 3. 净高：分通道和车库； 4. 连接预留； 5. 配建车位（下限控制）； 6. 车库出入口（个数下限、布局）
引导性指标	1. 利用功能； 2. 连接形式	1. 开发层数； 2. 预留接口位置

控制图则

对地下空间控制性详细规划的各项控制指标及技术要求形成法定管理图件，包括各项规定性与引导性指标与要求的详细规定，是规划管理与制定建设条件的法定依据。

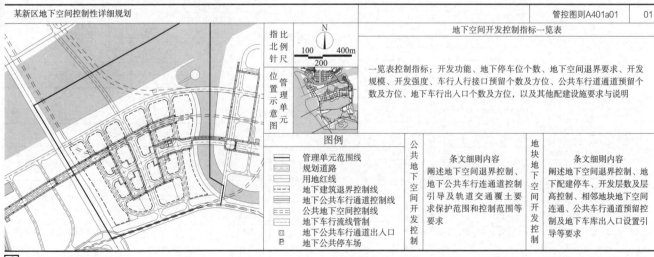

| 某新区地下空间控制性详细规划 | | | 管控图则A401a01 | 01 |

地下空间开发控制指标一览表

一览表控制指标：开发功能、地下停车位个数、地下空间退界要求、开发规模、开发强度、车行人行接口预留个数及方位、公共车行道通道预留个数及方位、地下车行出入口个数及方位，以及其他配建设施要求与说明

图例

		公共地下空间开发控制	地块地下空间开发控制
▬	管理单元范围线	条文细则内容 阐述地下空间退界控制、地下公共车行连通道控制引导及轨道交通覆土要求保护范围和控制范围等要求	条文细则内容 阐述地下空间退界控制、地下配建停车、开发层数及层高控制、相邻地块地下空间连通、公共车行通道预留控制及地下车库出入口设置引导等要求
▬	规划道路		
▬	用地红线		
▬	地下建筑退界控制线		
▬	地下公共车行通道控制线		
▬	公共地下空间控制线		
▬	地下车行流线管制		
⊙	地下公共车行通道出入口		
P	地下公共停车场		

指北针　比例尺　位置示意图　管理单元图

100　200　400m

1 地下空间控规图则

8
地下建筑

类型和特点

1. 地下生土居住建筑：中国北部黄土高原的窑洞建筑；北非、西亚和中东等地区的生土建筑。需要干旱少雨的气候特征与较好的岩土稳定性和强度等自然资源条件，一般均位于经济和技术条件受限制或落后地区。

2. 半地下覆土住宅：主要分布在美国和欧洲等发达国家和地区，用于节能、节地，保护地面景观环境。

3. 现代住宅地下空间利用：附建于地面居住建筑或在居住区绿地广场下建造的独立地下建筑，一般用作居住功能辅助空间，例如停车、仓储、防灾、会所、餐饮、健身、物业办公、宿舍和设备间等。

设计要点

1. 可利用平地或坡地建造，具有节能、节地、冬暖夏凉和保护地表自然地貌、生态、景观的优点，在现代城市和乡村都有应用。

2. 通常易产生潮湿、通风和日照条件不足等问题。优选自然通风、日照、采光措施，补充人工技术手段。

现代住宅地下空间利用

现代城市居住建筑或乡村别墅建筑，一般利用地下室作为仓储、设备机房、车库、防灾等地面居住功能的辅助空间，提高土地效率，保护地面景观和环境，改善生活质量和保障安全。此外，地下室也作为居住建筑或小区的公共活动空间。

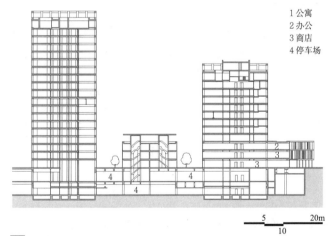

1 公寓
2 办公
3 商店
4 停车场

5　20m
10

① 现代多高层住宅建筑与地下室的典型组合：北京建外SOHO

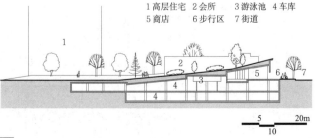

1 高层住宅　2 会所　3 游泳池　4 车库
5 商店　6 步行区　7 街道

5　20m
10

② 深圳某居住小区配套公建剖面（车库、商业、游泳池）

河南荥阳县窑洞在夏季不同环境中的温湿度比较　　表1

项目 ＼ 环境	室外	地面平房	传统窑洞
温度（℃）	33	30	24
相对湿度（%）	61	72	100
室内外温差（℃）	—	3	9

山西平陆县窑洞在冬、夏季两季不同环境中的温度比较　　表2

项目 ＼ 环境	室外		地面平房室内		传统窑洞室内	
	冬	夏	冬	夏	冬	夏
温度（℃）	-10	35	5	32	10	15
室内外温差（℃）	—	—	15	3	20	20

河南巩义市窑洞在不同通风方式下的温湿度情况　　表3

项目 ＼ 环境	室外	地面平房	两层"天窑"	前后通窑	后端加排风井	前端加排风井	传统窑洞
空气温度（℃）	32	29	25.5	25	25	25	26
相对湿度（%）	75	79	72	70	71	75	84

美国地上住宅和半地下覆土住宅的节能措施效果比较　　表4

城市	地下建筑节能高于地上节能建筑	地下建筑节能高于标准地上建筑	地上节能建筑高于标准地上建筑
明尼阿波利斯	48%	64%	30%
波士顿	48%	81%	65%
盐湖城	58%	86%	67%
诺克斯维尔	51%	86%	72%
休斯敦	33%	88%	82%

美国地上住宅和半地下覆土住宅的经济性能综合比较　　表5

城市	折算费	财产税	所得税	利润率	地上节能住宅总售价	地下住宅总售价	地上节能住宅全生命周期造价	地下住宅全生命周期造价
明尼阿波利斯	10%	9.9%	34%	14%	$97099	$132144	$72907	$85854
波士顿	10%	34%	33%	15.4%	$100043	$135881	$83439	$99494
盐湖城	10%	6.9%	35%	16%	$84103	$103030	$72401	$78115
诺克斯维尔	10%	10%	28%	14.5%	$71313	$89514	$66610	$75242
休斯敦	10%	3.5%	28%	14.75%	$73846	$99086	$67619	$81015

注：地下建筑和地上节能建筑的生命周期造价值比较，包括这两种形式建筑在30年后40%的专卖价格。

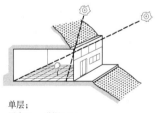

单层；
层高4m，进深7.5m。

单层；
有倾斜的顶棚和采光窗；
后部净高3m，进深11m。

③ 覆土住宅的自然采光方式

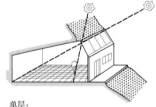

④ 覆土住宅的自然通风组织方式（夏季通风，冬季相反）

315

概述

　　1. 根据地形利用和开挖方式,分为靠山式窑洞和下沉式窑洞两种类型。

　　2. 主要分布在中国大陆西北、华北的陇东、陕北、豫西、晋中南、冀北和内蒙古中部地区,利用自然坡地或平地挖掘建造。

黄土地区单孔靠山式传统窑洞的平立剖面形式　　　表1

地区	陇东	陕北	山西	豫西
平面				
立面				
剖面				

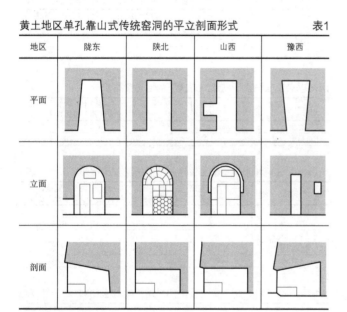

a 陇东

b 陕北

c 山西

d 豫西

1 黄土地区多孔靠山式传统窑洞平面形式

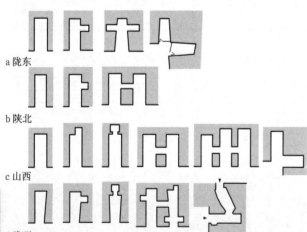

2 黄土地区传统下沉式窑洞平面形式

a 窑洞总平面图

b 纵剖面图

3 黄土地区多孔靠山式传统窑洞

a 窑村总平面图

b 纵剖面图

4 黄土地区传统靠山式窑村

新式窑洞住宅

　　保持传统窑洞的冬暖夏凉、适应气候性优势,采用集成太阳能、改进自然通风、建筑蓄热、天然采光等绿色建筑技术,达到节能、节材、节地、与环境共生的目的。

5 延安市东鑫家园新式窑洞平面、剖面示意图

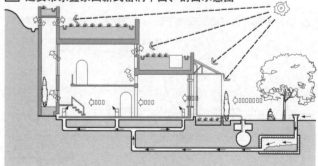

6 新式窑洞的绿色建筑技术集成示意图

概述

　　覆土住宅是在平地或坡地向下开挖建造常规住宅工程基础上,在屋顶和外墙50%以上面积覆盖一定厚度的土壤,主要立面仍外露的一种半地下住宅建筑。根据地形和结构形式灵活确定建筑形式,例如采取圆形、椭圆形、拱形或壳体等复杂结构形式,简单实用的直线形式在建造、造价、节能效果方面更为明显。

a 地面覆土式　　　b 靠山覆土式　　　c 下沉覆土式

1 覆土半地下住宅的主要建筑形式

1 起居室
2 卧室
3 厨房
4 餐厅

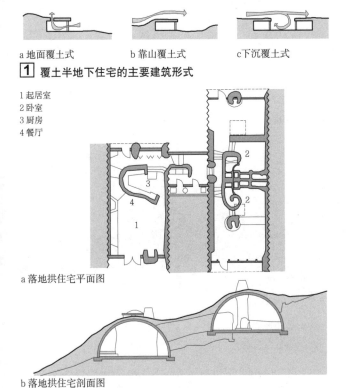

a 落地拱住宅平面图

b 落地拱住宅剖面图

2 落地拱结构覆土住宅

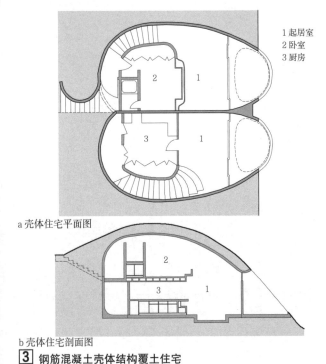

1 起居室
2 卧室
3 厨房

a 壳体住宅平面图

b 壳体住宅剖面图

3 钢筋混凝土壳体结构覆土住宅

1 起居室
2 卧室
3 厨房
4 餐厅
5 前院
6 前院上空
7 前院上空
8 门厅
9 洗手间

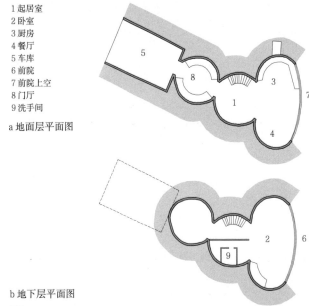

a 地面层平面图

b 地下层平面图

4 圆形加椭圆形平面形状覆土住宅

1 起居室
2 卧室
3 厨房
4 餐厅
5 车库
6 庭院

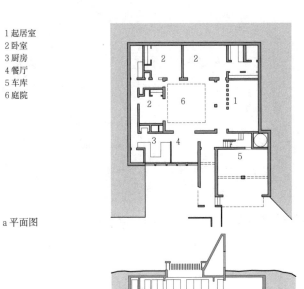

a 平面图

b 剖面图

5 天井式覆土住宅

1 起居室
2 卧室
3 厨房
4 书房

a 剖面图

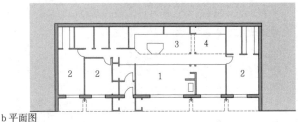

b 平面图

6 矩形平面覆土住宅

8
地下建筑

317

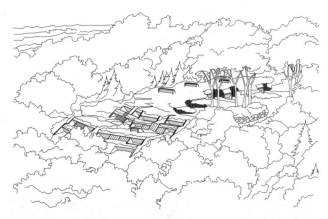

以覆土住宅为主的村街或居住小区，适合坡地建造选用。须注意在地形选择、道路布置、场地排水、建筑布置、建筑与自然的关系等方面与常规居住区的差异。

1 美国建在山坡的半地下覆土住宅

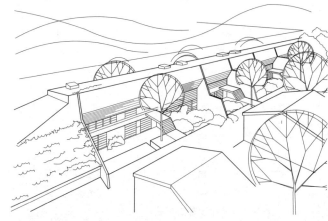

明尼阿波利斯市建造的适合城市型的集合式两层覆土试验住宅。外墙面更少，节能效果明显。共设置了12个单元，每个建筑面积在98~129m²。

2 美国2层单元式半地下覆土住宅

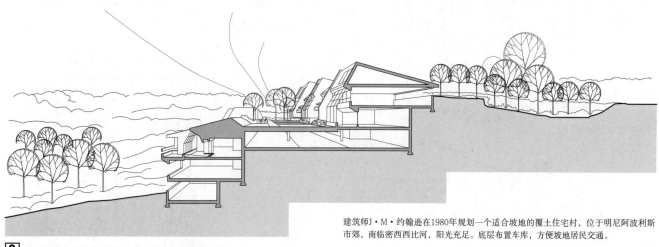

建筑师J·M·约翰逊在1980年规划一个适合坡地的覆土住宅村，位于明尼阿波利斯市郊，南临密西西比河，阳光充足。底层布置车库，方便坡地居民交通。

3 美国的覆土住宅与地下车库综合布置方案

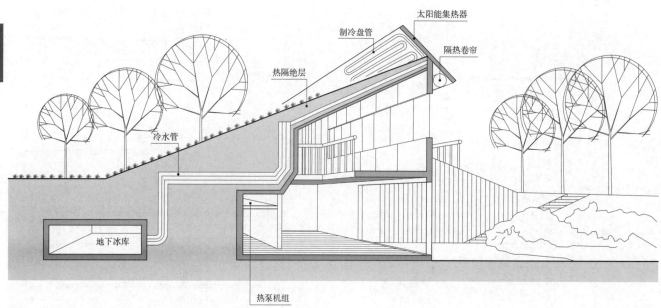

太阳能集热器
制冷盘管
隔热卷帘
热隔绝层
冷水管
地下冰库
热泵机组

4 美国的覆土住宅"能源独立"综合系统示意图

类型

适宜办公、商业、教科、展览、娱乐、医疗、体育、交通、宗教、监狱等建筑，包括办公、会议、商店、餐饮、教室、实验室、图书馆、博物馆、展览馆、影剧院、体育馆、车站、车库、教堂、囚房、墓室等功能空间。

选址及规划设计要点

选址及规划设计要点与策略　　　　　　　　　　　　　　　表1

策略方面	具体策略内容
区分不同 建设策略	1.地上建设带动引导，无明确的地下空间控制要求； 2.地下建设独立引导，有明确的地下空间控制要求
适宜的 用地和地形	1.城市或居住点的道路、广场、绿地、历史街区等非建设用地或限制建设的地段； 2.山体、水面、农林牧场、荒地等非城市用地或限制建设的自然和生态保护地段； 3.建筑物基础或建设用地范围内的地表以下空间
原则、策略	1.考虑节地、节能、防噪、防振、封闭、防护等功能要求，将某一公共建筑设置在一定深度的地下空间内； 2.结合防空防灾需要，将建筑物设置在地下空间，形成平战结合的多功能地下公共建筑； 3.将建筑的全部或部分设置在地下，优化建筑功能及空间布局，改善和保护地面及周边交通与环境； 4.利用地下空间的整体连通能力，将一定范围内分散的公共建筑在地下连通，形成区域性连续室内公共空间； 5.将公共建筑与地下综合交通枢纽连通，形成大型地下公共空间综合体网络； 6.除特殊功能要求外，使用人员停留时间较长的公共建筑不宜优先选择地下空间
设计要点	1.出入口和外部形态与地面及其周边环境协调，加强地下建筑物的可识别性和地面设备设施的隐蔽性； 2.出入口与地下空间良好的空间与光照过渡和转换； 3.总体平面形状简单易识别，较好的室内方向感，明确的空间序列及节点设计； 4.注重天然采光、通风条件设置和室内外环境联系； 5.营造活力、有序、亲切、温暖的空间氛围，较好的空气质量和舒适度；高品质陈设，减少空间压迫感； 6.安全保障设计；清晰醒目的导向标识系统和设施，设置避难空间、防灾中心，强化紧急疏散和防雨洪倒灌

建筑形式

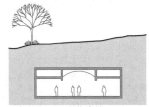

a 全封闭地下公共建筑

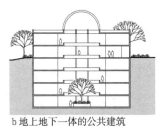

b 地上地下一体的公共建筑

[1] 地下公共建筑常见形式

a 下沉广场式地下入口

b 开敞式地下入口

c 顶盖式地下入口

d 由毗邻地面建筑作为入口

[2] 地下公共建筑常见出入口形式

a 中庭采光

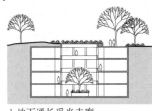

b 地下通长采光走廊

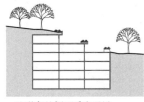

c 地形高差侧面采光通风

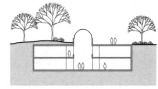

d 下沉天井采光通风

[3] 地下公共建筑常见天然采光方式

功能

各类型公共建筑功能在地下空间中的适宜性比较　　　　　　　　　　　　　　　　　　　　　　　　表2

建筑类型	建筑功能	各类公共建筑在地下空间的优缺点比较										各类公共建筑使用者停留时间比较								
		有利因素				限制因素						多数使用者停留时间（时/日）				建筑物每周实际使用时间（时/周）				
		封闭	隔声	安全	湿度	天然光线	人员出入	车辆出入	外观识别	高大空间	大量通风	内部供热	1~2	2~4	4~8	24	<10	20	42	84	168
行政	办公、会议	○	—	—	—	—	—	○	○	—	—	○			√				√		
商业	商店、餐馆	○	○	—	—	—	●	—	●	○	●	●	√							√	
教科	教室	○	●	○	—	●	—	—	○	●	●	●		√						√	
	实验室	○	—	—	—	●	—	—	○	○	—	●		√						√	
	图书馆	○	○	○	●	—	—	—	○	●	—	●		√						√	
展览	博物馆	○	—	●	●	○	—	—	○	●	—	●	√							√	
	信息中心	○	○	○	○	—	—	—	○	—	—	●	√							√	
娱乐	影剧院	○	●	●	○	—	●	—	●	●	●	●	√						√		
	礼堂	—	●	●	○	—	●	—	●	●	●	●	√						√		
体育	体育馆	—	○	●	○	—	●	—	●	●	●	●			√					√	
	游泳池	○	○	●	●	—	●	—	○	●	●	●			√					√	
	网球场	○	○	●	○	—	●	—	○	●	●	●			√					√	
医疗	医院	○	○	○	●	—	—	—	○	—	—	●				√					√
	手术室	○	○	●	●	●	—	—	○	—	—	●		√						√	
交通	车站、通道	○	○	●	○	—	●	●	●	—	●	●	√								√
	停车库	○	○	●	○	○	●	●	○	○	●	—	√								√
宗教	教堂	○	○	○	○	—	●	—	●	●	—	●	√					√			√
特殊	监狱	●	○	●	○	—	●	—	●	—	—	●				√					√

注：●表示在任何情况下或多数情况下均为主要要求，—表示仅在某些情况下有要求或仅为一般要求，○表示没有要求；√表示属于该情况。

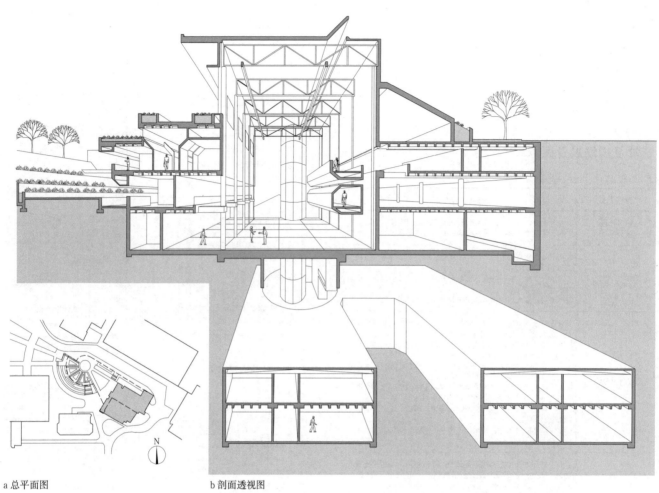

a 总平面图   b 剖面透视图

1 美国明尼苏达大学土木矿业工程系馆（地上地下一体式）

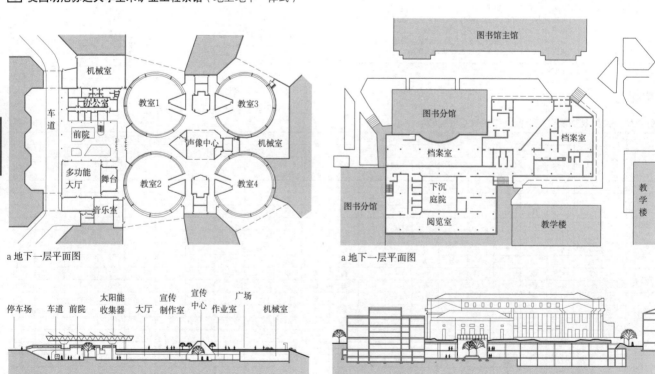

a 地下一层平面图

b 剖面图

2 美国弗吉尼亚州特拉塞特小学（独立覆土式）

a 地下一层平面图

b 剖面图

3 美国哈佛大学普塞图书馆（半地下覆土，扩建连通周边）

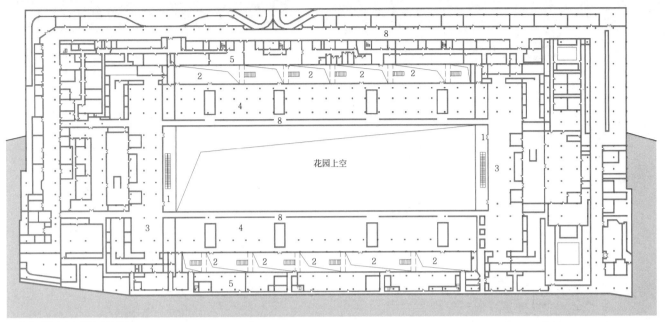

a 地下一层（入口层）平面图

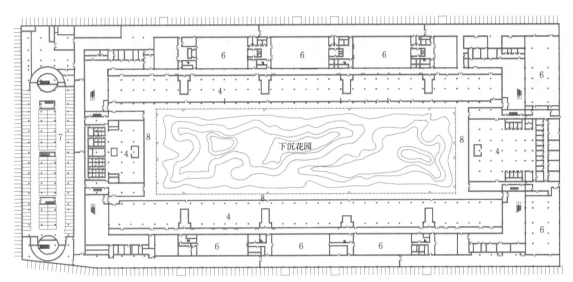

b 地下四层的下沉花园平面图

1 主入口
2 下沉内院
3 主门厅
4 阅览室
5 编排业务室
6 书架
7 车库
8 走廊

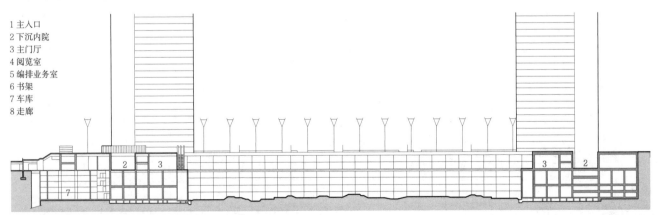

c 纵剖面图

1 法国国家图书馆新馆（新建地上地下一体化模式，下沉围合式)

名称	主要技术指标	设计时间/建成时间	设计师	占地7hm²，地上为80m高藏书楼；地下共4层，为阅览室、办公和车库
法国国家图书馆新馆	总建筑面积350000m²	1989/1995	多米尼克·佩罗	

8
地下建筑

321

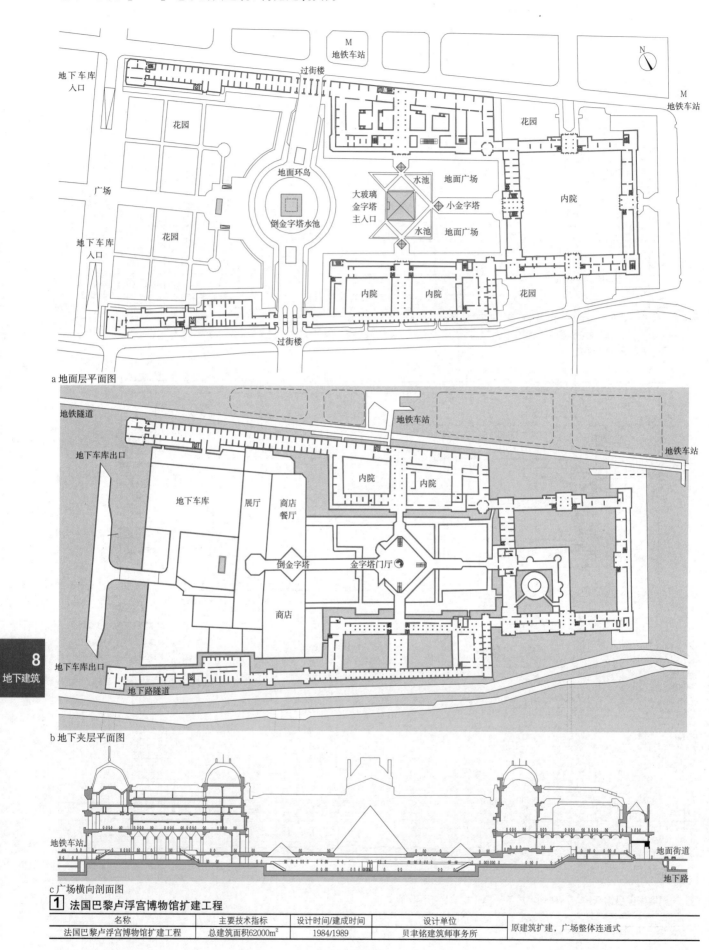

a 地面层平面图

b 地下夹层平面图

c 广场横向剖面图

1 法国巴黎卢浮宫博物馆扩建工程

名称	主要技术指标	设计时间/建成时间	设计单位	原建筑扩建，广场整体连通式
法国巴黎卢浮宫博物馆扩建工程	总建筑面积62000m²	1984/1989	贝聿铭建筑师事务所	

8
地下建筑

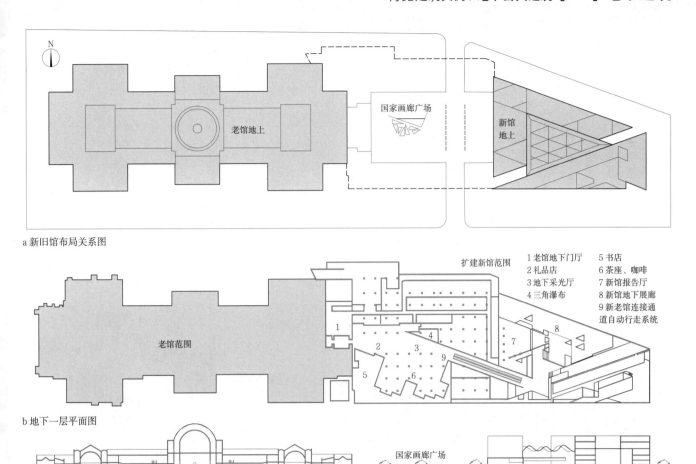

a 新旧馆布局关系图

1 老馆地下门厅　5 书店
2 礼品店　6 茶座、咖啡
3 地下采光厅　7 新馆报告厅
4 三角瀑布　8 新馆地下展廊
　9 新老馆连接通
　道自动行走系统

b 地下一层平面图

c 新旧馆地下连接剖面图

1 美国国家美术馆扩建之地下广场（老馆扩建，新馆和老馆通过地下广场连通，形成整体参观流线。贝聿铭建筑师事务所设计）

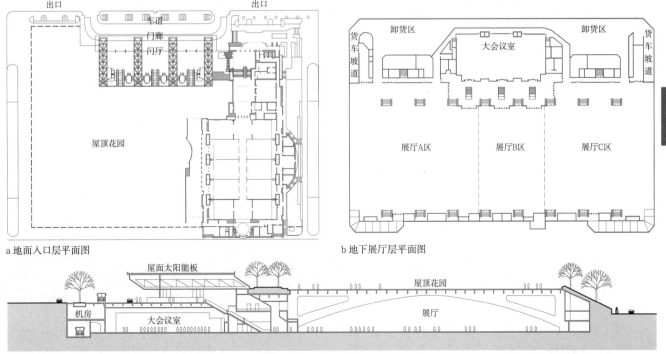

a 地面入口层平面图

b 地下展厅层平面图

c 剖面图

2 美国旧金山莫斯康尼会展中心（新建，广场覆土式。林同炎国际咨询公司设计）

8
地下建筑

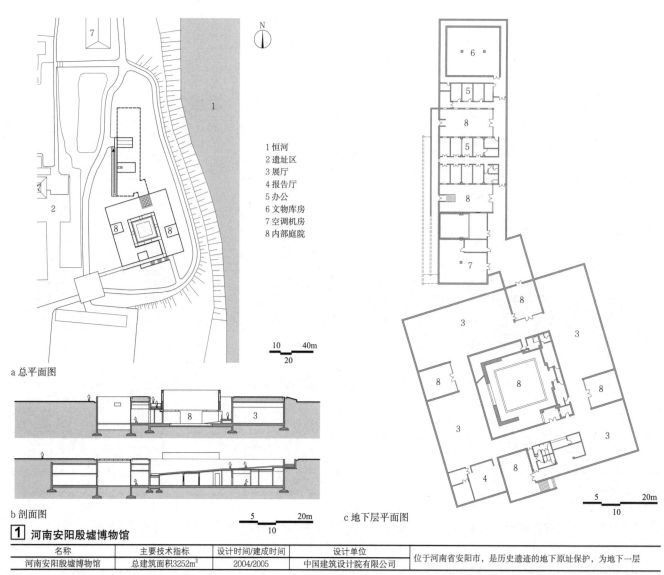

1 恒河
2 遗址区
3 展厅
4 报告厅
5 办公
6 文物库房
7 空调机房
8 内部庭院

a 总平面图

b 剖面图

c 地下层平面图

1 河南安阳殷墟博物馆

名称	主要技术指标	设计时间/建成时间	设计单位	
河南安阳殷墟博物馆	总建筑面积3252m²	2004/2005	中国建筑设计院有限公司	位于河南省安阳市，是历史遗迹的地下原址保护，为地下一层

8
地下建筑

1 主入口庭院
2 门厅
3 下沉庭院
4 陪葬坑
5 种植屋面
6 展示厅
7 参观廊桥

a 主入口层平面图（3.5m 标高）

b 各区段剖面图

2 汉阳陵帝陵外葬坑保护展示厅

名称	主要技术指标	建成时间	设计单位	
汉阳陵帝陵外葬坑保护展示厅	总建筑面积7850m²	2006	西安建筑科技大学建筑学院	位于西安市汉阳陵，历史遗迹的地下原址保护

324

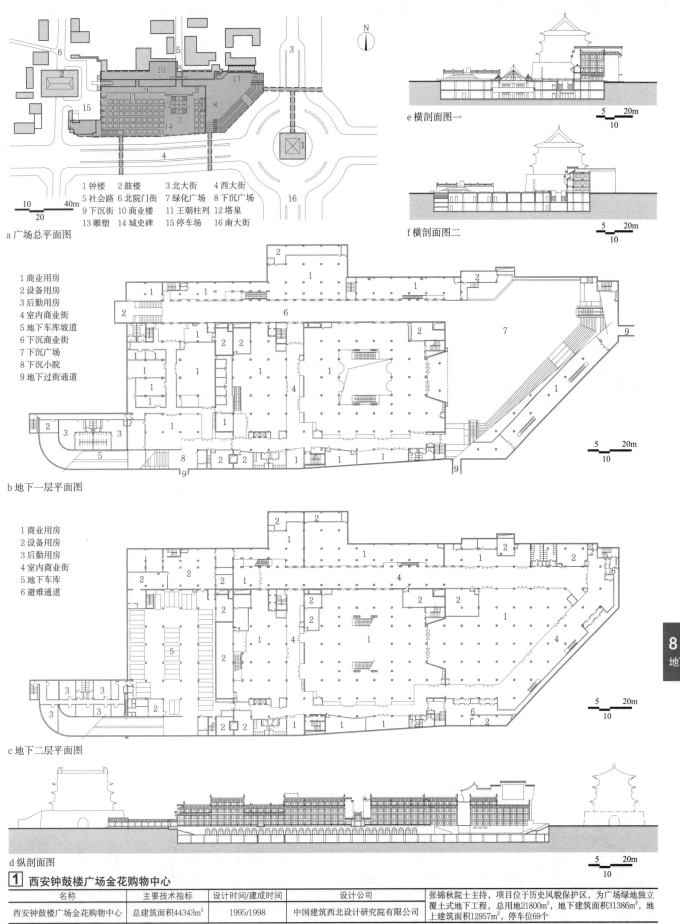

1 钟楼　2 鼓楼　3 北大街　4 西大街
5 社会路　6 北院门街　7 绿化广场　8 下沉广场
9 下沉街　10 商业楼　11 王朝柱列　12 塔泉
13 雕塑　14 城史碑　15 停车场　16 南大街

a 广场总平面图

e 横剖面图一

f 横剖面图二

1 商业用房
2 设备用房
3 后勤用房
4 室内商业街
5 地下车库坡道
6 下沉商业街
7 下沉广场
8 下沉小院
9 地下过街通道

b 地下一层平面图

1 商业用房
2 设备用房
3 后勤用房
4 室内商业街
5 地下车库
6 避难通道

c 地下二层平面图

d 纵剖面图

8
地下建筑

1 西安钟鼓楼广场金花购物中心

名称	主要技术指标	设计时间/建成时间	设计公司	
西安钟鼓楼广场金花购物中心	总建筑面积44343m²	1995/1998	中国建筑西北设计研究院有限公司	张锦秋院士主持，项目位于历史风貌保护区，为广场绿地独立覆土式地下工程，总用地21800m²，地下建筑面积31386m²，地上建筑面积12957m²，停车位69个

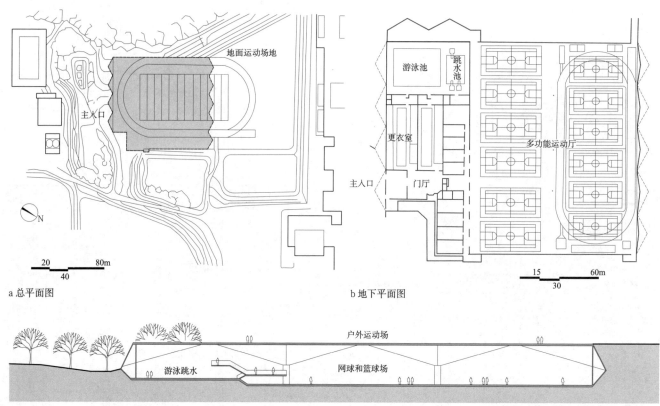

a 总平面图

b 地下平面图

c 剖面图

1 美国乔治城大学雅特斯体育馆

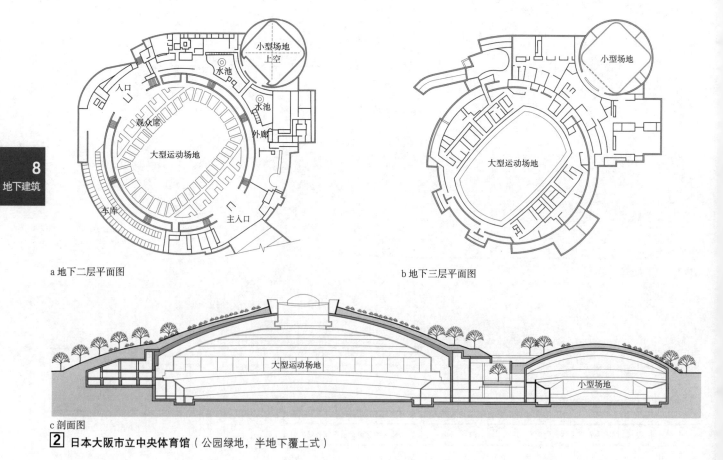

a 地下二层平面图

b 地下三层平面图

c 剖面图

2 日本大阪市立中央体育馆（公园绿地，半地下覆土式）

概述

将进入城市中心地区的铁路线及车站建在地下空间，可消除铁路对地面用地、空间、交通的割裂及干扰作用，并可依托地下交通枢纽，有效改善地面交通和环境品质，提升沿线周边土地价值和城市效率。地下火车站的车站功能包括月台、候车厅、售票及其他各类辅助用房。可分为全地下和半地下两类，可在广场、绿地、道路、山岭下独立设置，也可与地面建筑一体化建造。

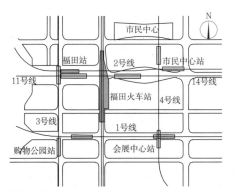

a 总平面图

b 横剖面图

地下火车站常见类型与空间形式 表1

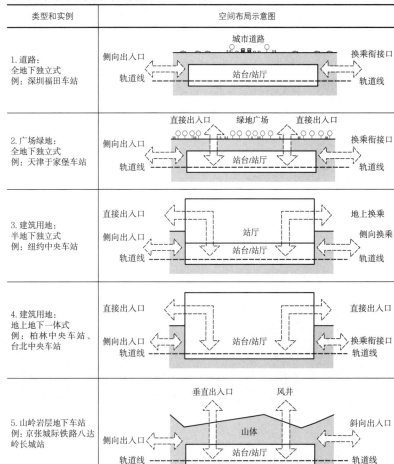

类型和实例	空间布局示意图
1. 道路：全地下独立式　例：深圳福田车站	
2. 广场绿地：全地下独立式　例：天津于家堡车站	
3. 建筑用地：半地下独立式　例：纽约中央车站	
4. 建筑用地：地上地下一体式　例：柏林中央车站、台北中央车站	
5. 山岭岩层地下车站　例：京张城际铁路八达岭长城站	

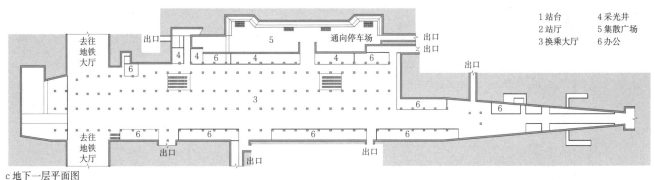

c 地下一层平面图

1 站台　4 采光井
2 站厅　5 集散广场
3 换乘大厅　6 办公

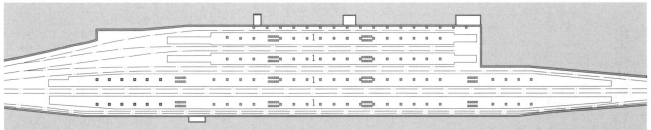

d 地下三层平面图

1 深圳福田车站

名称	主要技术指标	建成时间	设计公司	位于深圳市中心的主干道路和绿地下，地下3层，与5条地铁线、10个地铁站接驳换乘
深圳福田车站	总建筑面积140000m²	2015	中铁第四勘察设计院集团有限公司	

8
地下建筑

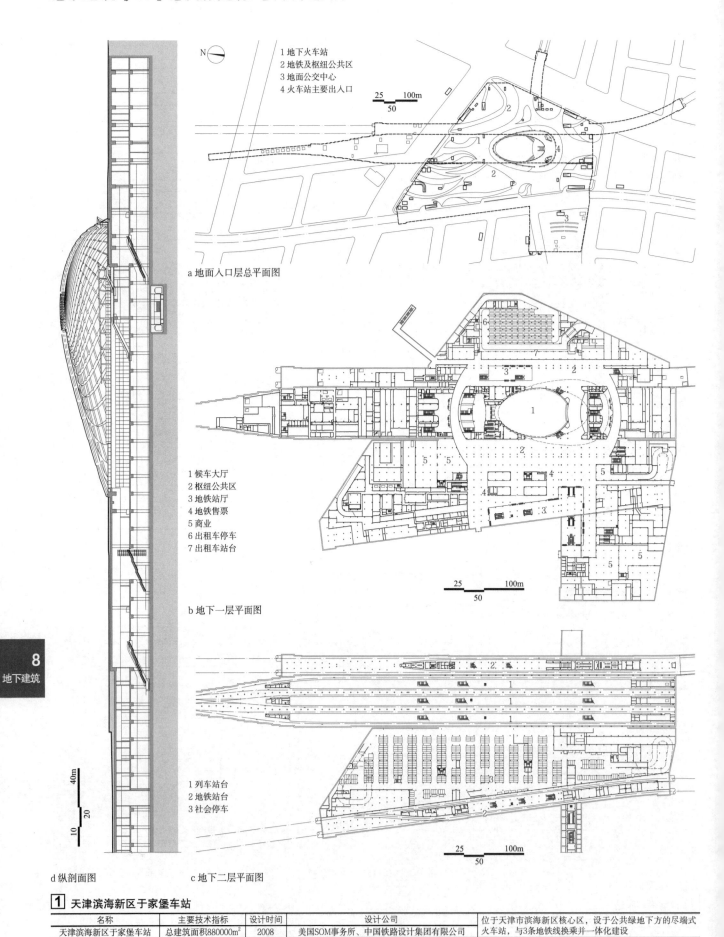

1 地下火车站
2 地铁及枢纽公共区
3 地面公交中心
4 火车站主要出入口

a 地面入口层总平面图

1 候车大厅
2 枢纽公共区
3 地铁站厅
4 地铁售票
5 商业
6 出租车停车
7 出租车站台

b 地下一层平面图

1 列车站台
2 地铁站台
3 社会停车

d 纵剖面图　　　　c 地下二层平面图

1 天津滨海新区于家堡车站

名称	主要技术指标	设计时间	设计公司	位于天津市滨海新区核心区，设于公共绿地下方的尽端式火车站，与3条地铁线换乘并一体化建设
天津滨海新区于家堡车站	总建筑面积880000m²	2008	美国SOM事务所、中国铁路设计集团有限公司	

概念和特点

将两种以上由不同主体建筑类型分别承担的城市功能设施，例如交通、市政、商业及其他公共服务等设施，通过系统有机的规划布局，集中设置在同一个地下建筑物或地上地下整体空间内，使各项功能设施与空间联合运转使用，获得更高的效率和效益，其地下空间部分称为城市地下建筑综合体。

多采用立体交叉的功能布局方式，全部或者部分布置在地下空间，能节约地面用地与空间，保护地面环境，提高城市功能整体效率，改善环境，是城市现代化和集约化发展需求下的大型公共基础设施建设的重要建筑形式。

地下综合体主要形态分类　　　　　　　　　　　　　　　　　表1

类型	特点	示意图
街道型地下综合体	沿街道和道路走向，开发建设的线形地下综合体。最早在日本出现，也称作地下街	
集中型地下综合体	结合广场、绿地、地面建筑以及城市综合体开发而统一建设的点状或面状地下综合体	
网络型地下综合体	当城市中的若干个地下建筑综合体通过地铁或地下步行道系统连接在一起时，就形成网络状的规模更大的地下综合体群。在如加拿大、日本、美国等国家和地区称之为地下城	

功能组成

地下综合体的组成因城市功能设施的内容、规模、等级、位置及环境而异。组成内容应当尽量简单，突出主体功能目标，兼顾用途多样性。一般包括以下功能设施：

1. 地下轨道交通设施、地下公交设施、地下机动车道路设施，包括隧道、集散厅、车站及出入口。

2. 地下停车场、行车道、管理用房和出入口。

3. 地下过街道、地下车站及各类地下建筑之间的连接通道、地下商业街的内部通道以及步行交通出入口设施。

4. 商店、餐饮、文化、体育、办公、展览、银行、邮局等商业服务设施。

5. 地下市政公用设施的主干管线、综合廊道。

6. 为地下综合体运行服务的通风空调、电气、给排水设备与控制用房，防灾、管理、仓库、卫生间等辅助用房。

日本六城市地下街总体组成比例（截至1993年）　　　　　表2

城市	地下街总面积（m²）	公共通道		商店		停车场		机房等	
		面积（m²）	%	面积（m²）	%	面积（m²）	%	面积（m²）	%
东京	223082	45116	20.2	48308	21.6	91523	41.1	38135	17.1
横滨	89622	20047	22.4	26938	30.1	34684	38.6	7993	8.9
名古屋	168968	46979	27.8	46013	27.2	44961	26.6	31015	18.4
大阪	95798	36075	37.7	42135	43.9	—	0	17588	18.4
神户	34252	9650	28.1	13867	40.5	—	0	10735	31.4
京都	21038	10520	50.0	8292	39.4	—	0	2226	10.6

日本典型地下街中商业部分的组成面积和比例（单位：m²）　　表3

地下街名称	总建筑面积	营业面积		交通面积		辅助面积
		商店	休息厅	水平	垂直	
东京八重洲地下街	35584	18352	1145	11029	1732	3326
	100%	51.6%	3.2%	31.0%	5.0%	9.2%
大阪虹之町地下街	29480	14160	1368	8840	1008	4104
	100%	48.0%	4.6%	30.0%	3.4%	14.0%
名古屋中央公园地下街	20376	9308	256	8272	1260	1280
	100%	45.7%	1.3%	40.6%	6.1%	6.3%
东京歌舞伎町地下街	15637	6884	—	4104	504	4235
	100%	44.0%	—	25.7%	3.2%	27.1%
横滨波塔地下街	19215	10303	140	6485	480	1807
	100%	53.6%	0.8%	33.7%	2.5%	9.4%
平均比例	100%	48.6%	2.0%	32.2%	4.1%	13.2%

综合体的空间组合

1. 地下综合体的外轮廓、功能布局和空间形态应尽量简洁，以利于结构布置和施工、内部方向识别和安全疏散。

2. 在多种主体功能综合合理布局基础上，还应重点考虑各主体功能之间交通联系、空间整合的集散广场、中庭等枢纽空间的组织和设置。

3. 考虑使用安全，商业服务等人员密集活动场所不允许布置在地下二层及以下各层。

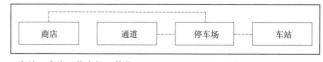

a 车站、商店、停车场一体化（由内部通道紧密连接，内部交通和空间组织复杂）

b 车站、商店一体化（不设停车场，通道紧密连接，内部空间组织比较复杂）

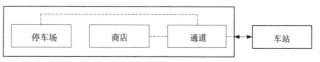

c 车站独立设置，商店、停车场一体化（车站与商业之间由外部通道连接，功能分区明确，便于独立运营和安全管理）

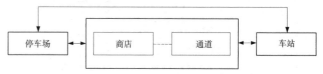

d 车站、商店、停车场各自独立（由外部步行通道连接，功能独立，便于独立运营和安全管理）

1 基于地铁车站的地下建筑综合体典型平面组合方式

8
地下建筑

概念及分类

地下街是最常见的地下建筑综合体形式，最早在日本因为与地面上的商业街道相似而得名。日本将其定义为：供公共使用的地下步行通道，包括地铁车站检票口以外的通道、广场，和沿这一通道设置的商店、事务所及其他类似设施所形成的一体化地下设施（包括地下停车场），一般建在公共道路或广场之下，以及建筑物地下室部分。

常见地下街分类 表1

分类方法	类型和特征			
按规模	小型	中型	大型	
	小于3000m²	3000~10000m²	大于10000m²	
按形态	街道型	广场型	复合型	网络型
	城市道路下平面狭长	城市广场下平面近矩形	街道型与广场型组合，规模较大	街道型或广场型连接为网络
按城市功能	通路型	商业型	副中心型	主中心型

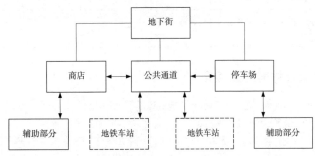

1 地下街的基本功能组成示意图

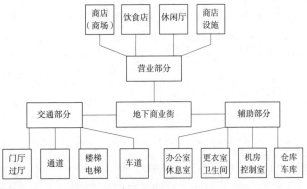

2 地下街的商业部分基本功能组成示意图

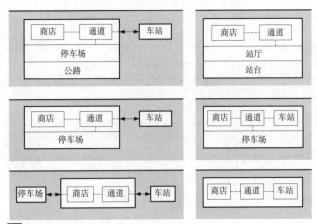

3 地下街的竖向功能常见组成示意图

地下街常见柱网（兼顾地铁、停车、商店、步行通道） 表2

城市	地下街	柱网尺寸（m）	备注
东京	八重洲	(6+7+6+6+7+6)×8	街道型部分
东京	歌舞伎町	(7+12+12+7)×8	二层有停车场
横滨	戴蒙得	(6+7+6+6+7+6+6+7+6)×7.5	广场型部分
名古屋	叶斯卡	(5+7+5+5+7+5+5+7+5)×8	二层有停车场
名古屋	中央公园	(6+8+7+6+12+6+7+8+7+8+6)×8	商业部分
		(6+7+6+7+6)×8	停车场部分
大阪	虹之町	(5+10+10+7+5+7)×7	有地铁线
京都	京都站前波塔	(7+7+7+7+7+7+7)×7	无停车场
福州	万宝城	(8.4+8.4+7.4+9.45+9.45+8.75+6.29+6.3+7.15)×9	地铁停车快速路商店
广州	珠江新城	(8.4×2+6.3+10.5+8.4×9)×8.4	有停车层

选址和布局形态

多随火车站改建、地铁和地下步行道建设、广场和道路改造建设而形成，并向周边分期扩建，与周围地下室连接，与交通集散和换乘大厅没有明显界线，其外部形态可以很规整，也可以随周围道路和建筑布局自由变化，内部通道十分复杂，内部灾害隐患较大甚至十分严重。

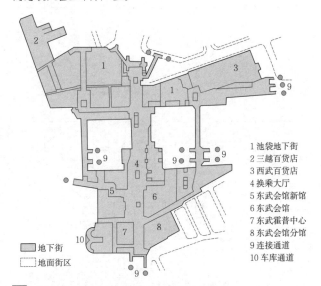

1 池袋地下街
2 三越百货店
3 西武百货店
4 换乘大厅
5 东武会馆新馆
6 东武会馆
7 东武霍普中心
8 东武会馆分馆
9 连接通道
10 车库通道

地下街
地面街区

4 日本池袋东口、西口地下街平面布局简图

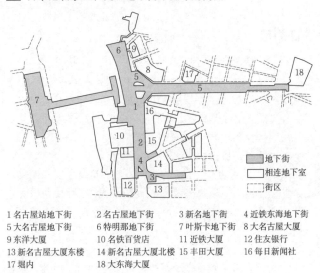

1 名古屋站地下街　2 名古屋地下街　3 新名地下街　4 近铁东海地下街
5 大名古屋地下街　6 特明那地下街　7 叶斯卡地下街　8 大名古屋大厦
9 东洋大厦　10 名新大厦　11 近铁大厦　12 住友银行
13 新名古屋大厦东楼　14 新名古屋大厦北楼　15 丰田大厦　16 每日新闻社
17 堀内　18 大东海大厦

地下街
相连地下室
街区

5 日本名古屋车站地区地下街平面布局简图

8
地下建筑

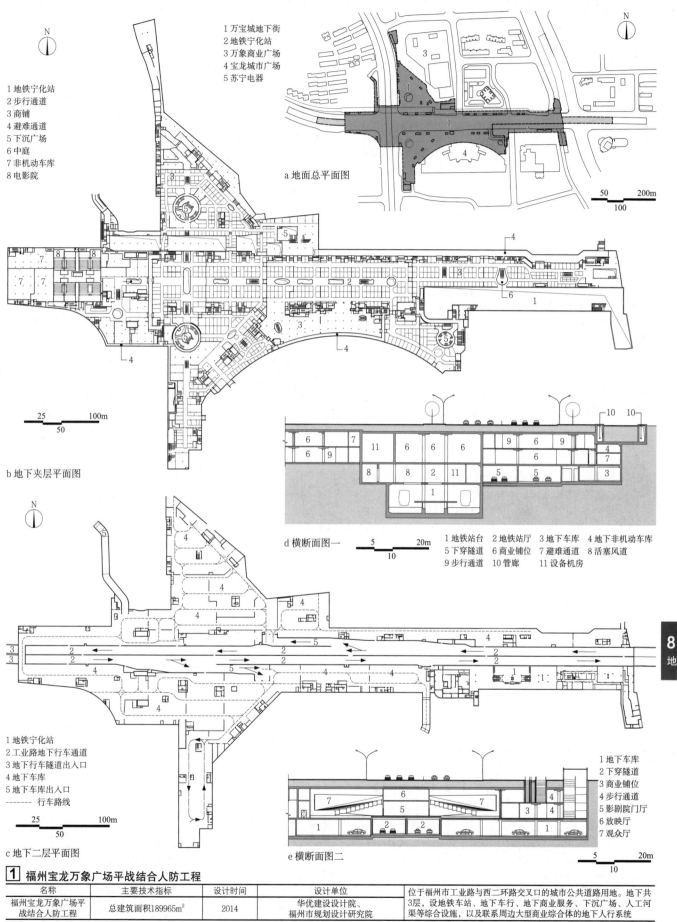

1 万宝城地下街
2 地铁宁化站
3 万象商业广场
4 宝龙城市广场
5 苏宁电器

a 地面总平面图

50   200m
100

1 地铁宁化站
2 步行通道
3 商铺
4 避难通道
5 下沉广场
6 中庭
7 非机动车库
8 电影院

25   100m
50

b 地下夹层平面图

d 横断面图一   5   20m
10

1 地铁站台   2 地铁站厅   3 地下车库   4 地下非机动车库
5 下穿隧道   6 商业铺位   7 避难通道   8 活塞风道
9 步行通道   10 管廊   11 设备机房

8
地下建筑

1 地铁宁化站
2 工业路地下行车通道
3 地下行车隧道出入口
4 地下车库
5 地下车库出入口
------ 行车路线

25   100m
50

c 地下二层平面图

1 地下车库
2 下穿隧道
3 商业铺位
4 步行通道
5 影剧院门厅
6 放映厅
7 观众厅

e 横断面图二   5   20m
10

1 福州宝龙万象广场平战结合人防工程

名称	主要技术指标	设计时间	设计单位	位于福州市工业路与西二环路交叉口的城市公共道路用地。地下共
福州宝龙万象广场平战结合人防工程	总建筑面积189965m²	2014	华优建设设计院、福州市规划设计研究院	3层，设地铁车站、地下车行、地下商业服务、下沉广场、人工河渠等综合设施，以及联系周边大型商业综合体的地下人行系统

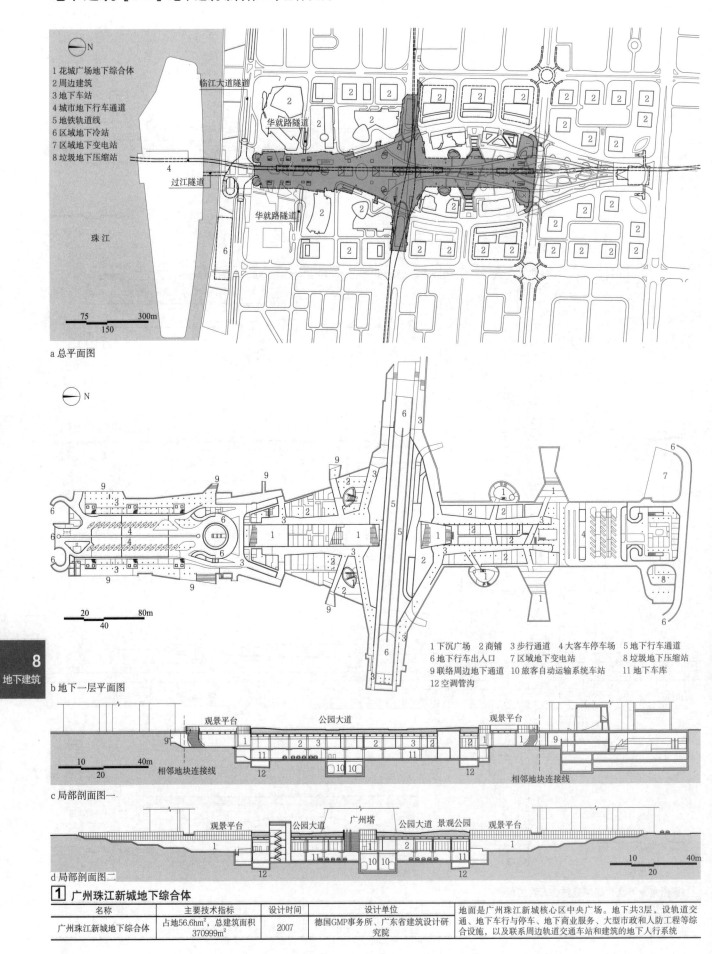

a 总平面图

1 花城广场地下综合体
2 周边建筑
3 地下车站
4 城市地下行车通道
5 地铁轨道线
6 区域地下冷站
7 区域地下变电站
8 垃圾地下压缩站

临江大道隧道
华就路隧道
过江隧道
华就路隧道
珠江

b 地下一层平面图

1 下沉广场 2 商铺 3 步行通道 4 大客车停车场 5 地下行车通道
6 地下行车出入口 7 区域地下变电站 8 垃圾地下压缩站
9 联络周边地下通道 10 旅客自动运输系统车站 11 地下车库
12 空调管沟

c 局部剖面图一

观景平台 公园大道 观景平台
相邻地块连接线 相邻地块连接线

d 局部剖面图二

观景平台 公园大道 广州塔 公园大道 景观公园 观景平台

1 广州珠江新城地下综合体

名称	主要技术指标	设计时间	设计单位	地面是广州珠江新城核心区中央广场。地下共3层，设轨道交通、地下车行与停车、地下商业服务、大型市政和人防工程等综合设施，以及联系周边轨道交通车站和建筑的地下人行系统
广州珠江新城地下综合体	占地56.6hm²，总建筑面积370999m²	2007	德国GMP事务所、广东省建筑设计研究院	

概念

1. 良好的防护能力，能有效保护军事工业和在战争中必须保存下来的工业，有效控制内部灾害扩大蔓延。

2. 地下空间提供的特殊生产环境，能为恒温、恒湿，或防尘、防振等的精密生产和科学试验提供比在地面更为有利的条件。

3. 造价较高，应充分利用岩石和地下空间的自然条件和特性，提高综合效益。

厂房的布局要素和特点

1. 影响要素：岩石性质、强度和完整程度，岩石的产状和成层条件，地质构造，边坡稳定情况。

2. 地下厂房：一般由单个洞室组成。当两个洞室需要并列布置在一起时，应在洞室之间保留必要厚度的岩石以承受上部山体的一部分荷载。

3. 地下厂房布局：洞室平面轮廓可以做成矩形或圆形，可以呈直线、折线，甚至曲线；既可以水平连接，也可以在不同高程上相交或互相穿插。总体布置应妥善处理洞室的连接，使连接部位的岩石间壁保持最小但又安全的厚度；充分利用洞室形态和总体布局的灵活性，可以使厂房布置更紧凑，生产更方便，施工更迅速。

4. 进洞比例：根据防护和环境控制的需要确定。第一种，全部进洞；第二种，把生产的核心部分或主要生产过程放在地下，并在地下储备一定数量的原材料和半成品；第三种，把保护关键性设备或贵重精密设备放在地下。

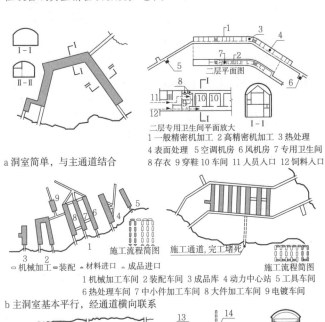

a 洞室简单，与主通道结合

1 一般精密机加工 2 高精密机加工 3 热处理
4 表面处理 5 空调机房 6 风机房 7 专用卫生间
8 存衣 9 穿鞋 10 车间 11 人员入口 12 饲料入口

1 机械加工车间 2 装配车间 3 成品库 4 动力中心站 5 工具车间
6 热处理车间 7 中小件加工车间 8 大件加工车间 9 电镀车间

b 主洞室基本平行，经通道横向联系

c 洞室纵横相交，连成一片 1 总装配 2 大件机加工 3 中件机加工 4 小件机加工
5 机修 6 电修 7 热处理 8 发电机房
9 电镀 10 精密加工 11 生活间 12 采光窗房
13 进风机房 14 排风机房 15 冷冻机房

1 岩石中的地下厂房布局形式

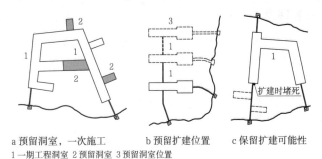

a 预留洞室，一次施工　　b 预留扩建位置　　c 保留扩建可能性
1 一期工程洞室 2 预留洞室 3 预留洞室位置

2 地下厂房的扩建方式举例

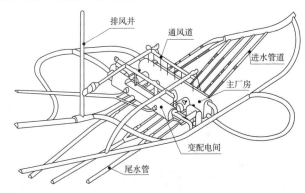

3 国外某地下水力发电站总体布置图

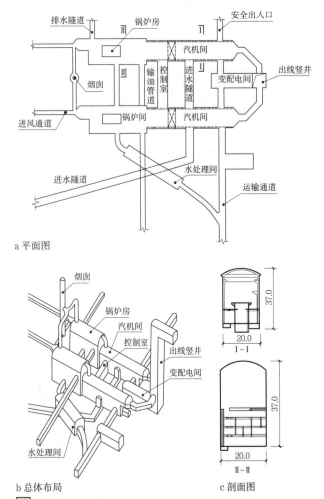

a 平面图

b 总体布局　　　　　　　　c 剖面图

4 国外某地下燃油火力发电站总体布置图（单位：m）

主要特点

利用岩石和土层地下空间的热稳定性、密闭性、容量大等特点，存储各类物资和能源。

大容量的地下储库，投资建设费用、管理运行费用、占地等都可少于地面库，地下储库的库存损失一般小于地面库，而安全性一般高于地面库。

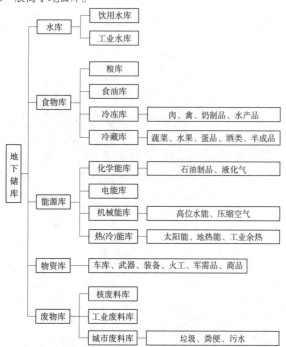

1 地下储库主要类型及使用功能

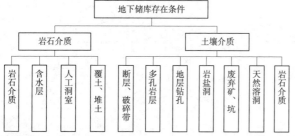

2 地下储库的存在条件

地下储库设计要点　　　　　　　　　　　　　　　　表1

地下储库类型	设计要点
地下粮库	主要控制粮食储库内的温湿度，解决好通风、密闭和除湿
地下冷库	分为生产性冷库和分配性冷库。主要控制冷库的蓄热、隔热等热稳定性和节能，体形和围护结构的散冷面积不应过大
地下液体燃料库	考虑液体燃料的密度、黏稠度、温度、压力、可燃性、挥发性等与存储相关的物理指标，可采用岩洞水封和、罐装方法
地下能源库和水库	主要利用地下空间的密闭性，储存热能、压缩空气机械能、超导磁存储电能、地下清洁水、核废料等

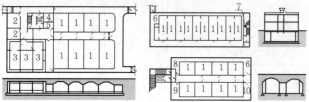

1 粮仓　2 副食库　3 冷库　4 风机房　5 值班室　6 风机房
7 皮带运输机　8 贮藏室　9 办公室　10 食油库

3 土层浅埋粮库的建筑形式举例

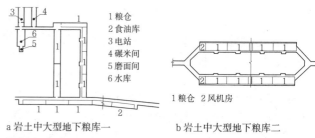

1 粮仓
2 食油库
3 电站
4 碾米间
5 磨面间
6 水库

a 岩土中大型地下粮库一　　　b 岩土中大型地下粮库二

1 粮仓　2 风机房

4 岩层中粮库的建筑形式

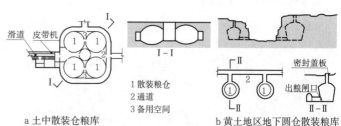

1 散装粮仓
2 通道
3 备用空间

a 土中散装仓粮库

密封盖板
出粮闸口

b 黄土地区地下圆仓散装粮库

5 土中散装仓粮库形式

6 埃及岩石中的筒仓式散装粮库

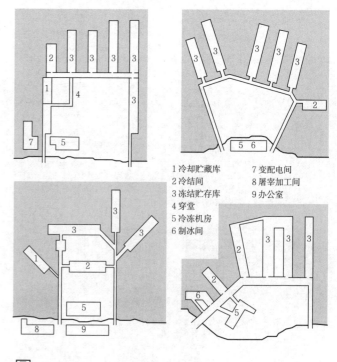

1 冷却贮藏库　　　7 变配电间
2 冷结间　　　　　8 屠宰加工间
3 冻结贮存库　　　9 办公室
4 穿堂
5 冷冻机房
6 制冰间

7 分散布置的中型岩洞冷库布局形式

a 平面图　　　　b 剖面图一　　　　　　　　c 剖面图二

1 单体地下冷库建筑示意图（挪威）

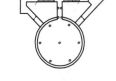

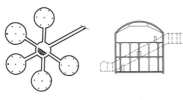

a 立式单罐多层冷库　　b 立式多罐多层冷库　c 剖面图

2 立式多层冷库示意图

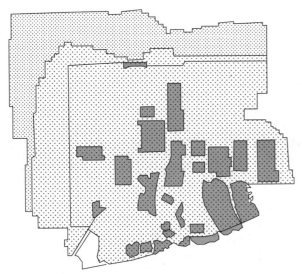

3 美国堪萨斯城采空石灰石矿的地下综合仓库总平面图

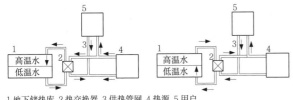

1 地下储热库　2 热交换器　3 供热管网　4 热源　5 用户
a 热能正在生产时　　　　　b 热能中断后

4 地下储热系统原理图

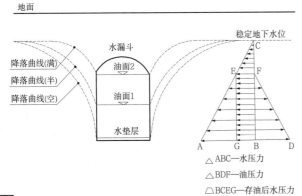

△ABC—水压力
△BDF—油压力
▱BCEG—存油后水压力

5 岩洞水封油库原理图

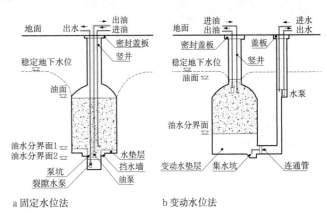

a 固定水位法　　　　　　　　b 变动水位法

6 岩洞水封油库的两种储油方法

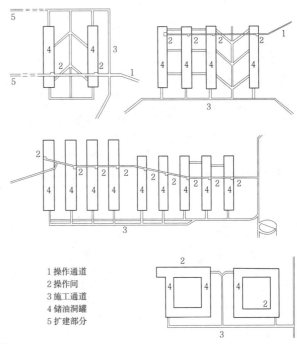

1 操作通道
2 操作间
3 施工通道
4 储油洞罐
5 扩建部分

7 水封油库洞罐与通道布置方式

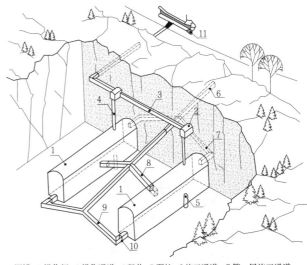

1 洞罐　2 操作间　3 操作通道　4 竖井　5 泵坑　6 施工通道　7 第一层施工通道
8 第二层施工通道　9 第三层施工通道　10 水封挡墙　11 码头

8 岩洞水封油库地下储油区布置方式

8
地下建筑

335

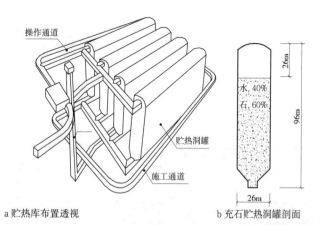

a 贮热库布置透视

b 充石贮热洞罐剖面

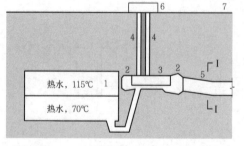

c 纵剖面图

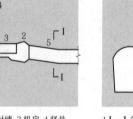

d I-I 剖面图

1 地下储热库　2 密封墙　3 机房　4 竖井
5 运输管道　6 地面出入口　7 地面

1 岩洞充水储热库（瑞典）

a 储热库平面布置

1 地下储热库　3 竖井
2 岩洞石柱　4 运输管道

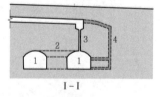

b 充石储热洞罐剖面

2 充石储热库

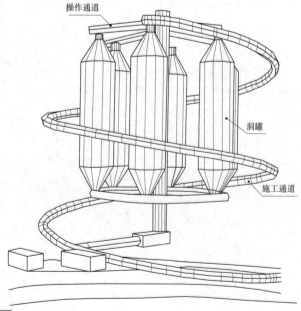

3 瑞典储油罐垂直布置方案

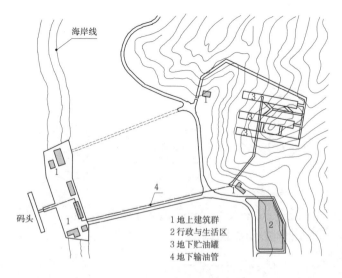

a 码头和山体

1 地上建筑群
2 行政与生活区
3 地下贮油罐
4 地下输油管

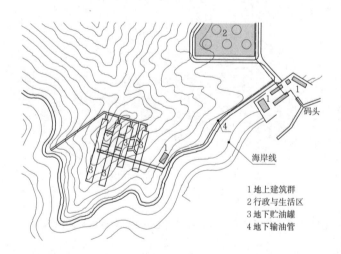

b 海岸边山体

1 地上建筑群
2 行政与生活区
3 地下贮油罐
4 地下输油管

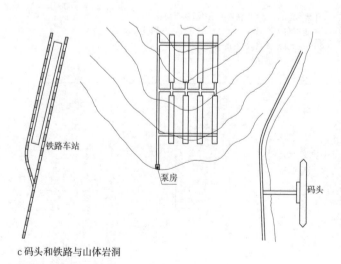

c 码头和铁路与山体岩洞

4 中型岩洞水封油库布置方式

主要类型

1. 地下市政运输管线：直埋管线、综合管廊等。
2. 地下市政设施厂站：污水处理厂、变电站等。
3. 地下水池、水库：地下蓄水池、蓄水库等。

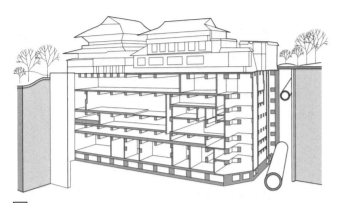

1 东京电力公司地下变电站示意图

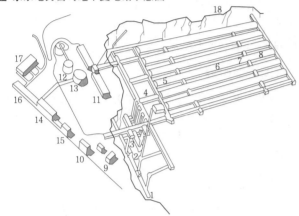

1 污水入口	2 拦护栅	3 主泵站	4 料池	5 初沉淀池	6 曝气池
7 格片分离器	8 澄清池	9 贮氯库	10 磷絮凝剂斗仓	11 浓缩器	12 分解器
13 贮气罐	14 污泥脱水	15 固体污泥包装	16 车间及控制室
17 办公室和实验室	18 地面剖切线

2 瑞典开拉帕地下污水处理厂

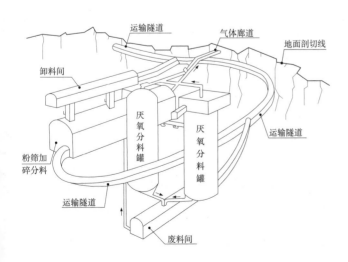

3 瑞典的地下垃圾处理厂

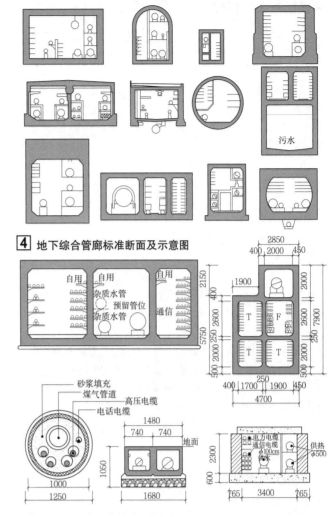

4 地下综合管廊标准断面及示意图

a 广州大学城地下综合管廊　　b 北京天安门广场地下管廊

1 交通环廊
2 供水管
3 燃气管
4 电缆(动力)
5 通信电缆

c 北京中关村西区地下环廊　　d 大断面多功能地下综合隧道

5 大断面多功能地下综合隧道示意图

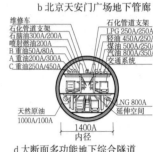

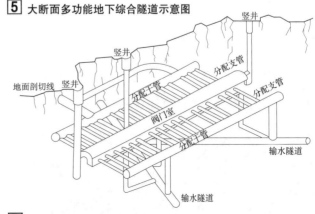

6 纽约市第三大型地下供水系统

8
地下建筑

337

人民防空工程概念

人民防空是国防建设的重要组成部分,是指国家根据国防需要,动员和组织群众采取防护措施,防范和减轻空袭灾害,简称"人防"。

人民防空工程(简称人防工程)是指由主体工程、配套工程及地面附属设备设施用房组成,为保障人民防空指挥、信息、疏散、掩蔽、储备、救护等而单独修建的地下防护建筑,以及结合地面建筑修建的战时可用于防空的地下室。人民防空工程实行长期准备、重点建设、平战结合的方针,贯彻与经济建设协调发展、与城市建设相结合的原则。

人防工程建设

人防工程建设的基本内容,包括:人防指挥工程建设,公用的人员掩蔽工程和疏散干道工程建设,医疗救护、物资储备等专用工程建设,民用建筑下的防空地下室建设,城市的地下交通干道以及其他地下工程的人防配套设施建设。其建设的总目标是:总体布局合理,种类齐全配套,比例协调,平战转换措施完善。

《中华人民共和国人民防空法》规定:"建设人民防空工程,应当在保证战时使用效能的前提下,有利于平时的经济建设、群众的生产生活和工程的开发利用。"据此,人民防空工程建设的要求是:规模适当、布局合理、防护可靠、功能完善、平战结合。

人防工程的分类

1. 按战时使用功能分类

按战时使用功能分类   表1

战时使用功能	定义
指挥工程	保障人防指挥机关战时工作的人防工程
医疗救护工程	战时对伤员独立进行早期救治工作的人防工程
人员掩蔽工程	主要用于保障人员掩蔽的人防工程
防空专业队工程	保障防空专业队掩蔽和执行某些勤务的人防工程,一般称防空专业队掩蔽所。一个完整的防空专业队掩蔽所一般包括专业队队员掩蔽部和专业队装备(车辆)掩蔽部两个部分
配套工程	战时的保障性人防工程(即指挥工程、医疗救护工程、防空专业队工程和人员掩蔽工程以外的人防工程总合)

2. 按工程构筑方式分类

按工程构筑方式分类   表2

构筑方式		定义	特点
明挖工程	单建式	采用明挖法施工,其上部无坚固性地面建筑物的工程	1.便于平时使用; 2.施工便捷; 3.造价较高
	附建式	采用明挖法施工,其上部有坚固性地面建筑物的工程,也称为防空地下室	1.节约资金; 2.上下部建筑互为加强; 3.不单独占用土地; 4.便于战时人员快速掩蔽; 5.上部建筑制约结构形式尺寸
暗挖工程	坑道式	大部分主体地面高于最低出入口的暗挖工程	1.易于掩蔽伪装,防护能力强; 2.节约材料; 3.易于实现自然通风和自流排水; 4.施工受地质条件影响大
	地道式	大部分主体地面低于最低出入口的暗挖工程	1.易于掩蔽伪装; 2.受地质条件影响大; 3.施工过程中,自流排水困难; 4.人员设备进出不方便

3. 按防护特性分类

按防护特性分类   表3

防护特性分类	抵御武器类型	设计的主要特点
甲类人防工程	核武器、常规武器、生化武器和次生灾害	1.为全埋式人防工程; 2.考虑早期核辐射墙体的厚度验算; 3.要考虑建筑物倒塌范围及出入口的防护措施(设防倒塌棚架)
乙类人防工程	常规武器、生化武器和次生灾害	1.可以作半地下室; 2.不考虑建筑物的倒塌影响

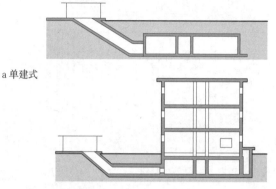

a 单建式

b 附建式(防空地下室)

1 单建式工程与附建式工程

人防工程的布局

人员掩蔽工程应布置在人员居住、工作的适中位置,其服务半径不宜大于200m。防空地下室距生产、储存易燃易爆物品的厂房、库房的距离不应小于50m;距有害液体、重毒气体的贮罐不应小于100m。

人防工程的组成

按作用可分为结构、防护层、防护设备、建筑设备、建筑装修等;按有效空间的防护功能,可分为主体和口部;按有效空间的防毒能力,可分为密闭区和非密闭区。

人防工程的抗力等级

人防工程的抗力等级反映其抵御核武器和常规武器毁伤的能力。防空地下室防常规武器抗力级别为5级和6级;防核武器抗力级别为4级、4B级、5级、6级和6B级。

人防工程的主要防护措施

人防工程的主要防护措施   表4

武器及次生灾害			主体	口部	
				出入口	通风口
化学武器			围护结构密闭一定室内空间	密闭门 防毒通道 洗消间	密闭阀门 滤毒除尘装置
生物武器					
核武器		放射性沾染	结构厚度 顶板上方覆土	通道拐弯 通道长度	密闭阀门
		早期核辐射			
		(光)热辐射			
		城市火灾			
	冲击波	空气冲击波	岩土防护层 结构抗力	防护密闭门	防爆波活门 扩散室
		土中压缩波			
		房屋倒塌			
常规武器			岩土防护层、主体结构、防护单元和抗爆单元	出入口数量 防倒塌棚架	防塌通风口 防堵箅子

防护密闭门和密闭门

防护密闭门和密闭门是人防工程重要的防护设备。人防门的类型编号是由其材质、类型、属性、门洞宽度和高度以及所属工程的抗力级别共同组成。设置要求如下：

1. 防护密闭门应向外开启，密闭门宜向外开启。

2. 防护密闭与密闭门的设置要注意铰页边、闭锁边，以及门前通道的尺寸要求。

3. 防护密闭门沿通道侧墙设置时，其门扇应嵌入墙内设置，且门扇的外表面不得突出通道的内墙面。

4. 当防护密闭门设置于竖井处时，其门扇的外表面不得突出竖井的内墙面。

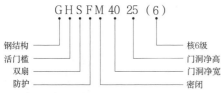

GHSFM 40 25 (6)

钢结构　　　　　　　核6级
活门槛　　　　　　　门洞净高
双扇　　　　　　　　门洞净宽
防护　　　　　　　　密闭

1 人防门具体编号示意图

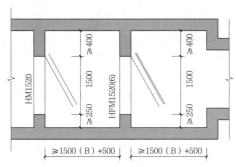

a 平面图

b 剖面图

2 防护门设置示意图

防爆波活门和扩散室

1. 防爆波活门

防爆波活门是在工程进排风口、排烟口，设置的抵抗冲击波并能削弱冲击波超压的防护设备。防爆波活门分为悬板式防爆波活门、胶管式防爆波活门和防爆超压排气活门。悬板式防爆波活门结构简单、工作可靠，在人防工程中采用较多。悬板式防爆波活门主要由底框、底板、悬板、悬板铰页、缓冲胶垫、限位器等零件组成。

2. 扩散室

防爆波活门能够削弱冲击波压力，当人防工程仅设活门而余压仍不满足要求时，需在活门后面设置扩散室。扩散室是利用其内部空间来削弱进同冲击波余压的房间。

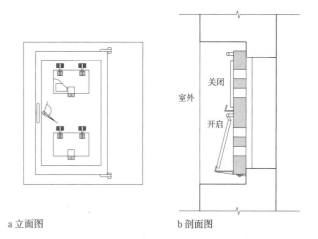

a 立面图　　　　　　　　　b 剖面图

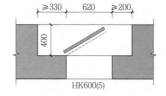

HK600(5)

c 平面图

3 悬板式防爆波活门图示

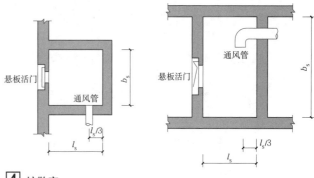

4 扩散室

防爆波活门和扩散室设置要求　　　　　　　　　　表1

设施名称	设置要求
防爆波活门	1.类似于人防门的设置要求； 2.注意铰页边、闭锁边以及周边四周的安装尺寸； 3.特别注意悬板活门应嵌入墙体不小于300mm，具体嵌入尺寸参照相关人防工程防护设备选用图集
扩散室	1.扩散室应采用钢筋混凝土整体浇筑，其室内平面宜采用正方形或矩形； 2.扩散室室内横截面净面积不宜小于9倍悬板活门的通风面积，当有困难时，横截面净面积不得小于7倍悬板活门的通风面积； 3.扩散室室内净宽与净高之比不宜小于0.4，且不宜大于2.5； 4.扩散室室内净长宜满足下式要求： $$0.5 \leq \frac{l_s}{\sqrt{b_s \times h_s}} \leq 4.0$$ 式中：l_s、b_s、h_s ——分别为扩散室的室内净长、净宽、净高； 5.当通风管由扩散室侧墙穿入时，通风管的中心线应位于距后墙的1/3扩散室净长处； 6.当通风管由扩散室后墙穿入时，通风管端部应设置向下的弯头，并使通风管端部的中心线位于距后墙面的1/3扩散室净长处； 7.扩散室内应设地漏或集水坑

8
地下建筑

密闭通道和防毒通道

1. 密闭通道

密闭通道是由防护密闭门与密闭门之间或两道密闭门之间所构成的空间，依靠该空间的密闭隔绝作用阻挡毒剂侵入室内。工作原理是：当室外染毒时，密闭通道的防护密闭门和密闭门始终是关闭的，不允许有人员出入。密闭通道一般和人防工程的进风口、连通口和次要出入口结合设计。

2. 防毒通道

防毒通道是防护密闭门与密闭门之间或两道密闭门之间所构成的、具有通风换气条件，依靠超压排气阻挡毒剂侵入室内的空间。在外界染毒时，允许人员出入。工作原理是：当外界染毒时，先开启防护密闭门，人员进入防毒通道；然后关闭防护密闭门，利用防毒通道内的换气设备将染毒空气排出室外，使防毒通道内毒剂浓度迅速下降到安全程度，再开启密闭门进入室内。

密闭通道和防毒通道设置要求　　　　　　　　　　　　表1

设施名称	设置要求
密闭通道	1.当防护密闭门和密闭门均向外开启时，其通道的内部尺寸应满足密闭门的启闭和安装需要； 2.当防护密闭门向外开启，而密闭门向内开启时，两门之间的内部尺寸不宜小于均向外开启时的密闭通道内部尺寸
防毒通道	1.防毒通道宜设置在排风口附近，并应设有通风换气设施； 2.防毒通道的大小应满足滤毒通风条件下换气次数要求； 3.防毒通道的大小应满足使用需求； 4.当两道人防门均向外开启时，在密闭门门扇开启范围之外应设有人员（担架）停留区。人员通过的防毒通道，其停留区的大小不应小于两个人站立的需要；担架通过的防毒通道，其停留区的大小应满足担架及相关人员停留的需要； 5.当外侧人防门向外开启，内侧人防门向内开启时，两门框墙之间距离不宜小于人防门的门扇宽度，并应满足人员（担架）停留区的要求

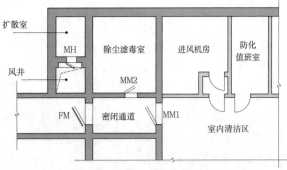

图中FM代表防护密闭门，MM代表密闭门，MH代表防爆波活门（下同）。

1 密闭通道

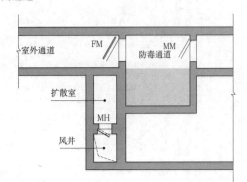

2 防毒通道

洗消设施

1. 洗消间

洗消间是供染毒（沾染）人员通过和消除全身有害物的房间，通常由脱衣间、淋浴间和穿衣检查间三部分组成。

脱衣间是洗消人员脱去个人防护器材和各种染毒、沾染衣物的房间，内设密闭柜（密闭袋）；淋浴间是洗消人员进行皮肤消毒和冲洗的房间，内设淋浴器和洗脸盆；检查穿衣间是淋浴冲洗后的人员进行剂量检查、穿清洁衣物的房间。

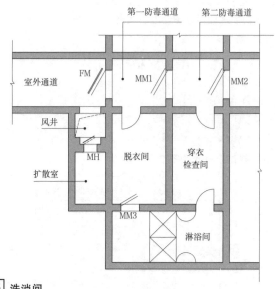

3 洗消间

2. 简易洗消设施

二等人员掩蔽工程设置简易洗消设施。其宜与防毒通道合并设置；当带简易洗消的防毒通道不能满足规定的换气次数要求时，可单独设置简易洗消间。

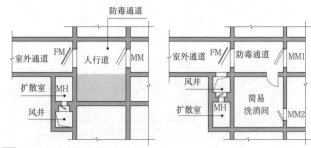

4 简易洗消设施的设置

洗消间和简易洗消设施设置要求　　　　　　　　　　表2

设施名称	设置要求
洗消间	1.洗消间应设置在防毒通道一侧，和人防工程排风口结合设计； 2.脱衣间的入口应设置在第一道防毒通道内，淋浴间的入口应设置一道密闭门，穿衣检查间的出口应设置在第二道防毒通道内； 3.淋浴间内淋浴器的布置应避免洗消前后人员足迹交叉； 4.医疗救护工程的脱衣间、淋浴间和检查穿衣间的使用面积宜按每一淋浴器6m²计；其他人防工程的脱衣间、淋浴间和检查穿衣间的使用面积宜按每一淋浴器3m²计
简易洗消设施	1.带简易洗消的防毒通道应由防护密闭门与密闭门之间的人行道和简易洗消区组成，人行道的宽度不宜小于1.3m；简易洗消区的面积不宜小于2.0m²，且其宽度不宜小于0.6m； 2.单独设置的简易洗消间应设置在防毒通道一侧，其使用面积不宜小于5m²。简易洗消间与防毒通道之间设置一道普通门，简易洗消间与清洁区之间应设一道密闭门

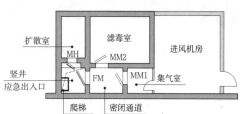

出入口的设置及防护

1. 出入口分类

按功能分为主要出入口、次要出入口、备用出入口；

按位置分为室外出入口、室内出入口、连通口。

2. 出入口数量

人防工程每个防护单元不应少于2个出入口（不包括防护单元之间的连通口或竖井式出入口），至少有1个室外出入口。

符合下列条件之一的两个相邻防护单元可在防护密闭门外共设1个室外出入口：

（1）当两相邻防护单元均为人员掩蔽工程时或其中一侧为人员掩蔽工程另一侧为物资库时；

（2）当两相邻防护单元均为物资库，且其建筑面积之和不大于6000m²时。

3. 出入口防护

出入口人防门、密闭通道、防毒通道和洗消设施的设置数量　表1

工程类别	医疗救护工程 专业队队员掩蔽工程 一等人员掩蔽工程 加工车间、食品站		二等人员掩蔽工程 电站控制室		物资库 区域供水站
	主要出入口	其他口	主要出入口	其他口	各出入口
防护密闭门	1	1	1	1	1
密闭门	2	1	1	1	1
密闭通道	—	1	—	1	1
防毒通道	2	—	1	—	1
洗消间	1	—	—	—	—
简易洗消间	—	—	1	—	—

风口的设置及防护

通风口包括进风口、排风口、内部电站的排烟口。通风方式分为清洁式通风、滤毒式通风、隔绝防护。

通风口的设置　表2

通风口类型	数量	位置	要求
战时进风口	1~2个	考虑防化的工程，结合除尘室、滤毒室设计	室外通风口一般位于上部建筑投影范围之外，并与其具有一段距离。进风口与排风口之间的水平距离不宜小于10m
战时排风口	1个	对于有防毒通道、洗消间或简易洗消间的工程，排风口与战时主要出入口相结合设置	

通风口的防护　表3

工程类别	通风要求	防护措施
医疗救护工程、专业队队员掩蔽部、人员掩蔽工程以及食品站、生产车间、电站控制室	战时要求不间断通风	防爆波活门+扩散室（或扩散箱）
人防物资库	战时要求防毒，但不设置滤毒通风，且空袭时可暂停通风	防护密闭门+密闭通道+密闭门
专业队装备掩蔽部 人防专用汽车库	战时允许染毒	防护密闭门+集气室+普通门

口部综合防护措施

口部综合防护措施　表4

类型	分类	房间组成
与排风口结合设计的战时主要出入口	出入口设置洗消间	排风口或排风竖井、扩散室、第一防毒通道、脱衣间、淋浴间、检查穿衣间和第二防毒通道
	出入口设置简易洗消设施	排风口或排风竖井、扩散室、防毒通道、简易洗消间或简易洗消区
与进风口结合设计的战时次要出入口或应急口	战时次要出入口	进风口或进风竖井、扩散室、密闭通道、滤毒室和进风机室
	应急出入口	进风竖井（设置人行爬梯）、扩散室、密闭通道、滤毒室和进风机室

FM 防护密闭门
MM 密闭门
MH 防爆波活门

扩散室　滤毒室　进风机房
MH　MM2
竖井　FM　MM1　集气室
应急出入口
爬梯　密闭通道

1 与工程主体进风口结合设计的应急出入口

工程防护分区

防护单元是人防工程中防护设施和内部设备均能自成体系的使用空间。抗爆单元是在防护单元中用抗爆隔墙分隔成的空间。

防护单元、抗爆单元建筑面积（单位：m²）　表5

工程类型	防空专业队工程		人员掩蔽工程	配套工程
	人员掩蔽部	装备掩蔽部		
防护单元	≤1000	≤4000	≤2000	≤4000
抗爆单元	≤500	≤2000	≤500	≤2000

注：当防空地下室的上部建筑的层数为10层或多于10层时，可不划分防护单元和抗爆单元；对于多层的乙类和多层的核5、核6、核6B级甲类防空地下室，当其上下相邻楼层划分为不同防护单元时，位于下层及以下的各层可不划分防护单元和抗爆单元。

防护单元隔墙

相邻防护单元之间应设置防护单元隔墙，防护单元隔墙应为整体浇筑的钢筋混凝土墙。

防护单元隔墙厚度要求　表6

工程类型	厚度要求
甲类防空地下室	应按照相应的抗力要求计算得出，并不小于250mm
乙类防空地下室	常5级不得小于250mm，常6级不得小于200mm

两相邻防护单元之间应至少设置一个连通口。当两相邻防护单元间设有伸缩缝或沉降缝，且需开设连通口时，在两道防护密闭隔墙上应分别设置防护密闭门，且防护密闭门至变形缝的距离应满足防护密闭门门扇开启要求。

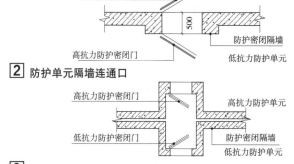

2 防护单元隔墙连通口

3 有变形缝双防护单元隔墙连通口

抗爆隔墙

抗爆隔墙设置要求　表7

隔墙类型	设置要求
不影响平时使用的抗爆挡墙、抗爆隔墙	宜在平时采用厚度不小于120mm厚的钢筋混凝土或厚度不小于250mm的混凝土整体浇筑
不利于平时使用的抗爆挡墙、抗爆隔墙	可在临战时构筑，其墙体的材料与厚度应符合以下要求：1.采用预制钢筋混凝土构件组合墙时，其厚度不应小于120mm，并应与主体结构连接牢固；2.采用砂袋堆垒时，其墙体断面宜采用梯形，其高度不宜小于1.8m，最小处厚度不宜小于500mm。运用砂袋堆垒抗爆挡墙时，由于其截面为梯形，因此应保证挡墙与隔墙之间的距离满足人员或物资通过的要求

8
地下建筑

人防工程平战转换

由于战时与平时功能要求不同，在设计时允许通过采取平战转换措施，满足平、战时需求。人防工程的平战转换主要包括：

1. 通风用房及设备的转换。专供战时使用的防护通风设备可以临战时安装。在设计中须一次性完成全部设计，并对预留做法加以具体交代。

2. 贮水池设置及转换。二等人员掩蔽工程内的贮水池（箱）可在临战时构筑，需在工程施工时将贮水池（箱）管道及预留孔洞预埋好，并应做出标志。

3. 战时干厕及盥洗室设置。战时干厕和盥洗室对房间的设备要求十分简单，故可以采用平时预留位置，临战时构筑的做法，但要注意预先做好局部排风设施所需的预埋件。其位置应设置在工程主体排风口附近。

4. 孔口的转换。专供平时使用的出入口，应在3天转换时限内完成，临战时采用预制构件封堵的，其洞口净宽不宜大于7.0m，净高不宜大于3.0m，且在一个防护单元中不宜超过2个。

对防护单元隔墙上开设的平时通行口，应在15天转换时限内完成，临战时采用预制构件封堵的，其洞口净宽不宜大于7.0m，净高不宜大于3.0m，且其净宽之和不宜大于应建防护单元隔墙总长度的1/2。

因平时使用需要，在防空地下室顶板上或在多层防空地下室中的防护密闭楼板上开设的采光窗、平时风管穿板孔和设备吊装口，其净宽不宜大于3.0m，净长不宜大于6.0m，且在一个防护单元中合计不宜超过2处。

5. 功能空间的转换。工程功能空间的转换上主要体现在抗爆单元砌筑等内容。

出入口平战功能转换措施

平时使用的大型出入口，在临战阶段封堵，启用预先设置的战时出入口。大口封堵的常见形式是一道钢结构防护密闭门封堵，由于钢结构人防门对早期核辐射的防护能力较弱，关闭人防门同时，还需设置堆土加砂袋堆垒层。

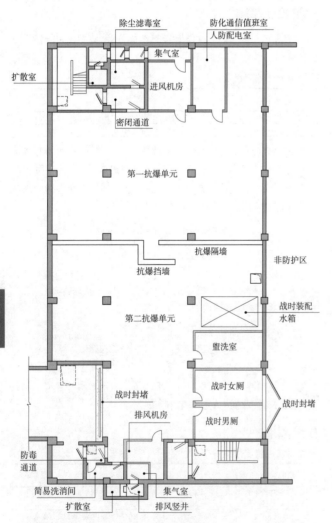

工程通风口采用平战结合的方式，通风机房在平时均已砌筑完成，并在其内增添战时内部控制设备或设施；工程采用的是玻璃钢装配式水箱，其位置设置在用水房间附近；采用出入口封堵的方式将其防护区与非防护区隔开；防护区划分为两个抗爆单元，其间用粗砂袋堆垒的方法构建抗爆挡墙。

1 某二等人员掩蔽部战时平面示意图

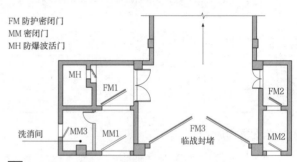

2 平时汽车库出入口与战时人员出入口转换

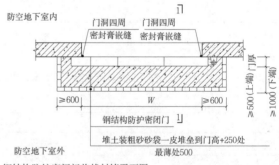

a 钢结构防护密闭门临战封堵平面图

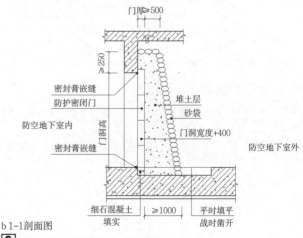

b 1-1剖面图

3 钢结构人防门临战封堵示意图

人防医疗救护工程

人防医疗救护工程按其规模和任务划分为三等：一等为中心医院、二等为急救医院、三等为救护站。

在人防医疗救护工程设计中，应根据其战时功能和防护要求划分第一密闭区和第二密闭区（即清洁区）。相邻的两区之间应设置密闭隔墙。

第一密闭区由分类急救部和通往清洁区的第二防毒通道、洗消间组成。并应设置在主要出入口的第一防毒通道和第二密闭区之间，分类急救部中的急救观察室、诊疗室、污物间、盥洗室、厕所等房间应分别与分类厅相通。

第二密闭区亦称清洁区，是实施急救、收治伤员和医务人员休息的主要场所。根据医疗业务功能，第二密闭区主要由医技部、手术部、护理单元、保障用房等组成。

人防医疗工程的室内净高不宜小于2.6m，通行担架的内部通道净宽不宜小于1.80m。

洗消间淋浴室应设有淋浴器2个、洗脸盆2个。洗消间各室的使用面积不宜小于12.0m²。防化通信值班室的建筑面积不宜小于12.0m²。

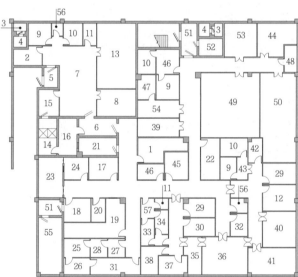

1 总务室　　　　　　　2 战时排风机房　　　3 风井
4 扩散室　　　　　　　5 第一防毒通道　　　6 第二防毒通道
7 分类厅　　　　　　　8 诊疗室　　　　　　9 男厕所
10 女厕所　　　　　　11 污物间　　　　　12 治疗室
13 急救观察室　　　　14 淋浴室　　　　　15 脱衣间
16 穿衣检查间　　　　17 临床检查室　　　18 心电图B超室
19 药房兼发药室　　　20 贮血库　　　　　21 防化化验室
22 计算机房　　　　　23 X线机室　　　　24 操作诊断室
25 整理室　　　　　　26 消毒灭菌室　　　27 接收室
28 洗涤室　　　　　　29 医护办　　　　　30 石膏室
31 配餐房兼发放室　　32 清洗室　　　　　33 男更衣浴厕
34 女更衣浴厕　　　　35 洗手室　　　　　36 手术室
37 麻醉器械室　　　　38 无菌器械敷料室　39 库房
40 外科病房　　　　　41 重症、隔离室　　42 库房兼敷料室
43 盥洗室　　　　　　44 战时水箱间　　　45 站长室
46 警卫室　　　　　　47 食品库　　　　　48 配电间兼防化通信
49 男寝室　　　　　　50 女寝室　　　　　　 值班室
51 密闭通道　　　　　52 除尘滤毒室　　　53 平时/战时进风机房
54 配餐间　　　　　　55 空调室外机防护室　56 污泵间
57 换鞋处

1 某人防医疗救护工程平面示意图

人员掩蔽工程

人员掩蔽工程的主要任务是在战时保护人民群众的生命安全，在各类人防工程中所占比例最大。分为一等人员掩蔽所和二等人员掩蔽所。

一等人员掩蔽所为战时坚持工作的政府机关、重要保障部门、厂矿企业人员提供掩蔽，允许战时有人员进出。战时主要出入口设置两道防毒通道与洗消间；次要出入口设置一道密闭通道。

二等人员掩蔽所为战时留城的普通居民提供掩蔽。战时主要出入口设置一道防毒通道与简易洗消设施；次要出入口设置一道密闭通道。

一等人员掩蔽所的防化通信值班室可按10~12m²设计，二等可按8~10m²设计。

人员掩蔽所战时出入口（不包括竖井式出入口、连通口和防护单元之间的连通口）的门洞净宽之和应按掩蔽人数每100人不小于0.3m计算确定；且每樘门的通过人数不应超过700人。

二等人员掩蔽工程设置要求　　　　　　　　　　　　表1

项目	设计要求
通风要求	设清洁、隔绝、滤毒三种通风方式
主要出入口	设简易洗消
防护单元建筑面积	≤2000m²
抗爆单元建筑面积	≤500m²
面积标准（掩蔽面积）	1.0m²/人
进风机房	清洁区内，靠近滤毒室
贮水间	可在临战时构筑和安装
厕所	按干厕设计，男每40~50人设一个便桶；女每30~40人设一个便桶；1~1.4m²/人，宜设在排风口附近
主要出入口	应设在室外，设洗消污水集水坑、扩散室、带简易洗消间的防毒通道
与进风结合的出入口	设洗消污水集水坑、扩散室、密闭通道、滤毒室
其他出入口	设密闭通道
进风口、排风口	宜在室外单独设置，室外进、排风口下缘距室外地面高度：倒塌范围外不宜小于0.5m，倒塌范围内不宜小于1.0m
人员出入口最小宽度	门洞净宽0.8m，通道净宽1.5m，楼梯净宽1.0m

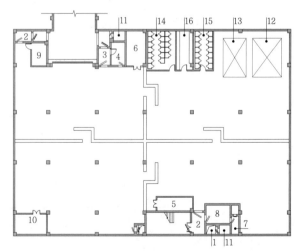

1 竖井　　　　　　　　2 密闭通道　　　　　3 防毒通道
4 简易洗消间　　　　　5 战时进风机房　　　6 战时排风机房
7 除尘室　　　　　　　8 滤毒室　　　　　　9 配电间兼防化通信
10 封堵构件储藏室　　11 扩散室　　　　　　 值班室
12 饮用水箱　　　　　13 生活水箱　　　　14 战时男干厕
15 战时女干厕　　　　16 盥洗间

2 某人员掩蔽工程平面示意图

8
地下建筑

防空专业队工程

防空专业队工程是为战时保障各类防空专业队掩蔽和执行勤务而修建的人防工程，包括抢险抢修、医疗救护、消防、防化防疫、通信、运输、治安等专业队。一个完整的防空专业队掩蔽部由防空专业队队员掩蔽部和防空专业队装备掩蔽部组成。

防空专业队队员掩蔽部防化等级较高，战时主要出入口设置两道防毒通道与标准洗消间，淋浴器的数量按防护单元建筑面积≤400m²时设2个、400m²＜建筑面积，≤600m²时设3个、建筑面积＞600m²时设4个计；次要出入口设一道密闭通道。防护单元建筑面积应不大于1000m²，抗爆单元应不大于500m²。内部宜设置干厕，防化通信值班室按照10~12m²设计。防化器材储藏室按照12~14m²设计。

防空专业队装备掩蔽部主体有抗力要求，无防毒要求，只设置一道防护密闭门。防空专业队装备掩蔽部室外车辆出入口不应少于2个。装备掩蔽部的防护单元建筑面积不应大于4000m²，抗爆单元不应大于2000m²；抗爆单元之间的连通口应考虑战时车辆通行的要求。装备掩蔽部宜按停放轻型车（车高按2.75m，40~50m²/台）设计，门洞高度和通行高度均宜按3.0m。

防空专业队工程中队员掩蔽部宜与装备掩蔽部相邻布置，队员掩蔽部与装备掩蔽部之间应设置连通口，且连通口处宜设置洗消间。

队员掩蔽部设置要求　　　　　　　　　　　　　　表1

项目	设计要求
通风系统	设清洁、隔绝、滤毒三种通风方式
面积标准（掩蔽面积）	3.0m²/人
进风机房	清洁区内，靠近滤毒室
贮水间	一次到位（宜布置在排风口附近）
厕所	按干厕设计，男40~50人设一个便桶；女30~40人设一个便桶；1.4m²/人，宜设在排风口附近
主要出入口	应设在室外，设洗消污水集坑、扩散室、两道防毒通道、洗消间，其中脱衣室、淋浴室、检查穿衣室使用面积按每淋浴器3m²计
与进风结合的出入口	设洗消污水集坑、扩散室、密闭通道、滤毒室
其他出入口	设密闭通道
室外进风口	在倒塌范围内，进风口下沿距离室外地坪的高度不宜小于1.0m，设防倒塌栅架；倒塌范围外，不宜小于0.5m
人员出入口最小尺寸	门洞净宽1.0m，净高2.0m；通道净宽1.5m，净高2.2m；楼梯净宽1.2m

装备掩蔽部设置要求　　　　　　　　　　　　　　表2

项目	设计要求
通风系统	采用平时通风系统，空袭时可暂停通风
面积标准（掩蔽面积）	宜按停放轻型车设计，轻型车40~50m²/台
进排风机房	地下一层宜设置出入口自然进风、机械排风系统。地下二层及以下楼层应设机械进风、机械排风系统
主要出入口	应设在室外，若为消防专业队装备掩蔽部的室外车辆出入口，不应少于2个。设洗消污水集坑、防护密闭门一道。通道出地面设在地面建筑倒塌范围以内时应设防倒塌栅架
其他出入口	设防护密闭门一道，不设密闭门
连通口	装备掩蔽部与队员掩蔽部连通时宜设防毒通道和洗消间
通风口	地下汽车库排风口应设于进风口下风向，排风口朝向人员活动区时，底部高出室外地坪≥2.5m，设在非人员活动区绿化带时，可低于2.5m
人员出入口最小尺寸	门洞净宽1.0m，净高2.0m；通道净宽1.5m，净高2.2m；楼梯净宽1.2m

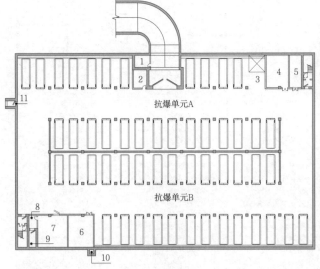

1 第一防毒通道　　　2 脱衣间　　　　　3 淋浴间
4 穿衣检查间　　　　5 第二防毒通道　　6 扩散室
7 楼梯间　　　　　　8 密闭通道　　　　9 除尘滤毒室
10 防化通信值班室　11 战时进风竖井　12 进风扩散室
13 战时排风排烟竖井　14 排烟扩散室　15 排风扩散室
16 移动式柴油发电站　17 储油间污水泵间　18 男干厕
19 女干厕　　　　　20 贮水水箱　　　21 战时进风机室
22 污水泵间

1 某防空专业队队员掩蔽工程平面示意图

抗爆单元A

抗爆单元B

1 管理值班室　　　　2 戊类库房　　　　3 水箱
4 消防水泵房（仅车库使用）　5 消防控制室　6 配电间
7 平战风机房　　　　8 集气室　　　　　9 竖井
10 防爆波电缆井　　11 预留连通口

2 某防空专业队装备掩蔽工程平面示意图

综合物资库工程

人防综合物资库工程储备战时留城人口的必需物资，在配套工程中所占比例最大。一般情况下，该工程应设置在人员掩蔽工程附近，或在一个人防工程内同时设置人员防护单元和物资库单元并互相连通。物资库工程要求防毒，采取隔绝防护措施。人员在染毒情况下不进入工程，工程出入口处只设置密闭通道，不设置防毒通道、洗消、滤毒等设施。

物资库工程的主要出入口宜按照物资进出口设计，建筑面积不大于2000m²时，物资进出口门洞净宽不应小于1.5m；建筑面积大于2000m²时，物资进出口门洞净宽不应小于2.0m；当需要运输车辆进出时，其门洞净宽不应小于4.0m。

当两相邻防护单元均为人员掩蔽工程或其中一侧为人员掩蔽工程、另一侧为物资库时；或当两相邻防护单元均为物资库，且其建筑面积之和不大于6000m²时；符合上列条件之一的两个相邻防护单元，可在防护密闭门外共设一个室外出入口。

物资库工程设置要求 表1

项目	设计要求
通风要求	进风系统中设清洁、隔绝两种通风方式，无滤毒通风；空袭时可暂停通风
主要出入口	不设人员洗消
其他出入口	设密闭通道
防护单元建筑面积	≤4000m²
抗爆单元建筑面积	≤2000m²
贮水间	不设贮水间（设小型贮水箱），按保管人员2~4人计算
厕所	可不设厕所，设便桶1~2个，宜设在排风口附近
通风机室	宜与平时通风机室合并设置；不设战时排风机室，采用开门排风
人员出入口最小宽度	门洞净宽0.8m，通道净宽1.5m，楼梯净宽1.2m

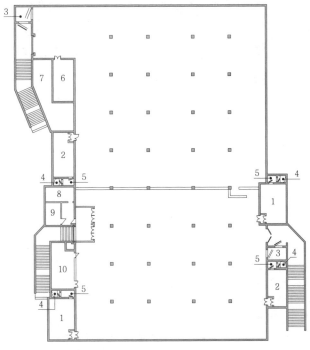

1 进风机房　2 排风机房　3 密闭通道　4 竖井　5 扩散室
6 消防泵房　7 消防水库　8 女卫生间　9 男卫生间　10 配电室

1 某物资库工程平面示意图

柴油电站

中心医院、急救医院、救护站、防空专业队工程、人员掩蔽工程、配套工程等防空地下室，建筑面积之和大于5000m²时应设柴油电站。柴油电站分为固定电站和移动电站。电站的抗力级别应与供电范围内人防工程的最高抗力级别相一致。

电站发电机房的机组运输出入口的门洞净宽不宜小于设备的宽度加0.3m。发电机房通往室外地面的出入口应设一道防护密闭门。柴油电站的贮油间宜与发电机房分开布置，贮油间应设置向外开启的防火门，其地面应低于与其相连接的房间（或走道）地面150~200mm或设门槛。柴油电站进风口与排烟口口部之间的水平距离不宜小于15.0m，或高差不宜小于6.0m。

移动电站为染毒区，应设有发电机房、储油间、进风、排风、排烟等设施。与主体清洁区连通时，设置防毒通道。发电机房应设有能够通至室外地面的发电机组运输出入口。移动电站宜与其他人防工程相结合设置，设置在人防汽车库内时，可不专设发电机房，但应有独立的进风、排风、排烟系统和扩散室。

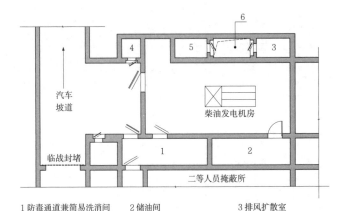

1 防毒通道兼简易洗消间　2 储油间　3 排风扩散室
4 进风扩散室　5 排烟扩散室　6 排风排烟竖井

2 与人员掩蔽工程结合设置的移动电站平面示意图

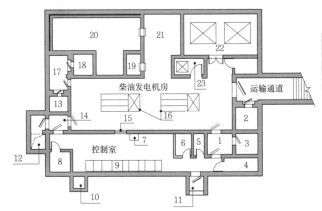

1 防毒通道　　　　2 进风扩散室　　　3 滤毒室
4 进风机房　　　　5 干厕　　　　　　6 深井泵房
7 控制台　　　　　8 休息间　　　　　9 低压配电柜
10 防爆波电缆井　 11 预留人防连通口　12 竖井式出入口
13 排烟扩散室　　 14 密闭通道　　　　15 密闭观察窗
16 柴油发电机组　 17 排风排烟竖井　　18 排风扩散室
19 混合水池　　　 20 水库　　　　　　21 水泵房
22 储油间　　　　 23 油泵间

3 独立设置的固定电站平面示意图

地下建筑施工技术

地下建筑施工技术一般可分为基础技术和应用技术两大类。

施工基础技术

地下建筑施工基础技术一般不能单独地用于修建地下设施，而是作为施工方法的一部分进行应用。

地下工程施工基础技术　　　　　　　　　　　　表1

序号	技术名称	施工工法	细分类
1	地层改良技术	生石灰沙土法	
		深层混合处理法	
		压注法	岩体压注
			土体压注
		冻结法	
		降水法	
		压密法	
		射水振动法	
2	锚固技术	土锚法	
		岩石锚固体	岩体锚栓
			锚杆
3	支挡技术	木支挡	
		金属支挡	桩、背板
			钢板
			钢管
		地下连续壁	壁式
			桩列式
			预制式
			泥水固结式
4	衬砌技术	模注混凝土	
		预应力混凝土	
		喷射混凝土	
5	爆破技术	深孔爆破	
		控制爆破	光面爆破
			预裂爆破
			缓冲爆破
		无公害爆破	
6	量测技术		

1. 地层改良技术

地下建筑施工中为保障开挖过程的安全、处理崩塌和涌水、提高地层强度、强化其止水性能、防止地下水位降低和地表下沉的地层处理技术。

地层改良技术的作用　　　　　　　　　　　　表2

原理	分类	小分类	改良目的			
			增加强度	防止变形	止水	防止液化
化学法	生石灰沙土法	深层混合处理	◎	○		
	深层混合处理法	喷射搅拌法	◎	◎	○	
		压注浆液法	○	◎		
	压注法	岩体压注	◎	◎	◎	△
		土体压注	○	△		
物理法	冻结法		◎	○	◎	
	降水法		△	○		
	压密法		○	△		◎
	射水振动法					○

注：◎经常采用，○采用，△有条件时采用。

2. 锚固技术

锚杆是用金属、木质、化工等材料制作的一种杆状构件。锚杆支护是首先在岩壁上钻孔，然后通过一定施工操作将锚杆安设在地下工程的围岩或其他工程体中，即能形成承载结构、阻止变形的围岩拱结构或其他复合结构的一种支护方式。

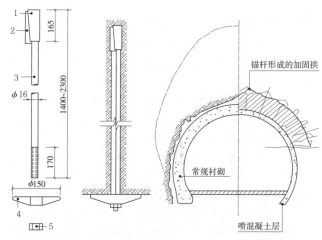

1固定楔 2活动倒楔 3杆体 4垫板 5螺帽

1 锚杆示意图　　　　　　**2** 常规支护与喷锚支护

3. 支挡技术

支挡结构在开挖中用于直接防止围岩崩塌和涌水。主要应用于明挖施工中。

支挡方法及特征　　　　　　　　　　　　表3

支挡类型	构造	特性		施工可能深度（m）			
		止水性	刚性	20	40	60	80
简易支挡	采用木板和轻型钢背板	×	×	☆			
桩、横背板支挡	主桩（H型钢）1~2m间距设横挡板	×	△	☆	☆		
钢背板支挡	连续打钢挡板	○	△	☆	☆		
钢管背板支挡	连续打钢管挡板	○	△	☆	☆		
地下连续墙	做现浇混凝土壁（40~120cm厚）	○	○	☆	☆	☆	☆
柱列式连续墙	插入钢筋笼，灌混凝土桩形成连续壁	×	○	☆	☆	☆	☆
其他	采用预制混凝土块	○	○	☆	☆		

注：○经常具有的特性，△有条件时具有的特性，×不具备的特性，☆施工可能深度范围。

4. 衬砌技术

衬砌技术大体有现浇模板法和预制装配法两大类，在今后的发展中，喷射混凝土技术是主要方向。

衬砌技术分类　　　　　　　　　　　　表4

总类	分类	细类
衬砌技术	现浇混凝土	模板法
		喷射法
	预制构件	混凝土构件
		金属构件

5. 爆破技术

爆破在开挖中是最经济、最容易实施的方法，因而仍是主要开挖方式。从环境制约条件看，过去的爆破法会产生噪声和振动，最近开发的水压爆破就是一种无公害爆破法。此法的特点是用水传递和控制爆破力，爆破效率高且无公害。爆破基本参数包括单位岩体炸药消耗量、炮孔数目、炮孔直径和药包直径的关系、炮孔深度及炮孔网参数等。这些参数因素对于爆破的效果、施工方案和工期等都有较大影响。

6. 量测技术

应用于工程测量的各种技术。

地下工程施工应用技术

地下工程的施工方法是土木工程基础技术结合地下工程特点而形成的，大致可做如下分类：

施工方法分类 表1

序号	施工方法	主要工序	适用范围
1	明挖法	敞口放坡明挖：现场灌注混凝土结构或预制构件现场装配、回填	地面开阔建筑物稀少，土质较为稳定
		板桩护壁明挖：现场灌注混凝土或预制构件现场装配、回填	施工场地较窄，土质自立性较差；工字钢、钢板桩、灌注桩等均可作为护壁板桩，也可用连续墙护壁
2	盖挖逆作法	桩梁支撑盖挖法：打桩或钻孔桩，其上架梁，加顶盖，恢复交通后，在顶盖下开挖，灌注混凝土结构	街道地面交通繁忙，土质较坚固稳定
		地下连续墙盖挖：修筑导槽，分段挖槽，连续成墙，加顶盖恢复交通，在顶盖保护下开挖，构筑混凝土结构	街道地面交通繁忙，且两侧有高大建筑物，土质较差
3	浅埋暗挖法	盾构法：采用盾构机开挖地层，并在其内装配管片式衬砌，或浇注挤压混凝土衬砌	松软含水均质地层。在实践中，范围有所扩展
		顶管法：预制钢筋混凝土管结构或钢结构，边开挖、边顶进	穿越交通繁忙道路、铁路、地下管网和建筑物等障碍物的地区
		管棚法：顶部打入钢管，压注浆液，在管棚保护下开挖，立钢拱架、喷混凝土、浇注混凝土结构	松散地层
4	矿山法	钻眼爆破法：以钻眼、装药、爆破为开挖手段，以围岩－结构共同作用为支护设计理论，以复合衬砌成型	坚硬或较坚硬稳定的地层
		掘进机法：采用岩石掘进机掘进，其后进行锚喷衬砌，必要时二次衬砌	适用于含水量不大的各种岩层
5	水域区施工法	围堰法：筑堰排水后，按明挖法施工	较浅的河、湖、海等，无地下补给水地区
		沉埋法：利用船台或干船坞把预制结构段浮运到设计位置的预先挖到的沟槽内，处理好接缝，回填土后贯通	过江、河或海底
		沉井法：分段预制工程结构，用压缩空气排除涌水，开挖土体，下沉到设计位置	地下水位高，涌水量大，穿过湖或河流地区
6	辅助施工法	注浆加固法：向地层注入凝结剂，封堵地下水和增加地层强度后再进行土岩开挖，灌注混凝土结构	局部地层不稳定或发生坍塌垮落，地下水流速<1m/s的地区
		降低水位法：采用水泵将施工区的地下水位降低，以疏干工作面	渗透系数较大的地层
		冻结法：对松软含水冲积地层先钻冻孔，安装冻结管，通过冷媒剂逐渐将地层冻结形成冻土壁，在其保护下再开挖和构筑混凝土结构	松软含水较大地层

敞口放坡明挖法

敞口放坡明挖法是指采用放坡施工方法进行开挖的地下工程施工方法，又称为大开挖基坑法，适用于地面开阔和地下地质条件较好的情况。基坑应自上而下分层、分段依次开挖，随挖随刷边坡，必要时采用水泥黏土护坡。

敞口放坡明挖法 表2

项目	内容
适用条件	一般适用于场地条件比较开阔的基坑或者沟槽，且基坑位于地下水位以上50cm，或经过降水以后边坡和基底具有良好自稳能力的地层
施工原则	垂直分层，纵向分段，横向分区及分块，边挖边坡，对称均衡开挖，快速封闭底板，做好主体结构
施工步骤	施工准备→测量放线→围挡和排水→降水施工→土方开挖和支护→主体结构施工→回填土方→恢复地面
优点	场地比较开阔，施工空间大，多作业面施工，施工速度快，工艺简单，经济性好
缺点	占用场地大，拆迁量大，污染和噪声大，对交通和环境影响大

a 第一平台以上土方开挖

b 第二平台以上土方开挖

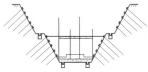

c 下层主体结构施工

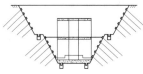

d 上层主体结构施工

［1］敞口放坡明挖法施工步骤

板桩护壁明挖法

板桩护壁明挖法是指在采用板桩护壁形成对基坑的支护下，进行明挖地下工程施工的方法。

板桩护壁的形式主要有：钻孔灌注钢筋混凝土桩、钢板桩、地下连续墙等。

板桩护壁明挖法 表3

项目	内容
适用条件	一般适用于建筑物比较密集，场地条件比较狭窄的基坑或者沟槽，如基坑深度比较大，地下水位高，地层基本无自稳能力，环境保护要求高，采用放坡开挖难以保证基坑的安全和稳定，可施工围护桩、墙的情况
施工原则	垂直分层，纵向分段，横向分块，快挖快支，对称均衡开挖，严禁超挖，快速封闭底板，合理拆撑和换撑，做好主体结构
施工步骤	施工准备→测量放线→围挡和排水→降水施工→土方开挖和设置内支撑体系→主体结构施工→回填土方→恢复地面
优点	围护结构变形小，能够有效控制周围土体的变形和地表的沉降，有利于保护邻近建筑物，基坑底部土体稳定，隆起小，施工安全
缺点	污染和噪声较大，需密切监控地面沉降，防止出现涌水和流沙

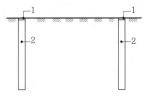

a 施作钻孔灌注桩及冠梁

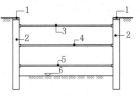

b 开挖基坑至基坑底标高。施作三道钢支撑、钻孔灌注桩及冠梁

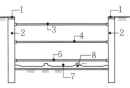

c 施作垫层、底板防水层、底纵梁和底板

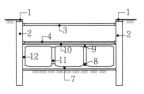

d 拆除第三道钢支撑，施作结构侧墙、中楼模板及板纵梁

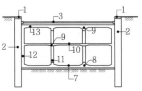

e 拆除第二道钢支撑，施作结构侧墙、顶板及顶板纵梁

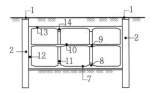

f 拆除第一道钢支撑，回填基坑，恢复踏面

1 冠梁 2 钻孔灌注桩 3 第一道支撑 4 第二道支撑 5 第三道支撑 6 基坑底标高 7 底板 8 底板纵梁 9 楼板纵梁 10 楼板 11 中间立柱 12 侧墙 13 顶板 14 顶板纵梁

［2］板桩护壁明挖法施工步骤

盖挖逆筑法

盖挖逆筑法是先施作地下工程的围护结构、柱、梁和顶板，然后以此为支承构件，上部恢复地面交通，下部进行土体开挖及地下主体工程施工的一种方法。在地质条件较差的密集建筑区修建深、大基坑时，为了减少施工对地面交通和环境的影响可选用盖挖逆筑法。

盖挖逆筑法的主要优点：临时支撑架少，墙体水平位移小，地层沉降小，坑底隆起小，土压力和水压力小，主体结构稳定性好。

按照盖挖逆筑法的临时支撑结构主要分为：桩梁支撑盖挖法和地下连续墙盖挖法。

盖挖逆筑法   表1

项目	内容
适用条件	一般适用于建筑物比较密集，地面交通繁忙，场地条件比较狭窄的深、大基坑，或平面形状比较复杂的基坑施工
施工原则	分区、分层、分段、分块、对称均衡开挖，边挖快支，严禁超挖，快速封闭底板，做好防水
施工步骤	施工准备→测量放线→围护结构施工→中间柱施工→架设临时地面→顶板施工→自上而下挖土→自上而下施工主体结构→拆除临时地面系统→恢复地面
优点	临时支撑架少，墙体水平位移小，地层沉降小，坑底隆起小，土压力和水压力小，主体结构稳定性好，暴露时间短，拆迁量小，可尽快恢复路面，对道路交通和环境影响小
缺点	作业面少，相互干扰大，施工速度较慢，施工难度大，造价相对较高，混凝土结构的施工缝较多，处理比较复杂，防水难度大

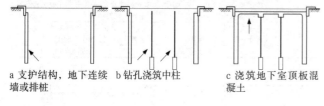

a 支护结构，地下连续墙或排桩   b 钻孔浇筑中柱   c 浇筑地下室顶板混凝土

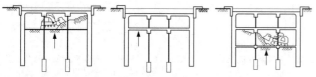

d 顶板支护下地下一层挖土   e 浇筑地下室一层地板   f 地下室二层挖土

g 浇筑地下室二层地板   h 地下室三层挖土   i 浇筑地下室底板

1 盖挖逆筑法施工步骤

盾构法

盾构法(shield method)是暗挖法施工中的一种全机械化施工方法，它是将盾构机械在地中推进，通过盾构外壳和管片支承四周围岩，防止发生隧道内的坍塌，同时在开挖面前方用切削装置进行土体开挖，通过出土机械运出洞外，靠千斤顶在后部加压顶进，并拼装预制混凝土管片，形成隧道结构的一种机械化施工方法。

盾构法   表2

项目	内容
适用条件	一般适用于松软含水均质地层。基本条件：(1)线位上允许建造用于盾构进出洞和出碴进料的工作井；(2)隧道要有足够的埋深，覆土深度宜不小于6m；(3)相对均质的地质条件；(4)如果是双洞或多洞则要有足够的线间距，洞与洞及洞与其他建(构)筑物之间所夹土(岩)体加固处理的最小厚度为水平方向1.0m,竖直方向1.5m；(5)从经济角度讲，连续的施工长度不小于300m
施工原则	主要有土层开挖、盾构推进操纵与纠偏、衬砌拼装、衬砌背后压注等。这些工序均应及时而迅速地进行，决不能长时间停顿，以免增加地层的扰动和对地面、地下构筑物的影响
施工步骤	建造竖井或基坑→盾构安装就位→盾构在地层中沿设计轴线推进→从开挖面上排出适量土方→推进一环距离→在盾尾支护下拼装一环衬砌
优点	安全开挖和衬砌，掘进速度快；盾构的推进、出土、拼装衬砌等全过程可实现自动化作业，施工劳动强度低；不影响地面交通与设施，同时不影响地下管线等设施；穿越河道时不影响航运，施工中不受季节、风雨等气候条件影响，施工中没有噪声和扰动；在松软含水地层中修建埋深较大的长隧道往往具有技术和经济方面的优越性
缺点	断面尺寸多变的区段适应能力差；新型盾构购置费昂贵，对施工区段短的工程不太经济

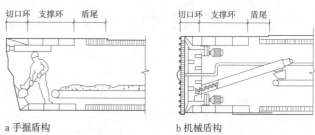

a 手掘盾构   b 机械盾构

2 手掘盾构与机械盾构

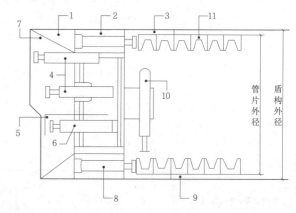

1 切口环 2 支撑环 3 盾尾 4 支撑千斤顶 5 活动平台 6 活动平台千斤顶 7 切口
8 盾构推进千斤顶 9 盾尾空隙 10 管片拼装器 11 支护管片

3 盾构的基本构造

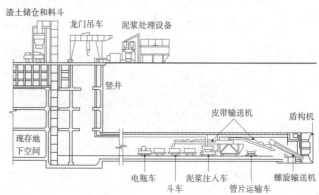

4 盾构法施工示意图

顶进法

顶进法（jack-in method）是建设隧道或地下管道穿越铁路、道路、河流或建筑物等各种障碍物时采用的一种暗挖式施工方法。在施工时，通过传力顶铁和导向轨道，用支承于基坑后座上的液压千斤顶将管压入土层中，同时挖除并运走管正面的泥土。当第一节管全部顶入土层后，接着将第二节管接在后面继续顶进，这样将一节节管子顶入，做好接口，建成涵管。顶管法特别适于修建穿过已成建筑物、交通线下面的涵管或河流、湖泊的隧道。

顶管按挖土方式的不同分为机械开挖顶进、挤压顶进、水力机械开挖和人工开挖顶进等。

顶进法 表1

项目	内容
适用条件	一般适用于软土或富水软土层施工；适用于修建地下管道穿过已建成公路、铁路、河流、地面建筑物等；适用于中型管道（直径1.5～2m）施工
施工原则	工程地质勘察和线路选择决定施工成败
施工步骤	挖掘工作坑（井）→安装顶进设备→将管道逐节顶入土层→边顶进边挖土→直至设计长度
优点	无需明挖土方，对地面影响小；设备少、工序简单、工期短、造价低、速度快；可以在很深的地下铺设管道
缺点	需要详细的现场调查，需开挖工作坑，多曲线顶进、大直径顶进和超长距离顶进困难，纠偏困难，处理障碍物困难

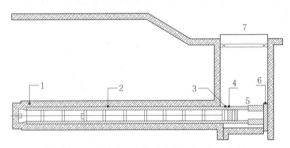

1 刃脚 2 顶进管 3 分压环 4 接长架 5 顶推千斤顶 6 承压壁 7 顶压坑

1 顶进法施工示意图

管棚法

管棚法或称伞拱法，是地下工程浅埋暗挖施工时采取的在拟开挖地下隧道或结构工程的衬砌拱圈隐埋弧线上，预先钻孔打入惯性力矩较大的厚壁钢管，并向围岩注浆，对管棚周围的围岩进行加固，防止土层坍塌和地表下沉，以保证掘进与后续支护工艺安全运作的方法。

管棚法 表2

项目	内容
适用条件	适用于在浅埋和风化层中，穿越破碎带、松散带、软弱、涌水、涌砂地层，穿越既有线（如既有铁路、公路、高速公路、高速铁路等）、建筑物及构筑物等的隧道施工
施工原则	坍塌段超前预支护管棚，管棚长度一般都要一次性穿越坍塌段，并延长5～10m。穿越富水地层中管棚超前预支护时，管棚长度应在富水段两端各延伸10m左右，管径采用φ108mm或φ159mm
施工步骤	工作面封闭→工作台架设→管棚定位并确定轴向标志→架设钻机→钻孔施工→高压风清管→注浆→撤除工作台架及钻机→转入开挖施工程序
优点	施工快、安全性高、工期短，被认为是隧道施工中解决冒顶的有效的施工方法
缺点	需要采用专用大功率水平定向钻机和专用导向仪精确控制管棚钢管铺设的轨迹线

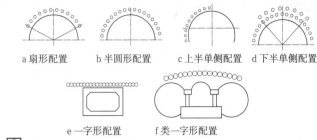

a 扇形配置　b 半圆形配置　c 上半单侧配置　d 下半单侧配置

e 一字形配置　　f 类一字形配置

2 管棚法剖面布置示意图

钻眼爆破法

钻眼爆破法是通过钻孔、装药和爆破开挖岩石的方法，简称钻爆法。这一方法从早期由人工手把钎、锤击凿孔，用火雷管逐个引爆单个药包，发展到用凿岩机和凿岩台车钻孔，应用毫秒爆破、预裂爆破及光面爆破等爆破技术。

钻眼爆破法 表3

项目	内容
适用条件	适用于各种地质条件和地下水条件，所以仍然是目前最成熟的隧道开挖技术
施工原则	保护围岩，减少破坏和扰动；容许围岩有控制的变形；合理确定支护结构的类型、一次掘进长度等；实地测量监控；建立设计→施工检验→地质预测→量测反馈→修正设计的一体化施工管理系统
施工步骤	爆破设计→锚定钻孔作业平台→移机就位→钻孔→成孔冲洗→装药→连线→平台撤离→起爆信号→起爆→通风→出渣→爆破效果检查→支护→下一工作循环
优点	适用于各种地质条件和地下水条件；具有适合各种断面形式和变化断面的高度灵活性；通过分步开挖和辅助工法，可以有效地控制地表下沉和坍塌；从综合效益观点看，是较经济的一种方法
缺点	施工速度慢，工期比较长；施工环境差，作业产生大量有害气体和烟尘，影响施工人员健康；受地质和水文条件影响大

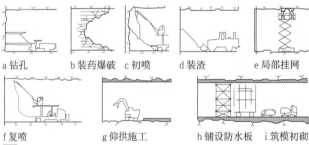

a 钻孔　　b 装药爆破　　c 初喷　　d 装渣　　e 局部挂网

f 复喷　　g 仰拱施工　　h 铺设防水板　　i 筑模初砌

3 钻眼爆破法施工步骤示意图

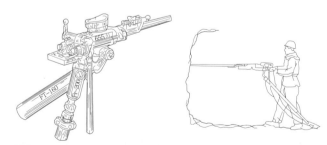

4 YT-23型气腿凿岩机及操作方式

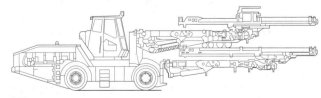

5 T11S-315型三臂凿岩台车侧视图

8
地下建筑

掘进机法

掘进机法，是用特制的大型切削设备，将岩石剪切挤压破碎，然后通过配套的运输设备将碎石运出的地下空间施工方法。根据选用施工设备不同可以分为：全断面掘进机的开挖施工法，独臂掘进机的开挖施工法。

掘进机法　　　　　　　　　　　　　　　　　　　表1

项目	内容
适用条件	一般适用于：断面隧道长度6km以上，围岩的单轴抗压强度在50～200MPa之间，岩层破碎少，应尽量避免复杂地层
施工原则	直径2.5～10m全岩隧（巷）道，岩石的单轴抗压强度可达50～350MPa的圆形隧道开挖，宜选用全断面掘进机；各种断面形式，岩石单轴抗压强度小于60MPa的隧道宜选用独臂掘进机
施工步骤	建造竖井或基坑→掘进机安装就位→掘进机沿着设计轴线推进→从开挖面排出适量的土方→每推进一环距离，就在掘进机后拼装一环衬砌
优点	隧洞掘进机开挖比钻爆法掘进速度快、用工少、对岩石扰动小、开挖面平整、造价低、污染小，易于实现信息化施工，施工安全
缺点	前期投资成本高，设计制造周期长，机体庞大，运输不便，一般只适用于长隧道施工，对多变地质条件适应性差、对场地有特殊要求

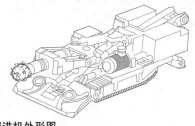

1 独臂掘进机外形图

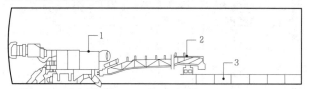

1 独臂掘进机 2 桥式胶带转载机 3 可伸缩胶带输送机尾部

2 独臂掘进机作业线示意图

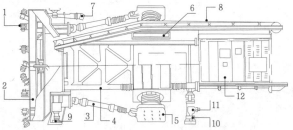

a 纵剖面

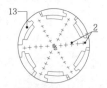

b 首视图

c 横剖面图

d 后视图

1 滚刀 2 刀盘 3 推进油缸 4 机架 5 锚撑缸 6 套架 7 除尘系统 8 带式输送机
9 前支撑缸 10 后支撑缸 11 辅助千斤顶 12 机房 13 铲渣斗

3 全断面掘进机构造简图

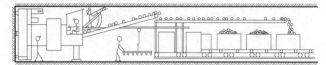

4 全断面掘进机工作示意图

围堰法

围堰法是在水中构筑堤坝形成围堰，将其中的水排出，使水下地面露出，以安置设备，再按明挖法施工的方法。

围堰法　　　　　　　　　　　　　　　　　　　表2

项目	内容
适用条件	一般适用于水域边缘地带修建构筑物，水位较浅或不影响河道航运的情况下，使用围堰法截水，进行构筑物常规施工
施工原则	关键取决于水位的深浅以及水下堰底处淤泥层的厚度，当淤泥层较厚时，需处理或置换；设计和施工应充分考虑雨季最高洪水位的影响
施工步骤	处理堰底处地层→设置围堰→排水加固→堰内施工→拆除围堰
优点	把难度相对较大的水上施工转变为一般的陆地作业，消除了风浪、水位变化等因素的影响，能够简化钻探设备与工艺，降低工程费用
缺点	受水下地质条件和水体条件的影响大，围堰拆除工程量较大

围堰类型及适用条件　　　　　　　　　　　　　表3

围堰类型		适用条件
土石围堰	土围堰	水深≤1.5m，流速≤0.5m/s，河边浅滩，河床渗水性较小
	土袋围堰	水深≤1.5m，流速≤0.5m/s，河床渗水性较小，或淤泥较浅
	竹、铅丝笼围堰	水深4m以内，河床难以成桩，流速较大
	堆石土围堰	河床渗水性很小，流速≤3.0m/s，石块能就地取材
板桩围堰	钢板桩围堰	深水或深基坑，流速较大的砂类土、黏性土、碎石土及风化岩等坚硬河床。防水性能好，整体刚度较强
	钢筋混凝土板桩围堰	深水或深基坑，流速较大的砂类土、黏性土、碎石土河床。除用于挡水防水外还可作为基础结构的一部分，可采用拔除周转使用，能节约大量木材
钢套桶围堰		流速≤2.0m/s，覆盖层较薄，平坦的岩石河床，埋置不深的水中基础，也可用于修建桩基承台

沉埋法

沉埋法是指将预制好的构件浮运到设计位置，分段沉埋至河底或海底预先挖出的基槽内，处理好接缝，回填土后贯通而构成隧道的施工方法。

沉埋法　　　　　　　　　　　　　　　　　　　表4

项目	内容
适用条件	一般适用于江河中下游河床平坦稳定处或浅海湾处，水流速度小于3.0m/s，水深小于60m，对地基承载能力要求不高，软弱地层非常适用，需要合适的干坞制作管段，有管节浮运航道
施工原则	注意水流影响和沉放精度
施工步骤	预制钢筋混凝土结构管节→管节端部封闭→浮运管节→沉放到预先挖好的水下沟槽或处理过的河床上→连接各管节→浅埋覆土→形成沉管隧道
优点	预制管段工程化生产，易于修建大断面水下隧道，可浅埋在最小深度上，预制大管段防水性好，综合工期短
缺点	河床必须稳定，水流较急处施工困难，水深一般不宜超过60m，必须清除水下淤泥，管节混凝土工艺要求高等

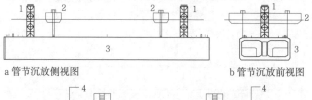

a 管节沉放侧视图　　　　　　　b 管节沉放前视图

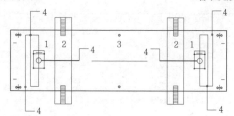

c 管节沉放顶视图

1 测量塔 2 方驳 3 正在沉放的管段 4 岸边系留索

5 沉埋法施工示意图

8
地下建筑

沉井法

沉井法又称沉箱凿井法,是在不稳定含水地层掘进竖井时,于设计的井筒位置上预先制作一段井筒,井筒下端有刃脚,借井筒自重或略施外力使之下沉,挖掘与下沉交替进行,达到预定设计标高后,再进行封底,构筑内部结构的施工方法。

沉井法　　　　　　　　　　　　　　　　　　　　　表1

项目	内容
适用条件	适用于上部荷载较大,而表层地基土的容许承载力不足,扩大基础开挖工作量大,支撑困难,但在一定深度上持力层较好时;山区河流冲刷大或多卵石不便桩基础施工时;河水较深,且水下岩层表面较平坦、覆盖层薄弱时;采用扩大基础施工围堰制作有困难时
施工原则	沉井平面尺寸及其形状与高度力求结构对称、受力合理、施工方便
施工步骤	场地平整,铺垫木、制作底节沉井→拆模,刃脚下一边填塞砂,一边对称抽拔出垫木→均匀开挖下沉沉井,底节沉井下沉完毕→建筑第二节沉井,继续开挖下沉并接筑下一节井壁→下沉至设计标高,清基→沉井封底处理→施工井内设计和封顶等
优点	技术上较稳妥,挖土量少,对邻近建筑物影响较小,沉井基础埋置较深,稳定性好,能支承较大的荷载。沉井既是基础,又是施工时的挡土和挡水结构物,无需设置坑壁支撑或板桩围壁,简化施工
缺点	施工周期长,技术要求高,易发生流砂,造成沉井倾斜或下沉困难

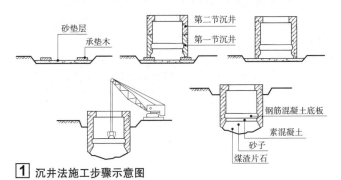

1 沉井法施工步骤示意图

注浆加固法

注浆加固法是将某些能固化的浆液注入岩土地基的裂缝或孔隙中,使其固化以改善其物理力学性质的方法。浆液凝结硬化后,起到胶结、堵塞作用,使地层固并隔断水源,以保证顺利施工。注浆材料有粒状浆材和化学浆材,粒状浆材主要是水泥浆,化学浆材包括硅酸盐(水玻璃)和高分子浆材。

注浆加固法　　　　　　　　　　　　　　　　　　表2

项目	内容
适用条件	在围岩的沙层和砾石层中,为保持掌子面稳定,防止工作面失稳,可采用注浆加固法
施工原则	为施工阶段服务时,满足施工要求即可,采用"以排为主,排堵结合"的施工方案;为加固地层服务时,提高岩体强度,保证安全开挖,控制变形,采用"以堵为主,排堵结合"的施工方案
施工步骤	钻孔机就位→钻孔→安装注浆管→配置浆液→注浆作业→效果评定→重新补孔注浆

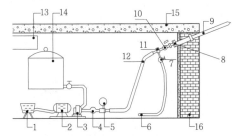

1 支流电机调压器 2 支流电机 3 齿轮泵 4 流量计 5 压力表 6 胶管 7 球阀 8 法兰盘 9 花管 10 球筏 11 三通 12 铠装胶管 13 排风管 14 储浆桶 15 衬砌层 16 止浆墙

2 注浆加固法施工示意图

降低水位法

降低水位法是指通过对地下水施加作用力,利用带有过滤器的井管埋入含水层中,从管中抽取地下水,降低地下水位的方法。用于避免因地下水流动而出现流沙、管涌现象,控制开挖土体,防止坍塌,保证施工安全。

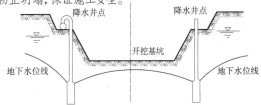

3 井点降水法示意图

冻结法

冻结法是在不稳定含水地层中修建地下工程时,借助人工制冷手段,先钻冻结孔,安装冻结管,通过冷媒剂逐渐将地层冻结,形成冻土壁,在其保护下暂时加固地层和隔断地下水,再开挖及构筑混凝土结构的施工方法。

冻结法　　　　　　　　　　　　　　　　　　　　表3

项目	内容
适用条件	冻结法既适用于松散不稳定的冲积层和裂隙发育的含水岩层,也适用于淤泥、松软泥岩,以及饱和含水和水头特别高的地层。不适用于土层中含水率非常低或地下水流速过大的地层
施工原则	形成冻结壁是冻结法的中心环节。一般与注浆法结合使用,先注浆加固地层,形成浆脉骨架,防止冻融过程中地表沉降,再根据工程实际选用冷冻方案
施工步骤	冻结孔钻进→冻结器安装→冻液管和供液管安装→制冷站和供冷管路安装→地层冻结运转与维护→土木建筑施工

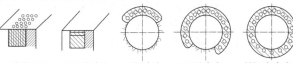

a 垂直冷冻孔　b 水平冷冻孔　c 顶部冷冻　d 环形冷冻　e 封闭式冷冻法

4 冻结法示意图

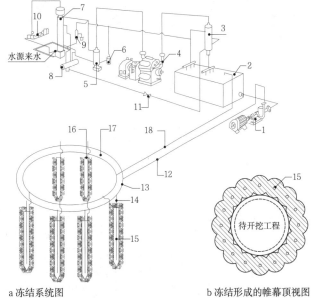

a 冻结系统图　　　　　　　　　　b 冻结形成的帷幕顶视图

1 热水泵 2 盐水箱(内置蒸发器) 3 氨液分离器 4 氨压缩机 5 油氨分离器 6 集油器 7 冷凝器 8 储氨器 9 空气分离器 10 水泵 11 节流阀 12 去路盐水干管 13 配液器 14 供液管 15 冻结器 16 回液管 17 集液圈 18 回路盐水干管

5 冻结法施工原理图

8
地下建筑

地下建筑热湿环境概述

根据不同气候区、不同的建筑功能空间和冬季夏季差异，特定地下空间的相对湿度呈现一定的差别。

部分城市地下工程相对湿度　　　　　　　　　　　　表1

地区	季节	相对湿度（%）				
		地下娱乐、地下影院等	地下旅馆	地下商场	地下医院	地下餐厅
辽宁	冬季	66.3±6.1	79±3		67±2.2	75.3±2.7
	夏季	79.2±2.3	87.3±4.1		85.4±2.6	81.4±4.5
北京	冬季	71.2±1.3		69±3.1	68.3±3.0	
	夏季	86.9±5.1	79.9±7.1	82.2±9.0	75.1±9.5	
四川	冬季	62±8	61±2	44±8		65±6
	夏季	77±4	89±7	78±7		78±5
安徽	冬季	85±3	84±9	82±3	84±3	
	夏季	87±3	92±5	70±6	84±5	
甘肃	冬季	42±2	29±1	39±3	52±6	
	夏季	89±3	62±5	70±2	72±4	

地下建筑热湿环境问题及对策

1. 尽量利用自然通风

（1）结合建筑空间布局，形成可以穿越地下空间的自然通风。

（2）利用地道进行自然通风。

（3）结合空调系统设置人工通风系统。

2. 防潮与除湿

施工阶段注意地下建筑各界面的防水构造处理。防水层应放在围护结构的室外侧。

建成的初期由于施工残留的水较多，采取除湿机加人工通风为主的方法。

建筑投入使用的阶段，通过空调器系统维持建筑内部的热湿环境：一是采用二次循环风，减小空调器出风温度和送风温度差；二是利用冷水机组冷凝器的冷却水给送风加热。

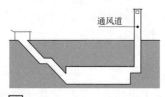

1 利用地道进行自然通风

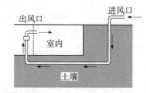

2 机械辅助自然通风示意

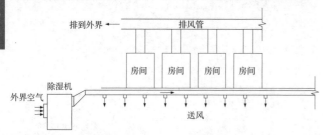

3 无回风的整体通风系统

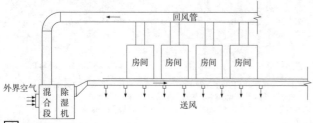

4 带回风的整体通风系统

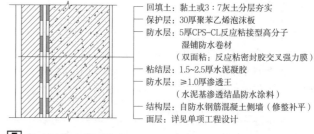

回填土：黏土或3：7灰土分层夯实
保护层：30厚聚苯乙烯泡沫板
防水层：5厚CPS-CL反应粘接型高分子湿铺防水卷材（双面粘：反应粘密封胶交叉强力膜）
粘结层：1.5~2.5厚水泥凝胶
防水层：≥1.0厚渗透王（水泥基渗透结晶防水涂料）
结构层：自防水钢筋混凝土侧墙（修整补平）
面层：详见单项工程设计

5 防水地下室侧墙做法

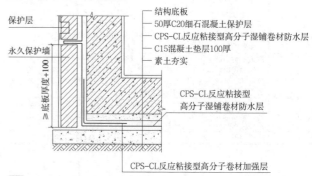

结构底板
50厚C20细石混凝土保护层
CPS-CL反应粘接型高分子湿铺卷材防水层
C15混凝土垫层100厚
素土夯实
保护层
永久保护墙
≥底板厚度+100
CPS-CL反应粘接型高分子湿铺卷材防水层
CPS-CL反应粘接型高分子卷材加强层

6 防水地下室底板侧墙交角做法

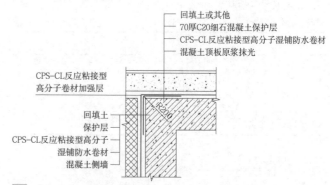

面层：详见单项工程设计
结构层：自防水钢筋混凝土底板，抗渗等级≥P6
保护层：50厚C20细石混凝土
防水层：≥1.0厚渗透王（水泥基渗透结晶防水涂料）
防水层：空铺1.5厚CPS-CL反应粘接型高分子湿铺防水卷材
单面粘：反应粘密封胶+绿黑交叉强力膜
垫层：100厚C15混凝土，随捣随抹光
基层：素土夯实

7 防水地下室底板做法

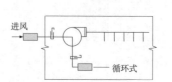

回填土或其他
70厚C20细石混凝土保护层
CPS-CL反应粘接型高分子湿铺防水卷材
混凝土顶板原浆抹光
CPS-CL反应粘接型高分子卷材加强层
回填土
保护层
CPS-CL反应粘接型高分子湿铺防水卷材
混凝土侧墙
R200

8 防水地下室顶板侧墙交角做法

9 氯化钙通风集中除湿

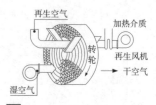

10 氯化锂转轮除湿机原理

地下建筑光环境概述

地下空间的设计中应该尽可能地利用建筑空间手段，或者各种技术手段，最大程度地利用自然光线。其次，要合理设计人工光的布局、形状、色彩和照度等问题。

地下建筑光环境控制与设计

地下空间建筑利用自然光的方法有被动式和主动式两类：

1. 被动式空间处理引入自然光线

（1）顶部采光：建筑空间设置院落或天井。

（2）侧采光：地下空间局部设置下沉式广场。

（3）中庭采光：合理设置中庭。如美国密歇根大学法律系图书馆的中庭设计。

2. 主动技术应用引入自然光线

目前已有的主动式自然采光方法主要有镜面反射采光法、利用导光管导光的采光法、光纤导光采光法、棱镜组传光采光法、光电效应间接采光法等。

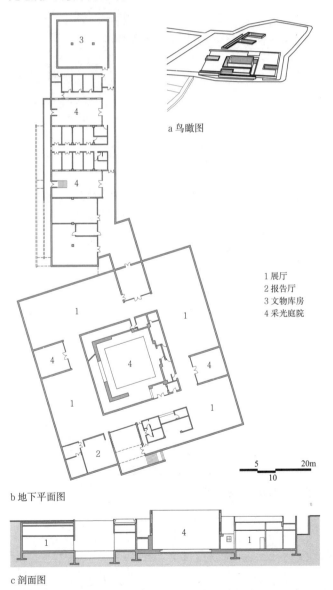

a 鸟瞰图

1 展厅
2 报告厅
3 文物库房
4 采光庭院

5　10　20m

b 地下平面图

c 剖面图

1 河南安阳殷墟博物馆

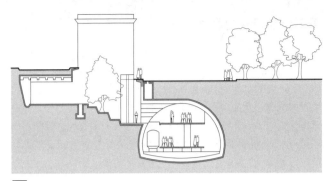

2 某地铁口与下沉广场关系

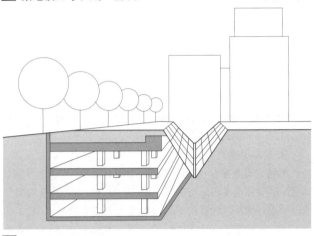

3 密歇根大学法律系图书馆

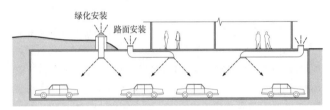

绿化安装　　路面安装

4 导光灯管安装示意

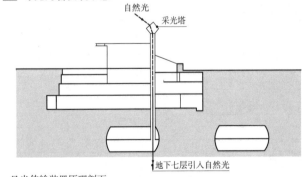

自然光　　采光塔

地下七层引入自然光

a 日光传输装置原理剖面

采光塔

1 聚光器
2 光学纤维
3 照明器

b 日光传输装置

5 美国明尼苏达大学土木工程系馆　6 导光管工作原理

地下建筑声环境概述

地下空间从外部侵入的噪声不多,但内部产生的噪声也难以外漏,空调器、风机等噪声是地下空间内部噪声的主要来源。地下空间必须考虑噪声传播方向的布局和平面设计,通常对产生噪声的机器进行消声防振处理,包括设计风道时要注意控制风速,不宜大于8m/s;送、回风管上的消声器尽可能设在空调机房外面,以防止机房噪声穿透消声后的风管传入室内;振动设备采用防振基础,设备出口连接处设减振软接头等。

地下建筑声环境控制与设计

1. 空间总体设计

建筑将大空间分隔成若干小空间,以缩短混响时间;地下狭长空间的高宽比不宜接近1:1。

2. 各类用途空间

空间顶棚、墙面应安装吸声材料或进行吸声处理,空间混响时间中频不宜超过1.5s(500~1000Hz),低频不宜超过1.8s(125~250Hz),高频不宜超过1.3s(2000~4000Hz)。

3. 设备隔振

设备宜集中布置,强振动设备可设置在底层,其基础需独立设置;高噪声设备用房宜集中布置在空间的尽端或较偏僻的位置上,应对设备进行隔振处理,并对设备用房进行隔声、吸声处理;设备系统管道应进行减振、隔声和消声处理,当设备管线穿越围护结构时,应对洞口的缝隙采取有效的隔声封堵措施。

4. 公共广播系统

系统语言传输指数不宜小于0.5,在人员区域的应备声压级应高于背景噪声15dB;扬声器应分散式布置,宜采用顶棚式扬声器,高度较大的地下空间宜减小扬声器至地面的距离并选择有效覆盖角较小的扬声器,高度较小的空间(尤其是内部吸声量较大时)宜选择有效覆盖角较大的扬声器。

声源降噪效果表 表1

声源	控制措施	降噪效果(dB)
敲打、撞击	加弹性垫片	10~20
机械转动部件动态不平衡	进行平衡调整	10~20
整机振动	加隔振基座(弹性耦合)	10~25
机械转动部件振动	使用阻尼材料	3~10
机壳振动	包覆、安装隔声罩	3~30
管道振动	包覆、使用阻尼材料	3~20
电机	安装隔声罩	10~20
烧嘴	安装消声器	10~30
进气、排气	安装消声器	10~30
炉膛、风道共振	用隔板	10~20
摩擦	用润滑剂、提高光洁度、采用弹性耦合	5~10
齿轮咬合	安装隔声罩	10~20

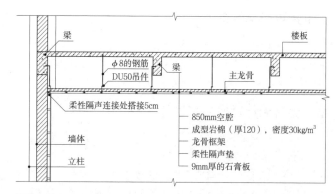

2 隔声吊顶构造图

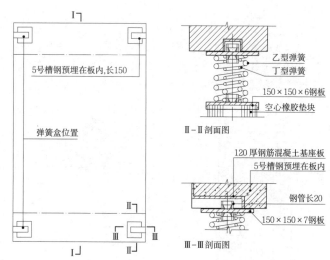

3 某名人纪念建筑地下空间隔振处理

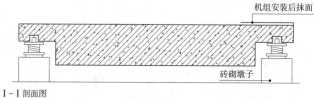

1 有效覆盖角
2 地面至顶棚高度
3 扬声器轴线
4 人耳高度

4 扬声器有效覆盖角示意

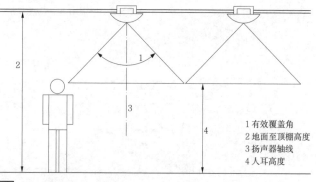

1 独立式地下停车库声处理剖面示意图

8
地下建筑

地下建筑空气品质概述

对空气品质产生影响的要素包括温度、湿度、风速、噪声、负离子浓度、含尘浓度、含菌浓度、氡，以及对CO_2、CO、SO_2、NO_2等气体浓度、总挥发性有机化合物等。地下建筑空间是一个与地面空气隔绝的人工环境，由于无法采用开门窗等简单的自然通风方式来直接改善室内的微气候条件，只能采用机械通风的方法进行换气。

地下建筑空气品质改善措施

1. 增加新风量，发挥新风效应，引入低污染的新风，新风量的提高有利于各种有害物质的稀释与排出。稳态情况下通风量与污染物浓度有成熟的计算公式：

$$Q = \frac{3600kE_i}{C_{a,i} - C_{o,i}}$$

式中：Q—区域内总通风量（m^3/h）；
　　　k—安全系数；
　　　E_i—单位时间内第i种污染物排放量（g/s）；
　　　$C_{a,i}$—第i种污染物质量浓度控制上限（g/m^3）；
　　　$C_{o,i}$—送新风中第i种污染物质量浓度（g/m^3）。

2. 改进气流组织，提高通风换气的效率，加强室内空气的净化处理措施。对废气排放量大的地下空间应相应加大送风量。公共人流集中的城市地下空间应合理设置公共通风设备。

3. 定期进行空调系统的清洁与维护。

4. 做好地下空间的防潮抗菌，围护结构防水和隔汽处理，防止地下水渗漏或积聚在围护结构内部和地下空间内。避免在地下建筑内表面产生凝结水、积聚水，有效控制地下空间空气相对湿度。

天津站地下出租车蓄车区送排风口尺寸及数量　　　　表1

防火分区	排风口尺寸（mm）	排风口数	送风口尺寸（mm）	送风口数
1	600×400	15	600×400	15
2	600×400	18	800×600	8
3	600×400	20	800×600	7
4	800×600	16	800×600	12
	600×400	10	—	—

a 轴测图

b 剖面图

1 天津站地下出租车蓄车区通风设计

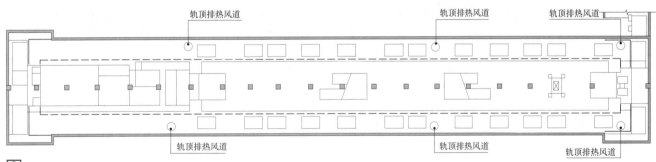

2 地铁站台排风口

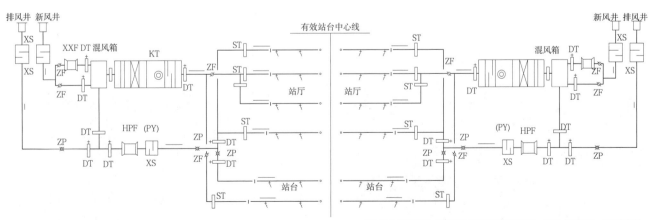

3 地铁公共区通风系统原理图

KT 组合式空调箱，HPF(PY) 回排风式排烟风机，XXF 小新风机，XS 消声器，DT 电动风量调节阀，ZF 防火阀，ZP 排烟防火阀，ST 风量调节阀。

地下建筑防灾

地下建筑的外围是土壤或岩石,对很多灾害的防御能力远远高于地面建筑,但地下空间内部出现某种灾害时,所造成的危害又远超地面同类事件。

随着科学技术的进步,地下建筑向大型化、综合化和复杂化发展,地下建筑对火灾、水淹、恐怖袭击等灾害防御的关注更需引起重视,同时还需注重诱导与疏散指示标识的设计。

灾害类型与特点   表1

灾害类型	特点
火灾	1.次数最多,损失最严重; 2.发烟量大,排烟排热差; 3.火情探测、扑救、人员疏散困难
水灾	1.受气象、地质和水文条件影响; 2.易引发设备故障,致人溺亡
恐怖袭击	1.隐蔽性强、规模大; 2.种类和撒布方式繁多; 3.传播扩散机理复杂; 4.安全防范与处置困难
空气污染	1.环境相对封闭,需引入新鲜空气; 2.内部污染源多,室内空气质量差; 3.多发生于城市繁华地区以及地下空间开发利用程度较高的地区,室外空气质量差

防淹

为防御地表水进入地下建筑,工程设计时既要考虑工程所在地段发生洪涝的可能性,又要考虑地下建筑的使用方便,一般对地下建筑出入口采取以下防御措施:

1. 地下建筑出入口的标高应根据地段历史洪涝情况合理确定,做好出入口截水设施,避免地表水从出入口灌入。人员出入口高出地面的高度宜为500mm,汽车出入口设置明沟排水时,其高度宜为150mm,并应采取防雨措施。

2. 地下建筑通向地面的各种孔口应采取防地面水倒灌措施。地下建筑内的排水管沟、地漏、出入口、窗井、风井等应采取防倒灌措施,并配备足够的排水设备和备用电源,保证其正常运行;寒冷及严寒地区的排水沟应采取防冻措施。

3. 地铁车站出入口的地面标高应高出室外地面,并满足当地防洪要求。露天出入口及敞开通风口排水泵房的雨水排放设计按当地50年一遇暴雨强度计算,集流时间为5~10分钟。对下穿河流和湖泊等水域的地铁工程,应在进出水域的两端适当位置设防淹门或采取其他防淹措施。

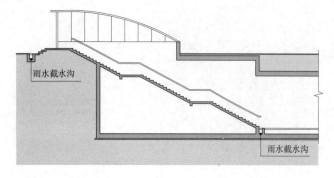

1 出入口截水沟示意图

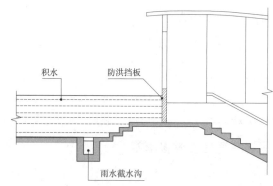

a 出入口防洪挡板防倒灌示意图

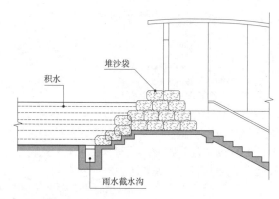

b 出入口堆沙袋防倒灌示意图

2 出入口防倒灌措施示意图

防恐怖袭击

突发恐怖袭击事件是人群集聚类地下建筑的重点设防对象,由于其隐蔽性强、规模大,且种类和撒布方式繁多,需要针对不同类型的建筑,采取满足不同设防要求的技术保障措施。

目前出现的突发恐怖袭击事件主要是核、生物、化学物质的袭击,其中化学袭击材料相对容易制造,生产成本低,是恐怖分子的惯用武器。应对恐怖袭击最好的办法就是将其阻止在地下建筑之外。

1. 在入口处设置专门的安检设备,阻止危险源进入。

2. 在恐怖行动发生时,对源头区域进行快速鉴别,对污染和危险区域进行撤离步骤提示,对通风装置、门等进行自动控制,实现有效疏散。

恐怖袭击设防措施   表2

建筑类型		技术要求与设防措施
地铁建筑	出入口	建立真正的或象征性的障碍物。真正的障碍物可以阻止恐怖分子的恐怖行为,象征性的障碍物虽在实质上不能阻止恐怖分子进入,但其在空间上的区分可在心理上起威慑作用
	检票口	设置专门的安检设备,对带入物品进行安全检查
	候车区域	设置避难区,一旦情况紧急,则可开启紧急避难区,为人群提供安全场所
地下商业街及地下综合体		1.严格控制地下建筑耐火等级,适当提高疏散通道墙壁的耐火等级; 2.对地下商场内的商品类型、数量进行适量控制; 3.大型地下综合体内应设置避难区,一旦情况紧急,则可开启紧急避难区,为人群提供安全场所; 4.大型地下综合体内应划分成若干防护区,采用水幕及风幕将受害区围合,防止爆炸火灾的蔓延及污染物的扩散,并有利于人员的有效逃生

防火

耐火等级 表1

建筑类型	耐火等级
地下公共建筑	一级
地下车库建筑	一级
平战结合人防工程	主体工程一级，出入口地面建筑不低于二级

防火疏散 表2

建筑类型	疏散距离	安全出口数量	防火分区
地下公共建筑及平战结合人防工程	1.房间内最远点至该房间门的距离不大于15m； 2.房间门至最近安全出口的最大距离：医院为24m，其他工程为40m； 3.袋形走道两端或尽端的房间，最大距离为上述相应距离的一半	1.每个防火分区安全出口不应少于2个，当有2个及以上的防火分区相邻、分区之间的防火墙上设有防火门时，每个防火分区可设1个通向室外的安全出口；避难通道直通地面的出口不少于2个，并设置在不同方向； 3.建筑面积≤500m²且室内地坪与室外出入口地面高差不大于10m，人数≤30人的防火分区设有金属梯直通地面的竖井时，可只设1个安全出口或1个与相邻防火分区相通的防火门； 4.建筑面积≤50m²且经常停留人数≤3人的防火分区，可只设1个通向相邻防火区的防火门； 5.建筑面积≤50m²且经常停留人数≤15人的房间，可只设1个疏散门	1.每个防火分区安全出口的总宽度，应按该防火分区设计容纳总人数乘以疏散宽度指标计算确定，疏散宽度指标按表5确定；地下商场每个防火分区的疏散人数，按该防火分区内营业厅使用面积乘以面积折算值及疏散人数换算系数确定，面积折算值不小于70%疏散人数的换算系数可按表6确定
地下车库建筑	1.最远点至安全出口的距离≤45m，设有自动灭火系统时≤60m； 2.单层或设在首层的车库，安全疏散距离为≤60m	1.大、中型汽车库的车辆出入口不少于2个；特大型汽车库的车辆出入口不少于3个； 2.停车数大于100辆的地下车库，当采用错层式或斜楼层板且车道坡道为双车道时，其地下一层至室外的汽车疏散出口不少于2个，其他楼层汽车疏散坡道可为1个； 3.人员安全出入口不应少于2个，但Ⅳ类车库或同一时间人数≤25时，可设置1个人员出入口	1.汽车疏散坡道宽度≥4m，双车道宽度≥7m； 2.车库、修车库的室内疏散楼梯宽度≥1.1m； 3.汽车出入口间的净距离应>15m；设置人员专用出入口
地铁建筑	1.地下出入通道长度不宜超过100m，如超过时应采取措施； 2.站台公共区的任一点，距疏散楼梯口或通道≤50m。在站台每端均应设置到达区间隧道的楼梯； 3.附设于设备及管理用房的门至最近安全出口的距离≤35m，位于尽端封闭的通道两侧或尽端的房间，其最大距离不得超过上述距离的1/2	1.车站站台和站厅防火分区，其安全出口的数量不应少于2个，并直通车站外部空间； 2.其他各防火分区安全出口的数量不应少于2个，并应有1个安全出口直通外部空间，与相邻防火分区可作为第二个安全出口； 3.竖井爬梯出入口和垂直电梯不得作为安全出口	1.疏散时使用楼梯及自动扶梯，疏散能力按正常情况90%计算； 2.出口楼梯和疏散通道宽度，保证在远期高峰小时客流量时发生火灾情况下，6分钟内将一列车乘客和站台上候车乘客及工作人员全部撤离站台； 3.车站设备、管理用房安全出口及楼梯宽度≥1.0m，单面布置房间的疏散通道宽度≥1.2m，双面布置房间的疏散通道宽度≥1.5m

疏散走道、楼梯和安全出口百人净宽 表3

位置	疏散宽度指标（m/百人）
与地面出入口地面的高差不超过10m的地下建筑	≥0.75
与地面出入口的高差超过10m的地下建筑	≥1.00
人员密集的地下厅室及歌舞娱乐放映游艺场所	≥1.00

防火分区 表4

建筑类型			防火分区	
地下公共建筑及平战结合人防工程	常规建筑		不大于500m²（设置自动灭火系统时面积增加一倍）	
	电影院、礼堂观众厅		不大于1000m²	
	库房	丙类 液体	不大于150m²	设置自动报警和自动灭火系统时面积增加一倍
		固体	不大于300m²	
		丁类	不大于500m²	
		戊类	不大于1000m²	
	商业街		总建筑面积大于20000m²时，采用防火墙进行分隔，防火墙上不设门窗洞口，相邻区域局部连通时，采取防火分隔措施	
	平战结合人防工程中商业营业厅、展厅		当设置自动灭火系统且采用A级装修材料装修时，不大于2000m²	
地铁建筑	车站站台		划为一个防火分区	与临近地下建筑物相连接时，采取防火分隔
	站厅乘客疏散区		划为一个防火分区	
	其他部位		不大于1500m²	
地下车库建筑			不大于2000m²（设置自动灭火系统时面积增加一倍）	

注：地下泵房、水库、卫生间等无可燃物的房间不计入防火分区面积内；地下柴油发电机房、锅炉房、水泵间、风机房等独立划分防火分区。

平战结合人防工程疏散通道最小净宽度（单位：m） 表5

建筑类型	安全出口和疏散楼梯净宽	疏散走道净宽	
		单面布置房间	双面布置房间
地下商场、公共娱乐场所、健身体育场所等	1.40	1.50	1.60
地下医院	1.30	1.40	1.50
地下餐厅	1.10	1.20	1.30
地下生产车间	1.10	1.20	1.50
其他地下民用工程	1.10	1.20	—

地下商业街营业厅内的疏散人数换算系数（单位：人/m²） 表6

楼层位置	地下一层	地下二层
换算系数	0.85	0.80

注：经营丁、戊类物品的专业商店，可按上述确定的人数减少50%。

防火分区之间应采用防火墙分隔。确有困难时可采用符合规范要求的防火卷帘等防火分隔措施。

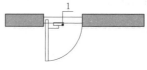

a防火门应设闭门器
b双扇门应设闭门器和顺序器
c防火门应设闭门器
1闭门器 2顺序器 3先关闭扇
4后关闭扇 5电磁门吸

1 防火门示意图

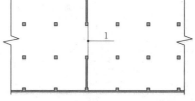
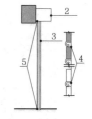

1采用防火卷帘时，耐火极限≥3h
4帘板搭接缝间应具有防烟功能
2卷筒和驱动机构
5应具防烟功能
3防火卷帘

2 防火卷帘示意图

8 地下建筑

防烟

为防止火灾烟雾的扩散与蔓延，使其控制在一定的范围内，尽可能减少损失，地下建筑须严格划分防烟分区。

防烟楼梯间的设置 表1

建筑类型	应设防烟楼梯间的建筑物
地下商业街	1.地下商场及设有歌舞娱乐放映游艺场所的地下建筑； 2.地下层数为3层及3层以上； 3.地下层数为1～2层且室内地面与室外出入口地坪高差大于10m
平战结合人防工程	1.礼堂、影院，建筑面积大于500㎡的医院、旅馆，以及建筑面积大于1000m²的商场、餐厅、展厅、公共娱乐场所； 2.室内地坪与室外出入口地面高差>10m； 3.地下为2层，第二层地坪与室外出入口地面高差≤10m
地铁建筑	1.地下车站站厅和站台、地下区间隧道加设机械防、排烟设施； 2.同一个防火分区内的地下车站设备及管理用房的总面积超过200m²，或面积超过50m²且经常有人停留的单个房间，最远点到地下车站公共区的直线距离超过20m的内走道，连续长度大于60m的地下通道和出入口通道，加设机械排烟设施

设置机械排烟设施，室内净高≤6.0m的场所，应划分防烟分区，每个防烟分区的面积不宜超过500m²。

每个防烟分区内必须设置排烟口，排烟口应设置在顶棚或者墙面上部。排烟口宜在防烟分区内均匀布置，并与疏散出口的水平距离大于2m，且与该分区最远点的水平距离不大于30m。排烟口可单独设置也可与排风口合并设置，排烟口的排烟量应按防烟分区面积每平方米不小于60m³/h计算。

机械加压送风防烟管道和排烟管道，采用金属风道或内表面光滑的其他材料风道时风速不宜大于20m/s，采用抹光混凝土或砖砌风道时风速不宜大于15m/s。

防烟与疏散 表2

建筑类型	防烟分区	防、排烟
平战结合人防工程	1.每个防烟分区的建筑面积不超过500m²； 2.防烟分区不应跨越防火分区	1.当设置机械排烟系统时，应同时设置补风系统，补风量不宜小于排烟量的50%； 2.排烟口、排烟阀应按防烟分区设置，并与排烟风机联锁，当任一排烟口或排烟阀开启时，排烟风机应能自行启动； 3.排烟口应设置在顶棚或近顶棚的墙面上，且与附近安全出口沿走道方向相邻边缘之间的最小水平距离不应小于1.5m；设在顶棚上的排烟口，距可燃构件或可燃物的距离不应小于1.0m； 4.除歌舞娱乐放映游艺场所和建筑面积大于50m²的房间外，排烟口可设置在疏散走道； 5.分区内的排烟口距该分区最远点的水平距离不应超过30m； 6.排烟风机可采用离心风机或排烟专用的轴流风机，应能在280℃的环境条件下连续工作不少于30min； 7.在排烟风机入口的总管和排烟支管上应设置当烟气温度超过280℃时能自行关闭的排烟防火阀，排烟口的风速不宜大于10m/s
地铁建筑	1.建筑面积不宜超过750m²，防烟分区不应跨越防火分区； 2.防烟分区可采用挡烟垂壁等设施实现；挡烟垂壁等设施的耐火极限不应<0.5h； 3.站厅与站台间的楼梯口处，宜设挡烟垂壁，挡烟垂壁下缘至楼梯踏步面的垂直距离不应小于2.3m	1.站台、站厅火灾时的排烟量，应根据防烟分区的建筑面积按1m³/m²·min计算；当排烟设备负担两个防烟分区时，设备能力按同时排除两个防烟分区的烟量配置。当车站站台发生火灾时，应保证站厅到站台的楼梯和扶梯口处具有不小于1.5m/s的向下气流； 2.区间隧道火灾的排烟量，按单洞区间隧道断面的排烟流速不小于2m/s计算，但排烟流速不得大于11m/s； 3.区间隧道排烟风机及烟气流经的辅助设备如风阀及消声器等，应保证在150℃时能连续有效工作1h； 4.站厅、站台和设备及管理用房排烟风机及烟气流经的辅助设备，应保证在250℃时能连续有效工作1h； 5.列车阻塞在区间隧道时的送风量，按区间隧道断面风速不小于2m/s计算，并按控制列车顶部最不利点的隧道温度低于45℃校核确定，但风速不得大于11m/s； 6.排烟口的风速不宜大于10m/s； 7.当排烟干管采用金属管道时，管道内的风速不应大于20m/s，采用非金属管道时不应大于15m/s； 8.通风与空调系统下列部位风管应设置防火阀：穿越防火分区的防火墙及楼板处，每层水平干管与垂直总管的交接处，穿越变形缝且有隔墙处

机械排烟系统的最小排烟量 表3

条件和部位		单位排烟量 [m³/(h·m²)]	换气次数 （次/h）	备注
担负1个防烟分区		60	—	单台风机排烟量不应<7200m³/h
室内净高大于6m且不划分防烟分区的空间				
担负2个及2个以上防烟分区		120	—	应按最大防烟分区面积确定
中庭	体积≤17000m³	—	6	体积>17000m³时，排烟量≥102000m³/h
	体积>17000m³	—	4	

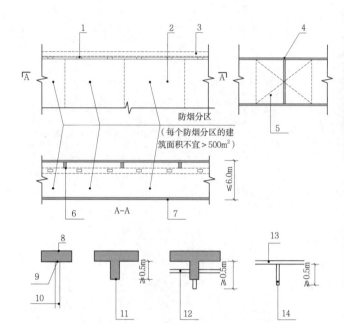

1 排烟口　2 防烟分区　3 排烟道　4 防火墙　5 防烟分区不应跨越防火墙
6 防烟分区的分隔　7 楼地面　8 顶板　9 封严　10 隔墙
11 钢筋混凝土梁　12 吊顶　13 顶板或吊顶　14 不燃烧体挡烟垂壁

1 防烟分区示意图

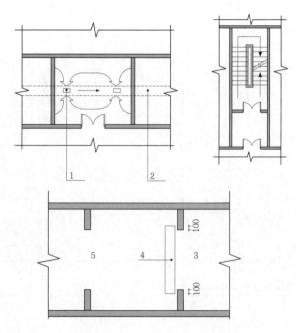

1 机械排烟的排烟口　2 排烟道　3 前室入口　4 加压送风口　5 前室避难走道

2 机械防烟方式

诱导与疏散指示标识

受限于地下建筑内部环境特点，以人群活动为主体的地下建筑须按照防灾要求统一规划设计防灾诱导和疏散标识，建立应急疏散系统。

通过应急疏散系统将准确的疏散信息，以符合非常态人群特点的方式送达至疏散人群，以有效缓解人群的恐慌情绪，提高镇定性，同时可以增强人群辨识应急疏散标识的能力，引导混乱无序状态的人流有序地疏散至预定方位，减少疏散距离及疏散时间，增大获救的可能性。

地下建筑防灾诱导与疏散指示标识的种类与设置要求　　　表1

建筑类型	标识牌种类	技术要求与措施
平战结合人防工程	口部标识	1.规格：400mm×200mm×4mm； 2.颜色：蓝绿背景色，白色标识和字体图案； 3.安装位置："防空地下室"标识安装于人防工程各出入口第一道防护密闭门门洞上方5cm处；"临战封堵"标识安装于临战封堵外侧门门洞上方5cm
	引导标识	1.规格：400mm×200mm×4mm； 2.颜色：蓝绿背景色，白色标识和字体图案； 3.安装位置：防空地下室位于负二层以下部位的，从第一层地下室主要出入口处开始，在通往防空地下室主要通道一侧的墙面或立柱上，每隔30m安装表示"直行"的标识牌一块，遇有转弯的，增加安装表示"左转"或"右转"的标识牌一块，标识牌下沿距地面1.6m
	功能标识	1.规格：400mm×200mm×4mm； 2.颜色：蓝绿背景色，白色标识和字体图案； 3.安装位置：单元连通口标识在相邻防护单元连通的门洞两侧上方5cm处各安装一块，其余标识牌安装于各功能房间门洞上方5cm处
	单元标识	1.规格：400mm×200mm×4mm； 2.颜色：蓝绿背景色，白色标识和字体图案； 3.安装位置：安装于地下室各防护单元的显著位置，下沿距地面1.6m，用于标示地下室各防护单元所在分区及用途。每个防护单元各安装1~2块
地下车库	标识标线	1.车位线位号、通道线、地标指示箭头：使用材料为道路专用冷漆； 2.达到以下施工条件方可施工：地面具有硬度，不能翻砂，地面平整度要好，无积水，地面干燥； 3.墙面立柱警示牌、踢脚线，使用材料为磁漆
	反光标牌	1.交通标识的形状、图案、颜色严格按照《道路交通标识和标线》GB 5768标准及设计图的规定执行； 2.指路标识汉字应采用国际规定的交通专用字体，阿拉伯数字应符合国标的规定；汉字尺寸按《道路交通标识和标线》GB 5768标准的规定设计；指示牌版面文字采用中、英文对照； 3.标识反光材料宜采用二级反光膜底、二级反光膜字； 4.标识牌采用铝合金板面，板面厚度不小于1.5mm
地下商业街及地下综合体	落地标牌	1.高度：落地式诱导标识顶部距装修完成地面不应小于2.3m高，室外层高因不受层高限制，标高可更改； 2.构造、外形：落地式标识一般为资讯标识，可采用钢结构造型，或下部采用金属支架上部为广告灯箱形式，具体外形可具体设计； 3.规格、内容：落地式诱导标识体形较大，内容及信息也多样化，既可将资讯标识和导向标识共同设置（导向标识位于资讯标识上方），也可分开设置
	悬挂标牌	1.高度：底部距装修完成地面不宜小于2.4m； 2.构造、外形：悬挂式标识，外形宜统一采用长方形，并由金属支架吊挂于装饰顶板； 3.规格、内容：悬挂式标识采用远视距（20~30m）设置，其中的图形符号高度设计为230mm，中文字体高度为150mm，英文及其他外文字体高度均为85mm，中文字体占据一列，外文字体占据另一列
	吸墙标牌	1.高度：吸墙式诱导标识顶部距装修完成地面不应小于2.3m高，底部距地面不应小于116mm； 2.构造、外形：吸墙式导向标识通常可通过长形灯箱造型，镶嵌于墙面或直接在亚克力导光板材上放置导向标识内容，也可直接采用贴纸粘贴在墙柱装饰表面； 3.规格、内容：吸墙式诱导标识总体样式要求同落地式导向标识，视觉范围较小，采用近视距（1~2m）设置。对于内容相对较少的贴柱式导向标识，箭头可与文字采用纵向布置，且箭头处在文字的上方

实例

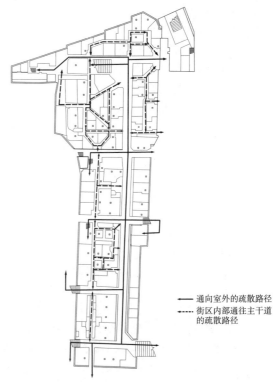

—— 通向室外的疏散路径
---- 街区内部通往主干道的疏散路径

1 日本神户三宫地下街应急疏散路径指示图

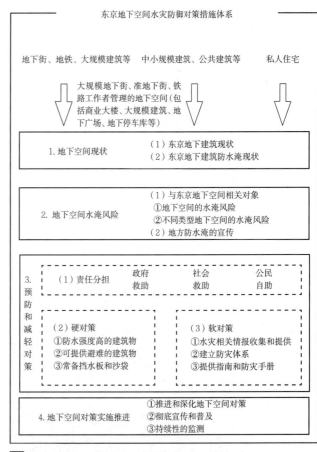

2 日本东京地下空间水灾防御对策措施体系

智能建筑的内涵

1. 智能建筑

智能建筑是以建筑物为平台，基于对各类智能化信息的综合应用，集构架、系统、应用、管理及优化组合为一体，具有感知、传输、记忆、推理、判断和决策的综合智慧能力，形成人、建筑、环境互为协调的整合体，为人们提供安全、高效、便利和可持续发展功能环境的建筑。

2. 建筑智能化系统

让建筑物具有"智能化"属性的系统，称之为"建筑智能化系统"，即通过系统、技术、设备和材料的优化组合，让建筑物具备一定的"智商"，能"感知"建筑物内外环境的变化，并根据需求采取相应的"行动"。建筑物的安全、舒适、高效、便捷、节能、环保和健康等诸多功能，都需要通过在建筑物中设置并运行建筑智能化系统才能实现。

3. 建筑智能化系统组成

建筑智能化系统组成包括：智能化集成系统、信息设施系统、信息化应用系统、建筑设备管理系统、公共安全系统和机房工程。不同类型的建筑物，其智能化需求因建筑功能不同而不同，设计师应重视智能化需求分析及外部条件调研，根据建筑类别、功能需求、运营管理及工程投资等合理设置智能化系统。

建筑智能化系统组成　　　　　　　　　　　　　　　　表1

系统类别	系统名称
信息化应用系统	公共服务系统
	智能卡应用系统
	物业管理系统
	信息设施运行管理系统
	信息安全管理系统
	通用业务系统
	专业业务系统
	其他相关应用系统
智能化集成系统	智能化信息集成（平台）系统
	集成信息应用系统
信息设施系统	信息接入系统
	用户电话交换系统
	信息网络系统
	布线系统
	移动通信室内信号覆盖系统
	卫星通信系统
	卫星电视接收及有线电视系统
	公共广播系统
	会议系统
	信息导引及发布系统
	时钟系统
	其他相关设施系统
建筑设备管理系统	建筑设备监控系统
	建筑能效监管系统
公共安全系统	火灾自动报警系统
	安全技术防范系统：入侵报警系统
	视频安防监控系统
	出入口控制系统
	电子巡查系统
	访客对讲系统
	停车库（场）管理系统
	其他特殊要求技术防范系统
	安全防范综合管理（平台）系统
	应急响应系统
机房工程	信息接入机房、信息设施系统总配线机房、卫星电视接收及有线电视前端机房、用户电话交换机房、信息网络机房、广播控制室、扩声系统控制室、建筑设备管理系统控制室、消防控制室、安防监控中心、智能化总控室和智能化设备间等

注：本表摘自《智能建筑设计标准》GB 50314-2015。

建筑智能化系统及机房工程的功能　　　　　　　　　　表2

系统类别	系统功能
信息化应用系统	以信息设施系统和建筑设备管理系统等为基础，应用多种类信息设备与应用软件的组合，满足建筑物各类专门化业务和运营管理功能的需求
智能化集成系统	将不同功能的建筑智能化系统，通过统一的信息平台实现集成，以形成具有信息汇集、资源共享及协同运行和优化管理等综合能力的系统
信息设施系统	确保建筑物与外部信息通信网的互联及信息通畅，对语音、数据、图像和多媒体等各类信息进行接收、交换、传输、存储、检索和显示等综合处理，实现建筑物业务及管理等应用功能
建筑设备管理系统	实现将建筑物（群）内的供配电、照明、供暖通风与空气调节、给水排水等机电设备或系统进行集中监视、控制和管理等功能
公共安全系统	综合运用现代科学技术，以维护公共安全、应对危害社会安全的各类突发事件而构建的技术防范系统或保障体系；提供应急响应和决策指挥能力，有效预防、控制和消除公共安全事件的危害，具有应急技术体系和响应处置功能
机房工程	提供各建筑智能化系统设备装置的安装布置和运行条件，建立确保智能化系统安全可靠、高效运行和便于维护功能环境的综合工程

智能建筑的应用

1. 应用范围与发展方向

智能建筑已经从单体建筑物（建筑群）向社区和城市范围内发展，成为社区和城市的基础设施，应用的建筑类型包括：办公建筑、金融建筑、文化建筑、旅馆建筑、体育建筑、医疗建筑、教育建筑、交通建筑和住宅建筑等民用建筑及其综合体，以及通用工业建筑等。智能建筑正在发展成为平安城市、数字城市、智慧城市的基本单元、管理枢纽和基础载体。

2. 建筑材料与结构

新型建筑材料和建筑结构等前沿技术应用，使建筑智能化的发展达到一个前所未有的新高度。在安全方面的应用包括：建筑结构健康的实时监测与控制；形状自适应材料与结构；结构减振抗风自适应控制等。在节能与环保方面的应用包括：智能玻璃、智能涂料、相变材料等。

3. 建筑生态与环保

建筑智能化技术与绿色建筑技术结合，以最大限度地节约资源、降低能耗，实现建筑节能与环境控制。如可再生能源协同控制技术、智能围护结构和中水雨水利用控制技术等。

4. 建筑智能化系统应用技术

系统应用技术包括：自动化技术、通信技术、计算机网络技术、物联网技术、"云"技术，以及大数据处理等学科技术的综合应用。

建筑智能化系统应用技术内容　　　　　　　　　　　　表3

学科技术	技术特点
自动化技术	采用自动控制理论及传感器技术，解决锅炉、风机、水泵等机电设备的自动化控制问题，尤其是系统稳定性控制
通信技术、计算机网络技术	通过通信网络和开放式互联网络，实现了分布式控制技术、现场总线技术在建筑物中的应用
	采用网络集成、数据集成、界面集成等技术，解决了系统之间的互联和互操作问题，达到了资源共享及实现了集中监视、控制和管理；建筑物向数字化、宽带化、智能化方向发展
物联网技术、"云"技术	通过智能感应装置，经传输网络实现物与物、人与物之间的信息交互与智能处理
	将智能建筑运行过程中的大量数据上载到云服务器，并与其他建筑的数据融合，对运行进行评价与优化控制，提供软件服务

建筑全寿命周期

1. 建筑从建造、使用到拆除的全过程，形成了一个全寿命周期，包括原材料的获取、建筑材料与构配件的加工制造、现场施工与安装、建筑的运行和维护，以及建筑最终的拆除与处置。关注建筑的全寿命周期，应在规划设计阶段充分考虑并利用环境因素，而且确保施工过程中对环境的影响最低，运行阶段能为人们提供健康、舒适空间，最大限度地降低能耗，拆除时对环境危害能降到最低程度。

2. 建筑智能化系统工程的全寿命周期包括决策立项阶段、前期准备阶段、系统实施阶段和系统运行维护阶段。

建筑智能化系统工程建设阶段内容　　　　　　　　　　表1

阶段	各阶段工作内容	工作单位（机构）
决策立项	用户需求与外部条件调研、可行性报告（项目建议书）	建设单位、咨询单位
前期准备	系统设计方案与评审	建设单位、设计单位、咨询单位
	系统技术标准与技术参数制定施工图设计	建设单位、设计单位
	系统集成商和设备供应商确定	建设单位、设计单位、招标单位
	施工图深化设计	设计单位、系统集成商
系统实施	系统工程管线施工、设备安装	工程公司、系统集成商
	系统调试与试运行	系统集成商、建设单位
	系统检测、系统验收	建设单位、设计单位、系统集成商、监理单位、检测单位、建设主管部门
运行维护	系统运行与维护、系统改造、停止使用	建设单位、系统集成商、运营维护公司

3. 在建筑全寿命周期内，建筑智能化系统应以增强建筑物功能和提升应用价值为目标，以建筑物的功能类别、管理需求及建设投资为依据，具有实用性、开放性、可维护性和可扩展性。

绿色设计理念

1. 绿色建筑是指在建筑的全寿命周期内，最大限度地节约资源、保护环境和减少污染，为人们提供健康、适用和高效的使用空间，与自然和谐共生的建筑。绿色建筑设计应体现共享、平衡和集成的理念，规划、建筑、结构、给水排水、暖通空调、电气与智能化、室内设计、景观、经济等各专业应紧密配合。

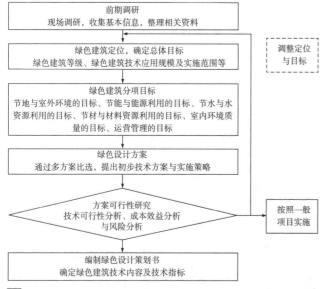

［1］绿色设计策划阶段的基本流程图

2. 绿色建筑与智能建筑的内涵不同，绿色建筑强调生态学与建筑学的有机结合，而智能建筑更强调"智能化"，绿色建筑与智能建筑的共同点是建筑节能与环境控制。

降低能源消耗是智能建筑和绿色建筑最重要的特征之一。建筑节能是指建筑物的规划、设计、改扩建（改造）和使用过程中，执行建筑节能标准，利用可再生能源，采用节能型的建筑技术、工艺、设备、材料和产品，提高保温隔热性能和采暖供热、空调制冷供热系统效率，加强建筑物用能系统的运行管理，在保证建筑物室内环境质量的前提下，降低能源消耗。

建筑智能化系统节能应用　　　　　　　　　　　　表2

节能环节	节能内容
运行优化控制	采用最优控制技术实现建筑机电设备（包括暖通空调、给排水、供配电、照明、电梯等）的优化控制，提高运行效率
集成管理平台	利用建筑智能化系统集成平台实现节能策略和精细管理，提升建筑节能管理水平
能耗计量及设备能效分析	运用建筑智能化技术实现建筑能耗计量及设备能效状况分析，为提供科学的管理决策和制定建筑节能标准提供依据

3. 绿色设计应优先采用被动策略，选用适宜和集成的技术，以及高性能建筑产品和设备。被动策略是指直接利用阳光、风力、气温、湿度、地形、植物等自然条件，通过优化设计，采用非机械、不耗能或少耗能的方式，降低建筑的采暖、空调和照明等负荷，提高室内外环境性能。主动策略是指采用消耗能源的机械系统，提高室内舒适度，实现室内外环境性能。

整体规划设计原则

智能建筑工程建设，应贯彻国家关于节约资源、保护环境等方针政策，各相关专业都应遵循整体规划设计原则。智能化系统工程整体框架规划，应满足建筑智能化应用需求，适应建筑物运营管理模式和系统集成的要求，确定系统标准、构架和配置。

系统集成设计目标

按应用需求和整体规划原则，将不同功能的建筑智能化系统，通过统一的信息平台实现集成，以形成具有信息汇集、资源共享、协同运行及优化管理等综合功能。

系统集成设计要求　　　　　　　　　　　　　　　　表3

集成功能	应以满足建筑物的使用功能为目标，确保对各类系统监控信息资源的共享和优化管理，适应物联网、云计算、智慧城市等应用需要
	应以建筑物的建设规模、业务功能和物业管理模式等为依据，建立可靠和高效的信息化应用系统，实施综合管理功能
系统配置	具有对各智能化系统进行数据通信、信息采集和综合处理的能力
	集成的通信协议和接口应符合相关的技术标准
	支撑工作业务及物业管理系统，实现建筑智能化系统的综合管理
	满足本地、远程和移动应用要求
	具有安全可靠性、容错性、易维护性和可扩展性

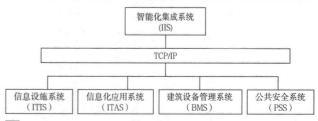

［2］集成系统框图

信息设施系统定义与组成

1. 信息设施系统是使建筑物具有公共服务功能的基础设施，为建筑智能化系统工程提供语音、数据、图像和多媒体等形式的应用条件，形成具有公共信息资源整合服务功能的综合支撑设施。

2. 信息设施系统应具有对建筑内外相关的各类信息，予以接收、交换、传输、处理、存储、检索和显示等功能。同时，宜符合信息化应用所需的各类信息设施予以融合，形成为建筑的使用者及管理者提供良好的信息化应用的基础条件

3. 信息设施系统一般包括信息接入系统、布线系统、移动通信室内信号覆盖系统、卫星通信系统、用户电话交换系统、无线对讲系统、信息网络系统、有线电视及卫星电视接收系统、公共广播系统、会议系统、信息导引及发布系统、时钟系统及其他相关的信息系统。

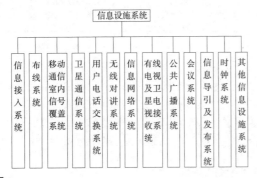

1 信息设施系统框图

信息接入系统

1. 信息接入系统设信息接入机房，将建筑外电信运营商(中国电信、中国移动、中国联通、中国网通、有线电视等)和支持建筑物专业化工作业务的通信线路引入建筑内与建筑内的通信基础设施连接，为通信运营商、广电运营商以及专业化工作业务提供数据通信、语音通信、移动通信以及有线电视等接入服务的设备机房。

2. 室外干线引入端需设置过电压保护装置，通信系统的工作接地与建筑综合接地合用。

室外干线引入室内需预留防水套管，分地下与首层进线两种方式。

3. 根据布置的设备类型与数量的不同，信息接入机房的面积有所不同。同时，分别有运营商机房单独设置、接入机房单独设置和二者合并设置等情况。如下表所示。

各接入机房设置原则   表1

机房类型	面积 （m²）	位置	功能	备注
通信机房	30~50	首层或地下一层	放置语音交换设备、电信运营商通信设备，并作为通信线路通道	运营商机房与接入机房合并设置
运营商机房	10~20	首层或地下一层	放置电信运营商通信设备	只提供设备安装空间及电力供应，其他由相应运营商提供
接入机房	5~10	首层或地下一层	作为通信线路通道	中小型建筑的通信运营商机房可以和接入机房合并设置

布线系统

布线系统是建筑物信息传输基础通道的通信线路（包括铜缆和光缆）的集合，支持语音、数据、图像和多媒体等各种业务信息的传输。

系统由工作区、配线、干线、管理间、设备间、建筑群等子系统构成。数据干线由光缆传输，语音干线由大对数铜缆传输，数据和语音等信息采用非屏蔽或屏蔽双绞线传输，高速传输时采用光纤。综合布线设备间、弱电间一般设42U标准机柜。

相关机房及管理区的弱电间见机房工程部分。

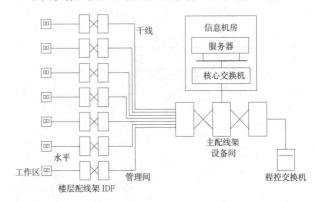

2 布线系统

信息网络系统

1. 信息网络系统是利用传输介质把分布在不同地点且具有独立功能的多台计算机相互连接起来的信息技术设备的集合，在功能完善的软件和网络协议的管理下实现信息传输交换和信息资源共享的系统。

2. 信息网络系统由硬件和软件两部分组成，硬件部分由核心交换机、汇聚交换机、接入交换机组成三层数据交换网，或由核心交换机、接入交换机组成两层数据交换网，通过路由器接入互联网，后台服务器、存储管理工作站及键盘鼠标共享器（KVM）组成数据中心，防火墙和安全设备构成信息安全体系；软件部分由数据库、操作软件和应用软件组成。

3. 信息网络系统为建筑提供信息化应用的平台。网络设备放置于信息网络机房及各楼层弱电间，设备机房及弱电间见机房工程部分图集。

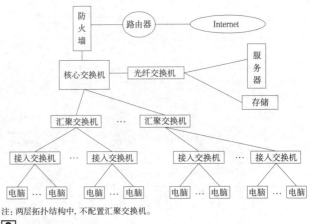

注：两层拓扑结构中，不配置汇聚交换机。

3 信息网络系统

用户电话交换系统

1. 用户电话交换系统是实现不同地点之间语音传输和交换的设备。满足建筑内语音、传真、数据等业务的使用需求。

2. 用户电话交换系统一般采用自建用户交换机或由运营商建立虚拟用户交换机两种方式解决，也可以直接从电信模块局引来外线电话。自建用户交换机根据容量分为小容量的集团电话和大容量的程控交换机。

3. 语音通信除了采用传统的电话交换方式实现，还可以利用局域网络交换机和路由器来实现IP电话的应用。

此外，还可以采用原有的模拟电话机和新型的数字电话机混合结构的应用方式。这种方式可以在内部的局域网络系统上，也可以在整个广域网络上面实现IP电话的应用，并且可以把现有的公共交换电话网络的语音电话系统和新建的IP电话语音系统很好地融合在一起，成为一个完整新型的模数混合电话结构在广域网上的应用系统。

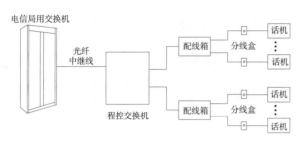

a 程控电话交换机组网图

b 数字电话结构

c 数字、模拟电话统一组网系统结构图

1 电话交换系统

室内移动通信覆盖系统

利用室内天线分布系统的光纤、馈线和传输设备将移动基站的信号均匀分布在室内每个角落，从而保证室内区域拥有理想的信号覆盖。

建筑内需同时提供多家电信运营商的2G、3G、4G、无线局域网(WiFi)等无线覆盖。

一般情况下，手机信号的室内天线分布系统由移动通信运营商负责建设，无线局域网的室内天线分布系统由建设方自建，也可以由移动通信运营商建设。

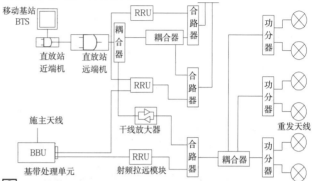

2 室内移动通信覆盖系统

有线电视系统

1. 有线电视系统通过光缆将城市有线电视信号引入建筑内，采用的是双向邻频传输方式(从上向下的单向广播方式和从下向上的点播方式)，通过光纤铜轴混合网络(HFC)向收视用户提供电视节目源。

2. 有线电视系统(CATV)是用射频电缆、光缆、多频道微波分配系统(MMDS)或其组合来传输、分配和交换声音、图像及数据信号的电视系统。

系统通过光纤接收机、分配器、放大器将电视信号传到末端的分支器后接入电视机内。

3. 有线电视系统可以接收城市有线电视信号，也可以接收卫星电视信号。同时，可以将自办节目的信号接入有线电视系统传输。例如，酒店的视频点播功能。

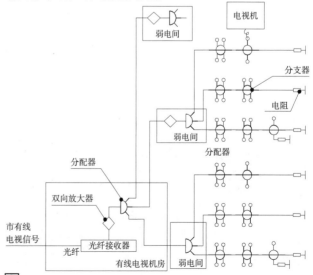

3 有线电视系统

卫星电视接收系统

1. 卫星电视接收系统是由设置在赤道上空的地球同步卫星接收地面电视台通过卫星地面站发射的电视信号，然后再把它转发到地球上指定的区域，由地面上的设备接收供电视机收看。

2. 卫星电视接收系统的组成包括抛物面天线、馈源、高频头、卫星接收机，构成一套完整的卫星地面接收站。

3. 卫星电视信号由天线接收后，经高频头放大、变频，输出中频0.95~4GHz信号到卫星电视接收机，经接收机放大、解调后输出视频、音频信号给调制器。

4. 卫星电视接收系统天线通常安装在建筑的屋面，一般采用混凝土基座安装，需满足一定的承重要求。卫星天线直径一般选1.8~3.5m，仰角及方向视接收卫星而定，在接收卫星与接收天线间无遮挡物。

在卫星电视接收系统天线的同层或下一层需设置卫星接收机房，安装卫星接收机及调制设备，接收机房与卫星天线的距离尽量短，一般不超过30m。

5. 系统的信号输入源可包括广播电视运营商信号、自办节目信号和卫星电视信号等。

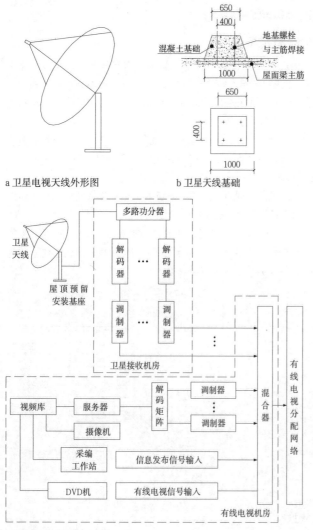

a 卫星电视天线外形图　　b 卫星天线基础

c 卫星及有线电视系统

1 卫星及有线电视系统

公共广播系统

1. 公共广播系统包括业务广播、背景广播和紧急广播。

业务广播根据工作业务及物业管理的需要，播发的信息包括通知、新闻、信息、语音文件、寻呼、报时等。背景广播播送渲染环境气氛的音源信号。紧急广播应满足应急管理的要求，播发的信息为依据相应安全区域划分规定的专用应急广播信令。

2. 在设置了火灾集中报警系统和控制中心报警系统的建筑，应设置消防应急广播。消防应急广播具有最高级别的优先权。当消防应急广播与业务广播、背景广播或其他广播合用时，应具有强制切入消防应急广播的功能。

3. 广播系统的主机、音源、话筒、功率放大器等设备一般设置在广播控制室（其通常与安防、消防控制室合用）。在有需要的地方设遥控话筒、本地音源。

4. 扬声器根据不同位置及室内装修设计进行配置，有吊顶区域的采用吊顶式扬声器，无吊顶或空间过高的区域采用壁挂式扬声器，室外绿化区域采用室外型草坪扬声器，室外立杆采用室外型壁挂扬声器或室外号筒扬声器。

5. 公共广播系统应适应数字化处理技术、网络化播控方式的应用发展，宜配置标准时间校正功能，并拓展其相应的智能化应用功能。声场效果应满足使用要求及声学指标的要求。

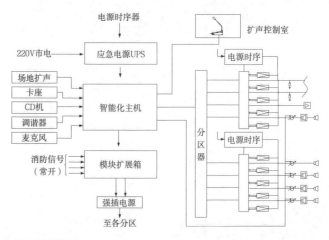

a 模拟式广播系统

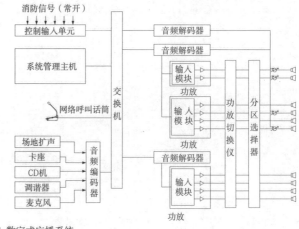

b 数字式广播系统

2 公共广播系统

会议系统

1. 会议系统是指综合运用现代计算机技术、网络技术、控制技术、显示技术、扩声技术、多媒体技术等，构成的具有实用性、先进性、安全可靠性、灵活性、可扩展性、可互连性、可管理的系统。

2. 会议室通常分为报告式和围坐式两种形式，可以分为大、中、小型会议室。小型会议室一般15人以下，中型会议室一般15~50人，大型会议室一般50人以上。

3. 小型会议室通常设置椭圆形或长方形会议桌，控制机柜安装于墙角。大中型会议室一般有音控室、灯光控制室，10m²左右。根据需要设置同声传译室，每个语种可单独设一间，若合并可按5m²每个工位来设置。

4. 一般会议系统包括会议发言、会议扩声、视频显示、会议表决、同声传译、中央控制、会议灯光（舞台灯光）、视频会议等功能。视会议室规模和功能选择设置。

5. 根据会议室的规模投影机和显示屏可设多个。

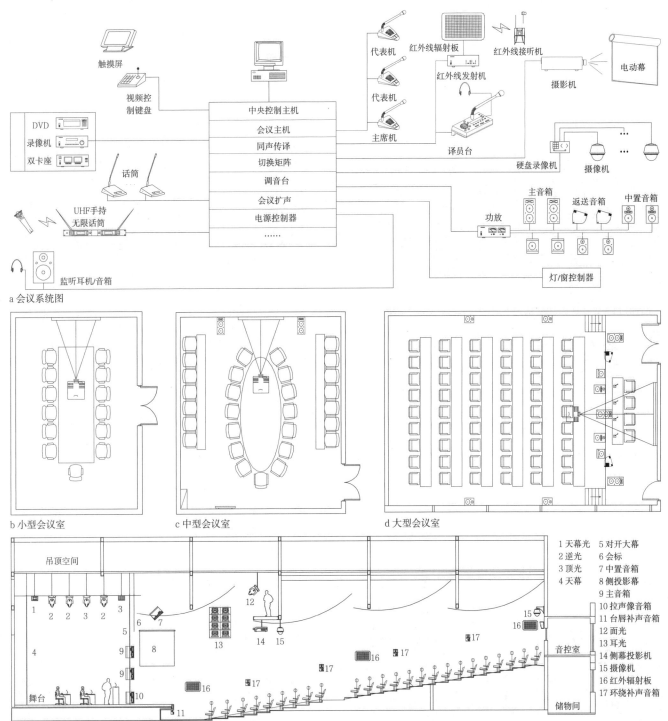

a 会议系统图

b 小型会议室　　　　c 中型会议室　　　　d 大型会议室

1 天幕光　　5 对开大幕
2 逆光　　　6 会标
3 顶光　　　7 中置音箱
4 天幕　　　8 侧投影幕
　　　　　　9 主音箱
　　　　　　10 拉声像音箱
　　　　　　11 台唇补声音箱
　　　　　　12 面光
　　　　　　13 耳光
　　　　　　14 侧幕投影机
　　　　　　15 摄像机
　　　　　　16 红外辐射板
　　　　　　17 环绕补声音箱

e 报告式会议室

1 会议系统

信息导引及发布系统

1. 信息导引及发布系统向建筑物内的公众和来访者提供信息标识、发布以及查询功能。系统基于信息网络系统实现互联，包括信息采集、编辑、播控、显示以及导览等设备。其中信息采集通过音频和视频设备完成，采用液晶/发光二极管（LCD/LED）显示屏作为信息显示终端设备。

2. 液晶显示终端挂墙安装或吊顶安装，吊顶安装的固定点应首选在楼板上，安装高度应方便观看且不影响通行。播放控制器一般安装在显示终端背面或就近位置。

发光二极管（LED）一般有单色、双基色和全彩三种，可用来显示纯数字和字母信息或视频图像等。显示屏一般采用墙面安装、立柱安装、吊挂安装。不论采用何种方式，显示屏的后部都应预留散热空间、维修通道和工作梯。

3. 体育馆中经常采用LCD和LED组合式的吊斗屏，包括4、6、8面LCD屏和LED环屏，可组合为2、3、4层结构，吊斗屏应安装电动提升的机械装置。

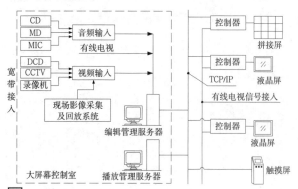

1 信息导引及发布系统结构图

a 显示屏吊装（正视图）b 显示屏吊装（侧视图）c 触摸屏安装示意图

d 显示屏嵌装（拉出时）e 显示屏嵌装（收起时）f 显示屏外挂安装

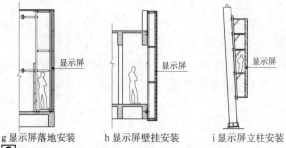

g 显示屏落地安装　　h 显示屏壁挂安装　　i 显示屏立柱安装

2 信息导引及发布系统各式显示屏安装示意图

移动通信室内信号覆盖系统

1. 移动通信室内信号覆盖系统应确保建筑物内部与外部的通信连续，适应移动通信业务的综合性发展，支持三网融合，支持多种制式的移动通信设备接入。在区域建筑内设置室内移动通信覆盖子系统，确保容易受信息屏蔽的地方（空间）为移动通信信号所覆盖。

2. 对于室内需屏蔽移动通信信号的局部区域，应配置室内区域屏蔽系统。

3. 系统设计应符合现行国家标准《电磁环境控制限值》GB 8702的有关规定。

时钟系统

时钟系统子钟分指针式与数字式，有吊装、侧装和挂墙安装等方式。时钟系统母钟安装在机房内，GPS天线在室外屋顶便于接收到卫星信号的位置安装。一般公众活动场所应设置时钟系统，例如交通建筑、体育建筑、文化建筑、医疗建筑等。

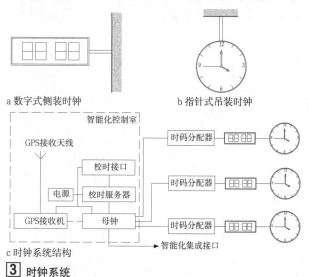

a 数字式侧装时钟　　　　　b 指针式吊装时钟

c 时钟系统结构

3 时钟系统

无线对讲系统

无线对讲系统是一个独立的以放射式的双频双向自动重复方式的通信系统，用于解决因使用通信范围或建筑结构等因素引起的通信信号无法覆盖，改善在大型建筑物的底层、地下商场、地下停车场、电梯内等环境下无线对讲机无盲区、无干扰、语音清晰的一种有效的内部通信方法，便于管理人员能够随时在建筑内的任何地点、任何时间进行通信。

统网络由系统基站、室内分布天线系统及对讲机几大部分组成。

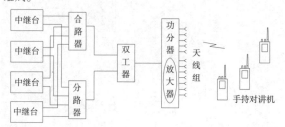

4 无线对讲系统结构

信息化应用系统定义与组成

1. 信息化应用系统主要指根据建筑业务特征所建立的系统, 用以支持专业化的工作业务应用。

2. 信息化应用系统一般分为两种类型, 即纯软件的系统和硬件加软件组成的系统。纯软件系统的一般特征是以布线系统实现与其他系统互连, 以计算机网络系统和数据中心共享数据库为基础平台, 通过增加系统工作站、少量外部辅助设备以及系统应用软件构建而成的应用系统。硬件加软件的系统与信息设施系统类似, 一般由前端设备、通信链路和后台服务器组成。

3. 信息化应用系统宜包括公共服务、智能卡应用、物业管理、信息设施运行管理、信息安全管理、通用业务和专业业务等信息化应用系统。其中专业业务系统是以建筑通用业务系统为基础, 满足专业业务运行的需求而设置的, 包含酒店管理系统、访客管理系统、数字医院、数字校园、体育竞赛综合信息管理系统、演出信息管理系统、升旗系统、场地扩声系统、排队叫号系统、视频示教及远程会诊系统、医用探视系统、护理呼应信号系统等。

4. 信息化应用系统应根据不同的建筑类型和业务需求而设置或调整。如对于体育场馆来说, 场馆综合运营服务管理系统就属于物业运营管理系统的范畴。

酒店管理系统

酒店管理系统主要用于酒店或宾馆等, 主要功能包括客房预订、前台接待、前台收银、财务管理、电话预约、客户管理和内部经营管理等。

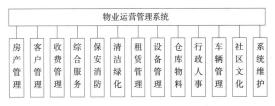

［1］ 酒店管理系统软件架构图

计时记分与现场成绩处理系统

主要的体育项目都有针对性的计时记分方法和显示方式, 如篮球、足球、橄榄球、网球、棒球、冰球、游泳、跳水、跑步, 以及综合项目等。主要使用单色、双基色LED, 部分使用全彩LED显示比分、时间、暂停次数等信息, 同时配有比分控制系统。

升旗系统

1. 升旗系统通常设置在需要举办国际单项比赛以上级别的体育建筑内。

2. 一般有室外立杆式和室内吊式两种安装方式。室内吊杆长度一般为8.1m, 可以悬吊四面国旗。室外旗杆高度为9m, 或为8.5m。

3. 升旗时应可以通过就地或音控室远程控制, 升旗时间应与国歌时间同步。

物业运营管理系统

物业管理系统基于智能化集成系统的数据库, 将物管信息、安防、设备监控、信息网络有机结合在一起。利用信息网络化技术与传统的物业及设施管理模式相结合。充分利用建筑智能化系统所提供的动态监控信息和信息网络来支持与提升物业管理的现代化水平, 同时反过来应用物业管理的专业化、规范化、标准化来强化对建筑智能化系统的有效管理。管理内容覆盖物业管理企业的三个管理层次, 整合企业管理功能、业务处理功能、信息门户功能, 实现数据共享。

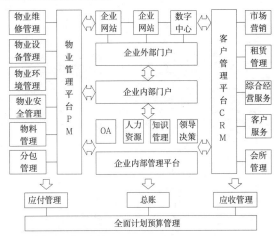

a 物业运营管理系统软件架构图

b 物业运营管理系统建设规划图

［2］ 物业运营管理系统

访客管理系统

智能访客管理系统可以安全可靠地进行来访人员管理, 不仅可以保障各个单位的安全, 更可以提高企事业单位电子化访客管理的水平和形象。

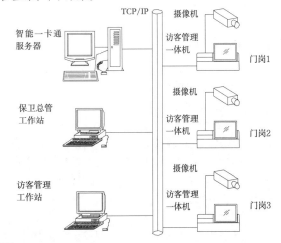

［3］ 访客管理系统图

智能卡应用系统（一卡通）

智能卡应用系统是基于信息集成、小额支付、资源管控、身份识别的综合信息化管理系统。智能卡应用系统是指凡有现金、票证或需要识别身份的场合均采用智能卡来完成，为管理带来高效、方便与安全。智能卡应用系统是数字化、信息化建设的重要组成部分，为信息化建设提供全面的数据采集平台，结合管理信息系统和网络，形成数字空间和共享环境。以智能卡应用系统为平台，实现以人为本，并充分利用内部的金融服务，最终实现"信息共享、集中控制"。一般应满足如下要求：

1. 搭建万兆或千兆主干通信平台，各智能化子系统采用基于TCP/IP传输协议。

2. 设一卡通系统，实现身份证明、门禁管理、考勤、消费、停车场等智能卡管理功能。

3. 设综合能源管理系统，对水、电、冷热量、燃气等能源消耗量进行分区域、分项统计及分析等功能。

4. 针对不同的建筑类型，设置相应的智能化应用系统，如学校建筑设置校园智能卡，旅馆建筑设置智能房卡等。

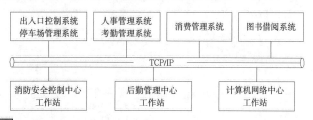

1 智能卡应用系统架构图

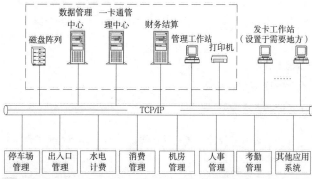

2 智能卡应用系统结构图

图书流通管理系统

图书流通管理系统以RFID技术为基础，以RFID中间件为媒介，实现RFID技术和图书管理方法的结合。

图书流通管理系统由硬件和软件两部分系统构成。

系统硬件包含RFID标签、RFID借书证、标签编写器、流通工作站、自助借还机、安全门、便携式馆藏清点器等设备。

系统应用软件包括智能流通标签初始化转换系统、馆员工作站应用功能集成系统、读者自助借阅系统、读者自助还书系统、馆藏清点软件系统、安全通道门系统、RFID设备接口API等软件。

此外，自助借还机可以实现7×24小时还书服务，开馆时室内自助借还机可以实现自助借还书服务。

排队叫号系统

办理对外业务的建筑物大厅，例如医院、行政服务场所、营业场所等公共服务场所均应根据需要设置排队叫号系统，系统是对办事群众进行人性化管理的设备，需要提高办事效率，维持大厅的良好秩序环境。由各类服务性窗口传统的顾客站立排队的方式，改为计算机系统代替客户进行排队的方式，适用于各类窗口服务行业。

排队叫号系统是公共服务系统体系中重要的内容。系统由取号机、叫号显示屏以及工作站组成。叫号屏分为单行和多行屏，单行屏采用LED屏，一般吊挂于服务窗口上方，多行屏可以采用LED或LCD屏，不同的服务区域应至少设置一面。

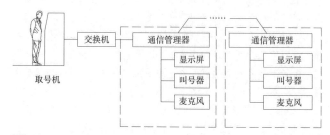

3 排队叫号系统

场地扩声系统

场地扩声系统通常设置在体育场馆、影剧院以及报告厅内，是对建筑声学环境的重要补充。在满足最大声压级（足够的声增益）的条件下，还可根据使用场所需要提高语言清晰度（语言传输指数），改善声场均匀度和混响效果。

扩声系统由传声器、声源、调音台、功率放大器、扬声器（音箱）以及周边音频设备组成。扩声系统的音箱通常采用支架或吊装方式安装。当采用吊装方式安装时，一般采用柔性钢索吊装。

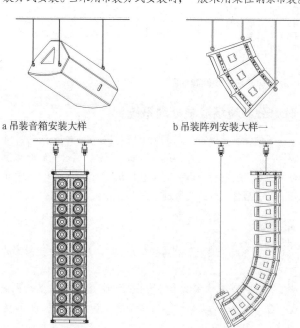

a 吊装音箱安装大样　　　　b 吊装阵列安装大样一

c 吊装阵列安装大样二　　　　d 吊装阵列安装大样三

4 场地扩声音箱吊挂大样图

自助寄存管理系统

图书馆、剧院、体育建筑、银行、企业、学校、酒店、商场等需要临时存放个人物品的场所,应设置自助寄存管理系统,便于读者、观众、演员、运动员、裁判员、顾客等自助实现个人物品的寄存保管。

由计算机管理的实时联网储物柜管理系统是一个实时控制系统。它使用非接触IC卡、指纹、条码或密码作为储物柜存取凭证,计算机对储物柜的状态进行实时动态监控,并对整个系统的数据进行管理和处理。

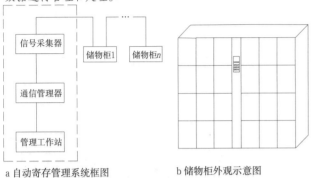

a 自动寄存管理系统框图　　b 储物柜外观示意图

1 自动寄存管理系统图

远程会诊系统

医疗建筑可设置远程会诊系统。远程会诊系统,是把病人的基本情况、各种化验室数据、超声波资料、CT片、X光片等图文资料通过网络传送至会诊中心,系统利用多媒体计算机、视频会议系统、远程会诊系统软件、程控电话和各大医院开展远程会诊。

视频示教系统

医院手术室设置多媒体示教、录播、远程会诊系统,应保证医用影像的传输具备极高的清晰度和色彩还原性、高保真的双向对讲、丰富的监控功能和网络传输功能。

系统由视音频采集子系统、录播子系统、示教室播出子系统构成,其中视音频采集子系统由前端摄像机、拾音器等构成;录播控制子系统由视音频控制矩阵及机、电动投影幕等构成,可以在示教室按照需要调用手术室现场的图像观看。

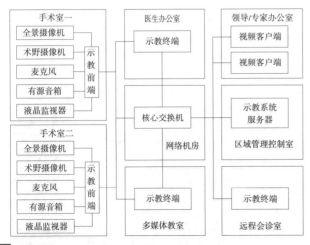

2 视频示教、远程会诊及录播系统

病房探视系统

病房探视系统基于局域网,以TCP/IP协议传输视频、音频和多种控制信号,易于与Internet连接和访问,实现双向可视对讲。系统采用数字真彩屏及智能全触模式操作。可接听可视探访分机,转接至相应的病床分机进行双向可视对讲。当病人家属与病人之间进行双向可视对讲时,护士人员可对其进行监视,也可呼叫病床及对讲。可视管理主机一般放置在护士站的桌面上(也可壁挂在墙上),含座式安装固定底架或壁挂安装底板。

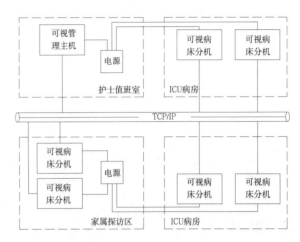

3 病房探视系统图

护理呼应信号系统

护理呼应信号系统可以实现医院护士与病人之间的呼叫、对讲。

护理呼应信号系统由分病房、护士值班室和护士总控制室三部分组成,包括主机、分机、防水开关、走廊显示屏、门灯、输液报警器、手机短信转发器、无线手表发射机、无线手表接收机、统计软件等产品。其中,护士值班室设一级主机和病员一览表,护士总控室设二级主机。

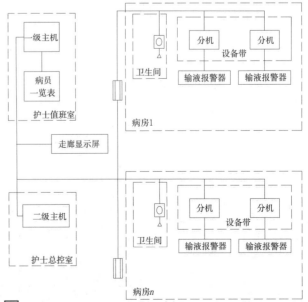

4 护理呼应信号系统

系统定义与组成

1. 建筑设备管理系统是将建筑物（群）内的供配电、照明、供暖通风与空气调节、给水排水、电梯扶梯等机电设备或系统进行集中监视、控制和管理的综合系统。建筑设备管理系统的目标是优化建筑机电设备的运行状态，节省建筑设备能耗，提高设备自动化监控和管理水平，创造良好的建筑环境。

2. 建筑设备管理系统组成包括控制中心设备、现场控制器、现场传感器与执行器。

建筑设备管理系统需要设置系统监控室，用于安装系统控制主机及相关设备等，而系统传感器、执行器和现场控制器则设置在被控设备（机房）处。

3. 从专业设计角度讲，系统控制对象包括供暖通风与空气调节专业、给水排水专业、电气专业和建筑专业中所涉及的系统和设备，因此各专业工程师需要密切配合。

系统组成设备表 表1

系统组成	系统设备
控制中心设备	系统主机、通信接口、服务器、打印设备等，控制软件
现场控制器	模块化的通用控制器、嵌入式专业控制器
现场传感器与执行器	检测装置（仪表）、电动阀门、电动执行机构

系统功能与分类

系统功能要求：

1. 对建筑设备实现以最优控制为目标的过程控制自动化；以运行状态监视为目标的设备管理自动化；以节能运行为目标的能源管理自动化。

2. 当制冷系统、热力系统、供配电系统、照明系统和电梯系统等采用自成体系的专业监控系统时，应通过通信接口纳入建筑设备管理系统。

3. 系统应满足智能化集成系统和相关管理需求，对相关的公共安全系统进行监视及联动控制。

4. 系统应以设备监控和能效管理为基础，在建筑全生命周期内，满足绿色建筑设计与运行的功能需要。

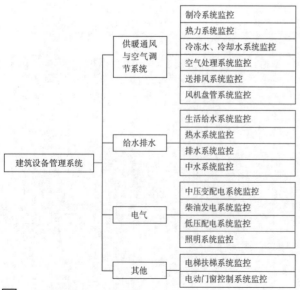

[1] 建筑设备管理系统框图

系统结构

1. 建筑设备管理系统宜采用分布式系统和多层次的网络结构，并应根据系统的规模、功能要求及选用产品的特点，采用单层、两层或三层的网络结构，但不同网络结构均应满足分布式系统集中监视操作和分散采集控制的原则。

2. 大型系统宜采用由管理、控制、现场设备三个网络层构成的三层网络结构。中型系统宜采用两层或三层的网络结构，其中两层网络结构宜由管理层和现场设备层构成。小型系统宜采用以现场设备层为骨干构成的单层网络结构或两层网络结构。

3. 各网络层应符合下列规定：管理网络层应完成系统集中监控和各种系统的集成；控制网络层应完成建筑设备的自动控制；现场设备网络层应完成末端设备控制和现场仪表设备的信息采集和处理。

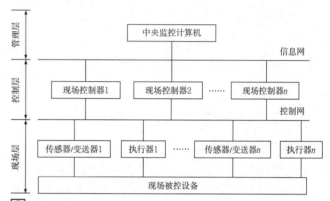

[2] 集散控制系统结构框图

系统监控表

1. 系统监控表由建筑设备管理系统设计人与相关专业设计人共同编制，监控表应符合的要求包括：为划分控制分站、确定分站I/O模块选型提供依据；为确定系统硬件和应用软件设置提供依据；为规划通信信道提供依据。

2. 系统监控表内容要求：设备名称、设备数量、数字量输入（DI）、数字量输出（DO）、模拟量输入（AI）、模拟量输出（AO）、总监控点数统计、控制分站（DDC）编号等，设计师应根据工程具体情况，编制系统DDC监控表和建筑设备监控系统监控点总览表。

系统节能设计

建筑设备管理系统节能措施 表2

被控系统（设备）	节能措施
供暖通风与空气调节系统	根据冷量控制冷冻水及冷却水系统设备运行台数时，采用调速控制；负荷变化较大或调节阀（风门）阻力损失较大时，系统水泵采用变频调速控制；空调系统采用温度自动再设定及变流量控制；新风量采用室内外空气焓值控制；热水系统采用季节工况切换控制
给水排水系统	生活给水系统变频调速控制；中水系统恒压变频调速控制；水箱液位控制
供配电系统	根据用电负荷变化控制变压器运行台数；热电联供协同控制
照明系统	工作时段、工作分区、环境照度的自动转换控制；人体感应控制
电梯扶梯系统	电梯群组运行时，采用分组、分时控制；扶梯感应控制
建筑门窗	门窗的定时控制、光感控制、温感控制、场景控制和综合集成控制

建筑能效监管系统设计

1. 对各种耗能系统和设备的能耗数据、室内外环境数据，以及设备运行状态进行分项分区（户）实时自动计量。

2. 对冷热源、供暖通风与空气调节、给水排水、供配电、照明、电梯等设备的能耗进行计算，生成能耗分析和诊断报表。

3. 自动分析供电、供水、供热、制冷和燃气等能耗系统分享数据，对比能耗指标，生成系统节能和设备维护技改方案，建立节能运行有效模式。

4. 提高太阳能、地源热能等可再生能源的利用和管理。

供暖通风与空气调节系统监控设计

1. 供暖通风与空气调节系统包括热源系统、冷源系统、供暖系统、空调水系统和通风及空调风路系统等。系统设备机房包括锅炉房、换热站、制冷站、空调机机房、新风机机房、排风机机房等。

2. 系统宜配置的监控管理功能：

系统监控功能　　　　　　　　　　　　　　　　　　　　表1

监控系统（设备）	监控功能
制冷系统	压缩式制冷系统和吸收式制冷系统的运行状态监测、监视，故障报警，启停程序配置，机组台数或群控控制，机组运行均衡控制及能耗累计
	蓄冰制冷系统的启停控制，运行状态显示，故障报警，制冰与融冰控制，冰库蓄冰量监测及能耗累计
热力系统	热力系统的运行状态监视，台数控制；燃气锅炉房可燃气体浓度监测与报警，热交换器温度控制，热交换器与热循环泵连锁控制及能耗累计
冷冻水系统	冷冻水供回水温度，压力与回水流量，压力监测；冷冻泵启停控制(由制冷机组自备控制器控制时除外)和状态显示，冷冻泵过载报警，冷冻水进出口温度，压力监测
冷却水系统	冷却水进出口温度监测，冷却水最低回水温度控制，冷却水泵启停控制(由制冷机组自带控制器时除外)和状态显示，冷却水泵故障报警，冷却塔风机启停控制(由制冷机组自带控制器时除外)和状态显示，冷却塔风机故障报警
空气处理系统	空调机组、新风机组的启停控制及运行状态显示，过载报警监测，送回风温度监测；室内外温、湿度监测，过滤器状态显示及报警，风机故障报警，冷(热)水流量调节，加湿器控制，风门调节，风机、风阀、调节阀连锁控制；室内CO_2浓度或空气品质监测，(寒冷地区)防冻控制
	送回风机组与消防系统联动控制
	变风量(VAV)系统的总风量调节，送风压力监测，风机变频控制，最小风量控制，最小新风量控制，加热控制
	变风量末端(VAVBox)自带控制器时应与建筑设备监控系统联网
送排风系统	送排风系统的风机启停控制和运行状态显示，风机故障报警，风机与消防系统联动控制
风机盘管系统	风机盘管机组的室内温度测量与控制，冷(热)水阀开关控制，风机启停及调速控制；能耗分段累计

给水排水系统监控设计

1. 给水排水系统包括生活给水系统、热水系统、排水系统、中水系统等。系统设备机房包括热交换站、水泵房、水箱间、水处理间等。

2. 系统宜配置的监控管理功能：

系统监控功能　　　　　　　　　　　　　　　　　　　　表2

监控系统（设备）	监控功能
水泵	给水系统、污水处理系统的水泵自动启停控制及运行状态显示，水泵故障报警
水箱	水箱液位监测、超高与超低水位报警
水池	污水集水井、中水处理池监视、超高与超低液位报警，漏水报警监视

供配电系统监控设计

1. 供配电系统包括中压（10kV）变配电系统、柴油发电系统、低压配电系统等。系统设备机房包括中压（10kV）开闭所、变配电所、柴油发电机房、低压配电室等。供配电系统监控设备包括中压开关柜、低压开关柜、变压器、柴油发电机组、配电柜（盘）等。

2. 系统宜配置的监控管理功能：

系统监控功能　　　　　　　　　　　　　　　　　　　　表3

监控系统（设备）	监控功能
开关柜	系统中压开关与主要低压开关的状态监视及故障报警
	中压与低压主母排的电压、电流、频率及功率因数测量
	电能分项计量
	主回路及重要回路的谐波监测与记录
变压器	变压器温度监测及超温报警，运行状态、运行时间累计
应急电源	备用及应急电源的手动／自动状态，电压、电流及频率监测

照明系统监控设计

1. 照明系统包括室内照明系统、室外照明系统。系统设备包括照明配电柜、配电箱。

2. 系统宜配置的监控管理功能：

系统监控功能　　　　　　　　　　　　　　　　　　　　表4

监控系统（设备）	监控功能
室内照明系统	大空间、门厅、楼梯间及走道等公共场所的照明控制(值班照明除外)，设备运行状态显示及故障报警
室外照明系统	航空障碍灯、庭院照明和道路照明控制，设备运行状态显示及故障报警
	夜景照明控制，设备运行状态显示及故障报警
	广场及停车场照明程序控制，设备运行状态显示及故障报警

电梯、扶梯系统监控设计

1. 系统监控设备包括控制柜、配电箱等。

2. 系统宜配置的监控管理功能：

电梯运行状态显示、运行时间累计和故障报警记录；扶梯运行状态显示和故障报警记录；电梯群组运行分组分时控制。

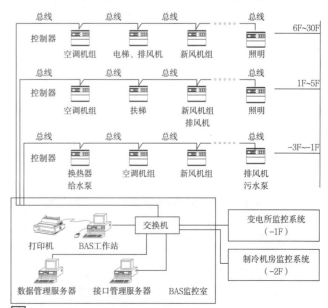

1 某办公楼建筑设备监控系统图

公共安全系统定义与组成

1. 公共安全系统是为维护公共安全,运用现代科学技术,具有以应对危害社会安全的各类突发事件而构建的综合技术防范或安全保障体系具有综合功能的系统。

公共安全系统应有效地应对建筑内火灾、非法侵入、自然灾害、重大安全事故等危害人们生命和财产安全的各类突发事件,并应建立应急及长效的技术防范保障体系。

2. 公共安全系统由火灾自动报警系统、安全技术防范系统以及应急响应系统组成。

1 公共安全系统组成示意图

火灾自动报警系统

1. 火灾自动报警系统是探测火灾早期特征、发出火灾报警信号,为人员疏散、防止火灾蔓延和启动自动灭火设备提供控制与指示的消防系统。

2. 火灾自动报警系统由火灾探测报警系统、消防联动控制系统、可燃气体探测报警系统及电气火灾监控系统组成。

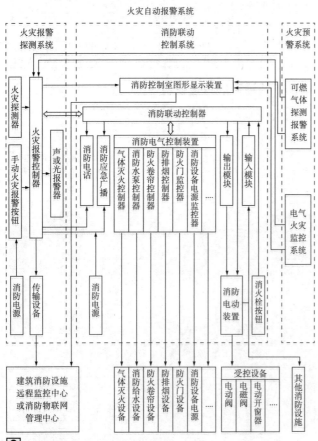

2 火灾自动报警系统组成示意图

3. 火灾自动报警系统形式应根据设定的消防安全目标、建筑的具体情况及系统的功能不同而确定。

系统形式的选择和设计要求 表1

系统形式	形式选择	设计要求
区域报警系统	仅需要报警,不需要联动自动消防设备的保护对象	1.系统应由火灾探测器、手动火灾报警按钮、火灾声警报器及火灾报警控制器等组成,系统中可包括消防控制室图形显示装置和指示楼层的区域显示器; 2.火灾报警控制器应设置在有人值班的场所
集中报警系统	需要报警,同时需要联动自动消防设备,且只设置一台具有集中控制功能的火灾报警控制器和消防联动控制器的保护对象	1.系统应由火灾探测器、手动火灾报警按钮、火灾声光警报器、消防应急广播、消防专用电话、消防控制室图形显示装置、火灾报警控制器、消防联动控制器等组成; 2.系统中的火灾报警控制器、消防联动控制器和消防控制室图形显示装置、消防应急广播的控制装置、消防专用电话总机等起集中控制作用的消防设备,应设置在消防控制室内
控制中心报警系统	设置两个及以上消防控制室的保护对象,或设置两个及以上集中报警系统的保护对象	1.有两个及以上消防控制室时,应确定一个主消防控制室; 2.主消防控制室应能显示所有火灾报警信号和联动控制状态信号,并应能控制重要的消防设备;各分消防控制室内消防设备之间可互相传输、显示状态信息,但不应互相控制

4. 住宅建筑火灾自动报警系统

住宅系统形式的选择和设计要求 表2

系统形式	形式选择	设计要求
A类	有物业集中监控管理且设有需要联动控制的消防设施的住宅建筑	由火灾报警控制器、手动火灾报警按钮、家用火灾探测器、火灾声警报器、应急广播等设备组成
B类	仅有物业集中监控管理的住宅建筑	由控制中心监控设备、家用火灾报警控制器、家用火灾探测器、火灾声警报器等设备组成
C类	没有物业集中监控管理的住宅建筑	由家用火灾报警控制器、家用火灾探测器、火灾声警报器等设备组成
D类	别墅式住宅和已投入使用的住宅建筑	由独立式火灾探测报警器、火灾声警报器等设备组成

5. 可燃气体探测报警系统

可燃气体探测报警系统应独立组成,可燃气体探测器不应接入火灾报警控制器的探测器回路;当可燃气体的报警信号需接入火灾自动报警系统时,应由可燃气体报警控制器接入。

当有消防控制室时,可燃气体报警控制器可设置在保护区域附近;当无消防控制室时,可燃气体报警控制器应设置在有人值班的场所。

6. 电气火灾监控系统

电气火灾监控系统由电气火灾监控器、剩余电流式电气火灾监控探测器、测温式电气火灾监控探测器、故障电弧式电气火灾监控探测器、热解粒子式电气火灾监控探测器、电气防火限流式保护器中的部分或全部设备组成。

设有消防控制室时,电气火灾监控器应设置在消防控制室内或保护区域附近;设置在保护区域附近时,应将报警信息和故障信息传入消防控制室。

未设消防控制室时,电气火灾监控器应设置在有人值班的场所。

应急响应系统

应急响应系统是为应对各类突发公共安全事件,提高应急响应速度和决策指挥能力,有效预防、控制和消除突发公共安全事件的危害,具有应急技术体系和响应处置功能的应急响应保障机制或履行协调指挥职能的系统。

安全技术防范系统

1. 安全技术防范系统是以维护社会公共安全为目的,运用安全防范产品和其他相关产品所构成的电子系统。

2. 保护的对象分为:高风险对象及普通风险对象。

保护对象分类　　　　　　　　　　　　　　　　　　　表1

高风险对象	文物保护单位和博物馆
	银行营业场所
	民用机场
	铁路车站
	重要物资储存库
普通风险对象	办公、宾馆、商业、文化等建筑

系统防护级别选择　　　　　　　　　　　　　　　　　表2

保护对象	风险等级	防护级别
高风险对象	一级风险	一级防护
	二级风险	二级防护
	三级风险	三级防护
普通风险对象		基本型
		提高型
		先进型

3. 安全技术防范系统主要包括视频安防监控系统、入侵报警系统、出入口控制系统、访客对讲系统、电子巡查系统、停车库(场)管理系统及防爆安全检查等子系统。

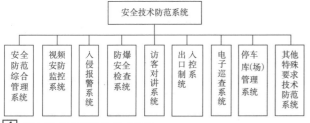

1 安全技术防范系统组成框图

视频安防监控系统

1. 视频安防监控系统是利用视频技术探测、监视设防区域,并实时显示、记录现场图像的电子系统。

2. 视频安防监控系统包括前端设备、传输设备、处理／控制设备和记录／显示设备四部分。系统对需要进行监控的建筑物内(外)的主要公共活动场所、通道、电梯(厅)、重要部位和区域等进行有效的视频探测与监视,图像显示、记录与回放。

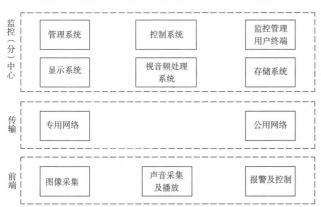

2 视频安防监控系统组成结构框图

3. 根据对视频图像信号处理/控制方式的不同,视频安防监控系统结构分为以下模式:

系统模式　　　　　　　　　　　　　　　　　　　　　表3

简单对应模式	监视器和摄像机简单对应
时序切换模式	视频输出中至少有一路可进行视频图像的时序切换
矩阵切换模式	可以通过任一控制键盘,将任意一路前端视频输入信号切换到任意一路输出的监视器上,并可编制各种时序切换程序
数字视频网络虚拟交换/切换模式	前端采用网络摄像机,传输采用数字交换传输网络。数字编码设备可采用具有记录功能的数字录像机或视频服务器,数字视频的处理、控制和记录措施可以在前端、传输和显示的任何环节实施

入侵报警系统

1. 入侵报警系统是指利用传感器技术和电子信息技术,探测并显示非法进入或试图非法进入设防区域(包括主观判断面临被劫持或遭抢劫或其他危急情况时,故意触发紧急报警装置)的行为、处理报警信息、发出报警信息的电子系统或网络。

2. 根据防护对象的风险等级和防护级别、环境条件、功能要求、安全管理要求和建设投资等因素,确定系统规模、系统模式及应采取的综合防护措施。

3. 入侵报警系统通常由前端设备(包括探测器和紧急报警装置)、传输设备、处理／控制／管理设备和显示／记录设备四部分构成。

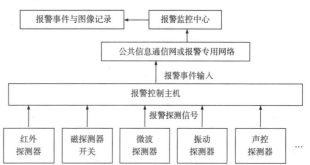

3 入侵报警系统结构框图

4. 根据信号传输方式的不同,入侵报警系统组建模式分为分线制、总线制、无线制和公共网络四种模式。

系统模式　　　　　　　　　　　　　　　　　　　　　表4

分线制	探测器、紧急报警装置通过多芯电缆与报警控制主机,采用一对一专线相连
总线制	探测器、紧急报警装置通过其相应的编址模块与报警控制主机,采用报警总线(专线)相连
无线制	探测器、紧急报警装置通过其相应的无线设备与报警控制主机通信
公共网络	探测器、紧急报警装置通过现场报警控制设备和网络传输接入设备,与报警控制主机采用公共网络相连。公共网络可以是有线网络,也可以是有线—无线—有线网络

防爆安全检查系统

检查有关人员、行李、货物是否携带爆炸物、武器或其他违禁品的电子设备系统或网络。

访客对讲系统

主要功能是实现来客在主要进出口与楼内人员对讲,以便核实身份,过滤非正常人士进入,一般和门禁配套使用,分为可视及非可视系统。

出入口控制系统

1. 出入口控制系统是利用自定义符识别或模式识别技术,对出入口目标进行识别,并控制出入口执行机构启闭的电子系统。

2. 出入口控制系统主要由识读部分、传输部分、管理/控制部分和执行部分以及相应的系统软件组成。

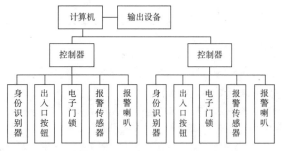

1 出入口控制系统结构框图

3. 出入口控制系统有多种构建模式。按其硬件构成模式划分,可分为一体型和分体型;按现场设备连接方式可分为单出入口控制设备与多出入口控制设备。

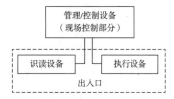

2 单出入口控制设备型结构框图

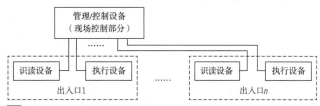

3 多出入口控制设备型结构框图

4. 系统的设置必须满足消防规定的紧急逃生时人员疏散的相关要求。供电电源断电时系统闭锁装置的启闭状态应满足管理要求。系统设备的防护能力由低到高分为A、B、C三个等级。

电子巡查系统

电子巡查系统分为离线式电子巡查系统及在线式电子巡查系统,是对保安巡查人员的巡查路线、方式及过程进行管理和控制的电子系统。

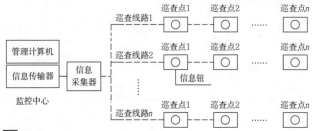

4 离线式电子巡查系统结构框图

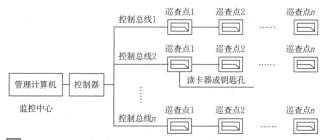

5 在线式电子巡查系统结构框图

停车库(场)管理系统

1. 停车库(场)管理系统是对进、出停车库(场)的车辆进行自动登录、监控和管理的电子系统。

2. 停车库(场)管理系统集感应式智能卡技术、计算机网络、视频监控、图像识别与处理及自动控制技术于一体,可对停车库(场)内的车辆进行智能化管理,包括车辆身份判断、出入控制、车牌自动识别、车位检索、车位引导、会车提醒、图像显示、车型校对、时间计算、费用收取及核查、语音对讲、自动取(收)卡等有效的操作。

3. 系统根据建筑物的使用功能和安全防范管理的需要,可独立运行,也可与出入口控制系统、视频安防系统联合设置并联动。

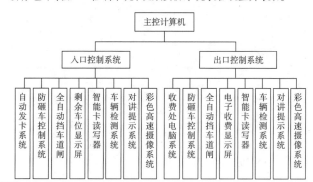

6 停车库(场)管理系统结构框图

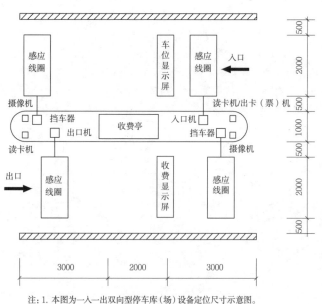

注:1. 本图为一入一出双向型停车库(场)设备定位尺寸示意图。
　　2. 本图中定位的尺寸仅供参考,以工程实际选型为准。

7 停车库(场)管理系统设备布置示意图

建筑环境

建筑智能化整体环境应形成高效、健康的工作和生活环境，应适应人们对建筑物功能性、安全感、舒适度和便利性的要求，符合人们对环保、节能等绿色环境的要求。

电磁环境

1. 民用建筑物及居住小区与高压、超高压架空输电线路等辐射源之间应保持足够的距离。居住小区离辐射源一侧外墙处工频电场容许最大值为4.0kV/m，工频磁场强度容许最大值为0.1mT。

2. 民用建筑物内的电磁环境，要求如下表所示。

室内电磁场强度限值　　　　　　　　　　　　表1

频率	单位	容许最大场强	
		一级	二级
0.1～30MHz	V/m	10	25
30～300MHz	V/m	5	12
300MHz～300GHz	μW/cm²	10	40
混合波	V/m	按主要波段的场强确定。若各波段场强分布较广，则按复合场强加权值确定	

注：1.本表摘自《民用建筑电气设计规范》JGJ 16-2008。
　　2.在二级电磁环境下长期居住或工作，人员的健康可能受到损害，一级则不会。

3. 幼儿园、学校、居住建筑和公共建筑中的人员密集场所宜按一级电磁环境设计；当不符合规定时，应采取有效措施。公共建筑中的非人员密集场所宜按二级电磁环境设计；当不符合规定时，一般应采取有效措施。

照明质量

1. 照明质量包括光环境的亮度分布、照度均匀度、光色和显色性、眩光限制水平、光的方向性和物体立体感等。

2. 不同建筑、不同环境下，对照度值的要求有所不同。一般情况下，起居室一般活动为100~300lx；一般阅览室、开放式阅览室、多媒体阅览室、陈列厅、档案馆、普通办公室、会议室、大厅和普通工作室等为300lx；重要图书馆的阅览室、老年阅览室、珍藏阅览室、工作间、高档办公室、视频会议室和设计室等为500lx。商店建筑中，一般商店营业厅、超市营业厅、仓储式超市、专卖店营业厅等为300lx；高档商店营业厅、高档超市营业厅为500lx。

室内空气质量

室内空气质量一般用室内空气质量参数来量化评价，它是指室内空气中与人体健康有关的物理、化学、生物和放射性参数。

室内空气质量参数要求　　　　　　　　　表2

建筑环境指标	要求	范围	单位
温度	冬天	16~24	℃
	夏天	22~28	℃
相对湿度	冬天	30~60	%
	夏天	40~80	%
新风量	无	≥30	m³/h
二氧化硫SO_2	1小时均值	≤0.50	mg/m³
二氧化氮NO_2	1小时均值	≤0.24	mg/m³
一氧化碳CO	1小时均值	≤10	mg/m³
CO_2含量率	日平均值	≤1000×10⁻⁶	kg/m³
甲醛$HCHO$	1小时均值	≤0.10	kg/m³
可吸入颗粒$PM10$	1小时均值	≤0.15	kg/m³

注：本表摘自《室内空气质量标准》GB/T 18883-2002。

机房工程

智能化机房向各类智能化系统设备及装置提供安全、可靠和高效的运行及便于维护的基础条件设施，并向相关人员提供健康适宜的工作环境。

1. 考虑机房类型与机房数量。

根据项目特点确定各机房为独立配置或组合配置。

2. 考虑机房内放置的设备类型、数量。

智能化机房内主要的设备为控制台、屏幕墙和设备机柜等，机房净高和空间应满足这些设备的要求。控制台用以摆设工作站、显示器、鼠标和键盘等。屏幕墙主要有监视器和拼接屏等形式，可立地或挂墙安装。设备机柜用以安装各种智能化设备，可以立地摆放或者挂墙安装。

3. 考虑辅助用房的布局和面积。

辅助用房可为机房提供供电、消防等保障。

4. 考虑操作空间、工作通道和维修通道。

一般要求设备的侧面通道宽不小于0.8m，操作面通道宽不小于1.5m。

智能化机房类型

机房类型一般按功能划分，可独立配置或组合配置。

智能化机房类型　　　　　　　　　　　　表3

序号	机房名称	机房功能
1	信息接入机房	通信线缆进出线，放置通信设备
2	有线电视前端机房	放置有线电视信号接收及处理设备
3	信息设施系统总配线机房	放置信息设施系统的运行设备和配线设施
4	智能化总控室	一般将消防、安防和其他机房合并而成
5	信息网络机房	放置电子信息设备，可含网管工作间
6	用户电话交换机房	放置用户电话交换机设备，可含话务员工作间
7	消防控制室	放置火灾自动报警系统设备，人员24h值班
8	安防监控中心	放置安全技术防范系统设备，人员一般24h值班
9	应急响应中心	放置会议讨论、应急指挥的相关设备
10	智能化设备间（弱电间）	放置显示屏控制设备、操作台

控制台

控制台主要有平台式和琴台式两种，一般台面高0.6m或0.7m。单个工位控制台的地面投影长为0.98~1.1m，宽为0.6m。普通控制台要求一侧通道宽0.8m，正面通道宽1.5m。消防控制室的控制台，控制台正面的操作距离单列时不小于1.5m，双列时不低于2m；值班人员经常工作的一面，控制台正面距墙不小于3m，背面距墙不小于1m。

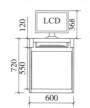
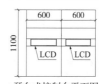

a 平台式控制台正视图　　b 平台式控制台侧视图　　c 单排控制台平面图

d 平台式控制台平面图　　e 琴台式控制台平面图　　f 双排控制台平面图

1 控制台的设置

屏幕墙

智能化机房使用的屏幕墙主要有监视器、拼接屏等形式，其中安防控制室使用的屏幕墙大多是由多台较大尺寸的主监视器和较小尺寸的辅助监视器组成。有些中、大型项目主监视器采用多台较大尺寸的监视器拼接而成。辅助监视器一般组成M行×N列，屏幕墙的厚度一般为0.6m，其中中型项目M=2或3，大型项目M=3以上。

屏幕墙上安装的监视器宜采用20～25英寸监视器，最佳视距宜为监视器尺寸5～8倍之间，一般约为2.5～3.5m。

信息机房的屏幕墙大多是采用多台40英寸以上尺寸的监视器拼接而成。

液晶监视器尺寸表（单位：mm） 表1

规格（英寸）	17	19	21	22	25	32	40	42	46	52	70	82
宽	371	412	495	515	572	780	971	1044	1106	1249	1665	1918
高	330	361	450	330	518	482	582	684	655	747	987	1128

液晶拼接屏尺寸表（单位：mm） 表2

规格（英寸）	40	46	55	60
宽	910	1046	1215	1336
高	520	592	686	754

a 单列1、2行主监视器柜　　　b 单列2、3行辅助监视器柜

c（2×1+3×6）屏幕墙布局示意图

1 屏幕墙及拼接屏的设置

设备机柜

机房的设备机柜一般为标准机柜，其尺寸一般为0.6m×0.6m×2.0m（宽×深×高），其宽度可换算为19英寸，所以称之为19英寸机柜。2.0m高的机柜内净高约187cm，称为42U机柜，其中1U为1.75英寸=4.445cm。

机柜类型与尺寸（单位：mm） 表3

机柜类型	宽	深	高
标准小型机柜	600	600	2000
非标小型机柜	600～800	600～1200	2000
存储机柜	1000～1200	900	—
核心交换机	1000～1200	800	—
服务器机柜	1000～1200	600～800	—
精密空调	2000～5500	450～900	1800～2000

辅助用房

安防、消防控制机房内的辅助用房包括UPS电源间、卫生间、休息间及维修间等。信息机房内的辅助用房包括UPS电源间、消防气瓶间、测试室、介质库、接入间等。

用户工作室的面积按3.5～4m²/人计算；硬件及软件人员办公室等有人长期工作的房间面积按5～7m²/人计算。

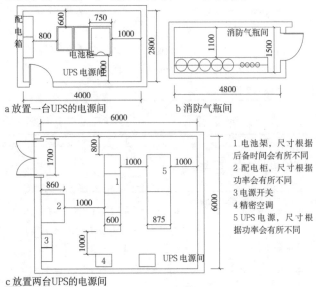

a 放置一台UPS的电源间　　　b 消防气瓶间

1 电池架，尺寸根据后备时间会有所不同
2 配电柜，尺寸根据功率会有所不同
3 电源开关
4 精密空调
5 UPS电源，尺寸根据功率会有所不同

c 放置两台UPS的电源间

2 辅助用房的设置

电信间（弱电间）

电信间用于安放垂直线槽、挂墙机箱和落地机柜，内部设弱电井，深度一般为0.3m，宽度不应小于1.5m。只需架设垂直线槽的电信间也可称为弱电井。

电信间位置宜上下层对位；应设独立的门，不宜与其他房间形成套间，不应与水、暖、气等管道共用井道。

当配线距离小于90m时，宜设一个电信间；若每层信息点数较少，可几个楼层合设一个电信间；当配线距离大于90m时，宜设置两个或以上电信间。

电信间的面积设置原则 表3

使用条件	无综合布线机柜	有综合布线机柜
设置原则	其他机柜挂墙安装，面积不小于1.5m×0.8m	面积不应小于5m²，宽度不宜小于2.0m，深度不宜小于2.5m；当系统信息点数超过200点，每超过200点应增加一台机柜，面积应相应增加1.5m²

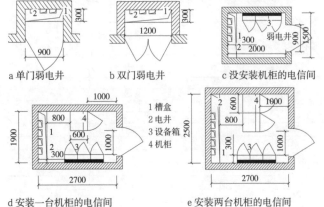

a 单门弱电井　　b 双门弱电井　　c 没安装机柜的电信间

1 槽盒
2 电井
3 设备箱
4 机柜

d 安装一台机柜的电信间　　　e 安装两台机柜的电信间

3 电信间（弱电间）的设置

消防、安防、智能化控制室及应急响应中心

一般地，火灾自动报警系统的主机设备设在消防控制室中，安全技术防范系统的主机设备设在安防控制中心，也可将它们与建筑设备管理系统和公共广播系统等的主机设备集中设在智能化总控室内。在重要或特殊的建筑中，智能化总控室一般设置应急响应中心。

机房中的主要设备包括设备机柜、控制台和屏幕墙。室内不设置屏幕墙时，室内设备的安装高度按照2.0m考虑，室内净高不小于2.5m（不含活动地板和吊顶的安装高度）。设置屏幕墙时，室内净高应不低于屏幕墙的高度。

消防、安防、智能化控制室的设置原则　　　　　　　表1

机房设置	设置原则
消防控制室	1.应设置在建筑物的首层或地下一层。设置在首层时，应有直通室外的安全出口；当设置在地下一层时，距通往室外的安全出入口不应大于20m。不应设置在电磁场干扰较强的设备用房附近； 2.与建筑其他弱电系统合用的消防控制室内，消防设备应集中设置，并应与其他设备间有明显间隔
安防监控中心	1.安防控制中心面积不宜小于50m²，当和建筑设备管理机房合用时不宜小于70m²； 2.安防监控中心宜设置独立的UPS机房和设备维修间；重要建筑的安防监控中心宜设置独立的休息室和卫生间
智能化总控室	当多个系统的主机设备集中设置于智能化总控室时，至少应为火灾自动报警系统划分独立的工作区，并应满足消防控制室的设置要求。重要或特殊的建筑中，智能化总控室可设应急响应中心

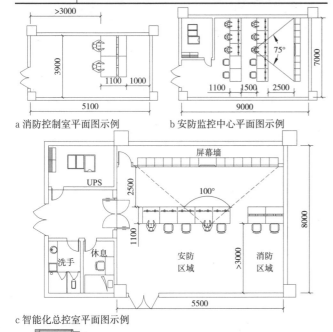

a 消防控制室平面图示例　　　b 安防监控中心平面图示例

c 智能化总控室平面图示例

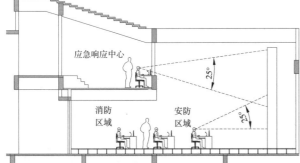

d 设应急响应中心的智能化总控室示例

1 消防、安防、智能化控制室及应急响应中心的设置

计算机机房

计算机机房用于放置综合布线设备、安全设备、网络设备、存储设备、服务器、小型机等信息化设备。

1. 计算机机房的规模

100m²以下的为小型网络机房，100~500m²的为中型网络机房，500m²以上的为大型网络机房。

2. 计算机机房的功能分区

根据人员与设备的工作条件，宜分成主机房、辅助区、支持区、行政管理区等功能区。主机房按照设备种类可分为不同的设备区域。

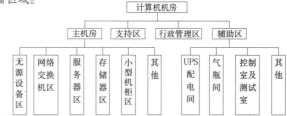

2 计算机机房的功能分区

3. 计算机机房的位置

宜设在建筑物首层及以上层，若地下为多层，也可设在地下一层，且不在潮湿、易积水场所的正下方或贴邻。

4. 主机房面积的计算

图中：
A=主机房的使用面积（m²）；
K₁=5~7；
S=系统设备的投影面积（m²）；
Σ 表示求和；
K₂=4.5~5.5m²/台；
N=机房内设备的总台数

3 主机房面积的计算

5. 计算机机房中设备的间距和通道设置

机柜面对面设置时，之间的通道为冷通道，宽度不应小于机柜宽度的2.5倍；机柜背对背设置时，之间的通道为热通道（散热通道），宽度不应小于机柜宽度的2倍。

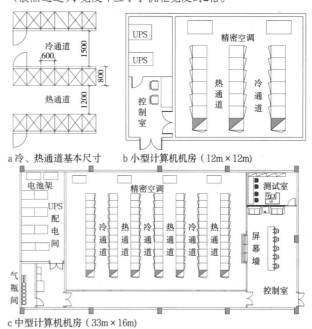

a 冷、热通道基本尺寸　　b 小型计算机机房（12m×12m）

c 中型计算机机房（33m×16m）

4 计算机机房的设置

信息接入机房

信息接入机房应设置在建筑物首层或地下一层便于缆线进、出的地方，是建筑物配线系统与电信业务经营者和其他信息业务服务商的配线网络互联互通及交接的场地。小型工程的设备间，可兼作进线间。进线间应靠建筑外墙，其外侧应设置手井或人井，供外部缆线的引入。

信息接入机房的大小及设备布置可以参照电信间的要求，一般为5~10m²/间，室外手井一般为600mm×600mm以上。接入机房位于首层时，接线管应从地梁下进入。

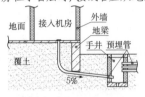

a 位于首层的信息接入机房　　b 位于负一层的信息接入机房

1 信息接入机房的设置

通信机房

通信机房一般设在地下一层，并宜与通信接入机房毗邻。一般语音接入机房不小于30m²，手机信号覆盖机房不小于15m²。

语音接入机房一般会单独设置，手机信号室内分布系统在小型建筑应合并设置，大、中型建筑宜分别设置。合并设置时，手机信号覆盖设备可安放在进线间内。

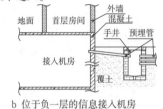

a 小型建筑的通信专用机房　　b 大、中型建筑的通信专用机房

2 通信专用机房的设置

照明、显示屏、升旗控制室

体育场馆一般设有照明、显示屏、升旗控制室和扩声控制室，这些专用控制室宜合并或毗邻设置。照明控制柜应设置设备室安放。

照明控制室应能看清场内情况，显示屏控制室应能看到大屏幕显示的内容，扩声控制室应能听到场内的音响效果，升旗控制室应能看到升旗的全过程。

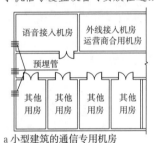

3 照明、显示、升旗控制室的设置

卫星接收机房

卫星天线一般安装在建筑的屋面，需预留卫星天线的基座。卫星接收机房应设在卫星天线的同层或下一层，距离卫星接收天线30m内，使用面积不应小于10m²，用于安装卫星接收机及信号调制设备。

扩声控制室（音控室）

扩声控制室（音控室）的位置应能通过观察窗直接观察到舞台（讲台）活动区和大部分观众席。

当功放设备较少时，宜布置在控制台操作人员能直接监视到的部位；功放设备较多时，应设置功放设备室。扩声控制室的观察窗应能局部开启，方便操作人员听到扩声效果。房间宽度不宜小于2.5m。观察窗应略小于房间宽度，窗台高度一般为0.8m，以方便观察讲台（舞台或场地）情况为标准。

剧院、会议厅、报告厅等的扩声控制室设置在观众席或听众席的后部，体育场馆的扩声控制室宜设在主席台侧。

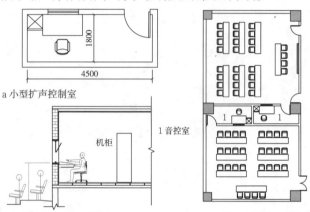

a 小型扩声控制室

b 中型扩声控制室（侧视图）　　c 小型报告厅的扩声控制室

4 扩声控制室的设置

程控电话交换机房及话务员室

程控电话交换机实现语音通信的交换和传输，需要人工转接服务的建筑应设置话务员室。

根据建筑性质不同，其机房设置的位置也会有较大的差异。一般酒店设置在服务前台附近，其他建筑可以设置在信息中心机房或邻近安全控制中心。

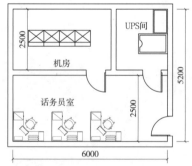

5 程控电话交换机房及话务员室

译员室

译员室应设置在靠近主席台的位置，并宜通过观察窗清楚地看到主席台的主要部分，观察窗应采用中空夹层玻璃隔声窗。多个译员室并排设置时，其间应采用实墙间隔并做隔声处理。

使用面积宜够坐两个译员。为了减少房间共振，房间内3个尺寸要互不相同，其最小尺寸不宜小于2.5m×2.0m×2.3m（长×宽×高）。观察窗应略小于房间宽度，窗台高度一般为0.8m，以方便观察发言人为原则。

机房布局设计实例一

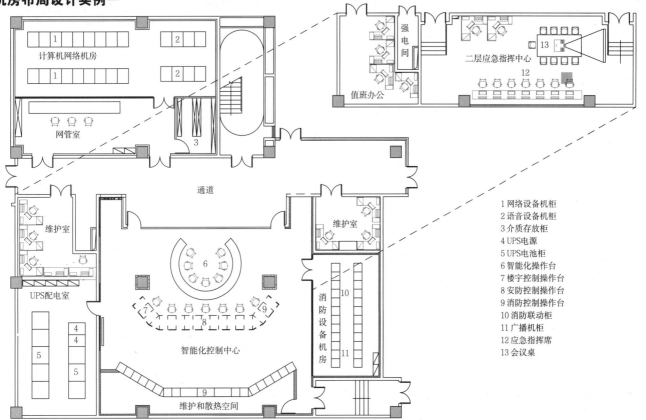

1 网络设备机柜
2 语音设备机柜
3 介质存放柜
4 UPS电源
5 UPS电池柜
6 智能化操作台
7 楼宇控制操作台
8 安防控制操作台
9 消防控制操作台
10 消防联动柜
11 广播机柜
12 应急指挥席
13 会议桌

1 上海世博会中国馆的智能化主机房

项目名称	主要技术指标	设计时间	设计单位	1.引入"集约化"设计的理念,有效减少机房面积,提高使用效率; 2.融合多种使用功能,以降低机房能耗和运营成本,提高管理效率; 3.安全控制中心约320m²,计算机机房约140m²,应急指挥中心约90m²
上海世博会中国馆的智能化主机房	机房区总面积约550m²	2008	华南理工大学建筑设计研究院	

机房布局设计实例二

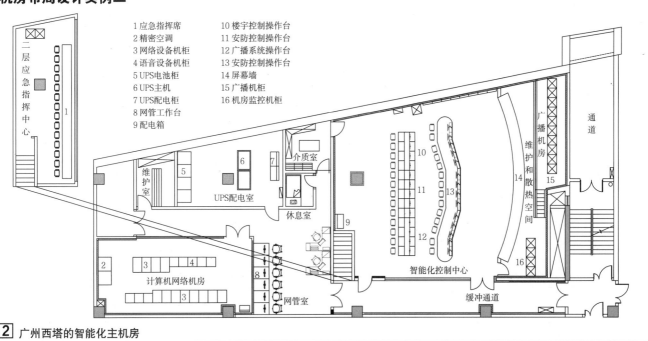

1 应急指挥席
2 精密空调
3 网络设备机柜
4 语音设备机柜
5 UPS电池柜
6 UPS主机
7 UPS配电柜
8 网管工作台
9 配电箱
10 楼宇控制操作台
11 安防控制操作台
12 广播系统操作台
13 安防控制操作台
14 屏幕墙
15 广播机柜
16 机房监控机柜

2 广州西塔的智能化主机房

项目名称	主要技术指标	设计时间	设计单位	1.采用"集约化"设计的理念,有效减少机房面积,提高使用效率; 2.采用"流线型"的分区布置,优化机房功能布局,兼顾参观路线; 3.安全控制中心约170m²,计算机机房约50m²,应急指挥中心约30m²
广州西塔的智能化主机房	机房区总面积约460m²	2008	华南理工大学建筑设计研究院	

设计要点

1. 办公建筑智能化需要适应办公业务信息化应用的需求，能够为高效办公环境提供基础保障，满足各类现代办公建筑的信息化管理需求，适应对现代办公建筑的运营管理。

2. 办公建筑智能化设计原则：以计算机网络为基础、软件为核心，通过信息交换和共享，将各个具有完整功能的独立分系统组合成一个有机的整体，提高系统维护和管理的自动化水平、协调运行能力及管理功能，实现功能集成、网络集成和软件界面集成，并且遵循开放性、可扩展性、安全性、互连接性、经济性、可靠性、人机界面的友好性原则。

系统配置标准

办公建筑智能化系统根据信息系统性质，设定如下配置标准：

系统配置选项   表1

智能化系统		设计标准				
		普通办公	商务办公	行政办公1	行政办公2	行政办公3
信息化应用系统	公共服务系统	●	●	⊙	●	●
	智能卡应用系统	●	●	●	●	●
	物业管理系统	●	●	⊙	●	●
	信息设施运行管理系统	⊙	●	⊙	⊙	●
	信息安全管理系统	⊙	●	●	●	●
	通用业务系统　基本业务办公系统	按国家现行有关标准进行配置				
	专业业务系统　专用办公系统					
智能化集成系统	智能化信息集成（平台）系统	⊙	●	○	⊙	●
	集成信息应用系统	⊙	●	○	⊙	●
信息设施系统	信息接入系统	●	●	●	●	●
	布线系统	●	●	●	●	●
	移动通信室内信号覆盖系统	●	●	●	●	●
	用户电话交换系统	⊙	⊙	⊙	●	●
	无线对讲系统	⊙	⊙	⊙	●	●
	信息网络系统	●	●	●	●	●
	有线电视系统	●	●	●	●	●
	卫星电视接收系统	○	●	×	×	×
	公共广播系统	●	●	●	●	●
	会议系统	●	●	●	●	●
	信息导引及发布系统	●	●	⊙	●	●
	时钟系统	○	⊙	×	×	×
建筑设备管理系统	建筑设备监控系统	●	●	●	●	●
	建筑能效监管系统	⊙	●	⊙	●	●
公共安全系统	火灾自动报警系统	按国家现行有关标准进行配置				
	安全技术防范系统					
	安全防范综合管理（平台）系统	⊙	●	⊙	●	●
	应急响应系统	○	●	⊙	●	●
机房工程	信息接入机房	●	●	●	●	●
	有线电视前端机房	●	●	●	●	●
	信息设施系统总配线机房	●	●	●	●	●
	智能化总控室	●	●	●	●	●
	信息网络机房	⊙	●	⊙	●	●
	用户电话交换机房	⊙	●	⊙	●	●
	消防控制室	●	●	●	●	●
	安防监控室	●	●	●	●	●
	应急响应中心	○	⊙	⊙	●	●
	智能化设备间（弱电间）	●	●	●	●	●
	机房安全系统	按国家现行有关标准进行配置				
	机房综合管理系统	○	⊙	⊙	●	●

注：1. 本表摘自《智能建筑设计标准》GB 50314-2015。
2. ●应配置；⊙宜配置；○可配置；×不配置。
3. 行政办公1：其他职级职能办公。
4. 行政办公2：地市级职能办公。
5. 行政办公3：省部级以上职能办公。
6. 安全技术防范的子系统[停车库(场)管理系统]：行政办公1、普通办公为宜配置，行政办公2、行政办公3、商务办公为应配置。

智能化集成系统

1. 根据办公建筑的具体配置、管理需求，确定智能化系统的内容及功能，充分利用各种信息设施系统，集成建筑设备管理系统、公共安全系统、智能卡应用系统、信息安全管理系统等智能化子系统。

2. 通过标准的软件接口，向办公工作业务、物业管理系统、公共服务系统等信息化应用系统提供运行和管理数据。

3. 智能化集成系统与各子系统之间通信和数据交换，采用的接口和通信协议符合现行有关标准的规定。

信息化应用系统

以建筑物信息设施系统和设备管理系统等为基础，为满足建筑物各类业务和管理功能的多种类信息设备与应用软件而组合的系统。信息化应用系统宜包括专业业务系统、通用业务系统、信息设施运行管理系统、物业管理系统、公共服务系统、公众信息系统、智能卡应用系统和信息网络安全管理系统等。

建筑设备管理系统

建筑设备管理系统能够独立实行监控功能，同时将运行数据送到智能化集成系统，而且可以按照集成系统的指令改变运行状态或运行方式，实现优化控制、管理，采用开放的现场总线协议或OPC方式实现数据交互。监控内容包括暖通空调系统、给水排水系统、供配电系统、照明系统、电梯扶梯系统。系统宜考虑对区域管理和供能的计量。

公共安全系统

1. 根据办公建筑的安全管理要求、建设投资、系统规模、系统功能等因素，安全技术防范系统由低至高分为基本型、提高型、先进型三种类型。

2. 根据系统的规模，确定系统的分层或分区以及监控中心的数量。根据系统的技术和功能要求，确定系统组成及设备配置。根据建筑平面，确定摄像机和其他设备的设置地点。

3. 基本型安防工程监控中心可设在值班室。提高型安防工程系统的组建模式为组合式安全防范系统，监控中心应为专用工作间，面积不宜小于30m²，宜设立独立卫生间和休息室。先进型安防工程系统的组建模式为集成式安全防范系统，监控中心应为专用工作间，面积不宜小于50m²，应设立独立卫生间和休息室。

监控中心应设置为禁区，应有保证自身安全的防护措施和进行内外联络的通信手段。

4. 办公建筑设防区域和部位的选择按下表确定：

办公建筑设防区域和部位   表2

设防名称	设防部位
周界	建筑物单体、建筑物群体外层周界，楼外广场、建筑物周边外墙，建筑物地面层、建筑物顶层等
出入口	建筑物、建筑物群周界出入口，建筑物地面层出入口，办公室门，建筑物内或楼群间通道出入口，安全出口，疏散出口，停车库(场)出入口等
通道	周界内主要通道，门厅(大堂)，楼内各楼层内部通道，各楼层电梯厅，自动扶梯口等
公共区域	会客厅、商务中心、会议厅、功能转换层、避难层、停车库(场)等
重要部位	重要办公室、财务出纳室、建筑机电设备监控中心、信息机房、重要物品库、监控中心等

左侧边栏：
9 建筑智能化设计

信息设施系统

1. 为确保建筑物与外部信息通信网的互联及信息畅通,将接收、交换、传输、存储、检索和显示等综合处理各类语音、数据、图像和多媒体等信息的多种类信息设备系统加以组合,提供实现建筑物业务及管理等应用功能的信息通信基础设施。

办公建筑信息设施系统　　　　　　　　　　　　　　表1

信息设施系统	通用办公	行政办公
信息接入系统	1. 宜将各类公共通信网引入建筑内(出租或出售)办公单元或办公区域内; 2. 应适应多家运营商接入的要求	应根据工作业务的需要,将公共信息网及行政办公专用信息网引入行政办公建筑内
信息网络系统	1. 物业管理系统信息网络宜独立设置,系统应完整地配置; 2. 出租或出售办公单元,宜由承租者或入驻的用户自行建设	1. 应符合各级行政办公业务信息传输的安全、可靠、保密的要求; 2. 应根据各级行政机关办公工作业务和办公人员的岗位职能需要,配置相应的数据端口和电话通信端口; 3. 应根据办公业务的需要设置符合要求的外网、内网和业务子网,子网之间的隔离应符合业务保密等级的要求;各级行政机关中特殊信息网端口配置,应符合国家对岗位业务职能和相关管理规定; 4. 涉及国家秘密的通信、办公自动化和计算机信息系统的通信或网络系统建设,均应符合有关规定
移动通信室内信号覆盖系统	公共区域应配置移动通信室内信号覆盖系统	应根据信息安全要求或其他业务要求,建立区域移动通信信号覆盖或移动通信信号屏蔽系统
会议系统	1. 宜具有提供会议室或会议设备租赁使用及管理便利性; 2. 系统宜按各类会议场所的功能需求组合,配置相关设备	应根据所确定的功能,配置相关设备,应符合安全保密要求,提供安全的会议环境

2. 办公建筑的布线要分出租型办公建筑和自用型办公建筑来考虑。

办公建筑布线　　　　　　　　　　　　　　　　　表2

出租型办公建筑	自用型办公建筑
一般由物业来管理,由开发商投资,提前预留相应的管线,等用户确定后,自己结合网络建设进行配线。两种做法: 1. 常规做法:按5~10m²设置一个工作区,设置相应信息点,再按这个量来考虑整个系统的设置; 2. 用户不确定做法:敷设电信端至区域的光缆,每个区域设置两个光纤插座(接入以太交换机)和两个语音插座(接入电话集线器或用户交换机),或者采用在水平线缆的路由中间设置集合点的设计方法	由于使用单位性质不同,有时会有内网、外网、保密网之分。信息点除了要满足电话、数据的需求以外,还要考虑涉及内网、外网、保密网以及备份等需要的信息点。布线设备的安装场地、管槽、线缆都要做到物理分开。一般选用相对先进的设备及线缆

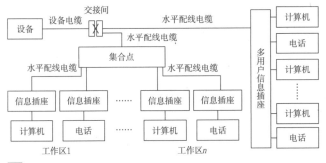

1 开放办公室布线系统框图

3. 在建筑性质明确的条件下,办公建筑信息点的数量确定需考虑使用区域的具体功能。

办公建筑信息点数量配置　　　　　　　　　　　　表3

建筑物功能区	信息点数量(每一工作区)			备注
	语音	数据	光纤(双口)	
一般办公室	1个	1个		
特殊要求写字楼办公区	1个	2个	1个	
出租或大客户区域	2个或2个以上	2个或2个以上	1个或1个以上	
办公区(政务工程)	2~5个	2~5个	1个或1个以上	涉及内外网络
其他工作区	1~4个	1~4个	1个或1个以上	

4. 远程视频会议系统是通过现有的各种电气通信传输媒体,将人物的静态和动态图像、语音、文字、图片等多种信息分送到各个用户的终端设备上,使得在地理上分散的用户通过图形、声音等多种方式交流信息,增加双方对内容的理解能力。组网方式分为三种:(1)采用ISDN网自建设电视会议系统;(2)采用IP专网建设电视会议系统;(3)采用互联网建设电视会议系统。

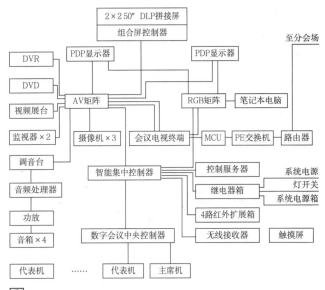

2 视频电视电话会议主会场系统框图

智能化机房工程设置

1. 智能化系统机房包括信息接入机房、有线电视前端机房、智能化总控室、信息网络(数据中心设施、企业总控中心)机房、用户电话交换机房、信息设施系统总配线机房、消防控制室(火灾自动报警及消防联动控制系统)、安防监控中心、智能化设备间(弱电间)和应急指挥中心等其他智能化系统设备机房。

2. 各机房面积、设置位置参考本专题建筑环境及机房工程相关部分。

3. 对电磁骚扰敏感的信息网络机房、用户电话交换机房、信息设施系统总配线机房和智能化总控室等重要机房,不应与变配电室及电梯机房贴邻布置。机房不应设在水泵房、卫生间和浴室等潮湿场所的贴邻位置。

4. 机房静电防护应根据实际需求铺设防静电地板或导静电地面,铺设高度应按实际需要确定,宜为200~350mm。

设计要点

1. 旅馆建筑智能化针对不同星级、连锁宾馆的功能属性和特点,设置信息设施、信息化应用、公共安全、建筑设备管理等系统和业务支撑体系,确保系统和功能的完整性,达到"支撑业务应用、服务住客需求、降低运营成本、提高运行效率"的目标。

2. 在建筑内构筑一个通信平台,为酒店管理者以及入住客人提供语音、数据、宽带(包括有线/无线)、视频、TV等服务,实现有线、无线相辅相成的通信环境。

3. 配合绿色建筑新技术、新功能的应用和拓展,构建灵活多样的通信技术支撑体系。

4. 旅馆建筑的主要服务对象是住客,主要的服务区域为客房、餐厅、会议室及休闲娱乐场所等。一般设置客房集控系统对客房进行管理,配合智能化应用系统和旅馆信息管理系统,给住客提供安全、便捷的入住、消费服务。

5. 建筑内进入客房区的电梯宜配置电梯控制系统。

系统设置标准

旅馆建筑智能化系统其标准配置如下。

旅馆智能化系统配置表 表1

智能化系统		其他等级	三、四星级	五星级及以上
信息化应用系统	公共服务系统	⊙	●	●
	智能卡应用系统	●	●	●
	物业管理系统	⊙	●	●
	信息设施运行管理系统	○	⊙	●
	信息安全管理系统	⊙	●	●
	通用业务系统 基本旅馆经营管理系统	按有关标准配置		
	专业业务系统 星级酒店经营管理系统			
智能化集成系统	智能化信息集成(平台)系统	⊙	●	●
	集成信息应用系统	⊙	●	●
信息设施系统	信息接入系统	●	●	●
	布线系统	●	●	●
	移动通信室内信号覆盖系统	●	●	●
	用户电话交换系统	●	●	●
	无线对讲系统	⊙	●	●
	信息网络系统	●	●	●
	有线电视系统	●	●	●
	卫星电视接收系统	○	⊙	●
	公共广播系统	●	●	●
	会议系统	●	●	●
	信息导引及发布系统	⊙	●	●
	时钟应用系统	○	⊙	●
建筑设备管理系统	建筑设备监控系统	⊙	●	●
	建筑能效监管系统	⊙	●	●
公共安全系统	火灾自动报警系统	按有关标准配置		
	安全技术防范系统 入侵报警系统			
	视频安防监控系统			
	出入口控制系统			
	电子巡查系统			
	停车库(场)管理系统	⊙	●	●
	安全防范综合管理(平台)系统	○	⊙	●
	应急响应系统	○	⊙	●
机房工程	信息接入机房	●	●	●
	有线电视前端机房	●	●	●
	信息设施系统总配线机房	●	●	●
	智能化总控室	●	●	●
	信息网络机房	⊙	●	●
	用户电话交换机房	●	●	●
	消防控制室	●	●	●
	安防监控中心	●	●	●
	应急响应中心	○	⊙	●
	智能化设备间(弱电间)	●	●	●
	机房安全系统	按有关标准配置		
	机房综合管理系统	○	⊙	●

注:1. ●应配置,⊙宜配置,○可配置。
  2. 本表摘自《智能建筑设计标准》GB 50314-2015。

旅馆经营业务应用系统

旅馆经营业务应用系统通过计算机实现自动化管理。其包含以下几个子系统:营销管理系统(包括客户关系管理、客房预订管理、宴会预订管理、康乐预订管理)、客人服务系统(包括接待管理、前台收银、客房中心管理、电话室管理、POS管理)、酒店自动化接口系统(包括电子门锁接口、VOD接口、宽带计费接口、程控交换机酒店管理功能接口)、会计和财务信息系统(包括会计总账管理、固定资产管理、资金审批管理、采购管理、库存管理、客人应收账管理、应付账管理、工资核算管理)、工程管理系统、人事管理系统、办公自动化系统等。

客房集控系统

酒店各客房设置智能控制系统,集中控制客房内各类取电器电源、门铃、照明、窗帘、免打扰以及空调设备等,采用联网方式,可实现当客人登记入住时能将其房间内各机电设备开启至迎宾状态,当客人退房时,能将其房间内各机电设备关闭回归中央控制模式。

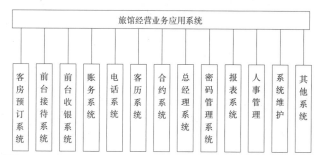

□1 旅馆经营业务应用系统

IPTV视频点播系统

视频点播系统也称交互式视频点播系统,将经压缩的视频和音频信号储存在网络视频服务器上的超大容量、高速硬盘中,播放时由连接在网络上的电脑(机顶盒)将视频和音频信号解压后输出到显示器或者电视机上。

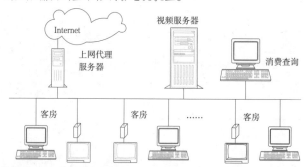

□2 IPTV视频点播系统

卫星电视接收系统

由卫星天线、馈源、高频头、卫星接收机等部分组成。卫星接收机通过同轴电缆同卫星天线上的高频头相连,高频头将卫星天线反射过来的微波信号反馈到卫星接收机内进行处理或解码,解出音视频流输出至复用器、调制器,之后混合输出分配至用户端。

设计要点

文化建筑主要包括图书馆、档案馆、文化馆等类型,智能化系统建设的重点是实现业务网络化、通信自动化、应用便利人性化等。

1. 应满足文献资料信息的采集、加工、利用和安全防护等要求;满足文献资料储藏、阅览等场所温湿度及空气质量的控制要求。

2. 应为读者、工作人员创造良好的学研环境和工作条件,提升面向公众文化服务的综合能力;实现对文化建筑现代化服务和物业的规范化运营管理。

3. 应满足大容量数字化资源的存储、查阅需求,满足未来数字化图书馆、网络化图书馆或者虚拟图书馆的应用要求。

4. 应考虑图书馆、档案馆等储藏库对环境的特殊要求,满足通风、除尘过滤、温湿度等环境参数的监控。

系统配置标准

文化建筑根据其建筑功能的不同,综合考虑智能化系统的设置,其标准配置如下。

文化建筑智能化系统配置表　表1

智能化系统		图书馆			档案馆			文化馆		
		A	B	C	D	E	F	G	H	I
信息化应用系统	公共服务系统	⊙	●	●	●	●	●	⊙	●	●
	智能卡应用系统	●	●	●	●	●	●	●	●	●
	物业管理系统	⊙	⊙	●	○	●	●	⊙	●	●
	信息设施运行管理系统	⊙	⊙	●	○	●	●	⊙	●	●
	信息安全管理系统	●	●	●	●	●	●	●	●	●
	通用业务系统		按有关标准配置							
	专业业务系统									
智能化集成系统	智能化信息集成(平台)系统	○	⊙	●	按标准配置			○	⊙	●
	集成信息应用系统									
信息设施系统	信息接入系统	●	●	●	●	●	●	●	●	●
	布线系统	●	●	●	●	●	●	●	●	●
	移动通信室内信号覆盖系统	●	●	●	●	●	●	●	●	●
	用户电话交换系统	⊙	●	●	⊙	●	●	⊙	●	●
	无线对讲系统	⊙	⊙	●	⊙	⊙	●	⊙	⊙	●
	信息网络系统	●	●	●	●	●	●	●	●	●
	有线电视系统	●	●	●	●	●	●	●	●	●
	公共广播系统	●	●	●	●	●	●	●	●	●
	会议系统	⊙	⊙	●	⊙	⊙	●	⊙	⊙	●
	信息导引及发布系统	●	●	●	●	●	●	●	●	●
建筑设备管理系统	建筑设备监控系统	⊙	●	●	●	●	●	⊙	●	●
	建筑能效监管系统	⊙	●	●	●	●	●	⊙	●	●
公共安全系统	火灾自动报警系统		按有关标准配置							
	安全技术防范系统 入侵报警系统									
	视频安防监控系统									
	出入口控制系统									
	电子巡查系统									
	停车库(场)管理系统	⊙	⊙	●	●	●	●	⊙	●	●
	安全防范综合管理(平台)系统	●	●	●	●	●	●	●	●	●
机房工程	信息接入机房	●	●	●	●	●	●	●	●	●
	有线电视前端机房	●	●	●	●	●	●	●	●	●
	信息设施系统总配线机房	●	●	●	●	●	●	●	●	●
	智能化总控室	●	●	●	●	●	●	●	●	●
	信息网络机房	●	●	●	⊙	●	●	⊙	●	●
	用户电话交换机房	⊙	●	●	⊙	●	●	⊙	●	●
	消防控制室	●	●	●	●	●	●	●	●	●
	安防监控中心	●	●	●	●	●	●	●	●	●
	智能化设备间(弱电间)	●	●	●	●	●	●	●	●	●
	机房安全系统		按有关标准配置							
	机房综合管理系统	●	⊙	●	●	⊙	●	●	⊙	●

注:1. ●应配置,⊙宜配置,○可配置,×不配置。
2. A专门图书馆,B科研图书馆,C高校及公共图书馆;D乙级档案馆,E甲级档案馆,F特级档案馆;G小型文化馆,H中型文化馆,I大型文化馆。
3. 本表摘自《智能建筑设计标准》GB 50314—2015。

图书馆数字化管理系统

图书馆一般均应设置图书馆数字化管理系统,其实现图书馆在网络上的借、还、阅服务和互联网上的信息共享等流通服务,以及图书采购、编目、检索统计、打印及系统维护等相关业务功能。系统以RFID技术为基础,以RFID中间件为媒介实现RFID技术和图书管理方法的结合,为图书馆管理提供有效的技术手段;系统由硬件和软件两部分构成,系统硬件包含RFID标签、RFID借书证、标签编写器、流通工作站、自助借还机、安全门、便携式馆藏清点器等设备。应用软件包括智能流通标签初始化转换系统、员工工作站应用功能集成系统、读者自助借阅系统、读者自助还书系统、馆藏清点软件系统、安全通道门系统、RFID设备接口API等软件,以及图书采购、编目、检索统计、打印及系统维护等相关业务功能软件模块。

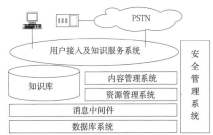

a 图书馆数字化管理系统架构图

b 图书馆数字化管理系统功能框图

1 图书馆数字化管理系统

智能密集架及智能寄存柜系统

智能密集架集手动、电动、电脑控制于一体,可实现远距离操作。

智能寄存柜系统采用条形码识别技术或密码技术,能对观众手上的条码或输入密码进行识别,自动实现对柜门的管理、自动寄存柜的分配等。自动寄存柜门正面贴有各箱的编号,门内侧装有电控锁。柜面液晶显示屏用以显示操作提示、各种内部设置的信息及其他检测信息等。

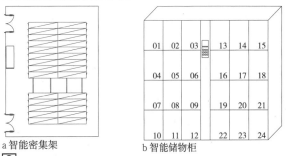

a 智能密集架　　　　b 智能储物柜

2 智能密集架及智能寄存柜示意图

设计要点

1. 应满足对文献和文物的存储、展示、查阅、陈列、学术研究等应用需求；

2. 应适应面向社会及公众信息的发布及传播，实现各类信息加工、增值和交流等博览物品展示窗口的信息化应用发展；

3. 应满足对博物馆建筑物业的规范化运营管理。

系统设置标准

博物馆建筑根据其建筑规模和展品数量或等级的不同，综合考虑智能化系统的设置，其标准配置如下。

博物馆建筑智能化系统配置表　　　　　　　　　　表1

智能化系统			小型博物馆	中型博物馆	大型博物馆
信息化应用系统	公共服务系统		⊙	●	●
	智能卡应用系统		⊙	●	●
	物业管理系统		○	⊙	●
	信息设施运行管理系统		○	⊙	●
	信息安全管理系统		○	⊙	●
	通用业务系统	基本业务办公系统	按现行标准配置		
	专业业务系统	博物馆业务信息化系统	按现行标准配置		
智能化集成系统	智能化信息集成（平台）系统		○	⊙	●
	集成信息应用系统		○	⊙	●
信息设施系统	信息接入系统		●	●	●
	布线系统		●	●	●
	移动通信室内信号覆盖系统		●	●	●
	用户电话交换系统		⊙	●	●
	无线对讲系统		⊙	●	●
	信息网络系统		●	●	●
	有线电视系统		●	●	●
	公共广播系统		⊙	●	●
	会议系统		⊙	●	●
	信息导引及发布系统		⊙	●	●
建筑设备管理系统	建筑设备监控系统		⊙	●	●
	建筑能效监管系统		⊙	●	●
公共安全系统	火灾自动报警系统		按现行标准配置		
	安全技术防范系统	入侵报警系统	按现行标准配置		
		视频安防监控系统			
		出入口控制系统			
		电子巡查系统			
		安全检查系统			
		停车库（场）管理系统	⊙	●	●
	安全防范综合管理（平台）系统		○	⊙	●
机房工程	信息接入机房		●	●	●
	有线电视前端机房		●	●	●
	信息设施系统总配线机房		●	●	●
	智能化总控室		○	●	●
	信息网络机房		⊙	●	●
	用户电话交换机房		●	●	●
	消防控制室		●	●	●
	安防监控中心		●	●	●
	智能化设备间（弱电间）		●	●	●
	机房安全系统		按现行标准配置		
	机房综合管理系统		○	⊙	●

注：1. ●应配置，⊙宜配置，○可配置。
　　2. 本表摘自《智能建筑设计标准》GB 50314-2015。

安全技术防范系统

1. 应根据建筑级别及文物防护等级，合理选择防护体系，区分纵深层次、防护重点，划分不同等级防护区域。

2. 应充分利用信息资源、网络化管理平台，加强对安防监控和周界防范系统、出入口管理系统，以及其他特殊应用系统的整合，并结合技术的创新持续改进。

3. 文物保护单位作为博物馆使用时，安全防范工程设计必须符合文物保护要求，不应造成文物建筑的损伤，不得对原文物建筑进行任何改动。

数字博物馆系统

数字博物馆应满足文物保存、文物数字化、多媒体展示、网上博物馆和馆藏信息内外交流的需求，应具有对考古、研究和文物调查追踪工作提供支持，包括快速的信息服务功能，和基于互联网的展示、研究和交流的功能，实现博物馆信息化相关的应用功能。

数字博物馆宜满足考古远程信息接入与发布的需要，考古人员在外作业期间，可通过有线或无线网络与博物馆取得联系，也可以通过虚拟专用网络来获得博物馆信息库中的相关资料，同时通过网络系统将现场的资料和信息发送到博物馆。

数字博物馆信息接入系统应满足博物馆管理人员远程及异地访问本馆授权服务器、查询信息，实现远程办公。

客流分析系统

在主要出入口和人流密度需要控制的场合宜设置客流分析系统。

系统主要采用具有人工智能技术的红外传感器来为博物馆建筑提供客流量数据及分析报告，除能提供人流数据外，还可以记录参观者进馆与离馆时间，各主要场所参观者密集度等。

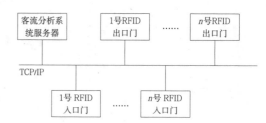

1 客流分析系统

自助寄存系统

自助寄存系统采用条形码识别技术或密码技术，自动实现对寄存储物柜的管理。

储物柜柜面液晶显示屏用以显示每一步操作提示、各种内部设置的信息及其他检测信息等。

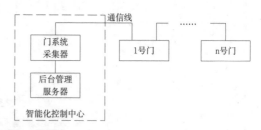

2 自助寄存系统

建筑设备管理系统

建筑设备管理系统应满足文物对环境安全的监控要求，对文物熏蒸、清洗、干燥等处理，以及对文物修复等工作区的各种有害气体浓度实时监控，避免腐蚀性物质、CO_2、温度、湿度、风化、光照和灰尘等对文物的影响。应确保对展品的保护，减少照明系统各种光辐射的损害。

设计要点

观演建筑主要包括影（剧）院建筑（含剧场、电影院）及广播电视业务建筑等。智能化系统设计一般应满足媒体业务信息化应用和媒体建筑信息化管理的需要。

1. 应满足对通信网络、电视制播等应用要求。

2. 应满足数字电视信号传输发展需求，满足建筑物内的剧场、演播室的节目录制实时信息传输。

3. 信息化应用主要考虑以实现信息设施运营管理为平台，集成智能卡管理、资产管理、物业管理、办公管理和数字化网站等应用系统。

4. 一般来说，观演建筑属于某时间段人流高度集中的公共建筑类型，对室内环境（温湿度、CO_2、噪声等）的控制要满足人员的舒适性要求，同时达到高效节能运行。

系统配置标准

智能化系统标准设置如下表。

观演建筑智能化系统配置表　　表1

智能化系统		剧场			电影院			广电建筑		
		A	B	C	D	E	F	G	H	I
信息化应用系统	公共服务系统	⊙	●	●	⊙	●	●	●	●	●
	智能卡应用系统	●	●	●	●	●	●	●	●	●
	物业管理系统	⊙	⊙	●	⊙	⊙	●	●	●	●
	信息设施运行管理系统	○	⊙	●	○	⊙	●	●	●	●
	信息安全管理系统	○	⊙	●	○	⊙	●	○	⊙	●
	通用业务系统	按有关标准配置								
	专业业务系统									
智能化集成系统	智能化信息集成（平台）系统	○	⊙	○	○	○	⊙	●	●	●
	集成信息应用系统	○	⊙	○	○	○	⊙	●	●	●
信息设施系统	信息接入系统	●	●	●	●	●	●	●	●	●
	布线系统	●	●	●	●	●	●	●	●	●
	移动通信室内信号覆盖系统	●	●	●	●	●	●	●	●	●
	用户电话交换系统	○	⊙	●	○	⊙	●	⊙	●	●
	无线对讲系统	○	⊙	●	○	⊙	●	○	⊙	●
	信息网络系统	●	●	●	●	●	●	●	●	●
	有线电视系统	⊙	●	●	⊙	●	●	●	●	●
	卫星电视接收系统	○	○	⊙	○	○	⊙	○	○	⊙
	公共广播系统	●	●	●	⊙	⊙	●	●	●	●
	会议系统	⊙	⊙	●	○	○	⊙	⊙	●	●
	信息导引及发布系统	⊙	●	●	⊙	●	●	⊙	●	●
	时钟系统	○	○	⊙	○	○	⊙	○	⊙	●
建筑设备管理系统	建筑设备监控系统	⊙	●	●	⊙	●	●	⊙	●	●
	建筑能效监管系统	○	○	⊙	○	○	⊙	○	⊙	●
公共安全系统	火灾自动报警系统	按有关标准配置								
	安全技术防范系统 入侵报警系统									
	视频安防监控系统									
	出入口控制系统									
	电子巡查系统									
	停车库（场）管理系统	○	⊙	●	●	●	●	⊙	⊙	●
	安全防范综合管理（平台）系统	○	⊙	●	○	⊙	●	○	⊙	●
机房工程	信息接入机房	●	●	●	●	●	●	●	●	●
	有线电视前端机房	●	●	●	●	●	●	●	●	●
	信息设施系统总配线机房	●	●	●	●	●	●	●	●	●
	智能化总控室	●	●	●	●	●	●	●	●	●
	信息网络机房	⊙	⊙	●	○	⊙	●	●	●	●
	用户电话交换机房	○	⊙	●	○	⊙	●	⊙	●	●
	消防控制室	●	●	●	●	●	●	●	●	●
	安防监控中心	●	●	●	●	●	●	●	●	●
	应急响应中心	○	○	⊙	○	○	⊙	○	⊙	●
	智能化设备间（弱电间）	○	●	●	●	●	●	●	●	●
	机房安全系统	按有关标准配置								
	机房综合管理系统	○	○	⊙	○	○	⊙	○	⊙	●

注：1. ●应配置，⊙宜配置，○可配置。

2. A小型剧场，B中型剧场，C大型、特大型剧场；D小型电影院，E中型电影院，F大型、特大型电影院；G区县级广电业务建筑，H市地级广电业务建筑，I省部级及以上广电建筑。

3. 本表摘自《智能建筑设计标准》GB 50314-2015。

影（剧）院建筑的专业业务系统

影（剧）院建筑的专业业务系统包括影（剧）院音频传输及控制系统、扩声系统、配合演出所需的舞台管理系统、音频系统综合布线系统等。其中音频传输及控制系统、扩声系统以及舞台管理系统一般也统称为电声系统，同时，有演出的剧场需配套舞台机械及舞台灯光系统。

电声系统

声场设计按照国家标准《厅堂扩声系统设计规范》GB 50371中演出类扩声系统声学特性指标以及建筑建设要求统一来考虑，配合装修采用固定安装。

舞台管理系统

本系统包括内部通信系统、催场呼叫广播、视频监视及显示系统。在剧场工作人员工作的地方设置固定的有线内通信号交换插座端口满足内部通信需求；在演职人员聚集的空间布置催场呼叫广播；演出监视系统用于舞台监督位、各个技术用房、化妆间等工作点位对舞台演出实况和观众区情况进行实时监视，以便更好地安排演出工作。

舞台机械及舞台灯光系统

舞台机械系统包括台上机械系统、电气控制系统、舞台阻燃幕布三大部分。舞台灯光系统需考虑舞台功能定位及舞台整体工艺设计，体现以灯光为主、机械为灯光服务的原则，使得灯光与机械有机结合，从技术上保证舞台灯光系统的科学、先进、多元化、高标准。

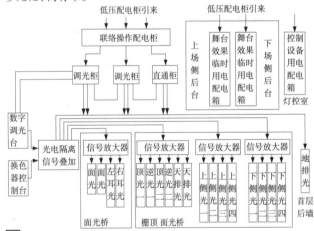

1 舞台灯光原理图

广播电视业务建筑的专业业务系统

广播电视业务建筑的工作业务系统应以保障电视新闻系统为重点，包括记者的外出采访、上载编辑、配音、串编、审稿、新闻播出等制作过程。对建筑内设置的演播室，其声场设计应满足室内建筑声学、电声设计的相关指标要求；同时，演播室应设内部通信系统、内部监听系统以及时钟应用。

售检票系统

设置售检票系统，对售检票过程实现自动化、电子化、网络化等的计算机综合管理系统。

设计要点

会展建筑的智能化系统应满足以下要求：

1. 应满足对展区和展物的布设及展示、会务及交流等的需求；

2. 应适应信息化综合服务功能的发展；

3. 应满足会展建筑物业规范化运营管理的需要。

系统设置标准

会展建筑智能化系统配置标准如下：

会展建筑智能化系统配置表　　　　　　　　　　表1

智能化系统		小型会展中心	中型会展中心	大型会展中心	特大型会展中心
信息化应用系统	公共服务系统	◎	●	●	●
	智能卡应用系统	●	●	●	●
	物业管理系统	◎	●	●	●
	信息设施运行管理系统	◎	●	●	●
	信息安全管理系统	◎	●	●	●
	通用业务系统	按有关标准配置			
	专业业务系统				
智能化集成系统	智能化信息集成（平台）系统	◎	◎	●	●
	集成信息应用系统	◎	◎	●	●
信息设施系统	信息接入系统	●	●	●	●
	布线系统	●	●	●	●
	移动通信室内信号覆盖系统	●	●	●	●
	用户电话交换系统	◎	●	●	●
	无线对讲系统	●	●	●	●
	信息网络系统	●	●	●	●
	有线电视系统	●	●	●	●
	公共广播系统	●	●	●	●
	会议系统	◎	●	●	●
	信息导引及发布系统	●	●	●	●
	时钟系统	○	◎	●	●
建筑设备管理系统	建筑设备监控系统	◎	●	●	●
	建筑能效监管系统	◎	●	●	●
公共安全系统	火灾自动报警系统	按有关标准配置			
	安全技术防范系统 入侵报警系统				
	视频安防监控系统				
	出入口控制系统				
	电子巡查管理系统				
	安全检查管理系统				
	停车场管理系统	○	◎	●	●
	安全防范综合（平台）管理系统	◎	●	●	●
	应急响应系统	○	◎	●	●
机房工程	信息接入机房	●	●	●	●
	有线电视前端机房	●	●	●	●
	信息系统总配线房	●	●	●	●
	智能化总控室	●	●	●	●
	信息网络机房	●	●	●	●
	用户电话交换机房	●	●	●	●
	消防控制室	●	●	●	●
	安防监控中心	●	●	●	●
	应急响应中心	○	◎	●	●
	智能化设备间（弱电间）	●	●	●	●
	机房安全系统	按有关标准配置			
	机房环境综合管理系统	○	◎	●	●

注：1. ●应配置，◎宜配置，○可配置。
　　2. 本表摘自《智能建筑设计标准》GB 50314-2015。

建筑设备管理系统

建筑设备管理系统应具有检测会展建筑的空气质量和调节新风量的功能。展厅宜设置智能照明控制系统，并应具有分区域就地控制、中央集中控制等方式。

安全技术防范系统

安全技术防范应根据会展建筑客流大、展位多且展品开放式陈列的特点，采取人防和技术防范相配套的措施。

智能卡应用系统

本系统主要由门禁管理系统、停车场管理系统、餐厅售饭系统、消费管理系统、考勤管理系统、发卡管理系统等子系统组成。实现对IC卡的发放、回收、授权、充值、消费、出入等管理功能。

售检票管理系统

本系统由制票、验票、网上预定、展位签名、查询分析统计等部分构成。各种信息通过录入和采集后按照一定的方式在数据库存放后，可以为使用者提供多角度的查询和分析。

本系统包含展览项目策划、展览计划排期、展览组织实施、展览信息管理等展览业务管理软件。

信息设施运行管理系统

本系统包括能源综合信息、设备设施信息、设备工作管理、查询管理、系统管理等设备和设施信息管理的内容。能源综合信息管理是对会展中心能源使用情况的信息采集、统计、分类、分析判断的管理过程；设备设施信息管理包含设备设施档案、设备安装/移装、设备运行、设备故障维修、预警、改造工程项目、库存备品配件、经济情况分析等管理功能。

公共服务系统

本系统建立一个会展中心对外宣传网站，兼有相关的网站服务、商务和管理功能；提供网站服务器系统、数据库系统、安全系统、电子邮件系统和系统软件等软硬件支撑环境；提供高速的多媒体基础平台建设；提供在线会展中心及360°全景展览中心的功能；提供新闻发布系统功能；提供会员管理系统功能；提供公众检索数据库等。

信息设施系统

展厅区域按国际标准展位要求，以面积3m×3m划分独立展位，每个展位都应预留信息点，包含语音、数据、光纤和有线电视点，一般按照每4个展位预留一个出线口。

由于展厅的面积一般都较大，为了满足通信距离不超长的要求，宜采用综合管沟解决系统布线和地面出线的问题。

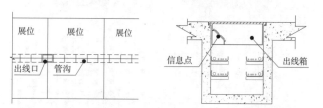

1 标准展位及出线口大样　　**2** 管沟、出线箱剖面图

火灾自动报警系统

火灾自动报警系统应根据展厅面积大、空间高的结构特点，采取合适的火灾探测手段。

无遮挡的大空间展厅，宜选择线型光束感烟火灾探测器。高度大于12m的空间，宜同时选择两种及以上火灾探测器。

设计要点

教科建筑包含普通全日制高等院校、高级中学和高级职业中学、初级中学和小学、托儿所和幼儿园四种类型。同种类型的教科建筑中，由于所承担的教学、科研、考试等任务不同，设智能化系统也会有很大不同。一般要求有：

1. 搭建万兆/千兆主干通信平台，为数字化校园的应用创造条件；各智能化子系统采用基于TCP/IP传输协议，满足数字化校园、智慧校园需求。

2. 设校园一卡通系统，实现学员身份证明、门禁管理、考勤、消费、停车场等智能卡管理功能。

3. 设置综合能源管理功能，对校园内水、电、冷热量、燃气等能耗量进行分区域、分项统计及分析等功能。

4. 信息化应用应包括教学、科研、办公和学习业务应用管理系统，数字化教学、数字化图书馆等及各类学校建筑根据业务功能需求所设的其他应用系统。

系统配置标准

教科建筑智能化系统配置标准如下：

教科建筑智能化系统配置表　　　　　　　　表1

智能化系统		高等学校		高级中学		初中和小学	
		A	B	C	D	E	F
信息化应用系统	公共服务系统	⊙	●	○	○	⊙	⊙
	智能卡应用系统	●	●	●	●	⊙	●
	物业管理系统	○	⊙	○	○	○	○
	信息设施运行管理系统	○	⊙	○	○	○	○
	信息安全管理系统	●	●	●	●	⊙	●
	通用业务系统	按有关标准配置					
	专业业务系统						
智能化集成系统	智能化信息集成（平台）系统	⊙	●	●	●	⊙	⊙
	集成信息应用系统	⊙	●	●	●	⊙	⊙
信息设施系统	信息接入系统	●	●	●	●	●	●
	布线系统	●	●	●	●	●	●
	移动通信室内信号覆盖系统	●	●	●	●	●	●
	用户电话交换系统	●	●	●	●	●	●
	无线对讲系统	●	●	○	○	⊙	○
	信息网络系统	●	●	●	●	●	●
	有线电视系统	●	●	●	●	●	●
	公共广播系统	●	●	●	●	●	●
	会议系统	●	●	⊙	⊙	○	⊙
	信息导引及发布系统	●	●	●	●	⊙	●
建筑设备管理系统	建筑设备监控系统	○	⊙	○	○	○	○
	建筑能效监管系统	○	⊙	○	○	○	○
公共安全系统	火灾自动报警系统	按有关标准配置					
	安全技术防范系统 入侵报警系统						
	视频安防监控系统						
	出入口控制系统						
	电子巡查系统						
	停车库（场）管理系统	⊙	●	○	○	○	○
	安全防范综合管理（平台）系统	○	●	●	●	○	○
机房工程	信息接入机房	●	●	●	●	●	●
	有线电视前端机房	●	●	●	●	●	●
	信息设施系统总配线机房	●	●	●	●	●	●
	智能化总控室	●	●	●	●	●	●
	信息网络机房	●	●	●	●	○	⊙
	用户电话交换机房	●	●	●	●	●	●
	消防控制室	●	●	●	●	●	●
	安防监控中心	●	●	●	●	●	●
	智能化设备间（弱电间）	●	●	●	●	●	●
	机房安全系统	按有关标准配置					
	机房综合管理系统	○	⊙	●	●	○	○

注：1. ●应配置，⊙宜配置，○可配置。
2. A高等专科学校，B综合性大学；C职业学校，D普通高级中学；E小学，F初级中学。
3. 本表摘自《智能建筑设计标准》GB 50314-2015。

多媒体教学系统

多媒体教学系统分模拟结构和数字结构，都是通过校园网连接，实现校园统一集中管理。模拟结构的多媒体教学系统，每一间教室设置一个中控主机，管理教室内的各种教学设备。数字结构的多媒体教学系统，不需要设置中控主机，各种教学设备直接通过网络与云平台进行交互。

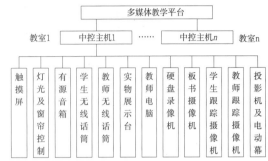

1 多媒体教学系统架构图（模拟结构）

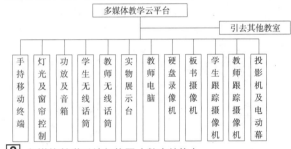

2 多媒体教学系统架构图（数字结构）

校园智能卡系统

本系统以感应卡为核心，以计算机技术和通信技术为辅助手段，将校园内的出入口控制、考勤、消费、巡更等各个系统连接成一个有机的整体，实现一卡多用的功能。系统基于服务器/工作站技术，采用"集中管理、分布使用"和"集中认证、分散授权"的模式。一般要求如下：

1. 卡片的发行及打印，由后勤管理中心完成发卡工作，再由每个子系统的归口部门（行政办公室、安保部、餐厅等）进一步设置卡片的详细权限及充值等；

2. 在一卡通平台可挂失或恢复卡片；

3. 卡片资料实现同一个数据库存储，避免数据的不统一性带来的麻烦；

4. 历史进出读卡记录及报警记录的统一查询或打印；

5. 系统中采用同一数据库，方便各部门统一管理；

6. 基于TCP/IP协议通信方式，使得所有内部发行的IC卡可实现身份识别、出入口、巡查、考勤、消费及停车等多种功能，做到"一卡通行"。

3 校园智能卡系统架构图

设计要点

交通建筑包括机场航站楼、铁路客运站、城市轨道交通站以及汽车客运站。每个类型的交通建筑，还可分为不同等级。

交通建筑主要的服务对象是旅客，智能化系统需要为旅客的出行和到达提供各种服务，包括安全保障、通信服务、出行指引等。一般地，交通建筑的智能化设计应满足以下几点：

1. 满足交通业务的应用需求；
2. 为交通运营业务环境设施提供基础保障；
3. 应实施现代交通建筑物业的规范化运营管理等。

系统设置标准

交通建筑智能化系统配置标准如下：

交通建筑智能化系统配置表　　　　　　　　　　表1

智能化系统		机场航站楼		铁路客运站		轨道交通站		汽车客运站	
		A	B	C	D	E	F	G	H
信息化应用系统	公共服务系统	●	●	●	●	⊙	●	●	●
	智能卡应用系统	●	●	●	●	●	●	○+	●
	物业管理系统	●	●	●	●	●	●	○+	●
	信息设施运行管理系统	●	●	●	●	●	●	○+	●
	信息安全管理系统	●	●	●	●	●	●	⊙	●
	通用业务系统	按相关标准进行配置							
	专业业务系统	按相关标准进行配置							
智能化集成系统	智能化信息集成（平台）系统	⊙	⊙	⊙	●	⊙	●	○+	⊙+
	集成信息应用系统	⊙	⊙	⊙	●	⊙	●	○+	⊙+
信息设施系统	信息接入系统	●	●	●	●	●	●	○+	●
	布线系统	●	●	●	●	●	●	●	●
	移动通信室内信号覆盖系统	●	●	●	●	●	●	●	●
	用户电话交换系统	●	●	●	●	●	●	○+	●
	无线对讲系统	●	●	●	●	●	⊙	○+	●
	信息网络系统	●	●	●	●	●	●	●	●
	有线电视系统	●	●	●	●	●	●	○+	●
	公共广播系统	●	●	●	●	●	●	●	●
	会议系统	⊙	●	⊙	●	⊙	●	○	●
	信息导引及发布系统	●	●	●	●	●	●	○+	●
	时钟系统	●	●	●	●	●	●	○	○
建筑设备管理系统	建筑设备监控系统	●	●	●	●	●	●	○+	●
	建筑能效监管系统	●	●	●	●	●	●	○	●+
公共安全系统	火灾自动报警系统	按相关标准进行配置							
	安全技术防范系统 入侵报警系统	按相关标准进行配置							
	视频安防监控系统								
	出入口控制系统								
	电子巡查系统								
	安全检查系统								
	停车库（场）管理系统	⊙	●	●	●	⊙	●	⊙	●
	安全防范综合（平台）管理系统	●	●	●	●	●	●	○+	●
	应急响应系统	⊙	●	⊙	●	⊙	●	○+	●
机房工程	信息接入机房	●	●	●	●	●	●	○+	●
	有线电视前端机房	●	●	●	●	●	●	○+	●
	信息设施系统总配线机房	●	●	●	●	●	●	○+	●
	智能化总控室	●	●	●	●	●	●	○+	●
	信息网络机房	●	●	●	●	●	●	○+	●
	用户电话交换机房	●	●	●	●	●	●	○+	●
	消防控制室	●	●	●	●	●	●	○+	●
	安防监控中心	●	●	●	●	●	●	○+	●
	应急响应中心	⊙	●	●	●	⊙	●	○+	●
	智能化设备间（弱电间）	●	●	●	●	●	●	○+	●
	机房安全系统	按相关标准进行配置							
	机房综合管理系统	⊙	●	●	●	●	●	○+	●

注：1. ●应配置，⊙宜配置，○可配置。
2. A支线航站楼，B国际航站楼；C铁路客运三等站，D铁路客运一、二等站；E一般轨道交通站，F枢纽轨道交通站；G四级汽车客运站，H二级汽车客运站。
3. 同时，D列含铁路城际特等站，G列含三级汽车客运站，H列含一级汽车客运站。
4. 若3中与2中建筑的系统配置不同，用"+"表示提高一级要求（○→⊙，⊙→●）。如G列中的"○+"，表示四级汽车客运站为○，三级汽车客运站为●。
5. 本表摘自《智能建筑设计标准》GB 50314-2015。

交通建筑的应用系统

交通建筑的智能化系统中最重要的是旅客引导显示系统，其次时钟应用系统、售检票系统、公共广播系统等也都是此类建筑必备的专用工作业务系统。

旅客引导显示系统

系统采用分布式体系结构，主要由服务器、磁盘阵列、数据库、系统接口、系统操作控制工作站、行李输入终端、PDP显示屏、LED显示屏、LCD显示屏、PDP控制器、LCD控制器、LED控制器等组成。

根据客流的特点，服务区域分为出发、候机(车)、到达以及售票区域。在不同的区域应根据服务性质不同设置不同类型的信息发布屏，一般分为数字屏、图像屏和混合屏。如机场航站楼出发厅设航班离港信息屏，登机口设航班登机信息屏，到达厅设行李到达信息屏和航班到达信息屏；在铁路客运站售票厅设客票余额信息屏，候车厅设列车检票状态信息屏，站台设列车停靠状态信息显示屏。

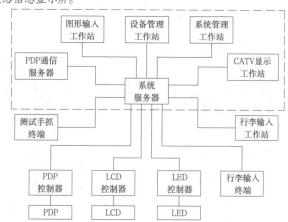

① 旅客引导显示系统

售检票系统

一般交通建筑售检票系统，有人工、自动两种方式，按不同建筑类型设置一种或两种并行提供。客票发售利用自动售票机和人工窗口进行，检票同样采用人工检票和自动检票机方式，因此设计初期，要求建筑专业充分考虑自动售检票机的位置摆放和空间布置，要预留买票人排队的空间，后部应预留维修空间等。同时，在信息系统设计时需考虑满足这些设备的信息传输需求。

现今，轨道交通主要设置自动售检票系统，是基于计算机、通信、网络、自动控制等技术，实现轨道交通售票、检票、计费、收费、统计、清分、管理等全过程的自动化系统；分为车票、车站终端设备、车站计算机系统、线路中央计算机系统、清分系统等五个层次。

客运信息系统

客运信息系统主要满足本站内的资源共享和信息互通，实现各个系统之间的联动和快速反应；根据列车运行状态和客流动态分析，通过集中统一的硬件平台，调度指挥客运作业；提供旅客购票、乘降指导、客流动态集中监控以及疏导指挥功能。

视频安防监控系统

视频安防监控系统是交通运营管理现代化的配套设备，供控制指挥中心调度管理人员、车站值班员、站台工作人员及司机实时监视车站客流、列车出入站及旅客上下车等情况，以提高运行组织管理效率，保证列车安全、正点运送旅客。

交通建筑中的视频安防监控系统可分成专用视频安防监控系统和公安视频安防监控系统两部分。

专用视频安防监控系统由本地监视及中心远端监视两部分组成，其基本结构如下图所示。

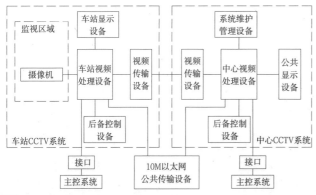

1 专用视频安防监控系统构成图

公安视频安防监控系统由摄像机、控制(含分析)设备、显示设备(监视器、工作站、大屏幕显示器)等组成，按车站警务室、派出所、地铁公安分局指挥中心三级独立监视控制组网，并能与上级机构(市局)互通。通过监视点的合理布局，可对各站点等公共区域实现无缝覆盖，为治安管理、侦查破案和领导决策提供支持。

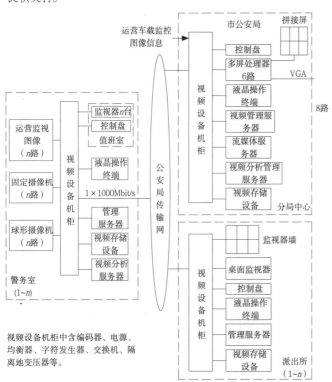

视频设备机柜中含编码器、电源、均衡器、字符发生器、交换机、隔离地变压器等。

2 公安视频安防监控系统构成图

时钟应用系统

时钟应用系统应为各车站提供统一的标准时间信息，并为其他各系统提供统一的基准时间。

交通建筑中的时钟应用系统设置要求如下：站厅层、站台层、车控室、环控室、电控室、站长室、警务室及其他与行车直接有关的办公室等处应设置子钟；当站厅层、站台层等处设有乘客信息系统(PIS)显示终端时，子钟宜与PIS系统显示终端合并设置；机场航站楼内值机大厅、候机大厅、到达大厅、到达行李提取大厅应安装同步校时的子钟；航站楼内贵宾休息室、商场、餐厅和娱乐等处宜安装同步校时的子钟。

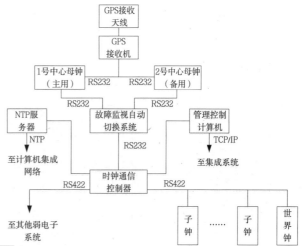

3 时钟应用系统构成图

公共广播系统

广播系统应满足客运广播的要求，应满足紧急情况下应急疏散广播的需求，应与客运作业需求相一致。在候车厅、进站大厅、站台、站前广场、行包房、出站厅、售票厅以及客运值班室等不同功能区进行系统分区划分。系统的语音合成设备应完成发车接客、旅客乘降及候车的全部客运技术作业广播。系统还应具有接入旅客引导显示系统、列车到发通告系统等通告显示网的接口条件。

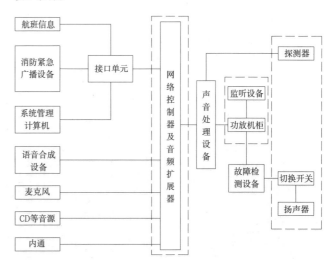

4 公共广播系统构成图

设计要点

1. 应满足医院内高效、规范与信息化管理的需要。

2. 应向医患者提供"有效地控制医院感染、节约能源、保护环境，构建以人为本的就医环境"的技术保障。

3. 智能化系统的具体配置应根据医疗建筑的类型、规模以及实际需求而确定。

通信接入系统、电话交换系统、信息网络系统、信息查询系统及有线电视系统等应支持医院内各类信息业务，满足医院业务的应用需求。

室内移动通信覆盖系统的覆盖范围和信号功率应确保医疗设备的正常使用和患者的安全。

建筑设备管理系统宜根据医疗工艺要求配置，洁净手术室宜采用独立的设备管理系统。

系统配置标准

医疗建筑智能化系统配置选项表　　　　　　　　表1

智能化系统		一级医院	二级医院	三级医院	专科疗养院	综合性疗养院
信息化应用系统	公共服务系统	⊙	●	●	●	●
	智能卡应用系统	⊙	●	●	●	●
	物业管理系统	⊙	●	●	⊙	●
	信息设施运行管理系统	○	●	●	⊙	⊙
	信息安全管理系统	⊙	●	●	⊙	●
	通用业务系统　基本业务办公系统					
	专业业务系统　医疗业务信息化系统	按国家现行有关标准进行配置				
	病房探视系统					
	视频示教系统					
	候诊呼叫信号系统					
	护理呼应信号系统					
智能化集成系统	智能化信息集成（平台）系统	○	⊙	●	○	⊙
	集成信息应用系统	○	⊙	●	○	⊙
信息设施系统	信息接入系统	●	●	●	●	●
	布线系统	●	●	●	●	●
	移动通信室内信号覆盖系统	●	●	●	●	●
	用户电话交换系统	⊙	●	●	⊙	●
	无线对讲系统	●	●	●	⊙	●
	信息网络系统	●	●	●	●	●
	有线电视系统	●	●	●	●	●
	公共广播系统	●	●	●	●	●
	会议系统	⊙	●	●	⊙	⊙
	信息导引及发布系统	●	●	●	⊙	⊙
建筑设备管理系统	建筑设备监控系统	⊙	●	●	⊙	●
	建筑能效监管系统	○	●	●	○	⊙
公共安全系统	火灾自动报警系统					
	安全技术防范系统　入侵报警系统	按国家现行有关标准进行配置				
	视频安防监控系统					
	出入口控制系统					
	电子巡查系统					
	停车库（场）管理系统	⊙	⊙	●	○	⊙
	安全防范综合管理（平台）系统	○	⊙	●	○	⊙
	应急响应系统					
机房工程	信息接入机房	●	●	●	●	●
	有线电视前端机房	●	●	●	●	●
	信息设施系统总配线机房	●	●	●	●	●
	智能化总控室	●	●	●	●	●
	信息网络机房	⊙	●	●	⊙	⊙
	用户电话交换机房	⊙	●	●	⊙	⊙
	消防控制室	●	●	●	●	●
	安防监控中心	●	●	●	●	●
	智能化设备间（弱电间）	●	●	●	●	●
	应急响应中心	○	⊙	●	○	⊙
	机房安全系统	按国家现行有关标准进行配置				
	机房综合管理系统	⊙	⊙	●	○	⊙

注：1. 本表摘自《智能建筑设计标准》GB 50314—2015。
　　2. ●应配置，⊙宜配置，○可配置。

系统组成

1. 医疗建筑智能化系统是提高医院诊疗水平、管理效率、服务质量，并达到高效节能的技术平台。

2. 医疗建筑智能化系统依托数字化技术，通过将常规智能化系统与医院信息化系统紧密结合，以满足医院业务中医疗、控制、管理一体化集成的要求，从而实现各系统的网络化、智能化和信息集成。

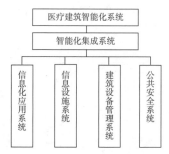

1 医疗建筑智能化系统组成框图

医院信息化系统

医院信息化系统主要包括医院信息管理系统和医疗临床信息系统两部分。

1. 医院信息管理系统

医院信息管理系统是指应用电子计算机和网络通信设备，为医院及其所属部门提供医疗信息、行政管理信息和决策支持等三重功能的系统。

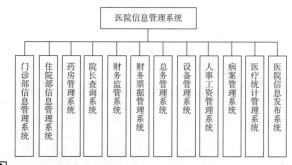

2 医院信息管理系统组成框图

2. 医疗临床信息系统

医疗临床信息系统的主要目标是支持医院医护人员的临床活动，收集和处理病人的临床医疗信息，丰富和积累临床医学知识，并提供临床咨询、辅助诊疗、辅助临床决策，提高医护人员的工作效率。

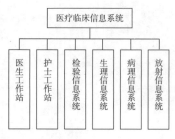

3 医疗临床信息系统组成框图

婴儿防盗系统

婴儿防盗系统主要是利用腕带技术,在婴儿身上佩戴可发射射频信号的智能电子标签,由信号接收装置接收后对婴儿所在位置进行实时监控和追踪,并对企图盗窃婴儿的行为及时报警提示,有效保护新生儿的安全。同时为防止抱错婴儿,母亲的腕带应该与婴儿的腕带配对,以此作为母婴识别的依据。

病房探视系统

病房探视系统一般由摄像机、护士站的视频切换器、监视器、视频分配器等设备组成。

通过在探视廊入口设置门禁和可视分机与护士站进行单向可视对讲,当允许探视人员进入探视廊时,护士站控制打开入口门禁电子锁,探视人员进入探视廊以后,在每个病房的探视窗口,通过非可视对讲与病人进行通话。

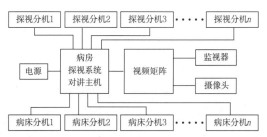

1 病房探视系统结构框图

视频示教系统

视频示教系统是在手术室内安装网络示教系统,使专家教授、管理人员、学生在手术室外或教室就可以了解整个手术的详细过程,并且可以通过网络进行远程会诊。

视频示教系统设计要求:

1. 应满足视音频信息的传递、控制、显示、编辑和存储的需求,并具有提供远示教功能。

2. 应提供操作权限的控制。

3. 应实现手术室与示教室或远程会诊机房的视音频双向传输。

4. 视频图像应满足高分辨率的画质要求,且图像信息无丢失现象。

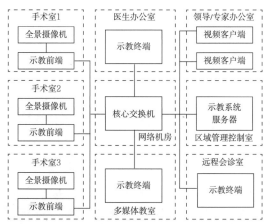

2 视频示教系统结构框图

呼叫信号系统

呼叫信号系统由主机、分机、信号传输、辅助提示等单元构成。呼应系统一般按使用场合不同分为候诊呼叫信号系统及护理呼应信号系统。

1. 候诊呼叫信号系统

候诊呼叫信号系统由系统软件及计算机、系统主控器、门诊分机、票号打印机、显示器及扬声器等部分组成。

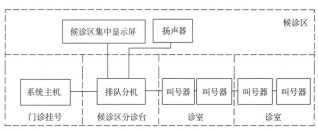

3 候诊呼叫信号系统结构框图

通过门诊自动分诊导医信息与管理系统的实施,可以改善医院门诊及候诊区的就医秩序和服务质量,杜绝拥挤、排队和嘈杂,净化医院的医疗环境,减轻医护人员的工作压力,提高医务人员的工作效率,同时减少了病员之间的直接接触,降低交叉感染概率。

2. 护理呼应信号系统

护理呼应信号系统一般分为有线系统和无线系统。有线系统包括多线制和总线制两种,多线制因线路敷设及维修不便,一般不推荐使用,实际应用较多的是总线制系统。无线系统减少了大量的管线敷设,但在有电磁干扰或在需防止电磁干扰的病区内不宜使用。

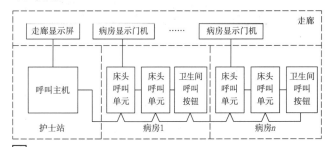

4 护理呼应信号系统结构框图

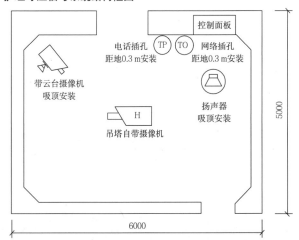

5 手术室弱电设备平面布置示意图

391

设计要点

1. 体育建筑智能化系统应根据单项体育比赛和综合运动会的不同特点，结合体育赛事、多功能应用和日常管理的需要，进行合理配置，并应具有可扩展性、开放性和灵活性。

2. 体育建筑智能化系统是为在体育建筑内举办体育赛事和实现体育建筑的多功能应用，并满足日常管理需要，通过信息设施和信息应用构建的对建筑设备、比赛设施进行控制、监测、显示的综合管理系统。

系统配置标准

体育建筑智能化系统根据体育建筑的等级或规模设定配置标准：

系统配置选项　　　　　　　　　　　　　　　　　　表1

智能化系统			设计标准			
			丙级	乙级	甲级	特级
信息化应用系统	公共服务系统		⊙	●	●	●
	智能卡应用系统		●	●	●	●
	物业管理系统		⊙	●	●	●
	信息设施运行管理系统		○	●	●	●
	信息安全管理系统		⊙	⊙	●	●
	通用业务系统	基本业务办公系统				
	专业业务系统	场地扩声系统	按国家现行有关标准进行配置			
		计时记分及现场成绩处理系统				
		现场影像采集及回放系统				
		售验票系统				
		电视转播和现场评论系统				
		升旗控制系统				
智能化集成系统	智能化信息集成（平台）系统		○	⊙	●	●
	集成信息应用系统		○	⊙	●	●
信息设施系统	信息接入系统		●	●	●	●
	布线系统		●	●	●	●
	移动通信室内信号覆盖系统		●	●	●	●
	用户电话交换系统		○	●	●	●
	无线对讲系统		○	●	●	●
	信息网络系统		●	●	●	●
	有线电视系统		●	●	●	●
	公共广播系统		●	●	●	●
	会议系统		●	●	●	●
	信息导引及发布系统		●	●	●	●
建筑设备管理系统	建筑设备监控系统		⊙	●	●	●
	建筑能效监管系统		○	●	●	●
公共安全系统	火灾自动报警系统		按国家现行有关标准进行配置			
	安全技术防范系统	入侵报警系统				
		视频安防监控系统				
		出入口控制系统				
		电子巡查系统				
		安全检查系统				
		停车库（场）管理系统	⊙	●	●	●
	安全防范综合管理（平台）系统		○	⊙	●	●
	应急响应系统		○	⊙	●	●
机房工程	信息接入机房		●	●	●	●
	有线电视前端机房		●	●	●	●
	信息设施系统总配线机房		●	●	●	●
	智能化总控室		●	●	●	●
	信息网络机房		●	●	●	●
	用户电话交换机房		○	●	●	●
	消防控制室		●	●	●	●
	安防监控中心		●	●	●	●
	应急响应中心		●	●	●	●
	智能化设备间（弱电间）		●	●	●	●
	机房安全系统		按相关规范要求配置			
	机房综合管理系统		○	⊙	●	●

注：1. 本表摘自《智能建筑设计标准》GB 50314—2015。
　　2. ●应配置，⊙宜配置，○可配置。

智能化机房工程设置

1. 机房工程包括下列内容：

设备管理系统的建筑设备监控中心、消防控制室、安防监控中心、智能化总控室。

信息设施系统的综合布线主设备间、智能化设备间（弱电间）、信息网络机房、用户电话交换机房、移动通信机房、公共/紧急广播控制室、有线电视前端机房、会议及同声传译系统机房。

专用设施系统的场地照明控制室、扩声控制室、信息显示控制室、计时记分及现场成绩处理系统机房、终点摄像机房、计时记分设备存放间、电视转播系统机房、比赛集成管理中心。

赛事及大型活动举办时的应急（安保）响应指挥中心及其通信机房、安保观察室、交通指挥中心、网络安全中心。

2. 各机房面积、设置位置参考《体育建筑智能化系统工程技术规程》JGJ/T 179及本专题建筑环境及机房工程相关部分。

3. 对电磁骚扰敏感的信息网络机房、用户电话交换机房、信息设施系统总配线机房和智能化总控室等重要机房，不应与变配电室及电梯机房贴邻。机房不应设在潮湿场所的贴邻位置。

4. 机房静电防护应根据实际需求铺设防静电地板或导静电地面，铺设高度应按实际需要确定，宜为200～350mm。

5. 扩声系统、公共和应急广播系统的控制室内应做隔声和吸声处理，并进行建筑声学设计。

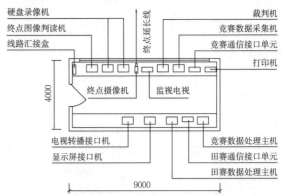

注：1. 机房面积宜为20～40m²。
　　2. 机房位于百米终点仰角30°的看台上方，面向场地开窗面积不小于1.5m×6m。
　　3. 工作台高700mm，宽800mm。

⓵ 体育场终点摄像机房布置图

场地扩声系统

1. 场地扩声系统为比赛区域和观众席提供以语音为主兼顾音乐扩声服务，包括竞赛区扩声系统和观众区扩声系统。设计应与建筑声学设计、环境噪声控制相结合，统筹考虑。

2. 整个系统由传声器、调音设备、放大器、扬声器和信号处理等设备组成。竞赛区和观众区的扩声系统采用固定扩声系统，运动员区和竞赛管理区的竞赛信息广播系统以及场馆外广场扩声系统与公共广播合用，其他扩声系统采用移动扩声系统。

3. 场地扩声的各种扩声特性指标按《体育馆声学设计及测量规程》JGJ/T 131的规定执行。

4. 各类场馆按等级和每座容积规定的满场500～1000Hz混响时间指标及各频率混响时间相对于500～1000Hz混响时间的比值，按《体育建筑设计规范》JGJ 31执行。

信息显示及控制系统

信息显示及控制系统用于将比赛信息、图形、图像公共发布的平台,包括信息显示系统和彩色视频显示系统。显示屏可根据使用需求设置平面显示屏、斗形显示屏和环形显示屏。除特殊情况外应使场馆内正式固定座位95%以上的观众满足最大视距要求。比赛现场的运动员、教练员和裁判员(跳水比赛中现场打分裁判员除外),都能够方便、清楚地看见屏幕显示内容。

体育场馆LED显示屏选型参考   表1

场馆类型	视距(m)	显示屏参考尺寸(m)	最小字高(m)	像素间距(mm)	屏体类型
体育场	250	11.520(L)×7.680(H)	0.52	20/22/25	室外屏
体育馆	100	9.216(L)×3.840(H)	0.135	8/10/12/14	室内屏
游泳馆	100	7.680(L)×3.840(H)	0.2	14/16	室内屏

计时记分及现场成绩处理系统

1. 计时记分及现场成绩处理系统在举办体育赛事时,为所有比赛成绩的采集、处理、存储、传输和显示提供技术手段和支持平台。计时记分系统由数据(成绩)采集、数据(成绩)传输及处理和数据(成绩)输出三部分组成。

2. 数据(成绩)传输采用国际标准的通信协议进行现场采集数据的传输,系统精度符合国家及国际各单项体育组织的要求。

3. 用于显示比赛信息的各种显示屏,其数量、位置、面积、显示内容满足国家及国际单项体育组织竞赛规则及运动员、观众对视距、视角的要求。

4. 现场成绩处理系统应具备快速数据处理能力,并应具备与其他系统进行数据交换的能力。场馆内设置现场成绩处理中心(机房),以提供现场成绩处理系统专用数据库服务器、成绩处理终端、成绩处理计算机局域网络的工作空间。

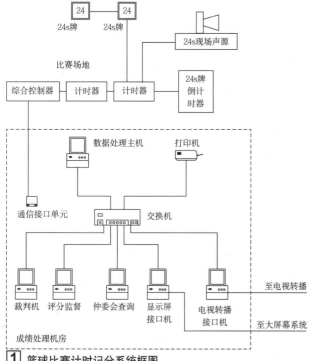

1 篮球比赛计时记分系统框图

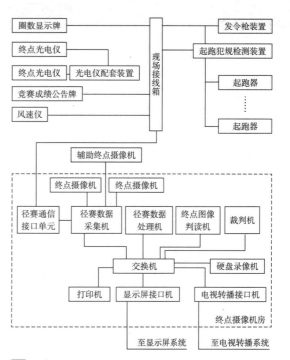

2 径赛计时记分及成绩处理系统框图

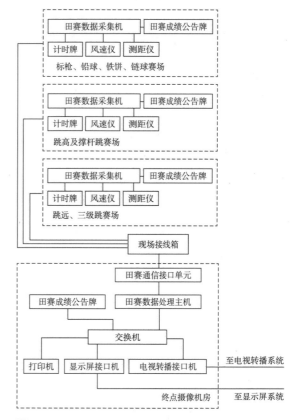

3 田赛计时记分及成绩处理系统框图

竞赛技术统计系统

竞赛技术统计系统通过自动录入接口或人工录入的方法,将运动员或运动队在比赛过程中不同时刻的技术状况数据记录下来,并对数据进行处理后产生统计结果。

标准时钟系统

标准时钟系统为场馆工作人员、运动员、观众提供准确、标准时间，并为场馆的其他智能化系统提供标准时间源。标准时钟系统由接收设备、中心时钟（母钟）、时码分配器、数字式或指针式子钟、世界钟、系统控制管理计算机、时钟数据库服务器和通信连接线路组成。

现场影像采集及回放系统

现场影像采集及回放系统为裁判员、运动员和教练员提供即点即播的比赛现场录像，同时为信息显示系统提供比赛现场画面。系统具备视频采集、存储，视频图像的编辑、处理和制作功能，宜由现场摄像部分、视频采集服务器部分以及视频回放设备三部分组成。

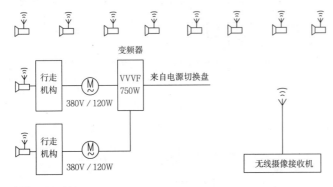

① 轨道摄像拖动系统框图

售验票系统

售验票系统以磁卡、IC卡等为门票，集智能卡技术、信息安全技术、软件技术、网络技术及机械技术为一体，提高票务管理水平和工作效率，防止人为失误的服务。

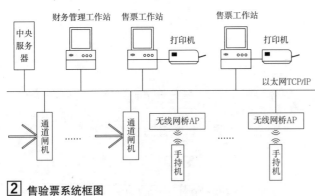

② 售验票系统框图

场地照明及控制系统

1. 场地照明及控制系统为满足不同项目比赛时运动员、裁判员的视觉要求及电视转播、记者摄影对灯光的照度要求而设置。

2. 场地照明控制模式可分为HDTV转播重大国际比赛、TV转播重大国际比赛、TV转播国家国际比赛、TV应急、专业比赛、业余比赛和专业训练、训练和娱乐活动、清扫。

3. 场地照明控制系统采用开放的通信协议，可与比赛设备集成管理系统或其他照明控制系统相连接。

电视转播和现场评论系统

1. 电视转播和现场评论系统将场馆内各摄像机位的摄像信号、现场评论员席的评论信号送到现场电视转播设备，进行编辑后向外转发，并可直接在本地电视台中播放。

2. 赛场、观众席、运动员入口、混合区等区域设置主摄像机机位。设置专用电视转播电缆通道，缆沟设置在暗处，吊架设置在明处，可采用缆沟和吊架相结合的方式。

3. 电视转播车停车位设置在体育建筑物外靠近场馆电视转播机房的地方。

4. 根据不同比赛项目的转播需要，在比赛场地周边设置摄像机位，并和电视转播缆沟联通。

5. 媒体工作区的混合区、新闻发布厅需设置相应数量的临时摄像机位，并和电视转播缆沟联通。媒体技术支持区的电视转播机房、广播电视转播技术用房等通过电视转播电缆沟连通。媒体看台区的电视评论员席通过电视转播缆沟连通。

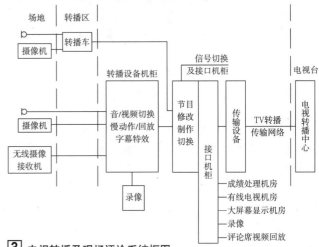

③ 电视转播及现场评论系统框图

升旗控制系统

升旗控制系统是保证举行升旗仪式时，所奏国歌的时间和国旗上升到旗杆顶部的时间同步的自动控制的系统。升旗控制系统由机电部分和远程控制部分组成。

比赛设备集成管理系统

比赛设备集成管理系统通过构建统一的系统平台和操作界面，将场馆的全部智能化子系统在逻辑和功能上连接在一起的集成系统，以实现对各自独立的专用设施系统的信息共享、综合应用和集中监控。

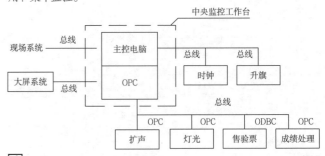

④ 比赛设备集成管理系统框图

设计要点

1. 商业建筑按规模大小可分为小型商店、中型商店和大型商店，按商品类别可分为百货店、购物中心、超级市场、专业店等类型。其智能化系统设计规划应以"满足经营需求、提升服务质量、规范运营管理"为原则，达到"满足应用需求、控制投资规模、降低运营成本以及提高运行效率"的目标。

2. 在建筑区内构筑通信平台，为物业管理、商业运营，以及承租客户提供语音、数据、宽带（有线/无线）、视频、TV等服务，实现有线、无线相辅相成的通信环境。

3. 配合绿色建筑新技术、新功能的应用和拓展，构建灵活多样的通信技术支撑体系。

系统设置标准

商业建筑的主要服务对象是购物消费人群，其专业业务系统主要为商业经营业务系统，包括收银系统、商品进销存管理系统以及办公自动化管理系统等，同时为了解服务消费人群，现代大型商场的智能化应用会设置客流统计分析系统、商场智能导购系统等。

商业建筑智能化系统配置标准如下：

商业建筑智能化系统配置表　　　　　　　　　　表1

智能化系统		小型商店	中型商店	大型商店
信息化应用系统	公共服务系统	◎	●	●
	智能卡应用系统	●	●	●
	物业管理系统	◎	●	●
	信息设施运行管理系统	○	◎	●
	信息安全管理系统	◎	●	●
	通用业务系统	按有关标准配置		
	专业业务系统			
智能化集成系统	智能化信息集成（平台）系统	○	◎	●
	集成信息应用系统	○	◎	●
信息设施系统	信息接入系统	●	●	●
	布线系统	●	●	●
	移动通信室内信号覆盖系统	●	●	●
	用户电话交换系统	◎	●	●
	无线对讲系统	◎	●	●
	信息网络系统	●	●	●
	有线电视系统	●	●	●
	公共广播系统	●	●	●
	会议系统	○	◎	●
	信息导引及发布系统	●	●	●
建筑设备管理系统	建筑设备监控系统	◎	●	●
	建筑能效监管系统	○	○	◎
公共安全系统	火灾自动报警系统	按有关标准配置		
	安全技术防范系统　入侵报警系统			
	视频安防监控系统			
	出入口控制系统			
	电子巡查管理系统			
	停车库（场）管理系统	◎	◎	●
	安全防范综合管理（平台）系统	○	◎	●
	应急响应系统	○	◎	●
机房工程	信息接入机房	●	●	●
	有线电视前端机房	●	●	●
	信息设施系统总配线机房	●	●	●
	智能化总控室	●	●	●
	信息网络机房	◎	●	●
	用户电话交换机房	●	●	●
	消防控制室	●	●	●
	安防监控中心	●	●	●
	应急响应中心	○	◎	●
	智能化设备间（弱电间）	●	●	●
	机房安全系统	按有关标准配置		
	机房环境综合管理系统	○	◎	●

注：1. ●应配置；◎宜配置；○可配置。
2. 本表摘自《智能建筑设计标准》GB 50314-2015。

收银系统

收银系统包括硬件和软件部分，硬件部分主要包括前端POS收银机、后台服务器及通信传输线路，软件部分包括收银管理软件。

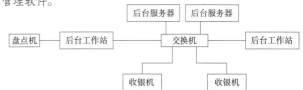

1 收银系统

客流分析系统

1. 对于商业建筑的管理者和店铺租赁者来说，客流量数据是定位店铺租金的很重要的依据，客流量检测系统通过智能化手段，可以向零售商提供精确的、详细的客流信息，来帮助其将观看者转变为购物者。

2. 系统主要采用具有人工智能技术的红外传感器来为商业建筑提供客流量数据及分析报告，除能提供人流数据外，还可以记录顾客进店与离店时间，在店停留时间，在各店中停留时间，各个购物通道顾客密集度等。系统结合销售数据后可以提供每小时、每日、每月销售报告。如在店中店安装传感器，系统可以提供该店的顾客访问信息及它在商场总流量中所占的份额，同时，商场可以为每一租户建立销售与客流量数据库。

3. 一般的方式是通过式客流量检测，指对某一时间段通过某一出入口或通道的人数，及其行进方向的统计。现在常用方法是视频检测系统和多束主动式红外计数器+人工智能的计数统计方法。

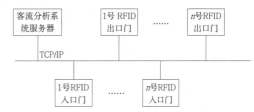

2 客流分析系统

商品进销存管理系统

本系统主要完成对商场的管理，包括进货管理、销售管理、库存管理等，可以实现对商场内各类商品信息的浏览、查询、添加、删除、修改等功能。

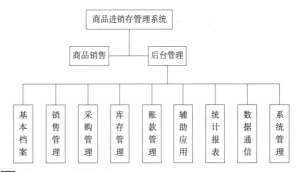

3 商品进销存管理系统

9
建筑智能化设计

设计要点

对于居住建筑,智能化设计主要满足住户的安全性、舒适性、便利性等要求,应适应生态、环保、健康的绿色居住需求,应营造以人为本、安全、便利的家居环境综合保障,应符合对住宅建筑物业的规范化运营管理的要求。

居住建筑的内部一般属于私人空间,智能化系统由建设方建设或由业主自建。由业主自建时,发展商应提供所有智能化进线到室内信息终端箱内。智能化系统进线包含电视、电话、宽带、报警、对讲以及智能控制等系统。住宅外部属于公共空间,智能化系统由建设方投资建设。

系统设置标准

居住建筑智能化系统配置标准如下:

居住建筑智能化系统配置表　　　　表1

智能化系统			非超高层住宅建筑	超高层住宅建筑
信息化应用系统	公共服务系统		⊙	⊙
	智能卡应用系统		⊙	⊙
	物业管理系统		⊙	●
智能化集成系统	智能化信息集成(平台)系统		⊙	⊙
	集成信息应用系统		⊙	⊙
信息设施系统	信息接入系统		●	●
	布线系统		●	●
	移动通信室内信号覆盖系统		●	●
	无线对讲系统		⊙	⊙
	信息网络系统		●	●
	有线电视系统		●	●
	公共广播系统		⊙	⊙
	信息导引及发布系统		⊙	⊙
建筑设备综合管理系统	建筑设备监控系统		⊙	⊙
	建筑能效监管系统		○	○
公共安全系统	火灾自动报警系统		按相关标准进行配置	
	安全技术防范系统	入侵报警系统		
		视频安防监控系统		
		出入口控制系统		
		电子巡查管理系统		
		访客对讲系统		
		停车库(场)管理系统	⊙	⊙
机房工程	信息接入机房		●	●
	有线电视前端机房		●	●
	信息设施系统总配线机房		●	●
	智能化总控室		●	●
	消防控制室		⊙	●
	安防监控中心		●	●
	智能化设备间(弱电间)		●	●

注:1. ●应配置,⊙宜配置,○可配置。
　　2. 本表摘自《智能建筑设计标准》GB 50314—2015。

智能化系统要求

居住建筑的智能化系统工程,应配置信息网络系统及综合布线系统、无线对讲系统、移动通信室内信号覆盖系统、有线电视系统及相应的系统机房。信息网络系统应满足各类居住建筑用户的语音、数据等通信及园区内信息化管理应用。

小区智能化以每户或楼栋为管理单元,实现统一安全管理、设施管理、信息管理等需求。

每套住户内分别独立设置家居配线箱,箱内配置电话、电视、信息网络、安防等智能化系统进户线的接入点。在各卧室、书房、客厅等房间配置相关信息端口。信息网络系统可根据当地信息资源提供的状况,采用有线或无线传输。

智能家居包括住宅内火灾、燃气、防盗报警、通信及生活设备集中管理等。

布线系统

随着计算机网络技术的迅速发展,社区网络建设也是日新月异,光纤到户也是当前的主流建设方式。布线采用FTTH+UTP或FTTB+UTP的综合布线方式。

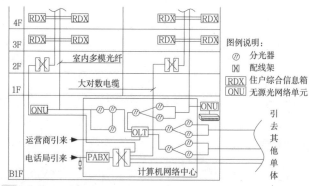

图例说明:
⦸ 分光器
⊠ 配线架
RDX 住户综合信息箱
ONU 无源光网络单元

1 光纤到户布线系统图

智能家居

智能家居是以住宅为平台,利用综合布线技术、网络通信技术、安全防范技术、自动控制技术、音视频技术将家居生活有关的设施集成,构建高效的住宅设施与家庭日程事务的管理系统,提升家居安全性、便利性、舒适性、艺术性,并实现环保节能的居住环境。

家居内的电气设备采用有线和无线方式互联,可视(对讲)终端作为智能家居的智慧核心,实现显示、处理、控制以及集中管理功能。

对单户独立设置室内信息终端箱,终端箱考虑电视、电话、宽带、对讲等系统进线,按户型不同配置各分线模块,统一安装于信息终端箱内。箱体一般按底边距地0.3m安装,也可与户的配电箱平齐安装,可视(对讲)终端底边距地1.4m。

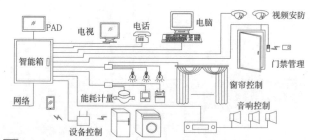

2 智能家居原理图

智慧社区

对较高档小区,可考虑建设数字化社区,其包括智能系统信息交互共享平台模块、物业管理模块、社区的综合服务模块以及它们之间的集成应用。要求各智能化子系统开放全部数据接口、数据结构、应用标准和软件源代码。

建立统一的面向住户的、信息交互共享平台的网络服务平台,为广大的住户提供社区的综合服务功能。在统一网页界面上,有小区的公共信息以及住户管理界面。系统可以将网上购物及配送、游戏、教育、医疗保健等增值应用加入综合服务平台,通过住户电脑和可视对讲室内机的LCD屏发布。

概念

城市设计（Urban Design）是指以城镇实体环境（Physical Environment）中空间组织和优化为目的，在城市规划协同的前提下，运用跨学科的途径，对包括人、自然和社会因素在内的城市三维空间和物质环境对象所进行的设计工作。

建筑师涉及的城市设计业务工作一般关注为近期开发地段的建设项目而进行的详细规划和具体设计。城市设计现实目标的针对性、项目可操作性和形体空间环境建设的完成度是其突出的特点。

城市设计延续、丰富并拓展了传统建筑学的学科内涵和专业领域范围。大多数情况下，建筑设计离不开特定的城市背景和环境。城市设计与建筑设计在城市建设活动中是一种"整体设计"（Holistic Design）关系，城市空间与建筑空间的设计过程是密不可分的，它们共同对城市良好的空间环境创造做出贡献。

总体而言，城市设计是为人们各种活动创造具有一定空间形式的物质环境，综合体现社会、经济、文化、城市功能、审美等各方面的要求。在很多情况下，城市空间的功能组织、环境品质、生活格调、文化内涵和艺术特色等都是通过城市设计体现并建立起来的。

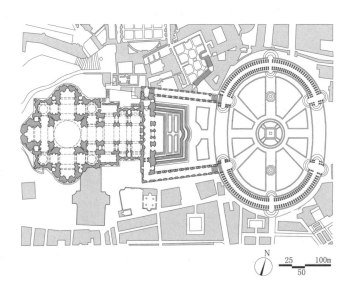

1 明清北京城总平面图

2 梵蒂冈圣彼得广场平面图

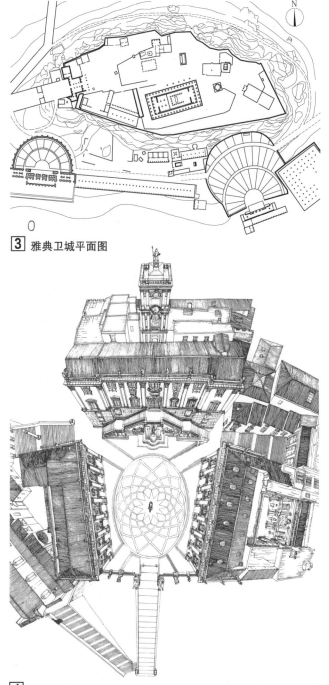

3 雅典卫城平面图

4 罗马卡比多广场透视图

目标

　　城市设计的目标重点是对一定城市地域空间内的各种物质要素的综合设计和安排,通过创造性的空间组织和设计,为公众营造一个舒适宜人、方便高效、健康卫生、优美且富有文化内涵和艺术特色的城市空间,提高人们生活环境的品质。在城市规划的前提下,城市设计可使城市各种设施功能相互协调和整合,空间形式和谐统一,并取得综合最优的环境效益。现代城市设计对象虽多为局部的城市环境,但考虑内容远远超出了给定的设计范围,且设计常以跨学科和行业组织为特点,注重城市建设的综合性和动态弹性,体现为一种对城市建设连续决策过程的技术支持。

定位

　　城市设计可以起到深化城市规划和指导具体规划实施的作用,同时又可在城市层面上去引导并在一定程度上规范建筑设计、市政设计和景观设计,是城市规划和各相关工程设计之间的联系纽带。由于城市设计和城市规划所处理的内容相近且衔接得非常紧密而无法明确划分,所以在城市规划各个层面中都应包含城市设计的内容。城市设计对于建筑等相关设计的驾驭作用虽属一种有限理性,且不在于保证有最好设计,但却可以保障基本的城市空间整体品质,避免坏设计的产生。

1 罗马总平面图

2 丹佛中心区城市设计

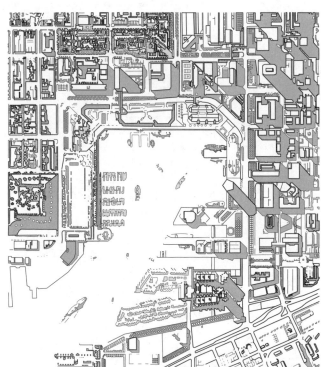

a 巴尔的摩内港平面图

b 巴尔的摩内港鸟瞰图

3 巴尔的摩内港城市设计

10
城市设计

工作内容

城市设计大致可包括三个层次的工作内容: 即大尺度的总体性区段城市设计、中尺度的局部性地段城市设计以及建筑群和建筑综合体城市设计。建筑师主要涉及地段性和建筑层面的城市设计工作。

城市设计工作内容 表1

层次划分	工作对象	工作内容
总体性区段城市设计	主要针对区域或城市建成区	在城市规划前提下的城市特色空间系统、城市景观系统、公共活动系统及其空间组织等。为人们各种活动创造具有一定空间形式的物质环境,综合体现社会、经济、城市功能、审美等各方面的要求。通常情况下内容包括区域或城市建成区的功能组织、环境品质、生活格调、文化内涵和艺术特色等
局部性地段城市设计	功能相对独立并具有相对环境整体性的城市街区	基于城市总体规划确定的原则,分析该地区对于城市整体的价值,为保护或强化该地区已有的自然环境和人造环境的特点和开发潜能,提供并建立适宜的操作技术和设计程序,有时还可对一系列功能上有联系的形体要素开展设计,如符号标识系统、夜景照明系统、街景序列等
建筑群和城市综合体城市设计	具体的建设工程项目设计,如街景、广场、交通枢纽建筑、与城市基础设施系统密切关联的大型建筑物及其周边外部环境的设计	对形体相关的内容一般能做到有效的控制,这一尺度的城市设计多以工程和产品为取向,虽然比较微观而具体,但却对城市面貌和特色塑造影响很大

城市设计成果主要由设计文件和管理文件组成。设计图纸文件表达了城市建设中未来可能的空间形体安排及其比较;管理文件则与项目背景陈述、政策法令,特别是与城市设计导则密切相关。

1 总体性区段城市设计——维也纳平面

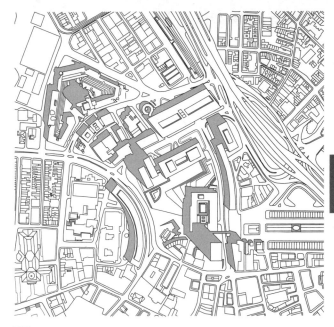

2 局部性地段城市设计——波士顿市政中心城市设计

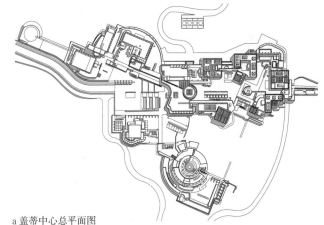

a 盖蒂中心总平面图

信息研究所、财团总部
修复保护研究所、美术教育研究所、援助安排机构
让·保罗·盖蒂美术博物馆
西餐厅、咖啡馆
美术史人文研究所

b 盖蒂中心轴测图

3 建筑群和城市综合体城市设计——盖蒂中心

城市设计工作框架

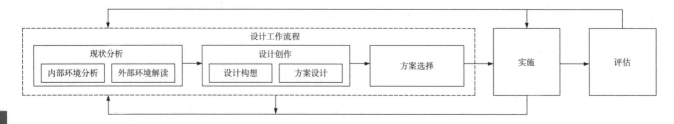

1 城市设计工作框架

城市设计工作流程概述

城市设计有别于建筑设计,具备独特的分析过程和工作内容。一个完整的城市设计项目的运作过程由设计和编制导则、导控管理和运营评估三个相对独立的阶段组成,每个阶段间都有连续的信息反馈,目的是从动态的角度控制开发建设活动,逐渐实现城市设计目标。

本节为城市设计创作阶段概述,包括现状分析、设计工作、方案选择三部分,其余阶段请详见城市设计实施过程。

现状分析

现状分析可以划分为内部环境分析和外部环境解读两个部分(表1)。

现状分析 表1

流程		内容	分析要点
现状分析	内部环境分析	现状规划分析:解读区域条件、政策文件、上位规划文件、建设现状、物理环境现状等相关信息资料,为把握历史判定趋势提供导向	历史发展过程、上位规划要求、城市结构、规划实施情况、土地使用、建设项目、条件限制等
		现状潜力分析:对用地、空间及建筑元素进行开发潜力判断和潜力大小评估,确定稳定区和活跃区	可变动性质土地、可发展建设的土地、城市中可以改变的建筑性质等
		现状问题分析:通过询问、观察调查法等方式,对设计对象进行调查,获取关键的影响因素信息,提炼核心问题。应用场所理论分析、联系理论分析、图底关系分析等方法,做出分析及评价	空间等级、空间序列、视觉条件、交通联系和空间界面、标志物等
	外部环境解读	活力特色解读:通过城市意象分析法解读历史、文化、空间、景观等城市形象性的识别要素和活动活跃度影响要素	识别性强、具有地方特色的风俗习惯、建筑风格、使用活动等
		挑战机会解读:挖掘强化有利因素的发力点,找寻弱化和转化不利因素的契合点	城市发展的新需求、外来压力、市民意愿、机会等
		SWOTs分析:调查因素、构造矩阵、制定对策、动态反馈	优势、弱势、机会、威胁因素

注:SWOTs是为城市设计目标建构提供前瞻技术支持的分析方法,参见**2**。

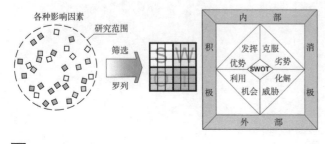

2 SWOTs分析方法在城市设计中的应用

设计创作

设计创作可以划分为功能定位、设计构想、方案设计三个阶段。

设计创作 表2

流程		内容	创作要点
设计创作	功能定位	在未来城市发展中为设计地段及功能确定一个合理的定位,形成具有特色和竞争力的区域	
	设计构想	项目目标:根据设计对象、设计规模、设计内容不同,设定拥有鲜明的层次性和独特性的设计目标	经济、物质、艺术价值三方面的综合
		项目愿景:通过文字及图示化语言提出设计对象未来发展的预期和主题,作为后续物质空间环境设计的依据	文字或图示化的发展预期和设计主题
		设计概念:为设计对象寻求解决问题和实现目标的途径,建立初步的空间形态发展框架,综合反映功能、空间、交通、景观、活动等各分项系统的客观需求及活动构成	初步的空间形态发展框架、突显主题的设想及项目等
	方案设计	案例分析:以设计概念为基础,通过循证手段整理和分析类似的国内外设计案例,为后续设计提供依据与参考	可借鉴的设计理论、方法以及解决问题的途径
		多方案对比:依据对限制因子的分析,以多种方案形式表达构思,通过讨论和评比,来权衡对现状条件、既定目标和操作要求的适应程度,从而确定最佳设计思路	设计问题准确度、设计构想合理度、与城市规划要求符合度和实施可行度
		空间深化:通过设计团队内部的评估、减错等方式对赋形阶段的形式完善、充实和深化加工,从而构建出满足设计目标和设计概念的具体空间体系和环境形式	空间体系、环境形式等
		意向设计:在空间设计基础上,提取城市特征或象征性的元素,以增强设计对象的可识别度和特色性。通过意向图等三维方式表达设计思路	突显设计理念的意向图、动画、模型等

方案选择

基于城市设计成果的公共性,城市设计的方案选择需要采取广泛的公共参与方式。以工作坊(Workshop)、方案评审、最优选择及修改为主要公共参与方式,还包括咨询会、社区参与、现场公示等方式。

1. 工作坊。为目前公众参与的主要手段。设计团队要根据工作坊发起人或指导委员会的要求将设计成果制作成文件或档案,发送给主办者、当地居民及其他相关群体,并向参与者演示介绍设计的进展和内容。

2. 方案评审。包括政府评审、专家评审,从形体环境、经济效益、公共利益等角度对参选方案进行评比讨论。

3. 最优选择及修改。对被选定方案提出修改意见,经过几轮的修改过程后,最终确定城市设计方案。

城市设计成果概述

城市设计成果包含设计文件和管理文件。设计文件依据城市设计的基本理论和方法编制，侧重从三维空间角度进行创作和分析，具备相对的独立性。管理文件目前不是中华人民共和国《城乡规划法》规定的法定成果，相应的法定文件为控制性详细规划文件。因此，城市设计管理文件要与控制性详细规划相关内容衔接才能实施。城市设计成果与控制性详细规划成果的衔接关系如下。

1. 设计文件

城市设计的设计文件包含研究报告、设计方案、意向设计三个部分。

2. 管理文件

城市设计的管理文件包含城市设计的图则、导则及城市设计项目库三部分。它们作为城市设计成果的一部分内容，是对未来城市形体环境元素和元素组合方式的文字和图示的描述，是为城市设计实施所建立的一种技术性控制框架。

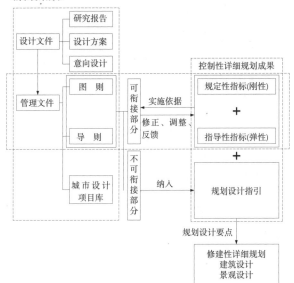

1 城市设计成果与控制性详细规划成果关系示意图

城市设计设计文件内容 表1

	概念	内容	示意
研究报告	以文字表达为主，是开展城市设计的科学依据	对现状规划、潜力、问题的分析，以及特色、挑战、机会的解读，对方案提出长远的发展定位与构想，得出确定方案的依据及解释说明	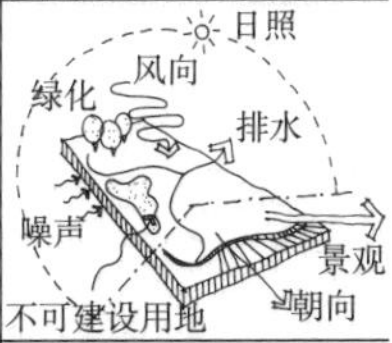
设计方案	以图纸表达为主，通过多方案对比、公众参与、设计评价等环节，用图示化语言形成整体表达城市设计思想的图纸成果	区域分析、功能结构、土地利用、道路交通、公共交通、静态交通、景观结构、地块划分、绿化系统、重要节点、开放空间控制、高层布局控制、高度控制、土地开发强度规划等	
意向设计	对设计构想的意向说明，形象地向公众表达出未来城市的空间发展意向	制作实体模型、多媒体幻灯片、三维动画、案例意向图片等	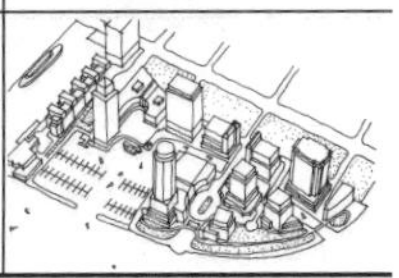

城市设计管理文件内容 表2

概念	内容	
	控制性内容	引导性内容
导则	城市设计的构想和意图用文字条款的形式抽象化，具有引导和控制的双重作用，具有较大灵活性，其可分为两个层次：整体的导则提出类似"规划文本"的描述；具体地段的规定性导则是对设计地段的三维控制要求	道路宽度 断面形式 建筑高度 边界范围 视线控制 → 空间组织 景观组织
图则	将城市设计成果由蓝图类"技术语言"转译为规划管理部门可具体管控、可操作性强的"管理语言"的一种工具。以城市空间形态为基础，对城市空间景观要素提出控制要求，为城市规划管理提供法定依据、技术支撑以及监督基础	绿化带宽度 最小绿地率 停车场的位置 建筑后退红线 文物古迹保护 广场公共绿地 景观视廊宽度 → 重要节点 天际轮廓线 建筑群体空间形态
项目库	在城市设计成果框架下组织协调在一起的城市设计项目的集合。项目库以实现城市开发建设的合理有序管理为目标，明确城市设计实施的总体发展思路及实施时序，具有主动策划、指导及控制等多项功能	项目策划、项目分类（按照项目层次、实施条件、重要程度、开发主体等）、项目名称、基本属性、设计要求、实施时序等

与控制性详细规划成果的衔接

1. 图则、导则与控制性详细规划的对接。城市设计成果中的导则、图则部分与控详规划成果中的规定性指标、指导性指标内容存在交叉互补，因而城市设计管理文件中可与控制性详细规划成果对接的部分，应通过指标转译等手段实现与控制性详细规划成果的衔接。

2. 规划设计指引内容主要为城市设计成果中无法与控制性详细规划成果对接的部分，包括城市特色和城市空间环境设计方面的细节性要求等。指引与控制性详细规划成果共同形成规划设计要点，既具备法律效力又突出了城市设计的空间特点，用以指导下一层次修建性详细规划、建筑设计和景观设计。

3. 城市设计成果对控制性详细规划的优化。在控制性详细规划之后进行的城市设计中需要对控制性详细规划成果进行优化的，可修改的主要内容包括公共服务设施和公共空间方面的建设用地性质、主要道路的调整、影响城区整体空间形态特征的建筑控制指标。

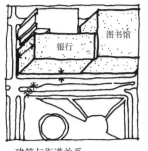
a 建筑与街道关系

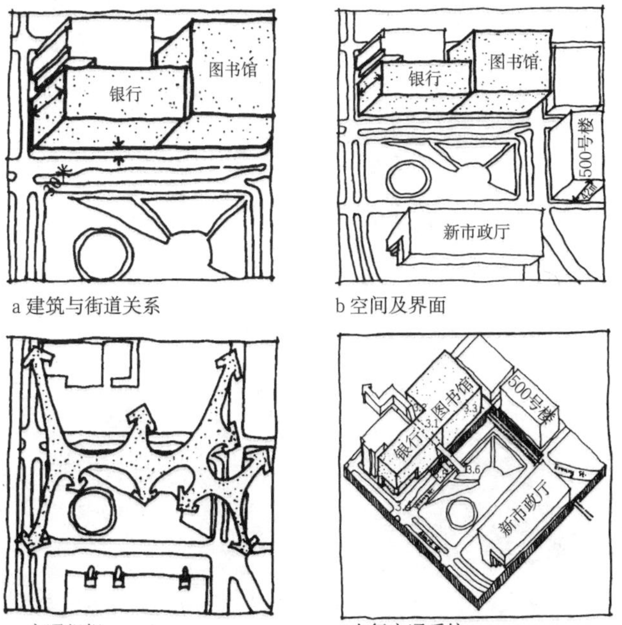

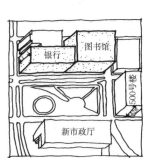
b 空间及界面

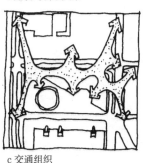
c 交通组织

d 人行交通系统

2 美国达拉斯市市政中心城市设计导则

10
城市设计

工作范围与设计内容

　　总体性区段城市设计的工作对象主要针对区域或城市建成区，对应于城市总体规划（包括分区规划）阶段，以整个城市或城市分区作为研究对象。它的任务是配合城市总体规划，在充分调查和收集现状资料的基础上，着重研究在城市总体规划前提下的城市形体结构、城市景观体系、城市开放空间和公共性人文活动空间的组织，根据城市整体发展格局，提出城市意象与特色；同时针对各分区（段）的特色，确定城市特色分区和

城市重要地区（段），为下一阶段的局部城市设计提供指南。

　　总体性区段城市设计的设计内容由各城市根据各自特点自由选择与制定，为人们各种活动创造具有一定空间形式的物质环境，综合体现社会、经济、城市功能、审美等各方面的要求。通常情况下，区域或城市建成区的功能组织、环境品质、生活格调、文化内涵和艺术特色等，都是通过总体性区段城市设计创造和建立起来的。

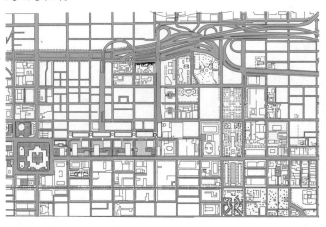

a 费城平面图　　　　　　　　　　　　　　　　　　b 费城中心区平面图

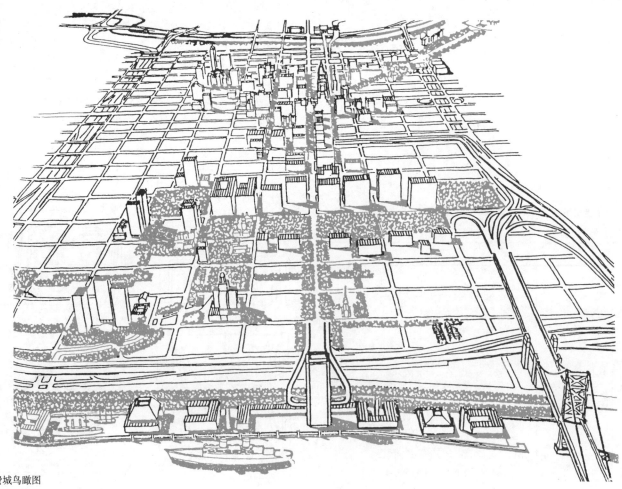

c 费城鸟瞰图

1 费城总体性区段城市设计

设计要点

　　总体性区段城市设计的设计目标主要在于明确未来城市空间形态的总体框架与发展思路，为城市规划各项内容的决策和实施提供一个基于公众利益的形体设计准则，成果具有政策和导则取向为主、具体范围空间形体考虑为辅的特点。

　　总体性区段城市设计编制控制要点：1.研究市域内人文环境与自然环境的关系，把握城市整体山水格局，突显市域城镇体系整体形象景观特色；2.划分城市功能片区，梳理各片区相互关系，加强片区间必要的活动通道及景观组织联系，确定各重点片区内部城市设计系统；3.宏观把握城市整体结构形态，对竖向轮廓、视线走廊、绿色开敞空间等系统要素提出整体控制对策；4.研究城市精神及文化特色，挖掘提炼城市的特色资源，并将其有机组织到城市发展策略中，创造鲜明的城市特色；5.研究各类社会群体的主要行为活动状况，组织富有意义的行为场所体系和活动路径，构筑城市整体和社会文化氛围；6.提出城市设计的实施措施建议；7.提供总体城市设计图。

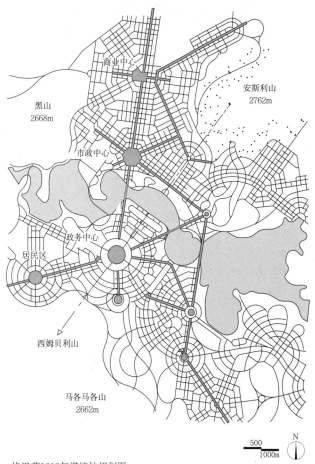

a 格里芬1912年堪培拉规划图

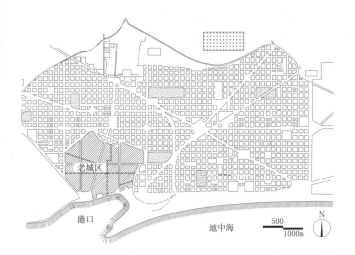

a 巴塞罗那总平面图

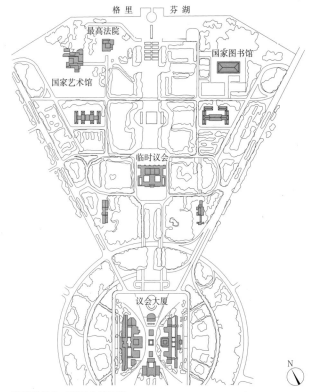

b 堪培拉议会三角区总平面图

b 巴塞罗那典型地段平面图

1 巴塞罗那总体性区段城市设计

2 堪培拉总体性区段城市设计

华盛顿是世界上罕见的，一直按照最初的城市设计构思、"自上而下"整体建设起来的优美的城市。其中心区规划设计由法国军事工程师朗方负责，规划设计借鉴了一些著名欧洲城市的规划建设经验，并合理利用了华盛顿地区特定的地形、地貌、河流、方位、朝向等条件。

华盛顿中心区由一条约3.5km长的东西轴线和较短的南北轴线及其周边街区所构成，朗方将三权分立中最重要的立法机构——国会大厦放在一处高于波托马克河约30m的高地上（即今天所谓的国会山）。作为城市的核心焦点，国会大厦恰巧布置在中心区东西轴线的东端，西端则以林肯纪念堂作为对景。南北短轴的两端则分别是杰斐逊纪念亭和白宫，两条轴线汇聚的交点耸立着华盛顿纪念碑，是对这组空间轴线相交的恰当而必要的定位和分隔。东西长轴以华盛顿纪念碑为界，东边是大草坪，与国会大厦遥相呼应，空间环境富有变化。在华盛顿纪念碑西边与林肯纪念堂之间有一矩形水池，映射着纪念碑身和纪念堂的倩影，加强了中心区的空间艺术效果。

中心区结合了西南方向的波托马克河的自然景色，恢弘壮观，空间舒展，环境优美。沿着主轴线南北两侧，建有一系列国家级的博物馆，如国家美术馆、航天博物馆等。同时，华盛顿市规划部门对全城建筑制定不得超过8层的限高规定，中心区建筑则不得超过国会大厦，这样就突出了华盛顿纪念碑、林肯纪念堂等主体建筑在城市空间中的中心地位。

a 华盛顿规划总平面图（朗方，1792年）

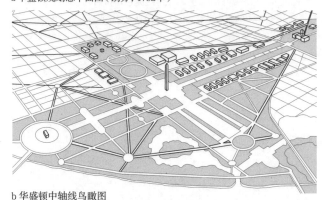

b 华盛顿中轴线鸟瞰图

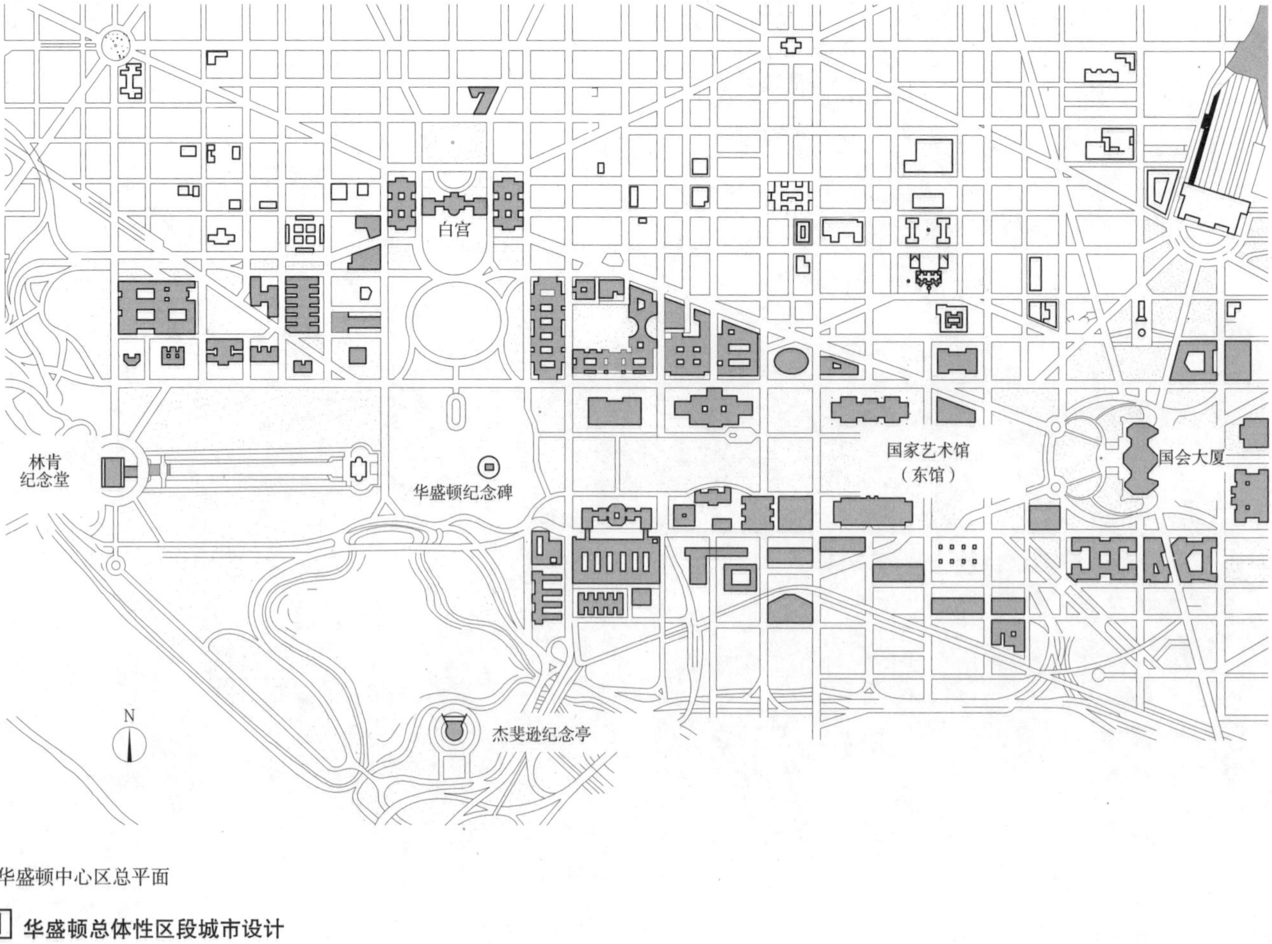

c 华盛顿中心区总平面

1 华盛顿总体性区段城市设计

横滨城市设计是国际上城市设计实践的一个重要的成功范例,并为诸多其他城市所借鉴。在横滨"未来港湾21世纪"城市设计中,为了创造一个令人舒适愉快的城市空间环境,横滨城市设计制定了7个方面的城市设计目标。

横滨城市设计目标 　　　　　　　　　　　　　　　　表1

	内容
横滨城市设计目标	1.通过保证安全而令人愉悦的开放空间,保护步行者的权利
	2.尊重地形学和绿化的地域自然特点
	3.尊重地方的文化和历史遗产
	4.丰富绿化和开放空间
	5.维护沿河和滨海开放空间
	6.增加人们相互交流和接触的公共场所
	7.既要有形式的美,又要有内容的善

与此同时,还制定了涉及区域和城市级的"城市设计总体规划",其内容包括:城市中心地区的"绿色轴线构想"与"商业轴线构想"、城市中心周边地区与郊外地区的"景观特色创造"、滨水空间再生、历史遗产与环境的保存与整治和城市照明规划与色彩规划等。总的设想是通过大规模城市开发与再开发项目,调整与改善城市空间结构,提高居住环境质量。

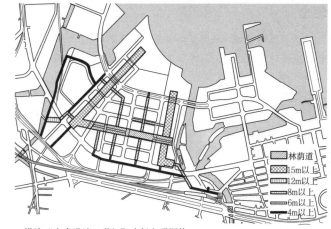

b 横滨"未来港湾21世纪"步行交通网络

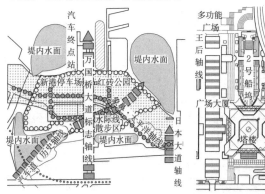

c 建筑群形成概念图　　　　d 25街区开发设计平面图

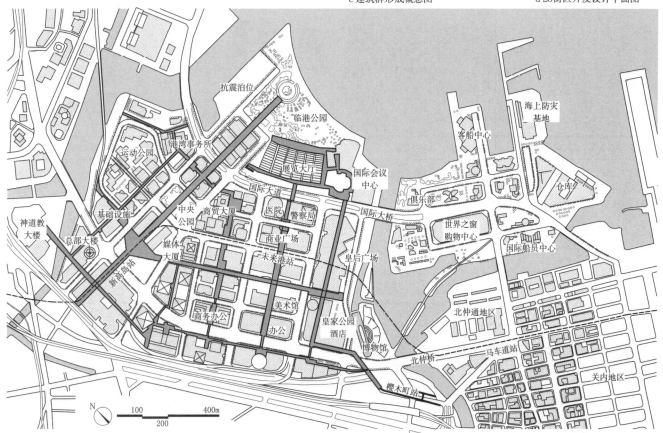

a 横滨"未来港湾21世纪"规划总平面图

1 横滨"未来港湾21世纪"城市设计

概念

局部性地段城市设计是指中观规模尺度层面的城市设计，是为城市特定区域创造空间形态和物质环境，制定政策性框架的设计理论和行为，是城市设计涉及的工作范围和设计内容。局部性地段主要是指城市中功能相对独立而环境相对完整的区域，如城市中心区、城市主干道及两侧、城市主要（空间）轴线、大型公共建筑区、城市滨水区、城市风景旅游区、工业园区、大学校园区、居住区以及旧城更新保护区等。

工作范围与设计内容

局部性地段城市设计是城市设计全过程中的一个重要阶段，在整个城市设计体系中处于承上启下的地位。它将宏观层面的总体城市设计概念和构思具体落实到中观层面，又为下一层面的微观城市设计提供整体的空间设计意象。局部城市设计的发展和调整也有助于整体城市设计的不断深化和完善。

设计要点

1. 局部性地段城市设计应放在城市整体环境中加以考虑，以有利于城市诸系统的整体协调运作，并呈现出不同区域的典型环境特征。

2. 其设计目标应基于城市总体规划确定的原则，凸显该地区对于城市整体的价值，在保护或强化该地区已有的自然环境和城市空间特色的基础上，提供控制和引导城市开发建设的设计程序和技术手段。

3. 其设计理念应建立在针对特定地区的综合调研和理解之上，突出构思的整体特色，营造城市文化意境和城市多样化氛围，并明确将其贯穿设计的全过程。此外，该阶段设计研究，也可以成为下一阶段优先开发地段和具体项目的有力依据。

4. 在我国现行的城市规划和城市设计体系中，局部性地段城市设计一般认为是与规划体系中的分区规划或者控制性详细规划阶段相对应的城市设计类型，而在实践操作中常与控制性详细规划相结合进行。

类型

在这一规模层面上的城市设计，其研究的主要对象多表现为城市中功能相对独立的重要地段，以更好地发挥重要城市功能地区对塑造整体城市空间环境的支持作用。随着当代城市功能和空间的日益复杂化，局部性地段城市设计中新的类型不断分化和成型，具体类型可见表1所列。

局部性地段城市设计类型表　　　　　　　　　　　　　　　　　　　　　　　表1

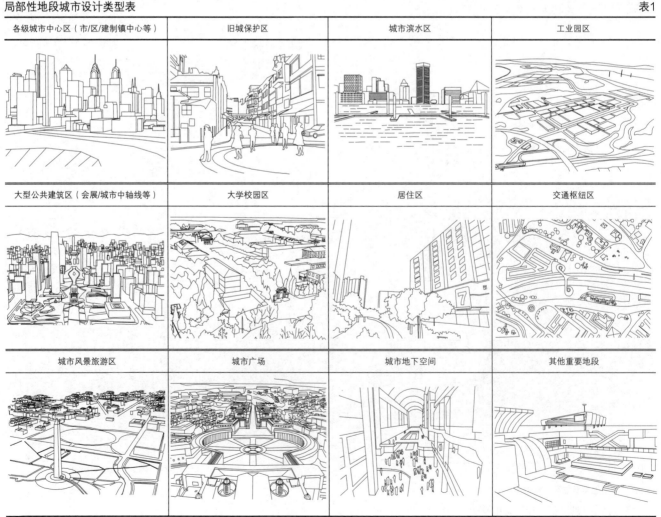

各级城市中心区（市/区/建制镇中心等）	旧城保护区	城市滨水区	工业园区
大型公共建筑区（会展/城市中轴线等）	大学校园区	居住区	交通枢纽区
城市风景旅游区	城市广场	城市地下空间	其他重要地段

内容

该层面城市设计内容涵盖塑造中观城市空间环境所涉及的各种相关要素,主要包括以下几类:

局部性地段城市设计内容表   表1

城市空间结构:形态与边界	城市功能和土地使用	道路与交通系统	城市景观与文脉
开放空间及绿地系统	公共空间与步行系统	建筑形态及组合规则	保护与改造
城市环境设施与小品	开发策略与公众参与机制	使用活动	城市天际线及制高点

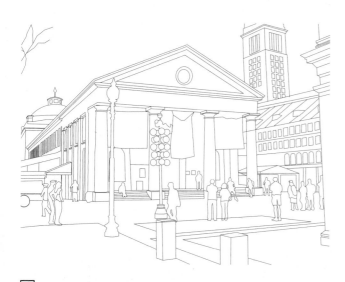

1 波士顿昆西市场城市设计

名称	设计时间	设计师
波士顿昆西市场城市设计	1961	亚历山大·帕里斯

1.昆西市场(Quincy Market)是波士顿著名的购物场所和旅游景点。市场的中央建筑内有许多美食摊位,相邻的2栋是时装、装饰品、珠宝与礼品店,整个广场上有很多具有历史价值的建筑物。营造了兼具购物、旅游、休闲、表演等功能的良好城市场所。

2.昆西市场最初的建造地点在法尼尔厅以东。1961年,波士顿再开发局为了重新开发城市滨水地区,将昆西市场列入该市的改造计划。与一般的大拆大建不同,该计划没有废弃原先的市场,而是决定对这些建筑进行改造。昆西市场有两层楼高,163m长,占地面积2500m²。从建筑上看,昆西市场由巨大的传统新英格兰花岗石建成,内部有红色的砖(Red brick)围墙。建筑外形呈长方形,在市场的中轴线处有一长廊,上面有很多座椅和主要的侧门。

3.昆西市场的成功勾画出了建筑师对旧改新(renovation)的见解,那就是:旧改新不应致力于机械地再造过去的所有。相反,他们希望保留过去的一些重要的部分,并把它们融合到新建筑物里。为了保存那些历史的精华要素,建筑师们进行了认真的辨析。对值得保留的部分,不管多么精细都按原型进行修建、置换或新建

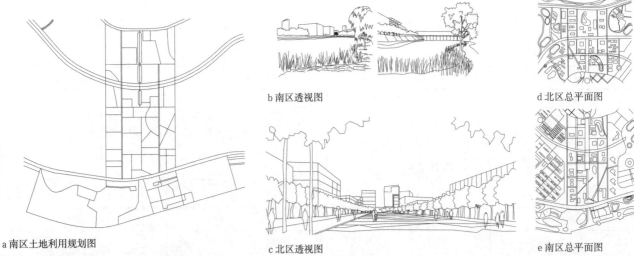

b 南区透视图

d 北区总平面图

c 北区透视图

e 南区总平面图

a 南区土地利用规划图

1 广州大学城中心区城市设计

名称	设计时间	设计单位
广州大学城中心区城市设计	2003	美国SASAKI公司、华南理工大学建筑学院

大学城中心区城市设计基于两个方面强化突出景观特色：
1.多中心轴线——沿中轴线在重要节点创造一系列连续的具有不同分区功能特征的公共中心，共同形成多样化的整体城市环境；
2.景观生态廊道——是由利用现有地形改造而成的池塘水体及滨水湿地环境所组成的自然生态系统，体现了中心区独特的场所特征

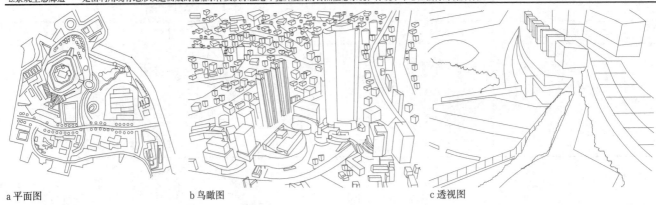

a 平面图

b 鸟瞰图

c 透视图

2 东京六本木新城城市设计

名称	设计时间	设计单位
东京六本木新城城市设计	1986	美国捷得、KPF等多家设计公司

1.六本木新城是在一个高密度拥挤的城市中心建立起来的一个新的城市区域。借助中心的区位优势，充分利用城市的竖向空间来对接城市功能，从而创造出更多的可供人们使用的空间。满足了沟通和交往的需求，提供了充分享受城市公共生活的机会。
2.以便利的交通为基础，六本木把商铺、餐饮和一些服务设施交错搭配在一个像大咖啡馆的公共空间里，所有店铺都对外开放，这样提供了高效的混搭组合。不仅便利了在此居住和办公的人们，也吸引了东京其他地区的人流，使该地区成为高互动性、便利性、充满活力和聚合力的公共空间

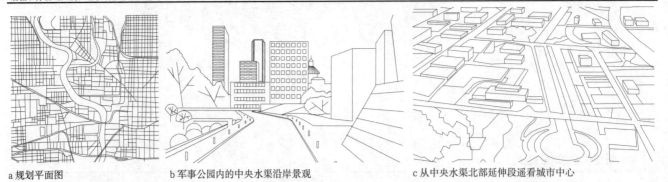

a 规划平面图

b 军事公园内的中央水渠沿岸景观

c 从中央水渠北部延伸段遥看城市中心

3 印第安纳波利斯中心区河滨改造

名称	设计时间	设计单位
印第安纳波利斯中心区河滨改造	1997~2001	美国SASAKI公司

1.印第安纳波利斯市中心区滨河改造工程将已经废弃的白河沿岸土地改造成统一的城市开放空间，使其成为连接周围城区和滨水区的纽带，创造了城市中心区的磁场，吸引市民城市休息观光；同时创造出吸引公共和私人投资的环境。而更为重要的是，白河的角色由城市的"后院"转变为印第安纳波利斯的中心。
2.有两条路线横贯这一公共空间，将城市中心和滨水连在一起。其一是有历史意义的中央水渠，它的一部分曾在20世纪80年代被重修作为休闲场所。水渠穿过广场，流经一个喷水设施后汇入白河。另一条路线是19世纪30年代最早通达印第安纳波利斯的有历史意义的国家道路之一，现在基地中只保留下一部分

a 悉尼达令港平面图

b 悉尼达令港高架单轨电车

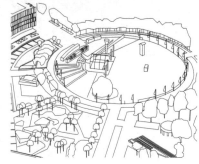

c 悉尼达令港广场

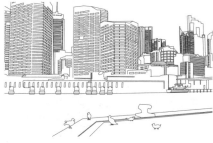

d 悉尼达令港图一

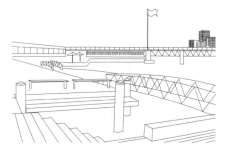

e 悉尼达令港图二

f 悉尼达令港图三

1 悉尼达令港城市复兴计划

名称	规划用地面积	设计时间
悉尼达令港城市复兴计划	约60hm²	1988

1.达令港（Darling Harbour）位于悉尼市中心的西北部，距中央火车站2km并和唐人街相连。20世纪80年代，为了庆祝殖民悉尼暨澳大利亚建国200周年（1988年）大典，作为澳大利亚最大的城市复兴计划，达令港被改造成为庆典的中心场所。
2.达令港的外部空间要素，如公园、绿地、港埠、步行道及原先存在的船舶和建筑物遗迹等组织得十分成功。考虑充分的步行区和公共性的开放空间，将穿越该地区的城市主干道及新建设的单轨电车线路做成高架路，充分尊重了"人"在城市环境中的重要性

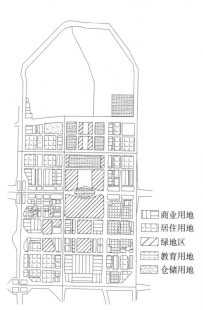

a 深圳福田中心区规划图

商业用地
居住用地
绿地区
教育用地
仓储用地

b 深圳福田中心区北区地块图

c 深圳福田中心区南区地块图

d 深圳福田中心区图一

e 深圳福田中心区图二

2 深圳福田中心区城市设计

名称	规划用地面积	设计时间
深圳福田中心区城市设计	约607hm²	1986

1.深圳福田中心区由滨河大道、莲花路、彩田路及新洲路四条城市干道围合而成，规划总建筑面积750万m²，包括南片区、北片区和莲花山公园。其中南片区是城市商务中心，深圳国际会展中心和一大批高档办公楼宇坐落其中；北片区是行政中心、文化中心、市民中心、电视中心，少年宫位于其中；莲花山公园是开放性城市公园，风景秀丽，设施齐全，是一颗璀璨的绿色明珠。
2.深圳福田中心区重点发展总部经济、会展经济、文化经济、金融证券、保险、产权交易、旅游、中介、传媒等，吸引国内外知名企业总部落户，以期建成集行政、金融、商务、文化、信息、会展、旅游于一体的现代化国际性城市中心

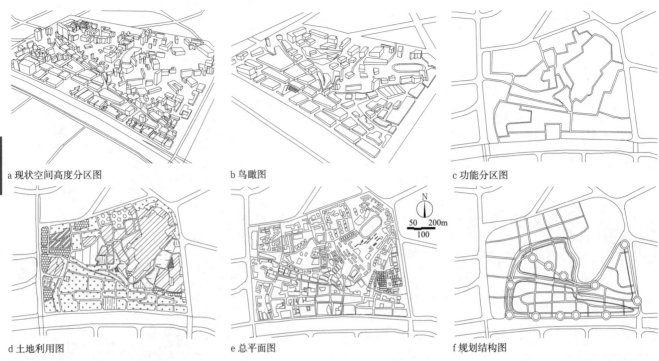

a 现状空间高度分区图　　　　　b 鸟瞰图　　　　　c 功能分区图

d 土地利用图　　　　　e 总平面图　　　　　f 规划结构图

1 江门市历史街区保护与更新规划

名称	规划用地面积	设计时间	设计单位
江门市历史街区保护与更新规划	77.7hm²	2011	华南理工大学建筑设计研究院

1.江门城区位于五邑地区东部。东邻中山市、珠海市，西连鹤山市、开平市、台山市，北接佛山市，南临南海，毗邻港澳。
2.规划重点抓住历史街区的侨乡、墟市、商贸文化，通过对历史建筑的保护和历史信息点的重新塑造，在历史街区内的各种历史建筑、历史遗迹点和景观节点中提取能反映街区历史文化特色的元素作为最主要的节点和信息点。并重点打造街区内历史文化资源，将街区塑造成江门最具特色的传统街区，使其成为江门乃至五邑地区的特色文化名片。
3.通过对公共空间的梳理与改善和特色活动的策划，使历史街区汇聚街道巷道民俗生活体验，将正经历衰败的江门传统生活场所和建筑空间，重新建立并打造为传统与现代相融合的历史街区魅力场所

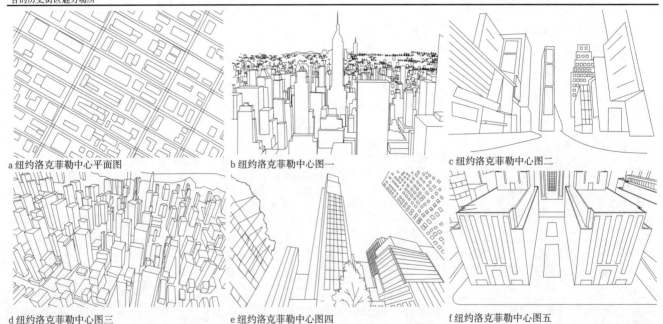

a 纽约洛克菲勒中心平面图　　　　b 纽约洛克菲勒中心图一　　　　c 纽约洛克菲勒中心图二

d 纽约洛克菲勒中心图三　　　　e 纽约洛克菲勒中心图四　　　　f 纽约洛克菲勒中心图五

2 纽约洛克菲勒中心

名称	规划用地面积	建成时间	设计师
纽约洛克菲勒中心	8.9hm²	1939	Raymond M. Hood

1.洛克菲勒中心位于美国纽约最繁华的曼哈顿区中部，是一个包括19幢大楼、占地22英亩，集商业、娱乐和办公等城市功能的大型建筑群。主要建筑始建于1931年，1940年完成。建筑群区域涵盖第五大道至第六大道，以及第48大街至第52大街之间，共占地45000m²。
2.洛克菲勒中心号称是20世纪最伟大的都市计划之一。整个建筑布局紧凑、密集而有序，对于公共空间的运用开启了城市规划的新风貌。完整的商场与办公大楼让曼哈顿中部继华尔街之后成为纽约第二个市中心，对都市生活产生了巨大影响。
3.洛克菲勒中心给建筑设计发展最大的冲击是提供公共领域的使用，巧妙地将建筑物的大厅、广场、楼梯间、路冲等设计成行人的休息区、消费区。这种为普通大众设计的空间概念引发后来对于"市民空间"的重视

概念

　　建筑综合体是集多功能于一体的综合性建筑和建筑群,通常由城市中不同性质、不同用途的社会生活空间组成,功能一般包括酒店、商务办公、购物中心、会议、公寓及停车等。建筑综合体把各个分散的空间综合组织在一个完整的街区,或一座巨型的综合大楼,或一组紧凑的建筑群体中。

类型

　　按照综合功能的主导性进行分类,建筑综合体的类型主要包括商业建筑综合体、商务建筑综合体、文体建筑综合体、交通建筑综合体和居住建筑综合体。

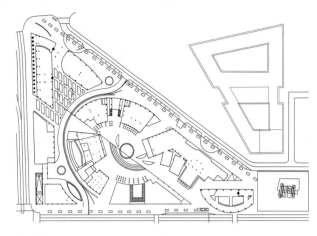

a 平面图

设计要点

　　1. 功能结构化

　　按照建筑功能的主次、特点和要求,根据建筑空间的尺度、组合方式等特点,构筑结构合理的建筑功能关系。

　　2. 形体秩序化

　　统一中求变化,有节奏、有韵律地进行建筑组合是构建有机建筑形体秩序的设计法则。

　　3. 空间立体化

　　合理构筑地下商业、娱乐和交通等多层复合建筑空间,形成地面和地下立体化的多功能建筑群和建筑综合体。

　　4. 庭院城市化

　　以广场、庭院或中庭为中心组织建筑群和建筑综合体。尽可能将广场、庭院或中庭延伸到城市街道、广场和滨水空间,使其成为城市公共空间的有机部分。

　　5. 尺度宜人化

　　采用分解、打断、划分等方法将大尺度处理成为宜人的尺度,形成较为亲切的空间和建筑体块组合。

　　6. 交通系统化

　　本着立体化、人性化、系统化、低碳化原则,处理好室内与室外、地面与垂直、综合体与城市、动态与静态、车行与步行等交通系统相互之间关系,寻求交通系统最佳优化组合。

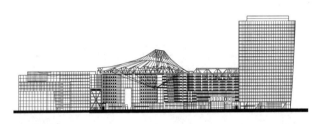

b 沿街立面图

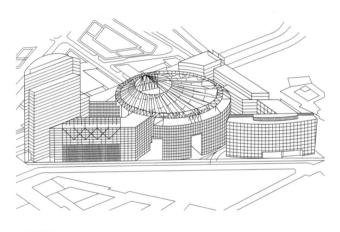

c 鸟瞰图

1 索尼中心

名称	地点	功能组成		主要技术指标	设计师
索尼中心	德国柏林	商业	酒店	建筑面积 132500m² 用地面积 26444m² 容积率 5.01 建筑层数 9层	建筑设计:赫尔穆特·雅恩(Helmut Jahn) 景观设计:彼得·沃克(Peter Walker)
			餐饮		
		商务	办公		
		住宅			
		娱乐康体			

索尼中心位于德国柏林波茨坦广场火车站附近。建筑群包括1家电影博物馆、2家电影院、1家全景电影剧场、餐馆和1个展厅。7栋风格各异的大型玻璃建筑围成一个广场,具有良好的内向封闭性。广场上空悬挂一个极具视觉美感的带褶式篷式顶盖,将周围建筑群联系成为一个整体,远望仿佛飞碟落在建筑上。建筑通过有效的路径组织和内外交融的动态空间序列安排,强化了公共空间的连续性和整体感

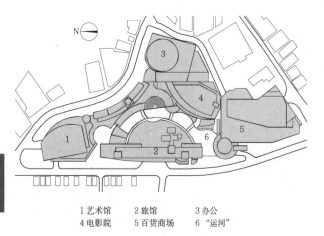

1 艺术馆　　2 旅馆　　3 办公
4 电影院　　5 百货商场　　6 "运河"

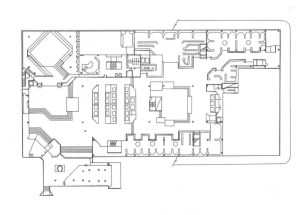

a 首层平面图

1 日本福冈博多水城

名称	地点	功能组成		主要技术指标	设计单位
博多水城	日本福冈	商业	零售	建筑面积19万m² 用地面积3.5万m² 容积率5.43	美国捷得国际建筑师事务所（The Jerde Partnership）
			餐饮		
			酒店		
		娱乐康体			

日本福冈博多水城包括购物、休闲娱乐、文化、办公和宾馆等内容，不同功能的建筑间贯穿了一条人工河道。人工河道中部是一个半露天的中庭，以其为中心，从地下一层到四层共有120多家餐馆和专卖店，中庭内设有一个水上舞台。该建筑群以鲜艳大胆的用色、布局奇特的中庭、水上舞台和音乐喷泉为特点

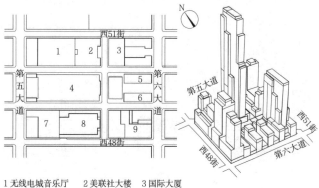

1 无线电城音乐厅　　2 美联社大楼　　3 国际大厦
4 RCA大厦　　5 法国馆　　6 英国馆
7 西蒙和舒斯特大楼　　8 广场10号　　9 时代生活大厦

a 平面图　　　　　　　b 鸟瞰图

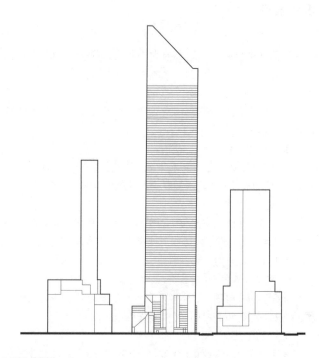

b 西立面图

2 美国纽约洛克菲勒中心

名称	地点	功能组成		主要技术指标	设计单位
洛克菲勒中心	美国纽约	商业	零售	建筑面积160万m² 用地面积10万m² 容积率16 建筑层数70层	赫尔姆—科伯特—哈里逊公司（Helmle,Corbett& Harrison）
			餐饮		
		商务	办公		
		娱乐康体			
		广场			
		文化			

洛克菲勒中心涵盖纽约第五大道至第七大道，介于47街至52街之间，为改变先前占有3个街段的自我隔离的街道局面，建筑师在基地增设一条街道，使得这一中心成为一个完整的中心；中心前下沉式广场与其他建筑的地下商场、剧场及第五大道相连通，由此制造了人行流动空间，一天超过25万的人潮在此穿行。区内涵括餐厅、办公大楼、服饰店、银行、邮局、书店等。洛克菲勒中心利用大楼间的广场、空地与楼梯间制造人形流动的方向，将多样化的城市空间进行组合，形成功能协调、结构主次分明、景观环境良好的建筑群综合体。

3 美国纽约花旗联合中心

名称	地点	功能组成		主要技术指标	设计师
花旗银行联合中心	美国纽约	商业	零售	建筑高度 278.6m 容积率 18 建筑层数 65层	休·斯塔宾斯（Hugh Stubbins,Jr）
			餐饮		
		商务	办公		
		娱乐康体			
		广场			
		教堂			

花旗银行联合中心位于纽约曼哈顿区，该项目包括第一花旗银行的高层办公大楼、教堂、带中庭的多层零售商店、餐馆和一个绿化庭园广场。塔楼高出街道地坪278.6m，视觉上成为市中心最重要的建筑之一。建筑的基座部分没有沿用以墙面封闭内部空间的手法，而是用4根截面为7.3m见方，高27.45m的抗风结构柱体高高架起，使建筑凌驾于街道之上，架空空间成为联系地铁站的庭园广场，形成一个高大、开敞、流动的城市型空间

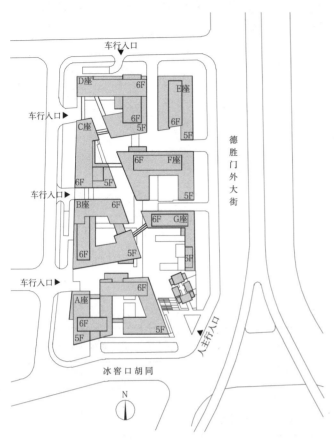

车行入口

D座 6F

E座

车行入口 ▶ 6F

C座 6F 5F

5F

德胜门外大街

6F F座

6F 5F

车行入口 ▶ 5F

B座 6F 5F

6F G座

6F

车行入口 ▶ 6F

A座

6F

5F

冰窖口胡同

N

a 总平面图

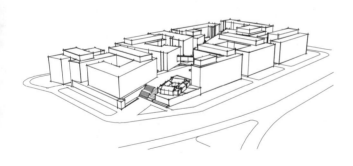

b 鸟瞰图

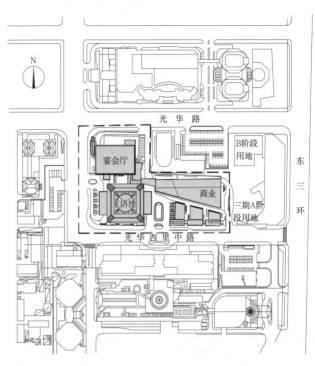

N

光华路

宴会厅

商业

B阶段用地

东三环

写字楼

三期A阶段用地

光华西里中路

a 总平面图

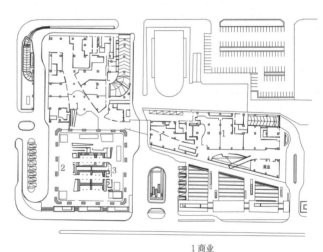

1 商业
2 办公大堂
3 酒店大堂

b 首层平面图

1 德胜尚城

名称	地点	功能组成		主要技术指标	设计单位
德胜尚城	中国北京	商务		建筑面积7.2万m² 用地面积2.2万m² 容积率3.3 建筑层数5层	中国建筑设计院有限公司
		商业	餐饮		
			零售		

德胜尚城位于北京德胜门箭楼的西北方向。用地南北长200m、东西长80m，限高18m。项目采用小独栋办公设计手法，由7栋独立的5层写字楼组成，一条斜街将它们串起，斜线与其两旁的建筑成为德胜门箭楼的框景工具。楼与楼之间形成新的胡同空间，每栋楼都拥有自己的庭院。为了创造观赏箭楼的最佳效果，设计师建立了一个高于室外地坪4.1m的平台，形成了一个优质的室外空间。
设计理念：再现原址的旧城结构和肌理，营造开放的城市空间，唤起城市的记忆

2 中国国际贸易中心三期A阶段

名称	地点	功能组成		主要技术指标	设计单位
中国国际贸易中心三期A阶段	中国北京	商业	零售	建筑面积29.7万m² 用地面积4.4万m² 容积率6.8 建筑层数82层	SOM建筑设计事务所
			餐饮		
			旅馆		
		商务			
		娱乐康体			

中国国际贸易中心三期A阶段工程包括82层超高塔楼、4层商业裙楼、4层宴会厅辅楼及4层地下室。A阶段是由高档写字楼、超五星级酒店、精品商场、大型宴会厅、餐饮设施、电影院及地下停车场组成的多功能现代化智能建筑。主塔楼采用核心筒和外围柱网布局，外形从下至上按半径7000m的圆弧缩小，每层的外墙为向外或向内倾斜的表面互相交替，在日光照射下产生有别于一般玻璃幕墙的效果

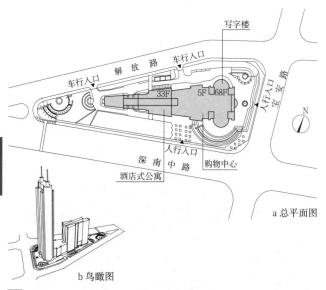

a 总平面图

b 鸟瞰图

1 深圳信兴广场

名称	地点	功能组成		主要技术指标	设计单位
深圳信兴广场	中国深圳	商务	办公	建筑面积 26.7万m² 用地面积 1.8万m² 容积率 14.7 建筑层数 68层	美国建筑设计有限公司张国言设计事务所
			金融		
		商业	酒店		
			零售		
			餐饮		
		娱乐康体			

深圳信兴广场是一座集写字楼、商务中心、酒店式商务住宅、金融、购物、餐饮、娱乐等多功能于一体的现代商业大厦。整个大厦形体分为3个部分：主体为68层的写字楼，立面由两个柱型塔组成；辅楼是一座33层、120m高的酒店式商务住宅，形体呈两块板式叠合相错，中间一巨型门洞，贯通大厦南北；5层高的购物裙房，将两个主体连接在一起

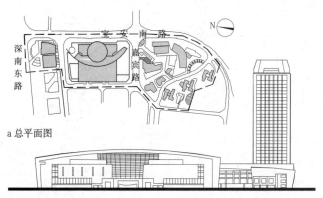

a 总平面图

b 东立面图

2 深圳华润中心

名称	地点	功能组成	各功能建筑面积（m²）	主要技术指标	设计单位
深圳华润中心	中国深圳	商业	11万	建筑面积（一期）23万m² 占地面积（一期）3.6万m² 容积率（一期）4.8	悉地国际设计顾问有限公司
		商务	7.8万		

华润中心是一座以大型购物中心为核心的建筑群综合体。该项目由北区和中区组成，包括一座国际标准5A甲级写字楼华润大厦及一座超大型室内购物中心万象城。设计将不同功能的区域，通过室外广场、庭院、步行街道等的巧妙连接，有机地融为一体。在建筑设计上，通过斜坡形的屋顶、室内花园入口的斜面天窗等细节的精巧设计，体现了动感、创造与活力

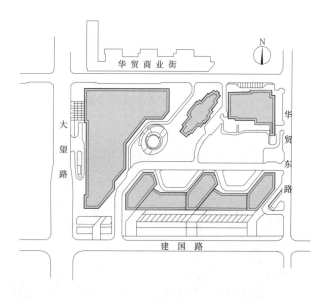

3 北京华茂中心

名称	地点	功能组成		各功能建筑面积（m²）	主要技术指标	设计单位
北京华茂中心	中国北京	商务	办公	27万	建筑面积 90万m² 占地面积 35万m² 容积率 5.01	美国KPF建筑设计事务所
			公寓	20万		
		商业	酒店	12万		
			零售	25万		

北京华茂中心西临北京CBD核心区，东临贯穿北京东西的长安街延长线，项目由3栋高达百余米的超5A智能写字楼、2座超豪华酒店、约16万m²"水主题"国际商城、20万m²国际公寓和占地约15hm²的运动主题公园组成。该项目将商业街区作为用地东西面的联系纽带，商业自南向北由密到疏的排布，使南北向自然过渡，整个设计中尤为注重解决道路交通体系和公共空间的关系

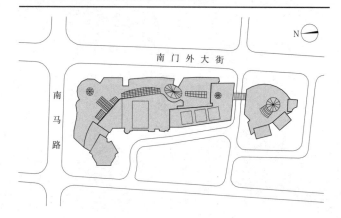

4 天津大悦城

名称	地点	功能组成		各功能建筑面积（m²）	主要技术指标	设计单位
天津大悦城	中国天津	商业	零售	14万	建筑面积 53万m² 占地面积 8.9万m² 容积率 6.62	美国RTKL建筑设计公司、中国建筑科学研究院
			公寓	4万		
			酒店	3.5万		
		住宅		7.8万		
		商务		6万		

天津大悦城地处天津内环核心区域，和平区与南开区的交汇处。大悦城购物中心整体外檐部分选取了花瓣和玉米皮的曲线形态，与自然纹理的石材巧妙结合，也与屋顶景观光滑的金属屋面相呼应。住宅楼分布在西边单独的地块，地面抬高2m，增加其私密性。平面上采用了活泼的要素，屋顶的机械房成为设计上的特色。酒店式服务公寓占据基地南边，其外檐采用了风帆的设计元素，与办公楼相互呼应

概念与类型

城市广场是通过建筑、道路、地形等加以围合,以多种软硬质景观为构成主体,以步行作为主要体验方式的节点型城市户外公共活动空间。广场设计旨在满足人们的日常生活需求,对于反映城市文明与氛围有着重要作用。

城市广场的级别与类型　　　　　　　　　　　　　　　　表1

角度	级别/类别	主要特征
服务范围	城市级	规模尺度大,能够承载相对大型与重要的活动,是对整个城市有一定影响力的公共空间,多位于城市中心区域
	片区级	服务于城市内部功能相对独立且具有一定环境整体性的局部片区,多位于城市片区中心区域
	社区级	规模尺度小,主要服务于邻近的社区居民与过往市民,街头广场多属这一级别
功能用途	市政型	政府与市民定期组织活动的重要场所,市民参与城市管理的象征。多修建于城市行政中心所在地,空间氛围庄严稳重,建筑多呈对称布局
	交通型	以合理组织交通为主旨,起集散、联系、换乘、停车等作用的公共空间,多位于城市多种交通汇合转换处(如火车站前广场)
	商业型	多位于商业活动相对集中的区域,主要根据商业人流流线与流量确定空间组合,营造舒适和富有生机的购物氛围
	纪念型	旨在缅怀一些重要的历史事件与历史人物。选址多避开喧哗的闹市区,广场中心或侧面多以纪念物、纪念性建筑为标志物,环境氛围相对严肃
	休闲型	最普遍的广场类型,为市民提供休憩、游玩及举行各种娱乐活动的空间。选址灵活,布局多样,尺度宜人,生活气息浓厚
平面形式	单一型	平面布局呈现一个基本的空间形态,包括规则的几何形(方形、圆形、三角形等)与各种不规则的自由型
	复合型	由几个单一型广场组合形成广场群,常常通过轴线的延伸、转承以及视觉艺术的统一,提供相对复杂有序的空间与景观感受
剖面形式	平面型	广场自身地面标高及其与邻近城市用地在垂直方向没有变化或变化较小
	立体型	广场局部地面之间或其与邻近城市用地之间有较大垂直方向的变化,总体可分为上升、下沉两种。上升式广场多利用城市道路与建筑的顶部进行设计,下沉式广场则多与地下商业街及地铁站出入口结合,形成围合与限定

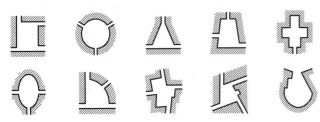

1 单一广场平面

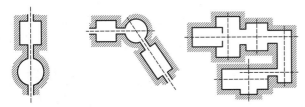

a 复合型轴线延伸　　　b 复合型轴线转承

2 复合广场平面

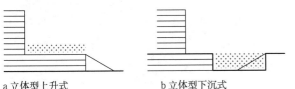

a 立体型上升式　　　　　b 立体型下沉式

3 立体广场剖面

设计原则

1. 多样原则:在满足基本功能的前提下,突出现代广场(大规模交通型广场除外)以休闲功能为主,兼顾纪念、政治、商业性质的复合发展趋势。

2. 宜人原则:根据人在户外活动的环境心理和行为特征,形成良好的广场规模、尺度与围合,创造适应不同时间、性质与方式的户外活动。

3. 生态原则:依据整体地域的生态环境要求,纳入城市开放空间体系筹考虑,并在具体设计中关注日照、风向、绿化等广场布局设置的生态合理性,趋利避害。

设计要点

1. 规模:依据功能、级别、位置等因素确定,一般级别越高、专项功能越显著、服务人数越多,规模越大。

2. 尺度围合:设定良好的空间围合尺度,形成向心内聚而不离散的围合感,并有利使用者形成舒适的观赏景观。

3. 领域限定:依据环境行为的需要,通过植物、小品、台阶、铺地等多种手法划分出不同的空间领域,并形成在面积大小、私密程度、动静分区等方面的空间对比。

4. 环境设施:通过合理的绿化、水体、铺装与小品设置,与整体广场空间保持协调,体现生活性与艺术性。

5. 文化特色:通过对传统文化的提取再现,突出地域特色,同时有意识赋予广场特定的活动功能,延续社会文化。

广场尺度、围合及限定参考　　　　　　　　　　　　　　表2

尺度		
	L/D	以小于3为宜,避免广场从节点型空间变为细长的线型空间
	D/H	以1~3为宜,促使广场空间产生向心内聚而不离散的围合感

注:L为广场长度,D为宽度,H为周边垂直界面平均高度

a	H_1/D_1	观赏特征
>45°	>1	对象变形不易观赏
45°~27°	1~1/2	观赏景观细部
27°~18°	1/2~1/3	观赏景观主体
18°~11°	1/3~1/5	观赏景观轮廓
<11°	<1/5	干扰因素多,观赏对象分散

注:H_1为观赏对象高度,D_1为观察距离,a为观赏视角

围合
- 四面围合 围合感强
- 三面围合,围合感较强。打开的一侧有利于观察,产生受欢迎的心理暗示
- 两面围合,围合感较弱。多位于道路转角,易配合周边建筑形成街头广场
- 单面围合,围合感很弱。多利用局部下沉等二次空间限定增强围合感

限定
- 小品限定
- 植物限定
- 地形限定
- 综合限定

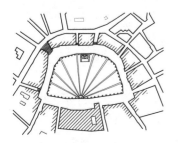

a 扇形广场：锡耶纳坎波广场

b 圆形广场：巴黎凯旋门广场

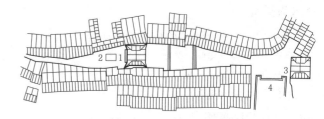

1 戏楼　2 水池　3 灵官庙　4 电影院

c 梭形广场：四川罗城广场

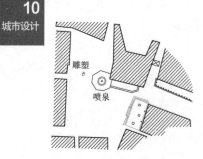

d 不规则形广场：佛罗伦萨市政广场

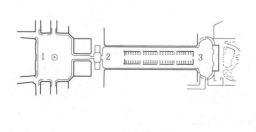

1 路易十五广场　2 跑马广场　3 王室广场

e 复合型广场：南锡广场群

1 入口广场　　　4 骑兵广场
2 八月广场　　　5 巴西利卡广场
3 凯撒广场　　　6 特拉佳圆柱

f 复合型广场：古罗马广场群

1 不同形状类型的广场与广场群

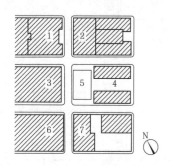

1 美联社大楼　　　5 勒克菲勒中心广场
2 国际大厦　　　　6 广场10号
3 RAC大厦　　　　7 时代生活大厦
4 步行街

a 区位图

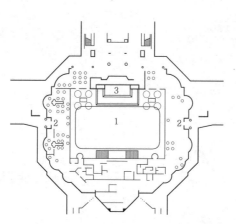

1 下沉广场　2 餐厅　3 雕像

b 平面图

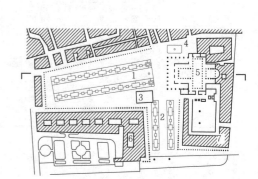

1 大广场（圣马可广场）　　5 圣马可教堂
2 小广场（临海）　　　　　6 圣马可图书馆
3 方塔钟楼（96.8m）　　　7 公爵府
4 小广场（教堂北侧）

a 平面图

b 剖面图

3 威尼斯圣马可广场

名称	主要技术指标	设计时间
威尼斯 圣马可广场	广场面积 1.28hm²	9~18世纪

世界上最负盛名的复合型广场，由3个梯形广场组成。大广场东西长175m，东边宽90m，西边宽56m。大广场与靠近海边的小广场之间以钟塔衔接，与教堂北侧小广场之间则用塑像与台阶进行划分。高耸的钟塔是广场的地标，与周围建筑的水平线条形成对比。为使广场与开阔的海面有所过渡，周边建筑底层均设外廊，并以拱券为基本母题，形成单纯安定的背景。整个广场视觉感知和谐统一，浑然一体

c 剖面图

2 纽约洛克菲勒中心广场

名称	主要技术指标	设计时间
纽约洛克菲勒中心广场	广场面积约2000m²	1930年代

现代城市广场走向功能复合化的典范。下沉式的设计创造出安静的气氛，并与周边建筑的地下商场、剧场及第五大道便利连接。广场东部是步行商业街，中轴尽端处的普罗米修斯雕像和喷水池是视觉中心，四周旗杆上飘扬着各国国旗。夏季广场内支起凉棚与咖啡座，冬季则变为溜冰场。环绕广场的地下层均设高级餐馆，就餐的游人可透过落地玻璃窗看到广场上进行的各种活动，形成集功能艺术于一体的城市公共空间

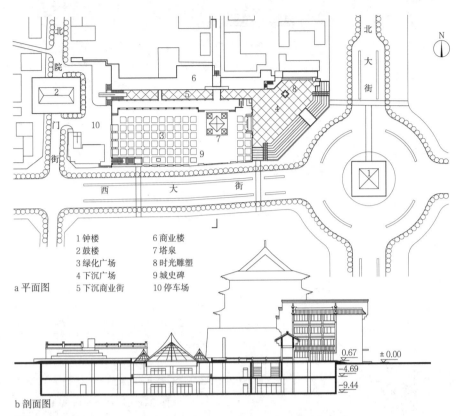

a 平面图

b 剖面图

1 钟楼　　6 商业楼
2 鼓楼　　7 塔泉
3 绿化广场　8 时光雕塑
4 下沉广场　9 城史碑
5 下沉商业街　10 停车场

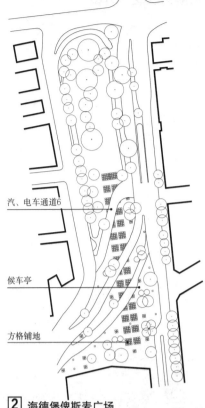

汽、电车通道6

候车亭

方格铺地

1 西安钟鼓楼广场

名称	主要技术指标	设计时间	设计单位
西安钟鼓楼广场	广场面积 2.18hm²	1995	中国建筑西北设计研究院有限公司、总参工程兵第四设计研究院、西安市城市规划设计研究院

广场位于旧城中心，东起钟楼盘道，西至鼓楼盘道。广场的主体是绿化广场，广场在接近钟楼盘道的三角地段为下沉式广场，有台阶与钟楼盘道西北侧人行道相通，并有地下通道口与北大街、西大街地下通道相连。广场北侧沿鼓楼东西轴线设置下沉式步行商业街，东端与下沉式广场连接，西端有可供消防车行驶的坡道与鼓楼盘道相通。下沉式街道北侧是关中传统风格的商业建筑。绿化广场以西、鼓楼东南侧是小型地面停车场。

2 海德堡俾斯麦广场

名称	主要技术指标	设计时间	设计单位
海德堡俾斯麦广场	广场面积 1.3hm²	1988	Lindinger & Partners

在兼具交通与休闲职能的广场中，公交系统中的公共汽车和电车通道将广场分割成许多片段，但设计通过方格铺地、路灯、候车厅等环境设计强化了南北向的步行轴线，将广场各部分有机统一起来

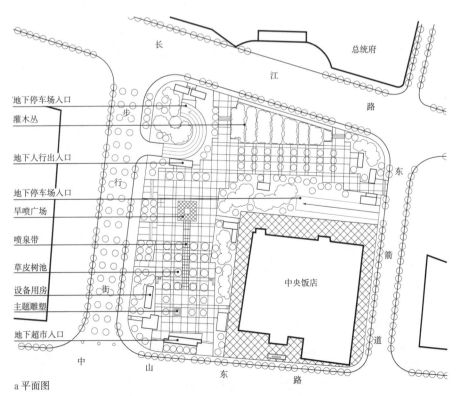

地下停车场入口
灌木丛
地下人行出入口
地下停车场入口
旱喷广场
喷泉带
草皮树池
设备用房
主题雕塑
地下超市入口

中央饭店

a 平面图

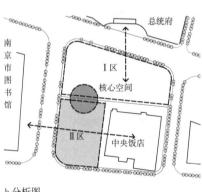

b 分析图

3 南京大行宫广场

名称	主要技术指标	设计时间
南京大行宫广场	广场面积 1.5hm²	2004

利用L形用地划分成两个区域，分别与总统府、南京市图书馆、中央饭店等周边建筑场地呼应。两区域交汇处设旱喷广场形成空间核心。广场尺度亲人，高差限定自然，配以草坪、树池、灌木、座凳与小品，塑造出充满活力的城市休闲空间

街道的概念、类型

从空间形态上来说，街道是由道路（通常是人行道）及其两侧的建筑物构成的。街道是一种基本的城市线性开放空间，它既承担了交通运输的任务，同时又为城市居民提供了活动场所。街道两旁一般有沿街界面比较连续的建筑围合，这些建筑与其所在的街区及人行空间成为一个不可分割的整体。

从社会功能上来说，街道是社会生活的载体，城市的公共设施，是有组织的人类活动和交往的产物。从景观作用上来看，街道还是城市感知中重要的部分。

街道的类型 表1

类型依据	具体类型
美学领域	弯街、直街……
形态	柱廊式街道、林荫道、大道、小巷、覆顶街道……
交通管控	普通街道（人车混行）、公交步行街、商业步行街……

a 上海南京路

b 北京东华门王府井大街

c 巴黎香榭丽舍周边街道

d 纽约第五大道

1 国内外著名的城市街道

街道的功能

街道是支撑城市功能和场所最重要的空间要素。从功能方面看，街道的作用可概括为四方面：交通、交易、交往、景观标志功能。街道既是交通运输的脉络，同时也是组织城市经济活动、社会生活或者具有礼仪性和景观标识的空间场所。良好的街道是属于人的空间，人们可以在这里漫步、游玩、购物、交往、娱乐。

进入汽车时代以后，由于对机动车交通的过于强调，街道作为交易、交往的功能被忽略。如今人们已认识到这方面的问题。当前许多城市设计倡导的一点，就是恢复传统街道的概念，重塑富有活力的城市和街区。

设计内容、范围

街道设计的内容应当包括满足街道功能的各方面，如各类交通和功能的组织、活动空间营造、空间形态塑造、景观特色打造等。设计的范围一般为街道开放空间以及从空间上限定街道的两侧建筑物界面。此外，工作中往往还需要研究街道两侧及周边更大范围内的整体交通组织、功能联系、空间形态、景观特色等内容。

设计要点

街道是城市重要的公共场所和设施，街道有活力则城市就充满活力。街道设计要求在各种功能之间进行合理的协调，街道设计往往需兼顾和包容街道几方面的功能。

街道的设计要点 表2

设计要点	具体内容
多元而包容的交通要求	街道的首要功能是交通，街道设计要处理好人流、车流的关系，在以人为本的前提下，既方便交通又不干扰人活动，妥善处理步行道、车行道、街道设施等的关系
步行优先原则和交易交往的要求	街道设计必须注重步行环境和生活场所塑造。在城市中心区和商业区等重点地段，要发挥土地价值，创造交往场所，必须强调步行优先的原则。步行街是贯彻以上原则的一种常见做法，通过人车系统的彻底分离来最大限度地营造优良的步行环境和丰富的城市生活场所
空间景观和场所塑造的要求	普通的空间景观设计应与街坊设计结合一体考虑，将沿街建筑景观与道路空间环境处理成一个整体。街道空间的尺度也很重要。通过对传统街道空间尺度的比较，结合人的视觉分析，芦原义信研究成果认为，街道空间宽度与建筑高度的比例1：0.5为适宜尺度
街道设施完善、美观和宜人的要求	各种街道设施也是街道的有机组成部分，如铺地、行道树、售货亭、路灯、指示牌、花池、座椅、垃圾箱、公共艺术等。街道鼓励具有创造性的街道设施形式，并需要将街道设施有序地组织进街道景观和公共活动中

$D/H=0.5$
中世纪的城市

$D/H=1$
文艺复兴时期的城市

$D/H=2$
巴洛克时期的城市

a 城市街道宽度与建筑高度的关系

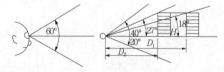

把建筑作为"图"欣赏时，从建筑到视点的距离D是建筑高度H的2倍时，比较容易欣赏到建筑的整体。在城市街道空间中，空间宽度是建筑高度的2倍时，是较好的尺度。

b 建筑与视野的关系

2 芦原义信关于街道尺度的研究

实例

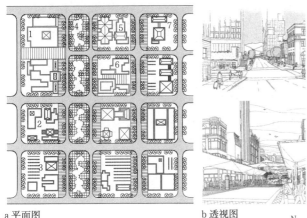

a 平面图　　　　　　　　b 透视图

1 画廊　2 教堂　3 餐饮　4 城市公园　5 剧院　6 商务办公　7 金融机构

1 美国波特兰中心区街道系统

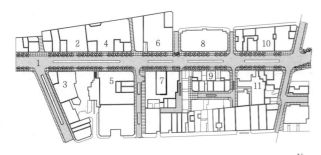

1 摄政王大街　2 购物中心　3 酒店　4 购物中心　5 酒店　6 购物中心
7 餐饮　　　　8 购物中心　9 画廊　10 沿街商业　11 剧院

a 平面图

b 剖面图

2 英国摄政王大街

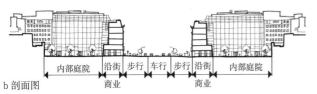

a 平面图

b 透视图

3 "清明上河图"中的中国古代街道

1 车公庄西路　2 餐饮　3 沿街商业　4 酒店　5 居住区　6 商务办公
7 城市休闲绿地　8 沿街商业

4 北京车公庄西路

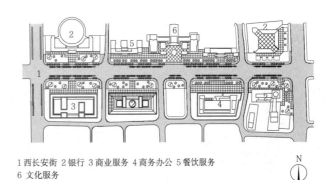

1 西长安街　2 银行　3 商业服务　4 商务办公　5 餐饮服务
6 文化服务

5 北京西长安街

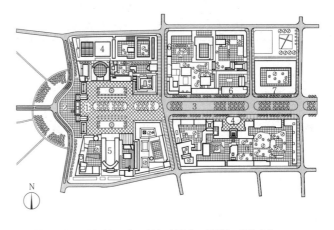

1 菩提树下大街　2 城市广场　3 街心公园　4 博物馆　5 展览馆　6 沿街商业
7 商务办公

6 德国柏林菩提树下大街

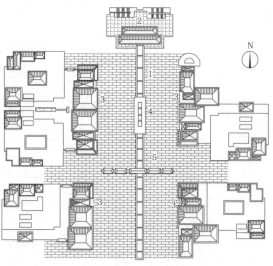

1 前门大街 2 正阳门箭楼 3 沿街商铺 4 观景轨道电车 5 牌楼

a 平面图

b 沿街立面图

1 北京前门大街

名称	类型	特点	图示
北京前门大街	直街、行街道、礼仪性专用道	在这条位于北京城市中轴线的街道上,商业氛围和政治象征沿着这条由城楼、牌坊、有轨电车道和两侧店铺构成的强烈轴线得以共存。以单一街道的形式统一各式各样的活动和设施	

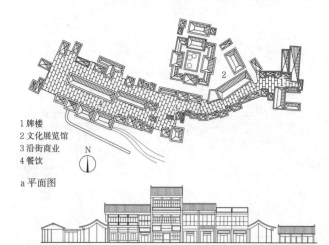

1 牌楼
2 文化展览馆
3 沿街商业
4 餐饮

a 平面图

b 沿街立面图

2 北京烟袋斜街

名称	类型	特点	图示
北京什刹海烟袋斜街	弯街、步行街	烟袋斜街是一条弯曲的街道,随着观察者所处的地点变化,风景逐一变化。尽管沿街建筑高度和立面不同,却有一套空间的方式和规则对街道景观加以控制	

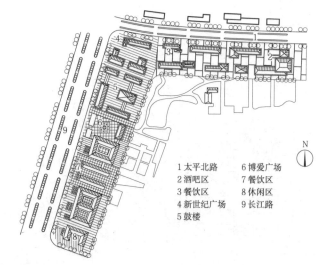

1 太平北路   6 博爱广场
2 酒吧区   7 餐饮区
3 餐饮区   8 休闲区
4 新世纪广场   9 长江路
5 鼓楼

a 平面图

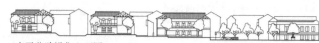

b 太平北路沿街立面图

3 南京太平北路

名称	类型	特点	图示
南京太平北路	直街、林荫道	这条街道位于南京城区中心东北侧,道路两旁绿树掩映。成排的梧桐树与一侧的1912历史文化街区共同构成了这条林荫道	

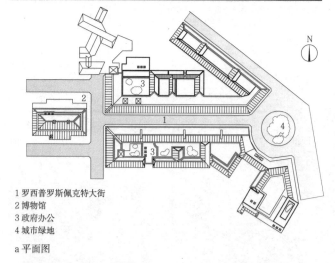

1 罗西普罗斯佩克特大街
2 博物馆
3 政府办公
4 城市绿地

a 平面图

b 沿街立面图

4 俄罗斯圣彼得堡罗西普罗斯佩克特大街

名称	类型	特点	图示
俄罗斯圣彼得堡罗西普罗斯佩克特大街	直街、礼仪性专用道	罗西普罗斯佩克特大街是直线型、礼仪性街道。俄罗斯规划师的设计基于这样一种"黄金比例",即建筑高度为街道宽度的0.7倍,街道长度10倍于此	

城市轴线的概念

城市轴线通常是指一种在城市中起空间结构驾驭作用的线形要素。城市轴线的规划设计是城市要素结构性组织的重要内容。一般来说，城市轴线是通过城市的外部开放空间体系及其建筑的关系表现出来的，也是人们认知体验城市环境与空间形态关系的一种基本途径。

城市轴线的空间范围

从所涉及的城市空间范围上看，城市轴线可以分为：

1. 主轴：整体的、贯穿城市核心区域或大部分区域的轴线空间，通常由交通走廊串联其公共节点，如世界公认的北京中轴线、巴黎中轴线等；

2. 次轴：局部的、主要以某特定的公共建筑群而考虑规划设计的轴线空间，如罗马帝国时期的广场、凡尔赛宫、巴西议会大厦等。

3. 单轴：一个城市拥有单一轴线，具有纯粹而明晰的线性基准。

4. 多轴：一个城市拥有一条以上的轴线，乃至有多条（组）规模和空间尺度不同的城市轴线（轴状空间）。这些轴线呈现为平行、相交或辐射，典型实例如华盛顿、堪培拉等城市轴线。

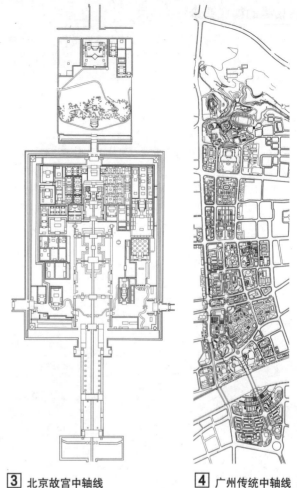

3 北京故宫中轴线　　　　**4** 广州传统中轴线

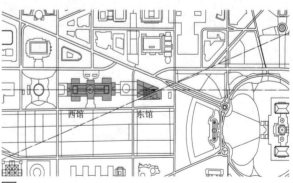

5 华盛顿国家美术馆东馆与西馆

西馆　　东馆

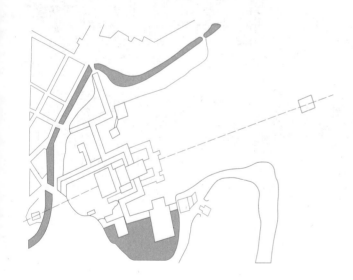

1 日本严岛神社水面鸟居

塞纳河

2 巴黎城市轴线

10
城市设计

城市轴线的构成要素

城市轴线的组织要素具有多元性，包括各种道路、广场、建筑、小品等人工建筑与构筑物，还包括山川、河流、林地等各种自然物。城市轴线也可以将不同类型、不同性质的构成要素统一组织起来，形成丰富的城市轴线形态。

城市轴线的表现形态

从城市轴线的表现形态来看主要可分为实轴与虚轴。前者呈现显性状态，给人以强烈的空间形象，构成城市的肌理，通过建筑物的前后照应、左右对称而形成的，如北京中轴线、华盛顿国家美术馆东馆与西馆等；后者则需要通过一定的解析才能将相对隐含的城市轴线揭示出来，主要为获取城市构图意向，如巴黎的传统中轴线。

就城市轴线的功用而言，其形态可表现为城市发展轴线、城市功能轴线、城市纪念轴线和城市景观轴线等类型。

就城市轴线的空间体系来看，可分为带状模式、双主轴模式、轴网模式和枝状模式等。

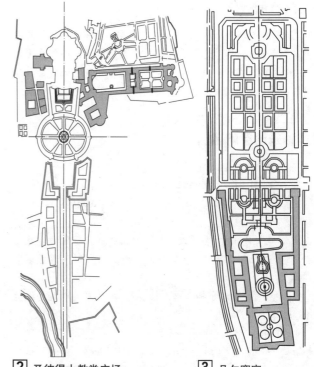

② 圣彼得大教堂广场   ③ 凡尔赛宫

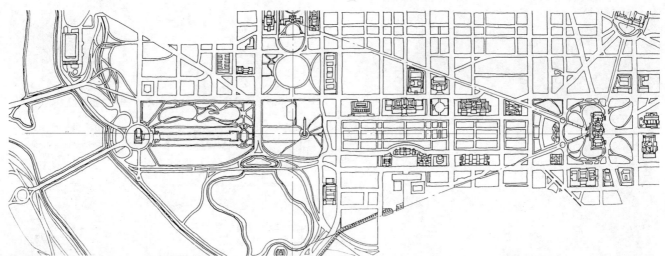

① 华盛顿中心区平面图

世界著名城市轴线比较表   表1

城市	主要轴线	轴线等级		主要轴线功能	轴线模式				形成年代	政治地位	轴线空间序列
		主轴	次轴		带状模式	双主轴模式	轴网模式	支状模式			
北京	南北中轴线	√		景观轴（纪念性）	√				1267~	中国封建王朝的国家政治中心	永定门　正阳门　千步廊　金水河　天安门　紫禁城　景山　鼓楼
巴黎	香榭丽舍大街轴线	√		景观轴（纪念性）			√		1190~	法国民主革命的历史见证者，君权的展示	德方斯平台　塞纳河　星型广场　香榭丽舍大街　协和广场　图勒希花园　卢浮宫
华盛顿	国会——林肯纪念堂轴线	√		景观轴（纪念性）			√		1791~	美国首都，国家政治中心	波托马克河　林肯纪念堂　华盛顿纪念碑　国会山
巴西利亚	东西向轴线	√		功能轴（行政）	√				1957~	巴西国家政治、文化中心	火车站　森林公园　信息中心　商业中心　行政中心　三权广场

概念

绿地开放空间是指以水体景观、植被种植、地表土壤为主要存在的非建筑公共空间，具有改善城市生态环境、缓冲内外围城区、美化城市面貌等作用，并为人们提供休憩、游玩等公共服务功能的城市公共空间。

类型

采用《城市绿地分类标准》CJJ/T 85-2002对城市绿地进行分类。作为开放空间的绿地主要包括公园绿地、部分附属绿地和其他绿地，绿地分类标准中涉及的生产、防护等不适于开放空间的部分不纳入绿地开放空间。

绿地开放空间分类 表1

类别代码 大	类别代码 中	类别名称	内容与范围
G1		公园绿地	向公众开放，以游憩为主要功能，兼具生态、美化、防灾等作用的绿地
	G11	综合公园	内容丰富，有相应设施，适合于公众开展各类户外活动的规模较大的绿地
	G12	社区公园	为一定居住用地范围内的居民服务，具有一定活动内容和设施的集中绿地，包括居住区公园以及居住小区游园等
	G13	专类公园	具有特定内容或形式，有一定游憩设施的绿地
	G14	带状公园	沿城市道路、城墙、水滨等布局，有一定游憩设施的狭长形绿地
	G15	街旁绿地	位于城市道路用地之外，相对独立成片的绿地，包括街道广场绿地、小型沿街绿地
G4		附属绿地	城市建设用地中绿地之外各类用地中的附属绿化用地，包括居住用地、公共设施用地、工业用地、仓储用地、对外交通用地、道路广场用地、市政设施用地和特殊用地中的绿地
	G41	居住绿地	城市居住用地内社区公园以外的绿地，包括组团绿地、宅旁绿地、配套公建绿地、小区道路绿地等
	G42	公共设施绿地	公共设施用地内的绿地
	G43	工业绿地	工业用地内的绿地
G5		其他绿地	对城市生态环境质量、居民休闲生活、城市景观和生物多样性保护有直接影响的绿地

功能特点

各尺度绿地开放空间具备的不同功能 表2

规模	主要内容	主要功能 休憩	主要功能 审美	主要功能 历史	主要功能 生态	主要功能 环境	主要功能 形态
场地	庭园、住区绿地、小公园等	●	●	●	·	·	·
街区	大型公园、带状绿地等	●	●	●	●	·	●
城市	公园系统、城市水系等	·	●	·	●	●	●
区域	连绵的山林、流域、农地	●	·	·	●	●	●

注：1. 圆点的大小表示该功能的强弱。
2. "形态"主要指城市形态。

绿地开放空间具备的主要特点 表3

	主要特点	内容要求
1	开放性	空间的开敞性，和周边区域环境相融通
2	可达性	便捷性与易达性，绿地开放空间应该分布于城市各个区域，人们可以快速进入使用
3	大众性	服务对象应是社会公众而非少数人，绿地开放空间应该允许城市各种阶层人群的使用，体现均好与公平等
4	功能性	不仅仅是观赏之用，而且要能让人们休憩和日常使用，营造适宜的功能空间，促进人们的活动和交往

布局原则

绿地开放空间布局的目标是保持城市生态系统的平衡，满足城市居民的户外游憩需求，满足卫生和安全防护、防灾、城市景观的要求。

绿地开放空间布局原则 表4

布局原则	具体要求
整体原则	各种绿地开放空间互相连成网络，强化城市绿地系统的联系性，运用绿道等建立网络化的绿地开放空间体系，绿地楔入城市或城市外围以绿带环绕，充分发挥绿地的生态环境功能
匀布原则	各级绿地开放空间按各自的有效服务半径均匀分布；不同级别、类型的公园一般不互相代替
自然原则	重视土地使用现状和地形、史迹等条件，规划尽量结合山脉、河湖、坡地、荒滩、林地及优美景观地带，依托于城市的自然脉络，通过绿楔、绿廊的设计将自然引入城市
地方原则	绿地空间要反映地方植物生长的特性，优先选择本地乡土物种；结合历史文化要素建立绿地开放空间，继承和创新我国造园传统艺术，吸收国外先进经验，创造园林绿地空间的时代风格

设计内容

1. 根据绿地开放空间的性质和现状条件，确定各功能分区的规模及特色。

2. 出入口设计应根据城市规划和开放空间内部布局要求，确定游人主、次和专用出入口的位置；需要设置出入口内外集散广场、停车场、自行车停车处，应确定其规模要求。

3. 绿地开放空间设计应根据规模、分区活动内容、使用容量和管理需要，确定园路的路线、分类分级和园桥、铺装场地的位置和特色要求。

4. 绿地开放空间管理设施及厕所等建筑物的位置，应隐蔽又方便使用。

绿地开放空间构成元素 表5

构成元素	具体要求
绿化植被	绿化植被包括灌木、乔木、藤本植物、草本植物和地被植物。植株种植成立体，使空间层次丰富，并更好地展现自然之美。观赏树木单植，留出足够空间展示姿态；游戏场地可以利用树木围合创造独立的空间，且吸收隔制噪声；休憩区域应种植树冠浓密乔木或者密集种植灌木，以遮阳隔声
水体景观	水体有喷泉、涌泉、喷雾、瀑布、水帘、溪流、漩涡、池水等形态。大规模水体景观在绿地开放空间中有一定的空间引导作用，小规模水体能起到画龙点睛的作用，成为空间中视觉焦点。绿地开放空间中水体景观丰富了视觉的层次，使人感官愉悦
地面铺装	绿地开放空间的步道和硬质场地设计应结合具体地形地貌，选用不同材质，创造高低变化，使树影相荫，因坡而隐，遇水而现。平地、缓坡、低谷、步道相结合，丰富开放空间的变化
环境小品	环境小品应尺度适宜、形式活泼，将实用性与艺术性相统一，满足人们在开放环境中的休憩、交流、审美等不同的功能需求。环境小品的材质、形体等应体现均衡与对称、统一与对比、尺度与比例、韵律与节奏等美学原则

相关模式规划指标

综合公园 表6

分类	服务半径（km）	面积（hm²）	服务人口
全市性公园	2~3	>10	15%~20%（大城市10%）
区域性公园	1~1.5	>10	

社区公园 表7

	居住区公园	居住小区游园
使用对象	以相应居住区居民为主	
设施内容	儿童游戏设施，老年人、成年人活动休息场地，运动场地、座椅座凳、树木、草坪、花坛、凉亭、水池、雕塑等	
用地面积	≥1hm²，宜5~10hm²	≥0.4hm²，不宜小于0.5hm²
服务半径	<800m，0.5~1.0km	<400m，0.3~0.5km
步行时间	8~15分钟	5~8分钟

10
城市设计

10
城市设计

系统形态

　　绿地开放空间系统主要分为四种形态,分别是环形形态、嵌合形态、核心形态与带形相接的形态。

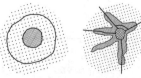

a 环绕形　　b 嵌合形　　c 核心形　　d 带形相接形

1 区域绿地开放空间形态模式图

■绿带圈 ■近郊圈
■缓冲带 ▨内圈

2 大伦敦规划绿带与农村环带

□绿心 ■城镇群 ▨绿色缓冲带

3 荷兰兰斯塔德核心型布局

1947年指定的手指状方案

1962年专家组提出的方案

4 哥本哈根指状嵌合的形态

■城市中心区 ▨居住区 ▨混合区
▨开放绿地 ■带型轴线

5 巴黎规划带形相接的布局

布局模式

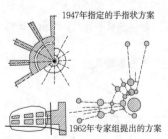

a 单一的中央公园

b 分散的居住区公园

c 不同规模等级的公园

d 建成区的典型绿道

e 相互连接的公园体系

f 可提供城市步行空间的绿化网络

6 城市绿地开放空间布局模式图

实例

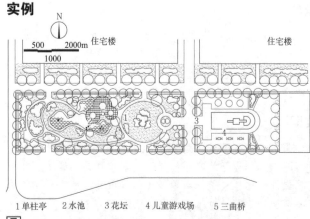

住宅楼　　　　　　　　　　　　　住宅楼

500　2000m
1000

1 单柱亭　2 水池　3 花坛　4 儿童游戏场　5 三曲桥

7 石家庄谈固社区游园平面图：居住小区游园

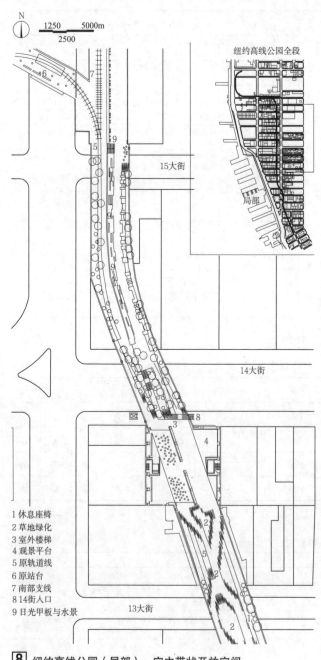

1250　5000m
2500

纽约高线公园全段

15大街

局部

14大街

13大街

1 休息座椅
2 草地绿化
3 室外楼梯
4 观景平台
5 原轨道线
6 原站台
7 南部支线
8 14街入口
9 日光甲板与水景

8 纽约高线公园（局部）：空中带状开放空间

424

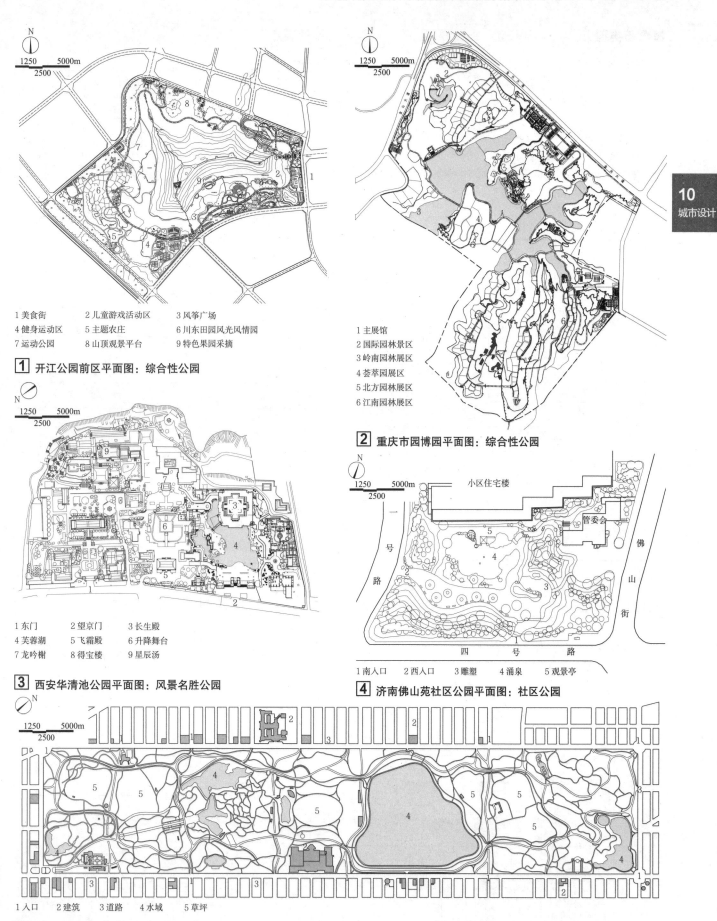

1 美食街　　　　2 儿童游戏活动区　　　3 风筝广场
4 健身运动区　　5 主题农庄　　　　　　6 川东田园风光风情园
7 运动公园　　　8 山顶观景平台　　　　9 特色果园采摘

1 开江公园前区平面图：综合性公园

1 主展馆
2 国际园林景区
3 岭南园林展区
4 荟萃园展区
5 北方园林展区
6 江南园林展区

2 重庆市园博园平面图：综合性公园

1 东门　　　　2 望京门　　　　3 长生殿
4 芙蓉湖　　　5 飞霜殿　　　　6 升降舞台
7 龙吟榭　　　8 得宝楼　　　　9 星辰汤

3 西安华清池公园平面图：风景名胜公园

小区住宅楼
管委会

1 南入口　　2 西入口　　3 雕塑　　4 涌泉　　5 观景亭

4 济南佛山苑社区公园平面图：社区公园

1 入口　　2 建筑　　3 道路　　4 水域　　5 草坪

5 纽约中央公园平面图：综合性公园

10
城市设计

425

概念与类型

步行街区在区划法中被称为"Traffic Free Zone"，最早产生于德国、丹麦、荷兰等国家，意指"无车辆交通区"，即城市中人车分离、没有机动车辆通行的区域，重点强调步行系统和步行化环境建设。

步行街区与步行街道是一对紧密联系的概念，步行街区可以在一条或多条步行街道基础上形成，由街道空间延伸至相邻地块与街坊。如果将步行街区看作"面"，则步行街道属于"线"要素，所串联的各种功能空间属于"块"要素，步行设施属于"点"要素。

步行街区类型　　　　　　　　　　　　　　　　　　　表1

分类角度	具体类型	实例
建设方式	新建型步行街区	深圳南山商业中心步行街区
	保护利用型步行街区	杭州南宋御街步行街区
开放程度	室外型步行街区（露天步行街区）	重庆解放碑步行街区
	室内型步行街区（全天候步行街区）	米兰维多利奥·伊曼努尔二世街廊
	室内室外复合型步行街区	厦门中山路步行街
立体分层	地下步行街区	福冈天神地下商业街
	地面步行街区	成都宽窄巷子步行街区
	空中步行街区	明尼阿波利斯市尼克雷特步行街区
	立体复合步行街区	香港中环步行街区
主导功能	商业文化类步行街区	莫斯科阿尔巴特步行街区
	办公类步行街区	巴黎拉·德方斯广场步行街区
	休闲娱乐类步行街区	北京琉璃厂步行街区
	居住生活型步行街区	西安新兴骏景园商业步行街
	综合性步行街区	台湾西门町步行街区
时间管制	常时步行街区（24小时）	拉斯韦加斯佛里特大街
	定时步行街区（高峰时）	赤羽东口商业街
	周末步行街区	东京银座中央大街
交通限制	全封闭步行街区（全步行街区或专用步行街区）	广州上下九路步行街
	半封闭步行街区	北京王府井步行街
	转运式步行街区（公交步行街区）	明尼阿波利斯尼可莱德大街

规模与尺度

步行街区的规模与尺度　　　　　　　　　　　　　　表2

步行街区规模	步行街区半径上限为700m，步行街道长度不超过1400m
步行街道尺度	步行街道宽D高H比应在1~2之间，以保证行人在视觉和心理上的舒适性
	步行街道两侧的高层建筑应进行后退控制，以保证良好的街道尺度，缓解压抑感

设计要点

设计内容与要点　　　　　　　　　　　　　　　　　　表3

设计内容	设计原则	设计要点
总体结构	系统性原则、网络化原则	合理采用"十"字形、"T"字形、"卅"字形、"井"字形、"U"字形、"Y"字形、"丰"字形等不同总平面布局形态，将步行街区的"线"要素、"块"要素、"点"要素有机组织在一起
步行系统	复合性原则、立体化原则	采用地面、空中或地下等不同形式，将步行街道、广场绿地、人行天桥、连廊、空中平台、地下步行街、垂直交通空间、相邻建筑物公共通道等彼此连通起来形成连续的步行路径与网络，以此串联相邻用地、建筑和设施
活动类型	多样性原则、人性化原则	基于周边环境条件和市民的实际需求，合理安排购物、娱乐、休闲、游憩等多种类型的活动内容，为人们提供多样的活动场所支持，以提高步行街区的人气与活力
基本设施	便利性原则、舒适性原则	从步行者的基本需求出发，合理布局和设计座椅、垃圾箱、花池、照明、公厕等设施，形成安全、方便、舒适的步行街区环境。停车场与换乘系统的设置应当与步行街区的平面形式相配合。此外，应结合所在地区的气候特点，设计遮阳、挡风、遮雨等全天候设施
景观特色	整体性原则、本土性原则	明确步行街区的风格与主题，据此来设计步行街区的色彩、材料、植栽以及环境设施形式，创造和谐统一的步行街区景观，以彰显其主题和特色

人车分流的组织方式　　　　　　　　　　　　　　　表4

人车分流	组织方式	布局模式
地面分流	在平面布局上，将道路、停车场等交通设施安排在步行街区外围	停车　仓库　商业　步行路　商业　仓库　停车
立体分流	综合运用地面、地下等空间，将机动车交通与步行交通垂直分离	货物入口
限时分流	运用交通管制手段保证人流密集时，机动车不进入步行街区	停车　仓库　商业　步行路　限时的货物流线　停车
公交准入式分流	运用交通管制手段保证公交和公共运输工具进入部分步行街区	停车　商业　步行　公共交通　步行　商业　停车

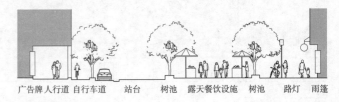

广告牌　人行道　自行车道　站台　树池　露天餐饮设施　树池　路灯　雨篷

1 环境设施的布置形式

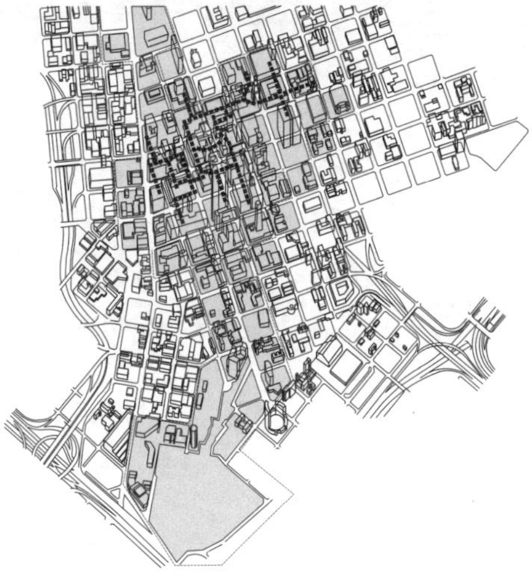

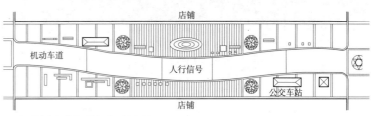

b 尼克雷特步行街标准段平面放大图

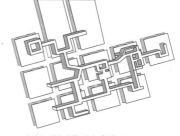

a 空中步道系统与步行街区的空间关系 | c 劳林公园步行街区总平面图 | d 人行天桥系统及相邻街区

1 美国明尼阿波利斯市尼克雷特步行街——劳林公园步行街区

名称	建设时间	类型	占地面积	步行街长度	步行街宽度	设计要点
尼克雷特步行街——劳林公园步行街区	1962~1970	复合步行街区	23.0hm²	约2300m	15~30m	尼克雷特步行街—劳林公园步行街区由步行街、广场、公园、绿道与空中步道系统构成。尼克雷特步行街跨越8个街坊，限制公交车、警车以外的机动车通行，机动车道被设计为弯曲的蛇形，在限制车速的同时丰富街道空间形态；其天桥系统覆盖步行街所有街坊，人们通过人行天桥可以到达步行街区内所有的大型公共建筑。劳林公园步行街区位于劳林公园和尼克雷特步行街之间，占地9个街坊，其通过锯齿形的劳林绿道将劳林公园与尼克雷特步行街相连，从而形成了连续的步行网络与丰富的开放空间系统

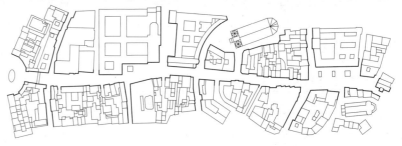

a 旧城步行街区总平面图 | b 纽豪森街、考芬格街平面图

2 德国慕尼黑市旧城步行街区

名称	建设时间	类型	占地面积	步行街长度	步行街宽度	设计要点
慕尼黑旧城步行街区	1968~1972	旧城保护型步行街区	约24.0hm²	1080m	15~30m	功能复合，可满足人们多方面的使用要求。与城市门户火车站直接联系，通畅便捷。空间布局富有变化，设计精细，并很好地利用了历史建筑文化遗产，使原有的传统街道空间紧凑，尺度亲切，建筑错落有致

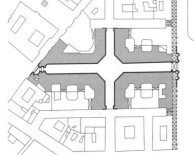

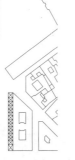

a 维多里奥·伊曼努尔二世步行街区总平面图 | b 街廊平面图

3 意大利米兰市维多里奥·伊曼努尔二世步行街区

名称	建设时间	类型	占地面积	步行街长度	步行街宽度	设计要点
维多里奥·伊曼努尔二世步行街区	1867	室内步行街区	约1.9hm²	293m	20m	以街廊为主干形成步行街区，极大地提升了该片区的步行可达性，对城市通道网络起到了很好的优化作用。同时，通过室外空间室内化，将街道覆盖于玻璃屋顶之下，创造了全天候的室内步行街区环境

10
城市设计

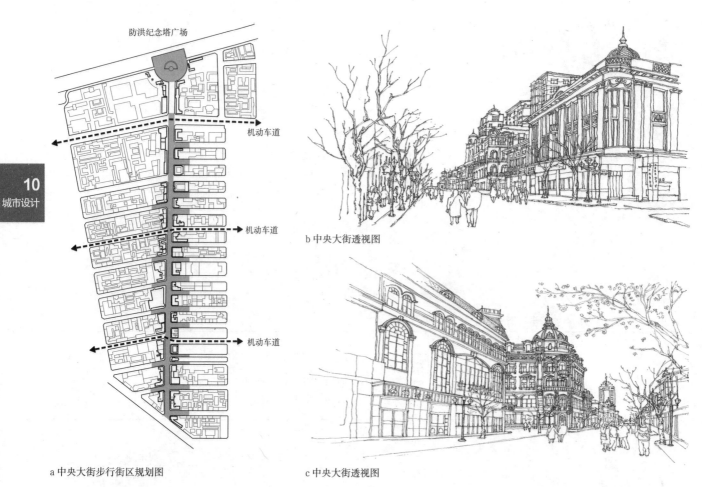

防洪纪念塔广场

机动车道

机动车道

机动车道

a 中央大街步行街区规划图

b 中央大街透视图

c 中央大街透视图

1 哈尔滨市中央大街步行街区

名称	建设时间	类型	占地面积	步行街长度	步行街宽度	设计要点
中央大街步行街区	1996~1997	基于历史街区和保护建筑形成的步行街区	约94.6hm²	1450m	20m	遵循原有"鱼骨式"街区空间格局,将长约1450m的主街和部分相邻辅街改造为中央大街步行街区,利用辅街修建小型游憩场所,丰富街道空间,注重沿街空间环境、街道家具与传统欧式建筑风格的统一,局部地段修建地下人行通道,减少机动交通干扰

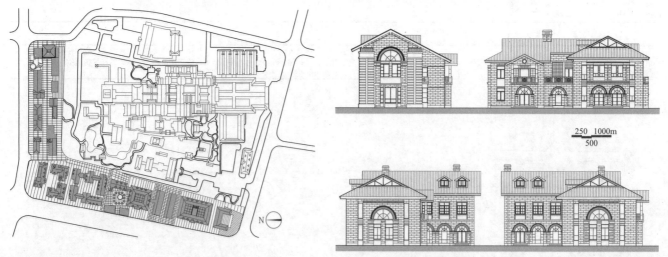

a 1912步行街区总平面图

250 1000m
500

b 1912步行街区建筑立面图

2 南京市1912步行街区

名称	建设时间	类型	占地面积	步行街长度	步行街宽度	设计要点
南京市1912步行街区	2002	室外步行商业街区	约3.2hm²	约650m	15m	遵从并延续该片区整体的建筑格局与风貌,运用步行街串联建筑外部空间,形成积极的开放空间系统,通过建筑立面的细节处理强化街区的风格与特色

定义及其特点

水滨（waterfront）是城市中的一个特定的空间地段，指与河流、湖泊、海洋毗邻的土地和建筑，即城镇临近水体的部分。滨水空间既是陆地的边缘，也是水的边缘，它的空间范围包括200~300m的水域空间及与之相邻的城市陆域空间，其对人的诱致距离为1~2km，相当于步行15~30分钟的距离范围。

城市滨水区是自然生态系统与人工建设系统交融的公共开敞空间，是城市生态和城市生活最敏感的地区之一，具有自然、开放、方向性强等空间特点，和公共活动多、功能复杂、历史文化因素丰富等特征。滨水地区曾经是贸易、军事或优势产业的场所，现在则成为城市最有活力的公共开敞空间。

设计构成

滨水设计项目具有不同的尺度，从一个广场到一条绿廊；有不同的性质，从货柜码头到湿地。滨水地区的构成可以是一系列开敞空间的元素；一套与内城核心相联系的系统；一种新的滨水地区的发展；或一种可持续的发展战略。

设计策略

为了成功的滨水区设计，考虑以下总体策略：

1. 连续性：一个面向步行、慢跑、骑行、旱冰滑行的连续滨水系统；

2. 序列：沿河的标志性节点，重复性的开放空间的序列。这些地方有着特别的景观，或者对着城市干道。

3. 多样性：营造滨水的复合功能，且容纳不同的使用者。

4. 连接：从视觉和物质上建立联系，沿滨水、新的滨水岸线到海湾（通过视点和码头）与城市（通过通行节点与人流流线）来联系空间。

5. 防汛安全：堤坝是防汛的重要手段，但另一方面它又严重阻碍城市的亲水性。城市设计可通过建筑、道路、植物、活动场所与堤坝的结合，打破单调冗长的堤身，为沿江景观和滨水空间的多样化创造条件。

a 阿姆斯特丹水系肌理（14世纪）　　b 布拉格城市肌理（10世纪）　　c 蒙特卡罗城市肌理（1866年）

1 城市滨水区

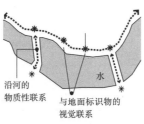 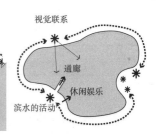

a 河流　　　　　　b 海洋与海湾　　　　　　c 湖泊

2 滨水类型

a 连续性

滨水区的类型及其特点　　　　　　　　表1

滨水区类型	特点
滨河	促进河流两岸的联系活动，包括物质与视觉联系
滨海	联系城市结构中沿岸线的活动节点，并促进码头商业活动的使用
滨湖	促进其岸线周围的活动，提供水上运动极佳的场所

b 多样性

滨水形态及其分析要点　　　　　　　　表2

滨水形态	分析要点
自然岸线	原生态岸线具有物种的多样性，是重建滨水空间的基准
人工岸线	优先维持生产性用途，保留历史价值的建构筑物，建立场所识别感
公共生活	大型公建和商业建筑可以吸引更多滨水用途，创造水上场所

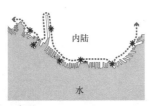

c 序列

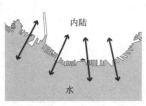

d 连接

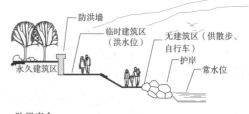

e 防汛安全
（芝加哥防汛设施用地安排）

3 设计策略

设计要素

建筑界面和天际线   表1

类型	特点
建筑与水的边界	建筑界面可平行于水岸线，形成连续的街墙，或结合岸线进行适当的凹凸变化。临水建筑宜通过底层架空、退台处理等方式实现室内外环境的交融
天际线	从水上或对岸远眺的天际线宜协调统一，近景所见的建筑轮廓宜丰富多彩

开放空间   表2

空间类型	特点
广场	滨水广场一般是有座椅、背阴地且可以一览水景的硬质区域，广场允许建设大型休闲娱乐综合建筑，如露天剧场或当地居民定期举行活动的聚点。广场也常是展现滨水区域历史记忆和艺术装置的场所
公园	沿水的公园可以是有意铺设的区域，也可以是更自然的软质土地区域。一个新的公园能够联系本地的生态系统，如湿地；也能联系一个更大的自然区域，如两节点间的绿道
码头	整合灯光、栏杆等安全要素及配有可休息、观景的长凳等就坐区域。艺术装置或小型商业建筑可集中在码头的尽端，使码头上的行走和漫步成为更令人兴奋的活动

联系方式   表3

联系方式	特点
小径	连贯的线型水景可使自行车和慢跑等滨水休闲活动变得十分愉悦，并通过区域划分的方式确保步道同时容纳骑自行车与步行的人
廊道	滨水廊道可连接滨水空间或成为休闲目的地，为散步、慢跑、自行车等活动提供休闲的空间
游览性水上交通	水上游艇及渡轮可以作为旅游景点，也可以作为讲述当地历史的媒介
交通性水上交通	承载大型居住和工作地点间的交通联系，形成便捷而有趣的交通方式

开发

1. 港口工程

大型的航运港口，集装箱装卸、岸线配置、设备更新、区域经销网以及对环境的影响都是重要的规划要素。港口规划要寻找一个安全且具有吸引力的区位，可为市民提供一个观看港口工程的机会。

2. 填海及适应性改造

填海式开发是一个激发被遗忘滨水空间的触媒。历史建筑的适应性改造是重新发展的有效策略，在创造新的活动目的地的同时重新叙述滨水空间的过去。成功的改造可产生动态的协同效应，以促进当地的经济发展并提供地方归属感。

3. 休闲及旅游目的地

滨水区重建工程的早期阶段应鼓励投资以促进旅游业发展。滨水空间的公共领域可提供教育、休闲等功能和活动，使游客可以随时欣赏变化着的新景象。

4. 新的混合开发

取得滨水空间重建的初步成功后，更大的发展空间将随之而来。居住用地可以带来集聚力和活力，但为了维护公共利益，滨水空间边缘的居住用地应慎重考虑。

可持续发展

1. 生态保护：每一个滨水地区都是其流域的一部分。在设计中考虑敏感的栖息地和漫滩地区。

2. 生态设计：利用水体的自然条件和边界条件，在设计中纳入生态原则。如湿地修复、原生植物的保护和雨水管理等概念。

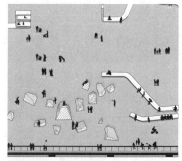

1 展示艺术装置的滨水广场

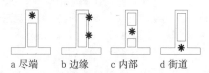

a 尽端　　b 边缘　　c 内部　　d 街道

2 码头的活动地点

公园　步行道　草地　沙滩　步行道

3 承载多种公共活动的滨水断面

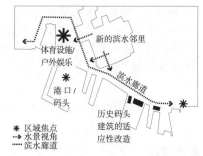

体育设施/户外娱乐　新的滨水邻里　滨水廊道　港口/码头　历史码头建筑的适应性改造

＊ 区域焦点
→ 水景视角
⋯⋯ 滨水廊道

4 新的滨水地区开发

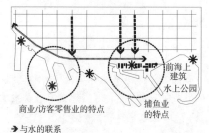

商业/访客零售业的特点　前海上建筑水上公园　捕鱼业的特点

➔ 与水的联系
＊ 滨水活动及焦点
⋯⋯ 滨水廊道

5 旅游目的地

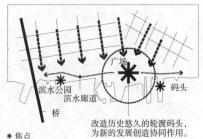

滨水公园　广场　滨水廊道　码头　桥

＊ 焦点
➔ 水景视角

改造历史悠久的轮渡码头，为新的发展创造协同作用。

6 适应性改造

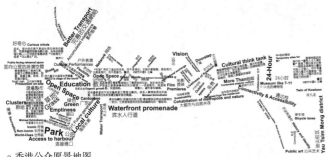

a 香港公众愿景地图

商业+文化用途
60%+40%
总和I=726000m²

文化大蓝图主张加设制作
空间及教育设施，以替代
规划要求中部分剧场用途
空间。

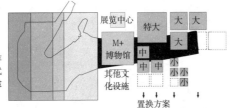

资料馆、教育、视觉艺术工场、表演艺术制作/在其
他表演艺术场地灵活的总建筑面积

b 重新分配的项目内容

文化网络
■ 西九龙文化区文化项目
■ 现有文化场馆
□ 已评级建筑、教育
　建筑、展览中心

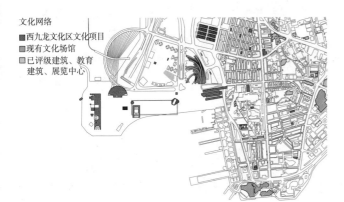

c 设计构思图

1 香港西九文化区总体规划

名称	主要技术指标	设计时间	设计单位
香港西九文化区总规划	建筑面积40万m²	2010	大都会设计事务所（OMA）

对于西九文化区的发展，设计师必须面对这一挑战：将一个承载政府极大抱负，以及多元利益的超大型的多用途项目，转化为一个既有趣又严肃、既有规划又容许即兴、既中国化又国际化的文化区。这个文化区规模庞大，却不失亲密融洽的感觉；富地标性，但十分实在，容易理解，却也能带来惊喜。

"村落"作为强烈个性的综合体，这种特性也无需标榜西九文化区的个别独立元素。西九文化区本身包含众多文化机构，数量之多足以令其成为一个独特的地标。设计师将规模庞大的西九文化区分拆成较容易管理的部件，这些较小型的部件不像超大规模项目那么令人疑惑，而是低调地中和了"旧"九龙与"新"九龙之间的冲突。OMA的3条村落分别强调了生机盎然的街道生活和文化活动。

OMA该如何回应香港公众和政府的意见？他们将研究结果整理成一份相应西九基础而制的文化大蓝图，作为文化区筹备、兴建和成立过程的文化发展路线图，目的是要建立一个创意大环境，让文化区活起来

总体设计
　运河/水体/水池
■ 开放空间
■ 建筑
■ 塔楼

a 总平面图

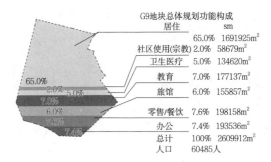

G9地块总体规划功能构成
		sm
居住	65.0%	1691925m²
社区使用(宗教)	2.0%	58679m²
卫生医疗	5.0%	134620m²
教育	7.0%	177137m²
旅馆	6.0%	155857m²
零售/餐饮	7.6%	198158m²
办公	7.4%	193536m²
总计	100%	2609912m²
人口	60485人	

b 功能构成比例

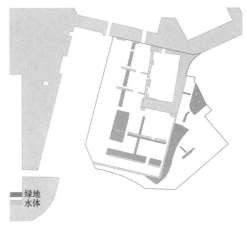

■ 绿地
　水体

c 绿色开敞空间

2 阿联酋迪拜棕榈岛滨水项目

名称	主要技术指标	设计时间	设计单位
阿联酋迪拜棕榈岛滨水项目	建筑面积2609912m²	2011	FXFOWLE建筑事务所

滨水项目（WF）G9的设计方案打造出一个多功能的世界级城市。它将成为包含高级住宅区、高级零售商店的大型滨水开发项目的中心。设计师力求创造一个丰富的城市环境，突出"真实的城市"的概念。在大多数活跃而健全的城市中，内聚的邻近区域或"地区"要么是"设计的"，要么是经过长时期的发展而自然形成的。设计师将主要的活跃城市地点并入了总体规划中，以便促进7个区域的多样性。区域的边缘和区域间的重叠部分的处理，是整个规划需要面临的最大挑战

10
城市设计

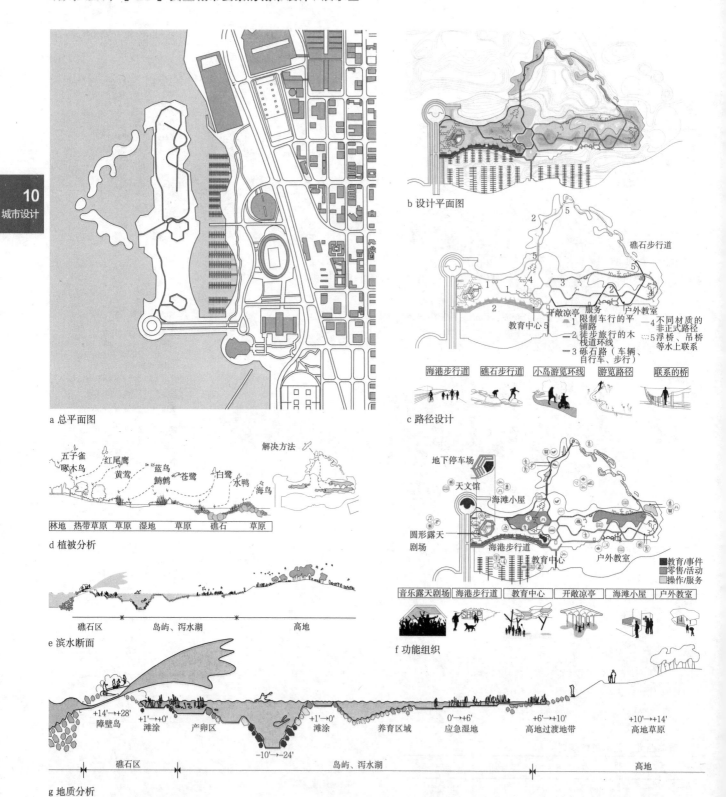

a 总平面图

b 设计平面图

c 路径设计

礁石步行道

开敞凉亭　服务　户外教室
1 限制车行的平铺路
2 徒步旅行的木栈道环线
3 砾石路（车辆、自行车、步行）
4 不同材质的非正式路径
5 浮桥、吊桥等水上联系

教育中心 5

海港步行道　礁石步行道　小岛游览环线　游览路径　联系的桥

解决方法

五子雀　红尾鹰
啄木鸟　黄莺　蓝鸟　苍鹭　白鹭　水鸭
鸲鹇　　　　　　　　　　　　　　海鸟

林地　热带草原　草原　湿地　草原　礁石　草原

d 植被分析

地下停车场
天文馆
海滩小屋
圆形露天剧场
海港步行道　教育中心　户外教室

■教育/事件
■零售/活动
■操作/服务

音乐露天剧场　海港步行道　教育中心　开敞凉亭　海滩小屋　户外教室

f 功能组织

礁石区　　岛屿、泻水湖　　　高地

e 滨水断面

+14'→+28'　+1'→+0'　　　　+1'→0'　　0'→+6'　　+6'→+10'　+10'→+14'
障壁岛　　滩涂　产卵区　　　滩涂　　养育区域　应急湿地　高地过渡地带　高地草原

−10'→−24'

礁石区　　　　岛屿、泻水湖　　　　　　　高地

g 地质分析

1 芝加哥北岛总体规划

名称	主要技术指标	设计时间	设计单位
芝加哥北岛总体规划	建筑面积368264m²	2013	Smith Group JJR 景观规划设计公司

该项目是密歇根湖的人工岛，是芝加哥地区最后一个尚未开发的大型自然区。该规划使已有的世界级湖滨区域得到进一步提升的绝佳机会。

经过设计团队的商讨，未来的规划目标浮出水面——使该地区成为重塑自然环境，生态可持续的实例典范。

最终的框架方案在南北两个主要的区域施行。城市功能延伸至北部，而南部保留原有的自然环境；北部新建了一个圆形露天剧场、连接餐馆与商场的海港过道与一个户外展览馆；南部呈现的仍是200年前的自然原貌——大草原、胡桃树森林及湿地。

海岛东南部的人工暗礁是整个规划中最大胆的设计。它形成了一个50英亩的滨水池，为鱼儿和野生鸟兽提供了生存空间。人们还可以在此游水嬉戏，享受皮划艇带来的乐趣。如此形成的海滨线，不仅提供了生物多样性，还在一定程度上减少了硬件保护设施的投资费用

概念

地下街区是指以商业、文化、娱乐等公共服务设施为主导功能，由一个或多个街区构成的地下公共街区，其通常结合城市地下交通及其换乘空间、人防空间进行规划设计和建设。地下街区是城市地面上下部空间协调发展和集约发展的重要体现，具有提升公共服务品质、优化城市立体化步行体系建设、促进城市功能混合利用、提供城市防灾空间、保护老城历史风貌、节能节地和生态保护等多重意义。

分类

地下街区分类　　　　　　　　　　　　　　　　　　　　　　　表1

分类	具体分项	主要内容
规模	小型	面积在3000m²以下，商店少于50个。这种地下街多为车站地下层或大型商业建筑的地下室，由地下通道互相连通而形成
	中型	面积3000~10000m²，商店30~100个，多为上一类小型地下街的扩大，从地下室向外延伸，与更多的地下空间相连通
	大型	面积大于10000m²，商店数在100个以上。一是百万人口以上大城市的广场或街道下面的地下街；二是以车站建筑的地下层为主的地下街，加上与之连通的地下室；三是以上两种情况复合而成的大规模的地下街
区位	城市交通枢纽地段	人流、车流高度聚集，应合理组织人流、车流，满足商业服务需求；以商业中心、餐饮、娱乐、文化、车库、下沉广场为主要开发内容
	城市中心区	人流、车流高度聚集而用地紧张，适宜地上地下整体规划，进行高强度开发，并满足多样化城市生活需求；以商业中心、餐饮、娱乐、文化、车库为主要开发内容
	广场与绿地	空间开敞、景观资源良好，应适应地段定位，满足停车、商业需求；以车库、商业中心、餐饮、下沉广场为主要开发内容
	历史保护地段	文化景观资源良好，文物保护与地上地下的开发可能形成矛盾，应以保护文物为前提，避免干扰文化景观，同时满足交通、服务需求；以交通、服务、餐饮为主要开发内容
主导功能	商业	地下商业街、地下商场、地下餐厅等
	文娱	地下博物馆、地下展览馆、地下剧院、地下音乐厅、地下游泳馆、地下球场等

设计原则

1. 整体协调原则：地下街区规划设计以地面上下部空间立体化利用的总体格局为前提，在开发规模、功能业态和空间形态等方面应与所处地段的定位相适宜，与其上部和周边街区环境在功能和空间等方面达到连续、协调、互补的目标。

2. 人流动力原则：地下公共空间在选址上应以大量人流的来源作为重要依据，通常与地铁站点结合建设较为合理。地下街区的空间组织应与大量人流的走势相适应。

3. 安全便捷原则：因所处条件的特殊性，地下街区设计要适应地段的地质条件，严格遵循安全规范。地下街区应具有简洁明确的疏散通道，并强化其通往地面安全地带的空间引导。

交通组织要点

1. 空间组织：地下街区的空间组织突出强调导向性和开敞性。规模较大的地下街区应避免过度漫长而单一的组织方式。主要空间组织模式见表2。

2. 流线组织：公共人流、物流和车流应相对独立，避免交叉，并与各自对应的功能区相接近。应为地下街区建立明确的导向和秩序，入口空间应具有清晰的过渡性特征，见①。

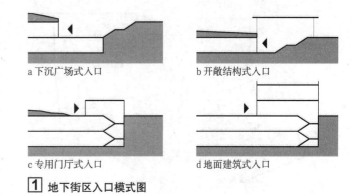

a 下沉广场式入口　　　　b 开敞结构式入口

c 专用门厅式入口　　　　d 地面建筑式入口

① 地下街区入口模式图

空间组织模式图　　表2

类型	线性模式	格网模式	围合模式	混合模式
结构图示	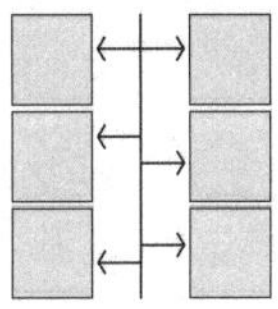	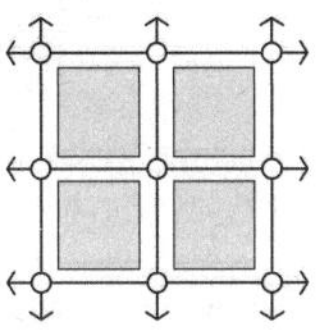	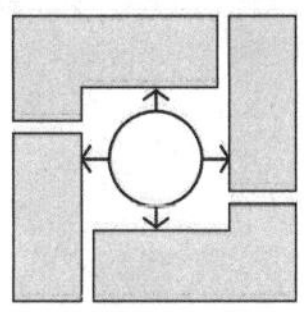	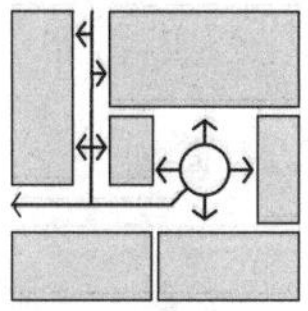
空间特征	主导流线通常依托城市建筑、广场或道路的方向和肌理	主要适用于较大的街区地下空间或跨街区的地下公共空间体系。常见于城市中心区等开发强度相对较大的地段	以地下中庭、下沉广场或庭院为核心，组织环状分布的功能单元，可形成相对集中且利于识别的形态模式	在规模较大的城市地下街区中，可综合上述空间组织策略。中庭常常可以作为地下街格网的节点，从而加强其引导性
空间示意	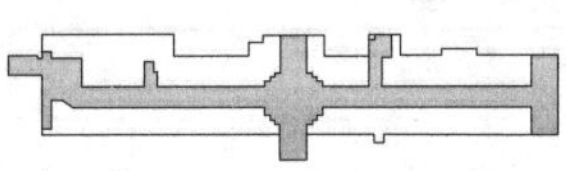	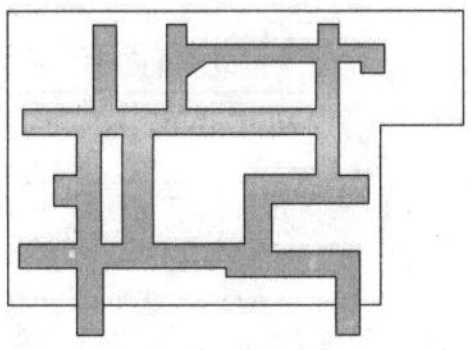	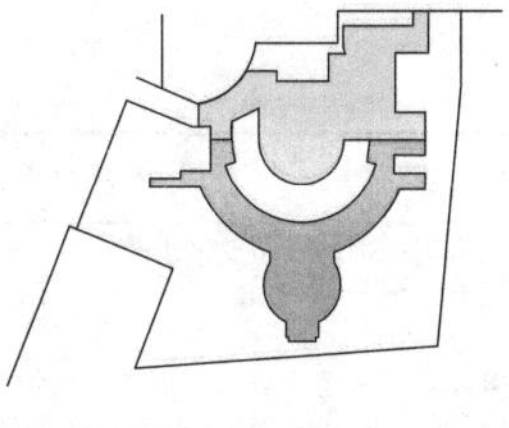	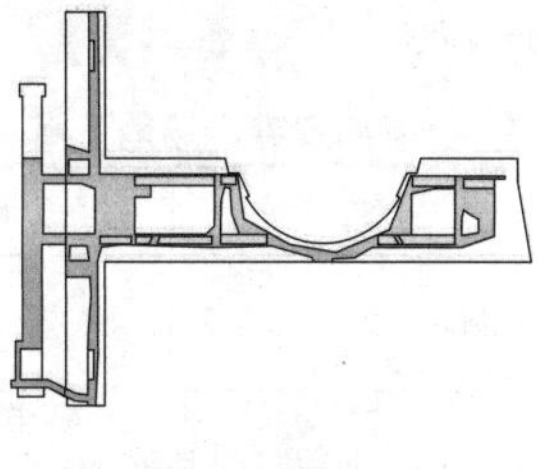

功能组织要点

1. 主要功能及组合：地下街区一般包含和公共交通相关的车站及集散厅、联系不同使用功能区块的通道、公共停车库、以商业为主体的公共服务设施、市政公用设施和为地下街区使用的辅助设施等六项内容。地下街区的功能布局以简洁安全为要点，同时根据地下街区所处的位置，地面和地下交通情况、管理方式和施工方法等条件，地下街区所含有的功能内容和布局方式均有所不同。

车站与公共服务设施布置在同一层面时，使用便利度提高，但容易造成内部交通的复杂化，引起安全隐患，因此宜利用通道将二者进行连接，或上下分层设置。停车场布置在公共服务设施的下层有利于统一经营，而与商业服务设施位于同层则具有相对独立的使用和管理，同时采用符合停车技术要求的柱网等优势。典型的功能竖向组合模式见 1 。

2. 商业功能构成：商业是地下街区功能中的典型组成部分，其中包含营业部分、交通部分和辅助部分，各部分的具体内容和相互关系见 2 。商业功能中的三个部分应保持合理的比例关系，尤其要保证交通面积的合理性，避免引发营业高峰时期的安全问题。

城市设计 10

a 同层式布局

b 分层式布局

1 竖向布局模式

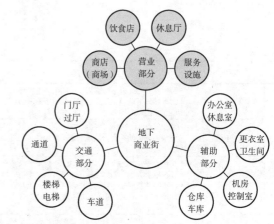

2 地下街区商业功能构成

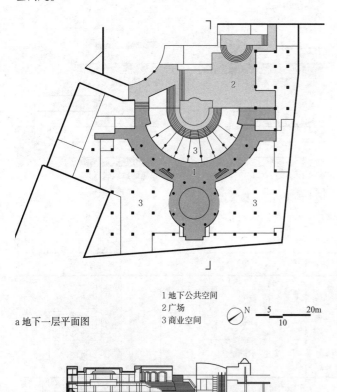

1 地下公共空间
2 广场
3 商业空间

N 5 20m
   10

a 地下一层平面图

b 剖面图

3 上海静安寺广场地下街

名称	占地面积	区位特征	空间组织模式
上海静安寺广场地下街	0.8 hm²	历史保护地段，地下轨道交通站点，广场与绿地	围合模式

上海静安寺广场地下街位于上海市中心，因静安寺得名，是结合地铁二号线建设进行的地下街区综合开发的典型实例，也是我国较早进行整体开发的城市地下街区

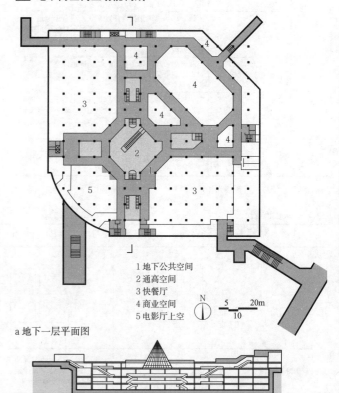

1 地下公共空间
2 通高空间
3 快餐厅
4 商业空间
5 电影厅上空

N 5 20m
   10

a 地下一层平面图

b 剖面图

4 北京西单文化广场地下街

名称	占地面积	区位特征	空间组织模式
北京西单文化广场地下街	2.2 hm²	城市中心区	围合模式

西单文化广场地下街位于北京西长安街，是为新中国成立50周年献礼的重点工程，也是北京地下综合开发的代表项目，地下4层空间整合了影院、溜冰场、商业、餐饮、停车和公交换乘等多种功能。项目建成后成为北京市民文化娱乐的好去处和城市风貌的新景观，也带动了周边商场的商业价值提升

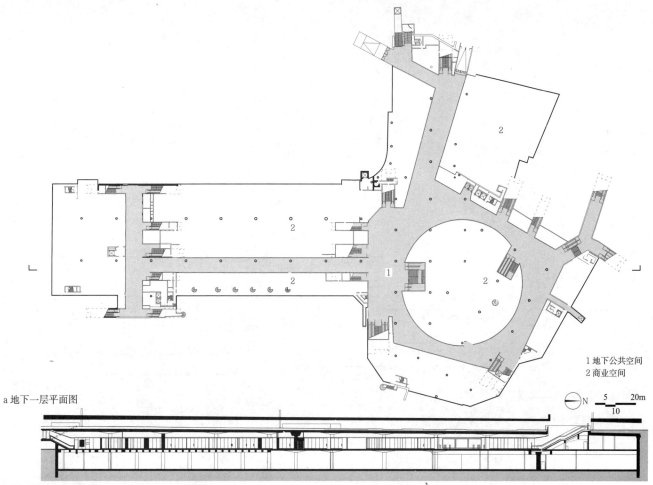

1 地下公共空间
2 商业空间

a 地下一层平面图

N 5 20m
10

b 剖面图

1 德国慕尼黑卡里斯广场

名称	占地面积	区位特征	空间组织模式
德国慕尼黑卡里斯广场	0.8 hm²	城市中心区，历史保护地段，地下轨道交通站点，广场与绿地	线性模式

卡里斯广场位于慕尼黑老城中心，是为了保护地面的历史建筑，结合地铁站设计的综合性地下街区。广场地下综合体达6层，第一层大约9000㎡，主要是商业区，总共包括45家大小商店、公用电话间等；二层为各种仓库和地铁站厅；第三、四层共计可停放八百多辆车，是车库和郊区铁路车站；第五、六层为地铁车站和铁道。该广场使地面商业步行街与地下商场、地下交通网高度结合起来

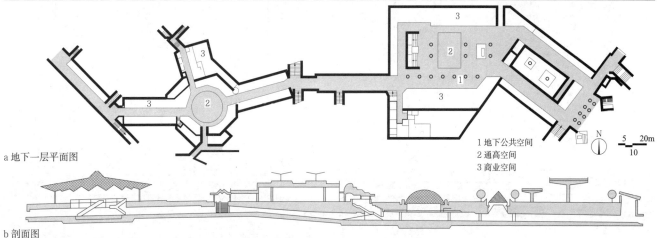

3

2

1

3

3

3

2

1 地下公共空间
2 通高空间
3 商业空间

a 地下一层平面图

N 5 20m
10

b 剖面图

2 二重奏神户地下街

名称	占地面积	区位特征	空间组织模式
二重奏神户地下街	3 hm²	城市门户交通枢纽地段	线性模式

二重奏神户地下街位于神户市中心，是由港口广场到JR神户站一带的地下购物街，由两个区域构成，通过线形的地下街道将高铁、城铁站和周边的主要建筑连接成一个系统。以JR神户站为中心，以北靠山一侧为山手购物区，靠港口广场一侧为滨手（海滨）购物区。山手购物区和滨手购物区共有时装店、首饰店、杂货店、礼品店、工艺品店、书店和餐饮店约60家。二重奏神户不仅是购物和美食的地下街，还是连通山手和海滨地区便捷且风雨无阻的地下通道

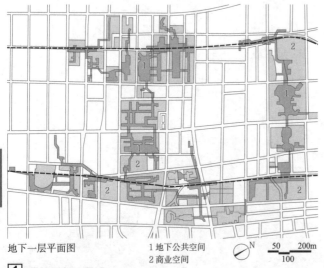

地下一层平面图

1 地下公共空间
2 商业空间

N　50　200m
　　100

1 蒙特利尔地下城

名称	占地面积	区位特征	空间组织模式
蒙特利尔地下城	1200 hm²	城市门户交通枢纽地段 城市中心区 地下轨道交通站点	格网模式

蒙特利尔地下城位于加拿大蒙特利尔市威尔玛丽区地下，联系起60多个建筑近2000家店铺，是世界最大的城市地下综合开发系统

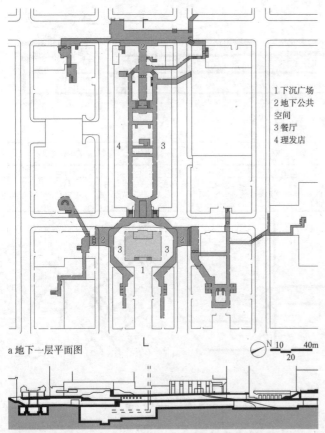

1 下沉广场
2 地下公共
　空间
3 餐厅
4 理发店

a 地下一层平面图

N　10　40m
　　20

b 剖面图

2 纽约洛克菲勒中心地下街

名称	占地面积	区位特征	空间组织模式
纽约洛克菲勒中心 地下街	8.8 hm²	城市中心区 地下轨道交通站点	混合模式

洛克菲勒中心地下街位于纽约曼哈顿岛中城，南北向从48街到51街，东西向从第五大道到第七大道，是世界最早进行整体开发的地下街区之一

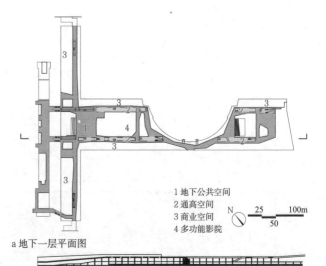

1 地下公共空间
2 通高空间
3 商业空间
4 多功能影院

N　25　100m
　　50

a 地下一层平面图

b 剖面图

3 杭州钱江新城城市阳台

名称	占地面积	区位特征	空间组织模式
杭州钱江新城 城市阳台	4 hm²	城市中心区， 广场与绿地	混合模式

杭州钱江新城城市阳台位于钱塘江北岸，整合了剧院、商业、餐饮和停车等功能

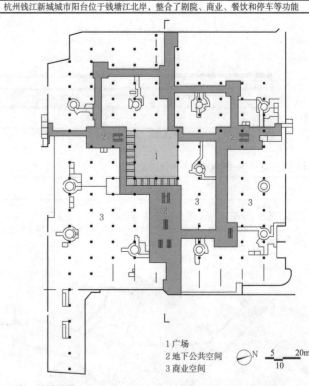

1 广场
2 地下公共空间
3 商业空间

N　5　20m
　　10

a 地下一层平面图

b 剖面图

4 巴黎列阿莱广场地下街

名称	占地面积	区位特征	空间组织模式
巴黎列阿莱广场 地下街	30 hm²	城市中心区， 历史保护地段， 地下轨道交通站点	混合模式

巴黎列阿莱广场位于巴黎市中心，原为食品贸易市场，1970年代拆除后，改建为地下4层的城市综合体

概念

城市公共交通枢纽是各条公共交通线路的集汇点，是运输过程及实现运输过程的综合体，是路网内物流、人流、车流的集散中心，是城市内外和城市内部公共交通的衔接点，亦是城市综合交通体系的重要组成部分。其作用主要体现为：

1. 组织多式换乘：为城市公共电、汽车与地铁、轻轨、铁路、水路、航空运输等方式提供客货交换服务，是交通性质转变的场所。

2. 连接城市各功能分区：建立点（枢纽）—线（线路）结合的公交网络，从而创造条件，更为便捷地连接城市各功能分区，以及更合理地组织城市交通。

3. 提升周边环境：大量的人流集散，有助于构建TOD（公共交通导向型发展）模式，形成交通建设与土地利用有机结合的新型发展模式。

类型

城市公共交通枢纽分类 表1

类型		特点
对外客运枢纽		为对外交通与市内交通方式的换乘节点，主要分布在城市对外交通的出入口处，是城市内外交通网络交接的地方，常见有火车站或汽车站
市内公共交通枢纽	轨道交通枢纽	为轨道交通之间或与其他交通方式的换乘节点，主要实现干线交通的换乘，并为其他交通方式之间所构成的集散交通换乘提供据点。枢纽换乘厅与车场的组织形式以地上或地下立体多层结构形式为主
	常规公交枢纽	为常规公交之间或与其他交通方式的换乘节点，枢纽换乘厅与车场同一平面布置为主

设计原则

1. 合理组织交通换乘

对外加强路网连接，增加枢纽的集聚与疏散能力；在其内部，分离换乘与中转流线，实现行人、公交、出租车、长途汽车、社会车辆、轨道交通等各方式进出交通的有效分流。

2. 组合布局建筑功能

以枢纽的交通功能为核心，协调组织换乘厅与停车场、进出车站设施与其他商业服务功能等布局关系。各功能布局由平面分散布置向集中布置和垂直换乘转换，建筑结构呈现多层化，充分利用地下空间和交通建筑的内部空间，使城市空间向建筑空间渗透。

3. 有效促进用地开发

鼓励在公交站点（枢纽）及周边地区建设高密度、混合功能的紧凑土地利用模式，综合安排商业、商务、文化等公共服务和居住功能。在满足城市综合承载能力的前提下，可适当提高轨道交通站点（枢纽）及周边地区（半径500m左右）的土地使用强度，充分发挥土地的使用价值。

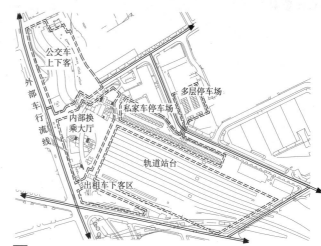

1 英国曼彻斯特皮卡迪利交通枢纽换乘组织

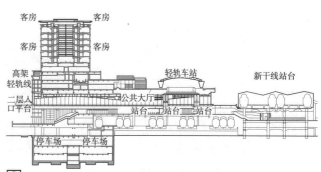

2 日本九州转运站集中垂直组合布局建筑功能

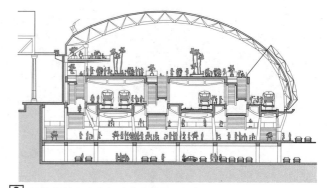

3 伦敦滑铁卢火车站建筑多层化

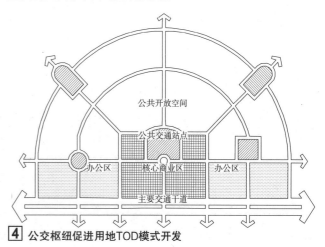

4 公交枢纽促进用地TOD模式开发

10
城市设计

设计要点

1. 枢纽选址：公共交通枢纽选址宜靠近人口集中、客流集散量较大处，其等级可分为市级、中心区级、片区级、边缘组团级、外围衔接区级等。

2. 枢纽综合体分层平面设计：结合公交枢纽形成含居住、商务办公、出行、购物、文化娱乐、社交、游憩等多种功能复合开发、高度集约的建筑综合体，其自下而上，可分别为轨道交通换乘、地面P+R换乘/公交/长途客运/轻轨换乘、地上商业景观平台/步行集散、上层商务办公等多个层面。

3. 交通换乘方式：交通枢纽换乘方式呈现多元化趋势，应妥善处理好轨道交通、轨道—公交、公交与个体交通的换乘，为乘客提供多样的出行选择。

轨道—公交之间的换乘：轨道交通与地面公交及其他交通方式衔接时，由轨道交通换乘地面公共汽车的客流，应通过行人过街天桥或地下通道直接进入街道外的公共汽车站台，使人流与车流分别在不同的层面上流动，互不干扰，可分为同平面换乘与立体换乘。

公交—个体交通换乘（P+R）：P+R即泊车转乘公交，其停车模式可采用地面停车、地下停车及屋顶停车等多种方式，主要目的是为了最大限度地利用枢纽空间。

4. 用地开发模式

（1）以交通换乘为重点的单一开发模式

在铁路、地铁、长途汽车、公交、私人交通等多种交通方式相互衔接的地区，通过建立专用建筑物构成交通枢纽。交通枢纽的建筑功能以交通为主，较为单一，乘客可就近换乘。

（2）以TOD为导向的综合开发模式

依托枢纽，对周边地区实行联合开发，从交通转换的单一功能向多功能、综合性方向发展。不仅满足交通的接驳和换乘要求，还要兼顾人们购物、娱乐等需要。

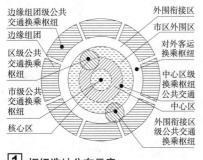

1 枢纽选址分布示意

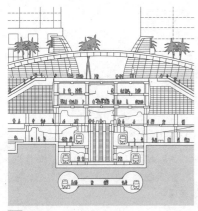

2 综合体分层剖面设计

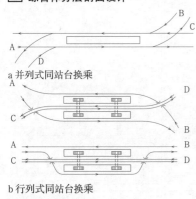

a 并列式同站台换乘

b 行列式同站台换乘

3 轨道交通站台换乘模式示意

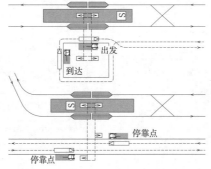

4 公交与轨道交通位于同平面换乘

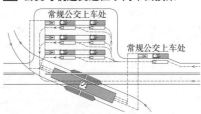

5 公交与轨道交通立体换乘

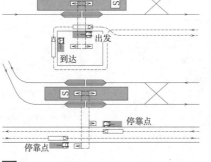

a 十字形换乘　　b T形换乘　　c L形换乘

6 节点换乘模式示意

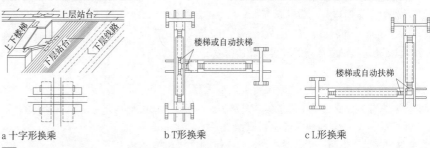

7 站厅换乘模式示意

1 站屋 2 小汽车停车场 3 有轨电车站 4 公共汽车站
5 出租汽车停车场 6 通地下自行车库坡道
7 过境地下车行道

8 鹿特丹中央车站单一开发模式

地铁
快速铁路
有轨电车
公共汽车
P 停车场（库）
T 出租车站
步行街

9 慕尼黑火车站周边地区综合开发

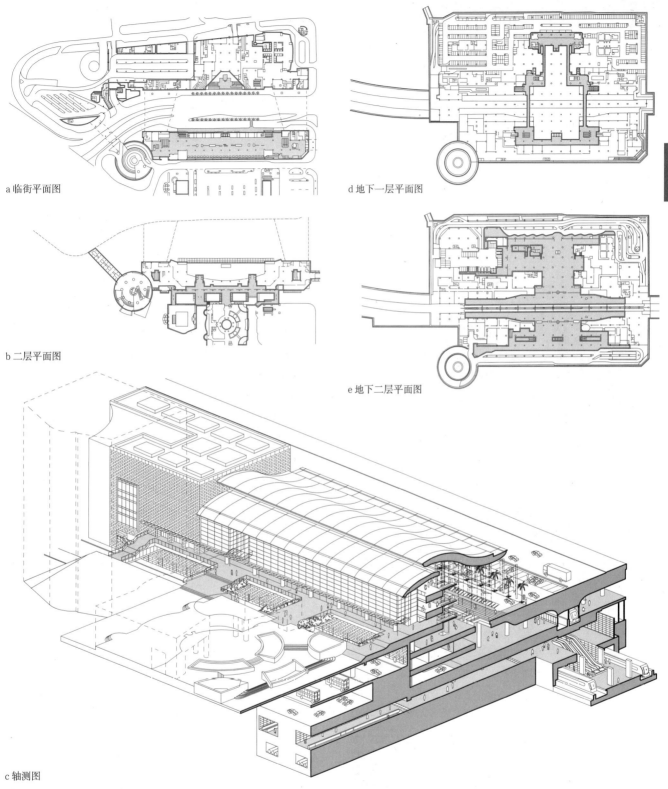

a 临街平面图

d 地下一层平面图

b 二层平面图

e 地下二层平面图

c 轴测图

1 香港机场快线港岛站

名称	主要技术指标	设计时间	设计单位
香港机场快线港岛站	占地面积1.2hm²	1998	Arup Associates事务所、许李严建筑师事务有限公司

车站位于交易广场前，与中环的街市相接，与此同时，在中环高楼林立的商业大厦下，通过建造一条地下人行隧道，将城市地铁与之有机串接。港岛站不仅仅是一个单纯的交通设施，它的整体交通规划、建筑与城市一体化策划观念及其设计方法被看成是城市建设的典范

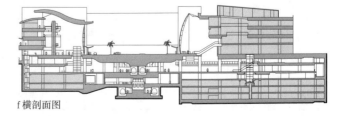

f 横剖面图

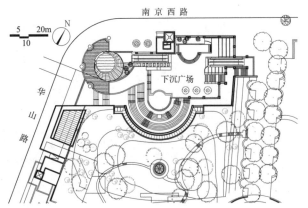

a 总平面图

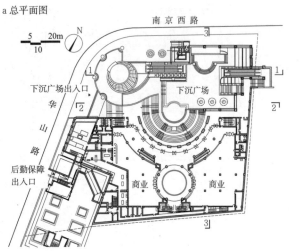

b 地下一层平面图

c 1-1剖面图

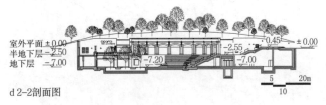

d 2-2剖面图

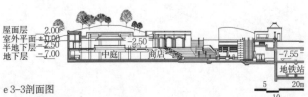

e 3-3剖面图

1 上海静安寺广场交通枢纽

名称	主要技术指标	设计时间	设计单位
上海静安寺广场交通枢纽	基地面积3.3hm²	2004	同济大学建筑设计研究院（集团）有限公司

上海静安寺交通枢纽设计的最初目标是建立3个地铁站之间的换乘体系，设计以地铁站与公共汽车站、社会停车库、社会自行车库之间的联系为主，同时综合组织后三者之间的换乘。控制换乘距离在400m以内，换乘路线采用地面上通勤步行相结合，不穿越车行道并依托地铁站建立通勤购物体系，构筑地上地下一体化的休闲、商业购物空间，从而促进地区商业网络形成

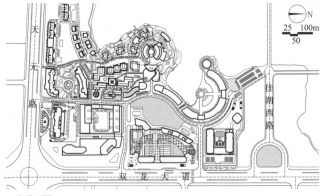

a 总平面图

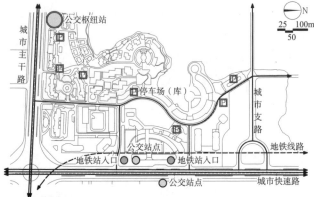

b 道路交通组织图

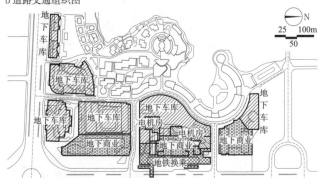

c 地下一层平面组织图

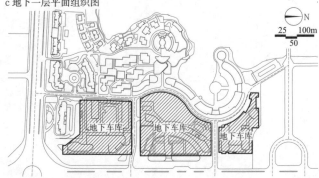

d 地下二层平面组织图

2 南京江宁区百家湖站

名称	主要技术指标	设计时间	设计单位
南京江宁区百家湖站	基地面积4hm²	2010	东南大学城市规划设计研究院有限公司

设计针对进出基地的机动车、非机动车、行人流线进行设计，使得不同交通流在空间上尽量分流。地铁站与公交设施整合规划，在双龙大道东南侧建设公交换乘枢纽，占地3000m²，地块依托地铁站点及公交站点，打造成为以商业和居住为主的综合型商务、娱乐区

概念

城市天际线指自然物体、建构筑物等城市实体要素以天空为背景所呈现的景观叠加效果。

天际线是城市总体形象和宏观艺术效果的高度概括，与人的视觉审美感受关系密切，其主要价值包括：

1. 城市形象展示的重要内容与窗口，呈现丰富多彩的空间情调与文化意境；

2. 承载城市变迁成长记录的视觉图像；

3. 有助于人们在日趋复杂的物质空间环境中确认地区与方位，形成空间辨识的重要参照。

天际线的观赏效果与"视点"关系密切，因为只有从不受遮挡的开阔视野才能看到一定范围内的连续城市空间，所以天际线景观往往是一些特定视点的观赏效果。

这些视点通常具有可达性好、公共性强、知名度高的特征，例如城市广场、公园、绿地，江河湖泊等滨水地带，高山、高台以及高层建构筑物的顶部观光层，路面、水面等车船行驶的通道等。这些具有良好观赏条件的视点适宜特别关注城市天际线的设计与塑造。

设计原则与引导

1. **美学原则**：评价的第一原则，主要涉及"层次"、"韵律"两方面要素。"层次"指画面中的近、中、远景分明，并由前至后总体呈现由低而高的阶梯排列，彼此之间错落有致，相互映衬。"韵律"指画面对象形成"虚实相间"（"实"为城市物质空间，"虚"为城市物质空间之间的空隙）的节奏形式，韵律变化应避免等距排布，强调高低变化与宽窄差别。

2. **人工自然和谐原则**：合理利用自然景观要素，使其与人工景观要素之间形成恰当的相关性，主从结合，巧妙借景，在一定程度上调节空间意境，满足当代社会亲近自然的总体需求。

3. **地标原则**：在天际线中设置一个能够吸引注意力的特殊实体，将周边相对松散平淡的天际线统一起来。这种特殊实体通常具备超大的尺度或独特的造型，形成向心结构。该类天际线及其构成物因其较高的形象显示度，常常是城市乃至国家财富和精神的象征。

4. **特色原则**：利用实际感知的城市整体结构性特征，与特别的建筑艺术处理，形成显著区别于其他地域的天际线景观，加强与塑造易于识别的城市意象。

10
城市设计

实例

a 纽约下曼哈顿城市天际线（911事件前）　　b 多伦多城市天际线　　　　　　c 台北城市天际线

1 具有地标特征的天际线

 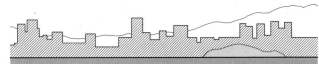

a 从南京中华门看新街口城市天际线　　　　　　　　b 首尔城市天际线

2 景观层次分明的天际线

a 从南京火车站广场看中央路城市天际线　　　　　　b 上海浦东城市天际线

3 富于节奏韵律的天际线

  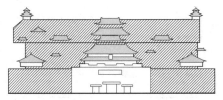

a 京都城市天际线　　　　　b 伊斯坦布尔城市天际线　　　　c 北京故宫城市天际线

4 具有地方特色的天际线

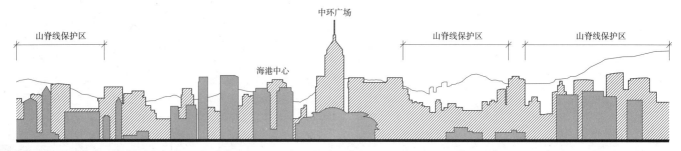

1 香港维多利亚港湾天际线设计

天际线名称	视点	天际线长度	设计时间	设计来源
香港维多利亚港湾城市天际线	尖沙咀	约8km	2002	《香港城市设计指引》、罗麦庄马（RMJM）香港有限公司、香港特别行政区政府规划署

以山体作为远景衬托中前景建筑轮廓，彼此高低迭起、错落有致。以香港中环广场大楼作为地标建筑，形成视觉高潮。为保护视线中的自然景观要素，选取重要的观景视点，控制视点与景物之间的建筑高度与密度，设立山脊线在一定程度上不受建筑物遮挡的保护区域

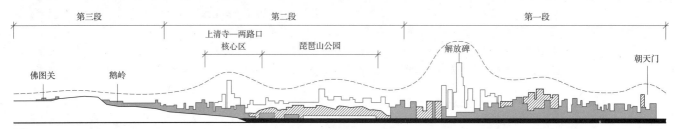

2 重庆渝中半岛天际线设计

天际线名称	视点	天际线长度	设计时间	设计来源
重庆渝中半岛城市天际线	渝中半岛对岸	约5.5km	2003	《重庆渝中半岛城市形象设计》、重庆市规划设计研究院

依据"山中有城，城中有山"的城市形象特点，将渝中半岛城市天际线划分为3段进行控制。第一段为朝天门至解放碑，地形高差变化相对缓和，设计主要强化建筑轮廓，内部组团中心地带（主要为解放寺中央商务区）划为建筑高度、密度上限控制区域，形成簇群式的城市空间形态。第二段为七星岗至两路口，山城地理特征比较明显，琵琶山公园是该段的制高点，设计要求该段城市轮廓整体偏低，核心地区（上清寺—两路口地区）采用少量中高层建筑塑造轮廓线波峰，其余地区总体以低层低密度开发方式掩映到山体中，和谐处理建筑轮廓与山脊轮廓的关系。第三段为鹅岭至佛图关，该段山地特征最为明显，有清晰的中央山脊线，是渝中半岛重要的自然地标，设计要求严格控制建筑高度、强化山脊线和山体绿化，突出山水资源的公共性，保护鹅岭公园、佛图关公园与两江间的视线通廊，营建宜人的山水环境

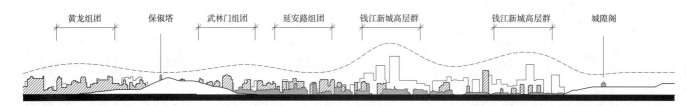

3 杭州西湖东岸城市天际线设计

天际线名称	视点	天际线长度	设计时间	设计单位
杭州西湖东岸城市天际线	西湖湖面	约5km	2009	东南大学建筑设计研究院有限公司

通过对近、中、远景分层次的控制获取清晰有序的天际线效果。其中近景要求适当削减建筑体量尺度，加强山体与周边建筑之间的平稳过渡，保证保俶塔与城隍阁历史要素在视线中的地位；中景主要位于用地北侧，结合黄龙、武林门、延安路城市组团形成具有一定密实度但高度相对平缓的高层建筑轮廓；远景适度放开建筑最高高度控制，以钱江新城用地为依托，形成北段与南段两个明显的高层组团群

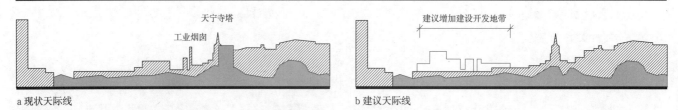

a 现状天际线　　　　　　　　　　　　　　　　b 建议天际线

4 从常州火车站看天宁寺塔城市天际线

天际线名称	视点	天际线长度	设计时间	设计单位
从常州火车站看天宁寺塔城市天际线	火车站广场	约1km	2007	东南大学建筑设计研究院有限公司

天宁寺是常州重要的景观地标，但在现状天际景观中遭到一定程度的视线遮挡。设计建议拆除遮挡天宁寺塔顶端的低质量建筑与附近影响其历史风貌的工业烟囱；同时在远景层次中适当增加建设开发，形成错落有致的视觉效果

概念与类型

城市色彩是城市或其特定地段内的实体要素通过视觉被感知的色彩总和，是城市可见物体的综合色彩特征，是城市特色风貌的重要组成内容。

城市色彩类型 表1

分类标准	分类名称	内容
按色彩存在的数量比例	基调色	画面主体颜色，一般占总用色的60%~70%
	辅调色	衬托与平衡基调色，起到一定视觉分散效果的画面颜色，一般占总用色的20%~35%
	点缀色	面积小而视觉效果醒目的颜色，一般不超过总用色的5%~10%
按色彩载体的差异性	自然色	由土地、山水、岩石、天空、植被等城市中裸露的自然物体构成的颜色，是城市色彩形成的基础与背景
	人工色	由人类活动创造出的物体构成的颜色，是城市色彩形成的重要决定因素
	固定色	保留时间相对长久的颜色，如建筑、桥梁、街道、广场的颜色
	流动色	具有瞬间移动特性的颜色，如行驶中的交通工具、行人的颜色
	临时色	保留时间相对较短、频繁更换的颜色，如广告、橱窗的颜色

设计原则与策略

1. 协调性原则：形成和谐统一的视觉美学效果，避免对象色彩之间各行其是、互不关联。

2. 多样性原则：基于丰富的色彩配合，形成层次、尺度、节奏的对比，避免单调乏味。

3. 特色性原则：塑造与强化具有城市及地方代表性的色彩特征，形成品牌形象与标志作用。

城市色彩主要环境影响要素及相关策略 表2

影响要素	要素明细	策略名称	策略内容
自然地理环境	地方气候（气温、降水、湿度、日照等）、地形、水系、植被等要素构成的自然色彩	与自然环境协调	分析自然地理环境特征，找到色彩基本定位，可从自然环境色彩中提炼部分作为设计推荐色谱
人文地理环境	社会制度、思想意识、社会风尚、传统习俗、宗教观念、文化艺术等因素共同作用形成的地方色彩沿革与传统	与人文环境协调	解读人文地理环境色彩，梳理历史脉络，寻找色彩现状成因与发展方向，可从人文环境色彩中提炼部分作为设计推荐色谱
			可从人文环境色彩中提炼部分进行一定程度的分解转化，形成推荐色谱
			采用较少人文环境中出现、但有可能的且经过专家论证的色彩，形成推荐色谱
综合城市环境	城市规模、性质、经济条件等构成的限定条件	与城市环境协调	城市性质为色彩设计定位奠定基调
			城市规模与色彩的统一性相关，通常色彩统一的可能性及其程度随着城市规模的增大而减小
			依据城市经济发展水平，以合理代价进行色彩的塑造与优化

设计步骤

1. 设计用地全面调研，走访相关规划部门与设计单位，采集使用者意见与建议，形成设计制约条件。

2. 对调研得到的相关色谱进行分析，并依据设计用地的自然、人文、城市发展等客观环境条件，确定设计用地的色彩风格与主题。

3. 依据设计用地的层次范畴，提出设计对象的色彩引导内容，包括策略、推荐色谱、控制程度、具体方案等。

设计内容

城市色彩设计内容 表3

设计等级	地域范围	设计内容
城市级	整个城市乃至更大区域尺度的城市地域	依据设计用地的自然、人文、城市发展等环境条件，明确色彩特征，提出未来发展的基本风格和目标
		综合设计目标、调查结果与相关规划，进行色彩分区，提出分区内的色彩风格与主题，体现分区联系与差异
分区级	功能相对独立、具有环境相对整体性的中等尺度城市区段	依据分区色彩主题，进一步明确细化，提出设计对象的推荐色谱（基调色、辅调色、点缀色）以及各色谱控制的范畴与程度
		确定区段中的重点色彩景观，结合设计方案与导则，提出色彩设计或控制构想
地段级	城市街道、广场、建筑群等小尺度城市用地与项目	对地段内的相应视觉景观，如街道、广场、建筑、功能区域、视线走廊等涉及的材料色彩提出具体方案与要求
		对地段内的重要视觉要素，如雕塑、小品、绿化、铺装、家具等涉及的色彩提出相应建议与要求

实例

分区名称	风貌特征	色彩要求
文笔区	风貌整治：展示地方历史文化和自然景观	自然色彩主导，人工色呼应，建筑应充分体现传统和文脉
蚰城区	风貌保护：展示蚰城区民俗文化与徽派文化	依托徽派色彩原型，居住、商业建筑等以主导，建议恢复地域传统色彩
文笔区	风貌整治：展现民俗风情、体现朱子文化	与田园风光协调，并考虑古建色彩修复"修旧如旧、修存其真"的要求
源头区东溪区	山水风貌：承接蚰城区与现代高新城市风貌	在体现地域特色的同时体现一定现代城市景观意象，建筑色彩可进行适度转化
太子桥区	现代风貌：崭新形象反映现代城市建设	适度放松色彩地域性要求，强调现代性和时代感

1 婺源县城城市色彩分区设计

名称	主要技术指标	设计时间	设计单位
婺源县城城市色彩分区设计	设计面积48.6km²	2004	同济大学建筑与城市规划学院

南京老城建筑色彩分区设计 表4

名称	主要技术指标	设计时间	设计单位
南京老城建筑色彩分区设计	设计面积40km²	2003	东南大学建筑学院

南京老城内的建筑色彩采取总体调控、"分区突出倾向、局部彰显特色"的原则。城市东片区以明故宫、民国近代建筑群为核心，氛围庄重、华丽，建筑可采用金黄、朱红等皇家色系；城西为新近开发区，以住宅组团为核心，氛围亲切、舒适，建筑可采用粉红、橘黄等暖色系；城南以地方民居为核心，氛围淡雅闲致，建筑可采用灰黑白色系；城北主要为工业、仓储、码头用地，目前尚处于产业功能置换过程中，建筑可采用灰色、深色系；城中为以新街口、鼓楼、山西路为节点的南京老城中心区，氛围繁华时尚，建筑色彩涉及范围大，无明显主导色系。紫金山、秦淮河等山水边缘地带建筑宜采用白、蓝等浅色明快色系，突出山明水秀的自然特征

广州五羊新城居住区推荐色谱及相应控制 表5

名称	主要技术指标	设计时间	设计单位
广州五羊新城居住区推荐色谱及相应控制	设计面积31hm²	2008	中山大学地理科学与规划学院

以广州城市总体推荐色谱为依据，采用重点地段推荐色谱提取方法，推演出属于五羊新城居住区的推荐色谱，并针对其中的住宅、商业、教育行政建筑进行细分与调整：

1.商业类建筑：现状色彩明度较低、纯度较高，宜降低纯度，提高明度，形成中高明度、中纯度的主辅色关系，以低明度、低纯度点缀色；

2.住宅建筑：在沿袭原有色彩倾向的同时，降低色彩纯度，特别是红、黄红色系的纯度，结合低明度、低纯度的点缀色，营造温馨、亲切的居住环境；

3.教育建筑：以高明度、低纯度黄灰色、黄红灰色系和无彩色色系为主，配以低明度、低纯度的点缀色

10
城市设计

443

概念

城市夜景观设计是通过各种高技术演光手段对城市夜间环境形态进行合理组织与再表现，为市民提供各类夜生活所需的人工照明环境。城市夜景观是城市形象建设的重要组成部分，是一个城市自然科学文化与社会科学文化的集中反映，充分体现了这个城市的科学技术水平、社会文明程度、经济发展阶段和整体审美层级。

设计对象与主要功能

城市夜景观设计是城市规划设计人员在综合考量城市的自然、经济、社会、历史、人文与区域发展的前提下，对城市夜环境提出总体与分区层级的景观照明意向与构思，并在此基础上提出详细规划设计要求与限定条件。

城市夜景观设计对象与主要功能　　　　　　　　　　表1

		内容
设计对象		城市夜景观是泛指除体育场、工地等专门性场地外的所有城市外部公共活动空间的照明，其对象包括建筑物、道路、桥梁、广场、公园、名胜古迹、雕塑、小品、广告标识与各种照明灯
主要功能	勾画城市轮廓	城市灯光照明可将城市轮廓、形态与规模从周围区域中直观凸现出来，尤其是从高空俯视城市时，其轮廓线更为完整、清晰
	突显城市结构	城市灯光照明将城市核心的、精髓的部分（如道路、桥梁、建筑物等）从夜幕笼罩下的城市背景中凸显出来，可增强其识别性、方位感、层次感和立体感

灯光与色彩体系

城市夜景观主要依靠光和色来表现，而色彩对人的心理影响最为直接和显著，是城市夜景观的主要组成部分。

设计原则

1. 要做好城市总体夜景观照明规划，构建"点、线、面"相结合的丰富、有序的城市夜景观结构体系。

2. 夜景设计师与城市设计师、景观设计师协同整体设计，了解被照明对象的功能、特征、风格、材料与社会背景和环境等，因地制宜，彰显地方特色。

3. 坚持以人为本的原则，灯具布置时应尽量避开人的视线，见光不见灯，防止夜景灯光干扰和灯光污染。

4. 遵循节能省电原则，坚持分级亮化，针对不同对象及其重要程度，选择合理照度标准。

城市夜景观照明表 [1]　　　　　　　　　　表2

简图	高	中	低	高	中	低			
	高	中	低	高	中	低			
节日性的（黄色）	√			√					
活动欢乐的（橙色）		√			√				
宏伟庄重的（橘色）	√			√					
朴实谨慎的（粉色）									
浪漫的（红色）		√	√		√	√			
戏剧化的（紫色）		√	√	√	√	√			
诗意的（蓝色）		√	√		√	√			

城市夜景观亮度表 [1]　　　　　　　　　　表3

简图	高	中	低	高	中	低	高	中	中
	中性	正向	负向	中性	正向	负向	多光性	直接	中性
节日性的（黄色）		√	√						√
活动欢乐的（橙色）								√	
宏伟庄重的（橘色）					√				
朴实谨慎的（粉色）				√	√				
浪漫的（红色）					√	√	√	√	
戏剧化的（紫色）		√	√			√	√		√
诗意的（蓝色）									

注：□窗户，■窗户暗，□墙面亮，■墙面暗。

城市照明色彩体系　　　　　　　　　　表4

光源类型		白炽灯	密封光束灯泡（PAR）灯	高压汞灯	金属卤化物灯	高压钠灯	低压钠灯	LED光源	微波硫灯
主要属性	光色	白色	各种颜色	白色	白色	黄色	黄色	白色	白色
	色温	2700~2900K	2700K	5500K	3000~6000K	2000K	1700K	3500~10000K	5800~7000K
	色表	暖	暖	冷	中间	暖	暖	冷	冷
	光效	120lm/W	高	60lm/W	50~100lm/W	90~140lm/W	200lm/W	200lm/W	>80lm/W
	功率	20~500W	一般小于150W	250~5500W	50~3500W	50~1000W	18~135W	10~15W	1000~5000W
	寿命	1000~2000h	2000h	5000h	10000h	10000h以上	10000h~20000h	60000~100000h	40000h以上
	常用范围	轮廓、灯串、水下	舞台光源	广场、街道照明；水池、植物投光	室外泛光	夜景建筑立面	特殊光照场合或作重点照明	应用广泛	大范围室外照明

城市照明灯光系列　　　　　　　　　　表5

	高杆灯	草坪灯	装饰灯	泛光灯	激光灯	光纤灯	埋地灯	水底灯
灯具选择	球形高杆灯世纪杯高杆灯双层多火高杆灯	古典草坪灯现代草坪灯景观草坪灯LED草坪灯	轮廓灯圣诞灯串带灯LED灯	非对称投光灯非对称泛光灯高功率投光灯	—	—	景观埋地灯LED埋地灯	景观水底灯LED水底灯
主要特点	结构紧凑，整体刚性好；组装、维护和更换灯泡方便，配光合理，眩光控制好；照明范围大	通过亮度对比表现光的协调；能利用明暗对比示出深远	色彩鲜艳	外形新颖；极具观赏性；适应力强；有良好的密封性能	光色纯正；能量集中；方便控制；能表现出应景主体的效果魅力	光线柔性传播；光与电分离	坚固、耐腐蚀；透镜以防撞钢化玻璃制造；防水护垫以100%硅酮制成	坚固、耐腐蚀；透镜以防撞钢化玻璃制造；防水护垫以100%硅酮制成

[1] ［法］路易斯·克莱尔.建筑与城市的照明环境.王江萍译.北京：中国电力出版社，2009：71-72.

概念

停车（Parking），按停放时间分，可分为停车点和停车场；按车辆类型分，可分为机动车停车和非机动车停车；按停放方式分，可分为地下停车、地面停车和停车楼。当停车与城市公共运输换乘系统、步行系统、高架轻轨和地铁等线路选择、站点安排、停车设置组织在一起时，就成为决定城市布局的重要因素，并直接影响到城市效率。

停车与其他交通要素的关系　　　　　　　　　　　表1

交通要素	停车点	停车出入口
快速路	▲	×
主干道	▲	△
次干道	▲	▲
支路	▲	▲
人行横道	×	×
公交停靠站	▲	×
桥隧引道	×	×
人行天桥	×	≥50m
车站出入口	≤50m	×

注：×禁止设置，▲适宜设置，△不宜设置。

停车对城市的影响

表现在对城市设计要素、视觉形态、功能结构产生影响。因此，提供数量充足，且具有最小视觉干扰，便于人流使用的停车场地是城市设计成功的基本保证。

设计策略

在总体城市设计阶段，通常采用以下4种策略对停车进行指导。

1. 时间维度上建立"综合停车"规划。设计在每天不同时间里由不同单位和人交叉使用的停车场地。

2. 集中式停车。大单位或多个小单位组织共用停车区。

3. 边缘停车。在城市边缘或城市人流汇集区的外围建立边缘停车场。

4. 政策调控。在城市核心区用限定停车数量、时间或增加收费等措施作为停车控制的手段。

城市停车场（库）配建指标

城市公共停车场（库）配建指标　　　　　　　　　表2

	机动车停车场服务半径	非机动车停车场服务半径	布局方式	机动车停车位配置标准
居住区	宜≤150m	50～100m，≤200m	分散+集中	100~300m²/车位
办公区	宜≤100m		集中	100~200m²/车位
商业区	宜≤100m		集中	100~200m²/车位
文娱区	宜≤100m		分散+集中	200~500m²/车位
			集中	100座/2~6车位
公园	结合主要人流出入口	—	集中	1hm²/4~10车位
广场	结合主要人流出入口		分散	
风景区	距主入口150～200m		集中	游览面积200m²/车位（市区景区）
			分散	游览面积0.1~0.5hm²/车位（市郊景区）

视觉干扰较小的停车设计方法

1. 以绿篱围合停车区域，作为视线屏障；
2. 建设下沉停车场，保证视线通透；
3. 对停车区域上方进行遮挡；
4. 对地下车库入口进行景观处理。

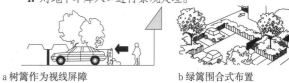

a 树篱作为视线屏障　　　　　b 绿篱围合式布置

1 绿篱围合式停车意向

a 下沉式停车场　　　　　b 下沉式布置

2 下沉式停车意向

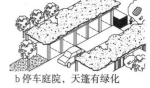

a 上方遮挡处理　　　　　b 停车庭院，天篷有绿化

3 遮挡式停车意向

a 车库入口处理示例一　　　　　b 车库入口处理示例二

4 地下车库入口意向

兼具城市其他功能的停车设计手法

1. 停车与公共空间相结合。
2. 增加景观雕塑，成为景观节点。
3. 停车兼具城市功能过渡带。
4. 结合其他交通设施布置停车。

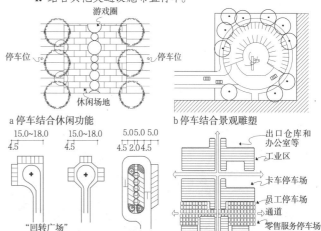

a 停车结合休闲功能　　　　　b 停车结合景观雕塑

c 停车兼具功能过渡（单位：m）　　　　　d 停车结合交通设施布置

5 兼具其他功能的停车设计示意

概念

城市设计所涉及的广告主要指户外广告。户外广告设施包括在城市建(构)筑物、交通工具等载体的外部空间，城市道路及各类公共场所，以及城市之间的交通干道周边设置(安装、悬挂、张贴、绘制、放送、投映等)的各种形式的商业、公益广告设施。

类型

户外广告按经营性质可分为商业性和公益性户外广告；按设置的期限可分为长期、短期和临时户外广告；按尺度可分为大型、中型和小型户外广告；按材质可分为霓虹灯、灯箱等户外广告；按设置的位置可分为如下类型：

广告按设置位置分类类型　　　　　　　　　　　　　　表1

类型名称	内容与范围
建(构)筑物上的户外广告设施	平行或垂直设置在建(构)筑物外墙面、顶部以及围墙上的户外广告设施
公共设施上的户外广告设施	设置在道路两侧和公共场所的灯杆、公交车站牌、候车厅、报刊亭、阅读栏、画廊、自动售货机、自行车棚等公共设施上的户外广告设施
地面上的户外广告设施	直接在地面安装的户外广告设施，包括立杆式、底座式、大型落地式及大型高立柱式户外广告设施
移动式户外广告设施	设置在车辆、船舶等移动交通工具或飞艇、气球等升空器具上的户外广告设施

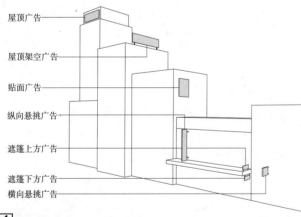

屋顶广告
屋顶架空广告
贴面广告
纵向悬挑广告
遮篷上方广告
遮篷下方广告
横向悬挑广告

1 建筑物上的户外广告类型

设计原则

广告设计原则　　　　　　　　　　　　　　　　　　　　表2

设计原则	具体要求
规范性原则	户外广告的规划设计、实施应严格遵守国家关于户外广告的相关法律法规
系统性原则	将户外广告规划作为一个完整的系统纳入城市整体景观系统中，分区分层次进行规划设计
可控性原则	对于重要地区和节点进行严格控制，非重点区域适度进行弹性引导，并加强管理的力度
安全性原则	户外广告的设置不能存在对城市的交通、生活、生产、游憩等方面的不安全因素
地方性原则	户外广告的规划布局应体现城市的历史、文化、习俗、价值观念与产业优势等地域特色
可持续性原则	户外广告规划应体现绿色生态理念，以提高人的生活质量和城市环境为最高目标

设计要点

1. 位置：根据设置位置不同选择适宜的户外广告类型。

2. 尺度：悬挑、屋顶、贴面等户外广告在设置时需要注意与建筑的面积比及高度比。

3. 色彩：户外广告色彩需简明且与城市色彩相协调。

4. 夜间照明：户外广告夜间照明需要动静结合，形成有效的照明中心，避免光照混乱。

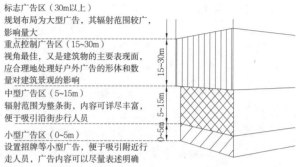

标志广告区(30m以上)
规划布局为大型广告，其辐射范围较广，影响量大

重点控制广告区(15~30m)
视角最佳，又是建筑物的主要表现面，应合理地处理好户外广告的形体和数量对建筑景观的影响

中型广告区(5~15m)
辐射范围为整条街，内容可详尽丰富，便于吸引沿街步行人员

小型广告区(0~5m)
设置招牌等小型广告，便于吸引附近走人员，广告内容可以尽量表述明确

2 户外广告位置设计要点

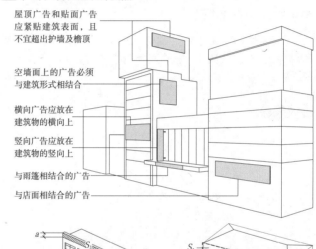

屋顶广告和贴面广告应紧贴建筑表面，且不宜超出护墙及檐顶

空墙面上的广告必须与建筑形式相结合

横向广告应放在建筑物的横向上

竖向广告应放在建筑物的竖向上

与雨篷相结合的广告

与店面相结合的广告

若$H < 24m$，$a < 20\%H$，$S_1 < 25\%S_2$；
若$24m < H < 100m$，$a < 12\%H$，$S_1 < 12\%S_2$；
若$H > 100m$，$a < 8\%H$，$S_1 < 8\%S_2$。

若$H < 6m$，$a < 1.5m$；
若$6m < H < 12m$，$a < 12m$；
若$H > 12m$，$a < 3m$，$b < 0.4m$；
$S_1 < 45\%S_2$。

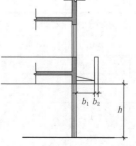
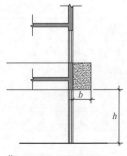

若$h < 4m$，$b_1 < 15\%h$，$b_2 < 20\%b_1$；
若$h > 4m$，$b_1 < 0.6m$，$b_2 < 20\%b_1$。

若$h < 4m$，$b < 50\%h$；
若$h > 4m$，$b < 2.5m$。

3 户外广告尺度设计要点

10
城市设计

概念

标识是任何带有被设计成文字和图形的展示,用视觉来传递信息或吸引注意力,展现信息传递、识别和形象传递等综合功能。

广义:包括城市风貌、景观、界面、高度、开敞空间、色彩、照明、文化的展示,还涵盖社会文化、历史传统等精神层面的内容,它包含了城市系统的各个方面。

狭义:城市空间中用于标识、指示等功能的公共设施,属于一种狭义的视觉标识。

城市设计视角

从城市设计角度看,标识基本上是一个视觉问题。标识是街道空间和景观组织中不可缺少的元素,是体现城市特色和文化内涵的重要部分。好的标识是形成具有活力的城市环境的重要因素。反之,不良冗余的标识所起的消极作用也不可低估。

类别

标识的具体类别(与城市设计相关) 表1

分类方式	具体子项				
按使用功能分	使用标识	说明标识	导向标识	管理标识	环境标识
	洗手间示牌、地面停车位示牌等	植物示牌、室内楼层标识等	道路标牌、导游牌、停车指示牌等	警示标牌、安全提醒牌等	雕塑标识、广场造型标识等
按空间场所的功能性质分	交通场所标识	商业场所标识	旅游场所标识	建筑象征标识	景观小品标识
	道路、公共交通等	商业中心、步行街等	景区、文化古迹等	图书馆、医院、企业等	社区绿地、广场等
按公众感知方式分	视觉标识	听觉标识	触觉标识	综合标识	
	指示路牌等、实物、图形	广播设施、讲解设施等	导盲设置、触摸牌等	行为艺术、展示屏幕等	

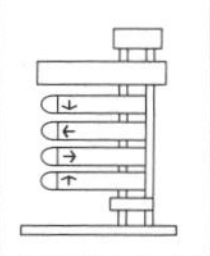

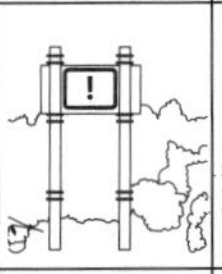

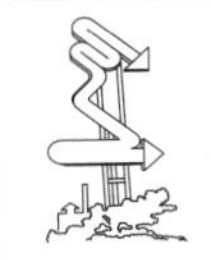

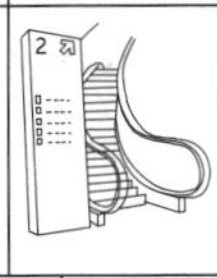

设计原则

标识的设计原则和具体要求 表2

设计原则	具体要求
识别性原则	标识应醒目突出、简单易读,保证公众能迅速、准确地加以识别。应与环境设施结合考虑,将其融入城市的整个构想当中
公平性原则	标识应适合不同人群的使用,特别注意老人、儿童、残疾人的使用需求,进行无障碍设计
同一性原则	标识应遵循国际惯例,宜以文字配以直观形象的示意图。外文翻译应简明准确,避免因文化差异造成的歧义、曲解
地域文化性原则	标识应充分考虑城市地域特征与历史文脉,彰显个性与特色,将传统文化与现代气息高度融合,提升城市公众影响力和认同归属感

设计要点

1. 形态

通过标识的造型、比例、尺度,以及空间序列组织,完成传达信息的功能。

2. 视觉

针对不同场所,综合考虑人的视点、视距、视角以及活动需求,创造出符合最多使用者视觉需求的标识设计。

3. 色彩

标识设计的重要元素,体现地域特色的主要方面。需考虑色彩纯度、明度、色相以及对于人生理心理方面的影响。

4. 材质

通过材料表面的特征给人以直观感受,达到心理联想和象征意义。需充分考虑材料的安全性、耐久性,尤其考虑与环境的协调及本土特征。

5. 照明

为应对夜间及特殊天气条件下的照明需求,标识应根据具体的设计需求,选择适宜的灯具和照明方式。

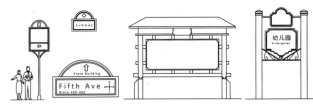

a 曼哈顿商业街道标识　　b 多样标识形态

1 标识形态

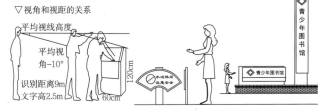

a 日本根据人的视觉进行标识设计　　b 不同的视角关系

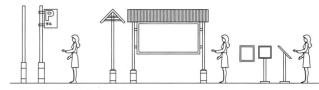

c 满足最多使用者的高度需求

2 标识视觉需求

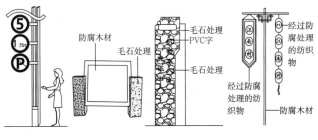

a 钢材　　b 毛石木材结合　c 石材　　d 纺织品

3 不同材质

概念

城市雕塑是指设置在城市公共空间里的雕塑。城市雕塑具有体现城市文化特征、美化城市景观、增强城市识别性和表达空间环境主题等功能。

城市雕塑类型表　　　　　　　　　　　　　表1

类型	具体类型		
形式	圆雕	浮雕	透雕
	 风凌霄汉	 人民英雄纪念碑浮雕	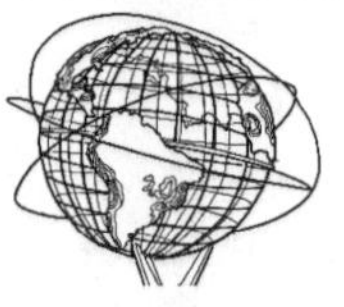 地球
题材	人物雕塑	场景雕塑	寓言雕塑
	 马克思	 下棋	 五羊雕塑
	动植物雕塑		写意雕塑
	 亲情	 紫荆花	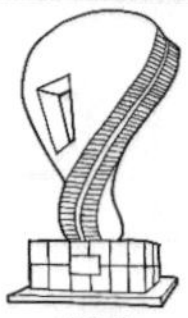 圆融
场地	广场雕塑	公共建筑雕塑	街景雕塑
	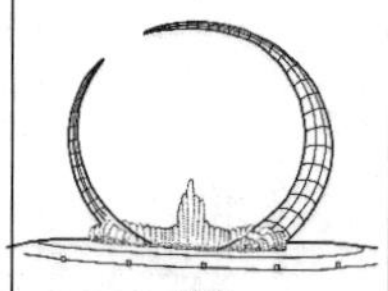 月色	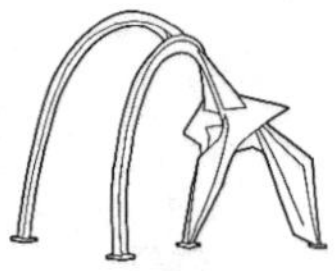 火烈鸟	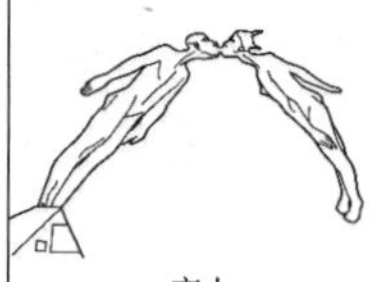 恋人
	城市门户雕塑	水景雕塑	园林雕塑
	 翔	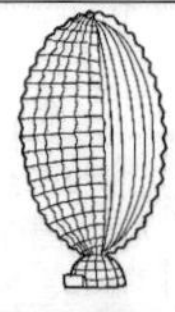 滴水	 快乐的青蛙
功能	标志性	主题性	纪念性
	 五月的风	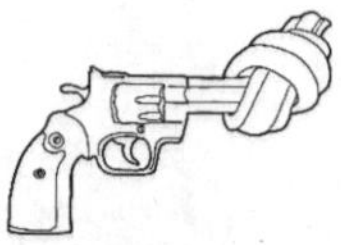 和平	 布鲁塞尔尿童
	标识性	装饰性	
	 街头标识	 四棵树	 唐韵
材料	石材、金属、玻璃钢、木材、植物、新材料		

设计原则

1. 主题突出：城市雕塑应结合空间环境特点，明确主题定位，反映不同的场地文化背景。

2. 整体协调：城市雕塑应结合场地的功能性质、尺度、建筑和植物等进行综合设计，力求与空间环境协调统一。

设计要点

1. 选址：城市雕塑一般设置在城市广场、街头绿地、公园、滨水带、步行街等重要公共空间。

2. 材料：城市雕塑材料包括石材、金属、木材、玻璃钢、植物以及其他新型材料，需根据雕塑的主题有针对性地选材。

3. 色彩：城市雕塑的色彩应考虑材料与主题的特色和在城市公共空间里的主从关系。一般性城市雕塑可采用灰、白和冷色，重要的、地标性的城市雕塑可采用暖色。

4. 尺度：城市雕塑的尺度要与其空间的尺度相协调，满足观赏视点和视距的要求。

5. 造型：城市雕塑应根据材料质感、色彩、形态特征，充分利用美学法则进行造型，从而塑造城市美和表达城市文化。

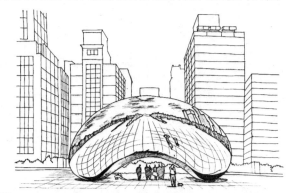

1 芝加哥"云门"

名称	地点	建成时间	尺度	设计师
芝加哥"云门"	芝加哥AT&T广场	2006	雕塑高约10m，长20m，重约110t	阿尼什·卡普尔

雕塑采用了高度抛光焊缝技术，表面如镜般光滑闪亮。其高度抛光的表面和流线形的轮廓线，远观如一个巨大的汞滴，镜面表面将周围景物尽收其中，随着光线的变化呈现出不同的城市表情。椭圆的表面还如同哈哈镜，可将反射的人像变形，增添了更多的趣味性，映射出一个生趣盎然的城市

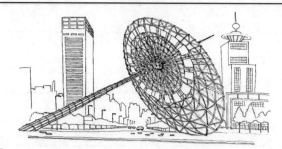

2 上海"东方之光"

名称	地点	建成时间	尺度	设计师
上海"东方之光"	上海世纪大道	2000	雕塑高约20m，宽18m，长35m	夏邦杰、仲松

雕塑背靠大型广场和世纪公园，以日晷为原型，用1000根不锈钢管构成错综精致的网架结构。高度达20m的雕塑，外形雄伟大气，又通透灵秀，不妨碍人和车辆的视线，上小下大的椭圆形晷盘象征地球，晷针穿过的中心点指向正北方，具有计时功能。是雕塑艺术与现代建筑技术语言的巧妙结合

概念

街道设施是摆设于街道中，为人们各种街道活动提供服务的公共设施，它是具有多项功能的综合服务系统，属于社会公共财产。

类型

街道设施类型表　　　　　　　　　　　　　　　　　　　　表1

照明设施	路灯	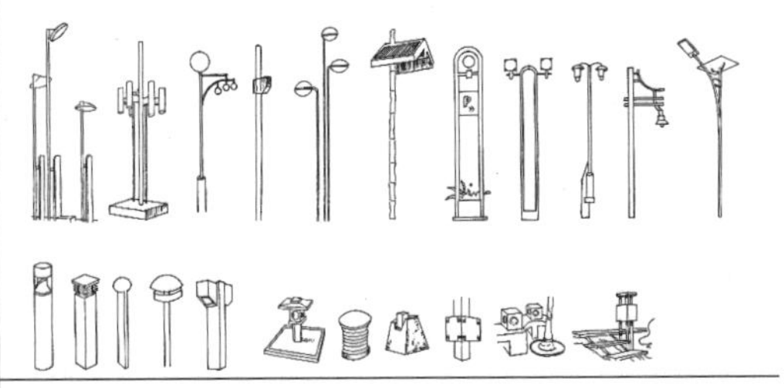
	景观射灯地灯	
环卫设施	垃圾桶	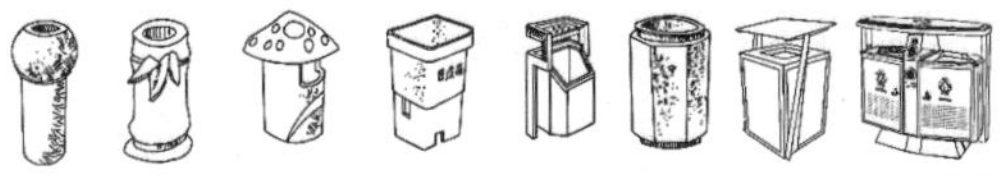
	公共厕所	
	饮水器洗手器	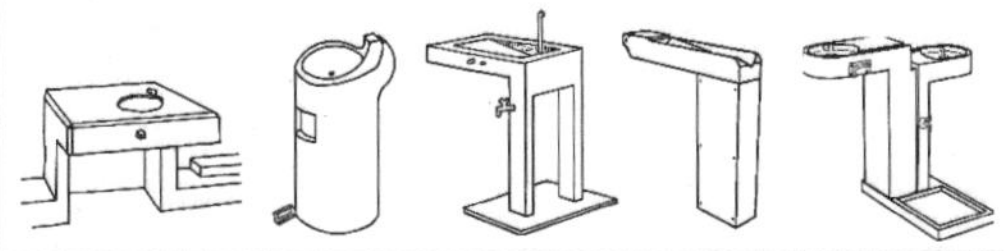
休息设施	椅凳	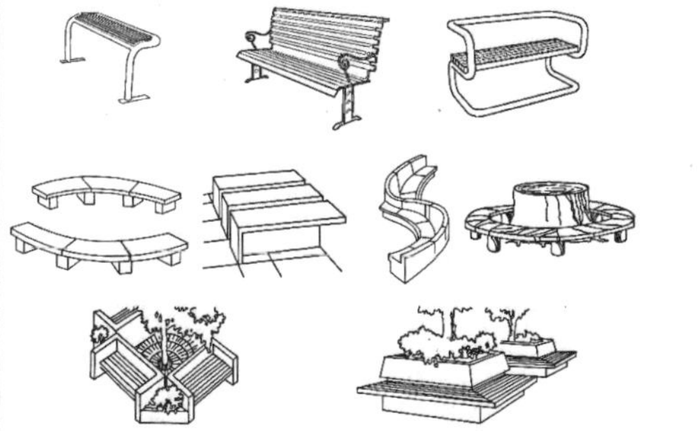
信息设施	电话亭	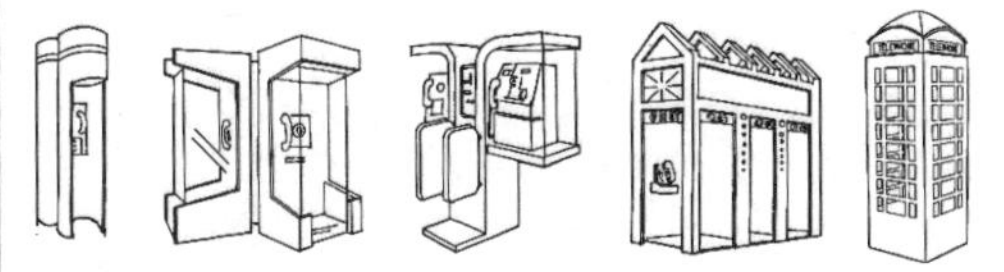
	宣传栏邮筒	

交通设施	自行车存放处	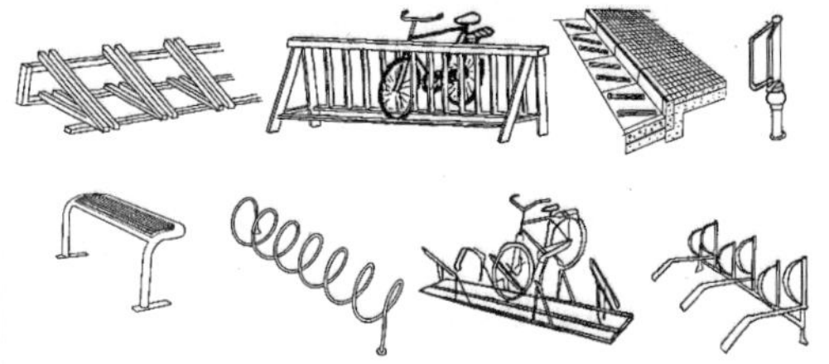
	公交车候车亭	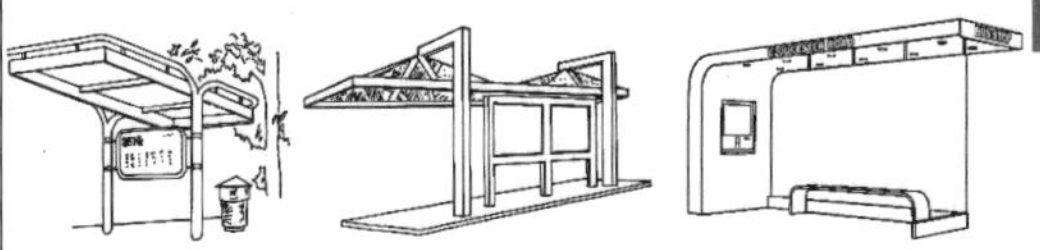
	指示牌	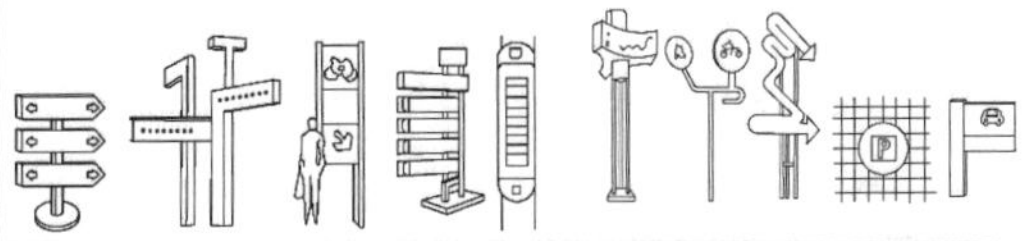
	隔离墩信号灯	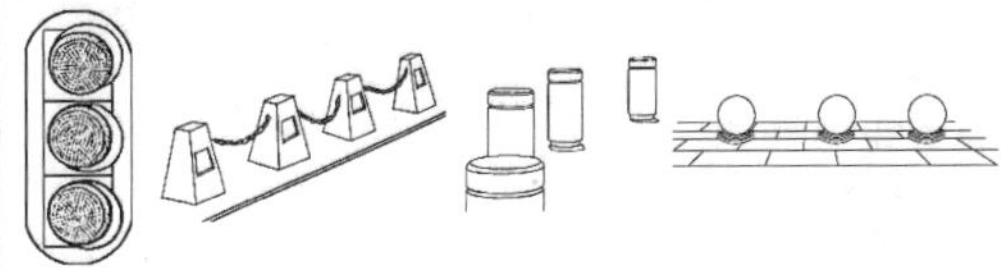
	护栏	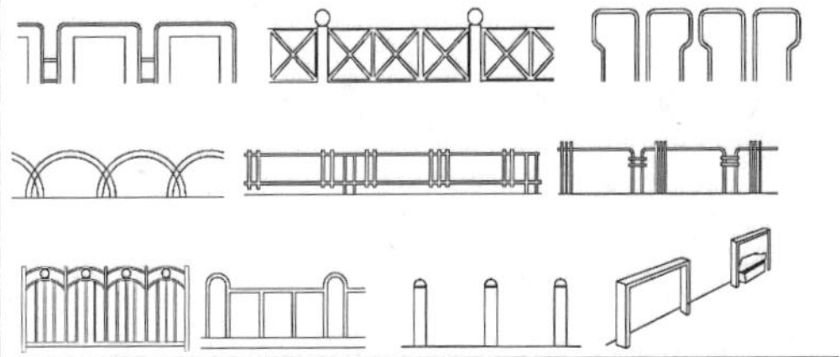
服务设施	报刊亭	
	治安岗亭	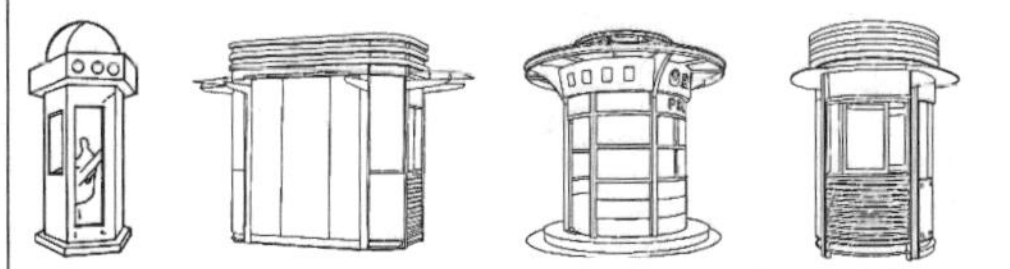
	售货亭自动售货机	
安全设施	火灾报警器消火栓	

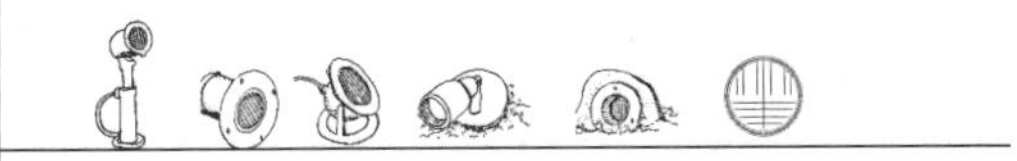

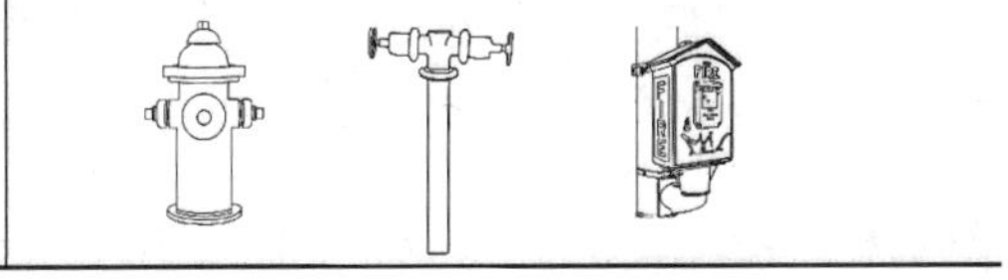

设计要点

1. 统一性设计。在同一街道内进行城市街道设施设计应尽可能采用较为统一的风格，不宜太复杂。

2. 个性化设计。对城市重要街道的设施宜进行个性化设计，以增强街道的识别性。

3. 人性化设计。城市街道设施设计应符合人的行为和心理要求，设计要符合"人体工程学"原理，做到尺度适宜，有选择性，能够满足不同使用者的要求，包括残疾人。

4. 功能性设计。城市街道设施设计要满足各种设施的基本功能要求，方便人的使用，并使其所在的空间环境更加实用、合理、舒适。

5. 美观性设计。城市街道设施设计要力求造型美和色彩美，简洁大方、经济实用。

6. 节能环保设计。城市街道设施设计应考虑对空间环境的影响，在材料的选择、设施的生产、运销、使用乃至废弃处理等全过程中，都要考虑节约自然资源和保护生态环境，达到可持续发展的目标。

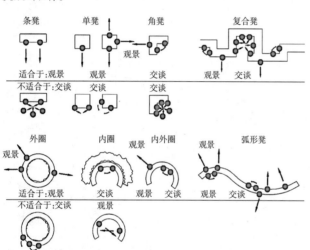

[1] 不同座椅形式对行为和使用的影响

[2] 不同杆式的路灯采用统一风格

[3] 阶梯的无障碍设计　　　　[4] 与建筑风格统一的灯具

[5] 座椅和花坛结合　　　　　　[6] 照明与指示功能相结合

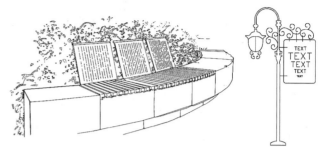

[7] 造型美观的座具

[8] 造型美观的饮水器　　[9] 节能环保的太阳能灯

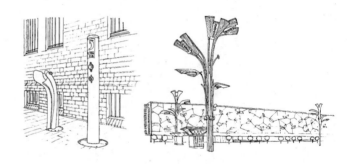

[10] 戛纳街头的胶片状铁质电话亭反映电影名城的个性特质

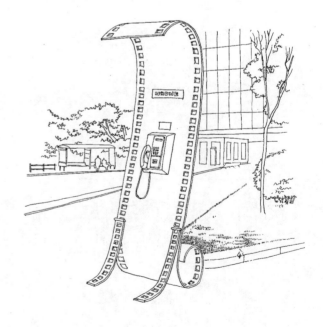

在规划制度层面

1. 国家层面

控制性详细规划是我国城乡规划体系中的一个法定规划类型，是规划许可的依据，也是土地出让的法定条件。目前，城市设计还没有纳入国家法定规划体系，属于非法定规划。

2. 地方层面

在地方政府层面，或通过城市规划管理规定等地方性法规将城市设计纳入地方性法定规划类型；或独立编制重点地段的城市设计，并通过政府以及法定机构的审批而赋予其法定文件的地位；或地方政府出台城市设计导则作为地方城乡规划编制与实施管理的依据。

在规划实践层面

1. 城市设计贯彻城市规划整个过程

总体规划层面的城市设计主要关注城市整体风格特色、景观与空间环境形态。控制性详细规划是深化落实总体规划的目标，该阶段的城市设计主要对各类空间环境，包括居住区、商业区、历史文化区等进行专项塑造，以形成不同功能区域的环境特色，并且对重要公共空间的建筑风格、色彩、材质、设施等环境要素提出整体控制对策。

城市设计在城市规划的不同阶段有不同类型、目标和取向。城市设计研究和方案阶段是城市规划目标的具体化和空间化的表达，作为一种理论和方法可以应用于所有规划类型。城市设计导则是一种空间管制的工具，将城市设计方案所描绘的各项目标转化为规划管理的条件和要求，成为规划部门管理的依据。

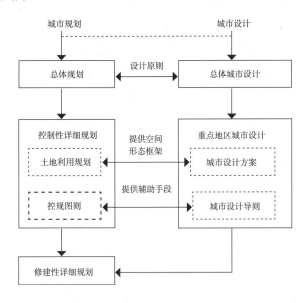

1 城市设计与规划体系的关系

2. 城市设计成为控制性详细规划编制过程的一个环节

城市设计以城市空间为研究和控制对象，是直接用空间语言描述城市发展愿景的过程；在强调土地集约利用与混合使用

的趋势下，城市设计可以有效弥补控制性详细规划功能分区式的土地利用控制模式的缺陷，为改善和提高城市空间利用提供了设计与管理的策略。

在当前控制性详细规划编制的实践中，往往把城市设计方案作为控制性详细规划的前提和依据，并将城市设计方案转化为城市设计导则，纳入控制性详细规划法定文件中作为指导性内容。

（1）城市设计方案是该地段的规划编制重要参考文件。

在编制城市重点地区和主要功能区的控制性详细规划时，城市设计方案以具体而形象的成果吸引公众参与，方便政府决策，并以其为基础统筹和落实控制性详细规划的框架性内容，如建构适宜的布局结构、整体景观设计等。

控规阶段城市设计方案的研究要点　　　　　　　　　　　表1

自然环境的保护与利用	自然环境与城市公共空间的渗透，保持自然生态的多样性
城市历史环境特色	保护和适应性改造历史建筑、历史性空间场所、城市历史肌理，以及与现代城市发展的关系
建筑群体形态	从建筑形态及空间组织的维度提出土地利用的尺度与模式
空间要素整合	城市设计采取适宜的空间结构组织规划布局
景观视廊的组织	在城市空间环境中，保证主要景观点与最佳观赏点之间的有机联系，扩大了城市空间界限，赋予了城市空间层次与特色
城市节点的构思	联系标志性节点形成公共空间序列
城市轮廓线组织	利用自然背景、建构筑物形成能反映城市整体结构性特征的天际线

（2）城市设计导则是该地段的规划管理参考和依据。

城市设计研究成果可以通过图示语言转化成城市设计导则，并融入控制性详细规划，成为土地出让条件，从而具体落实到相应地段的规划控制。城市设计导则和控制性详细规划同样是提供规划管理依据的技术手段，并且对城市形态产生直接影响。

控制性详细规划与城市设计导则的差异　　　　　　　　　表2

	控制性详细规划	城市设计导则
目标	对土地资源进行科学合理的分配并对地块的用地性质、使用强度等进行定性、定量的控制	基于公共利益的需要保护和提升城市公共空间的品质，对开发项目进行控制
依据	以上层次的总体规划和分区规划为依据，对土地使用进行详细控制	以城市设计方案为依据，把公共空间品质的规划要求提取出来，转化为开发的准则和管理的依据
控制对象	针对单独地块及地块上的建筑形体的控制	关注地块之间的公共空间以及公共空间的联系，诸如街道、广场、公园等，基于公共空间质量以图示语言对产权地块进行控制

控制图则的概念

控制图则的目的在于建立一个从总体规划过渡到控制具体城市街区环境形成的转化机制。在总体规划所形成的总体设计意图框架下，控制图则具体为每个地块的开发提供符合设计意向的发展结构与控制基础，以使后续对建筑设计、市政设计和景观设计的指引能获得有目的的控制和引导。

控制图则的概念

控制图则是通过提供一系列图示符号和指标来表明地块开发所导向的发展结构与构成意向。主要包括以下内容：

控制图则内容表　　表1

	内容	作用
地块构成	用地红线	定义地块的划分和道路红线，提供地块的面积范围
	建筑退缩线	定义沿地块边界的公共空间的最小范围
	特征性强制边界控制线	定义街道和公共空间的需要受到较为严格控制的特征性界面线，而这种界面往往带有较具体的设计要求
	弹性边界线	定义一种在不超越边界范围的前提下、建筑界面形态可灵活变化的边界线
	地块开放空间线	定义地块开放空间的位置和最小尺度
	建筑可建范围线	定义所有建筑的最大建造范围和位置
出入口与通道	建筑主要出入口区域	标示建筑可建范围的各种主要出入口方向
	停车/后勤服务出入口区域	标示建议的停车及后勤服务通道出入口区域
	步行联系	标示形成联系地块内或地块间各种用地的步行通道
土地使用	用地性质	描述地块开发允许的使用功能
	容积率	定义发展地块允许的最大建筑面积与地块总面积的比率
	建筑密度	定义发展地块内允许的最大建筑基底面积与地块总面积的比率
	绿地率	定义发展地块内各类绿地面积与地块总面积的比率
	建筑限高	定义地块内允许的最大建筑高度
	停车	描述停车方式，必要时提供需要的数量

导则的概念

城市设计导则自20世纪90年代早期被引入我国部分城市的规划管理中，是作为把城市设计成果落实为可操作的城市规划控制的有效工具，并贯穿于城市规划各阶段。

"设计导则"一词最早由"design guidance"或者"design guideline"翻译而来。总体来说，城市设计导则是实现城市设计目标和概念对城市空间建设进行导控的具体操作工具，是城市设计由设计语言转化为管理语言的主要成果之一，是对未来城市形体环境元素和元素组合方式的规划管理性描述。作为一种技术性控制框架，其作用效果直接影响城市空间形成的品质。

导则的类型

城市设计导则包括规定性导则与绩效性导则两种类型。

规定性导则倾向于为下一层次的设计工作设定明确的限定条件，如容积率、退缩红线距离、建筑高度限制和控规以外的相关规定，如与地铁沿线联系的地下通道、土地复合使用方式、高层建筑位置等，要求严格遵守，是一种有约束力的控制，易于遵循与评价。

控制图则的实例

补充规划设计要点：
1.在DN0306地块配建综合商场，用地面积约3000m²的公交枢纽站和用地面积1000m²的公交车首末站。
2.在DN0302地块配建2#通信机楼。
3.在DN0305地块上配建用地面积为500m²中心区北区出租车服务站及用地面积为200–300m²保险和证券所。
4.在DN0303地块设一用地面积为750m²的自行车停放场。
5.在DN0301地块上加设一公安工作点，并配上2~3个停车位。

地块编号			DN0301	DN0302	DN0303	DN0304	DN0305	DN0306	DN0307
地形图号 1:500			20-46-12(10) 20-46-12(11)	20-46-12(10) 20-46-12(11) 20-46-12(15)	20-46-12(6) 20-46-12(10) 20-46-12(7) 20-46-12(11) 20-46-12(12) 20-46-12(15)	20-46-12(7) 20-46-12(11)	20-46-12(7) 20-46-12(18) 20-46-12(11) 20-46-12(12)	20-46-12(11) 20-46-12(12) 20-46-12(15) 20-46-12(16)	20-46-12(11) 20-46-12(12) 20-46-12(16)
规划用地性质			金融	商业	公园	旅店	商办	商办	商办
规划用地代码			C22	C21	G11	C25	C13	C13	C21
用地面积（m²）			7884	4120	38813	14435	12843	24874	14665
土地使用强度控制指标	容积率		2.00	2.00	0.10	3.00	2.20	3.60	3.60
	建筑密度(%)		50	40	10	45	40	55	55
	绿地率(%)		20	25	70	25	25	20	20
	高度限制(H)		22	22	–	49	22	60	60
	规划层数(层)		5	5	–	12	5	15	15
	建筑后退指标	东北	15	15	–	5	5	20	10
		东南	20	5	–	30	10	10	10
		西南	5	5	–	15	5	5	–
		西北	10	5	–	10	30	15	30
车行主要出入口			SW	SW	–	NE	NE	SW	NE
配建标准停车位			95	49	12	108	226	537	317
配建自行车停车位			47	25	97	68	283	895	158
规划居住人口			–	–	–	–	–	–	–
规划居住户数			–	–	–	–	–	–	–
土地相容性表			–	–	–	–	–	–	–

说明：DN03街区平均规划容积率2.06，规划建筑密度36%。

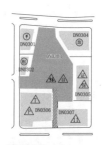

a 图则一

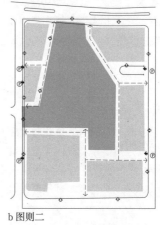

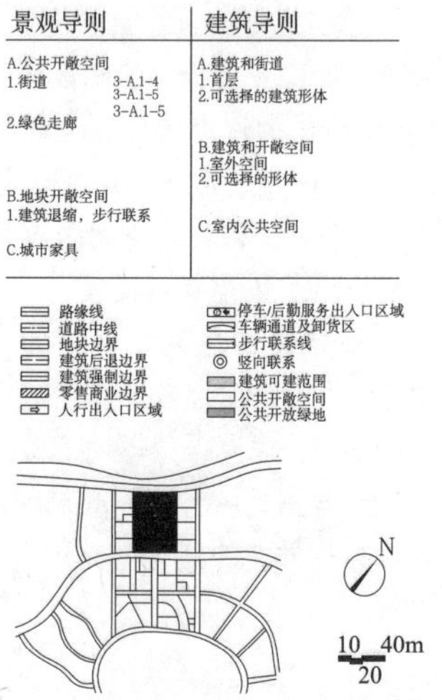

b 图则二

1 广州大学城地块控制规划图则

名称	设计时间	设计单位
广州大学城中心区城设计及控制性详细规划	2003	美国SASAKI公司、华南理工大学建筑设计研究院

绩效性导则倾向于采用过程描述的形式，提供能鼓励形成具有希望特征的城市空间环境的多种可能方式，使下一层次的设计工作具有更大灵活度和弹性的操作空间，是一种更宽松、启发性的约束框架，但不易于评价与衡量其有效性。

在城市设计成果中，一般都会同时运用两种导则，既保证整体效果的必要的可控制性，又为下一层次的设计提供创造发挥的弹性空间，体现为有限理性的弹性控制。

规定性导则与绩效性导则的比较　　表2

规定性导则		绩效性导则	
序号	内容	序号	内容
1	停车场必须位于建设场地后部的1/2区域	1	停车场地应通过绿化、墙体或其他构筑物遮蔽的形式减少对过往行人的视觉影响
2	混合使用的建筑底层玻璃率必须在40%到60%之间	2	混合性建筑应根据功能的变化在立面处理上采用不同的玻璃率，如较小的玻璃率适用于居住功能单元，较大的玻璃率则适用于商业功能单元

注：玻璃率（glass-wallratio）指一定范围内玻璃与外墙面的面积比值。

导则编制内容与表达

导则编制的内容应根据项目的特征有所差别，我国规范性的要求尚未形成统一的共识。目前，可以从一些论著及实例中得出导则编制内容的基本概貌。

哈米德·雪瓦尼在《都市设计程序》一书中提出，城市设计导则包括：①导则的目的与目标；②涉及的主要与次要课题；③应用；④应用的范例。

波特兰中心区城市设计的导则由设计目标、导则的分类、内容和管理表格四部分构成。

圣地亚哥城市设计导则分5个主题：①城市整体意象；②自然环境基础；③社区环境；④建筑高度、体块和密度；⑤交通。每个主题都设定设计目标、导则和标准，再提出进一步研究的建议或指引。

波特兰市中心区设计导则的基本格式和主要内容　表1

序号	主题	内容	备注
1	城市设计的总目标和子目标		鼓励优秀的城市设计；在城市开发过程中把城市设计和城市文化遗产保护结合起来；加强波特兰城市中心区的特色；促进中心区开发的特色和多样性；建立中心区整体和局部之间的城市设计关系；在城市中心区提供愉悦的、丰富的和多样的人行环境；通过提升艺术品位提高城市的人情味；创造24小时安全适于生活、繁荣的中心区；保证新的开发建设符合人的尺度，与中心区的尺度和特色协调一致
2	城市设计导则的分类	城市特色	建立波特兰市的城市设计框架
		人行道关系	强调人的活动和步行
		环境项目	设计保证每一个开发项目对波特兰市的城市设计框架和使用者都有意义
3	城市设计导则内容	A1与河流结合	沿河岸开发的工程项目应重点考虑与河流的协调关系，诸如建筑与景观元素、开窗位置入口和室外入口区，提供人行与河岸的可达性等；加强人行道与桥头的联系，设置安全、愉悦的灯光系统和道路铺装
		A2强调城市主题	在工程项目设计中表现反映波特兰特点的主题
		A3尊重城市街区结构	以适当的形式保持和发展传统的约60m的街坊模式，以及建筑物占地的公共空间比例；在超大街区中，机动车和人行道的布置应反映传统的街坊模式，包括一些元素如连廊、人行道设施等；高层建筑的位置应尊重传统街区的网络
		A4采用统一设计元素	利用原有的和加进新的设计元素协调并联系每个地块，加强中心区的连续性
		A5应加强和美化的特色区	通过一些小尺度的、反映地方特点的设施，加强特殊地区的特色
		A6建筑的改造保护和再利用	以适当的方式改造、保护和再利用原有建筑物和建筑元素
		A7建立并维护城市围合感	通过界定城市公共空间创造围合感
		A8重点考虑城市景观	通过提供活动场所活跃城市景观，如提高人行道的使用效率；提供室内外空间在视觉和活动上的渗透；使室外空间反映和表现室内空间的活动和质量，如中庭、入口和使用性质
		A9加强城市入口处理	在中心区城市设计确定的重要入口节点上加强入口形象的处理
4	导则的管理表格		项目名称＿＿＿＿项目编号＿＿＿＿日期＿＿＿＿

应考虑	应遵守	不必遵守	控制内容
			A 城市特色
			A1 与河流结合
			A2 强调城市主题
			A3 尊重城市街区结构
			A4 采用统一设计元素
			A5 应加强和美化的特色区
			A6 建筑的改造保护和再利用
			A7 建立并维护城市围合感
			A8 重点考虑城市景观

导则的实例

1. 深圳中心区22、23-1街区城市设计导则

深圳中心区22、23-1街区城市设计将前瞻性的城市设计分析转化为对街道形式和建筑形体的城市设计导则控制，并对后续的单体建筑设计工作实施了良好的规划管理。

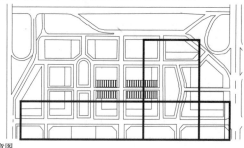

1.总意图

创造一个生气勃勃，令人流连忘返的街道环境是总体规划的主要目标，为保证这个目标的实现，福华路和公园周围的街道两旁依次排列着商店，偶尔有写字楼的门厅穿插其中。沿食街/娱乐街开设餐馆和各类专业店。当夜幕降临，街头禁止车辆通行时，这里的餐馆和咖啡厅可以在室外搭棚提供服务，使街头变得繁忙热闹。停车场和货物装卸区应限制在交通流量小的辅助街道上。主街上的建筑应对准与建筑后退线相等的建筑立面线设置。福华一路和公园周围街道上的低层建筑将设置连拱廊。

2.商店用地

规划要求福华路和公园周围街道上的建筑在底层设置商店。商店在临街的设施中应占有85%的比例，商店的深度至少有10m，高度至少有6m，最多不超过14~17m。商店的入口间距不超过10m。临街建筑商店部位的外墙至少有60%的面积是玻璃，便于陈列商品。商店的门面和橱窗应包含在连拱廊的设计范围内。商店的标识和其他批准的悬挂物应限制在距离拱廊顶部1.5m的范围内。拱廊的墙上安装专门设计的街灯，其他标识的设计必须考虑这些街灯。

1 深圳中心区22、23街区街道设计导则一

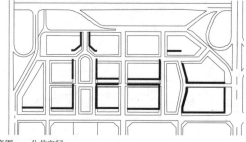

1.总意图——公共空间

街墙是一个非常重要的概念，必须理解并加以实施。优美的街道环境是由面向街道的各类建筑构成的，沿人行道布置的建筑还确定了城市开放空间的界限，为各建筑内的活动建立一种密切的关系。这是中国南方城市建设的一个传统，应该延续下去。近年来建造的楼房后退线参差不齐，使街道的重要性明显下降，而且造成某些城市公共空间冷清，少有行人来往。在规定有街墙的地方不允许建筑后退线参差不齐。

2.规定执行的街道立面线

本区所有建筑都应建在地块范围内，为了增强该区的城市风格，要求有些建筑的正面与规定的街墙立面线看齐，即建至地块红线处，面临福华路和公园外围街道的建筑必须遵守这个规定。有多个建筑的立面构成的街墙立面至少应该跨及所在街区90%的长度。街墙立面的高度可在40~45m之间，而且在这个高度范围内没有后退线，但超出45m高度以上的建筑部位必须跃然逐渐后退街墙立面线，后退的程度控制在1.5~3m之间。

2 深圳中心区22、23街区街道设计导则二

塔楼顶部的控制

塔楼的顶部用于安装机械设备，这部分不算在建筑面积之内。顶部至最高使用楼层与塔尖之间的部位，应逐渐减少屋面的截面及立面尺寸，当屋面能派上特殊用场时，允许有特殊的形式，但设计必须经过审批。屋面的机械设备应有遮挡，任何部位都不可暴露在外。屋面的材料应与建筑其他部位的材料相一致，使用同样的外墙材料能给人一种整体感。在深圳市中心区，建筑屋面不得安任何标识。通信用的塔或其他竖立物的高度不得超过建筑高度的20%。这些物体应包含在建筑设计范围内，而且必须经过批准才能安装。塔楼屋面可安装为建筑起衬托效果的特殊照明，这类照明的设计应与深圳市其他塔楼屋面的照明协调。

3 深圳中心区22、23街区街道设计导则三

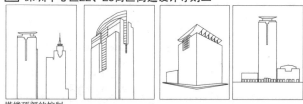

10
城市设计

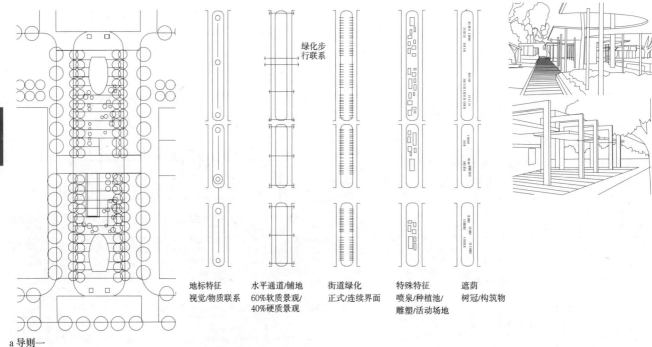

地标特征
视觉/物质联系

水平通道/铺地
60%软质景观/
40%硬质景观

街道绿化
正式/连续界面

绿化步行联系

特殊特征
喷泉/种植池/
雕塑/活动场地

遮荫
树冠/构筑物

a 导则一

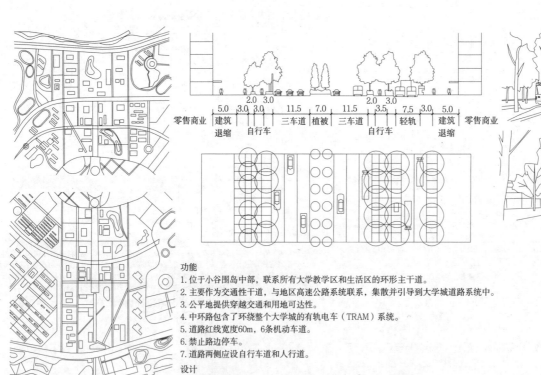

b 导则二

5.0　3.0 3.0　　11.5　7.0　11.5　3.5　　7.5　3.0　5.0
零售商业　建筑　自行车　三车道　植被　三车道　自行车　轻轨　建筑　零售商业
　　　退缩　　　　　　　　　　　　　　　　　　　退缩

2.0 3.0　　　　　　　2.0 3.0

功能
1. 位于小谷围岛中部,联系所有大学教学区和生活区的环形主干道。
2. 主要作为交通性干道,与地区高速公路系统联系,集散并引导到大学城道路系统中。
3. 公平地提供穿越交通和用地可达性。
4. 中环路包含了环绕整个大学城的有轨电车(TRAM)系统。
5. 道路红线宽度60m,6条机动车道。
6. 禁止路边停车。
7. 道路两侧应设自行车道和人行道。

设计
1. 行道树种植于车行道、步行道及自行车道间,株距7m,道路两侧要求相同。
2. 有轨电车站和街道家具于步行道区域3m范围内,配合树木排列。
3. 照明和标识设置于车行道和步行道之间的,且应与树木排列配合,避免电线杆设在中央分隔带。
4. 中央分隔带种植双行柱形树木,覆以灌木和灌溉草坪,宽度7m。
5. 人行道两边沿着自行车和步行道边界均设置绿化带,使用相似的植被覆盖,宽度分别为3m和2m。

1 **广州大学城中心区城市设计导则**

名称	设计时间	设计单位
广州大学城中心区城市设计及控制性详细规划	2003	美国SASAKI公司、华南理工大学建筑设计研究院

广州大学城中心区城市设计导则注重对景观空间及建筑设计的指引,保证了详细设计能贯彻总体规划及地块控制规划意图,与整体发展的环境品质相协调,以积极引导对拥有通畅车行与步行交通、鼓励多样化公共活动的公共场所的营造

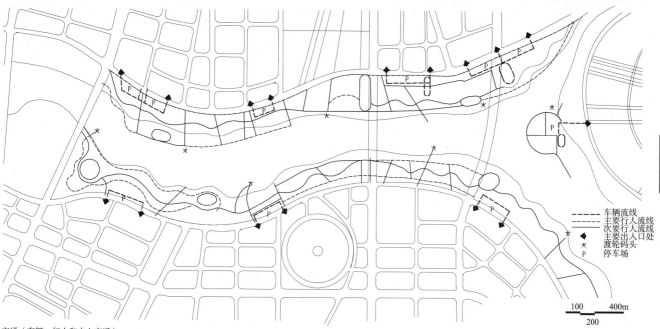

车辆流线
主要行人流线
次要行人流线
主要出入口处
渡轮码头
停车场

100   400m
200

交通（车辆，行人和水上交通）

通往滨河公园的车辆交通主要是通过南北滨河道路来实现的。多功能建筑、餐馆、会议厅、佛山博物馆、露天剧场、游艇码头和湿地交易中心附近都设有小型车辆通道。步行通道贯穿整个滨河区，侧重与河边的南北联系以及水边的东西向散步道。这些步道的宽度和材料可有所不同，但公园里的步道宽度不得超过5m，应保持材料的协调和简单。

a 导则一

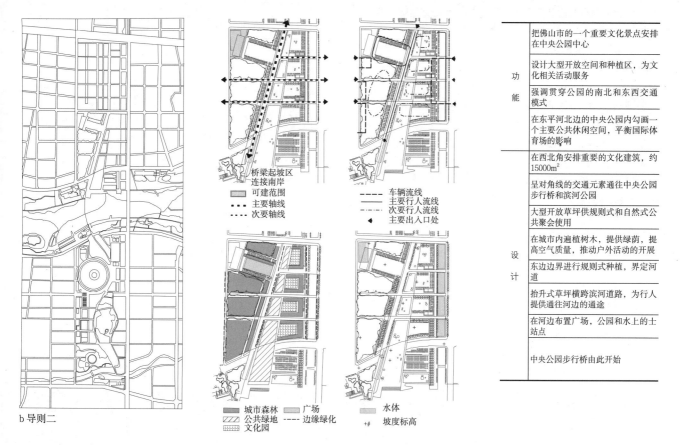

桥梁起坡区
连接南岸
可建范围
主要轴线
次要轴线

车辆流线
主要行人流线
次要行人流线
主要出入口处

城市森林   广场   水体
公共绿地   边缘绿化
文化园   坡度标高

b 导则二

	功能
	把佛山市的一个重要文化景点安排在中央公园中心
	设计大型开放空间和种植区，为文化相关活动服务
	强调贯穿公园的南北和东西交通模式
	在东平河北边的中央公园内勾画一个主要公共休闲空间，平衡国际体育场的影响

	设计
	在西北角安排重要的文化建筑，约15000m²
	呈对角线的交通元素通往中央公园步行桥和滨河公园
	大型开放草坪供规则式和自然式公共聚会使用
	在城市内遍植树木，提供绿荫，提高空气质量，推动户外活动的开展
	东边边界进行规则式种植，界定河道
	抬升式草坪横跨滨河道路，为行人提供通往河边的通途
	在河边布置广场，公园和水上的士站点
	中央公园步行桥由此开始

1 佛山中心组团景观设计导则

名称	设计时间	设计单位
佛山市中心组团新城区规划与城市设计	2004	美国SASAKI公司、华南理工大学建筑设计研究院
景观设计导则的结构反映了佛山市近期的概念景观规划。导则结构简单，侧重主要开放空间元素的设计，更加便于参考		

城市设计实施概念与特征

城市设计的实施是以发展改革部门拟定的城市整体发展计划确定的战略部署，结合城市规划管理的特点和地方政府拟定的城市总体规划要求及建设程序，提出政府实施城市设计项目的行动计划和步骤，利用激励机制和政策引导把城市设计对形态环境综合组织安排的意图、理念，通过对城市建设活动的引导控制付诸实践的过程。

基于城市设计实施时间长、多渠道投资、多专业综合的客观事实，城市设计是一连串的设计与实施管理的决策过程，在不断变化的影响因素的持续作用下，呈现为一种动态、开放的系统，由此决定了城市设计的成果应具有一定的应变能力和非终端的特点。

城市设计实施要点

1. 流程选择

无需修正成果的实施流程。城市设计管理文件与控规搭接后，所形成的规划设计要点如确认无需修正，首先进入专家评审及政府审批程序，通过后，则进入项目影响评估程序，再次通过后，进入两证一书办理及修建性详细规划或工程设计程序，最后进入项目施工程序。

需修正成果的实施流程。若设计文件与控规搭接后所形成的规划设计要点在任意环节出现问题，政府规划管理部门需重新组织设计咨询工作，委托设计机构对局部方案进行修正，对已修正的方案进行多方案比较，再经过专家评审和公众听证的流程后，形成与控规衔接的管理文件，重新进入政府审批程序，依此类推。

2. 设计咨询。依据城市设计管理文件与控详规划成果的具体搭接情况，由政府规划管理部门按照城市设计工作坊、国际竞赛、招标、委托等多种组织方式选择设计咨询机构，针对需要修正的成果部分开展城市设计咨询工作。

管理文件与控详规划成果搭接、已修改方案的多方案对比等内容详见"城市设计工作流程与成果"部分。

3. 专家评审。专家评审是对设计方案的选择和修改，对设计控制条件的变更和异议进行评价的专业过程和行政过程。

专家评审委员会的形式多种多样，并且由不同学科指定人员组成。评审委员会成员为单数，其中三分之一以下为政府官员，其余为非官方的专家、学者。委员会应有明确的工作规范、工作程序和任期制度，对城市设计成果的任何改变都必须经过委员会的审查方可通过。

4. 公众参与。公众参与具有全过程参与，参与主体范围广、程度深、组织机构完备、参与形式多样等特点。其作用主要是评价和判断城市设计方案和要求的质量和可行性，对环境的影响，对各方利益的平衡。

公众参与层次与国内外对比分析表　　　　表1

参与阶段		参与主体	组织机构	国内参与形式	境外参与形式	对比国内优劣分析
设计阶段	方案形成阶段	全体公众 / 利害关系	规划部门、设计团队、社区组织、市民代表	调查问卷、访谈、工作坊、公众咨询会、社区参与	民意调查、公共咨询委员会	优势：参与面广、程度较深；牢固法律基础；有效制度保障；实时参与修正。劣势：参与过程繁复；建设周期延长
	方案修改阶段	全体公众 / 利害关系		政府网站、信息栏公示、专家评审、社区参与	公众讨论会议、参与设计、公众投票、技术帮助、公众听众会	
	方案批准后	规划管理部门，市民	规划相关部门	媒体宣传、信息栏公示、规划展示馆、政府网站		
实施阶段		规划管理部门，市民	规划部门、社区组织	媒体宣传、信息栏公示、规划展览馆	雇佣公众到社区官方机构工作、公众培训	
评估阶段		规划管理部门，市民	市民代表	咨询中心、热线电话	咨询中心、热线电话、政府网站	

5. 项目评估。项目影响评估是人们在颁布一项政策或进行一个项目建设之前，在充分调查研究的基础上，对该行动可能带来的影响进行的识别、预测和评价，并由此制定出利用积极影响，消除或减轻负面影响的措施。项目影响评估包括环境影响、交通影响、过渡影响和资金影响等。

6. 建设项目导控。城市设计成果在导控城市开发与建设的过程中，为了实现城市设计的预期目标，一般是两种方法并用，即硬性规定和弹性原则相结合的策略。并且在城市设计的不同阶段，城市设计团队中起主导作用的人员也会有所区别，其话语权的不同会对城市设计的过程和结果有比较大的影响。

维护管理与运营评估

城市环境建成使用后，环境使用管理与维护、居民社区意识形成、环境评价信息反馈等公众参与问题也是城市设计活动的重要部分，被称为城市设计后续工作。具体内容有市民教育、建立社区意识、增加使用者的参与感和提高社区服务质量等。

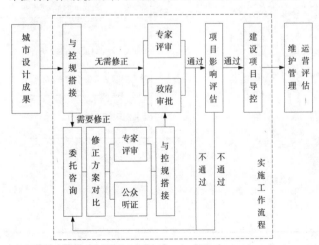

1 城市设计的实施过程要点

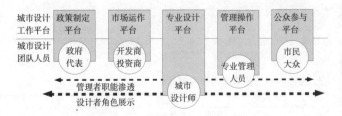

2 城市设计不同平台及决策者关系示意图

设计评审与公众参与

设计评审与公众参与表面上是城市设计过程和工作组织问题，但实质上体现了城市设计通过公众参与决策，在机制和程序上保障公众利益等价值观问题。

"公众参与设计"是一种让公众参与决策过程的设计，即公众真正成为设计的主人，这里强调的是与公众一起设计。规划设计中的公众参与随着层次的提高，逐渐实现在规划设计过程中设计与公众意识的更高层次的协同，赋予公众更充分的设计权利。

公众参与与城市设计的程序　　　　　　　　　　　　　　表1

工作阶段	工作内容
前期研究	地方规划部门必须评估规划范围内的需求、机会以及限制条件，并且汇总形成政策所需要的依据。这一过程需要相关的机构和公众参与配合
规划设计	规划设计阶段，政府鼓励公众参与的前置，也就是在规划开始之初就鼓励社区和主要利益相关者介入到规划之中
设计评审	在设计评审阶段，规划部门组织市代表及相关利益主体，以讨论会、听证会、公众投票等形式，针对设计方案提出意见
设计实施	通过评审之后，将给出评审意见，提出修改建议，地方规划部门组织修改完善，通过正式程序审批后，便可以正式实施规划设计。

设计评审本身是城市设计从方案到公共决策转化的关键过程，即不同利益博弈和妥协，不同人群和机构协商，最终形成针对规划设计方案共同评判与决策的过程。

规划设计过程中的公众参与

目前，中国规划设计领域的公众参与程度与欧美国家相比还有较大差距。

几种公众参与方法的特征和任务　　　　　　　　　　　　表2

传递的特征				影响评价任务					
和公众保持联系达到的程度	处理特定利害问题的能力	双向传递的程度	促进公共参与的各种办法	提供信息教育网络	确定问题需要价值	发现思想解决问题	手机反馈信息	评价备选方案	解决问题协调一致
M	L	L	公共意见听取会		●		●		
M	L	M	公众会议	●	●		●		
L	M	H	非正式小组会议	●	●	●	●	●	●
M	L	L	一般公共信息会	●					
L	M	H	面向社会组织的报告会	●	●		●		
L	H	H	信息协调座谈会	●					
L	M	L	开办现场办公室		●	●	●	●	
L	II	II	访问当地规划部门	●					
L	H	L	规划小册子和工作流程	●		●	●	●	
M	M	L	资料小册子	●					
L	H	H	到现场旅行和现场参观	●	●				
H	L	M	公开展览	●		●	●		
M	L	M	建设项目的模型说明	●			●	●	●
H	L	L	新闻宣传材料	●					
L	H	L	对公众质询的问答	●					
M	L	L	发布新闻征求评论	●			●		
L	H	H	发信征求评论			●	●		
L	H	H	专题讨论会		●	●	●	●	
L	H	H	顾问委员会		●	●	●	●	●
L	H	H	特别工作组		●	●	●	●	●
L	H	H	雇佣城镇居民		●	●	●	●	●
L	H	H	城镇利益代言人		●	●	●	●	●
L	H	H	收集意见人或代表	●	●	●	●	●	

注：L—低，M—中，H—高，●表示适用于该项。

根据学科和社会发展现状，主要通过两种途径加以提高：第一，在规划设计的全过程鼓励多方参与，其中包括多学科、多领域、多利益群体、多层次；第二，把规划、设计和建设城市环境的权利，至少是部分权力归还人民。

城市设计实践不同阶段各个角色的参与情况　　　　　　　表3

评价过程		参与者		
		市民	规划师	政府官员
总体策划	基本目标决策	A	B	A
	可行性研究		A	B
	项目基本策划		B	A
	全面预测评估	B	A	
	拟定工作计划		A	B
设计组织	调研收集资料	B	A	
	综合分析资料		A	
	多种构思方案		A	
	方案选择	A	B	A
	调整深入		A	A
实施执行	贯彻完成		A	A
运作维护	反馈	A	A	A

注：公众参与的主要阶段：A 主要角色，B 促进支持的角色。

设计评审的机构组织

城市设计的机构组织通常分为集中式、分散式和组织临时性机构等三种模式，由此产生不同的评审模式，其中：集中式是最常见的一种组织形式，城市设计管理职能集中于某个特定的部门统一领导和控制；分散式指城市设计职能由某些政府机构分担，各机构分别处理各自日常职责范围内的专项设计；城市设计临时性机构往往是在一段时间内，针对某一特定城市设计问题而组织的一套班子——可以是一个设计委员会，也可以是政府以外的其他团体，为城市某一阶段和特定的建设项目服务。

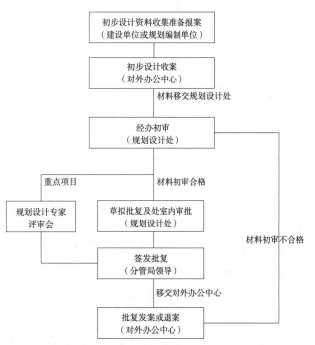

1 典型集中式城市设计评审流程图

建筑给排水概述

　　建筑给水排水工程是给水排水工程的一个分支,主要是解决建筑内部的给水以及排水问题,以保证建筑的功能及安全。由建筑给水、建筑中水、建筑生活热水及饮水供应、建筑循环冷却水、建筑排水、建筑雨水和建筑消防组成。

　　本专题主要论述一般民用建筑的给排水系统,特殊建筑给排水系统的相关内容可参见资料集相关章节。

建筑给水概述

　　建筑给水系统是将城镇给水管网或自备水源给水管网的水引入建筑内,经配水管道送至生活、生产和消防用水设备,并满足用水点对水量、水压和水质要求的冷水供应系统。

　　建筑给水系统组成:引入管、计量仪表(水表)、给水管道、用水设备和配水装置、给水附件(各种阀门等),以及增压和出水设备。

建筑给水系统

建筑给水系统图示(设高位水箱)　　　　　　　　　　　　　　　　表1

分类	设高位水箱						
	单设水箱供水	水箱水泵联合供水					
		不分区供水	分区供水				
			并联单管供水	并联多管供水	串联供水	水箱减压供水	减压阀减压供水
图例	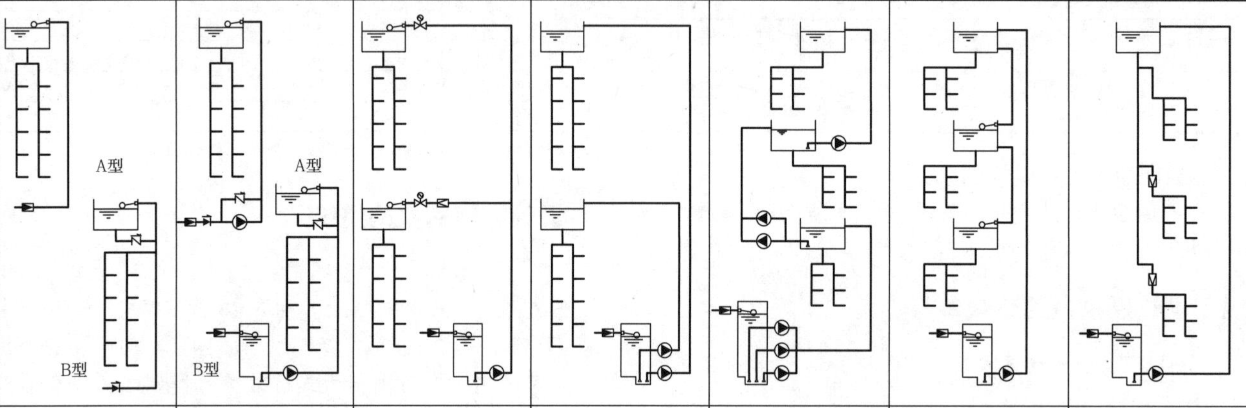 A型 B型	A型 B型					
供水方式	与外部管网直接相连,由外网供至高位水箱,再从水箱向用水点供水。一般利用夜间外网压力高时往水箱进水,供一天用水	由泵直接从外网抽水(A型)或通过调节池(或吸水井)抽水升压供水(B型)。A型当某一时段外网压力够时可直供	分区设置高位水箱,用泵加压单管输水至各区水箱,由水箱供水,水泵与电动阀的启闭由水箱内水位控制	分区设置高位水箱,各区有水泵与输水管输水至水箱,通过水箱供水	分区设置高位水箱,各区下部设立满足本区需要的提升泵,及与上区提升泵相匹配的转输泵并联锁,各水箱除满足本区用水需要,还应贮存供上区泵的启泵水量,各区由水箱供水	分区设置高位水箱,全部用水由水泵升压送至最高的水箱,再分区送到下区水箱。由各区水箱供水	水泵统一加压,仅在顶层设置水箱,利用减压阀供水
适用范围	外网压力最小时流量能满足要求,或外网压力周期不足(白天水压不够,晚间压力有保证),或室内要求水压稳定,而又允许设置水箱的多层建筑,A型也可用于外网压力过高的地区	外网水压经常不足,所供水量也不能满足设计秒流量,允许直接从外网抽水,则采用A型;不允许时,则采用B型。一般用于多层建筑	地下室泵房面积较小,当地电费较便宜。一般用于高度不太高、分区较少的高层建筑	不允许全楼一起停水,一般用于不高于100m的高层建筑	建筑物比较高,有较高的维护管理能力,一般用于高于100m的高层建筑。楼层中间有设置泵房的可能	地下室泵房面积较小,当地电费较便宜。一般用于高度不太高、分区较少的高层	中间层不允许设水箱,水压要求不太高,一般用于高度不太高、分区较少的高层建筑
备注	当采用A型时水箱容积必须确定合适,若偏小,则可能难以保证正常供水,采用B型时,当水箱无水时,底下几层仍能由外网直供。但当外网水压高时,水箱内贮水时间过长,水质比A型差,一般不推荐	—	下区应设减压阀,防止水箱的进水阀和配件损坏。一般不推荐	—	泵的数量较多,泵房面积大,自动控制要求高。中间层需设泵房,有较高的减振要求	能量浪费,一般不推荐	减压阀必须有备用,当减压阀出现故障,管网超压时,应有报警措施。下区的减压比(或压差)应符合规范要求。能量浪费,一般不推荐

1.设置水箱,增加了供水的可靠性,防止了一旦停电,全楼立即停水的现象发生。但增加了结构负荷,水箱供水水质比较差,应采用防止二次污染的措施。
2.对于高层建筑采用水箱水泵分区供水方案的,一般存在下列条件:外网水压不够;流量不满足设计秒流量;须通过调节池用泵升压供水;建筑物内允许设水箱,水压要求平稳。水泵可采用恒速泵。当外网的流量能满足要求,有关单位又允许直接从外网抽水时,则可不设调节水池

图例	 倒流防止器	止回阀	减压阀	电动阀	浮球阀	水表	水泵	气压罐

建筑给水系统

建筑给水系统图示（无高位水箱）　　　　　　　　　　　　　　　　　　　　　　　　　　表1

分类	无高位水箱				
	外网直接供水	水泵升压直接供水			水泵升压、减压阀分区供水
		不分区供水	分区并联供水	分区串联供水	
图示	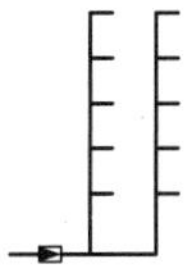	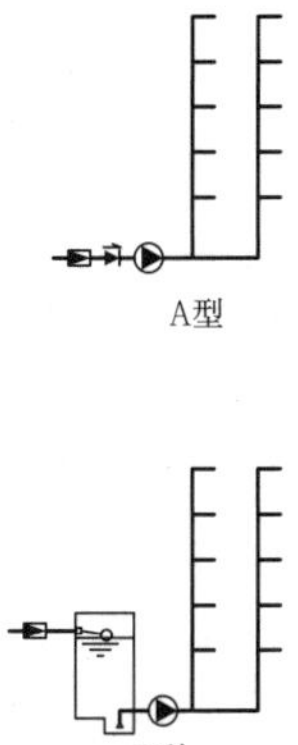 A型 / B型	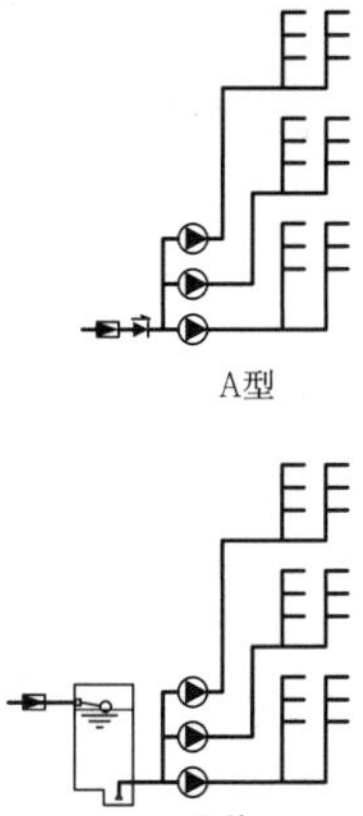 A型 / B型	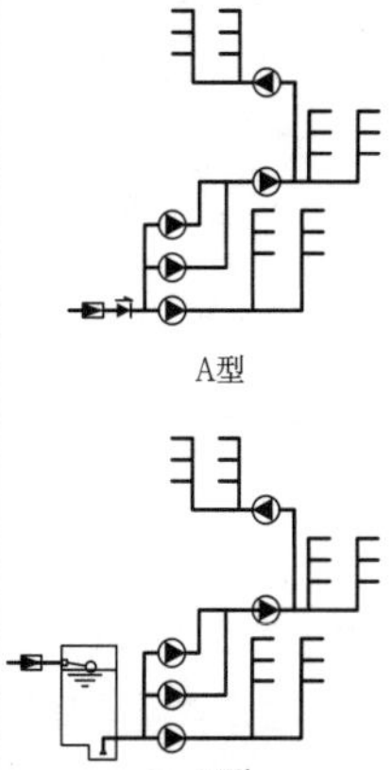 A型 / B型	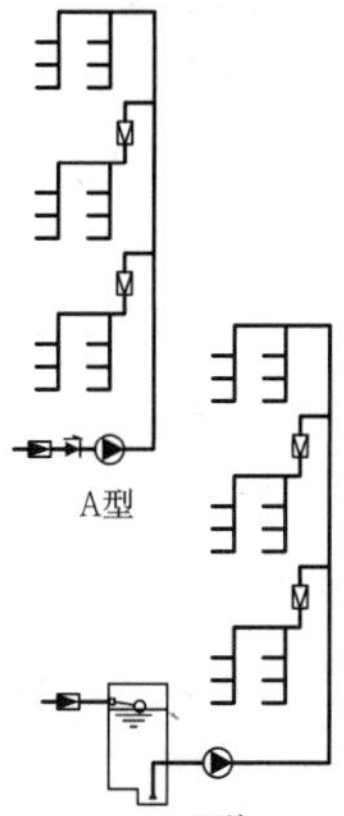 A型 / B型
供水方式	与外部管网直接相连，利用外网水压直接供水	由泵直接从外网抽水（A型），或通过调节池（或吸水井）抽水（B型）升压供水	分区供水，各区设泵直接从外网抽水（A型）或通过调节池（或吸水井）抽水（B型）升压供水	分区供水，用泵直接从外网抽水（A型）或通过调节池（或吸水井）抽水（B型）。各区自成系统，每一区的各级提升泵应匹配，并联锁，使用时应先启动下一区泵，才启动上一区泵。各区配有小气压罐和小流量稳压泵	用泵直接从外网抽水（A型），或通过调节池（或吸水井）抽水（B型）升压供水，而下区采用减压阀减压供水
适用范围	一般适用于单层和多层建筑、高层建筑中下面几层，外网能满足要求的各用水点	一般适用于多层建筑	一般适用于高度不足100m的高层建筑	一般适用于超过100m的高层建筑。楼层中间有设置泵房的可能，并有较强的维护管理能力	一般适用于高度不超过100m的高层建筑，并有较强的维护管理能力
备注	供水系统简单，充分利用外网水压，水质较好，故设计中应优先选用。外网压力过高，某些点压力超过允许值时，应采取减压措施	高区泵扬程高，输水管的材质及接口要求比较高，事故只涉及一个区，不会造成全楼停水	高区泵扬程高，输水管的材质及接口要求比较高，事故只涉及一个区，不会造成全楼停水	事故只涉及一个区，不会造成全楼停水，泵的数量多，中间层需设泵房，要有较高的减振要求，自动控制要求比较高	采用减压阀分区，减压阀需要备用，当减压阀出现故障管网超压时，系统报警。输水管的材质及接口要求比较高。当水泵出事故时，则造成全楼停水，能量浪费。一般不推荐

备注：
1. 对于不设水箱的供水方案，减轻结构负荷，水质条件相对于水箱供水要好，但供水可靠性较差，当建筑内有不能停水的设备时，应采取措施（如双管进水，或单独设水箱等），确保用水安全。
2. 采用无水箱方案，一般具有下列条件：
（1）外网能满足建筑物各用水点水量和水压要求；
（2）外网不能满足直接水压要求，需要采取升压供水方式，而建筑内没有设置水箱的条件或者建设方要求不采用水箱供水方式。该地区动力有保证。
3. 用泵提升方式，当外网水压不足但流量能满足要求，并允许泵直接从外网抽水时，可采用A型（一般采用叠压供水装置）；若不允许泵直接从外网抽水时，可采用B型（设吸水井）；当外网流量、压力均不足，或楼内不允许停水，且只有一条进水管时，采用B型（设调节池）。
4. 所采用的泵可按下列情况选型：当用水均匀，流量变化不大时，可用恒速泵（一般需设几台水泵并联使用），但这种方式较少用；当用水不均匀，流量变化较大时，应采用变频泵，也可采用泵—气压罐联合供水方式。

图例：倒流防止器　止回阀　减压阀　浮球阀　水表　水泵　气压罐

建筑给水系统的竖向分区

建筑给水系统的竖向分区根据建筑物的用途、层数、使用要求、材料设备性能（如卫生器具的承压能力）、维护管理、降低供水能耗、节能等因素综合确定。

建筑高度不超过100m时，给水系统宜采用垂直并联供水形式。建筑高度超过100m时，给水系统宜采用垂直串联供水形式。

尽量利用城镇给水管网的水压直接供水。确定升压供水方案时，应满足卫生、安全、经济、节能的要求，在充分利用室外管网水压的基础上，确定升压供水的范围。

常用给水增压设备形式

常用给水增压设备形式　　　　　　　　　　表2

分类	定义
变频调速给水设备	以单片机、可编程控制器等微型计算机为主控单元进行自动控制，由水泵从水池、水箱等的调节装置中取水，通过变频器改变供电频率控制水泵电机转速，使水泵转速和流量可以调节的给水设备。主要由水泵、控制柜（含变频器）、水位变送器、压力检测仪表、管路、阀门等组成
气压给水设备	由水泵和压力罐以及一些附件组成，水泵将水压入压力罐，依靠罐内的压缩空气压力，自动调节供水流量和保持供水压力的供水方式
叠压供水设备	叠压供水设备是利用室外给水管网余压直接抽水再增压的二次供水方式

11
建筑
给排水

459

给水泵房

给水泵房应根据规模、服务范围、使用要求、现场环境等确定是单独设置还是与动力站等设备用房合建,可采用地上式、地下式或半地下式。独立设置的给水泵房应将泵房、配电间和辅助用房(如检修间、值班室等)建在一栋建筑内。

小区独立设置的水泵房,宜靠近用水大户。民用建筑物内设置的生活给水泵不应毗邻居住用房或在其上层或下层,水泵机组宜设在水池(或水箱)的侧面、下方。

泵房内的配电箱或控制箱水泵、水池(或水箱)、水管有足够安全的距离。

给水泵房应设可靠的消声降噪措施。

生活给水泵房一般满足建筑条件:

1. 应为一、二级耐火等级的建筑。

2. 泵房应有充足的光线和良好的通风,不得结冻。

3. 泵房应至少设置一个能进出最大设备(或部件)的大门或安装口,其尺寸根据设备大小、运输方式等条件决定;泵房楼梯坡度和宽度应考虑方便搬运小型配件、楼梯踏步应考虑防滑措施。

4. 泵房内应设排水沟,地面应有1%的坡度坡向排水沟,排水沟纵向坡度不小于1%。地下泵房应设集水坑。

5. 泵房高度的确定:

(1) 无起重设备的地上式泵房,净高不低于3.0m;

(2) 有起重设备时,应按搬运机件底和吊运能通过水泵机组顶部,并保持0.5m以上的净空确定。

6. 水泵机组布置应符合下列要求:

水泵机组之间及与墙的间距(单位: m) 表1

电动机额定功率(kW)	水泵机组外轮廓面与墙面之间的最小间距	相邻水泵机组外轮廓面之间最小距离
≤22	0.8	0.4
>22～<55	1.0	0.8
≥55～≤160	1.2	1.2

注: 1. 水泵侧面有管道时,外轮廓面计至管道外壁面。
2. 水泵机组是指水泵与电动机的联合体或已安装在金属座架上的多台水泵组合体。
3. 相邻水泵机组突出基础部分的最小距离或机泵突出部分与墙面的最小距离,应保证检修时水泵轴或电机转子能拆卸。

7. 泵房的主要通道宽度不小于1.2m,检修场地尺寸宜按水泵或电机外形尺寸四周有不小于0.7m的通道确定。若考虑就地检修时,至少每个机组一侧留有大于水泵机组宽度0.5m的通道。

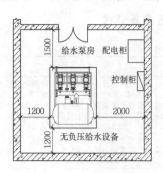

1 给水泵房布置示意图(变频给水设备)

贮水池及水箱

小区生活用水贮水池的有效容积应根据生活用水调节量和安全贮水量确定;当资料不足时,可按最高日用水量的15%～20%确定。

建筑物的生活用水贮水池的有效容积应按进水量与用水量变化曲线经计算确定,当资料不足时,宜按最高日用水量的20%～25%确定。最大不得大于48h的用水量。当建筑物内采用部分直供、部分升压的方案时,上述最高日用水量应按需提升的那部分用水量计。

建筑物的生活用水低位贮水池(箱)安装净距(单位: m) 表2

给水水箱形式	箱外壁至墙面的净距		水箱之间的间距	箱顶至建筑结构最低点的距离	人孔盖顶至房间顶板的距离	最低水位至水管止回阀的距离
	有阀门一侧	无阀门一侧				
圆形	0.8	0.5	0.7	0.6	1.5 (0.8)	0.8
矩形	1.0	0.7	0.7	0.6	1.5 (0.8)	0.8

注: 表中距离均为净距离,括号内为最小距离。

设置贮水池(箱)的房间室内光线、通风应良好,并便于维护管理,应有防结冰措施。贮水池(箱)不宜毗邻电气用房和居住用房或在其上、下方。

室外贮水池可用覆土进行保温隔热,覆土厚度还应满足地下水抗浮要求。严寒地区应根据当地气温条件采取适当的保温措施。

贮水池(箱)防污染应注意以下要点:

1. 埋地式生活饮用水贮水池周围10m以内,不得有化粪池、污水处理构筑物、渗水井、垃圾堆放点等污染源;周围2m以内不得有污水管和污染物。当达不到此要求时,应采取防污染的措施。

2. 建筑物内的生活饮用水水池(箱)体,应采用独立结构形式,不得利用建筑物的本体结构作为水池(箱)的壁板、底板及顶盖。生活饮用水水池(箱)与其他用水水池(箱)并列设置时,应有各自独立的分隔墙。

3. 建筑物内的生活饮用水水池(箱)宜设在专用房间内,其上层的房间不应有厕所、浴室、盥洗室、厨房、污水处理间等。

4. 生活饮用水水池(箱)的人孔、通气管、溢流管应有防止生物进入水池(箱)的措施。

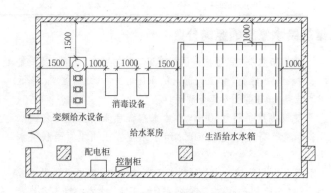

2 给水泵房布置示意图(变频给水设备)

节水与水资源综合利用

根据项目所在区域的市政给排水条件、水资源状况、气候特点等实际情况，制定水资源利用方案，提高水资源循环利用率，减少市政供水量和污水排放量。

除特殊功能需求外，应采用节水型用水器具，符合现行国家标准《节水型生活用水器具》CJ/T 164、《节水型产品通用技术条件》GB/T 18870。

分质供水

建筑供水根据不同的用水要求综合利用各种水源。充分利用再生水、雨水等非传统水源。

民用建筑分质供水按用途分类的一般形式　　　　　表1

序号	分类	供应水质种类
1	饮用	直饮水或软化水
	盥洗	自来水
	冲厕、洗车、浇洒绿地等	中水等
2	饮用	直饮水或软化水
	盥洗、冲厕、洗车、浇洒绿地等	自来水
3	饮用、盥洗	软化水
	冲厕、洗车、浇洒绿地等	自来水或中水等
4	饮用、盥洗	自来水
	冲厕、洗车、浇洒绿地等	中水等

建筑中水概述

中水是将各种排水经过适当处理，达到规定的水质标准后，可在生活、市政、环境等范围内杂用的非饮用水。建筑中水的用途主要包括绿化用水、冲厕、街道清扫、车辆冲洗、建筑施工、消防以及景观环境用水等范围。中水利用是污水资源化的一个重要方面，由于有明显的社会效益和经济效益，在缺水城市和地区，应积极推广和应用。

中水供水系统除水质标准与给水系统不同外，其他部分如供水方式、系统分区形式及泵房设置要求同给水系统。

中水工程设计原则

1. 应按照当地政府或政府主管部门的有关规定(含条例、规程等)，配套建设中水设施。

2. 缺水城市和缺水地区，经济技术比较合理时，在征得建设方的同意后，应建设中水设施。

3. 中水设施的建设应符合当地政府主管部门的要求或规定，工程设计应符合《建筑中水设计规范》GB 50336的规定。

建筑物中水水源的选择

1. 中水水源可根据水量平衡需要按如下顺序选择：

(1)卫生间、公共浴室的盆浴和淋浴等的排水；(2)盥洗排水；(3)空调循环冷却水系统排污水；(4)冷凝水；(5)游泳池排水；(6)洗衣排水；(7)厨房排水；(8)冲厕排水。

2. 中水水源一般不是单一水源，大多有三种组合方式：

(1)盥洗排水和沐浴排水(有时也包括冷却水排水)组合，通常称为优质杂排水，应优先选用。

(2)冲厕排水以外的生活排水的组合，通常称为杂排水。

(3)生活污水，即所有生活排水之总称，这种水质最差。

3. 普通厨房排水作为中水水源一般应先经过隔油处理。公共餐厅内的厨房排水不宜作为中水水源。

建筑小区中水原水量

1. 建筑中水水源以给水量的80%~90%作为计算水量。

2. 用作中水水源水量宜为中水回用量的100%~115%，以保证中水处理设备的安全运转。

3. 小区中水水源的水量应根据小区中水用量和可回收排水项目水量平衡计算确定。

中水处理工艺及设施

1. 中水处理工艺应根据原水的水质、水量和中水的水质、水量及使用要求等因素，经过技术经济比较后确定。典型中水处理工艺流程包括生化处理、物化处理、膜处理等。

2. 中水处理过程中产生的少量沉淀、活性污泥和化学污泥可排至化粪池处理，较大量的污泥可采用机械脱水装置或其他方法妥善处理。

3. 宜选择定型成套的综合处理设备，做到使用可靠、方便管理、节省占地、减少投资。

中水主要处理工艺性能比较　　　　　表2

主要处理工艺 / 项目	生化处理 (如接触氧化或曝气)	物化处理 (如絮凝沉淀、沉淀、气浮)	膜处理 (如超滤或反渗透)
原水要求	适用于A、B、C型水质	适用于A型水质	超滤：适用于A型水质 反渗透：适用于B、C型水质
水量负荷变化适应能力	小	较大	大
间断运行适应能力	较差	稍好	好
水质变化适应能力	较适应	较适应	适应
产生污泥量	较多	多	不需经过处理随冲洗水排掉
产生臭气味	多	较少	少
设备占地面积	大	较大	小
基建投资	较少	较少	大
运行管理	较复杂	较容易	容易
动力消耗	小	较小	超滤：较小 反渗透：大
设备密闭性	差	较差	好
处理后水质 BOD₅	好	一般	好
处理后水质 SS	一般	好	好
中水应用	冲厕	冲厕	冲厕、空调冷却
应用普遍性	多	一般	少
水回收率	90%以上	90%以上	70%左右

注：A为优质杂排水，B为杂排水，C为生活污水。

中水处理站位置确定

中水处理站设置位置应根据建筑的总体规划、中水原水收集点和中水用水供应点的位置、水量、环境卫生和管理维护要求等因素确定,确定原则见表1。

中水处理站位置确定原则　　　　　　　　　　　　　　　　表1

序号	处理站类型	处理站位置确定原则
1	建筑物内处理站	1.单体建筑的中水处理站宜设置在建筑物最底层,建筑群(组团)的中水处理站宜设在其中心建筑的地下室或裙房内; 2.中水处理站应独立设置; 3.应避开建筑的主立面、主要通道入口和重要场所,选择靠近辅助入口和重要场所,选择靠近辅助入口方向的边角,并与室外结合方便的地方; 4.高程上应满足原水的自流引入和事故时重力排入污水管道
2	小区处理站	1.应按规划要求独立设置,处理构筑物宜为地下式或封闭式; 2.应设置在靠近主要集水和用水地点,应有车辆通道; 3.处理站与环境绿化结合,应尽量做到隐蔽、隔离和避免影响生活用房的环境要求,其他建筑宜与建筑小品相结合; 4.以生活排水为原水的地面处理站与公共建筑和住宅的距离不宜小于15m

中水处理站设置要求

1. 根据中水处理站的规模和要求,宜设置值班化验、配制、系统控制、贮藏、卫生间等设施。

2. 中水处理站应考虑采暖(北方地区)、通风换气、照明、供排水等措施。采暖温度按10℃,通风换气次数设在地下室时,不宜小于6~8次/h。

3. 中水处理站所用药剂如有可能产生危害时应采取必要的防护措施,如隔离或增加换气次数等。

4. 中水处理站应具备污泥、渣等的存放和外运措施。

5. 中水处理站应适当留有发展余地。

6. 处理站应根据处理工艺及处理设备情况采取隔声降噪及防臭气污染等措施。

中水处理站示例

某大厦(高层建筑)设有浴室、洗衣房、餐厅及卫生间,在地下室设有中水处理站,处理规模为10m³/h,中水原水为杂排水。主要处理设备为二级接触氧化。后处理为沉淀和过滤,其中沉淀池与接触氧化为一体式设备。原水调节池与中水调节池容积均为40m³。处理后主要用于卫生间冲洗大便器及绿化用水。其布置示例见 **1**。

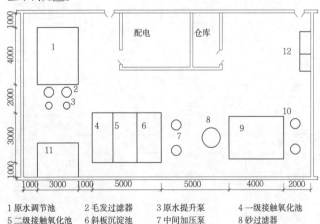

1原水调节池	2毛发过滤器	3原水提升泵	4一级接触氧化池
5二级接触氧化池	6斜板沉淀池	7中间加压泵	8砂过滤器
9中水调节池	10中水加压泵	11自动加药装置	12二氧化氯消毒器

1 中水处理站平面布置示例

隔声降噪及防臭措施

1. 隔声降噪

中水处理站产生的噪声值应符合国家标准《声环境质量标准》GB 3096的要求。当中水处理站设置在建筑内部时,宜与其他房间隔开,设有直接通向室外的门,并应做建筑隔声处理以防空气传声。优先选用低噪声的设备,且所有转动设备的基座均应采取减振处理,一般采用橡胶隔振垫或隔振器。连接振动设备的管道应做减振接头和吊架,以防固体传声。当设有空压机、鼓风机时,其房间的墙壁和顶棚宜采用隔声材料进行处理。

2. 防臭措施

对中水处理中散发出的臭气应采取有效的防护措施,以防止对环境造成危害。设计中尽量选择产生臭气较少的工艺和封闭性较好的处理设备,并对产生臭气的处理构筑物和设备加做密封盖板,从而尽量少地产生和逸散臭气,对于不可避免产生的臭气,工程中一般采用下列方法进行处置。

(1)稀释法:属于物理法,即把收集的臭气高空排放,在大气中稀释。设计时要注意对周围环境的影响。

(2)吸附法:采用活性炭过滤进行吸附。

(3)天然植物提取液法:将天然植物提取液雾化,让雾化后的分子均匀地分散在空气中,吸附并与异味分子发生分解、聚合、取代、置换和加成等化学反应,促使异味分子发生改变原有的分子结构而失去臭味。反应的最后产物为无害的分子,如水、氧、氮等。

(4)其他方法:如化学洗擦法、化学吸附法、燃烧法、催化法等其他除臭措施,设计中可根据具体情况采用不同的方法。

安全防护

在中水处理回用的整个过程中,中水系统的供水可能产生供水中断、管道腐蚀及中水与自来水系统误接误用等不安全因素,设计中应根据中水工程的特点,采取必要的安全防护措施

1. 严禁中水管道与自来水管道有任何形式的连接。

2. 室内中水管道的布置一般采用明装。

3. 中水管道外壁应涂成浅绿色,以与其他管道相区别。中水高位水箱、阀门、水表及给水栓上均应有明显的"中水"标识。

监测控制与管理

为保障中水系统的正常运行和安全使用,应对中水系统进行监测控制和维护管理。

1. 当中水处理采用连续运行方式时,其处理系统和供水系统均应采用自动控制,以减少夜间管理工作量。

2. 当中水处理采用间歇运行方式时,其供水系统应采用自动控制,处理系统也应部分采用自动控制。

3. 中水水质监测周期,如浊度、色度、pH、余氯等项目要经常进行,一般每日一次;SS、BOD、COD、大肠菌群等必须每月测定一次,其他项目也应定期进行监测。

建筑热水概述

热水供应也属于给水，与冷水供应的区别主要在于水温。以一定的加热方式把冷水加热到所需要的温度，然后通过管道输送到各用水点。用水点既要满足对水质和水量的要求，还要满足水温要求，因此热水系统除了供水的系统——管道、用水器具等，还有"热"的系统——热源、加热系统等组成。

太阳能热水供应系统相关内容参见本书其他章节。

热水供应系统分类

热水供应系统，根据建筑类型、规模、热源情况、用水要求、管网布置、循环方式等分成各种类型。

热水供应系统分类   表1

按热水供应系统范围分类	局部热水供应系统 集中热水供应系统 区域热水供应系统
按热水供应系统是否敞开分类	开式热水供应系统 闭式热水供应系统
按热水管网循环方式分类	不循环热水供应系统 干管循环热水供应系统 干、立管循环热水供应系统 干、立、支管循环热水供应系统
按热水管网循环动力分类	自然循环热水供应系统 机械循环热水供应系统
按热水管网循环水泵运行方式分类	全日循环热水供应系统 定时循环热水供应系统
按热水管网布置图式分类	上行下给式热水供应系统 下行上给式热水供应系统 上行下给返程式热水供应系统 下行上给返程式热水供应系统

常用热水供应系统图式

常用热水供应系统   表2

名称	概述/图式	优缺点	适用条件
集中热水供应系统	在锅炉房或热交换站将水集中加热，通过热水管道将热水输送到一栋或几栋建筑	1.加热设备集中，管理方便； 2.考虑热水用水设备的同时使用率，加热设备的总热负荷可减小； 3.大型锅炉热效率高； 4.使用热水方便舒适； 5.设备系统复杂，建设投资较高； 6.管道热损失大； 7.需要专门的管理操作维护工人； 8.改建、扩建困难，大修复杂	热水用水量大、用水点多且较集中的建筑，如旅馆、医院、住宅、公共浴室等
局部热水供应系统	采用小型加热器在热水场所就地加热，供局部范围内的一个或几个用水点使用	1.各户按需加热水，避免集中式加热供应盲目贮备热水； 2.系统简单，造价低、维护管理容易； 3.热水管道短、热损失小； 4.不需建造锅炉房、加热设备、管道系统和聘用专职司炉工人； 5.热媒系统设施投资增大； 6.小型加热器效率低、热水成本增高	1.热水用水量小且用水点分散的建筑，如餐饮店、理发店、门诊所、办公楼等； 2.住宅建筑； 3.旧建筑增设热水供应
区域热水供应系统	水在热电厂或区域热交换站加热，通过室外热水管网将热水输送到城市街坊、住宅小区各建筑中	1.便于集中统一维护管理和热能综合利用； 2.大型锅炉房的热效率和操作管理的自动化程度高； 3.消除分散的小型锅炉房，减少环境污染； 4.设备、系统复杂，需敷设室外供水和回水管道，基建投资甚高； 5.需专门的管理技术人员	需要热水供应建筑甚多且较集中的城镇住宅区和大型工业企业

常用热水供应系统   续表

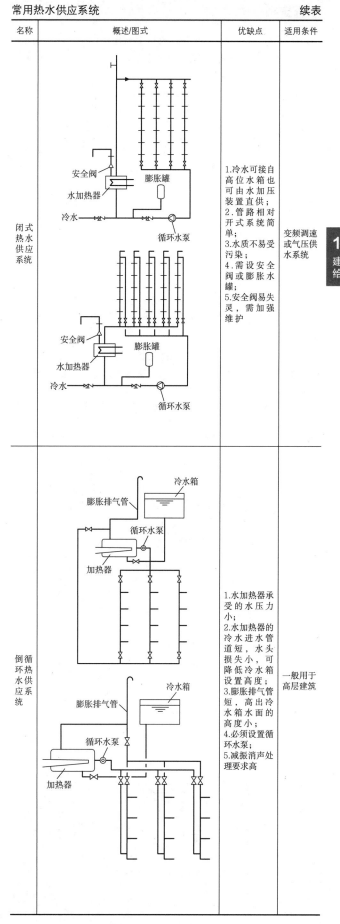

名称	概述/图式	优缺点	适用条件
闭式热水供应系统	安全阀　膨胀罐　水加热器　冷水　循环水泵	1.冷水可接自高位水箱也可由水加压装置直供； 2.管路相对开式系统简单； 3.水质不易受污染； 4.需设安全阀或膨胀水罐； 5.安全阀易失灵，需加强维护	变频调速或气压供水系统
倒循环热水供应系统	膨胀排气管　冷水箱　循环水泵　加热器	1.水加热器承受的水压力小； 2.水加热器的冷水进水管道短，水头损失小，可降低冷水箱设置高度； 3.膨胀排气管短，高出冷水箱水面的高度小； 4.必须设置循环水泵； 5.减振消声处理要求高	一般用于高层建筑

11
建筑
给排水

热源选择

集中热水供应系统的热源,可按下列顺序选择:

1. 当条件许可时,宜首先利用工业余热、废热、地热和太阳能作为热源。

2. 选择能保证全年供热的热力管网作为热源。

3. 选择区域锅炉房或附近能充分供热的锅炉房的蒸汽或高温热水作为热源。

4. 具有下列条件且经过技术经济比较后,可采用热泵技术制备的热水作为热源或直接供给生活热水:

(1) 有地下水、地表水、污水等水资源可供利用时;

(2) 非寒冷地区可利用室外热空气作为热源时;

(3) 室内游泳池、室内水上游乐设施等建筑内湿热空气可用作热源时;

(4) 全年或全年大部分时间运行的空调机组的冷媒、冷却水余热可供利用时。

5. 上述条件不存在、不可能或不合理时,可采用专用的蒸汽或热水锅炉制备热源,也可用燃油、燃气热水机组制备热源或直接供给生活热水。

6. 当地电力供应充足、能利用夜间低谷用电蓄热且供电政策支持,经技术经济比较后,可采用低谷电蓄热作为集中热水系统的热源。

常用热源的评价 表1

名称	图示	适用条件	系统特点
工业余热、废热	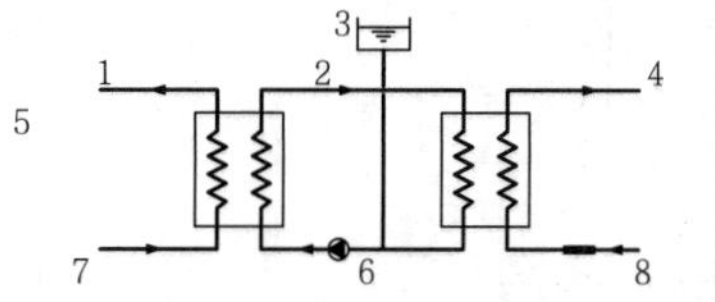 1排水 2一次热交换器 3膨胀水箱定压装置 4二次热交换器 5热水 6一次循环水泵 7温排水或冷冻机冷冻水出水 8给水	工业高温废热利用一般是整体考虑建设废热锅炉,统一管理,以便提高效率。民用建筑大多不考虑利用此种形式的废热	废热利用一般有两种主要形式,一是工业高温废热,二是利用热泵有效回收液体(如污水和冷却水)中的热量
地热水	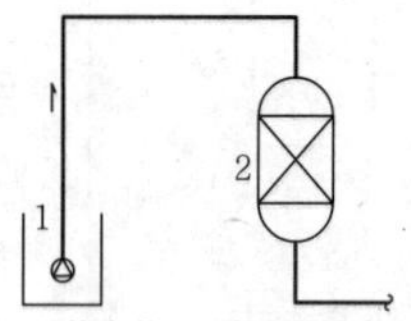 1地热水井 2水处理设备	有地热水资源且许可开采利用的地方	系统较简单
水源热泵(水源井)	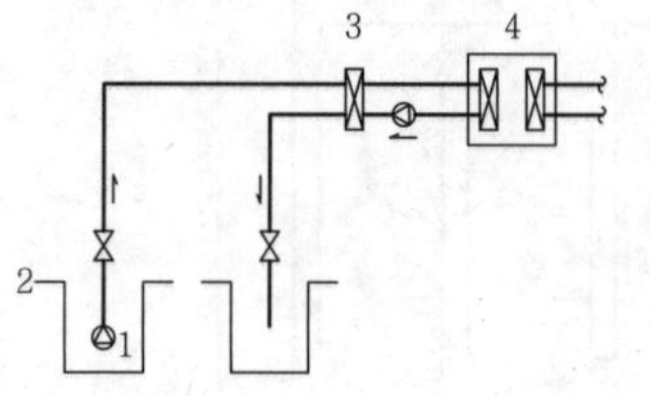 1水源井 2水源泵 3板式换热器 4热泵机组	1.冷水硬度不大于150mg/L; 2.供水系统集中管路短的单体建筑	1.可采用贮热、供热水箱作为集热、贮热及供热的主要设备,热泵机组直接制备热水; 2.可采用板式换热器加贮热水罐作为换热、贮热、供热的主要设备,热泵机组间接换热制备热水

常用热源的评价 续表

名称	图示	适用条件	系统特点
水源热泵(冷凝器)	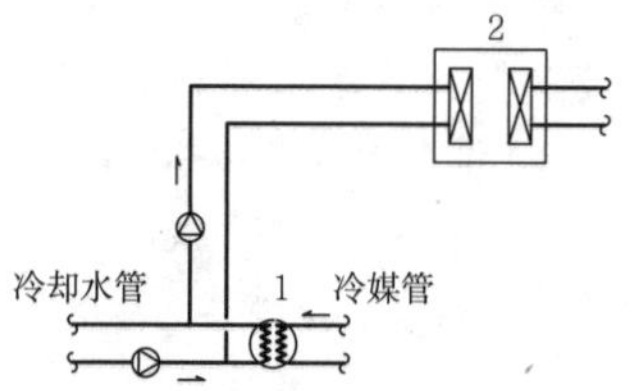 冷却水管 冷媒管 1冷凝器 2热泵机组	空调机组全年运行时间长的场所	1.利用空调机组余热,节能; 2.当空调机组不全年运行时,需设辅助热源
空气源热泵(室外空气源)	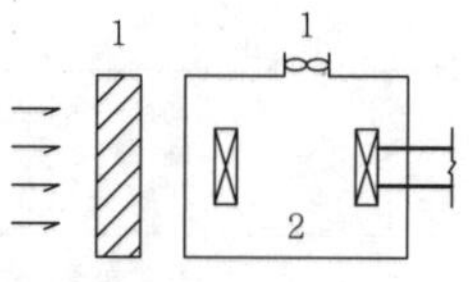 1进风 2热泵机组	适用于最低日平均气温≥0℃的地区采用	1.收集热空气中的余热经热泵机组换热后供热水; 2.空气源热泵一般比水源热泵价格较大,技术更复杂些; 3.需另设热水加压泵,不能利用冷水压力,且不利冷热水供水压力的平衡
空气源热泵(以泳池湿热为热源)	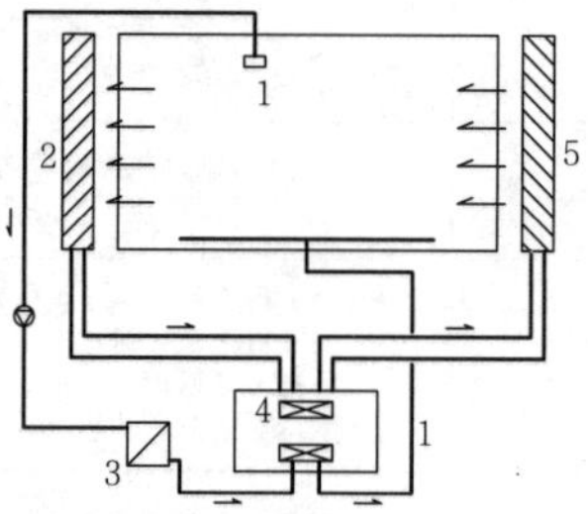 1游泳池 2回风 3泳池水处理 4热泵机组 5进风	游泳馆、室内水上游乐设施	1.收集游泳馆室内热空气中的余热,经热泵机组换热后供泳池循环水加热并供降温除湿的新风; 2.池水加热,空气降温一举两得,但增加一次投资
燃油、燃气热水机组	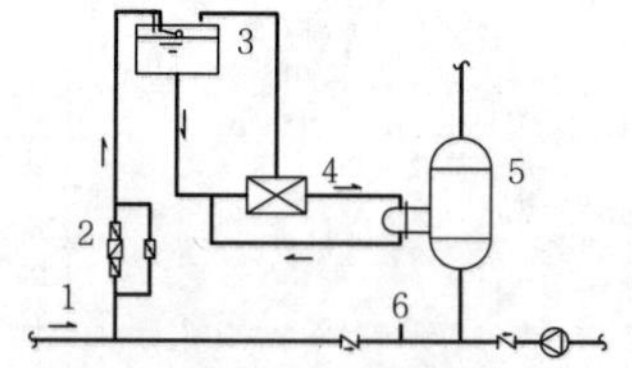 1冷水 2软水装置 3冷水箱 4热水机组 5水加热器	1.系统冷热水压力平衡要求较高; 2.日用热水量较大	1.加热、贮热、供热设备均设在下部设备间; 2.闭式热水供水系统; 3.热水机组只供热媒,有利于保持高效,延长寿命; 4.利用冷水压力,有利于系统冷热水压力平衡
低谷电制备热水	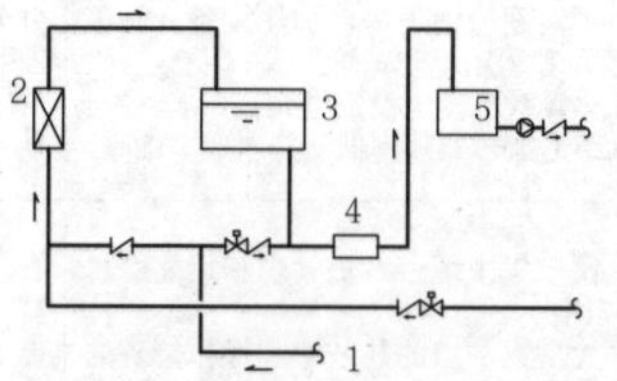 1冷水 2电热机组 3高温热水贮水箱 4混合器 5低温热水贮水箱	有奖励谷电低价政策的地区,并得到当地供电部门批准	1.环保、卫生、简单; 2.耗电量大

热水站房布置

1. 热水站房的位置选择

（1）单体建筑内的热水站房位置应根据下列因素确定：

热水站房靠近热水用水量大的用户或位于建筑物的中心部位，以利于缩短供、回水大管的长度，减少热损失、节能、节材，又方便管道布置。

高层、多层建筑设有给水加压供水设施时，热水站房宜靠近给水加压泵房，有利于冷、热水输、配水管道的相似布置，从而达到用水点处冷、热水压力平衡的目的。

燃油、燃气热水机组等站房的位置应重点考虑燃料的运输、贮存与堆放及防爆防火等特殊因素。

（2）居住小区、高等院校、培训中心等建筑群体设置集中热水供应系统时，热水站房的位置应按下列因素确定：

当住宅等建筑物布置集中，自热水站房至最远建筑物的热水干管长度≤1000m时，宜设一个站房；当热水干管长度>1000m时，宜根据建筑物的布置、使用要求、热源条件等设两个或多个站房。

当小区等建筑物布置分散，宜根据热源条件、给水系统供水方式等采用站房相对集中或分栋建筑单设的方式。

2. 热水站房的设置要求

（1）机房宜设观察控制室、维修间及洗手间；

（2）机房内地面和设备机座采用易于清洗的面层；

（3）机房应考虑预留安装孔、洞及运输通道；

（4）机房主要通道宽度不应小于1.5m；

（5）机房内应设置给水和排水设施。

3. 机组的布置要求

（1）机组与墙之间的净距不小于1m；

（2）机组与机组或其他设备之间的净距不小于1.2m；

（3）机组与其上方管道、烟道或电缆桥架的净距不小于1.2m，机组与配电柜的距离不小于1.5m；

（4）机组基础高出地面大于等于50mm。

4. 典型机房的布置示例

该工程位于北京市，总建筑面积约为80000m²，采用地源热泵作为空调系统的冷热源及生活热水系统的热源。冷热源机房建筑面积约为300m²，设备布置见 ①。

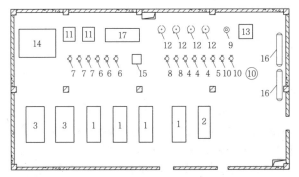

1、2 水源热泵机组　3 高温水源热泵机组　4、5 空调水循环泵　6 热媒水循环泵
7 生活热水循环泵　8 混水泵　9 全自动软水器　10 补水泵　11 板式换热器
12 旋流除砂器　13 软化水箱　14 生活热水箱　15 膨胀水箱
16 分集水器　17 生活热水变频给水装置

① 某住宅小区冷热源机房设备布置图

管道直饮水系统

管道直饮水系统概念：原水经深度净化处理，通过管道输送，供人们直接饮用的供水系统。

1. 管道直饮水系统的设置要求

（1）管道直饮水系统水处理工艺流程的选择应依据原水水质，经技术经济比较确定，应对原水进行深度净化处理，其水质应符合国家现行标准《饮用净水水质标准》CJ 94的规定。水处理工艺流程应合理、优化，满足布置紧凑、节能、自动化程度高、管理操作简便、运行安全可靠和制水成本低等要求。深度净化处理宜采用膜处理技术，包括微滤、超滤、纳滤和反渗透等工艺。

（2）管道直饮水系统必须独立设置。

（3）管道直饮水宜采用调速泵组直接供水或处理设备置于屋顶的水箱重力式供水方式。高层建筑管道直饮水系统应竖向分区。供水方式和系统形式同建筑给水系统。

（4）管道直饮水应设同程式的循环管道。

（5）高层建筑的管道直饮水供水系统，应根据各楼层水嘴的流量差异越小越好的原则，确定各分区最低水嘴处的静水压力，当楼层的静水压力超过规定值时，设计中应采取可靠的减压措施。

2. 管道直饮水净水机房的设置要求

（1）小区净水机房可在室外单独设置，也可设置在某一建筑的地下室；单独室外净水机房位置尽量做到与各个用水建筑距离相近，并应注意净水机房荫蔽、隔离和环境美化，有单独的进出口和道路，便于设备搬运。

（2）单栋建筑的净水机房可设置在其地下室或附近。

（3）净水机房应有良好通风、采光及照明，不得冻结。

（4）净水机房上方不应设置厕所、浴室、盥洗室、厨房、污水处理间等。除生活饮用水及为机房服务的管道以外，其他管道不得进入净水机房。

（5）净水机房应设可靠的消声降噪措施。

（6）净水机房应满足生产工艺的卫生要求，有更换材料的清洗、消毒设施和场所。

（7）净水机房应配备空气消毒装置，应设置化验室，宜设置更衣室。

饮用水供应

饮水供应按温度分类　　　　　　　　　　　　　表1

分类	供应温度	制备方式
开水	100℃	通过开水炉将生水烧开
温水	50~55℃	自来水经过滤、消毒后加热至要求的温度；或者自来水加热成开水后冷却到要求的温度
生水	10~30℃	自来水经过滤、消毒后供应
冷饮水	4.5~7℃	自来水经过滤、消毒后通过冷冻机降温后供应

饮水供应点的设置应符合下列要求：

（1）不得设在易污染的地点；

（2）位置应便于取用、检修和清扫，并应保证良好的通风和照明。

建筑循环冷却水概述

在循环冷却水系统中，降低水温的设备或构筑物统称为循环水冷却设施。

循环冷却水系统一般由换热设备（如制冷机冷凝器等设备）、冷却塔、集水设施（冷却塔积水盘或集水池）、循环水泵、循环水处理装置（加药、旁滤等）、循环管道、放空装置、补水装置、控制阀门和温度计等组成。

系统分类

循环冷却水系统通常以循环水是否与空气接触而分为开式系统和闭式系统。根据水与空气接触方式的不同，可分为水面冷却（水库、湖泊、水道）、喷水冷却池冷却和冷却塔（自然通风冷却塔与机械通风冷却塔）冷却等。

民用建筑给水排水所用的冷却构筑物绝大部分为中小型机械通风开式冷却塔。

常见系统形式

1. 开式循环冷却水系统

根据循环水泵在系统中相对制冷机的位置可分为以下两种。

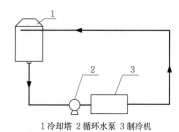

1 冷却塔 2 循环水泵 3 制冷机

1 前置水泵式

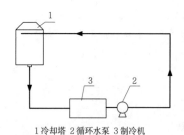

1 冷却塔 2 循环水泵 3 制冷机

2 后置水泵式

开式循环冷却水系统形式比较 　　　　　　　　　表1

系统形式	水泵位置	优点	缺点
前置水泵式	循环水泵设在换热设备的进水方向	使用普遍，冷却塔位置不受限制，可设在屋面或地面上	系统运行压力大，且不稳定
后置水泵式	将循环水泵设置在换热设备的出口方向	制冷机进水压力比较稳定	冷却塔只能设在高处，且位差必须满足制冷机及其连接管水头损失的要求

2. 闭式循环冷却水系统

密闭式循环冷却水系统是指循环冷却水与冷却介质间接换热的循环冷却水系统。

当一般敞开式循环冷却水系统不能满足制冷设备（如办公楼各电算机房、专用水冷整体式空调器、分户或者分区设置水源热泵机组等）的水质要求时，宜采用密闭式循环冷却水系统。

密闭式循环冷却水系统可通过设置闭式冷却塔或在敞开系统中增设中间换热器来实现。

对于较大型循环冷却水系统，冷却设备比较庞大复杂，所以使用受到一定限制。

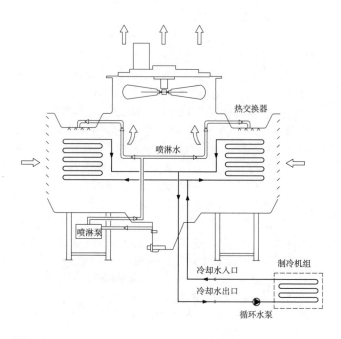

3 闭式循环冷却水系统

冷却塔

1. 冷却塔种类

冷却塔分开式和闭式两大类。开式又分为自然通风和机械通风两类。机械通风又分为鼓风式和抽风式。

鼓风式塔从塔底进风口用风机向塔内鼓风，现使用不多。

抽风式机械通风冷却塔按照风和水交流方式分为逆流（风水对流）和横流（风水垂直交叉），按照构造可分为圆形、方形、长方形，按使用要求可分为普通型、低噪声型、超低噪声型，从材质上又分为阻燃型和非阻燃型。

2. 冷却塔性能及使用条件

在民用建筑中，宜采用开式冷却塔，但在冷却水水质要求很高的场所或缺水地区，宜采用闭式冷却塔。

在满足工程要求的前提下，冷却塔应冷效高、能源省、噪声低、重量轻、体积小、寿命长、安装维护简单、漂水少。选用的冷却塔应符合国家标准《玻璃纤维增强塑料冷却塔 第1部分：中小型玻璃纤维增强塑料冷却塔》GB 7190.1的规定。

目前国内已开发应用节能型多级变速风机和变频调速机，这些产品适应不同季节、不同时间、制冷量变化的场所，可以达到一塔多用、节省设备、降低能耗、减少噪声的目的，实际应用比较广泛。

11
建筑
给排水

常用冷却塔性能及使用条件

常用冷却塔性能及使用条件   表1

塔形		性能及使用条件
逆流式（圆形、方形）	普通型	1.逆流式冷却效果比其他形式要好； 2.由于噪声较高，适合于对环境噪声要求不高的场合； 3.造价比低噪声阻燃型低5%~10%； 4.圆形塔气流组织比方形好，不易产生死角，造型较好，适于单独吊装，整体吊装，较大型冷却塔也可现场拼装，但塔体比方形高，对建筑物外形有一定影响，其湿热空气回流影响较小； 5.方形塔占地少，适合于成组布置，并可在现场组装，运输安装较为方便
	低噪声、阻燃型	1.适于对环境噪声有一定要求的场所，其噪声值比普通型低约5dB（A）； 2.阻燃型可以延缓燃烧，有自熄作用，可用在较重要的建筑物上，造价比非阻燃型增加8%左右
	超低噪声、阻燃型	1.适于对环境噪声有严格要求的场所，如高级宾馆、高档写字楼、高级公寓、医院、疗养院等，噪声值应低于国家标准； 2.造价比低噪声型高约30%
横流式	普通型、低噪声型	1.相同条件下，冷却效果不如逆流塔，为保证冷效相同，填料容积一般增加15%~20%； 2.因进风口面积比逆流塔大，进风风速低，气流阻力小； 3.塔体高度比逆流塔小，有利于建筑物立面布局； 4.由于塔内有进人空间，维护检修很方便； 5.由于外形为长方形，塔体由零部件构成，运输方便，在现场组装； 6.由于填料底部为塔底，滴水声很小，噪声值比逆流塔低； 7.占地面积比逆流塔大； 8.由于塔身较低，带来的不利条件是湿热空气回流影响较大
引射式冷却塔		1.与常规冷却塔比较，由于没有风机和填料，故结构简单、故障少、维修方便，但设备尺寸较大； 2.无振动、噪声低； 3.因结构简单，运输安装均较为方便； 4.造价比机械通风冷却塔高； 5.由于该塔是喷射出流，故需循环水泵扬程较大，能耗较高，喷嘴处需要压力不小于0.2MPa； 6.喷嘴易堵，故对循环水质要求较高，进喷嘴前需安装细过滤器，喷嘴和过滤器每半年最少清洗一次
风冷闭式冷却塔		1.原理是利用循环水（密闭）与环境温度的温差热进行冷却； 2.由于是密闭循环，水量损失很少； 3.不需要填料，如环境温度很低，则采用自然风散热； 4.循环水质不受污染； 5.为防止长期运行产生水垢，对循环水质要求很高，宜采用软化水； 6.由于循环水温受环境温度影响，风冷设备受地区限制，多用于寒冷地区

冷却塔布置

1. 冷却塔位置宜远离对噪声敏感的区域。

2. 冷却塔设置位置应通风良好，湿热空气回流影响小，且应布置在建筑物的最小频率风向的上风侧。

3. 冷却塔不应布置在热源、废气和烟气排放口附近，应远离厨房排风等高温或有害气体，不宜布置在高大建筑物中间的狭长地带上。

4. 冷却塔与相邻建筑物间的距离，除满足建筑物的通风要求外，还应考虑噪声、漂水等对建筑物及周围环境的影响。

5. 有裙房的高层建筑，当机房在裙房地下室时，宜将冷却塔设在靠近机房的裙房屋面上。

6. 冷却塔如布置在主体建筑屋面时，应避开建筑物主立面和主要出入口处，以减少其外观和水雾对周围环境的影响。

7. 单侧进风的冷却塔进风口，宜垂直于夏季主导风向。双向进风的冷却塔进风口，宜平行于夏季主导风向。

8. 长轴位于同一直线的相邻塔排其净距不小于4m。相互平行布置的冷却塔，不在同一直线上时，塔排净距不小于冷却塔进风口高度的4倍。

9. 冷却塔进风口侧与其他建筑物或障碍物的净距，不应小于塔进风口高度的2倍。

10. 冷却塔周边与塔顶应留有检修通道和管道安装位置，通道净宽不宜小于1.0m。

11. 冷却塔应设置在专用基础上，不得直接设置在屋面上。

12. 相连的成组冷却塔布置，塔与塔之间的分隔板的位置应保证相互不会产生气流短路，以防止降低冷却效果。

循环冷却水处理

在循环冷却水系统中，容易产生结垢腐蚀、污泥和菌藻等问题，这些问题主要通过水质处理来解决。一般可采取化学药剂法、物理水处理法两种措施。经过处理的循环冷却水水质应符合《工业循环冷却水处理设计规范》GB 50050中的相关规定。

为了提高防垢、除垢效果，水处理器应尽量靠近被保护设备，并宜设旁通管，以便检修水处理器时不致断水。

循环水系统水处理器在系统中安装工艺流程，见下图。

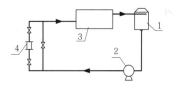

1冷却塔 2循环水泵 3制冷机 4水处理器

<u>1</u> 循环冷却水处理

循环冷却水防冻

1. 冬季使用的冷却塔，宜单独设置，且应采用防冻型，集水盘内增设防冻电加热器，冷却水管保温层内加设电伴热设施。

2. 停运部分冷却塔，将热负荷集中到运行塔上，或停运风机，提高冷却后水温，防止结冰。

3. 在冷却塔进水管上接旁路水管，通入集水池或集水池出水管。

4. 运行时使冷却塔风机倒转，将热空气从塔的进风口排出塔外。

5. 冷却水不宜在室外补水，也不宜将自来水直接向冷却塔补水，以避免补水管冻结。

6. 冬季机房内温度低于0℃时，将主机和水泵内的积水排净。

7. 冬季停止运行的冷却水系统，及时打开集水盘的排污阀和系统最低点的泄水阀，并关闭冷却塔出水阀。

8. 对室外管道和构件做好保温，对易吸潮的保温材料还需做好防潮层，不允许水渗入保温材料。

建筑排水概述

排水系统是指接纳并排除建筑物内生活设施排出的生活污水与生活废水的系统。

排水系统组成及分类

1. 排水系统组成：

卫生器具、地漏、工业设备受水器格栅──→器具排水短管──→排水横支管──→排水立管──→排水出户管──→排水横干管──→排水检查井、小型污水处理构筑物（隔油池、化粪池、降温池、医院污水处理）──→市政排水管道（输往污水处理厂）

2. 排水系统选择：

（1）建筑内排水一般采用重力排水，当无条件重力排水时，可采用压力排水或真空排水。

（2）建筑内排水一般采用污废合流排水，当建筑小区内的排水需要进行中水回用时，应设分质、分流排水系统。

排水系统分类表　　　　　　　　　　　　　表1

排水系统	按水质区分	生活排水系统	生活污水系统
			生活废水系统
	按流态区分	重力流排水系统	
		压力流排水系统	
		虹吸流排水系统	
		真空流排水系统	
	按合流或分流区分	污废水合流系统	
		污废水分流系统	
	按立管数量区分	单立管排水系统	
		多立管排水系统	
	按有无通气区分	无通气排水系统	
		有通气排水系统	伸顶通气排水系统
			专用通气立管排水系统
			环形通气管排水系统
			器具通气管排水系统
	按卫生器具排水管和排水横管位置区分	上排水系统（又称同层排水系统）	墙体敷设同层排水系统
			地面敷设同层排水系统
		下排水系统（又称隔层排水系统）	

排水泵房和集水池

当室内生活排水系统无条件重力排出时，应设排水泵房压力排水，地下室排水应设置集水池（坑）和提升装置排至室外。

1. 排水泵房和集水池的设置要求

（1）排水泵房应设在有良好通风的地下室或底层单独的房间内，并靠近集水池。

（2）排水泵房不得设在对卫生环境有特殊要求的公共建筑内，不得设在有安静和防振要求的房间邻近和下面。如必须设置时，吸水管、出水管和水泵基础应设置可靠的隔振降噪装置。

（3）室内地下室生活污水集水池的池盖应密闭并应设通气管；生活废水集水池的池盖宜密闭并设通气管。

（4）生活排水集水池不得渗漏，池内壁应采取防腐措施。

（5）地下车库坡道处的雨水集水井，车库、泵房、空调机房等处地面排水的集水池可采用敞开式集水池（井），敞开式集水池（井）应设置格栅盖板。

（6）有可能产生臭气沿盖板周边外溢的污水集水池的检修孔或人孔盖板应密闭。

（7）排水泵房的位置应使室内排水管道和水泵出水管尽量简洁，并考虑维修检测的方便。

（8）生活污水集水池应与生活给水贮水池保持10m以上的距离。地下室水泵房排水，可就近在泵房内设置集水池，但池壁应采取防渗漏、防腐蚀措施。

（9）集水池宜设在地下室最低层卫生间、淋浴间的底板下或邻近位置；收集地下车库坡道处的雨水集水井应尽量靠近坡道尽头处；车库地面排水集水池应设在使排水管、沟尽量居中的地方；地下厨房集水坑则设在厨房邻近位置，但不宜设在细加工和烹炒间内；消防电梯井集水池应设在电梯邻近处，但不应直接设在电梯井内。

局部排水处理

当生活排水的水质达不到城镇排水管道或接纳水体的排放标准时，应设置相应的局部排水处理设施进行水质处理，使排水水质达到排放标准。

1. 局部排水处理设施的设置要求

（1）建筑物排出的污、废水如温度过高，且其所含热量不能回收利用时，在排入城镇排水管道之前应设降温池进行降温处理。

（2）职工食堂和营业餐厅的含油废水应设隔油器或隔油池进行除油处理。

（3）汽车库及汽车修理间排出的含有泥砂、矿物质及大量机油类的废水以及机械自动洗车台冲洗废水，应设置隔油、沉砂装置。

（4）生活污水排入市政排水管道要求经化粪池处理时，应设置化粪池。

（5）当生活污水经化粪池处理后仍达不到污水排放标准时，应采用生活污水处理设施。

2. 局部排水处理设施的位置选择

（1）化粪池、生活污水处理设施宜靠近市政管道的排放点，以便于机动车清掏。

（2）化粪池、生活污水处理设施宜设置在绿地、停车坪及室外空地的地下。

（3）化粪池距离地下取水构筑物不得小于30m。

（4）化粪池外壁距建筑物外墙不宜小于5m，并不得影响建筑物基础。

（5）降温池一般设于室外。如设于室内，水池应密闭，并设置密封人孔和通向室外的通气管。

（6）生活污水处理设施当布置在建筑地下室时，应有专用隔间。

（7）生活污水处理设施与给水泵站及清水池水平距离不得小于10m。

卫生间排水

1. 卫生间隔层排水

卫生间排水系统一般采用隔层排水,其主要特点是,器具排水管穿越本层结构楼板到下层空间,排水横支管设于下层空间顶部。

2. 卫生间同层排水

在建筑排水系统中,器具排水管和排水支管不穿越本层结构楼板到下层空间、与卫生器具同层敷设并接入排水立管的排水系统,器具排水管和排水支管沿墙体敷设或敷设在本层结构楼板和最终装饰地面之间,同层排水系统按横管敷设方式可分为沿墙敷设和地面敷设两种方式。

隔层排水系统和同层排水系统比较　　　　　　　表1

	隔层排水	同层排水
排水支管	穿越楼板	在楼板上敷设
对建筑要求	需避开下部卫生和防水有严格要求的场所	防水处理到位可不受限制
对结构要求	排水层梁、剪力墙、暗柱需让过下水口	配合同层排水形式
卫生器具布置	受排水层下部条件限制	较灵活
排水支管维修	需到下一层检修	在本层检修
排水噪声	较高,对下层用户干扰大	较低,对下层用户干扰小

3. 排水管通气

(1)生活排水管道顶端应设置伸顶通气管。

(2)建筑标准要求较高的多层住宅、公共建筑、10层及10层以上高层建筑卫生间的生活污水立管应设置通气立管。

4. 地漏

(1)地漏应设置在易溅水的卫生器具如洗脸盆、拖布池、小便器附近的地面上。

(2)地漏设置的位置,要求地面坡度坡向地漏,地漏算子面应低于该处地面5~10mm。

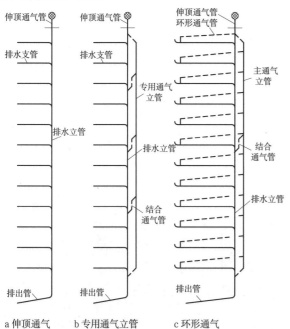

a 伸顶通气　　b 专用通气立管　　c 环形通气

1 排水系统常用通气形式示意图

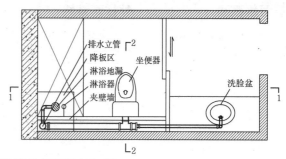

a 沿墙敷设式同层排水平面图

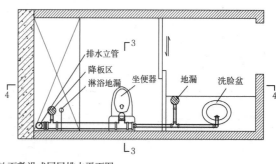

b 地面敷设式同层排水平面图

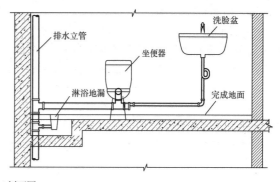

c 1-1剖面图

d 2-2剖面图　　　　　　　e 3-3剖面图

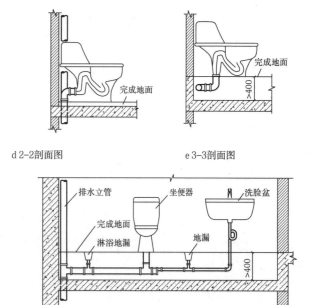

f 4-4剖面图

2 同层排水常用形式示意图

11
建筑
给排水

469

建筑雨水概述

降落在屋面的雨和雪，特别是暴雨在短时间内会形成积水，需要设置屋面排水系统，有组织有系统地将屋面雨水及时排除，否则会造成四处溢流或屋面漏水形成水患，影响人们的生活和其他活动。

雨水系统分类

大面积民用建筑的屋面雨水排水系统，可分为两种：外排水系统和内排水系统。

外排水系统：利用屋顶天沟，通过立管将雨水直接排到室外雨水道或排水明渠中去。

内排水系统：利用室内雨水管道系统，将雨水排到室外雨水管道中去。

根据建筑物的结构形式、气候条件及生产工艺要求，在技术经济合理时，应尽量采用天沟外排水系统，当天沟过长时，也可以采用部分外排水和部分内排水的混合排水系统。

外排水系统

外排水系统一般采用檐沟外排水系统、天沟外排水系统、阳台排水系统。

外排水系统的特点及敷设情况　　　　　　　　　　　　　　　　表1

技术情况	檐沟外排水	天沟外排水	阳台排水
特点	充分利用建筑屋面坡度，将雨水汇集于屋面四周的沟、檐，再用管道引至地面或雨水管渠。雨水立管沿外墙敷设。寒冷地区，天沟排水立管也可沿内墙敷设		阳台设平箅雨水口或无水封地漏，雨水立管设于雨水口附近，沿外墙敷设排至散水面（间接排走）
组成	檐沟、承雨斗及立管，见①	天沟、雨水斗、立管及排出管，见②	平箅雨水斗、排水立管
选择条件	适用于低层、多层住宅或建筑体量与之相似的一般民用建筑，其屋面面积较小，建筑四周排水出路多。室外一般不设雨水管渠。年降雨量较多、较大的南方地区，在建筑散水上设置集水明沟，汇集雨水至雨水口或雨水管渠	1.室内不允许进雨水、不允许设置雨水管道的大面积厂房、库房等的屋面排水。2.室外常设有雨水管渠	1.敞开式阳台。2.不应承接阳台洗衣机排水。3.当阳台设有洗衣机排水地漏及管道时，可不再设置阳台排水系统
敷设技术要求	沿建筑长度方向的两侧，每隔15～20m设90～100mm的雨落管1根，其汇水面积不超过250m²	1.天沟布置应以伸缩缝、沉降缝、变形缝为界。2.天沟长度一般不大于50m、坡度不小于0.3%（金属屋面水平天沟可无坡度）。3.天沟敷设、断面、长度及最小披度等要求见②a。4.宜采用65型、87(79)型雨水斗，敷设见②b。5.立管直接排水到地面时，地面应采用防冲刷措施（一般做混凝土块）。6.冰冻地区立管须采取防冻措施或设于室内。7.在湿陷性土壤地区，不准直接排水。8.溢流口与天沟雨水斗及立管的连接方式见③	阳台上可用50mm的排水管
管道材料	管道多用白铁皮制成的圆形或方形管（接口用锡焊）、塑料管、铸铁管等	立管及排出管用铸铁管、钢管、塑料管、钢塑复合管	排水铸铁管、塑料管、钢塑复合管

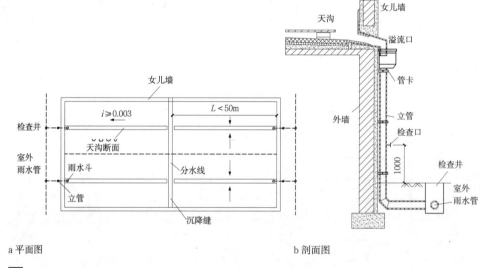

b 剖面图

② 天沟外排水

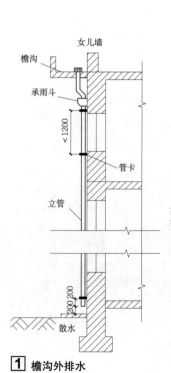

① 檐沟外排水

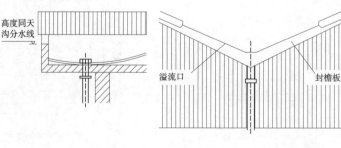

a 山墙出水口　　　b 天沟穿出山墙

③ 天沟与立管的连接

内排水系统

内排水系统一般采用65型及87(79)型雨水斗系统、重力流雨水斗系统、虹吸雨水斗系统。

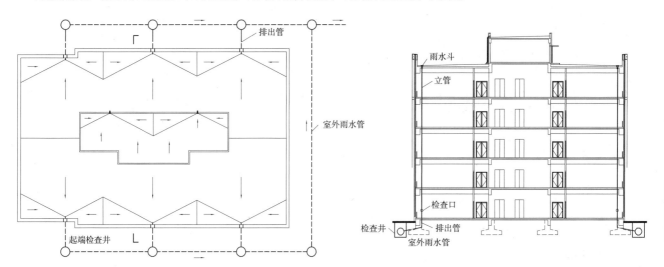

a 平面图

b 剖面图

11
建筑
给排水

1 屋面内排水系统

雨水内排水系统的特点、选用及敷设   表1

项目	技术要求		
	87型雨水斗系统(半有压设计)	重力流雨水斗系统(重力流设计)	虹吸雨水斗系统
一般要求	1.屋面雨水应重力自流排至室外地面或雨水管网。 2.与其他相关排水的关系: (1)雨水系统可承接屋面冷却塔的排水和屋顶高位水箱的溢流水、泄水等,一般可将水直接排至屋面,由屋面汇入雨水斗排除; (2)雨水系统不得接纳洗衣等生活废水。 3.高跨雨水流至低跨屋面,当高差在一层及以上时,宜采用管道引流,并宜在出水口处设防冲刷设施。 4.高层建筑裙房屋面的雨水应单独排放。 5.限制雨水管道敷设的空间和场所与生活排水管道相同,但住宅室内雨水立管应设在公共空间。 6.敷设安装: (1)雨水管道在民用建筑中可敷设在楼梯间、阁楼或吊顶内,并应采取防结露措施; (2)雨水系统的管道转向处宜做顺水连接; (3)寒冷地区的雨水口和天沟可考虑电热丝融化冰措施,电热丝的具体设置可与供应商共同商定		
屋面设置	1.发生溢流时溢流设施和屋面雨水排水工程的总排水能力不应小于:一般建筑为10年重现期的雨水量;重要公共建筑、高层建筑为50年重现期的雨水量。 2.溢流排水不得危害建筑设施和行人安全		
	1.宜设溢流口。无溢流口时雨水立管不应少于2根,雨水斗不应少于2个。 2.可设天沟	1.应设溢流设施,并满足: (1)排水能力不小于超出设计重现期的雨量; (2)雨水斗不被淹没。 2.不宜设天沟	1.应设溢流设施,排水能力不小于超出设计重现期的雨量; 2.应设天沟
雨水斗	1.屋面排水系统应设置雨水斗。不同设计排水流态、排水特征的屋面雨水排水系统应选用相应的雨水斗。 2.雨水斗设置位置应根据屋顶汇水情况并结合建筑结构承载、管系敷设等因素确定,并应充分考虑下列因素: (1)雨水斗的服务面积应与其排水能力相适应; (2)在不能以伸缩缝或沉降缝作屋面雨水分水线时,应在缝的两侧各设一个雨水斗; (3)雨水斗应设在冬季易受室内温度影响的屋顶范围内。 3.虹吸雨水斗和65型、87型雨水斗的选用与安装见国标图《雨水斗选用及安装》09S302		
	(1)雨水斗可设于天沟内或屋面上; (2)接入同一悬吊管上的各雨水斗宜设在同一层上; (3)雨水斗宜对雨水立管做对称布置; (4)连接有多个雨水斗的立管,其顶端不得设置雨水斗; (5)雨水斗规格: 65型 DN100; 87型:DN75(80)、DN100、DN150、DN200	(1)雨水斗不宜设在天沟内,当设在天沟内时,天沟不得淹没雨水斗; (2)雨水斗规格: 自由堰流式雨水斗:DN75、DN100、DN150	(1)雨水斗构造与安装应符合产品标准《虹吸雨水斗》CJ/T 245和国标图《雨水斗选用及安装》09S302 (2)虹吸雨水斗宜设在天沟内,但DN50雨水斗可直接埋设于屋面。天沟内雨水斗不宜设在天沟转角处; (3)接入同一悬吊管的各雨水斗宜设在同一水平面上; (4)雨水斗宜对雨水立管做对称布置; (5)连接有多个雨水斗的系统,立管顶端不得设置雨水斗; (6)雨水斗的间距不宜大于20m。设置在裙房屋面上的雨水斗距塔楼墙面的距离不应小于1m,且不应大于10m; (7)雨水斗规格DN50、DN75(80)、DN100
连接管	1.连接管应牢固地固定在梁、桁架等承重结构上。 2.变形缝两侧雨水斗的连接管,如合并接入一根立管或悬吊管上时,应设置伸缩器或金属软管		
悬吊管	悬吊管应沿地、梁或柱布置		
	一根悬吊管连接的雨水斗数量,不宜超过4个。当管道近似同程或同圆布置时,雨水斗数量可不受此限制	—	1.宜设排空坡度,不得有倒坡。 2.多斗,悬吊管各雨水斗接入悬吊管前应采取阻力平衡措施
立管	1.建筑屋面各汇水范围内,雨水排水立管不宜少于两根。 2.立管宜沿墙、柱明装,暗装应留有检查口或门。在民用建筑中,立管常设在楼梯间、管井、走廊和辅助房间内。住宅不应设在套内。 3.寒冷地区立管宜布置在室内。当布置在室外且有横向转弯时,不应采用塑料管。 4.雨水立管的底部弯管处应设支墩或采取牢固的固定措施		
	建筑高低跨的悬吊管,宜单独设置各自的立管	立管可承接不同高度的悬吊管	建筑高低跨的悬吊管,应单独设置各自的立管

雨水内排水系统的特点、选用及敷设 续表

项目	技术要求		
	87 型雨水斗系统(半有压设计)	重力流雨水斗系统(重力流设计)	虹吸雨水斗系统
排出管和埋地管	1.排出管应以最短线路出户。 2.接至室外雨水管网时，出建筑外墙处的室外敷土深度不宜小于0.7m。排至室外散水时，管内底宜在散水面上0.1m。 3.埋地管不得穿越设备基础及其他地下构筑物。埋地管的敷土深度，在民用建筑中不得小于0.15m。 4.排出管穿越基础、墙应预留墙洞。穿地下室外墙应做防水套管，做法见国家标准图《防水套管》02S404。 5.排出管与室外排水管道连接时，排出管顶标高不得低于室外排水管管顶标高。		其连接处的水流偏转角不得大于90° 当跌落差大于0.3m时，可不受角度限制
	埋地管道上不得设置检查井。可采用密闭检查口替代检查井。超高层建筑的排出管与室外接户管道连接时，宜采用钢筋混凝土检查井，井盖应采用格栅，并能和井体锁扣住	埋地管道上检查井的最大间距如下： 1.管径为DN150时，最大间距30m; 2.管径为DN200～300时，最大间距40m	高层建筑的排出管与室外接户管道连接时，宜采用钢筋混凝土检查井，并盖应采用格栅，并能和井体锁扣住
管材管件	1.管材和接口的工作压力应大于建筑物高度产生的静水压，且应承受0.09MPa负压。 2.管道应采用镀锌钢管、钢塑复合管、承压(正压和负压)塑料管等，多层建筑可采用重力流排水管。 3.高层建筑内排水系统不得采用重力流排水管	多层建筑宜采用建筑排水塑料管，高层建筑宜采用承压塑料管、耐腐蚀的金属管	1.管材和接口的工作压力应大于建筑物净高度产生的静水压，且应能承受0.09MPa负压。 2.宜采用内壁较光滑的带内衬的承压排水铸铁管、承压塑料管和钢塑复合管等。承压塑料管的抗环变形外压力应大于0.15MPa
附件	1.横管和立管（金属或塑料）当其直线长度较长或伸缩量超过25mm时，应设伸缩器。 2.立管底部宜设检查口。 3.检查口等附件及其安装应具有承压能力，并和管材、管件的承压能力一致		
	悬吊管的长度超过20m时，宜设置检查口，位置宜靠近墙柱	悬吊管时超过20m时，宜设置检查口，位置宜靠近墙柱	系统应设过渡段，过渡段宜设在立管下部

混合式排水系统

在大型民用建筑的屋面面积大、结构形式复杂、各部分工艺要求不同时，采用外排水系统或内排水系统中某一种单一形式的屋面雨水排水系统都不能较好地完成雨水排除任务，必须采用几种不同形式的混合排水系统，如内外排水结合、压力重力排水结合等系统。

1. 管道布置原则： 根据实际情况因地制宜，水流适当集中或分散排除，以满足生产要求，获得经济合理的排水方案。

2. 基本技术要求： 应满足工艺要求，合理解决各种管线间及地下建筑物间的矛盾，方便施工和将来使用、维护工作，力求节省原材料，降低工程造价。

3. 优点： 形式多样，使用灵活，容易满足排水和生产要求。

4. 缺点： 各种形式系统的性能不同，水流往往不宜统一排放，因此可能造成室外排水管线较长。

雨水系统的水力计算

雨水系统的计算包括雨水斗、连接管、悬吊管、立管、排出管等。

1. 雨水斗

雨水斗的设计流量不应超过表1规定的数值。雨水斗单个与立管连接时不超过高限值；多斗悬吊管上距立管最近的斗不超过高限值，并以其为起点，其他下游各雨水斗的限值依次比上个斗递减10%，至低限值后可不再递减。

65、87(79)型雨水斗的最大泄流量 表1

口径(mm)	75	100	150	200
泄流量(L/s)	8	12~16	26~36	40~56

2. 连接管

连接管一般不必计算，采用与雨水口出水口相同管径即可。雨水斗的出水管管径，不应小于75mm。当一个悬吊管上连接的几个雨水斗的汇水面积相等时，靠近立管处的雨水斗连接管可适当缩小，以均衡各斗的泄水流量。

3. 悬吊管

悬吊管的设计流量一般为所连接的雨水斗流量之和。悬吊管的管径可根据设计流量、水力坡度在表2中选取。单斗系统的悬吊管，宜采用和雨水斗口径相同的管径。悬吊管的管径根据各雨水斗流量之和确定，并宜保持始端到末端的管径不变。

多斗悬吊管（铸铁管、钢管）的最大排水能力(单位：L/s) 表2

公称直径(mm) 水力坡度	75	100	150	200	250	300
0.02	3.1	6.6	19.6	42.1	76.3	124.1
0.03	3.8	8.1	23.9	51.6	93.5	152.0
0.04	4.4	9.4	27.7	59.5	108.0	175.5
0.05	4.9	10.5	30.9	66.6	120.2	196.3
0.06	5.3	11.5	33.9	72.9	132.2	215.0
0.07	5.7	12.4	36.6	78.8	142.8	215.0
0.08	6.1	13.3	39.1	84.2	142.8	215.0
0.09	6.5	14.1	41.5	84.2	142.8	215.0
≥0.10	6.9	14.8	41.5	84.2	142.8	215.0

4. 立管

立管的设计流量一般为连接的各悬吊管设计流量之和。连接1个悬吊管的立管，采用与悬吊管相同的直径即可。多悬吊管的立管管径根据表3选择。建筑高度运12m时不应超过表中低限值，高层建筑不应超过表3中上限值。

立管的排水流量 表3

口径(mm)	75	100	150	200	250	300
泄流量(L/s)	10~12	19~25	42~55	75~90	135~155	220~240

5. 排出管

排出管的设计流量为所连接的各立管设计流量之和。排出管的管径一般与立管采用相同管径，不必另行计算。如果加大一号管径，可以改善管道排水的水力条件，减少水头损失增加立管的泄水能力，对整个架空管系排水有利。

11
建筑
给排水

雨水系统的雨量计算

1. 设计雨水流量

设计雨水流量按以下公式计算:

$$Q=q_j \Psi F_w / 10000$$

式中:Q—设计雨水流量(L/s);

q—设计暴雨强度(L/s·hm²),当采用天沟集水且沟沿溢水会流入室内时,乘以1.5的系数;

Ψ—径流系数;

F_w—汇水面积(m²)。

2. 降雨强度 q

根据当地降雨强度公式,计算设计降雨强度

$$q = \frac{167A(1+c\lg P)}{(t+b)^n}$$

式中:q—设计降雨强度[L/(s×100m²)];

P—设计重现期(a);

t—降雨历时(min);

A、b、c、n—当地降雨参数。

3. 设计重现期 P

建筑雨水系统的设计重现期应根据生产工艺和土建情况确定,见表1、表2。

屋面雨水设计重现期 表1

建筑物性质		雨水排水工程设计重现期(年)	雨水排水工程与溢流设施总设计重现期(年)
一般性建筑	非高层	2~5	≥10
	高层		宜≥50
重要公共建筑		≥10	≥50

室外汇水区域设计重现期 表2

建筑物性质	设计重现期 P(年)
一般居住小区、训练场地、一般道路	1~3
广场、中心区、使馆区、车站、码头、机场、比赛场地等重要地区,或积水造成严重损失区	2~5
下沉式广场、地下车库坡道出入口	5~50
国际比赛场地	10
明渠	0.5~1

注:重现期取值过大时,系统将长期不在设计工况条件下运行。

4. 降雨历时 t

雨水管道的降雨历时,按以下公式计算:

$$t = t_1 + mt_2$$

式中:t—降雨历时(min);

t_1—地面集水时间(min);视距离长短、地形坡度和地面铺盖情况而定。室外地面一般取5~10min,建筑屋面取5min;

m—折减系数,小区支管和接户管$m=1$,小区干管暗管$m=2$,明沟$m=1.2$;

t_2—管渠内雨水流行时间(min),建筑物管道可取0。

5. 径流系数 Ψ

建筑屋面雨水径流系数为0.9~1.0,汇水面积的平均径流系数应按屋面种类加权平均计算。种植屋面类型的屋面有少量的渗水,径流系数可取0.9,金属板材屋面无渗水,径流系数可取1.0。

6. 汇水面积 F_w

(1)屋面雨水的汇水面积按屋面水平投影面积计算。

(2)高出屋面的侧墙的汇水面积计算:

①一面侧墙,按侧墙面积一半折算成汇水面积。

②两面相邻侧墙,按两面侧墙面积的平方和的平方根的一半折算成汇水面积。

③两面相对等高侧墙,可不计汇水面积。

④两面相对不等高侧墙,按高出低墙上面面积的一半折算成汇水面积。

⑤三面侧墙,按最低墙顶以下的中间墙面积的一半,加上最低墙的墙顶以上墙面积值,按②或④折算的汇水面积。

⑥四面侧墙,最低墙顶以下的面积不计入,最低墙顶以上的面积,按①、②、④或⑤折算的汇水面积。

(3)半球形屋面或斜坡较大的屋面,其汇水面积等于屋面的水平投影面积与竖向投影面积的一半之和。

(4)窗井、贴近高层建筑外墙的地下汽车库出入口坡道和高层建筑裙房屋面的雨水汇水面积,应附加其高出部分侧墙面积的一半。

(5)屋面按分水线的排水坡度划分为不同排水区时,应分区计算汇水面积和雨水流量。

屋面汇水面积表

每根水落管汇水面积 表3

水落管管径(mm)	降雨量(mm/h)					
	50	75	100	125	150	200
	屋面汇水面积(m²)					
50	134	78	67	54	50	33
75	409	272	204	164	153	102
100	855	570	427	342	321	214
125			840	643	604	402
150						627

注:本表摘自《屋面工程技术规范理解与应用》GB 50345-2004。

有横向排水管时的汇水面积 表4

水落管管径(mm)	横管坡度		
	1/100	1/50	1/25
	屋面汇水面积(m²)		
75	76	108	153
100	175	246	349
125	310	438	621
150	497	701	994
200	1067	1514	2137
250	1923	2713	3846

注:1. 本表摘自《屋面工程技术规范说应用》GB 50345-2004。
2. 若多根水落管排水时,则汇水面积为单根的80%。
3. 应满足管径不应小于75mm,最大汇水面积宜小于200m²的要求。

建筑雨水利用

此部分内容参见本分册"绿色建筑"专题中"建筑区域雨水利用"章节。

建筑消防系统分类

建筑消防系统根据使用灭火剂的种类和灭火方式可分为以下灭火系统：

1. 消火栓系统，分为室外消火栓、室内消火栓系统和消防软管卷盘。

2. 自动喷水灭火系统，从喷头的开启形式可分为闭式喷头系统和开式喷头系统；从报警阀的形式可分为湿式系统、干式系统、预作用系统和雨淋系统等；从对保护对象的功能又可分为暴露防护型（水幕或冷却等）和控灭火型；还可分为泡沫系统和泡沫喷淋联用系统等。

3. 水喷雾和细水喷雾灭火系统。

4. 消防炮灭火系统，分为固定消防炮灭火系统和自动消防炮灭火系统。

5. 大空间智能型主动喷水灭火系统。

6. 气体灭火系统。

7. 建筑灭火器配置。

室外消火栓系统设置场所

1. 城镇（包括居住区、商业区、开发区、工业区等）应沿可通行消防车的街道设置市政消火栓系统。

民用建筑、厂房、仓库、储罐（区）和堆场周围应设置室外消火栓系统。

用于消防救援和消防车停靠的屋面上，应设置室外消火栓系统。

其中，耐火等级不低于二级且建筑体积不大于3000m³的戊类厂房，居住区人数不超过500人且建筑层数不超过2层的居住区，可不设置室外消火栓系统。

2. 符合下列条件之一的汽车库、修车库和停车场可不设消防给水系统：

（1）耐火等级为一、二级且停车数量不大于5辆的汽车库；

（2）耐火等级为一、二级的Ⅳ类修车库；

（3）停车数量不大于5辆的停车场。

室内消防设施的设置场所

室内消防设施的设置场所　　　　　　　　　　　　　　　　　　　　　　　　　　　　表1

消防设施	系统概念	设置场所
室内消火栓系统	由供水设施、消火栓、配水管网和阀门等组成的系统	1.高层公共建筑和建筑高度大于21m的住宅建筑；其中建筑高度不大于27m的住宅建筑，设置室内消火栓系统确有困难时，可只设置干式消防竖管和不带消火栓箱的DN65的室内消火栓。 2.体积大于5000m³的车站、码头、机场的候车（船、机）建筑、展览建筑、商店建筑、旅馆建筑、医疗建筑和图书馆建筑等单、多层建筑。 3.特等、甲级剧场，超过800个座位的其他等级的剧场和电影院等以及超过1200个座位的礼堂、体育馆等单、多层建筑。 4.建筑高度大于15m或体积大于10000m³的办公建筑、教育建筑和其他单、多层民用建筑。 5.避难走道应设置消火栓；直升机停机坪的适当位置应设置消火栓
		餐饮、商店等商业设施通过有顶棚的步行街连接，且步行街两侧的建筑需利用步行街进行安全疏散时；步行街两侧建筑的商铺外应每隔30m设置DN65的消火栓
		除符合下列条件之一的汽车库、修车库和停车场可不设室内消防给水系统外，其他情况均应设室内消火栓系统。 1.耐火等级为一、二级且停车数量不大于5辆的汽车库。 2.耐火等级为一、二级的Ⅳ类修车库。 3.停车数量不大于5辆的停车场
消防软管卷盘		1.人员密集的公共建筑、建筑高度大于100m的建筑和建筑面积大于200m²的商业服务网点内应设置消防软管卷盘或轻便消防水龙。 2.高层住宅建筑的户内宜配置轻便消防水龙
		餐饮、商店等商业设施通过有顶棚的步行街连接，且步行街两侧的建筑需利用步行街进行安全疏散时；步行街两侧建筑的商铺外应每隔30m设置DN65的消火栓，并应配备消防软管卷盘或消防水龙
消防炮灭火系统	消防炮是水、泡沫混合液流量大于16L/s，或干粉喷射率大于7kg/s，以射流形式喷射灭火剂的装置	以设置自动喷水灭火系统的展览厅、观众厅等人员密集的场所和丙类生产车间、库房等高大空间场所，应设置其他自动灭火系统，并宜采用固定消防炮等灭火系统
大空间智能型主动喷水灭火系统	由智能型灭火装置、信号阀组、水流指示器等组件以及管道、供水设施等组成，能在发生火灾时自动探测着火部位并主动喷水的灭火系统	凡国家消防设计规范要求应设置自动喷水灭火系统。火灾类别为A类，但由于空间高度较高，采用自动喷水灭火系统难以有效探测、扑灭及控制火灾的大空间（指建筑物内净空高度＞8m，仓库净高度＞12m）场所
气体灭火系统	气体灭火系统的组件主要包括：灭火剂的贮存装置、启动分配装置、输送释放装置、监控装置等	宜采用气体灭火系统的场所： 1.国家、省级或人口超过100万的城市广播电视发射塔内的微波机房、分米波机房、米波机房、变配电室和不间断电源（UPS）室。 2.国际电信局、大区中心、省中心和一万路以上的地区中心内的长途程控交换机房、控制室和信令转接点室。 3.两万线以上的市话汇接局和六万门以上的市话端局内的程控交换机房、控制室和信令转接点室。 4.中央及省级公安、防灾和网级及以上的电力调度指挥中心内的通信机房和控制室。 5.A、B级电子信息系统机房内的主机房和基本工作间的已记录磁（纸）介质库（当有备用主机和备用已记录磁（纸）介质，且设置在不同建筑内或同一建筑内的不同防火分区内时，本条第5款规定的部位可采用预作用自动喷水灭火系统）。 6.中央和省级广播电视中心内建筑面积不小于120m²的音像制品库房。 7.国家、省级或藏书量超过100万册的图书馆内的特藏库；中央和省级档案馆内的珍藏库和非纸质档案库；大、中型博物馆内的珍品库房；一级纸绢质文物的陈列室。 8.其他特殊重要设备室
灭火器		高层住宅建筑的公共部位和公共建筑内应设置灭火器，其他住宅建筑的公共部位宜设置灭火器

室内消防设施的设置场所

自动喷水灭火系统的设置场所 表1

分类	系统概念	设置场所
闭式系统	由洒水喷头、报警阀组、水流报警装置（水流指示器或压力开关）等组件，以及管道、供水设施组成，并能在发生火灾时将水的自动喷水灭火系统。包括湿式系统、干式系统、预作用系统、重复启闭预作用系统	除《建筑设计防火规范》GB 50016-2014另有规定和不宜用水保护或灭火的场所外，应设自动灭火系统，并宜采用自动喷水灭火系统： 1.高层民用建筑： （1）一类高层公共建筑（除游泳池、溜冰场外）及其地下、半地下室； （2）二类高层公共建筑及其地下、半地下室的公共活动用房、走道、办公室和旅馆的客房、可燃物品库房、自动扶梯底部； （3）高层民用建筑内的歌舞娱乐放映游艺场所； （4）建筑高度大于100m的住宅建筑； （5）高层建筑内的中庭回廊应设置自动喷水灭火系统； （6）高层建筑内的观众厅、会议厅、多功能厅等人员密集的场所应设置自动喷水灭火系统等自动灭火系统。 2.单、多层民用建筑： （1）特等、甲等剧场，超过1500个座位的其他等级的剧场，超过2000个座位的会堂或礼堂，超过3000个座位的体育馆，超过5000人的体育场的室内人员休息室与器材间等； （2）任一层建筑面积大于1500m²或总建筑面积大于3000m²的展览、商店、餐饮和旅馆建筑以及医院中同样建筑规模的病房楼、门诊楼和手术部； （3）设置送回风道（管）的集中空气调节系统且总建筑面积大于3000m²的办公建筑等； （4）藏书量超过50万册的图书馆； （5）大、中型幼儿园，总建筑面积大于500m²的老年人建筑； （6）总建筑面积大于500m²的地下或半地下商店； （7）设置在地下或半地下或地上四层及以上楼层的歌舞娱乐放映游艺场所（除游泳场所外），设置在首层、二层和三层且任一层建筑面积大于300m²的地上歌舞娱乐放映游艺场所（除游泳场所外）
		餐饮、商店等商业设施通过有顶棚的步行街连接，且步行街两侧的建筑需利用步行街进行安全疏散时： 1.步行街两侧建筑的商铺，其面向步行街一侧的门、窗应采用乙级防火门、窗；采用耐火完整性不低于1.00h的非隔热性防火玻璃墙（包括门、窗）时，应设置闭式自动喷水灭火系统进行保护。 2.步行街两侧建筑的商铺外墙每隔30m设置DN65的消火栓，并应配备消防软管卷盘或消防水龙，商铺内应设置自动喷水灭火系统；每层回廊均应设置自动喷水灭火系统
		布置在民用建筑内的燃油或燃气锅炉、油浸变压器、充有可燃油的高压电容器和多油开关等专用房间： 应设置与锅炉、变压器、电容器和多油开关等的容量及建筑规模相适应的灭火设施，当建筑内其他部位设置自动喷水灭火系统时，应设置自动喷水灭火系统
		布置在民用建筑内的柴油发电机房： 1.建筑内其他部位设置自动喷水灭火系统时，柴油发电机房应设置自动喷水灭火系统。 2.当防火卷帘的耐火极限仅符合现行国家标准《门和卷帘耐火试验方法》GB/T 7633有关耐火完整性的判定条件时，应设置自动喷水灭火系统保护
		除开敞式汽车库、屋面停车场外，下列汽车库、修车库应设置自动灭火系统： 1.Ⅰ、Ⅱ、Ⅲ类地上汽车库。 2.停车数大于10辆的地下、半地下汽车库。 3.机械式汽车库。 4.采用汽车专用升降机作汽车疏散出口的汽车库。 5.Ⅰ类修车库。
雨淋系统	由火灾自动报警系统或传动管控制，自动开启雨淋报警阀和启动水泵后，向开式洒水喷头的自动喷水灭火系统	下列建筑或部位应设置雨淋自动喷水灭火系统： 1.特等、甲等剧场，超过1500个座位的其他等级剧场和超过2000个座位的会堂或礼堂的舞台葡萄架下部。 2.建筑面积不小于400m²的演播室，建筑面积不小于500m²的电影摄影棚
水幕系统	由开式洒水喷头或水幕喷头、雨淋报警阀组或感温雨淋阀，以及水流报警装置（水流指示器或压力开关）等组成，用于挡烟阻火和冷却分隔物的喷水系统	宜设水幕系统的场所： 1.特等、甲等剧场，超过1500个座位的其他等级的剧场、超过2000个座位的会堂或礼堂和高层民用建筑内超过800个座位的剧场或礼堂的舞台口及上述场所内与舞台相连的侧台、后台的洞口。 2.应设置防火墙等防火分隔物而无法设置的局部开口部位。 3.需要防护冷却的防火卷帘或防火幕的上部。 注：舞台口也可采用防火幕进行分隔，侧台、后台的较小洞口宜设置乙级防火门、窗
水喷雾系统	由水源、供水设备、管道、雨淋阀组（或电动控制阀、气动控制阀）、过滤器和水雾喷头等组成，向保护对象喷射水雾进行灭火或防护冷却的系统	宜采用水喷雾系统的场所： 充可燃油并设置在高层民用建筑内的高压电容器和多油开关室
细水喷雾系统	由一个或多个细水雾喷头、供水管网、加压供水设备及相关控制装置等组成，能在发生火灾时向保护对象或空间喷放细水雾并产生扑灭、抑制或控制火灾效果的自动系统	可采用细水雾灭火系统的场所： 1.设置在室内的油浸变压器、充可燃油的高压电容器和多油开关室。 2.国家、省级或人口超过100万的城市广播电视发射塔内的微波机房、分米波机房、米波机房、变配电室和不间断电源（UPS）室。 3.中央及省级公安、防灾和网局级及以上的电力等调度指挥中心内的通信机房和控制室。 4.A、B级电子信息系统机房内的主机房和基本工作间的已记录磁（纸）介质库。 5.其他特殊重要设备室

消防给水系统

消防给水系统由水源（市政给水、天然水源、消防水池），供水设施（水塔、高位消防水箱、消防水泵、水泵接合器），给水管网，以及稳压减压控制设备等组成，其中消防水池、消防水箱和消防水泵的设置需根据建筑物的性质、高度以及市政给水的供水情况而定。

消防给水的类型

消防给水的类型   表1

分类方式	系统名称	定义
按水压、流量分	高压消防给水系统	水压和流量任何时间和地点都能满足灭火时的所需要的压力和流量，系统中不需要设置消防泵的消防给水系统
	临时高压消防给水系统	水压和流量平时不完全满足灭火时的需要，在灭火时启动消防泵。当为稳压泵稳压时，可满足压力，但不满足水量；当屋顶消防水箱稳压时，建筑物的下部可满足压力和流量，建筑物的上部不满足压力和流量
	低压消防给水系统	低压给水系统，管道的压力应保证灭火时最不利点消火栓的水压不小于0.10MPa（从地面算起）。满足或部分满足消防水压和水量要求，消防时可由消防车或由消防水泵提升压力，或作为消防水池的水源，由消防水泵提升压力
按范围分	单体消防给水系统	向单一建筑物或构筑物供水的消防给水系统
	区域（集中）消防给水系统	向两座或两座以上建筑物或构筑物供水的消防给水系统
按供水功能分	独立消防给水系统	单独给一种灭火系统供水的消防给水系统
	联合消防给水系统	给两种或两种以上灭火系统供水的消防给水系统
	合用给水系统	消防给水系统与生产、生活给水系统合并为同一给水系统

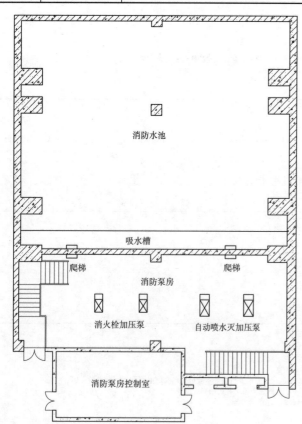

1 消防泵房布置意图（位于建筑地下室）

图中标注：消防水池、吸水槽、爬梯、爬梯、消防泵房、消火栓加压泵、自动喷水灭火加压泵、消防泵房控制室

消防给水设施

消防给水设施包括城镇给水管网、消防水池、水塔、高位消防水箱、稳压消防给水设备和消防给水泵等。

消防水池

符合下列条件之一时，应设置消防水池：

1. 当生产、生活用水量达到最大时，市政给水管网或入户引入管不能满足室内、室外消防给水设计流量；

2. 当采用一路消防供水或只有一条入户引入管，且室外消火栓设计流量大于20L/s或建筑高度大于50m；

3. 市政消防给水设计流量小于建筑室内外消防给水设计流量。

消防水池的总蓄水有效容积大于500m³时，宜设两格能独立使用的消防水池；当大于1000m³时应设置能独立使用的2座消防水池。

消防水泵房

消防水泵房应符合下列规定：

1. 独立建造的消防水泵房耐火等级不应低于二级；

2. 附设在建筑物内的消防水泵房，不应设置在地下三层及以下或室内地面与室外出入口地坪高差大于10m的地下楼层；

3. 附设在建筑物内的消防水泵房，应采用耐火极限不低于2.0h的隔墙和1.50h的楼板与其他部位隔开，其疏散门应直通安全出口，且开向疏散走道的门应采用甲级防火门。

高位消防水箱

临时高压消防给水系统的高位消防水箱容积要求   表2

设置场所		最小容积（m³）	水箱最低有效水位满足最不利点最小静水压力（MPa）
一类高层公共建筑	建筑高度>150m	100	0.15
	建筑高度>100m	50	
	建筑高度≤100m	36	0.10
二类高层公共建筑		18	
一类高层住宅	建筑高度>100m	36	0.07
	建筑高度≤100m	18	
二类高层住宅		12	
商店建筑	10000m²<总建筑面积≤30000m²	36	按上述建筑分类的要求
	总建筑面积>30000m²	50	

注：1. 商店建筑的高位消防水箱与一类高层公共建筑规定不一致时应取其较大值。
　　2. 高位消防水箱的设置位置应高于其所服务的水灭火设施；当高位消防水箱不能满足本表的静压要求时，应设稳压泵。

高位消防水箱间

严寒、寒冷等冬季冰冻地区的消防水箱应设置在消防水箱间内，其他地区宜设置在室内。高位消防水箱间应通风良好，不应结冰，当必须设置在严寒、寒冷等冬季结冰地区的非采暖房间时，应采取防冻措施，环境温度或水温不应低于5℃。

供暖系统的组成和分类

供暖是用人工的方法通过消耗一定能源向室内供给热量，使室内保持生活或工作所需温度的技术、装备、服务的总称。供暖系统由热源、热媒输送和散热设备三个主要部分组成。

供暖热源的形式与特点 表1

热源形式	热源特点
热电厂	以热电厂作为热源，实现热电联产，热能利用率高。它是发展城镇集中供热，节约能源的最有效措施
区域锅炉房	根据制备热媒的种类不同，分为蒸汽锅炉房和热水锅炉房。根据燃料的不同，可分为燃煤锅炉房、燃气锅炉房和燃油锅炉房。 蒸汽锅炉房：在工矿企业中，大多需要蒸汽作为热媒，供应生产工艺热负荷。因此，在锅炉房内设置蒸汽锅炉和锅炉房设备作为热源，是一种普遍采用的形式。根据用户使用热媒的方式不同，蒸汽锅炉房可分为仅向热用户提供蒸汽和同时提供蒸汽与热水两种形式。通常蒸汽供应生产工艺用热；热水作为热媒，供应供暖等生活用热。 热水锅炉房：在锅炉房内装设热水锅炉及附属设备直接制备热水的集中供热系统
工业余热	工业余热是指工业生产工程的产品和排放物料所含的热或设备的散热。利用工业余热的原则，应首先考虑用于自身的生产工艺流程上，用以提高工艺或设备的热能利用效率，然后再考虑向外供热或转化为电能外送。另外大多数工业余热的载能体都属于高温和非洁净的载能体。利用这些热能时，需要设置热能转换装置，如采用间接式或混合式换热器、废热锅炉、热泵等，因而要考虑载能体对热能转换装置的腐蚀、磨损等问题
地热水	利用地热水供热具有节省燃料和不造成大气污染的优点。作为供暖热源，地热水具有如下特点：1.在不同的条件下，地热水的参数及成分有很大的差别，地热水的成分往往是具有腐蚀性的，因而必须注意预防在传热表面和管路上发生腐蚀或沉积。2.地热水的温度几乎是全年不变的，地热水的参数不能适应热负荷变化的特性，使得利用地热能的供热系统变得复杂。3.地热水热能被利用后通常就要被废弃，为了最大限度地利用热能，就要采用分级利用地热水热能的方式，使系统复杂和投资增大
空气源热泵	空气源热泵是以空气作为低温热源来进行供热的装置，其主要特点如下：1.室外空气的状态参数的变化，对空气源热泵的容量和制热性能系数影响很大。2.当室外空气的相对湿度大于70%，温度为3~5℃时，一般机组的室外换热器就会结霜，导致机组的制热量、制热性能系数和可靠性下降。3.目前常见的空气源热泵有分体式热泵空调器、变制冷机流量多联式热泵机组和空气源热泵机组
水源热泵	水源热泵是一种以水体为低位热能资源，并采用热泵原理，通过少量的高位电能输入，实现低位热能向高位热能的转移的技术。作为低位热源的水体，可以利用温度适合的地下水、地表水（含海水、湖水、江河水等）、再生水（城市生活污水、工业废水等）。 其主要特点如下：1.水源热泵属于可再生能源利用技术，环境效益显著。2.地下水作为国家的重要资源之一，政府对其开采和使用有各种限制和法规。要获取地下水，一定要有关主管部门的批准，并应有可靠的技术措施确保地下水的回灌。3.水源的水量、水温是影响水源热泵的重要因素，因此水源热泵系统需要有充足的水量和合适的水源水温。4.水源热泵机组对水源的水质有一定的要求，需要采取设置除污器、电子除垢仪等措施满足机组对水质的要求
土壤源热泵	土壤源热泵是利用近地表地热能资源，并采用热泵原理，通过少量的高位电能输入，实现低位能向高位能转移的技术。其主要特点如下：1.地源热泵属于可再生能源利用技术，环境效益显著。2.地下土壤温度全年比较恒定，作为热泵系统的冷热源，具有较高的制热性能系数。3.土壤导热系数低，需要较大的换热面积。4.土壤源热泵系统应考虑全年的总释热量与总吸热量的基本平衡，如差距较大时应考虑增加辅助冷热源
太阳能	太阳能是可再生能源，清洁安全。太阳能供热的方式可分为直接利用和间接利用，直接利用主要是以主动式太阳能供热与被动式太阳能供热，间接利用包括太阳能蓄热。1.主动式太阳能供热系统：通过太阳能集热器收集的太阳辐射能，向建筑提供供暖和生活热水。2.被动式太阳能供热：被动式太阳能供热是通过集热蓄热墙、附加温室、蓄热屋面等室内供热的方式

供热系统的分类 表2

系统划分		特点	适用场合	适用供暖设备
按热媒种类	热水供暖系统 — 高温热水	供水温度 >100℃；供暖系统散热器表面温度较高，卫生条件较差，为了使供暖系统安全运行，所付出的运行维护费用比较大	工业建筑	散热器供暖；热水吊顶辐射板辐射供暖；热风供暖
	热水供暖系统 — 低温热水	供水温度 ≤100℃；供暖系统散热器表面温度适中，安全性好，卫生条件好，整个供暖系统维护简单方便	工业和民用建筑	散热器供暖；地板辐射供暖；热风供暖
	蒸汽供暖系统 — 高压蒸汽	蒸汽压力 >70kPa；供气压力高，流速大，系统作用半径大；散热器内蒸汽压力高，表面温度高，卫生条件和安全性差；凝结水温度高，容易产生二次蒸汽	工业建筑	散热器供暖；热风供暖
	蒸汽供暖系统 — 低压蒸汽	蒸汽压力 ≤70kPa；供气压力低，系统作用半径小；散热器内的蒸汽压力小，二次汽化量小，运行较可靠且卫生条件好	工业建筑	散热器供暖
	电供暖系统	通过发热元件将电能转化为热能；由于电能为高品位能源，电供暖系统的使用范围受到一定的限制	工业和民用建筑	发热电缆地面辐射供暖；电热膜辐射供暖；电散热器
按传热方式	对流供暖	通过散热器表面，加热周围冷空气，使气流在室内不断循环，以达到供暖设计温度	工业和民用建筑	散热器供暖
	辐射供暖	利用建筑物内部的顶棚、墙面、地面或其他表面，以辐射换热为主的供暖方式	工业和民用建筑	低温热水地板辐射供暖；热水吊顶辐射板辐射供暖；发热电缆地面辐射供暖；电热膜辐射供暖；燃气红外线辐射供暖
	热风供暖	利用空气加热器将空气加热到一定的温度，通过集中送风管或者暖风机把空气送到室内，与室内空气混合，使得室内空气温度升高，达到供暖设计温度要求	工业建筑和空间较大、单纯要求冬季供暖的餐厅、体育馆、商场等类型的民用建筑	集中热风供暖；暖风机供暖
按运行时间	连续供暖	对于全天使用的建筑物，使其室内平均温度全天均能达到设计温度的供暖方式	居住建筑和需要连续供暖的公共建筑、工业建筑	—
	间歇供暖	对于非全天使用的建筑物，仅在其使用时间内使室内平均温度达到设计温度，而在非使用时间则可自然降温的供暖方式	工业建筑和办公、商业、体育馆等类型的公共建筑	—
	值班供暖	对于非工作时间或中断供暖的时间内，为使建筑保持最低室温而设置的供暖方式	工业和民用建筑中需要值班供暖的场所	—
按供暖系统组成	集中供暖	热源和散热设备分别设置，用热媒输送管道连通，由热源向多个建筑物供热的供暖方式	工业和民用建筑	—
	分散供暖	热源、散热设备和热媒管道合为一体就地产生、散发热量的供暖方式	工业和民用建筑	—
按供暖区域	全面供暖	为使整个供暖房间保持一定的温度要求而设置的供暖方式	工业和民用建筑	—
	局部供暖	为使室内局部区域或局部工作地点保持一定的温度而要求设置的供暖方式	工业和民用建筑	—

12
建筑供暖

室内供暖设计温度

室内供暖设计温度参考值 表1

序号	建筑类别和用途		冬季室内计算温度（℃）
1	民用建筑	主要房间	18~24
		次要房间（走廊、楼梯间、厕所）	14~16
2	生产厂房的工作地点：劳动强度（分级）	Ⅰ	≥18
		Ⅱ	≥16
		Ⅲ	≥14
		Ⅳ	≥12
3	辅助建筑	淋浴室	25~27
		更衣室	25
		技术资料室	20~22
		办公室、休息室	18~20
		食堂	18
		厕所、盥洗间	12
		存衣室	18

注：1.劳动强度的分级，应按《工作场所有害因素职业接触限制第2部分：物理因素》GBZ 2.2-2007执行。
2.当每名工人占有面积为50~100m²时，室内设计温度可降低至下列值：劳动强度为Ⅰ级时，10℃；Ⅱ级时，7℃；Ⅲ级时，5℃。
3.层高H>4m的工业建筑，对地面采用工作地点温度t_g；对墙、窗和门采用室内平均温度t_{np}；对屋顶和天窗采用屋顶下的温度t_{do}。
$t_{np}=(t_g+t_d)/2$，$t_d=t_g+\Delta_t(H-2)$，Δt—温度梯度：一般为0.2~1.5℃。

供暖热负荷组成

冬季供暖系统的热负荷，应根据建筑物或房间的得、失热量确定。

建筑物或房间得、失热量组成表 表2

失热量（Q_{sh}）	得热量（Q_d）
1.围护结构的耗热量（Q_1）； 2.冷风渗透耗热量（Q_2）； 3.冷风侵入耗热量（Q_3）； 4.水分蒸发的耗热量（Q_4）； 5.加热由外部运入的冷物料和运输工具的耗热量（Q_5）； 6.通风耗热量（Q_6）。	1.最小负荷班的工艺设备散热量（Q_7）； 2.热管道及其他热表面的散热量（Q_8）； 3.热物料的散热量（Q_9）； 4.通过其他途径散失或获得的热量（Q_{10}）。

注：1.不经常的散热量可不计。
2.经常而不稳定的散热量应采用小时平均值。

围护结构耗热量计算

$$Q_1=\alpha KF(t_n-t_w)(1+X_{ch}+X_f+X_l+X_m)(1+X_g)(1+X_{jx})$$

式中：Q_1—围护结构基本耗热量（W）；
α—围护结构计算温差修正系数；
K—围护结构传热系数（W/(m²·K)）（详见本专题"建筑节能设计"页面）；
t_n—供暖室内设计温度（℃）；
t_w—供暖室外计算温度（℃）；
（按《民用建筑供暖通风与空气调节设计规范》GB 50736—2012附录A采用）
X_{ch}—朝向修正系数；
X_f—风力修正系数；
X_l—两面外墙修正系数；
X_m—墙窗面积比过大修正系数；
X_g—高度修正系数；
X_{jx}—间歇供暖修正系数。
注：X_l、X_m为严寒地区设计人员可根据经验对于两面外墙和窗墙面积比过大进行的修正。

温差修正系数 α 表3

	围护结构特征		α
1	外墙、屋顶地面及与室外空气相通的楼板		1.00
2	闷顶的地板、与室外空气相通的地下室上面的楼板		0.90
3	非供暖地下室上面的楼板	地下室外墙上有窗	0.75
		地下室外墙上无窗且位于室外地面以上	0.60
		地下室外墙上无窗且位于室外地面以下	0.40
4	与有外门窗的非供暖楼梯间之间的隔墙	首层	0.70
		二层至六层	0.60
		七层至三十层	0.50
5	与有外门窗的非供暖房间之间的隔墙或楼板		0.70
6	与无外门窗的非供暖房间之间的隔墙或楼板		0.40
7	与有供暖管道的屋顶设备层相邻的顶板		0.30
8	与有供暖管道的高层建筑中间设备层相邻的顶板和地面		0.20
9	伸缩缝、沉降缝墙		0.30
10	抗震缝墙		0.70

注：本表数据摘自《全国民用建筑工程设计技术措施——暖通空调·动力》2009JSCS-4。

围护结构附加耗热量修正值表 表4

序号	附加（修正）项目		附加率（%）	备注
1	朝向修正 X_{ch}	北、东北、西北	0~10	1.日照被遮挡时，南向可按东西向、其他向按北向进行修正。 2.冬季日照率<35%时，东南、西南和南向的X_{ch}宜为-10%~0，东、西向不修正。 3.偏角<15%时，按主朝向修正
		东、西	-5	
		东南、西南	-10~-15	
		南	-15~-30	
2	风力修正 X		5~10	仅用于高地、海边、旷野
3	两面外墙修正 X_{wq}		5	仅用于外墙、外门、外窗
4	墙窗面积比过大修正 X_m		10	当墙窗面积比大于1:1时仅对外窗进行修正
5	高度附加修正 X_g	散热器供暖	2×(h-4)且≤15	h—房间净高（m），不适用于楼梯间
		地板辐射供暖	1×(h-4)且≤8	
6	间歇附加 X_{jx}	仅白天供暖	20	对外墙、外窗、外门、地面、顶棚均适用
		不经常使用	30	

注：本表数据摘自《民用建筑供暖通风与空气调节设计规范》GB 5736-2012。

辐射供暖热负荷

1. 全面辐射供暖系统的热负荷。

计算全面地面辐射供暖系统的热负荷时，室内计算温度的取值应比对流供暖系统的室内计算温度低2℃。

2. 局部辐射供暖系统的热负荷按全面辐射供暖系统的热负荷乘以下表中计算系数。

局部辐射供暖热负荷计算系数表 表5

供暖区面积与房间总面积的比值	≥0.75	0.55	0.40	0.25	≤0.20
计算系数	1	0.72	0.54	0.38	0.30

注：本表数据摘自《民用建筑供暖通风与空调设计规范》GB 50736-2012。

民用建筑供暖面积热指标估算

1. 当无建筑热负荷资料时，民用建筑的供暖热负荷，可按下式进行估算：$Q_h=q_h×A×1/1000$

式中：Q_h—供暖设计热负荷（kW）；
q_h—供暖热指标（W）；
A—供暖建筑物的建筑面积（m²）。

供暖热指标推荐值（单位：W/m²） 表6

建筑物类型	供暖热指标q_h	
	未采取节能措施	采取节能措施
住宅	58~64	40~45
居住区综合	60~67	45~55
学校、办公	60~80	50~70
医院、托幼	60~80	55~70
旅馆	60~70	50~60
商店	65~80	55~70
食堂、餐厅	115~140	100~130
影剧院、展览馆	95~115	80~105
大礼堂、体育馆	115~165	100~150

注：1.表中内容适用于我国东北、华北、西北地区。
2.热指标中已包含5%的管网热损失。
3.外围护结构热工性能好、窗墙面积比小、总建筑面积大、体形系数小的建筑采用较小指标，反之采用较大指标。
4.本表数据摘自《城镇供热管网设计规范》GJJ 34-2010。

2.当已知建筑外墙总面积（包括窗在内）及窗墙面积比时，可用下式估算建筑物总供暖设计热负荷：

$$Q_{n.t}=(7\beta+1.7)F_{wq.z}(t_n-t_w)$$

式中：$Q_{n.t}$—供暖设计热负荷；
$F_{wq.z}$—建筑外墙总面积；
β—窗墙面积比。

考虑对建筑围护物最小热阻和节能热阻以及对窗户密封程度随地区的限值，建议对严寒地区，将计算结果乘以0.9左右的系数；对寒冷地区，将所得结果乘以1.05~1.10的系数。

通过门、窗缝隙的冷风渗透耗热量计算

1. 多层和高层民用建筑冷风渗透耗热量计算

$$Q_2 = 0.278 \times C_p \times L \times \rho_w \times (t_n - t_w)$$

式中：C_p—干空气定压质量比热容（kJ/kg.℃），C_p=1.0056；
ρ_w—供暖室外计算温度下的空气密度（kg/m³）；
L—房间的冷风渗透体积流量（m³/h）；
t_n、t_w—室内外供暖计算温度（℃）。

冷风渗透风量计算方法表 表1

计算方法	计算方法简介	适用范围
缝隙法	$L = \sum(l \times L_1 \times n)$ l—房间某朝向上的可开启的门、窗缝隙的长度（m）； L_1—每米门窗缝隙的渗透风量［m³/(m·h)］； n—渗风量的朝向修正系数	多层民用建筑
换气次数法	$L = N \times V$ N—换气次数（h⁻¹）； V—房间体积（m³）	多层民用建筑估算
考虑热压与风压联合作用计算法	$L = \sum(l \times L_0 \times m^b)$ $L_0 = a_1 \times (r_w \times u_0^2/2)^b$ $m = C_r \times \Delta C_f \times (n^{1/b} + C) \times C_h$ $C = 70 \dfrac{h_z - h}{\Delta C_f v_0^2 h^{0.4}} \cdot \dfrac{t_n' - t_{wn}}{273 + t_n'}$（大城市） $C = 50 \dfrac{h_z - h}{\Delta C_f v_0^2 h^{0.4}} \cdot \dfrac{t_n' - t_{wn}}{273 + t_n'}$（中小城市及大城市郊区） L_0—单位长度门、窗缝隙渗入的理论空气量（m³/(m·h)）； l—房间某朝向上的可开启的门、窗缝隙的长度（m）； m—各朝向冷风渗透的综合修正系数； b—外窗、门缝隙的渗风指数，b=0.56~0.78； a_1—外门窗缝隙的渗风系数［m³/(m·h·Pa)］； v_0—冬季室外最多风向下的平均风速（m/s）； ρ_w—供暖室外计算温度下的空气密度（kg/m³）； C_r—热压系数； ΔC_f—风压系数，无实测数据时，取0.7； C—作用于外门、窗缝隙两侧的有效热压差与有效风压差之比； C_h—高度修正系数 C_h=0.3h^2（大城市），C_h=0.4h^2（中小城市及大城市郊外） h_z—单纯热压作用下，建筑中和面的标高（m）可取建筑物总高度的1/2； t_n—建筑物内形成热压作用的竖井计算温度（℃）	高层民用建筑

多层住宅每米门窗缝隙的渗透风量L_1［单位：m³/(m·h)］ 表2

门窗类型 \ 冬季室外平均风速（m/s）	1	2	3	4	5	6
单层钢窗	0.6	1.5	2.6	3.9	5.2	6.7
双层钢窗	0.4	1.1	1.8	2.7	3.6	4.7
推拉铝窗	0.2	0.5	1.0	1.6	2.3	2.9
平开铝窗	0.0	0.1	0.3	0.4	0.6	0.8

注：1. 每1m外门缝隙的L_1值为表中同类型外窗L_1的2倍。
2. 当有密封条时，表中数值可乘以0.5~0.6的系数。
3. 本表数据摘自《全国民用建筑工程设计技术措施——暖通空调·动力》2009JSCS-4。

渗透风量的朝向修正系数值 表3

城市	北	东北	东	东南	南	西南	西	西北
北京	1.00	0.50	0.15	0.10	0.15	0.15	0.40	1.00
天津	1.00	0.40	0.20	0.10	0.15	0.20	0.10	1.00
张家口	1.00	0.40	0.10	0.10	0.10	0.10	0.35	1.00
太原	0.90	0.40	0.15	0.20	0.30	0.20	0.70	1.00
呼和浩特	0.70	0.25	0.10	0.15	0.20	0.15	0.70	1.00
沈阳	1.00	0.70	0.30	0.30	0.40	0.35	0.30	0.70
长春	0.35	0.35	0.15	0.25	0.70	1.00	0.90	0.40
哈尔滨	0.30	0.15	0.20	0.30	1.00	0.85	0.70	0.60
济南	0.45	1.00	1.00	0.40	0.55	0.55	0.40	0.15
郑州	0.65	1.00	1.00	0.50	0.55	0.55	0.45	0.15
成都	1.00	1.00	0.45	0.20	0.10	0.10	0.10	0.40
贵阳	0.70	1.00	0.70	0.15	0.25	0.15	0.10	0.25
西安	0.70	1.00	1.00	0.50	0.50	0.20	0.35	0.30
兰州	1.00	0.25	0.15	0.15	0.20	0.15	0.15	0.50
西宁	0.10	0.10	0.70	1.00	0.70	0.20	0.10	0.10
银川	1.00	1.00	0.40	0.30	0.20	0.20	0.65	0.95
乌鲁木齐	0.35	0.35	0.55	0.75	0.30	0.70	0.30	0.35

多层建筑换气次数（单位：次/小时） 表4

房间类型	一面有外窗房间	两面有外窗房间	三面有外窗房间	门厅
N	0.5	0.5~1.0	1.0~1.5	2

❶ 陆耀庆. 实用供热空调设计手册. 第二版. 北京: 中国建筑工业出版社, 2008.

建筑外窗空气渗透性能分级与缝隙渗风系数下限值 表5

外墙空气渗透性能级别	1	2	3	4	5	6	7	8
a_1［m³/(m·h·Pa)］	0.8	0.7	0.6	0.5	0.4	0.3	0.2	0.2

热压系数C_r值 表6

序号	建筑内部隔断状况	热压系数C_r	
		气密性差	气密性好
1	室外空气经过外门、窗缝隙入室，经由内门缝或户门缝流往走廊后，便直接进入热压井（即内部有一道隔断）	1.0~0.8	0.8~0.6
2	如上述，但在走廊内，又经走廊门缝或前室门缝或楼梯间门缝后才进入热压井（即内部有两道隔断）	0.6~0.4	0.4~0.2
3	室外空气经外门、窗缝进入室内后，不遇阻隔径直流入热压井时，即为开敞式（即内部无隔断）	1.0	1.0

注：本表数据摘自《全国民用建筑工程设计技术措施——暖通空调·动力》2009JSCS-4。

2. 工业建筑冷风渗透耗热量计算：

（1）单层工业厂房门、窗缝隙冷风渗透耗热量按表7估算：

工业建筑冷风渗透耗热量占围护结构耗热量的百分比❶ 表7

玻璃窗层数 \ 建筑物高度（m）	<4.5	4.5~10.0	>10.0
单层	25%	35%	40%
单、双层均有	20%	30%	35%
双层	15%	25%	30%

（2）多层工业车间的外门窗缝隙渗透耗热量，当车间内无其他人工通风系统工作，无天窗，无大量余热产生时，每米缝长耗热量可按民用多层建筑耗热量计算，用缝隙法比较合适；计算渗透风量后，再计算其耗热量。

3. 冷风渗透耗热量计入原则：

（1）房间有一面或相邻两面外墙时，全部计入其外门窗缝隙。

（2）房间有相对两面外墙时，仅计入风量较大一面缝隙。

（3）房间有三面外墙时，仅计入风量较大的两面缝隙。

（4）房间有四面外墙，则计入较多风向的1/2外墙范围内的外门、窗缝隙。

冷风侵入耗热量

1. 民用建筑外门冷风侵入耗热量计算

根据经验总结，通过外门的冷风侵入耗热量可采用外门基本耗热量乘以附加率进行计算。

附加率计算表 表8

外门布置情况		附加率
开启一般的外门（如住宅、宿舍、幼托等）	一道门	65n%
	两道门（有门斗）	80n%
	三道门（有两个门斗）	60n%
开启频繁的外门（如办公楼、学校、门诊、商店等）	一道门	98n%~130n%
	两道门	120n%~160n%
	三道门（有两个门斗）	90n%~120n%

注：1. 表中的n为建筑层数。
2. 外门的附加率，最大不应超过500%。
3. 外门的附加率仅适用于短时间开启的、无热风幕的外门。
4. 外门是指建筑物底层入口的门，而不是各层各户的门。
5. 阳台门不应计算外门冷风侵入耗热量。
6. 表中数据摘自《全国民用建筑工程设计技术措施——暖通空调·动力》2009JSCS-4。

2. 工业建筑外门冷风侵入耗热量计算

单层每班开启时间小于或等于15min的大门，采用附加率法确定其大门冷风侵入耗热量。附加在大门的基本耗热量上，附加率为200%~500%。

多层厂房大门冷风侵入耗热量可按民用建筑外门冷风侵入耗热量计算，条件是车间内无机械通风造成的余压（或正或负），无天窗，无大量余热。

建筑的耗热量及耗热量指标

建筑的耗热量：是指在一个供暖期内，为保持室内计算温度，需要由供暖设备供给建筑物的热量，单位是kWh/a（a—每年，实际上指一个供暖期）。

建筑物的耗热量指标：是指在供暖期室外平均温度条件下，为了保持室内计算温度，单位建筑面积在单位时间内消耗的、需要由供暖设备供给的热量，单位是W/m²，它是评价建筑物能耗水平的一个重要指标。

居住建筑影响建筑物耗热量的主要因素

本节主要以严寒和寒冷地区为例进行说明。

居住建筑影响建筑物耗热量因素表❶ 　　　　　　表1

序号	因素	解释	与能耗的关系	要求
1	体形系数	建筑物与室外大气接触的外表面积（不包括地面、不供暖楼梯间隔墙和户门面积）与其所包围建筑体积的比值	在各部分围护结构传热系数和窗墙比面积不变的条件下，耗热量随体形系数的增大而急剧上升	详见《严寒和寒冷地区居住建筑节能设计标准》JGJ26-2010
2	窗墙面积比	窗户洞口面积与房间立面单元面积（建筑层高与开间定位线围成的面积）的比值	在寒冷地区采用单层窗、严寒地区采用双层窗或双玻窗条件下，耗热量随窗墙面积比的增大而上升	详见《严寒和寒冷地区居住建筑节能设计标准》JGJ26-2010
3	建筑物的朝向	—	东西向多层住宅建筑的耗热量比南北向的约增加5.5%	宜采用南北向或者接近南北向，主要房间避开冬季主导风向
4	围护结构的传热系数	围护结构两侧空气温度差为1K，每小时通过1m²面积传递的热量	建筑物轮廓尺寸和窗墙面积比不变的条件下，耗热量随围护结构传热系数的减少而降低	详见《严寒和寒冷地区居住建筑节能设计标准》JGJ26-2010
5	建筑物的高度	—	层数在10层以上时，耗热量指标趋于稳定，北向带封闭式通廊的板式高层住宅，耗热量比多层时约低6%，高层住宅在面积相近的条件下，塔式的耗热量比板式的高10%~14%左右	不宜设计体形复杂、凸凹很多的塔式住宅
6	楼梯间	楼梯间开敞与否	多层住宅采用开敞式楼梯间时的耗热量，比有门窗的楼梯间约增大10%~20%左右	供暖建筑的楼梯间和外廊应设置门窗。建筑物入口处应设置门斗或其他避风措施
7	换气次数	单位时间内室内空气更换的次数	换气次数由0.8次/小时至0.5次/小时，耗热量降低10%左右	一般应保持≤0.5次/小时

建筑物耗热量指标和供暖耗煤量

1. 建筑物的耗热量指标可按下式计算：

$$q = q_e + q_{inf} - q_g$$

$$q_e = (t_i - t_m)(\Sigma \varepsilon_i K_i F_i)/A$$

$$q_{inf} = (t_i - t_m)(C_p \rho NV)/A$$

式中：q_e—围护结构的传热耗热量（W/m²）；
　　　q_{inf}—冷风渗透耗热量（W/m²）；
　　　q_g—建筑物内得热量，住宅建筑一般按3.8W/m²计算；
　　　t_i—全部房间平均室内设计温度，一般住宅取18℃；
　　　t_m—供暖期室外平均温度（℃）；
　　　ε_i—围护结构传热系数的修正系数；
　　　K_i—围护结构的传热系数（外墙取平均传热系数）[W/(m²·K)]；
　　　A—建筑面积（m²）；
　　　F_i—围护结构的面积（m²）；
　　　C_p—空气的比热容，一般取0.28W·h/(kg·K)；
　　　ρ—空气在供暖期室外平均温度时的空气密度（kg/m³）；
　　　N—换气次数，住宅取0.5h⁻¹；
　　　V—建筑体积（m³）。

2. 供暖耗煤量指标可按下式计算：

$$q_c = 24Zq/H_c \eta_1 \eta_2$$

式中：q_c—供暖耗煤量指标（kg标准煤/m²）；
　　　Z—供暖的天数（d）；
　　　H_c—标准煤热值，取8.14×1000（W·h/kg）；
　　　η_1—室外管网的输送效率，采取节能措施后，取0.90；
　　　η_2—锅炉的运行效率，采取节能措施后，取0.58。

部分地区居住建筑围护结构传热系数修正系数值❶ 　　　表2

地区	窗户（包括阳台门上部）				外墙（包括阳台门下部）			屋顶
	类型	阳台	南	东、西	北	南	东、西	北	水平

地区	类型	阳台	南	东、西	北	南	东、西	北	水平
西安	单层窗	有	0.69	0.80	0.86	0.79	0.88	0.91	0.94
		无	0.52	0.69	0.78				
	双玻窗及双层窗	有	0.60	0.76	0.84				
		无	0.28	0.60	0.73				
北京	单层窗	有	0.57	0.78	0.88	0.70	0.86	0.92	0.91
		无	0.34	0.66	0.81				
	双玻窗及双层窗	有	0.50	0.74	0.86				
		无	0.18	0.57	0.76				
兰州	单层窗	有	0.71	0.82	0.87	0.79	0.88	0.92	0.93
		无	0.54	0.71	0.80				
	双玻窗及双层窗	有	0.66	0.78	0.85				
		无	0.43	0.64	0.75				
沈阳	双玻窗及双层窗	有	0.64	0.81	0.90	0.78	0.89	0.94	0.95
		无	0.39	0.69	0.83				
呼和浩特	双玻窗及双层窗	有	0.55	0.76	0.88	0.73	0.86	0.93	0.89
		无	0.25	0.60	0.80				
乌鲁木齐	双玻窗及双层窗	有	0.60	0.75	0.92	0.76	0.85	0.95	0.95
		无	0.34	0.59	0.86				

注：耗热量计算中值的取值应注意以下事项：
1. 封闭阳台内的窗户和阳台门上部按双层窗考虑，封闭阳台内的外墙和阳台门下部根据以下规定采用：南向阳台εi=0.5，北向阳台εi=0.9，东西向阳台εi=0.7。
2. 不供暖楼梯间的隔墙、户门和不供暖地下室上面的楼板应以温差修正系数代替εi。
3. 东南和西南向可按南向采用；东北和西北向可按北向采用。
4. 土壤上部的地面，取εi=1.0。
5. 阳台门上部（透明部分）按同朝向窗户采用；下部（不透明部分）按外墙采用。

公共建筑节能设计的综合要求 　　　　　　　　　　　　　　　　　　　　表3

序号	名称	要求	说明
1	建筑位置和朝向	冬季能利用日照，夏季能利用自然通风	冬季能充分利用自然日照对建筑物进行供暖，从而减少热负荷和供热量；夏季能最大限度利用自然通风来冷却降温，减少空调的得热量和冷负荷
2	建筑物的平立面	不要有过多的凹凸	建筑体形的变化，与供暖和空调负荷及能耗的大小有密切的关系；凹凸越多，能耗越大
3	建筑体形系数	严寒和寒冷地区小于等于0.4	体形系数越大，单位建筑面积所对应的建筑外表面积越大，围护结构的负荷也越大；体形系数每增加0.01，能耗指标约增加2.5%
4	外窗（包括透明幕墙）	不同朝向的外窗（包括透明幕墙）传热系数K、遮阳系数SC应满足《公共建筑节能设计标准》GB 50189-2015要求	窗（包括透明幕墙）墙面积比是指不同朝向外墙面上的外窗（包括透明幕墙）及阳台门的透明部分的总面积与所在朝向外墙面的总面积［含窗（包括透明幕墙）及阳台门的总面积］之比，窗墙面积比越大，能耗也越大
5	外窗（包括透明幕墙）	可开启面积不应小于窗面积的30%，透明幕墙应有可开启部分或设有通风换气装置	无论在北方还是南方，一年中都有相当长的时段可以通过自然通风来改善室内空气品质。通风换气是窗户的功能之一，利用外窗（包括透明幕墙）通风，既可以提高热舒适性，又可节省能耗
6	屋顶透明部分	屋顶透明部分面积＜20%的屋顶总面积	屋顶透明部分面积越大，建筑能耗也越大；由于水平面上太阳辐射照度最大，造成传热负荷过大，对室内热环境有很大的影响
7	外门	严寒地区应设门斗，寒冷地区宜设门斗或转门、自动启闭门；其他地区应采取保温隔热措施	公共建筑的外门，开启较频繁，为了节省能耗，必须减少门开启时渗入室内冷空气量。设置门斗、安装转门或自动启闭门，都能有效地减少渗入冷风量，从而大幅度降低能耗，并同时改善大堂的热舒适性

---

❶ 陆耀庆.实用供热空调设计手册.第二版.北京：中国建筑工业出版社，2008.

供暖系统的热媒选择

供暖系统中常用热媒是热水和蒸汽。在实际工程中应根据安全、卫生、经济、建筑物的性质和供热条件综合考虑选择，一般情况下，可参考下表选择。

供暖系统的热媒选择　　　　　表1

建筑种类		适宜采用	允许采用
民用建筑		散热器供暖系统宜75℃的热水	不宜超过85℃的热水
		低温地板辐射供暖系统宜采用35℃~45℃的热水	不应超过60℃的热水
工业建筑	不散发粉尘或散发非燃烧性和非爆炸性粉尘的生产车间	低压蒸汽或高压蒸汽不超过110℃的热水热风	不超过130℃的热水
	散发非燃烧和非爆炸性有机无毒升华粉尘的生产车间	低压蒸汽不超过110℃的热水热风	不超过130℃的热水
	散发非燃烧性和非爆炸性的易升华有毒粉尘、气体及蒸汽的生产车间	与卫生部门协商确定	—
	散发燃烧性或爆炸性有毒气体、蒸汽及粉尘的生产车间	根据各部门及主管部门的专门指示确定	—
	任何容积的辅助建筑	不超过110℃的热水低压蒸汽	高压蒸汽
	设在单独建筑内的门诊所、药房、托儿所及保健站等	不宜超过85℃的热水	—

注：1. 低压蒸汽是指压力≤70kPa的蒸汽。
2. 采用蒸汽为热媒时，必须经技术论证认为合理，并在经济上经分析认为经济时才允许。

供暖系统常见形式

供暖系统分为热水系统和蒸汽两个系统，在民用建筑中多用热水系统，而在工业建筑中上尚有应用蒸汽系统的工程。

机械循环热水供暖系统常用形式　　　　　表2

序号	形式名称	图示	适用范围	特点
1	双管上供下回式	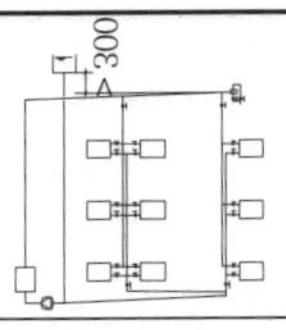	室温有调节要求的建筑	排气方便；室温可调节；易产生垂直失调；供水干管有无效热损失
2	双管下供下回式	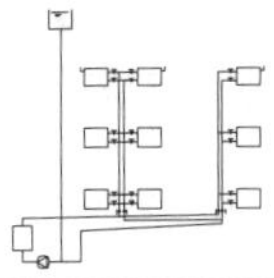	室温有调节要求且顶层不能敷设干管的建筑	缓和了上供下回式系统的垂直失调现象；安装供、回水干管需设置地沟；室内无供水干管，顶层房间美观；排气不便
3	双管中供式	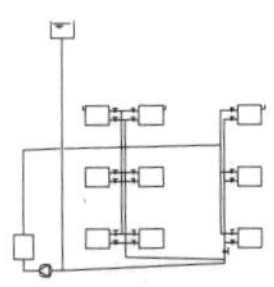	顶层供水干管无法敷设或边施工边使用的建筑	可解决一般供水干管挡窗问题；解决垂直失调比上供下回有利；对楼层扩建有利；排气不利
4	垂直单管上供下回式	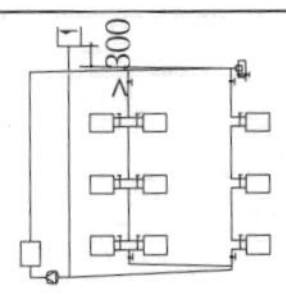	一般多层建筑	常用的一般单管系统做法；水力稳定性好；排气方便；安装构造简单
5	垂直单管上供中回式	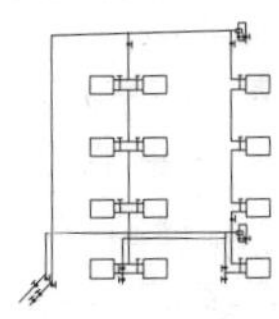	不易设置地沟的多层建筑	节约地沟造价；系统泄水不方便；影响室内底层房间美观；排水不方便；检修不方便

机械循环热水供暖系统常用形式　　　　　续表

序号	形式名称	图示	适用范围	特点
6	水平单管跨越式	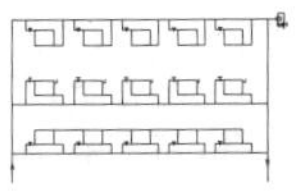	单层建筑串联散热器组数过多时	每个环路串联散热器数量不宜超过6组；每组散热器可调节；排气不便
7	垂直分区式	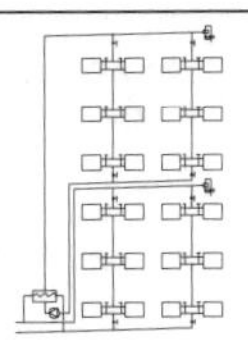	高层建筑高温水热源	可同时解决系统下部散热器超压和系统易产生垂直失调的问题；入口设换热装置造价高

注：1. 双管供暖系统：所有散热器均并联于供水和回水之间，系统中每组散热器的供水和回水温度都是相同的。
2. 单管供暖系统：将数组散热器串联起来，使供水顺序流过各组散热器，前一组散热器的回水即为后组散热器的供水，水温也依次降低。

分户计量热水供暖系统常见形式　　　　　表3

序号	形式名称	图示	特点
1	下分式双管系统	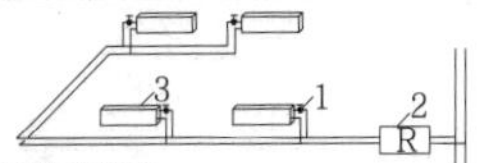 a异程式系统 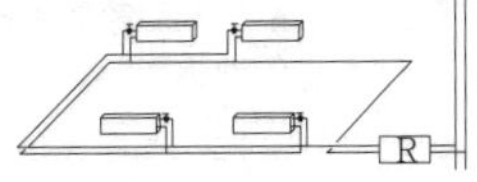　b同程式系统　1恒温控制阀　2热计量装置　3散热器	可实现分室控温的功能；管道在地面垫层内暗装，房间美观；每组散热器供回水温度相同，调节性相对单管跨越式系统好
2	下分式单管跨越式系统	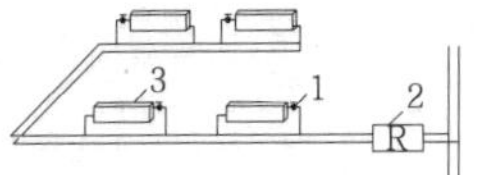 a异程式系统 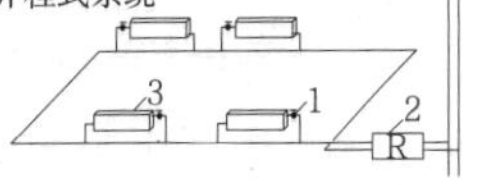　b同程式系统　1恒温控制阀　2热计量装置　3散热器	可实现分室控温的功能；管道在地面垫层内暗装，房间美观；流经每组散热器供回水温度逐组降低，调节性相对双管系统差

低压蒸汽供暖系统常见形式　　　　　表4

序号	形式名称	图示	适用范围	特点
1	双管上供下回式	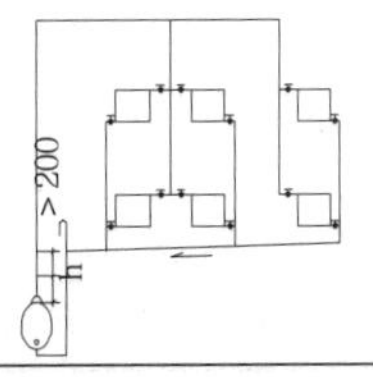	室温需调节的多层建筑	常用的双管做法；易产生上热下冷现象
2	双管下供下回式	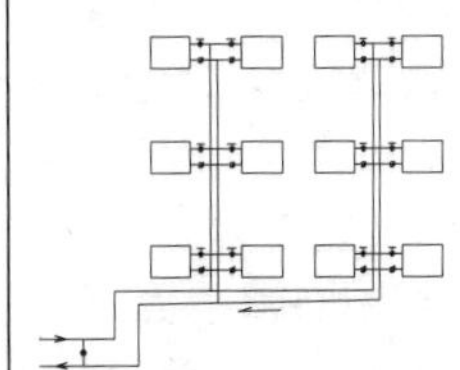	室温需调节的多层建筑	可缓和上热下冷现象；需设地沟；室内顶层无供汽干管，美观；供汽立管汽水逆向，管径需加大

注：按照立管布置的特点，蒸汽供暖系统可分为单管式和双管式。单管系统中为汽水两相流，易产生水击和汽水冲击现象，故工程中很少使用，目前国内绝大多数蒸汽供暖系统采用双管式。

低温热水地板辐射供暖系统

1. 低温热水地板辐射供暖特点

（1）地面温度均匀，垂直温度分布合理，热舒适度高；（2）在相同的室内温度下，可将室内设计温度降低2~3℃，热负荷减少到90%~95%，从而可节约能源；（3）房间热稳定性好，间歇运行条件下，室温波动小。

2. 加热盘管敷设方式及地面做法

a 回折　　　b 双平行型　　　c 平行型

1 加热盘管敷设方式

a 无防水要求接触土壤或室外空气的地板构造　　b 有防水要求接触土壤或室外空气的地板构造

c 无防水要求的地板构造　　d 有防水要求的地板构造

2 地板构造做法

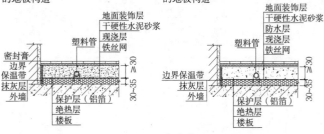

a 边界保温带、伸缩缝平面布置示意图　　b 伸缩缝地面做法

3 边界保温带、伸缩缝做法

毛细管网辐射供暖系统

1. 毛细管席组成

毛细管型辐射供暖实质是埋管型辐射供暖的一种特殊形式，以 $\phi3.35mm×0.5mm$ 的导热塑料管作为毛细管，用 $\phi20mm×2mm$ 塑料管作为集管，通过热熔焊接组成不同规格尺寸的毛细管席。

2. 毛细管网安装形式：平顶安装式、墙面埋置式、地面埋置式。

3. 单独供暖时，宜首先考虑地面埋置式，当地面面积不足时再考虑墙面埋置式；冷暖两用时，宜采用平顶安装式。

4. 毛细管席适用于各种安装形式，但安装形式不同，其供暖和供冷能力是不同的。

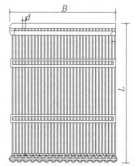

4 毛细管席

毛细管网供水温度　　表1

设置位置	宜采用温度（℃）
顶棚	25~35
墙面	25~35
地面	30~40

热水吊顶辐射板供暖系统

1. 热水吊顶辐射板供暖适用场所

热水吊顶辐射板供暖系统，主要适用于车间、车站、室内市场、展厅等具有高大空间（3~30m高）的建筑物内的供暖。

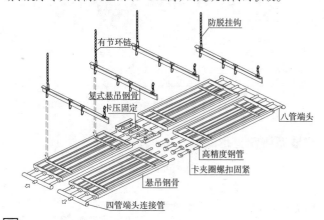

5 热水吊顶辐射板安装示意图

2. 热水吊顶辐射板倾斜安装时，应进行修正，详见表2。

辐射板安装角度修正系数　　表2

辐射板与水平面的夹角（°）	0	10	20	30	40
修正系数	1	1.022	1.043	1.066	1.088

3. 热水吊顶辐射板的安装高度，应根据人体的舒适度确定。辐射板的最高平均水温应根据辐射板的安装高度和其面积占顶棚的比例按下表确定。

吊顶辐射板的最高平均水温（单位：℃）　　表3

安装高度（m） \ 辐射板占平顶屋面的百分比	10%	15%	20%	25%	30%	35%
3	73	71	68	64	58	56
4	—	—	91	78	67	60
5	—	—	—	83	71	64
6	—	—	—	87	75	69
7	—	—	—	91	80	74
8	—	—	—	—	86	80
9	—	—	—	—	92	87
10	—	—	—	—	—	94

注：本表数据摘自《民用建筑供暖通风与空气调节设计规范》GB 50736-2012。

4. 热水吊顶辐射板布置要求

（1）使室内人员活动区辐射强度均匀。（2）安装吊顶辐射板时，宜选择最长的外墙平行布置。（3）设置在墙边的辐射板规格应大于室内设置的辐射板规格。（4）层高小于4m的建筑物，应选择较窄的辐射板。（5）房间应预留辐射板沿长度方向热膨胀的余地。（6）辐射板不应布置在对热敏感的设备附近。

12
建筑供暖

电热辐射供暖

1. 电热供暖适用条件：除符合下列条件之一外，不得采用电加热供暖。

(1) 供电政策支持。

(2) 无集中供暖和燃气源，且煤或油等燃料的使用受到环保或消防严格限制的建筑。

(3) 供冷为主，供暖负荷较小且无法利用热泵提供热源的建筑。

(4) 采用蓄热式电散热器、发热电缆在夜间低谷电进行蓄热，且不在用电高峰或平段时间启用的建筑。

(5) 由可再生能源发电设备供电，且其发电量能够满足自身电加热量需求的建筑。

电热辐射供暖系统分类   表1

分类依据	名称	特征
加热元件	发热电缆辐射供暖	以发热电缆为加热元件，将它埋置于平顶、地面或墙面的构造层内，构成和辐射板
	电热膜辐射供暖	以特制的电热膜为加热元件，将它设置于平顶、地面或墙面等构造层内，构成辐射板
加热元件安装位置	平顶辐射供暖	将加热元件设置在平顶构造层内
	地面辐射供暖	将加热元件设置在地面构造层内
	墙面辐射供暖	将加热元件设置在墙面构造层内
安装方式	组合式（干式）	预先将发热电缆加工成不同尺寸的加热片或毯，在现场只需要进行铺设与配线等组合
	直埋式（湿式）	将发热电缆埋于墙面、地面或吊顶等混凝土填充层、砂浆或石膏粉刷构造层内

2. 低温发热电缆地板辐射供暖

低温发热电缆地板辐射供暖系统由发热电缆、温度感应器（感温探头）和温控器三部分组成。发热电缆通电发热，将热能通过对流和远红外线辐射方式传给室内。

1 低温发热电缆地板辐射供暖示意图

3. 低温电热膜辐射供暖

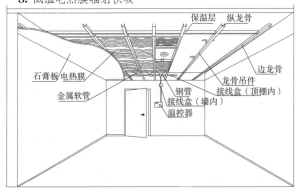

2 低温电热膜辐射供暖示意图

低温电热膜是一种通电后能发热的半透明聚氨酯膜，工作时以电热膜为发热体，将热量以辐射的形式送入空间。电热膜供暖系统由电源、电热膜片、T形电缆、绝缘防水插头、温控器及温度传感器等部件组成。

燃气辐射供暖

燃气红外线辐射供暖系统适合于耗热量大的高大空间的全面供暖、局部区域和局部地点的供暖，对于排风量较大的房间、间歇性供暖房间宜优先使用。

1. 高大空间全面供暖宜采用连续式红外线辐射加热器。

2. 面积较小、高度较低的空间宜采用单体的低强度辐射加热器。

3. 室外工作点的供暖宜采用单体高强度辐射加热器。

4. 燃气红外线辐射供暖系统可以用天然气、人工煤气、液化石油气为燃料。

5. 采用燃气红外线辐射供暖时，必须采取相应的防火防爆和通风换气等安全措施。当燃烧器所需的空气量超过该空间0.5次/小时的换气次数时，应有室外供应空气。进排风口设置位置应满足规范规定值。

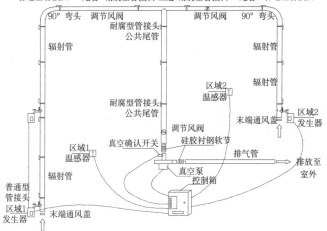

3 燃气红外线辐射供暖示意图

燃气红外线辐射器最低安装高度   表2

加热器功率（kW）	最低安装高度（m）
18	3.0
20	3.0
25	3.6
30	4.2
35	8.0
40~50	14.0

注：本表数据摘自《全国民用建筑工程设计技术措施——暖通空调·动力》2009JSCS-4。

燃气红外线辐射供暖系统与可燃物的距离   表3

发生器功率（kW）	与可燃物的最小距离（m）		
	可燃物在发生器下方	可燃物在发生器上方	可燃物在发生器两侧
≤15	1.5	0.3	0.6
20	1.5	0.3	0.8
25	1.5	0.3	0.9
30	1.5	0.3	1.0
35	1.8	0.3	1.0
45	1.8	0.3	1.0
50	2.2	0.3	1.2

注：本表数据摘自《全国民用建筑工程设计技术措施——暖通空调·动力》2009JSCS-4。

暖风机供暖

1. 暖风机适用场所

暖风机最大的优点是升温快、设备简单、初投资低，主要适用于空间较大、单纯要求冬季供暖的餐厅、体育馆、商场等类型的建筑。对噪声控制有严格要求的房间，不宜采用暖风机供暖。

2. 暖风机的分类

（1）暖风机按内部机构分为轴流暖风机和离心暖风机。轴流暖风机（小型暖风机）主要用于加热室内再循环空气。离心暖风机（大型暖风机）除了用于加热室内再循环空气，也可以用来加热一部分室外新鲜空气，同时用于房间的通风和供暖。

（2）暖风机按热媒种类可分为蒸汽暖风机、热水暖风机和电热暖风机。

3. 小型暖风机的布置方式

小型暖风机布置方式　　　　　　　　　　表1

布置方式	图示	特点
直吹布置	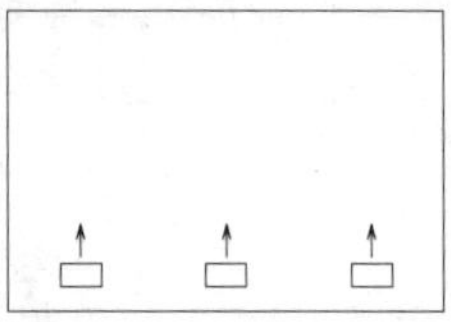	暖风机布置在内墙一侧，射出热风与房间短轴平行，吹向外墙或外窗，以减少空气渗透
斜吹布置	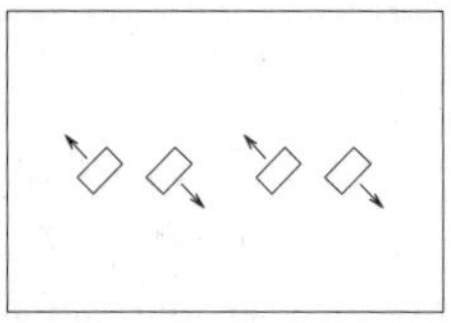	暖风机在房间中部沿纵轴方向布置，把热空气向外墙吹。此种布置方式可用在沿房间纵向布置暖风机的场合
顺吹布置	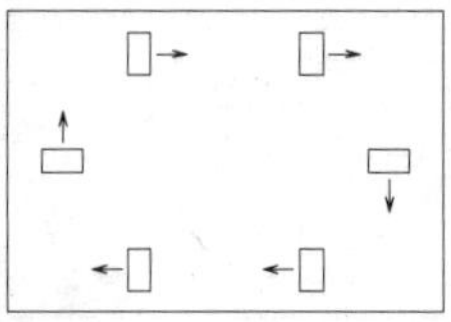	暖风机沿四边外墙串联吹射，避免气流相互干扰，使室内空气温度较均匀

注：1.水平出风小型暖风机的安装高度h（m）：
当出口风速≤5m/s时，h=2.5~3.5m；
当出口风速>5m/s时，h=4~5.5m。
2.送风温度不宜低于35℃，不应高于55℃。

4. 落地式大型暖风机布置原则

（1）暖风机宜沿房间的长度方向布置，其出风口与侧墙之间的距离，不应小于4m。

（2）暖风机的气流射程，不应小于室内供暖区的长度。

（3）在气流射程区域内，不应有任何阻挡气流流动的障碍物。

（4）暖风机出口的高度h（m），应符合下列要求：
室内净高H≤8.0m时，h=3.5~6.0m；
室内净高H>8.0m时，h=5~7m。

（5）暖风机进风口底部距离地面的高度，不宜大于1.0m，也不应小于0.4m。

热空气幕

1. 热空气幕的适用场所

（1）位于严寒地区的公共建筑，人员出入频繁且无条件设置门斗的主要出入口。

（2）位于寒冷地区的公共建筑，人员出入频繁且无条件设置门斗的主要出入口，设置热风幕经济合理时。

（3）室外冷风侵入会导致无法保持室内设计温度时。

（4）内部有很大散湿量的公共建筑（如游泳馆）的外门。

常用热空气幕技术性能表　　　　　　　　表2

序号	类型	热源	风量（m³/h）	适用范围及其特点
1	贯流式	电	700~2800	多用于公共建筑，水平安装，噪声低，体积小
		热水	1800~2800	
		蒸汽	1800~2800	
2	离心式	电	3000~8000	用于公共建筑和工业建筑，多为水平安装，也可垂直安装，外形体积较大，风压、风速高，封闭大门效果好，噪声偏高
		热水	1500~12000	
		蒸汽	17500~52000	
3	侧吹式	热水	配轴流风机 12300~27300	多用于工业建筑，一般为双侧垂直安装，可配轴流风机和离心风机
			配离心风机 14000~22400	
		蒸汽	配轴流风机 12300~27300	
			配离心风机 14000~22400	

热空气幕的送风形式　　　　　　　　　　表3

形式名称	图示	使用特点
上送式空气幕	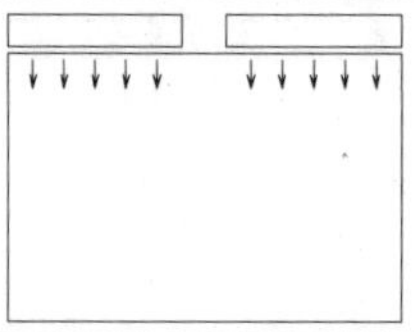	安装在大门的上方，气流的卫生条件比较好，安装简便，占空间面积小，不影响建筑美观。广泛应用于公共建筑，也适用于工业厂房。贯流式热空气幕安装高度不宜大于3m，离心式热空气幕安装高度不宜大于4.5m。热风幕不宜设置在门斗里，应设置在室内侧
侧送式空气幕 单侧式	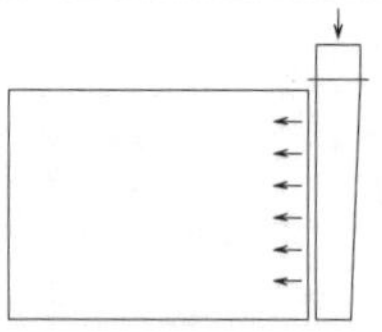	适用于宽度小于3m的门洞和车辆通过门洞时间较短的工业厂房。工业建筑的门洞较高时常采用这种方式。 缺点是：需要占用一定的建筑面积；为了不阻挡气流，侧送式空气幕的大门严禁向内开启；挡风效率不及下送式空气幕
侧送式空气幕 双侧式	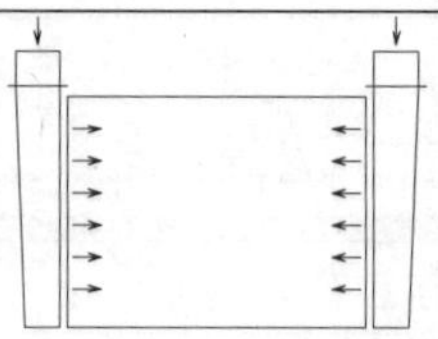	适用于门洞宽度3~18m工业建筑，其卫生条件较下送式好。其缺点与单侧空气幕相同
下送式空气幕	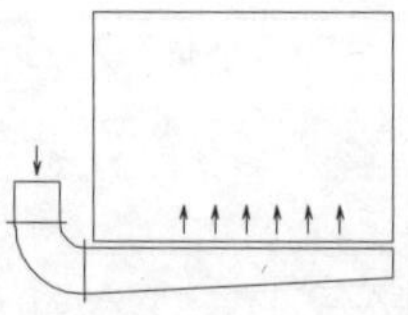	安装在地下，其射流最强区贴近地面，冬季抵挡冷风从门洞下部侵入的挡风效果最好，且不受大门开启方向的影响。由于送风口在地面下，易被赃物堵塞；故目前仅用于库房、机场行李分拣等无机动车出入的大门

2. 热风幕的送风参数

（1）送风温度：一般外门不宜高于50℃，高大外门不应高于70℃。

（2）送风速度：公共建筑的外门，风速不宜大于6m/s，高大外门不应大于25m/s。

（3）通过外门进入室内的混合空气的温度不应低于12℃。

供暖系统的分户计量

分户计量方式汇总表

表1

序号	方式	计量原理与方法	特点
1	楼前热表法	在建筑的供暖入口处设置楼前热量表，通过测量水的流量与供、回水温度，计算出该供热系统入口处的总供热量；各用户按总供热量并结合各户的建筑面积进行热费分摊	优点是简单易行、初投资省、容易实现。 缺点是存在一定的平均主义，不利于行为节能的充分发挥
2	分户热表法	在建筑物供暖入口及楼内用户处分别设置热计量装置。即使面积相同，保持同样的室温，热表上显示的室温会因用户所处的位置的不同而不相同。如顶层或靠近山墙的用户会由于较多的围护结构而需要更多的热量	优点是有利于行为节能的发挥与实现。 缺点是涉及难以解决的户间传热计算问题，而且供热系统必须设计成每户一个独立系统的分户循环模式。不适用于传统垂直供暖系统的既有建筑改造
3	分户热水表法	由可测量热水流量的流量传感器与显示仪表组成，可以是整体式的也可以是组合式的	这种方法与户用热量表基本相同，差异在于以热水表替代了热量表，能节省一定的初投资费用。但应用与散热器系统中误差较大，适用于分户地板辐射供暖系统
4	分配表法	在建筑物热力入口设置楼栋热量表，在每台散热器的散热面上安装分配表。在供暖起始和结束后，分别读取分配表读数，并根据楼栋热计量的供热量计算每户应负担的热费	1.优点是： （1）计量值基本不受户间传热的影响，可以免去户间传热的修正； （2）初投资低； （3）可适用于任何散热器户内供暖系统形式。 2.缺点是： （1）安装较复杂，且需要厂家进行热量计算； （2）计量值不直观，需要入户安装和抄表；电子式热表分配表可以数据远传，但价格较高
5	温度法	利用所测量的每户室内温度，结合建筑面积来对建筑的总供热量进行分摊。其出发点是按照住户的平均温度来分摊热费	优点是：此方法与住户在楼内的位置及供暖系统形式没有直接关系，收费时不需对住户位置进行修正；适用于新建建筑的各种供暖系统的热计量收费，也适用于既有建筑的热计量收费改造
6	通断时间面积法	通过控制安装在每户供暖系统入口支管上的电动通断阀门，根据阀门的接通时间与每户的建筑面积进行用户热分摊的方式	优点是不需要对住户位置进行修正。 缺点是该方法的必要条件是每户必须为一个独立的水平串联系统，且不能实现分室控制。 此方法适用于水平单管串联的分户独立室内供暖系统，不适用于采用传统垂直供暖系统的既有建筑的改造

分配表综合性能表

表2

类型	计量原理	特点	注意事项
蒸发式热分配表	表内蒸发液是一种带颜色的无毒化学液体，装在细玻璃管内密闭的容器中，容器表面是防雾透明胶片，上面标有刻度与导热板组成一体，紧贴散热器安装，散热器表面将热量传给导热板，导热板将热量传递到液体管中，管中的液体会逐渐蒸发而减少，可以读出与散热器热量有关的蒸发量	此表构造简单，成本低廉。 适用于任何散热器供暖系统制式。 测量结果不直观，按入口总热量表计量的热量，按每组散热器的蒸发表的液柱高度进行按比例分配换算得出耗热量。 管理工作量大，每年需更换部件	计量时，一定要在楼栋入口安装总热量装置。 散热器不能设暖气罩。 此表应安装于散热器正面的平均温度处，垂直偏上1/3位置
电子式热分配表	在蒸发式分配表的基础上发展起来的计量仪表，它需要同时测量室内温度和散热器的表面温度，利用两者的温差确定其散热量	造价高于蒸发式分配表；计量准确。 适用于任何散热器供暖系统制式。 可将多组散热器的温度数据引至户外存储器显示热量读数。 管理方便，不需要每年更换部件	计量时，一定要在楼栋口安装总热量计量装置。 散热器不能设暖气罩。 此表应安装于散热器正面的平均温度处，垂直偏上1/3位置，安装时采用夹具或焊接螺栓的方式将导热板紧贴在散热器表面

热量表综合性能表

表3

类型	计算原理	特点	设计注意事项
机械式	通过叶轮的转速测量热介质的流量。 按规格分小口径（≤40mm）和大口径（≥50mm）。 按内部构造分：小口径的有单流束式，多流束式，标准机芯型多流束式；大口径的有水平螺翼式和垂直螺翼式。 按传感器的计数器是否与热水接触分干式和湿式，干式的叶轮转速是通过磁耦合的方式传递给计数器，而湿式是通过机械连接方式传动，计数器浸在水中	应用比较广泛的一种。 当系统流量超过热量表公称流量时对表机械有损伤的危险。 垂直螺翼式仅能够水平安装。 热介质不清洁而堵塞。 系统有气影响测量精度	热量表前要保证6~12倍公称直径的直管段的距离。 热量表在回水管上可延长使用寿命。 热量表前应安装过滤器
超声波式	通过波在热介质中的传输速度按顺水流和逆水流的差异，即"速度差法"而求出热介质流速的方法来测量流量	可按表的最大流量进行选型，小计量时精度高。 适用于测量最大流量供热系统。 气泡对测量准确带来极大的干扰。 表面无可动部件，使用寿命长	表前应有20~30倍公称直径的直管段，表后10倍直管段。 安装时要有良好的排气措施。 热量表安装在供水、回水管上均可
电磁式	是按法拉第定律即水流过电磁式产生感应电动势的原理来测量其截止的流量	脉动流影响非常大。 气泡对测量准确有极大的干扰。 铁锈水含量会引起测量误差。 与介质的电导率关系很大。 对电和电磁干扰十分敏感。 表内无可动部件，使用寿命长	表前后直管段不小于表公称直径后的10倍和5倍。 保证密封垫不得突入管道内，口径缩小1mm会引起1%的测量误差。 安装要求有排气装置

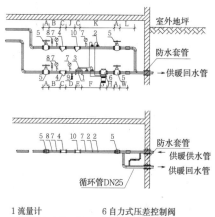

室外地坪
防水套管
供暖回水管

防水套管
供暖供水管
供暖回水管
循环管DN25

1 流量计　6 自力式压差控制阀
2 温度、压力传感器　7 压力表
3 积分仪　8 温度计
4 水过滤器（60目）　9 泄水阀（DN15）
5 截止阀　10 水过滤器（孔径3mm）

1 热水供暖系统热力入口地下室安装示意图

散热器散热片数计算

$$n = (Q_j/Q_S) \times \beta_1 \times \beta_2 \times \beta_3 \times \beta_4$$

式中：Q_j——房间的供暖热负荷（W）；
　　　Q_S——散热器的单位（每片或每米长）散热量（W/片或W/m）；
　　　β_1——散热器组装片数修正系数；
　　　β_2——散热器支管连接方式修正系数；
　　　β_3——散热器安装形式修正系数；
　　　β_4——进入散热器流量修正系数。

散热器组装片数修正系数 β_1　　　　　表1

散热器形式	各种铸铁及钢制柱型				钢制板型及扁管型		
每组片数或长度	<6片	6~10片	11~20片	>20片	≤600	800	≥1000
β_1	0.95	1.00	1.05	1.10	0.95	0.92	1.00

散热器支管连接方式修正系数 β_2　　　　表2

连接方式	→ □ →	→ □ ↓	↓ □ ↓	↓ □ →	↓ □ ↑
各类柱型	1.0	1.009	—	—	—
铜铝复合翼型	1.0	0.96	1.01	1.14	1.08
连接方式	→ □ →	↑ □ ↓	□	→ □ ↑	→ □
各类柱型	1.251		1.39	1.39	
铜铝复合翼型	1.10	1.38	1.39	—	

散热器安装形式修正系数 β_3　　　　　表3

安装形式	β_3
装在墙体的凹槽内（半暗装）散热器上部距墙距离为100mm	1.06
明装但散热器上部有窗台板覆盖，散热器距离台板高度为150mm	1.02
装在罩内，上部敞开，下部距地150mm	0.95
装在罩内，上部、下部开口，开口高度均为150mm	1.04

进入散热器流量修正系数 β_4 ❶　　　表4

散热器类型	流量增加倍数						
	1	2	3	4	5	6	7
柱型、柱翼型、多翼型、长翼型	1.0	0.9	0.86	0.85	0.83	0.83	0.82
扁管型散热器	1.0	0.94	0.93	0.92	0.91	0.90	0.90

注：表中流量增加倍数为1时的流量即为散热器进出口水温为25℃的流量，亦称标准流量。

散热器的选型要求

1. 热工性能好，传热系数大。

2. 金属热强度大，经济性好。

3. 结构简单，耐腐蚀，使用寿命长，热稳定性好。

4. 具有一定机械强度和承压能力。

5. 外形美观，易于清灰，占地小，便于布置。

6. 散粉尘或防尘要求较高的场所，应采用易于清扫的散热器。

7. 在具有腐蚀性的生产厂房或相对湿度比较大的房间，宜采用铸铁散热器。

常用散热器类型及特点　　　　　　　　表5

类型	图示	特点
铸铁散热器	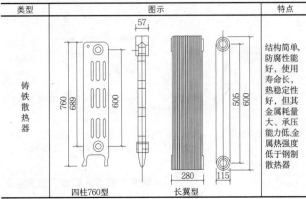	结构简单，防腐性能好，使用寿命长，热稳定性好，但其金属耗量大、承压能力低，金属热强度低于钢制散热器

四柱760型　　　　长翼型

❶ 陆耀庆. 实用供热空调设计手册. 第二版. 北京：中国建筑工业出版社，2008.

常用散热器类型及特点　　　　　　　　续表

类型	图示	特点
钢制散热器	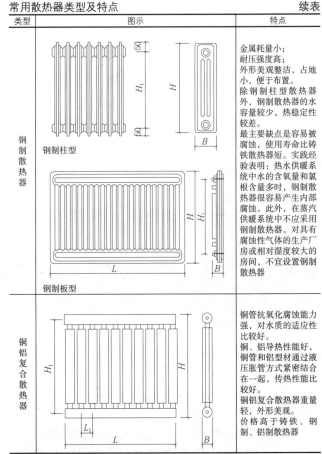 钢制柱型　钢制板型	金属耗量小；耐压强度高；外形美观整洁，占地小，便于布置。除钢制柱型散热器外，钢制散热器的水容量较少，热稳定性较差。最主要缺点是容易被腐蚀，使用寿命比铸铁散热器短。实践经验表明：热水供暖系统中水的含氧量和氯根含量多时，钢散热器很容易产生内部腐蚀。此外，在蒸汽供暖系统中不应采用钢制散热器。对具有腐蚀性气体的生产厂房或相对湿度较大的房间，不宜设置钢制散热器。
铜铝复合散热器		铜管抗氧化腐蚀能力强，对水质的适应性比较好。铜、铝导热性能好，铜管和铝型材通过液压胀管方式紧密结合在一起，传热性能比较好。铜铝复合散热器重量轻，外形美观。价格高于铸铁、钢制、铝制散热器

散热器的布置要求

1. 散热器一般应明装。暗装时应留出足够的空气流通道，并方便检修。

2. 片式组对柱形散热器片数不宜过多，铸铁柱形散热器每组片数不宜超过25片，组装长度不宜超过1500mm。当散热器片数过多，可分组串接时，供回水支管宜异侧连接。

3. 散热器宜安装在外墙窗台下，当安装或布置管道有困难时，也可靠内墙安装。

4. 进深比较大的房间，宜在房间内外侧分别设置散热器。

5. 托儿所、幼儿园、老年公寓的散热器应暗装或加防护罩。

6. 有冻结危险的门斗内不应设置散热器。

7. 散热器的外表面应刷非金属性涂料。

8. 高大空间供暖不宜单独采用对流型散热器。

9. 楼梯间的散热器，应尽量布置在底层；当底层无法布置时，可按下表分配：

楼梯间散热器的分配比例　　　　　　　表6

散热器所在楼层 / 建筑物总楼层数	一层	二层	三层	四层	五层	六层
2	65%	35%				
3	50%	30%	20%			
4	50%	30%	20%			
5	50%	25%	15%	10%		
6	50%	20%	15%	15%		
7	45%	20%	15%	10%	10%	
≥8	40%	20%	15%	10%	10%	5%

注：本表数据摘自《全国民用建筑工程设计技术措施——暖通空调·动力》2009JSCS-4。

12 建筑供暖

除污器、过滤器

常用除污器、过滤器类型❶　　　　　　　　　　　　　　　　表1

类型	规格DN(mm)	备注
立式直通除污器	40~300	工作压力为600~1600kPa
卧式直通除污器	150~500	工作压力为600~1600kPa
卧式角通除污器	150~450	工作压力为600~1600kPa
ZPG 自动排污过滤器	100~1000	工作压力为1600kPa
变角形过滤器	50~450	工作压力为1000~2500kPa

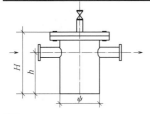
１ 立式直通除污器示意图

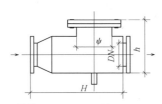
２ 卧式直通除污器示意图

膨胀水箱

膨胀水箱容积计算表❶　　　　　　　　　　　　　　　　表2

供暖系统	水箱容积计算	备注
95/70℃供暖系统	$V=0.034V_C$	V—膨胀水箱有效容积（L）
110/70℃供暖系统	$V=0.038V_C$	V_C—系统内水容量（L）
130/70℃供暖系统	$V=0.043V_C$	

膨胀水箱选用表❶　　　　　　　　　　　　　　　　表3

型号	圆形			方形				
	公称容积（m³）	有效容积（m³）	筒体（mm）		公称容积（m³）	有效容积（m³）	外形尺寸（mm）		
			内径	高度			长	宽	高
1	0.3	0.35	900	700	0.5	0.61	900	900	900
2	0.3	0.33	800	800	0.5	0.63	1200	700	900
3	0.5	0.54	900	1000	1.0	1.15	1100	1100	1100
4	0.5	0.59	1000	900	1.0	1.20	1400	1000	1100
5	0.8	0.83	1000	1200	2.0	2.27	1800	1200	1200
6	0.8	0.81	1100	1000	2.0	2.06	1400	1400	1200
7	1.0	1.1	1100	1300	3.0	3.50	2000	1400	1400
8	1.0	1.2	1200	1200	3.0	3.20	1600	1600	1400
9	2.0	2.1	1400	1500	4.0	4.32	2000	1600	1500
10	2.0	2.0	1500	1300	4.0	4.37	1800	1800	1500
11	3.0	3.3	1600	1800	5.0	5.18	2400	1600	1500
12	3.0	3.4	1800	1500	5.0	5.35	2200	1800	1500
13	4.0	4.2	1800	1800					
14	4.0	4.6	2000	1600					
15	5.0	5.2	1800	2200					
16	5.0	5.2	2000	1800					

换热器

常用换热器综合性能比较表❶　　　　　　　　　　　　　表4

换热器类型	传热系数[(W/m²·K)]	工作压力（MPa）	冷热介质允许压差（MPa）	水阻（kPa）	特点
波节管式	水—水 2000~3500 汽—水 2500~4000	≤8	≤8	≤30	适用于汽水换热，承压高，换热效率高，不结垢不堵塞，维修简单
板式	水—水 5000~6000	≤2.5	≤0.5	≤50	适用于水—水小温差，换热效率高，占地少，设备投资少，易结垢堵塞，调节性能好
螺纹扰动盘管式	水—水 1500~2500 汽—水 3000~4000	≤1.6	≤1.6	≤40	适用于水—水换热，可加水箱具有容积性，连续运行稳定，不易结垢
螺旋螺纹管式	汽—水 7000~8000	≤1.6	≤1.6	≤50	适用于大温差汽—水换热，传热系数高，不渗不漏，耐腐蚀，体积小

❶ 陆耀庆.实用供热空调设计手册.第二版.北京：中国建筑工业出版社，2008.

分（集）水器、分汽缸

当需从供暖总入口分接出3个及3个以上分支环路，或虽是两个环路，但平衡有困难时，在入口处应设分汽缸或分水器、集水器。

1. 分（集）水器，分汽缸筒体直径的确定：

（1）按断面流速计算：分（集）水器　$V=0.1~1.0$ m/s，
分汽缸　$V=8~12$ m/s。

（2）按经验估算确定，筒体直径D等于1.5~3倍的接到分（集）水器、分汽缸上的支管的最大直径。

2. 分（集）水器、分汽缸筒体长度L按管数计算确定：

$$L=130+L_1+L_2+L_3+\cdots\cdots+L_i+120+2h$$

筒体接管中心距 L_1、L_2、L_3……L_i，根据接管直径和保温层厚度确定，一般可按表5选用。

筒体接管中心距选用表　　　　　　　　　　　　　　　　表5

L_1	d_1+120
L_2	d_1+d_2+120
L_3	d_2+d_3+120
……	……
L_i	$d_i=d_{i-1}+120$

集气罐

集气罐有效容积应为膨胀水箱容积的1%，它的直径应大于或等于干管直径的1.5~2.0倍，使水在其中的流速不超过0.05m/s。集气罐按安装形式分为立式和卧式两种。

集气罐型号规格表　　　　　　　　　　　　　　　　表6

规格	型号				备注
直径D（mm）	100	150	200	250	国标图 94K402-1
高度（长度）H(L)(mm)	200	250	300	350	

注：本表数据摘自《民用建筑供暖通风与空气调节设计规范》GB 50736-2012。

自动排气阀

为方便管理，供暖系统中多采用自动排气阀取代集气罐。

1. 自动排气阀的排气口，一般宜接DN15排气管，防止排气直接吹向平顶或侧墙，损坏建筑外装修，排气管上不应设阀门，排气管宜引向附近水池。

2. 为便于检修，应在连接管上装设检修闸阀，系统运行时该阀开启。

3. 在供暖系统中，散热器中的空气不能顺利排出时，可在散热器上装设手动排气阀。

平衡阀

平衡阀用于规模较大的供暖系统的水力平衡。平衡阀安装位置在建筑供暖系统的入口，干管分支环路或立管上。平衡阀的种类有静态平衡阀（数字锁定平衡阀）、自力式压差控制阀和自力式流量控制阀。

常用平衡阀类型及特点　　　　　　　　　　　　　　　　表7

类别	特点
数字锁定平衡阀	具有良好的调节性能、截止功能，还具有开度显示和开度锁定功能，在供暖水系统中使用，可达到节能节电的效果，但当系统中压差发生变化时，不能够随系统变化而改变阻力系数，需要重新进行手动调节
自力式压差控制阀	自动恒定压差的水力工况平衡阀，应用于集中供热水系统中，有利于被控系统各用户和各末端装置的自主调节，尤其适用于分户计量供暖系统
自力式流量控制阀	自动恒定流量的水力工况平衡阀，可按需求设定流量，然后通过阀门的流量保持恒定。应用于集中供热水系统中，使管网的流量调节一次完成，把调网工作变成简单的流量分配，免除了热源切换时的流量重新分配工作，可有效地解决管网的水力失调

供暖管材

供暖管材的选择应根据工作温度、工作压力、使用寿命、施工与环保性能等因素，经综合考虑和技术经济比较后确定。通常室内外供暖干管宜选用焊接钢管、热镀锌钢管，室内明装支、立管宜选用热镀锌钢管、外敷铝保护层的铝合金衬PB管等，散热器供暖系统的室内埋地暗装供暖管道宜选用耐温较高的聚丁烯（PB）管、交联聚乙烯（PE-X）管等塑料管道或铝塑复合管（XPAP），地面辐射供暖系统的室内埋地暗装供暖管道宜选用耐热聚乙烯（PE-RT）管等塑料管道。另外铜管也是一种适用于低温热水地面辐射系统的有色金属加热管道。

常用供暖管材 表1

管材名称	连接方式	特点
焊接钢管	丝扣连接 焊接连接 法兰连接	用钢板或钢带经过机组和模具卷曲成型后焊接制成的钢管
无缝钢管	丝扣连接 焊接连接 法兰连接	无缝钢管是用钢锭或实心管坯经穿孔制成毛管，然后经热轧、冷轧或冷拔制成。无缝钢管的规格用外径×壁厚（mm）表示
（热）镀锌钢管	丝扣连接 卡箍连接	镀锌钢管在钢管表面镀锌处理。内外表面都有镀锌层，起到耐腐蚀作用。镀锌钢管可以在无缝钢管或焊接钢管上，镀锌钢管分为热镀锌钢管和冷镀锌钢管两种
塑料管 聚丁烯管（PB）	机械接头连接	由聚丁烯-1树脂添加适量助剂，经挤出成型的热塑性管材
交联聚乙烯管（PE-X）	机械接头连接	以密度大于0.94g/cm³的聚乙烯或乙烯共聚物，添加适量助剂，通过化学或物理方法，使其线型的大分子交联成三维网状的大分子结构管材
耐热聚乙烯管（PE-RT）	热熔连接	以乙烯和辛烯共聚而成特殊线型中密度乙烯共聚物，添加适量助剂，经挤出成型的热塑性管材
无规共聚聚丙烯管（PP-R）	热熔连接	以丙烯和适量乙烯的无规共聚物，添加适量助剂，经挤出成型的塑料性管材
铝塑复合管（XPAR）	机械接头连接	由聚乙烯和铝合金两种材料组成的多层管，中间为铝合金层，内外为塑料层，铝层与塑料层之间为热熔粘合剂层

塑料管材质和连接方法的选择应以保证工程长期运行的安全可靠为原则，根据塑料管的抗蠕变能力的强弱、许用环应力的大小、工程环境等因素，经过综合比较后确定。

塑料管用材料级别 表2

使用条件级别	工作温度T_D(℃)	在T_D下的使用时间（年）	最高温度工作温度T_{max}(℃)	在T_{max}下的使用时间（年）	故障温度T_{mal}(℃)	在T_{mal}下的使用时间（h）	典型应用范围
1	60	49	80	1	95	100	供应热水（60℃）
2	70	49	80	1	95	100	供应热水（70℃）
3*	30 40	20 25	50	4.5	65	100	低温地面供暖
4	20 40 60	2.5 20 25	70	2.5	100	100	地面供暖和低温散热器供暖
5**	20 60 80	14 25 10	90	1	100	100	较高温散热器供暖

注：1.*仅当T_{mal}不超过65℃时才可使用；
**当T_D、T_{max}和T_{mal}超出本表所给出的值时，不能用本表。
2.表中所列各使用条件级别的管道系统均应同时满足20℃和1.0MPa条件下输送冷水，达到50年使用寿命；
3.所有加热系统的介质只能是水或者经过处理的水；
4.本表数据摘自《辐射供暖供冷技术规程》JGJ 142-2012。

常用塑料管材性能综合比较 表3

比较内容	管道种类			
	PB管	PE-X管	PE-RT管	XPAP管
110℃、8760h试验	通过	通过	通过	—
低温下韧性	很好	很好	很好	很好
热强度	很高	高	较高	极次
输送热水时壁厚	薄	较薄	较薄	薄
节管式卫生性能	优	PE-Xa优 PE-Xb差 PE-Xc优	优	PE-Xb差
环保性能（回收利用可能性）	差	差	好	差
气味	有	有	无	有
热熔连接	不能	不能	能	不能
变形后有恢复情况	能复原	能复原	能复原	能复原
施工方便程度	方便	方便	最方便	不方便

注：个别企业生产的PB管产品，能热熔连接。

供暖管道保温

1. 供暖管道和设备有下列情况之一时，应进行保温：
（1）管道内输送的热媒必须保证一定的参数；（2）敷设在非供暖房间、地沟、技术夹层、闷顶及管井内或者有可能冻结的地方；（3）不保温时，热损耗热量大，且不经济时；（4）设备与管道的外表面温度高于50℃时（不包括室内供暖管道）；（5）不保温时，散发的热量会对房间温、湿度参数产生不利影响或不安全因素。

2. 室内供热管道常用保温材料经济厚度选择，如下表：

柔性泡沫橡塑经济保温厚度 表4

最高介质温度（℃）	保温厚度（mm）							
	22	25	28	32	36	40	45	50
45	≤DN40	DN50~DN100	DN125~DN450	DN500				
60		≤DN20	DN25~DN40	DN50~DN125	DN150~DN400	≥DN450		
80				≤DN32	DN40~DN70	DN80~DN125	DN150~DN450	≥DN500

注：1.柔性泡沫橡塑的导热系数$λ=0.034+0.00013t_m$[W/(m·K)]。
2.室内环境温度取20℃，风速0m/s。
3.本表数据摘自《全国民用建筑工程设计技术措施——暖通空调·动力》2009 JSCS-4。

硬质聚氨酯泡沫经济保温厚度 表5

最高介质温度（℃）	保温厚度（mm）					
	25	30	35	40	50	60	70
60	≤DN25	DN32~DN70	DN80~DN300	≥DN350		
80		≤DN20	DN25~DN50	DN70~DN125	≥DN150	
95			≤DN32	DN40~DN70	DN80~DN350	≥DN400
120				≤DN32	DN40~DN100	DN125~DN450	≥DN500

注：1.硬质聚氨酯泡沫导热系数$λ=0.024+0.00014t_m$[W/(m·K)]。
2.室内环境温度取20℃，风速0m/s。
3.本表数据摘自《全国民用建筑工程设计技术措施——暖通空调·动力》2009 JSCS-4。

离心玻璃棉经济保温厚度 表6

最高介质温度（℃）	保温厚度（mm）							
	35	40	50	60	70	80	90	100
60	≤DN25	DN32~DN50	DN70~DN300	≥DN350				
80		≤DN20	DN25~DN70	DN80~DN200	≥DN250			
95			≤DN40	DN50~DN100	DN125~DN300	≥DN350		
120				≤DN40	DN50~DN200	DN125~DN600	DN250~DN700	

注：1.离心玻璃棉导热系数$λ=0.031+0.00017t_m$[W/(m·K)]。
2.室内环境温度取20℃，风速0m/s。
3.本表数据摘自《全国民用建筑工程设计技术措施——暖通空调·动力》2009 JSCS-4。

热水供暖系统的水质要求

与热源间接连接的二次水供暖系统的水质要求表　　表1

序号	项目		补水	循环水
1	悬浮物（mg/L）		≤5	≤10
2	pH值（25℃）	钢制设备	≥7	10~12
		铜制设备		9~10
		铝制设备		8.5~9
3	总硬度（mmol/L）		≤6	≤0.6
4	溶氧量（mg/L）		—	≤0.1
5	含油量（mg/L）		≤2	≤1
6	氯根Cl⁻（mg/L）	制钢设备	≤300	≤300
		AISI304不锈钢	≤10	≤10
		AISI316不锈钢	≤100	≤100
		铜制设备	≤100	≤100
		铝制设备	≤30	≤30
7	硫酸根SO_4^{2-}（mg/L）		—	≤150
8	总铁量Fe（mg/L）	一般		≤0.5
		铝制设备		≤0.1
9	总铜量Cu（mg/L）	一般		≤0.5
		铝制设备		≤0.02

与锅炉房直接连接的供暖系统水质要求表　　表2

序号	项目		补水	循环水
1	悬浮物（mg/L）		≤5	≤10
2	pH值（25℃）	钢制设备	9~10	10~12
		铜制设备		9~10
3	总硬度（mmol/L）		≤6/≤0.6①	≤0.6
4	溶氧量（mg/L）		—/≤0.1②	≤0.1
5	含油量（mg/L）		≤2	≤1
6	氯根Cl⁻（mg/L）	制钢设备	≤300	≤300
		AISI304不锈钢	≤10	≤10
		AISI316不锈钢	≤100	≤100
		铜制设备	≤100	≤100
7	硫酸根SO_4^{2-}（mg/L）		—	≤150
8	总铁量Fe（mg/L）			≤0.5
9	总铜量Cu（mg/L）			≤0.1

注：①当锅炉的补水采用锅内加药处理时，对补水点硬度要求为6mmol/L；当锅炉的补水采用锅外化学处理时，对补水点硬度的要求为≤0.6mmol/L。
②当锅炉的补水采用锅内加药处理时，对补水溶氧量不做要求；当锅炉的补水采用锅外化学处理时，对补水溶氧量的要求为≤0.1mg/L。
本表数据摘自《全国民用建筑工程设计技术措施——暖通空调·动力》2009 JSCS-4。

无压锅炉一次水系统水质要求　　表3

项目	锅内加药		锅外化学处理	
	给水	锅水	给水	锅水
悬浮物（mg/L）	≤20	≤5	≤5	—
总硬度（mmol/L）	≤6	—	≤0.6	—
pH值（25℃）	≥7	10~12	≥7	10~12
溶氧量（mg/L）	—	—	≤0.1	—
含油量（mg/L）	≤2		≤2	

注：1. 通过补加药剂使锅水pH=10~12；
2. 额定功率≥4.2MW的承压热水锅炉给水应除氧，额定功率<4.2MW的承压热水锅炉和常压热水锅炉给水应尽量除氧。
3. 本表数据摘自《全国民用建筑工程设计技术措施——暖通空调·动力》2009JSCS-4。

热水供暖系统水处理

1. 热水供暖系统水处理的目标
（1）使系统的金属腐蚀减至最小；
（2）水质达到表1的要求；
（3）抑制水垢、污泥的生成及微生物的生长，防止堵塞供暖设备、管道、温控阀、机械式热量表等；
（4）不污染环境，特别是不污染地下水；
（5）处理简单，便于实施，费用较低。
2. 水处理方式
热水供暖系统的水处理方式，可以根据工程实际情况，选择下表中的方式。

水处理方式　　表4

类别	处理方式	处理要求	备注
补水	加防腐阻垢剂	当补水的pH值小于表1或表2规定值时，可投加防腐阻垢剂	当补水总硬度为0.6~6mmol/L，且补水量>10%系统水容量时，也应对补水投加防腐阻垢剂
	离子交换软化	当补水硬度>6mmol/L，可采用钠离子软化水处理装置，使总硬度≤0.6mmol/L	离子交换软化的水处理方式可降低硬度，防止结垢
	石灰水软化处理	当补水硬度>6mmol/L、总碱度≥2.5mmol/L时，可采用石灰水软化处理	投加工业成品石灰的含量应≥85%。石灰水软化处理所需占地面积较大，劳动强度也大
循环水	贮药罐人工投药	当循环水的溶氧量>0.1mg/L，或pH值小于表1或表2规定值时，可在回水总管上设置简易投药罐	运行过程中，根据pH值，人工间歇投加防腐阻垢剂或缓蚀剂
	旁通式自动加药装置	当循环水的溶氧量>0.1mg/L或pH值小于表1或表2规定值时，可在回水总管上设置旁通式自动加药装置	通过对pH值的监测实现自动进行加药，并控制其加药量。本方式的最大优点是准确、及时
	电子水处理器	当循环水的溶氧量>0.1mg/L，或pH值小于规定值时，可在回水总管上设置电子水处理器	水的化学性质不发生变化，而物理性能发生变化，起到防垢、除垢的作用，而且对于水中细菌有一定的抑制和杀灭作用

热水供暖系统的防腐设计

热水供暖系统防腐设计　　表5

序号	项目	具体要求	备注
1	基本要求	热水供暖系统，应根据补水的水质情况，系统规模、与热源的连接方式、定压方式、设备及管道材质等按本表要求进行防腐设计。采用铝制（包括铸铝与铝合金）及其内防腐型散热器时，热水供暖系统不宜与热水锅炉直接连接。热水地面辐射供暖系统加热管宜带阻氧层。散热器供暖系统与空调供热系统不应合在同一个热水系统里	非供暖季节供暖系统应充水保养；热水地面辐射供暖系统与散热器供暖系统并联于同一热源系统时，应将它们作为一个热水供暖系统，进行防腐设计
2	定压方式	采用高位膨胀水箱定压时，宜采用常压密闭水箱。采用钢制散热器时，应采用闭式系统。采用水泵定压方式时，宜采用变频泵。户用燃气（油）热水炉（器），应选用内置隔膜膨胀水罐的产品	宜采用隔膜式压力膨胀水罐定压（充注惰性气体）
3	补水量的控制	计算高位膨胀水箱和隔膜式压力膨胀水罐的有效容积时，应包括膨胀容积和调节容积。采用普通补水泵补水时，宜按补水量的50%、100%两档设置水泵；水泵应自动控制运行。热源设备的供回水管、分支回路、立管上，均应设置密闭性好的关断阀门；放气应采用带自闭功能的自动排气阀	系统的补水管上应设置水表
4	水处理设施	补水水质达不到表1或表2的规定时，应设补水水处理设施和/或循环水处理设施。循环水水质达不到表1或表2规定时，应设循环水水处理设施。补水水处理设备小时处理水量，宜按系统总水量的2%~2.5%设计；循环水水处理设备小时处理水量，宜按系统循环水量的10%设计。对于既采用普通补水定压，又用安全阀泄水回阀口的供暖系统，宜增设隔膜式压力膨胀水罐的定压，或改用变频泵补水定压，宜根据补水水质情况增设补水水处理设施。对于既采用高位开式膨胀水箱定压或系统中含有不阻氧塑料管的供暖系统，宜根据补水水质、循环水质情况增设补水水处理设施、旁通式循环水处理设施	补水水质符合表1或表2的规定时，可不设补水水处理设施，但宜预留水处理设施的位置
5	预防电化学腐蚀	热水供暖系统的供暖设备、管道与热源设备的材质应尽量一致。在同一热水供暖系统中，少量的不同金属设备无法避免混装时，其接头处应做防腐绝缘处理。热源间接连接的二次热水供暖系统中，采用铝制（包括铸铝、铝合金及内防腐型）散热器时，与钢管连接处应有可靠的防止电化学腐蚀措施	热水供暖系统有条件时宜与空调水系统分开设置，以避免不同金属设备混装引发电化学腐蚀
6	除污器过滤器的设置	循环水处理设施的过滤：循环水旁通进水管上设过滤径为3mm的过滤器或旁通式袋式等过滤器。建筑物热力入口的供水总管上，宜设两级过滤，初级为滤径3mm，二级为滤径0.65~0.75mm的过滤器	采用户用热表的居住建筑，在热表前应再设置一道滤径为0.65~0.75mm的过滤器
7	金属腐蚀检查片的设备	新建民用建筑热水供暖系统及既有热水供暖系统改造时，宜在系统中预先设置金属腐蚀检查片，以便定期检查金属的腐蚀速率、评估被腐蚀状况，及时采取相应的水处理补救措施	金属腐蚀检查片应使用与金属设备相同的材质，并宜设置于热源或便于监控的管道中

489

概述

与建筑相关的配套电气系统可分为强电与弱电，强电包括变配电系统、照明系统、动力系统、防雷系统、接地系统。

电力系统组成　　　　　　　　　　　　　　　表1

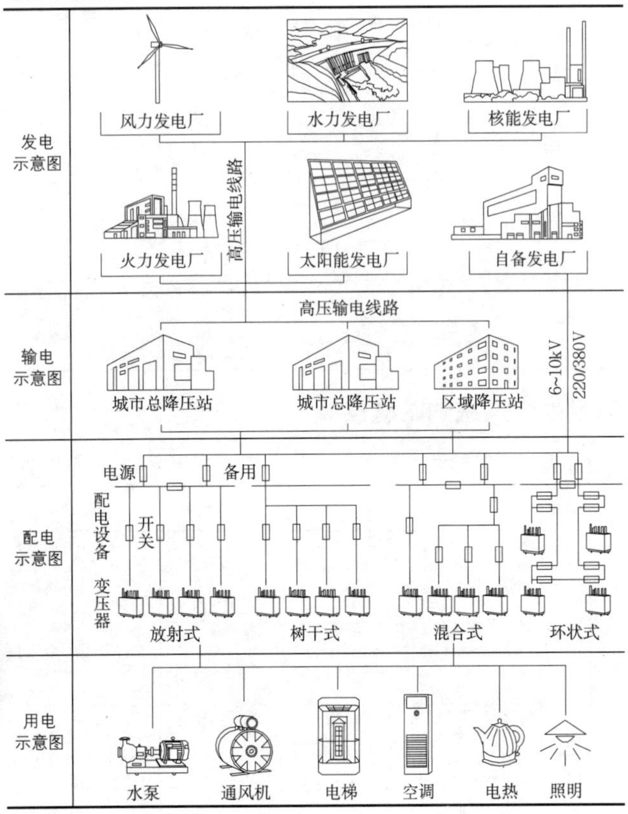

接线方式　　　　　　　　　　　　　　　　　表2

配电方式	接线图	适用范围
单相两线系统	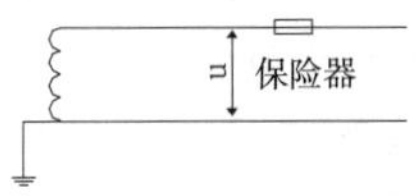	单相负荷用电
单相三线系统 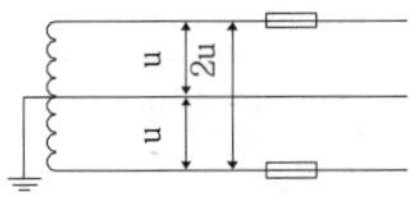		
三相三线系统（三角形接法／星形接法）	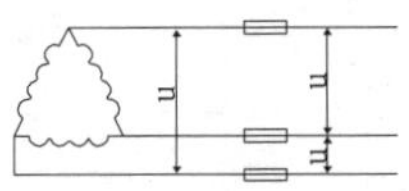	1.高、中压配电网 2.特殊负荷低压配电 3.三相电动机专用配电
三相四线系统（星形接法）	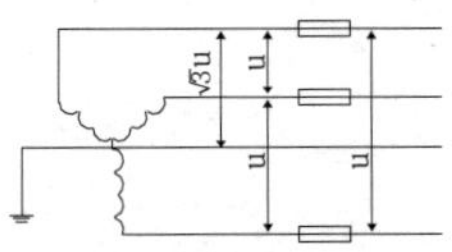	一般三相负荷与单相负荷混合供电的配电网
三相五线系统（星形接法） 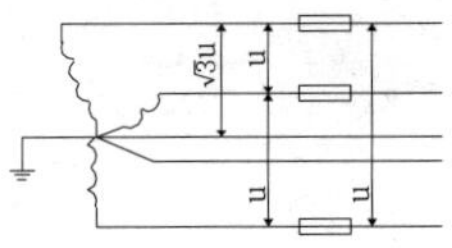		

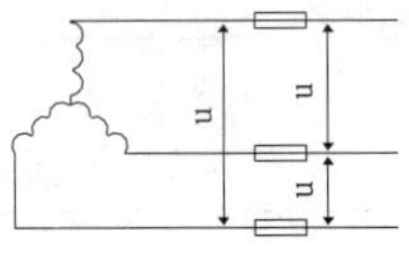

基本概念　　　　　　　　　　　　　　　　　表3

名称	特征	示意图	名称	特征	示意图
电源	能将其他形式能量（机械能、化学能、太阳能、风能等）转化为电能的设备称为电源。发电机、蓄电池、光电池和信号源都是电源		欧姆定律 R	欧姆定律是确定电路中电阻元件的电压与电流关系的定律。在一定电阻R上加电压U（伏特），则通过的电流I与所加电压成正比，即$R=U/I$	
电流 I	大量电荷作定向运动形成电流。习惯规定电流流动的方向与电子流动的方向相反。在导体横截面上，单位时间内所流动的电量称为电流强度，即$I=dq/dt$，电流强度通常称为电流，电流的单位为安培，符号以"A"表示	直流	有功功率 P	有功功率是保持用电设备正常运行所需的电功率，单位为瓦特，符号以"W"表示	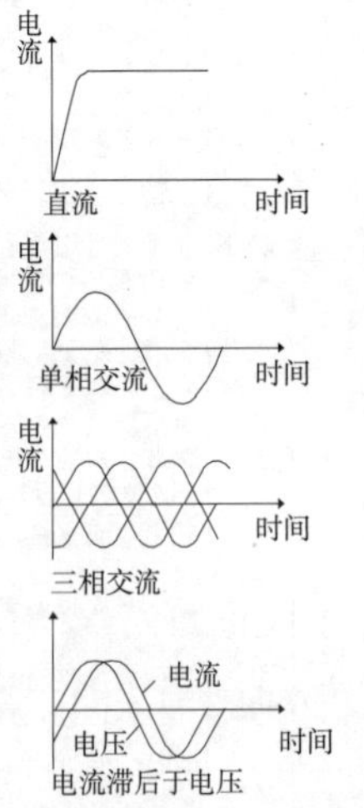
电压 U	电场内两点的电位差称为电压。电压的方向为从高电位指向低电位，单位为伏特，符号以"V"表示	单相交流	无功功率 Q	无功功率是用于衡量负荷与电源之间能量来回交换的一种量度，用来在电气设备中建立和维持磁场的电功率，单位为乏，符号以"var"表示	
直流与交流	方向和大小不随时间而变化的电流称为直流。方向和大小随时间而变化的电流称为交流。通常交流电就是指正弦电流，交流亦称交变电流。交流分单相交流和三相交流：只有一个绕组的发电机所产生的电流称为单相交流；有三个绕组且每个绕组的相位差互为120°的发电机所产生的电流称为三相交流	三相交流 电流滞后于电压	视在功率 S	工程上常用视在功率衡量电气设备在额定电压和额定电流下最大的负荷能力，记为$S=UI$，单位为伏安，符号以"VA"表示	
			功率因数 $\cos\varphi$	在工程中功率因数是衡量传输电能效果的一个非常重要的指标，表示传输系统有功功率所占的比例，即$\cos\varphi=P/S$	
电阻 R	电路中对电流通过有阻碍作用并造成能量损耗的部分称为电阻。通过导体电流的大小与导体的性质、长度和截面积有关（交流则与频率也有关）。如物质的电导系数为γ，长度为L(m)，截面为S(mm²)，则电阻$R=L/\gamma\cdot S$。电阻的大小也可从导体两端的电压与通过导体电流的比值来度量，即电阻$R=U/I$，单位为欧姆，符号以"Ω"表示		额定容量 S_N	铭牌上所标明的，电机或电气在额定工作条件下能长期持续工作的技术出力。通常对电机指的是有功功率，对变压器指的是视在功率，对调相设备指的是视在功率或无功功率	—

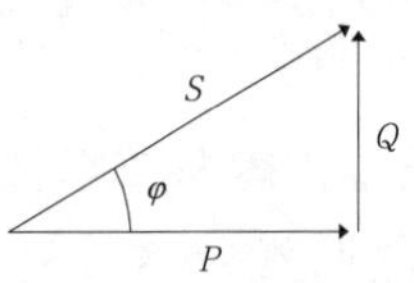

13
建筑电气

电压选择

某些大型、特大型建筑群设有总降压变电站，把35~110kV电压降为10kV或20kV后，向各楼宇变电站供电，变电站把10kV或20kV电压降为220/380V，对低压用电设备供电。

中型建筑的供电，电源进线一般为10kV或20kV，经过高压配电站后分出几路配电线将电能分别送到各建筑物变电所，降为220/380V后供给用电设备。

小型建筑的供电，通常只需一个10kV或20kV降为220/380V的变电所。

当用电设备总容量在250kW及以上或变压器容量在160kVA及以上时，宜以10kV或20kV供电；当用电设备总容量在250kW以下或变压器容量在160kVA以下时，可由低压供电。

高压配电方式

高压配电系统接线方式 表1

名称	接线图	简要说明
单回路放射式	10kV 或 20kV 电源 备用电源 220/380V	一般用于配电给二、三级负荷或专用设备，但对二级负荷供电时，尽量要有备用电源。如另有独立备用电源时，则可供电给一级负荷
双回路放射式	电源1 10kV 或 20kV 电源2 220/380V	线路互为备用，用于配电给二级负荷，电源可靠时，可供电给一级负荷
树干式	单回路树干式 10kV或20kV 220/380V	一般用于对三级负荷的配电
	单侧供电双回路树干式 10kV或20kV 220/380V 220/380V	供电可靠性稍低于双回路放射式，但投资省，一般用于二、三级负荷，当供电可靠时，也可供电给一级负荷
	单侧供电环式（开环） 10kV或20kV	用于对二、三级负荷供电，一般两回路电源同时工作开环运行，也可一用一备开环运行，供电可靠性较高，电力线路检修时可切换电源，故障时可切换故障点，可以用于对二级负荷配电，但保护装置和整定配合都比较复杂

低压配电方式

民用建筑的配电方式有放射式、树干式、链式及多种方式的组合。

低压配电系统接线方式[1] 表2

名称	接线图	简要说明
放射式	220/380V	配电线路故障互不影响，供电可靠性高，配电设备集中，检修比较方便，但系统灵活性较差，有色金属消耗较多，一般在下列情况采用：1.容量大、负荷集中的用电设备；2.需要集中连锁启动、停车的设备；3.有腐蚀性介质或爆炸危险等环境，不宜将用电及保护启动设备放在现场者
树干式	220/380V 220/380V	配电设备及有色金属消耗较少，系统灵活性好，但干线故障时影响范围大。一般用于用电设备的布置比较均匀，容量不大，又无特殊要求的场所
变压器干线式		除了具有树干式系统的优点外，接线更简单，能大量减少低压配电设备；为了提高母干线的供电可靠性，应当减少每段上引出的分支回路数，一般不超过10个；频繁启动，容量较大的冲击负荷，以及对电压质量要求严格的用电设备，不宜用此方式供电
备用柴油发电机	220/380V 一般动力照明 应急用电负荷	10kV或20kV市政电源为主电源，快速自启动型柴油发电机组做备用电源；用于附近只能提供一个电源，得到第二个电源需要大量投资时，经技术经济比较，可采用此方式供电。应注意：1.与外网电源间应设机械与电气连锁，不得并网运行；2.避免与外网电源的计费混淆；3.在接线上要具有一定的灵活性，以满足在正常停电（或限电）情况下能供给部分重要负荷用电
链式		特点与树干式相似，适用于距配电屏较远而彼此相距又较近的不重要的小容量用电设备；链接的设备一般不超过5台，总容量不超过10kW；供电给容量较小用电设备的插座，采用链式配电时，每一条环链回路的数量可适当增加

电力负荷分级和供电要求

电力负荷根据对供电可靠性的要求及中断供电对人身安全、经济损失上所造成的影响程度，将其分为三级：一级负荷、二级负荷和三级负荷。

负荷分级表 表3

负荷分级	定义	供电措施
一级负荷	1.中断供电将造成人身伤害。2.中断供电将在经济上造成重大损失。3.中断供电将影响重要交通枢纽、大型体育馆等重要用电单位的正常工作。4.在一级负荷中，当满足下列情况之一时，应视为一级负荷中特别重要的负荷：（1）中断供电将造成人员伤亡的；（2）中断供电将造成重大设备损坏的；（3）中断供电将造成发生中毒、爆炸和火灾等情况的；（4）不允许中断供电的其他特别重要场所。	1.一级负荷应由双重电源供电，当一个电源发生故障时，另一个电源不应同时受到损坏。2.一级负荷中特别重要的负荷供电，除由双重电源供电外，尚应增设应急电源，并严禁将其他负荷接入应急供电系统。3.下列电源可作为应急电源：（1）独立于正常电源的发电机组；（2）供电网络中独立于正常电源的专用馈电线路；（3）蓄电池；（4）干电池。
二级负荷	1.中断供电将在经济上造成较大损失。2.中断供电将影响较重要用电单位的正常工作或重要公共场所秩序混乱。	二级负荷的供电系统，应满足当电力变压器或电力线路发生故障时，能及时恢复供电的要求，可采用下列方式之一：1.由两回线路供电。2.在负荷较小或地区供电条件困难时，可由一路6kV及以上专用的架空线路供电，或采用两根电缆供电，其每根电缆应承担全部二级负荷
三级负荷	不属于一级和二级负荷者	无特殊要求

注：本表摘自《供配电系统设计规范》GB 50052-2009。

❶ 中国航空规划设计研究总院有限公司等编.工业与民用供配电设计手册.第4版.北京：中国电力出版社，2016：86.

13 建筑电气

变配电所所址的选择

变配电所所址的选择   表1

变配电所	所址选择的基本要求	变配电所	所址选择的基本要求
20kV及以下变配电所	1.宜接近负荷中心； 2.宜接近电源侧； 3.应方便进出线； 4.应方便设备运输； 5.不应设在有剧烈振动或高温的场所； 6.不宜设在多尘或有腐蚀性物质的场所，当无法远离时，不应设在污染源盛行风向的下风侧，或应采取有效的防护措施； 7.不应设在厕所、浴室、厨房或其他经常积水场所的正下方处，也不宜设在与上述场所相贴邻的地方，当贴邻时，相邻的隔墙应做无渗漏、无结露的防水处理； 8.当与有爆炸或火灾危险的建筑物毗连时，变电所的所址应符合现行国家标准《爆炸和火灾危险环境电力装置设计规范》GB 50058的有关规定； 9.不应设在地势低洼和可能积水的场所； 10.不宜设在对防电磁干扰有较高要求的设备机房的正上方、正下方或与其贴邻的场所，当需要设在上述场所时，应采取防电磁干扰的措施	高层民用建筑变配电所	除满足左栏要求以外还应注意如下几点： 1.变电所应尽可能设置在地下层或首层，但避免设置在最底层，当地下只有一层时，要采取防止洪水、消防水或积水的可能进入变电所的措施，当建筑物在100m以上、负荷较大、供电半径较长时也可设置在避难层、设备层和屋顶层等处。 2.高层建筑地下层变配电所的位置宜选择在通风、散热条件较好的场所。 3.高层主体建筑物内不宜设置装有可燃性油的电气设备的变配电所，如受条件限制必须设置时，应设在底层靠外墙部位，但不应设在人员密集场所的正上方、正下方、贴邻和疏散出口的两旁，并应按现行国家规范有关规定，采取相应的防火措施； 4.设置在二层以上的三相变压器，应考虑垂直与水平运输对通道及楼板荷载的影响

变配电所对建筑的要求

变配电所对建筑的要求   表2

项目	变配电所各种房间的名称									
	油浸变压器室	高压配电室（有充油设备）	低压配电室	6~10kV电力电容器室	干式变压器	高压配电室（无充油设备）	计算机室	控制室	值班室	电缆夹层电缆室	室内电缆沟
建筑物	一级	二级	二级	二级						
屋面	应有保温和隔热层及良好可靠的防水措施								
屋檐	应有檐沟集中排水，防止雨水沿墙面流下								
顶棚	不允许抹灰，可喷白浆或刷白	水泥砂浆抹平，涂料罩面	水泥砂浆抹平，涂料罩面		不允许安装与配变电所无关的管路及设备	水泥砂浆抹平，涂料罩面或用难燃烧体轻型结构吊顶	抹灰刷白			水泥砂浆抹平，或刷白	花纹钢盖板
内墙面	勾缝，刷白，基础防止油浸蚀，与有爆炸危险场所相邻的墙壁内侧应抹灰并刷白	水泥砂浆抹平，涂料罩面。采用SF₆组合电器时，应刷漆	水泥砂浆抹平，涂料罩面		勾缝并刷白，与有爆炸危险场所相邻的墙壁面抹灰刷白	抹灰刷白	水泥砂浆抹光，涂料罩面或油漆墙裙，贴墙布或喷塑			水泥砂浆抹平，或刷白	沟壁、沟底要有防水措施，水泥砂浆抹平
地坪	高式：用水泥抹光并向中间通风孔及排油坑作2%的坡度；低式：用卵石或碎石铺设，厚度为250mm，室四周沿墙600mm用水泥浆抹平	高标号水泥压光。采用SF₆组合电器时，应用水磨石	高强度等级水泥砂浆压光		水泥砂浆压光	高强度等级水泥砂浆压光	水磨石或铺设地板			高强度等级水泥砂浆压光	水泥砂浆抹平
采光和采光窗	不允许设置	可设不宜开启的采光窗。窗内侧加保护网。如设可开启的窗，应有防止雨水和小动物进入的安全措施（如纱窗等）。窗要考虑擦洗方便，采用SF₆组合电器时，可装双层窗，或嵌橡皮条的密闭窗		不设采光窗	同高压配电室（有充油设备）	自然采光窗并设纱窗			一般不设窗	
通风窗	上、下百叶窗，窗内侧加保护铁丝网（网孔不大于10mm×10mm）	—	上、下百叶窗，窗内侧加保护铁丝网（网孔不大于10mm×10mm）	设置在地面上同油浸变压器室。设置在地下室时，应有良好的送排风系统	—	—			条件允许时设百叶窗内侧加铁丝网保护（网孔不大于10mm×10mm）	
门	向外开，开度大于120°。门外侧设把手及锁搭扣（或锁环门闩）。双扇门的单门宽大于或等于1200mm时，宜在其中的一扇上加开供维护人员出入的小门，门宽600~700mm，小门自动闭锁，且室内不用钥匙能开启（如装弹簧锁）。敞开式变压器室的门，宜采用轻型金属网门，其网格上半部不大于40mm×40mm，下半部不大于10mm×10mm，门高不低于1800mm	通向室外的门向外打开，门上方设雨搭。门能自动闭锁，且内部不用钥匙能开启，炎热地区还应设纱门。都有设备的相邻房间之间的门，应开向电压低的房间或可向两面开门。低压配电装置室的门允许用木制门	通向室外的门向外打开，门上方设雨搭。门能自动闭锁。且内部不用钥匙能开启，炎热地区还应设纱门		门向外开，当相邻房间都有电气设备时，门应能向两个方向开或开向电压较低的房间。采用铁门或木门内侧包铁皮之。单扇门宽≥1.5m时，应在大门上开小门。大门及大门上的小门应向外开启，其开启角度为180°，同时要尽量降低小门的门槛高度	允许用木门	允许用木制门，炎热地区还应设纱门		—	—
	搬运设备的门，其高度和宽度应按搬运设备中的最大的外形尺寸再加200~400mm；但门宽不应小于900mm，门高不应低于2100mm。仅供人通行的门可采用宽750mm，高1900mm									—

注：建筑物的门窗宜采用钢门窗。

13 建筑电气

变配电所对有关专业的要求

变配电所各房间对供暖、通风及防火的要求
表1

项目	房间名称				
	高压配电室（有充油电气设备）	电容器室	变压器室	低压配电室	控制室值班室
通风	宜采用自然通风。当安装有较多油断路器时，应装设事故排烟装置，其控制开关宜安装在便于开启处	应有良好的自然通风，按夏季排风温度≤40℃计算；室内应设有反映室内温度的指示装置	宜采用自然通风，按夏季排风温度≤45℃计算，进风和排风的温差≤15℃	一般靠自然通风	一般采用自然通风，夏季根据地区情况设置电扇。大型主控制室设置空调装置
		当自然通风不能满足要求时，应设机械通风。当采用机械通风时，其通风管道应采用非燃性材料制作。如周围环境污秽时，宜加空气过滤器			
供暖	一般不供暖；但严寒地区，室内温度影响电气设备和仪表正常运行时，应有供暖措施	一般不供暖；当温度低于制造厂规定值以下时应采暖	—	一般不供暖；当兼作控制室或值班室时，在供暖地区应供暖	在供暖地区应供暖
	控制室和配电室内的供暖装置宜采用钢管焊接，且不应有法兰、螺丝接头和阀门等				
防火	耐火等级不应低于二级				
	民用建筑内变电所防火门的设置应符合下列规定： 1.变电所位于高层主体建筑或裙房内时，通向其他相邻房间的门为甲级防火门，通向过道的门应为乙级防火门； 2.变电所位于多层建筑物的二层或更高层时，通向其他相邻房间的门为甲级防火门，通向过道的门应为乙级防火门； 3.变电所位于单层建筑物内或多层建筑物的一层时，通向其他相邻房间或过道的门应为乙级防火门； 4.变电所位于地下层或下面有地下层时，通向其他相邻房间或过道的门应为甲级防火门； 5.变电所附近堆带有易燃物品或通向汽车库的门应为甲级防火门； 6.变电所直接通向室外的门应为丙级防火门				

变压器外廓(防护外壳)与变压器室墙壁和门的净距（单位：m） 表2

项目	变压器容量（kVA）	
	100~1000	1250~2500
油浸变压器外轮廓与后壁、侧壁净距	0.6	0.8
油浸变压器外轮廓与门距	0.8	1.0
干式变压器带有IP2X及以上防护等级金属外壳与后壁、侧壁净距	0.6	0.8
干式变压器带有IP2X及以上防护等级金属外壳与门净距	0.8	1.0

注：表中各值不适用于制造厂的成套产品。

高压配电室内各种通道的最小净宽（单位：m） 表3

开关柜布置方式	柜后维护通道	柜前操作通道	
		固定式	手车式
单排布置	0.8	1.5	单车长度+1.2
双排面对面布置	0.8	2.0	双车长度+0.9
双排背对背布置	1.0	1.5	单车长度+1.2

注：1. 固定式开关柜为靠墙布置时，柜后与墙净距应大于0.05m，侧面与墙净距应大于0.2m。
2. 通道宽度在建筑物的墙面遇有柱类局部凸出时，凸出部位的通道宽度可减少0.2m。

低压配电屏前后的通道净宽 表4

装置种类	单排布置		双排对面布置		固定式	
布置方式	屏前	屏后	屏前	屏后	屏前	屏后
固定式	1.5	1.0	2.0	1.0	1.5	1.5
抽屉式	1.8	1.0	2.3	1.0	1.8	1.5
控制屏（柜）	1.5	0.8	2.0	0.8	—	—

注：1. 当建筑物墙面遇有柱类局部凸出时，凸出部分的通道宽度可减少0.2m。
2. 各种布置方式，屏端通道不应小于0.8m。

SCB10系列10kV干式配电变压器外形尺寸 表5

型号	无防护外壳（mm）			有防护外壳（mm）			轨距	
	长	宽	高	长	宽	高	m	n
SCB10-200/10	1050	710	970	1350	1010	1370	550	660
SCB10-250/10	1110	710	1045	1510	1010	1440	660	660
SCB10-315/10	1120	710	1070	1520	1010	1460	660	660
SCB10-400/10	1160	870	1120	1560	1170	1515	660	820
SCB10-500/10	1160	870	1140	1560	1170	1540	660	820
SCB10-630/10(4%)	1250	870	1180	1560	1170	1580	660	820
SCB10-630/10(6%)	1320	870	1165	1720	1170	1565	660	820
SCB10-800/10	1370	870	1235	1770	1270	1635	660	820
SCB10-1000/10	1440	870	1275	1840	1270	1670	660	820
SCB10-1250/10	1485	870	1370	1885	1270	1770	660	820
SCB10-1600/10	1650	1120	1535	2050	1520	1930	660	820
SCB10-2000/10	1700	1120	1635	2100	1520	2035	1070	1070
SCB10-2500/10	1760	1120	1705	2160	1520	2100	1070	1070

S10-200~2500/10油浸自冷式铜线低耗电力变压器外形尺寸及重量 表6

型号	质量（kg）			外形尺寸（长×宽×高，mm）
	器身重	油重	总重	
S10-200/10	575	170	910	1290×750×1350
S10-250/10	660	195	1045	1305×760×1390
S10-315/10	775	215	1215	1415×850×1450
S10-400/10	890	245	1400	1500×900×1500
S10-500/10	1070	285	1650	1545×920×1580
S10-630/10	1265	385	2020	1680×1020×1620
S10-800/10	1570	440	2530	1760×1070×1660
S10-1000/10	1720	505	2710	1800×1100×1780
S10-1250/10	2195	605	3520	1860×1130×1820
S10-1600/10	2850	800	4520	2030×1250×1930
S10-2000/10	3200	1000	5450	2220×1380×1950
S10-2500/10	3750	1200	5920	2270×1400×2000

SCBH15-200~2000/10型非晶合金干式变压器外形尺寸及重量 表7

型号	无防护外壳				有防护外壳			
	长(mm)	宽(mm)	高(mm)	总重(kg)	长(mm)	宽(mm)	高(mm)	总重(kg)
SCBH15-200/10	1470	1000	1225	1420	1700	1250	1600	1530
SCBH15-250/10	1620	1000	1260	1715	1800	1250	1600	1835
SCBH15-315/10	1690	1000	1285	1910	1900	1250	1600	2030
SCBH15-400/10	1600	1050	1255	2225	1800	1350	1600	2235
SCBH15-500/10	1720	1050	1285	2560	1900	1350	1600	2670
SCBH15-630/10(4%)	1810	1100	1300	3200	2000	1350	1600	3335
SCBH15-630/10(6%)	1940	1050	1295	3000	2200	1350	1600	3140
SCBH15-800/10	1920	1100	1320	3495	2100	1350	1600	3675
SCBH15-1000/10	2060	1200	1285	4375	2300	1450	1600	4505
SCBH15-1250/10	2170	1200	1320	4895	2400	1450	1600	5030
SCBH15-1600/10	2290	1200	1460	6020	2500	1450	1800	6180
SCBH15-2000/10	2300	1200	1565	7290	2500	1450	1900	7460

注：1. 分子：额定容量（kVA）。
2. 分母：高压侧电压（kV）。

SH(B)15-200~2500/10型油浸式非晶合金电力变压器外形尺寸 表8

额定容量（kVA）	外形尺寸（mm）		
	长L	宽B	高H
200	1290	920	1025
250	1360	920	1060
315	1380	860	1165
400	1510	900	1240
500	1640	900	1295
630	1740	1120	1300
800	2070	1230	1345
1000	2250	1350	1385
1250	2360	1350	1445
1600	2530	1390	1525
2000	2750	1450	1650
2500	2900	1510	1780

13
建筑电气

组合箱式变电站

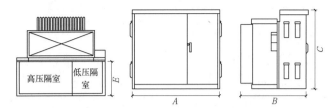

1 ZGS□-$\frac{Z}{H}$-□/10组合式箱变（品字形）外形及布置图

ZGS□-$\frac{Z}{H}$-□/10组合式箱变外形尺寸及质量　　　表1

额定容量 （kVA）	A （mm）	B （mm）	C （mm）	E （mm）	质量 （kg）
50~200	2000	1116	1580	508	2000
250~500	2000	1330	1580	508	2450~3200
630	2000	1420	1710	632	3400
800	2000	1420	1710	632	3600
1000	2000	1420	1710	632	4000

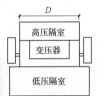

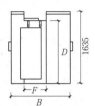

2 ZGS□-$\frac{Z}{H}$-□/10组合式箱变（目字形）外形及布置图

ZGS□-$\frac{Z}{H}$-□/10组合式箱变外形尺寸及质量　　　表2

额定容量 （kVA）	A （mm）	B （mm）	D （mm）	F （mm）	质量 （kg）
≤ 500	1820	1820	1400	600	≤ 3250
630、800	2000	1860	1400	800	3900
1000	2200	1920	1400	800	3900

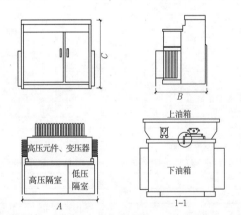

3 YBP□-$\frac{Z}{H}$-□/10组合式箱变（改进形）外形及布置图

YBP□-$\frac{Z}{H}$-□/10组合式箱变外形尺寸及质量　　　表3

额定容量（kVA）	A （mm）	B （mm）	C （mm）	质量 （kg）
100~250	1830	1580	1720	1600~2000
315~800	1830	1580	1720	2200~3600

预装箱式变电站

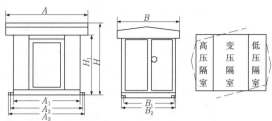

4 YBM系列（目字形）预装箱变外形及布置图

YBM系列（目字形）预装箱变外形尺寸　　　表4

变压器容量 （kVA）	外形尺寸（mm）						安装尺寸（mm）		
	A	B	H	A₁	B₁	H₁	A₃	A₂	B₂
30~250	2960	2110	2370	2750	1800	2120	2800	2820	1740
315~630	3500	2300	2410	3200	2200	2160	3320	3270	1940
800~1250	3800	2700	2660	3500	2400	2360	3600	3570	2340

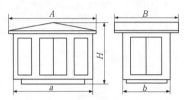

5 DXB系列预装式箱变外形及布置图

DXB系列预装式箱变外形尺寸　　　表5

品种			外形尺寸（mm）				
			A	a	B	b	H
三相	Ⅰ（目字形）	100~630kVA	4140	3750	2590	2290	2320
		800~1250kVA	5184	4880	2500	2290	2626
	Ⅱ（品字形）	50~400kVA	2500	2300	2400	2200	2320
单相	Ⅰ（目字形）	50kVA	2500	2300	1260	1060	2215
		80~100kVA	2500	2300	1840	1640	2215

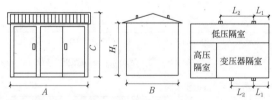

6 ZBW-□-□/P预装式箱变外形及布置图

ZBW-□-□/P预装式箱变外形尺寸（单位：mm）　　　表6

额定容量（kVA）	A	B	C	L₁	L₂	L₃	H₁
200	2300	1800	2090	740	840	730	1640
250~500	2300	1800	2090	580	1000	890	1640
630~800	2400	1800	2240	440	1140	1030	1790

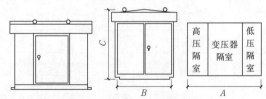

7 ZBW-□-□/M预装式箱变外形及布置图

ZBW-□-□/M预装式箱变外形尺寸（单位：mm）　　　表7

额定容量（kVA）	A	B	C
200~315	3100	2000	2450
400~630	3200	2200	2450
800~1250	3500	2400	2650

13
建筑电气

变配电所布置形式

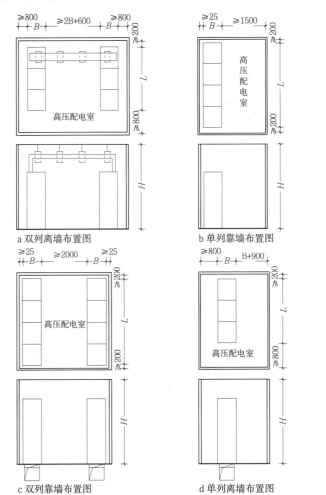

1 高压配电室布置示意图

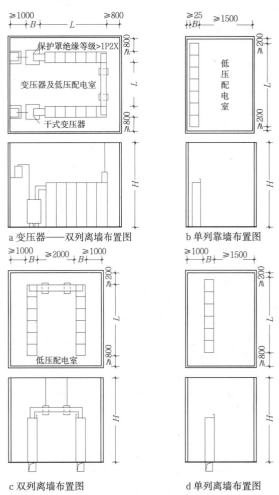

2 变压器、低压配电室布置示意图

变电所实例

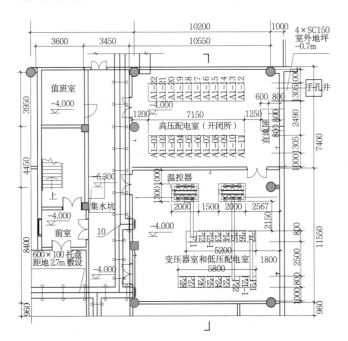

3 平面图

序号	名称	型号规格	单位
1	干式变压器	SGB11-1250kVA/10/0.4kV	台
2	电缆	YJV-10kV 3X95	m
3	变压器保护外壳	—	个
4	密集型母线槽	XL-2500A	m
5	母线槽吊架	50×25×3.7	m
6	低压配电柜	GCK	台
7	高压开关柜	ZS1	台
8	槽钢	100×48×48	m
9	电缆支架	水冷机组	个
10	电缆线槽	1000×200	m

材料表　　　　表1

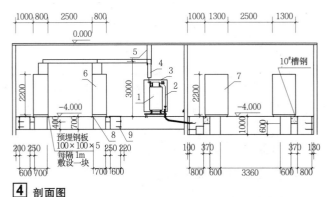

4 剖面图

应急电源

应急电源系统包括：应急低压柴油发电机组、EPS应急电源装置、UPS不间断电源装置。

各类应急电源特点 表1

应急电源形式	建筑配套设计要点	运用范围及特点	环境影响
应急低压柴油发电机组	需设置机房及进排风井道、烟道；宜与配电房贴邻，不应在卫生间下方或贴邻；机房有层高要求	允许电源中断时间超过15s的负荷，适用建筑内大多数照明、动力负荷	噪声100dB，烟气排放
EPS应急电源装置	容量≥15kW需设置独立机房；宜与楼层配电室贴邻，不应在卫生间下方或贴邻	允许电源中断时间小于0.25s的负荷，适用照明负荷	噪声55dB，机房楼面布置活载荷10kN/m²
UPS不间断电源装置	供计算机机房使用需设独立机房；宜与计算机机房贴邻，不应在卫生间下方或贴邻	允许电源中断时间毫秒级的负荷，适用计算机电子数据处理系统负荷	噪声75dB，机房楼面均布活载荷10kN/m²

柴油发电机房

柴油发电机是建筑电力系统的优选应急电源，其作为应急电源有供电稳定、可靠、功率大、持续时间长的优点。柴油发电机功率100~2000kW，机组由柴油机、发电机、散热器及水箱、排烟管、基座组成，外围配套设施有日用油箱、控制屏、烟气洗消装置等。

柴油发电机运行时会产生大量热量，如不将热量及时排出机房之外，将引起机房温升，导致机组出力下降甚至停机，机房温度一般不能超过40℃。

各类型柴油发电机的冷却方式 表2

机组形式	冷却方式	建筑配套设计要点	运用范围及特点
闭式风冷机组	散热器冷却方式，散热器与机组连体结构，依靠新风交换带走机房的热量	1.机房内需要设计专用进排风井道，并引至地面。2.机房通风系统独立设置	常用形式，适用于大多数建筑
开式风冷机组	远置式散热器冷却方式，散热器与机组分离结构，依靠新风交换带走机组的热量	1.机房内不需要设计专用进排风井道。2.安装远置散热器的位置不能高于机房太多，应考虑对建筑产生影响。3.机房、储油间通风系统独立设置	不常用形式。当建筑无法安排机房进排风井道时才考虑
水冷机组	冷却水塔和热交换器组成的冷却方式，依靠循环冷却水通过热交换器带走机房的热量	1.机房内不需要设计专用进排风井道。2.冷却水塔安装高度不限，应考虑冷却水塔噪声不对建筑产生影响。3.机房、储油间通风系统独立设置	不常用形式。当建筑无法安排机房进排风井道以及大功率机组时才考虑。设备成本较高

柴油发动机房的通风设计要点 表3

土建要求	内容
进排风井道位置	1.排风井道应布置在机组散热器的正前方。进风井道宜布置在机组发电机的后方[2]。这种布置气流可以完整流过机组全身利于散热。不能安排时也可将进风井道布置在机组的侧前方[3]。2.进排风井道在一层影响建筑功能时，满足机组背压条件下，可将井道延伸到裙房屋面，同时需通风专业配合。3.地面进、排风口的相对位置，应遵循避免空气短路的原则：当进排风口在同一高度时，风口宜在不同方向设置
进排风口面积	排风口的面积不宜小于柴油机散热口面积的1.5倍，进风口面积不宜小于柴油机散热器面积的1.6倍

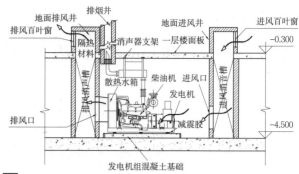

1 柴油发电机在地下室安装剖面图

柴油发电机房对土建的要求 表4

土建要求	内容
机房位置	1.柴油发电机房应靠近配电房布置，可设置在建筑物的一层、地下一层或地下二层。2.发电机房宜至少一面墙靠建筑外墙，以便于安排通风设施，不应设在卫生间等潮湿场所下方或贴邻
门	1.发电机房应有2个出口，1个出口尺寸应满足搬运机组的要求。门应为甲级防火门向外开启，并应采用隔声门；发电机房与控制室、配电间的门和观察窗应采用防火、隔声措施，门为甲级防火门。2.储油间应采用防火墙与机房隔开，隔墙上开门时，应为自行关闭的甲级防火门
设备运输通道	应留出发电机进入机房的设备运输通道，当无法安排时，安装于地下室时应设计楼板吊装孔
地面、墙面做法	1.墙面水泥砂浆抹平，涂料罩面，地面高标号水泥压光。2.采用耐火极限不低于2.0h或3.0h的隔墙和1.50h的楼板
机房尺寸	机房内设备与机房墙的间距及机房净高符合表5的要求
其他	1.机房顶棚的梁上宜设置两只机组安装用吊钩，每个吊钩承重>机组重量的75%。2.机房上方无卫生间及无关管道通过。3.机房墙面、顶棚、进排风井道需要用防火岩棉做消声隔声墙面

机组之间及机组与外廓与墙壁的净距（单位：m） 表5

项目容量(kW)	≤64	75~150	200~400	500~1500	1600~2000
机组操作面(a)	1.5	1.5	1.5	1.5~2.0	2.0~2.5
机组背端(b)	1.5	1.5	1.5	1.8	2.0
柴油机端(c)	0.7	0.7	1.0	1.0~1.5	1.5
机组间距(d)	1.5	1.5	1.5	1.5~2.0	2.5
发电机端(e)	1.5	1.5	1.5	1.8	2.0~2.5
机房净高(h)	2.5	3.0	3.0	4.0~5.0	5.0~7.0

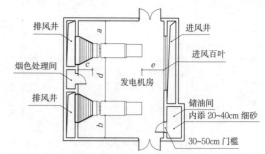

2 进排风井在机房两端发电机房布置图

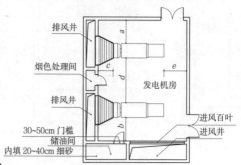

3 进风井在机房侧边发电机房布置图

排烟井道

1. 柴油发电机烟气排放应符合当地环保部门要求,烟气经消烟除尘后,宜通过排烟井道引至屋顶室外高空排放,位置不应对人产生滋扰。

2. 排烟井道应上下直通到室外,排烟温度有450~550℃,井道应采用耐火砖砌筑 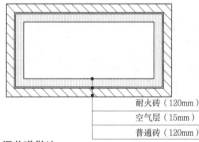,满足机组排气背压要求。

柴油发电机组的参数 表1

发电机功率(kW)	机组外形尺寸(mm)			排烟井净面积(m²)			冷却+燃烧空气量(m³/h)	排烟量(m³/h)	最大排气背压(kPa)	单台机组机房最小净面积(m²)	重量(kg)	进风井净面积(m²)	排风井净面积(m²)
	长	宽	高	排烟路径长度(m)									
				≤20	≤50	≤100							
100	2597	889	1409	0.04	0.05	0.08	13168	1522	10	10	1523	1.1	1
180	3404	1270	1617	0.04	0.05	0.08	20977	2192	10	36	2762	1.1	1
200	3404	1270	1617	0.08	0.05	0.08	20977	2329	10	36	2762	1.1	1
250	3607	1270	1615	0.08	0.08	0.12	28659	3855	10	38	3393	1.4	1.3
300	3962	1524	1971	0.08	0.12	0.12	39715	4298	10	45	4672	2.2	2
400	4064	1524	1971	0.08	0.12	0.12	51232	5162	10	46	5171	2.8	2.5
500	4305	1830	2242	0.12	0.17	0.17	51232	7153	10	58	7149	3.9	3.5
600	4826	1884	2409	0.12	0.17	0.17	51232	7182	10	66	8918	3.9	3.5
800	4826	1894	2507	0.17	0.17	0.22	68202	10728	10	70	9330	4.4	4
1000	5651	2276	2507	0.22	0.22	0.28	82926	13590	6.7	81	11435	6	5.5
1250	5866	2276	2507	0.22	0.22	0.28	112620	18180	6.7	83	11700	6	5.5
1500	6251	2789	3175	0.22	0.28	0.39	113460	20040	6.7	94	15540	7.7	7
2000	7851	2729	3304	0.28	0.28	0.39	119580	29880	6.7	115	23601	9.9	9

注:1.本表参照进口机组数据。
2.双台机组进风井面积为表中数据的2倍。

| 耐火砖(120mm) |
| 空气层(15mm) |
| 普通砖(120mm) |

1 排烟井道做法

电气竖井

电气竖井分为强电和弱电竖井,本节均为强电竖井的要求。电气竖井是供配电系统的中间环节,连接配电房和用电终端负荷。如设计不合理将造成用电损耗加大、线路消耗过长、管理不便、对其他设施与功能产生干扰。

电气竖井对土建的要求 表2

土建要求	内容
建筑形式	1.电气竖井宜在建筑内上下贯通对齐,不影响建筑功能的前提下,应上到天面及下落到地下最底层,做成"顶天立地"的形式。 2.有楼板的房间,而不是上下直通的井道。楼层间钢筋混凝土楼板应做防火密闭隔离。 3.当建筑条件受限制时,可利用竖井外的公共走道满足操作、检修距离要求,竖井净深不小于0.8m,典型布置见 **3**
位置	1.电气竖井不宜和电梯井道、卫生间贴邻,当无法避免与卫生间贴邻时,应在贴邻面增加一道防水墙。 2.电气竖井不宜与其他设备井道贴邻,以避免不同专业管道交叉。 3.电气竖井至少有一面墙是朝向公共区域。 4.宜按防火分区单独设置,避免同一防火分区设置2个不同供电防火分区电气竖井。 5.电气竖井宜靠近负荷中心,每个竖井布置应靠近配电房及防火分区的偏向中央区域,竖井内配电箱的供电半径不宜超过30~50m
尺寸	竖井大小除应满足布线间距及端子箱、配电箱布置所必须尺寸外,宜在箱体前留有不小于0.8m的操作、维护距离。电气竖井的典型布置见 **2**
墙体、门	墙体应为耐火极限不低于1h的不燃烧体。检修门应采用不低于丙级防火门,设15~30cm门槛,每层设检修门,均对外开向公共区域

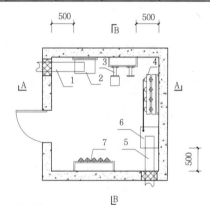

a 平面图

1 金属线槽
2 配电箱
3 母线安装
4 预分支电缆安装
5 金属线槽
6 配电箱
7 电缆安装
8 防火封堵安装

b A-A剖面图　　　c B-B剖面图

2 电气竖井内布置示意图

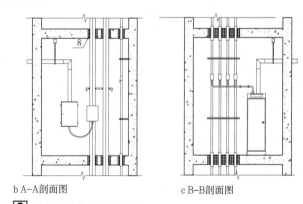

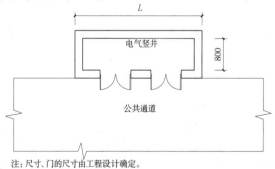

注:尺寸、门的尺寸由工程设计确定。

3 高层建筑电气竖井最小尺寸

架空线路与建筑物间距的规定

架空线路导线与地面、建筑物的距离, 应按下列原则确定:

1. 应根据最高气温情况, 或覆冰情况求得的最大垂弧和最大风速情况, 或覆冰情况求得的最大风偏进行计算。

2. 计算上述距离应计入导线架线后塑性伸长的影响和设计、施工的误差, 但不应计入由于电流、太阳辐射、覆冰不均匀等引起的弧垂增大。

3. 导线与地面的最小距离, 在最大计算弧垂情况下, 应符合表1的规定。

导线与地面的最小距离 (单位: m) 表1

线路经过地区	线路电压			
	<3kV	3~10kV	35~110kV	220kV
居民区	6.0	6.5	7.0	7.5
非居民区	5.0	5.5	6.0	6.5
交通困难地区	4.0	4.5	5.0	5.5

注: 本表摘自《66kV 及以下架空电力线路设计规范》GB 50061-2010、《110kV~750kV架空输电线路设计规范》GB 50545-2010。

4. 导线与建筑物之间的垂直距离, 在最大计算弧垂情况下, 应符合表2的规定。

导线与建筑物间的最小垂直距离 (单位: m) 表2

线路电压	<3kV	3~10kV	35kV	66~110kV	220kV
距离	3.0	3.0	4.0	5.0	6.0

注: 本表摘自《66kV 及以下架空电力线路设计规范》GB 50061-2010、《110kV~750kV架空输电线路设计规范》GB 50545-2010。

5. 架空电力线路在最大计算风偏情况下, 边导线与城市多层建筑或城市规划建筑线间的最小水平距离, 以及边导线与不在规划范围内的城市建筑物间的最小距离, 应符合表3的规定。架空电力线路边导线与不在规划范围内的建筑物间的水平距离, 在无风偏情况下, 不应小于表3所列数值的50%。

边导线与建筑物之间的最小净空距离 (单位: m) 表3

线路电压	<3kV	3~10kV	35kV	66~110kV	220kV
距离	1.0	1.5	3.0	4.0	5.0

注: 本表摘自《66kV及以下架空电力线路设计规范》GB 50061-2010、《110kV~750kV架空输电线路设计规范》GB 50545-2010。

室外电缆敷设

1. 电缆敷设路径选择, 应符合下列规定:
(1) 应避免电缆遭受机械性外力、过热、腐蚀等危害;
(2) 满足安全要求条件下, 应保证电缆路径最短;
(3) 应便于敷设、维护;
(4) 宜避开将要挖掘施工的地方。

2. 电缆敷设方式:
(1) 电缆直接接地敷设;
(2) 保护管敷设;
(3) 电缆构筑物敷设。

3. 地下直埋敷设:
(1) 当沿同一路径敷设的35kV以下室外电缆根数少于6根时, 宜采用直接埋地敷设;
(2) 电缆在室外直接埋地敷设的深度不应小于0.7m, 穿越农田时不应小于1.0m。并应在电缆上下各均匀铺设100mm软土或砂层, 再盖保护板 (混凝土板、砖等);

(3) 在寒冷地区, 电缆应埋设于冻土层以下或采用防护措施;
(4) 直埋敷设的电缆, 严禁位于地下管道的正上方或正下方;
(5) 在土壤中含有对电缆有腐蚀性物质 (如酸、碱、矿渣、石灰等) 或有地中电流的区域, 不宜采用电缆直接接地敷设, 如必须直埋敷设时, 应视腐蚀程度, 采用相应的防护措施;
(6) 直埋深度超过1.1m时, 可不考虑上部压力的、机械损伤;
(7) 直埋敷设的电缆与各种设施的净距, 不应小于表4所列数值。

电缆与电缆、管道、道路、构筑物等之间的容许最小距离 (单位: m) 表4

电缆直埋敷设时的配置情况		平行	交叉
控制电缆之间		—	0.5/①
电力电缆之间或与控制电缆之间	10kV 及以下电力电缆	0.1	0.5/①
	10kV 及以上电力电缆	0.25/②	0.5/①
不同部门使用的电缆		0.5/②	0.5/①
电缆与地下管沟	热力管沟	2/③	0.5/①
	油管或易 (可) 燃气管道	1.0	0.5/①
	其他管道	0.5	0.5/①
电缆与铁路	非直流电气化铁路路轨	3.0	1.0
	直流电气化铁路路轨	10	1.0
电缆与建筑物基础		0.6/③	—
电缆与公路边		1.0/③	—
电缆与排水沟		1.0/③	—
电缆与树木的主干		0.7	—
电缆与1kV 以下架空线电杆		1.0/③	—
电缆与1kV 以上架空线杆塔基础		4.0/③	—

注: 1.①用隔板分隔或电缆穿管时不得小于0.25m; ②用隔板分隔或电缆穿管时不得小于0.1m; ③特殊情况下, 减小值不得大于50%。
2.本表摘自《电力工程电缆设计规范》GB 50217-2007。

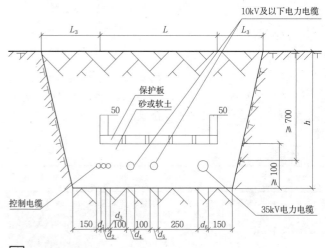

1 电缆直埋敷设

4. 保护管敷设:
(1) 金属管敷设

地中埋设的保护管, 应满足埋深下的抗压和耐环境腐蚀性的要求; 地下埋管距地面深度不宜小于0.5m; 与铁路交叉处距路基不宜小于1.0m; 距排水沟底不宜小于0.3m; 并列管相互间宜留有不小于20mm的空隙。

(2) 排管敷设

管路顶部土壤覆盖厚度不宜小于0.5m; 管道应置于经整夯实土层且有足以保持连续平直的垫块上, 纵向排水坡度不宜小于0.2%; 管路纵向连接处的弯曲度, 应符合牵引电缆时不致损伤的要求; 管孔端口应采取防止损伤电缆的处理措施。

室内电缆（导线）敷设

1. 室内电缆敷设应符合下列规定：

（1）电缆与热力管道的净距不宜小于1m。当不能满足上述要求时，应采取隔热措施。电缆与非热力管道的净距不宜小于0.5m，当其净距小于0.5m时，应在与管道接近的电缆段上以及由接近段两端向外延伸不小于0.5m以内的电缆段上，采取防止电缆受机械损伤的措施。

（2）无铠装的电缆在室内明敷时，水平敷设至地面的距离不宜小于2.5m，垂直敷设至地面的距离不宜小于1.8m。除明敷在电气专用房间外，当不能满足上述要求时，应有防止机械损伤的措施。

2. 敷设方式：

（1）电缆桥架（线槽）敷设。

（2）保护管敷设。

（3）直接敷设。

（4）电气竖井内布线。

（5）封闭式母线槽布线。

电缆桥架敷设（包括支架、梯架、托盘、线槽）

1. 电缆桥架不宜敷设在腐蚀性气体管道和热力管道的上方及腐蚀性液体管道的下方。当不能满足要求时，应采取防腐、隔热措施。

2. 电缆桥架与各种管道平行或交叉时，其最小净距应符合表1所列值。

电缆桥架与各种管道的最小净距（单位：m）　　表1

管道种类		平行净距	交叉净距
一般工艺管道		0.4	0.3
具有腐蚀性气体管道		0.5	0.5
热力管道	有保温层	0.5	0.3
	无保温层	1.0	0.5

注：本表摘自《民用建筑电气设计规范》JGJ 16-2008。

3. 电缆桥架的层间距离，应满足能方便地敷设电缆及其固定、安装接头的要求，且在多根电缆同置于一层的情况下，可更换或增设任一根电缆及其接头。

4. 在采用电缆截面或接头外径尚非很大的情况下，符合上述要求的电缆桥架的层间距离的最小值，可取表2所列值。

电缆桥架层间距离的最小值（单位：mm）　　表2

电缆电压级别和类型、敷设特征		普通支架、吊架	桥架
控制电缆明敷		120	200
电力电缆明敷	6kV 以下	150	250
	6~10kV 交联聚乙烯	200	300
	35kV 单芯	250	300
	35kV 三芯	300	350
电缆敷设与槽盒中		$h+80$	$h+100$

注：1. 本表摘自《电力工程电缆设计规范》GB 50217-2007。
　　2. h 为槽盒外壳高度。

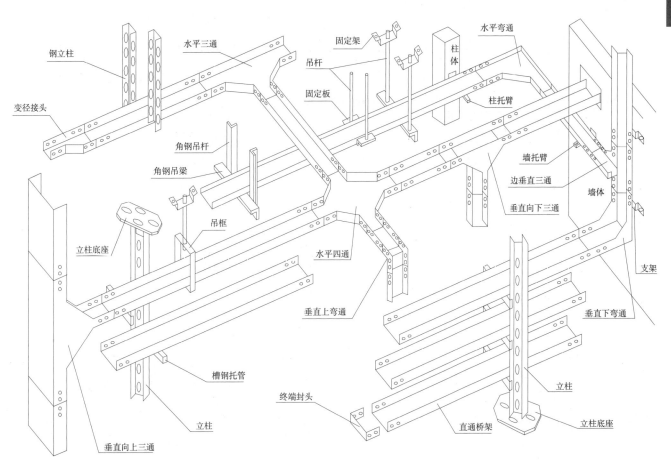

钢立柱　水平三通　固定架　吊杆　水平弯通　柱体　固定板　柱托臂　墙托臂　墙体　边垂直三通　垂直向下三通　支架　变径接头　角钢吊杆　角钢吊梁　吊框　立柱底座　水平四通　垂直上弯通　垂直下弯通　立柱　槽钢托管　终端封头　立柱底座　直通桥架　立柱　垂直向上三通

1 电缆桥架安装示意图

电缆构筑物敷设

1. 电缆构筑物应满足防止外部进水、渗水的要求，且应符合下列规定：

（1）对电缆沟或隧道底部低于地下水位、电缆沟与工业水管沟并行邻近、隧道与工业水管沟交叉时，宜加强电缆构筑物防水处理；

（2）电缆沟与工业水管沟交叉时，电缆沟宜位于工业水管沟的上方；

（3）在不影响厂区排水的情况下，厂区户外电缆沟的沟壁宜高出地坪。

2. 电缆构筑物应实现排水畅通，且应符合下列规定：

（1）电缆沟、隧道的纵向排水坡度，不得小于0.5%；

（2）沿排水方向适当距离宜设置集水井及其泄水系统，必要时应实施机械排水；

（3）隧道底部沿纵向宜设置泄水边沟。

3. 电缆沟沟壁、盖板及其材质构成，应满足承受荷载和适合环境耐久的要求。可开启的沟盖板的单块重量，不应超过50kg。

4. 隧道内通道净高不宜小于1900mm，在较短的隧道中与其他管沟交叉的局部段，净高可降低，但不应小于1400mm。封闭式工作井的净高不宜小于1900mm。

5. 电缆夹层室的净高不得小于2000mm，但不宜大于3000mm。民用建筑的电缆夹层净高可稍降低，但在电缆配置上供人员活动的短距离空间不得小于1400mm。

6. 电缆沟、隧道或工作井内通道的净宽，不宜小于表1所列值。

电缆沟、隧道或工作井内通道的净宽（单位：mm）　　表1

电缆支架配置方式	具有下列沟深的电缆沟			开挖式隧道或封闭式工作井	非开挖式隧道
	<600	600~1000	>1000		
两侧	300*	500	700	1000	800
单侧	300*	450	600	900	800

注：1. * 浅沟内可不设置支架，勿需有通道。
　　2. 本表摘自《电力工程电缆设计规范》GB 50217-2007。

7. 电缆沟、隧道内电缆最下层支架距地坪、沟道底部的最小净距，不宜小于表2所列值。

最下层支架距地坪、沟道底部的最下净距　　表2

电缆敷设场所及其特征		垂直净距(mm)
电缆沟		50
隧道		100
电缆夹层	非通道处	200
	至少在一侧不小于800mm宽通道处	1400
公共廊道中电缆支架无围栏防护		1500
厂房内		2000
厂房外	无车辆通过	2500
	有车辆通过	4500

注：本表摘自《电力工程电缆设计规范》GB 50217-2007。

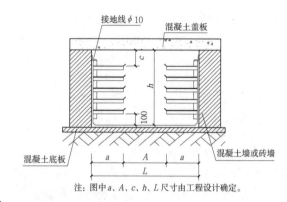

注：图中a、A、c、h、L尺寸由工程设计确定。

1 室外无覆盖层电缆沟示意图

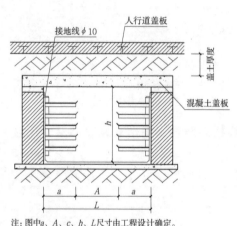

注：图中a、A、c、h、L尺寸由工程设计确定。

2 室外有覆盖层电缆沟示意图

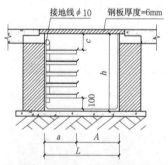

注：图中a、A、c、h、L尺寸由工程设计确定。

3 室内电缆沟（单侧支架）示意图

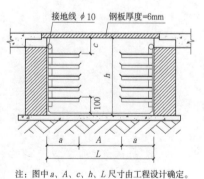

注：图中a、A、c、h、L尺寸由工程设计确定。

4 室内电缆沟（两侧支架）示意图

13
建筑电气

保护管敷设

1. 敷设在钢筋混凝土现浇楼板内的电线导管的最大外径不宜大于板厚的1/3。

2. 当电线管与热水管、蒸汽管同侧敷设时，宜敷设在热水管、蒸汽管的下方；当有困难时，也可敷设在其上方。相互间的净距宜符合下列规定：

（1）当电线管路平行敷设在热水管下面时，净距不宜小于200mm；当电线管路平行敷设在热水管上方时，净距不宜小于300mm；交叉敷设时，净距不宜小于100mm。

（2）当电线管路敷设在蒸汽管下方时，净距不宜小于500mm；当电线管路敷设在蒸汽管上方时，净距不宜小于1000mm；交叉敷设时，净距不宜小于300mm。

当不能符合上述要求时，应采取隔热措施。当蒸汽管有保温措施时，电线管与蒸汽管间的间距可减至200mm。

电线管与其他管道（不包括可燃气体及易燃、可燃液体管道）的平行净距不应小于100mm；交叉净距不应小于50mm。

电气竖井内布线

1. 竖井的井壁应是耐火极限不低于1h的非燃烧体。竖井的每层楼应设维护检修门并应开向公共走道，其耐火等级不应低于丙级。楼层间钢筋混凝土楼板或钢结构楼板应做防火密封隔离，线缆穿过楼板时应进行防火封堵。

2. 竖井大小除应满足布线间距及端子箱、配电箱布置所必须的尺寸外，宜在箱体前留有不小于0.8m的操作、维护距离。

封闭式母线槽布线

1. 封闭式母线水平敷设时，底边距地面的距离不应小于2.2m。除敷设在电气专用房间内外，垂直敷设时，距地面1.8m以下部分应采取防止机械损伤的措施。

2. 封闭式母线不宜敷设在腐蚀气体管道和热力管道的上方及腐蚀性液体管道下方。当不能满足上述要求时，应采取反腐、隔热措施。

3. 封闭式母线布线与各种管道平行或交叉时，其最小净距应符合本专题“建筑电气［10］电缆敷设/电缆桥架敷设”表1的规定。

防火封堵

电缆桥架、封闭式母线、线槽安装时，在下列情况下应采取防火封堵：

1. 穿越不同的防火分区；
2. 沿竖井垂直敷设穿越楼板处；
3. 管线进出竖井处；
4. 电缆隧道、电缆沟、电缆间的隔墙处；
5. 穿越耐火极限不小于1h的隔墙处；
6. 穿越建筑物的外墙处；
7. 至建筑物的入口处，或至配电间、控制室的沟道入口处；
8. 电缆引至配电箱、柜或控制屏、台的开孔部位。

注：图中b、c尺寸由工程设计确定。

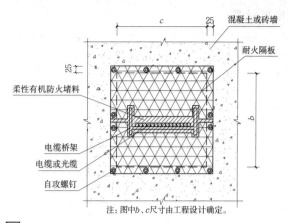

1 电缆桥架穿墙孔防火板防火封墙示意图

注：图中b、c尺寸由工程设计确定。

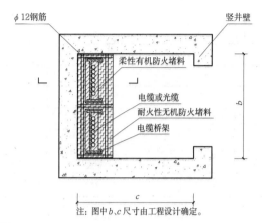

2 电缆竖井无机堵料防火封堵示意图

注：图中b、c尺寸由工程设计确定。

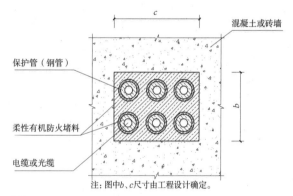

3 多根电缆或光缆保护管穿墙孔有机堵料防火封堵示意图

注：图中d尺寸为电缆外径。

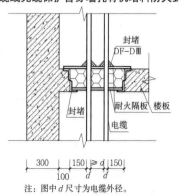

4 电缆穿楼板耐火隔板及岩棉封堵

常用电气设备

常用设备电气装置是指建筑中1000V及以下的电气装置，其配电设计应采用效率高、能耗低、性能先进的电气产品，系统设计应合理、可靠，并与负荷等级相对应。

电动机

电动机是实现机、电能量转换或信号传递与转换的装置，其基本运行原理为电磁感应定律和电磁力定律。

1. 电机启动方式的选择应遵循简单可靠的原则；电动机启动时在配电系统中引起的电压下降不应超过允许值。

2. 交流电动机应装设相间短路保护、接地故障保护，并应根据具体情况分别装设过负荷、断相及低电压保护以及同步电动机的失步保护。

电动机类型及代号　　　　　　　　　　　　　　表1

代号	名称	代号	名称
Y	异步电动机	SF	水轮发电机
T	同步电动机	C	测功机
TF	同步发电机	Q	潜水电泵
Z	直流电动机	F	纺织用电机
ZF	直流发电机	H	交流换向器电机
QF	汽轮发电机		

3. 电动机的功率等级

250kW及以下电动机的功率等级分别为0.12、0.18、0.25、0.37、0.55、0.75、1.1、1.5、2.2、3.0、4.0、5.5、7.5、11、15、18.5、22、30、37、45、55、75、90、110、132、160、200和250kW共28个等级。而250kW以上的电动机自280kW~10MW共分为43个功率等级。

电动机启动方式及特点　　　　　　　　　　　　　　　　　　　　　　　　　　　　　　表2

启动方式	全压启动	变压器—电动机组启动	电抗器降压启动	自耦变压器降压启动	软启动	星—三角降压启动
启动电压	U_n	kU_n	kU_n	kU_n	$(0.4\sim0.9)\,U_n$（电压斜坡）	$\frac{1}{\sqrt{3}}U_n=0.58U_n$
启动电流	I_q	kI_q	kI_q	$k^2 I_q$	$(2\sim5)\,I_n$（额定电流）	$(\frac{1}{\sqrt{3}})^2 I_q=0.33I_q$
启动转矩	M_q	$k^2 M_q$	$k^2 M_q$	$k^2 M_q$	$(0.15\sim0.8)\,M_q$	$(\frac{1}{\sqrt{3}})^2 M_q=0.33M_q$
突跳启动	—	—	—	—	可选（90%U_n或80%M_q直接启动）	—
适用范围	高、低压电动机	高、低压电动机	高压电动机	高、低压电动机	低压电动机	定子绕组为三角形接线的中心型低压电动机
启动特点	启动方法简单，启动电流大，启动转矩大	启动电流较大，启动转矩较小	启动电流小，启动转矩较大	启动电流小并可调，启动转矩可调	启动电流小，启动转矩小

注：1. 表中U_n—标称电压；I_q、M_q—电动机的全压启动电流和启动转矩；k—启动电压与标称电压的比值，对于自耦变压器为变比。
　　2. 电动机启动时，如启动电器受电端电压降为标称电压的μ_q倍，则表中启动电压、启动电流、启动转矩尚应分别乘以μ_q、μ_q及μ_q^2。

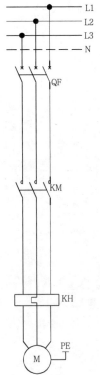
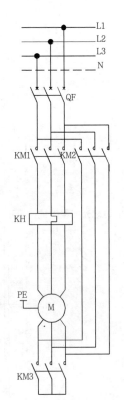
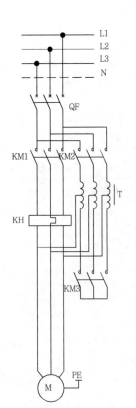
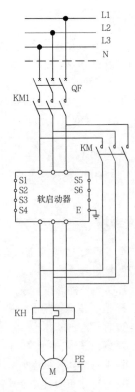

a 全压启动主回路接线图　　b 星三角降压启动主回路接线图　　c 自耦降压启动主回路接线图　　d 软启动主回路接线图

1 电动机启动方式示意图

电梯、自动扶梯和自动人行道

公共建筑、居住建筑中设置的电梯、自动扶梯和自动人行道的电气控制设备均由制造厂家（或公司）成套供应。

消防电梯按本建筑最高负荷等级，由两路独立电源的专用回路供电。

客梯的供电要求应符合下列要求：一级负荷的客梯，应由两路独立电源的专用回路供路；二级负荷的客梯，可由两路供电，其中一回路应为专用回路。

12~18层住宅中的客梯兼作消防电梯时，且两类电梯共用前室时，可由一组消防双电源供电；末端双电源自动切换配电箱，应设置在消防电梯机房内，由配电箱至相应设备应采用放射式供电。

三级负荷的客梯，宜由建筑物变配电所以一路专用回路供电。

自动扶梯与自动人行道在全线各段均空载时，应能暂停或低速运行。

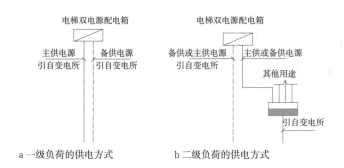

a 一级负荷的供电方式　　b 二级负荷的供电方式

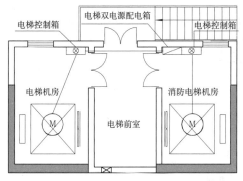

c 12~18层普通住宅客梯与消防电梯共用电源的配电箱安装位置

1 电梯配电示例

自动门

自动门是指可以将人接近门的动作（或将某种入门授权）识别为开门信号的控制单元，通过驱动系统将门开启，在人离开后再将门自动关闭，并对开启和关闭的过程实现控制的系统。

自动门分为：旋转门、弧形门、平移门、感应电动门、折叠门、90°推开门、自动伸缩门、电动卷帘门等。

防火卷帘门控制箱应设置在卷帘门的卷帘盒同侧，左、右均可，并根据现场实际情况，在卷帘门的一侧或两侧设置手动控制按钮，安装高度宜为中心距地1.3~1.5m。

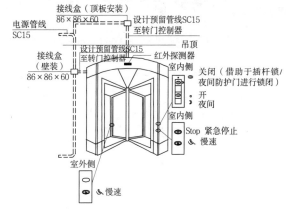

a 旋转自动门电气安装

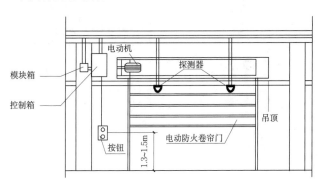

b 平移自动门电气安装

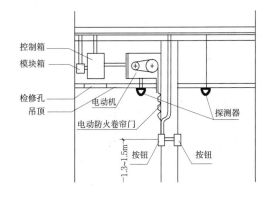

c 防火卷帘门安装

d 防火卷帘门安装

2 部分自动门安装

充电桩

充电桩是电动汽车的充电站，是推进新能源汽车的应用与发展的重要配套基础设施。

充电桩可分为直流充电桩、交流充电桩和交直流一体充电桩。其中交直流一体充电桩既可实现直流充电，也可以交流充电。白天充电业务多的时候，使用直流方式进行快速充电，当夜间充电站用户少时可用交流充电进行慢充操作。

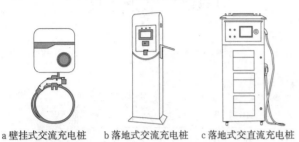

a 壁挂式交流充电桩　　b 落地式交流充电桩　　c 落地式交直流充电桩

1 各类充电桩外型图

升降类停车设备

升降类停车设备适用于公共停车场、机关学校、写字楼、宾馆饭店、剧场、体育场馆、公寓、住宅小区等地下上停车场，其电气控制设备，均由制造厂（或公司）成套供应。

机械式停车设备分为升降横移类、垂直循环类、水平循环类、多层循环类、平面移动类、巷道堆垛类、垂直升降类等类型。

注：A=3800mm，B=6700mm，H≤18000mm。
a 垂直升降式停车设备电气安装做法

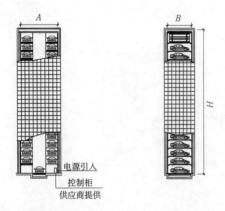

注：A=6900mm，B=6400mm，H≤40920mm（每减少两辆车高度H减少1700mm）。
b 垂直循环式停车设备电气安装做法

2 机械停车场示例

擦窗机

擦窗机是完成高处作业最为安全、可靠、高效的设备。擦窗机种类繁多，大体可分为双臂式、单臂式、悬挂式和滑梯式。

由于擦窗机自带电源线约15~20m，在屋面每隔10~15m设置一处电源插座，为擦窗机供电。

电源插座为AC380V三相五孔室外安装的插座，距屋面0.5m，其防护等级为IP65。

由控制箱引至吊篮内控制按钮箱的控制电缆由厂家自带。

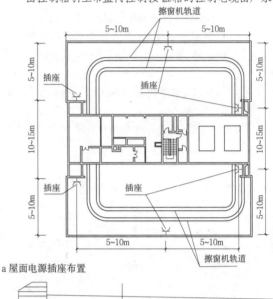

a 屋面电源插座布置

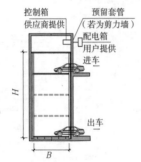

b 擦窗机安装示意图

3 轨道式擦窗机电气安装做法示意图

体育场馆设备

应根据场馆规模、级别及体育工艺使用要求配置设备。主要有终点电子摄影计时器、计时计分牌、仲裁录放、竞赛指挥、LED显示屏等，其中计时计分显示装置应满足不同运动项目的技术要求，并同时满足国际各单项组织的规定，其供电负荷等级应为该工程最高等级。

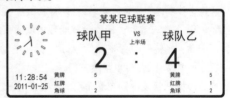

4 电子计时计分显示牌示例

医疗设备

医疗电气设备是指用于诊断、治疗或检测病人的电气设备。在医疗用房内禁止采用TN-C系统。医疗场所供配电系统应根据医疗场所分类及自动恢复供电时间的要求进行设计。

新型医疗电气设备主要包括以下4种。

1. 核磁共振成像(MRI)

MRI为精密医疗设备,需设置精密空调设备间;其计算机柜、信号柜、图像处理柜均由UPS电源供电;由于防辐射要求,需设置控制室,便于操作;电源柜一般安于控制室;供电电源一般在每台70~120kW之间。

MRI室内的电气管线、器具及其支持构件不得使用铁磁物质或铁磁制品。

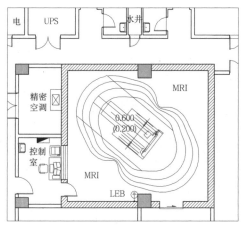

1 MRI检查室设计示例

2. 计算机化体层成像(CT)

CT为精密医疗设备,需设置精密空调设备间,其计算机柜、信号柜、图像处理柜均由UPS供电。由于防辐射要求,需设置控制室,便于操作。电源柜一般安装于控制室。供电电源一般在每台70~120kW之间。

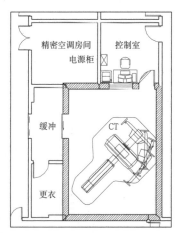

2 CT检查室设计示例

3. 数字减影血管显像(DSA)

由于本设备一般伴随手术使用,故在配电时,应分为两部分:DSA一般预留50~100kW,手术一般预留10kW。由于防辐射要求,需设置控制室,便于操作。

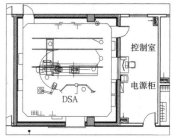

3 DSA检查室设计示例

4. DR(直接数字化X射线摄影/胃肠照影/X光机/乳腺钼靶)

均为普通检查用医疗设备,功率在每台20~80kW不等。由于防辐射要求,需设置控制室,便于操作。

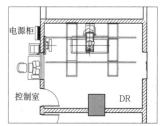

4 DR检查室设计示例

舞台用电设备

台下设备主要包括乐池升降台,主、侧升降台,侧台车台、前后辅助升降台,车载转台等。

台上设备主要包括台口防火幕,大幕机,吊杆,灯光吊杆、吊笼,自由单点吊机等。

舞台机械控制室的位置可安排在舞台左侧一层天桥上,舞台灯光调光台和调音台宜安装在观众厅后部灯光和音响控制室内。

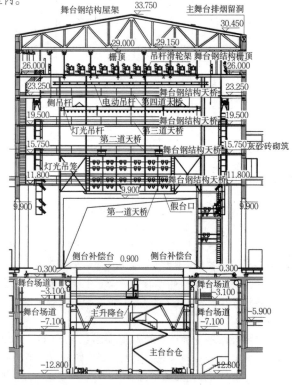

5 剧院舞台设计示例

室内照明

室内照明包括正常照明、应急照明、值班照明、警卫照明等。

正常照明

室内照明正常情况下包括一般照明、局部照明、混合照明、装饰照明等。

一般照明：是最常用的照明方式，指不考虑特殊部位的需要，为照亮整个场地而设置的均匀照明。

局部照明：是一般照明的补充，是对于有特殊较高照度要求的工作部位而设置的固定或移动照明。

混合照明：即一般照明和局部照明有机结合，共同组成的照明。

装饰照明：指利用光的表现力，配合建筑室内外造型及空间环境，对室内外空间进行艺术加工，取得良好的照明及装饰效应而设置的照明。

针对不同的房间功能，需根据视觉舒适性要求及规范的照度要求值（lx）确定灯具和光源的类型、功率、数量及其布置。从建筑节能的角度出发，需控制单位面积内的灯具安装功率，依据规范对功率密度值（W/m²）的限制校核光源的功率和数量，不得超过。常用民用建筑公共场所的照度及功率密度值如表1。

常用民用建筑公共场所的照度及功率密度限值　　　　表1

房间或场所	照明功率密度（W/m²）		对应照度值（lx）
	现行值	目标值	
普通办公室	≤9	≤8	300
高档办公室、设计室	≤15	≤13.5	500
会议室	≤9	≤8	300
一般商店营业厅	≤11	≤9	300
高档商店营业厅	≤16	≤14.5	500
一般超市营业厅	≤11	≤10	300
高档超市营业厅	≤17	≤15.5	500
旅馆客房	≤7	≤6	75~300
中餐厅	≤9	≤8	200
多功能厅	≤13.5	≤12	300
客房层走廊	≤4	≤3.5	50
公共车库、走廊	≤2.5	≤2	50
医院候诊室、挂号厅	≤6.5	≤5.5	200

注：本表依据《建筑照明设计标准》GB 50034-2013编制。

应急照明

应急照明是指因正常照明的电源失效而启用的照明，包括：

1. 疏散照明及疏散指示标识

疏散照明及疏散指示标识定义为在正常照明失效时，用于确保疏散通道被有效地辨认而使用的照明及标识。

疏散照明及疏散指示标识应设置于疏散走道、封闭楼梯间、防烟楼梯间及前室、消防电梯间的前室或合用前室、避难层等。

对于面积较大的展览建筑、歌舞游艺场所、地上或地下商店、影剧院、剧场、体育馆、会堂、礼堂、候车（船）厅、航站楼等，在设置疏散照明及地上疏散指示标识的基础上，还应设置地面疏散指示标识。

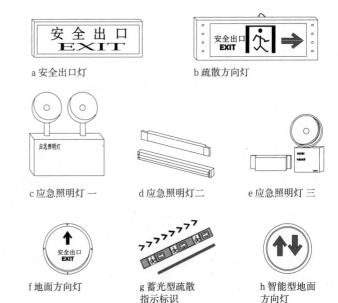

a 安全出口灯　　　　b 疏散方向灯

c 应急照明灯一　　d 应急照明灯二　　e 应急照明灯三

f 地面方向灯　　　g 蓄光型疏散指示标识　　h 智能型地面方向灯

1 应急照明灯具示意图

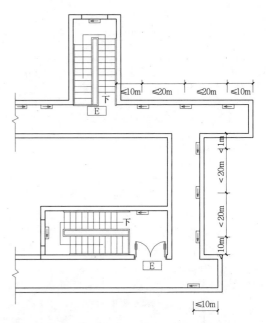

2 疏散标识设置示例

2. 备用照明

备用照明定义为在正常照明失效时，用于确保各项活动正常进行的照明。

常设置于变配电所、应急发电机房、消防水泵房、消防控制室、安防控制室、防排烟风机房、避难层等火灾时须维持正常工作的场所；还会设置于通信机房、大中型电子计算机房、直升机停机坪、金库、现金出纳台、银行营业厅等一旦失去照明将产生重大经济损失或人身伤害的场所。

3. 安全照明

安全照明定义为在正常照明失效时，用于确保处于潜在危险之中的人员安全的照明。

常设于工业厂房、医院手术室、危重患者抢救室以及众多人员聚集区等一旦失去照明将产生人身伤害的场所。

室外照明

室外照明一般包括景观照明、航空障碍照明、室外道路照明等。

景观照明

景观照明包括庭园照明、建筑的立面照明、水下照明、霓虹灯广告照明等。景观照明在美化亮化环境的前提下，必须注意控制光污染。

1. 庭园照明分为大型景观灯、草坪灯、庭院灯、吊灯、壁灯、埋地灯、围墙灯等。

2. 建筑的立面照明主要由投光灯、洗墙灯、LED灯或灯带等实现。

用于立面照明的投光灯，由于功率大，发热量大，故而必须充分考虑灯具的散热并防止人员的触碰，在人员经过的场所安装高度不应低于2.5m。

3. 霓虹灯广告照明一般安装于建筑物的顶部或门厅上方，将~220V电压升高后到6kV以上供给霓虹灯管。由于霓虹灯灯管及其点灯电路的电压很高，如果人体直接接触会危及人身安全，必须采取安全措施。

4. 水下照明是安装于允许人进入的景观水池水下的灯具，必须使用小于12V的安全电压。在水池以外需考虑~220V/12V变压器盒的安装。

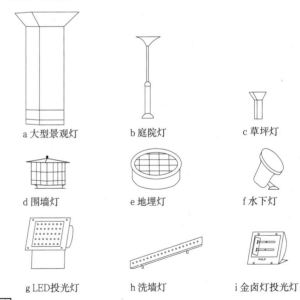

a 大型景观灯　　b 庭院灯　　c 草坪灯

d 围墙灯　　e 地埋灯　　f 水下灯

g LED投光灯　　h 洗墙灯　　i 金卤灯投光灯

1 景观灯示意图

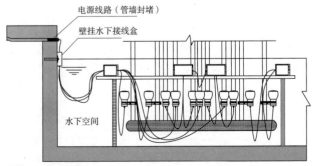

电源线路（管墙封堵）
壁挂水下接线盒
水下空间

2 水下灯安装示意图

航空障碍照明

1. 达到一定限高的建、构筑物，应设障碍指示照明。

2. 航空障碍灯的分类：障碍灯分低光强、中光强和高光强三类。

3. 航空障碍灯的布置：

外形广大的建筑群设置的障碍灯应能从各个方位看出物体的轮廓，水平方向也可参考以45m左右的间距设置障碍灯，一般建筑应在其顶端安装障碍灯。

航空障碍灯技术要求　　表1

分类		有效光强值（cd）	应用场所
低光强障碍灯	红色恒定发光灯	夜间：32.5	只有在障碍物低于45m才单独使用
中光强障碍灯	红色闪光灯	夜间：2000±25%	45~90m的建筑物及其设施使用
	白色闪光灯	白昼、黄昏或黎明：20000±25%　夜间：20000±25%	90m以上的建筑物及其设施使用
高光强障碍灯	白色闪光灯	白昼：70000/140000±25%　黄昏、黎明：20000±25%　夜间：2000±25%	主要用于超过153m以上的建筑物及其设施使用

注：本表参照《民用建筑电气设计规范》JGJ 16−2008编制。

学校照明设计

1. 教室照明宜采用蝙蝠翼式灯具，并且布灯原则应采用与学生主视线相平行，安装在课桌间的通道上方，与课桌垂直，距离不宜小于2.0m。

2. 黑板照明的垂直照度应大于水平照度。黑板灯宜采用非对称配光型灯具，将光集中于黑板，但亮度不宜太高，避免光幕反射。黑板灯与黑板的距离l与安装高度h的关系可参照表2。

3. 美术教室应设置高显色性（$R_a \geq 90$）的光源。

黑板灯与黑板的距离l与安装高度h的关系　　表2

安装高度h（m）	2.7	2.8	3.0	3.2	3.4
距离l（m）	0.7	0.8	0.9	1.1	1.2

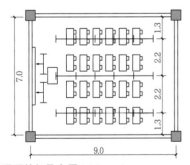

3 一般教室照明的灯具布置（单位：m）

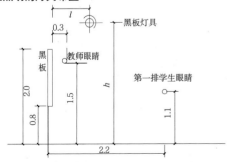

4 一般教室照明的黑板灯具布置（单位：m）

13
建筑电气

商场照明设计

1. 商场照明由店面照明、营业厅照明、柜台照明组成。

2. 店面照明可以吸引顾客的视线，将一个潜在的顾客通过熟悉的商店标识和灯光吸引过来，故而应在入口处加大亮度，引导顾客进店消费。可采用聚光灯、霓虹灯、闪烁灯光等方式吸引顾客。

3. 营业厅照明的一般照明首先要达到商场需要的照度，应选用显色性高、光源温度低、寿命长的光源，如荧光灯、紧凑型荧光灯、LED灯、高显色钠灯、金属卤化物灯，同时宜采用可吸收光源辐射热的灯具。照明设置要从专业照明的基础出发，涉及色彩偏差度、色温、显色性和重点照明系数等照明指标，需考虑如何刺激消费者购买欲。

4. 营业厅的专用照明设计宜采用非对称配光灯具，并适应陈列柜台布局的变化。可选用配线槽与照明灯具相结合，并配以小功率聚光灯的设计方案。

5. 柜台照明：柜台是专为顾客挑选小巧而昂贵的商品所设，应能看清楚每件商品的细部、色彩、标记、标识、文字说明、价格标签等。

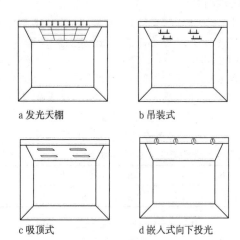

a 发光天棚　　　　b 吊装式

c 吸顶式　　　　　d 嵌入式向下投光

1 部分顶部一般照明方式

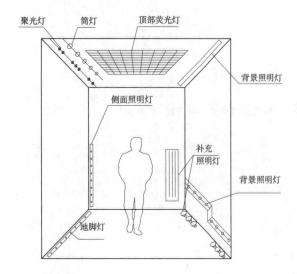

2 商店橱窗照明

办公楼照明设计

1. 办公室、设计绘图室等房间通常在顶棚均布灯具，以求在工作面上得到均匀的照度，同时适应灵活的平面布局或者办公空间的分隔。这些场所的光源宜采用荧光灯或LED灯。

2. 数据机房、档案室等房间的灯具通常布置在机柜或档案柜的维护通道上方，以保证机柜和档案柜的局部垂直照度。

3. 会议室的照明主要是保证会议桌上的照度达到标准，照度应该均匀，同时需保证一定的垂直照度。而在会议桌以外的周边环境可以使用一些不同的灯具，创造一定的气氛照明效果。

4. 多功能厅的照明需适应举行会议、培训、视频报告、学术讨论等不同功能的需要，宜选不同类型的灯具，通过回路控制的方式以达到所需的场景效果。

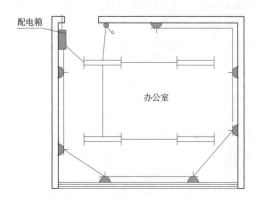

3 办公室照明

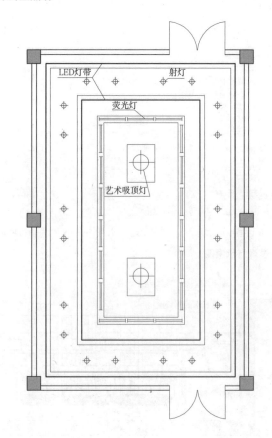

4 多功能厅照明

医院照明设计

1. 应合理选择光源，对于诊室、检查室、病房等房间宜选用显色性高的光源。

2. 诊室、病房，宜避免卧床病人视野内产生直接眩光，应单灯单控。

3. 护理单元的通道，在深夜可关掉其中一部分照明。

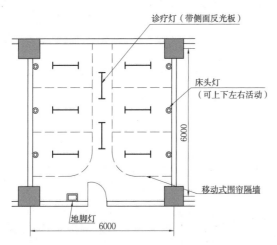

1 病房照明

影剧院照明设计

1. 观众厅照明应采用平滑调节方式，并应防止眩光，同时不能妨碍正常演出和放映影片，并易于在顶棚内维修灯具。

2. 观众厅照明应根据使用需要可以多处控制（如灯光控制室、放映室、舞台口以及前厅值班室等处控制），并宜有值班清扫用照明。

3. 观众厅及其出入口、疏散楼梯间、疏散通道以及演职人员出入口，应设有应急照明。

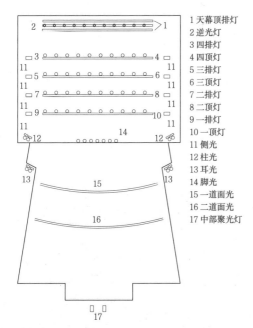

2 剧院舞台灯光布置图

体育场馆照明设计

1. 比赛场地照明宜满足使用的多样性。室内场地宜采用高光效、宽光束与窄光束配光灯具相结合的布灯方式或选用非对称配光灯具，同时应严格控制眩光、阴影、频闪效应。

2. 室内排球、羽毛球、网球、体操等场地照明，宜采用侧向投光照明；而篮球、手球、冰球等宜在场地上空均匀布灯，再配以侧向投光照明。

3. 综合性大型体育场可采用光带式布灯或塔式布灯组成的混合式布灯方式。

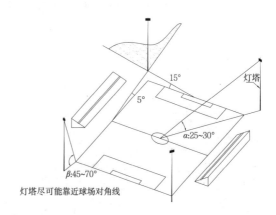

灯塔尽可能靠近球场对角线

3 足球场照明

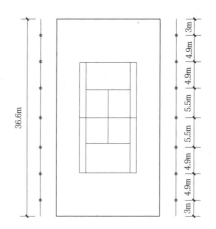

4 网球场照明

酒店照明设计

1. 大门厅照明应提高垂直照度，并随室内照明（受天然光影响）的变化而调节灯光或采用分路控制方式。门厅的照度应满足客人阅读报刊所需的照度要求。

2. 大宴会厅照明宜可调光，同时宜设置小型演出用的可自由升降的灯光吊杆。灯光控制应在就地和灯光控制室内两地控制，并宜设置场景需要的智能调光系统。

3. 酒吧、咖啡厅、茶室等照明，宜采用低照度的一般照明，辅以烘托气氛的局部照明。

4. 客房床头灯宜采用调光开关，室内照明由门边和床头柜两地控制为宜。

5. 客房的通道和高标准客房内宜设置备用照明。

13
建筑电气

雷击的机理

雷电是大气中带电云块之间或带电云层与地面之间所发生的一种强烈的自然放电现象。

雷电或称闪电，有线状、片状和球状等形式。雷电流的幅值很大，有数千安到数百千安，而放电时间只有几十微秒。雷电流的大小与土壤电阻率、雷击点的散流电阻有关。

当下行放电时，雷电将通过线性先导从云到地引导放电，他们多出现在平原地带及较低建筑物附近。云对地放电可通过对地方向伸展的分支来辨认。

在极高、暴露的物体上或者在山顶上可能产生上行放电（地对云放电）。这可从向上方向伸展的分支来辨认。

a 带负电荷的上行先导的放电机理（地对云放电）
b 带正电荷的上行先导的放电机理（地对云放电）

c 带负电荷的下行先导的放电机理（云对地放电）
d 带正电荷的下行先导的放电机理（云对地放电）

1 雷电的放电形式

雷电的危害

直击雷：闪击直接击于建（构）筑物、其他物体、大地或外部防雷装置上，产生电效应、热效应和机械效应。

闪电感应：闪电放电时，在附近导体上产生的雷电静电感应和雷电电磁感应，它可能使金属部件之间产生火花放电。

闪电电磁感应：由于雷电流迅速变化在其周围空间产生瞬变的强电磁场，使附近导体上感应出很高的电动势。

闪电电涌侵入：由于雷电对架空线路、电缆线路或金属管道的作用，雷电波即闪电电涌，可能沿着这些管线侵入屋内，危及人身安全或损坏设备。

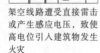

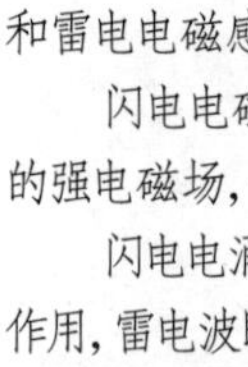

无防雷装置的建筑物遭受直击雷击，可能引起破坏或火灾
a直击雷

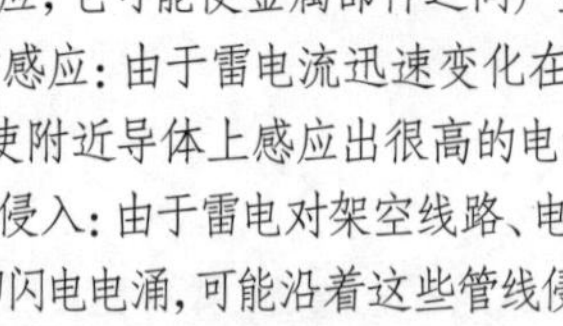

金属屋顶或其他导体感应出与雷云符号相反的电荷（左图），雷云放电后，导体上的电荷形成很高的对地电位，可能引起屋内的火花火灾（右图）
b闪电感应雷

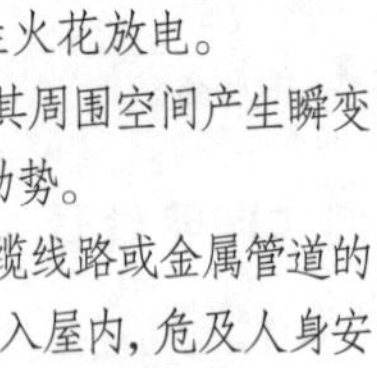

架空线路遭受直接雷击或产生感应电压，致使高电位引入建筑物发生火灾
c闪电电涌侵入

2 雷害的各种形式

建筑物易受雷击的部位

建筑物的边角及最高处属于易受雷击的部位。

建筑物易受雷击的部位　　　　　　　　　　　　表1

建筑物屋面的坡度	易受雷击部位	示意图
平屋面或坡度不大于1:10的屋面	檐角、女儿墙、屋檐	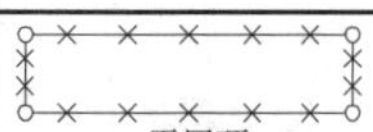 平屋顶 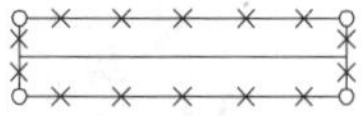 坡度不大于1:10
坡度大于1:10、小于1:2的屋面	屋角、屋脊、檐角、屋檐	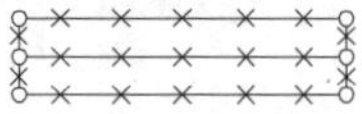 坡度大于1:10，小于1:2
坡度大于或等于1:2的屋面	屋角、屋脊、檐角	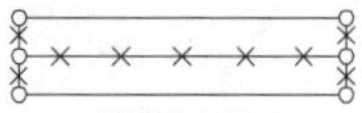 坡度大于1:2

建筑物的防雷分类　　　　　　　　　　　　　　表2

防雷类别	防雷建筑物
第一类防雷建筑物	1.凡制造、使用或贮存火炸药及其制品的危险建筑物，因电火花而引起爆炸、爆轰，会造成巨大破坏和人身伤亡者； 2.具有0区或20区爆炸危险场所的建筑物； 3.具有1区或21区爆炸危险场所的建筑物，因电火花而引起爆炸，会造成巨大破坏和人身伤亡者
第二类防雷建筑物	1.国家级重点文物保护的建筑物； 2.国家级的会堂、办公建筑物、大型展览和博览建筑物、大型火车站和飞机场、国宾馆，国家级档案馆、大型城市的重要给水泵房等特别重要的建筑物； 3.国家级计算中心、国际通信枢纽等对国民经济有重要意义的建筑物； 4.国家特级和甲级大型体育馆； 5.制造、使用或贮存火炸药及其制品的危险建筑物，且电火花不易引起爆炸或不致造成巨大破坏和人身伤亡者； 6.具有1区或21区爆炸危险场所的建筑物，且电火花不易引起爆炸或不致造成巨大破坏和人身伤亡者； 7.具有2区或22区爆炸危险场所的建筑物； 8.有爆炸危险的露天钢质封闭气罐； 9.预计年雷击次数(次/a)大于0.05次/a的部、省级办公建筑物和其他重要或人员密集的公共建筑物以及火灾危险场所； 10.预计雷击次数(次/a)大于0.25次/a的住宅、办公楼等一般性民用建筑物或一般性工业建筑物
第三类防雷建筑物	1.省级重点文物保护的建筑物及省级档案馆； 2.预计年雷击次数≥0.01次/a，且≤0.05次/a的部、省级办公建筑物和其他重要或人员密集的公共建筑物，以及火灾危险场所； 3.预计年雷击次数≥0.05次/a，且≤0.25次/a的住宅、办公楼等一般性民用建筑物或一般性工业建筑物； 4.在平均雷暴日大于15d/a的地区，高度在15m及以上的烟囱、水塔等孤立的高耸建筑物；在平均雷暴日小于或等于15d/a的地区，高度在20m及以上的烟囱、水塔等孤立的高耸建筑物

注：本表依据《建筑物防雷设计规范》GB 50057-2010编制。

与建筑物防雷相关的名词　　　　　　　　　　　表3

名词	解释
防雷装置	用于减少闪击击于建(构)筑物上或建(构)筑物附近时造成的物质性损害和人身伤亡，由外部防雷装置和内部防雷装置组成
外部防雷装置	由接闪器、引下线和接地装置组成
内部防雷装置	由防雷等电位连接与外部防雷装置的间隔距离组成
接闪器	由拦截闪击的接闪杆、接闪带、接闪线、接闪网以及金属屋面、金属构件等组成
引下线	用于将雷电流从接闪器传导至接地装置的导体
接地装置	接地体和接地线的总合，用于传导雷电流并将其流散入大地
电涌保护器	用于限制瞬态过电压和分泄电涌电流的器件。它至少含有一个非线性元件
防雷等电位连接	将分开的诸金属物体直接用连接导体，或经电涌保护器连接到防雷装置上，以减小雷电流引发的电位差
跨步电位差	接地短路（故障）电流流过接地装置时，地面水平距离为0.8m的两点间的电位差，称为跨步电位差

建筑物的防雷措施

不同类别的防雷建筑物有不同的防雷措施。

建筑物的防雷措施 表1

防雷类别	防雷措施
第一类防雷建筑物	1.防直击雷 应装设独立接闪杆或架空接闪线或网。架空接闪网的网格尺寸不应大于5m×5m或6m×4m。 2.防闪电感应 建筑物内的设备、管道、构架、电缆金属外皮、钢屋架、钢窗等较大金属物和突出屋面的放散管、风管等金属物，均应接到防闪电感应的接地装置上。 3.防闪电电涌侵入 （1）室外低压配电线路应全线采用电缆直接埋地敷设，在入户处应将电缆的金属外皮、钢管接到等电位连接带或防闪电感应的接地装置上； （2）采用架空线时，应在建筑物15m以外转换成电缆埋地引入。在电缆与架空线连接处，尚应装设户外型电涌保护器； （3）在电源引入的总配电箱处应装设Ⅰ级试验的电涌保护器。 4.防侧击雷 当建筑物高于30m时，尚应采取下列防侧击的措施： （1）应从30m起每隔不大于6m沿建筑物四周设水平接闪带，并应与引下线相连； （2）30m及以上外墙上的栏杆、门窗等较大的金属物，应与防雷装置连接。
第二类防雷建筑物	1.防直击雷 在建筑物上装设接闪网、接闪带或接闪杆等接闪器。接闪网、接闪带沿屋角、屋脊、屋檐和檐角等部位敷设，并应在整个屋面组成不大于10m×10m或12m×8m的网格。利用混凝土内钢筋、钢柱作为自然引下线，利用基础内钢筋网作为接地体。 2.防闪电感应 建筑物内的设备、管道、构架等主要金属物，应就近接到防雷装置或共用接地装置上。 3.防闪电电涌侵入 （1）在电气接地装置与防雷接地装置共用或相连的情况下，应在低压电源线路引入的总配电箱、配电柜处装设Ⅰ级试验的电涌保护器； （2）当Yyn0型或Dyn11型接线的配电变压器设在本建筑物内或附设于外墙处时，应在变压器高压侧装设避雷器；在低压侧的配电屏上，当有线路引出本建筑物至其他有独自敷设接地装置的配电装置时，应在母线上装设Ⅰ级试验的电涌保护器。 4.防侧击雷 高于60m的建筑物，其上部占高度20%并超过60m的部位应防侧击雷，布置接闪器。
第三类防雷建筑物	防雷措施基本与第二类防雷建筑物的防雷措施相同，只是屋面网格组成不大于20m×20m或24m×16m。

注：本表依据《建筑物防雷设计规范》GB 50057-2010编制。

建筑物防雷装置的装设

接闪器、引下线、接地装置等的装设可参见资料集本册"建筑防灾设计"专题中"建筑防雷"章节。

接闪装置的检验

建筑物的外围是否受到接闪器的有效保护，可用滚球法来检验。

滚球法是以h_r为半径的一个球体，沿需要防直击雷的部位滚动，当球体只触及接闪器，包括被利用作为接闪器的金属体，或只触及接闪器和地面，包括与大地接触并能承受雷击的金属物，而不触及需要保护的部位时，则该部位就得到接闪器的保护。

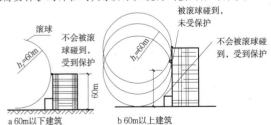

1 接闪带对建筑物外侧的保护校验示意图

滚球半径大小 表2

防雷分类	第一类防雷建筑物	第二类防雷建筑物	第三类防雷建筑物
滚球半径h_r(m)	30	45	60

建筑物电子信息系统防雷

随着信息技术的迅猛发展，计算机等微电子设备大量进入各类建筑物，由于其灵敏度高、耐压低，很容易受雷电电磁脉冲干扰，所以建筑物电子信息系统不但要考虑外部防雷（防直击雷）措施，还要考虑设置内部防雷（防雷电电磁脉冲LEMP）措施，进行综合防护才能达到预期的防雷效果。

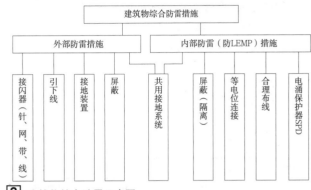

2 建筑物综合防雷示意图

建筑物雷电防护区划分

需要保护和控制雷电脉冲环境的建筑物应划分为不同的雷电防护区。

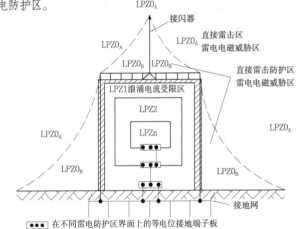

3 建筑物外部和内部雷电防护区划分示意图

防雷区（LPZ）的定义及划分 表3

防雷区	定义及划分原则	举例
LPZ0$_A$	本区内的各物体都有可能遭受直接雷击并导走全部雷电流。 本区内的电磁场强度无衰减。	建筑物屋顶及接闪杆保护范围以外的空间区域
LPZ0$_B$	本区内的各物体不可能遭受大于所选滚球半径对应的雷电流的雷击。 本区内的电磁场强度无衰减。	接闪杆保护范围内的室外物体且没有采取电磁措施的空间，如建筑窗洞处
LPZ1	本区内的各物体不可能遭受直接雷击，流经各导体的电流比LPZ0B区进一步减少。 本区内的电磁场强度可能衰减，衰减程度取决于屏蔽措施。	建筑物的内部空间，其外墙内有钢筋或金属壁板等屏蔽设施
LPZ(n+1)后续防雷区	需要进一步减小流入的雷电流或电磁场强度时，增设的后续防雷区。	建筑物内装有电子系统设备的房间，该房间设置有电磁屏蔽设施 设置于电磁屏蔽室内且具有屏蔽外壳的设备内部空间

13
建筑电气

雷电防护等级划分

建筑物电子信息系统的雷电防护等级划分为A、B、C、D四级，可按下列两种方法进行评估，按其中较高的的防护等级确定。

1. 电子信息系统雷电防护等级可按防雷装置拦截效率E确定，并应符合下列规定：

(1) 当E大于0.98时，定为A级；

(2) 当E大于0.90小于或等于0.98时，定为B级；

(3) 当E大于0.80小于或等于0.90时，定为C级；

(4) 当E小于或等于0.80时，定为D级。

(拦截效率$E=1-N_c/N$，N_c：年平均最大雷击次数；N：年预计雷击次数。)

2. 建筑物电子信息系统可根据其重要性、使用性质和价值，按下表确定雷电防护等级。

建筑物电子信息系统雷电防护等级　　　　　　表1

雷电防护等级	建筑物电子信息系统
A级	1.国家级计算中心、国家级通信枢纽、特级和一级金融设施、大中型机场、国家级和省级广播电视中心、枢纽港口、火车枢纽站、省级城市水、电、气、热等城市重要公用设施的电子信息系统； 2.一级安全防范单位，如国家文物、档案库的闭路电视监控和报警系统； 3.三级医院电子医疗设备。
B级	1.中型计算中心、二级金融设施、中型通信枢纽、移动通信基站、大型体育场(馆)、小型机场、大型港口、大型火车站的电子信息系统； 2.二级安全防范单位，如省级文物、档案库的闭路电视监控和报警系统； 3.雷达站、微波站枢纽信息系统，高速公路监控和收费系统； 4.二级医院电子医疗设备； 5.五星及更高星级宾馆电子信息系统
C级	1.三级金融设施、小型通信枢纽电子信息系统； 2.大中型有线电视系统； 3.四星及以下宾馆电子信息系统
D级	除上述A、B、C级以外的一般用途的需防护电子信息设备

注：本表依据《建筑物电子信息系统防雷技术规范》GB 50343-2012编制。

雷电电磁脉冲的防护措施

根据需要保护的设备数量、类型、重要性、耐冲击电压额定值及所要求的电磁场环境等情况，选择下表雷电电磁脉冲的防护措施，其中采取等电位连接与接地保护是需要保护的电子信息系统必须采取的措施。

雷电电磁脉冲的防护措施　　　　　　表2

防护措施	具体要求
等电位连接和接地	1.在LPZ0$_A$或LPZ0$_B$区与LPZ1区交界处设置总等电位接地端子板； 2.每层楼宜设置楼层等电位接地端子板； 3.电子信息系统设备机房应设置局部等电位接地端子板
电磁屏蔽	采用建筑物屏蔽、机房屏蔽、设备屏蔽、线缆屏蔽
合理布线	线缆宜敷设在金属线槽或金属管道内，线缆与其他管线有合理间距
能量配合的电涌保护器防护	在配电系统中设置各级电涌保护器

需考虑电涌保护的建筑物、场所

下列建筑物或场所应设置电涌保护器。

1. 智能建筑、民用公共建筑物。

2. 智能化住宅小区、住宅建筑。

3. 各弱电机房［计算中心机房、交换机机房、邮电机房、电台、电视台机房、银行机房、消防控制室(中心)、智能监控中心等］。

4. 屋顶电梯机房的电源配电箱。

5. 屋顶的大型电气设备、航空标志灯、彩灯线路。

电涌保护器的设置原则

电涌保护器的装设可参见本分册"建筑防灾设计"专题中"建筑防雷"章节。

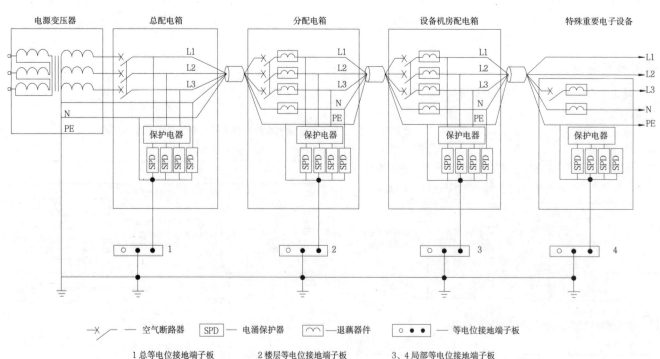

1总等电位接地端子板　　2楼层等电位接地端子板　　3、4局部等电位接地端子板

1 TN-S系统的配电线路电涌保护器安装位置示意图

13
建筑电气

接地系统构成

接地系统由接地极、接地线与总接线端子(总接地母排)组成。

由于多个用于不同目的的接地系统,会引起相互干扰,因此产生联合接地方式。联合接地方式就是各类接地共用同一个接地系统。建筑物内常见的接地系统有:工作接地、保护接地、电子信息设备信号电路接地、防雷接地等。

接地系统分类

根据接地的不同作用,接地类型一般分类如下:

1. 功能性接地

用于保证设备(系统)的正常运行,或使设备(系统)可靠而正确地实现其功能。例如:电力系统的中性点接地、电子设备的信号接地等。

2. 保护性接地

以人身和设备的安全为目的的接地。

(1)保护接地:由于绝缘损坏,有可能出现带电的外露导体,为防止其危及人身和设备的安全而设的接地。

(2)雷电防护接地:为雷电防护装置向大地泄放雷电流而设的接地,用以消除或减轻雷电危及人身和损坏设备。

(3)防静电接地:将静电导入大地防止其危害的接地,如对易燃易爆管道、储罐以及电子设备为防止静电的危害而设的接地。

3. 电磁兼容性接地

电磁兼容性是使器件、电路、设备或系统在其电磁环境中能正常工作,且不对该环境中任何事物构成不能承受的电磁骚扰。为此目的所做的接地称为电磁兼容性接地。

低压配电系统接地形式及其适用范围

低压配电系统的接地形式,有以下三种:TN系统、TT系统和IT系统。其中,TN系统又可分为三种:TN-S系统、TN-C系统、TN-C-S系统。

接地形式 ❶   表1

接地形式		特点	适用场所	接线图
TN	TN-C	整个系统的N线和PE线是合一的(PEN线),安全水平较低,对信息系统和电子设备易产生干扰	用于有专业人员维护管理的一般性工业厂房和场所	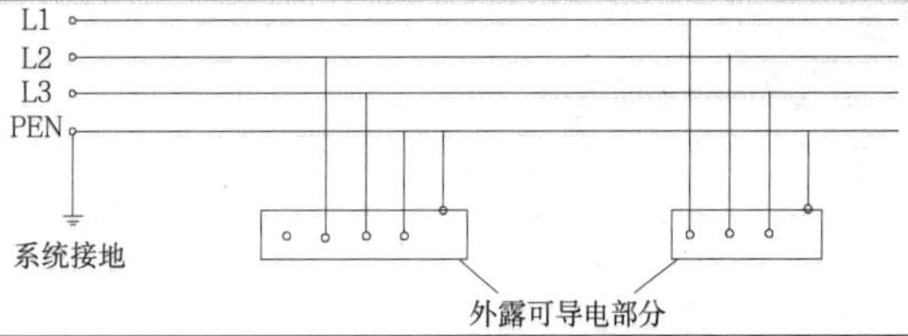
	TN-S	整个系统的N线和PE线是分开的	用于建筑中含有变配电室的配电系统	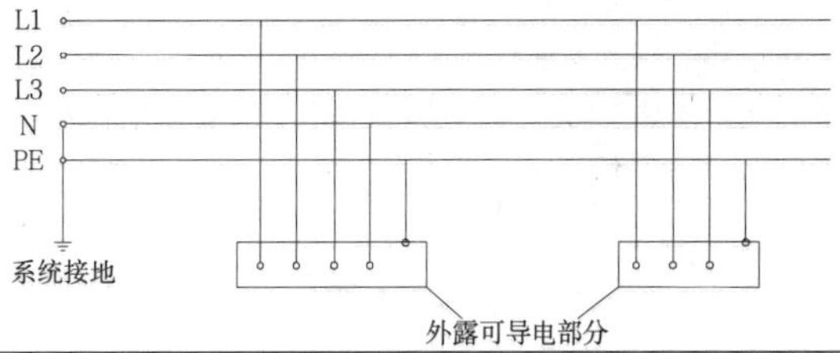
	TN-C-S	系统中一部分线路的N线和PE线是合一的,是TN-C和TN-S系统的结合使用	不附设变配电所,且不宜使用TN-C系统的局部区域或分散的装有重复接地的场所	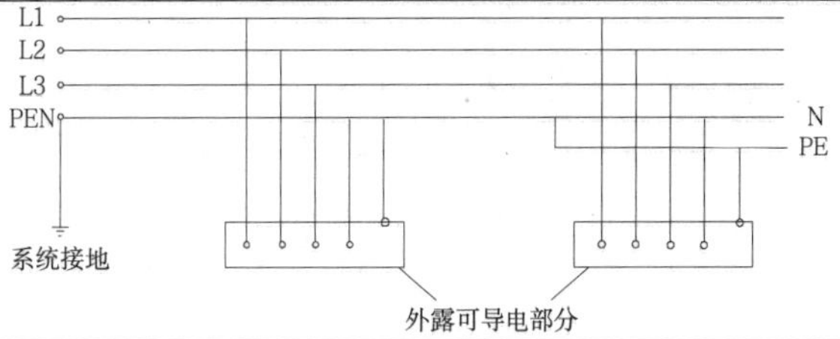
TT		电源端有一点直接接地,电气装置的外露可导电部分直接接地,此接地点在电气上独立于电源端的接地点	用于低压供电远离变配电所的建筑和场所,尤其适用于无等电位联结的户外场所	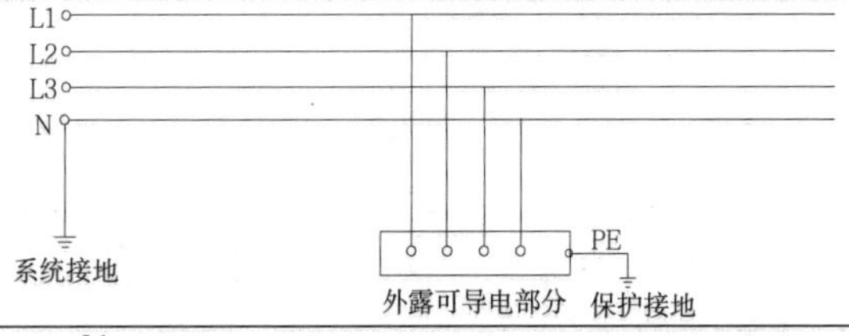
IT		电源端的带电部分不接地或有一点通过阻抗接地,电气装置的外露可导电部分直接接地	用于不间断供电要求高和对接地故障电压有严格限制的场所,在一般工业与民用低压电网中不宜采用	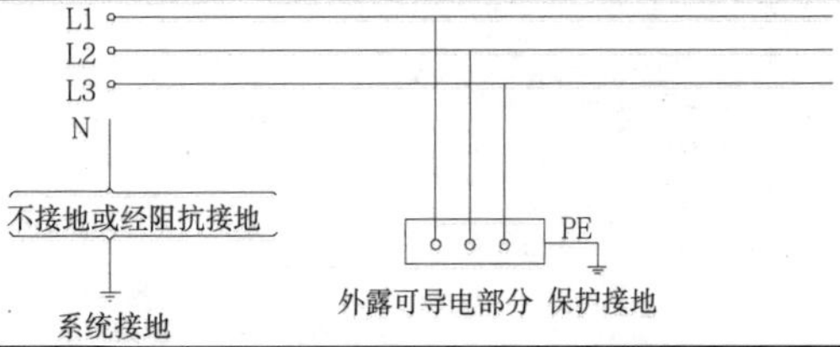

❶ 中国航空规划设计研究总院有限公司等编.工业与民用供配电设计手册.第4版.北京:中国电力出版社,2016:1390-1393.

13
建筑电气

等电位联结

1. 等电位联结的作用

等电位联结就是电气装置的各外露导电部分和装置外导电部分的电位，实质上相等的电气连接，从而消除或减少各部之间的电位差，保护设备和人身的安全。等电位联结可分为：总等电位联结、局部等电位联结和辅助等电位联结。

2. 总等电位联结

总等电位联结是将建筑物电气装置外露导电部分与装置外导电部分电位基本相等的连接。通过进线配电箱近旁的总等电位联结端子板(接地母排)将下列导电部分互相连通：

(1) 进线配电箱的PE(PEN)母排；

(2) 金属管道如给排水、热力、煤气等干管；

(3) 建筑物金属结构；

(4) 建筑物接地装置。

建筑物每一电源进线都应做总等电位联结，各个总等电位联结端子板间应互相连通。

3. 局部等电位联结

在一局部场所范围内将各可导电部分连通，称为局部等电位联结。可通过局部等电位联结端子板将PE母线(或干线)、金属管道、建筑物金属体等相互连通。

下列情况需作局部等电位联结：

(1) 常规的配电系统设计，不能满足防电击要求时；

(2) 为满足浴室、游泳池、医院手术室等场所对防电击的特殊要求时；

(3) 为避免爆炸危险场所因电位差产生电火花时；

(4) 为满足防雷和信息系统抗干扰的要求时。

将导电部分间用导体直接连通，使其电位相等或接近，称为辅助等电位联结。

4. 辅助等电位联结

将导电部分之间用导体直接连通，使其电位相等或接近，称为辅助等电位联结。

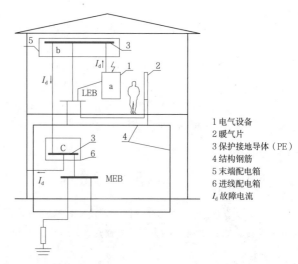

1 电气设备
2 暖气片
3 保护接地导体（PE）
4 结构钢筋
5 末端配电箱
6 进线配电箱
I_d 故障电流

1 局部等电位联结示例❶

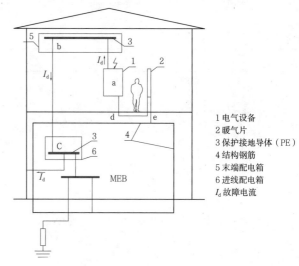

1 电气设备
2 暖气片
3 保护接地导体（PE）
4 结构钢筋
5 末端配电箱
6 进线配电箱
I_d 故障电流

2 辅助等电位联结示例❶

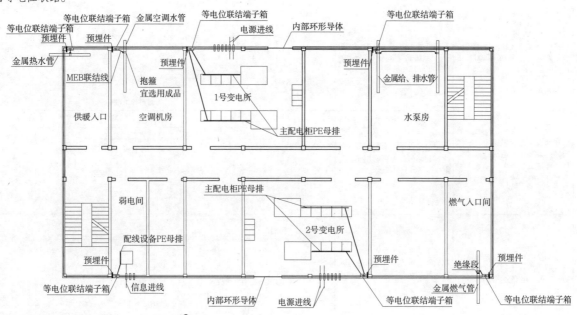

3 总等电位联结系统图示例-多处电源进线❶

❶ 中国航空规划建设发展有限公司等编.等电位联结安装15D502.北京：中国建筑标准设计研究院，2015：6.

实例

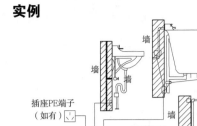

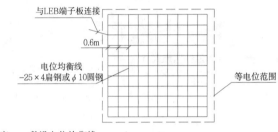

a 连线图

① 浴室局部等电位联结示例❶

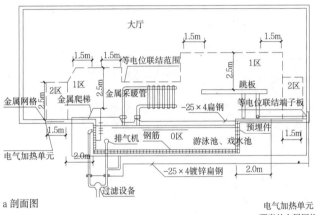

a 剖面图

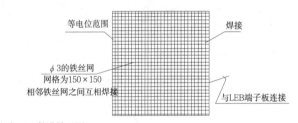

c 方案一：敷设电位均衡线

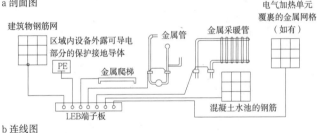

b 连线图

② 游泳池、戏水池局部等电位联结示例❶

d 方案二：敷设铁丝网

13
建筑电气

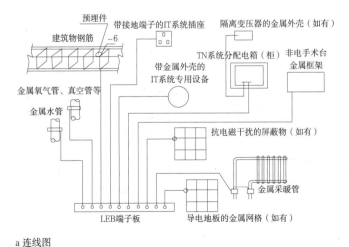

a 连线图

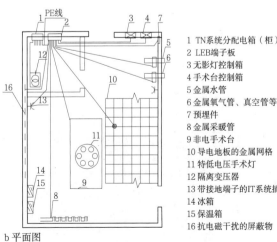

b 平面图

1 TN系统分配电箱（柜）
2 LEB端子板
3 无影灯控制箱
4 手术台控制箱
5 金属水管
6 金属氧气管、真空管等
7 预埋件
8 金属采暖管
9 非电手术台
10 导电地板的金属网格
11 特低电压手术灯
12 隔离变压器
13 带接地端子的IT系统插座
14 冰箱
15 保温箱
16 抗电磁干扰的屏蔽物

③ 典型医疗场所局部等电位联结示例❶

❶ 中国航空规划建设发展有限公司等编.等电位联结安装15D502.北京：中国建筑标准设计研究院，2015：5, 18, 20, 22.

特殊场所安全防护区划分

特别潮湿或浸水的场所、无法作总等电位联结的场所等，发生电气事故的危险性较大，被称作特殊场所。这些场所划分为不同的安全防护区域，不同安全防护区采用不同的安全防护措施。

游泳池

0区：水池的内部。

1区：距离水池边缘2m的垂直平面；预计有人占用的表面和高出地面或表面2.5m的水平面；在游泳池设有跳台、跳板、起跳台或滑槽的地方，1区包括由位于跳台、跳板及起跳台周围1.5m的垂直平面，和预计有人占用的最高表面以上2.5m的水平面所限制的区域。

2区：1区外界的垂直平面和距离该垂直平面1.5m的平行平面之间；预计有人占用的表面和地面及高出该地面或表面2.5m的水平面之间。

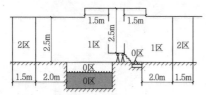

1 游泳池和戏水池的区域尺寸

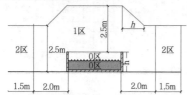

2 地上水池的区域尺寸

浴室

0区：浴盆、淋浴盆的内部；无盆淋浴1区限界内距地面0.10m的区域。

1区：围绕浴盆或淋浴盆的垂直平面；对于无盆淋浴，距离淋浴喷头1.20m的垂直平面和地面以上0.10~2.25m的水平面。

2区：1区外界的垂直平面和与其相距0.60m的垂直平面，地面和地面以上2.25m的水平面。

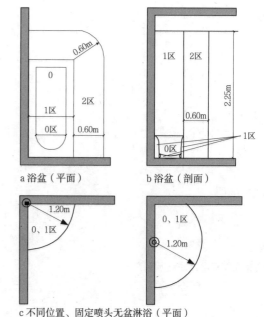

a 浴盆（平面）　　　b 浴盆（剖面）

c 不同位置、固定喷头无盆淋浴（平面）

3 浴盆、无盆淋浴区域尺寸

喷水池

0区：水池、水盆或喷水柱、人工瀑布的内部。

1区：距离0区外界或水池边缘2m垂直平面；预计有人占用的表面和高出地面或表面2.5m的水平面；1区域包括槽周围1.5m的垂直平面和预计有人占用的最高表面以上2.5m的水平面所限制的区域。

□ 水0区
--- 0区的界限
□ 1区

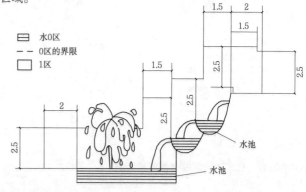

4 喷水池区域尺寸

特殊场所安全防护要求 　　　　　　　　　　　　　　　　　　　　　　　　　　　表1

场所	类别		安全防护要求
浴室	0区	1.采用标称电压不超过12V的安全特低电压供电，其安全电源应设于2区外的地方； 2.电气设备的防护等级应至少为IPX7	1.宜选用加强绝缘的铜芯电线或电缆； 2.非本区的配电线路不得通过，也不得在该区内装设接线盒； 3.不应装设开关设备及线路附件； 4.开关及插座距预制淋浴间的门口不得小于0.6m； 5.当未采用安全特低电压供电及安全特低电用电器具时，在0区内应采用专用于浴盆的电器；在1区内只可装设电热水器；在2区内，只可装设电热水器及Ⅱ类灯具
	1区	电气设备的防护等级应至少为IPX5	
	2区	除防溅型剃须插座外，电气设备的防护等级应至少为IPX4（公共浴池内应为IPX5）	
游泳池	0区	1.采用标称电压不超过12V的安全特低电压供电，其安全电源应设于2区外的地方； 2.电气设备的防护等级应至少为IPX8	1.宜选用加强绝缘的铜芯电线或电缆； 2.非本区的配电线路不得通过，也不得在该区内装设接线盒； 3.不应装设开关设备及线路附件； 4.水下照明灯具的安装位置，应保证从灯具的上部边缘至正常水面不低于0.5m，面朝上的玻璃应采取防护措施，防止人体接触； 5.浸在水中才能安全工作的灯具，应采取低水位断电措施
	1区	1.电气设备的防护等级应至少为IPX5（建筑物内平时不用喷水清洗的游泳池，可采用IPX4）； 2.用电器具必须由安全特低电压供电或采用Ⅱ级结构的用电器具	
	2区	电气设备的防护等级：室内游泳池为IPX2；室外游泳池为IPX4；可能喷水清洗的场所为IPX5	
喷水池	0区	电气设备的防护等级应至少为IPX8	对于允许人进入的喷水池，应采用安全特低电压供电，交流电压不应大于12V；不允许人进入的喷水池，可采用交流电压不大于50V的安全特低电压供电
	1区	电气设备的防护等级应至少为IPX5	

注：本表根据《民用建筑电气设计规范》JGJ 16-2008编制。

附录一 第8分册编写分工

编委会主任：王建国、张颀、孙一民、梅洪元
　　副主任：冷嘉伟、高辉、金虹

编委会办公室主任：周海飞
　　　　成　员：丁建华、白颖、张向炜、张梦靓、陈乔敬、陈海宁、周明、周波、郑莉、贾巍杨、高艳群、郭娟利

项目		编写单位	编写专家
1 历史建筑保护设计	**主编单位**	东南大学建筑学院	主编：陈薇
概述	主编单位	东南大学建筑学院	主编：陈薇
概述		东南大学建筑学院	陈薇
遗迹	主编单位	东南大学建筑学院	主编：陈薇
定义·技术路线·策略要点		东南大学建筑学院	陈薇
保护与展示工程		东南大学建筑学院	陈薇、薛垲
博物馆与展示厅			
实例			
古代建筑	主编单位	东南大学建筑学院	主编：陈薇、白颖
定义·技术路线·策略要点		东南大学建筑学院	陈薇、白颖
设计要点		东南大学建筑学院	陈薇、白颖、贾亭立
实例1		东南大学建筑学院	陈薇、贾亭立
实例2		东南大学建筑学院	朱光亚、白颖
实例3		东南大学建筑学院	陈薇、贾亭立
实例4		东南大学建筑学院	朱光亚、白颖
实例5		东南大学建筑学院	陈薇、贾亭立
实例6		东南大学建筑学院	陈薇、白颖
实例7		东南大学建筑学院	胡石、贾亭立
近代建筑	主编单位	东南大学建筑学院	主编：周琦
定义·技术路线·设计要点		东南大学建筑学院	周琦
策略要点			
实例		东南大学建筑学院	周琦、王为
历史文化街区（村镇）	主编单位	东南大学建筑学院	主编：陈薇、李新建
定义·技术路线·设计要点		东南大学建筑学院	陈薇、李新建
策略要点1		东南大学建筑学院	陈薇、李新建、沈旸
策略要点2		东南大学建筑学院	陈薇、李新建
实例1~3		东南大学建筑学院	李新建、沈旸
实例4		东南大学建筑学院	沈旸、李新建
实例5~6		东南大学建筑学院	李新建、沈旸
文化景观	主编单位	东南大学建筑学院	主编：杜顺宝、唐军
定义·技术路线·设计要点		东南大学建筑学院	杜顺宝、唐军
策略要点			
实例1			
实例2		东南大学建筑学院	唐军
实例3~4		东南大学建筑学院	杜顺宝、唐军
实例5		东南大学建筑学院	唐军
实例6~7		东南大学建筑学院	杜顺宝
实例8~9		东南大学建筑学院	唐军
2 地域性建筑	**主编单位**	天津大学建筑学院	主编：曾坚 副主编：汪丽君
	联合主编单位	东南大学建筑学院、 重庆大学建筑城规学院	
	参编单位	西安建筑科技大学建筑学院、 哈尔滨工业大学建筑学院、 华中科技大学建筑与城市规划学院、 河北工业大学建筑与艺术设计学院、 华侨大学建筑学院、 内蒙古工业大学建筑学院、 湖南大学建筑学院	

项目		编写单位	编写专家
概念与区域划分	主编单位	天津大学建筑学院	主编：杨崴
概念与区域划分		天津大学建筑学院	杨崴、马凌波、王欣
主要理论与实践		天津大学建筑学院	汪丽君、刘荣伶、于璐
形成与影响因素	主编单位	重庆大学建筑城规学院	主编：张兴国
自然环境的影响因素	气候环境	重庆大学建筑城规学院	张兴国、廖屿荻、陈果
	地形地貌		
	材料与资源	重庆大学建筑城规学院	张兴国、廖屿荻、陈果、李鹏
人文环境的影响因素	社会经济	重庆大学建筑城规学院	陈蔚、冷婕、袁晓菊
	文化信仰	重庆大学建筑城规学院	陈蔚、冷婕、罗强、李鹏
	民俗民风	重庆大学建筑城规学院	陈蔚、罗强、袁晓菊
典型建筑类型	主编单位	河北工业大学建筑与艺术设计学院	主编：舒平
村落与居民		河北工业大学建筑与艺术设计学院	舒平、候薇、赵子豪
东北、西北地区民居		河北工业大学建筑与艺术设计学院	舒平、张晓頔、王娇婧
华北、华东地区民居		河北工业大学建筑与艺术设计学院	舒平、邱扬、耿钆艺
华中、华南、西南地区民居		河北工业大学建筑与艺术设计学院	舒平、王哲、赵晨宇
地方性园林		哈尔滨工业大学建筑学院	周立军、张明、杨雪薇、马思
地方性街道		哈尔滨工业大学建筑学院	周立军、张明、王蕾、汤璐
乡土景观标志物		哈尔滨工业大学建筑学院	周立军、张明、程龙飞、刘晓丹
空间艺术特征	主编单位	东南大学建筑学院	主编：龚恺
群体空间结构		东南大学建筑学院	龚恺、寿焘、王瑶
单体形体特征		东南大学建筑学院	龚恺、寿焘
单体院落空间		东南大学建筑学院	龚恺、寿焘、姜爽
单体结构与材料			
单体外部空间营造		东南大学建筑学院	龚恺、寿焘
单体细部特征		东南大学建筑学院	龚恺、寿焘、姜爽
单体室内特征		东南大学建筑学院	龚恺、寿焘、王瑶
环境利用技巧	主编单位	西安建筑科技大学建筑学院	王军
滨水建筑		西安建筑科技大学建筑学院	王军、李钰、陈聪
山地建筑			
典型环境协调方法		天津大学建筑学院	戴路、王婷婷、方东亚、王尧
实例1		湖南大学建筑学院	魏春雨、宋明星、罗荩、杨国阳
实例2		湖南大学建筑学院	魏春雨、宋明星、罗荩、林国靖
实例3		湖南大学建筑学院	魏春雨、宋明星、朱萌、何磊
实例4		湖南大学建筑学院	魏春雨、宋明星、侯雨鸽、黄睿睿
实例5		湖南大学建筑学院	魏春雨、宋明星、李双双、王奥怡
适应气候的设计	主编单位	华中科技大学建筑与城市规划学院	主编：李晓峰
典型气候类型与调节气候方法		天津大学建筑学院	戴路、王婷婷、方东亚、王尧
传统气候适应性策略		西安建筑科技大学建筑学院	王军、李钰、陈聪
当代气候适应性设计		华中科技大学建筑与城市规划学院	李晓峰、陈茹
实例1		湖南大学建筑学院	魏春雨、袁朝晖、钟灵毓、刘雄风
实例2		湖南大学建筑学院	魏春雨、袁朝晖、邓天驰、冯晔琪
实例3		湖南大学建筑学院	魏春雨、袁朝晖、赵科、潘阳、张红燕
实例4		湖南大学建筑学院	魏春雨、袁朝晖、刘慧娟、杨潇
实例5		湖南大学建筑学院	魏春雨、袁朝晖、段牟、熊胜男、蒋俐丽
实例6		湖南大学建筑学院	魏春雨、袁朝晖、何依睿、曾鸣
实例7		湖南大学建筑学院	魏春雨、袁朝晖、刘文泉、彭奕妍
技术与材料表现	主编单位	西安建筑科技大学建筑学院	主编：王军
乡土材料与技术		西安建筑科技大学建筑学院	王军、李钰、陈聪
传统与现代技术的融合		天津大学建筑学院	张向炜、王绚、张晓美
实例1~3		湖南大学建筑学院	魏春雨、卢健松、苏妍
实例4~5		湖南大学建筑学院	魏春雨、卢健松、练达
文化传承与创新	主编单位	内蒙古工业大学建筑学院	主编：张鹏举

项目		编写单位	编写专家
艺术形式传承		华侨大学建筑学院	陈志宏、徐逯巍、涂小锵
地域语言提炼		内蒙古工业大学建筑学院	张鹏举、白丽燕、扎拉根白尔、张源
场所精神演绎			
实例		湖南大学建筑学院	魏春雨、卢健松、张亮亮
3 无障碍设计	主编单位	天津大学建筑学院	主编：王小荣 副主编：马晓东
	联合主编单位	东南大学建筑设计研究院有限公司	
	参编单位	中国建筑设计院有限公司、 天津城建大学建筑学院、 西安建筑科技大学建筑学院、 太原万科房地产有限公司	
总论	主编单位	天津大学建筑学院	主编：王小荣
总论1		天津大学建筑学院	王小荣、贾巍杨
总论2		天津大学建筑学院	王小荣
人体及设施尺度	主编单位	天津城建大学建筑学院、 天津大学建筑学院	主编：张敏、 王小荣
人体尺度比较·轮椅设施移动空间 乘轮椅者 乘轮椅者·拐杖使用者·导盲犬使用者		天津城建大学建筑学院	张敏、徐蕾
轮椅类型及参数 助行器、电动滑板车类型及参数		天津大学建筑学院、 天津城建大学建筑学院	王小荣、王鹤、 张敏、徐蕾
场地	主编单位	东南大学建筑设计研究院有限公司、 天津大学建筑学院、 中国建筑设计院有限公司	主编：马晓东、 贾巍杨、 杨小东
设计内容·人行交通 人行交通		东南大学建筑设计研究院有限公司	马晓东
园林		天津大学建筑学院	贾巍杨
社区		中国建筑设计院有限公司、 西安建筑科技大学建筑学院	杨小东、王贺、 张倩
停车场（库）		天津大学建筑学院	许蓁
建筑物	主编单位	天津大学建筑学院、 东南大学建筑设计研究院有限公司、 中国建筑设计院有限公司	主编：许蓁、 张航、马晓东、 杨小东、王贺
设计内容·设计要点·设计部位		天津大学建筑学院、 天津市建筑设计院	许蓁、吴坡
一般规定·出入口 坡道、楼梯、台阶 走道		天津大学建筑学院、 天津市建筑设计院、 中国建筑设计院有限公司	许蓁、吴坡、唐博
公共厕所 无障碍厕所 公共浴室		东南大学建筑设计研究院有限公司	张航
门窗 电梯·升降平台 低位服务设施·轮椅席		东南大学建筑设计研究院有限公司	马晓东
居住空间		中国建筑设计院有限公司、 西安建筑科技大学建筑学院	杨小东、王贺、张倩、王芳
标识	主编单位	天津大学建筑学院、 中国建筑设计院有限公司	主编：贾巍杨、 杨小东
标识1		中国建筑设计院有限公司	杨小东
标识2		天津大学建筑学院	贾巍杨
实例	主编单位	天津大学建筑学院	主编：王小荣、贾巍杨、许蓁
实例1		天津大学建筑学院、 太原万科房地产有限公司	贾巍杨、 原婕
实例2~3		天津大学建筑学院	贾巍杨
实例4~5		天津大学建筑学院	许蓁、巴婧

项目		编写单位	编写专家
实例6~7		天津大学建筑学院、太原万科房地产有限公司	王小荣、原婕
实例8		中国建筑设计院有限公司、天津大学建筑学院	杨小东、贾巍杨
4 建筑防灾设计	**主编单位**	华南理工大学建筑学院	主编：吴庆洲 副主编：郑莉
	联合主编单位	重庆大学建筑城规学院	
	参编单位	华南理工大学建筑设计研究院、重庆大学建筑设计研究院有限公司	
建筑防火	主编单位	重庆大学建筑城规学院、重庆大学建筑设计研究院有限公司	主编：张庆顺
范围·分类		重庆大学建筑城规学院	张庆顺
总体布局	防火间距		
	扑救场地与消防车道·群体建筑的典型布局		
	实例		
防火分区	面积规定·水平防火分区		
	垂直防火分区·大型地下商业建筑防火分区		
	商业步行街防火设计、空间设置		
	实例		
安全疏散	安全疏散原则·安全出口	重庆大学建筑城规学院	张庆顺、章孝思
	安全出口·疏散距离		
	疏散宽度·疏散时间	重庆大学建筑城规学院	张庆顺、马跃峰、李媛
	疏散楼梯间	重庆大学建筑城规学院	张庆顺、马跃峰、张译文
	剪刀楼梯间·消防电梯·辅助疏散设施	重庆大学建筑城规学院	张庆顺、马跃峰、朱航宇
	超高层建筑疏散及避难	重庆大学建筑城规学院	张庆顺、马跃峰、杨得鑫
	实例	重庆大学建筑城规学院	张庆顺、马跃峰、王凯
	安全疏散类型及实例	重庆大学建筑城规学院	张庆顺、马跃峰、温恩义
	超高层建筑实例	重庆大学建筑城规学院	马跃峰、张庆顺、何丘原、卢乔渝
耐火构造	主体结构·实例	重庆大学建筑城规学院	马跃峰、张庆顺、周岸、李源
	耐火构造设计	重庆大学建筑城规学院	马跃峰、张庆顺、韩艺文、兰显荣
	内装修	重庆大学建筑城规学院	马跃峰、张庆顺、廖浩翔、陈鹏
	保温与外墙装饰·防排烟设施	重庆大学建筑设计研究院有限公司	魏宏杨、余治良、张贝贝
坡地高层民用建筑防火设计		重庆大学建筑设计研究院有限公司	魏宏杨、张贝贝、余治良
性能化防火设计1		重庆大学建筑设计研究院有限公司	魏宏杨、苟勇、刘洋
性能化防火设计2		重庆大学建筑设计研究院有限公司	魏宏杨、刘洋、苟勇
建筑防风	主编单位	华南理工大学建筑学院	主编：郑力鹏
灾害性风及其与建筑的相互影响		华南理工大学建筑学院	郑力鹏、林畅斌
城镇防风规划要点			
建筑防风设计要点			
国外建筑防风研究成果		华南理工大学建筑学院	林畅斌、黄金凤
改善措施·实例			
建筑防雷	主编单位	华南理工大学建筑设计研究院	主编：陈新民
概述		华南理工大学建筑设计研究院	王善生
接闪器			
引下线			
接地装置			
电涌保护器			
等电位联结			
城市综合防灾	主编单位	华南理工大学建筑学院	主编：刘晖

项目	编写单位	编写专家
城市灾害分类·城市综合防灾规划	华南理工大学建筑学院	刘晖
城市防洪		
地质灾害防治		
城市抗震防灾规划		
防灾公园		
城市综合防灾规划实例	华南理工大学建筑学院	刘晖、郑莉
5 绿色建筑	**主编单位** 哈尔滨工业大学建筑学院	主编：金虹 副主编：高辉、张彤、王静
	联合主编单位 天津大学建筑学院、 东南大学建筑学院、 华南理工大学建筑学院	
	参编单位 清华大学建筑学院、 同济大学建筑与城市规划学院、 西安建筑科技大学建筑学院、 浙江大学建筑工程学院、 华中科技大学建筑与城市规划学院、 中国建筑西南设计研究院有限公司、 华东建筑集团股份有限公司上海建筑科创中心、 深圳大学建筑与城市规划学院、 北京交通大学建筑与艺术学院	
总则	**主编单位** 哈尔滨工业大学建筑学院	主编：金虹
概念·设计原则·技术分类·设计内容·设计程序	哈尔滨工业大学建筑学院、 深圳大学建筑与城市规划学院	金虹、赵运铎、丁建华、黄锰
分析技术·我国绿色建筑评价标准体系·世界绿色建筑评价体系		
我国绿色建筑评价标准	清华大学建筑学院、 北京交通大学建筑与艺术学院	宋晔皓、李珺杰
绿色建筑环境设计	**主编单位** 华南理工大学建筑学院	主编：王静
建筑选址与场地设计	华南理工大学建筑学院	王静
资源利用与能源规划	清华大学建筑学院	宋晔皓、朱宁
建筑室外风环境设计	同济大学建筑与城市规划学院	宋德萱、赵秀玲、刘海萍
建筑室外热环境设计	西安建筑科技大学建筑学院	张群
建筑室外光环境设计	天津大学建筑学院	张明宇
建筑室外声环境设计	浙江大学建筑工程学院	张三明、王竹、何海霞、王洁、张红虎、李文驹
建筑与区域雨水利用	西安建筑科技大学建筑学院	张群
建筑区域绿化景观设计	同济大学建筑与城市规划学院	宋德萱、赵秀玲、刘海萍
绿色建筑设计	**主编单位** 东南大学建筑学院、 天津大学建筑学院	主编：张彤
建筑体形设计	华中科技大学建筑与城市规划学院	李保峰、王振、刘晖
建筑空间布局	华中科技大学建筑与城市规划学院	王振、李保峰、刘晖
典型气候区建筑体形设计与空间布局	华中科技大学建筑与城市规划学院	刘晖、李保峰、王振
建筑围护结构构造设计	中国建筑西南设计研究院有限公司	冯雅、南燕丽
建筑自然通风设计	东南大学建筑学院	陈晓扬、张彤
建筑天然采光设计	天津大学建筑学院	王爱英
建筑遮阳设计	华南理工大学建筑学院	王静、张磊
建筑绿色照明设计	天津大学建筑学院	党睿
建筑室内声环境设计	浙江大学建筑工程学院	张三明、王竹、何海霞、王洁、张红虎、李文驹
建筑立体绿化设计	东南大学建筑学院	吴锦绣、张慧
绿色建筑材料	天津大学建筑学院	王立雄
建筑供热与空调系统节能设计	中国建筑西南设计研究院有限公司	冯雅、司鹏飞
热（冷）回收技术	中国建筑西南设计研究院有限公司	冯雅、石利军
绿色建筑智能化和电气设计	华东建筑集团股份有限公司上海建筑科创中心	赵济安、田炜

项目		编写单位	编写专家
绿色结构设计		华东建筑集团股份有限公司上海建筑科创中心	田炜、安东亚
实例	主编单位	哈尔滨工业大学建筑学院	主编：金虹
实例1		哈尔滨工业大学建筑学院、深圳大学建筑与城市规划学院	金虹、丁建华
实例2		东南大学建筑学院	张彤
实例3~11		哈尔滨工业大学建筑学院、深圳大学建筑与城市规划学院	金虹、丁建华
6 太阳能建筑	主编单位	天津大学建筑学院	主编：高辉
	联合主编单位	中国建筑设计院有限公司	
概述	主编单位	天津大学建筑学院、中国建筑设计院有限公司	主编：高辉、刘向峰
概述		天津大学建筑学院中国建筑设计院有限公司	高辉、刘向峰
被动式太阳能技术	主编单位	中国建筑设计院有限公司、天津大学建筑学院	主编：张磊、鞠晓磊、曾雁
概述		中国建筑设计院有限公司、天津大学建筑学院	张磊、高辉
集热方式的选择		中国建筑设计院有限公司、天津大学建筑学院	鞠晓磊、张文
日照间距·遮阳		中国建筑设计院有限公司、天津大学建筑学院	鲁永飞、张文
建筑设计		中国建筑设计院有限公司、天津大学建筑学院	曾雁、张文
直接受益式活动保温装置		中国建筑设计院有限公司、天津大学建筑学院	鞠晓磊、王婷
集热蓄热墙普通集热墙		中国建筑设计院有限公司、天津大学建筑学院	张广宇、董文亮
附加阳光间		中国建筑设计院有限公司、天津大学建筑学院	张广宇、郭娟利
蓄热体		中国建筑设计院有限公司、天津大学建筑学院	鲁永飞、郭娟利
透光材料		中国建筑设计院有限公司、天津大学建筑学院	鲁永飞、张文
主动式太阳能技术	主编单位	天津大学建筑学院、中国建筑设计院有限公司	主编：高辉、郭娟利、刘向峰
概述		天津大学建筑学院、中国建筑设计院有限公司	高辉、刘向峰、鞠晓磊
太阳能光热利用系统·集热器设计		天津大学建筑学院、中国建筑设计院有限公司	张文、郭娟利、张广宇
集热器与建筑结合		天津大学建筑学院、中国建筑设计院有限公司	王婷、张文、鞠晓磊
集热器与建筑结合·太阳能热水系统		天津大学建筑学院、中国建筑设计院有限公司	董文亮、张文、曾雁
太阳能供暖系统·太阳能制冷系统		天津大学建筑学院、中国建筑设计院有限公司	刘向峰、王杰汇、张广宇
太阳能光伏系统1		天津大学建筑学院、中国建筑设计院有限公司	郭娟利、王杰汇、曾雁
太阳能光伏系统2		天津大学建筑学院、中国建筑设计院有限公司	郭娟利、刘向峰、鲁永飞
太阳能光伏系统3		天津大学建筑学院、中国建筑设计院有限公司	张文、王婷、鲁永飞
经济指标与实例	主编单位	中国建筑设计院有限公司、天津大学建筑学院	主编：鞠晓磊、鲁永飞
经济指标·实例		中国建筑设计院有限公司、天津大学建筑学院	鲁永飞、张文、郭娟利

项目		编写单位	编写专家
实例		中国建筑设计院有限公司、天津大学建筑学院	鞠晓磊、郭娟利、张文
7 建筑改造设计	**设计实例**	东南大学建筑学院	主编：冷嘉伟
	联合主编单位	华南理工大学建筑学院、哈尔滨工业大学建筑学院	
	参编单位	同济大学建筑与城市规划学院、同济大学建筑设计研究院（集团）有限公司、深圳大学建筑与城市规划学院	
总论	主编单位	东南大学建筑学院	主编：冷嘉伟
总论		东南大学建筑学院	冷嘉伟、侯文杰
建筑改造评估	主编单位	东南大学建筑学院	主编：王建国
评估体系·评估内容·评估程序		东南大学建筑学院	王建国、蒋楠
评估标准·现状评估·价值评估 改造潜力评估·改造适用性评估		东南大学建筑学院	蒋楠、王建国
建筑改扩建设计	主编单位	同济大学建筑与城市规划学院	主编：章明
策略与模式·功能改造 功能改造·形态与空间改造		同济大学建筑与城市规划学院	章明、王维一
形态与空间改造 界面改造·表征关系		同济大学建筑设计研究院（集团）有限公司、同济大学建筑与城市规划学院	张姿、王维一
实例		同济大学建筑与城市规划学院	王维一、章明
建筑改造通用技术	主编单位	同济大学建筑设计研究院（集团）有限公司、华南理工大学建筑学院、哈尔滨工业大学建筑学院	主编：周建峰、肖毅强、金虹
材料		华南理工大学建筑学院	肖毅强、薛思寒、殷实
构造		华南理工大学建筑学院	肖毅强、薛思寒、殷实、张宗鹏
光环境改善技术 声环境改善技术		同济大学建筑设计研究院（集团）有限公司	周建峰、白鑫、何冰玉
热环境改善技术 自然通风改善技术		同济大学建筑设计研究院（集团）有限公司	周建峰、白鑫、黄婉馨、何冰玉
建筑物理环境改善技术实例		同济大学建筑设计研究院（集团）有限公司	周建峰、白鑫、何冰玉
建筑结构测绘和检测		同济大学建筑设计研究院（集团）有限公司	周德源、周建峰、何冰玉
建筑结构加固技术		同济大学建筑设计研究院（集团）有限公司	张晓光、张准、周建峰、何冰玉
建筑物移位施工技术		同济大学建筑设计研究院（集团）有限公司	卢文胜、周建峰、何冰玉
节能与生态技术		哈尔滨工业大学建筑学院、深圳大学建筑与城市规划学院	金虹、丁建华
8 地下建筑	**主编单位**	哈尔滨工业大学建筑学院、哈尔滨工业大学土木工程学院	主编：耿永常 副主编：束昱、陈志龙、祝文君
	参编单位	同济大学地下空间研究中心、清华大学土木水利学院、清华大学建筑学院、解放军理工大学、东南大学建筑学院、同济联合地下空间规划设计研究院、北京清华同衡规划设计研究院有限公司	
总论	主编单位	哈尔滨工业大学建筑学院	主编：耿永常
概述 分类·设计原则·主要设计内容		哈尔滨工业大学建筑学院	黄海燕、贺瑞峰、耿米娜
地下空间规划	主编单位	同济大学地下空间研究中心、同济联合地下空间规划设计研究院	主编：束昱
概念与分类		同济大学建筑与城市规划学院、同济联合地下空间规划设计研究院	束昱、路珊、范家俊、徐家春、陈国蓓
地下空间规划编制技术要点1		同济大学建筑与城市规划学院、同济联合地下空间规划设计研究院	束昱、路珊、陈国蓓、阮叶箐
地下空间规划编制技术要点2		同济大学建筑与城市规划学院、同济联合地下空间规划设计研究院	束昱、路珊、张森燕、向乐佳、陈国蓓

项目		编写单位	编写专家
地下建筑类型	主编单位	清华大学土木水利学院、清华大学建筑学院、哈尔滨工业大学建筑学院	主编：祝文君、童林旭、耿永常
地下居住建筑 — 概述		清华大学土木水利学院、清华大学建筑学院	祝文君、童林旭、王亚洁、商谦
地下居住建筑 — 中国窑洞住宅		清华大学土木水利学院、清华大学建筑学院	祝文君、童林旭、周洁、杜雨川、王亚洁、商谦
地下居住建筑 — 覆土住宅		清华大学土木水利学院、清华大学建筑学院	祝文君、童林旭、王亚洁、商谦
地下居住建筑 — 覆土住宅实例		清华大学土木水利学院、清华大学建筑学院	祝文君、童林旭、商谦
地下公共建筑 — 概述		清华大学土木水利学院、清华大学建筑学院	祝文君、童林旭、王亚洁、商谦
地下公共建筑 — 学校建筑实例		清华大学土木水利学院、清华大学建筑学院、北京清华同衡规划设计研究院有限公司	祝文君、王亚洁、周洁、杜雨川、吕鑫、刘旭旸
地下公共建筑 — 图书馆建筑实例		清华大学土木水利学院、清华大学建筑学院、北京清华同衡规划设计研究院有限公司	祝文君、王亚洁、周洁、杜雨川、吕鑫、刘旭旸
地下公共建筑 — 博览建筑实例		清华大学土木水利学院、清华大学建筑学院、北京清华同衡规划设计研究院有限公司	祝文君、何文轩、周洁、杜雨川、吕鑫、刘旭旸、商谦
地下公共建筑 — 遗址保护建筑实例		清华大学土木水利学院、清华大学建筑学院、北京清华同衡规划设计研究院有限公司	祝文君、何文轩、周洁、杜雨川、吕鑫、刘旭旸、商谦
地下公共建筑 — 商业建筑实例		清华大学土木水利学院、清华大学建筑学院、北京清华同衡规划设计研究院有限公司	祝文君、何文轩、周洁、杜雨川、吕鑫、刘旭旸、商谦
地下公共建筑 — 体育建筑实例		清华大学土木水利学院、清华大学建筑学院、北京清华同衡规划设计研究院有限公司	祝文君、何文轩、周洁、杜雨川、吕鑫、刘旭旸、商谦
地下公共建筑 — 地下火车站		清华大学土木水利学院、清华大学建筑学院、哈尔滨工业大学建筑学院	祝文君、王亚洁、商谦、黄海燕
地下公共建筑 — 地下火车站实例		清华大学土木水利学院、清华大学建筑学院、哈尔滨工业大学建筑学院	祝文君、王亚洁、商谦、黄海燕
地下建筑综合体 — 概述		清华大学土木水利学院、清华大学建筑学院	祝文君、童林旭、唐博、商谦
地下建筑综合体 — 地下街		清华大学土木水利学院、清华大学建筑学院	祝文君、童林旭、唐博、商谦
地下建筑综合体 — 地下街实例		清华大学土木水利学院、清华大学建筑学院、哈尔滨工业大学建筑学院	祝文君、童林旭、唐博、商谦、黄海燕、耿米娜
地下建筑综合体 — 综合体实例		清华大学土木水利学院、清华大学建筑学院、哈尔滨工业大学建筑学院	祝文君、童林旭、唐博、商谦、黄海燕、耿米娜
地下工业建筑		清华大学土木水利学院、清华大学建筑学院	祝文君、童林旭、吕鑫、刘旭旸、商谦
地下仓储建筑 — 地下食品库		清华大学土木水利学院、北京清华同衡规划设计研究院有限公司、清华大学建筑学院、哈尔滨工业大学建筑学院	祝文君、童林旭、周洁、杜雨川、吕鑫、刘旭旸、商谦、贺瑞峰
地下仓储建筑 — 地下冷库·地下仓库·地下储热库·地下油库		清华大学土木水利学院、北京清华同衡规划设计研究院有限公司、清华大学建筑学院、哈尔滨工业大学建筑学院	祝文君、童林旭、周洁、杜雨川、吕鑫、刘旭旸、商谦、贺瑞峰
地下仓储建筑 — 地下储热库·地下油库		清华大学土木水利学院、北京清华同衡规划设计研究院有限公司、清华大学建筑学院、哈尔滨工业大学建筑学院	祝文君、童林旭、周洁、杜雨川、吕鑫、刘旭旸、商谦、贺瑞峰
地下市政建筑			
人民防空工程	主编单位	解放军理工大学	主编：陈志龙
基本内容			
主要防护措施			
口部防护措施			
平战转换		解放军理工大学	陈志龙、吴涛、朱星平、李薇
人防医疗救护工程·人员掩蔽工程			
防空专业队工程			
综合物资库工程·柴油电站			
地下建筑建造技术	主编单位	解放军理工大学	主编：陈志龙
施工基础技术			
施工应用技术·明挖法			
盖挖逆筑法·盾构法			
顶进法·管棚法·钻眼爆破法		解放军理工大学	陈志龙、朱星平、吴涛
掘进机法·围堰法·沉埋法			
沉井法·注浆加固法·降低水位法·冻结法			
地下建筑物理环境	主编单位	东南大学建筑学院	主编：韩晓峰、李永辉

524

项目		编写单位	编写专家
热湿环境		东南大学建筑学院	韩晓峰、李永辉
光环境			
声环境			
空气质量			
地下建筑防灾	主编单位	同济大学地下空间研究中心、同济联合地下空间规划设计研究院、哈尔滨工业大学建筑学院	主编：束昱、耿永常
防淹·防恐怖袭击		同济大学地下空间研究中心、同济联合地下空间规划设计研究院、哈尔滨工业大学建筑学院	束昱、史慧飞、张森燕、陈国蓓、黄海燕
防火		同济大学地下空间研究中心、同济联合地下空间规划设计研究院、哈尔滨工业大学建筑学院	束昱、史慧飞、彭俊杰、陈国蓓、贺瑞峰
防烟			
诱导与疏散指示标识·实例		同济大学地下空间研究中心、同济联合地下空间规划设计研究院	束昱、史慧飞、李冬灿、彭俊杰、陈国蓓
9 建筑智能化设计	主编单位	华南理工大学建筑设计研究院	主编：耿望阳 副主编：乔世军
	联合主编单位	哈尔滨工业大学建筑设计研究院	
	参编单位	广州市设计院、广州奥特信息科技股份有限公司	
智能建筑概论	主编单位	哈尔滨工业大学建筑设计研究院	主编：乔世军
内涵·应用		哈尔滨工业大学建筑设计研究院	乔世军、皮卫星
设计理念			
建筑智能化设计要素	主编单位	华南理工大学建筑设计研究院	主编：耿望阳
信息设施系统1		广州市设计院	张建新
信息设施系统2~3		广州奥特信息科技股份有限公司	何红梅
信息设施系统4~5		广州奥特信息科技股份有限公司	许凤宝
信息化应用系统1~3		华南理工大学建筑设计研究院	耿望阳、黄光伟
建筑设备管理系统1~2		哈尔滨工业大学建筑设计研究院	乔世军
公共安全系统1~3		哈尔滨工业大学建筑设计研究院	刘晓峰
建筑环境与机房工程1~5		华南理工大学建筑设计研究院	耿望阳、陈乔敬
建筑类型与智能化设计	主编单位	华南理工大学建筑设计研究院	主编：耿望阳
办公建筑		哈尔滨工业大学建筑设计研究院	李莹莹
旅馆建筑		广州市设计院、华南理工大学建筑设计研究院	张建新、耿望阳
文化建筑		华南理工大学建筑设计研究院	曾志雄
博物馆建筑		广州奥特信息科技股份有限公司、华南理工大学建筑设计研究院	许凤宝、耿望阳
观演建筑		华南理工大学建筑设计研究院	曾志雄
会展建筑		广州奥特信息科技股份有限公司、华南理工大学建筑设计研究院	许凤宝、耿望阳
教科建筑		华南理工大学建筑设计研究院	耿望阳、曾志雄
交通建筑1		广州奥特信息科技股份有限公司、华南理工大学建筑设计研究院	何红梅、耿望阳
交通建筑2		华南理工大学建筑设计研究院	耿望阳、曾志雄
医疗建筑		哈尔滨工业大学建筑设计研究院	刘晓峰
体育建筑		哈尔滨工业大学建筑设计研究院	李莹莹
商业建筑		广州市设计院、华南理工大学建筑设计研究院	张建新、耿望阳
居住建筑		广州奥特信息科技股份有限公司、华南理工大学建筑设计研究院	何红梅、耿望阳

项目		编写单位	编写专家
10 城市设计	**主编单位**	东南大学建筑学院	主编：王建国 副主编：孙一民、金广君、高源
	联合主编单位	华南理工大学建筑学院、 哈尔滨工业大学深圳研究生院、 天津大学建筑学院	
	参编单位	华中科技大学建筑与城市规划学院、 中国城市规划设计研究院、 重庆大学建筑城规学院	
总论	主编单位	东南大学建筑学院	主编：王建国
概念		东南大学建筑学院	王建国
目标·定位		东南大学建筑学院	王建国、阳建强
工作内容			
工作流程与成果		哈尔滨工业大学深圳研究生院	金广君、赵宏宇
总体性区段城市设计	主编单位	东南大学建筑学院	主编：阳建强
工作范围与设计内容		东南大学建筑学院	阳建强
设计要点			
实例			
局部性地段城市设计	主编单位	华南理工大学建筑学院	主编：孙一民
概述		华南理工大学建筑学院	孙一民
设计内容·实例			
实例			
建筑群和建筑综合体城市设计	主编单位	华中科技大学建筑与城市规划学院	主编：余柏椿
概念·类型·设计要点·实例		华中科技大学建筑与城市规划学院	余柏椿、宋阜苀
实例			
典型城市要素的城市设计	主编单位	东南大学建筑学院	主编：王建国
广场		东南大学建筑学院	高源、王建国
街道		中国城市规划设计研究院	邓东、范嗣斌
城市轴线		东南大学建筑学院	徐小东、王建国
绿地开放空间		重庆大学建筑城规学院	李和平
步行街区1~2		哈尔滨工业大学深圳研究生院	金广君、林姚宇
步行街区3		哈尔滨工业大学深圳研究生院	金广君、刘堃
滨水区		华南理工大学建筑学院	周剑云
地下街区1		东南大学建筑学院	韩冬青、刘华
地下街区2		东南大学建筑学院	刘华、韩冬青
地下街区3~4		东南大学建筑学院	顾震弘、韩冬青
城市公共交通枢纽		东南大学建筑学院	阳建强
天际线		东南大学建筑学院	高源、王建国
城市色彩		东南大学建筑学院	高源
城市夜景观		东南大学建筑学院	徐小东
停车		重庆大学建筑城规学院	李和平
广告		天津大学建筑学院	陈天
标识			
城市雕塑		华中科技大学建筑与城市规划学院	余柏椿、宋阜苀
街道设施			
城市设计的实施技术	主编单位	哈尔滨工业大学深圳研究生院	主编：金广君
城市设计与控规的关系		华南理工大学建筑学院	周剑云
控制图则		华南理工大学建筑学院	孙一民
导则			
实施过程		哈尔滨工业大学深圳研究生院	金广君、赵宏宇
设计评审与公众参与		中国城市规划设计研究院	邓东、杨一帆
11 建筑给排水	**主编单位**	北京墨臣建筑设计事务所	主编：聂亚飞、武勇
建筑给水	主编单位	北京墨臣建筑设计事务所	主编：聂亚飞
概述及系统		北京墨臣建筑设计事务所	聂亚飞
系统·竖向分区·设备形式			
给水泵房·贮水池及水箱			
建筑中水	主编单位	北京墨臣建筑设计事务所	主编：周波

项目	编写单位		编写专家
节水及分质供水·建筑中水概述及处理工艺		北京墨臣建筑设计事务所	周波
中水处理站			
建筑生活热水及饮水供应	主编单位	北京墨臣建筑设计事务所	主编：贾晓婧
概述及系统		北京墨臣建筑设计事务所	贾晓婧
热源选择			
热水站房·饮水供应		北京墨臣建筑设计事务所	贾晓婧、聂亚飞
建筑循环冷却水	主编单位	北京墨臣建筑设计事务所	主编：王新亚
概述及系统·冷却塔		北京墨臣建筑设计事务所	王新亚
冷却塔·循环冷却水处理及防冻			
建筑排水	主编单位	北京墨臣建筑设计事务所	主编：张志刚
概述及系统·排水设施		北京墨臣建筑设计事务所	张志刚
卫生间排水			
建筑雨水	主编单位	北京墨臣建筑设计事务所	主编：周波
概述及分类		北京墨臣建筑设计事务所	周波
雨水系统分类			
雨水系统分类·雨水系统的水力计算			
雨水系统的雨量计算			
建筑消防	主编单位	北京墨臣建筑设计事务所	主编：聂亚飞
系统分类·设置场所		北京墨臣建筑设计事务所	聂亚飞
设置场所			
消防给水系统及设施			
12 建筑供暖	主编单位	中国建筑科学研究院	主编：杨永胜、张捷
供暖系统的组成和分类		中国建筑科学研究院	张捷、王育娟
供暖热负荷计算		中国建筑科学研究院	马明星、李明
建筑节能设计		中国建筑科学研究院	王育娟、杜娟
散热器供暖系统		中国建筑科学研究院	张捷、周朝一
热水辐射供暖系统			
电热辐射供暖·燃气辐射供暖			
热风供暖系统			
供暖系统的分户计量		中国建筑科学研究院	李明、周朝一
散热器的选择			
供暖设备及附件的选择		中国建筑科学研究院	马明星、杜娟
供暖管材及保温			
供暖系统的水质要求及防腐设计			
13 建筑电气	主编单位	深圳市建筑设计研究总院有限公司	主编：陈惟崧
概述	主编单位	深圳市建筑设计研究总院有限公司	主编：罗兴
概述		深圳市建筑设计研究总院有限公司	罗兴
供配电系统	主编单位	深圳市建筑设计研究总院有限公司	主编：廖昕
供配电系统		深圳市建筑设计研究总院有限公司	廖昕
变配电所	主编单位	深圳市建筑设计研究总院有限公司	主编：罗兴
对建筑的要求		深圳市建筑设计研究总院有限公司	罗兴
对有关专业的要求			
箱式变电所			
布置形式·实例			
应急电源	主编单位	深圳市建筑设计研究总院有限公司	主编：吴慷
应急电源		深圳市建筑设计研究总院有限公司	吴慷
电气井道	主编单位	深圳市建筑设计研究总院有限公司	主编：吴慷
电气井道		深圳市建筑设计研究总院有限公司	吴慷
电缆敷设	主编单位	深圳市建筑设计研究总院有限公司	主编：李忠
室外线路敷设		深圳市建筑设计研究总院有限公司	李忠
电缆桥架敷设			
电缆构筑物敷设			
保护管敷设·竖井敷设·母线槽布线·防火封堵			

项目	编写单位		编写专家
常用设备电气装置	主编单位	深圳市建筑设计研究总院有限公司	主编：陈扬
电动机			
电梯、自动扶梯和自动人行道·自动门		深圳市建筑设计研究总院有限公司	陈扬
充电桩·升降类停车设备·檫窗机·体育场馆设备			
医疗设备·舞台用电设备			
电气照明	主编单位	深圳市建筑设计研究总院有限公司	主编：蒋征敏
室内照明			
室外照明·学校照明		深圳市建筑设计研究总院有限公司	蒋征敏
商场照明·办公楼照明			
医院照明·影剧院照明·体育场馆照明·酒店照明			
建筑物防雷	主编单位	深圳市建筑设计研究总院有限公司	主编：陈惟崧
雷电基础			
防雷措施		深圳市建筑设计研究总院有限公司	陈惟崧
建筑物电子信息系统雷电防护			
接地与安全	主编单位	深圳市建筑设计研究总院有限公司	主编：廖昕
接地系统形式			
等电位联结		深圳市建筑设计研究总院有限公司	廖昕
特殊场所安全防护区划分			

附录二　第8分册审稿专家及实例初审专家

审稿专家（以姓氏笔画为序）

历史建筑保护设计

大纲审稿专家：陈同滨
第一轮审稿专家：付清远 刘克成 陈同滨

地域性建筑

大纲审稿专家：单德启 崔　恺
第一轮审稿专家：周庆琳 崔　恺
第二轮审稿专家：周庆琳 崔　恺

无障碍设计

大纲审稿专家：邱　建 周文麟
第一轮审稿专家：王笑梦 周文麟 周燕珉
第二轮审稿专家：王笑梦 周文麟

建筑防灾设计

大纲审稿专家：曾　坚 蔡　健
第一轮审稿专家：孙成群 郑　实 薛慧立
第二轮审稿专家：孙成群 郑　实 谢映霞
　　　　　　　　薛慧立

绿色建筑

大纲审稿专家：王清勤 秦佑国 康　健
第一轮审稿专家：王清勤 赵雅荣 康　健
第二轮审稿专家：王清勤 江　帆 陈惟崧
　　　　　　　　赵雅荣

太阳能建筑

大纲审稿专家：王清勤 秦佑国 康　健
第一轮审稿专家：王　健 朱赛鸿 仲继寿
　　　　　　　　栗德祥
第二轮审稿专家：仲继寿 杨维菊 罗　多
　　　　　　　　栗德祥 徐　燊 薛一冰

建筑改造设计

大纲审稿专家：庄惟敏 崔　恺
第一轮审稿专家：张鹏举 崔　恺
第二轮审稿专家：张鹏举 崔　恺

地下建筑

大纲审稿专家：刘光寰
第一轮审稿专家：刘光寰 陈解华 彭芳乐
第二轮审稿专家：王焕东 刘光寰 陈解华
　　　　　　　　彭芳乐

建筑智能化设计

大纲审稿专家：陈建飚 赵济安
第一轮审稿专家：孙成群 李雪佩 张文才
　　　　　　　　陈惟崧 罗　兴
第二轮审稿专家：孙成群 李雪佩 张文才

城市设计

大纲审稿专家：卢济威
第一轮审稿专家：卢济威
第二轮审稿专家：卢济威

建筑给排水

第一轮审稿专家：郭汝艳 曾令文
第二轮审稿专家：郭汝艳 曾令文

建筑供暖

第一轮审稿专家：宋孝春 曾令文
第二轮审稿专家：宋孝春 曾令文

建筑电气

第一轮审稿专家：王玉卿 李雪佩
第二轮审稿专家：王玉卿 李雪佩

实例初审专家（以姓氏笔画为序）

王建国 冷嘉伟 陈　薇 金　虹 耿永常

附录三　《建筑设计资料集》（第三版）实例提供核心单位[1]

（以首字笔画为序）

gad浙江绿城建筑设计有限公司

大连万达集团股份有限公司

大连市建筑设计研究院有限公司

大连理工大学建筑与艺术学院

大舍建筑设计事务所

万科地产

上海市园林设计院有限公司

上海复旦规划建筑设计研究院有限公司

上海联创建筑设计有限公司

山东同圆设计集团有限公司

山东建大建筑规划设计研究院

山东建筑大学建筑城规学院

山东省建筑设计研究院

山西省建筑设计研究院

广东省建筑设计研究院

马建国际建筑设计顾问有限公司

天津大学建筑设计规划研究总院

天津大学建筑学院

天津市天友建筑设计股份有限公司

天津市建筑设计院

天津华汇工程建筑设计有限公司

云南省设计院集团

中国中元国际工程有限公司

中国市政工程西北设计研究院有限公司

中国建筑上海设计研究院有限公司

中国建筑东北设计研究院有限公司

中国建筑西北设计研究院有限公司

中国建筑西南设计研究院有限公司

中国建筑设计院有限公司

中国建筑技术集团有限公司

中国建筑标准设计研究院有限公司

中南建筑设计院股份有限公司

中科院建筑设计研究院有限公司

中联筑境建筑设计有限公司

中衡设计集团股份有限公司

龙湖地产

东南大学建筑设计研究院有限公司

东南大学建筑学院

北京中联环建文建筑设计有限公司

北京世纪安泰建筑工程设计有限公司

北京艾迪尔建筑装饰工程股份有限公司

北京东方华太建筑设计工程有限责任公司

北京市建筑设计研究院有限公司

北京清华同衡规划设计研究院有限公司

北京墨臣建筑设计事务所

四川省建筑设计研究院

吉林建筑大学设计研究院

西安建筑科技大学建筑设计研究院

西安建筑科技大学建筑学院

同济大学建筑与城市规划学院

同济大学建筑设计研究院（集团）有限公司

华中科技大学建筑与城市规划设计研究院

华中科技大学建筑与城市规划学院

华东建筑集团股份有限公司

华东建筑集团股份有限公司上海建筑设计研究院有限公司

华东建筑集团股份有限公司华东建筑设计研究总院

华东建筑集团股份有限公司华东都市建筑设计研究总院

华南理工大学建筑设计研究院

华南理工大学建筑学院

安徽省建筑设计研究院有限责任公司

苏州设计研究院股份有限公司

苏州科大城市规划设计研究院有限公司

苏州科技大学建筑与城市规划学院

建设综合勘察研究设计院有限公司

陕西省建筑设计研究院有限责任公司

南京大学建筑与城市规划学院

南京大学建筑规划设计研究院有限公司

南京长江都市建筑设计股份有限公司

哈尔滨工业大学建筑设计研究院

哈尔滨工业大学建筑学院

香港华艺设计顾问（深圳）有限公司

重庆大学建筑设计研究院有限公司

重庆大学建筑城规学院

重庆市设计院

总装备部工程设计研究总院

铁道第三勘察设计院集团有限公司

浙江大学建筑设计研究院有限公司

浙江中设工程设计有限公司

浙江现代建筑设计研究院有限公司

悉地国际设计顾问有限公司

清华大学建筑设计研究院有限公司

清华大学建筑学院

深圳市欧博工程设计顾问有限公司

深圳市建筑设计研究总院有限公司

深圳市建筑科学研究院股份有限公司

筑博设计（集团）股份有限公司

湖南大学设计研究院有限公司

湖南大学建筑学院

湖南省建筑设计院

福建省建筑设计研究院

---

[1] 名单包括总编委会发函邀请的参加2012年8月24日《建筑设计资料集》（第三版）实例提供核心单位会议并提交资料的单位，以及总编委会定向发函征集实例的单位。

后　记

　　《建筑设计资料集》是20世纪两代建筑师创造的经典和传奇。第一版第1、2册编写于1960～1964年国民经济调整时期，原建筑工程部北京工业建筑设计院的建筑师们当时设计项目少，像做设计一样潜心于编书，以令人惊叹的手迹，为后世创造了"天书"这一经典品牌。第二版诞生于改革开放之初，在原建设部的领导下，由原建设部设计局和中国建筑工业出版社牵头，组织国内五六十家著名高校、设计院编写而成，为指引我国的设计实践作出了重要贡献。

　　第二版资料集出版发行一二十年，由于内容缺失、资料陈旧、数据过时，已经无法满足行业发展需要和广大读者的需求，急需重新组织编写。

　　重编经典，无疑是巨大的挑战。在过去的半个世纪里，"天书"伴随着几代建筑人的工作和成长，成为他们职业生涯记忆的一部分。他们对这部经典著作怀有很深的情感，并寄托了很高的期许。惟有超越经典，才是对经典最好的致敬。

　　与前两版资料相对匮乏相比，重编第三版正处于信息爆炸的年代。如何在数字化变革、资料越来越广泛的时代背景下，使新版资料集焕发出新的生命力，是第三版编写成败的关键。

　　为此，新版资料集进行了全新的定位：既是一部建筑行业大型工具书，又是一部"百科全书"；不仅编得全，还要编得好，达到大型工具书"资料全，方便查，查得到"的要求；内容不仅系统权威，还要检索方便，使读者翻开就能找到答案。

　　第三版编写工作启动于2010年，那时正处于建筑行业快速发展的阶段，各编写单位和编写专家工作任务都很繁忙，无法全身心投入编写工作。在资料集编写任务重、要求高、各单位人手紧的情况下，总编委会和各主编单位进行了最广泛的行业发动，组建了两百余家单位、三千余名专家的编写队伍。人海战术的优点是编写任务容易完成，不至于因个别单位或专家掉队而使编写任务中途夭折。即使个别单位和个人无法胜任，也能很快找到其他单位和专家接手。人海战术的缺点是由于组织能力不足，容易出现进度拖拖拉拉、水平参差不齐的情况，而多位不同单位专家同时从事一个专题的编写，体例和内容也容易出现不一致或衔接不上的情况。

　　几千人的编写组织工作，难度巨大，工作量也呈几何数增加。总编委会为此专门制定了详细的编写组织方案，明确了编写目标、组织架构和工作计划，并通过"分册主编—专题主编—章节主编"三级责任制度，使编写组织工作落实到每一页、每一个人。

　　总编委会为统一编写思想、编写体例，几乎用尽了一切办法，先后开发和建立了网络编写服务平台、短信群发平台、电话会议平台、微信交流平台，以解决编写组织工作中的信息和文件发布问题，以及同一章节里不同城市和单位的编写专家之间的交流沟通问题。

　　2012年8月，总编委会办公室编写了《建筑设计资料集（第三版）编写手册》，在书中详细介绍了新版资料集的编写方针和目标、工具书的特性和写法、大纲编写定位和编写原则、制版和绘图要求、样张实例，以指导广大参编专家编写新版资料集。2016年5月，出版了《建筑设计资料集（第三版）绘图标准及编写名单》，通过平、立、剖等不同图纸的画法和线型线宽等细致规定，以及版面中字体字号、图表关系等要求，统一了全书的绘图和版面标准，彻底解决了如何从前两版的手工制图排版向第三版的计算机制图排版转换，以及如何统一不同编写专家绘图和排版风格的问题。

总编委会还多次组织总编委会、大纲研讨会、催稿会、审稿会和结题会，通过与各主要编写专家面对面的交流，及时解决编写中的困难，督促落实书稿编写进度，统一编写思想和编写要求。

为确保书稿质量、体例形式、绘图版面都达到"天书"的标准，总编委会一方面组织几百名审稿专家对各章节的专业问题进行审查，另一方面由总编委会办公室对各章节编写体例、编写方法、文字表述、版面表达、绘图质量等进行审核，并组织各章节编写专家进行修改完善。

为使新版资料集入选实例具有典型性、广泛性和先进性，总编委会还在行业组织优秀实例征集和初审，确保了资料集入选实例的高质量和高水准。

新版资料集作为重要的行业工具书，在组织过程中得到了全行业的响应，如果没有全行业的共同奋斗，没有全国同行们的支持和奉献，如此浩大的工程根本无法完成，这部巨著也将无法面世。

感谢住房和城乡建设部、国家新闻出版广电总局对新版资料集编写工作的重视和支持。住房和城乡建设部将以新版资料集出版为研究成果的"建筑设计基础研究"列入部科学技术项目计划，国家新闻出版广电总局批准《建筑设计资料集》（第三版）为国家重点图书出版规划项目，增值服务平台"建筑设计资料库"为"新闻出版改革发展项目库"入库项目。

感谢在2010年新版资料集编写组织工作启动时，中国建筑学会时任理事长宋春华先生、秘书长周畅先生的组织发起，感谢中国建筑工业出版社时任社长王珮云先生、总编辑沈元勤先生的倡导动议；感谢中国建筑设计院有限公司等6家国内知名设计单位和清华大学建筑学院等8所知名高校时任的主要领导，投入大量人力、物力和财力，切实承担起各分册主编单位的职责。

感谢所有专题、章节主编和编写专家多年来的艰辛付出和不懈努力，他们对书稿的反复修改和一再打磨，使新版资料集最终成型；感谢所有审稿专家对大纲和内容一丝不苟的审查，他们使新版资料集避免了很多结构性的错漏和原则性的谬误。

感谢所有参编单位和实例提供单位的积极参与和大力支持，以及为新版资料集所作的贡献。

感谢衡阳市人民政府、衡阳市城乡规划局、衡阳市规划设计院为2013年10月底衡阳审稿会议所作的贡献。这次会议是整套书编写过程中非常重要的时间节点，不仅会前全部初稿收齐，而且200多名编写专家和审稿专家进行了两天封闭式审稿，为后续修改完善工作奠定了基础。

感谢北京市建筑设计研究院有限公司副总建筑师刘杰女士承接并组织绘图标准的编制任务，感谢北京市建筑设计研究院有限公司王哲、李树栋、刘晓征、方志萍、杨翊楠、任广璨、黄墨制定总绘图标准，感谢华南理工大学建筑设计研究院丘建发、刘骁制定规划总平面图绘图标准。

感谢中国建筑工业出版社王伯扬、李根华编审出版前对全套图书的最终审核和把关。

在此过程中，需要感谢的人还有很多。他们在联系编写单位、编写专家和审稿专家，或收集实例、修改图纸、制版印刷等方面，都给予了新版资料集极大的支持，在此一并表示感谢。

鉴于内容体系过于庞杂，以及编者的水平、经验有限，新版资料集难免有疏漏和错误之处，敬请读者谅解，并恳请提出宝贵意见，以便今后补充和修订。

《建筑设计资料集》（第三版）总编委会办公室

2017年5月23日